위험물

산업기사 필기

시대에듀

합격에 윙크[Win-Q]하다

Win-Q

[위험물산업기사] 필기

Always with you

사람이 길에서 우연하게 만나거나 함께 살아가는 것만이 인연은 아니라고 생각합니다.
책을 펴내는 출판사와 그 책을 읽는 독자의 만남도 소중한 인연입니다.
시대에듀는 항상 독자의 마음을 헤아리기 위해 노력하고 있습니다.
늘 독자와 함께하겠습니다.

머리말

위험물 분야의 전문가를 향한 첫 발걸음!

위험물산업기사는 석유화학단지, 위험물을 원료로 하는 화장품, 정밀화학 등 화학공장에서 위험물안전관리자로 선임이 되어 위험물을 저장 · 취급 · 제조하고, 일반 작업자를 지시 · 감독하며 각종 설비에 대한 안전점검과 응급조치를 수행하는 업무로서 화학공장에서는 없어서는 안 될 중요한 자격증으로 자리잡았다.

'시간을 덜 들이면서도 시험을 좀 더 효율적으로 대비하는 방법은 없을까?'

'짧은 시간 안에 시험을 준비할 수 있는 방법은 없을까?'

자격증 시험을 앞둔 수험생들이라면 누구나 한 번쯤 들었을 법한 생각이다. 실제로도 많은 자격증 관련 카페에서도 빈번하게 올라오는 질문이기도 하다. 이런 질문에 대해 대체적으로 기출문제 분석 → 출제경향 파악 → 핵심이론 요약 → 관련 문제 반복 숙지의 과정을 거쳐 시험을 대비하라는 답변이 일괄적으로 실리고 있다.

윙크(Win - Q) 시리즈는 위와 같은 질문과 답변을 바탕으로 기획한 도서이다.

PART 01 핵심이론 + 10년간 자주 출제된 문제와 PART 02 과년도 + 최근 기출복원문제로 구성되었다. PART 01은 과거에 치러 왔던 기출문제와 Keyword를 철저히 분석하고, 반복 출제되는 문제를 추려낸 뒤 빈번하게 출제되는 문제는 ★의 수(최대 3개)로 표시하였다. PART 02에서는 과년도 기출문제와 최근 기출복원문제를 수록하면서 PART 01에서 놓칠 수 있는 출제 유형의 문제에 대비할 수 있도록 하였다.

본 도서는 이론에 대해 심층적으로 알고자 하는 수험생들에게는 조금 불편한 책이 될 수도 있을 것이다. 하지만 전공자라면 대부분 관련 도서를 구비하고 있을 것이고, 관련 도서를 참고하면서 공부를 한다면 좀 더 효율적으로 시험에 대비할 수 있을 것이다.

자격증 시험의 목적은 높은 점수를 받아 합격하는 것이라기보다는 합격, 그 자체에 있다고 할 것이다. 다시 말해 60점만 넘으면 어떤 시험이든 합격이 가능하다. 효과적인 자격증 대비서로서 기존의 부담스러웠던 수험서에서 과감하게 군살을 제거하여 꼭 필요한 공부만 할 수 있도록 한 윙크(Win - Q) 시리즈가 수험생들에게 합격을 선사하는 수험서로서 자리매김하길 바란다.

수험생 여러분의 건승을 진심으로 기원하는 바이다.

편저자 씀

시험안내

개요

위험물은 발화성, 인화성, 가연성, 폭발성 때문에 사소한 부주의에도 커다란 재해를 가져올 수 있다. 또한 위험물의 용도가 다양해지고, 제조시설도 대규모화되면서 생활공간과 가까이 설치되는 경우가 많아짐에 따라 위험물의 취급과 관리에 대한 안전성을 높이고자 자격제도를 제정하였다.

진로

위험물(제1류~제6류)의 제조ㆍ저장ㆍ취급전문업체에 종사하거나 도료제조, 고무제조, 금속제련, 유기합성물제조, 염료제조, 화장품제조, 인쇄잉크제조업체 및 지정수량 이상의 위험물 취급업체에 종사할 수 있다.

시험일정

구분	필기원서접수 (인터넷)	필기시험	필기합격 (예정자)발표	실기원서접수	실기시험	최종 합격자 발표일
제1회	1월 하순	2월 중순	3월 중순	3월 하순	4월 하순	6월 중순
제2회	4월 중순	5월 초순	6월 초순	6월 하순	7월 하순	9월 초순
제3회	6월 중순	7월 초순	8월 초순	9월 초순	10월 중순	12월 초순

※ 상기 시험일정은 시행처의 사정에 따라 변경될 수 있으니, www.q-net.or.kr에서 확인하시기 바랍니다.

시험요강

❶ 시행처 : 한국산업인력공단
❷ 관련 학과 : 전문대학 및 대학의 화학공업, 화학공학 등 관련 학과
❸ 시험과목
  ㉠ 필기 : 물질의 물리ㆍ화학적 성질, 화재예방과 소화방법, 위험물의 성상 및 취급
  ㉡ 실기 : 위험물 취급 실무
❹ 검정방법
  ㉠ 필기 : 객관식 4지 택일형, 과목당 20문항(과목당 30분)
  ㉡ 실기 : 필답형(2시간)
❺ 합격기준
  ㉠ 필기 : 100점을 만점으로 하여 과목당 40점 이상, 전과목 평균 60점 이상
  ㉡ 실기 : 100점을 만점으로 하여 60점 이상

검정현황

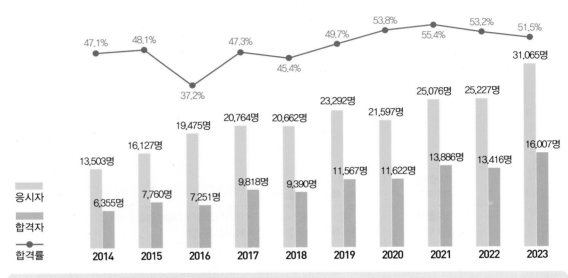

필기시험

응시자
합격자
합격률

	2014	2015	2016	2017	2018	2019	2020	2021	2022	2023
응시자	13,503명	16,127명	19,475명	20,764명	20,662명	23,292명	21,597명	25,076명	25,227명	31,065명
합격자	6,355명	7,760명	7,251명	9,818명	9,390명	11,567명	11,622명	13,886명	13,416명	16,007명
합격률	47.1%	48.1%	37.2%	47.3%	45.4%	49.7%	53.8%	55.4%	53.2%	51.5%

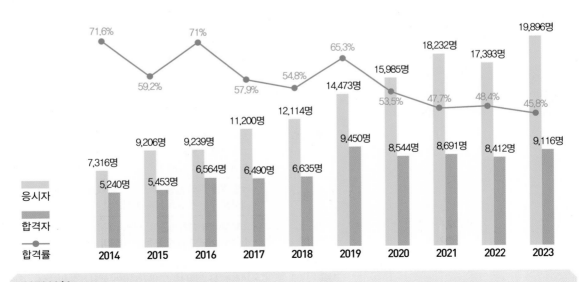

실기시험

응시자
합격자
합격률

	2014	2015	2016	2017	2018	2019	2020	2021	2022	2023
응시자	7,316명	9,206명	9,239명	11,200명	12,114명	14,473명	15,985명	18,232명	17,393명	19,896명
합격자	5,240명	5,453명	6,564명	6,490명	6,635명	9,450명	8,544명	8,691명	8,412명	9,116명
합격률	71.6%	59.2%	71%	57.9%	54.8%	65.3%	53.5%	47.7%	48.4%	45.8%

시험안내

출제기준

필기과목명	주요항목	세부항목	세세항목
물질의 물리·화학적 성질	기초화학	물질의 상태와 화학의 기본법칙	• 물질의 상태와 변화 • 화학의 기초법칙 • 화학 결합
		원자의 구조와 원소의 주기율	• 원자의 구조 • 원소의 주기율표
		산, 염기	• 산과 염기 • 염 • 수소이온농도
		용액	• 용액 • 용해도 • 용액의 농도
		산화, 환원	• 산화 • 환원
	유기화합물 위험성 파악	유기화합물 종류·특성 및 위험성	• 유기화합물의 개념/종류/명명법/특성 및 위험성
	무기화합물 위험성 파악	무기화합물 종류·특성 및 위험성	• 무기화합물의 개념/종류/명명법/특성 및 위험성 • 방사성 원소
화재예방과 소화 방법	위험물 사고 대비·대응	위험물 사고 대비	• 위험물의 화재 예방 • 취급 위험물의 특성 • 안전장비의 특성
		위험물 사고 대응	• 위험물 시설의 특성 • 초동조치 방법 • 위험물의 화재 시 조치
	위험물 화재예방·소화 방법	위험물 화재예방 방법	• 위험물과 비위험물 판별 • 연소이론 • 화재의 종류 및 특성 • 폭발의 종류 및 특성
		위험물 소화 방법	• 소화이론 • 위험물 화재 시 조치 방법 • 소화설비에 대한 분류 및 작동 방법 • 소화약제의 종류 • 소화약제별 소화원리
	위험물 제조소 등의 안전계획	소화설비 적응성	• 유별 위험물의 품명 및 지정수량/특성 • 대상물 구분별 소화설비의 적응성
		소화 난이도 및 소화설비 적용	• 소화설비의 설치기준 및 구조·원리 • 소화 난이도별 제조소 등 소화설비 기준
		경보설비·피난설비 적용	• 제조소 등 경보설비/피난설비의 설치대상 및 종류 • 제조소 등 경보설비/피난설비의 설치기준 및 구조·원리

필기과목명	주요항목	세부항목	세세항목
위험물 성상 및 취급	제1류 / 제2류 / 제3류 / 제4류 / 제5류 / 제6류 위험물 취급	성상 및 특성	• 제1류 / 제2류 / 제3류 / 제4류 / 제5류 / 제6류 위험물의 종류 / 성상 / 위험성 · 유해성
		저장 및 취급 방법의 이해	• 제1류 / 제2류 / 제3류 / 제4류 / 제5류 / 제6류 위험물의 저장 방법 / 취급 방법
	위험물 운송 · 운반	위험물 운송기준	• 위험물 운송자의 자격 및 업무 • 위험물 운송 방법 • 위험물 운송 안전조치 및 준수사항 • 위험물 운송차량 위험성 경고 표지
		위험물 운반기준	• 위험물 운반자의 자격 및 업무 • 위험물 용기기준, 적재 방법 • 위험물 운반 방법 • 위험물 운반 안전조치 및 준수사항 • 위험물 운반차량 위험성 경고 표지
	위험물 제조소 등의 유지관리	위험물 제조소	• 제조소의 위치기준 / 구조기준 / 설비기준 / 특례기준
		위험물 저장소	• 옥내저장소 / 옥외탱크저장소 / 옥내탱크저장소 / 지하탱크저장소 / 간이탱크저장소 / 이동탱크저장소 / 옥외저장소 / 암반탱크저장소의 위치, 구조, 설비기준
		위험물 취급소	• 주유취급소 / 판매취급소 / 이송취급소 / 일반취급소의 위치, 구조, 설비기준
		제조소 등의 소방시설 점검	• 소화난이도 등급 • 소화설비 적응성 • 소요단위 및 능력단위 산정 • 옥내소화전설비 / 옥외소화전설비 / 스프링클러설비 / 물분무소화설비 / 포소화설비 / 불활성가스소화설비 / 할로겐화물소화설비 / 분말소화설비 / 수동식소화기설비 / 경보설비 / 피난설비 점검
	위험물 저장 · 취급	위험물 저장기준	• 위험물 저장 / 위험물 유별 저장의 공통기준 • 제조소 등에서의 저장기준
		위험물 취급기준	• 위험물 취급 / 위험물 유별 취급의 공통기준 • 제조소 등에서의 취급기준
	위험물안전관리 감독 및 행정처리	위험물시설 유지관리 감독	• 위험물시설 유지관리 감독 • 예방규정 작성 및 운영 • 정기검사 및 정기점검 • 자체소방대 운영 및 관리
		위험물안전관리법상 행정사항	• 제조소 등의 허가 및 완공검사 • 탱크안전 성능검사 • 제조소 등의 지위승계 및 용도폐지 • 제조소 등의 사용정지, 허가취소 • 과징금, 벌금, 과태료, 행정명령

구성 및 특징

01 물질의 물리·화학적 성질

제1절 물질의 상태

핵심이론 01 물질과 물체

(1) 물질
공간을 채우고 질량을 가지고 있는 것으로서 고체, 액체, 기체가 있다.

(2) 물체
질량이 있는 공간적으로 크기와 형태를 가지는 것으로 물질로 만들어진 것을 말한다.

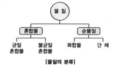

[물질의 분류]

핵심이론 02 물질의 분류

(1) 순물질
일정한 조성을 가지며 독특한 성질을 가지는 물질로서 조성이 다르며 모양, 맛, 냄새 등에 의해서 서로 구별된다.
① 단체 : 한 가지 원소로 되어 있는 물질 및 동소체
　예 황(S), 구리(Cu), 알루미늄(Al), 나트륨(Na), 흑연(C)
② 화합물 : 두 가지 이상의 원소로 구성되어 있는 물질
　예 물(H$_2$O), 이산화탄소(CO$_2$), 염화나트륨(NaCl)

(2) 혼합물
두 가지 이상의 순물질이 혼합되어 있는 것으로 비점(끓는점)과 빙점(어는점)
　예 설탕물(설탕...
　질소), 가솔...

(3) 물질의 확인...
① 순물질의 확인...
　㉠ 고체 : 녹...
　㉡ 액체 : 끓...
② 물질의 분리...
　㉠ 고체와 액...
　㉡ 액체와 액...
　㉢ 고체와 고...
　㉣ 기체와 기...
　㉤ 정제방법...
　　• 여과 :
　　　액체속에...
　　• 증류 :
　　　하여 물...

[물질의 상태변화]

※ 상태변화에 따른 열★★
　• 잠열 : 온도는 변하지 않고 상태만 변화할 때 발생하는 열(열량 $Q = \gamma \cdot m$)
　　– 물의 증발잠열 : 539cal/g(539kcal/kg)
　　– 얼음의 융해잠열 : 80cal/g(8kcal/kg)
　• 현열 : 상태는 변하지 않고 온도만 변화할 때 발생하는 열($Q = mC\Delta t$)

※ 열량 $Q = mC\Delta t$★★★
　여기서, m : 무게(g, kg)
　　　　　C : 비열(cal/g · ℃, kcal/kg · ℃)
　　　　　Δt : 온도차(℃)
　예 0℃의 물 1g이 100℃의 수증기가 되는 데 필요한
　　열량 : 639cal
　　$Q = mC\Delta t + \gamma \cdot m$
　　　$= 1g \times 1cal/g \cdot ℃ \times (100-0)℃ + 539cal/g \times 1g$
　　　$= 639cal$
　예 0℃의 얼음 1g이 100℃의 수증기가 되는 데 필요한
　　열량 : 719cal
　　$Q = \gamma_1 \cdot m + mC\Delta t + \gamma_2 \cdot m$
　　　$= (80cal/g \times 1g) + [1g \times 1cal/g \cdot ℃ \times (100-0)℃]$
　　　　$+ (539cal/g \times 1g)$
　　　$= 719cal$

2 ■ PART 01 핵심이론

10년간 자주 출제된 문제

3-1. 대기압하에서 열린 실린더에 있는 1g의 기체를 20℃에서 120℃까지 가열하면 기체가 흡수하는 열량은 몇 cal인가?(단, 기체의 비열은 4.97cal/g · ℃이다)
① 97　　　　　　　② 100
③ 497　　　　　　④ 760

3-2. 0℃의 얼음 20g을 100℃의 수증기로 만드는 데 필요한 열량은?(단, 융해열은 80cal/g, 기화열은 539cal/g이다)
① 3,600cal　　　　② 11,600cal
③ 12,380cal　　　 ④ 14,380cal

|해설|
3-1
열량 $Q = mC\Delta t$
여기서, Q : 열량(cal)
　　　　m : 무게(g)
　　　　C : 비열(cal/g · ℃)
　　　　Δt : 온도차(℃)
∴ $Q = 1g \times 4.97cal/g \cdot ℃ \times (120-20)℃ = 497cal$

3-2
0℃ 얼음 $\xrightarrow{Q_1}$ 0℃ 물 $\xrightarrow{Q_2}$ 100℃ 물 $\xrightarrow{Q_3}$ 100℃ 수증기
$Q = Q_1 + Q_2 + Q_3 = \gamma_1 \cdot m + mC\Delta t + \gamma_2 \cdot m$
여기서, γ_1 : 얼음의 융해열(80cal/g)
　　　　m : 무게(g)
　　　　C : 물의 비열(1cal/g · ℃)
　　　　Δt : 온도차
　　　　γ_2 : 물의 증발잠열(539cal/g)
∴ $Q = (80cal/g \times 20g) + [20g \times 1cal/g \cdot ℃ \times (100-0)℃]$
　　　　$+ (539cal/g \times 20g)$
　　$= 14,380cal$

정답 3-1 ③ 3-2 ④

4 ■ PART 01 핵심이론

핵심이론

필수적으로 학습해야 하는 중요한 이론들을 각 과목별로 분류하여 수록하였습니다.
시험과 관계없는 두꺼운 기본서의 복잡한 이론은 이제 그만! 시험에 꼭 나오는 이론을 중심으로 효과적으로 공부하십시오.

10년간 자주 출제된 문제

출제기준을 중심으로 출제 빈도가 높은 기출문제와 필수적으로 풀어보아야 할 문제를 핵심이론당 1~2문제씩 선정했습니다. 각 문제마다 핵심을 찌르는 명쾌한 해설이 수록되어 있습니다.

과년도 기출문제

지금까지 출제된 과년도 기출문제를 수록하였습니다. 각 문제에는 자세한 해설이 추가되어 핵심 이론만으로는 아쉬운 내용을 보충 학습하고 출제 경향의 변화를 확인할 수 있습니다.

2016년 제1회 과년도 기출문제

제1과목 물질의 물리·화학적 성질

01 27℃에서 500mL에 6g의 비전해질을 녹인 용액의 삼투압은 7.4기압이었다. 이 물질의 분자량은 약 얼마인가?

① 20.78　　② 39.89
③ 58.16　　④ 77.65

해설
삼투압

$PV = nRT = \dfrac{W}{M}RT$, $M = \dfrac{WRT}{PV}$

여기서, P : 압력(7.4atm), V : 부피(0.5L), n : mol수
M : 분자량, W : 무게(6g)
R : 기체상수(0.08205L·atm/g-mol·K)
T : 절대온도(273 + 27℃ = 300K)

$\therefore M = \dfrac{WRT}{PV} = \dfrac{6g \times 0.08205L \cdot atm/g-mol \cdot K \times 300K}{7.4atm \times 0.5L}$
$= 39.9g/g-mol$

02 다음 화합물 가운데 기하학적 이성질체를 가지고 있는 것은?

① $CH_2 = CH_2$
② $CH_3 - CH_2 - CH_2 - OH$
③
$$CH_3 \atop CH_3 > C = C < CH_3 \atop CH_3$$
④ $CH_3 - CH = CH - CH_3$

해설
기하이성질체 : 구성원자 및 원자단의 종류와 숫자가 동일하나 이들의 입체적 배치의 차이로 생기는 화합물로서 이중결합을 가지는 탄소화합물이나 착이온에서는 흔히 시스형 이성질체와 트랜스형 이성질체 등 두 가지의 기하이성질체를 갖는다.

03 pH에 대한 설명으로 옳은 것은?

① 건강한 사람의 혈액의 pH는 5.7이다.
② pH값은 산성용액에서 알칼리성용액보다 크다.
③ pH가 7인 용액에 지시약 메틸오렌지를 넣으면 노란색을 띤다.
④ 알칼리성용액은 pH가 7보다 작다.

해설
pH
• 건강한 사람의 혈액의 pH는 7.3~7.40이다.
• pH가 7보다 작으면 산성, 7보다 크면 알칼리성이다(산성 < pH 7 < 알칼리성).
• pH가 7인 용액에 지시약 메틸오렌지를 넣으면 노란색을 띤다.

04 에틸렌(C_2...

① 아세트...
③ 에탄올...

해설
에탄올(C_2H_6...
등은 에틸렌...

2024년 제1회 최근 기출복원문제

제1과목 물질의 물리·화학적 성질

01 CO_2와 CO의 성질에 대한 설명 중 옳지 않은 것은?

① CO_2는 공기보다 무겁고, CO는 가볍다.
② CO_2는 붉은색 불꽃을 내며 연소한다.
③ CO는 파란색 불꽃을 내며 연소한다.
④ CO는 독성이 있다.

해설
이산화탄소(CO_2)는 산소와 더 이상 반응하지 않는 불연성가스이다.

02 볼타전지에서 갑자기 전류가 약해지는 현상을 "분극현상"이라 한다. 이 분극현상을 방지해 주는 감극제로 사용되는 물질은?

① MnO_2　　② $CuSO_3$
③ $NaCl$　　④ $Pb(NO_3)_2$

해설
감극제 : MnO_2(이산화망가니즈)

03 단백질에 관한 설명으로 틀린 것은?

① 펩타이드 결합을 하고 있다.
② 뷰렛반응에 의해 노란색으로 변한다.
③ 아미노산의 연결체이다.
④ 체내 에너지 대사에 관여한다.

해설
뷰렛반응 : 단백질을 검출하는 반응으로 단백질의 알칼리성 수용액에 저농도의 황산구리용액을 몇 방울 떨어뜨리면 청자색을 띠는 반응

04 10wt%의 H_2SO_4 수용액으로 1M 용액 200mL를 만들려고 할 때 다음 중 가장 적합한 방법은?(단, S의 원자량은 32이다)

① 원용액 98g에 물을 가하여 200mL로 한다.
② 원용액 98g에 200mL의 물을 가한다.
③ 원용액 196g에 물을 가하여 200mL로 한다.
④ 원용액 196g에 200mL의 물을 가한다.

해설
1M-황산(H_2SO_4)이란 물 1,000mL 안에 황산이 98g 녹아 있는 것을 말한다.
1M × 98g / 1,000mL
1M × x / 200mL
$x = \dfrac{1M \times 98g \times 200mL}{1M \times 1,000mL} = 19.6g$(원액의 양)
10% 황산을 사용하므로 19.6g ÷ 0.1 = 196g
∴ 10% 황산 196g을 물에 넣어 전체를 200mL로 한다.

05 다음 중 수용액에서 산성의 세기가 가장 큰 것은?

① HF　　② HCl
③ HBr　　④ HI

해설
산성의 세기 : $HI > HBr > HC > HF$

최근 기출복원문제

최근에 출제된 기출문제를 복원하여 가장 최신의 출제경향을 파악하고 새롭게 출제된 문제의 유형을 익혀 처음 보는 문제들도 모두 맞힐 수 있도록 하였습니다.

최신 기출문제 출제경향

- 열량 구하는 문제
- α붕괴
- 다이크롬산이온에서 Cr의 산화수
- 양쪽성 산화물
- 전자배열
- 제4류 위험물의 소화방법
- 화재의 종류
- 소요단위
- 연소이론
- 지정수량의 배수
- 운반용기의 외부에 표시해야 하는 주의사항
- 옥외탱크저장소의 보유공지 너비의 기준
- 운반 시 혼재 가능한 위험물
- 물과 반응 시 위험성
- 아세틸렌과 물의 반응식

- 산화수
- 이상기체 상태방정식
- 소요단위
- 제조소의 환기설비기준
- 위험물의 주의사항
- 화학소방자동차의 대수 기준
- 소화약제의 종류
- 주수소화금지 위험물
- 화재의 원형 표시색
- 옥외탱크저장소의 보유공지
- 황린의 보존방법
- 운반용기의 외부에 표시해야 하는 주의사항
- 질산에틸의 성상
- 제1류 위험물의 종류
- 운반 시 혼재 가능한 위험물

2021년 2회

2022년 4회

2023년 2회

2024년 3회

- 반응식에 따른 투입량 계산
- 전자배치
- 원자량
- 소요단위
- 분말소화약제의 주성분
- 옥내소화전설비의 수원의 양
- 고체의 연소
- 포소화약제의 혼합방식
- 자연발화 방지법
- 제4류 위험물의 분류
- 이동탱크저장소의 칸막이
- 운반용기의 외부에 표시해야 하는 주의사항
- 탱크의 내용적
- 위험물제조소의 표지 및 게시판
- 물과 반응 시 발생하는 가스

- 이론공기량 구하는 문제
- 중성자수
- pH 계산
- 그레이엄의 확산속도 법칙
- 몰농도 계산
- 옥외탱크저장소의 보유공지
- 제3종 분말소화약제의 종류 및 색상
- 제4류 위험물의 분류
- 고정포방출구의 종류
- 소요단위 계산
- 정전기 제거방법
- 옥내저장소의 용기를 겹쳐 쌓는 높이
- 금수성 물질의 종류
- 산화프로필렌의 물성
- 제4류 위험물의 지정수량의 배수

표 준 주 기 율 표
Periodic Table of the Elements

표기법:
원자 번호
기호
원소명(국문)
원소명(영문)
일반 원자량
표준 원자량

1	2	3	4	5	6	7	8	9	10	11	12	13	14	15	16	17	18
1 H 수소 hydrogen 1.008 [1.0078, 1.0082]																	2 He 헬륨 helium 4.0026
3 Li 리튬 lithium 6.94 [6.938, 6.997]	4 Be 베릴륨 beryllium 9.0122											5 B 붕소 boron 10.81 [10.806, 10.821]	6 C 탄소 carbon 12.011 [12.009, 12.012]	7 N 질소 nitrogen 14.007 [14.006, 14.008]	8 O 산소 oxygen 15.999 [15.999, 16.000]	9 F 플루오린 fluorine 18.998	10 Ne 네온 neon 20.180
11 Na 소듐 sodium 22.990	12 Mg 마그네슘 magnesium 24.305 [24.304, 24.307]											13 Al 알루미늄 aluminium 26.982	14 Si 규소 silicon 28.085 [28.084, 28.086]	15 P 인 phosphorus 30.974	16 S 황 sulfur 32.06 [32.059, 32.076]	17 Cl 염소 chlorine 35.45 [35.446, 35.457]	18 Ar 아르곤 argon 39.95 [39.792, 39.963]
19 K 포타슘 potassium 39.098	20 Ca 칼슘 calcium 40.078(4)	21 Sc 스칸듐 scandium 44.956	22 Ti 타이타늄 titanium 47.867	23 V 바나듐 vanadium 50.942	24 Cr 크로뮴 chromium 51.996	25 Mn 망가니즈 manganese 54.938	26 Fe 철 iron 55.845(2)	27 Co 코발트 cobalt 58.933	28 Ni 니켈 nickel 58.693	29 Cu 구리 copper 63.546(3)	30 Zn 아연 zinc 65.38(2)	31 Ga 갈륨 gallium 69.723	32 Ge 저마늄 germanium 72.630(8)	33 As 비소 arsenic 74.922	34 Se 셀레늄 selenium 78.971(8)	35 Br 브로민 bromine 79.904 [79.901, 79.907]	36 Kr 크립톤 krypton 83.798(2)
37 Rb 루비듐 rubidium 85.468	38 Sr 스트론튬 strontium 87.62	39 Y 이트륨 yttrium 88.906	40 Zr 지르코늄 zirconium 91.224(2)	41 Nb 나이오븀 niobium 92.906	42 Mo 몰리브데넘 molybdenum 95.95	43 Tc 테크네튬 technetium	44 Ru 루테늄 ruthenium 101.07(2)	45 Rh 로듐 rhodium 102.91	46 Pd 팔라듐 palladium 106.42	47 Ag 은 silver 107.87	48 Cd 카드뮴 cadmium 112.41	49 In 인듐 indium 114.82	50 Sn 주석 tin 118.71	51 Sb 안티모니 antimony 121.76	52 Te 텔루륨 tellurium 127.60(3)	53 I 아이오딘 iodine 126.90	54 Xe 제논 xenon 131.29
55 Cs 세슘 caesium 132.91	56 Ba 바륨 barium 137.33	57-71 란타넘족 lanthanoids	72 Hf 하프늄 hafnium 178.49(2)	73 Ta 탄탈럼 tantalum 180.95	74 W 텅스텐 tungsten 183.84	75 Re 레늄 rhenium 186.21	76 Os 오스뮴 osmium 190.23(3)	77 Ir 이리듐 iridium 192.22	78 Pt 백금 platinum 195.08	79 Au 금 gold 196.97	80 Hg 수은 mercury 200.59	81 Tl 탈륨 thallium 204.38 [204.38, 204.39]	82 Pb 납 lead 207.2	83 Bi 비스무트 bismuth 208.98	84 Po 폴로늄 polonium	85 At 아스타틴 astatine	86 Rn 라돈 radon
87 Fr 프랑슘 francium	88 Ra 라듐 radium	89-103 악티늄족 actinoids	104 Rf 러더포듐 rutherfordium	105 Db 두브늄 dubnium	106 Sg 시보귬 seaborgium	107 Bh 보륨 bohrium	108 Hs 하슘 hassium	109 Mt 마이트너륨 meitnerium	110 Ds 다름슈타튬 darmstadtium	111 Rg 뢴트게늄 roentgenium	112 Cn 코페르니슘 copernicium	113 Nh 니호늄 nihonium	114 Fl 플레로븀 flerovium	115 Mc 모스코븀 moscovium	116 Lv 리버모륨 livermorium	117 Ts 테네신 tennessine	118 Og 오가네손 oganesson

57 La 란타넘 lanthanum 138.91	58 Ce 세륨 cerium 140.12	59 Pr 프라세오디뮴 praseodymium 140.91	60 Nd 네오디뮴 neodymium 144.24	61 Pm 프로메튬 promethium	62 Sm 사마륨 samarium 150.36(2)	63 Eu 유로퓸 europium 151.96	64 Gd 가돌리늄 gadolinium 157.25(3)	65 Tb 터븀 terbium 158.93	66 Dy 디스프로슘 dysprosium 162.50	67 Ho 홀뮴 holmium 164.93	68 Er 어븀 erbium 167.26	69 Tm 툴륨 thulium 168.93	70 Yb 이터븀 ytterbium 173.05	71 Lu 루테튬 lutetium 174.97
89 Ac 악티늄 actinium	90 Th 토륨 thorium 232.04	91 Pa 프로트악티늄 protactinium 231.04	92 U 우라늄 uranium 238.03	93 Np 넵투늄 neptunium	94 Pu 플루토늄 plutonium	95 Am 아메리슘 americium	96 Cm 퀴륨 curium	97 Bk 버클륨 berkelium	98 Cf 캘리포늄 californium	99 Es 아인슈타이늄 einsteinium	100 Fm 페르뮴 fermium	101 Md 멘델레븀 mendelevium	102 No 노벨륨 nobelium	103 Lr 로렌슘 lawrencium

참조) 표준 원자량은 2011년 IUPAC에서 결정한 새로운 형식을 따른 것으로 [ ] 안에 표시된 숫자는 2 종류 이상의 안정한 동위원소가 존재하는 경우에 지각 시료에서 발견되는 자연 존재비의 범포를 고려한 표준 원자량의 범위를 나타낸 것임. 자세한 내용은 https://iupac.org/what-we-do/periodic-table-of-elements/을 참조하기 바람.

© 대한화학회, 2018

이 책의 목차

Win-Q [위험물산업기사] 필기

빨리보는 간단한 키워드 ────────

빨간키

#합격비법 핵심 요약집　　　　#최다 빈출키워드　　　　#시험장 필수 아이템

CHAPTER 01 물질의 물리 · 화학적 성질

▌ **추출** : 혼합물 속에 액체의 용해도를 이용하여 미량의 불순물을 제거하는 방법(식초에서 초산을 분리할 때 에터 사용)

▌ **재결정** : 질산칼륨 수용액 속에 용해도 차이를 이용하여 소량의 염화나트륨의 불순물을 제거하는 방법

▌ **잠열** : 온도는 변하지 않고 상태만 변화할 때 필요한 열량($Q = \gamma \cdot m$)
- 물의 증발잠열 : 539cal/g
- 얼음의 융해잠열 : 80cal/g

▌ **현열** : 상태는 변하지 않고 온도만 변화할 때 발생하는 열($Q = mC\Delta t$)

열량 $Q = mC\Delta t$ (m : 무게, C : 비열, Δt : 온도차)

▌ **복분해** : 두 가지 이상의 성분이 서로 교체되는 현상

$AB + CD \rightarrow AD + BC$

▌ **보일-샤를의 법칙** : 기체가 차지하는 부피는 압력에 반비례하고 절대온도에 비례한다.

$$\frac{P_1 V_1}{T_1} = \frac{P_2 V_2}{T_2}, \qquad V_2 = V_1 \times \frac{P_1}{P_2} \times \frac{T_2}{T_1}$$

▌ **삼투압**

$$PV = nRT = \frac{W}{M}RT, \qquad M = \frac{WRT}{PV}, \qquad P = \frac{WRT}{VM}$$

▌ **그레이엄의 확산속도 법칙** : 확산속도는 분자량의 제곱근에 반비례, 밀도의 제곱근에 반비례한다.

$$\frac{U_B}{U_A} = \sqrt{\frac{M_A}{M_B}} = \sqrt{\frac{d_A}{d_B}}$$

■ **열역학 제2법칙**
- 열은 외부에서 작용을 받지 않고 저온에서 고온으로 이동시킬 수 없다.
- 열을 완전히 일로 바꿀 수 있는 열기관을 만들 수 없다(열효율이 100%인 열기관은 만들 수 없다).
- 자발적인 변화는 비가역적이다.
- 엔트로피는 증가하는 방향으로 흐른다.

■ **원자** : 화학결합을 할 수 있는 원소의 기본 단위

■ **질량수** = 양성자수(원자번호) + 중성자수

■ **α붕괴** : 헬륨(He)의 원자핵으로 원소가 α붕괴하면 원자번호는 2 감소하고, 질량수는 4 감소한다.

■ **β붕괴** : 원소가 β붕괴하면 원자번호는 1 증가, 질량수는 변화가 없다.

■ **γ붕괴** : 방사선의 파장이 가장 짧고 투과력과 방출속도가 가장 크다.

■ **동위원소** : 원자번호는 같고 질량수가 다른 원자

■ **반감기** : 방사선 원소가 붕괴하여 양이 1/2이 될 때까지 걸리는 시간

■ **동소체** : 같은 원소로 되어 있으나 성질과 모양이 다른 단체
- 탄소(C) : 다이아몬드, 흑연
- 황(S) : 사방황, 단사황, 고무상황

■ **오비탈의 전자수**
- p 오비탈 : 6개
- d 오비탈 : 10개

■ **에너지 준위의 순서** : $1s < 2s < 2p < 3s < 3p < 4s < 3d < 4p < 5s$

■ **Na(원자번호 11)의 전자배치** : $1s^2 2s^2 2p^6 3s^1$

■ **Ar(원자번호 18)의 전자배치** : $1s^2 2s^2 2p^6 3s^2 3p^6$

■ **Al³⁺(원자번호 13)의 전자배치** : $1s^2 2s^2 2p^6 3s^2 3p^1$인데 3가 양이온으로 전자 3개를 잃어서 10개의 전자가 되므로 Ne(네온)의 배치($1s^2 2s^2 2p^6$)와 같다.

■ **Ca²⁺(원자번호 20)의 전자배치** : $1s^2 2s^2 2p^6 3s^2 3p^6 4s^2$인데 2가 양이온으로 전자 2개를 잃어서 18개의 전자가 되므로 전자배치는 $1s^2 2s^2 2p^6 3s^2 3p^6$이다.

■ **단원자 분자** : 1개의 원자를 포함하고 있는 분자(0족 원소)

0족 원소 : He(헬륨), Ne(네온), Ar(아르곤), Kr(크립톤), Xe(제논), Rn(라돈)

■ **연소반응식**

$$C_m H_n + \left(m + \frac{n}{4}\right) O_2 \rightarrow m CO_2 + \frac{n}{2} H_2O$$

■ 당량 $= \dfrac{원자량}{원자가}$, 원자량 = 당량 × 원자가

■ **원소의 성질**
- 같은 주기에서 원자번호가 증가할수록 전기음성도, 이온화에너지, 비금속성은 증가한다.
- 같은 족에서 원자번호가 증가할수록 전기음성도, 이온화에너지, 비금속성은 감소한다.

■ **금속의 이온화경향**

K Ca Na Mg Al Zn Fe Ni Sn Pb Cu Hg Ag Pt Au

크다 ←   → 작다

■ **수소결합하는 물질** : H_2O, HF, HCN, NH_3, CH_3OH, CH_3COOH

■ **프로페인의 연소식** : $C_3H_8 + 5O_2 \rightarrow 3CO_2 + 4H_2O$

■ **산의 성질**
- 수용액은 초산과 같이 신맛이 난다.
- 전기분해하면 (−)극에서 수소를 발생한다.
- 리트머스종이는 청색에서 적색으로 변색된다.

▌ 산화물의 종류

- 산성 산화물 : CO_2, SO_2, SO_3, NO_2, SiO_2, P_2O_5
- 염기성 산화물 : CaO, CuO, BaO, MgO, Na_2O, K_2O, Fe_2O_3
- 양쪽성 산화물 : ZnO, Al_2O_3, SnO, PbO, Sb_2O_3

▌ $pH = -\log[H^+] = \log\dfrac{1}{[H^+]}$, $[H^+] = 10^{-pH}$

$pH + pOH = 14$

▌ **중화적정** : $NV = N'V'$

▌ **산성용액에서 색깔을 나타내는 지시약** : MO, MR, TB

▌ 비점상승 $\Delta T_b = K_b \cdot m = K_b \times \dfrac{\dfrac{W_B}{M}}{W_A} \times 1{,}000$, $M = K_b \times \dfrac{W_B}{W_A \Delta T_b} \times 1{,}000$

▌ 빙점강하 $\Delta T_f = K_f \cdot m = K_f \times \dfrac{\dfrac{W_B}{M}}{W_A} \times 1{,}000$, $M = K_f \times \dfrac{W_B}{W_A \Delta T_f} \times 1{,}000$

▌ **소수콜로이드** : 물과의 친화력이 좋지 않고 소량의 전해질을 넣으면 침전이 일어나는 무기질 콜로이드(–콜로이드)
로서 염화은, 수산화알루미늄, 수산화철, 흙탕물, 먹물 등

▌ 용해도 $= \dfrac{\text{용질의 g수}}{\text{용매의 g수}} \times 100$

▌ 기체의 용해도는 온도가 상승하면 감소하고, 압력이 상승하면 증가한다.

▌ **헨리의 법칙에 적용되는 기체** : H_2(수소), O_2(산소), N_2(질소), CO_2(이산화탄소)

▌ $ppm = mg/L = g/m^3 = mg/kg = \dfrac{\text{용질의 질량(mg)}}{\text{용액의 부피(L)}}$

▌ **몰농도(M)** : 용액 1L 속에 녹아 있는 용질의 몰수

▌ **규정농도(N)** : 용액 1L 속에 녹아 있는 용질의 g 당량수

▌ %농도 → 몰농도로 환산, $M = \dfrac{10ds}{분자량}$ (d : 비중, s : %농도)

▌ %농도 → 규정농도로 환산, $N = \dfrac{10ds}{당량}$ (d : 비중, s : %농도)

▌ 몰분율 $= \dfrac{각\ 성분의\ 몰수}{전체\ 몰수}$, 몰수 $= \dfrac{무게}{분자량}$

▌ **비전해질** : 수용액에서 전류가 통하지 않는 물질로서 에탄올, 설탕, 포도당, 메탄올이 있다.

▌ **산화, 환원**
  • 산화 : 산소와 결합, 수소를 잃음, 전자를 잃음, 산화수 증가
  • 환원 : 산소를 잃음, 수소와 결합, 전자를 얻음, 산화수 감소

▌ 중성화합물을 구성하는 각 원자의 산화수의 합은 0이다.
  • K$\underline{\text{Mn}}$O$_4$ $(+1) + x + (-2 \times 4) = 0$ $\therefore\ x(\text{Mn}) = +7$
  • H$_3\underline{\text{P}}$O$_4$ $(+1 \times 3) + x + (-2 \times 4) = 0$ $\therefore\ x(\text{P}) = +5$
  • K$_2\underline{\text{Cr}}_2O_7$ $(+1 \times 2) + 2x + (-2 \times 7) = 0$ $\therefore\ x(\text{Cr}) = +6$

▌ 이온의 산화수는 그 이온의 가수와 같다.
  • $\underline{\text{Mn}}$O$_4^-$ $x + (-2 \times 4) = -1$ $\therefore\ x(\text{Mn}) = +7$
  • $(\underline{\text{Cr}}_2\text{O}_7)^{2-}$ $2x + (-2 \times 7) = -2$ $\therefore\ x(\text{Cr}) = +6$

▌ **산화제** : 자신은 환원되고 다른 물질을 산화시키는 물질

▌ **환원제** : 자신은 산화되고 다른 물질을 환원시키는 물질

■ **평형상수** : 평형상수(K)는 생성물질의 속도의 곱을 반응물질의 속도의 곱으로 나눈 값

$$CO + 2H_2 \rightarrow CH_3OH \qquad K = \frac{[CH_3OH]}{[CO][H_2]^2}$$

■ **Le Chatelier 평형이동의 법칙**
- 온도 상승 : 온도가 내려가는 방향(흡열반응쪽, ←)
- 온도 강하 : 온도가 올라가는 방향(발열반응쪽, →)
- 압력 상승 : 분자수가 감소하는 방향(몰수가 감소하는 방향, →)

■ **분극현상의 감극제** : 이산화망가니즈(MnO_2), 이산화납(PbO_2)

■ 1F = 96,494coulomb ≒ 96,500coulomb = 1g당량

■ **금속원소** : 이온화에너지와 전기음성도가 작다.

■ **불꽃색상** : 칼륨(보라색), 나트륨(노란색)

■ **NaCl** : 노란색의 불꽃반응을 하고 수용액에 $AgNO_3$용액을 가하니 흰색침전이 생기는 물질

■ **불활성 기체(8족)** : 최외각 전자는 s^2p^6로 8개

■ **할로젠원소(7족) 반응성의 크기** : F > Cl > Br > I

■ **상방치환** : 공기보다 가벼운 기체를 포집하는 방법[수소(H_2), 메테인(CH_4), 암모니아(NH_3)]

■ **유기화합물의 관능기** : CH_3 – (메틸기), C_2H_5 – (에틸기), C_3H_7 – (프로필기), – CO(케톤기)

■ **이성질체** : 분자식은 같으나 원자배열 및 입체구조가 달라 화학적, 물리적 성질이 다른 물질

■ **아이오도폼 반응** : 분자 중에 $CH_3CH(OH)$–나 CH_3CO–(아세틸기)를 가진 물질은 I_2와 KOH나 NaOH를 넣고 60~80℃로 가열하면, 황색의 아이오도폼(CHI_3) 침전이 생김(C_2H_5OH, CH_3CHO, CH_3COCH_3 등)

▌ 벤젠(C_6H_6)에 불을 붙이면 H의 수보다 C의 수가 많기 때문에 그을음이 많다.

▌ 벤젠의 유도체 : 톨루엔, o-자일렌, 클로로벤젠, 나이트로벤젠, 아닐린, o-크레졸, 에틸벤젠 등

▌ 펩타이드결합 : 단백질 중에 펩타이드결합$\left(\begin{matrix} -\text{C} - \text{N} - \\ \parallel \quad\ \ | \\ \text{O} \quad\ \ \text{H} \end{matrix} \right)$을 말하며 나일론, 단백질, 양모, 아마이드 등

▌ **화재의 원형 색상** : A급(백색), B급(황색), C급(청색), D급(무색)

▌ **연소의 색과 온도**
- 담암적색 : 520℃
- 적색 : 850℃
- 휘백색 : 1,500℃ 이상

▌ **가연물의 조건** : 열전도율이 작을 것

▌ 질소 또는 질소산화물은 산소와 반응은 하나 흡열반응을 하기 때문에 가연물이 아니다.

▌ **산소공급원** : 산소, 공기, 제1류 위험물, 제5류 위험물, 제6류 위험물

▌ **연소의 4요소** : 가연물, 산소공급원, 점화원, 순조로운 연쇄반응

▌ **표면연소** : 목탄, 코크스, 숯, 금속분

▌ **분해연소** : 석탄, 종이, 목재, 플라스틱

▌ **증발연소** : 황, 나프탈렌, 왁스, 파라핀

▌ **확산연소** : 수소, 아세틸렌, 프로페인, 뷰테인

▌ **인화점** : 가연성 증기를 발생할 수 있는 최저의 온도

■ **산화열에 의한 발화** : 석탄, 건성유, 고무분말

■ **자연발화의 조건** : 열전도율이 작을 것

■ **자연발화의 방지법** : 습도를 낮게 할 것

■ **물을 소화약제로 사용하는 이유** : 비열과 증발잠열이 크기 때문

■ 물의 증발잠열 : 539cal/g, 물의 융해잠열 : 80cal/g

■ 증기비중 $= \dfrac{\text{분자량}}{29}$

■ **분해폭발** : 아세틸렌, 산화에틸렌, 하이드라진과 같이 분해하면서 폭발하는 현상

■ 하한계가 낮을수록, 상한계가 높을수록, 연소범위가 넓을수록 위험하다.

■ **연소범위**
  - 아세틸렌 : 2.5~81%
  - 수소 : 4.0~75%
  - 이황화탄소 : 1.0~50%

■ 위험도 $H = \dfrac{U - L}{L}$

■ 혼합가스의 폭발한계값 $L_m = \dfrac{100}{\dfrac{V_1}{L_1} + \dfrac{V_2}{L_2} + \dfrac{V_3}{L_3} + \cdots + \dfrac{V_n}{L_n}}$

■ **폭굉유도거리가 짧아지는 요인** : 압력이 높을수록, 관경이 작을수록, 점화원의 에너지가 강할수록

■ CH_2CHCHO(아크롤레인)은 석유제품이나 유지류가 연소할 때 생성된다.

■ **슈테판-볼츠만(Stefan-Boltzmann) 법칙** : 복사열은 절대온도차의 4제곱에 비례하고 열전달 면적에 비례한다.

▌ **보일오버** : 중질유탱크에서 장시간 조용히 연소하다가 탱크의 잔존기름이 갑자기 분출하는 현상

▌ **질식소화** : 공기 중의 산소의 농도를 21%에서 15% 이하로 낮추어 공기를 차단하여 소화하는 방법

▌ **희석소화** : 알코올, 에스터, 케톤류 등 수용성 물질에 다량의 물을 방사하여 가연물의 농도를 낮추어 소화하는 방법

▌ **할로젠화합물 및 불활성기체 소화약제의 소화효과(소방)**
  • 할로젠화합물 소화약제 : 부촉매, 질식, 냉각효과
  • 불활성기체 소화약제 : 질식, 냉각효과

▌ **대형 소화기** : 능력단위가 A급 화재는 10단위 이상, B급 화재는 20단위 이상인 것

▌ 물 1g이 100% 수증기로 증발하였을 때 체적은 약 1,700배가 된다.

▌ **화학포소화약제의 반응**

$6NaHCO_3 + Al_2(SO_4)_3 + 18H_2O \longrightarrow 3Na_2SO_4 + 2Al(OH)_3 + 6CO_2 + 18H_2O$

▌ 팽창비 $= \dfrac{\text{방출 후 포의 체적(L)}}{\text{방출 전 포수용액의 체적(포원액 + 물)(L)}} = \dfrac{\text{방출 후 포의 체적(L)}}{\dfrac{\text{원액의 양(L)}}{\text{농도(\%)}}}$

▌ 이산화탄소는 상온에서 기체이며 가스비중은 1.517(44/29)로 공기보다 무겁다(공기 : 1.0).

▌ 이산화탄소의 임계온도 : 31.35℃, 삼중점 : −56.3℃, 충전비 : 1.5 이상

▌ **할론 소화약제의 구비조건**
  • 비점이 낮고 기화되기 쉬울 것
  • 공기보다 무겁고 불연성일 것

▌ **상온에서 액체** : 할론 1011, 할론 2402

▌ **불활성기체 소화약제** : 헬륨(He), 네온(Ne), 아르곤(Ar), 질소(N_2) 가스 중 어느 하나 이상의 원소를 기본성분으로 하는 소화약제

■ 제2종 분말의 주성분 : 탄산수소칼륨($KHCO_3$), 착색 : 담회색, 적응화재 : B, C급

■ 제3종 분말의 주성분 : 제일인산암모늄($NH_4H_2PO_4$), 착색 : 담홍색, 적응화재 : A, B, C급

■ **제1종 분말의 1차 분해반응식(270℃)** : $2NaHCO_3 \rightarrow Na_2CO_3 + CO_2 + H_2O$

■ **제2종 분말의 1차 분해반응식(190℃)** : $2KHCO_3 \rightarrow K_2CO_3 + CO_2 + H_2O$

■ **제3종 분말**
- 190℃에서 분해반응식 : $NH_4H_2PO_4 \rightarrow NH_3 + H_3PO_4$(인산, 오쏘인산)
- 215℃에서 분해반응식 : $2H_3PO_4 \rightarrow H_2O + H_4P_2O_7$(피로인산)
- 300℃에서 분해반응식 : $H_4P_2O_7 \rightarrow H_2O + 2HPO_3$(메타인산)

■ **물분무 등 소화설비** : 물분무소화설비, 포소화설비, 불활성가스소화설비, 할로젠화합물소화설비, 분말소화설비
(※ 소방에서 물분무 등 소화설비와는 다르다)

■ 옥내소화전설비의 가압송수장치의 시동을 알리는 표시등(시동표시등)은 적색으로 한다.
(※ 소방에서는 기동표시등이다)

■ 옥내소화전설비의 비상전원은 유효하게 45분 이상 작동시키는 것이 가능할 것

■ 옥내소화전설비의 방수량 : 260L/min 이상, 방수압력 : 350kPa 이상

■ 옥외소화전설비의 방수량 : 450L/min 이상, 방수압력 : 350kPa 이상

■ 스프링클러헤드의 반사판으로부터 하방으로 0.45m, 수평방향으로 0.3m의 공간을 보유할 것

■ 스프링클러설비의 방수량 : 80L/min 이상, 방수압력 : 100kPa 이상

■ 고정식 방출구에서 고정지붕구조의 탱크 : I형, II형, III형, IV형, 부상지붕구조의 탱크 : 특형

■ 저부포주입법 : III형, IV형, 상부포주입법 : I형, II형, 특형

▐ Ⅲ형의 방출구 이용 : 플루오린화단백포소화약제, 수성막포소화약제

▐ 프레셔 프로포셔너 방식(차압 혼합방식) : 펌프와 발포기의 중간에 설치된 벤투리관의 벤투리작용과 펌프 가압수의 포소화약제 저장탱크에 대한 압력에 따라 포소화약제를 흡입·혼합하는 방식

▐ 프레셔 사이드 프로포셔너 방식(압입 혼합방식) : 펌프의 토출관에 압입기를 설치하여 포소화약제 압입용 펌프로 포소화약제를 압입시켜 혼합하는 방식

▐ 불활성가스소화설비 분사헤드의 방사압력
  • 이산화탄소
    − 고압식 : 2.1MPa 이상
    − 저압식 : 1.05MPa 이상
  • 불활성가스(IG-100, IG-55, IG-541) : 1.9MPa 이상

▐ 이동식 불활성가스소화설비의 저장량 : 90kg 이상, 방사량 : 90kg/min 이상

▐ 저압식 저장용기(이산화탄소)에는 용기 내부의 온도를 −20℃ 이상 −18℃ 이하로 유지할 수 있는 자동냉동기를 설치할 것

▐ 소화난이도등급 Ⅰ에 해당하는 제조소, 일반취급소 : 연면적 1,000m² 이상, 지정수량의 100배 이상

▐ 소화난이도등급 Ⅰ에 해당하는 옥내저장소 : 연면적 150m² 초과, 지정수량의 150배 이상, 처마높이 6m 이상

▐ 소화난이도등급 Ⅰ에 해당하는 옥외탱크저장소(지중탱크 또는 해상탱크 외의 것)에 황만을 저장, 취급하는 것 : 물분무소화설비

▐ 소화난이도등급 Ⅰ에 해당하는 옥내탱크저장소 또는 암반탱크저장소에 황만을 저장, 취급하는 것 : 물분무소화설비

▐ 소화난이도등급 Ⅱ에 해당하는 옥내탱크저장소, 옥외탱크저장소 : 대형수동식소화기 및 소형수동식소화기 등을 각각 1개 이상 설치할 것

▐ 소화난이도등급 Ⅲ에 해당하는 제조소 등 : 지하탱크저장소, 간이탱크저장소, 이동탱크저장소

■ 소화난이도등급Ⅲ에 해당하는 지하탱크저장소 : 소형수동식소화기로 능력단위 3 이상 2개 이상 비치

■ 제조소 또는 취급소의 소요단위의 계산방법
   • 외벽이 내화구조 : 연면적 100m²를 1소요단위
   • 외벽이 내화구조가 아닌 것 : 연면적 50m²를 1소요단위

■ 저장소의 소요단위의 계산방법
   • 외벽이 내화구조 : 연면적 150m²를 1소요단위
   • 외벽이 내화구조가 아닌 것 : 연면적 75m²를 1소요단위

■ 위험물 : 지정수량의 10배를 1소요단위

■ 80L의 용량의 수조(소화전용 물통 3개 포함)의 능력단위 : 1.5단위

■ 50L의 용량의 마른 모래(삽 1개 포함)의 능력단위 : 0.5단위

■ 160L의 용량의 팽창질석 또는 팽창진주암(삽 1개 포함)의 능력단위 : 1.0단위

■ 자동화재탐지설비 설치대상
   • 제조소 및 일반취급소 : 연면적 500m² 이상, 지정수량의 100배 이상
   • 옥내저장소 : 연면적 150m² 초과, 지정수량의 100배 이상, 처마높이가 6m 이상 단층건물

■ 지정수량의 10배 이상을 저장 또는 취급하는 곳의 경보설비 : 자동화재탐지설비, 비상경보설비, 확성장치 또는 비상방송설비 중 1종 이상

■ 자동화재탐지설비의 하나의 경계구역의 면적은 600m² 이하로 하고 그 한 변의 길이는 50m(광전식분리형 감지기를 설치할 경우에는 100m) 이하로 할 것. 다만, 해당 건축물 그 밖의 공작물의 주요한 출입구에서 그 내부의 전체를 볼 수 있는 경우에 있어서는 그 면적을 1,000m² 이하로 할 수 있다.

■ 주유취급소 중 건축물의 2층 이상의 부분을 점포·휴게음식점 또는 전시장의 용도로 사용하는 것에 있어서는 해당 건축물의 2층 이상으로부터 주유취급소의 부지 밖으로 통하는 출입구와 해당 출입구로 통하는 통로·계단 및 출입구에 유도등을 설치해야 한다.

▌ **제1류 위험물의 지정수량**

- 50kg : 차아염소산염류, 아염소산염류, 염소산염류, 과염소산염류, 무기과산화물
- 300kg : 브로민산염류, 질산염류, 아이오딘산염류, 크로뮴의 산화물
- 1,000kg : 과망가니즈산염류, 다이크로뮴산염류

▌ **제1류 위험물의 성질** : 산화성 고체, 불연성

▌ 제1류 위험물은 제2류 위험물과의 접촉을 피한다.

▌ **무기과산화물(알칼리금속의 과산화물)의 소화** : 마른 모래, 탄산수소염류분말약제, 팽창질석, 팽창진주암

▌ **제1류 위험물의 반응식**

- 염소산나트륨과 염산의 반응 : $2NaClO_3 + 2HCl \rightarrow 2NaCl + 2ClO_2 + H_2O_2$
- 과산화칼륨과 물의 반응 : $2K_2O_2 + 2H_2O \rightarrow 4KOH + O_2 \uparrow$
- 과산화칼륨과 초산의 반응 : $K_2O_2 + 2CH_3COOH \rightarrow 2CH_3COOK + H_2O_2$
- 과산화나트륨과 물의 반응 : $2Na_2O_2 + 2H_2O \rightarrow 4NaOH + O_2 \uparrow$
- 과산화나트륨과 염산의 반응 : $Na_2O_2 + 2HCl \rightarrow 2NaCl + H_2O_2$

▌ **질산암모늄의 폭발, 분해 반응** : $2NH_4NO_3 \rightarrow 2N_2 \uparrow + 4H_2O + O_2 \uparrow$

▌ **과망가니즈산칼륨과 염산과 반응** : $2KMnO_4 + 16HCl \rightarrow 2KCl + 2MnCl_2 + 8H_2O + 5Cl_2 \uparrow$

▌ 아염소산나트륨, 염소산칼륨, 염소산나트륨은 산과 반응하면 이산화염소(ClO_2)의 유독가스가 발생한다.

▌ 염소산칼륨은 냉수, 알코올에는 녹지 않고, 온수나 글리세린에는 녹는다.

▪ 과염소산나트륨, 과염소산암모늄은 물, 아세톤, 알코올에 녹고, 다이에틸에터에는 녹지 않는다.

▪ 과산화칼륨, 과산화나트륨은 주수소화를 하면 조연성 가스인 산소를 발생하므로 위험하다.

▪ **과산화칼륨, 과산화나트륨의 소화** : 마른 모래, 탄산수소염류분말약제, 팽창질석, 팽창진주암

▪ 질산칼륨, 질산나트륨은 물, 글리세린에 잘 녹으나, 알코올에는 녹지 않는다.

▪ 질산칼륨은 황과 숯가루와 혼합하여 흑색화약을 제조한다.

▪ 질산암모늄은 물, 알코올, 아세톤에 녹고 물에 용해 시 흡열반응을 한다.

▪ 과망가니즈산칼륨은 흑자색의 주상결정으로 산화력과 살균력이 강하다.

▪ 과망가니즈산칼륨은 물, 알코올, 아세톤에 녹고, 녹으면 진한 보라색을 나타낸다.

▪ **제2류 위험물의 지정수량**
  • 100kg : 황화인, 적린, 황
  • 500kg : 금속분, 철분, 마그네슘
  • 1,000kg : 인화성 고체

▪ **제2류 위험물의 성질** : 가연성 고체

▪ 황은 순도가 60wt% 이상일 때 제2류 위험물이다.

▪ 철의 분말로서 $53\mu m$의 표준체를 통과하는 것이 50wt% 이상이면 제2류 위험물이다.

▪ 마그네슘은 2mm의 체를 통과하지 않는 덩어리 상태의 것, 지름 2mm 이상의 막대 모양의 것은 해당되지 않는다.

▪ 제2류 위험물은 가연성 고체로서 비교적 낮은 온도에서 착화하기 쉽다.

▎ **금속분, 철분, 마그네슘** : 마른 모래, 팽창질석, 팽창진주암, 탄산수소염류분말약제

▎ **제2류 위험물의 반응식**
- 삼황화인과 연소반응 : $P_4S_3 + 8O_2 \rightarrow 2P_2O_5 + 3SO_2\uparrow$
- 오황화인과 물의 반응 : $P_2S_5 + 8H_2O \rightarrow 5H_2S + 2H_3PO_4$
- 오황화인의 연소반응 : $2P_2S_5 + 15O_2 \rightarrow 2P_2O_5 + 10SO_2\uparrow$
- 철분과 물의 반응 : $2Fe + 6H_2O \rightarrow 2Fe(OH)_3 + 3H_2\uparrow$
- 마그네슘과 물의 반응 : $Mg + 2H_2O \rightarrow Mg(OH)_2 + H_2\uparrow$
- 마그네슘과 질소의 반응 : $3Mg + N_2 \rightarrow Mg_3N_2$(질화마그네슘)

▎ **삼황화인(P_4S_3)의 착화점** : 약 100℃

▎ 삼황화인은 이황화탄소(CS_2), 알칼리, 질산에 녹고 물, 염소, 염산, 황산에는 녹지 않는다.

▎ 적린은 물, 알코올, 에터, 이황화탄소(CS_2), 암모니아에 녹지 않는다.

▎ 황은 분진폭발한다.

▎ 철분, 금속분(Al, Zn, Co)은 산이나 물과 반응하면 가연성 가스인 수소를 발생한다.

▎ 마그네슘은 분진폭발의 위험이 있고 물과 반응하면 수소가스를 발생한다.

▎ **제3류 위험물의 지정수량**
- 10kg : 칼륨, 나트륨, 알킬알루미늄, 알킬리튬
- 20kg : 황린
- 300kg : 금속의 수소화물, 금속의 인화물, 칼슘의 탄화물, 알루미늄의 탄화물, 염소화규소화합물

▎ **제3류 위험물의 성질** : 자연발화성 및 금수성 물질, 불연성(일부 가연성)

▎ 제3류 위험물은 대부분 무기화합물이며 고체 또는 액체이다.

▎ 제3류 위험물은 황린을 제외한 금수성 물질은 물과 반응하여 가연성 가스를 발생한다.

▌ **제3류 위험물의 소화약제** : 마른 모래, 탄산수소염류분말, 팽창질석, 팽창진주암

▌ **제3류 위험물의 반응식**
- 칼륨과 물의 반응 : $2K + 2H_2O \rightarrow 2KOH + H_2\uparrow$
- 칼륨과 알코올의 반응 : $2K + 2C_2H_5OH \rightarrow 2C_2H_5OK + H_2\uparrow$
- 나트륨과 물의 반응 : $2Na + 2H_2O \rightarrow 2NaOH + H_2\uparrow$
- 나트륨과 초산의 반응 : $2Na + 2CH_3COOH \rightarrow 2CH_3COONa + H_2\uparrow$
- 트라이메틸알루미늄과 산소의 반응 : $2(CH_3)_3Al + 12O_2 \rightarrow Al_2O_3 + 6CO_2\uparrow + 9H_2O$
- 트라이메틸알루미늄과 물의 반응 : $(CH_3)_3Al + 3H_2O \rightarrow Al(OH)_3 + 3CH_4\uparrow$
- 트라이에틸알루미늄과 산소의 반응 : $2(C_2H_5)_3Al + 21O_2 \rightarrow Al_2O_3 + 12CO_2\uparrow + 15H_2O$
- 트라이에틸알루미늄과 물의 반응 : $(C_2H_5)_3Al + 3H_2O \rightarrow Al(OH)_3 + 3C_2H_6\uparrow$
- 황린의 연소반응 : $P_4 + 5O_2 \rightarrow 2P_2O_5$
- 수소화칼륨과 물의 반응 : $KH + H_2O \rightarrow KOH + H_2\uparrow$
- 인화칼슘과 물의 반응 : $Ca_3P_2 + 6H_2O \rightarrow 3Ca(OH)_2 + 2PH_3\uparrow$
- 탄화칼슘과 물의 반응 : $CaC_2 + 2H_2O \rightarrow Ca(OH)_2 + C_2H_2\uparrow$
- 탄화망가니즈와 물의 반응 : $Mn_3C + 6H_2O \rightarrow 3Mn(OH)_2 + CH_4 + H_2\uparrow$

▌ 칼륨은 은백색의 광택이 있는 무른 경금속으로 보라색 불꽃을 내면서 연소한다.

▌ **칼륨, 나트륨의 보호액** : 등유, 경유, 유동파라핀

▌ **칼륨, 나트륨을 등유 속에 저장하는 이유** : 수분과 접촉을 차단하여 공기 산화를 방지하기 위함

▌ **황린** : 물속에 저장

▌ 나트륨은 은백색의 광택이 있는 무른 경금속으로 노란색 불꽃을 내면서 연소한다.

▌ 트라이메틸알루미늄은 물과 반응하면 메테인(CH_4)을 발생하여 폭발한다.

▌ 트라이에틸알루미늄은 물과 반응하면 에테인(C_2H_6)을 발생하여 폭발한다.

▌ 황린은 백색 또는 담황색의 자연발화성 고체이다.

▮ 황린은 물과 반응하지 않기 때문에 pH 9(약알칼리) 정도의 물속에 저장하며 보호액이 증발되지 않도록 한다.

▮ 황린은 공기를 차단하고 황린을 260℃로 가열하면 적린이 생성된다.

▮ 황린은 공기 중에서 연소 시 오산화인(P_2O_5)의 흰 연기를 발생한다.

▮ 수소화칼륨은 고온에서 암모니아(NH_3)와 반응하면 칼륨아마이드(KNH_2)와 수소가 생성된다.

▮ 인화칼슘은 물이나 약산과 반응하여 포스핀(PH_3)의 유독성 가스를 발생한다.

▮ 탄화칼슘은 물과 반응하면 아세틸렌(C_2H_2) 가스를 발생한다.

▮ 탄화칼슘은 구리, 은 등 금속과 반응하면 폭발성의 아세틸라이드를 생성한다.

▮ **제4류 위험물의 지정수량**
  - 50L : 특수인화물
  - 200L : 제1석유류(비수용성)
  - 400L : 제1석유류(수용성), 알코올류
  - 1,000L : 제2석유류(비수용성)
  - 2,000L : 제2석유류(수용성), 제3석유류(비수용성)
  - 4,000L : 제3석유류(수용성)

▮ **제4류 위험물의 성질** : 인화성 액체, 가연성

▮ **특수인화물** : 발화점 100℃ 이하, 인화점이 영하 20℃ 이하이고 비점이 40℃ 이하인 것

▮ **제1석유류** : 1기압에서 인화점이 21℃ 미만인 것

▮ **알코올류** : 1분자를 구성하는 탄소원자의 수가 1개부터 3개까지인 포화1가 알코올(변성알코올 포함)로서 농도가 60% 이상

▮ **제2석유류** : 1기압에서 인화점이 21℃ 이상 70℃ 미만인 것

■ **제3석유류** : 1기압에서 인화점이 70℃ 이상 200℃ 미만인 것

■ **제4류 위험물의 반응식**
- 이황화탄소의 연소반응 : $CS_2 + 3O_2 \rightarrow CO_2 \uparrow + 2SO_2 \uparrow$
- 이황화탄소와 물의 반응 : $CS_2 + 2H_2O \rightarrow CO_2 \uparrow + 2H_2S \uparrow$
- 벤젠의 연소반응 : $2C_6H_6 + 15O_2 \rightarrow 12CO_2 \uparrow + 6H_2O$
- 톨루엔의 연소반응 : $C_6H_5CH_3 + 9O_2 \rightarrow 7CO_2 \uparrow + 4H_2O$
- 메틸알코올의 연소반응 : $2CH_3OH + 3O_2 \rightarrow 2CO_2 \uparrow + 4H_2O$
- 에틸알코올의 아이오도폼반응
  $C_2H_5OH + 6NaOH + 4I_2 \rightarrow CHI_3 + 5NaI + HCOONa + 5H_2O$
- 에틸렌글라이콜의 연소반응식 : $2C_2H_6O_2 + 5O_2 \rightarrow 4CO_2 \uparrow + 6H_2O$
- 글리세린의 연소반응식 : $2C_3H_8O_3 + 7O_2 \rightarrow 6CO_2 \uparrow + 8H_2O$

■ 제4류 위험물은 물에 녹지 않고 물보다 가벼운 것이 많다.

■ 제4류 위험물의 수용성 위험물은 알코올용포소화약제를 사용한다.

■ 다이에틸에터의 인화점 : -40℃, 연소범위 : 1.7~48%

■ 다이에틸에터는 물에 약간 녹고, 알코올에 잘 녹으며 발생된 증기는 마취성이 있다.

■ 다이에틸에터는 공기와 장기간 접촉하면 과산화물이 생성되므로 갈색병에 저장해야 한다.

■ 이황화탄소는 가연성 증기 발생을 억제하기 위하여 물속에 저장한다.

■ 아세트알데하이드, 산화프로필렌은 구리(Cu), 마그네슘(Mg), 은(Ag), 수은(Hg)과 반응하면 아세틸라이드를 생성한다.

■ 아세트알데하이드, 산화프로필렌은 저장용기 내부에는 불연성 가스 또는 수증기 봉입장치를 할 것

■ 아세톤, 메틸에틸케톤, 초산메틸은 피부에 닿으면 탈지작용을 한다.

■ 피리딘은 무색의 액체로 강한 악취와 독성이 있는 약알칼리성이다.

■ 벤젠은 물에 녹지 않고 알코올, 아세톤, 에터에는 녹는다.

■ 벤젠은 융점이 7.0℃이므로 겨울철에 응고된다.

■ 톨루엔은 TNT의 원료로 사용하고, 산화하면 안식향산(벤조산)이 된다.

■ 메틸알코올(목정)은 독성이 있으나 에틸알코올(주정)은 독성이 없다.

■ 메틸알코올을 산화하면 폼알데하이드($HCHO$)가 되고, 2차 산화하면 의산(폼산, 개미산, $HCOOH$)이 된다.

■ 에틸알코올을 산화하면 아세트알데하이드(CH_3CHO)가 되고 2차 산화하면 초산(CH_3COOH)이 된다.

■ 초산이나 의산은 내산성 용기를 사용한다.

■ 하이드라진은 약알칼리성으로 공기 중에서 약 180℃에서 열분해하여 암모니아, 질소, 수소로 분해된다.

■ 자일렌의 이성질체로는 o-xylene, m-xylene, p-xylene가 있다.

■ 클로로벤젠은 연소하면 염화수소가스를 발생한다.

■ 에틸렌글라이콜은 2가 알코올로서 독성이 있으며 단맛이 난다.

■ 글리세린은 3가 알코올로서 독성이 없으며 단맛이 난다.

■ 아닐린은 황색 또는 담황색의 기름성의 액체이다.

■ 아마인유는 건성유이므로 자연발화의 위험이 있다.

■ **아이오딘값** : 유지 100g에 부가되는 아이오딘의 g수

■ **건성유** : 해바라기씨유, 동유, 아마인유, 정어리기름, 들기름

■ 건성유는 아이오딘값이 130 이상이고 불포화도가 크다.

■ **제5류 위험물의 지정수량**
- 10kg : 질산에스터류(제1종), 나이트로화합물(제1종), 금속의 아자이드화합물
- 100kg : 질산에스터류(셀룰로이드), 유기과산화물(제2종), 하이드록실아민, 하이드록실아민염류, 아조화합물 (제2종), 하이드라진 유도체(제2종)

■ **제5류 위험물의 성질** : 자기반응성 물질, 가연성

■ 제5류 위험물은 하이드라진 유도체를 제외하고는 유기화합물이다.

■ 제5류 위험물은 외부의 산소공급 없이도 자기연소하므로 연소속도가 빠르고 폭발적이다.

■ **제5류 위험물의 반응식**
- 나이트로글리세린의 분해반응 : $4C_3H_5(ONO_2)_3 \rightarrow O_2 + 6N_2 + 10H_2O + 12CO_2$
- TNT의 분해반응 : $2C_6H_2CH_3(NO_2)_3 \rightarrow 2C + 3N_2 + 5H_2 + 12CO$
- 피크르산의 분해반응 : $2C_6H_2OH(NO_2)_3 \rightarrow 2C + 3N_2 + 3H_2 + 4CO_2 + 6CO$

■ 과산화벤조일은 물에 녹지 않고, 알코올에는 약간 녹는다.

■ 과산화벤조일은 DMP(프탈산다이메틸), DBP(프탈산다이부틸)의 희석제를 사용한다.

■ 과산화메틸에틸케톤은 물에 약간 녹고, 알코올, 에터, 케톤에는 녹는다.

■ 나이트로셀룰로스는 저장 중에 물 또는 알코올로 습윤시켜 저장한다.

■ 나이트로셀룰로스는 질화도가 클수록 폭발성이 크다.

■ 나이트로글리세린은 상온에서 액체이고 겨울에는 동결한다.

■ 나이트로글리세린은 규조토에 흡수시켜 다이너마이트를 제조할 때 사용한다.

■ 셀룰로이드는 온도 및 습도가 높은 장소에서 취급할 때 자연발화의 위험이 크다.

■ 질산메틸은 물에 녹지 않고 알코올, 에터에는 잘 녹는다.

■ 트라이나이트로톨루엔은 충격에는 민감하지 않으나 급격한 타격에 의하여 폭발한다.

■ 트라이나이트로톨루엔은 물에 녹지 않고 아세톤, 벤젠, 에터에는 잘 녹는다.

■ 트라이나이트로톨루엔은 충격 감도는 피크르산보다 약하다.

■ 트라이나이트로톨루엔(TNT)이 분해할 때 질소, 일산화탄소, 수소가스가 발생한다.

■ 트라이나이트로페놀은 황색의 침상결정이다.

■ 트라이나이트로페놀은 쓴맛과 독성이 있고 알코올, 에터, 벤젠, 더운물에는 잘 녹는다.

■ 트라이나이트로페놀은 단독으로 가열, 마찰 충격에 안정하고 연소 시 검은 연기를 내지만 폭발은 하지 않는다.

■ **제6류 위험물의 지정수량**
  300kg : 과염소산, 과산화수소, 질산, 할로젠간화합물

■ **제6류 위험물의 성질** : 산화성 액체, 불연성

■ 과산화수소는 농도가 36wt% 이상이면 제6류 위험물이다.

■ 질산은 비중이 1.49 이상이면 제6류 위험물이다.

■ 제6류 위험물은 무색 투명하며 모두가 액체이고 비중은 1보다 크다.

■ 제6류 위험물은 과산화수소를 제외하고 강산성 물질이며 물에 녹기 쉽다.

■ 과염소산은 무색 무취의 유동하기 쉬운 액체로 흡습성이 강하며 휘발성이 있다.

▋ 과산화수소는 물, 알코올, 에터에 녹고, 벤젠에는 녹지 않는다.

▋ 과산화수소는 나이트로글리세린, 하이드라진과 혼촉하면 분해하여 발화, 폭발한다.

▋ 과산화수소는 저장용기는 밀봉하지 말고 구멍이 있는 마개를 사용해야 한다.

▋ 질산은 흡습성이 강하여 습한 공기 중에서 발열하는 무색의 무거운 액체이다.

▋ 진한 질산을 가열하면 적갈색의 갈색증기(NO_2)가 발생한다.

▋ 진한 질산은 Co, Fe, Ni, Cr, Al을 부동태화한다.

▋ **부동태화** : 금속 표면에 산화 피막을 입혀 내식성을 높이는 현상

▋ 질산은 단백질과 잔토프로테인 반응을 하여 노란색으로 변한다.

▋ **잔토프로테인 반응** : 단백질 검출 반응의 하나로서 아미노산 또는 단백질에 진한 질산을 가하여 가열하면 황색이 되고, 냉각하여 염기성으로 되게 하면 등황색을 띤다.

CHAPTER **04** 위험물 안전관리법령

▌ **위험물** : 인화성 또는 발화성 등의 성질을 가지는 것으로 대통령령이 정하는 물품

▌ **제조소** : 지정수량 이상의 위험물을 취급하기 위하여 규정에 따른 허가를 받은 장소

▌ **옥외저장소에 저장할 수 있는 위험물**
- 제2류 위험물 중 황 또는 인화성 고체(인화점이 0℃ 이상인 것에 한함)
- 제4류 위험물 중 제1석유류(인화점이 0℃ 이상인 것에 한한다), 알코올류, 제2석유류, 제3석유류, 제4석유류 및 동식물유류
- 제6류 위험물
- 제2류 위험물 및 제4류 위험물 중 특별시·광역시·특별자치시·도 또는 특별자치도의 조례로 정하는 위험물(관세법 제154조의 규정에 의한 보세구역 안에 저장하는 경우로 한정한다)
- 국제해사기구에 관한 협약에 의하여 설치된 국제해사기구가 채택한 국제해상위험물 규칙(IMDG Code)에 적합한 용기에 수납된 위험물

▌ **판매취급소** : 점포에서 위험물을 용기에 담아 판매하기 위하여 지정수량의 40배 이하의 위험물을 취급하는 장소

▌ **위험물제조소 등** : 제조소, 취급소, 저장소

▌ 제조소 등을 설치하고자 하는 자는 시·도지사의 허가를 받아야 한다.

▌ 제조소 등의 위치, 구조 또는 설비의 변경 없이 위험물의 품명, 수량 또는 지정수량의 배수를 변경하고자 하는 자는 변경하고자 하는 날의 1일 전까지 시·도지사에게 신고해야 한다.

▌ 지정수량의 배수가 1 이상이면 위험물안전관리법에 적용을 받고, 지정수량 미만의 위험물은 시·도의 조례로 정한다.

▌ **제조소 등의 용도 폐지** : 폐지한 날로부터 14일 이내에 시·도지사에게 신고

∎ 위험물안전관리자 선임권자 : 제조소 등의 관계인

∎ 위험물안전관리자 해임 또는 퇴직 시 : 30일 이내에 재선임

∎ 위험물안전관리자 선임신고 : 선임한 날부터 14일 이내

∎ 위험물안전관리자 미선임 : 1,500만원 이하의 벌금

∎ **예방규정을 정해야 하는 제조소 등**
- 지정수량의 10배 이상의 위험물을 취급하는 제조소, 일반취급소
- 지정수량의 100배 이상의 위험물을 저장하는 옥외저장소
- 지정수량의 150배 이상의 위험물을 저장하는 옥내저장소
- 지정수량의 200배 이상의 위험물을 저장하는 옥외탱크저장소
- 암반탱크저장소, 이송취급소

∎ 옥외탱크저장소의 액체위험물탱크 중 그 용량이 100만L 이상인 탱크는 탱크안전성능검사(기초ㆍ지반검사)를 실시해야 한다.

∎ **자체소방대 설치대상** : 지정수량의 3,000배 이상의 제4류 위험물을 취급하는 제조소, 일반취급소

∎ **제조소 또는 일반취급소에서 취급하는 제4류 위험물의 최대수량의 합이 지정수량의 24만배 이상 48만배 미만인 사업소** : 화학소방자동차 3대, 자체소방대원 15인

∎ **포수용액 방사차의 소화능력 및 설비의 기준**
- 포수용액의 방사능력이 매분 2,000L 이상일 것
- 소화약액탱크 및 소화약액혼합장치를 비치할 것
- 10만L 이상의 포수용액을 방사할 수 있는 양의 소화약제를 비치할 것

∎ **운송책임자의 감독, 지원을 받아 운송해야 하는 위험물** : 알킬알루미늄, 알킬리튬, 알킬알루미늄 또는 알킬리튬을 함유하는 물질

∎ **제조소 등에 대한 사용의 정지가 그 이용자에게 심한 불편을 주거나 그 밖에 공익을 해칠 우려가 있는 때 과징금 금액** : 2억원 이하

■ **무기 또는 5년 이상의 징역** : 제조소 등 또는 허가를 받지 않고 지정수량 이상의 위험물을 저장 또는 취급하는 장소에서 위험물을 유출·방출 또는 확산시켜 사람을 사망에 이르게 한 때

■ **10년 이하의 징역 또는 금고나 1억원 이하의 벌금** : 업무상 과실로 제조소 등 또는 허가를 받지 않고 지정수량 이상의 위험물을 저장 또는 취급하는 장소에서 위험물을 유출·방출 또는 확산시켜 사람을 사상(死傷)에 이르게 한 자

■ **3년 이하의 징역 또는 3,000만원 이하의 벌금** : 위험물의 저장 및 취급의 제한을 위반하여 저장소 또는 제조소 등이 아닌 장소에서 지정수량 이상의 위험물을 저장 또는 취급한 자

■ **1,500만원 이하의 벌금** : 안전관리자를 선임하지 않은 관계인으로서 허가를 받은 자

■ **1,000만원 이하의 벌금** : 안전관리자 또는 그 대리자가 참여하지 않은 상태에서 위험물을 취급한 자

■ 탱크의 용량 = 탱크의 내용적 − 공간용적(탱크 내용적의 5/100 이상 10/100 이하)

■ 양쪽이 볼록한 타원형 탱크의 내용적 $= \dfrac{\pi \, ab}{4}\left(l + \dfrac{l_1 + l_2}{3}\right)$

■ 세로로 설치한 원통형 탱크의 내용적 $= \pi \, r^2 l$

■ **제1류 위험물** : 가연물과의 접촉, 혼합이나 분해를 촉진하는 물품과의 접근 또는 과열, 충격, 마찰 등을 피하는 한편, 알칼리금속의 과산화물 및 이를 함유한 것에 있어서는 물과의 접촉을 피해야 한다.

■ **제2류 위험물** : 산화제와의 접촉, 혼합이나 불티, 불꽃, 고온체와의 접근 또는 과열을 피하는 한편, 철분, 금속분, 마그네슘 및 이를 함유한 것에 있어서는 물이나 산과의 접촉을 피하고 인화성 고체에 함부로 증기를 발생시키지 않아야 한다.

■ **제3류 위험물** : 자연발화성 물질에 있어서는 불티, 불꽃 또는 고온체와의 접근·과열 또는 공기와의 접촉을 피하고, 금수성 물질에 있어서는 물과의 접촉을 피해야 한다.

■ **제6류 위험물** : 가연물과의 접촉·혼합이나 분해를 촉진하는 물품과의 접근 또는 과열을 피해야 한다.

■ 옥내저장소 또는 옥외저장소에는 있어서 유별을 달리하는 위험물을 동일한 저장소에 저장할 수 없는데 1m 이상 간격을 두고 다음의 유별을 저장할 수 있다.
 • 제1류 위험물(알칼리금속의 과산화물은 제외)과 제5류 위험물을 저장하는 경우
 • 제1류 위험물과 제6류 위험물을 저장하는 경우
 • 제1류 위험물과 제3류 위험물 중 자연발화성 물질(황린 포함)을 저장하는 경우
 • 제2류 위험물 중 인화성 고체와 제4류 위험물을 저장하는 경우
 • 제3류 위험물 중 알킬알루미늄 등과 제4류 위험물(알킬알루미늄 또는 알킬리튬을 함유한 것에 한함)을 저장하는 경우
 • 제4류 위험물 중 유기과산화물과 제5류 위험물 중 유기과산화물을 저장하는 경우

■ 제3류 위험물 중 황린 그 밖에 물속에 저장하는 물품과 금수성 물질은 동일한 저장소에서 저장하지 않아야 한다.

■ 옥내저장소에서 동일 품명의 위험물이더라도 자연발화할 우려가 있는 위험물 또는 재해가 현저하게 증대할 우려가 있는 위험물을 다량 저장하는 경우에는 지정수량의 10배 이하마다 구분하여 상호간 0.3m 이상의 간격을 두어 저장해야 한다.

■ 옥내저장소와 옥외저장소에 저장 시 높이(다음의 높이를 초과하여 겹쳐 쌓지 말 것)
 • 기계에 의하여 하역하는 구조로 된 용기만을 겹쳐 쌓는 경우 : 6m
 • 제4류 위험물 중 제3석유류, 제4석유류, 동식물유류를 수납하는 용기만을 겹쳐 쌓는 경우 : 4m
 • 그 밖의 경우(특수인화물, 제1석유류, 제2석유류, 알코올류, 타류) : 3m

■ 옥외저장소에서 위험물을 수납한 용기를 선반에 저장하는 경우 : 6m를 초과하지 말 것

■ 이동저장탱크에 알킬알루미늄 등을 저장하는 경우에는 20kPa 이하의 압력으로 불활성의 기체를 봉입하여 둘 것

■ 알킬알루미늄 등의 이동탱크저장소에 있어서 이동저장탱크로부터 알킬알루미늄 등을 꺼낼 때에는 동시에 200kPa 이하의 압력으로 불활성의 기체를 봉입할 것

■ 아세트알데하이드 등의 이동탱크저장소에 있어서 이동저장탱크로부터 아세트알데하이드 등을 꺼낼 때에는 동시에 100kPa 이하의 압력으로 불활성의 기체를 봉입할 것

■ **아세트알데하이드 등 또는 다이에틸에터 등을 이동저장탱크에 저장하는 경우**
- 보냉장치가 있는 경우 : 비점 이하
- 보냉장치가 없는 경우 : 40℃ 이하

■ 이동저장탱크로부터 위험물을 저장 또는 취급하는 탱크에 인화점이 40℃ 미만인 위험물을 주입할 때에는 이동탱크 저장소의 원동기를 정지시킬 것

■ **고체위험물** : 운반용기 내용적의 95% 이하의 수납률로 수납할 것

■ **액체위험물** : 운반용기 내용적의 98% 이하의 수납률로 수납하되, 55℃의 온도에서 누설되지 않도록 충분한 공간용적을 유지하도록 할 것

■ 자연발화성 물질 외의 물품에 있어서는 파라핀·경유·등유 등의 보호액으로 채워 밀봉하거나 불활성 기체를 봉입하여 밀봉하는 등 수분과 접하지 않도록 할 것

■ 자연발화성 물질 중 알킬알루미늄 등은 운반용기의 내용적의 90% 이하의 수납률로 수납하되, 50℃의 온도에서 5% 이상의 공간용적을 유지하도록 할 것

■ **운반 시 차광성이 있는 것으로 피복**
- 제1류 위험물
- 제3류 위험물 중 자연발화성 물질
- 제4류 위험물 중 특수인화물
- 제5류 위험물
- 제6류 위험물

■ **운반 시 방수성이 있는 것으로 피복**
- 제1류 위험물 중 알칼리금속의 과산화물
- 제2류 위험물 중 철분·금속분·마그네슘
- 제3류 위험물 중 금수성 물질

■ **운반용기의 외부 표시사항**
- 위험물의 품명, 위험등급, 화학명 및 수용성("수용성" 표시는 제4류 위험물의 수용성인 것에 한함)
- 위험물의 수량
- 수납하는 위험물에 따른 주의사항

운반용기의 주의사항

종 류	주의사항
제1류 위험물	• 알칼리금속의 과산화물 : 화기·충격주의, 물기엄금, 가연물접촉주의 • 그 밖의 것 : 화기·충격주의, 가연물접촉주의
제2류 위험물	• 철분, 금속분, 마그네슘 : 화기주의, 물기엄금 • 인화성 고체 : 화기엄금 • 그 밖의 것 : 화기주의
제3류 위험물	• 자연발화성 물질 : 화기엄금, 공기접촉엄금 • 금수성 물질 : 물기엄금
제4류 위험물	화기엄금
제5류 위험물	화기엄금, 충격주의
제6류 위험물	가연물접촉주의

위험물 운반 시 혼재 가능 기준(지정수량의 1/10 이하는 제외)

- 제1류 + 제6류 위험물
- 제3류 + 제4류 위험물
- 제5류 + 제2류 + 제4류 위험물

위험등급 I 의 위험물

- 제1류 위험물 중 아염소산염류, 염소산염류, 과염소산염류, 무기과산화물, 지정수량이 50kg인 위험물
- 제3류 위험물 중 칼륨, 나트륨, 알킬알루미늄, 알킬리튬, 황린, 지정수량이 10kg 또는 20kg인 위험물
- 제4류 위험물 중 특수인화물
- 제5류 위험물 중 지정수량이 10kg인 위험물
- 제6류 위험물

위험등급 II 의 위험물 : 제4류 위험물 중 제1석유류, 알코올류

제조소의 안전거리

- 건축물, 그 밖의 공작물로서 주거용으로 사용되는 것(제조소가 설치된 부지 내에 있는 것을 제외) : 10m 이상
- 학교, 병원(병원급 의료기관), 극장(공연장, 영화상영관 및 그 밖에 이와 유사한 시설로서 수용인원 300명 이상 수용할 수 있는 것), 아동복지시설, 노인복지시설, 장애인복지시설, 한부모가족복지시설, 어린이집, 성매매피해자 등을 위한 지원시설, 정신건강증진시설, 가정폭력방지 및 피해자 보호시설 및 그 밖에 이와 유사한 시설로서 수용인원 20명 이상 수용할 수 있는 것 : 30m 이상
- 유형문화재, 기념물 중 지정문화재 : 50m 이상

▌ 방화상 유효한 담의 높이

- $H \leq pD^2 + a$인 경우 $h = 2$
- $H > pD^2 + a$인 경우 $h = H - p(D^2 - d^2)$

▌ 제조소의 보유공지

- 지정수량의 10배 이하 : 3m 이상
- 지정수량의 10배 초과 : 5m 이상

▌ 제조소 등의 주의사항

- 제1류 위험물 중 알칼리금속의 과산화물 : 물기엄금
- 제3류 위험물 중 금수성 물질 : 물기엄금
- 제4류 위험물 : 화기엄금

▌ 제조소의 벽·기둥·바닥·보·서까래 및 계단 : 불연재료로 하고 연소 우려가 있는 외벽은 출입구 외에 개구부가 없는 내화구조의 벽으로 할 것

▌ 제조소의 액체의 위험물을 취급하는 건축물의 바닥 : 위험물이 스며들지 못하는 재료를 사용하고 적당한 경사를 두어 그 최저부에 집유설비를 할 것

▌ 제조소의 환기설비

- 환기 : 자연배기방식
- 급기구는 해당 급기구가 설치된 실의 바닥면적 150m²마다 1개 이상으로 하되 급기구의 크기는 800cm² 이상으로 할 것. 다만 바닥면적 150m² 미만인 경우에는 규정된 크기로 할 것

▌ 제조소의 배출능력은 1시간당 배출장소 용적의 20배 이상인 것으로 할 것(전역방출방식 : 바닥면적 1m²당 18m³ 이상)

▌ 정전기 제거설비

- 접지에 의한 방법
- 공기 중의 상대습도를 70% 이상으로 하는 방법
- 공기를 이온화하는 방법

■ **피뢰설비** : 지정수량의 10배 이상의 위험물을 제조소(제6류 위험물은 제외)에는 설치할 것

■ **위험물제조소의 옥외에 있는 위험물 취급탱크**
- 하나의 취급탱크 주위에 설치하는 방유제의 용량 : 해당 탱크용량의 50% 이상
- 2 이상의 취급탱크 주위에 하나의 방유제를 설치하는 경우 방유제의 용량 : 해당 탱크 중 용량이 최대인 것의 50%에 나머지 탱크용량 합계의 10%를 가산한 양 이상이 되게 할 것

■ **하이드록실아민 등을 취급하는 제조소의 특례 안전거리**
$D = 51.1\sqrt[3]{N}(\mathrm{m})$ 이상[N : 지정수량의 배수(하이드록실아민의 지정수량 : 100kg)]

■ **옥내저장소의 안전거리 제외 대상**
- 제4석유류 또는 동식물유류의 위험물을 저장 또는 취급하는 옥내저장소로서 그 최대수량이 지정수량의 20배 미만인 것
- 제6류 위험물을 저장 또는 취급하는 옥내저장소

■ **옥내저장소의 보유공지(벽·기둥 및 바닥이 내화구조로 된 건축물)**
지정수량의 20배 초과 50배 이하 : 3m 이상

■ 옥내저장소의 저장창고는 지면에서 처마까지의 높이(처마높이)가 6m 미만인 단층 건물로 하고 그 바닥을 지반면보다 높게 해야 한다.

■ **옥내저장소의 저장창고의 바닥면적(2개 이상의 구획된 실은 바닥면적의 합계) : 1,000m² 이하**
- 제1류 위험물 중 아염소산염류, 염소산염류, 과염소산염류, 무기과산화물, 그 밖에 지정수량이 50kg인 위험물
- 제3류 위험물 중 칼륨, 나트륨, 알킬알루미늄, 알킬리튬, 그 밖에 지정수량이 10kg인 위험물 및 황린
- 제4류 위험물 중 특수인화물, 제1석유류 및 알코올류
- 제5류 위험물 중 질산에스터류, 그 밖에 지정수량이 10kg인 위험물
- 제6류 위험물

■ 옥내저장소의 저장창고의 벽·기둥 및 바닥은 내화구조로 하고, 보와 서까래는 불연재료로 해야 한다.

■ 옥내저장소의 저장창고의 출입구에는 60분+ 방화문·60분 방화문 또는 30분 방화문을 설치하되, 연소의 우려가 있는 외벽에 있는 출입구에는 수시로 열 수 있는 자동폐쇄식의 60분+ 방화문 또는 60분 방화물을 설치해야 한다.

▌ **저장창고의 바닥에 물이 스며 나오거나 스며들지 않는 구조로 해야 하는 위험물**

- 제1류 위험물 중 알칼리금속의 과산화물
- 제2류 위험물 중 철분, 금속분, 마그네슘
- 제3류 위험물 중 금수성 물질
- 제4류 위험물

▌ **옥외탱크저장소의 보유공지**

지정수량의 1,000배 초과 2,000배 이하 : 9m 이상

▌ **특정 옥외저장탱크** : 액체위험물의 최대수량이 100만L 이상의 옥외저장탱크

▌ **옥외탱크저장소의 압력탱크** : 최대상용압력의 1.5배의 압력으로 10분간 실시하는 수압시험에서 이상이 없을 것

▌ **옥외탱크저장소의 통기관(압력탱크 외의 탱크에 설치하는 밸브 없는 통기관)**

- 지름은 30mm 이상일 것
- 끝부분은 수평면보다 45° 이상 구부려 빗물 등의 침투를 막는 구조로 할 것

▌ **옥외저장탱크의 펌프설비** : 펌프설비의 주위에는 너비 3m 이상의 공지를 보유할 것(방화상 유효한 격벽을 설치하는 경우, 제6류 위험물, 지정수량의 10배 이하 위험물은 제외)

▌ 옥외저장탱크의 펌프실의 바닥의 주위에는 높이 0.2m 이상의 턱을 만들고 그 최저부에는 집유설비를 설치할 것

▌ 이황화탄소의 옥외저장탱크는 벽 및 바닥의 두께가 0.2m 이상이고 철근콘크리트의 수조에 넣어 보관한다. 이 경우 보유공지·통기관 및 자동계량장치는 생략할 수 있다.

▌ **옥외탱크저장소의 방유제(이황화탄소는 제외)**

- 방유제의 용량
  - 탱크가 하나일 때 : 탱크 용량의 110%(인화성이 없는 액체위험물은 100%) 이상
  - 탱크가 2기 이상일 때 : 탱크 중 용량이 최대인 것의 용량의 110%(인화성이 없는 액체위험물은 100%) 이상
- 방유제의 높이 : 0.5m 이상 3m 이하
- 방유제의 두께 : 0.2m 이상
- 방유제의 지하매설 깊이 : 1m 이상
- 방유제 내의 면적 : 80,000m^2 이하

■ 방유제는 탱크의 옆판으로부터 일정 거리를 유지할 것(단, 인화점이 200℃ 이상인 위험물은 제외)
- 지름이 15m 미만인 경우 : 탱크 높이의 1/3 이상
- 지름이 15m 이상인 경우 : 탱크 높이의 1/2 이상

■ 옥내저장탱크의 용량(동일한 탱크전용실에 2 이상 설치하는 경우에는 각 탱크의 용량의 합계)은 지정수량의 40배 (제4석유류 및 동식물유류 외의 제4류 위험물 : 20,000L를 초과할 때에는 20,000L) 이하일 것

■ 옥내탱크전용실의 창 및 출입구에는 60분+ 방화문·60분 방화문 또는 30분 방화문을 설치하는 동시에, 연소의 우려가 있는 외벽에 두는 출입구에는 수시로 열 수 있는 자동폐쇄식의 60분+ 방화문 또는 60분 방화문을 설치할 것

■ 지하탱크전용실은 지하의 가장 가까운 벽·피트·가스관 등의 시설물 및 대지경계선으로부터 0.1m 이상 떨어진 곳에 설치하고, 지하저장탱크와 탱크전용실의 안쪽과의 사이는 0.1m 이상의 간격을 유지하도록 하며, 해당 탱크의 주위에 마른 모래 또는 습기 등에 의하여 응고되지 않는 입자지름 5mm 이하의 마른 자갈분을 채워야 한다.

■ 지하저장탱크의 윗부분은 지면으로부터 0.6m 이상 아래에 있어야 한다.

■ 지하저장탱크를 2 이상 인접해 설치하는 경우에는 그 상호 간에 1m(해당 2 이상의 지하저장탱크의 용량의 합계가 지정수량의 100배 이하인 때에는 0.5m) 이상의 간격을 유지해야 한다.

■ **지하탱크저장소의 수압시험**
- 압력탱크(최대상용압력이 46.7kPa 이상인 탱크) 외의 탱크 : 70kPa의 압력으로 10분간
- 압력탱크 : 최대상용압력의 1.5배의 압력으로 10분간

■ **지하탱크저장소의 액체위험물의 누설을 검사하기 위한 관의 설치기준(4개소 이상)**
- 이중관으로 할 것. 다만, 소공이 없는 상부는 단관으로 할 수 있다.
- 재료는 금속관 또는 경질합성수지관으로 할 것
- 관은 탱크전용실의 바닥 또는 탱크의 기초까지 닿게 할 것
- 관의 밑부분으로부터 탱크의 중심 높이까지의 부분에는 소공이 뚫려 있을 것. 다만, 지하수위가 높은 장소에 있어서는 지하수위 높이까지의 부분에 소공이 뚫려 있어야 한다.
- 상부는 물이 침투하지 않는 구조로 하고, 뚜껑은 검사 시에 쉽게 열 수 있도록 할 것

■ 하나의 간이탱크저장소에 설치하는 간이저장탱크는 그 수를 3 이하로 하고, 동일한 품질의 위험물의 간이저장탱크를 2 이상 설치하지 않아야 한다.

■ 간이저장탱크의 용량은 600L 이하이어야 한다.

■ 간이저장탱크는 두께 3.2mm 이상의 강판으로 흠이 없도록 제작해야 하며, 70kPa의 압력으로 10분간의 수압시험을 실시하여 새거나 변형되지 않아야 한다.

■ **이동저장탱크의 재질** : 두께 3.2mm 이상의 강철판

■ **이동저장탱크의 수압시험**
- 압력탱크(최대상용압력이 46.7kPa 이상인 탱크) 외의 탱크 : 70kPa의 압력으로 10분간 실시하여 새거나 변형되지 않을 것
- 압력탱크 : 최대상용압력의 1.5배의 압력으로 10분간 실시하여 새거나 변형되지 않을 것

■ 이동저장탱크는 그 내부에 4,000L 이하마다 3.2mm 이상의 강철판 또는 이와 동등 이상의 강도·내열성 및 내식성이 있는 금속성의 것으로 칸막이를 설치해야 한다(다만, 고체인 위험물을 저장하거나 고체인 위험물을 가열하여 액체 상태로 저장하는 경우에는 그렇지 않다).

■ **이동저장탱크의 안전장치의 작동 압력**
- 상용압력이 20kPa 이하인 탱크 : 20kPa 이상 24kPa 이하의 압력
- 상용압력이 20kPa을 초과하는 탱크 : 상용압력의 1.1배 이하의 압력

■ **이동탱크저장소(위험물 운반차량)의 표지 부착위치**
- 이동탱크저장소 : 전면 상단 및 후면 상단
- 위험물 운반차량 : 전면 및 후면
- 규격 및 형상 : 60cm 이상×30cm 이상의 가로형 사각형
- 색상 및 문자 : 흑색 바탕에 황색의 반사도료로 "위험물"이라 표기할 것

■ **알킬알루미늄 등을 저장 또는 취급하는 이동탱크저장소의 특례**
- 이동저장탱크의 두께 : 10mm 이상의 강판
- 수압시험 : 1MPa 이상의 압력으로 10분간 실시하여 새거나 변형하지 않을 것
- 이동저장탱크의 용량 : 1,900L 미만
- 안전장치 : 수압시험의 압력의 2/3를 초과하고 4/5를 넘지 않는 범위의 압력에서 작동할 것
- 맨홀, 주입구의 뚜껑 두께 : 10mm 이상의 강판

∎ **옥외저장소의 선반의 높이** : 6m를 초과하지 말 것

∎ 주유취급소의 고정주유설비의 주위에는 주유를 받으려는 자동차 등이 출입할 수 있도록 너비 15m 이상, 길이 6m 이상의 콘크리트 등으로 포장한 공지(주유공지)를 보유해야 한다.

∎ **주유취급소에서 위험물을 저장 또는 취급하는 탱크를 설치할 수 있는 경우**
- 자동차 등에 주유하기 위한 고정주유설비에 직접 접속하는 전용탱크로서 50,000L 이하의 것
- 고정급유설비에 직접 접속하는 전용탱크로서 50,000L 이하의 것
- 보일러 등에 직접 접속하는 전용탱크로서 10,000L 이하의 것
- 자동차 등을 점검·정비하는 작업장 등(주유취급소 안에 설치된 것에 한한다)에서 사용하는 폐유·윤활유 등의 위험물을 저장하는 탱크로서 용량(2 이상 설치하는 경우에는 각 용량의 합계)이 2,000L 이하인 탱크(이하 "폐유탱크 등"이라 한다)
- 고정주유설비 또는 고정급유설비에 직접 접속하는 3기 이하의 간이탱크

∎ **주유취급소의 고정주유설비 또는 고정급유설비의 설치기준**
- 고정주유설비(중심선을 기점으로 하여)
  - 도로경계선까지 : 4m 이상 거리를 유지할 것
  - 부지경계선·담 및 건축물의 벽까지 : 2m(개구부가 없는 벽까지는 1m) 이상 거리를 유지할 것
- 고정급유설비(중심선을 기점으로 하여)
  - 도로경계선까지 : 4m 이상 거리를 유지할 것
  - 부지경계선·담까지 : 1m 이상 거리를 유지할 것
  - 건축물의 벽까지 : 2m(개구부가 없는 벽까지는 1m) 이상 거리를 유지할 것
- 고정주유설비와 고정급유설비의 사이에는 4m 이상의 거리를 유지할 것

∎ **주유취급소에 설치할 수 있는 건축물**
- 주유 또는 등유·경유를 옮겨 담기 위한 작업장
- 주유취급소의 업무를 행하기 위한 사무소
- 자동차 등의 점검 및 간이정비를 위한 작업장
- 자동차 등의 세정을 위한 작업장
- 주유취급소에 출입하는 사람을 대상으로 한 점포·휴게음식점 또는 전시장
- 주유취급소의 관계자가 거주하는 주거시설
- 전기자동차의 충전설비(전기를 동력원으로 하는 자동차에 직접 전기를 공급하는 설비를 말한다)

▌판매취급소의 배합실의 기준

- 바닥면적은 6m² 이상 15m² 이하일 것
- 내화구조 또는 불연재료로 된 벽으로 구획할 것
- 바닥은 위험물이 침투하지 않는 구조로 하여 적당한 경사를 두고 집유설비를 할 것
- 출입구에는 수시로 열 수 있는 자동폐쇄식의 60분+ 방화문 또는 60분 방화문을 설치할 것
- 출입구 문턱의 높이는 바닥면으로부터 0.1m 이상으로 할 것
- 내부에 체류한 가연성의 증기 또는 가연성의 미분을 지붕 위로 방출하는 설비를 할 것

▌이송취급소의 비파괴시험 : 배관 등의 용접부는 비파괴시험을 실시하여 합격할 것. 이 경우 이송기지 내의 지상에 설치된 배관 등은 전체 용접부의 20% 이상을 발췌하여 시험할 수 있다.

▌이송취급소의 내압시험 : 배관 등은 최대상용압력의 1.25배 이상의 압력으로 4시간 이상 수압을 가하여 누설 그 밖의 이상이 없을 것

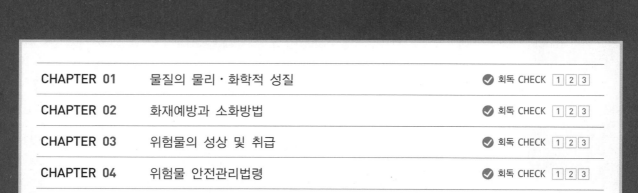

PART

01

핵심이론

CHAPTER 01 물질의 물리·화학적 성질

제1절	물질의 상태

핵심이론 01 | 물질과 물체

(1) 물 질
공간을 채우고 질량을 가지고 있는 것으로서 고체, 액체, 기체가 있다.

(2) 물 체
질량이 있는 공간적으로 크기와 형태를 가지는 것으로 물질로 만들어진 것을 말한다.

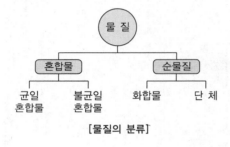

[물질의 분류]

핵심이론 02 | 물질의 분류

(1) 순물질
일정한 조성을 가지며 독특한 성질을 가지는 물질로서 조성이 다르며 모양, 맛, 냄새 등에 의해서 서로 구별된다.
① 단체 : 한 가지 원소로 되어 있는 물질 및 동소체
   예 황(S), 구리(Cu), 알루미늄(Al), 나트륨(Na), 흑연(C)
② 화합물 : 두 가지 이상의 원소로 구성되어 있는 물질
   예 물(H_2O), 이산화탄소(CO_2), 염화나트륨(NaCl)

(2) 혼합물
두 가지 이상의 순물질이 혼합되어 있는 것으로 비점(끓는점)과 빙점(어는점)이 일정하지 않다.
예 설탕물(설탕 + 물), 소금물(소금 + 물), 공기(산소 + 질소), 가솔린, 우유

(3) 물질의 확인
① 순물질의 확인
   ㉠ 고체 : 녹는점(융점, Melting Point) 측정
   ㉡ 액체 : 끓는점(비점, Boiling Point) 측정
② 물질의 분리 및 정제
   ㉠ 고체와 액체 : 여과(Filter), 증류
   ㉡ 액체와 액체 : 증류, 분액깔때기 사용
   ㉢ 고체와 고체 : 재결정, 추출법
   ㉣ 기체와 기체 : 액화분리법, 흡수법
   ㉤ 정제방법
      • 여과 : 깔때기와 거름종이(여과지)를 이용하여 액체속의 고체물질을 분리시키는 방법
      • 증류 : 두 가지 이상의 혼합물을 비점 차이에 의하여 물질을 분리시키는 방법

- 재결정 : 질산칼륨 수용액 속에 용해도 차이를 이용하여 소량의 염화나트륨의 불순물을 제거하는 방법★
- 추출 : 혼합물 속에 액체의 용해도를 이용하여 미량의 불순물을 제거하는 방법(식초에서 초산을 분리할 때 에터 사용)
- 증발 : 혼합물을 가열하여 용매를 날려 보내고 비휘발성 물질을 얻어내는 방법

10년간 자주 출제된 문제

2-1. 혼합물의 분리방법 중 액체의 용해도를 이용하여 미량의 불순물을 제거하는 방법은?

① 증 류   ② 증 발
③ 재결정   ④ 추 출

2-2. 질산칼륨 수용액 속에 소량의 염화나트륨이 불순물로 포함된 결정이 있다. 이 불순물을 제거하는 방법으로 적당한 것은?

① 증 류   ② 막분리
③ 재결정   ④ 전기분해

|해설|

2-1
추출 : 액체의 용해도를 이용하여 미량의 불순물을 제거하는 방법으로 순도를 올리는 방법

2-2
재결정 : 질산칼륨(KNO_3) 수용액 속에 소량의 염화나트륨($NaCl$)의 불순물을 제거하는 방법

정답 2-1 ④ 2-2 ③

핵심이론 03 | 물질의 상태

(1) 물질의 3상태

① 고체 : 단단하며 일정한 부피와 형태를 가진 것이다.

② 액체 : 부피는 일정하나 모양은 담는 용기에 따라 변한다.

  ㉠ 비점(끓는점) : 액체를 가열하여 증기가 될 때의 온도, 즉, 대기압과 증기압이 같아지는 온도이다.

  ㉡ 응고점 : 액체에 온도를 낮추어 고체가 될 때의 온도이다.

  ㉢ 노점(Dew Point, 이슬점) : 일정한 습도를 가진 습윤 기체를 냉각했을 때 포화상태가 될 때의 온도이다.

③ 기체 : 모양과 부피가 일정하지 않은 것으로, 압축이 잘 되어 부피를 줄일 수 있다.

  ※ 보일−샤를의 법칙

    - 적용 : 온도가 높고 압력이 낮을 때
    - 적용 기체 : 산소, 질소, 수소, 헬륨, 일산화탄소, 아르곤 등

(2) 물질의 상태변화

① 고 체

  ㉠ 융해 : 고체가 액체로 되는 현상(얼음 → 물)

  ㉡ 승화 : 고체가 기체로 되는 현상(드라이아이스, 나프탈렌, 아이오딘)

② 액 체

  ㉠ 액화 : 기체가 액체로 되는 현상(수증기 → 물)

③ 기 체

  ㉠ 기화 : 액체가 기체로 되는 현상(물 → 수증기)

  ㉡ 승화 : 기체가 고체로 되는 현상(탄산가스 → 드라이아이스)

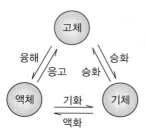

[물질의 상태변화]

※ 상태변화에 따른 열★★
- 잠열 : 온도는 변하지 않고 상태만 변화할 때 발생하는 열(열량 $Q = \gamma \cdot m$)
  - 물의 증발잠열 : 539cal/g(539kcal/kg)
  - 얼음의 융해잠열 : 80cal/g(8kcal/kg)
- 현열 : 상태는 변하지 않고 온도만 변화할 때 발생하는 열($Q = mC\Delta t$)

※ 열량 $Q = mC\Delta t$★★★
여기서, m : 무게(g, kg)
        C : 비열(cal/g · ℃, kcal/kg · ℃)
        Δt : 온도차(℃)

예 0℃의 물 1g이 100℃의 수증기가 되는 데 필요한 열량 : 639cal
$$Q = mC\Delta t + \gamma \cdot m$$
$$= 1g \times 1cal/g \cdot ℃ \times (100 - 0)℃ + 539cal/g \times 1g$$
$$= 639cal$$

예 0℃의 얼음 1g이 100℃의 수증기가 되는 데 필요한 열량 : 719cal
$$Q = \gamma_1 \cdot m + mC\Delta t + \gamma_2 \cdot m$$
$$= (80cal/g \times 1g) + [1g \times 1cal/g \cdot ℃ \times (100 - 0)℃]$$
$$+ (539cal/g \times 1g)$$
$$= 719cal$$

3-1. 대기압하에서 열린 실린더에 있는 1g의 기체를 20℃에서 120℃까지 가열하면 기체가 흡수하는 열량은 몇 cal인가?(단, 기체의 비열은 4.97cal/g · ℃이다)

① 97
② 100
③ 497
④ 760

3-2. 0℃의 얼음 20g을 100℃의 수증기로 만드는 데 필요한 열량은?(단, 융해열은 80cal/g, 기화열은 539cal/g이다)

① 3,600cal
② 11,600cal
③ 12,380cal
④ 14,380cal

|해설|

3-1
열량 $Q = mC\Delta t$
여기서, Q : 열량(cal)
        m : 무게(g)
        C : 비열(cal/g · ℃)
        Δt : 온도차(℃)
∴ $Q = 1g \times 4.97cal/g \cdot ℃ \times (120 - 20)℃ = 497cal$

3-2
0℃ 얼음 $\xrightarrow{Q_1}$ 0℃ 물 $\xrightarrow{Q_2}$ 100℃ 물 $\xrightarrow{Q_3}$ 100℃ 수증기
$Q = Q_1 + Q_2 + Q_3 = \gamma_1 \cdot m + mC\Delta t + \gamma_2 \cdot m$
여기서, γ_1 : 얼음의 융해열(80cal/g)
        m : 무게(g)
        C : 물의 비열(1cal/g · ℃)
        Δt : 온도차
        γ_2 : 물의 증발잠열(539cal/g)
∴ $Q = (80cal/g \times 20g) + [20g \times 1cal/g \cdot ℃ \times (100 - 0)℃]$
     $+ (539cal/g \times 20g)$
    $= 14,380cal$

정답 3-1 ③ 3-2 ④

(1) 물질의 성질

① **물리적 성질** : 물질의 조성이나 특성을 변화시키지 않고 측정할 수 있는 성질

　예 색, 융점, 비점, 밀도, 경도, 결정형, 전기전도성 등

② **화학적 성질** : 화학반응을 통하여 그 물질을 나타내는 성질

　예 화합, 분해, 치환, 복분해

(2) 물질의 변화

① **물리적 변화** : 물질의 성분은 변하지 않고 상태와 부피가 변하는 것

　예 소금이 물에 녹는 현상(소금물)

　　설탕이 물에 녹는 현상(설탕물)

　　얼음이 녹아 물이 되는 현상

② **화학적 변화** : 화학반응에 의하여 물질의 성분이 변하는 것

　㉠ 화합 : 두 가지 이상의 물질이 결합하여 하나의 새로운 물질이 되는 현상

　　$A + B \rightarrow AB$

　　예 $C + O_2 \rightarrow CO_2$

　　　$2H_2 + O_2 \rightarrow 2H_2O$

　㉡ 분해 : 하나의 물질이 둘 이상의 물질로 되는 현상

　　$AB \rightarrow A + B$

　　예 $2NaHCO_3 \rightarrow Na_2CO_3 + CO_2 + H_2O$

　　　$NH_4H_2PO_4 \rightarrow NH_3 + HPO_3 + H_2O$

　㉢ 치환 : 화합물의 하나의 원소가 다른 원소와 교체되는 현상

　　$A + BC \rightarrow AC + B$

　　예 $Mg + H_2SO_4 \rightarrow MgSO_4 + H_2$

　　　$Zn + H_2SO_4 \rightarrow ZnSO_4 + H_2$

　㉣ 복분해 : 두 가지 이상의 성분이 서로 교체되는 현상★

　　$AB + CD \rightarrow AD + BC$

　　예 $AgNO_3 + HCl \rightarrow AgCl + HNO_3$

　　　$KOH + HCl \rightarrow KCl + H_2O$

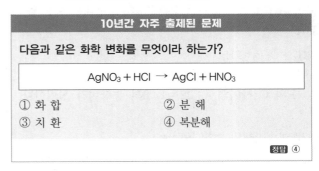

10년간 자주 출제된 문제

다음과 같은 화학 변화를 무엇이라 하는가?

$$AgNO_3 + HCl \rightarrow AgCl + HNO_3$$

① 화 합　　　　　② 분 해
③ 치 환　　　　　④ 복분해

정답 ④

핵심이론 01 | 원자에 관한 법칙

(1) 일정성분비의 법칙(프루스트)★

순수한 화합물에 있어서 성분원소의 질량비는 항상 일정하다.

$$2H_2 + O_2 \rightarrow 2H_2O$$
$$4g \quad\ 32g \qquad 36g$$

∴ H와 O 사이의 4 : 32 = 1 : 8의 중량비가 성립한다.

(2) 배수비례의 법칙(돌턴)★

두 원소가 결합하여 2개 이상의 화합물을 만들 때 다른 원소의 질량과 결합하는 원소의 질량 사이에는 간단한 정수비가 성립한다.

① $C + 1/2O_2 \rightarrow CO$
$$\qquad\qquad\ 16g$$
② $C + O_2 \rightarrow CO_2$
$$\qquad\qquad 32g$$

∴ O : O_2 = 16g : 32g = 1 : 2의 정수비가 성립한다.

(3) 질량보존의 법칙(라부아지에)

화학반응에 있어서 반응물의 질량 총합은 생성물의 질량 총합과 같다.

항 목 \ 반응식	$2H_2$	$+$ O_2	$\rightarrow$ $2H_2O$	관련 법칙
상 태	기 체	기 체	기체(수증기)	–
몰수(계수)	2mol	1mol	2mol	–
질 량	$2 \times 2g$	32g	$2 \times 18g$	질량보존의 법칙
질량비	1	8	9	일정성분비의 법칙
분자수	2분자	1분자	2분자	아보가드로의 법칙
부피비	2부피	1부피	2부피	기체반응의 법칙

핵심이론 02 | 보일-샤를의 법칙

(1) 보일의 법칙

기체의 부피는 온도가 일정할 때 절대압력에 반비례한다.

T = 일정

$PV = k$

여기서, P : 압력
$\qquad\quad\ V$: 부피

(2) 샤를의 법칙

압력이 일정할 때 기체가 차지하는 부피는 절대온도에 비례한다.

$$\frac{V_1}{T_1} = \frac{V_2}{T_2}$$

$$V_2 = V_1 \times \frac{T_2}{T_1}$$

(3) 보일-샤를의 법칙★★★

기체가 차지하는 부피는 압력에 반비례하고 절대온도에 비례한다.

$$\frac{P_1 V_1}{T_1} = \frac{P_2 V_2}{T_2}$$

$$V_2 = V_1 \times \frac{P_1}{P_2} \times \frac{T_2}{T_1}$$

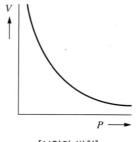

[보일의 법칙]

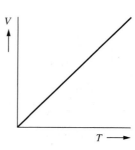

[샤를의 법칙]

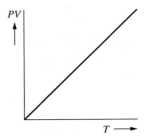

[보일-샤를의 법칙]

10년간 자주 출제된 문제

2-1. 20℃에서 4L를 차지하는 기체가 있다. 동일한 압력 40℃에서 몇 L를 차지하는가?

① 0.23 ② 1.23

③ 4.27 ④ 5.27

2-2. 온도 27℃, 압력 735mmHg의 상태에서 어떤 기체 2L는 온도 30℃, 압력 760mmHg에서는 몇 L가 되는가?

① 1L ② 8L

③ 2L ④ 3L

|해설|

2-1

샤를의 법칙을 적용하면

$$V_2 = V_1 \times \frac{T_2}{T_1} = 4L \times \frac{(273+40)K}{(273+20)K} = 4.27L$$

2-2

$$V_2 = V_1 \times \frac{P_1}{P_2} \times \frac{T_2}{T_1} = 2L \times \frac{735}{760} \times \frac{(273+30)K}{(273+27)K} = 1.95L$$

정답 2-1 ③ 2-2 ③

| 핵심이론 03 | 분자량 측정법 |

(1) 공기의 평균분자량★★★

① 공기의 조성 : 산소(O_2) : 21%, 질소(N_2) : 78%, 아르곤(Ar) 등 : 1%

② 공기 중 산소농도

　㉠ 부피백분율 : 21%

　㉡ 질량백분율 : 23%

③ 공기의 평균분자량

$$= (32 \times 0.21) + (28 \times 0.78) + (40 \times 0.01)$$

$$= 28.96 ≒ 29$$

④ 증기비중 $= \dfrac{분자량}{29}$

(2) 기체의 밀도

① 표준상태(0℃, 1atm)일 때★

$$M(분자량) = d(g/L) \times 22.4L$$

② 표준상태가 아닐 때

　㉠ $PV = nRT = \dfrac{W}{M}RT$

　㉡ $PM = \dfrac{W}{V}RT = \rho RT$★

　㉢ $M(분자량) = \dfrac{\rho RT}{P}$★

　여기서, P : 압력(atm)

　　　　　V : 부피(L, m^3)

　　　　　n : mol수

　　　　　M : 분자량

　　　　　W : 무게(g, kg)

　　　　　R : 기체상수(0.08205L·atm/g-mol·K,

　　　　　　　0.08205m^3·atm/kg-mol·K)

　　　　　T : 절대온도(273 + ℃ = K)

(3) 기체의 비중

$$M_B = M_A \times \frac{W_B}{W_A}$$

여기서, M_B : B기체의 분자량

M_A : A기체의 분자량

W_B : B기체의 무게

W_A : A기체의 무게

(4) 삼투압★

① $PV = nRT = \frac{W}{M}RT$

② $M = \frac{WRT}{PV}$

여기서, P : 삼투압(atm)

V : 부피(L, m³)

M : 분자량

W : 무게

R : 기체상수(0.08205L · atm/g-mol · K,

0.08205m³ · atm/kg-mol · K)

T : 절대온도(273 + ℃ = K)

(5) 그레이엄의 확산속도 법칙★★★

확산속도는 분자량의 제곱근에 반비례, 밀도의 제곱근에
반비례한다.

$$\frac{U_B}{U_A} = \sqrt{\frac{M_A}{M_B}} = \sqrt{\frac{d_A}{d_B}}$$

여기서, U_B : B기체의 확산속도

U_A : A기체의 확산속도

M_B : B기체의 분자량

M_A : A기체의 분자량

d_B : B기체의 밀도

d_A : A기체의 밀도

3-1. 톨루엔과 자일렌의 혼합물에서 톨루엔의 분압이 전압의 60%이면 이 혼합물의 평균분자량은?

① 82.2　　　　　　② 97.6

③ 120.5　　　　　　④ 166.1

3-2. 표준상태에서 11.2L의 암모니아에 들어 있는 질소는 몇 g 인가?

① 7　　　　　　② 8.5

③ 22.4　　　　　　④ 14

3-3. 물 36g을 모두 증발시키면 수증기가 차지하는 부피는 표준상태를 기준으로 몇 L인가?

① 11.2L　　　　　　② 22.4L

③ 33.6L　　　　　　④ 44.8L

3-4. 요소 6g을 물에 녹여 1,000L로 만든 용액의 27℃에서의 삼투압은 약 몇 atm인가?(단, 요소의 분자량은 60이다)

① 1.26×10^{-1}　　　　　② 1.26×10^{-2}

③ 2.46×10^{-3}　　　　　④ 2.56×10^{-4}

3-5. 27℃에서 500mL에 6g의 비전해질을 녹인 용액의 삼투압은 7.4기압이었다. 이 물질의 분자량은 약 얼마인가?

① 20.78　　　　　　② 39.9

③ 58.16　　　　　　④ 77.65

3-6. 분자량의 무게가 4배이면 확산속도는 몇 배인가?

① 0.5배　　　　　　② 1배

③ 2배　　　　　　④ 4배

|해설|

3-1

톨루엔($C_6H_5CH_3$)과 자일렌[$C_6H_4(CH_3)_2$]의 분자량은 각각 92와 106이므로

평균분자량 = $(92 \times 0.6) + (106 \times 0.4)$

= 97.6

3-2

표준상태에서 1g-mol이 차지하는 부피는 22.4L이고 암모니아(NH_3)의 분자량은 17이다.

암모니아 mol = $\frac{11.2L}{22.4L}$ = 0.5mol

암모니아(NH_3) 속의 질소(N)는 1개이므로

질소의 무게 = 14g × 0.5 = 7g

3-3

표준상태에서 1g-mol이 차지하는 부피는 22.4L이므로

$$mol = \frac{무게}{분자량} = \frac{36g}{18} = 2g-mol$$

$$\therefore \; 2 \times 22.4L = 44.8L$$

3-4

삼투압

$$PV = nRT = \frac{W}{M}RT$$

$$\therefore \; P = \frac{WRT}{VM} = \frac{6 \times 0.08205 \times (273+27)}{1,000 \times 60} = 2.46 \times 10^{-3}\,atm$$

※ 요소의 분자량 = $(NH_2)_2CO$
$$= [14 + (1 \times 2)] \times 2 + 12 + 16 = 60$$

3-5

삼투압

$$PV = nRT = \frac{W}{M}RT$$

$$M = \frac{WRT}{PV}$$

$$= \frac{6g \times 0.08205L \cdot atm/g-mol \cdot K \times (273+27)K}{7.4\,atm \times 0.5L} = 39.9$$

3-6

그레이엄의 확산속도 법칙

$$\frac{U_B}{U_A} = \sqrt{\frac{M_A}{M_B}}, \quad U_B = U_A \times \sqrt{\frac{M_A}{M_B}}$$

여기서, A : 어떤 기체
B : 분자량이 4배인 기체

$$\therefore \; U_B = 1 \times \sqrt{\frac{1}{4}} = 0.5$$

정답 3-1 ② 3-2 ① 3-3 ④ 3-4 ③ 3-5 ② 3-6 ①

| 핵심이론 04 | 기타 화학의 법칙

(1) 돌턴의 분압 법칙

혼합기체의 전압은 각 성분의 분압의 합과 같다.

$$P = P_A + P_B + P_C$$

여기서, P : 전압

P_A, P_B, P_C : A, B, C 각 성분의 분압

① 몰% = 압력% = 부피%

② 부분압력 = 전체압력 × 몰분율

③ 몰분율 = $\dfrac{성분기체의 \; 몰수}{전체 \; 기체의 \; 몰수}$ ★

(2) 패러데이의 법칙

① 제1법칙 : 전해에 의해 생기는 물질의 질량은 전기량에 비례한다.

② 제2법칙 : 같은 전기량에 의하여 분해될 때 생성되는 물질의 질량은 그 화학당량에 비례한다.

㉠ 1F(패러데이) : 각 물질 1g당량을 얻는 데 필요한 전기량(96,500coulomb = 1g당량)

㉡ 전기량(Coulomb)
= 전류의 세기(Ampere) × 시간(s)

㉢ 1개의 전하량

$$e = \frac{96,500}{6.0238 \times 10^{23}} = 1.6019 \times 10^{-19}\,coulomb$$

(3) 열역학 법칙

① **열역학 제0법칙** : 고온에서 저온으로 이동하여 두 물체가 평형을 유지한다.

② **열역학 제1법칙(에너지보존의 법칙)** : 기체에 공급된 열에너지는 기체 내부에너지의 증가와 기체가 외부에 한 일의 합과 같다.

※ 공급된 열에너지 $Q = u + P\Delta V = W$

여기서, u : 내부에너지

$P\Delta V$: 일

W : 기체가 외부에 한 일

③ 열역학 제2법칙
　ⓐ 열은 외부에서 작용을 받지 않고 저온에서 고온으로 이동시킬 수 없다.
　ⓑ 열을 완전히 일로 바꿀 수 있는 열기관을 만들 수 없다(열효율이 100%인 열기관은 만들 수 없다).
　ⓒ 자발적인 변화는 비가역적이다.
　ⓓ 엔트로피는 증가하는 방향으로 흐른다.
④ **열역학 제3법칙** : 순수한 물질이 1atm 하에서 완전히 결정상태이면 그의 엔트로피는 0K에서 0이다. ★

제3절　원자, 분자의 구조와 원소의 주기율, 화학결합

|핵심이론 01|　원 자

(1) 원자의 구조

① 원자 : 물질을 구성하는 더 이상 나눌 수 없는 가장 작은 입자로서 크기는 10^{-8}cm이고 원자는 원자핵과 전자로 이루어져 있다.
　ⓐ 원자 : 화학결합을 할 수 있는 원소의 기본 단위
　ⓑ 전자 : 음(−)으로 하전된 입자
　ⓒ 원자핵을 구성하는 물질 : 양성자, 중성자, 중간자

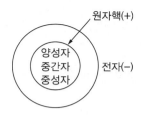

② 원자량 : 탄소(C)의 질량을 12(^{12}C)로 정하고 이것을 기준으로 하는 다른 원자의 질량값이다. ★
③ 양성자(양자) : 원자핵 속에 들어 있는 양(+)전기를 띤 입자로서 양성자의 질량은 1.67×10^{-27}g이다.
④ 중성자 : 양성자의 질량과 거의 동일하나 전기적으로 중성인 입자이다.
　ⓐ 헬륨($^4_2$He)의 핵 : 2개의 양성자와 2개의 중성자가 있다.
　ⓑ 수소($^1_1$H)의 핵 : 중성자는 없고 양성자 1개만 있다.
⑤ 원자번호와 질량수
　ⓐ 원자번호
　　• 한 원소의 각 원자핵 속에 있는 양성자의 수
　　• 원자번호 = 양성자수 = 양자수 = 전자수(중성원자에서)

ⓒ 질량수★★
- 한 원소의 각 원자핵 속에 있는 양성자와 중성자를 합한 수
- 질량수 = 양성자수(원자번호) + 중성자수

예 $^{39}_{19}K$
- 양성자수(원자번호) : 19
- 질량수 : 39
- 중성자수 = 질량수 - 양성자수
  = 39 - 19 = 20

⑥ 방사선의 붕괴

㉠ α 붕괴
- 본체는 헬륨(He)의 원자핵이다.
- 원소가 α 붕괴하면 원자번호는 2가 감소하고, 질량수는 4가 감소한다.
- 방사선 원소에 따라 속도는 다르다.
- 감광작용, 전리작용이 가장 강하다.
- α 붕괴★★

$$^{9}_{4}Be + ^{4}_{2}He \rightarrow (^{12}_{6}C) + ^{1}_{0}n$$

$$^{14}_{7}N + ^{4}_{2}He \rightarrow ^{17}_{8}O + ^{1}_{1}H$$

※ $^{226}_{88}Ra$이 α 붕괴하면 $^{222}_{86}Rn$가 된다.

- 기본적인 입자의 기호
  - 양성자 : $^{1}_{1}H$
  - 중성자 : $^{1}_{0}n$
  - 전자 : $^{0}_{-1}e$
  - 양전자 : $^{0}_{+1}e$

㉡ β 붕괴★
- 원소가 β 붕괴하면 원자번호는 1이 증가하고, 질량수는 변화가 없다.
- β선의 본질 : 전자($^{0}_{-1}e$)
- $^{237}_{93}Np$(넵투늄)원소가 β선을 1회 방출하면 $^{237}_{94}Pu$(플루토늄)가 된다.

㉢ γ 붕괴★
- 핵의 내부에너지만 감소한다.
- 중수소($^{2}_{1}D$)의 원자핵 구조 : 양성자 1, 중성자 1
- 방사선의 파장이 가장 짧고 투과력과 방출속도가 가장 크다.
- 감마선은 질량이 없고 전하를 띠지 않는다.

⑦ 동위원소와 동중원소★

㉠ 동위원소 : 원자번호는 같고 질량수가 다른 원자
예 수소[$^{1}_{1}H$ (정수소), $^{2}_{1}D$ (중수소), $^{3}_{1}T$ (3중수소)], 탄소($^{12}_{6}C$, $^{13}_{6}C$), 우라늄($^{235}_{92}U$, $^{238}_{92}U$)

㉡ 동중원소 : 질량수는 같고 원자번호가 다른 원자
예 탄소와 질소($^{14}_{6}C$, $^{14}_{7}N$)

⑧ 반감기 : 방사선 원소가 붕괴하여 양이 $\frac{1}{2}$이 될 때까지 걸리는 시간★★

$$m = M \left(\frac{1}{2}\right)^{\frac{t}{T}}$$

여기서, m : 붕괴 후의 질량
M : 처음 질량
t : 경과시간
T : 반감기

⑨ 동소체★★

㉠ 같은 원소로 되어 있으나 성질과 모양이 다른 단체(질소는 동소체가 없다)이다.

㉡ 동소체의 구별은 연소생성물로 확인한다.

원 소	동소체	연소생성물
탄소(C)	다이아몬드, 흑연	이산화탄소(CO_2)
황(S)	사방황, 단사황, 고무상황	이산화황(SO_2)
인(P)	적린(붉은인), 황린(흰인)	오산화인(P_2O_5)
산소(O)	산소, 오존	-

(1) 개 요

① 가전자

 ㉠ 전자껍질에서 제일 바깥에 있는 전자

 ㉡ 최외각 전자껍질의 전자수 = 원자가전자 = 가전자

② 궤도함수(부전자껍질, 오비탈)★

 ㉠ 실제 핵의 전자분포를 확률로서 표시한 것이다.

오비탈 명칭	전자 수	궤도함수도표						
s	2	s^2 ⇅						
p	6	p^6 ⇅	⇅	⇅				
d	10	d^{10} ⇅	⇅	⇅	⇅	⇅		
f	14	f^{14} ⇅	⇅	⇅	⇅	⇅	⇅	⇅

- 부대전자 : s, p, d, f 등의 오비탈에 전자가 들어갈 때 쌍을 이루지 않고 혼자 있는 전자 수
- $2p$ 오비탈에 4개의 전자가 있다는 것은 전자배치
는 $1s^2 2s^2 2p^4$ 이므로 ⇅ ⇅ ⇅ ↑ ↑

여기서, 최외각 전자수 : 6
    부대전자수 : 2개

③ **전자껍질** : 원자핵을 이루고 있는 에너지 준위가 다른 전자층으로서 에너지 준위가 낮은 전자껍질로부터 전자가 채워진다.

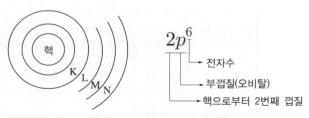

전자껍질 / 항 목	K	L	M	N
	$n=1$	$n=2$	$n=3$	$n=4$
오비탈의 종류	s	s, p	s, p, d	s, p, d, f
오비탈 수(n^2)	1	4	9	16★
최대수용전자수($2n^2$)	2	8	18	32

④ 에너지 준위★★★

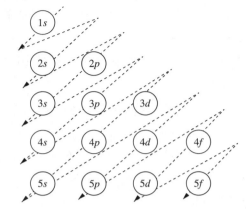

 ㉠ 에너지 준위의 순서 : $1s < 2s < 2p < 3s < 3p$ $< 4s < 3d < 4p < 5s$

 ㉡ F(원자번호 9)의 전자배치 : $1s^2 2s^2 2p^5$

 ㉢ Na(원자번호 11)의 전자배치 : $1s^2 2s^2 2p^6 3s^1$

 ㉣ Ar(원자번호 18)의 전자배치 : $1s^2 2s^2 2p^6 3s^2 3p^6$

 ㉤ K(원자번호 19)의 전자배치 : $1s^2 2s^2 2p^6 3s^2 3p^6 4s^1$

 ㉥ Al^{3+}(원자번호 13)의 전자배치 : $1s^2 2s^2 2p^6 3s^2 3p^1$ 인데 3가 양이온으로 전자 3개를 잃어서 10개의 전자가 되므로 Ne(네온)의 배치($1s^2 2s^2 2p^6$)와 같다.

 ㉦ S^{2-}(원자번호 16)의 전자배치 : $1s^2 2s^2 2p^6 3s^2 3p^4$ 인데 2가 음이온으로 전자 2개를 얻어서 18개의 전자가 되므로 Ar(아르곤)의 배치($1s^2 2s^2 2p^6 3s^2 3p^6$)와 같다.

 ㉧ Ca^{2+}(원자번호 20)의 전자배치 : $1s^2 2s^2 2p^6 3s^2 3p^4 4s^2$ 인데 2가 양이온으로 전자 2개를 잃어 18개의 전자가 되므로 전자배치는 $1s^2 2s^2 2p^6 3s^2 3p^6$ 이다.

2-1. d 오비탈이 수용할 수 있는 최대 전자의 총수는?

① 6   ② 8

③ 10   ④ 14

2-2. 다음 중 최외각 전자가 2개 또는 8개로써 불활성인 것은?

① Na과 Br

② N와 Cl

③ C와 B

④ He과 Ne

2-3. 다음 중 원자가 전자의 배열이 ns^2np^2인 것으로만 나열된 것은?(단, n은 2, 3, 4 … 이다)

① Ne, Ar

② Li, Na

③ C, Si

④ N, P

2-4. Ca^{2+} 이온의 전자배치를 옳게 나타낸 것은?

① $1s^22s^22p^63s^23p^63d^2$

② $1s^22s^22p^63s^23p^64s^2$

③ $1s^22s^22p^63s^23p^64s^23d^2$

④ $1s^22s^22p^63s^23p^6$

2-5. 다음 중 전자배치가 다른 것은?

① Ar   ② F^-

③ Na^+ ④ Ne

|해설|

2-1

• s오비탈 : 2개

• p오비탈 : 6개

• d오비탈 : 10개

• f오비탈 : 14개

2-2

최외각 전자 8개, 불활성기체 : 헬륨(He), 네온(Ne), 아르곤(Ar), 크립톤(Kr), 제논(Xe)

2-3

전자배열

• C(6) : $1s^22s^22p^2$

• Si(14) : $1s^22s^22p^63s^23p^2$

2-4

Ca^{2+}(원자번호 20) : $1s^22s^22p^63s^23p^64s^2$인데 2가 양이온으로 전자 2개를 잃어서 18개의 전자가 되므로 전자배치는 $1s^22s^22p^63s^23p^6$이다.

2-5

① Ar(원자번호 18) : $1s^22s^22p^63s^23p^6$

② F^-(원자번호 9) : $1s^22s^22p^5$인데 1가 음이온으로 전자 1개를 얻어 10개의 전자가 되므로 $1s^22s^22p^6$이 된다.

③ Na^+(원자번호 11) : $1s^22s^22p^63s^1$인데 1가 양이온으로 전자 1개를 잃어서 10개의 전자가 되므로 전자배치는 $1s^22s^22p^6$이 된다.

④ Ne(원자번호 10)의 전자배치 : $1s^22s^22p^6$

정답 2-1 ③   2-2 ④   2-3 ③   2-4 ④   2-5 ①

(1) 분 자

① 분자 : 2개 이상의 원자가 모여서 화학적으로 결합하여 만들어진 입자로서 물질의 특성을 갖는 가장 작은 입자로 1mol일 때 6.0238×10^{23}개의 분자를 가지고 있다. 같은 온도, 같은 압력, 같은 부피에서는 같은 분자수가 존재한다.

② 분자량 : 분자를 구성하는 각 원소의 원자량의 합이다.

예 $H_2O = (1 \times 2) + 16 = 18$, $CO_2 = 12 + (16 \times 2) = 44$

(2) 분자의 분류

① 단원자 분자 : 1개의 원자를 포함하고 있는 분자(0족 원소)★★

예 0족 원소 : He(헬륨), Ne(네온), Ar(아르곤), Kr(크립톤), Xe(제논), Rn(라돈)

② 2원자 분자 : 2개의 원자를 포함하고 있는 분자

예 N_2(질소), O_2(산소), H_2(수소), 7A족 원소(F_2, Cl_2, Br_2, I_2)

③ 다원자 분자 : 3개 이상의 원자를 포함하고 있는 분자

예 H_2O(물), O_3(오존), NH_3(암모니아), CO_2(탄산가스)

(3) 화학식 및 화학반응식

① 분자식 : 단체 또는 화합물의 실제의 조성을 표시하는 식으로 한 물질의 가장 작은 단위에 있는 각 원소의 원자들의 개수를 정확히 나타내는 식이다.

예 에틸알코올 : C_2H_6O, 포도당 : $C_6H_{12}O_6$

② 실험식 : 물질을 이루는 원소의 종류와 수를 가장 간단한 비율로 표시한 식(NaCl)이다.

③ 시성식 : 분자를 이루고 있는 원자단(관능기)을 나타내며 그 분자의 특성을 밝힌 화학식으로 일반적으로 사용하는 식이다. ★

예 에틸알코올 : C_2H_5OH

다이에틸에터 : $C_2H_5OC_2H_5$

④ 구조식 : 화합물의 분자 내에서의 원자의 결합상태를 나타내는 식이다.

예

$$\begin{array}{cccc} & H & H & \\ & | & | & \\ H- & C- & C- & OH \\ & | & | & \\ & H & H & \end{array} \qquad O=C=O$$

에틸알코올   이산화탄소

⑤ 화학반응식

㉠ 화학식을 써서 화학반응의 관계를 간단히 표시한 것이다.

$$\underset{\text{(반응물)}}{Mg + 2H_2O} \longrightarrow \underset{\text{(생성물)}}{Mg(OH)_2 + H_2}$$

㉡ 계수 맞추기 : 유기물은 주로 C, H, O로 구성되어 있으므로 반응물의 원소수의 합과 생성물의 원소수의 총합은 같아야 한다.

$$\underset{\text{(반응물)}}{C_3H_8 + 5O_2} \longrightarrow \underset{\text{(생성물)}}{3CO_2 + 4H_2O}$$

• 반응물의 계수 : C = 3, H = 8, $O = 5O_2 = 10$

• 생성물의 계수 : $C = 3C = 3$, $4H_2 = 8$,

$O = 3O_2 + 4O = 10$

• 계수 = 몰수

$$C_mH_n + \left(m + \frac{n}{4}\right)O_2 \longrightarrow m\,CO_2 + \frac{n}{2}H_2O$$

※ 프로페인의 연소반응식★★

$$C_3H_8 + 5O_2 \longrightarrow 3CO_2 + 4H_2O$$

⑥ 중요한 원자단(라디칼)★★

라디칼	이온식	원자가	라디칼	이온식	원자가
수산기	OH^-	-1	황산기	SO_4^{2-}	-2
질산기	NO_3^-	-1	탄산기	CO_3^{2-}	-2
사이안기	CN^-	-1	아황산기	SO_3^{2-}	-2
과망가니즈산기	MnO_4^-	-1	크로뮴산기	CrO_4^{2-}	-2
염소산기	ClO_3^-	-1	다이크로뮴산기	$Cr_2O_7^{2-}$	-2
아세트산기	CH_3COO^-	-1	인산기	PO_4^{3-}	-3
암모늄기	NH_4^+	+1	사이안화철(Ⅲ)기	$Fe(CN)_6^{3-}$	-3

(4) 당 량

① 당량 : 산소 8(산소 1/2 원자량)이나 수소 1(수소 1 원자량)과 결합 또는 치환하는 원소의 양이다.

② g당량 : 당량에 g을 붙인 것이다. ★★

    ㉠ 당량 $= \dfrac{원자량}{원자가}$

    원자량 = 당량 × 원자가

    ㉡ 산·알칼리 당량 $= \dfrac{산 \cdot 알칼리의 \ 분자량}{H(OH)의 \ 수}$

    ㉢ 산화제(환원제)의 당량

    $= \dfrac{산화제(환원제)의 \ 분자량}{산화수의 \ 변화}$

    ㉣ 산소 16g일 때 g당량 = 16g/8 = 2g당량

    ㉤ 산소 1g당량 = 8g = 1/4mol = 5.6L

    ㉥ 수소 1g당량 = 1g = 1/2mol = 11.2L

    ㉦ 황산의 1g당량 = 98/2 = 49g

3-1. 에테인(C_2H_6)을 연소시키면 이산화탄소(CO_2)와 수증기(H_2O)가 생성된다. 표준상태에서 에테인 30g을 반응시킬 때 발생하는 이산화탄소와 수증기의 분자수는 모두 몇 개인가?

① 6×10^{23}개
② 12×10^{23}개
③ 18×10^{23}개
④ 30×10^{23}개

3-2. 다음 중 단원자 분자에 해당하는 것은?

① 산 소　　　　　　② 질 소
③ 네 온　　　　　　④ 염 소

3-3. 유기화합물 질량 분석한 결과 C 84%, H 16%의 결과를 얻었다. 다음 중 이 물질에 해당하는 실험식은?

① C_5H_{10}　　　　　② C_2H_2
③ C_7H_8　　　　　④ C_7H_{16}

3-4. 어떤 화합물을 분석한 결과 질량비가 탄소 54.55%, 수소 9.10%, 산소 35.35%이고, 이 화합물 1g은 표준상태에서 0.17L이라면 이 화합물의 분자식은?

① $C_2H_4O_2$　　　　② $C_4H_8O_4$
③ $C_4H_8O_3$　　　　④ $C_6H_{12}O_3$

3-5. 옥테인의 분자식은 어느 것인가?

① C_6H_{14}　　　　　② C_7H_{16}
③ C_8H_{18}　　　　　④ C_9H_{20}

3-6. 다음 화합물 중 2mol이 완전연소될 때 6mol의 산소가 필요한 것은?

① $CH_3 - CH_3$
② $CH_2 = CH_2$
③ $CH \equiv CH$
④ C_6H_6

3-7. 어떤 금속의 원자가는 2이며, 그 산화물의 조성은 금속이 80wt%이다. 이 금속의 원자량은?

① 32　　　　　　　② 48
③ 64　　　　　　　④ 80

3-1

에테인의 반응식

$$C_2H_6 + 3.5O_2 \rightarrow 2CO_2 + 3H_2O$$

30g ———————— 2mol 3mol
30g ⨯ x

$$\therefore \ x = \frac{30g \times 5mol}{30g} = 5mol$$

1mol일 때 6.023×10^{23}개의 분자이므로

$5mol \times 6.023 \times 10^{23}$개 $= 30 \times 10^{23}$개

3-2

종 류	산 소	질 소	네 온	염 소
화학식	O_2	N_2	Ne	Cl_2

※ 네온(Ne) : 단원자분자

3-3

C : 84%, H : 16%이므로

실험식은 C : H = $\frac{84}{12} : \frac{16}{1}$ = 7 : 16

∴ 실험식 = C_7H_{16}

3-4

원자량 C : 12, H : 1, O : 16이므로

C : H : O

$= \frac{54.55}{12} : \frac{9.10}{1} : \frac{35.35}{16}$ = 4.54 : 9.10 : 2.20 = 2 : 4 : 1

∴ 분자식 C : H : O = 2 : 4 : 1 = $C_6H_{12}O_3$

3-5

메테인계(알케인계) 탄화수소의 일반식 : C_nH_{2n+2}

종 류	메테인	에테인	프로페인	뷰테인
분자식	CH_4	C_2H_6	C_3H_8	C_4H_{10}

종 류	펜테인	헥세인	헵테인	옥테인	노네인
분자식	C_5H_{12}	C_6H_{14}	C_7H_{16}	C_8H_{18}	C_9H_{20}

3-6

연소반응식

• 에테인 : $C_2H_6 + 3.5O_2 \rightarrow 2CO_2 + 3H_2O$

• 에틸렌 : $C_2H_4 + 3O_2 \rightarrow 2CO_2 + 2H_2O$

$$2C_2H_4 + 6O_2 \rightarrow 4CO_2 + 4H_2O$$

• 아세틸렌 : $C_2H_2 + 2.5O_2 \rightarrow 2CO_2 + H_2O$

• 벤젠 : $C_6H_6 + 7.5O_2 \rightarrow 6CO_2 + 3H_2O$

3-7

산소 1g당량은 8g이므로 금속의 당량은 산소 : 금속의 비례식으로 계산하면

20 : 80 = 8 : x

$x = 32g$

원자량 = 당량 × 원자가

∴ $32g \times 2 = 64g$

정답 **3-1** ④ **3-2** ③ **3-3** ④ **3-4** ④ **3-5** ③ **3-6** ② **3-7** ③

(1) 주기율

하단 표 참조

① 표 설명

  ㉠ ▨ : 금속원소, ☐ : 비금속원소

  ㉡ 양쪽성원소 : 산성과 염기성을 모두 가지고 있는 물질

종류	Al	Zn	Sn	Pb	As	Sb
명칭	알루미늄	아연	주석	납	비소	안티몬

② 각 족의 화학적 성질

  ㉠ 1A족 원소 : 알칼리금속으로서 이온화에너지가 낮으며 1가 양이온이다.

  ㉡ 2A족 원소 : 알칼리토금속으로 알칼리금속보다 반응성이 약간 작다. 금속성은 아래로 내려갈수록 증가한다.

  ㉢ 3A족 원소 : 붕소는 준금속이고 나머지 원소는 금속이다.

  ㉣ 4A족 원소 : 탄소는 비금속이고 규소와 게르마늄은 준금속이다.

  ㉤ 5A족 원소 : 질소와 인은 비금속, 비소와 안티몬은 준금속, 비스무트는 금속이다.

  ㉥ 6A족 원소 : 산소, 황, 셀레늄은 비금속이고, 텔루륨(Te), 폴로늄(Po)은 준금속이다.

  ㉦ 7A족 원소 : 할로젠 원소로서 반응성이 크다.

  ㉧ 8A족 원소 : 반응성이 거의 없는 비금속으로 단원자 화학종으로 존재한다. 8A족의 이온화에너지는 모든 원소 중 가장 크다.

③ 원소의 성질★★

구 분 항 목	같은 주기에서 원자번호가 증가할수록 (왼쪽에서 오른쪽으로)	같은 족에서 원자번호가 증가할수록 (위쪽에서 아래쪽으로)
전기음성도 이온화에너지 비금속성	증가한다.	감소한다.
이온반지름 원자반지름	작아진다.	커진다.

[원소의 주기율표]

족 주기	1 1A	2 2A	3 3B	4 4B	5 5B	6 6B	7 7B	8, 9, 10 8B		11 1B	12 2B	13 3A	14 4A	15 5A	16 6A	17 7A	18 8A
분류	알칼리금속	알칼리토금	희토류	티탄족	토산금속	크로뮴족	망가니즈족	철 족(3개) 백금족(6개)		구리족	아연족	알루미늄족	탄소족	질소족★	산소족★	할로젠족	불활성기체
1	1 H																2 He
2	3 Li	4 Be										5 B	6 C	7 N	8 O	9 F	10 Ne
3	11 Na	12 Mg										13 Al	14 Si	15 P	16 S	17 Cl	18 Ar
4	19 K	20 Ca	21 Sc	22 Ti	23 V	24 Cr	25 Mn	26 Fe	27 Co	28 Ni	29 Cu	30 Zn	31 Ga	32 Ge	33 As	34 Se	35 Br	36 Kr
5	37 Rb	38 Sr	39 Y	40 Zr	41 Nb	42 Mo	43 Tc	44 Ru	45 Rh	46 Pd	47 Ag	48 Cd	49 In	50 Sn	51 Sb	52 Te	53 I	54 Xe
6	55 Cs	56 Ba	57 La	72 Hf	73 Ta	74 W	75 Re	76 Os	77 Ir	78 Pt	79 Au	80 Hg	81 Tl	82 Pb	83 Bi	84 Po	85 At	86 Rn
7	87 Fr	88 Ra	89 Ac	104 Rf	105 Db	106 Sg	107 Bh	108 Hs	109 Mt			란타넘족, 악티늄족 : 생략					

(2) 이온화경향 및 이온화에너지

① 이온화경향★

　　㉠ 원자 또는 분자가 이온이 되려고 하는 경향으로 쉽게 이온화되는 것을 이온화경향이 크며 산화되기 쉽다고 말한다.

　　㉡ 금속의 이온화경향

K Ca Na Mg Al Zn Fe Ni Sn Pb Cu Hg Ag Pt Au
← 크다　　　　　　　　　　　　　　작다 →

　　㉢ 이온화경향이 큰 금속은 산(염산, 황산, 초산)과 반응하여 수소(H_2)를 발생한다.

　　　　• $2K + 2CH_3COOH \rightarrow 2CH_3COOK + H_2 \uparrow$

　　　　• $2Na + 2HCl \rightarrow 2NaCl + H_2 \uparrow$

② 이온화에너지★

　　㉠ 바닥상태에 있는 기체 상태 원자로부터 전자를 제거하는 데 필요한 최소에너지이다.

　　㉡ 이온화에너지는 0족으로 갈수록, 원자번호와 전기 음성도가 클수록, 비금속일수록 증가한다.

　　㉢ 이온화에너지가 가장 큰 것은 0족 원소(불활성원소), 가장 작은 것은 1족 원소(알칼리금속)이다.

　　㉣ 최외각 전자와 원자핵 간의 거리가 가까울수록 이온화에너지는 크다.

(3) 전기음성도★★

① 화학결합에서 어떤 원자가 전자를 끌어당기는 힘이다.

② 전기음성도의 경향(괄호 안의 숫자는 전기음성도의 값이다)

F > O > N > Cl > Br > I > S > P > H
(4.0) (3.5) (3.2) (3.0) (2.8) (2.6) (2.6) (2.1) (2.1)

③ 전기음성도가 클수록 원자번호는 감소하고 산화성이 커진다.

④ 이온화에너지가 낮은 원자들은 전기음성도가 낮다.

10년간 자주 출제된 문제

4-1. 원소주기율표 상의 같은 주기에서 원자번호가 증가함에 따라 일반적으로 증가하는 것이 아닌 것은?

① 원자가전자수　　　　② 비금속성
③ 원자반지름　　　　　④ 이온화에너지

4-2. 다음 중 이온화경향이 가장 큰 것은?

① Ca　　　　　　　　② Mg
③ Ni　　　　　　　　④ Cu

4-3. 다음 원소들 중 전기음성도 값이 가장 큰 것은?

① C　　　　　　　　② N
③ O　　　　　　　　④ F

4-4. 다음 금속원소 중 이온화에너지가 가장 큰 원소는?

① 리튬　　　　　　　② 나트륨
③ 칼륨　　　　　　　④ 루비듐

|해설|

4-1
같은 주기에서 원자번호가 증가할 경우 : 이온화에너지, 전기음성도, 비금속성, 원자가전자수가 증가한다.

4-2
이온화경향의 순서 : K > Ca > Na > Mg > Al > Zn > Fe > Ni > Sn > Pb > Cu > Hg > Ag > Pt > Au

4-3
전기음성도는 플루오린(F)이 가장 크고 수소(H)가 가장 작다.

4-4
1족(알칼리금속)의 이온화에너지의 값
• 리튬 : 520
• 나트륨 : 496
• 칼륨 : 419
• 루비듐 : 403
• 세슘 : 376

정답 4-1 ③　4-2 ①　4-3 ④　4-4 ①

(1) 이온결합

① 양이온(금속)과 음이온(비금속) 사이의 정전력에 의한 결합이다($NaCl$, KCl, CaO, MgO, $CuSO_4$).★

② 이온결합의 특성★

   ㉠ 이온결합 화합물에는 분자의 형태가 존재하지 않는다.

   ㉡ 비점(끓는점)과 융점(녹는점)이 높다.

   ㉢ 결정상태는 전기전도성이 없으나 수용액이나 용융상태에서는 전기전도성이 크다.

   ㉣ 물과 같이 극성용매에 잘 녹는다.

   ㉤ 용융상태에서는 전해질이다.

   ㉥ 단단하며 부스러지기 쉽다.

   ㉦ 고체 상태에서는 부도체이고 수용액 상태에서는 도체이다.

   ※ 전해질 : 수용액상태에서 전류가 흐르는 물질($NaCl$, 황산구리, 산, 염기)

(2) 공유결합★★

① 비금속과 비금속의 결합으로 두 원자가 같은 수의 전자를 제공하여 전자쌍을 이루어 서로 공유함으로서 이루어진 결합이다.

   ※ 공유결합하는 물질 : HCl, NH_3, HF, H_2S, CH_3COOH, CH_3COCH_3, Cl_2, O_2, CO_2

② 비공유전자쌍 : 분자의 바깥껍질 전자 속에서 같은 궤도로 들어가 전자쌍을 이루면서, 두 원자 간 결합에 관여하지 않는 전자쌍이다.

종 류	비공유전자쌍	구 조
이산화탄소★★	4개	O=C=O
물	2개	H-O-H
수산이온	3개	O-H

종 류	비공유전자쌍	구 조
암모니아	1개	H-N, H, H
메테인	없다.	H-C-H, H, H
암모늄이온	없다.	H-N-H, H, H

③ 공유결합의 특성

   ㉠ 비점(끓는점)과 융점(녹는점)이 낮다.

   ㉡ 벤젠, 사염화탄소에 잘 녹는다.

   ㉢ 휘발성이다.

   ㉣ 전기의 부도체이다.

(3) 배위결합★

비공유 전자쌍을 일방적으로 제공하여 이루어진 공유결합의 결합이다.

※ 한 분자 내에 이온결합과 배위결합을 하는 것 : 염화암모늄(NH_4Cl)

(4) 금속결합

① 금속 원자는 자유전자로서 방출하여 양이온이 되고 자유전자를 공유하여 결합하는 화학결합이다.

② 금속결합의 특성

   ㉠ 비점과 융점이 높다.

   ㉡ 전기전도성이다.

   ㉢ 금속광택이 있고 방향성이 없다.

(5) 수소결합★

① 전기음성도가 큰 F, N, O와 작은 수소원자가 결합하여 원자단(HF, H_2O)을 포함하는 결합이다.

② 수소결합의 특성

    ㉠ 전기음성도의 차이가 클수록 수소결합이 강해진다.

    ㉡ 물분자들 사이에 수소결합을 하면 비점이 높고 증발열이 커진다.

    ㉢ 수소결합을 하는 물질은 무색 투명하다.

    ㉣ 수소결합하는 물질 : H_2O, HF, HCN, NH_3, CH_3OH, CH_3COOH

    ※ 물의 끓는점이 황화수소보다 높은 이유 : 수소결합을 하기 때문★★★

10년간 자주 출제된 문제

5-1. 다음은 이온결합 물질의 성질에 관한 설명으로 틀린 것은?

① 녹는점이 비교적 높다.

② 단단하여 부스러지기 쉽다.

③ 고체와 액체 상태에서 모두 도체이다.

④ 물과 같은 극성용매에 용해되기 쉽다.

5-2. 다음 물질 중 이온결합을 하고 있는 것은 무엇인가?

① SiO_2 ② 흑 연

③ 다이아몬드   ④ $CuSO_4$

5-3. 비공유 전자쌍을 가장 많이 가지고 있는 것은?

① CH_4 ② NH_3

③ H_2O ④ CO_2

5-4. 결합력이 큰 것부터 작은 순서로 나열한 것은?

① 공유결합 > 수소결합 > 반데르발스결합

② 수소결합 > 공유결합 > 반데르발스결합

③ 반데르발스결합 > 수소결합 > 공유결합

④ 수소결합 > 반데르발스결합 > 공유결합

5-5. 극성 공유결합으로 이루어진 분자가 아닌 것은?

① HF   ② CH_3COOH

③ NH_3 ④ CH_4

5-6. H_2O가 H_2S보다 비등점이 높은 이유는 무엇인가?

① 분자량이 적기 때문에

② 수소결합을 하고 있기 때문에

③ 공유결합을 하고 있기 때문에

④ 이온결합을 하고 있기 때문에

5-7. 다음 중 분자 간의 수소결합을 하지 않는 것은?

① HF   ② NH_3

③ CH_3F ④ H_2O

|해설|

5-1

이온결합은 고체는 부도체이고 수용액은 도체이다.

5-2

이온결합 : 금속과 비금속 간의 결합(NaCl, KCl, CaO, MgO, $CuSO_4$)

5-3

④ CO_2(이산화탄소) : 4개

① CH_4(메테인) : 없다.

② NH_3(암모니아) : 1개

③ H_2O(물) : 2개

5-4

결합력의 세기 : 공유결합 > 수소결합(공유결합의 1/10) > 반데르발스결합(수소결합의 1/10)

5-5

④ 메테인(CH_4)은 정사면체 구조로 된 무극성 공유결합을 한다.

공유결합 : 비금속과 비금속의 결합으로 두 원자가 같은 수의 전자를 제공하여 전자쌍을 이루어 서로 공유함으로서 이루어진 결합이다(HCl, NH_3, HF, H_2S, CH_3COOH, CH_3COOH_3, Cl_2, O_2, CO_2).

5-6

물(H_2O), 플루오린화수소(HF), 암모니아(NH_3)는 수소결합을 하므로 황화수소(H_2S)와 결합 형태가 다르기 때문에 끓는점이 높다.

5-7

수소결합 : 전기음성도가 큰 F, O, N 원자들과 공유결합을 한 H(수소)원자와 이웃분자의 F, O, N 원자와의 결합으로 플루오린화수소(HF), 암모니아(NH_3), 물(H_2O) 등이 있다.

정답 5-1 ③ 5-2 ④ 5-3 ④ 5-4 ① 5-5 ④ 5-6 ② 5-7 ③

제4절 | 산, 염기, 염 및 수소이온농도

핵심이론 01 | 산

(1) 산의 정의

① 아레니우스 : 수용액 상태에서 수소이온(H^+)을 내는 물질

② 루이스 : 비공유 전자쌍을 받을 수 있는 물질

③ 브뢴스테드 : 양성자(H^+)를 줄 수 있는 물질★

$HCl \rightarrow H^+ + Cl^-$

(2) 산의 성질★★

① 수용액은 초산과 같이 신맛이 난다.

② 전기분해하면 (−)극에서 수소를 발생한다.

③ 리트머스종이는 청색에서 적색으로 변색된다.

④ 염기와 반응하면 염과 물이 생성된다.

$$HCl + NaOH \rightarrow NaCl + H_2O$$
$$\text{(산)} \quad \text{(염기)} \quad \text{(염)} \quad \text{(물)}$$

⑤ 지시약 : Methyl Orange(M.O), Methyl Red(M.R), Thymol Blue(T.B)

(3) 산의 분류

구 분 산의 분류	해당 산의 종류
1염기산(1가의 산)	HCl, HNO_3, CH_3COOH, C_6H_5OH, $HClO_3$
2염기산(2가의 산)	H_2SO_4, H_2S, H_2CO_3, $H_2C_2O_4$
3염기산(3가의 산)	H_3PO_4, H_3BO_3

10년간 자주 출제된 문제
하이드록시기(−OH)를 갖는 물질 중 액성이 산성인 것은? ① NaOH　　　　　② CH_3OH ③ C_6H_5OH　　　　④ NH_4OH |해설| C_6H_5OH(페놀) : 산성 정답 ③

핵심이론 02 | 염기

(1) 염기의 정의

① 아레니우스 : 수용액 상태에서 수산이온(OH^-)을 내는 물질

② 루이스 : 비공유 전자쌍을 줄 수 있는 물질

③ 브뢴스테드 : 양성자(H^+)를 받을 수 있는 물질

㉠ $NaOH \rightarrow Na^+ + OH^-$

㉡ $Ca(OH)_2 \rightarrow Ca^{2+} + 2OH^-$

(2) 염기의 성질★

① 수용액은 쓴맛을 가지고 미끈미끈하다.

② 전기분해하면 (+)극에서 산소를 발생한다.

③ 리트머스종이는 적색에서 청색으로 변색된다.

④ 지시약 : Phenolphthalein(P.P)

(3) 염기의 분류

구 분 염기의 분류	해당 염기의 종류
1산염기(1가의 염기)	$NaOH$, KOH, NH_4OH
2산염기(2가의 염기)	$Ca(OH)_2$, $Cu(OH)_2$, $Ba(OH)_2$
3산염기(3가의 염기)	$Al(OH)_3$, $Fe(OH)_3$

10년간 자주 출제된 문제
다음 설명 중 염기가 될 수 없는 조건은? ① H^+를 받아들일 수 있다. ② OH^-를 내어 놓을 수 있다. ③ 비공유 전자쌍을 가지고 있다. ④ 물에 녹아 H_3O^+를 내어 놓을 수 있다. |해설| **염기의 정의** • 아레니우스 : 물에 녹아(수용액 상태에서) 수산이온(OH^-)을 내는 물질 • 루이스 : 비공유 전자쌍을 줄 수 있는 물질(CO_2) • 브뢴스테드 : 양성자(H^+)를 받아들일 수 있는 물질 정답 ④

(1) 염의 정의

산과 염기가 반응하여 염과 물이 되는 중화반응에서 염이 생기는데 수소원자가 양이온(NH_4^+)으로 치환한 화합물이다.

$$HCl + NaOH \rightarrow NaCl + H_2O$$
(산)　　(염기)　　(염)　　(물)

(2) 염의 종류

① 산성염 : 중탄산칼륨($KHCO_3$), 중탄산나트륨($NaHCO_3$) 등 산의 수소원자가 일부 치환된 염이다.

② 염기성염 : 하이드록시염화마그네슘[$Mg(OH)Cl$]과 같이 수산기가 일부 치환된 염이다. ★

③ 중성염 : 염화나트륨($NaCl$)과 같이 수소원자나 수산기가 포함되지 않은 염이다.

10년간 자주 출제된 문제

염(Salt)을 만드는 화학반응식이 아닌 것은?

① $HCl + NaOH \rightarrow NaCl + H_2O$
② $2NH_4OH + H_2SO_4 \rightarrow (NH_4)_2SO_4 + 2H_2O$
③ $CuO + H_2 \rightarrow Cu + H_2O$
④ $H_2SO_4 + Ca(OH)_2 \rightarrow CaSO_4 + 2H_2O$

|해설|

$NaCl$, $(NH_4)_2SO_4$, $CaSO_4$는 염(Salt)이다.

정답 ③

---

(1) 산화물의 정의

물에 녹아 산 또는 염기가 될 수 있는 산소의 화합물이다.

(2) 산화물의 종류

① 산성 산화물 : 비금속 산화물로서 물에 녹아 산이 되는 물질이다. ★★★
　예 CO_2, SO_2, SO_3, NO_2, SiO_2, P_2O_5

② 염기성 산화물 : 금속 산화물로서 물에 녹아 염기가 되는 물질이다. ★★
　예 CaO, CuO, BaO, MgO, Na_2O, K_2O, Fe_2O_3

③ 양쪽성 산화물 : 양쪽성 원소의 산화물로서 산이나 염기와 반응하여 염과 물을 생성하는 물질이다. ★★★
　예 ZnO, Al_2O_3, SnO, PbO, Sb_2O_3

10년간 자주 출제된 문제

4-1. 다음 산화물 중 산성 산화물은?

① Na_2O　　　　② MgO
③ Al_2O_3　　　　④ P_2O_5

4-2. 다음 중 양쪽성 산화물이 아닌 것은?

① ZnO　　　　② Al_2O_3
③ PbO　　　　④ CaO

|해설|

4-1
산성 산화물 : CO_2, SO_2, P_2O_5, SiO_2 등

4-2
양쪽성 산화물 : ZnO, Al_2O_3, SnO, PbO 등

정답 4-1 ④ 4-2 ④

핵심이론 05 | 수소이온지수(pH)

(1) 수소이온농도

① 수소이온농도 : 수용액 1L 속에 존재하는 H^+의 몰수 $[H^+]$

② 수산이온농도 : 수용액 1L 속에 존재하는 OH^-의 몰수 $[OH^-]$

③ pH

　㉠ 수소이온지수(pH) : 수소이온농도의 역수를 상용대수로 나타낸 값이다. ★★

$$pH = -\log[H^+] = \log \frac{1}{[H^+]}$$

$$[H^+] = 10^{-pH}$$

$$\therefore \ pH + pOH = 14$$

　㉡ pH와 색상과의 관계

액 성	pH	$[H^+]$	$[OH^-]$
산 성	0	10^0	10^{-14}
	1	10^{-1}	10^{-13}
	2	10^{-2}	10^{-12}
	3	10^{-3}	10^{-11}
	4	10^{-4}	10^{-10}
	5	10^{-5}	10^{-9}
	6	10^{-6}	10^{-8}
중 성	7	10^{-7}	10^{-7}
알칼리성	8	10^{-8}	10^{-6}
	9	10^{-9}	10^{-5}
	10	10^{-10}	10^{-4}
	11	10^{-11}	10^{-3}
	12	10^{-12}	10^{-2}
	13	10^{-13}	10^{-1}
	14	10^{-14}	10^0

(2) 물의 이온화

① 물의 전리

$$H_2O = H^+ + OH^-$$

$$[H^+] = [OH^-] = 10^{-7} mol/L$$

　㉠ 중성 : $[H^+] = [OH^-]$

　㉡ 산성 : $[H^+] > [OH^-]$

　㉢ 염기성 : $[H^+] < [OH^-]$

② 물의 이온화상수

물의 전리에서 전리상수를 구하면

$$H_2O = H^+ + OH^-$$

$$K = \frac{[H^+] + [OH^-]}{[H_2O]}$$

물의 이온화상수 $K_w = [H^+] \cdot [OH^-]$

$$= K[H_2O]$$
$$= 10^{-7} \times 10^{-7}$$
$$= 10^{-14} mol/L$$

5-1. pH에 대한 설명으로 옳은 것은?

① 건강한 사람의 혈액의 pH는 5.7이다.

② pH값은 알칼리성용액보다 산성용액에서 크다.

③ pH가 7인 용액에 지시약 메틸오렌지를 넣으면 노란색을 띤다.

④ 알칼리성용액은 pH가 7보다 작다.

5-2. 0.001N HCl의 pH는?

① 2   ② 3

③ 4   ④ 5

5-3. 어떤 용액의 [OH⁻] = 2×10⁻⁵M이었다. 이 용액의 pH는 얼마인가?

① 11.3   ② 10.3

③ 9.3   ④ 8.3

5-4. 수소이온농도(pH)가 10.3일 때 염기의 농도는?

① 1×10^{-4} ② 2×10^{-4}

③ 3×10^{-4} ④ 4×10^{-4}

5-5. 어떤 용액의 pH를 측정하였더니 4이었다. 이 용액을 1,000배 희석시킨 용액의 pH를 옳게 나타낸 것은?

① pH = 3   ② pH = 4

③ pH = 5   ④ 6 < pH < 7

5-6. pH가 2인 용액은 pH가 4인 용액의 수소이온농도와 비교하여 몇 배의 용액이 되는가?

① 100배   ② 10배

③ 5배   ④ 2배

5-7. 전리도가 0.01인 0.01N HCl 용액의 pH는?(단, log5 = 0.7)

① 2   ② 3

③ 4   ④ 7

|해설|

5-1

pH

• 혈액의 pH : 7.4

• 수소이온지수(pH) : 수소이온농도의 역수를 상용대수로 나타낸 값

• pH가 7보다 작으면 산성, 7보다 크면 알칼리성이다.

• pH가 7인 용액에 지시약 메틸오렌지를 넣으면 노란색을 띤다.

5-2

$pH = -\log[H^+] = -\log[1 \times 10^{-3}] = 3 - 0 = 3$

5-3

$[H^+][OH^-] = 1 \times 10^{-14}$에서 $[OH^-] = 2 \times 10^{-5}$mol/L

$[H^+] = \dfrac{1 \times 10^{-14}}{2 \times 10^{-5}} = 5 \times 10^{-10}$mol/L

$pH = -\log[H^+] = -\log(5 \times 10^{-10}) = 10 - \log 5$
$= 10 - 0.699 = 9.30$

5-4

$pH = -\log[H^+]$

$pH + pOH = 14$

$pOH = 14 - pH = 14 - 10.3 = 3.7$

$pOH = -\log[OH^-]$

$[OH^-] = 10^{-pOH} = 10^{-3.7} = 2 \times 10^{-4}$

5-5

pH가 4는 $[H^+] = 1 \times 10^{-4}$이다.

$[H^+] = \dfrac{(10^{-4} \times 1) + (10^{-7} \times 999)}{1,000} = 1.99 \times 10^{-7}$

$\therefore pH = -\log[H^+] = -\log[1.99 \times 10^{-7}] = 7 - \log 1.99$
$= 7 - 0.3 = 6.7$

그러므로 6 < pH < 7

5-6

$pH = -\log[H^+]$이므로

• pH = 2, $[H^+] = 0.01$

• pH = 4, $[H^+] = 0.0001$

∴ 0.01과 0.0001은 100배의 차이다.

5-7

$[H^+] = 0.01 \times 0.01 = 0.0001 = 1 \times 10^{-4}$

$pH = -\log[H^+] = -\log[1 \times 10^{-4}] = 4 - \log 1 = 4 - 0 = 4$

정답 5-1 ③ 5-2 ② 5-3 ③ 5-4 ② 5-5 ④ 5-6 ① 5-7 ③

핵심이론 06 | 중화반응

(1) 중화반응

① 산과 염기가 반응하여 염과 물을 생성하는 반응이다.

$$HCl + NaOH \rightarrow NaCl + H_2O$$
$$\text{(산)} \quad \text{(염기)} \quad \text{(염)} \quad \text{(물)}$$

② 중화적정

　　㉠ 산과 염기의 중화 : 산과 염기를 완전 중화하려면 산과 염기의 g당량수가 같아야 한다.

　　　• 규정농도$(N) = \dfrac{\text{g당량수}}{\text{용액 1L}} \times \text{용액의 부피}(V)$

　　　• g당량수 $= N \times V$

　　　※ $NV = N'V'$ ★★★

　　　　여기서, N : 노말농도

　　　　　　　　V : 부피

　　㉡ 혼합용액의 중화

　　　　$NV + N'V' = N''V''$

(2) 지시약

산과 염기의 중화적정 시 종말점(End Point)을 알아내기 위하여 용액의 액성을 나타내는 시약이다.

지시약	변 색		변색 pH
	산성색	염기성색	
티몰블루(T.B)	적 색	노란색	1.2~1.8
메틸오렌지(M.O)	적 색	오렌지색	3.1~4.4
메틸레드(M.R)	적 색	노란색	4.8~6.0
브로모티몰블루(B.T.B)	노란색	청 색	6.0~7.6
페놀레드(P.R)	노란색	적 색	6.4~8.0
페놀프탈레인(P.P)★★	무 색	적 색	8.0~9.6

※ 산성용액에서 색깔을 나타내는 지시약 : M.O, M.R, T.B

6-1. 0.1M HCl 10mL를 중화시키는 데 필요한 0.05M NaOH 수용액의 부피는 얼마인가?

① 10mL　　　　　　② 20mL
③ 30mL　　　　　　④ 40mL

6-2. 0.2N HCl 1,000mL를 물을 가해 1L로 하였을 때 농도는?

① 0.1N　　　　　　② 0.2N
③ 0.3N　　　　　　④ 0.5N

6-3. 지시약으로 사용되는 페놀프탈레인 용액은 산성에서 어떤 색을 띠는가?

① 적 색　　　　　　② 청 색
③ 무 색　　　　　　④ 황 색

|해설|

6-1
$NV = N'V'$
$0.1N \times 10mL = 0.05N \times x$
$\therefore x = 20mL$

6-2
$NV = N'V'$에서
$0.2N \times 1L = x \times 1L$
$\therefore x = 0.2N$

6-3
핵심이론 참조

정답 **6-1** ②　**6-2** ②　**6-3** ③

핵심이론 01 ｜ 용 액

(1) 용 액

① 용액 : 액체 상태에서 다른 물질이 용해되어 균일하게 혼합되어 있는 액체를 말한다.

　예 설탕 + 물 = 설탕물

　　• 용질 : 용매에 녹는 물질(설탕)

　　• 용매 : 녹이는 물질(물)

　　• 용액 : 설탕물(물이 용매이면 수용액이라 한다)

② 용액의 분류

　㉠ 불포화용액 : 일정한 온도에서 일정량의 용매에 용질이 더 녹을 수 있는 용액이다.

　㉡ 포화용액 : 일정한 온도에서 일정량의 용매에 최대한 용질이 녹아 있는 용액이다.

　㉢ 과포화용액 : 일정한 온도에서 용질이 용해도 이상 녹아 있는 용액이다.

　예 20℃의 물 100g에 소금 36g이 녹는다고 하면

　　• 불포화용액 : 소금 36g 이하를 녹인 용액

　　• 포화용액 : 소금 36g을 녹인 용액

　　• 과포화용액 : 소금 36g 이상이 녹아 있는 상태

(2) 묽은 용액

① 라울의 법칙

　㉠ 증기압 강하도 : 용액의 증기압은 용매의 증기압보다 낮다.

$$\frac{P_A - P}{P_A} = \frac{n_B}{n_A + n_B}$$

　　여기서, P_A : 용매의 증기압

　　　　　 P : 용액의 증기압

　　　　　 n_A : 용매의 몰수

　　　　　 n_B : 용액의 몰수(W/M = 무게/분자량)

② 비점상승(ΔT_b)★

$$\Delta T_b = K_b \cdot m = K_b \times \frac{\dfrac{W_B}{M}}{W_A} \times 1{,}000$$

$$M = K_b \times \frac{W_B}{W_A \Delta T_b} \times 1{,}000$$

　여기서, K_b : 비점상승계수(물 : 0.52)

　　　　　 m : 몰랄농도

　　　　　 W_B : 용질의 무게

　　　　　 W_A : 용매의 무게

　　　　　 M : 분자량

③ 빙점강하(ΔT_f)★★

$$\Delta T_f = K_f \cdot m = K_f \times \frac{\dfrac{W_B}{M}}{W_A} \times 1{,}000$$

　여기서, K_f : 빙점강하계수(물 : 1.86)

　　　　　 m : 몰랄농도

　　　　　 W_B : 용질의 무게

　　　　　 W_A : 용매의 무게

　　　　　 M : 분자량

(3) 콜로이드 용액

① 콜로이드 용액 : 분산질(용질) 입자가 분산매(용매)에 분산되어 있는 용액으로 불투명하게(뿌옇게) 보인다.

　콜로이드 용액 = 분산매(용매) + 분산질(용질)

② 콜로이드 용액의 종류

　㉠ 소수콜로이드 : 물과의 친화력이 좋지 않고 소량의 전해질을 넣으면 침전이 일어나는 무기질 콜로이드(-콜로이드)로서 염화은, 수산화알루미늄, 수산화철, 흙탕물, 먹물 등이 있다.★★

　㉡ 친수콜로이드 : 물과의 친화력이 좋고 다량의 전해질을 넣으면 침전이 일어나는 유기질 콜로이드(+콜로이드)로서 비누, 녹말, 단백질, 아교, 젤라틴 등이 있다.★

ⓒ 보호콜로이드 : 친수콜로이드를 가하여 소수콜로이드를 둘러싸 보호하여 침전이 일어나지 않도록 하는 콜로이드이다.

③ 콜로이드 용액의 특징

㉠ 입자의 지름은 대략 1~1,000nm이다.

㉡ 입자는 (+) 혹은 (−)로 대전하고 있다.

㉢ 콜로이드 용액의 성질

- 입자의 크기에 의한 현상 또는 성질
  - 다이알리시스(투석) : 콜로이드 입자는 용액은 반투막을 통과하지 못하므로 이것을 이용하여 이온과 콜로이드 입자를 분리시키는 방법으로 삼투압 측정에 이용한다.★
  - 틴들(Tyndall) 현상 : 콜로이드 용액에 광선을 비추게 되면 입자들이 빛을 산란시켜서 광선의 진로를 알 수 있는 현상이다.
  - 흡 착
- 분산매분자의 운동에 의해 나타내는 현상
  - 브라운 운동 : 입자의 불규칙적인 운동이다.
- 전하를 가지고 있기 때문에 나타내는 현상
  - 전기영동 : 콜로이드 입자가 전극에 의하여 이동하는 현상이다.
  - 염석 : 비누나 두부를 만들 때 진한 소금물이나 간수를 가하는 것이다.
  - 응석 : 소수콜로이드 용액에 전해질을 넣었을 때 엉김(침전) 현상을 말한다.

㉣ 거름종이는 통과하지만 투석막은 통과하지 못한다.

※ 에멀션 : 우유와 같이 액체가 분산되어 있는 현상을 말한다.

※ 엉김을 일으키는 데 효과가 있는 것 : $Al_2(SO_4)_3$

1-1. 질산칼륨을 물에 용해시키면 용액의 온도가 떨어진다. 다음 사항 중 옳지 않은 것은?

① 용해시간과 용해도는 무관하다.
② 질산칼륨의 용해 시 열을 흡수한다.
③ 온도가 상승할수록 용해도는 증가한다.
④ 질산칼륨 포화용액을 냉각시키면 불포화용액이 된다.

1-2. 물 200g에 A물질 2.9g을 녹인 용액의 빙점은?(단, 물의 어는점 내림상수는 1.86℃·kg/mol이고, A물질의 분자량은 580이다)

① −0.465℃
② −0.932℃
③ −1.871℃
④ −2.453℃

1-3. 어떤 비전해질 12g을 물 60g에 녹였다. 이 용액이 −1.88℃의 빙점강하를 보였을 때 이 물질의 분자량은 얼마인가?(단, 물의 K_f = 1.86, ΔT_f = 1.88이다)

① 297
② 202
③ 198
④ 165

1-4. 콜로이드 용액 중 소수콜로이드는?

① 녹 말
② 아 교
③ 단백질
④ 수산화철

|해설|

1-1
질산칼륨 포화용액을 냉각시키면 과포화용액이 된다.

1-2

$$빙점강하(\Delta T_f) = K_f \cdot m = K_f \times \frac{\frac{W_B}{M}}{W_A} \times 1,000$$

여기서, K_f : 빙점강하계수(물 : 1.86)

m : 몰랄농도

W_B : 용질의 무게

W_A : 용매의 무게

M : 분자량

$$\therefore \Delta T_f = 1.86 \times \frac{\frac{2.9g}{58}}{200g} \times 1,000 = 0.465℃ \Rightarrow -0.465℃$$

1-3

$$빙점강하(\Delta T_f) = K_f \cdot m = K_f \times \dfrac{\dfrac{W_B}{M}}{W_A} \times 1{,}000$$

$$M = K_f \times \dfrac{W_B}{W_A \Delta T_f} \times 1{,}000$$

여기서, K_f : 빙점강하계수(물 : 1.86)

m : 몰랄농도

W_B : 용질의 무게

W_A : 용매의 무게

M : 분자량

$$\therefore\ M = K_f \times \dfrac{W_B}{W_A\,\Delta T_f} \times 1{,}000 = 1.86 \times \dfrac{12}{60 \times 1.88} \times 1{,}000$$

$$= 197.87$$

1-4
콜로이드 용액의 종류

- 소수콜로이드 : 물과의 친화력이 좋지 않고 소량의 전해질을 넣으면 침전이 일어나는 무기질 콜로이드(−콜로이드)로서 염화은, 수산화알루미늄, 수산화철, 흙탕물, 먹물 등이 있다.
- 친수콜로이드 : 물과의 친화력이 좋고 다량의 전해질을 넣으면 침전이 일어나는 유기질 콜로이드(+콜로이드)로서 비누, 녹말, 단백질, 아교, 젤라틴 등이 있다.

정답 1-1 ④ 1-2 ① 1-3 ③ 1-4 ④

핵심이론 02 | 용해도

(1) 용해도

① 일정한 온도에서 용매 100g에 녹을 수 있는 용질의 g수이다.

$$용해도 = \dfrac{용질의\ g수}{용매의\ g수} \times 100$$

② 용해도 곡선

용액의 온도변화에 따른 용해도 관계를 나타낸 것이다.

$$과포화용액 \underset{냉각}{\overset{가열}{\rightleftarrows}} 포화용액 \underset{냉각}{\overset{가열}{\rightleftarrows}} 불포화용액$$

(2) 용해도 상태

① 고체의 용해도★

ㄱ 압력에 영향을 받지 않고 온도상승에 따라 증가한다.

ㄴ NaCl의 용해도는 온도상승에 따라 미세하게 증가한다.

ㄷ $Ca(OH)_2$는 용해 시 발열반응을 하므로 온도상승에 따라 감소한다.

② 액체의 용해도

ㄱ 온도와 압력에는 무관하다.

ㄴ 극성물질은 극성용매에 잘 녹고 비극성물질은 비극성용매에 잘 녹는다.

- 극성용매 : 물(H_2O), 아세톤(CH_3COCH_3), 에틸알코올(C_2H_5OH)
- 극성물질 : HCl, NH_3, HF, H_2S
- 비극성용매 : 벤젠(C_6H_6), 사염화탄소(CCl_4), 에터($C_2H_5OC_2H_5$)
- 비극성물질 : CH_4, H_2, O_2, CO_2, N_2

③ 기체의 용해도★

온도가 상승하면 감소하고 압력이 상승하면 증가한다.

ㄱ 헨리의 법칙 : 용해도가 작은 물질, 묽은 농도에만 성립한다.

용해량 $W = kP$

여기서, k : 헨리의 정수

        P : 압력

∴ 기체의 용해도는 압력에 비례한다.

ⓛ 헨리의 법칙에 적용되는 기체(용해도가 적은 물질)
★ : H_2(수소), O_2(산소), N_2(질소), CO_2(이산화탄소)

ⓒ 헨리의 법칙에 적용되지 않는 기체(용해도가 큰 물질) : 플루오린화수소(HF), 암모니아(NH_3), 염산(HCl), 황화수소(H_2S), 일산화탄소(CO), 메테인(CH_4), 아세틸렌(C_2H_2), 에틸렌(C_2H_4)

10년간 자주 출제된 문제

2-1. 포화용액 200g에 어떤 물질 40g이 녹아 있다면 이 물질의 용해도는 얼마인가?

① 20   ② 25

③ 40   ④ 50

2-2. 다음 중 헨리의 법칙이 가장 잘 적용되는 기체는?

① 암모니아   ② 염화수소

③ 이산화탄소   ④ 플루오린화수소

|해설|

2-1

$$용해도 = \frac{용질의 \ g수}{용매의 \ g수} \times 100 = \frac{40}{200-40} \times 100 = 25$$

2-2

핵심이론 참조

정답 2-1 ②   2-2 ③

핵심이론 03 | 용액의 농도

(1) 백분율★★

① 중량백분율(wt%농도) : 용액 100g 중 녹아 있는 용질의 g수

$$wt\% = \frac{용질의 \ 중량}{용액의 \ 중량} \times 100$$

② 용적백분율(vol%농도) : 용액 1L 중 녹아 있는 용질의 부피 L수

$$vol\% = \frac{용질의 \ 부피}{용액의 \ 부피} \times 100$$

③ ppm : 용액 1L 중에 녹아 있는 용질의 mg수

$$ppm = mg/L = g/m^3 = mg/kg = \frac{용질의 \ 질량(mg)}{용액의 \ 부피(L)}$$

(2) 농 도★★

① 몰농도(M) : 용액 1L 속에 녹아 있는 용질의 몰수

$$몰농도(M) = \frac{용질의 \ 무게(g)}{용질의 \ 분자량(g)} \times \frac{1,000}{용액의 \ 부피(mL)}$$

② 규정농도(N) : 용액 1L 속에 녹아 있는 용질의 g 당량수

$$규정농도(N) = \frac{용질의 \ 무게(g)}{용질의 \ g당량} \times \frac{1,000}{용액의 \ 부피(mL)}$$

③ 몰랄농도(m) : 용매 1,000g 속에 녹아 있는 용질의 몰수

$$몰랄농도(m) = \frac{용질의 \ 몰수}{용매의 \ 질량(g)} \times 1,000$$

④ 용액의 제조★

두 용액(A, B)을 혼합하여 C를 제조할 때

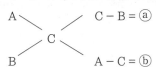

∴ A용액 ⓐg과 B용액 ⓑg을 혼합하면 C용액을 제조할 수 있다.

예 96% 황산을 물로 희석하여 50%의 황산을 제조하려면 물과 96% 황산의 혼합비율은?

풀이

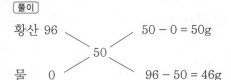

황산 96 ⟍ 50 − 0 = 50g
      50
물 0 ⟍ 96 − 50 = 46g

∴ 96% 황산 50g에 물 46g을 혼합하면 50% 황산 96g이 된다.

⑤ 몰분율 : 용액의 단위 몰속에 들어 있는 용질의 몰수

⑥ 농도환산방법★★★

ⓐ %농도 → 몰농도로 환산 : $M = \dfrac{10ds}{분자량}$

여기서, d : 비중
        s : %농도

ⓑ %농도 → 규정농도로 환산 : $N = \dfrac{10ds}{당량}$

여기서, d : 비중
        s : %농도

ⓒ 규정농도 = 몰농도 × 산도(염기도)

10년간 자주 출제된 문제

3-1. 1N NaOH 용액 10L를 만드는 데 필요한 NaOH의 질량은 얼마인가?

① 10g   ② 40g
③ 80g   ④ 400g

3-2. 95wt% 황산의 비중은 1.84이다. 이 황산의 몰농도는 약 얼마인가?

① 4.5   ② 8.9
③ 17.8   ④ 35.6

3-3. 비중이 1.84이고, 무게농도가 96wt%인 진한 황산의 노말농도는 약 몇 N 인가?(단, 황의 원자량은 32이다)

① 1.8   ② 3.6
③ 18   ④ 36

3-4. 물 500g 중에 설탕($C_{12}H_{22}O_{11}$) 171g이 녹아 있는 설탕물의 몰랄농도는?

① 2.0   ② 1.5
③ 1.0   ④ 0.5

3-5. 96wt% H_2SO_4(A)와 60wt% H_2SO_4(B)를 혼합하여 80wt% H_2SO_4 100kg을 만들려고 한다. 각각 몇 kg씩 혼합해야 하는가?

① A : 30, B : 70
② A : 44.4, B : 55.6
③ A : 55.6, B : 44.4
④ A : 70, B : 30

3-6. 물 450g에 NaOH 80g이 녹아 있는 용액에서 NaOH의 몰분율은?(단, Na의 원자량은 23이다)

① 0.074   ② 0.178
③ 0.200   ④ 0.450

|해설|

3-1

1N NaOH 용액 제조(NaOH의 분자량 : 40)

1N ⟍ 40g ⟋ 1L
1N ⟋ x ⟍ 10L

∴ $x = 400g$

※ 1N NaOH의 제조방법
용량이 1L인 Volumetric Flask에 물을 적당량 넣고 수산화나트륨(NaOH) 40g을 정확히 달아 Flask에 넣고 녹인 다음 물을 넣어 전체량을 1L로 눈금을 맞춘다.

3-2

%농도 → 몰농도로 환산

∴ $M = \dfrac{10ds}{분자량} = \dfrac{10 \times 1.84 \times 95}{98} = 17.8$

여기서, d : 비중
        s : 농도%

3-3

%농도 → 규정농도로 환산

∴ $N = \dfrac{10ds}{당량}$

  $= \dfrac{10 \times 1.84 \times 96}{49} = 36.0N$

여기서, d : 비중
        s : 농도%

3-4

몰랄농도(M) : 용매 1,000g 속에 녹아 있는 용질의 몰수

$$몰랄농도(M) = \frac{용질의\ 몰수}{용매의\ 질량(g)} \times 1,000$$

여기서, 설탕($C_{12}H_{22}O_{11}$)의 분자량 = $(12 \times 12) + (1 \times 22) +$
$$(16 \times 11)$$
$$= 342$$

$$\therefore 몰랄농도 = \frac{(171/342)}{500} \times 1,000 = 1.0$$

3-5

80% 황산 100kg을 제조하려면

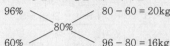

이것은 96% 황산 20kg + 60% 황산 16kg → 80% 황산 36kg를 제조한다.

문제에서 100kg을 제조해야 하므로

- 96% 황산 = $\frac{20}{36} \times 100 = 55.6$kg

- 60% 황산 = $\frac{16}{36} \times 100 = 44.4$kg

∴ 96% 황산 55.6kg + 60% 황산 44.4kg → 80% 황산 100kg를 제조한다.

3-6

$$몰분율 = \frac{각\ 성분의\ 몰수}{전체\ 몰수}, \quad 몰분율 = \frac{무게}{분자량}$$

- 물의 몰수 = $\frac{무게}{분자량} = \frac{450g}{18g} = 25$mol

- 수산화나트륨(양잿물)의 몰수 = $\frac{무게}{분자량} = \frac{80g}{40g} = 2$mol

- 물의 분자량(H_2O) = $(1 \times 2) + 16 = 18$

- 수산화나트륨의 분자량(NaOH) = $23 + 16 + 1 = 40$

$$\therefore NaOH\ 몰분율 = \frac{2}{25+2} = 0.074$$

정답 3-1 ④ 3-2 ③ 3-3 ④ 3-4 ③ 3-5 ③ 3-6 ①

핵심이론 04 | 전해질, 비전해질

(1) 전해질

산이나 염기가 물에 용해되었을 때, 즉 수용액상태에서 전류가 흐르는 물질이다.

① **약전해질** : 초산, 의산, 수산화암모늄 등 전리도가 작은 물질

② **강전해질** : 소금, 수산화나트륨, 염산 등 전리도가 큰 물질

(2) 비전해질

수용액에서 전류가 통하지 않는 물질로서 에탄올, 설탕, 포도당, 메탄올이 있다.

(3) 전리도

전해질의 전리한 분자의 수가 그 물질 전체의 분자수에 대하여 갖는 비율이다.

※ 전리현상

- 염산 : $HCl \rightleftharpoons H^+ + Cl^-$
- 질산 : $HNO_3 \rightleftharpoons H^+ + NO_3^-$
- 염화나트륨 : $NaCl \rightleftharpoons Na^+ + Cl^-$
- 수산화나트륨 : $NaOH \rightleftharpoons Na^+ + OH^-$
- 황산알루미늄 : $Al_2(SO_4)_3 \rightleftharpoons 2Al^{3+} + 3SO_4^{2-}$

4-1. 다음 물질 중 비전해질에 해당되는 것은?

① HCl
② HNO₃
③ C₂H₅OH
④ CH₃COOH

4-2. 다음 중 전리도가 가장 커지는 것은?

① 농도와 온도가 일정할 때
② 농도가 진하고 온도가 높을수록
③ 농도가 묽고 온도가 높을수록
④ 농도가 진하고 온도가 낮을수록

|해설|

4-1

전해질, 비전해질

• 전해질 : 수용액 상태에서 전류가 통하는 물질(전리가 되는 물질)

　예 소금(NaCl), 염산(HCl), 초산(CH₃COOH), 의산, 수산화암모늄 등

• 비전해질 : 수용액 상태에서 전류가 통하지 않는 물질

　예 메틸알코올, 에틸알코올(C₂H₅OH), 설탕, 포도당, 글리세린 등

4-2

전리도는 농도가 묽고 온도가 높을수록 커진다.

정답 4-1 ③　4-2 ③

제6절　산화, 환원

핵심이론 01 | 산화와 환원

(1) 산화와 환원★★

구 분 관 계	산 화	환 원
산 소	산소와 결합할 때 $S + O_2 \rightarrow SO_2$	산소를 잃을 때 $MgO + H_2 \rightarrow Mg + H_2O$
수 소	수소를 잃을 때 $H_2S + Br_2 \rightarrow 2HBr + S$	수소와 결합할 때 $H_2S + Br_2 \rightarrow 2HBr + S$
전 자	전자를 잃을 때 $Mg^{2+} + Zn^0 \longrightarrow Mg^0 + Zn^{2+}$	전자를 얻을 때 $Mg^{2+} + Zn^0 \longrightarrow Mg^0 + Zn^{2+}$
산화수	산화수가 증가할 때 $(H : 0 \rightarrow +1)$ $CuO + H_2 \longrightarrow Cu + H_2O$	산화수가 감소할 때 $(Cu : +2 \rightarrow 0)$ $CuO + H_2 \longrightarrow Cu + H_2O$

예 산화와 환원

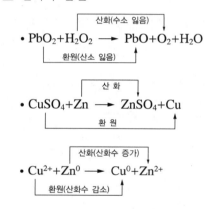

• $PbO_2 + H_2O_2 \longrightarrow PbO + O_2 + H_2O$

산화(수소 잃음)
환원(산소 잃음)

• $CuSO_4 + Zn \longrightarrow ZnSO_4 + Cu$

산 화
환 원

• $Cu^{2+} + Zn^0 \longrightarrow Cu^0 + Zn^{2+}$

산화(산화수 증가)
환원(산화수 감소)

(2) 산화수★★★

① 단체의 산화수는 0이다.

예 H_2^0, Fe^0, Mg^0, O_2^0, O_3^0, N_2^0

② 중성화합물을 구성하는 각 원자의 산화수의 합은 0 이다.

㉠ $K\underline{Mn}O_4$: $(+1) + x + (-2 \times 4) = 0$

∴ $x(Mn) = +7$

㉡ $H_3\underline{P}O_4$: $(+1 \times 3) + x + (-2 \times 4) = 0$

∴ $x(P) = +5$

㉢ $K_2\underline{Cr}_2O_7$: $(+1 \times 2) + 2x + (-2 \times 7) = 0$

∴ $x(Cr) = +6$

㉣ $K_3[\underline{Fe}(CN)_6]$: $(+1 \times 3) + x + (-1 \times 6) = 0$

∴ $x(Fe) = +3$

㉤ $H_2\underline{S}O_4$: $(+1 \times 2) + x + (-2 \times 4) = 0$

∴ $x(S) = +6$

㉥ $H\underline{Cl}O_4$: $(+1 + x) + (-2 \times 4) = 0$

∴ $x(Cl) = +7$

㉦ $\underline{Cr}(OH)_3$: $x + (-1 \times 3) = 0$

∴ $x(Cr) = +3$

③ 이온의 산화수는 그 이온의 가수와 같다.

㉠ $\underline{Mn}O_4^-$: $x + (-2 \times 4) = -1$

∴ $x(Mn) = +7$

㉡ $(\underline{Cr}_2O_7)^{2-}$: $2x + (-2 \times 7) = -2$

∴ $x(Cr) = +6$

④ 산소화합물에서 산소의 산화수는 −2이다.

예 CO_2, H_2O

⑤ 과산화물에서 산소의 산화수는 −1이다.

예 H_2O_2, BaO_2, MgO_2

⑥ 금속과 화합되어 있는 수소화합물의 수소의 산화수는 −1이다.

예 NaH, CaH_2, MgH_2

1-1. 염소(Cl)의 산화수가 +3인 물질은?

① $HClO_4$ ② $HClO_3$

③ $HClO_2$ ④ $HClO$

1-2. $KMnO_4$에서 Mn의 산화수는 얼마인가?

① +3   ② +5

③ +7   ④ +9

1-3. 다이크로뮴산이온($Cr_2O_7^{2-}$)에서 Cr의 산화수는?

① +3   ② +6

③ +7   ④ +12

1-4. 다이크로뮴산칼륨에서 크로뮴의 산화수는?

① 2   ② 4

③ 6   ④ 8

| 해설 |

1-1

산화수

- $H\underline{Cl}O_4$ $(+1) + x + (-2 \times 4) = 0$ ∴ $x(Cl) = +7$
- $H\underline{Cl}O_3$ $(+1) + x + (-2 \times 3) = 0$ ∴ $x(Cl) = +5$
- $H\underline{Cl}O_2$ $(+1) + x + (-2 \times 2) = 0$ ∴ $x(Cl) = +3$
- $H\underline{Cl}O$ $(+1) + x + (-2) = 0$ ∴ $x(Cl) = +1$

1-2

$KMnO_4$에서 Mn 산화수

$(+1) + x + (-2 \times 4) = 0$ ∴ $x(Mn) = +7$

1-3

$Cr_2O_7^{2-}$에서 Cr의 산화수

$2x + (-2 \times 7) = -2$ ∴ $(Cr) = +6$

1-4

다이크로뮴산칼륨($K_2Cr_2O_7$)의 크로뮴의 산화수

$[(+1) \times 2] + 2x + [(-2) \times 7] = 0$ ∴ $x(Cr) = +6$

정답 1-1 ③   1-2 ③   1-3 ②   1-4 ③

핵심이론 02 | 연 소

(1) 산화제★

자신은 환원되고 다른 물질을 산화시키는 물질

예 H_2O_2, HNO_3, $KMnO_4$, $K_2Cr_2O_7$

산화제의 조건	해당 물질
산소를 내기 쉬운 물질	H_2O_2, $KClO_3$, $NaClO_3$
수소와 결합하기 쉬운 물질	O_2, Cl_2, Br_2
전자를 얻기 쉬운 물질	MnO_4^-, $(Cr_2O_7)^{2-}$
발생기산소를 내기 쉬운 물질	O_2, O_3, Cl_2, MnO_2, HNO_3, H_2SO_4, $KMnO_4$, $K_2Cr_2O_7$

(2) 환원제★★

자신은 산화되고 다른 물질을 환원시키는 물질

예 SO_2, H_2O_2

산화제의 조건	해당 물질
수소를 내기 쉬운 물질	H_2S
산소와 결합하기 쉬운 물질	SO_2, H_2O_2
전자를 잃기 쉬운 물질	H_2SO_3
발생기수소를 내기 쉬운 물질	H_2, CO, H_2S, $C_2H_2O_4$

10년간 자주 출제된 문제

2-1. 다음 중 산화제가 아닌 것은?

① H_2O_2 ② $KClO_3$
③ $KMnO_4$ ④ H_2SO_3

2-2. 일반적으로 환원제가 될 수 있는 물질이 아닌 것은?

① 수소를 내기 쉬운 물질
② 전자를 잃기 쉬운 물질
③ 산소와 화합하기 쉬운 물질
④ 발생기산소를 내는 물질

|해설|

2-1
산화제 : H_2O_2, $KClO_3$, HNO_3, $KMnO_4$, $K_2Cr_2O_7$

2-2
환원제 : 발생기수소를 내는 물질

정답 2-1 ④ 2-2 ④

핵심이론 01 | 화학반응속도

(1) 정 의

① 시간에 따른 반응물 또는 생성물의 농도변화이다.

② 반응속도 $= \dfrac{\text{농도변화량}}{\text{반응시간}}$

(2) 반응속도의 영향인자

① **농도** : 분자들의 농도가 크면 클수록 단위시간당 충돌 횟수가 커지기 때문에 반응속도가 증가한다.

② **온도** : 아레니우스의 반응속도론에 의하면 온도가 10℃ 상승하면 반응속도는 약 2배 정도 증가한다.

③ **촉매** : 촉매는 그 자체는 소모되지 않고 화학반응속도를 증가시키는 물질이다.

※ 화학반응속도의 영향인자★
- 농 도
- 온 도
- 압 력
- 촉 매

(3) 반응속도의 예★

① $A + 2B \rightarrow 3C + 4D$의 식에서 A와 B의 농도를 각각 2배로 하면 반응속도 $v = [A][B]^2 = 2 \times 2^2 = 8$배

② $2A + 3B \rightarrow C + 2D$의 식에서 B의 농도를 2배로 하면 반응속도 $v = [A]^2[B]^3 = 1^2 \times 2^3 = 8$배

(4) 반응열의 종류

① **생성열** : 어떤 물질 1mol이 성분원소의 결합으로 생성될 때 따르는 열량

$$H_2(g) + \frac{1}{2}O_2(g) \rightarrow H_2O(\ell) + 68.3\text{kcal}$$

$$\Delta H = -68.3\text{kcal}$$

② 연소열 : 어떤 물질 1mol이 완전연소할 때 발생하는 열량

$$C(s) + O_2(g) \rightarrow CO_2(g) + 94.2kcal$$

$$\Delta H = -94.2cal$$

③ 분해열 : 어떤 물질 1mol을 성분원소로 분해할 때 발생하는 열량

$$H_2O(\ell) \rightarrow H_2(g) + \frac{1}{2}O_2(g) - 68.3kcal$$

$$\Delta H = +68.3kcal$$

④ 융해열 : 어떤 물질 1mol이 용매에 용해할 때 발생하는 열량

$$HCl + 물 \rightarrow HCl(aq) + 17.3kcal$$

$$\Delta H = -17.3kcal$$

⑤ 중화열 : 산과 염기 1g당량이 중화할 때 발생하는 열량

$$HCl(aq) + NaOH(aq) \rightarrow NaCl(aq) + H_2O + 13.7kcal$$

$$\Delta H = -13.7kcal$$

※ 열량 표시

• 방정식에 붙여 쓰는 경우

(+) : 발열, (−) : 흡열

• 방정식에 띄어 쓰는 경우

ΔH가 − : 발열, ΔH가 + : 흡열

(5) 반응 차수★★

① 1차 반응 : 반응속도가 반응물의 농도에 1차 제곱으로 따르는 반응이다.

A → 생성물   속도 $v = k[A]$

② 2차 반응 : 반응속도가 한 반응물의 농도의 2차 제곱에 의존하거나 각각이 1차인 두 반응물에 의존하는 반응이다.

㉠ A → 생성물   속도 $v = k[A]^2$

㉡ A + B → 생성물   속도 $v = k[A][B]$

다음과 같은 반응에서 A와 B의 농도를 각각 2배로 해주면 반응속도는 몇 배가 되겠는가?

$$A + 2B \rightarrow 3C + D$$

① 2배   ② 4배
③ 6배   ④ 8배

|해설|

A + 2B → 3C + D의 식에서 A와 B의 농도를 각각 2배로 하면 반응속도 $v = [A][B]^2 = 2 \times 2^2 = 8$배

정답 ④

(1) 정 의

정반응과 역반응의 속도가 같고 반응물과 생성물의 농도가 시간에 따라 더 이상 변화가 없을 때의 반응으로 정반응 속도와 역반응 속도가 같아진다.

$$A + B \xrightleftharpoons[\text{역반응}]{\text{정반응}} C$$

① 가역반응 : 정반응과 역반응이 모두 일어나는 반응
② 비가역반응 : 정반응만 일어나는 반응

(2) 평형상수★★

평형상수(K)는 생성물질의 농도의 곱을 반응물질의 농도의 곱으로 나눈 값으로서 반응물과 생성물의 농도와 관련이 있다.

① $CO + 2H_2 \rightarrow CH_3OH$ $\qquad K = \dfrac{[CH_3OH]}{[CO][H_2]^2}$

② $N_2 + 3H_2 \rightarrow 2NH_3$ $\qquad K = \dfrac{[NH_3]^2}{[N_2][H_2]^3}$

(3) Le Chatelier 평형이동의 법칙★★

평형상태에서 외부의 조건(온도, 압력, 농도)을 변화시키면 이 변화를 방해하는 방향으로 평형이 이동한다.
예 $N_2 + 3H_2 \rightleftharpoons 2NH_3$

① 온 도
  ㉠ 상승 : 온도가 내려가는 방향(흡열반응쪽, ←)
  ㉡ 강하 : 온도가 올라가는 방향(발열반응쪽, →)
② 압 력
  ㉠ 상승 : 분자수가 감소하는 방향(몰수가 감소하는 방향, →)
  ㉡ 강하 : 분자수가 증가하는 방향(몰수가 증가하는 방향, ←)
  ㉢ 반응물의 몰수의 합과 생성물의 몰수의 합이 같으면 압력에는 영향을 받지 않는다.

③ 농 도
  ㉠ 증가 : 정방향(→)
  ㉡ 감소 : 역방향(←)
④ 기 타
  ㉠ NH_3 제거 : 정방향(→)
  ㉡ H_2, N_2 첨가 : 정방향(→)

(4) 헤스의 법칙

화학반응에서 반응 전과 반응 후의 상태가 결정되면 반응경로와 관계없이 반응열의 총량은 일정하다.

10년간 자주 출제된 문제

2-1. 세 가지 기체 물질 A, B, C가 일정한 온도에서 다음과 같은 반응을 하고 있다. 평형에서 A, B, C가 각각 1몰, 2몰, 4몰이라면 평형상수 K의 값은?

A + 3B → 2C + 열

① 0.5 　　　　　　② 2
③ 3 　　　　　　　④ 4

2-2. 25℃에서 다음과 같은 반응이 일어날 때 평형상태에서 NO_2의 부분압력은 0.15atm이다. 혼합물 중 N_2O_4의 부분압력은 약 몇 atm인가?(단, 압력평형상수 K_p는 7.13이다)

$2NO_2(O) \rightleftharpoons N_2O_4(O)$

① 0.08 　　　　　　② 0.16
③ 0.32 　　　　　　④ 0.64

2-3. 다음의 평형계에서 압력을 증가시키면 반응에 어떤 영향이 나타나는가?

$N_2(g) + 3H_2(g) \rightleftharpoons 2NH_3(g)$

① 오른쪽으로 진행
② 왼쪽으로 진행
③ 무변화
④ 왼쪽과 오른쪽으로 모두 진행

2-4. 화학반응에서 반응 전과 반응 후의 상태가 결정되면 반응 경로와 관계없이 반응열의 총량은 일정하다는 법칙은?

① 헤스의 법칙
② 보일-샤를의 법칙
③ 헨리의 법칙
④ 르샤틀리에의 법칙

|해설|

2-1

평형상수(K)

$$K = \frac{[C]^2}{[A][B]^3} = \frac{4^2}{1 \times 2^3} = 2$$

2-2

평형상수(K_p)

$$K_p = \frac{\text{생성물의 농도곱}}{\text{반응물의 농도곱}} = \frac{[N_2O_4]}{[NO_2]^2}$$

$$7.13 = \frac{x}{(0.15)^2}$$

$$\therefore x = 0.16atm$$

2-3, 2-4

핵심이론 참조

정답 2-1 ② 2-2 ② 2-3 ① 2-4 ①

제8절 전지 및 전기분해

| 핵심이론 01 | 전 지

(1) 정 의

① 2개의 전극을 연결하여 화학반응에 의한 화학에너지를 전기에너지로 변환시키는 장치이다.

② 전류의 방향은 전자의 이동방향과 반대이다.

(2) 전지의 종류

① 볼타전지

　㉠ 아연(Zn)판과 구리(Cu)판을 도선으로 연결하고 묽은 황산을 넣어 두 전극에서 산화, 환원반응으로 전기에너지로 변환시키는 장치이다.

　㉡ 분극현상 : 볼타전지에서 갑자기 전류가 약해지는 현상

　㉢ 분극현상의 감극제 : 이산화망가니즈(MnO_2), 이산화납(PbO_2)

　㉣ Zn판(-극)에서는 산화, Cu판(+극)에서는 환원이 일어난다.

　　(-)Zn ‖ H_2SO_4 ‖ Cu(+)

② 납(연)축전지 : 자동차에 사용하는 납축전지는 여섯 개의 같은 전지가 직렬로 연결되어 있고 각 건전지에는 납 양극과 금속판에 이산화납(PbO_2)을 채운 음극이 있다. 양극과 음극은 황산용액(전해액)에 담겨져 있다.

　㉠ Pb(+) 반응 : $Pb + SO_4^{2-} \rightarrow PbSO_4 + 2e^-$

　㉡ PbO_2(-) 반응

　　$PbO_2 + 4H^+ + SO_4^{2-} + 2e^- \rightarrow PbSO_4 + 2H_2O$

　∴ 전체 전지반응

　　$Pb + PbO_2 + 4H^+ + 2SO_4^{2-} \rightarrow 2PbSO_4 + 2H_2O$

　　(-)Pb ‖ H_2SO_4 20% 용액 ‖ PbO_2(+)

③ 다니엘전지 : 아연전극에서 산화가 일어나므로 음극
이고 구리전극에서는 환원이 일어나므로 양극이다.

    ㉠ Zn(-) 전극 : $Zn \rightarrow Zn^{2+} + 2e^-$(산화)

    ㉡ Cu(+) 전극 : $Cu^{2+} + 2e^- \rightarrow Cu$(환원)

    ∴ 전체의 전지반응 : $Zn + Cu^{2+} \rightarrow Zn^{2+} + Cu$

        (-)Zn ‖ $ZnSO_4$용액 ‖ $CuSO_4$용액 ‖ Cu(+)

④ 건전지 : 중심부에 양극인 탄소봉이 있고 그 둘레에는
고체인 염화암모늄, 이산화망가니즈(MnO_2), 탄소분
말의 혼합물에 염화암모늄 용액을 흡수시킨 것을 음극
인 아연봉에 넣은 것이다.

    ㉠ Zn(+) 전극 : $Zn \rightarrow Zn^{2+} + 2e^-$

    ㉡ 탄소(-) 전극 : $2NH_4^+(aq) + 2MnO_2 + 2e^-$
          $\rightarrow Mn_2O_3 + 2NH_3(aq) + H_2O$

    ∴ 전체 전지반응 : $Zn + 2NH_4^+ + 2MnO_2$
          $\rightarrow Zn^{2+} + 2NH_3(aq) + H_2O + Mn_2O_3$

        (-)Zn ‖ NH_4Cl 용액 ‖ Cu(+)

10년간 자주 출제된 문제

볼타전지에서 갑자기 전류가 약해지는 현상을 "분극현상"이라
한다. 이 분극현상을 방지해 주는 감극제로 사용되는 물질은?

① MnO_2 ② $CuSO_3$
③ NaCl   ④ $Pb(NO_3)_2$

|해설|

분극현상 감극제 : 이산화망가니즈(MnO_2)

정답 ①

핵심이론 02 | 전기분해

(1) 정 의

전해질의 수용액에 전류를 통하면 양이온은 음극으로 음
이온은 양극으로 끌려가서 용액과 접촉하는 전극의 표면
에서 화학변화가 일어나는 현상이다.

(2) 각 물질의 전기분해

① 물의 전기분해 : 순수한 물은 전류가 거의 통하지 않으
므로 전해할 수 없으나 황산이나 수산화나트륨의 묽은
수용액을 전해하면 양극에서는 산소, 음극에서는 수
소를 얻을 수 있다.

    ㉠ 산화반응(양극) : $2H_2O \rightarrow O_2(g) + 4H^+(aq) + 4e^-$

    ㉡ 환원반응(음극) : $2H^+ + 2e^- \rightarrow H_2\uparrow$

    ∴ 전체 전지반응 : $2H_2O \rightarrow 2H_2 + O_2$
                           (-)극 (+)극

② 소금물의 전기분해 : 산화(+)전극에서는 염소(Cl^-)이
온들이 염소기체로 산화반응이 일어나고 환원(-)전
극에서는 수소기체가 생성된다.

    ㉠ 산화반응(양극) : $2Cl^-(aq) \rightarrow Cl_2(g) + 2e^-$

    ㉡ 환원반응(음극)
       $2H_2O + 2e^- \rightarrow H_2(g) + 2OH^-(aq)$

    ∴ 전체 전지반응
       $2Cl^-(aq) + 2H_2O(\ell) \rightarrow Cl_2(g) + H_2(g) + 2OH^-(aq)$
             (-)극   (+)극

       $2NaCl + 2H_2O \rightarrow 2NaOH + H_2 + Cl_2$
             (-)극   (+)극

황산구리 수용액을 전기분해하여 음극에서 63.54g의 구리를 석출시키고자 한다. 10A의 전기를 흐르게 하면 전기분해에는 약 몇 시간이 소요되는가?(단, 구리의 원자량은 63.54이다)

① 2.72

② 5.36

③ 8.13

④ 10.8

| 해설 |

1g당량 시 96,500coul이므로

$96,500 : 31.77g(63.54/2) = x : 63.54g$

$x = 193,000coul$

전기량 Q = 전류(I) × 시간(t)

$\therefore t = \dfrac{193,000}{10 \times 3,600} = 5.36h$

정답 ②

핵심이론 03 | 패러데이의 법칙

(1) 제1법칙

전해에 의해 생기는 물질의 질량은 전기량에 비례한다.

(2) 제2법칙★

같은 전기량에 의하여 분해될 때 생성되는 물질의 질량은 그 화학당량에 비례한다.

① 1F(패러데이) : 각 물질 1g당량을 얻는 데 필요한 전기량

　㉠ 1F = 96,500coulomb = 1g당량

　㉡ 전기량(coulomb)

　　= 전류의 세기(Ampere) × 시간(s)

　㉢ 1개의 전하량

$$e = \frac{96,500}{6.0238 \times 10^{23}} = 1.602 \times 10^{-19} coulomb$$

전극에서 유리되고 화학물질의 무게가 전지를 통하여 사용된 전류의 양에 정비례하고 또한 주어진 전류량에 의하여 생성된 물질의 무게는 그 물질의 당량에 비례한다는 화학법칙은?

① 르샤틀리에의 법칙

② 아보가드로의 법칙

③ 패러데이의 법칙

④ 보일-샤를의 법칙

| 해설 |

패러데이의 법칙 : 전극에서 유리되고 화학물질의 무게가 전지를 통하여 사용된 전류의 양에 정비례하고 또한 주어진 전류량에 의하여 생성된 물질의 무게는 그 물질의 당량에 비례한다.

정답 ③

제9절 무기화합물

핵심이론 01 | 금속의 일반적인 특성

(1) 금속과 비금속의 구분

하단 표 참조

(2) 일반적 성질

① 상온에서 고체이고 비중은 1보다 크다.

② 이온화에너지와 전기음성도가 작고 원자반지름은 크다.

③ 수소와 반응하여 화합물을 만들기 어렵다.

④ 염기성 산화물이며 산에 녹는 것이 많다.

⑤ 열전도성과 전기전도성이 있다.

※ 아말감 : 수은과의 다른 금속(철, 백금, 망가니즈(망간), 코발트, 니켈을 제외한)과의 합금

(3) 금속원소와 비금속원소의 비교

금속원소	비금속원소
상온에서 고체이고 비중은 1보다 크다.	상온에서 고체 또는 기체이다(브로민은 액체이다).
이온화에너지와 전기음성도가 작다.	이온화에너지와 전기음성도가 크다.
원자반지름은 크다.	비중은 1보다 작다.
수소와 반응하여 화합물을 만들기 어렵다.	수소와는 반응하기가 쉽다.
염기성 산화물이며 산에 녹는 것이 많다.	산성 산화물을 만들며 산과는 반응하기 힘들다.
열전도성과 전기전도성이 있다.	열전도성과 전기전도성이 없다.

(4) 금속의 불꽃반응

원 소	불꽃 색상	원 소	불꽃 색상
리튬(Li)	적 색	스트론튬(Sr)	심적색
나트륨(Na)	노란색	구리(Cu)	청록색
칼륨(K)★★	보라색	바륨(Ba)	황록색
칼슘(Ca)	황적색	–	

[원소의 주기율표]

족 / 주기	1 1A	2 2A	3 3B	4 4B	5 5B	6 6B	7 7B	8, 9, 10 8B		11 1B	12 2B	13 3A	14 4A	15 5A	16 6A	17 7A	18 8A
분류	알칼리금속	알칼리토금속	희토류	티탄족	토산금속	크로뮴족	망가니즈족	철 족(3개) 백금족(6개)		구리족	아연족	알루미늄족	탄소족	질소족	산소족	할로젠족	불활성기체
1	1 H																2 He
2	3 Li	4 Be										5 B	6 C	7 N	8 O	9 F	10 Ne
3	11 Na	12 Mg										13 Al	14 Si	15 P	16 S	17 Cl	18 Ar
4	19 K	20 Ca	21 Sc	22 Ti	23 V	24 Cr	25 Mn	26 Fe	27 Co	28 Ni	29 Cu	30 Zn	31 Ga	32 Ge	33 As	34 Se	35 Br	36 Kr
5	37 Rb	38 Sr	39 Y	40 Zr	41 Nb	42 Mo	43 Tc	44 Ru	45 Rh	46 Pd	47 Ag	48 Cd	49 In	50 Sn	51 Sb	52 Te	53 I	54 Xe
6	55 Cs	56 Ba	57 La	72 Hf	73 Ta	74 W	75 Re	76 Os	77 Ir	78 Pt	79 Au	80 Hg	81 Tl	82 Pb	83 Bi	84 Po	85 At	86 Rn
7	87 Fr	88 Ra	89 Ac	104 Rf	105 Db	106 Sg	107 Bh	108 Hs	109 Mt	란타넘족, 악티늄족 : 생략								

1-1. 다음 중 알칼리금속 원소만으로 된 것은?

① Al와 Be
② Na과 Mg
③ Sr과 Ca
④ Li과 K

1-2. 다음 금속원소 중 비점이 가장 높은 것은?

① 리 튬
② 나트륨
③ 칼 륨
④ 루비듐

1-3. 무색 투명한 용액을 질산은 용액에 넣으니 백색침전이 생기고 불꽃반응 결과 노란색이 나타났다. 이 용액은 포함된 물질은?

① Na_2SO_4
② $CaCl_4$
③ NaCl
④ KCl

1-4. 칼륨(K)이 불꽃반응을 할 때 나타내는 색깔은?

① 진한 빨강
② 보라색
③ 노란색
④ 연파랑

|해설|

1-1
알칼리금속 : K(칼륨), Na(나트륨), Li(리튬)

1-2
비 점

종 류	리 튬	나트륨	칼 륨	루비듐
비 점	1,336℃	880℃	774℃	688℃

1-3
불꽃반응의 노란색은 Na이고 염소(Cl)이온이 존재할 때 질산은 용액을 넣으면 백색침전이 생기므로 염화나트륨(NaCl)이다.
$NaCl + AgNO_3 \rightarrow AgCl\downarrow + NaNO_3$
　　　　　　　　　염화은(흰색침전)

1-4
• 칼륨 : 보라색
• 나트륨 : 노란색

정답 1-1 ④ 1-2 ① 1-3 ③ 1-4 ②

핵심이론 02 | 금속화합물의 종류

(1) 알칼리금속(1족)과 그 화합물

① **알칼리금속의 특성**

㉠ 은백색의 경금속으로 융점이 낮다.

㉡ 가전자수는 1개이다(원자가전자 : +1가).

㉢ 이온화에너지가 작고 전자를 쉽게 잃는다.

㉣ 원자번호가 증가함에 따라 융점과 비점은 낮고 원자반지름은 증가한다.

㉤ 물과 반응하여 수소가스를 발생하고 수산화물이 된다.

㉥ 산화되면 불활성 기체(8족 원소)와 같은 전자배치를 갖는다.

• 알칼리금속 : Li(리튬), Na(나트륨), K(칼륨), Rb(루비듐), Cs(세슘), Fr(프란슘)

• 노란색의 불꽃반응을 하고 수용액에 $AgNO_3$용액을 가하니 흰색침전이 생기는 물질 : 염화나트륨 (NaCl)

• 반응성의 순서 : Cs > Rb > K > Na > Li

② **알칼리금속의 화합물**

㉠ 수산화나트륨(NaOH) : 백색의 고체로서 조해성이 강하며 수용액은 강알칼리성이다. 제법으로는 가성화법과 전해법이 있다.

• 가성화법 : 소다회용액을 석회수에 가하여 생성되는 탄산칼슘을 제거하고 농축하여 가성소다를 제조하는 방법
$Na_2CO_3 + Ca(OH)_2 \rightarrow 2NaOH + CaCO_3$

• 전해법 : 소금물을 직접 전기분해하여 제조하는 방법으로 다량의 염소가 부산물로 생성된다. 소금물의 전기분해는 수은법과 격막법이 있는데 격막법이 주로 많이 사용한다.
$2NaCl + 2H_2O \rightarrow 2NaOH + H_2 + Cl_2$
　　　　　　　　　　(−극)　(+극)

ⓛ 탄산나트륨(Na_2CO_3) : 중탄산암모늄에 소금의 포화용액을 가하면 중탄산나트륨이 생성된다. 이것을 가열분해하면 탄산나트륨이 생성된다.
- $NH_4HCO_3 + NaCl \rightarrow NaHCO_3 + NH_4Cl$
- $2NaHCO_3 \rightarrow Na_2CO_3 + CO_2 + H_2O$

(2) 알칼리토금속(2족)과 그 화합물

① 알칼리토금속의 특성
ⓖ 은회백색의 경금속이다.
ⓛ 가전자 수는 2개이다.
ⓒ 물에 녹지 않는 것이 많다.
ⓔ Ca(칼슘), Sr(스트론튬), Ba(바륨), Ra(라듐)은 물에 녹아 수소를 발생한다.
ⓜ 알칼리토금속 : Be(베릴륨), Mg(마그네슘), Ca(칼슘), Sr(스트론튬), Ba(바륨), Ra(라듐)

② 알칼리토금속의 화합물
ⓖ 칼슘화합물
- 산화칼슘 : 탄산칼슘($CaCO_3$)을 900℃로 가열하면 이산화탄소와 산화칼슘이 생성된다.
  $CaCO_3 \rightarrow CaO + CO_2$
- 수산화칼슘 : 산화칼슘(CaO)에 물을 가하면 수산화칼슘이 생성되면서 발열한다.
  $CaO + H_2O \rightarrow Ca(OH)_2 + 발열$

ⓛ 염화마그네슘 : $MgCl_2 \cdot 6H_2O$로서 간수라고도 하며 조해성이 있고 단백질을 응고시킨다.

(3) 알루미늄(3족)과 그 화합물

① 알루미늄의 특성
ⓖ 은백색의 경금속으로 양쪽성 원소이다.
ⓛ 연성, 전성이 크다.
ⓒ 산과 알칼리와 반응하여 수소가스를 발생한다.
ⓔ 공기 중에서 산화알루미늄(Al_2O_3)의 피막을 형성하여 내부를 보호한다.

② 알루미늄의 화합물
ⓖ 산화알루미늄(Al_2O_3)
ⓛ 황산알루미늄[$Al_2(SO_4)_3$]
- 황산반토로서 고분자 응집제로 사용한다.
- 화학포소화약제(내통제)로 사용한다.

(1) 일반적인 성질

① 상온에서 고체 또는 기체이다(브로민은 액체이다).
② 비중은 1보다 작다.
③ 산성 산화물을 만들며 산과는 반응하기 힘들다.
④ 수소와는 반응하기가 쉽다.
⑤ 전자를 받아들여 공유결합을 한다.

(2) 물리적인 성질

① 열, 전기전도성, 원자반지름이 작다.
② 이온화에너지와 전기음성도가 크다.

(1) 불활성 기체(8족)★★

① 이온화경향이 가장 작은 족이다.
② 실온에서 무색의 기체이며 단원자 분자이다.
③ 최외각 전자는 8개이고 반응성은 대단히 작다.
④ 저압에서 방전되면 색을 나타낸다.
⑤ 화합물을 만들지 못한다.

(2) 수소(1족)

① 무색, 무취의 가장 가벼운 기체이다.
② 공기 중에서 점화원에 의하여 폭발적으로 연소(수소폭명기)한다.

$$2H_2 + O_2 \rightarrow 2H_2O$$

③ 가열 또는 일광에 의하여 염소폭명기를 형성한다.

$$H_2 + Cl_2 \rightarrow 2HCl$$

④ 제 법
  ㉠ 물의 전기분해

$$2H_2O \rightarrow 2H_2 + O_2$$
$$\quad\quad\quad\quad (-극) \quad (+극)$$

  ㉡ 수성가스법 : 코크스에 수증기를 작용시키는 방법

$$C + H_2O \rightarrow CO + H_2 \uparrow$$

  ※ $CO + H_2$: 수성가스(Water Gas)★

  ㉢ 양쪽성 원소(Zn, Al, Sn, Pb)에 산과 알칼리를 작용시키면 수소가스를 얻는다.

$$Zn + 2HCl \rightarrow ZnCl_2 + H_2 \uparrow$$

(3) 할로겐원소(7족)★

① 특 성
  ㉠ 최외각 전자수가 7개이고 전자 1개를 받아 이원자 분자가 된다.
  ㉡ 원자번호가 증가함에 따라 비점과 융점이 증가하고, 금속과 반응성은 작아진다.

ⓒ 크 기
- 산의 세기 : HI > HBr > HCl > HF
- 산화력의 순서 : $F_2 > Cl_2 > Br_2 > I_2$
- 반응성의 크기 : F > Cl > Br > I★
- 용해도의 크기 : F > Cl > Br > I

종 류	F_2	Cl_2	Br_2	I_2
상태(25℃)	기 체	기 체	액 체	고 체
녹는점	-217.9℃	-100.9℃	-7.9℃	113.6℃
끓는점	-188℃	-34.1℃	58.8℃	184.4℃
색 상	담황색	황록색	적갈색	흑자색
물과의 반응	• 빠른 반응 • 산소발생	• 느리게 반응 • 표백 및 살균작용	• 매우 느리게 반응 • 표백작용	거의 반응하지 않음
수소화합물	HF, 약산성	HCl, 강산성	HBr, 강산성	HI, 강산성

② 할로젠화합물
ⓐ 플루오린화수소(HF)
- 자극성이 있는 무색의 기체로서 물에 잘 녹는다.
- 수용액은 약산이고 플루오린화수소라 한다.
ⓑ 염화수소(HCl)
- 자극성이 있는 무색의 기체로서 물에 잘 녹는다.
- 수용액은 강한 산성을 나타낸다.
- 암모니아와 반응하면 흰 연기를 발생한다.
  $NH_3 + HCl \rightarrow NH_4Cl$

(4) 산소족원소(6족)

① 산소의 특성★
ⓐ 무색, 무취로서 공기 중에 약 21% 포함되어 있다.
ⓑ 액체 공기는 산소 -183℃, 질소는 -195℃에서 분별증류하여 분리한다.
ⓒ 맛과 냄새가 없는 조연성 가스이다.
② 산소원소의 화합물
ⓐ 오 존
- 마늘냄새를 가진 담청색의 기체로서 산소와 동소체이다.
- 소독제, 산화제, 표백제 등으로 이용한다.

ⓑ 이산화황
- 무색 자극성의 기체로서 물에 잘 녹는다.
- 수용액에서는 발생기산소를 내어 강한 환원작용을 한다.
ⓒ 과산화수소
- 무색의 액체로서 물에 잘 녹는다.
- 환원제로도 사용한다.
- 살균제, 표백제, 산화작용을 한다.
※ 과산화수소는 자신이 분해하여 발생기산소를 발생시켜 강한 산화작용을 한다. 이는 아이오딘화칼륨 녹말 종이를 보라색으로 변화시키는 것으로 확인되며, 이 과산화수소는 과산화바륨 등에 황산을 작용시켜 얻는다.

(5) 질소족원소(5족)

① 질소의 특성
ⓐ 무색, 무취의 기체로서 공기 중에 약 78%가 존재한다.
ⓑ 불연성 가스이며 상온에서 화합력이 약하다.
② 질소원소의 화합물
ⓐ 암모니아
- 무색의 자극성이 있는 기체로서 수용액은 암모니아수(약알칼리성)이다.
- 물에 잘 녹고 액화하기 쉽다.
- 염화수소와 반응하여 흰 연기를 발생한다.
  $NH_3 + HCl \rightarrow NH_4Cl$
- 제 법
  - 하버-보슈법 : $N_2 + 3H_2 \rightarrow 2NH_3$
  - 석회질소법 : $CaCN_2 + 3H_2O \rightarrow 2NH_3 + CaCO_3$
ⓑ 질 산
- 무색의 발연성 액체이며 수용액은 강산성이다.
- 빛에 의해 분해되므로 갈색병에 보관해야 한다.
- 분해 시 발생기산소를 발생한다.

• 철(Fe), 니켈(Ni), 크로뮴(Cr), 알루미늄(Al)은 묽은 질산에 녹고, 왕수는 백금과 금을 녹인다.

※ 왕수 : 질산(1) + 염산(3)★

4-1. 불활성 기체의 설명으로 적당하지 않은 것은?

① 저압에서 방전되면 색을 나타낸다.
② 화합물을 잘 만든다.
③ 대부분 최외각 전자는 8개이다.
④ 단원자 분자이다.

4-2. 수성가스(Water Gas)의 주성분을 옳게 나타낸 것은?

① CO_2, CH_4 ② CO, H_2
③ CO_2, H_2, O_2 ④ H_2, H_2O

4-3. 산소족 원소가 아닌 것은?

① S   ② Se
③ Te   ④ Bi

4-4. 25g의 암모니아가 과잉의 황산과 반응하여 황산암모늄이 생성될 때 생성된 황산암모늄의 양은 약 얼마인가?(단, 황산암모늄의 몰질량은 132g/mol이다)

① 82g   ② 86g
③ 92g   ④ 97g

4-5. 다음 중 진한 질산과 부동태를 만들지 못하는 금속은?

① 알루미늄   ② 철
③ 니 켈   ④ 구 리

|해설|

4-1
핵심이론 참조

4-2
수성가스(Water Gas)의 주성분 : CO, H_2

4-3
④ 비스무트(Bi) : 제5족 원소
산소족 원소(6족 원소) : O, S, Se, Te, Po

4-4
황산암모늄의 제법

$$2NH_3 + H_2SO_4 \rightarrow (NH_4)_2SO_4$$

$2 \times 17g$ ⎯⎯⎯ $132g$
$25g$ ⎯⎯⎯ x

$$\therefore \ x = \frac{25 \times 132}{2 \times 17} = 97.05g$$

4-5
부동태를 만드는 금속 : 알루미늄(Al), 철(Fe), 니켈(Ni), 코발트(Co), 크로뮴(Cr)

정답 4-1 ② 4-2 ② 4-3 ④ 4-4 ④ 4-5 ④

(1) 포집방법의 종류★★

① 상방치환 : 공기보다 가벼운 기체를 포집하는 방법
　　예 수소(H_2), 메테인(CH_4), 암모니아(NH_3)

② 하방치환 : 공기보다 무거운 기체를 포집하는 방법
　　예 이산화탄소(CO_2), 이산화황(SO_2), 이산화질소
　　　　(NO_2), 염산(HCl), 염소(Cl_2), 황화수소(H_2S)

③ 수상치환 : 물에 녹지 않는 기체를 포집하는 방법
　　예 수소(H_2), 메테인(CH_4), 산소(O_2), 질소(N_2), 일산
　　　　화탄소(CO), 아세틸렌(C_2H_2)

(2) 건조기체의 종류

① 산성기체
　　㉠ 산성기체(CO_2, SO_2, NO_2, HCl, Cl_2, H_2S)를 건조
　　　　시키려면 산성건조제를 사용해야 한다.
　　㉡ 산성건조제 : 황산(H_2SO_4), 오산화인(P_2O_5)

② 염기성기체
　　㉠ 염기성기체(NH_3)를 건조시키려면 염기성건조제
　　　　를 사용해야 한다.
　　㉡ 염기성건조제 : 수산화칼륨(KOH), 수산화나트륨
　　　　($NaOH$), 염화칼슘($CaCl_2$)

③ 중성기체
　　㉠ 중성기체(H_2, O_2, N_2, C_2H_2, CO)를 건조시키려면
　　　　중성건조제를 사용해야 한다.
　　㉡ 중성건조제 : 염화칼슘($CaCl_2$), 실리카겔

④ 기타 건조제
　　㉠ 메탄올, 에탄올의 건조제 : 산화칼슘(CaO)
　　㉡ 아세톤, 클로로폼, 에스터의 건조제 : 탄산칼슘
　　　　($CaCO_3$)
　　㉢ 암모니아, 아민류의 건조제 : 수산화나트륨($NaOH$)

10년간 자주 출제된 문제

5-1. 다음 기체 중 상방치환으로 모으는 기체는 무엇인가?

① CO_2
② NO_2
③ O_2
④ NH_3

5-2. 다음 기체 중 하방치환으로 모으는 기체는 무엇인가?

① H_2
② NO_2
③ CH_4
④ NH_3

|해설|

5-1, 5-2
핵심이론 참조

정답 5-1 ④ 5-2 ②

핵심이론 01 | 유기화합물

(1) 정 의

유기화합물은 주로 탄소와 수소분자로 이루어지며 그 외에 질소, 산소, 황 등 기타 원소들이 포함되어 있는 것이다.

※ 일산화탄소(CO), 이산화탄소(CO_2), 탄산염 : 무기화합물

(2) 특 성

① C, H, O가 주성분이며 그 외 N, P, S 등으로 구성되어 있다.

② 물에는 녹기 어려우며(일부 용해함) 알코올, 벤젠, 아세톤, 에터 등 유기용제에는 잘 녹는다.

③ 융점은 300℃ 이하로 낮고, 비점이 낮다.

④ 연소하면 완전 연소하여 이산화탄소(CO_2)와 물(H_2O)을 생성한다.

⑤ 대부분 비전해질이고 공유결합을 하고 있다(초산, 의산, 옥살산은 전해질).

⑥ 반응속도가 느리고 이성체의 종류가 많다.

핵심이론 02 | 유기화합물의 분류 및 명명

(1) 탄화수소의 분류

① 지방족 탄화수소 : 벤젠고리가 없는 탄소와 수소의 두 원소로 이루어진 탄화수소

② 방향족 탄화수소 : 벤젠고리가 1개 이상이 존재하는 탄화수소

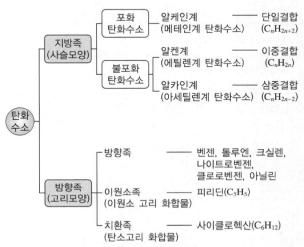

※ 암모니아를 첨가하여 착이온이 생성되는 이온 : Cu^{2+}, Zn^{2+}, Ag^+

(2) 유기화합물의 명명법

① 수에 관한 접두어

  ㉠ 1개 : mono

  ㉡ 2개 : di

  ㉢ 3개 : tri

  ㉣ 4개 : tetra

  ㉤ 5개 : penta

② 지방족(사슬모양) 화합물의 명명

구 분	포화 탄화수소		불포화 탄화수소			
C의수	알케인계 (C_nH_{2n+2}), -ane		알켄계 (C_nH_{2n}), -ene		알카인계 (C_nH_{2n-2}), -yne	
1	CH_4	Methane	–		–	
2	C_2H_6	Ethane	C_2H_4	Ethene	C_2H_2	Ethyne
3	C_3H_8	Propane	C_3H_6	Propene	C_3H_4	Propyne
4	C_4H_{10}	Butane	C_4H_8	Butene	C_4H_6	Butyne
5	C_5H_{12}	Pentane	C_5H_{10}	Pentene	C_5H_8	Pentyne

③ 관능기(작용기)

작용기	명 칭	작용기	명 칭
CH_3-	메틸기	$-CHO$	알데하이드기
C_2H_5-	에틸기	C_6H_5-	페닐기
C_3H_7-	프로필기	$-COO-$	에스터기
C_4H_9-	부틸기	$-COOH$	카복실기
$C_5H_{11}-$	아밀기	$-NO_2$★	나이트로기
$-CO$★	케톤기(카보닐기)	$-NH_2$	아미노기
$-OH$	하이드록실기	$-N=N-$	아조기
$-O-$	에터기	$-COOH_3$	아세틸기

※ 명명의 예 : 2,3-Dimethyl-1,3-Butadiene

$$CH_2 \; = \; \underset{\underset{CH_3}{|}}{C} \; - \; \underset{\underset{CH_3}{|}}{C} \; = \; CH_2$$

(3) 이성질체

분자식은 같으나 원자배열 및 입체구조가 달라 화학적, 물리적 성질이 다른 물질★

① **구조이성질체** : 분자식은 같으나 분자구조가 다른 화합물★

　㉠ 위치에 따른 분류

　　• 자일렌의 경우

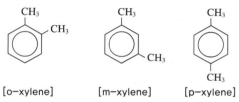

[o-xylene]　　　[m-xylene]　　　[p-xylene]

• 뷰텐(부틸렌)의 경우

$$\overset{1}{C}H_2 = \overset{2}{C}H - \overset{3}{C}H_2 - \overset{4}{C}H_3 \qquad \overset{1}{C}H_3 - \overset{2}{C}H = \overset{3}{C}H - \overset{4}{C}H_3$$

[1-butene]　　　　　　　[2-butene]

※ 이성질체가 존재하는 물질 : 자일렌, 다이클로로벤젠, 크레졸, 프탈산다이부틸, 펜테인

　㉡ 위치에 따른 분류(펜테인의 경우)★

n-pentane	$CH_3 - CH_2 - CH_2 - CH_2 - CH_3$
iso-pentane	$CH_3 - CH_2 - \underset{\underset{CH_3}{|}}{CH} - CH_3$
neo-pentane	$CH_3 - \overset{\overset{CH_3}{|}}{\underset{\underset{CH_3}{|}}{C}} - CH_3$

※ 펜테인의 구조이성질체 수 : 3개

② **기하이성질체** : 원자들의 결합형태와 개수, 순서는 같으나 원자들의 공간위치가 다른 것으로 시스(Cis)형과 트랜스(Trans)형이 있다. 알켄에서 주로 일어난다.★

$$\underset{H}{\overset{Cl}{\diagdown}}C = C\underset{H}{\overset{Cl}{\diagup}} \qquad \underset{H}{\overset{Cl}{\diagdown}}C = C\underset{Cl}{\overset{H}{\diagup}}$$

[Cis-1,2-다이클로로에틸렌]　[Trans-1,2-다이클로로에틸렌]

※ $\underset{②}{\overset{①}{\diagdown}}C = C\underset{③}{\overset{④}{\diagup}}$

• 시스(Cis)형 : ① = ④, ② = ③

• 트랜스(Trans)형 : ① = ③, ② = ④

2-1. 다음 작용기 중에서 메틸(Methyl)기에 해당하는 것은?

① $-C_2H_5$ ② $-COCH_3$
③ $-NH_2$ ④ $-CH_3$

2-2. 다이클로로벤젠의 구조이성질체 수는 몇 개인가?

① 5 ② 4
③ 3 ④ 2

2-3. 탄소수가 5개인 포화탄화수소 펜테인 구조이성질체 수는 몇 개인가?

① 2개 ② 3개
③ 4개 ④ 5개

|해설|

2-1

작용기

작용기	$-C_2H_5$	$-COCH_3$	$-NH_2$	$-CH_3$
명 칭	에틸기	아세틸기	아미노기	메틸기

2-2

다이클로로벤젠의 이성질체 : 오쏘, 메타, 파라다이클로로벤젠의 3개

2-3

펜테인의 구조이성질체는 노말펜테인, 아이소펜테인, 네오펜테인이 있다.

이성질체	구조식
노말펜테인	$CH_3-CH_2-CH_2-CH_2-CH_3$
아이소펜테인	$CH_3-CH_2-\underset{\underset{CH_3}{\vert}}{CH}-CH_3$
네오펜테인	$CH_3-\underset{\underset{CH_3}{\vert}}{\overset{\overset{CH_3}{\vert}}{C}}-CH_3$

정답 2-1 ④ 2-2 ③ 2-3 ②

핵심이론 03 | 지방족 탄화수소의 종류

(1) 메테인계 탄화수소(알케인계, C_nH_{2n+2}, 파라핀계, -ane)★

① 성 질

　㉠ 단일공유결합을 하며 모든 원자는 σ 결합으로 되어있다.

　㉡ 탄소원자는 sp^3 결합을 갖는다.

　㉢ 탄소수가 증가하면 이성질체수도 증가한다.

　㉣ 할로젠원소와 치환반응을 한다.

　㉤ 포화탄화수소의 구분

C의 수	$C_1\sim C_4$	$C_5\sim C_{16}$	C_{17} 이상
상 태	기 체	액 체	고 체

　㉥ 대표적인 물질로는 메테인(CH_4), 에테인(C_2H_6), 프로페인(C_3H_8)이 있다.

메테인(CH_4)	에테인(C_2H_6)	프로페인(C_3H_8)
$H-\overset{\overset{H}{\vert}}{\underset{\underset{H}{\vert}}{C}}-H$	$H-\overset{\overset{H}{\vert}}{\underset{\underset{H}{\vert}}{C}}-\overset{\overset{H}{\vert}}{\underset{\underset{H}{\vert}}{C}}-H$	$H-\overset{\overset{H}{\vert}}{\underset{\underset{H}{\vert}}{C}}-\overset{\overset{H}{\vert}}{\underset{\underset{H}{\vert}}{C}}-\overset{\overset{H}{\vert}}{\underset{\underset{H}{\vert}}{C}}-H$

　※ σ 결합 : 결합력이 강하여 결합이 끊어지지 않는 결합

　※ π 결합 : 결합력이 약하여 결합이 끊어지기 쉬운 결합

② 메테인과 염소와 치환반응 : 메테인(CH_4)의 수소원자를 염소로 치환한 화합물★

　㉠ 1개염소로 치환 : CH_3Cl(염화메테인 - 냉동제)

　㉡ 2개염소로 치환 : CH_2Cl_2(염화메틸렌 - 추출용제)

　㉢ 3개염소로 치환 : $CHCl_3$(클로로폼 - 용제)

　㉣ 4개염소로 치환 : CCl_4(사염화탄소 - 소화약제)

　※ 메테인의 수소원자와 염소가 치환할 수 있는 수 : 4개

(2) 에틸렌계 탄화수소(알켄계, C_nH_{2n}, 올레핀계, −ene)

① 이중결합을 하며 σ결합 하나와 π결합 하나로 이루어져 있다.

② 탄소 원자는 sp^2결합을 갖는다.

③ 대표적인 물질로는 에틸렌(C_2H_4)이다.

④ 첨가반응을 한다.

　※ 첨가반응 : 한 분자가 다른 분자에 첨가되어 하나의 새로운 생성물을 형성하는 반응

(3) 아세틸렌계 탄화수소(알카인계, C_nH_{2n-2}, −yne)

① 삼중결합을 하며 σ결합 하나와 π결합 2개로 이루어져 있다.

② 탄소 원자는 sp결합을 갖는다.

③ 대표적인 물질로는 아세틸렌(C_2H_2)이다.

　※ 탄소−탄소 사이의 길이★
　　결합 차이에 의한 탄소−탄소 사이의 길이 :
　　단일결합 > 이중결합 > 삼중결합
　　$CH_3 - CH_3$　　$CH_2 = CH_2$　　$H-C \equiv C - H$
　　　1.54Å　　　　　1.34Å　　　　　　1.20Å

3-1. 에틸렌(C_2H_2)을 원료로 하지 않는 것은?

① 아세트산　　　　　② 염화비닐
③ 에탄올　　　　　　④ 메탄올

3-2. 다음 화합물 중 동족체가 아닌 것은 무엇인가?

① C_2H_4　　　　　② C_3H_6
③ C_6H_{18}　　　　　④ $C_{10}H_{20}$

3-3. 아세틸렌계열 탄화수소에 해당되는 것은?

① C_5H_8　　　　　② C_6H_{12}
③ C_6H_8　　　　　④ C_3H_2

3-4. 다음 물질 중 C_2H_2와 첨가반응이 일어나지 않는 것은?

① 염 소　　　　　　② 수 은
③ 브로민　　　　　　④ 아이오딘

|해설|

3-1
에틸렌 제조 시 원료 : 에탄올, 염화비닐, 아세트산 등

3-2
C_6H_{18}은 알켄족(C_nH_{2n})의 물질이 아니다.

3-3
아세틸렌계열 탄화수소 : $C_nH_{2n-2}(C_5H_8)$

3-4
아세틸렌과 첨가반응이 일어나는 물질 : 염소, 브로민, 아이오딘 등 할로젠화합물

정답 3-1 ④　3-2 ③　3-3 ①　3-4 ②

(1) 알코올류(R–OH)

탄화수소에서 하나 이상의 H원자를 –OH기로 치환한 화합물

① 물에 잘 녹으며 비전해질이다.

② 알코올은 –OH의 수에 따라 1가, 2가, 3가 알코올로 분류하고 알킬기(R)의 수에 따라 1차(급), 2차(급), 3차(급) 알코올로 분류한다.

메틸알코올 [1가알코올]	에틸렌알코올 [2가알코올]	글리세린 [3가알코올]
CH_3OH	$CH_2 - OH$ | $CH_2 - OH$	$CH_2 - OH$ | $CH - OH$ | $CH_2 - OH$

③ 에탄올에 진한 황산을 180℃에서 작용시키면 에틸렌이 생성된다.

$$C_2H_5OH \rightarrow C_2H_4 + H_2O$$

④ 산과 반응하면 에스터와 물을 만든다.

$$R - OH + R' - COOH \rightarrow R - COO - R' + H_2O$$

⑤ **알코올의 산화★★**

㉠ 1차 알코올 $\xrightarrow{산화}$ 알데하이드 $\xrightarrow{산화}$ 카복실산

$$CH_3OH \rightarrow HCHO \rightarrow HCOOH$$
$$C_2H_5OH \rightarrow CH_3CHO \rightarrow CH_3COOH$$

㉡ 2차 알코올 $\xrightarrow{산화}$ 케톤

$$2(CH_3-CH-CH_3)+O_2 \rightarrow 2(CH_3-CO-CH_3)+2H_2O$$
$$\quad\quad\quad\;\; |$$
$$\quad\quad\quad OH$$

⑥ **변성알코올** : 메탄올이나 다른 독성물질이 섞인 에탄올

(2) 에터류(R–O–R')

① 2개의 알킬기(R)에 하나의 산소원자가 결합된 상태이다.

② 물에는 녹지 않고 유기용제로 사용한다.

③ 휘발성이 강하고 비점이 낮다.

④ 인화성과 마취성이 있다.

⑤ 알코올과 탈수 축합반응하여 생성한다.

$$R - OH + R' - OH \rightarrow R - O - R' + H_2O$$

※ $CH_3OH + C_2H_5OH \rightarrow CH_3OC_2H_5 + H_2O$

(3) 케톤류(R–CO–R')★

① 2개의 알킬기와 하나의 카보닐(케톤)기가 결합된 상태이다.

② 2차(급)알코올을 산화하여 얻는다.

$$\begin{array}{c} R \\ \quad \backslash \\ \quad\quad CHOH \\ \quad / \\ R' \end{array} \xrightarrow{산화} R - CO - R' + H_2O$$

③ 환원성이 없어 은거울 반응이나 펠링 반응은 하지 않는다.

(4) 에스터류(R–COO–R')

① 산과 알코올이 반응하여 물이 빠지고 생성된 물질이다.

$$R - COOH + R' - OH \underset{가수분해}{\overset{에스터화}{\rightleftharpoons}} R - COO - R' + H_2O$$

※ $CH_3COOH + C_2H_5OH \rightarrow CH_3COOC_2H_5 + H_2O$

② 무색의 향기가 나며 알칼리에 의해 비누화된다.

$$\underset{(스테아르산에틸)}{C_{17}H_{35}COOC_2H_5} + NaOH \rightarrow \underset{(스테아르산나트륨)}{C_{17}H_{35}COONa} + C_2H_5OH$$

(5) 카복실산류(R–COOH)

① 탄화수소의 하나 이상의 수소원자를 카복실기(–COOH)로 치환하여 얻어지는 것이다.

② 물에 녹아 약산성을 나타낸다.

③ 수소결합을 하며 비점이 높다.

④ 알데하이드를 산화하면 카복실산이 된다.

⑤ 알코올과 반응하면 에스터가 생성된다.

$$CH_3COOH + C_2H_5OH \rightarrow CH_3COOC_2H_5 + H_2O$$

⑥ 알칼리금속과 반응하여 수소가스를 발생한다.

$$2CH_3COOH + 2Na \rightarrow 2CH_3COONa + H_2\uparrow$$

⑦ 카복실산의 종류는 다음과 같다.

  ㉠ 의산(개미산) : HCOOH

  ㉡ 초산(식초) : CH_3COOH

  ㉢ 젖산(신우유) : $CH_3CHOHCOOH$

  ㉣ 옥살산(대합, 시금치) : $HOOC - COOH$

  ※ 아미노산에 포함하는 원자단 : $-COOH$, $-NH_2$

  ※ 개미산 : 에탄올과 반응하면 에스터를 형성, 펠링 용액과 반응시키면 붉은 침전이 발생, 황산과 가열하여 분해하면 일산화탄소가 발생

(6) 알데하이드류(R–CHO)

① 알킬기에 하나의 알데하이드기가 결합된 상태이다.

② 1차 알코올을 산화하면 알데하이드가 생성되고 계속 산화하면 카복실산이 된다.★

  $R - OH \rightarrow R - CHO \rightarrow R - COOH$

③ 강한 환원성을 가지며 은거울 반응과 펠링 반응을 한다.

  ※ 아세트알데하이드(CH_3CHO) : 은거울 반응, 아이오도폼 반응, 펠링 반응

  • 은거울 반응 : 알데하이드(아세트알데하이드, CH_3CHO)는 환원성이 있어서 암모니아성 질산은 용액을 가하면 쉽게 산화되어 카복실산이 되며, 은 이온을 은으로 환원시킨다.

  $CH_3CHO + 2Ag(NH_3)_2OH$
  (알데하이드기) (암모니아성 질산은 용액)

    $\rightarrow CH_3COOH + 2Ag + 4NH_3 + H_2O$

  • 아이오도폼 반응 : 분자 중에 $CH_3CH(OH)-$나 CH_3CO-(아세틸기)를 가진 물질은 I_2와 KOH나 NaOH를 넣고 60~80℃로 가열하면, 황색의 아이오도폼(CHI_3) 침전이 생긴다(C_2H_5OH, CH_3CHO, CH_3COCH_3 등).

  – 아세톤

    $CH_3COCH_3 + 3I_2 + 4NaOH$

      $\rightarrow CH_3COONa + 3NaI + CHI_3\downarrow + 3H_2O$

  – 아세트알데하이드

    $CH_3CHO + 3I_2 + 4NaOH$

      $\rightarrow HCOONa + 3NaI + CHI_3\downarrow + 3H_2O$

  – 에틸알코올

    $C_2H_5OH + 4I_2 + 6NaOH$

      $\rightarrow HCOONa + 5NaI + CHI_3\downarrow + 5H_2O$

• 펠링 반응 : 알데하이드를 펠링용액(황산구리(Ⅱ)수용액, 수산화나트륨수용액)에 넣고 가열하면 Cu_2O의 붉은색 침전이 생성된다.

$CH_3CHO + 2Cu^{2+} + H_2O + NaOH$

  $\rightarrow CH_3COONa + 4H^+ + Cu_2O\downarrow$ (붉은색)

4-1. 다음 중 3가 알코올에 해당되는 것은?

①
```
    H   H   H
    |   |   |
H - C - C - C - OH
    |   |   |
    H   H   H
```

②
```
        H
        |
   H - C - OH
        |
   H - C - OH
        |
        H
```

③
```
        H
        |
   H - C - OH
        |
        H
```

④
```
        H
        |
   H - C - OH
        |
   H - C - OH
        |
   H - C - OH
        |
        H
```

4-2. 식초산과 알코올의 혼합물에 소량의 진한 황산을 가하여 가열하면 어떤 화합물이 생성되는가?

① 과 당

② 나프탈렌

③ 에스터

④ 알데하이드

4-3. 상온에서 무색의 액체 상태의 유기화합물을 에탄올과 반응시켰더니 에스터를 형성하였으며, 펠링 용액과 반응시켰더니 붉은 침전이 생겼다. 또한 진한 황산과 함께 가열하였더니 일산화탄소가 발생하였다. 이 화합물은 무엇인가?

① 에 터
② 개미산
③ 아세톤
④ 폼알데하이드

4-4. 다음 물질 중에서 은거울 반응과 아이오도폼 반응을 모두 할 수 있는 것은?

① CH_3OH
② C_2H_5OH
③ CH_3CHO
④ CH_3ClOCH_3

|해설|

4-1
①, ③ 1가 알코올, ② 2가 알코올, ④ 3가 알코올(글리세린)이다.

4-2
$CH_3COOH + C_2H_5OH \rightarrow CH_3COOC_2H_5 + H_2O$
　(초산)　　(에틸알코올)　　(초산에틸)　　(물)

4-3
개미산($HCOOH$)
• 에탄올과 반응 시 에스터가 생성된다.
　$HCOOH + C_2H_5OH \rightarrow HCOOC_2H_5 + H_2O$
• 펠링 용액과 반응시키면 붉은 침전이 생긴다.
• 황산과 가열하여 분해하면 일산화탄소가 발생한다.
　$HCOOH \rightarrow H_2O + CO\uparrow$

4-4
아세트알데하이드(CH_3CHO) : 은거울 반응, 아이오도폼 반응

정답 4-1 ④　4-2 ③　4-3 ②　4-4 ③

핵심이론 05 | 방향족 탄화수소의 종류

(1) 방향족 탄화수소

방향족 탄화수소란 벤젠고리를 가진 것으로 석탄을 건류하여 생기는 콜타르를 분별 증류하여 얻은 화합물로서 BTX(Benzene, Toluene, Xylene), 아닐린, 나이트로벤젠 등이 대표적이다.

(2) 벤젠(C_6H_6)

① 구조식★

② 무색, 특유의 냄새를 가진 휘발성 액체이다.
③ 물보다 가볍고 물에 녹지 않고 비극성 공유결합 물질이다.
④ 벤젠에 불을 붙이면 H의 수보다 C의 수가 많기 때문에 그을음이 많다.★
　$2C_6H_6 + 15O_2 \rightarrow 12CO_2 + 6H_2O$
⑤ 반응성이 작고 부가반응은 하지 않고 치환반응을 한다.
⑥ 한 탄소원자가 다른 두 탄소원자와 형성하는 결합각은 120℃이다.
⑦ 6개의 탄소-탄소 결합 중 3개는 단일 결합이고 나머지 3개는 이중 결합이다.★
※ 치환반응
　• 나이트로화 : 벤젠을 진한 질산과 반응하여 나이트로벤젠을 생성하는 반응★

나이트로벤젠

- 할로젠화 : 벤젠과 염소가 반응하여 클로로벤젠을 생성하는 반응

$$\bigcirc + Cl_2 \xrightarrow{Fe} \bigcirc\!-Cl + HCl$$
클로로벤젠

- 설폰화 : 벤젠과 황산을 반응하여 벤젠설폰산을 생성하는 반응

$$\bigcirc + H_2SO_4 \xrightarrow[\text{가열}]{SO_3} \bigcirc\!-SO_3H + H_2O$$
벤젠설폰산

10년간 자주 출제된 문제

5-1. 벤젠에 관한 설명으로 틀린 것은?

① 화학식은 C_6H_{12}이다.
② 알코올, 에터에 잘 녹는다.
③ 물보다 가볍다.
④ 추운 겨울 날씨에 응고될 수 있다.

5-2. 벤젠(C_6H_6)에 직접 반응하는 라디칼은?

① −OH   ② −NH₂
③ −SO₃H   ④ −COOH

|해설|
5-1
벤젠의 성질
- 무색, 특유의 냄새를 가진 휘발성 액체로서 화학식은 C_6H_6이다.
- 물보다 가볍고 물에 녹지 않고 비극성 공유결합 물질이다.
- 벤젠에 불을 붙이면 H의 수보다 C의 수가 많기 때문에 그을음이 많다.
- 벤젠의 응고점은 7.0℃이다.

5-2
설폰화 : 벤젠과 황산을 반응하여 벤젠설폰산을 생성하는 반응

$$\bigcirc + H_2SO_4 \xrightarrow[\text{가열}]{SO_3} \bigcirc\!-SO_3H + H_2O$$
벤젠설폰산

정답 5-1 ① 5-2 ③

핵심이론 06 | 방향족 탄화수소인 벤젠의 유도체

(1) 벤젠 유도체

톨루엔	o-자일렌	클로로벤젠	나이트로벤젠
CH₃	CH₃ / CH₃	Cl	NO₂
아닐린	**페 놀**	**o-크레졸**	**에틸벤젠**
NH₂	OH	CH₃ / OH	C₂H₅

(2) 톨루엔★

① 방향성을 가진 무색의 액체이다.
② 벤젠에 $AlCl_3$ 촉매 하에 염화메테인을 반응시켜 톨루엔을 얻는다.

$$\bigcirc + CH_3Cl \xrightarrow{AlCl_3} \bigcirc\!-CH_3 + HCl$$

※ 프리델-크래프츠반응(Friedel-Crafts Reaction) : 벤젠에 $AlCl_3$(염화알루미늄)촉매 하에서 할로젠화 알킬을 반응시키면 알킬벤젠(톨루엔)을 얻는 반응

③ 진한 질산과 진한 황산으로 나이트로화시키면 TNT (Tri Nitro Toluene)의 폭약이 된다.

$$\overset{CH_3}{\bigcirc} + 3HNO_3 \xrightarrow[\text{나이트로화}]{C-H_2SO_4} \overset{CH_3}{\underset{NO_2}{O_2N\bigcirc NO_2}} + 3H_2O$$

④ 톨루엔과 산화제를 작용시키면 산화되어 벤즈알데하이드가 되고 산화되어 벤조산(안식향산)이 된다.★

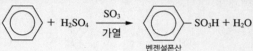

⑤ 톨루엔과 염소를 반응시키면 클로로톨루엔(o−, m−, p−)이 된다.

(3) 자일렌

① 자일렌에는 o-자일렌, m-자일렌, p-자일렌의 세 가지 이성질체가 있다.
② 자일렌이 산화하면 프탈산이 된다.

(4) 아닐린

① 벤젠의 수소원자 하나가 아민기로 치환한 화합물이다.
② 황색 또는 담황색의 기름성 액체이다.
③ 물에 약간 녹고 알코올, 아세톤, 벤젠에 잘 녹는다.
④ 나이트로벤젠을 촉매하에서 수소를 환원시켜 제조한다.

10년간 자주 출제된 문제

6-1. 다음 중 비점이 110℃인 액체로서 산화하여 벤즈알데하이드를 거쳐 벤조산이 되는 위험물은?

① 벤 젠
② 톨루엔
③ 자일렌
④ 아세톤

6-2. 벤젠핵에 메틸기 1개가 결합된 구조를 가진 무색 투명한 액체로서 방향성의 독특한 냄새를 가지고 있는 물질은?

① $C_6H_5CH_3$
② $C_6H_4(CH_3)_2$
③ CH_3COCH_3
④ $HCOOCH_3$

6-3. 벤젠(C_6H_6)의 유도체가 아닌 것은 무엇인가?

① 페 놀
② 톨루엔
③ 아세톤
④ 자일렌

|해설|

6-1

톨루엔(비점 : 110℃)에 산화제를 작용시키면 산화되어 벤즈알데하이드가 되고 산화되어 벤조산(안식향산)이 된다.

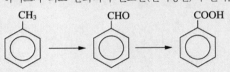

6-2

톨루엔은 벤젠핵에 메틸기(CH_3) 1개가 결합된 구조이다.

종 류	화학식	구조식
톨루엔	$C_6H_5CH_3$	(CH_3 벤젠고리 구조식)
o-자일렌	$C_6H_4(CH_3)_2$	(CH_3 CH_3 벤젠고리 구조식)
아세톤	CH_3COCH_3	(H-C-C-C-H 구조식)
의산메틸	$HCOOCH_3$	(H-C-O-C-H 구조식)

6-3

③ 아세톤 : CH_3COCH_3(제4류 위험물 제1석유류)

벤젠의 유도체(벤젠고리가 있는 물질)

페 놀	톨루엔	o-자일렌
(OH 벤젠)	(CH_3 벤젠)	(CH_3, CH_3 벤젠)

정답 6-1 ② 6-2 ① 6-3 ③

핵심이론 07 | 방향족 탄화수소인 페놀의 유도체

(1) 페놀(석탄산)

① 성 질

　㉠ 특유의 냄새를 가진 무색의 결정으로 물에 조금 녹아 약산성이다.

　㉡ 수소결합을 한다.

　㉢ 진한 질산과 진한 황산으로 나이트로화시키면 피크르산(Tri Nitro Phenol)이 된다.

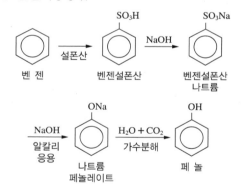

　※ 페놀성 수산기 : $FeCl_3$ 용액과 특유한 정색반응을 한다. ★

② 제 법

　㉠ 알칼리용융법

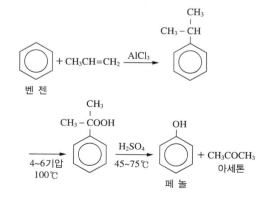

　㉡ 쿠멘법

7-1. 페놀 수산기(-OH)의 특성에 대한 설명으로 옳은 것은?

① 수용액이 강알칼리성이다.

② -OH기가 하나 더 첨가하면 물에 대한 용해도가 작아진다.

③ 카복실산과 반응하지 않는다.

④ $FeCl_3$ 용액과 정색반응을 한다.

7-2. 다음 중 $FeCl_3$과 반응하면 색깔이 보라색으로 되는 현상을 이용해서 검출하는 것은?

① CH_3OH
② C_6H_5OH
③ $C_6H_5NH_2$
④ $C_6H_5CH_3$

7-3. 다음 중 쿠멘(Cumene)법으로 제조되는 것은?

① 페놀(Phenol)과 에터(Ether)

② 페놀(Phenol)과 아세톤(Acetone)

③ 자일렌(Xylene)과 에터(Ether)

④ 자일렌(Xylene)과 알데하이드(Aldehyde)

|해설|

7-1

페놀성 수산기는 $FeCl_3$ 용액과 특유한 정색반응을 한다.

7-2

페놀(C_6H_5OH)은 삼염화철($FeCl_3$)과 반응하면 색깔이 보라색으로 된다.

7-3

벤젠과 프로필렌을 원료로 하여 쿠멘법으로 페놀과 아세톤을 제조한다.

정답 7-1 ④　7-2 ②　7-3 ②

(1) 탄수화물

① 탄소(C), 수소(H), 산소(O)로 구성되어 있으며 일반식이 $C_m H_2 O_n$의 식을 가진다.

② 종류

구분 항목	단당류	이당류	다당류
정의	• 물에 용해 • 가수분해되지 않는 탄수화물	• 물에 용해 • 가수분해하는 탄수화물	• 물에 불용 • 가수분해하는 탄수화물
분자식	$C_6H_{12}O_6$ $C_6(H_2O)_6$	$C_{12}H_{22}O_{11}$ $C_{12}(H_2O)_{11}$	$(C_6H_{10}O_5)_n$ $[C_6(H_2O)_5]_n$
종류	포도당, 과당, 갈락토스	설탕, 맥아당, 젖당	녹말(전분), 셀룰로스

(2) 단백질

① 물에는 녹지 않으나 산·알칼리 등에 의하여 가수분해되어 아미노산이 된다.

② 펩타이드결합으로 된 고분자물질이 가수분해하여 아미노산을 생성한다.

※ 펩타이드결합

단백질 중에 펩타이드결합 $\begin{pmatrix} - & C & - & N & - \\ & \| & & | & \\ & O & & H & \end{pmatrix}$ 을 말하며

나일론, 단백질, 양모, 아마이드가 펩타이드결합을 가지고 있다. ★★

③ 정색 반응을 한다.

※ 단백질 검출법 : 뷰렛 반응, 잔토프로테인 반응, 닌하이드린 반응

※ 잔토프로테인 반응 : 단백질에 진한 질산을 가하면 노란색으로 변하고 알칼리를 작용시키면 오렌지색으로 변하는 반응으로 단백질의 검출에 사용한다.

(3) 아미노산

① 카복실기($-COOH$)의 산성과 아미노기($-NH_2$)의 염기를 가진 양쪽성 물질이다. ★

② 물에는 잘 녹으나 에터, 벤젠 등 유기용제에는 잘 녹지 않는다.

③ 밀도나 녹는점이 비교적 높다.

④ 수용액은 중성이고 알라닌, 글라이신 등이 있다.

(4) 유지와 비누

① 유지

㉠ 고급지방산과 글리세린의 에스터 화합물로서 지방 또는 기름을 말한다.

㉡ 물, 알코올에는 녹지 않고 벤젠, 사염화탄소, 에터 등 유기용제에는 잘 녹는다.

㉢ 염기에 의해 비누화되어 비누와 글리세린이 된다.

※ 비누화

$(C_{15}H_{31}COO)_3C_3H_5$ + $3NaOH$
 (유지)   (염)

$\rightarrow 3C_{15}H_{31}COONa + C_3H_5(OH)_3$
      (비누)   (글리세린)

② 비누

㉠ 고급지방산의 알칼리 금속염을 말한다.

㉡ 물에는 잘 녹으며 수용액은 알칼리성이다.

• 비누화값 : 유지 1g을 비누화하는 데 필요한 KOH의 mg수★

• 아이오딘값 : 기름(유지) 100g에 부가되는 아이오딘의 g수★★

8-1. 다음 화합물 중 펩타이드결합이 들어 있는 것은?

① 폴리염화비닐
② 유 지
③ 탄수화물
④ 단백질

8-2. 나일론은 다음 중 어떤 결합이 들어 있는가?

① $-S-S-$

② $-O-$

③ $-\overset{\displaystyle \|}{\underset{\displaystyle O}{C}}-O-$

④ $-\overset{\displaystyle \|}{\underset{\displaystyle O}{C}}-\overset{\displaystyle |}{\underset{\displaystyle H}{N}}-$

8-3. 아미노산이 꼭 포함하고 있는 원자단만을 짝지어 놓은 것은?

① $-COOH$와 $-NH_2$
② $-COOH$와 $-OH$
③ $-COOH$와 $-NO_2$
④ $-SO_3$와 $-NH_2$

8-4. 다음 [보기]와 같은 유기화합물의 화학반응식을 무슨 반응이라 하는가?

|보기|

$(C_{15}H_{31}COO)_3C_3H_5 + 3NaOH$

$\rightarrow 3C_{15}H_{31}COONa + C_3H_5(OH)_3$

① 중 화   ② 산 화
③ 발효화   ④ 비누화

|해설|

8-1

펩타이드결합 : 단백질 중에 펩타이드결합$\left(-\overset{\displaystyle \|}{\underset{\displaystyle O}{C}}-\overset{\displaystyle |}{\underset{\displaystyle H}{N}}-\right)$을 말하며 나일론, 단백질(알부민), 양모가 펩타이드결합을 가지고 있다.

8-2

나일론 : 펩타이드결합$\left(-\overset{\displaystyle \|}{\underset{\displaystyle O}{C}}-\overset{\displaystyle |}{\underset{\displaystyle H}{N}}-\right)$을 가지고 있다.

8-3
아미노산 : 분자 내에 카복실기($-COOH$)와 아미노기($-NH_2$)를 갖는 화합물

8-4
비누화

$(C_{15}H_{31}COO)_3C_3H_5 + 3NaOH$

$\rightarrow 3C_{15}H_{31}COONa + C_3H_5(OH)_3$

정답 8-1 ④   8-2 ④   8-3 ①   8-4 ④

CHAPTER 02 화재예방과 소화방법

제1절 화재예방

핵심이론 01 | 화재의 정의와 발생현황 및 종류

(1) 화재의 정의

① 자연 또는 인위적인 원인에 의해 물체를 연소시키고 인간의 신체, 재산, 생명의 손실을 초래하는 재난

② 사람의 의도에 반하거나 고의로 인하여 발생하는 연소현상으로 소방시설을 사용하여 소화할 필요가 있는 현상

(2) 화재의 발생현황

① 계절별 화재발생 현황 : 겨울 > 봄 > 가을 > 여름

② 장소별 화재발생 현황 : 주택, 아파트 > 차량 > 공장 > 음식점 > 점포

③ 원인별 화재발생 현황 : 전기 > 담배 > 방화 > 불티 > 불장난 > 유류

(3) 화재의 종류★★

구 분 \ 급 수	A급	B급	C급	D급
화재의 종류	일반화재	유류화재	전기화재	금속화재
원형 표시색	백 색	황 색	청 색	무 색

① 일반화재

목재, 종이, 섬유, 합성수지류 등의 일반가연물의 화재

예 한옥의 화재 : A급 화재

② 유류화재

㉠ 제4류 위험물(특수인화물, 제1석유류 ~ 제4석유류, 알코올류, 동식물유류)의 화재

㉡ 유류화재 시 주수소화 금지 이유 : 연소면(화재면) 확대

③ 전기화재

㉠ 양상이 다양한 원인 규명이 곤란한 많은 전기가 설치된 곳의 화재

㉡ 발생원인 : 누전, 합선(단락), 스파크, 과부하, 배선불량, 전열기구의 과열

④ 금속화재

㉠ 칼륨(K), 나트륨(Na), 마그네슘(Mg), 아연(Zn), 알루미늄(Al) 등 물과 반응하여 가연성 가스를 발생하는 물질의 화재

㉡ 금수성 물질의 반응식

- $2K + 2H_2O \rightarrow 2KOH + H_2$
- $2Na + 2H_2O \rightarrow 2NaOH + H_2$
- $Mg + 2H_2O \rightarrow Mg(OH)_2 + H_2$
- $2Al + 6H_2O \rightarrow 2Al(OH)_3 + 3H_2$

㉢ 금속화재 시 주수소화 금지 이유 : 수소(H_2)가스 발생

1-1. B급 화재에 사용되는 소화기의 표시 색깔은?

① 황 색　　　　　　　② 백 색
③ 청 색　　　　　　　④ 색표시 없음

1-2. 칼륨이나 나트륨을 주수했을때 발생하는 기체는?

① 수산화나트륨　　　② 수산화칼륨
③ 수 소　　　　　　　④ 인화수소

|해설|

1-1

화재의 종류

급 수 구 분	A급	B급	C급	D급
화재의 종류	일반화재	유류화재	전기화재	금속화재
원형 표시색	백 색	황 색	청 색	무 색

1-2

칼륨이나 나트륨은 물과 반응하여 수산화물과 수소가스를 발생한다.

- $2K + 2H_2O \rightarrow 2KOH + H_2 + Q$ (발열반응)
- $2Na + 2H_2O \rightarrow 2NaOH + H_2 + Q$ (발열반응)

정답 1-1 ①　1-2 ③

핵심이론 02 | 화재의 피해 및 소실 정도

(1) 화재피해의 감소방안

① 화재의 효과적인 예방
② 화재의 효과적인 발견
③ 화재의 효과적인 진압

(2) 화재의 소실 정도

① 부분소 화재 : 전소, 반소 화재에 해당되지 않는 경우
② 반소 화재 : 건물의 30% 이상 70% 미만이 소손된 경우
③ 전소 화재 : 건물의 70% 이상(입체면적에 대한 비율)이 소실되거나 또는 그 미만이라도 잔존부분을 보수하여도 재사용이 불가능한 경우

(3) 화상의 종류

① 1도 화상(홍반성) : 최외각의 피부가 손상되어 그 부위가 분홍색이 되며 심한 통증을 느끼는 정도
② 2도 화상(수포성) : 화상부위가 분홍색으로 되고 분비액이 많이 분비되는 화상의 정도
③ 3도 화상(괴사성) : 화상부위가 벗겨지고 열이 깊숙이 침투하여 검게 되는 정도
④ 4도 화상 : 전기화재로 인하여 화상을 입은 부위 조직이 탄화되어 검게 변한 정도

(1) 연소의 정의

가연물이 공기 중에서 산소와 반응하여 열과 빛을 동반하는 급격한 산화현상

(2) 연소의 색과 온도

색 상	온도(℃)	색 상	온도(℃)
담암적색	520	황적색	1,100
암적색★	700	백적색	1,300
적 색	850	휘백색	1,500 이상
휘적색	950	–	

(3) 연소의 3요소

① 가연물 : 목재, 종이, 석탄, 플라스틱 등과 같이 산소와 반응하여 발열반응을 하는 물질

    ㉠ 가연물의 조건★★★

       • 열전도율이 작을 것

       • 발열량이 클 것

       • 표면적이 넓을 것

       • 산소와 친화력이 좋을 것

       • 활성화에너지가 작을 것

    ㉡ 가연물이 될 수 없는 물질★★

       • 산소와 더 이상 반응하지 않는 물질 : CO_2, H_2O, Al_2O_3 등

       • 질소 또는 질소산화물 : 산소와 반응은 하나 흡열반응을 하기 때문

       • 8족(0족) 원소(불활성 기체) : 헬륨(He), 네온(Ne), 아르곤(Ar), 크립톤(Kr), 제논(Xe), 라돈(Rn)

② 산소공급원 : 산소, 공기, 제1류 위험물, 제5류 위험물, 제6류 위험물★

③ 점화원 : 전기불꽃, 정전기불꽃, 충격마찰의 불꽃, 단열압축, 나화 및 고온표면 등

※ 연소의 요소

    • 3요소 : 가연물, 산소공급원, 점화원

    • 4요소 : 가연물, 산소공급원, 점화원, 순조로운 연쇄반응

※ 정전기의 발화과정 및 방지대책★

    • 발화과정 : 전하의 발생 → 전하의 축적 → 방전 → 발화

    • 방지대책 : 접지, 상대습도 70% 이상 유지, 공기 이온화

※ 전기불꽃에 의한 에너지★

$$E = \frac{1}{2} CV^2 = \frac{1}{2} QV$$

여기서, E : 에너지(Joule)

       C : 정전용량(Farad)

       V : 방전전압(Volt)

       Q : 전기량(Coulomb)

10년간 자주 출제된 문제

3-1. 고온체의 색깔과 온도 관계에서 다음 중 가장 낮은 온도의 색깔은?

① 적 색　　　　　　② 암적색

③ 휘적색　　　　　　④ 백적색

3-2. 다음 중 연소의 3요소가 아닌 것은?

① 증발원　　　　　　② 점화원

③ 산소공급원　　　　④ 가연물

3-3. 다음 중 연소의 3요소를 모두 충족하고 있는 것은?

① S, $KClO_4$, 정전기 불꽃

② CO_2, H_2O_2, 백열전등의 빛

③ CO_2, O_2, 산화열

④ S, H_2SO_4, 증발잠열

3-4. 연소가 잘 이루어지는 조건 중 옳지 않은 것은?

① 가연물의 발열량이 클 것

② 가연물의 열전도율이 클 것

③ 산소와의 접촉 표면적이 클 것

④ 가연성가스가 많이 발생할 것

3-5. 다음 중 점화원이 될 수 없는 것은?

① 전기스파크
② 증발잠열
③ 마찰열
④ 분해열

|해설|

3-1

연소온도와 색깔

색 상	온도(℃)	색 상	온도(℃)
담암적색	520	황적색	1,100
암적색	700	백적색	1,300
적 색	850	휘백색	1,500 이상
휘적색	950		–

3-2
연소의 3요소 : 가연물, 산소공급원, 점화원

3-3
연소의 3요소
• 가연물(S, 황)
• 산소공급원($KClO_4$: 과염소산칼륨, 제1류 위험물)
• 점화원(정전기 불꽃)

3-4
열전도율이 작을 때 연소가 잘 된다.

3-5
증발(기화)잠열은 액체가 기체로 될 때 발생하는 열로 점화원이 될 수 없다.

정답 **3-1** ② **3-2** ① **3-3** ① **3-4** ② **3-5** ②

| 핵심이론 **04** | **위험물의 연소의 형태**

(1) 고체의 연소 ★★

① **표면연소** : 목탄, 코크스, 숯, 금속분 등이 열분해에 의하여 가연성 가스는 발생하지 않고 그 물질 자체가 연소하는 현상

② **분해연소** : 석탄, 종이, 목재, 플라스틱 등의 연소 시 열분해에 의해 발생된 가스와 공기가 혼합하여 연소하는 현상

③ **증발연소** : 황, 나프탈렌, 왁스, 파라핀 등과 같이 고체를 가열하면 열분해는 일어나지 않고 고체가 액체로 되어 일정 온도가 되면 액체가 기체로 변화하여 기체가 연소하는 현상

④ **자기연소(내부연소)** : 제5류 위험물인 나이트로셀룰로스(질화면) 등 가연물질과 산소를 동시에 가지고 있는 가연물이 연소하는 현상

(2) 액체의 연소

① **증발연소** : 아세톤, 휘발유, 등유, 경유와 같이 액체를 가열하면 증기가 되어 증기가 연소하는 현상

② **액적연소** : 벙커C유와 같이 가열하여 점도를 낮추어 버너 등을 사용해 액체의 입자를 안개상으로 분출하여 연소하는 현상

(3) 기체의 연소

① **확산연소** : 수소, 아세틸렌, 프로페인, 뷰테인 등 화염의 안정 범위가 넓고 조작이 용이하여 역화의 위험이 없는 연소로 불꽃은 있으나 불티가 없는 연소

② **폭발연소** : 밀폐된 용기에 공기와 혼합가스가 있을 때 점화되면 연소속도가 증가하여 폭발적으로 연소하는 현상

③ **예혼합연소** : 가연성 기체와 공기 중의 산소를 미리 혼합하여 연소하는 현상

4-1. 고체의 일반적인 연소형태에 속하지 않는 것은?

① 표면연소　　　　　② 확산연소
③ 자기연소　　　　　④ 증발연소

4-2. 주된 연소형태가 분해연소인 것은?

① 금속분　　　　　② 황
③ 목 재　　　　　④ 피크르산

4-3. 가연물의 주된 연소형태에 대한 설명으로 옳지 않은 것은?

① 황의 연소형태는 증발연소이다.
② 목재의 연소형태는 분해연소이다.
③ 에터의 연소형태는 표면연소이다.
④ 숯의 연소형태는 표면연소이다.

|해설|

4-1
확산연소 : 기체의 연소
※ 고체의 연소 : 표면연소, 분해연소, 증발연소, 자기연소

4-2
분해연소 : 종이, 목재, 석탄, 플라스틱

4-3
에터는 제4류 위험물로 증발연소를 한다.

정답 4-1 ②　4-2 ③　4-3 ③

핵심이론 05 | 연소에 따른 제반사항

(1) 인화점(Flash Point)★★
휘발성 물질에 불꽃을 접하여 발화될 수 있는 최저의 온도 즉, 인화점이란 가연성 증기를 발생할 수 있는 최저의 온도를 말한다.

(2) 발화점(Ignition Point)★
가연성 물질에 점화원을 접하지 않고도 불이 일어나는 최저의 온도

① 자연발화의 형태★★
　㉠ 산화열에 의한 발화 : 석탄, 건성유, 고무분말
　㉡ 분해열에 의한 발화 : 나이트로셀룰로스, 셀룰로이드
　㉢ 미생물에 의한 발화 : 퇴비, 먼지
　㉣ 흡착열에 의한 발화 : 목탄, 활성탄

② 자연발화의 조건★★★
　㉠ 열전도율이 작을 것
　㉡ 주위의 온도가 높을 것
　㉢ 발열량이 클 것
　㉣ 표면적이 넓을 것
　㉤ 열의 축적이 클 때

③ 자연발화의 방지법★
　㉠ 습도를 낮게 할 것
　㉡ 주위의 온도를 낮출 것
　㉢ 통풍을 잘 시킬 것
　㉣ 불활성 가스를 주입하여 공기와 접촉을 피할 것

④ 발화점이 낮아지는 이유
　㉠ 분자구조가 복잡할 때
　㉡ 산소와 친화력이 좋을 때
　㉢ 열전도율이 낮을 때
　㉣ 증기압과 습도가 낮을 때

(3) 연소점(Fire Point)★

어떤 물질이 연소 시 연소를 지속할 수 있는 최저 온도로 인화점보다 10℃ 높다.

※ 온도의 크기 : 발화점 > 연소점 > 인화점

(4) 비열(Specific Heat)

① 1g의 물체를 1℃ 올리는 데 필요한 열량(cal)

② 1lb의 물체를 1°F 올리는 데 필요한 열량(BTU)

※ 물을 소화약제로 사용하는 이유 : 비열과 증발잠열이 크기 때문★★★

(5) 잠열(Latent Heat)★★

어떤 물질이 온도는 변하지 않고 상태만 변화할 때 필요한 열량($Q = \gamma \cdot m$)

① 증발잠열 : 액체가 기체로 될 때 출입하는 열량(물의 증발잠열 : 539cal/g)

② 융해잠열 : 고체가 액체로 될 때 출입하는 열량(물의 융해잠열 : 80cal/g)

(6) 현열(Sensible Heat)★★

어떤 물질이 상태는 변화하지 않고 온도만 변화할 때 발생하는 열($Q = mC\Delta t$)

① 0℃의 물 1g을 100℃의 수증기로 되는 데 필요한 열량
: 639cal

$Q = mC\Delta t + \gamma \cdot m$
$= 1g \times 1cal/g \cdot ℃ \times (100 - 0)℃ + 539cal/g \times 1g$
$= 639cal$

② 0℃의 얼음 1g을 100℃의 수증기로 되는 데 필요한 열량
: 719cal

$Q = \gamma_1 \cdot m + mC\Delta t + \gamma_2 \cdot m$
$= (80cal/g \times 1g) + 1g \times [1g \times 1cal/g \cdot ℃$
$\times (100 - 0)℃] + (539cal/g \times 1g)$
$= 719cal$

(7) 최소착화에너지

① 가연성 가스 및 공기가 혼합하여 착화원으로 착화 시에 발화하기 위하여 필요한 최저 에너지

② 최소착화에너지에 영향을 주는 요인
　㉠ 온 도
　㉡ 압 력
　㉢ 농도(조성)

③ 최소착화에너지가 커지는 현상★
　㉠ 압력이나 온도가 낮을 때
　㉡ 질소, 이산화탄소 등 불연성 가스를 투입할 때
　㉢ 가연물의 농도가 감소할 때
　㉣ 산소의 농도가 감소할 때

※ 아세틸렌, 수소, 이황화탄소는 0.019mJ로 최소착화에너지가 낮으므로 위험하다.

(8) 증기비중★★★

$$증기비중 = \frac{분자량}{29}$$

① 공기의 조성
산소(O_2) 21%, 질소(N_2) 78%, 아르곤(Ar) 등 1%

② 공기의 평균분자량
$(32 \times 0.21) + (28 \times 0.78) + (40 \times 0.01) = 28.96$
$\fallingdotseq 29$

5-1. 다음 인화성액체 위험물의 위험인자 중 그 정도가 크거나 높을수록 위험성이 커지는 것은?

① 비 점
② 인화점
③ 증기압
④ 전기전도도

5-2. 가연물을 가열할 때 점화원 없이 가열된 열만 가지고 스스로 연소가 시작되는 최저 온도는?

① 연소점
② 발화점
③ 인화점
④ 분해점

5-3. 자연발화가 일어나는 물질과 대표적인 에너지원의 관계로 옳지 않은 것은?

① 셀룰로이드 – 흡착열에 의한 발열
② 활성탄 – 흡착열에 의한 발열
③ 퇴비 – 미생물에 의한 발열
④ 먼지 – 미생물에 의한 발열

5-4. 다음 중 자연발화의 인자가 아닌 것은?

① 발열량
② 수 분
③ 열의 축적
④ 증발잠열

5-5. 자연발화가 잘 일어나는 조건에 해당하지 않는 것은?

① 발열량이 클 것
② 열전도율이 클 것
③ 주위 온도가 높을 것
④ 표면적이 넓을 것

5-6. 자연발화의 방지법으로 옳지 않은 것은?

① 습도가 낮은 곳을 피한다.
② 산소와 접촉을 최소화한다.
③ 저장실의 온도를 낮춘다.
④ 통풍이 잘되게 한다.

5-7. 공기 중 산소는 부피백분율과 질량백분율로 각각 약 몇 % 인가?

① 79%, 21%
② 21%, 23%
③ 23%, 21%
④ 21%, 79%

|해설|

5-1

위험물과 화재위험의 상호관계

제반사항	위험성
온도, 압력	높을수록 위험
인화점, 착화점, 융점, 비점, 비열	낮을수록 위험
연소범위	넓을수록 위험
연소속도, 증기압, 연소열	클수록 위험

5-2

발화점(착화점) : 가연물을 가열할 때 점화원 없이 가열된 열만 가지고 스스로 연소가 시작되는 최저 온도

5-3

분해열에 의한 발화 : 셀룰로이드, 나이트로셀룰로스

5-4

자연발화의 인자
• 발열량
• 수 분
• 열의 축적
• 열전도율
• 퇴적방법
• 공기의 유동

5-5

열전도율이 작을 때 자연발화가 잘 일어난다.

5-6

습도를 낮게 할 때 자연발화를 방지할 수 있다.

5-7

공기 중 산소
• 부피백분율 : 21%
• 질량백분율 : 23%

정답 5-1 ③ 5-2 ② 5-3 ① 5-4 ④ 5-5 ② 5-6 ① 5-7 ②

(1) 폭발의 분류

① 물리적인 폭발★

　　㉠ 화산의 폭발

　　㉡ 은하수 충돌에 의한 폭발

　　㉢ 진공용기의 파손에 의한 폭발

　　㉣ 과열액체의 비등에 의한 증기폭발

　　㉤ 고압용기의 과압과 과충전

② 화학적인 폭발

　　㉠ 산화폭발 : 가스가 공기 중에 누설 또는 인화성 액체탱크에 공기가 유입되어 탱크 내에 점화원이 유입되어 폭발하는 현상

　　㉡ 분해폭발 : 아세틸렌, 산화에틸렌, 하이드라진과 같이 분해하면서 폭발하는 현상

　　※ 아세틸렌 희석제 : 질소, 일산화탄소, 메테인

　　㉢ 중합폭발 : 사이안화수소와 같이 단량체가 일정 온도와 압력으로 반응이 진행되어 분자량이 큰 중합체가 되어 폭발하는 현상

③ 가스폭발 : 인화성 액체의 증기가 산소와 반응하여 점화원에 의해 폭발하는 현상

　　예 메테인, 에테인, 프로페인, 뷰테인, 수소, 아세틸렌

④ 분진폭발 : 가연성 고체가 미세한 분말 상태로 공기 중에 부유한 상태에서 점화원이 존재하면 폭발하는 현상

　　예 밀가루, 금속분, 플라스틱분, 마그네슘분★★

(2) 폭발범위(연소범위)

① 폭발범위 : 가연성 물질이 기체 상태에서 공기와 혼합하여 일정농도 범위 내에서 연소가 일어나는 범위

　　㉠ 하한값(하한계) : 연소가 계속되는 최저의 용량비

　　㉡ 상한값(상한계) : 연소가 계속되는 최대의 용량비

② 폭발범위와 화재의 위험성★

　　㉠ 하한계가 낮을수록 위험

　　㉡ 상한계가 높을수록 위험

　　㉢ 연소범위가 넓을수록 위험

　　㉣ 온도(압력)가 상승할수록 위험(압력이 상승하면 하한계는 불변, 상한계는 증가. 단, 일산화탄소는 압력 상승 시 연소범위가 감소)

(3) 공기 중의 폭발범위(연소범위)★★★

가 스	하한계(%)	상한계(%)
아세틸렌(C_2H_2)	2.5	81.0
이황화탄소(CS_2)	1.0	50.0
다이에틸에터($C_2H_5OC_2H_5$)	1.7	48.0
산화에틸렌(C_2H_4O)	3.0	80.0
벤젠(C_6H_6)	1.4	8.0
톨루엔($C_6H_5CH_3$)	1.27	7.0
아세톤(CH_3COCH_3)	2.5	12.8
메탄올(CH_3OH)	6.0	36.0
수소(H_2)	4.0	75.0
일산화탄소(CO)	12.5	74.0
암모니아(NH_3)	15.0	28.0
메테인(CH_4)	5.0	15.0
에테인(C_2H_6)	3.0	12.4
프로페인(C_3H_8)	2.1	9.5
뷰테인(C_4H_{10})	1.8	8.4

(4) 위험도(Degree of Hazards)★★

위험도 $H = \dfrac{U-L}{L}$

여기서, U : 폭발상한값

　　　　L : 폭발하한값

(5) 혼합가스의 폭발한계값★★

$$L_m = \dfrac{100}{\dfrac{V_1}{L_1} + \dfrac{V_2}{L_2} + \dfrac{V_3}{L_3} + \cdots + \dfrac{V_n}{L_n}}$$

여기서, L_m : 혼합가스의 폭발한계[하한값, 상한값의 용량(%)]

　　　　V_1, V_2, V_3, V_n : 가연성 가스의 용량(vol%)

　　　　L_1, L_2, L_3, L_n : 가연성 가스의 하한값 또는 상한값[용량(%)]

(6) 폭굉유도거리(DID)

① 최초의 완만한 연소가 격렬한 폭굉으로 발전할 때까지의 거리

② 폭굉유도거리가 짧아지는 요인★

    ㉠ 압력이 높을수록

    ㉡ 관경이 작을수록

    ㉢ 관속에 장애물이 있는 경우

    ㉣ 점화원의 에너지가 강할수록

    ㉤ 정상연소속도가 큰 혼합물일수록

10년간 자주 출제된 문제

6-1. 연소범위에 대한 일반적인 설명 중 틀린 것은?

① 연소범위는 온도가 높아지면 넓어진다.
② 공기 중에서보다 산소 중에서 연소범위는 넓어진다.
③ 압력이 높아지면 상한값은 변하지 않으나 하한값은 커진다.
④ 연소범위 농도 이하에서는 연소되기 어렵다.

6-2. 다음 중 전기의 불량도체로 정전기가 발생되기 쉽고 폭발 범위가 가장 넓은 위험물은?

① 아세톤
② 톨루엔
③ 에틸알코올
④ 에 터

6-3. 다음 중 수소의 연소범위에 가장 가까운 것은?

① 2.5~82.0%
② 5.3~13.9%
③ 4.0~74.5%
④ 12.5~55.0%

6-4. 폭굉유도거리(DID)가 짧아지는 요건에 해당되지 않는 것은?

① 정상연소속도가 큰 혼합가스일 경우
② 관속에 방해물이 없거나 관경이 큰 경우
③ 압력이 높을 경우
④ 점화원의 에너지가 클 경우

| 해설 |

6-1
연소범위는 온도(압력)가 상승할수록 하한값은 불변, 상한값은 증가한다.

6-2
위험물의 폭발범위(연소범위)

종 류	아세톤	톨루엔	에틸알코올	에 터
폭발범위	2.5~12.8%	1.27~7.0%	3.1~27.7%	1.7~48%

6-3
수소의 연소범위 : 4.0~75%

6-4
관속에 장애물이 있거나 관경이 작은 경우에 폭굉유도거리(DID)가 짧아진다.

정답 6-1 ③ 6-2 ④ 6-3 ③ 6-4 ②

핵심이론 07 | 연소생성물

(1) 일산화탄소(CO)

농 도	인체의 영향
600~700ppm	1시간 노출로 영향을 인지
2,000ppm(0.2%)	1시간 노출로 생명이 위험
4,000ppm(0.4%)	1시간 이내에 치사

(2) 이산화탄소(CO_2)

농 도	인체에 미치는 영향
0.1%	공중위생상의 상한선
2%	불쾌감 감지
3%	호흡수 증가
4%	두부에 압박감 감지
6%	두통, 현기증, 호흡곤란
10%	시력장애, 1분 이내에 의식 불명하여 방치 시 사망
20%	중추신경이 마비되어 사망

(3) 기타 연소생성물의 영향

가 스	현 상
$COCl_2$(포스겐)	매우 독성이 강한 가스로 연소 시에는 거의 발생하지 않으나 사염화탄소 약제 사용 시 발생
CH_2CHCHO (아크롤레인)	석유제품이나 유지류가 연소할 때 생성
SO_2(아황산가스)	황을 함유하는 유기화합물이 완전연소 시에 발생
H_2S(황화수소)★	황을 함유하는 유기화합물이 불완전연소 시에 발생하며 달걀 썩는 냄새가 나는 가스
CO_2(이산화탄소)★	연소가스 중 가장 많은 양을 차지하며 완전연소 시 생성
CO(일산화탄소)★	불완전연소 시에 다량 발생하며, 혈액 중의 헤모글로빈(Hb)과 결합하여 혈액 중의 산소 운반을 저해하여 사망
HCl(염화수소)	PVC와 같이 염소가 함유된 물질의 연소 시 생성

핵심이론 08 | 열에너지(열원)의 종류

(1) 화학열

① **연소열** : 어떤 물질이 완전히 산화되는 과정에서 발생하는 열
② **분해열** : 어떤 화합물이 분해할 때 발생하는 열
③ **용해열** : 어떤 물질이 액체에 용해될 때 발생하는 열
④ **자연발열** : 어떤 물질이 외부열의 공급 없이 온도가 상승하는 현상
※ 기름걸레를 빨래 줄에 걸어 놓으면 자연발화가 되지 않는다(산화열의 미축적으로).

(2) 전기열

① **저항열** : 도체에 전류가 흐르면 전기저항 때문에 전기에너지의 일부가 열로 변할 때 발생하는 열
② **유전열** : 누설전류에 의해 절연물질이 가열하여 절연이 파괴되어 발생하는 열
③ **유도열** : 도체 주위에 변화하는 자장이 존재하면 전위차를 발생하고 이 전위차로 전류의 흐름이 일어나 도체의 저항 때문에 열이 발생하는 것
④ **아크열** : 아크의 온도는 매우 높기 때문에 가연성이나 인화성 물질을 점화시킬 수 있다.
⑤ **정전기열** : 정전기가 방전할 때 발생하는 열
※ 정전기 방전
  • 방전시간은 짧다.
  • 많은 열을 발생하지 않으므로 종이와 같은 가연물을 점화시키지 못한다.
  • 가연성 증기나 기체 또는 가연성 분진은 발화시킬 수 있다.

(3) 기계열★

① **마찰열** : 두 물체를 마주대고 마찰시킬 때 발생하는 열

② **압축열** : 기체를 압축할 때 발생하는 열

③ **마찰 스파크열** : 금속과 고체 물체가 충돌할 때 발생하는 열

10년간 자주 출제된 문제

다음 중 화학열에 해당되지 않는 것은?

① 연소열 ② 용해열
③ 마찰열 ④ 분해열

| 해설 |

마찰열은 기계열에 속한다.

정답 ③

핵심이론 09 | 열의 전달

(1) 대류(Convection)

화로에 의해서 방 안이 더워지는 현상(대류현상)

$$q = hA\Delta t$$

여기서, h : 열전달계수(kcal/m^2 · h · ℃)

A : 열전달면적(m^2)

Δt : 온도차(℃)

(2) 전도(Conduction)

하나의 물체가 다른 물체와 직접 접촉하여 전달되는 현상

※ 푸리에(Fourier) 법칙 : 고체, 유체에서 서로 접하고 있는 물질분자 간에 열이 직접 이동하는 열전도와 관련된 법칙

$$q = -kA\frac{dt}{dl}\,\text{kcal/h}$$

여기서, k : 열전도도[(kcal/m · h · ℃), (W/m · ℃)]

A : 열전달면적(m^2)

dt : 온도차(℃)

dl : 미소거리(m)

※ 전도열 : 화재 시 화원과 격리된 인접 가연물에 불이 옮겨 붙는 것

(3) 복사(Radiation)

양지바른 곳에 햇볕을 쬐면 따뜻함을 느끼는 현상

※ 슈테판-볼츠만(Stefan-Boltzmann) 법칙 : 복사열은 절대온도차의 4제곱에 비례하고 열전달 면적에 비례한다.

$$Q = aAF(T_1^4 - T_2^4)\,\text{kcal/h}$$

$$Q_1 : Q_2 = (T_1 + 273)^4 : (T_2 + 273)^4$$

불꽃의 표면온도가 300℃에서 360℃로 상승하였다면 300℃보다 약 몇 배의 열을 방출하는가?

① 1.49배   ② 3배
③ 7.27배   ④ 10배

|해설|

복사에너지는 절대온도의 4제곱에 비례한다.
$$T_1 : T_2 = (300+273)^4 : (360+273)^4$$
$$= 1.08 \times 10^{11} : 1.61 \times 10^{11}$$
$$= 1 : 1.49$$

정답 ①

핵심이론 10 | 유류탱크(가스탱크)에서 발생하는 현상

(1) 보일오버(Boil Over)★★

① 중질유 탱크에서 장시간 조용히 연소하다가 탱크의 잔존 기름이 갑자기 분출(Over Flow)하는 현상

② 연소유면으로부터 100℃ 이상의 열파가 탱크저부에 고여 있는 물을 비등하게 하면서 연소유를 탱크 밖으로 비산하며 연소하는 현상

(2) 슬롭오버(Slop Over)★

물이 연소유의 뜨거운 표면에 들어갈 때 기름표면에서 화재가 발생하는 현상

(3) 프로스오버(Froth Over)

물이 뜨거운 기름표면 아래에서 끓을 때 화재를 수반하지 않고 용기에서 넘쳐 흐르는 현상

(4) 블레비(BLEVE ; Boiling Liquid Expanding Vapor Explosion)

액화가스 저장탱크의 누설로 부유 또는 확산된 액화가스가 착화원과 접촉하여 액화가스가 공기 중으로 확산, 폭발하는 현상

탱크 내 액체가 급격히 비등하고 증기가 팽창하면서 폭발을 일으키는 현상은?

① Fire Ball   ② Back Craft
③ BLEVE   ④ Flash Over

|해설|

블레비(BLEVE ; Boiling Liquid Expanding Vapor Explosion) : 탱크 내 액체가 급격히 비등하고 증기가 팽창하면서 폭발을 일으키는 현상

정답 ③

핵심이론 01 │ 소화방법

(1) 소화의 원리

① 연소의 3요소 중 어느 하나를 없애주어 소화하는 방법

② 연소의 3요소 : 가연물, 산소공급원, 점화원

(2) 소화방법★★★

① 제거소화 : 화재현장에서 가연물을 없애주어 소화하는 방법

② 냉각소화 : 화재현장에 물을 주수하여 발화점 이하로 온도를 낮추어 소화하는 방법

※ 물을 소화제로 이용하는 이유 : 비열과 증발잠열이 크기 때문

※ 소화약제 : 산화반응을 하고 발열반응을 갖지 않는 물질

③ 질식소화 : 공기 중의 산소의 농도를 21%에서 15% 이하로 낮추어 공기를 차단하여 소화하는 방법

※ 질식소화 시 산소의 유효 한계농도 : 10~15%

④ 부촉매소화(억제소화, 화학소화) : 연쇄반응을 차단하여 소화하는 방법

※ 화학소화(부촉매효과)

- 화학소화제는 불꽃연소에는 매우 효과적이나 표면연소에는 효과가 없다.
- 화학소화제는 연쇄반응을 억제하면서 동시에 냉각, 산소희석, 연료제거 등의 작용을 한다.
- 화학소화방법은 불꽃연소에만 한한다.

⑤ 희석소화 : 알코올, 에스터, 케톤류 등 수용성 물질에 다량의 물을 방사하여 가연물의 농도를 낮추어 소화하는 방법

⑥ 유화효과 : 물분무소화설비를 중유에 방사하는 경우 유류표면에 엷은 막으로 유화층을 형성하여 화재를 소화하는 방법

⑦ 피복효과 : 이산화탄소 약제 방사 시 가연물의 구석까지 침투하여 피복하므로 연소를 차단하여 소화하는 방법

(3) 소화효과★★

① 물(봉상, 옥내소화전설비, 옥외소화전설비) 방사 : 냉각효과

② 물(적상, 스프링클러설비) 방사 : 냉각효과

③ 물(무상, 물분무소화설비) 방사 : 질식, 냉각, 희석, 유화효과

④ 포 : 질식, 냉각효과

⑤ 이산화탄소 : 질식, 냉각, 피복효과

⑥ 할론 : 질식, 냉각, 억제(부촉매)효과

⑦ 할로젠화합물 및 불활성기체 소화설비(소방)

  ㉠ 할로젠화합물 소화약제 : 부촉매, 질식, 냉각효과

  ㉡ 불활성기체 소화약제 : 질식, 냉각효과

⑧ 분말 : 질식, 냉각, 억제(부촉매)효과

10년간 자주 출제된 문제

소화효과에 대한 설명으로 옳지 않은 것은?

① 산소공급 차단에 의한 소화는 제거효과이다.

② 가연물질의 온도를 떨어뜨려서 소화하는 것은 냉각효과이다.

③ 촛불을 입으로 바람을 불어 끄는 것은 제거효과이다.

④ 물에 의한 소화는 냉각효과이다.

|해설|

산소공급 차단에 의한 소화 : 질식효과

정답 ①

핵심이론 02 | 소화기의 분류

(1) 가압방식에 의한 분류

① **축압식** : 항상 소화기의 용기 내부에 소화약제와 압축
공기 또는 불연성 가스(질소, CO_2)를 축압시켜 그 압
력에 의해 약제가 방출되며, CO_2 소화기 외에는 모두
지시압력계가 부착되어 있고 녹색(적색)의 지시가 정
상상태이다.

② **가압식** : 소화약제의 방출을 위한 가압가스 용기를 소
화기의 내부나 외부에 따로 부설하여 가압 가스의 압
력에서 소화약제가 방출된다.

(2) 소화능력 단위에 의한 분류(소방)★

① **소형 소화기** : 능력단위가 1단위 이상이면서 대형 소화
기의 능력단위 미만인 소화기

② **대형 소화기** : 능력단위가 A급 화재는 10단위 이상,
B급 화재는 20단위 이상인 것으로 소화약제 충전량은
다음 표에 기재된 이상인 소화기

종 별	소화약제의 충전량
포	20L
강화액	60L
물	80L
분 말	20kg
할 론	30kg
이산화탄소	50kg

※ 분말소화기(3.3kg)의 능력단위★

- A_3 : 일반화재에 대한 능력단위 3단위
- B_5 : 유류화재에 대한 능력단위 5단위
- C : 전기화재에 적응

핵심이론 03 | 물 소화약제

(1) 물 소화약제의 장단점

① **장 점**

㉠ 인체에 무해하여 다른 약제와 혼합하여 수용액으
로 사용할 수 있다.

㉡ 가격이 저렴하고 장기보존이 가능하다.

㉢ 냉각의 효과가 우수하며 무상주수일 때는 질식,
유화효과가 있다.

② **단 점**

㉠ 0℃ 이하의 온도에서는 동파 및 응고현상이 나타
나 소화효과가 작다.

㉡ 방사 후 물에 의한 2차 피해의 우려가 있다.

㉢ 전기화재(C급)나 금속화재(D급)에는 적응성이
없다.

㉣ 유류 화재 시 물 소화약제를 방사하면 연소면 확대
로 소화효과는 기대하기 어렵다.

(2) 물 소화약제의 방사방법 및 소화효과

① **방사방법★**

㉠ 봉상주수

- 옥내소화전, 옥외소화전에서 방사하는 물이 가늘
고 긴 물줄기 모양을 형성하여 방사되는 것이다.
- 봉상주수의 소화효과 : 냉각효과

㉡ 적상주수

- 스프링클러 헤드와 같이 물방울을 형성하면서
방사되는 것으로 봉상주수보다 물방울의 입자가
작다.
- 적상주수의 소화효과 : 냉각효과

㉢ 무상주수

- 물분무 헤드와 같이 안개 또는 구름 모양을 형성
하면서 방사되는 것이다.
- 무상주수의 소화효과 : 질식, 냉각, 희석, 유화
효과

② 소화원리

냉각작용에 의한 소화효과가 가장 크며, 증발 시 수증기가 되고 원래 물의 용적의 약 1,700배의 불연성 기체가 되기 때문에 가연성 혼합기체의 희석작용도 하게 된다.

※ 물의 질식효과

• 물의 성상★★

– 물의 밀도 : $1g/cm^3$

– 화학식 : H_2O(분자량 : 18)

– 부피 : 22.4L(표준상태에서 1g-mol이 차지하는 부피)

• 계 산

물이 1g일 때 몰수를 구하면 $\dfrac{1g}{18g}$ = 0.05555mol

0.05555mol을 부피로 환산하면

0.05555mol × 22.4L/mol = 1.244L = $1,244cm^3$

온도 100℃를 보정하면

$1,244cm^3 × \dfrac{(273+100)K}{273K} = 1,700cm^3$

∴ 물 1g이 100% 수증기로 증발하였을 때 체적은 약 1,700배가 된다.

10년간 자주 출제된 문제

물이 소화제로 많이 사용되는 이유는 무엇인가?

① 기화열로 가연물을 냉각하기 때문
② 물이 공기를 차단하기 때문
③ 물이 환원성이 있기 때문
④ 물이 가연물을 제거하기 때문

|해설|

물은 기화열과 비열이 크기 때문에 가연물을 냉각하므로 많이 사용한다.

정답 ①

핵심이론 04 | 산·알칼리 및 강화액 소화기

(1) 산·알칼리 소화기

① 종 류

㉠ 전도식 : 소화기 내부의 상부에 있는 합성수지용기에 황산을 넣고 용기 본체를 탄산수소나트륨 수용액으로 채워 사용할 때 소화기를 거꾸로 하면 황산용기의 마개가 자동적으로 열려 혼합되면서 화학반응을 일으켜서 방출구로 방사하는 방식

㉡ 파병식 : 용기 본체의 중앙부 상단에 황산이 든 앰플을 파열시켜 용기본체 내부의 중탄산나트륨 수용액과 화합하여 반응 시 생성되는 탄산가스의 압력으로 약제를 방출하는 방식

② 소화원리

$H_2SO_4 + 2NaHCO_3 \rightarrow Na_2SO_4 + 2H_2O + 2CO_2\uparrow$

※ 산·알칼리 소화기가 무상일 때 : C급 화재에 사용가능

(2) 강화액 소화기

① 강화액은 −25℃에서도 동결하지 않으므로 한랭지에서도 보온의 필요가 없을 뿐만 아니라 탈수, 탄화작용으로 목재, 종이 등을 불연화하고 재연방지의 효과도 있다.

② 종 류

㉠ 축압식 : 강화액 소화약제(탄산칼륨수용액)를 정량적으로 충전시킨 소화기로 압력을 용이하게 확인할 수 있도록 압력지시계가 부착되어 있으며 방출방식은 봉상 또는 무상인 소화기

㉡ 가스가압식 : 축압식과 동일하나 단지 압력지시계가 없고 안전밸브와 액면표시가 되어 있는 소화기

㉢ 화학반응식 : 용기의 재질과 구조는 산·알칼리 소화기의 파병식과 동일하며 탄산칼륨수용액의 소화약제가 충전되어 있는 소화기

③ 소화원리

$$H_2SO_4 + K_2CO_3 + H_2O \rightarrow K_2SO_4 + 2H_2O + CO_2 \uparrow$$

4-1. 다음 중 산·알칼리 소화기의 약제는?

① 탄산수소나트륨, 탄산수소칼륨
② 탄산수소나트륨, 황산알루미늄
③ 탄산수소나트륨, 황산
④ 탄산수소칼륨, 인산암모늄

4-2. 강화액 소화기의 주성분은?

① 물과 탄산칼륨
② CO_2와 물
③ 황산과 탄산수소나트륨
④ 물과 사염화탄소

|해설|

4-1
산·알칼리 소화기의 소화약제
$$H_2SO_4 + 2NaHCO_3 \rightarrow Na_2SO_4 + 2H_2O + 2CO_2 \uparrow$$
(황산)　　(탄산수소나트륨)
※ 황산(산), 탄산수소나트륨(알칼리)

4-2
강화액 소화기는 물에 탄산칼륨(K_2CO_3)을 첨가하여 물의 빙점을 낮추어(-25℃) 추운지방과 겨울철에 사용한다.

정답 4-1 ③　4-2 ①

핵심이론 05 ｜ 포소화기 및 소화약제

(1) 포소화약제의 장단점

① 장 점
　㉠ 인체에는 무해하고 약제 방사 후 독성가스의 발생 우려가 없다.
　㉡ 가연성 액체 화재 시 질식, 냉각의 소화위력을 발휘한다.

② 단 점
　㉠ 동절기에는 유동성을 상실하여 소화효과가 저하된다.
　㉡ 단백포의 경우는 침전부패의 우려가 있어 정기적으로교체 및 충전해야 한다.
　㉢ 약제 방사 후 약제의 잔류물이 남는다.
※ 포소화약제의 소화효과 : 질식효과, 냉각효과

(2) 포소화약제의 구비조건★

① 포의 안정성과 유동성이 좋을 것
② 독성이 약할 것
③ 유류와의 접착성이 좋을 것

(3) 포소화약제의 종류 및 성상

① **화학포소화약제** : 외약제(A제)인 탄산수소나트륨(중탄산나트륨, $NaHCO_3$)의 수용액과 내약제(B제)인 황산알루미늄[$Al_2(SO_4)_3$]의 수용액과의 화학반응에 의한 이산화탄소를 이용하여 포(Foam)를 발생시킨 약제이다.

※ $6NaHCO_3 + Al_2(SO_4)_3 \cdot 18H_2O$
　$\rightarrow 3Na_2SO_4 + 2Al(OH)_3 + 6CO_2 + 18H_2O$

② 기계포소화약제(공기포소화약제)

　① 혼합비율에 따른 분류

구 분	약제 종류	약제 농도	팽창비
저발포용	단백포	3%, 6%	6배 이상 20배 이하
	합성계면활성제포	3%, 6%	6배 이상 20배 이하
	수성막포	3%, 6%	5배 이상 20배 이하
	알코올용포	3%, 6%	6배 이상 20배 이하
	플루오린화단백포 (Fluoroprotein Foam)	3%, 6%	6배 이상 20배 이하
고발포용	합성계면활성제포	1%, 1.5%, 2%	80배 이상 1,000배 미만

※ 단백포 3% : 단백포 약제 3%와 물 97%의 비율로 혼합한 약제

$$※ \ 팽창비★ = \frac{방출 \ 후 \ 포의 \ 체적(L)}{방출 \ 전 \ 포수용액의 \ 체적(포원액 + 물)(L)}$$

$$= \frac{방출 \ 후 \ 포의 \ 체적(L)}{\dfrac{원액의 \ 양(L)}{농도(\%)}}$$

　② 포소화약제에 따른 분류

종류 물성	단백포	합성계면활성제포	수성막포	알코올용포
pH(20℃)	6.0~7.5	6.5~8.5	6.0~8.5	6.0~8.5
비중(20℃)	1.1~1.2	0.9~1.2	1.0~1.15	0.9~1.2
비 고	–	고발포, 저발포 사용	항공기 격납고	수용성 액체
침전원액량	0.1%(V%) 이하			

(4) 포소화약제의 소화효과★

① 질식, 냉각효과

② 알코올용포소화약제 : 수용성 액체에 적합

5-1. 포소화약제의 종류에 해당하지 않는 것은?

① 단백포소화약제

② 합성계면활성제포소화약제

③ 수성막포소화약제

④ 액표면포소화약제

5-2. 화학포 소화기에서 중탄산나트륨과 황산알루미늄의 수용액이 반응할 때 생성되는 물질이 아닌 것은?

① 수산화알루미늄　　　② 이산화탄소

③ 황산나트륨　　　　　④ 인산암모늄

|해설|

5-1
포소화약제의 종류
• 단백포
• 플루오린화단백포
• 합성계면활성제포
• 수성막포
• 알코올용포

5-2
화학포 소화기 반응식
$6NaHCO_3 + Al_2(SO_4)_3 \cdot 18H_2O \rightarrow 3Na_2SO_4 + 2Al(OH)_3 + 6CO_2 + 18H_2O$

∴ 화학포소화약제 반응 시 수산화알루미늄[Al(OH)₃], 이산화탄소(CO₂), 황산나트륨(Na₂SO₄)이 생성된다.

정답 5-1 ④ 5-2 ④

(1) 이산화탄소 소화약제의 성상

① 이산화탄소의 특성★

- ㉠ 상온에서 기체이며 가스비중은 1.517로 공기보다 무겁다(공기 : 1.0).
- ㉡ 무색, 무취로 화학적으로 안정하고 가연성 · 부식성도 없다.
- ㉢ 고농도의 이산화탄소는 인체에 독성이 있다.
- ㉣ 액화가스로 저장하기 위하여 임계온도(31.35℃) 이하로 냉각시켜 놓고 가압한다.
- ㉤ 저온으로 고체화한 것을 드라이아이스라고 하며 냉각제로 사용한다.

[이산화탄소소화기]

[위험물과 소방의 소화설비 명칭 비교]

분야 구분	위험물	소방
소화기	할로젠화합물 소화기	할론 소화기
	이산화탄소 소화기	이산화탄소 소화기
소화설비	불활성가스 소화설비	이산화탄소 소화설비
	할로젠화합물 소화설비	할론 소화설비
	–	할로겐화합물 및 불활성기체 소화설비
참고	• 위험물안전관리법 시행규칙 [별표 17] • 위험물안전관리에 관한 세부기준	소방시설 설치 및 관리에 관한 법률 시행령 [별표 1]

※ 같은 소화설비인데 위험물과 소방에서 명칭이 다르다는 것에 유의한다.

② 이산화탄소의 물성★

구 분	물성치
화학식	CO_2
분자량	44
비중(공기 : 1)	1.517
비 점	−78℃
밀 도	1.977g/L
삼중점	−56.3℃(0.42MPa)
승화점	−78.5℃
임계압력	72.75atm
임계온도	31.35℃
증발잠열	576.5kJ/kg

(2) 이산화탄소의 품질기준

열에 의한 부식성이나 독성이 없어야 하며 이산화탄소는 고압가스 안전관리법에 적용을 받으므로 충전비는 1.50 이상 되어야 한다.

종 별	함량(v%)	수분(wt%)	특 성
제1종	99.0 이상	–	무색, 무취
제2종	99.5 이상	0.05 이하	–
제3종	99.5 이상	0.005 이하	–

※ 주로 제2종(함량 99.5% 이상, 수분 0.05% 이하)을 사용하고 있다.

(3) 이산화탄소 소화약제의 소화효과★

① 산소의 농도를 21%에서 15%로 낮추어 소화하는 질식효과
② 증기비중이 공기보다 1.517배로 무겁기 때문에 나타나는 피복효과
③ 이산화탄소 가스 방출 시 기화열에 의한 냉각효과

6-1. 이산화탄소의 특성에 관한 내용으로 틀린 것은?

① 전기의 전도성이 있다.
② 냉각 및 압축에 의하여 액화될 수 있다.
③ 공기보다 약 1.517배 무겁다.
④ 일반적으로 무색, 무취의 기체이다.

6-2. 이산화탄소 소화기의 장·단점에 대한 설명으로 틀린 것은?

① 밀폐된 공간에서 사용 시 질식으로 인명피해가 발생할 수 있다.
② 전도성이어서 전류가 통하는 장소에서의 사용은 위험하다.
③ 자체의 압력으로 방출할 수가 있다.
④ 소화 후 소화약제에 대한 오손이 없다.

6-3. 다음에서 설명하는 소화약제에 해당하는 것은?

- 무색, 무취이며 비전도성이다.
- 증기상태의 비중은 약 1.50이다.
- 임계온도는 약 31.35℃이다.

① 탄산수소나트륨　　② 이산화탄소
③ 할론 1301　　④ 황산알루미늄

|해설|

6-1
이산화탄소의 특성
- 무색, 무취의 기체로서 가연성과 부식성은 없다.
- 전기의 전도성은 없다.
- 냉각 및 압축에 의하여 액화될 수 있다.
- 공기보다 약 1.517배 무겁다.
- 이산화탄소는 비교적 안정하다.

6-2
이산화탄소가 전도성이 없으므로 이산화탄소 소화기는 전기화재에 적합하다.

6-3
이산화탄소(CO_2)
- 무색, 무취이며 비전도성이다.
- 증기상태의 비중은 약 1.5(44/29 = 1.517)이다.
- 임계온도는 약 31.35℃이다.

정답 6-1 ①　6-2 ②　6-3 ②

핵심이론 07 | 할로젠화합물(할론) 소화기 및 소화약제

(1) 소화약제의 개요

할로젠화합물이란 플루오린, 염소, 브로민 및 아이오딘 등 할로젠족 원소를 하나 이상 함유한 화학물질을 말한다. 할로젠족 원소는 다른 원소에 비해 높은 반응성을 갖고 있어 할론은 독성이 작고 안정된 화합물을 형성한다.★

[할로젠화합물소화기]

① 오존파괴지수(ODP) : 어떤 물질의 오존 파괴능력을 상대적으로 나타내는 지표를 ODP(Ozone Depletion Potential)라 한다.

$$ODP = \frac{어떤 물질 1kg이 파괴하는 오존량}{CFC-11\ 1kg이 파괴하는 오존량}$$

② 지구온난화지수(GWP) : 일정무게의 CO_2가 대기 중에 방출되어 지구온난화에 기여하는 정도를 1로 정하였을 때 같은 무게의 어떤 물질이 기여하는 정도를 GWP(Global Warming Potential)라 한다.

$$GWP = \frac{물질 1kg이 기여하는 온난화정도}{CO_2\ 1kg이 기여하는 온난화정도}$$

(2) 소화약제의 특성

① 특성
- ㉠ 변질, 분해가 없다.
- ㉡ 전기부도체이다.
- ㉢ 금속에 대한 부식성이 작다.
- ㉣ 연소 억제작용으로 부촉매 소화효과가 크다.
- ㉤ 값이 비싸다는 단점이 있다.

② 할론 소화약제의 물성

물성 \ 종류	할론 1301	할론 1211	할론 2402
분자식	CF_3Br	CF_2ClBr	$C_2F_4Br_2$
분자량	148.9	165.4	259.8
임계온도(℃)	67.0	153.8	214.6
임계압력(atm)	39.1	40.57	33.5
상태(20℃)	기 체	기 체	액 체
오존층 파괴지수	14.1	2.4	6.6
증기 비중	5.1	5.7	9.0
증발잠열(kJ/kg)	119	130.6	105

※ 전기음성도 : F > Cl > Br > I★

※ 소화효과 : F < Cl < Br < I

③ 할론 소화약제의 구비조건★★

ⓐ 비점이 낮고 기화되기 쉬울 것

ⓑ 공기보다 무겁고 불연성일 것

ⓒ 증발잔류물이 없어야 할 것

④ 명명법

할론 1211은 CF_2ClBr로서 1개의 탄소원자, 2개의 플루오린원자, 1개의 염소원자 및 1개의 브로민원자로 이루어진 화합물이다.

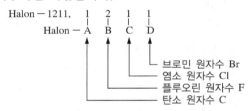

(3) 할론 소화약제의 성상

① 할론 1301 소화약제★

ⓐ 메테인(CH_4)에 플루오린(F) 3원자와 브로민(Br) 1원자가 치환되어 있는 약제로 분자식은 CF_3Br이며 분자량은 148.93이다.

$$\begin{array}{ccc} H & & F \\ | & & | \\ H-C-H & \longrightarrow & F-C-Br \\ | & & | \\ H & & F \end{array}$$

ⓑ BTM(Bromo Trifluoro Methane)이라 한다.

ⓒ 상온(21℃)에서 기체이며 무색 무취로 전기 전도성이 없다. 공기보다 약 5.1배(148.93/29 = 5.13배) 무거우며 21℃에서 약 1.4MPa의 압력을 가하면 액화될 수 있다.

ⓓ 할론 1301은 고압식(4.2MPa)과 저압식(2.5MPa)으로 저장하는데 할론 1301 소화설비에서 21℃ 자체증기압은 1.4MPa이므로 고압식으로 저장하면 나머지 압력(4.2 - 1.4 = 2.8MPa)은 질소 가스를 충전하여 약제를 전량 외부로 방출하도록 되어 있다. 이 약제는 할론 소화약제 중에서 독성이 가장 약하고 소화효과는 가장 좋다.

ⓔ 적응화재는 B급(유류) 화재, C급(전기) 화재에 적합하다.

② 할론 1211 소화약제

ⓐ 메테인에 플루오린(F) 2원자, 염소(Cl) 1원자, 브로민(Br) 1원자가 치환되어 있는 약제로 분자식은 CF_2ClBr이며 분자량은 165.4이다.

$$\begin{array}{ccc} H & & Cl \\ | & & | \\ H-C-H & \longrightarrow & F-C-F \\ | & & | \\ H & & Br \end{array}$$

ⓑ BCF(Bromo Chloro difluoro methane)라 한다.

ⓒ 상온에서 기체이며, 공기보다 약 5.7배 무겁고 비점은 -4℃로 이 온도에서 방출 시에는 액체 상태로 방사된다.

ⓓ 적응화재는 유류화재, 전기화재에 적합하다.

※ 휴대용 소형 소화기 : 할론 1211, 할론 2402

③ 할론 1011 소화약제★

㉠ 메테인에 염소 1원자, 브로민 1원자가 치환되어 있는 약제로 분자식은 CH_2ClBr이며 분자량은 129.4이다.

$$\begin{array}{ccc} H & & Cl \\ | & & | \\ H-C-H & \longrightarrow & H-C-H \\ | & & | \\ H & & Br \end{array}$$

㉡ CB(Chloro Bromo methane)라 한다.

㉢ 상온에서 액체이며 증기의 비중은 4.5(공기 : 1)이며 기체의 밀도는 $0.0058g/cm^3$이다.

※ 상온에서 액체 : 할론 1011, 할론 2402

④ 할론 2402 소화약제

㉠ 에테인(C_2H_6)에 플루오린 4원자와 브로민 2원자를 치환한 약제로 분자식은 $C_2F_4Br_2$이며 분자량은 259.8이다.

$$\begin{array}{cccc} H & H & & F & F \\ | & | & & | & | \\ H-C-C-H & \longrightarrow & Br-C-C-Br \\ | & | & & | & | \\ H & H & & F & F \end{array}$$

㉡ FB(tetra fluoro dibromo ethane)라 한다.

㉢ 적응화재는 유류화재, 전기화재에 적합하다.

⑤ 사염화탄소 소화약제

㉠ 메테인에 염소 4원자를 치환시킨 약제로 공기, 수분, 탄산가스와 반응하면 포스겐($COCl_2$)이라는 독가스를 발생하기 때문에 실내에 사용을 금지하고 있다.

㉡ CTC(Carbon Tetra Chloride)라 한다.

㉢ 사염화탄소는 무색 투명한 휘발성 액체로 특유한 냄새와 독성이 있다.

※ 사염화탄소의 화학반응식

• 공기 중 : $2CCl_4 + O_2 \longrightarrow 2COCl_2 + 2Cl_2$

• 습기 중 : $CCl_4 + H_2O \longrightarrow COCl_2 + 2HCl$

• 탄산가스 중 : $CCl_4 + CO_2 \longrightarrow 2COCl_2$

• 산화철접촉 중

$3CCl_4 + Fe_2O_3 \longrightarrow 3COCl_2 + 2FeCl_3$

• 발연황산 중

$2CCl_4 + H_2SO_4 + SO_3 \longrightarrow 2COCl_2 + S_2O_5Cl_2 + 2HCl$

(4) 할론 소화약제의 소화효과★

① 소화효과 : 질식, 냉각, 부촉매효과

② 소화효과의 크기

할론 1011 < 할론 2402 < 할론 1211 < 할론 1301

10년간 자주 출제된 문제

7-1. 소화제로 할론을 사용하는 이유가 아닌 것은?

① 비점이 낮다.

② 공기보다 가볍고 불연성이다.

③ 증기가 되기 쉽다.

④ 공기의 접촉을 차단한다.

7-2. 할론 소화약제가 전기화재에 사용될 수 있는 이유에 대한 다음 설명 중 가장 적합한 것은?

① 전기적으로 부도체이다.

② 액체의 유동성이 좋다.

③ 탄산가스와 반응하여 포스겐가스를 만든다.

④ 증기의 비중이 공기보다 작다.

7-3. Halon 1301 소화약제의 특성에 관한 설명으로 옳지 않은 것은?

① 상온, 상압에서 기체로 존재한다.

② 비전도성이다.

③ 공기보다 가볍다.

④ 고압용기 내에 액체로 보존한다.

7-4. Halon 1211인 물질의 분자식은?

① CF_2Br_2 ② CF_2ClBr

③ CF_3Br ④ $C_2F_4Br_2$

7-1

할론 소화약제의 구비조건

• 비점이 낮고 기화되기 쉬울 것
• 공기보다 무겁고 불연성일 것
• 증발잔류물이 없어야 할 것

7-2

할론 소화약제는 전기부도체이므로 전기화재에 사용될 수 있다.

7-3

할론 소화약제의 성상

종 류	화학식	분자량	증기 비중
할론 1301	CF_3Br (브로모트라이플루오로메테인)	148.9	5.1
할론 1211	CF_2ClBr (브로모클로로다이플루오로메테인)	165.4	5.7
할론 1011	CH_2ClBr (브로모클로로메테인)	129.4	4.5
할론 2402	$C_2F_4Br_2$ (다이브로모테트라플루오로에테인)	259.8	8.9
할론 104	CCl_4	154	5.3

7-4

분자식과 구조식

• 할론 1301(CF_3Br)

$$F - \overset{\overset{\displaystyle F}{|}}{\underset{\underset{\displaystyle Br}{|}}{C}} - F$$

• 할론 1211(CF_2ClBr)

$$F - \overset{\overset{\displaystyle Cl}{|}}{\underset{\underset{\displaystyle Br}{|}}{C}} - F$$

• 할론 1011(CH_2ClBr)

$$H - \overset{\overset{\displaystyle Cl}{|}}{\underset{\underset{\displaystyle Br}{|}}{C}} - H$$

• 할론 2402($C_2F_4Br_2$)

$$Br - \overset{\overset{\displaystyle F}{|}}{\underset{\underset{\displaystyle F}{|}}{C}} - \overset{\overset{\displaystyle F}{|}}{\underset{\underset{\displaystyle F}{|}}{C}} - Br$$

정답 7-1 ② 7-2 ① 7-3 ③ 7-4 ②

핵심이론 08 | 할로젠화합물 및 불활성기체 소화기 및 소화약제(소방)

※ 위험물안전관리법령에서 할로겐화합물소화설비가 할로젠화합물소화설비로 개정되었다.

소방법령에서는 할로화합물 및 불활성기체 소화설비로 개정되지 않았으나, 위험물법령의 개정으로 이 도서에서는 할로젠화합물 및 불활성기체 소화설비로 수정하였다.

(1) 소화약제의 정의

① **할로젠화합물 소화약제** : 플루오린(F), 염소(Cl), 브로민(Br), 아이오딘(I) 중 하나 이상의 원소를 포함하고 있는 유기화합물을 기본성분으로 하는 소화약제

② **불활성기체 소화약제** : 헬륨(He), 네온(Ne), 아르곤(Ar), 질소(N_2) 가스 중 어느 하나 이상의 원소를 기본성분으로 하는 소화약제

(2) 소화약제의 특성

① 할론(할론 1301, 할론 2402, 할론 1211은 제외) 및 불활성기체로서 전기적으로 비전도성이다.

② 휘발성이 있거나 증발 후 잔여물을 남기지 않는 액체이다.

③ 할론 소화약제 대처용이다.

(3) 소화약제의 구비조건

① 오존파괴지수(ODP), 지구온난화지수(GWP)가 낮을 것

② 독성이 낮고 설계농도는 NOAEL 이하일 것

③ 비전도성이고 소화 후 증발잔류물이 없을 것

④ 저장 시 분해하지 않고 용기를 부식시키지 않을 것

(4) 소화약제의 구분

계 열	정 의	해당 물질
HFC(Hydro Fluoro Carbons) 계열	C(탄소)에 F(플루오린)와 H(수소)가 결합된 것	HFC-125, HFC-227ea, HFC-23, HFC-236fa
HCFC(Hydro Chloro Fluoro Carbons) 계열	C(탄소)에 Cl(염소), F(플루오린), H(수소)가 결합된 것	HCFC-BLEND A, HCFC-124
FIC(Fluoro Iodo Carbons) 계열	C(탄소)에 F(플루오린)와 I(아이오딘)가 결합된 것	FIC-13I1
FC(PerFluoro Carbons) 계열	C(탄소)에 F(플루오린)가 결합된 것	FC-3-1-10, FK-5-1-12

(5) 소화약제의 종류(화재안전기술기준 참조)

소화약제	화학식
퍼플루오로뷰테인(FC-3-1-10)	C_4F_{10}
하이드로클로로플루오로카본혼화제 (HCFC BLEND A)	• HCFC-123($CHCl_2CF_3$) : 4.75% • HCFC-22($CHClF_2$) : 82% • HCFC-124($CHClFCF_3$) : 9.5% • $C_{10}H_{16}$: 3.75%
클로로테트라플루오로에테인 (HCFC-124)	$CHClFCF_3$
펜타플루오로에테인(HFC-125)	CHF_2CF_3
헵타플루오로프로페인 (HFC-227ea)	CF_3CHFCF_3
트라이플루오로메테인(HFC-23)	CHF_3
헥사플루오로프로페인 (HFC-236fa)	$CF_3CH_2CF_3$
트라이플루오로이오다이드 (FIC-13I1)	CF_3I
불연성·불활성기체혼합가스 (IG-01)	Ar
불연성·불활성기체혼합가스 (IG-100)★	N_2
불연성·불활성기체혼합가스 (IG-541)★★★	N_2 : 52%, Ar : 40%, CO_2 : 8%
불연성·불활성기체혼합가스 (IG-55)★	N_2 : 50%, Ar : 50%
도데카플루오로-2-메틸펜테인 -3-원(FK-5-1-12)	$CF_3CF_2C(O)CF(CF_3)_2$

[위험물과 소방의 소화설비약제 비교]

소화약제 종류	화학식	약제 구분	
		위험물	소 방
HFC-227ea	CF_3CHFCF_3	할로젠화합물 소화설비	할로겐화합물 및 불활성기체 소화설비
FK-5-1-12	$CF_3CF_2C(O)CF(CF_3)_2$		
HFC-23	CHF_3		
HFC-125	CHF_2CF_3		
IG-100	N_2	불활성가스 소화설비	
IG-541	• N_2 : 52% • Ar : 40% • CO_2 : 8%		
IG-55	• N_2 : 50% • Ar : 50%		

(6) 소화약제의 명명법

① 할로젠화합물 소화약제 명명법

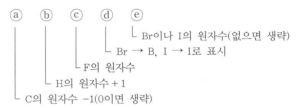

ⓐ C의 원자수 -1(0이면 생략)
ⓑ H의 원자수 + 1
ⓒ F의 원자수
ⓓ Br → B, I → I로 표시
ⓔ Br이나 I의 원자수(없으면 생략)

② 불활성기체 소화약제 명명법★★

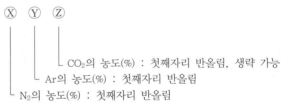

Ⓧ N_2의 농도(%) : 첫째자리 반올림
Ⓨ Ar의 농도(%) : 첫째자리 반올림
Ⓩ CO_2의 농도(%) : 첫째자리 반올림, 생략 가능

(7) 소화약제의 소화효과

① 할로젠화합물 소화약제 : 질식, 냉각, 부촉매효과
② 불활성기체 소화약제 : 질식, 냉각효과

불활성가스소화설비 중 소화약제에서 IG-541의 구성 성분을 옳게 나타낸 것은?

① 헬륨, 네온, 아르곤
② 질소, 아르곤, 이산화탄소
③ 질소, 이산화탄소, 헬륨
④ 헬륨, 네온, 이산화탄소

|해설|

IG-541의 **조성비** : 질소 : 52%, 아르곤 : 40%, 이산화탄소 : 8%

정답 ②

핵심이론 09 | 분말소화기 및 소화약제

(1) 분말 소화약제의 개요

열과 연기가 충만한 장소와 연소 확대위험이 많은 특정소방대상물에 설치하여 수동, 자동조작에 의해 불연성 가스(N_2, CO_2)의 압력으로 배관 내에 분말 소화약제를 압송시켜 고정된 헤드나 노즐로 방호대상물에 소화제를 방출하는 설비로서 가연성액체의 소화에 효과적이고 전기설비의 화재에도 적합하다.

(2) 분말 소화약제의 성상★★★

종 류	주성분(화학식)	착 색	적응화재
제1종 분말	탄산수소나트륨($NaHCO_3$)	백 색	B, C급
제2종 분말	탄산수소칼륨($KHCO_3$)	담회색	B, C급
제3종 분말	제일인산암모늄($NH_4H_2PO_4$)	담홍색	A, B, C급
제4종 분말	탄산수소칼륨 + 요소 ($KHCO_3 + (NH_2)_2CO$)	회 색	B, C급

(3) 열분해 반응식

① 제1종 분말★

　㉠ 1차 분해반응식(270℃)

　　$2NaHCO_3 \rightarrow Na_2CO_3 + CO_2 \uparrow + H_2O$

　㉡ 2차 분해반응식(850℃)

　　$2NaHCO_3 \rightarrow Na_2O + 2CO_2 \uparrow + H_2O$

② 제2종 분말

　㉠ 1차 분해반응식(190℃)

　　$2KHCO_3 \rightarrow K_2CO_3 + CO_2 + H_2O$

　㉡ 2차 분해반응식(590℃)

　　$2KHCO_3 \rightarrow K_2O + 2CO_2 + H_2O$

③ 제3종 분말★★

　㉠ 190℃에서 분해반응식

　　$NH_4H_2PO_4 \rightarrow NH_3 + H_3PO_4$(인산, 오쏘인산)

　㉡ 215℃에서 분해반응식

　　$2H_3PO_4 \rightarrow H_2O + H_4P_2O_7$(피로인산)

ⓒ 300℃에서 분해반응식

$$H_4P_2O_7 \rightarrow H_2O + 2HPO_3 (메타인산)$$

④ 제4종 분말

$$2KHCO_3 + (NH_2)_2CO \rightarrow K_2CO_3 + 2NH_3 \uparrow + 2CO_2 \uparrow$$

(4) 분말 소화약제의 소화효과

① 제1종 분말과 제2종 분말★
   ㉠ 이산화탄소와 수증기에 의한 산소 차단으로 인한 질식효과
   ㉡ 이산화탄소와 수증기의 발생 시 흡수열에 의한 냉각효과
   ㉢ 나트륨염과 칼륨염의 금속이온(Na^+, K^+)에 의한 부촉매효과

② 제3종 분말★
   ㉠ 열분해 시 암모니아와 수증기에 의한 질식효과
   ㉡ 열분해에 의한 냉각효과
   ㉢ 유리된 암모늄이온(NH_4^+)에 의한 부촉매효과
   ㉣ 메타인산(HPO_3)에 의한 방진작용(가연물이 숯불 형태로 연소하는 것을 방지하는 작용)
   ㉤ 셀룰로스에 의한 탈수효과
   ㉥ 분말 운무에 의한 열방사의 차단효과

(5) 분말 소화약제의 입도★

분말약제의 입도가 너무 미세하거나 너무 커도 소화성능이 저하되므로, 미세도의 분포가 골고루 되어야 한다.

9-1. 분말 소화약제의 특성에 대한 설명으로 옳지 않은 것은?

① 제1종 분말 – 식용유, 지방질유의 화재소화 시 가연물과의 비누화반응으로 소화효과가 증대된다.
② 제2종 분말 – 소화성능이 제1종 분말보다 떨어진다.
③ 제3종 분말 – 일반화재에도 소화효과가 있으며, 수명이 반영구적이다.
④ 제4종 분말 – 값이 비싸고, A급 화재에는 소화효과가 없다.

9-2. 제1종 분말 소화약제의 주성분은?

① $NaHCO_3$ 　　　② $NH_4H_2PO_4$
③ $Al_2(SO_4)_3$ 　　④ CO_2

9-3. 제3종 분말 소화약제의 표시색상은?

① 백 색 　　　② 담홍색
③ 검은색 　　　④ 회 색

9-4. 제1종 분말 소화약제의 소화효과에 대한 설명으로 가장 거리가 먼 것은?

① 열분해 시 발생하는 이산화탄소와 수증기에 의한 질식효과
② 열분해 시 흡열반응에 의한 냉각효과
③ H^+이온에 의한 부촉매효과
④ 분말 운무에 의한 열방사의 차단효과

|해설|
9-1
분말 소화약제의 소화효과 : 제4종 > 제3종 > 제2종 > 제1종

9-2, 9-3
분말 소화약제의 종류

종 류	주성분	적응 화재	착색 (분말의 색)
제1종 분말	$NaHCO_3$ (중탄산나트륨, 탄산수소나트륨)	B, C급	백 색
제2종 분말	$KHCO_3$ (중탄산칼륨, 탄산수소칼륨)	B, C급	담회색
제3종 분말	$NH_4H_2PO_4$ (인산암모늄, 제일인산암모늄)	A, B, C급	담홍색
제4종 분말	$KHCO_3 + (NH_2)_2CO$ (중탄산칼륨 + 요소)	B, C급	회 색

9-4
나트륨염(Na^+)의 금속이온에 의한 부촉매효과

정답 9-1 ②　9-2 ①　9-3 ②　9-4 ③

3-1. 소방시설

핵심이론 01 소화설비의 종류(소방시설법 시행령 별표 1)

(1) 소화설비

① 물 또는 그 밖의 소화약제를 사용하여 소화하는 기계, 기구 또는 설비

② 종 류

　㉠ 소화기구

　　• 소화기

　　• 간이소화용구 : 에어로졸식 소화용구, 투척용 소화용구, 소공간용 소화용구 및 소화약제 외의 것을 이용한 간이소화용구

　　• 자동확산소화기

　㉡ 자동소화장치

　　• 주거용 주방자동소화장치

　　• 상업용 주방자동소화장치

　　• 캐비닛형 자동소화장치

　　• 가스자동소화장치

　　• 분말자동소화장치

　　• 고체에어로졸자동소화장치

　㉢ 옥내소화전설비(호스릴옥내소화전설비를 포함)

　㉣ 스프링클러설비 등

　　• 스프링클러설비

　　• 간이스프링클러설비(캐비닛형 간이스프링클러설비를 포함)

　　• 화재조기진압용 스프링클러설비

　㉤ 물분무 등 소화설비

　　• 물분무소화설비

　　• 미분무소화설비

　　• 포소화설비

　　• 이산화탄소소화설비

　　• 할론소화설비

　　• 할로겐화합물 및 불활성기체소화설비

　　• 분말소화설비

　　• 강화액소화설비

　　• 고체에어로졸소화설비

　※ 위험물안전관리법에서 물분무 등 소화설비

　　• 물분무소화설비

　　• 포소화설비

　　• 불활성가스소화설비

　　• 할로겐화합물소화설비

　　• 분말소화설비

　㉥ 옥외소화전설비

(2) 경보설비

① 화재발생 사실을 통보하는 기계, 기구 또는 설비

② 종 류

　㉠ 단독경보형감지기

　㉡ 비상경보설비

　　• 비상벨설비

　　• 자동식사이렌설비

　㉢ 자동화재탐지설비

　㉣ 시각경보기

　㉤ 화재알림설비

　㉥ 비상방송설비

　㉦ 자동화재속보설비

　㉧ 통합감시시설

　㉨ 누전경보기

　㉩ 가스누설경보기

(3) 피난구조설비

① 화재가 발생할 경우 피난하기 위하여 사용하는 기구 또는 설비

② 종 류

　㉠ 피난기구

　　• 피난사다리

- 구조대
- 완강기
- 간이완강기
- 그 밖에 화재안전기준으로 정하는 것

  ⓒ 인명구조기구
- 방열복, 방화복(안전모, 보호장갑 및 안전화 포함)
- 공기호흡기
- 인공소생기

  ⓒ 유도등
- 피난유도선
- 피난구유도등
- 통로유도등
- 객석유도등
- 유도표지

  ⓒ 비상조명등 및 휴대용비상조명등

(4) 소화용수설비

① 화재를 진압하는 데 필요한 물을 공급하거나 저장하는 설비

② 종 류

  ⓒ 상수도소화용수설비

  ⓒ 소화수조, 저수조, 그 밖의 소화용수설비

(5) 소화활동설비

① 화재를 진압하거나 인명구조활동을 위하여 사용하는 설비

② 종 류

  ⓒ 제연설비

  ⓒ 연결송수관설비

  ⓒ 연결살수설비

  ⓒ 비상콘센트설비

  ⓒ 무선통신보조설비

  ⓒ 연소방지설비

(1) 소화기의 설치기준

① 각 층마다 설치할 것

② 방호대상물의 각 부분으로부터 소화기까지의 보행거리

    ㉠ 소형수동식소화기 : 지하탱크저장소, 간이탱크저장소, 이동탱크저장소, 주유취급소 또는 판매취급소에서는 유효하게 소화할 수 있는 위치에 설치해야 하며, 그 밖의 제조소 등에서는 20m 이하가 되도록 설치할 것(다만, 옥내소화전설비, 옥외소화전설비, 스프링클러설비, 물분무 등 소화설비 또는 대형수동식소화기와 함께 설치하는 경우에는 그렇지 않다)

    ㉡ 대형수동식소화기 : 30m 이하가 되도록 설치할 것(다만, 옥내소화전설비, 옥외소화전설비, 스프링클러설비 또는 물분무 등 소화설비와 함께 설치하는 경우에는 그렇지 않다)

③ 소화기구(자동확산소화기는 제외)는 바닥으로부터 높이 1.5m 이하의 곳에 비치할 것

④ 소화기에 있어서는 "소화기", 투척용소화용구에 있어서는 "투척용소화용구", 마른 모래에 있어서는 "소화용 모래", 팽창질석 및 팽창진주암에 있어서는 "소화질석"이라고 표시한 표지를 보기 쉬운 곳에 부착할 것

※ 소형수동식소화기 설치장소

  • 지하탱크저장소

  • 간이탱크저장소

  • 이동탱크저장소

  • 주유취급소

  • 판매취급소

(2) 이산화탄소, 할론 소화기구(자동확산소화기는 제외) 설치 금지장소

① 지하층

② 무창층

③ 밀폐된 거실로서 그 바닥면적이 $20m^2$ 미만의 장소

※ 다만, 배기를 위한 유효한 개구부가 있는 장소인 경우에는 그렇지 않다.

10년간 자주 출제된 문제

2-1. 소형분말 소화기의 비치방법으로서 옳지 않은 것은?

① 보기 쉬운 곳에 "소화기" 표지를 한다.

② 바닥으로부터 1.5m 이하의 높이에 비치한다.

③ 보행거리가 30m 이상이 되도록 배치한다.

④ 습기가 차지 않는 곳에 비치한다.

2-2. 소형수동식소화기는 소방대상물의 각 부분으로부터 보행거리 얼마 이내에 배치해야 하는가?

① 10m 이내   ② 15m 이내

③ 20m 이내   ④ 25m 이내

|해설|

2-1, 2-2

수동식소화기 설치기준

• 소형수동식소화기 : 보행거리 20m 이내

• 대형수동식소화기 : 보행거리 30m 이내

정답 2-1 ③   2-2 ③

(1) 옥내소화전설비의 설치기준

① 옥내소화전의 개폐밸브, 호스접속구의 설치 위치 : 바닥면으로부터 1.5m 이하

② 옥내소화전의 개폐밸브 및 방수용기구를 격납하는 상자(소화전함)는 불연재료로 제작하고 점검에 편리하고 화재발생 시 연기가 충만할 우려가 없는 장소 등 쉽게 접근이 가능하고 화재 등에 의한 피해를 받을 우려가 적은 장소에 설치할 것

③ 가압송수장치의 시동을 알리는 표시등(시동표시등)은 적색으로 하고 옥내소화전함의 내부 또는 그 직근의 장소에 설치할 것(자체소방대를 둔 제조소 등으로서 가압송수장치의 기동장치를 기동용 수압개폐장치로 사용하는 경우에는 시동표시등을 설치하지 않을 수 있다)

④ 옥내소화전함에는 그 표면에 "소화전"이라고 표시할 것

⑤ 옥내소화전함의 상부의 벽면에 적색의 표시등을 설치하되, 해당 표시등의 부착면과 15° 이상의 각도가 되는 방향으로 10m 떨어진 곳에서 용이하게 식별이 가능하도록 할 것

(2) 물올림장치의 설치기준

① 설치 : 수원의 수위가 펌프(수평회전식의 것에 한함)보다 낮은 위치에 있을 때

② 물올림장치에는 전용의 물올림탱크를 설치할 것

③ 물올림탱크의 용량은 가압송수장치를 유효하게 작동할 수 있도록 할 것

④ 물올림탱크에는 감수경보장치 및 물올림탱크에 물을 자동으로 보급하기 위한 장치가 설치되어 있을 것

(3) 옥내소화전설비의 비상전원

① 종류 : 자가발전설비, 축전지설비

② 용량 : 옥내소화전설비를 유효하게 45분 이상 작동시키는 것이 가능할 것

③ 큐비클식 비상전원전용수전설비는 해당 수전설비의 전면에 폭 1m 이상의 공지를 보유해야 하며, 다른 자가발전·축전설비(큐비클식을 제외한다) 또는 건축물·공작물(수전설비를 옥외에 설치하는 경우에 한한다)로부터 1m 이상 이격할 것

④ 축전지설비는 설치된 실의 벽으로부터 0.1m 이상 이격할 것

⑤ 축전지설비를 동일실에 2 이상 설치하는 경우에는 축전지설비의 상호간격은 0.6m(높이가 1.6m 이상인 선반 등을 설치한 경우에는 1m) 이상 이격할 것

(4) 배관의 설치기준

① 전용으로 할 것

② 가압송수장치의 토출측 직근부분의 배관에는 체크밸브 및 개폐밸브를 설치할 것

③ 주배관 중 입상관은 관의 지름이 50mm 이상인 것으로 할 것

④ 개폐밸브에는 그 개폐방향을, 체크밸브에는 그 흐름방향을 표시할 것

⑤ 배관은 해당 배관에 급수하는 가압송수장치의 체절압력의 1.5배 이상의 수압을 견딜 수 있는 것으로 할 것

(5) 가압송수장치의 설치기준

① 고가수조를 이용한 가압송수장치

  ㉠ 낙차(수조의 하단으로부터 호스접속구까지의 수직거리)는 다음 식에 의하여 구한 수치 이상으로 할 것

  $$H = h_1 + h_2 + 35m$$

  여기서, H : 필요낙차(m)
  h_1 : 호스의 마찰손실수두(m)
  h_2 : 배관의 마찰손실수두(m)

ⓛ 고가수조에는 수위계, 배수관, 오버플로용 배수관, 보급수관 및 맨홀을 설치할 것

② 압력수조를 이용한 가압송수장치

ⓐ 압력수조의 압력은 다음 식에 의하여 구한 수치 이상으로 할 것

$$P = p_1 + p_2 + p_3 + 0.35\text{MPa}$$

여기서, P : 필요한 압력(MPa)

p_1 : 호스의 마찰손실수두압(MPa)

p_2 : 배관의 마찰손실수두압(MPa)

p_3 : 낙차의 환산수두압(MPa)

ⓑ 압력수조의 수량은 해당 압력수조 체적의 2/3 이하일 것

ⓒ 압력수조에는 압력계, 수위계, 배수관, 보급수관, 통기관 및 맨홀을 설치할 것

③ 펌프를 이용한 가압송수장치

ⓐ 펌프의 전양정은 다음 식에 의하여 구한 수치 이상으로 할 것

$$H = h_1 + h_2 + h_3 + 35\text{m}$$

여기서, H : 펌프의 전양정(m)

h_1 : 호스의 마찰손실수두(m)

h_2 : 배관의 마찰손실수두(m)

h_3 : 낙차(m)

ⓑ 펌프의 토출량이 정격토출량의 150%인 경우에는 전양정은 정격전양정의 65% 이상일 것

ⓒ 펌프는 전용으로 할 것

ⓓ 펌프에는 토출측에 압력계, 흡입측에 연성계를 설치할 것

ⓔ 가압송수장치에는 정격부하 운전 시 펌프의 성능을 시험하기 위한 배관설비를 설치할 것

ⓕ 가압송수장치에는 체절 운전 시에 수온상승방지를 위한 순환배관을 설치할 것

④ 옥내소화전은 제조소 등의 건축물의 층마다 하나의 호스접속구까지의 수평거리가 25m 이하가 되도록 설치할 것. 이 경우 옥내소화전은 각 층의 출입구 부근에 1개 이상 설치해야 한다.

⑤ 가압송수장치에는 해당 옥내소화전의 노즐 끝부분에서 방수압력이 0.7MPa을 초과하지 않도록 할 것

[옥내소화전설비의 방수량, 방수압력, 수원 등]★★

방수량	방수압력	토출량	수원	비상전원
260L/min 이상	0.35MPa 이상	N(최대 5개) × 260L/min	N(최대 5개) × 7.8m³ (260L/min × 30min)	45분 이상

3-1. 옥내소화전이 가장 많이 설치된 층의 옥내소화전 설치개수가 2개이다. 소화설비의 설치기준에 의하면 수원의 수량은 얼마 이상이 되어야 하는가?

① 10.6m³　　　　② 15.6m³
③ 20.6m³　　　　④ 25.6m³

3-2. 위험물안전관리법령상 옥내소화전설비에 관한 기준에 대해 다음 (　)에 알맞은 수치를 옳게 나열한 것은?

> 옥내소화전설비는 각 층을 기준으로 하여 해당 층의 모든 옥내소화전(설치개수가 5개 이상인 경우는 5개의 옥내소화전)을 동시에 사용할 경우에 각 노즐 끝부분의 방수압력이 (ⓐ)kPa 이상이고 방수량이 1분당 (ⓑ)L 이상의 성능이 되도록 할 것

① ⓐ 350, ⓑ 260
② ⓐ 450, ⓑ 260
③ ⓐ 350, ⓑ 450
④ ⓐ 450, ⓑ 450

3-3. 옥내소화전설비의 기준으로 옳지 않은 것은?

① 각 배관은 겸용으로 쓰는 것이 가능하도록 설치할 것
② 시동표시등은 적색으로 하고 소화전함의 내부 또는 그 직근의 장소에 설치할 것
③ 개폐밸브는 바닥면으로부터 1.5m 이하의 높이에 설치할 것
④ 비상전원은 유효하게 45분 이상 작동시키는 것이 가능할 것

3-1

제조소 등의 방수량, 방수압력, 수원 등

종류\항목		방수량	방수압력	토출량	수 원	비상전원
옥내소화전설비	일반건축물	130L/min (호스릴 포함) 이상	0.17MPa (호스릴 포함) 이상	N(최대 2개)×130L/min	N(최대 2개)×2.6m³ (130L/min×20min)	20분 이상
	위험물제조소 등	260L/min 이상	0.35MPa 이상	N(최대 5개)×260L/min	N(최대 5개)×7.8m³ (260L/min×30min)	45분 이상
옥외소화전설비	일반건축물	350L/min 이상	0.25MPa 이상	N(최대 2개)×350L/min	N(최대 2개)×7m³ (350L/min×20min)	-
	위험물제조소 등	450L/min 이상	0.35MPa 이상	N(최대 4개)×450L/min	N(최대 4개)×13.5m³ (450L/min×30min)	45분 이상
스프링클러설비	일반건축물	80L/min 이상	0.1MPa 이상	헤드수×80L/min	헤드수×1.6m³ (80L/min×20min)	20분 이상
	위험물제조소 등	80L/min 이상	0.1MPa 이상	헤드수×80L/min	헤드수×2.4m³ (80L/min×30min)	45분 이상

※ 수원의 수량 = N(최대 5개) × 7.8m³ = 2 × 7.8m³ = 15.6m³ 이상

3-2

옥내소화전설비

• 방수압력 : 350kPa(0.35MPa) 이상
• 방수량 : 260L/min 이상

3-3

옥내소화전설비의 설치기준

• 배관은 전용으로 할 것
• 가압송수장치의 시동표시등은 적색으로 하고 소화전함의 내부 또는 그 직근의 장소에 설치할 것
• 개폐밸브 및 호스접속구는 바닥면으로부터 1.5m 이하의 높이에 설치할 것
• 비상전원의 용량은 유효하게 45분 이상 작동시키는 것이 가능할 것

정답 3-1 ② 3-2 ① 3-3 ①

핵심이론 04 │ 옥외소화전설비
(시행규칙 별표 17, 위험물 세부기준 제130조)

(1) 옥외소화전의 설치기준

① 옥외소화전의 개폐밸브 및 호스접속구는 지반면으로부터 1.5m 이하의 높이에 설치할 것

② 방수용기구를 격납하는 함(옥외소화전함)은 불연재료로 제작하고 옥외소화전으로부터 보행거리 5m 이하의 장소로서 화재발생 시 쉽게 접근가능하고 화재 등의 피해를 받을 우려가 적은 장소에 설치할 것

③ 옥외소화전함에는 그 표면에 "호스격납함"이라고 표시할 것. 다만, 호스접속구 및 개폐밸브를 옥외소화전함의 내부에 설치하는 경우에는 "소화전"이라고 표시할 수도 있다.

④ 옥외소화전에는 직근의 보기 쉬운 장소에 "소화전"이라고 표시할 것

⑤ 자체소방대를 둔 제조소 등으로서 옥외소화전함 부근에 설치된 옥외전등에 비상전원이 공급되는 경우에는 옥외소화전함의 적색 표시등을 설치하지 않을 수 있다.

(2) 방수량, 방수압력, 수원 등

① 옥외소화전은 방호대상물(해당 소화설비에 의하여 소화해야 할 제조소 등의 건축물, 그 밖의 공작물 및 위험물)의 각 부분(건축물의 경우에는 해당 건축물의 1층 및 2층의 부분에 한함)에서 하나의 호스접속구까지의 수평거리가 40m 이하가 되도록 설치할 것. 이 경우 그 설치개수가 1개일 때는 2개로 해야 한다.

② 방수량, 방수압력 등★

방수량	방수압력	토출량	수 원	비상전원
450L/min 이상	0.35MPa 이상	N(최대 4개)×450L/min	N(최대 4개)×13.5m³ (450L/min×30min)	45분 이상

(3) 가압송수장치, 시동표시등, 물올림장치, 비상전원, 조작회로의 배선, 배관 등은 옥내소화전설비의 기준에 준한다.

10년간 자주 출제된 문제

4-1. 위험물제조소에 설치하는 옥외소화전설비의 법정 방수량은 얼마인가?

① 300L/min 이상　　　　② 350L/min 이상

③ 400L/min 이상　　　　④ 450L/min 이상

4-2. 위험물제조소 등에 설치된 옥외소화전설비는 모든 옥외소화전(설치개수가 4개 이상인 경우는 4개의 옥외소화전)을 동시에 사용할 경우에 각 노즐 끝부분의 방수압력은 몇 kPa 이상이어야 하는가?

① 250　　　　　　　　② 300

③ 350　　　　　　　　④ 450

|해설|

4-1

옥외소화전설비의 방수량 : 450L/min 이상

4-2

옥외소화전설비의 방수압력 : 350kPa 이상

정답 4-1 ④　4-2 ③

(시행규칙 별표 17, 위험물 세부기준 제131조)

(1) 개방형스프링클러헤드의 설치기준

① 스프링클러헤드의 반사판으로부터 하방으로 0.45m, 수평방향으로 0.3m의 공간을 보유할 것

② 스프링클러헤드는 헤드의 축심이 해당 헤드의 부착면에 대하여 직각이 되도록 설치할 것

(2) 폐쇄형스프링클러헤드의 설치기준

① 스프링클러헤드의 반사판으로부터 하방으로 0.45m, 수평방향으로 0.3m의 공간을 보유할 것

② 스프링클러헤드는 헤드의 축심이 해당 헤드의 부착면에 대하여 직각이 되도록 설치할 것

③ 스프링클러헤드의 반사판과 해당 헤드의 부착면과의 거리는 0.3m 이하일 것

④ 스프링클러헤드는 해당 헤드의 부착면으로부터 0.4m 이상 돌출한 보 등에 의하여 구획된 부분마다 설치할 것. 다만, 해당 보 등의 상호 간의 거리(보 등의 중심선을 기산점으로 한다)가 1.8m 이하인 경우에는 그렇지 않다.

⑤ 급배기용 덕트 등의 긴변의 길이가 1.2m를 초과하는 것이 있는 경우에는 해당 덕트 등의 아래면에도 스프링클러헤드를 설치할 것

⑥ 스프링클러헤드의 부착위치

　㉠ 가연성 물질을 수납하는 부분에 스프링클러헤드를 설치하는 경우에는 해당 헤드의 반사판으로부터 하방으로 0.9m, 수평방향으로 0.4m의 공간을 보유할 것

　㉡ 개구부에 설치하는 스프링클러헤드는 해당 개구부의 상단으로부터 높이 0.15m 이내의 벽면에 설치할 것

⑦ 건식 또는 준비작동식의 유수검지장치의 2차측에 설치하는 스프링클러헤드는 상향식스프링클러헤드로 할 것. 다만, 동결할 우려가 없는 장소에 설치하는 경우는 그렇지 않다.

⑧ 스프링클러헤드는 그 부착장소의 평상시의 최고주위온도에 따라 다음 표에 정한 표시온도를 갖는 것을 설치할 것★

부착장소의 최고주위온도(℃)	표시온도(℃)
28 미만	58 미만
28 이상 39 미만	58 이상 79 미만
39 이상 64 미만	79 이상 121 미만
64 이상 106 미만	121 이상 162 미만
106 이상	162 이상

(3) 개방형스프링클러헤드를 이용하는 스프링클러설비의 일제개방밸브 또는 수동식개방밸브의 설치기준

① 일제개방밸브의 기동조작부 및 수동식개방밸브는 화재 시 쉽게 접근 가능한 바닥면으로부터 1.5m 이하의 높이에 설치할 것

② 일제개방밸브 또는 수동식개방밸브의 설치
　㉠ 방수구역마다 설치할 것
　㉡ 일제개방밸브 또는 수동식개방밸브에 작용하는 압력은 해당 일제개방밸브 또는 수동식 개방밸브의 최고사용압력 이하로 할 것
　㉢ 일제개방밸브 또는 수동식개방밸브의 2차측 배관 부분에는 해당 방수구역에 방수하지 않고 해당 밸브의 작동을 시험할 수 있는 장치를 설치할 것
　㉣ 수동식개방밸브를 개방조작하는 데 필요한 힘이 15kg 이하가 되도록 설치할 것

(4) 개방형스프링클러헤드의 방사구역

개방형스프링클러헤드를 이용한 스프링클러설비의 방사구역(하나의 일제개방밸브에 의하여 동시에 방사되는 구역)은 150m² 이상(방호대상물의 바닥면적이 150m² 미만인 경우에는 해당 바닥면적)으로 할 것

(5) 각 층 또는 방사구역마다 설치하는 제어밸브의 설치기준

① 제어밸브는 개방형스프링클러헤드를 이용하는 스프링클러설비에 있어서는 방수구역마다, 폐쇄형스프링클러헤드를 사용하는 스프링클러설비에 있어서는 해당 방화대상물의 층마다, 바닥면으로부터 0.8m 이상 1.5m 이하의 높이에 설치할 것

② 제어밸브에는 함부로 닫히지 않는 조치를 강구할 것

③ 제어밸브에는 직근의 보기 쉬운 장소에 "스프링클러설비의 제어밸브"라고 표시할 것

(6) 자동경보장치의 설치기준(단, 자동화재탐지설비에 의하여 경보가 발하는 경우는 음향경보장치를 설치하지 않을 수 있다)

① 스프링클러헤드의 개방 또는 보조살수전의 개폐밸브의 개방에 의하여 경보를 발하도록 할 것

② 발신부는 각 층 또는 방수구역마다 설치하고 해당 발신부는 유수검지장치 또는 압력검지장치를 이용할 것

③ 유수검지장치 또는 압력검지장치에 작용하는 압력은 해당 유수검지장치 또는 압력검지장치의 최고사용압력 이하로 할 것

④ 수신부에는 스프링클러헤드 또는 화재감지용헤드가 개방된 층 또는 방수구역을 알 수 있는 표시장치를 설치하고, 수신부는 수위실 기타 상시 사람이 있는 장소(중앙관리실이 설치되어 있는 경우에는 해당 중앙관리실)에 설치할 것

⑤ 하나의 방화대상물에 2 이상의 수신부가 설치되어 있는 경우에는 이들 수신부가 있는 장소 상호 간에 동시에 통화할 수 있는 설비를 설치할 것

(7) 유수검지장치의 설치기준

① 유수검지장치의 1차측에는 압력계를 설치할 것
② 유수검지장치의 2차측에 압력의 설정을 필요로 하는 스프링클러설비에는 해당 유수검지장치의 압력설정치보다 2차측의 압력이 낮아진 경우에 자동으로 경보를 발하는 장치를 설치할 것

(8) 폐쇄형스프링클러헤드를 이용하는 말단시험밸브의 설치기준

① 말단시험밸브는 유수검지장치 또는 압력검지장치를 설치한 배관의 계통마다 1개씩, 방수압력이 가장 낮다고 예상되는 배관의 부분에 설치할 것
② 말단시험밸브의 1차측에는 압력계를, 2차측에는 스프링클러헤드와 동등의 방수성능을 갖는 오리피스 등의 시험용방수구를 설치할 것
③ 말단시험밸브에는 직근의 보기 쉬운 장소에 "말단시험밸브"라고 표시할 것

(9) 송수구의 설치기준

① 소방펌프자동차가 용이하게 접근할 수 있는 위치에 쌍구형의 송수구를 설치할 것
② 전용으로 할 것
③ 송수구의 결합금속구는 탈착식 또는 나사식으로 하고 내경을 63.5mm 내지 66.5mm로 할 것
④ 송수구의 결합금속구는 지면으로부터 0.5m 이상 1m 이하의 높이의 송수에 지장이 없는 위치에 설치할 것
⑤ 송수구는 해당 스프링클러설비의 가압송수장치로부터 유수검지장치·압력검지장치 또는 일제개방형밸브·수동식개방밸브까지의 배관에 전용의 배관으로 접속할 것
⑥ 송수구에는 그 직근의 보기 쉬운 장소에 "스프링클러용송수구"라고 표시하고 그 송수압력범위를 함께 표시할 것

(10) 방수량, 방수압력, 수원 등

① 수원의 수량은 폐쇄형스프링클러헤드를 사용하는 것은 30(헤드의 설치개수가 30 미만인 방호대상물인 경우에는 해당 설치개수), 개방형스프링클러헤드를 사용하는 것은 스프링클러헤드가 가장 많이 설치된 방사구역의 스프링클러헤드 설치개수에 $2.4m^3$를 곱한 양 이상이 되도록 설치할 것
② 방수량, 방수압력 등★

방수량	방수압력	토출량	수 원	비상전원
80L/min 이상	0.1MPa (100kPa) 이상	헤드수 × 80L/min	헤드수 × $2.4m^3$ (80L/min × 30min)	45분 이상

[일반건축물과 위험물제조소 등의 비교]

종 류	항 목	방수량	방수압력	토출량	수 원	비상전원
옥내소화전설비	일반건축물	130 L/min 이상	0.17 MPa 이상	N(최대 2개) × 130L/min	N(최대 2개) × $2.6m^3$ (130L/min × 20min)	20분 이상
	위험물제조소 등	260 L/min 이상	0.35 MPa 이상	N(최대 5개) × 260L/min	N(최대 5개) × $7.8m^3$ (260L/min × 30min)	45분 이상
옥외소화전설비	일반건축물	350 L/min 이상	0.25 MPa 이상	N(최대 2개) × 350L/min	N(최대 2개) × $7m^3$ (350L/min × 20min)	–
	위험물제조소 등	450 L/min 이상	0.35 MPa 이상	N(최대 4개) × 450L/min	N(최대 4개) × $13.5m^3$ (450L/min × 30min)	45분 이상
스프링클러설비	일반건축물	80 L/min 이상	0.1 MPa 이상	헤드수 × 80 L/min	헤드수 × $1.6m^3$ (80L/min × 20min)	20분 이상
	위험물제조소 등	80 L/min 이상	0.1 MPa 이상	헤드수 × 80 L/min	헤드수 × $2.4m^3$ (80L/min × 30min)	45분 이상

※ 0.35MPa = 350kPa

(11) 방수시간

건식 또는 준비작동식의 유수검지장치가 설치되어 있는 스프링클러설비는 스프링클러헤드가 개방된 후 1분 이내에 해당 스프링클러헤드로부터 방수될 수 있도록 할 것

(12) 가압송수장치, 물올림장치, 비상전원, 조작회로의 배선, 배관 등은 옥내소화전설비의 기준에 준한다.

5-1. 위험물안전관리법령에 따라 폐쇄형스프링클러헤드를 설치하는 장소의 평상시의 최고주위온도가 28℃ 이상 39℃ 미만일 경우 헤드의 표시온도는?

① 52℃ 이상 76℃ 미만
② 52℃ 이상 79℃ 미만
③ 58℃ 이상 76℃ 미만
④ 58℃ 이상 79℃ 미만

5-2. 위험물제조소 등의 스프링클러설비의 기준에 있어 개방형 스프링클러헤드는 스프링클러헤드의 반사판으로부터 하방과 수평방향으로 각각 몇 m의 공간을 보유해야 하는가?

① 하방 0.3m, 수평방향 : 0.45m
② 하방 0.3m, 수평방향 : 0.3m
③ 하방 0.45m, 수평방향 : 0.45m
④ 하방 0.45m, 수평방향 : 0.3m

5-3. 폐쇄형스프링클러헤드에 관한 기준에 따르면 급배기용덕트 등의 긴 변의 길이가 몇 m를 초과하는 것이 있는 경우에는 해당 덕트 등의 아래면에도 스프링클러 헤드를 설치해야 하는가?

① 0.8
② 1.0
③ 1.2
④ 1.5

|해설|

5-1
평상시의 최고주위온도가 28℃ 이상 39℃ 미만일 경우 헤드의 표시온도는 58℃ 이상 79℃ 미만이다.

5-2
개방형스프링클러헤드의 설치기준
• 방호대상물의 모든 표면이 헤드의 유효사정 내에 있도록 설치할 것
• 스프링클러헤드의 반사판으로부터 하방으로 0.45m, 수평방향으로 0.3m의 공간을 보유할 것
• 스프링클러헤드는 헤드의 축심이 해당 헤드의 부착면에 대하여 직각이 되도록 설치할 것

5-3
폐쇄형스프링클러헤드에 관한 기준에 따르면 급배기용덕트 등의 긴 변의 길이가 1.2m를 초과하는 것이 있는 경우에는 해당 덕트 등의 아래면에도 스프링클러 헤드를 설치할 것

정답 5-1 ④ 5-2 ④ 5-3 ③

| 핵심이론 06 | **물분무소화설비**(시행규칙 별표 17)

(1) 물분무소화설비의 설치기준

① 분무헤드의 개수 및 배치기준
　㉠ 분무헤드로부터 방사되는 물분무에 의하여 방호대상물의 모든 표면을 유효하게 소화할 수 있도록 설치할 것
　㉡ 방호대상물의 표면적(건축물에 있어서는 바닥면적) 1m²당 ③의 규정에 의한 양의 비율로 계산한 수량을 표준방사량(해당 소화설비의 헤드의 설계압력에 의한 방사량)으로 방사할 수 있도록 설치할 것

② 물분무소화설비의 방사구역은 150m² 이상(방호대상물의 표면적이 150m² 미만인 경우에는 해당 표면적)으로 할 것★

③ 수원의 수량은 분무헤드가 가장 많이 설치된 방사구역의 모든 분무헤드를 동시에 사용할 경우에 해당 방사구역의 표면적 1m²당 1분당 20L의 비율로 계산한 양으로 30분간 방사할 수 있는 양 이상이 되도록 설치할 것
　㉠ 수원 = 방호대상물의 표면적(m²) × 20L/min · m² × 30min
　㉡ 방사압력 : 350kPa(0.35MPa) 이상

④ 물분무소화설비는 ③의 규정에 의한 분무헤드를 동시에 사용할 경우에 각 끝부분의 방사압력이 350kPa 이상으로 표준방사량을 방사할 수 있는 성능이 되도록 할 것

⑤ 물분무소화설비에는 비상전원을 설치할 것

위험물안전관리법령에서 정한 물분무소화설비의 설치기준에서 물분무소화설비의 방사구역은 몇 m² 이상으로 해야 하는가? (단, 방호대상물의 표면적이 150m² 이상인 경우이다)

① 35
② 70
③ 150
④ 300

|해설|

물분무소화설비의 방사구역은 150m² 이상(방호대상물의 표면적이 150m² 미만인 경우에는 해당 표면적)으로 할 것

정답 ③

핵심이론 07 | 포소화설비 I (위험물 세부기준 제133조)

고정식 포방출구방식은 탱크에서 저장 또는 취급하는 위험물의 화재를 유효하게 소화할 수 있도록 하는 포방출구, 해당 소화설비에 부속하는 보조포소화전 및 연결송액구를 다음에 정한 것에 의하여 설치할 것

(1) 고정식 방출구의 종류 ★★

① Ⅰ형 : 고정지붕구조(CRT ; Cone Roof Tank)의 탱크에 상부포주입법(고정포방출구를 탱크 옆판의 상부에 설치하여 액표면상에 포를 방출하는 방법)을 이용하는 것으로 방출된 포가 액면 아래로 몰입되거나 액면을 뒤섞지 않고 액면상을 덮을 수 있는 통계단 또는 미끄럼판 등의 설비 및 탱크 내의 위험물 증기가 외부로 역류되는 것을 저지할 수 있는 구조·기구를 갖는 포방출구

② Ⅱ형 : 고정지붕구조(CRT) 또는 부상덮개부착 고정지붕 구조(옥외저장탱크의 액상에 금속제의 플로팅, 팬 등의 덮개를 부착한 고정지붕구조의 것)의 탱크에 상부포주입법을 이용하는 것으로 방출된 포가 탱크 옆판의 내면을 따라 흘러내려가면서 액면 아래로 몰입되거나 액면을 뒤섞지 않고 액면상을 덮을 수 있는 반사판 및 탱크 내의 위험물 증기가 외부로 역류되는 것을 저지할 수 있는 구조·기구를 갖는 포방출구

③ 특형 : 부상지붕구조(FRT ; Floating Roof Tank)의 탱크에 상부포주입법을 이용하는 것으로 부상지붕의 부상 부분상에 높이 0.9m 이상의 금속제의 칸막이(방출된 포의 유출을 막을 수 있고 충분한 배수능력을 갖는 배수구를 설치한 것)를 탱크 옆판의 내측으로부터 1.2m 이상 이격하여 설치하고 탱크 옆판과 칸막이에 의하여 형성된 환상부분에 포를 주입하는 것이 가능한 구조의 반사판을 갖는 포방출구

④ Ⅲ형 : 고정지붕구조(CRT)의 탱크에 저부포주입법 (탱크의 액면 하에 설치된 포방출구로부터 포를 탱크 내에 주입하는 방법)을 이용하는 것으로 송포관(발포 기 또는 포발생기에 의하여 발생된 포를 보내는 배관) 으로부터 포를 방출하는 포방출구

⑤ Ⅳ형 : 고정지붕구조(CRT)의 탱크에 저부포주입법을 이용하는 것으로 평상시에는 탱크의 액면 하의 저부에 설치된 격납통(포를 보내는 것에 의하여 용이하게 이 탈되는 캡을 갖는 것)에 수납되어 있는 특수호스 등이 송포관의 말단에 접속되어 있다가 포를 보내는 것에 의하여 특수호스 등이 전개되어 그 선단(끝부분)이 액 면까지 도달한 후 포를 방출하는 포방출구

(2) 보조포소화전의 설치

① 보조포소화전의 상호 간의 보행거리가 75m 이하가 되도록 할 것

② 보조포소화전의 3개(호스접속구가 3개 미만은 그 개 수)의 노즐을 동시에 사용할 경우 각각의 노즐 끝부분 의 성능★

  ㉠ 방사압력 : 0.35MPa 이상

  ㉡ 방사량 : 400L/min 이상

(3) 연결송액구 설치개수

$$N = \frac{Aq}{C}$$

여기서, N : 연결송액구의 설치개수

  A : 탱크의 최대수평단면적(m^2)

  q : 탱크의 액표면적 $1m^2$당 방사해야 할 포수용액의 방출률 (L/min)

  C : 연결송액구 1구당의 표준송액량(800L/min)

(4) 포헤드방식의 포헤드 설치기준

① 방호대상물의 표면적(건축물의 경우에는 바닥면적) $9m^2$당 1개 이상의 헤드를, 방호대상물의 표면적 $1m^2$ 당의 방사량이 6.5L/min 이상의 비율로 계산한 양의 포수용액을 표준방사량으로 방사할 수 있도록 설치 할 것

② 방사구역은 $100m^2$ 이상(방호대상물의 표면적이 $100m^2$ 미만인 경우에는 해당 표면적)으로 할 것

(5) 포모니터노즐의 설치기준

① 포모니터노즐은 옥외저장탱크 또는 이송취급소의 펌 프설비 등이 안벽, 부두, 해상구조물, 그 밖의 이와 유사한 장소에 설치되어 있는 경우에 해당 장소의 끝 선(해면과 접하는 선)으로부터 수평거리 15m 이내의 해면 및 주입구 등 위험물취급설비의 모든 부분이 수 평방사거리 내에 있도록 설치할 것. 이 경우에 그 설치 개수가 1개인 경우에는 2개로 할 것

② 포모니터노즐은 소화활동상 지장이 없는 위치에서 기 동 및 조작이 가능하도록 고정하여 설치할 것

③ 포모니터노즐은 모든 노즐을 동시에 사용할 경우에 각 노즐 끝부분의 방사량이 1,900L/min 이상이고 수 평방사거리가 30m 이상이 되도록 설치할 것

(6) 수원의 수량

① 포방출구방식

  ㉠ 고정식포방출구 수원

    = 포수용액량(표1 참조) × 저장탱크의 액표면적(m^2)

    [단, 비수용성 외의 것은 포수용액량(표2 참조) ×

    탱크의 액표면적(m^2) × 계수(생략)]

[표1] 비수용성의 포수용액량

위험물의 구분 포방출구의 종류		제4류 위험물 중		
		인화점이 21℃ 미만 인 것	인화점이 21℃ 이상 70℃ 미만 인 것	인화점이 70℃ 이상 인 것
I형	포수용액량(L/m²)	120	80	60
	방출률(L/m²·min)	4	4	4
II형	포수용액량(L/m²)	220	120	100
	방출률(L/m²·min)	4	4	4
특형	포수용액량(L/m²)	240	160	120
	방출률(L/m²·min)	8	8	8
III형	포수용액량(L/m²)	220	120	100
	방출률(L/m²·min)	4	4	4
IV형	포수용액량(L/m²)	220	120	100
	방출률(L/m²·min)	4	4	4

[표2] 수용성의 포수용액량

I형	포수용액량(L/m²)	160
	방출률(L/m²·min)	8
II형	포수용액량(L/m²)	240
	방출률(L/m²·min)	8
특형	포수용액량(L/m²)	–
	방출률(L/m²·min)	–
III형	포수용액량(L/m²)	–
	방출률(L/m²·min)	–
IV형	포수용액량(L/m²)	240
	방출률(L/m²·min)	8

ⓛ 보조포소화전의 수원 $Q = N$(보조포소화전수,

최대 3개)$\times 400$L/min$\times 20$min

※ 포방출구방식의 수원 = ㉠ + ㉡

② 포헤드방식

수원 = 표면적(m²)$\times 6.5$L/min·m²$\times 10$min

③ 포모니터 노즐방식

수원 = N (노즐수)$\times$방사량(1,900L/min)$\times 30$min

※ 포모니터 노즐의 방사량 : 1,900L/min 이상, 수평방

사거리 : 30m 이상

④ 이동식포소화설비★

㉠ 옥내에 설치 시 수원

= N(호스접속구수, 최대 4개)$\times 200$L/min

$\times 30$min

㉡ 옥외에 설치 시 수원

= N(호스접속구수, 최대 4개)$\times 400$L/min

$\times 30$min

※ 이동식 포소화설비의 방사압력 : 0.35MPa 이상

⑤ ①에서 ④에 정한 포수용액의 양 외에 배관 내를 채우

기 위하여 필요한 포수용액의 양 이상

⑥ 포소화약제의 저장량은 (6)에 정한 포수용액량에 각

포소화약제의 적정희석용량농도를 곱하여 얻은 양 이

상이 되도록 할 것

10년간 자주 출제된 문제

7-1. 포소화설비에 설치하는 포방출구의 상부포주입법이 아닌

것은?

① I형   ② II형

③ III형   ④ 특 형

7-2. 포소화설비의 기준에서 포헤드방식의 포헤드는 방호대상

물의 표면적 몇 m²당 1개 이상의 헤드를 설치해야 하는가?

① 3   ② 6

③ 9   ④ 12

7-3. 위험물의 옥외탱크저장소에 설치하는 고정포방출구의 보

조포소화전의 기준에 맞지 않는 것은 어느 것인가?

① 방유제 외측의 소화활동상 유효한 위치에 설치해야 한다.

② 보조포소화전 간의 보행거리가 75m 이하가 되도록 할 것

③ 보조포소화전의 노즐 끝부분의 방사량은 350L/min 이상

이다.

④ 보조포소화전의 노즐 끝부분의 방사압력은 0.35MPa 이상

이다.

7-4. 제4류 위험물 중 인화점이 21℃ 미만인 것을 저장하는 탱

크에 고정식포소화설비를 설치하고자 한다. 포방출구가 I형인

경우 포수용액량은 몇 L/m²인가?(단, 위험물은 비수용성이다)

① 80   ② 120

③ 160   ④ 240

7-1
포방출구
- 상부포주입법 : Ⅰ형, Ⅱ형, 특형
- 저부포주입법 : Ⅲ형, Ⅳ형

7-2
포헤드의 설치기준
- 포워터스프링클러헤드
  - 소방대상물의 천장 또는 반자에 설치할 것
  - 바닥면적 8m²마다 1개 이상 설치할 것
- 포헤드
  - 소방대상물의 천장 또는 반자에 설치할 것
  - 바닥면적 9m²마다 1개 이상 설치할 것

7-3
고정포방출구의 보조포소화전의 기준
- 방유제 외측의 소화활동상 유효한 위치에 설치하되 각각의 보조 포소화전 상호간의 보행거리가 75m 이하가 되도록 설치할 것
- 보조포소화전은 3개(호스접속구가 3개 미만인 경우에는 그 개수)의 노즐을 동시에 사용할 경우에 각각의 노즐 끝부분의 방사 압력이 0.35MPa 이상이고 방사량이 400L/min 이상의 성능이 되도록 설치할 것

7-4
포방출구에 따른 포수용액의 양(위험물안전관리에 관한 세부기준 제133조)

위험물의 구분 포방출구의 종류		제4류 위험물 중		
		인화점이 21℃ 미만 인 것	인화점이 21℃ 이상 70℃ 미만 인 것	인화점이 70℃ 이상 인 것
Ⅰ형	포수용액량(L/m²)	120	80	60
	방출률(L/m² · min)	4	4	4
Ⅱ형	포수용액량(L/m²)	220	120	100
	방출률(L/m² · min)	4	4	4
특형	포수용액량(L/m²)	240	160	120
	방출률(L/m² · min)	8	8	8
Ⅲ형	포수용액량(L/m²)	220	120	100
	방출률(L/m² · min)	4	4	4
Ⅳ형	포수용액량(L/m²)	220	120	100
	방출률(L/m² · min)	4	4	4

정답 7-1 ③ 7-2 ③ 7-3 ③ 7-4 ②

핵심이론 08 | 포소화설비 Ⅱ(위험물 세부기준 제133조)

(1) 포소화설비에 적용하는 포소화약제
① Ⅲ형의 방출구 이용 : 플루오린화단백포소화약제, 수성막포소화약제
② 그 밖의 것 : 단백포소화약제(플루오린화단백포소화약제를 포함), 수성막포소화약제
③ 수용성 위험물 : 수용성액체용포소화약제

(2) 포소화약제의 혼합장치
기계포소화약제에는 비례혼합장치와 정량혼합장치가 있는데 비례혼합장치는 소화원액이 지정농도의 범위 내로 방사유량에 비례하여 혼합하는 장치를 말하고 정량혼합장치는 방사 구역 내에서 지정 농도 범위 내의 혼합이 가능한 것만을 성능으로 하지 않는 것으로 지정농도에 관계없이 일정한 양을 혼합하는 장치이다.

[포 혼합장치(Foam Mixer)]

① 펌프 프로포셔너 방식(Pump Proportioner, 펌프혼합 방식)
펌프의 토출관과 흡입관 사이의 배관 도중에 설치한 흡입기에 펌프에서 토출된 물의 일부를 보내고 농도조정밸브에서 조정된 포소화약제의 필요량을 포소화약제 저장탱크에서 펌프 흡입측으로 보내어 약제를 혼합하는 방식이다.

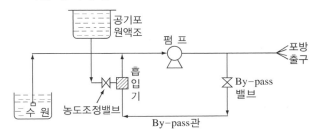

[펌프 프로포셔너 방식]

② 라인 프로포셔너 방식(Line Proportioner, 관로혼합방식)

펌프와 발포기의 중간에 설치된 벤투리관의 벤투리작용에 따라 포소화약제를 흡입·혼합하는 방식이다. 이 방식은 옥외소화전에 연결하여 주로 1층에 사용하며 원액 흡입력 때문에 송수압력의 손실이 크고, 토출측 호스의 길이, 포원액 탱크의 높이 등에 민감하므로 정밀한 설계와 시공을 요한다. ★

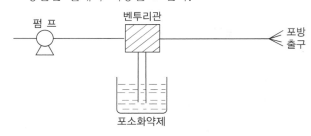

[라인 프로포셔너 방식]

③ 프레셔 프로포셔너 방식(Pressure Proportioner, 차압혼합방식)★★

펌프와 발포기의 중간에 설치된 벤투리관의 벤투리작용과 펌프 가압수의 포소화약제 저장탱크에 대한 압력에 따라 포소화약제를 흡입·혼합하는 방식이다. 현재 우리나라에서는 3% 단백포 차압혼합방식을 많이 사용하고 있다.

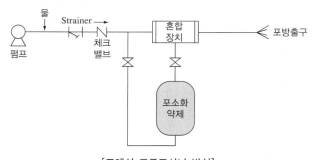

[프레셔 프로포셔너 방식]

④ 프레셔 사이드 프로포셔너 방식(Pressure Side Proportioner, 압입혼합방식)★★

펌프의 토출관에 압입기를 설치하여 포소화약제 압입용 펌프로 포소화약제를 압입시켜 혼합하는 방식이다.

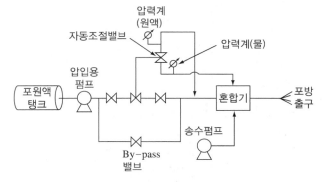

[프레셔 사이드 프로포셔너 방식]

⑤ 압축공기포 믹싱챔버 방식

물, 포소화약제 및 공기를 믹싱챔버로 강제주입시켜 챔버 내에서 포수용액을 생성한 후 포를 방사하는 방식

(3) 가압송수장치의 설치기준

① 고가수조를 이용하는 가압송수장치

㉠ 가압송수장치의 낙차(수조의 하단으로부터 포방출구까지의 수직거리)는 다음 식에 의하여 구한 수치 이상으로 할 것

$$H = h_1 + h_2 + h_3$$

여기서, H : 필요한 낙차(m)

　　　h_1 : 고정식 포방출구의 설계압력 환산수두 또는 이동식 포소화설비 노즐방사압력 환산수두(m)

　　　h_2 : 배관의 마찰손실수두(m)

　　　h_3 : 이동식 포소화설비의 소방용 호스의 마찰손실수두(m)

㉡ 고가수조에는 수위계, 배수관, 오버플로용 배수관, 보급수관 및 맨홀을 설치할 것

② 압력수조를 이용하는 가압송수장치

   ㉠ 가압송수장치의 압력수조의 압력은 다음 식에 의하여 구한 수치 이상으로 할 것

$$P = p_1 + p_2 + p_3 + p_4$$

여기서, P : 필요한 압력(MPa)

      p_1 : 고정식 포방출구의 설계압력 또는 이동식 포소화설비 노즐방사압력(MPa)

      p_2 : 배관의 마찰손실수두압(MPa)

      p_3 : 낙차의 환산수두압(MPa)

      p_4 : 이동식 포소화설비의 소방용 호스의 마찰손실수두압(MPa)

   ㉡ 압력수조의 수량은 해당 압력수조 체적의 2/3 이하일 것

   ㉢ 압력수조에는 압력계, 수위계, 배수관, 보급수관, 통기관 및 맨홀을 설치할 것

③ 펌프를 이용하는 가압송수장치

   ㉠ 펌프의 토출량은 고정식 포방출구의 설계압력 또는 노즐의 방사압력의 허용범위로 포수용액을 방출 또는 방사하는 것이 가능한 양으로 할 것

   ㉡ 펌프의 전양정은 다음 식에 의하여 구한 수치 이상으로 할 것

$$H = h_1 + h_2 + h_3 + h_4$$

여기서, H : 펌프의 전양정(m)

      h_1 : 고정식 포방출구의 설계압력환산수두 또는 이동식 포소화설비 노즐 끝부분의 방사압력 환산수두(m)

      h_2 : 배관의 마찰손실수두(m)

      h_3 : 낙차(m)

      h_4 : 이동식 포소화설비의 소방용 호스의 마찰손실수두(m)

   ㉢ 펌프의 토출량이 정격토출량의 150%인 경우에는 전양정은 정격전양정의 65% 이상일 것

   ㉣ 펌프는 전용으로 할 것. 다만, 다른 소화설비와 병용 또는 겸용하여도 각각의 소화설비의 성능에 지장을 주지 않는 경우에는 그렇지 않다.

   ㉤ 펌프에는 토출측에 압력계, 흡입측에 연성계를 설치할 것

   ㉥ 가압송수장치에는 정격부하운전 시 펌프의 성능을 시험하기 위한 배관설비를 설치할 것

   ㉦ 가압송수장치에는 체절운전 시에 수온상승방지를 위한 순환배관을 설치할 것

   ㉧ 펌프를 시동한 후 5분 이내에 포수용액을 포방출구 등까지 송액할 수 있도록 하거나 또는 펌프로부터 포방출구 등까지의 수평거리를 500m 이내로 할 것

(4) 수동식기동장치의 설치기준

① 직접조작 또는 원격조작에 의하여 가압송수장치, 수동식개방밸브 및 포소화약제혼합장치를 기동할 수 있을 것

② 2 이상의 방사구역을 갖는 포소화설비는 방사구역을 선택할 수 있는 구조로 할 것

③ 기동장치의 조작부는 화재 시 용이하게 접근이 가능하고 바닥면으로부터 0.8m 이상 1.5m 이하의 높이에 설치할 것

④ 기동장치의 조작부에는 유리 등에 의한 방호조치가 되어 있을 것

⑤ 기동장치의 조작부 및 호스접속구에는 직근의 보기 쉬운 장소에 각각 "기동장치의 조작부" 또는 "접속구"라고 표시할 것

펌프와 발포기의 중간에 설치된 벤투리관의 벤투리작용과 펌프 가압수의 포소화약제 저장탱크에 대한 압력에 의하여 포소화약제를 흡입·혼합하는 방식은?

① 라인 프로포셔너 방식
② 프레셔 프로포셔너 방식
③ 프레셔 사이드프로포셔너 방식
④ 펌프 프로포셔너 방식

|해설|

포혼합장치

• 펌프 프로포셔너 방식(Pump Proportioner, 펌프혼합방식)
펌프의 토출관과 흡입관 사이의 배관 도중에 설치한 흡입기에 펌프에서 토출된 물의 일부를 보내고 농도조정밸브에서 조정된 포소화약제의 필요량을 포소화약제 저장탱크에서 펌프 흡입측으로 보내어 약제를 혼합하는 방식이다.
• 라인 프로포셔너 방식(Line Proportioner, 관로혼합방식)
펌프와 발포기의 중간에 설치된 벤투리관의 벤투리작용에 따라 포소화약제를 흡입·혼합하는 방식이다. 이 방식은 옥외소화전에 연결하여 주로 1층에 사용하며 원액 흡입력 때문에 송수압력의 손실이 크고, 토출측 호스의 길이, 포원액 탱크의 높이 등에 민감하므로 정밀설계와 시공을 요한다.
• 프레셔 프로포셔너 방식(Pressure Proportioner, 차압혼합방식)
펌프와 발포기의 중간에 설치된 벤투리관의 벤투리작용과 펌프 가압수의 포소화약제 저장탱크에 대한 압력에 따라 포소화약제를 흡입·혼합하는 방식이다. 현재 우리나라에서는 3% 단백포 차압혼합방식을 많이 사용하고 있다.
• 프레셔 사이드 프로포셔너 방식(Pressure Side Proportioner, 압입혼합방식)
펌프의 토출관에 압입기를 설치하여 포소화약제 압입용 펌프로 포소화약제를 압입시켜 혼합하는 방식이다.
• 압축공기포 믹싱챔버 방식
물, 포 소화약제 및 공기를 믹싱챔버로 강제주입시켜 챔버 내에서 포수용액을 생성한 후 포를 방사하는 방식

정답 ②

핵심이론 09 | 불활성가스소화설비(위험물 세부기준 제134조)

(1) 불활성가스소화설비의 분사헤드

구 분	전역방출방식			국소방출방식 (이산화탄소 사용)
	이산화탄소		불활성가스	
	고압식	저압식	IG-100, IG-55, IG-541	
방사 압력	2.1MPa 이상	1.05MPa 이상	1.9MPa 이상	• 고압식 : 2.1MPa 이상 • 저압식 : 1.05MPa 이상
방사 시간	60초 이내	60초 이내	95% 이상을 60초 이내	30초 이내

(2) 소화약제 저장량

① 전역방출방식

㉠ 이산화탄소

약제량 = [방호구역 체적(m^3) × 체적당 약제량 (kg/m^3) + 개구부면적(m^2) × 5(kg/m^2)] × 계수

방호구역 체적(m^3)	필요가스량(kg/m^3)	최저한도량(kg)
5 미만	1.20	–
5 이상 15 미만	1.10	6
15 이상 45 미만	1.00	17
45 이상 150 미만	0.90	45
150 이상 1,500 미만	0.80	135
1,500 이상	0.75	1,200

※ 방호구역의 개구부에 자동폐쇄장치를 설치한 경우에는 개구부의 면적(m^2) × 5kg/m^2을 계산하지 않는다.

㉡ 불활성가스

약제량 = 방호구역 체적(m^3) × 체적당 약제량 (m^3/m^3) × 계수

소화약제의 종류	방호구역 체적 1m^3당 소화약제 양(m^3)
IG-100	0.516
IG-55	0.477
IG-541	0.472

② 국소방출방식

소방대상물		약제 저장량(kg)	
		고압식	저압식
면적식 국소방출 방식	◆	방호대상물의 표면적(m^2) $\times 13kg/m^2 \times 1.4 \times$ 계수	방호대상물의 표면적(m^2) $\times 13kg/m^2 \times 1.1 \times$ 계수
용적식 국소방출 방식	상기 이외의 것	방호공간의 체적(m^3) $\times \left(8 - 6\dfrac{a}{A}\right) kg/m^3 \times 1.4$ $\times$ 계수	방호공간의 체적(m^3) $\times \left(8 - 6\dfrac{a}{A}\right) kg/m^3 \times 1.1$ $\times$ 계수

◆ : 액체 위험물을 상부를 개방한 용기에 저장하는 경우 등 화재 시 연소면이 한면에 한정되고 위험물이 비산할 우려가 없는 경우

여기서, Q : 단위체적당 소화약제의 양(kg/m^3)

a : 방호대상물의 주위에 실제로 설치된 고정벽(방호대상물로부터 0.6m 미만의 거리에 있는 것에 한한다)의 면적의 합계(m^2)

A : 방호공간 전체 둘레의 면적(m^2)

③ 이동식 불활성가스소화설비★

㉠ 저장량 : 90kg 이상

㉡ 방사량 : 90kg/min 이상

(3) 저장용기의 충전비★

구 분	이산화탄소의 충전비		IG-55, IG-100, IG-541의 충전압력
	고압식	저압식	
기 준	1.5 이상 1.9 이하	1.1 이상 1.4 이하	32MPa 이하

(4) 저장용기의 설치기준★

① 방호구역 외의 장소에 설치할 것

② 온도가 40℃ 이하이고 온도 변화가 작은 장소에 설치할 것

③ 직사일광 및 빗물이 침투할 우려가 작은 장소에 설치할 것

④ 저장용기에는 안전장치(용기밸브에 설치되어 있는 것을 포함)를 설치할 것

⑤ 저장용기의 외면에 소화약제의 종류와 양, 제조연도 및 제조자를 표시할 것

(5) 배관의 설치기준

① 강관의 배관[압력배관용 탄소강관(KS D 3562)]

㉠ 고압식 : 스케줄80 이상의 것을 사용할 것

㉡ 저압식 : 스케줄40 이상의 것을 사용할 것

② 동관의 배관[이음매 없는 구리 및 구리합금관(KS D 5301)]

㉠ 고압식 : 16.5MPa 이상의 압력에 견딜 수 있는 것을 사용할 것

㉡ 저압식 : 3.75MPa 이상의 압력에 견딜 수 있는 것을 사용할 것

(6) 저압식 저장용기(이산화탄소 저장)의 설치기준

① 저압식 저장용기에는 액면계 및 압력계를 설치할 것

② 저압식 저장용기에는 2.3MPa 이상의 압력 및 1.9MPa 이하의 압력에서 작동하는 압력경보장치를 설치할 것

③ 저압식 저장용기에는 용기 내부의 온도를 -20℃ 이상 -18℃ 이하로 유지할 수 있는 자동냉동기를 설치할 것

④ 저압식 저장용기에는 파괴판 및 방출밸브를 설치할 것

(7) 기동용가스용기

① 기동용가스용기는 25MPa 이상의 압력에 견딜 수 있는 것일 것

② 기동용가스용기

㉠ 내용적 : 1L 이상

㉡ 이산화탄소의 양 : 0.6kg 이상

㉢ 충전비 : 1.5 이상

③ 기동용가스용기에는 안전장치 및 용기밸브를 설치할 것

(8) 수동식의 기동장치

① 기동장치는 해당 방호구역 밖에 설치하되 해당 방호구역 안을 볼 수 있고 조작을 한 자가 쉽게 대피할 수 있는 장소에 설치할 것

② 기동장치는 하나의 방호구역 또는 방호대상물마다 설치할 것

③ 기동장치의 조작부는 바닥으로부터 0.8m 이상 1.5m 이하의 높이에 설치할 것

④ 기동장치에는 직근의 보기 쉬운 장소에 "불활성가스소화설비의 수동식 기동장치임을 알리는 표시를 할 것"이라고 표시할 것

⑤ 기동장치의 외면은 적색으로 할 것

⑥ 전기를 사용하는 기동장치에는 전원표시등을 설치할 것

⑦ 기동장치의 방출용 스위치 등은 음향경보장치가 기동되기 전에는 조작될 수 없도록 하고 기동장치에 유리 등에 의하여 유효한 방호조치를 할 것

⑧ 기동장치 또는 직근의 장소에 방호구역의 명칭, 취급방법, 안전상의 주의사항 등을 표시할 것

(9) 비상전원

① 종류 : 자가발전설비, 축전지설비

② 비상전원의 용량 : 1시간 이상 작동

10년간 자주 출제된 문제

9-1. 불활성가스소화설비의 소화약제 방출방식 중 전역방출방식 소화설비에 대한 설명으로 옳은 것은?

① 발화위험 및 연소위험이 적고 광대한 실내에서 특정장치나 기계만을 방호하는 방식

② 소화약제 공급장치에 배관 및 분사헤드 등을 설치하여 밀폐 방호구역 전체에 소화약제를 방출하는 방식

③ 일반적으로 개방되어져 있는 대상물에 대하여 설치하는 방식

④ 사람이 용이하게 소화활동을 할 수 있는 장소에는 호스를 연장하여 소화활동을 행하는 방식

9-2. 불활성가스소화설비의 기준에서 이산화탄소를 저장하는 저압식 저장용기에 반드시 설치하도록 규정한 부품이 아닌 것은?

① 액면계　　　　② 압력계
③ 용기밸브　　　④ 파괴판

9-3. 불활성가스소화설비의 배관에 대한 기준으로 옳은 것은?

① 원칙적으로 겸용이 가능하도록 할 것

② 동관의 배관은 고압식인 경우 16.5MPa 이상의 압력에 견딜 것

③ 관이음쇠는 저압식의 경우 5.0MPa 이상의 압력에 견딜 것

④ 배관의 가장 높은 곳과 낮은 곳의 수직거리는 30m 이하일 것

|해설|

9-1

불활성가스소화설비의 소화약제 방출방식

• 전역방출방식 : 소화약제 공급장치에 배관 및 분사헤드 등을 설치하여 밀폐 방호구역 전체에 소화약제를 방출하는 방식

• 국소방출방식 : 소화약제 공급장치에 배관 및 분사헤드 등을 설치하여 직접 화점에 소화약제를 방출하는 방식

• 호스릴방식 : 소화수 또는 소화약제 저장용기 등에 연결된 호스릴을 이용하여 사람이 직접 화점에 소화수 또는 소화약제를 방출하는 방식

9-2

이산화탄소를 저장하는 저압식 저장용기의 설치기준

• 저압식 저장용기에는 액면계 및 압력계를 설치할 것

• 저압식 저장용기에는 2.3MPa 이상의 압력 및 1.9MPa 이하의 압력에서 작동하는 압력경보장치를 설치할 것

• 저압식 저장용기에는 용기내부의 온도를 영하 20℃ 이상 영하 18℃ 이하로 유지할 수 있는 자동냉동기를 설치할 것

• 저압식 저장용기에는 파괴판을 설치할 것

• 저압식 저장용기에는 방출밸브를 설치할 것

9-3

불활성가스소화설비의 배관기준

• 전용으로 할 것

• 강관의 배관은 압력배관용탄소강관(KS D 3562) 중에서 고압식인 것은 스케줄80 이상, 저압식인 것은 스케줄40 이상의 것 또는 이와 동등 이상의 강도를 갖는 것으로서 아연도금 등에 의한 방식처리를 한 것을 사용할 것

• 동관의 배관은 이음매 없는 구리 및 구리합금관(KS D 5301) 또는 이와 동등 이상의 강도를 갖는 것으로서 고압식인 것은 16.5MPa 이상, 저압식인 것은 3.75MPa 이상의 압력에 견딜 수 있는 것을 사용할 것

• 관이음쇠는 고압식인 것은 16.5MPa 이상, 저압식인 것은 3.75MPa 이상의 압력에 견딜 수 있는 것으로서 적절한 방식처리를 한 것을 사용할 것

• 낙차(배관의 가장 낮은 위치로부터 가장 높은 위치까지의 수직거리)는 50m 이하일 것

정답 9-1 ②　9-2 ③　9-3 ②

핵심이론 10 | 할로젠화합물소화설비
(위험물 세부기준 제135조)

(1) 전역·국소방출방식

① 할론 2402를 방사하는 분사헤드는 소화약제가 무상으로 방사되는 것으로 할 것

② 분사헤드의 방사압력★

약 제	방사압력	약 제	방사압력
할론 2402	0.1MPa 이상	HFC-227ea, FK-5-1-12	0.3MPa 이상
할론 1211	0.2MPa 이상	HFC-23	0.9MPa 이상
할론 1301	0.9MPa 이상	HFC-125	0.9MPa 이상

③ 할론 2402, 할론 1211, 할론 1301의 방사시간 : 30초 이내

④ HFC-23, HFC-125, HFC-227ea, KF-5-1-12의 방사시간 : 10초 이내

[할론분사헤드]

(2) 소화약제 저장량

① 전역방출방식의 할로젠화합물소화설비

  ㉠ 자동폐쇄장치가 설치된 경우

    약제저장량(kg) = [방호구역체적(m^3) × 필요가스량(kg/m^3)] × 계수

  ㉡ 자동폐쇄장치가 설치되지 않는 경우

    약제저장량(kg) = [방호구역체적(m^3) × 필요가스량(kg/m^3) + 개구부면적(m^2) × 가산량(kg/m^2)] × 계수

[전역방출방식의 약제 필요가스량]

소화약제	필요가스량	가산량 (자동폐쇄장치 미설치 시)
할론 2402	0.40kg/m^3	3.0kg/m^2
할론 1211	0.36kg/m^3	2.7kg/m^2
할론 1301	0.32kg/m^3	2.4kg/m^2
HFC-23, HFC-125	0.52kg/m^3	–
HFC-227ea	0.55kg/m^3	–
FK-5-1-12	0.84kg/m^3	–

② 국소방출방식의 할로젠화합물소화설비

소화약제의 종별	약제 저장량(kg)		
	할론 2402	할론 1211	할론 1301
◆	방호대상물의 표면적(m^2) × 8.8kg/m^2 × 1.1 × 계수	방호대상물의 표면적(m^2) × 7.6kg/m^2 × 1.1 × 계수	방호대상물의 표면적(m^2) × 6.8kg/m^2 × 1.25 × 계수
상기 이외의 경우	방호공간의 체적(m^3) × $(X-Y)\dfrac{a}{A}$kg/m^3 × 1.1 × 계수	방호공간의 체적(m^3) × $(X-Y)\dfrac{a}{A}$kg/m^3 × 1.1 × 계수	방호공간의 체적(m^3) × $(X-Y)\dfrac{a}{A}$kg/m^3 × 1.25 × 계수

◆ : 액체 위험물을 상부를 개방한 용기에 저장하는 경우 등 화재 시 연소면이 한 면에 한정되고 위험물이 비산할 우려가 없는 경우

  ㉠ 방호공간 : 방호대상물의 각 부분으로부터 0.6m의 거리에 따라 둘러싸인 공간

  ㉡ Q : 단위체적당 소화약제의 양(kg/m^3)

  ㉢ a : 방호대상물의 주위에 실제로 설치된 고정벽의 면적의 합계(m^2)

  ㉣ A : 방호공간의 전체둘레의 면적(m^2)

  ㉤ X 및 Y : 다음 표에 정한 소화약제의 종류에 따른 수치

소화약제의 종별	X의 수치	Y의 수치
할론 2402	5.2	3.9
할론 1211	4.4	3.3
할론 1301	4.0	3.0

③ 이동식의 할로젠화합물소화설비

소화약제의 종별	소화약제의 양	분당 방사량
할론 2402	50kg 이상	45kg 이상
할론 1211	45kg 이상	40kg 이상
할론 1301	45kg 이상	35kg 이상

(3) 설치기준

① 축압식 저장용기의 압력

약 제	할론 1301, HFC-227ea, FK-5-1-12	할론 1211
저압식	2.5MPa	1.1MPa
고압식	4.2MPa	2.5MPa

② 저장용기

ㄱ 표시사항 : 충전소화약제량, 소화약제의 종류, 최고사용압력(가압식에 한한다), 제조년도, 제조자명

ㄴ 충전비

약제의 종류		충전비
할론 2402	가압식	0.51 이상 0.67 이하
	축압식	0.67 이상 2.75 이하
할론 1211		0.7 이상 1.4 이하
할론 1301, HFC-227ea		0.9 이상 1.6 이하
HFC-23, HFC-125		1.2 이상 1.5 이하
FK-5-1-12		0.7 이상 1.6 이하

③ 가압용 가스용기

ㄱ 충전가스 : 질소(N_2)

ㄴ 안전장치와 용기밸브를 설치할 것

④ 배 관

ㄱ 전용으로 할 것

ㄴ 강관의 배관은 할론 2402는 배관용탄소강관(KS D 3507), 할론 1211, 할론 1301, HFC-227ea, HFC-23, HFC-125 또는 FK-5-1-12에 있어서는 압력배관용탄소강관(KS D 3562) 중에서 스케줄40 이상의 것 또는 이와 동등 이상의 강도를 갖는 것으로 아연도금 등에 의한 방식처리를 한 것을 사용할 것

ㄷ 낙차는 50m 이하일 것

⑤ 저장용기(축압식의 것으로서 내부압력이 1.0MPa 이상인 것에 한한다)에는 용기밸브를 설치할 것

⑥ 가압식 저장용기 : 2.0MPa 이하의 압력조정장치를 설치할 것

⑦ 저장용기 등과 선택밸브 등 사이에는 안전장치 또는 파괴판을 설치할 것

⑧ 전역방출방식의 안전조치

ㄱ 기동장치의 방출용 스위치 등의 작동으로부터 저장용기 등의 용기밸브 또는 방출밸브의 개방까지의 시간이 20초 이상으로 되도록 지연장치를 설치할 것. 다만, 할론 1301을 방사하는 것은 지연장치를 설치하지 않을 수 있다.

ㄴ 수동기동장치에는 ㄱ에 정한 시간 내에 소화약제가 방출되지 않도록 조치를 할 것

ㄷ 방호구역의 출입구 등 보기 쉬운 장소에 소화약제가 방출된다는 사실을 알리는 표시등을 설치할 것

10년간 자주 출제된 문제

10-1. 전역방출방식의 할로젠화합물소화설비의 분사헤드에서 할론 1211을 방사하는 것으로 헤드의 방사압력은?

① 0.1MPa   ② 0.2MPa
③ 0.3MPa   ④ 0.4MPa

10-2. 이동식 할로젠화합물(할론 1301)소화설비에서 하나의 노즐당 소화약제 저장량은?

① 35kg   ② 40kg
③ 45kg   ④ 50kg

10-3. 할론 2402를 소화약제로 사용하는 이동식 할로젠화합물소화설비는 20℃의 온도에서 하나의 노즐마다 분당 방사되는 소화약제의 양(kg)은 얼마 이상으로 해야 하는가?

① 5   ② 35
③ 45   ④ 50

10-4. 할로젠화합물소화설비에서 저장용기의 충전비가 틀린 것은?

① 할론 2402(가압식 용기) : 0.51 이상 0.67 이하
② 할론 1211 : 0.7 이상 1.4 이하
③ 할론 1301 : 0.9 이상 1.6 이하
④ 할론 2402(축압식 용기) : 0.67 이상 3.4 이하

|해설|

10-1

할로젠화합물소화설비의 분사헤드의 방사압력

약 제	할론 2402	할론 1211	할론 1301
방사압력	0.1MPa 이상	0.2MPa 이상	0.9MPa 이상

10-2

이동식 할로젠화합물소화설비

약 제	할론 2402	할론 1211	할론 1301
저장량	50kg 이상	45kg 이상	45kg 이상
분당방사량	45kg 이상	40kg 이상	35kg 이상

10-3

할론 2402의 방사량 : 45kg/min

10-4

할로젠화합물 저장용기의 충전비

약 제		충전비
할론 1301		0.9 이상 1.6 이하
할론 1211		0.7 이상 1.4 이하
할론 2402	가압식	0.51 이상 0.67 이하
	축압식	0.67 이상 2.75 이하

정답 10-1 ② 10-2 ③ 10-3 ③ 10-4 ④

핵심이론 11 | 분말소화설비(위험물 세부기준 제136조)

(1) 전역방출방식, 국소방출방식의 분사헤드

① 전역방출방식의 분말소화설비의 분사헤드
  ㉠ 방사된 소화약제가 방호구역의 전역에 균일하고 신속하게 확산할 수 있도록 설치할 것
  ㉡ 분사헤드의 방사압력은 0.1MPa 이상일 것
  ㉢ 소화약제의 양을 30초 이내에 균일하게 방사할 것

② 국소방출방식의 분말소화설비의 분사헤드
  ㉠ 분사헤드는 방호대상물의 모든 표면이 분사헤드의 유효사정 내에 있도록 설치할 것
  ㉡ 소화약제의 방사에 의하여 위험물이 비산되지 않는 장소에 설치할 것
  ㉢ 분사헤드의 방사압력은 0.1MPa 이상일 것
  ㉣ 소화약제의 양을 30초 이내에 균일하게 방사할 것

(2) 분말소화설비에 사용하는 소화약제

① 제1종 분말
② 제2종 분말
③ 제3종 분말
④ 제4종 분말
⑤ 제5종 분말

(3) 저장용기 등의 충전비

소화약제의 종별	충전비의 범위
제1종 분말	0.85 이상 1.45 이하
제2종 분말 또는 제3종 분말	1.05 이상 1.75 이하
제4종 분말	1.50 이상 2.50 이하

(4) 가압용 또는 축압용 가스★

질소 또는 이산화탄소

(5) 소화약제 저장량

① 전역방출방식

    ⊙ 자동폐쇄장치가 설치된 경우

        분말저장량(kg) = [방호구역체적(m^3) × 필요가스량(kg/m^3)] × 계수

    ⊙ 자동폐쇄장치가 설치되지 않는 경우

        분말저장량(kg) = [방호구역체적(m^3) × 필요가스량(kg/m^3) + 개구부면적(m^2) × 가산량(kg/m^2)] × 계수

소화약제의 종별	필요가스량 (kg/m^3)	가산량 (kg/m^2)
제1종 분말(탄산수소나트륨이 주성분)	0.60	4.5
제2종 분말(탄산수소칼륨이 주성분) 또는 제3종 분말[인산염류 등을 주성분으로 한것(인산암모늄을 90% 이상 함유)]	0.36	2.7
제4종 분말(탄산수소칼륨과 요소의 반응생성물)	0.24	1.8
제5종 분말(특정의 위험물에 적응성이 있는 것으로 인정)	소화약제에 따라 필요한 양	소화약제에 따라 필요한 양

② 국소방출방식

소방대상물		약제 저장량(kg)		
		제1종 분말	제2종, 제3종 분말	제4종 분말
면적식 국소 방출 방식	◈	방호대상물의 표면적(m^2) × 8.8kg/m^2 × 1.1 × 계수	방호대상물의 표면적(m^2) × 5.2kg/m^2 × 1.1 × 계수	방호대상물의 표면적(m^2) × 3.6kg/m^2 × 1.1 × 계수
용적식 국소 방출 방식	상기 이외의 것	방호공간의 체적(m^3) × $(X-Y)\dfrac{a}{A}$ kg/m^3 × 1.1 × 계수	방호공간의 체적(m^3) × $(X-Y)\dfrac{a}{A}$ kg/m^3 × 1.1 × 계수	방호공간의 체적(m^3) × $(X-Y)\dfrac{a}{A}$ kg/m^3 × 1.1 × 계수

◈ : 액체 위험물을 상부를 개방한 용기에 저장하는 경우 등 화재 시 연소면이 한면에 한정되고 위험물이 비산할 우려가 없는 경우

  여기서, Q : 단위체적당 소화약제의 양(kg/m^3)

      a : 방호대상물 주위에 실제로 설치된 고정벽의 면적의 합계(m^2)

      A : 방호공간 전체둘레의 면적(m^2)

    X 및 Y : 다음 표에 정한 소화약제의 종류에 따른 수치

소화약제의 종별	X의 수치	Y의 수치
제1종 분말	5.2	3.9
제2종 분말 또는 제3종 분말	3.2	2.4
제4종 분말	2.0	1.5
제5종 분말	소화약제에 따라 필요한 양	

③ 이동식 분말소화설비

소화약제의 종별	소화약제의 양 (kg)	분당 방사량 (kg/min)
제1종 분말	50 이상	45 이상
제2종 분말 또는 제3종 분말	30 이상	27 이상
제4종 분말	20 이상	18 이상

(6) 배관의 기준

① 전용으로 할 것

② 강관의 배관은 배관용탄소강관(KS D 3507)에 적합하고 아연도금 등에 의하여 방식처리를 한 것 또는 이와 동등 이상의 강도 및 내식성을 갖는 것을 사용할 것. 다만, 축압식인 것 중에서 온도 20℃에서 압력이 2.5MPa을 초과하고 4.2MPa 이하인 것에 있어서는 압력배관용탄소강관(KS D 3562) 중에서 스케줄40 이상이고 아연도금 등에 의하여 방식처리를 한 것 또는 이와 동등 이상의 강도와 내식성이 있는 것을 사용할 것

③ 동관의 배관은 이음매 없는 구리 및 구리합금관(KS D 5301) 또는 이와 동등 이상의 강도 및 내식성을 갖는 것으로 조정압력 또는 최고사용압력의 1.5배 이상의 압력에 견딜 수 있는 것을 사용할 것

④ 저장용기 등으로부터 배관의 굴곡부까지의 거리는 관경의 20배 이상 되도록 할 것. 다만, 소화약제와 가압용·축압용가스가 분리되지 않도록 조치를 한 경우에는 그렇지 않다.

⑤ 낙차는 50m 이상일 것

(7) 가압식의 압력조정기

분말소화설비에는 2.5MPa 이하의 압력으로 조정할 수 있는 압력조정기를 설치할 것

(8) 정압작동장치의 설치기준

① 기동장치의 작동 후 저장용기 등의 압력이 설정압력이 되었을 때 방출밸브를 개방시키는 것일 것
② 정압작동장치는 저장용기 등마다 설치할 것

(9) 안전장치

저장용기등과 선택밸브 등 사이에는 안전장치 또는 파괴판을 설치할 것

(10) 기동용가스용기의 기준

내용적	가스의 양	충전비
0.27L 이상	145g 이상	1.5 이상

10년간 자주 출제된 문제

11-1. 가압식의 분말소화설비에는 얼마 이하의 압력으로 조정할 수 있는 압력조정기를 설치해야 하는가?

① 2.0MPa
② 2.5MPa
③ 3.0MPa
④ 5MPa

11-2. 위험물안전관리법령상 분말소화설비의 기준에서 가압용 또는 축압용 가스로 사용하도록 지정한 것은?

① 헬 륨
② 질 소
③ 일산화탄소
④ 아르곤

|해설|

11-1
가압식의 분말소화설비에는 2.5MPa 이하의 압력으로 조정할 수 있는 압력조정기를 설치할 것

11-2
분말소화설비에 사용하는 가압용 또는 축압용 가스 : 질소(N_2), 이산화탄소(CO_2)

정답 11-1 ② 11-2 ②

3-2. 제조소 등의 소화설비 난이도등급 및 소요단위

핵심이론 01 소화설비(시행규칙 별표 17)

(1) 소화난이도등급 I

① 소화난이도등급 I 에 해당하는 제조소 등

제조소 등의 구분	제조소 등의 규모, 저장 또는 취급하는 위험물의 품명 및 최대수량 등
제조소, 일반 취급소★	연면적 1,000m² 이상인 것
	지정수량의 100배 이상인 것(고인화점 위험물만을 100℃ 미만의 온도에서 취급하는 것 및 제48조의 위험물을 취급하는 것은 제외)
	지반면으로부터 6m 이상의 높이에 위험물 취급설비가 있는 것(고인화점 위험물만을 100℃ 미만의 온도에서 취급하는 것은 제외)
	일반취급소로 사용되는 부분 외의 부분을 갖는 건축물에 설치된 것(내화구조로 개구부 없이 구획된 것 및 고인화점 위험물만을 100℃ 미만의 온도에서 취급하는 것 및 화학실험실의 일반취급소는 제외)
주유취급소	규정에 따른 면적의 합이 500m²를 초과하는 것
옥내 저장소★	지정수량의 150배 이상인 것(고인화점 위험물만을 저장하는 것 및 제48조의 위험물을 저장하는 것은 제외)
	연면적 150m²을 초과하는 것(150m² 이내마다 불연재료로 개구부 없이 구획된 것 및 인화성고체 외의 제2류 위험물 또는 인화점 70℃ 이상의 제4류 위험물만을 저장하는 것은 제외)
	처마높이가 6m 이상인 단층건물의 것
	옥내저장소로 사용되는 부분 외의 부분이 있는 건축물에 설치된 것(내화구조로 개구부 없이 구획된 것 및 인화성고체 외의 제2류 위험물 또는 인화점 70℃ 이상의 제4류 위험물만을 저장하는 것은 제외)
옥외 탱크 저장소	액표면적이 40m² 이상인 것(제6류 위험물을 저장하는 것 및 고인화점 위험물만을 100℃ 미만의 온도에서 저장하는 것은 제외)
	지반면으로부터 탱크 옆판의 상단까지 높이가 6m 이상인 것(제6류 위험물을 저장하는 것 및 고인화점 위험물만을 100℃ 미만의 온도에서 저장하는 것은 제외)
	지중탱크 또는 해상탱크로서 지정수량의 100배 이상인 것(제6류 위험물을 저장하는 것 및 고인화점 위험물만을 100℃ 미만의 온도에서 저장하는 것은 제외)
	고체위험물을 저장하는 것으로서 지정수량의 100배 이상인 것

제조소 등의 구분	제조소 등의 규모, 저장 또는 취급하는 위험물의 품명 및 최대수량 등
옥내 탱크 저장소	액표면적이 40m² 이상인 것(제6류 위험물을 저장하는 것 및 고인화점 위험물만을 100℃ 미만의 온도에서 저장하는 것은 제외)
	바닥면으로부터 탱크 옆판의 상단까지 높이가 6m 이상인 것(제6류 위험물을 저장하는 것 및 고인화점 위험물만을 100℃ 미만의 온도에서 저장하는 것은 제외)
	탱크전용실이 단층건물 외의 건축물에 있는 것으로서 인화점 38℃ 이상 70℃ 미만의 위험물을 지정수량의 5배 이상 저장하는 것(내화구조로 개구부 없이 구획된 것은 제외)
옥외 저장소	덩어리상태의 황을 저장하는 것으로서 경계표시 내부의 면적(2 이상의 경계표시가 있는 경우에는 각 경계표시의 내부의 면적을 합한 면적)이 100m² 이상인 것
	별표 11 Ⅲ의 위험물을 저장하는 것으로서 지정수량의 100배 이상인 것
암반 탱크 저장소	액표면적이 40m² 이상인 것(제6류 위험물을 저장하는 것 및 고인화점 위험물만을 100℃ 미만의 온도에서 저장하는 것은 제외)
	고체위험물만을 저장하는 것으로서 지정수량의 100배 이상인 것
이송취급소	모든 대상

② 소화난이도등급Ⅰ의 제조소 등에 설치해야 하는 소화설비

제조소 등의 구분		소화설비
제조소 및 일반취급소★		옥내소화전설비, 옥외소화전설비, 스프링클러설비 또는 물분무 등 소화설비(화재발생 시 연기가 충만할 우려가 있는 장소에는 스프링클러설비 또는 이동식 외의 물분무 등 소화설비에 한함)
주유취급소		스프링클러설비(건축물에 한정), 소형수동식소화기 등(능력단위의 수치가 건축물, 그 밖의 공작물 및 위험물의 소요단위의 수치에 이르도록 설치할 것)
옥내 저장소 ★	처마높이가 6m 이상인 단층건물 또는 다른 용도의 부분이 있는 건축물에 설치한 옥내저장소	스프링클러설비 또는 이동식 외의 물분무 등 소화설비
	그 밖의 것	옥외소화전설비, 스프링클러설비, 이동식 외의 물분무 등 소화설비 또는 이동식 포소화설비(포소화전을 옥외에 설치하는 것에 한함)
옥외 탱크 저장소 ★	지중탱크 또는 해상탱크 외의 것	황만을 저장·취급하는 것	물분무소화설비
		인화점 70℃ 이상의 제4류 위험물만을 저장·취급하는 것	물분무소화설비 또는 고정식 포소화설비
		그 밖의 것	고정식 포소화설비(포소화설비가 적응성이 없는 경우에는 분말소화설비)
	지중탱크		고정식 포소화설비, 이동식 이외의 불활성가스소화설비 또는 이동식 이외의 할로젠화합물소화설비
	해상탱크		고정식 포소화설비, 물분무소화설비, 이동식 이외의 불활성가스소화설비 또는 이동식 이외의 할로젠화합물소화설비
옥내 탱크 저장소	황만을 저장·취급하는 것		물분무소화설비
	인화점 70℃ 이상의 제4류 위험물만을 저장·취급하는 것		물분무소화설비, 고정식 포소화설비, 이동식 이외의 불활성가스소화설비, 이동식 이외의 할로젠화합물소화설비 또는 이동식 이외의 분말소화설비
	그 밖의 것		고정식 포소화설비, 이동식 이외의 불활성가스소화설비, 이동식 이외의 할로젠화합물소화설비 또는 이동식 이외의 분말소화설비
옥외저장소 및 이송취급소			옥내소화전설비, 옥외소화전설비, 스프링클러설비 또는 물분무 등 소화설비(화재발생 시 연기가 충만할 우려가 있는 장소에는 스프링클러설비 또는 이동식 이외의 물분무 등 소화설비에 한함)
암반 탱크 저장소	황만을 저장·취급하는 것		물분무소화설비
	인화점 70℃ 이상의 제4류 위험물만을 저장·취급하는 것		물분무소화설비 또는 고정식 포소화설비
	그 밖의 것		고정식 포소화설비(포소화설비가 적응성이 없는 경우에는 분말소화설비)

(2) 소화난이도등급 Ⅱ

① 소화난이도등급 Ⅱ에 해당하는 제조소 등

제조소 등의 구분	제조소 등의 규모, 저장 또는 취급하는 위험물의 품명 및 최대수량 등
제조소, 일반취급소	연면적 600m² 이상인 것
	지정수량의 10배 이상인 것(고인화점 위험물만을 100℃ 미만의 온도에서 취급하는 것 및 제48조의 위험물을 취급하는 것은 제외)
	별표 16 Ⅱ·Ⅲ·Ⅳ·Ⅴ·Ⅷ·Ⅸ·Ⅹ 또는 Ⅹ의2의 일반취급소로서 소화난이도등급 Ⅰ의 제조소 등에 해당하지 않는 것(고인화점 위험물만을 100℃ 미만의 온도에서 취급하는 것은 제외)
옥내저장소	단층건물 이외의 것
	별표 5 Ⅱ 또는 Ⅳ 제1호의 옥내저장소
	지정수량의 10배 이상인 것(고인화점 위험물만을 저장하는 것 및 제48조의 위험물을 저장하는 것은 제외)
	연면적 150m² 초과인 것
	별표 5 Ⅲ의 옥내저장소로서 소화난이도등급 Ⅰ의 제조소 등에 해당하지 않는 것
옥외탱크저장소, 옥내탱크저장소	소화난이도등급 Ⅰ의 제조소 등 외의 것(고인화점 위험물만을 100℃ 미만의 온도로 저장하는 것 및 제6류 위험물만을 저장하는 것은 제외)
옥외저장소	덩어리 상태의 황을 저장하는 것으로서 경계표시 내부의 면적(2 이상의 경계표시가 있는 경우에는 각 경계표시의 내부의 면적을 합한 면적)이 5m² 이상 100m² 미만인 것
	별표 11 Ⅲ의 위험물을 저장하는 것으로서 지정수량의 10배 이상 100배 미만인 것
	지정수량의 100배 이상인 것(덩어리상태의 황 또는 고인화점 위험물을 저장하는 것은 제외)
주유취급소	옥내주유취급소로서 소화난이도등급 Ⅰ의 제조소등에 해당하지 않는 것
판매취급소	제2종 판매취급소

② 소화난이도등급 Ⅱ의 제조소 등에 설치해야 하는 소화설비★

제조소 등의 구분	소화설비
제조소, 옥내저장소, 옥외저장소, 주유취급소, 판매취급소, 일반취급소	방사능력 범위 내에 해당 건축물, 그 밖의 공작물 및 위험물이 포함되도록 대형수동식소화기를 설치하고, 해당 위험물의 소요단위의 1/5 이상에 해당하는 능력단위의 소형수동식소화기 등을 설치할 것
옥외탱크저장소, 옥내탱크저장소	대형수동식소화기 및 소형수동식소화기 등을 각각 1개 이상 설치할 것

(3) 소화난이도등급 Ⅲ

① 소화난이도등급 Ⅲ에 해당하는 제조소 등★

제조소 등의 구분	제조소 등의 규모, 저장 또는 취급하는 위험물의 품명 및 최대수량 등
제조소, 일반취급소	제48조의 위험물을 취급하는 것
	제48조의 위험물 외의 것을 취급하는 것으로서 소화난이도등급 Ⅰ 또는 소화난이도등급 Ⅱ의 제조소 등에 해당하지 않는 것
옥내저장소	제48조의 위험물을 취급하는 것
	제48조의 위험물 외의 것을 취급하는 것으로서 소화난이도등급 Ⅰ 또는 소화난이도등급 Ⅱ의 제조소 등에 해당하지 않는 것
지하탱크저장소, 간이탱크저장소, 이동탱크저장소	모든 대상
옥외저장소	덩어리 상태의 황을 저장하는 것으로서 경계표시 내부의 면적(2 이상의 경계표시가 있는 경우에는 각 경계표시의 내부의 면적을 합한 면적)이 5m² 미만인 것
	덩어리 상태의 황 외의 것을 저장하는 것으로서 소화난이도등급 Ⅰ 또는 소화난이도등급 Ⅱ의 제조소 등에 해당하지 않는 것
주유취급소	옥내주유취급소 외의 것으로서 소화난이도등급 Ⅰ의 제조소 등에 해당하지 않는 것
제1종 판매취급소	모든 대상

② 소화난이도등급Ⅲ의 제조소 등에 설치해야 하는 소화설비

제조소 등의 구분	소화설비	설치기준	
지하탱크 저장소	소형수동식 소화기 등	능력단위의 수치가 3 이상	2개 이상
이동탱크 저장소 ★★	자동차용 소화기	무상의 강화액 8L 이상	2개 이상
		이산화탄소 3.2kg 이상	
		CF_2ClBr(브로모클로로다이플루오로메테인) 2L 이상	
		CF_3Br(브로모트라이플루오로메테인) 2L 이상	
		$C_2F_4Br_2$(다이브로모테트라플루오로에테인) 1L 이상	
		소화분말 3.3kg 이상	
	마른 모래 및 팽창질석 또는 팽창진주암	마른 모래 150L 이상	
		팽창질석 또는 팽창진주암 640L 이상	
그 밖의 제조소 등	소형수동식 소화기 등	능력단위의 수치가 건축물, 그 밖의 공작물 및 위험물의 소요단위의 수치에 이르도록 설치할 것. 다만, 옥내소화전설비, 옥외소화전설비, 스프링클러설비, 물분무 등 소화설비 또는 대형수동식소화기를 설치한 경우에는 해당 소화설비의 방사능력 범위 내의 부분에 대하여는 수동식소화기 등을 그 능력단위의 수치가 해당 소요단위의 수치의 1/5 이상이 되도록 하는 것으로 족하다.	

[비 고]
알킬알루미늄 등을 저장 또는 취급하는 이동탱크저장소에 있어서는 자동차용소화기를 설치하는 외에 마른 모래나 팽창질석 또는 팽창진주암을 추가로 설치해야 한다.

(4) 소화설비의 적응성 ★

소화설비의 구분		건축물·그 밖의 공작물	전기설비 ★★	제1류 위험물 알칼리금속과산화물 등	제1류 위험물 그 밖의 것	제2류 위험물 철분·금속분·마그네슘 등	제2류 위험물 인화성 고체	제2류 위험물 그 밖의 것	제3류 위험물 금수성 물품	제3류 위험물 그 밖의 것	제4류 위험물	제5류 위험물	제6류 위험물
옥내소화전설비 또는 옥외소화전설비		○			○		○	○		○		○	○
스프링클러설비		○			○		○	○		○	△	○	○
물분무 등 소화설비	물분무소화설비	○	○		○		○	○		○	○	○	○
	포소화설비	○			○		○	○		○	○	○	○
	불활성가스소소화설비		○				○				○		
	할로젠화합물소화설비		○				○				○		
	분말소화설비 인산염류 등	○	○		○		○	○			○		○
	분말소화설비 탄산수소염류 등		○	○		○	○		○		○		
	분말소화설비 그 밖의 것			○		○			○				
대형·소형수동식소화기	봉상수(棒狀水)소화기	○			○		○	○		○		○	○
	무상수(霧狀水)소화기	○	○		○		○	○		○		○	○
	봉상강화액소화기	○			○		○	○		○		○	○
	무상강화액소화기	○	○		○		○	○		○	○	○	○
	포소화기	○			○		○	○		○	○	○	○
	이산화탄소소화기		○				○				○		△
	할로젠화합물소화기		○				○				○		
	분말소화기 인산염류소화기	○	○		○		○	○			○		○
	분말소화기 탄산수소염류소화기		○	○		○	○		○		○		
	분말소화기 그 밖의 것			○		○			○				
기타	물통 또는 수조	○			○		○	○		○		○	○
	건조사			○	○	○	○	○	○	○	○	○	○
	팽창질석 또는 팽창진주암			○	○	○	○	○	○	○	○	○	○

[비 고]
1. “○” 표시는 해당 소방대상물 및 위험물에 대하여 소화설비가 적응성이 있음을 표시하고, “△” 표시는 제4류 위험물을 저장 또는 취급하는 장소의 살수기준 면적에 따라 스프링클러설비의 살수밀도가 다음 표에 정하는 기준 이상인 경우에는 해당 스프링클러설비가 제4류 위험물에 대하여 적응성이 있음을, 제6류 위험물을 저장 또는 취급하는 장소로서 폭발의 위험이 없는 장소에 한하여 이산화탄소소화기가 제6류 위험물에 대하여 적응성이 있음을 각각 표시한다.

2. 살수면적에 따른 방사밀도

살수기준면적(m²)	방사밀도(L/m²·분)	
	인화점 38℃ 미만	인화점 38℃ 이상
279 미만	16.3 이상	12.2 이상
279 이상 372 미만	15.5 이상	11.8 이상
372 이상 465 미만	13.9 이상	9.8 이상
465 이상	12.2 이상	8.1 이상

살수기준면적은 내화구조의 벽 및 바닥으로 구획된 하나의 실의 바닥면적을 말하고 하나의 실의 바닥면적이 465m² 이상인 경우의 살수기준면적은 465m²로 한다. 다만, 위험물의 취급을 주된 작업내용으로 하지 않고 소량의 위험물을 취급하는 설비 또는 부분이 넓게 분산되어 있는 경우에는 방사밀도는 8.2L/m²·분 이상, 살수기준면적은 279m² 이상으로 할 수 있다.

1-1. 소화난이도등급 I 에 해당하는 옥외탱크저장소 중 황만을 저장·취급하는 것에 설치해야 하는 소화설비는?(단, 지중탱크와 해상탱크는 제외한다)

① 스프링클러소화설비
② 불활성가스소화설비
③ 분말소화설비
④ 물분무소화설비

1-2. 인화점이 70℃ 이상인 제4류 위험물을 저장·취급하는 소화난이도등급 I 의 옥외탱크저장소(지중탱크 또는 해상탱크 외의 것)에 설치하는 소화설비는?

① 스프링클러설비
② 물분무소화설비
③ 간이스프링클러설비
④ 분말소화설비

1-3. 소화난이도등급 II 의 제조소 및 일반취급소는 연면적이 얼마 이상을 말하는가?

① 500m²
② 600m²
③ 1,000m²
④ 1,500m²

1-4. 소화난이도등급 II 의 옥내탱크저장소에는 대형수동식소화기를 몇 개 이상 설치해야 하는가?

① 1개 이상
② 2개 이상
③ 3개 이상
④ 4개 이상

|해설|

1-1, 1-2
소화난이도등급 I 의 제조소 등에 설치해야 하는 소화설비

제조소 등의 구분		소화설비
옥외탱크저장소	지중탱크 또는 해상탱크 외의 것	황만을 저장·취급하는 것
		인화점 70℃ 이상의 제4류 위험물을 저장·취급하는 것
		그 밖의 것
	지중탱크	고정식 포소화설비, 이동식 이외의 불활성가스소화설비 또는 이동식 이외의 할로젠화합물소화설비
	해상탱크	고정식 포소화설비, 물분무소화설비, 이동식 이외의 불활성가스소화설비 또는 이동식 이외의 할로젠화합물소화설비

위 표의 소화설비 칸 값:
- 황만을 저장·취급하는 것 → 물분무소화설비
- 인화점 70℃ 이상의 제4류 위험물을 저장·취급하는 것 → 물분무소화설비 또는 고정식 포소화설비
- 그 밖의 것 → 고정식 포소화설비(포소화설비가 적응성이 없는 경우에는 분말소화설비)

1-3
소화난이도등급 II 에 해당하는 제조소 등

제조소 등의 구분	제조소 등의 규모, 저장 또는 취급하는 위험물의 품명 및 최대수량 등
제조소, 일반취급소	연면적 600m² 이상인 것
	지정수량의 10배 이상인 것(고인화점 위험물만을 100℃ 미만의 온도에서 취급하는 것 및 제48조의 위험물을 취급하는 것은 제외)
	별표 16 II·III·IV·V·VIII·IX·X 또는 X의 2의 일반취급소로서 소화난이도등급 I 의 제조소 등에 해당하지 않는 것(고인화점 위험물만을 100℃ 미만의 온도에서 취급하는 것은 제외)
옥내저장소	단층건물 이외의 것
	별표 5 II 또는 IV 제1호의 옥내저장소
	지정수량의 10배 이상인 것(고인화점 위험물만을 저장하는 것 및 제48조의 위험물을 저장하는 것은 제외)
	연면적 150m² 초과인 것
	별표 5 III의 옥내저장소로서 소화난이도등급 I 의 제조소 등에 해당하지 않는 것
주유취급소	옥내주유취급소로서 소화난이도등급 I 의 제조소 등에 해당하지 않는 것
판매취급소	제2종 판매취급소

1-4

소화난이도등급 Ⅱ의 제조소 등에 설치해야 하는 소화설비

제조소 등의 구분	소화설비
제조소, 옥내저장소, 옥외저장소, 주유취급소, 판매취급소, 일반취급소	방사능력 범위 내에 해당 건축물, 그 밖의 공작물 및 위험물이 포함되도록 대형수동식소화기를 설치하고, 해당 위험물의 소요단위의 1/5 이상에 해당하는 능력단위의 소형수동식소화기 등을 설치할 것
옥외탱크저장소, 옥내탱크저장소	대형수동식소화기 및 소형수동식소화기 등을 각각 1개 이상 설치할 것

정답 1-1 ④ 1-2 ② 1-3 ② 1-4 ①

핵심이론 02 │ 전기설비 및 소요단위

(1) 전기설비의 소화설비

① 제조소 등에 전기설비(전기배선, 조명기구 등은 제외)가 설치된 경우 : 해당 장소의 면적 $100m^2$마다 소형수동식소화기를 1개 이상 설치할 것

(2) 소요단위 및 능력단위

① 소요단위 : 소화설비의 설치대상이 되는 건축물, 그 밖의 공작물의 규모 또는 위험물의 양의 기준단위

② 능력단위 : ①의 소요단위에 대응하는 소화설비의 소화능력의 기준단위

(3) 소요단위의 계산방법

① 제조소 또는 취급소의 건축물★★

  ㉠ 외벽이 내화구조 : 연면적 $100m^2$를 1소요단위

  ㉡ 외벽이 내화구조가 아닌 것 : 연면적 $50m^2$를 1소요단위

② 저장소의 건축물★★

  ㉠ 외벽이 내화구조 : 연면적 $150m^2$를 1소요단위

  ㉡ 외벽이 내화구조가 아닌 것 : 연면적 $75m^2$를 1소요단위

③ 위험물 : 지정수량의 10배를 1소요단위★★

※ 소요단위 = 저장(취급)수량 ÷ (지정수량 × 10)★★

(4) 소화설비의 능력단위★★

소화설비	용 량	능력단위
소화전용(轉用) 물통	8L	0.3
수조(소화전용 물통 3개 포함)	80L	1.5
수조(소화전용 물통 6개 포함)	190L	2.5
마른 모래(삽 1개 포함)	50L	0.5
팽창질석 또는 팽창진주암(삽 1개 포함)	160L	1.0

2-1. 제조소 등에 전기설비(전기배선, 조명기구 등은 제외한다)가 설치된 장소의 바닥면적 150m²인 경우 설치해야 하는 소형수동식소화기의 최소 개수는?

① 1개
② 2개
③ 3개
④ 4개

2-2. 소요단위에 대한 설명으로 옳은 것은?

① 소화설비의 설치대상이 되는 건축물 그 밖의 공작물의 규모 또는 위험물의 양의 기준단위이다.
② 소화설비 소화능력의 기준단위이다.
③ 저장소의 건축물은 외벽이 내화구조인 것은 연면적 75m²를 1소요단위로 한다.
④ 지정수량 100배를 1소요단위로 한다.

2-3. 위험물안전관리법령에서 정한 다음의 소화설비 중 능력단위가 가장 큰 것은?

① 팽창진주암 160L(삽 1개 포함)
② 수조 80L(소화전용 물통 3개 포함)
③ 마른 모래 50L(삽 1개 포함)
④ 팽창질석 160L(삽 1개 포함)

2-3
소화설비의 능력단위

소화설비	용량	능력단위
소화전용(轉用) 물통	8L	0.3
수조(소화전용 물통 3개 포함)	80L	1.5
수조(소화전용 물통 6개 포함)	190L	2.5
마른 모래(삽 1개 포함)	50L	0.5
팽창질석 또는 팽창진주암(삽 1개 포함)	160L	1.0

정답 2-1 ② 2-2 ① 2-3 ②

|해설|

2-1
제조소 등에 전기설비는 바닥면적 100m²마다 소형수동식소화기 1개 이상을 설치하므로
150m² ÷ 100m² = 1.5   ∴ 2개

2-2
소요단위 및 능력단위
• 소요단위 : 소화설비의 설치대상이 되는 건축물 그 밖의 공작물의 규모 또는 위험물의 양의 기준단위
• 능력단위 : 위의 소요단위에 대응하는 소화설비의 소화능력의 기준단위
• 저장소의 건축물 외벽이 내화구조 : 연면적 150m²를 1소요단위
• 위험물 : 지정수량의 10배를 1소요단위

3-3. 경보설비, 피난설비의 설치기준

핵심이론 01 경보설비(시행규칙 별표 17)

(1) 제조소 등별로 설치해야 하는 경보설비의 종류

제조소 등의 구분	제조소 등의 규모, 저장 또는 취급하는 위험물의 종류 및 최대수량 등	경보설비
가. 제조소 및 일반취급소	• 연면적이 500m² 이상인 것 • 옥내에서 지정수량의 100배 이상을 취급하는 것(고인화점 위험물만을 100℃ 미만의 온도에서 취급하는 것은 제외) • 일반취급소로 사용되는 부분 외의 부분이 있는 건축물에 설치된 일반취급소	자동화재탐지설비 ★★
나. 옥내저장소	• 지정수량의 100배 이상을 저장 또는 취급하는 것(고인화점 위험물만을 저장 또는 취급하는 것은 제외) • 저장창고의 연면적이 150m²를 초과하는 것[연면적 150m² 이내마다 불연재료의 격벽으로 개구부 없이 완전히 구획된 저장창고와 제2류 위험물(인화성 고체는 제외) 또는 제4류 위험물(인화점이 70℃ 미만인 것은 제외)만을 저장 또는 취급하는 저장창고는 그 연면적이 500m² 이상인 것에 한한다] • 처마 높이가 6m 이상인 단층 건물의 것 • 옥내저장소로 사용되는 부분 외의 부분이 있는 건축물에 설치된 옥내저장소	
다. 옥내탱크저장소	단층 건물 외의 건축물에 설치된 옥내탱크저장소로서 소화난이도등급 Ⅰ에 해당하는 것	
라. 주유취급소	옥내주유취급소	
마. 옥외탱크저장소	특수인화물, 제1석유류 및 알코올류를 저장 또는 취급하는 탱크의 용량이 1,000만L 이상인 것	• 자동화재탐지설비 • 자동화재속보설비
바. 가목부터 마목까지의 규정에 따른 자동화재탐지설비 설치 대상 제조소 등에 해당하지 않는 제조소 등(이송취급소는 제외)	지정수량의 10배 이상을 저장 또는 취급하는 것	자동화재탐지설비, 비상경보설비, 확성장치 또는 비상방송설비 중 1종 이상★

(2) 자동화재탐지설비의 설치기준

① 자동화재탐지설비의 경계구역(화재가 발생한 구역을 다른 구역과 구분하여 식별할 수 있는 최소단위의 구역)은 건축물 그 밖의 공작물의 2 이상의 층에 걸치지 않도록 할 것. 다만, 하나의 경계구역의 면적이 500m² 이하이면서 해당 경계구역이 2개의 층에 걸치는 경우이거나 계단·경사로·승강기의 승강로, 그 밖에 이와 유사한 장소에 연기감지기를 설치하는 경우에는 그렇지 않다.

② 하나의 경계구역의 면적은 600m² 이하로 하고 그 한 변의 길이는 50m(광전식분리형 감지기를 설치할 경우에는 100m) 이하로 할 것. 다만, 해당 건축물 그 밖의 공작물의 주요한 출입구에서 그 내부의 전체를 볼 수 있는 경우에 있어서는 그 면적을 1,000m² 이하로 할 수 있다.★

③ 자동화재탐지설비의 감지기(옥외탱크저장소에 설치하는 자동화재탐지설비의 감지기는 제외한다)는 지붕(상층이 있는 경우에는 상층의 바닥) 또는 벽의 옥내에 면한 부분(천장이 있는 경우에는 천장 또는 벽의 옥내에 면한 부분 및 천장의 뒷부분)에 유효하게 화재의 발생을 감지할 수 있도록 설치할 것

④ 자동화재탐지설비에는 비상전원을 설치할 것

⑤ 옥외탱크저장소에 설치하는 자동화재탐지설비의 감지기 설치기준

  ㉠ 불꽃감지기를 설치할 것. 다만, 불꽃을 감지하는 기능이 있는 지능형 폐쇄회로텔레비전(CCTV)을 설치한 경우 불꽃감지기를 설치한 것으로 본다.

  ㉡ 옥외저장탱크 외측과 별표 6 Ⅱ에 따른 보유공지 내에서 발생하는 화재를 유효하게 감지할 수 있는 위치에 설치할 것

  ㉢ 지지대를 설치하고 그 곳에 감지기를 설치하는 경우 지지대는 벼락에 영향을 받지 않도록 설치할 것

⑥ 옥외탱크저장소에 자동화재탐지설비를 설치하지 않을
수 있는 경우
   ㉠ 옥외탱크저장소의 방유제(防油堤)와 옥외저장탱
   크 사이의 지표면을 불연성 및 불침윤성(수분에
   젖지 않는 성질)이 있는 철근콘크리트 구조 등으로
   한 경우
   ㉡ 화학물질관리법 시행규칙 별표 5 제6호의 화학물
   질안전원장이 정하는 고시에 따라 가스감지기를
   설치한 경우
⑦ 옥외탱크저장소에 자동화재속보설비를 설치하지 않을
수 있는 경우
   ㉠ 옥외탱크저장소의 방유제(防油堤)와 옥외저장탱
   크 사이의 지표면을 불연성 및 불침윤성(수분에
   젖지 않는 성질)이 있는 철근콘크리트 구조 등으로
   한 경우
   ㉡ 화학물질관리법 시행규칙 별표 5 제6호의 화학물
   질안전원장이 정하는 고시에 따라 가스감지기를
   설치한 경우
   ㉢ 자체소방대를 설치한 경우
   ㉣ 안전관리자가 해당 사업소에 24시간 상주하는
   경우

1-1. 위험물안전관리법령상 지정수량의 10배 이상의 위험물을
저장, 취급하는 제조소 등에 설치해야 할 경보설비 종류에 해
당되지 않는 것은?

① 확성장치   ② 비상방송설비
③ 자동화재탐지설비   ④ 무선통신보조설비

1-2. 경보설비를 설치해야 하는 장소에 해당되지 않는 것은?

① 지정수량 100배 이상의 위험물을 저장, 취급하는 옥내저장소
② 옥내주유취급소
③ 연면적 $500m^2$이고 취급하는 위험물의 지정수량이 100배인
제조소
④ 지정수량 10배 이상의 제4류 위험물을 저장, 취급하는 이동
탱크저장소

|해설|

1-1, 1-2
경보설비를 설치해야 하는 제조소 등
• 제조소 및 일반취급소 : 자동화재탐지설비 설치
  – 연면적 $500m^2$ 이상
  – 옥내에서 지정수량의 100배 이상을 취급하는 것
• 지정수량의 100배 이상을 저장 및 취급하는 옥내저장소 : 자동
화재탐지설비 설치
• 소화난이도등급 I 에 해당하는 옥내탱크저장소 : 자동화재탐지
설비 설치
• 옥내주유취급소 : 자동화재탐지설비 설치
• 지정수량의 10배 이상 : 자동화재탐지설비, 비상경보설비, 확
성장치, 비상방송설비 중 1종 이상 설치

정답 1-1 ④   1-2 ④

(1) 피난설비의 개요

피난기구는 화재가 발생하였을 때 소방대상물에 상주하는 사람들을 안전한 장소로 피난시킬 수 있는 기계·기구를 말하며 피난설비는 화재발생 시 건축물로부터 피난하기 위해 사용하는 기계·기구 또는 설비를 말한다.

※ 소방에서는 피난구조설비이다.

(2) 피난설비의 종류

① 미끄럼대, 피난사다리, 구조대, 완강기, 피난교, 공기안전매트, 다수인 피난장비, 그 밖의 피난기구

② 방열복 또는 방화복(안전모, 보호장갑 및 안전화 포함), 공기호흡기 및 인공소생기(인명구조기구)

③ 피난유도선, 유도등 및 유도표지

④ 비상조명등 및 휴대용비상조명등

(3) 피난설비의 설치기준

① 주유취급소 중 건축물의 2층 이상의 부분을 점포·휴게음식점 또는 전시장의 용도로 사용하는 것에 있어서는 해당 건축물의 2층 이상으로부터 주유취급소의 부지 밖으로 통하는 출입구와 해당 출입구로 통하는 통로·계단 및 출입구에 유도등을 설치해야 한다.

② 옥내주유취급소에 있어서는 해당 사무소 등의 출입구 및 피난구와 해당 피난구로 통하는 통로·계단 및 출입구에 유도등을 설치해야 한다. ★

③ 유도등에는 비상전원을 설치해야 한다.

10년간 자주 출제된 문제

유도등 설치에서 거실, 주차장 등 개방된 통로에 설치하는 유도등으로 피난의 방향을 명시하는 것은 어떤 유도등을 말하는가?

① 계단통로 유도등
② 복도통로 유도등
③ 거실통로 유도등
④ 소형피난 유도등

|해설|

거실통로 유도등 : 거실, 주차장 등 개방된 통로에 설치하는 유도등으로 피난의 방향을 명시하는 것

정답 ③

03 위험물의 성상 및 취급

제1절 제1류 위험물

핵심이론 01 제1류 위험물 특성

(1) 종 류

하단 표 참조

(2) 정 의★

산화성 고체란 고체[액체(1기압 및 20℃에서 액상인 것 또는 20℃ 초과 40℃ 이하에서 액상인 것) 또는 기체(1기압 및 20℃에서 기상인 것) 외의 것]로서 산화력의 잠재적인 위험성 또는 충격에 대한 민감성을 판단하기 위하여 소방청장이 정하여 고시하는 시험에서 고시로 정하는 성질과 상태를 나타내는 것이다.

(3) 일반적인 성질★

① 대부분 무색 결정 또는 백색분말의 산화성 고체이다.
② 무기화합물로서 강산화성 물질이며 불연성이다.
③ 가열, 충격, 마찰, 타격으로 분해하여 산소를 방출한다.
④ 비중은 1보다 크며 물에 녹는 것도 있고 질산염류와 같이 조해성이 있는 것도 있다.

(4) 위험성

① 가열 또는 제6류 위험물(산화성 액체)과 혼합하면 산화성이 증대된다.
② NH_4NO_3, NH_4ClO_3은 가연물과 접촉·혼합하면 분해 폭발한다.
③ 무기과산화물은 물과 반응하여 산소를 방출하고 심하게 발열한다.

[제1류 위험물의 종류]

성 질	품 명★		해당하는 위험물	위험등급	지정수량
산화성 고체 ★	1. 아염소산염류		$KClO_2$, $NaClO_2$	I	50kg
	2. 염소산염류		$KClO_3$, $NaClO_3$, NH_4ClO_3		
	3. 과염소산염류		$KClO_4$, $NaClO_4$, NH_4ClO_4		
	4. 무기과산화물		K_2O_2, Na_2O_2, CaO_2, BaO_2, MgO_2		
	5. 브로민산염류		$KBrO_3$, $NaBrO_3$	II	300kg
	6. 질산염류		KNO_3, $NaNO_3$, NH_4NO_3		
	7. 아이오딘산염류		KIO_3, $NaIO_3$, NH_4IO_3, $AgIO_3$		
	8. 과망가니즈산염류		$KMnO_4$, $NaMnO_4$, NH_4MnO_4	III	1,000kg
	9. 다이크로뮴산염류		$K_2Cr_2O_7$, $Na_2Cr_2O_7$, $(NH_4)_2Cr_2O_7$		
	10. 그 밖에 행정안전부령이 정하는 것	① 과아이오딘산염류	KIO_4, $NaIO_4$	II	300kg
		② 과아이오딘산	HIO_4		
		③ 크로뮴, 납 또는 아이오딘의 산화물	CrO_3, PbO_2, Pb_3O_4		
		④ 아질산염류	KNO_2, $NaNO_2$, NH_4NO_2, $AgNO_2$		
		⑤ 염소화아이소사이아누르산	OCNClONClCONCl		
		⑥ 퍼옥소이황산염류	$K_2S_2O_8$, $Na_2S_2O_8$		
		⑦ 퍼옥소붕산염류	$NaBO_3 \cdot 4H_2O$		
		⑧ 차아염소산염류	$KClO$, $NaClO$	I	50kg

④ 유기물과 혼합하면 폭발의 위험이 있다.

(5) 저장 및 취급방법
① 가열, 마찰, 충격 등의 요인을 피한다.
② 제2류 위험물(환원성 물질)과의 접촉을 피한다.
③ 조해성 물질은 습기나 수분과의 접촉을 피한다.
④ 무기과산화물은 공기나 물과의 접촉을 피한다.
⑤ 용기를 옮길 때에는 밀봉용기를 사용한다.

(6) 소화방법
① 제1류 위험물 : 물에 의한 냉각소화
② 알칼리금속의 과산화물 : 마른 모래, 탄산수소염류분 말소화약제, 팽창질석, 팽창진주암

(7) 제1류 위험물의 반응식
① 염소산칼륨의 열분해 반응식
$2KClO_3 \rightarrow 2KCl + 3O_2 \uparrow$

② 염소산나트륨의 반응식★
  ㉠ 분해반응 : $2NaClO_3 \rightarrow 2NaCl + 3O_2 \uparrow$
  ㉡ 염산과 반응 : $2NaClO_3 + 2HCl \rightarrow 2NaCl + 2ClO_2 + H_2O_2$

③ 과산화칼륨의 반응식★
  ㉠ 물과 반응 : $2K_2O_2 + 2H_2O \rightarrow 4KOH + O_2 \uparrow$
  ㉡ 가열분해반응 : $2K_2O_2 \rightarrow 2K_2O + O_2 \uparrow$
  ㉢ 탄산가스와 반응 : $2K_2O_2 + 2CO_2 \rightarrow 2K_2CO_3 + O_2 \uparrow$
  ㉣ 초산과 반응
    $K_2O_2 + 2CH_3COOH \rightarrow 2CH_3COOK + H_2O_2$
  ㉤ 염산과 반응 : $K_2O_2 + 2HCl \rightarrow 2KCl + H_2O_2$
  ㉥ 황산과 반응 : $K_2O_2 + H_2SO_4 \rightarrow K_2SO_4 + H_2O_2$

④ 과산화나트륨의 반응식★★
  ㉠ 물과 반응 : $2Na_2O_2 + 2H_2O \rightarrow 4NaOH + O_2 \uparrow$
  ㉡ 가열분해반응 : $2Na_2O_2 \rightarrow 2Na_2O + O_2 \uparrow$
  ㉢ 탄산가스와 반응
    $2Na_2O_2 + 2CO_2 \rightarrow 2Na_2CO_3 + O_2 \uparrow$

  ㉣ 초산과 반응
    $Na_2O_2 + 2CH_3COOH \rightarrow 2CH_3COONa + H_2O_2$
  ㉤ 염산과 반응 : $Na_2O_2 + 2HCl \rightarrow 2NaCl + H_2O_2$
  ㉥ 황산과 반응 : $Na_2O_2 + H_2SO_4 \rightarrow Na_2SO_4 + H_2O_2$

⑤ 과산화칼슘의 반응식
  ㉠ 가열분해반응 : $2CaO_2 \rightarrow 2CaO + O_2 \uparrow$
  ㉡ 물과 반응 : $2CaO_2 + 2H_2O \rightarrow 2Ca(OH)_2 + O_2 \uparrow$
  ㉢ 산과 반응 : $CaO_2 + 2HCl \rightarrow CaCl_2 + H_2O_2$

⑥ 과산화바륨의 반응식
  ㉠ 가열분해반응 : $2BaO_2 \rightarrow 2BaO + O_2 \uparrow$
  ㉡ 물과 반응 : $2BaO_2 + 2H_2O \rightarrow 2Ba(OH)_2 + O_2 \uparrow$
  ㉢ 산과 반응 : $BaO_2 + 2HCl \rightarrow BaCl_2 + H_2O_2$

⑦ 과산화마그네슘의 반응식
  ㉠ 가열분해반응 : $2MgO_2 \rightarrow 2MgO + O_2 \uparrow$
  ㉡ 산과의 반응 : $MgO_2 + 2HCl \rightarrow MgCl_2 + H_2O_2$

⑧ 질산칼륨의 열분해 반응식
$2KNO_3 \rightarrow 2KNO_2 + O_2 \uparrow$

⑨ 질산나트륨의 열분해 반응식
$2NaNO_3 \rightarrow 2NaNO_2 + O_2 \uparrow$

⑩ 질산암모늄의 폭발, 분해 반응식★
$2NH_4NO_3 \rightarrow 2N_2 + 4H_2O + O_2 \uparrow$

⑪ 과망가니즈산칼륨의 반응식★
  ㉠ 분해반응 : $2KMnO_4 \rightarrow K_2MnO_4 + MnO_2 + O_2 \uparrow$
  ㉡ 묽은 황산과 반응 : $4KMnO_4 + 6H_2SO_4$
    $\rightarrow 2K_2SO_4 + 4MnSO_4 + 6H_2O + 5O_2 \uparrow$
  ㉢ 염산과 반응 : $2KMnO_4 + 16HCl$
    $\rightarrow 2KCl + 2MnCl_2 + 8H_2O + 5Cl_2 \uparrow$

※ 지정수량의 배수
$$= \frac{저장(취급)수량}{지정수량} + \frac{저장(취급)수량}{지정수량} + \cdots$$

1-1. 다음 중 제1류 위험물에 속하지 않는 것은?

① NH_4ClO_3
② BaO_2
③ CH_3ONO_2
④ $NaNO_3$

1-2. 제1류 위험물 중 무기과산화물 450kg, 질산염류 150kg, 다이크로뮴산염류 3,000kg을 저장하려 한다. 지정수량의 몇 배인가?

① 4배
② 8배
③ 11.5배
④ 12.5배

1-3. 위험물안전관리법상 제1류 위험물의 특징이 아닌 것은?

① 외부 충격 등에 의해 가연성의 산소를 대량 발생한다.
② 가열에 의해 산소를 방출한다.
③ 다른 가연물의 연소를 돕는다.
④ 가연물과 혼재하면 화재 시 위험하다.

1-4. 알칼리금속의 과산화물인 과산화나트륨의 화재 시 소화방법으로 적당한 것은 어느 것인가?

① 포소화제
② 물
③ 마른 모래
④ 탄산가스

|해설|

1-1
위험물의 분류

종 류	구 분
염소산암모늄(NH_4ClO_3)	제1류 위험물 염소산염류
과산화바륨(BaO_2)	제1류 위험물 무기과산화물
질산메틸(CH_3ONO_2)	제5류 위험물 질산에스터류
질산나트륨($NaNO_3$)	제1류 위험물 질산염류

1-2

$$지정배수 = \frac{저장수량}{지정수량}$$

$$= \frac{450kg}{50kg} + \frac{150kg}{300kg} + \frac{3,000kg}{1,000kg}$$

$$= 12.5배$$

1-3
제1류 위험물은 충격에 의하여 조연성 가스인 산소를 발생한다.

1-4
과산화나트륨(Na_2O_2)의 소화약제 : 마른 모래, 팽창질석, 팽창진주암, 탄산수소염류분말약제

정답 **1-1** ③ **1-2** ④ **1-3** ① **1-4** ③

핵심이론 02 | 각 위험물의 특성 Ⅰ

(1) 아염소산염류

① 아염소산칼륨

㉠ 물 성

화학식	지정수량	분자량	분해 온도
$KClO_2$	50kg	106.5	160℃

㉡ 무색의 결정성 분말이다.

㉢ 조해성과 부식성이 있다.

㉣ 열, 햇빛, 충격에 의해 폭발 위험이 있다.

② 아염소산나트륨

㉠ 물 성

화학식	지정수량	분자량	분해 온도
$NaClO_2$	50kg	90.5	수분이 포함될 경우 120~130℃ (무수물 : 350℃)

㉡ 무색의 결정성 분말로서 물에 녹는다.

㉢ 비교적 안정하나 시판품은 140℃ 이상의 온도에서 발열반응을 일으킨다.

㉣ 단독으로 폭발이 가능하고 분해온도 이상에서는 산소를 발생한다.

㉤ 염산과 반응하면 이산화염소(ClO_2)의 유독가스가 발생한다.★

$$3NaClO_2 + 2HCl \rightarrow 3NaCl + 2ClO_2 + H_2O_2$$

㉥ 목탄, 황, 유기물, 에터, 금속분 등과 접촉 또는 혼합에 의하여 발화 또는 폭발한다.

㉦ 수용액은 강한 산성이다.

(2) 염소산염류

① 염소산칼륨

㉠ 물 성

화학식	지정수량	분자량	비 중	융 점	분해 온도
$KClO_3$	50kg	122.5	2.32	368℃	400℃

㉡ 무색의 단사정계 판상결정 또는 백색분말로서 상온에서 안정한 물질이다.

ⓒ 가열, 충격, 마찰 등에 의해 폭발한다.

ⓔ 산과 반응하면 이산화염소(ClO_2)의 유독가스가 발생한다. ★★

$$2KClO_3 + 2HCl \longrightarrow 2KCl + 2ClO_2 + H_2O_2$$
（염산）　　　（염화칼륨）

ⓜ 냉수, 알코올에 녹지 않고, 온수나 글리세린에는 녹는다.

ⓑ 일광에 장시간 방치하면 분해하여 $MClO_2$를 만든다.

ⓢ 목탄과 혼합하면 발화, 폭발의 위험이 있다.

ⓞ 염소산칼륨의 분해반응식 ★★★

$$2KClO_3 \xrightarrow[\text{정촉매}]{\text{MnO}_2} 2KCl + 3O_2 \uparrow$$
（염화칼륨）　（산소）

② 염소산나트륨

　ⓖ 물 성

화학식	지정수량	분자량	융 점	비 중	분해 온도
NaClO₃	50kg	106.5	248℃	2.49	300℃

ⓛ 무색 무취의 입방정계 주상결정이다.

ⓒ 물, 알코올, 에터에 녹는다.

ⓔ 조해성이 강하므로 수분과의 접촉을 피한다.

ⓜ 산과 반응하면 이산화염소(ClO_2)의 유독가스가 발생한다.

　• $2NaClO_3 + 2HCl \longrightarrow 2NaCl + 2ClO_2 + H_2O_2$
　　　　　　　　　　　　　　（염화나트륨）

　• $2NaClO_3 + H_2SO_4 \longrightarrow Na_2SO_4 + 2ClO_2 + H_2O_2$
　　　　　　　　　　　　　　（황산나트륨）

ⓑ 조해성이 있으므로 용기는 밀폐, 밀봉하여 저장한다.

ⓢ 살충제, 불꽃류의 원료로 사용된다.

ⓞ 염소산나트륨의 분해반응식 ★

$$2NaClO_3 \longrightarrow 2NaCl + 3O_2 \uparrow$$

③ 염소산암모늄

　ⓖ 물 성

화학식	지정수량	분자량	분해 온도
NH₄ClO₃	50kg	101.5	100℃

ⓛ 수용액은 산성으로, 금속을 부식시킨다.

ⓒ 조해성이 있고 폭발성이 있다.

ⓔ 염소산암모늄의 분해반응식 ★

$$2NH_4ClO_3 \longrightarrow N_2 + Cl_2 + O_2 + 4H_2O$$
（질소）（염소）（산소）

(3) 과염소산염류

① 과염소산칼륨

　ⓖ 물 성

화학식	지정수량	분자량	비 중	융 점	분해 온도
KClO₄	50kg	138.5	2.52	400℃	400℃

ⓛ 무색 무취의 사방정계 결정이다.

ⓒ 물, 알코올, 에터에 녹지 않는다.

ⓔ 탄소, 황, 유기물과 혼합하였을 때 가열, 마찰, 충격에 의하여 폭발한다.

ⓜ 염산과 반응하면 이산화염소(ClO_2)의 유독가스가 발생한다.

$$3KClO_4 + 4HCl \longrightarrow 3KCl + 4ClO_2 + 2H_2O_2 \uparrow$$

② 과염소산나트륨

　ⓖ 물 성

화학식	지정수량	분자량	비 중	융 점	분해 온도
NaClO₄	50kg	122.5	2.02	482℃	400℃

ⓛ 무색 무취의 결정으로서 조해성이 있다.

ⓒ 물, 아세톤, 알코올에 녹고, 에터(다이에틸에터)에는 녹지 않는다.

ⓔ 염산과 반응하면 이산화염소(ClO_2)의 유독가스가 발생한다.

$$3NaClO_4 + 4HCl \longrightarrow 3NaCl + 4ClO_2 + 2H_2O_2 \uparrow$$

③ 과염소산암모늄

　ⓖ 물 성

화학식	지정수량	분자량	비 중	분해 온도
NH₄ClO₄	50kg	117.5	2.0	130℃

ⓛ 무색의 수용성 결정이다.

ⓒ 상온에서 비교적 안정하다.

ⓔ 물, 에탄올, 아세톤에 녹고 에터에는 녹지 않는다.

ⓜ 폭약이나 성냥원료로 쓰인다.

ⓗ 130℃에서 분해하기 시작하며 300℃에서 급격히 분해하여 폭발한다.★

- 130℃에서 분해 : $NH_4ClO_4 \rightarrow NH_4Cl + 2O_2\uparrow$
  (염화암모늄)

- 300℃에서 분해

  $2NH_4ClO_4 \rightarrow N_2 + Cl_2 + 2O_2 + 4H_2O$

(4) 무기과산화물

① 과산화물의 분류

ⓐ 무기과산화물(제1류 위험물)

- 알칼리금속의 과산화물(과산화칼륨, 과산화나트륨)

- 알칼리금속 외(알칼리토금속)의 과산화물(과산화칼슘, 과산화바륨, 과산화마그네슘)

- 알칼리금속의 과산화물 : M_2O_2

- 알칼리금속 외의 과산화물 : MO_2

ⓑ 유기과산화물(제5류 위험물)

② 과산화칼륨

ⓐ 물 성

화학식	지정수량	분자량	비 중	분해 온도
K_2O_2	50kg	110	2.9	490℃

ⓑ 무색 또는 오렌지색의 결정이다.

ⓒ 에틸알코올에 녹는다.

ⓓ 피부 접촉 시 피부를 부식시키고 탄산가스를 흡수하면 탄산염이 된다.

ⓔ 다량일 경우 폭발의 위험이 있고 소량의 물과 접촉 시 발화의 위험이 있다.

ⓕ 소화방법 : 마른 모래, 암분, 탄산수소염류 분말소화약제, 팽창질석, 팽창진주암

ⓖ 과산화칼륨의 반응식★★

- 가열분해반응 : $2K_2O_2 \rightarrow 2K_2O + O_2\uparrow$
  (산화칼륨)

- 물과 반응 : $2K_2O_2 + 2H_2O \rightarrow 4KOH + O_2\uparrow +$ 발열

- 탄산가스와 반응

  $2K_2O_2 + 2CO_2 \rightarrow 2K_2CO_3 + O_2\uparrow$
  (탄산칼륨)

- 초산과 반응

  $K_2O_2 + 2CH_3COOH \rightarrow 2CH_3COOK + H_2O_2$
  (초산칼륨)　(과산화수소)

- 염산과 반응 : $K_2O_2 + 2HCl \rightarrow 2KCl + H_2O_2$

- 황산과 반응 : $K_2O_2 + H_2SO_4 \rightarrow K_2SO_4 + H_2O_2$
  (황산칼륨)

③ 과산화나트륨

ⓐ 물 성

화학식	지정수량	분자량	비 중	융 점	분해 온도
Na_2O_2	50kg	78	2.8	460℃	460℃

ⓑ 순수한 것은 백색이지만 보통은 황백색의 분말이다.

ⓒ 에틸알코올에 녹지 않는다.

ⓓ 흡습성이 있다.

ⓔ 목탄, 가연물과 접촉하면 발화되기 쉽다.

ⓕ 산과 반응하면 과산화수소를 생성한다.

$Na_2O_2 + 2HCl \rightarrow 2NaCl + H_2O_2$

ⓖ 소화방법 : 마른 모래, 탄산수소염류 분말소화약제, 팽창질석, 팽창진주암

ⓗ 과산화나트륨의 반응식★★

- 가열분해반응 : $2Na_2O_2 \rightarrow 2Na_2O + O_2\uparrow$

- 물과 반응★★★

  $2Na_2O_2 + 2H_2O \rightarrow 4NaOH + O_2\uparrow +$ 발열

- 탄산가스와 반응

  $2Na_2O_2 + 2CO_2 \rightarrow 2Na_2CO_3 + O_2\uparrow$
  (탄산나트륨)

- 초산과 반응★

  $Na_2O_2 + 2CH_3COOH \rightarrow 2CH_3COONa + H_2O_2$
  (초산나트륨)　(과산화수소)

- 염산과 반응★ : $Na_2O_2 + 2HCl \rightarrow 2NaCl + H_2O_2$

- 황산과 반응 : $Na_2O_2 + H_2SO_4 \rightarrow Na_2SO_4 + H_2O_2$

④ 과산화칼슘

㉠ 물 성

화학식	지정수량	분자량	비 중	분해 온도
CaO_2	50kg	72	1.7	275℃

㉡ 백색 분말이다.

㉢ 물, 알코올, 에터에 녹지 않는다.

㉣ 물과 반응하면 산소가스를 발생한다.

㉤ 과산화칼슘의 반응식

• 가열분해반응 : $2CaO_2 \rightarrow 2CaO + O_2 \uparrow$

• 물과 반응

$2CaO_2 + 2H_2O \rightarrow 2Ca(OH)_2 + O_2 \uparrow + 발열$

• 염산과 반응 : $CaO_2 + 2HCl \rightarrow \underset{(염화칼슘)}{CaCl_2} + H_2O_2$

⑤ 과산화바륨

㉠ 물 성

화학식	지정수량	분자량	비 중	융 점	분해 온도
BaO_2	50kg	169	4.95	450℃	840℃

㉡ 백색 분말이다.

㉢ 냉수에 약간 녹고, 묽은 산에는 녹는다.

㉣ 물과 반응하면 산소가스를 발생한다.

㉤ 금속용기에 밀폐, 밀봉하여 둔다.

㉥ 과산화물이 되기 쉽고 분해온도(840℃)가 무기과산화물 중 가장 높다.

㉦ 과산화바륨의 반응식

• 가열분해반응 : $2BaO_2 \rightarrow \underset{(산화바륨)}{2BaO} + O_2 \uparrow$

• 물과 반응

$2BaO_2 + 2H_2O \rightarrow 2Ba(OH)_2 + O_2 \uparrow + 발열$

• 염산과 반응 : $BaO_2 + 2HCl \rightarrow BaCl_2 + H_2O_2$

• 황산과 반응 : $BaO_2 + H_2SO_4 \rightarrow \underset{(황산바륨)}{BaSO_4} + H_2O_2$

⑥ 과산화마그네슘

㉠ 물 성

화학식	지정수량	분자량
MgO_2	50kg	56.3

㉡ 백색 분말로서 물에 녹지 않는다.

㉢ 시판품은 15~20%의 MgO_2를 함유한다.

㉣ 물과 반응하면 산소가스를 발생한다.

㉤ 산화제와 혼합하여 가열하면 폭발 위험이 있다.

㉥ 과산화마그네슘의 반응식

• 가열분해반응 : $2MgO_2 \rightarrow \underset{(산화마그네슘)}{2MgO} + O_2 \uparrow$

• 물과 반응

$2MgO_2 + 2H_2O \rightarrow \underset{(수산화마그네슘)}{2Mg(OH)_2} + O_2 \uparrow + 발열$

• 염산과 반응 : $MgO_2 + 2HCl \rightarrow \underset{(염화마그네슘)}{MgCl_2} + H_2O_2$

2-1. 아염소산나트륨의 성상에 관한 설명 중 잘못된 것은?

① 자신은 불연성이다.

② 불안정하여 180℃ 이상 가열하면 산소를 방출한다.

③ 수용액 상태에서도 강력한 환원력을 가지고 있다.

④ 티오황산나트륨, 다이에틸에터 등과 혼합하면 폭발한다.

2-2. $KClO_3$를 가열할 때 나타나는 현상과 관계가 없는 것은?

① 화학적 분해를 한다.

② 산소가스가 발생된다.

③ 염소가스가 발생한다.

④ 염화칼륨이 생성된다.

2-3. 염소산칼륨을 이산화망가니즈을 촉매로 하여 가열하면 염화칼륨과 산소로 열분해 된다. 표준상태를 기준으로 11.2L의 산소를 얻으려면 몇 g의 염소산칼륨이 필요한가?(단, 원자량은 K 39, Cl 35.5이다)

① 3,063g

② 40.83g

③ 61.25g

④ 112.5g

2-4. 염소산나트륨에 관한 설명으로 틀린 것은?

① 산과 반응하여 유독한 이산화염소를 발생한다.
② 무색 결정이다.
③ 조해성이 있다.
④ 알코올이나 글리세린에 녹지 않는다.

2-5. 제1류 위험물 중 가열 시 분해온도가 가장 낮은 물질은 무엇인가?

① $KClO_3$
② Na_2O_2
③ NH_4ClO_4
④ KNO_3

2-6. 다음 중 화재 시 주수소화를 하면 위험성이 증가하는 것은?

① 염소산칼륨
② 과산화칼륨
③ 과염소산나트륨
④ 과산화수소

2-7. 과산화나트륨의 화재 시 소화방법으로 다음 중 가장 적당한 것은?

① 포소화약제
② 물
③ 마른 모래
④ 탄산가스

2-8. 제1류 위험물로서 물과 반응하여 발열하고 위험성이 증가하는 것은?

① 염소산칼륨
② 과산화나트륨
③ 과산화수소
④ 질산암모늄

| 해설 |

2-1

아염소산나트륨($NaClO_2$) : 제1류 위험물로서 산화제

2-2

염소산칼륨의 분해반응식
$2KClO_3 \rightarrow 2KCl + 3O_2 \uparrow$

2-3

염소산칼륨의 분해반응식

$2KClO_3 \rightarrow 2KCl + 3O_2 \uparrow$
$2 \times 122.5g$ ⤬ $3 \times 22.4L$
x $11.2L$

$\therefore x = \dfrac{2 \times 122.5g \times 11.2L}{3 \times 22.4L} = 40.83g$

2-4

염소산나트륨은 물, 알코올, 에터에 녹는다.

2-5
분해온도

종 류	분해온도(℃)
염소산칼륨($KClO_3$)	400
과산화나트륨(Na_2O_2)	460
과염소산암모늄(NH_4ClO_4)	130
질산칼륨(KNO_3)	400

2-6
과산화칼륨(K_2O_2)은 물(H_2O)과 반응하여 산소를 발생하므로 위험하다.
$2K_2O_2 + 2H_2O \rightarrow 4KOH + O_2 \uparrow + 발열$

2-7
무기과산화물(과산화나트륨, 과산화칼륨)의 소화약제 : 마른 모래

2-8
과산화나트륨은 물과 반응하면 발열하고 산소를 발생한다.
$2Na_2O_2 + 2H_2O \rightarrow 4NaOH + O_2 \uparrow + 발열$

정답 2-1 ③　2-2 ③　2-3 ②　2-4 ④　2-5 ③　2-6 ②　2-7 ③　2-8 ②

(1) 브로민산염류

물질명	화학식	지정수량	분자량	분해 온도
브로민산칼륨	$KBrO_3$	300kg	167	370℃
브로민산나트륨	$NaBrO_3$	300kg	151	381℃
브로민산바륨	$Ba(BrO_3)_2$	300kg	411	414℃

(2) 질산염류

① 질산칼륨

　㉠ 물 성★

화학식	지정수량	분자량	비 중	융 점	분해 온도
KNO_3	300kg	101	2.1	339℃	400℃

　㉡ 무색 무취의 결정 또는 백색결정으로 초석이라고도 한다.

　㉢ 물, 글리세린에 잘 녹으나, 알코올에는 녹지 않는다.

　㉣ 강산화제이며 가연물과 접촉하면 위험하다.

　㉤ 황과 숯가루와 혼합하여 흑색화약을 제조한다.

　㉥ 가열하면 열분해하여 아질산칼륨과 산소를 방출한다.

　　$2KNO_3 \rightarrow 2KNO_2 + O_2$
　　　　　　(아질산칼륨)

　㉦ 소화방법 : 주수소화

② 질산나트륨

　㉠ 물 성

화학식	지정수량	분자량	비 중	융 점	분해 온도
$NaNO_3$	300kg	85	2.27	308℃	380℃

　㉡ 무색 무취의 결정으로 칠레초석이라고도 한다.

　㉢ 조해성이 있는 강산화제이다.

　㉣ 물, 글리세린에 잘 녹고, 무수알코올에는 녹지 않는다.

　㉤ 가연물, 유기물과 혼합하여 가열하면 폭발한다.

　㉥ 질산나트륨의 분해반응식

　　$2NaNO_3 \rightarrow 2NaNO_2 + O_2\uparrow$
　　　　　　(아질산나트륨)

③ 질산암모늄

　㉠ 물 성★

화학식	지정수량	분자량	비 중	융 점	분해 온도
NH_4NO_3	300kg	80	1.73	165℃	220℃

　㉡ 무색 무취의 결정으로 조해성 및 흡수성이 강하다.

　㉢ 물, 알코올에 녹고 물에 용해 시 흡열반응을 한다.★

　㉣ 유기물과 혼합하여 가열하면 폭발한다.

　㉤ 질산암모늄의 분해반응식

　　$2NH_4NO_3 \rightarrow 4H_2O + 2N_2 + O_2\uparrow$

④ 질산은

　㉠ 물 성

화학식	지정수량	비 중	융 점
$AgNO_3$	300kg	4.35	212℃

　㉡ 무색 무취이고 투명한 결정이다.

　㉢ 물, 아세톤, 알코올, 글리세린에는 잘 녹는다.

　㉣ 햇빛에 의해 변질되므로 갈색병에 보관해야 한다.

　㉤ 질산은의 분해반응식

　　$2AgNO_3 \rightarrow 2Ag + 2NO_2 + O_2$
　　　　　　(은)　(이산화질소)

(3) 아이오딘산염류

① 아이오딘산칼륨

　㉠ 물 성

화학식	지정수량	분자량
KIO_3	300kg	214

　㉡ 광택이 나는 무색의 결정성 분말이다.

　㉢ 염소산칼륨보다는 위험성이 작다.

　㉣ 융점 이상으로 가열하면 산소를 방출하며, 가연물과 혼합하면 폭발 위험이 있다.

② 아이오딘산나트륨

　㉠ 화학식은 $NaIO_3$이다.

　㉡ 백색의 결정 또는 분말이다.

　㉢ 물에 녹고 알코올에는 녹지 않는다.

　㉣ 의약이나 분석시약으로 사용한다.

③ 기타 아이오딘산염류

물질명	화학식	지정수량	분자량	분해 온도
아이오딘산암모늄	NH_4IO_3	300kg	193	150℃
아이오딘산은	$AgIO_3$	300kg	283	410℃

㉠ 아이오딘산마그네슘[$Mg(IO_3)_2$]

㉡ 아이오딘산칼슘[$Ca(IO_3)_2$]

㉢ 아이오딘산바륨[$Ba(IO_3)_2$]

(4) 과망가니즈산염류

① 과망가니즈산칼륨

㉠ 물 성

화학식	지정수량	분자량	비 중	분해 온도
$KMnO_4$	1,000kg	158	2.7	200~250℃

㉡ 흑자색의 주상결정으로 산화력과 살균력이 강하다.

㉢ 물, 알코올, 아세톤에 녹으면 진한 보라색을 나타낸다.★

㉣ 진한 황산과 접촉하면 폭발적으로 반응한다.

㉤ 강알칼리와 접촉시키면 산소를 방출한다.

㉥ 알코올, 에터, 글리세린 등 유기물과의 접촉을 피한다.

㉦ 목탄, 황 등의 환원성 물질과 접촉 시 충격에 의해 폭발의 위험성이 있다.

㉧ 살균소독제, 산화제로 이용된다.

㉨ 과망가니즈산칼륨의 반응식★

• 분해반응식

$2KMnO_4 \quad \rightarrow \quad K_2MnO_4 + MnO_2 + O_2 \uparrow$
(망가니즈산칼륨) (이산화망가니즈)

• 묽은 황산과 반응식

$4KMnO_4 + 6H_2SO_4$
$\rightarrow 2K_2SO_4 + 4MnSO_4 + 6H_2O + 5O_2 \uparrow$

• 진한 황산과 반응식

$2KMnO_4 + H_2SO_4 \rightarrow K_2SO_4 + 2HMnO_4$
(과망가니즈산)

• 염산과 반응식

$2KMnO_4 + 16HCl$
$\rightarrow 2KCl + 2MnCl_2 + 8H_2O + 5Cl_2 \uparrow$

② 과망가니즈산나트륨

㉠ 물 성

화학식	지정수량	분자량	분해 온도
$NaMnO_4$	1,000kg	142	170℃

㉡ 적자색의 결정으로 물에 잘 녹는다.

㉢ 조해성이 강하므로 수분에 주의해야 한다.

(5) 다이크로뮴산염류

① 다이크로뮴산칼륨

㉠ 물 성★

화학식	지정수량	분자량	비 중	융 점	분해 온도
$K_2Cr_2O_7$	1,000kg	298	2.69	398℃	500℃

㉡ 등적색의 판상결정이다.

㉢ 물에 녹고, 알코올에는 녹지 않는다.

㉣ 분해반응식

$4K_2Cr_2O_7 \rightarrow 2Cr_2O_3 + 4K_2CrO_4 + 3O_2$
(삼산화이크로뮴) (크로뮴산칼륨)

② 다이크로뮴산나트륨

㉠ 물 성

화학식	지정수량	분자량	비 중	융 점	분해 온도
$Na_2Cr_2O_7$	1,000kg	294	2.52	356℃	400℃

㉡ 등황색의 결정이다.

㉢ 유기물과 혼합되어 있을 때 가열, 마찰에 의해 발화 또는 폭발한다.

③ 다이크로뮴산암모늄

㉠ 물 성★

화학식	지정수량	분자량	비 중	분해 온도
$(NH_4)_2Cr_2O_7$	1,000kg	252	2.15	185℃

㉡ 적색 또는 등적색(오렌지색)의 단사정계 침상결정이다.

ⓒ 약 225℃에서 가열하면 분해하여 질소가스가 발생한다.

ⓔ 에틸렌, 수산화나트륨, 하이드라진과는 혼촉, 발화한다.

ⓕ 분해반응식

$(NH_4)_2Cr_2O_7 \rightarrow Cr_2O_3 + N_2 + 4H_2O$

(6) 과아이오딘산(HIO₄)

① 무색의 결정 또는 분말이다.

② 물과 알코올에는 녹고 에터에는 약간 녹는다.

③ 110℃에서 승화하고 138℃에서 분해하여 산소를 잃는다.

(7) 크로뮴, 납, 아이오딘의 산화물

① 무수크로뮴산(삼산화크로뮴)

ⓐ 물 성★

화학식	지정수량	분자량	융 점	분해 온도
CrO_3	300kg	100	196℃	250℃

ⓑ 암적색의 침상결정으로 조해성이 있다.

ⓒ 물, 알코올, 에터, 황산에 잘 녹는다.

ⓓ 크로뮴산화성의 크기 : $CrO < Cr_2O_3 < CrO_3$

ⓔ 황, 목탄분, 적린, 금속분, 강력한 산화제, 유기물, 인, 목탄분, 피크르산, 가연물과 혼합하면 폭발의 위험이 있다.

ⓕ 제4류 위험물과 접촉 시 발화한다.

ⓖ 물과 접촉 시 격렬하게 발열한다.

ⓗ 유기물과 환원제와는 격렬히 반응하며 강한 환원제와는 폭발한다.

ⓘ 소화방법 : 소량일 때에는 다량의 물로 냉각소화한다.

ⓙ 삼산화크로뮴을 융점 이상으로 가열하면(250℃) 삼산화제이크로뮴(Cr_2O_3)과 산소(O_2)를 발생한다. ★

$4CrO_3 \rightarrow 2Cr_2O_3 + 3O_2 \uparrow$

② 이산화납(pbO₂)

ⓐ 흑갈색의 결정분말이다.

ⓑ 염산과 반응하면 조연성 가스인 산소와 염소가스를 발생한다.

③ 사산화삼납(pb₃O₄)

ⓐ 적색 분말이다.

ⓑ 습기와 반응하여 오존을 생성한다.

ⓒ 가수분해하여 황산암모늄과 과산화수소를 생성한다.

3-1. KNO₃의 일반적 성질을 표현한 것이다. 틀린 것은?

① 무색 또는 백색 결정 분말이다.

② 물이나 알코올에는 잘 녹는다.

③ 단독으로는 분해하지 않지만 가열하면 산소와 아질산칼륨을 생성한다.

④ 차가운 자극성의 짠맛이 있고 산화성이 있다.

3-2. 질산암모늄의 성질에 대한 설명으로 옳은 것은?

① 물에 잘 녹고, 가열하면 산소를 발생한다.

② 물과 격렬하게 반응하여 발열한다.

③ 물에 녹지 않고, 환원성 고체를 가열하면 폭발한다.

④ 조해성과 흡습성이 없어서 폭약의 원료로 사용된다.

3-3. 과망가니즈산칼륨의 성질에 대한 설명 중 틀린 것은?

① 가열하면 약 200~250℃에서 분해한다.

② 가열 분해 시 이산화망가니즈과 물이 생성된다.

③ 흑자색의 결정이다.

④ 물에 녹으면 살균력을 나타낸다.

3-4. 다음 중 무수크로뮴산의 위험성과 관계 없는 것은?

① 상온에서 분해하여 산소를 발생한다.

② 물을 가하면 격렬하게 반응한다.

③ 목탄이 섞인 것을 가열하면 폭발할 수 있다.

④ 알코올과의 혼합 시 발화 위험이 있다.

|해설|

3-1

질산칼륨(KNO₃)은 물에는 잘 녹고 알코올에는 녹지 않는다.

3-2

질산암모늄은 물에 잘 녹고, 가열하면 산소를 발생한다.

3-3

과망가니즈산칼륨이 분해하면 망가니즈산칼륨(K_2MnO_4), 이산화망가니즈(MnO_2), 산소를 발생한다.

$$2KMnO_4 \rightarrow K_2MnO_4 + MnO_2 + O_2\uparrow$$

3-4

무수크로뮴산은 물, 알코올, 에터, 황산에 잘 녹는다.

정답 3-1 ② **3-2** ① **3-3** ② **3-4** ④

제2절 **제2류 위험물**

핵심이론 01 | **제2류 위험물의 특성**

(1) 종 류

성 질	품 명	위험등급 ★	지정수량 ★★
가연성 고체 ★	1. 황화인(삼황화인, 오황화인, 칠황화인), 적린, 황(단사황, 사방황, 고무상황)	II	100kg
	2. 철분, 금속분(Al분말, Zn분말, Ti분말, Co분말), 마그네슘	III	500kg
	3. 인화성 고체(고형알코올, 제삼부틸알코올)	III	1,000kg
	4. 그 밖에 행정안전부령이 정하는 것	II, III	100kg 또는 500kg

(2) 정 의

① **가연성 고체** : 고체로서 화염에 의한 발화의 위험성 또는 인화의 위험성을 판단하기 위하여 고시로 정하는 시험에서 고시로 정하는 성질과 상태를 나타내는 것이다.

② **황** : 순도가 60중량% 이상인 것을 말하며 순도 측정을 하는 경우 불순물은 활석 등 불연성 물질과 수분으로 한정한다. ★

③ **철분** : 철의 분말로서 53μm 의 표준체를 통과하는 것이 50중량% 미만은 제외한다. ★★

④ **금속분** : 알칼리금속·알칼리토류금속·철 및 마그네슘 외의 금속의 분말(구리분·니켈분 및 150μm 의 체를 통과하는 것이 50중량% 미만인 것은 제외)★

※ **마그네슘에 해당하지 않는 것★**

- 2mm의 체를 통과하지 않는 덩어리 상태의 것
- 직경 2mm 이상의 막대 모양의 것

⑤ **인화성 고체** : 고형알코올 그 밖에 1기압에서 인화점이 40℃ 미만인 고체★★

(3) 일반적인 성질

① 가연성 고체로서 비교적 낮은 온도에서 착화하기 쉬운 가연성 물질이다.

② 비중은 1보다 크고 물에 녹지 않는 강력한 환원성 물질이다.

③ 산소와 결합이 용이하여 산화되기 쉽고 연소속도가 빠르다.

④ 연소 시 연소열이 크고 연소온도가 높다.

(4) 위험성

① 착화온도가 낮아 저온에서 발화가 용이하다.

② 연소속도가 빠르고 연소 시 다량의 빛과 열이 발생한다.

③ 수분과 접촉하면 자연발화하고 금속분은 산, 할로젠원소, 황화수소와 접촉하면 발열·발화한다.

④ 가열·충격·마찰에 의해 발화 또는 폭발 위험이 있다.

(5) 저장 및 취급방법

① 화기를 피하고 불티, 불꽃, 고온체와의 접촉을 피한다.

② 산화제(제1류와 제6류 위험물)와의 혼합 또는 접촉을 피한다.

③ 철분, 마그네슘, 금속분은 물, 습기, 산과의 접촉을 피하여 저장한다.

④ 통풍이 잘되는 냉암소에 보관, 저장한다.

⑤ 황은 물에 의한 냉각소화가 적당하다.

(6) 소화방법★

① 금속분, 철분, 마그네슘 : 마른 모래, 팽창질석, 팽창진주암, 탄산수소염류 분말소화약제

② 황 등 제2류 위험물 : 냉각소화

(7) 제2류 위험물의 반응식★★

① 삼황화인의 연소반응 : $P_4S_3 + 8O_2 \rightarrow 2P_2O_5 + 3SO_2\uparrow$

② 오황화인의 반응

㉠ 물과 반응 : $P_2S_5 + 8H_2O \rightarrow 5H_2S\uparrow + 2H_3PO_4$

㉡ 연소반응 : $2P_2S_5 + 15O_2 \rightarrow 2P_2O_5 + 10SO_2\uparrow$

③ 적린의 연소반응 : $4P + 5O_2 \rightarrow 2P_2O_5$

④ 황의 연소반응 : $S + O_2 \rightarrow SO_2\uparrow$

⑤ 철분의 반응

㉠ 물과 반응 : $2Fe + 6H_2O \rightarrow 2Fe(OH)_3 + 3H_2\uparrow$

㉡ 염산과 반응 : $Fe + 2HCl \rightarrow FeCl_2 + H_2\uparrow$

⑥ 알루미늄의 반응

㉠ 물과 반응 : $2Al + 6H_2O \rightarrow 2Al(OH)_3 + 3H_2\uparrow$

㉡ 염산과 반응 : $2Al + 6HCl \rightarrow 2AlCl_3 + 3H_2\uparrow$

㉢ 알칼리와 반응

$2Al + 2KOH + 2H_2O \rightarrow 2KAlO_2 + 3H_2\uparrow$
(알루미늄산칼륨)

⑦ 아연의 반응

㉠ 물과 반응 : $Zn + 2H_2O \rightarrow Zn(OH)_2 + H_2\uparrow$

㉡ 염산과 반응 : $Zn + 2HCl \rightarrow ZnCl_2 + H_2\uparrow$

㉢ 초산과 반응

$Zn + 2CH_3COOH \rightarrow (CH_3COO)_2Zn + H_2\uparrow$
(초산아연)

⑧ 마그네슘의 반응★★

㉠ 연소반응 : $2Mg + O_2 \rightarrow 2MgO$

㉡ 물과 반응 : $Mg + 2H_2O \rightarrow Mg(OH)_2 + H_2\uparrow$

㉢ 염산과 반응 : $Mg + 2HCl \rightarrow MgCl_2 + H_2\uparrow$

㉣ 질소와 반응 : $3Mg + N_2 \rightarrow Mg_3N_2$
(질화마그네슘)

㉤ 이산화탄소와 반응 : $Mg + CO_2 \rightarrow MgO + CO$

핵심이론 02 │ 연 소

(1) 황화인

① 종 류

종 류 항 목	삼황화인	오황화인	칠황화인
화학식	P_4S_3	P_2S_5	P_4S_7
지정수량★	100kg	100kg	100kg
외 관	황색 결정	담황색 결정	담황색 결정
비 점	407℃	514℃	523℃
비 중	2.03	2.09	2.03
융 점	172.5℃	290℃	310℃
착화점	약 100℃	142℃	–

② 위험성
　㉠ 가연성 고체로 열에 의해 연소하기 쉽고 경우에 따라 폭발한다.
　㉡ 무기과산화물, 과망가니즈산염류, 금속분, 유기물과 혼합하면 가열, 마찰, 충격에 의하여 발화 또는 폭발한다.
　㉢ 물과 접촉 시 가수분해하거나 습한 공기 중에서 분해하여 황화수소(H_2S)를 발생한다.
　㉣ 알코올, 알칼리, 유기산, 강산, 아민류와 접촉하면 심하게 반응한다.

③ 저장 및 취급
　㉠ 화기, 충격과 마찰을 피해야 한다.
　㉡ 산화제, 알칼리, 알코올, 과산화물, 강산, 금속분과 접촉을 피한다.
　㉢ 분말, 이산화탄소, 마른 모래, 건조소금 등으로 질식소화한다.

④ 삼황화인
　㉠ 황색의 결정 또는 분말이다.
　㉡ 이황화탄소(CS_2), 알칼리, 질산에 녹고, 물, 염산, 황산에는 녹지 않는다.
　㉢ 공기 중 약 100℃에서 발화하고 마찰에 의해서도 쉽게 연소한다.

ⓔ 자연발화성이므로 가열, 습기 방지 및 산화제와의 접촉을 피한다.

ⓜ 조해성은 없다.

ⓑ 성냥, 유기합성 등에 사용된다.

ⓢ 삼황화인의 연소반응식

$$P_4S_3 + 8O_2 \rightarrow 2P_2O_5 + 3SO_2\uparrow$$
$$\text{(오산화인)} \quad \text{(이산화황)}$$

⑤ 오황화인★

ⓞ 담황색의 결정으로 조해성과 흡습성이 있다.

ⓛ 알코올, 이황화탄소에 녹는다.

ⓒ 물 또는 알칼리에 분해하여 황화수소(H_2S)와 인산(H_3PO_4)이 되고 발생한 황화수소는 산소와 반응하여 아황산가스와 물을 생성한다.★

$$P_2S_5 + 8H_2O \rightarrow 5H_2S\uparrow + 2H_3PO_4$$

ⓡ 오황화인은 산소와 반응하여 오산화인(P_2O_5)과 아황산(이산화황, SO_2)가스를 발생한다.

$$2P_2S_5 + 15O_2 \rightarrow 2P_2O_5 + 10SO_2\uparrow$$

ⓜ 물에 의한 냉각소화는 부적합하며, 분말, CO_2, 건조사 등으로 질식소화한다.

ⓑ 섬광제, 윤활유 첨가제, 의약품 등에 사용된다.

⑥ 칠황화인

ⓞ 담황색 결정으로 조해성이 있다.

ⓛ CS_2에 약간 녹으며, 수분을 흡수하거나 냉수에서는 서서히 분해된다.

ⓒ 더운 물에서는 급격히 분해하여 황화수소가 인산을 발생한다.

ⓡ 칠황화인은 연소하면 오산화인과 아황산가스(이산화황)를 발생한다.

$$P_4S_7 + 12O_2 \rightarrow 2P_2O_5 + 7SO_2\uparrow$$

(2) 적린(붉은인)

① 물 성★

화학식	지정수량	원자량	비 중	착화점	융 점
P	100kg	31	2.2	260℃	600℃

② 황린의 동소체로 암적색의 분말이다.

③ 물, 알코올, 에터, 이황화탄소(CS_2), 암모니아에 녹지 않는다.

④ 강알칼리와 반응하여 유독성의 포스핀가스가 발생한다.

⑤ 제1류 위험물인 강산화제($KClO_3$)와 혼합되어 있는 것은 저온에서 발화하거나 충격, 마찰에 의해 발화한다.

$$6P + 5KClO_3 \rightarrow 5KCl + 3P_2O_5$$

⑥ 공기 중에 방치하면 자연발화는 하지 않지만 260℃ 이상 가열하면 발화하고 400℃ 이상에서 승화한다.

⑦ 다량의 물로 냉각소화하며 소량의 경우 모래나 CO_2도 효과가 있다.

⑧ 적린의 연소반응식★

$$4P + 5O_2 \rightarrow 2P_2O_5$$
$$\text{(오산화인)}$$

※ 적린과 황린의 비교★★

종 류	적 린	황 린
화학식	P	P_4
색 상	암적색의 분말	담황색의 고체
냄 새	마늘과 비슷한 냄새	냄새 없음
독 성	무독성	맹독성
용해성	물, 알코올, 에터, CS_2, 암모니아에 녹지 않음	• 벤젠, 알코올에는 일부 녹음 • 이황화탄소(CS_2), 삼염화인, 염화황에는 녹음
연소 반응식	$4P + 5O_2 \rightarrow P_2O_5$ (흰 연기 발생)	$P_4 + 5O_2 \rightarrow P_2O_5$ (흰 연기 발생)
소화방법	주수소화	주수소화

(3) 황

① 동소체

항목 \ 종류	단사황	사방황	고무상황
지정수량	100kg	100kg	100kg
결정형	바늘 모양의 결정	팔면체	무정형
비 중	1.96	2.07	–
비 점	445℃	–	–
융 점	119℃	113℃	–
착화점	–	–	360℃
전이온도	95.5℃	95.5℃	–
용해도(물)	녹지 않음	녹지 않음	녹지 않음

② 특 성

㉠ 황색의 결정 또는 미황색의 분말이다.

㉡ 물이나 산에 녹지 않으나 알코올에는 조금 녹고, 고무상황을 제외하고는 CS_2에 잘 녹는다.

㉢ 공기 중에서 연소하면 푸른빛을 내며 이산화황(SO_2)을 발생한다.

$S + O_2 \rightarrow SO_2$

㉣ 분말상태로 밀폐 공간에서 공기 중 부유 시 분진폭발을 일으킨다.

㉤ 고온에서 다음 물질과 반응하면 격렬히 발열한다.

- $H_2 + S \rightarrow H_2S\uparrow +$ 발열
- $Fe + S \rightarrow FeS +$ 발열
- $C + 2S \rightarrow CS_2 +$ 발열

㉥ 소규모 화재 시 건조된 모래로 질식소화하며, 주수 시에는 다량의 물로 분무주수한다.

㉦ 고무상황은 CS_2(이황화탄소)에 녹지 않고, 350℃로 가열하여 용해한 것을 찬물에 넣으면 생성된다.

(1) 철분(Fe)

① 물 성★

화학식	지정수량	융점(녹는점)	비점(끓는점)	비 중
Fe	500kg	1,530℃	2,750℃	7.0(20℃)

② 은백색의 광택이 있는 금속분말이다.

③ 산과 반응 또는 물과 반응하면 가연성 가스인 수소가스가 발생한다.★★★

$$Fe + 2HCl \rightarrow FeCl_2 + H_2 \uparrow$$
　　(염산)　　(이염화철)

$$2Fe + 6H_2O \rightarrow 2Fe(OH)_3 + 3H_2 \uparrow$$
　　　(물)

④ 공기 중에서 서서히 산화하여 산화제2철(Fe_2O_3)이 되어 백색의 광택이 황갈색으로 변한다.

$$4Fe + 3O_2 \rightarrow 2Fe_2O_3$$

⑤ 연소하기 쉬우며 기름(절삭유)이 묻은 철분을 장기간 방치하면 자연발화하기 쉽다.

⑥ 환원철은 산화되기 쉽고 공기 중에서 500~700℃에서 자연발화한다.

⑦ 주수소화는 절대금물이며 마른 모래, 탄산수소염류분말약제로 질식소화한다.

(2) 금속분

① 특 성

　㉠ 황산, 염산 등과 반응하여 수소가스가 발생한다.

　㉡ 물과 반응하여 수소가스가 발생하며 발열한다.

　㉢ 산화성 물질과 혼합한 것은 가열, 충격, 마찰에 의해 폭발한다.

　㉣ 은(Ag), 백금(Pt), 납(Pb) 등은 상온에서 과산화수소(H_2O_2)와 접촉하면 폭발 위험이 있다.

　㉤ 정전기, 충격 등의 점화원에 의해 분진폭발을 일으킨다.

　㉥ 황화인·아이오딘과 접촉 시, 진한 황산·유기과산화물·염소산염류, 질산암모늄 등 제1류 위험물과 혼합 시 점화원 등에 의해 발화한다.

　㉦ 냉각소화는 부적합하고 마른 모래, 탄산수소염류분말소화약제 등으로 질식소화한다.

② 종류 : Al분말, Zn분말, Ti분말, Co분말 등

　㉠ 알루미늄분
　　• 물 성

화학식	지정수량	원자량	비 중	비 점
Al	500kg	27	2.7	2,327℃

　　• 은백색의 경금속이다.

　　• 수분, 할로젠원소와 접촉하면 자연발화의 위험이 있다.

　　• 산화제와 혼합하면 가열, 마찰, 충격에 의하여 발화한다.

　　• 산, 알칼리, 물과 반응하면 수소(H_2)가스가 발생한다.★★

　　　$- 2Al + 6HCl \rightarrow 2AlCl_3 + 3H_2 \uparrow$
　　　　　　　　　　　(염화알루미늄)

　　　$- 2Al + 6H_2O \rightarrow 2Al(OH)_3 + 3H_2 \uparrow$
　　　　　　　　　　　(수산화알루미늄)

　　　$- 2Al + 2KOH + 2H_2O \rightarrow 2KAlO_2 + 3H_2 \uparrow$
　　　　　　　　　　　　　　　(알루미늄산칼륨)

　　• 연소반응식★

　　　$4Al + 3O_2 \rightarrow 2Al_2O_3$
　　　　　　　　　(산화알루미늄)

　　• 묽은 질산, 묽은 염산, 황산은 알루미늄분을 침식시킨다.

　　• 연성과 전성이 가장 풍부하다.

　㉡ 아연분
　　• 물 성

화학식	지정수량	원자량	비 중	비 점
Zn	500kg	65.4	7.0	907℃

　　• 은백색의 분말이다.

　　• 공기 중에서 표면에 산화피막을 형성한다.

• 유리병에 넣어 건조한 곳에 저장한다.

• 물이나 산과 반응하면 수소(H_2)가스를 발생한다.

  – $Zn + 2H_2O \rightarrow Zn(OH)_2 + H_2 \uparrow$

  – $Zn + 2HCl \rightarrow ZnCl_2 + H_2 \uparrow$
  　　　　(염산)

  – $Zn + 2CH_3COOH \rightarrow (CH_3COO)_2Zn + H_2 \uparrow$
  　　　　　(초산)　　　　　　　　(초산아연)

ⓒ 티탄(타이타늄)분

• 물 성

화학식	지정수량	원자량	비 중	융 점
Ti	500kg	47.9	4.0	1,675℃

• 은백색의 단단한 금속이다.

• 산과 반응하면 수소가스를 발생한다.

• 질산과 반응하면 TiO_2(이산화티탄)를 발생한다.

• 610℃ 이상 가열하면 산소와 결합하여 TiO_2를 발생한다.

(3) 마그네슘

① 물 성★

화학식	지정수량	원자량	비 중	융 점	비 점
Mg	500kg	24.3	1.74	651℃	1,100℃

② 은백색의 광택이 있는 금속이다.

③ 물이나 염산과 반응하면 수소가스가 발생한다.★★

$Mg + 2H_2O \rightarrow Mg(OH)_2 + H_2 \uparrow$
　　　　　　　(수산화마그네슘)

$Mg + 2Cl \rightarrow MgCl_2 + H_2 \uparrow$
　　　　　(염화마그네슘)

④ 가열하면 연소하기 쉽고 양이 많을 시 순간적으로 맹렬하게 폭발한다.

$2Mg + O_2 \rightarrow 2MgO + Q\,kcal$

⑤ Mg분이 공기 중에 부유하면 화기에 의해 분진폭발의 위험이 있다.

⑥ 할로젠원소 및 강산화제와 혼합하고 있는 것은 약간의 가열, 충격 등에 의해 발화, 폭발한다.

⑦ 무기과산화물과 혼합하면 마찰하고, 약간의 수분에 의해 발화한다.

⑧ 소화방법 : 마른 모래(건조사), 탄산수소염류 분말소화약제, 팽창질석, 팽창진주암 등으로 질식소화한다.

※ 마그네슘 소화 시 소화약제의 적응성

• 물을 주수하면 폭발의 위험이 있으므로 소화 적응성이 없다.

• 이산화탄소와 반응하면 일산화탄소(CO)를 발생하므로 소화 적응성이 없다.★★

$Mg + CO_2 \rightarrow MgO + CO$

• 할로젠화합물은 포스겐을 생성하므로 소화 적응성이 없다.

(4) 인화성 고체

① 고형알코올 : 합성수지에 메탄올을 혼합·침투시켜 한천상(寒天狀)으로 만든 것이다.

ⓐ 30℃ 미만에서 인화성의 증기가 발생하기 쉽고 인화 또한 매우 쉽다.

ⓑ 가열 또는 화염에 의해 화재 위험성이 매우 높다.

ⓒ 화기에 주의하며 서늘하고 건조한 곳에 저장한다.

ⓓ 강산화제와의 접촉을 방지한다.

ⓔ 소화방법은 알코올용포, CO_2, 건조분말이 적합하다.

② 제삼부틸알코올

ⓐ 물 성

화학식	지정수량	분자량	인화점	융 점	비 점
$(CH_3)_3COH$	1,000kg	74	11℃	25.6℃	83℃

ⓑ 무색의 고체로서 물보다 가볍고 물에 잘 녹는다.

ⓒ 상온에서 가연성의 증기 발생이 용이하고 증기는 공기보다 무거워서 낮은 곳에 체류한다.

ⓓ 밀폐공간에서는 인화·폭발의 위험이 크다.

ⓔ 연소 열량이 커서 소화가 곤란하다.

3-1. 금속분이 산과 반응하여 어떤 기체를 발생시키는가?

① 일산화탄소　　　　② 수 소

③ 이산화탄소　　　　④ 산 소

3-2. 다음 위험물에 화재가 발생하였을 때 주수소화를 하면 수소가스가 발생하는 것은?

① 황화인　　　　　　② 적 린

③ 마그네슘　　　　　④ 황

|해설|

3-1

금속분(알루미늄)이 염산과 반응하면 가연성 가스인 수소를 발생한다.

$2Al + 6HCl \rightarrow 2AlCl_3 + 3H_2$

3-2

마그네슘분은 물과 반응하면 수소가스(H_2)를 발생한다.

$Mg + 2H_2O \rightarrow Mg(OH)_2 + H_2$

정답 3-1 ②　3-2 ③

제3절　**제3류 위험물**

| 핵심이론 01 | **제3류 위험물의 특성**

(1) 종 류

성 질	품 명★★	해당하는 위험물	위험등급★★	지정수량
자연발화성 및 금수성 물질★	1. 칼륨, 나트륨	–	I	10kg★
	2. 알킬알루미늄	트라이메틸알루미늄, 트라이에틸알루미늄, 트라이아이소부틸알루미늄		
	3. 알킬리튬	메틸리튬, 에틸리튬, 부틸리튬		
	4. 황 린	–	I	20kg★
	5. 알칼리금속(칼륨 및 나트륨을 제외)	Li, Rb, Cs, Fr	II	50kg
	6. 알칼리토금속	Be, Ca, Sr, Ba, Ra		
	7. 유기금속화합물(알킬알루미늄 및 알킬리튬을 제외)	다이메틸아연, 다이에틸아연		
	8. 금속의 수소화물	KH, NaH, LiH, CaH_2	III	300kg★
	9. 금속의 인화물	Ca_3P_2, AlP, Zn_3P_2		
	10. 칼슘의 탄화물	CaC_2		
	11. 알루미늄의 탄화물	Al_4C_3		
	12. 그 밖에 행정안전부령이 정하는 것	염소화규소화합물(300kg)	III	10kg, 20kg, 50kg, 300kg

(2) 정 의

자연발화성 물질 및 금수성 물질이란 고체 또는 액체로서 공기 중에서 발화의 위험성이 있거나 물과 접촉하여 발화하거나 가연성 가스를 발생하는 위험성이 있는 것을 말한다.

(3) 일반적인 성질

① 대부분 무기화합물이며 고체 또는 액체이다.

② 칼륨(K), 나트륨(Na), 알킬알루미늄, 알킬리튬은 물보다 가볍고 나머지는 물보다 무겁다.

③ 칼륨, 나트륨, 황린, 알킬알루미늄은 연소하고 나머지는 연소하지 않는다.

(4) 위험성★

① 황린을 제외한 금수성 물질은 물과 반응하여 가연성 가스를 발생한다.

※ 가연성 가스 : 수소(H_2), 아세틸렌(C_2H_2), 포스핀(PH_3)

② 자연발화성 물질은 물 또는 공기와 접촉하면 폭발적으로 연소하여 가연성 가스가 발생한다.

③ 일부 품목은 물과 접촉에 의해 발화한다.

④ 가열, 강산화성 물질 또는 강산류와 접촉에 의해 위험성이 증가한다.

(5) 저장 및 취급방법

① 저장용기는 공기와의 접촉을 방지하고 수분과의 접촉을 피해야 한다.

② K, Na은 산소가 함유되지 않은 석유류(등유, 경유)에 저장한다.

③ 자연발화성 물질의 경우는 불티, 불꽃 또는 고온체와 접근을 방지한다.

(6) 제3류 위험물의 소화방법★

① 소화방법 : 황린(주수소화), 기타 제3류 위험물[피복소화(마른 모래, 탄산수소염류 분말소화약제, 팽창질석, 팽창진주암)]

② 알킬알루미늄 알킬리튬의 소화약제 : 팽창질석, 팽창진주암

(7) 제3류 위험물의 반응식

① 칼륨의 반응식★

㉠ 연소반응 : $4K + O_2 \rightarrow 2K_2O$

㉡ 물과 반응 : $2K + 2H_2O \rightarrow 2KOH + H_2 \uparrow$

㉢ 이산화탄소와 반응 : $4K + 3CO_2 \rightarrow 2K_2CO_3 + C$

㉣ 사염화탄소와 반응 : $4K + CCl_4 \rightarrow 4KCl + C$

㉤ 염소와 반응 : $2K + Cl_2 \rightarrow 2KCl$

㉥ 알코올과 반응

$2K + 2C_2H_5OH \rightarrow 2C_2H_5OK + H_2 \uparrow$

㉦ 초산과 반응

$2K + 2CH_3COOH \rightarrow 2CH_3COOK + H_2 \uparrow$

㉧ 액체암모니아와 반응

$2K + 2NH_3 \rightarrow 2KNH_2 + H_2 \uparrow$

② 나트륨의 반응식★★★

㉠ 연소반응 : $4Na + O_2 \rightarrow 2Na_2O$

㉡ 물과 반응 : $2Na + 2H_2O \rightarrow 2NaOH + H_2 \uparrow$

㉢ 이산화탄소와 반응

$4Na + 3CO_2 \rightarrow 2Na_2CO_3 + C$

㉣ 사염화탄소와 반응 : $4Na + CCl_4 \rightarrow 4NaCl + C$

㉤ 염소와 반응 : $2Na + Cl_2 \rightarrow 2NaCl$

㉥ 알코올과 반응

$2Na + 2C_2H_5OH \rightarrow 2C_2H_5ONa + H_2 \uparrow$

㉦ 초산과 반응

$2Na + 2CH_3COOH \rightarrow 2CH_3COONa + H_2 \uparrow$

㉧ 액체암모니아와 반응

$2Na + 2NH_3 \rightarrow 2NaNH_2 + H_2 \uparrow$

③ 트라이메틸알루미늄의 반응식★★

㉠ 산소와 반응

$2(CH_3)_3Al + 12O_2 \rightarrow Al_2O_3 + 6CO_2 \uparrow + 9H_2O$

㉡ 물과 반응

$(CH_3)_3Al + 3H_2O \rightarrow Al(OH)_3 + 3CH_4 \uparrow$

④ 트라이에틸알루미늄의 반응식★★

㉠ 산소와 반응

$2(C_2H_5)_3Al + 21O_2 \rightarrow Al_2O_3 + 12CO_2 \uparrow + 15H_2O$

㉡ 물과 반응

$(C_2H_5)_3Al + 3H_2O \rightarrow Al(OH)_3 + 3C_2H_6 \uparrow$

⑤ 황린의 연소반응식 : $P_4 + 5O_2 \rightarrow 2P_2O_5$★★

⑥ 리튬과 물의 반응 : $2Li + 2H_2O \rightarrow 2LiOH + H_2 \uparrow$

⑦ 칼슘과 물의 반응 : $Ca + 2H_2O \rightarrow Ca(OH)_2 + H_2 \uparrow$

⑧ 수소화칼륨의 반응식

　㉠ 물과 반응 : $KH + H_2O \rightarrow KOH + H_2 \uparrow$

　㉡ 암모니아와 반응 : $KH + NH_3 \rightarrow KNH_2 + H_2 \uparrow$

⑨ 수소화칼슘과 물의 반응

　$CaH_2 + 2H_2O \rightarrow Ca(OH)_2 + 2H_2 \uparrow$

⑩ 수산화알루미늄리튬과 물의 반응

　$LiAlH_4 + 4H_2O \rightarrow LiOH + Al(OH)_3 + 4H_2 \uparrow$

⑪ 인화칼슘(인화석회)의 반응식

　㉠ 물과 반응 : $Ca_3P_2 + 6H_2O \rightarrow 3Ca(OH)_2 + 2PH_3$

　㉡ 염산과 반응 : $Ca_3P_2 + 6HCl \rightarrow 3CaCl_2 + 2PH_3$

⑫ 탄화칼슘과 물의 반응

　$CaC_2 + 2H_2O \rightarrow Ca(OH)_2 + C_2H_2 \uparrow$ ★★

※ 아세틸렌의 연소반응식

　$2C_2H_2 + 5O_2 \rightarrow 4CO_2 + 2H_2O$

⑬ 물과의 반응식

　㉠ 탄화알루미늄

　　$Al_4C_3 + 12H_2O \rightarrow 4Al(OH)_3 + 3CH_4 \uparrow$

　㉡ 탄화망가니즈

　　$Mn_3C + 6H_2O \rightarrow 3Mn(OH)_2 + CH_4 \uparrow + H_2 \uparrow$

　㉢ 탄화베릴륨 : $Be_2C + 4H_2O \rightarrow 2Be(OH)_2 + CH_4 \uparrow$

(1) 칼 륨

① 물 성

화학식	지정수량	원자량	비 점	융 점	비 중	불꽃 색상
K	10kg	39	774℃	63.7℃	0.86	보라색

② 은백색의 광택이 있는 무른 경금속으로 보라색 불꽃을 내면서 연소한다.

③ 할로젠 및 산소, 수증기 등과 접촉하면 발화 위험이 있다.

④ 물, 알코올, 산(염산, 초산)과 반응하면 가연성 가스인 수소(H_2)를 발생한다.

⑤ 석유, 경유, 유동파라핀 등의 보호액을 넣은 내통에 밀봉하여 저장한다.

  ※ 석유 속에 보관하는 이유 : 수분과 접촉을 차단하여 공기산화방지

⑥ 마른 모래, 탄산수소염류 분말소화약제, 팽창질석, 팽창진주암으로 피복하여 질식소화한다.

⑦ 이온화경향이 큰 금속이다.

⑧ **칼륨의 반응식**★

  ㉠ 연소반응식 : $4K + O_2 \rightarrow 2K_2O$(회백색)
    (산화칼륨)

  ㉡ 물과 반응 : $2K + 2H_2O \rightarrow 2KOH + H_2\uparrow$

  ㉢ 이산화탄소와 반응 : $4K + 3CO_2 \rightarrow 2K_2CO_3 + C$

  ㉣ 사염화탄소와 반응 : $4K + CCl_4 \rightarrow 4KCl + C$

  ㉤ 염소와 반응 : $2K + Cl_2 \rightarrow 2KCl$

  ㉥ 알코올과 반응
    $2K + 2C_2H_5OH \rightarrow 2C_2H_5OK + H_2\uparrow$
    (칼륨에틸레이트)

  ㉦ 초산과 반응
    $2K + 2CH_3COOH \rightarrow 2CH_3COOK + H_2\uparrow$
    (초산칼륨)

  ㉧ 액체암모니아와 반응
    $2K + 2NH_3 \rightarrow 2KNH_2 + H_2\uparrow$
    (칼륨아마이드)

[위험물의 저장방법]★★★

종 류	저장방법
황린, 이황화탄소	물속에 저장
칼륨, 나트륨	등유, 경유, 유동파라핀 속에 저장
나이트로셀룰로스	물 또는 알코올에 습면시켜 저장

(2) 나트륨

① 물 성

화학식	지정수량	원자량	비 점	융 점	비 중	불꽃 색상
Na	10kg	23	880℃	97.7℃	0.97	노란색

② 은백색의 광택이 있는 무른 경금속으로 노란색 불꽃을 내면서 연소한다.

③ 비중과 융점이 낮다.

④ 등유, 경유, 유동파라핀 등의 보호액을 넣은 내통에 밀봉하여 저장한다.

⑤ 아이오딘산(HIO_3)과 접촉 시 폭발하며 수은(Hg)과 격렬하게 반응하고 경우에 따라 폭발한다.

⑥ 물, 알코올, 산(염산, 초산)과 반응하면 가연성 가스인 수소(H_2)가 발생한다.

⑦ 소화방법 : 마른 모래, 탄산수소염류 분말소화약제, 팽창질석, 팽창진주암

⑧ **나트륨의 반응식**★★★

  ㉠ 연소반응식 : $4Na + O_2 \rightarrow 2Na_2O$
    (산화나트륨)

  ㉡ 물과 반응 : $2Na + 2H_2O \rightarrow 2NaOH + H_2\uparrow$

  ㉢ 이산화탄소와 반응
    $4Na + 3CO_2 \rightarrow 2Na_2CO_3 + C$

  ㉣ 사염화탄소와 반응 : $4Na + CCl_4 \rightarrow 4NaCl + C$

  ㉤ 염소와 반응 : $2Na + Cl_2 \rightarrow 2NaCl$

  ㉥ 알코올과 반응
    $2Na + 2C_2H_5OH \rightarrow 2C_2H_5ONa + H_2\uparrow$
    (나트륨에틸레이트)

  ㉦ 초산과 반응
    $2Na + 2CH_3COOH \rightarrow 2CH_3COONa + H_2\uparrow$
    (초산나트륨)

ⓞ 액체암모니아와 반응

$$2Na + 2NH_3 \longrightarrow 2NaNH_2 + H_2 \uparrow$$
(나트륨아마이드)

(3) 알킬알루미늄

① 특 성

   ㉠ 알킬기($R = C_nH_{2n+1}$)와 알루미늄의 화합물로서 유기금속 화합물이다.

   ㉡ 알킬기의 탄소 1개에서 4개까지의 화합물은 반응성이 풍부하며 공기와 접촉하면 자연발화를 일으킨다.

   ㉢ 알킬기의 탄소수가 5개까지는 점화원에 의해 불이 붙고 탄소수가 6개 이상인 것은 공기 중에서 서서히 산화하여 흰 연기가 난다.

   ㉣ 저장 용기의 상부는 불연성 가스로 봉입해야 한다.

   ㉤ 피부에 접촉하면 심한 화상을 입는다.

   ㉥ 소화방법 : 팽창질석, 팽창진주암, 마른 모래

② 트라이메틸알루미늄

   ㉠ 물 성

화학식	지정수량	분자량	비 점	융 점	증기비중	비 중
$(CH_3)_3Al$	10kg	72	125℃	15℃	2.5	0.752

   ㉡ 무색의 가연성 액체이다.

   ㉢ 공기 중에 노출하면 자연발화하므로 위험하다.

   ㉣ 산, 알코올, 아민, 할로젠 원소와 접촉하면 맹렬히 반응한다.

   ㉤ 트라이메틸알루미늄의 반응식★★

    • 산소(공기)와 반응

$$2(CH_3)_3Al + 12O_2 \longrightarrow Al_2O_3 + 9H_2O + 6CO_2 \uparrow$$
(산화알루미늄)

    • 물과 반응

$$(CH_3)_3Al + 3H_2O \longrightarrow Al(OH)_3 + 3CH_4 \uparrow$$
(수산화알루미늄) (메테인)

    • 염산과 반응

$$(CH_3)_3Al + 3HCl \longrightarrow AlCl_3 + 3CH_4 \uparrow$$
(염화알루미늄) (메테인)

③ 트라이에틸알루미늄

   ㉠ 물 성

화학식	지정수량	분자량	비 점	융 점	비 중
$(C_2H_5)_3Al$	10kg	114	128℃	-50℃	0.835

   ㉡ 무색 투명한 액체이다.

   ㉢ 공기 중에 노출하면 자연발화하므로 위험하다.

   ㉣ 산, 알코올, 아민, 할로젠과 접촉하면 맹렬히 반응한다.

   ㉤ 트라이에틸알루미늄의 반응식★★

    • 산소(공기)와 반응

$$2(C_2H_5)_3Al + 21O_2 \longrightarrow Al_2O_3 + 15H_2O + 12CO_2 \uparrow$$

    • 물과 반응

$$(C_2H_5)_3Al + 3H_2O \longrightarrow Al(OH)_3 + 3C_2H_6 \uparrow$$
(에테인)

    • 염산과 반응

$$(C_2H_5)_3Al + 3HCl \longrightarrow AlCl_3 + 3C_2H_6 \uparrow$$
(에테인)

④ 트라이아이소부틸알루미늄

   ㉠ 물 성

화학식	지정수량	분자량	비 점	융 점	비 중
$(C_4H_9)_3Al$	10kg	243	86℃	4℃	0.788

   ㉡ 무색 투명한 가연성 액체이다.

   ㉢ 공기 중에 노출하면 자연발화하므로 위험하다.

   ㉣ 공기 또는 물과 격렬하게 반응하며, 강산, 알코올과 반응한다.

(4) 알킬리튬

① 종 류

종 류	화학식	지정수량	외 관	분자량	비 중	비 점
메틸리튬	CH_3Li		무채색 액체	22	0.9	–
에틸리튬	C_2H_5Li	10kg	–	36	–	–
부틸리튬	C_4H_9Li		무색 무취의 액체	64	0.765	80℃

② 알킬기와 리튬의 화합물로 유기금속 화합물이다.

③ 자연발화성 물질 및 금수성 물질이다.

④ 물과 만나면 심하게 발열하고 가연성인 메테인, 에테인, 뷰테인 가스가 발생한다. ★

$$CH_3Li + H_2O \rightarrow LiOH + CH_4 \uparrow$$
(메테인)

(5) 황 린

① 물 성 ★★

화학식	지정수량	발화점	비 점	융 점	비 중	증기비중
P_4	20kg	34℃	280℃	44℃	1.82	4.4

② 백색 또는 담황색의 자연발화성 고체이다.

③ 물과 반응하지 않기 때문에 pH 9(약알칼리) 정도의 물속에 저장하며 보호액이 증발되지 않도록 한다.

※ 황린은 포스핀(PH_3)의 생성을 방지하기 위하여 pH 9인 물속에 저장한다. ★★

④ 벤젠, 알코올에는 일부 녹고, 이황화탄소(CS_2), 삼염화인, 염화황에는 잘 녹는다.

⑤ 증기는 공기보다 무겁고 자극적이며 맹독성인 물질이다.

⑥ 발화점이 매우 낮고 산소와 결합 시 산화열이 크며 공기 중에 방치하면 액화되면서 자연발화를 일으킨다.

⑦ 공기를 차단하고 황린을 260℃로 가열하면 적린이 생성된다.

⑧ 산화제, 화기의 접근, 고온체와 접촉을 피하고, 직사광선을 차단한다.

⑨ 초기소화에는 물, 포, CO_2, 건조분말소화약제가 유효하다.

⑩ 공기 중에서 연소 시 오산화인의 흰 연기를 발생한다.

$$P_4 + 5O_2 \rightarrow 2P_2O_5 ★★$$

⑪ 강알칼리 용액과 반응하면 유독성의 포스핀(PH_3)가스를 발생한다.

$$P_4 + 3NaOH + 3H_2O \rightarrow PH_3 + 3NaH_2PO_2$$
(차아인산나트륨)

2-1. 금속칼륨(K)의 보호액으로 적당하지 않은 것은?

① 등 유 　　　　　② 경 유
③ 아세트산 　　　　④ 유동성 파라핀

2-2. 금속나트륨에 대한 설명으로 틀린 것은?

① 제3류 위험물이다.
② 융점은 약 297℃이다.
③ 은백색의 가벼운 금속이다.
④ 물과 반응하여 수소를 발생한다.

2-3. 나트륨이 물과 반응할 때 발생하는 가스는?

① 산 소 　　　　　② 수 소
③ 이산화탄소 　　　④ 일산화탄소

2-4. 알킬알루미늄 화재 시 적당한 소화제는 무엇인가?

① 물 　　　　　　　② 이산화탄소
③ 사염화탄소 　　　④ 팽창질석

2-5. 트라이에틸알루미늄[(C_2H_5)$_3$Al]은 물과 폭발적으로 반응한다. 이때 발생하는 기체는 무엇인가?

① 메테인 　　　　　② 에테인
③ 아세틸렌 　　　　④ 수산화알루미늄

2-6. 황린이 자연발화하기 쉬운 이유는 어느 것인가?

① 비등점이 낮고 증기의 비중이 작기 때문
② 녹는점이 낮고 상온에서 액체로 되어 있기 때문
③ 산소와 결합력이 강하고 착화온도가 낮기 때문
④ 인화점이 낮고 가연성 물질이기 때문

2-7. 다음 위험물 중 물속에 저장해야 안전한 것은?

① 황 린 　　　　　② 적 린
③ 루비듐 　　　　　④ 오황화인

|해설|

2-1

칼륨, 나트륨의 보호액 : 석유(등유), 경유, 유동파라핀

2-2

나트륨

화학식	원자량	비 점	융 점	비 중	불꽃 색상
Na	23	880℃	97.7℃	0.97	노란색

2-3

나트륨이 물과 반응하면 가연성 가스인 수소를 발생한다.

$2Na + 2H_2O \rightarrow 2NaOH + H_2\uparrow$

2-4

알킬알루미늄의 소화약제 : 팽창질석, 팽창진주암, 마른 모래

2-5

트라이에틸알루미늄은 물과 반응하면 에테인(C_2H_6)을 발생한다.

$(C_2H_5)_3Al + 3H_2O \rightarrow Al(OH)_3 + 3C_2H_6$

2-6

황린은 산소와 결합력이 강하고 착화온도(34℃)가 낮기 때문에 자연발화하기 쉽다.

2-7

황린, 이황화탄소는 물속에 저장한다.

정답 2-1 ③ 2-2 ② 2-3 ② 2-4 ④ 2-5 ② 2-6 ③ 2-7 ①

핵심이론 03 | 각 위험물의 특성 Ⅱ

(1) 알칼리금속(K, Na 제외)류 및 알칼리토금속

① 리 튬

　㉠ 물 성

화학식	지정수량	비 점	융 점	비 중	불꽃 색상
Li	50kg	1,336℃	180℃	0.543	적 색

　㉡ 은백색의 무른 경금속으로 고체원소 중 가장 가볍다.

　㉢ 리튬은 다른 알칼리금속과 달리 질소와 직접 화합하여 적색의 질화리튬(Li_3N)을 생성한다.

　㉣ 2차 전지의 원료로 사용한다.

　㉤ 물이나 산과 반응하면 수소(H_2)가스가 발생한다.★

　　• 물과 반응 : $2Li + 2H_2O \rightarrow 2LiOH + H_2\uparrow$

　　• 염산과 반응 : $2Li + 2HCl \rightarrow 2LiCl + H_2\uparrow$
　　　　　　　　　　　　　　　　　　　　　　　(염화리튬)

② 루비듐

　㉠ 물 성

화학식	지정수량	비 점	융 점	비 중
Rb	50kg	688℃	38℃	1.53

　㉡ 은백색의 금속으로 융점이 매우 낮다.

　㉢ 물, 산, 알코올과 반응하여 수소가 발생한다.

　㉣ 고온에서는 할로젠화합물과 반응한다.

③ 칼 슘

　㉠ 물 성

화학식	지정수량	비 점	융 점	비 중	불꽃색상
Ca	50kg	1,420℃	845℃	1.55	황적색

　㉡ 은백색의 무른 경금속이다.

　㉢ 물이나 산과 반응하면 수소(H_2)가스가 발생한다.★

　　• 물과 반응 : $Ca + 2H_2O \rightarrow Ca(OH)_2 + H_2\uparrow$

　　• 염산과 반응 : $Ca + 2HCl \rightarrow CaCl_2 + H_2\uparrow$

(2) 유기금속화합물

① 저급 유기금속화합물은 반응성이 풍부하다.

② 공기 중에서 자연발화를 하므로 위험하다.

③ 종 류

    ㉠ 다이메틸아연 : $Zn(CH_3)_2$

    ㉡ 다이에틸아연 : $Zn(C_2H_5)_2$

    ㉢ 나트륨아마이드 : $NaNH_2$

(3) 금속의 수소화물

① 수소화칼륨

    ㉠ 무색의 결정분말이다.

    ㉡ 물과 반응하면 수산화칼륨(KOH)과 수소(H_2)가스
       가 발생한다.

    ㉢ 고온에서 암모니아(NH_3)와 반응하면 칼륨아마이
       드(KNH_2)와 수소가 생성된다. ★

      • 물과 반응 : $KH + H_2O \rightarrow KOH + H_2 \uparrow$

      • 암모니아와 반응 : $KH + NH_3 \rightarrow KNH_2 + H_2 \uparrow$
                           (칼륨아마이드)

② 펜타보레인

    ㉠ 물 성

화학식	지정수량	인화점	액체비중	비 점	연소범위
B_5H_9	300kg	30℃	0.6	60℃	0.42 ~ 98%

    ㉡ 자극성 냄새가 나고 물에 녹지 않는다.

    ㉢ 자연발화의 위험성이 있는 가연성 무색 액체이다.

    ㉣ 발화점이 낮기 때문에 공기에 노출되면 자연발화
       의 위험이 있다.

    ㉤ 연소 시 유독성 가스와 자극성의 연소가스를 발생
       할 수 있다.

    ㉥ 화재 시 적절한 소화약제는 없으나 누출을 차단시
       키지 못하면 자연진화하도록 둔다.

③ 기 타

    ㉠ 종 류★

종 류	화학식	지정수량	형 태	분자량	융 점
수소화칼륨	KH		회백색의 결정	56	–
수소화나트륨	NaH		은백색의 결정	24	800℃
수소화리튬	LiH	300kg	투명한 고체	7.9	680℃
수소화칼슘	CaH₂		백색 결정	42	600℃
수소화 알루미늄리튬	LiAlH₄		회백색 분말	37.9	125℃

    ㉡ 물과의 반응식

      • 수소화나트륨 : $NaH + H_2O \rightarrow NaOH + H_2 \uparrow$

      • 수소화리튬 : $LiH + H_2O \rightarrow LiOH + H_2 \uparrow$

      • 수소화칼슘 : $CaH_2 + 2H_2O \rightarrow Ca(OH)_2 + 2H_2 \uparrow$

(4) 금속의 인화물

① 인화칼슘(인화석회)

    ㉠ 물 성

화학식	지정수량	분자량	융 점	비 중
Ca₃P₂	300kg	182	1,600℃	2.51

    ㉡ 적갈색의 괴상 고체이다.

    ㉢ 알코올, 에터에 녹지 않는다.

    ㉣ 건조한 공기 중에서 안정하나 300℃ 이상에서는
       산화한다.

    ㉤ 물이나 산과 반응하여 포스핀(PH_3)의 유독성 가스
       가 발생한다. ★★

      • 물과 반응

       $Ca_3P_2 + 6H_2O \rightarrow 3Ca(OH)_2 + 2PH_3 \uparrow$

      • 염산과 반응

       $Ca_3P_2 + 6HCl \rightarrow 3CaCl_2 + 2PH_3 \uparrow$

② 기타 종류

종 류	화학식	지정수량	외 관	분자량	융 점	비 중
인화알루미늄	AlP	300 kg	회색분말	58	2,550℃	–
인화아연	Zn₃P₂			258	420℃	4.55

③ 물과의 반응식

ㄱ 인화알루미늄 : $AlP + 3H_2O \rightarrow Al(OH)_3 + PH_3\uparrow$

ㄴ 인화아연 : $Zn_3P_2 + 6H_2O \rightarrow 3Zn(OH)_2 + 2PH_3\uparrow$

(5) 칼슘 또는 알루미늄의 탄화물

① 탄화칼슘(카바이드)

ㄱ 물 성

화학식	지정수량	분자량	융 점	비 중
CaC_2	300kg	64	2,370℃	2.21

ㄴ 순수한 것은 무색 투명하나 보통은 흑회색의 덩어리 상태이다.

ㄷ 에터에 녹지 않고 물과 알코올에는 분해된다.

ㄹ 공기 중에서 안정하지만 350℃ 이상에서는 산화된다.

ㅁ 물과 반응하면 아세틸렌(C_2H_2)가스를 발생한다. ★★★

$CaC_2 + 2H_2O \rightarrow Ca(OH)_2 + C_2H_2\uparrow$
(소석회, 수산화칼슘)(아세틸렌)

※ 아세틸렌의 특성 ★★

• 연소범위는 2.5~81%이다.

• 동, 은 및 수은과 접촉하면 폭발성 금속 아세틸라이드를 생성하므로 위험하다.

$C_2H_2 + 2Cu \rightarrow Cu_2C_2 + H_2$
(동아세틸라이드)

• 아세틸렌은 흡열화합물로서 압축하면 분해 폭발한다.

• 탄소 간 삼중결합이 있다($CH \equiv CH$).

ㅂ 습기가 없는 밀폐용기에 저장하고 용기에는 질소가스 등 불연성 가스를 봉입시켜야 한다.

ㅅ 탄화칼슘의 반응식

• 약 700℃ 이상에서 반응

$CaC_2 + N_2 \rightarrow CaCN_2 + C$
(석회질소) (탄소)

• 아세틸렌가스와 금속(은)과 반응

$C_2H_2 + 2Ag \rightarrow Ag_2C_2 + H_2\uparrow$
(은아세틸라이드 : 폭발물질)

② 탄화알루미늄

ㄱ 물 성

화학식	지정수량	분자량	융 점	비 중
Al_4C_3	300kg	143	2,100℃	2.36

ㄴ 황색(순수한 것은 백색)의 단단한 결정 또는 분말이다.

ㄷ 밀폐용기에 저장해야 하며 용기 등에는 질소가스 등 불연성 가스를 봉입시키고 빗물 침투의 우려가 없는 안전한 장소에 저장해야 한다.

ㄹ 탄화알루미늄과 물의 반응식 ★★

$Al_4C_3 + 12H_2O \rightarrow 4Al(OH)_3 + 3CH_4\uparrow$
(수산화알루미늄) (메테인)

③ 기타 금속탄화물

ㄱ 기타 금속탄화물과 물의 반응식

• 물과 반응 시 아세틸렌(C_2H_2)가스를 발생하는 물질 : Li_2C_2, Na_2C_2, K_2C_2, MgC_2, CaC_2

– $Li_2C_2 + 2H_2O \rightarrow 2LiOH + C_2H_2\uparrow$

– $Na_2C_2 + 2H_2O \rightarrow 2NaOH + C_2H_2\uparrow$

– $K_2C_2 + 2H_2O \rightarrow 2KOH + C_2H_2\uparrow$

– $MgC_2 + 2H_2O \rightarrow Mg(OH)_2 + C_2H_2\uparrow$

– $CaC_2 + 2H_2O \rightarrow Ca(OH)_2 + C_2H_2\uparrow$

• 물과 반응 시 메테인 가스를 발생하는 물질 : Be_2C, Al_4C_3

– $Be_2C + 4H_2O \rightarrow 2Be(OH)_2 + CH_4\uparrow$

– $Al_4C_3 + 12H_2O \rightarrow 4Al(OH)_3 + 3CH_4\uparrow$

• 물과 반응 시 메테인과 수소가스를 발생하는 물질 : Mn_3C ★★

– $Mn_3C + 6H_2O \rightarrow 3Mn(OH)_2 + CH_4\uparrow + H_2\uparrow$

(6) 염소화규소화합물

① 트라이클로로실레인

   ㉠ 물 성

화학식	지정수량	인화점	액체비중	증기비중	비 점	연소범위
$HSiCl_3$	300kg	-28℃	1.34	4.67	31.8℃	1.2～90.5%

   ㉡ 차아염소산의 냄새가 나는 휘발성, 발연성, 자극성, 가연성의 무색 액체이다.

   ㉢ 벤젠, 에터, 클로로폼, 사염화탄소에 녹는다.

   ㉣ 물보다 무겁고 물과 접촉 시 분해하며 공기 중 쉽게 증발한다.

   ㉤ 알코올, 유기화합물, 과산화물, 아민, 강산화제와 심하게 반응하며 경우에 따라 혼촉발화하는 것도 있다.

   ㉥ 산화성 물질과 접촉하면 폭발적으로 반응하며, 아세톤, 알코올과 반응한다.

   ㉦ 물, 알코올, 강산화제, 유기화합물, 아민과 철저히 격리한다.

   ㉧ 6% 중팽창포를 제외하고 건조분말, CO_2 및 할로젠 소화약제는 효과가 없으므로 사용하지 않도록 한다.

② 클로로실레인

   ㉠ 화학식은 SiH_4Cl이다.

   ㉡ 무색의 휘발성 액체로서 물에 녹지 않는다.

   ㉢ 인화성, 부식성이 있고 산화성 물질과 맹렬히 반응한다.

핵심이론 01 | 제4류 위험물의 특성

(1) 종 류

하단 표 참조

(2) 분 류

① 특수인화물★★

　㉠ 이황화탄소, 다이에틸에터, 그 밖에 1기압에서 발화점이 100℃ 이하인 것

　㉡ 인화점이 −20℃ 이하이고 비점이 40℃ 이하인 것

② 제1석유류 : 아세톤, 휘발유 그 밖에 1기압에서 인화점이 21℃ 미만인 것★

※ 수용성 액체를 판단하기 위한 시험(위험물 세부기준 제13조)

　• 온도 20℃, 1기압의 실내에서 50mL 메스실린더에 증류수 25mL를 넣은 후 시험물품 25mL를 넣을 것

　• 메스실린더의 혼합물을 1분에 90회 비율로 5분간 혼합할 것

　• 혼합한 상태로 5분간 유지할 것

　• 층분리가 되는 경우 비수용성 그렇지 않은 경우에는 수용성으로 판단할 것. 다만, 증류수와 시험물품이 균일하게 혼합되어 혼탁하게 분포하는 경우에도 수용성으로 판단한다.

③ 알코올류★★

　㉠ 1분자를 구성하는 탄소원자의 수가 1개부터 3개까지인 포화1가 알코올(변성알코올 포함)로서 농도가 60% 이상

　㉡ 알코올류 제외

　　• $C_1 \sim C_3$까지의 포화1가 알코올의 함유량이 60중량% 미만인 수용액

　　• 가연성 액체량이 60중량% 미만이고 인화점 및 연소점이 에틸알코올 60중량% 수용액의 인화점 및 연소점을 초과하는 것

④ 제2석유류

　㉠ 등유, 경유 그 밖에 1기압에서 인화점이 21℃ 이상 70℃ 미만인 것

　㉡ 제2석유류 제외 : 도료류 그 밖의 물품에 있어서 가연성 액체량이 40중량% 이하이면서 인화점이 40℃ 이상인 동시에 연소점이 60℃ 이상인 것은 제외

[제4류 위험물의 종류]

성 질	품 명★★		해당하는 위험물★★	위험등급★★	지정수량★★
인화성 액체★	1. 특수인화물		이황화탄소, 에터, 아세트알데하이드, 산화프로필렌, 아이소프렌, 아이소펜테인, 아이소프로필아민, 황산다이메틸	I	50L
	2. 제1석유류	비수용성 액체	휘발유, 벤젠, 톨루엔, 메틸에틸케톤(MEK), 초산메틸, 초산에틸, 의산에틸, 콜로디온, 아크릴로나이트릴, 에틸벤젠	II	200L
		수용성 액체	아세톤, 피리딘, 사이안화수소, 아세토나이트릴, 의산메틸	II	400L
	3. 알코올류		메틸알코올, 에틸알코올, 프로필알코올	II	400L
	4. 제2석유류	비수용성 액체	등유, 경유, 테레빈유, 클로로벤젠, 스타이렌, o, m, p−자일렌, 장뇌유, 송근유	III	1,000L
		수용성 액체	초산, 의산, 아크릴산, 메틸셀로솔브, 에틸셀로솔브, 하이드라진	III	2,000L
	5. 제3석유류	비수용성 액체	중유, 크레오소트유, 나이트로벤젠, 아닐린, 메타크레졸, 담금질유	III	2,000L
		수용성 액체	글리세린, 에틸렌글라이콜, 에탄올아민	III	4,000L
	6. 제4석유류		기어유, 실린더유, 가소제, 담금질유, 절삭유, 방청유, 윤활유 등	III	6,000L
	7. 동식물유류		건성유, 반건성유, 불건성유	III	10,000L

⑤ 제3석유류
  ㉠ 중유, 크레오소트유 그 밖에 1기압에서 인화점이 70℃ 이상 200℃ 미만인 것
  ㉡ 제3석유류 제외 : 도료류 그 밖의 물품은 가연성 액체량이 40중량% 이하인 것은 제외
⑥ 제4석유류
  ㉠ 기어유, 실린더유 그 밖에 1기압에서 인화점이 200℃ 이상 250℃ 미만의 것
  ㉡ 제4석유류 제외 : 도료류 그 밖의 물품은 가연성 액체량이 40중량% 이하인 것은 제외
⑦ 동식물유류 : 동물의 지육(枝肉 : 머리, 내장, 다리를 잘라 내고 아직 부위별로 나누지 않은 고기를 말한다) 등 또는 식물의 종자나 과육으로부터 추출한 것으로서 1기압에서 인화점이 250℃ 미만인 것

(3) 일반적인 성질
① 대단히 인화하기 쉽다.
② 물에 녹지 않고 물보다 가벼운 것이 많다.
③ 증기비중은 공기보다 무겁기 때문에 낮은 곳에 체류하여 연소, 폭발의 위험이 있다.
※ 사이안화수소(HCN)는 공기보다 0.931(27/29 = 0.931)배 가볍다.
④ 연소범위의 하한이 낮기 때문에 공기 중 소량 누설되어도 연소한다.

(4) 위험성
① 인화위험이 높으므로 화기의 접근을 피해야 한다.
② 증기는 공기와 약간만 혼합되어도 연소한다.
③ 발화점과 연소범위의 하한이 낮다.
④ 전기 부도체이므로 정전기 발생에 주의한다.

(5) 저장 및 취급방법
① 누출방지를 위하여 밀폐용기에 사용해야 한다.
② 점화원을 제거한다.

(6) 제4류 위험물의 소화방법★
① 소화방법 : 포, 불활성 가스(이산화탄소), 할로젠화합물, 분말소화약제로 질식소화한다.
② 수용성 위험물은 알코올용포소화약제를 사용한다.
※ 수용성 위험물 : 피리딘, 사이안화수소, 알코올류, 의산, 초산, 아크릴산, 글리세린 등

(7) 제4류 위험물의 반응식
① 이황화탄소의 반응★★★
  ㉠ 연소반응 : $CS_2 + 3O_2 \rightarrow CO_2 + 2SO_2 \uparrow$
  ㉡ 물과 반응 : $CS_2 + 2H_2O \rightarrow CO_2 + 2H_2S \uparrow$
② 아세트알데하이드의 연소반응식★
  $2CH_3CHO + 5O_2 \rightarrow 4CO_2 + 4H_2O$
③ 벤젠의 연소반응식
  $2C_6H_6 + 15O_2 \rightarrow 12CO_2 + 6H_2O$
④ 톨루엔의 연소반응식
  $C_6H_5CH_3 + 9O_2 \rightarrow 7CO_2 + 4H_2O$
⑤ 메틸알코올의 반응
  ㉠ 연소반응 : $2CH_3OH + 3O_2 \rightarrow 2CO_2 + 4H_2O$
  ㉡ 나트륨과 반응
    $2CH_3OH + 2Na \rightarrow 2CH_3ONa + H_2 \uparrow$
⑥ 에틸알코올의 반응★
  ㉠ 연소반응 : $C_2H_5OH + 3O_2 \rightarrow 2CO_2 + 3H_2O$
  ㉡ 아이오도폼반응 : $C_2H_5OH + 6NaOH + 4I_2$
    $\rightarrow CHI_3 + 5NaI + HCOONa + 5H_2O$
⑦ 클로로벤젠의 연소반응식
  $C_6H_5Cl + 7O_2 \rightarrow 6CO_2 + 2H_2O + HCl$
⑧ 에틸렌글라이콜의 연소반응식
  $2C_2H_6O_2 + 5O_2 \rightarrow 4CO_2 + 6H_2O$
⑨ 글리세린의 연소반응식
  $2C_3H_8O_3 + 7O_2 \rightarrow 6CO_2 + 8H_2O$

1-1. 특수인화물에 속하지 않는 것은 어느 것인가?

① 이황화탄소   ② 에 터

③ 아세톤   ④ 아세트알데하이드

1-2. 다음 위험물 중 제1석유류에 속하지 않는 것은 어느 것인가?

① 아세톤   ② 벤 젠

③ 아닐린   ④ 톨루엔

1-3. 다음 위험물 중 알코올류에 속하지 않는 것은 무엇인가?

① 에틸알코올   ② 메틸알코올

③ 변성알코올   ④ 부틸알코올

|해설|

1-1

③ 아세톤 : 제4류 위험물 제1석유류

특수인화물 : 에터, 이황화탄소, 아세트알데하이드, 산화프로필렌, 아이소프렌, 아이소펜테인 등

1-2

제4류 위험물의 분류

종 류	아세톤	벤 젠	아닐린	톨루엔
구 분	제1석유류	제1석유류	제3석유류	제1석유류

1-3

알코올류 : 탄소의 수가 1개에서 3개까지의 알코올(변성알코올 포함)

• 탄소 수 1개 : CH_3OH(메틸알코올)

• 탄소 수 2개 : C_2H_5OH(에틸알코올)

• 탄소 수 3개 : C_3H_7OH(프로필알코올)

정답 1-1 ③ 1-2 ③ 1-3 ④

핵심이론 02 │ 각 위험물의 특성 : 특수인화물

(1) 특수인화물

① 다이에틸에터(Diethyl Ether, 에터)

㉠ 물 성★★★

화학식	지정수량	비 중	비 점	인화점★★★	착화점	증기비중	연소범위★
$C_2H_5OC_2H_5$	50L	0.7	34℃	−40℃	180℃	2.55	1.7~48%

※ 비중은 액체의 비중이다.

㉡ 휘발성이 강한 무색 투명한 특유의 향이 있는 액체이다.★

㉢ 물에 약간 녹고, 알코올에 잘 녹으며 발생된 증기는 마취성이 있다.★

㉣ 공기와 장기간 접촉하면 과산화물이 생성되므로 갈색병에 저장해야 한다.

㉤ 에터는 전기불량도체이므로 정전기 발생에 주의한다.

㉥ 에터의 구조식

$$H-\overset{\overset{\displaystyle H}{|}}{\underset{\underset{\displaystyle H}{|}}{C}}-\overset{\overset{\displaystyle H}{|}}{\underset{\underset{\displaystyle H}{|}}{C}}-O-\overset{\overset{\displaystyle H}{|}}{\underset{\underset{\displaystyle H}{|}}{C}}-\overset{\overset{\displaystyle H}{|}}{\underset{\underset{\displaystyle H}{|}}{C}}-H$$

㉦ 과산화물 생성방지 : 40mesh의 구리망을 넣어 준다.

㉧ 과산화물 검출시약 : 10% 아이오딘화칼륨(KI)용액(검출 시 황색)

㉨ 과산화물 제거시약 : 황산제일철 또는 환원철

② 이황화탄소(Carbon Disulfide)

㉠ 물 성★★★

화학식	지정수량	비 중	비 점	인화점	착화점	연소범위
CS_2	50L	1.26	46℃	−30℃	90℃	1.0~50%

㉡ 순수한 것은 무색 투명한 액체이다.

㉢ 제4류 위험물 중 착화점이 낮고 증기는 유독하다.

㉣ 물에 녹지 않고, 에터, 벤젠, 알코올 등의 유기용매에 잘 녹는다.

ⓜ 황(S)을 함유하기 때문에 불쾌한 냄새가 난다.

ⓗ 가연성 증기 발생을 억제하기 위하여 물속에 저장한다.★

ⓢ 연소 시 아황산가스가 발생하며 파란 불꽃을 나타낸다.

ⓩ 이황화탄소의 반응식★★★

• 연소반응 : $CS_2 + 3O_2 \rightarrow CO_2 + 2SO_2$

• 물과 반응(150℃) : $CS_2 + 2H_2O \rightarrow CO_2 + 2H_2S$

③ 아세트알데하이드(Acet Aldehyde)

ⓐ 물 성★

화학식	지정수량	비 중	비 점	인화점★	착화점	연소범위
CH_3CHO	50L	0.78	21℃	−40℃	175℃	4.0~60%

ⓑ 무색 투명한 액체이며 자극성 냄새가 난다.

ⓒ 물에 잘 녹는다.

ⓓ 에틸알코올을 산화하면 아세트알데하이드가 된다.

ⓜ 펠링 반응, 은거울 반응을 한다.★

ⓗ 구리(Cu), 마그네슘(Mg), 은(Ag), 수은(Hg)과 반응하면 아세틸라이드를 생성한다.★★

ⓢ 저장용기 내부에는 불연성가스 또는 수증기 봉입장치를 두어야 한다.

ⓞ 아세트알데하이드의 구조식

```
        H     H
        |    /
    H - C - C
        |    \\
        H     O
```

ⓩ 연소반응 : $2CH_3CHO + 5O_2 \rightarrow 4CO_2 + 4H_2O$

④ 산화프로필렌(Propylene Oxide)

ⓐ 물 성

화학식	지정수량	비 중	비 점	인화점	착화점	연소범위
CH_3CHCH_2O	50L	0.82	35℃	−37℃	449℃	2.8~37%

ⓑ 무색 투명한 자극성 액체이다.

ⓒ 구리(Cu), 마그네슘(Mg), 은(Ag), 수은(Hg)과 반응하면 아세틸라이드를 생성한다.★★

ⓓ 저장용기 내부에는 불연성 가스 또는 수증기 봉입장치를 두어야 한다.

ⓜ 산화프로필렌의 구조식

```
      H  H  H
      |  |  |
  H - C - C - C - H
      |  \\ /
      H   O
```

2-1. 다음 물질 중 인화점이 가장 낮은 것은?

① 에 터
② 이황화탄소
③ 아세톤
④ 벤 젠

2-2. 에터 중 과산화물을 검출할 때 그 검출시약과 검색반응의 색이 알맞게 짝지어진 것은?

① 아이오딘화칼륨 − 적색
② 아이오딘화칼륨 − 황색
③ 브로민화칼륨 − 황색
④ 브로민화칼륨 − 적색

2-3. CS_2를 물속에 저장하는 이유는 어느 것인가?

① 불순물을 용해시키기 위해
② 가연성 증기의 발생을 방지하기 위해
③ 상온에서 수소 가스를 방출하기 때문
④ 공기와 접촉 시 즉시 폭발하기 때문

2-4. 다음 위험물 중 특수인화물로서 수용성인 물질은?

① 에 터
② 아세트알데하이드
③ 메틸알코올
④ 이황화탄소

2-5. 다음 물질 중 취급하는 장치가 구리나 마그네슘으로 되어 있을 때 반응을 일으켜서 폭발성의 아세틸라이드를 생성하는 것은?

① 이황화탄소
② 아이소프로필알코올
③ 산화프로필렌
④ 아세톤

2-1

인화점

종 류	에 터	이황화탄소	아세톤	벤 젠
인화점	-40℃	-30℃	-18.5℃	-11℃

2-2

에터 중 과산화물을 검출

· 검출시약 : 아이오딘화칼륨

· 검색반응의 색 : 황색

2-3

이황화탄소(CS_2)는 가연성 증기의 발생을 방지하기 위해 물속에 저장한다.

2-4

특수인화물로서 수용성(물에 잘 녹는다)인 물질은 아세트알데하이드, 산화프로필렌이 있다.

2-5

산화프로필렌이나 아세트알데하이드는 구리(Cu), 마그네슘(Mg), 은(Ag), 수은(Hg)과 반응하면 아세틸라이드를 생성한다.

정답 2-1 ① 2-2 ② 2-3 ② 2-4 ② 2-5 ③

핵심이론 03 | 각 위험물의 특성 : 제1석유류

(1) 아세톤(Acetone, Dimethyl Ketone)

① 물 성★★

화학식	지정수량	비 중	비 점	인화점	착화점	연소범위
CH_3COCH_3	400L	0.79	56℃	-18.5℃	465℃	2.5~12.8%

② 무색 투명한 자극성 · 휘발성액체이다.

③ 물에 잘 녹으므로 수용성이다.

④ 피부에 닿으면 탈지작용을 한다.★

⑤ 공기와 장기간 접촉하면 과산화물이 생성되므로 갈색병에 저장해야 한다.

⑥ 분무주수, 알코올용포, 불활성 가스로 질식소화한다.

⑦ 아세톤의 구조식

$$\begin{array}{ccccccc} & & H & & O & & H \\ & & | & & \| & & | \\ H & - & C & - & C & - & C & - & H \\ & & | & & & & | \\ & & H & & & & H \end{array}$$

(2) 피리딘(Pyridine)

① 물 성★

화학식	지정수량	비 중	비 점	융 점	인화점	착화점	연소범위
C_5H_5N	400L	0.99	115.4℃	-41.7℃	16℃	482℃	1.8~12.4%

② 순수한 것은 무색의 액체이다.

③ 강한 악취와 독성이 있다.

④ 약알칼리성을 나타내며 수용액 상태에서도 인화의 위험이 있다.

⑤ 산, 알칼리에 안정하고, 물, 알코올, 에터에 잘 녹는다.

⑥ 공기 중에서 최대허용농도 : 5ppm

⑦ 피리딘의 구조식

(3) 사이안화수소

① 물 성

화학식	지정 수량	증기 비중 ★	액체 비중	비 점	인화점	착화점	연소범위
HCN	400L	0.931	0.69	26℃	−17℃	538℃	5.6~40%

② 복숭아 냄새가 나는 무색 또는 푸른색을 띠는 액체이다.

③ 물이나 알코올에 잘 녹고 유일하게 증기비중이 공기보다 가볍다.

④ 화재 시 알코올용포소화약제를 사용한다.

(4) 아세토나이트릴(Acetonitrile)

① 물 성

화학식	지정수량	증기비중	액체비중	비 점	인화점	연소범위
CH₃CN	400L	1.41	0.78	82℃	20℃	3.0~17%

② 에터 냄새가 나는 무색 투명한 액체이다.

③ 물이나 알코올에 잘 녹는다.

(5) 휘발유(Gasoline)

① 물 성

화학식	지정 수량	비 중	증기 비중	인화점	착화점	연소 범위
C₅H₁₂~C₉H₂₀	200L	0.7~0.8	3~4	−43℃	280~456℃	1.2~7.6%

② 무색 투명한 휘발성이 강한 인화성 액체이다.

③ 탄소와 수소의 지방족 탄화수소이다.

④ 정전기에 의한 인화의 폭발 우려가 있다.

(6) 벤젠(Benzene, 벤졸)

① 물 성★

화학식	지정 수량	비 중	비 점	융 점	인화점★	착화점	연소범위
C₆H₆	200L	0.95	79℃	7.0℃	−11℃	498℃	1.4~8.0%

② 무색 투명한 방향성을 갖는 액체이며, 증기는 독성이 있다.★

③ 물에 녹지 않고 알코올, 아세톤, 에터에는 녹는다.

④ 비전도성이므로 정전기의 화재발생 위험이 있다.

⑤ 벤젠(C₆H₆)은 융점이 7.0℃이므로 겨울철에 응고된다.★

⑥ 벤젠의 구조식★

※ 독성 : 벤젠 > 톨루엔 > 자일렌

(7) 톨루엔(Toluene, 메틸벤젠)

① 물 성

화학식	지정 수량	비 중	비 점	인화점★	착화점	연소범위
C₆H₅CH₃	200L	0.86	110℃	4℃	480℃	1.27~7.0%

② 무색 투명한 독성이 있는 액체이다.

③ 증기는 마취성이 있고 인화점이 낮다.

④ 물에 녹지 않고, 아세톤, 알코올 등 유기용제에는 잘 녹는다.

⑤ 벤젠보다 독성은 약하다.★

⑥ TNT의 원료로 사용하고, 산화하면 안식향산(벤조산)이 된다.

⑦ 톨루엔은 겨울철에도 응고되지 않는다.

⑧ 톨루엔의 구조식★

※ BTX : Benzene, Toluene, Xylene

[벤젠과 톨루엔의 비교]★★

항 목	벤 젠	톨루엔
독 성	크다.	작다.
인화점	$-11℃$	$4℃$
비 점	$79℃$	$110℃$
융 점	$7℃$	$-93℃$
착화점	$498℃$	$480℃$
증기비중	2.69	3.17
액체비중	0.95	0.86

(8) 메틸에틸케톤(MEK ; Methyl Ethyl Keton)

① 물 성★

화학식	지정수량	비 중	비 점	융 점	인화점	착화점	연소범위
$CH_3COC_2H_5$	200L	0.8	$80℃$	$-80℃$	$-7℃$	$505℃$	1.8~10%

② 휘발성이 강한 무색의 액체이다.

③ 물에 대한 용해도는 26.8이다.

④ 물, 알코올, 에터, 벤젠 등 유기용제에 잘 녹고, 수지, 유지를 잘 녹인다.

⑤ 탈지작용을 하므로 피부에 닿지 않도록 주의한다.

⑥ 알코올용포로 질식소화를 한다.

⑦ MEK의 구조식

$$R - CO - R'$$
[케톤의 일반식]

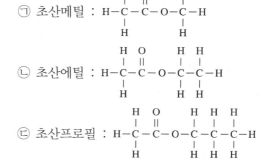

(9) 노말-헥세인(n-Hexane)

① 물 성

화학식	지정수량	비 중	비 점	융 점	인화점	연소범위
$CH_3(CH_2)_4CH_3$	200L	0.65	$69℃$	$-95℃$	$-20℃$	1.1~7.5%

② 무색 투명한 액체이다.

③ 물에는 녹지 않고, 알코올, 에터, 아세톤 등 유기용제에는 잘 녹는다.

(10) 콜로디온(Collodion, $C_{12}H_{16}O_6(NO_3)_4$–$C_{13}H_{17}(NO_3)_3$)

① 질화도가 낮은 질화면(나이트로셀룰로스)에 부피비로 에틸알코올 3과 에터 1의 혼합용액에 녹인 것이다.

② 무색 투명한 점성이 있는 액체이며 인화점은 $-18℃$, 비중 0.77이다.

③ 콜로디온의 성분 중 에틸알코올, 에터 등은 상온에서 인화의 위험이 크다.

(11) 초산에스터류

① 초산에스터류의 구조식

㉠ 초산메틸 :
$$H-\underset{\underset{H}{|}}{\overset{\overset{H}{|}}{C}}-\overset{\overset{O}{||}}{C}-O-\underset{\underset{H}{|}}{\overset{\overset{H}{|}}{C}}-H$$

㉡ 초산에틸 :
$$H-\underset{\underset{H}{|}}{\overset{\overset{H}{|}}{C}}-\overset{\overset{O}{||}}{C}-O-\underset{\underset{H}{|}}{\overset{\overset{H}{|}}{C}}-\underset{\underset{H}{|}}{\overset{\overset{H}{|}}{C}}-H$$

㉢ 초산프로필 :
$$H-\underset{\underset{H}{|}}{\overset{\overset{H}{|}}{C}}-\overset{\overset{O}{||}}{C}-O-\underset{\underset{H}{|}}{\overset{\overset{H}{|}}{C}}-\underset{\underset{H}{|}}{\overset{\overset{H}{|}}{C}}-\underset{\underset{H}{|}}{\overset{\overset{H}{|}}{C}}-H$$

② 초산메틸(Methyl Acetate, 아세트산메틸)

㉠ 물 성

화학식	지정수량	용해도	비 중	비 점	인화점	착화점	연소범위
CH_3COOCH_3	200L	24.5	0.93	$58℃$	$-10℃$	$502℃$	3.1~16%

㉡ 초산에스터류 중 물에 가장 잘 녹는다.

㉢ 마취성과 향긋한 냄새가 나는 무색 투명한 휘발성 액체이다.

㉣ 물, 알코올, 에터 등에 잘 섞인다.

㉤ 초산과 메틸알코올의 축합물로서 가수분해하면 초산과 메틸알코올로 된다.★

$$CH_3COOCH_3 + H_2O \rightarrow \underset{(초산)}{CH_3COOH} + \underset{(메틸알코올)}{CH_3OH}$$

㉥ 피부에 접촉하면 탈지작용을 한다.★

㉦ 물에 잘 녹으므로 알코올용포를 사용한다.

※ 분자량이 증가할수록 나타나는 현상★★
- 인화점, 증기비중, 비점, 점도가 커진다.
- 착화점, 수용성, 휘발성, 연소범위, 비중이 감소한다.
- 이성질체가 많아진다.

③ 초산에틸(Ethyl Acetate, 아세트산에틸)

㉠ 물 성★

화학식	지정수량	용해도	비 중	비 점	인화점	착화점	연소범위
$CH_3COOC_2H_5$	200L	8.7	0.9	77.5℃	-3℃	429℃	2.2~11.5%

㉡ 딸기 냄새가 나는 무색 투명한 액체이다.

㉢ 알코올, 에터, 아세톤과 잘 섞이며 물에 약간 녹는다.

㉣ 휘발성, 인화성이 강하다.

㉤ 유지, 수지, 셀룰로스 유도체 등을 잘 녹인다.

(12) 의산에스터류

① 의산에스터류의 구조식

㉠ 의산메틸 :
$$H-\overset{\overset{\displaystyle O}{\|}}{C}-O-\overset{\overset{\displaystyle H}{|}}{\underset{\underset{\displaystyle H}{|}}{C}}-H$$

㉡ 의산에틸 :
$$H-\overset{\overset{\displaystyle O}{\|}}{C}-O-\overset{\overset{\displaystyle H}{|}}{\underset{\underset{\displaystyle H}{|}}{C}}-\overset{\overset{\displaystyle H}{|}}{\underset{\underset{\displaystyle H}{|}}{C}}-H$$

㉢ 의산프로필 :
$$H-\overset{\overset{\displaystyle O}{\|}}{C}-O-\overset{\overset{\displaystyle H}{|}}{\underset{\underset{\displaystyle H}{|}}{C}}-\overset{\overset{\displaystyle H}{|}}{\underset{\underset{\displaystyle H}{|}}{C}}-\overset{\overset{\displaystyle H}{|}}{\underset{\underset{\displaystyle H}{|}}{C}}-H$$

② 의산메틸(폼산메틸, 개미산메틸)

㉠ 물 성★★

화학식	지정수량	용해도	비 중	비 점	인화점	착화점	연소범위
$HCOOCH_3$	400L	23.3	0.97	32℃	-19℃	449℃	5.0~23%

㉡ 럼주와 같은 향기를 가진 무색 투명한 액체이다.

㉢ 증기는 마취성이 있으나 독성은 없다.

㉣ 에터, 에스터에 잘 녹으며 물에도 잘 녹는다.

㉤ 의산과 메틸알코올의 축합물로서 가수분해하면 의산과 메틸알코올이 된다.

$$HCOOCH_3 + H_2O \rightarrow CH_3OH + HCOOH$$
(메틸알코올)　　(의산)

③ 의산에틸(개미산에틸)

㉠ 물 성★

화학식	지정수량	용해도	비 중	비 점	인화점	착화점	연소범위
$HCOOC_2H_5$	200L	13.6	0.92	54℃	-19℃	440℃	2.7~16.5%

㉡ 복숭아 냄새가 나는 무색 투명한 액체이다.

㉢ 에터, 벤젠, 에스터에 잘 녹으며 물에는 일부 녹는다.

㉣ 가수분해하면 의산과 에틸알코올이 된다.

$$HCOOC_2H_5 + H_2O \rightarrow C_2H_5OH + HCOOH$$
(에틸알코올)　　(의산)

3-5. 초산에스터류의 분자량이 증가할수록 달라지는 성질 중 옳지 않은 것은?

① 인화점이 높아진다.
② 이성질체가 줄어든다.
③ 수용성이 감소된다.
④ 증기비중이 커진다.

|해설|

3-1

위험물의 비중 및 인화점

종 류	아세톤	경 유	나이트로벤젠	아세트산
구 분	제1석유류	제2석유류	제3석유류	제2석유류
비 중	0.79	4~5	1.2	1.05
인화점	-18.5℃	41℃ 이상	88℃	40℃

3-2

피리딘은 물에 잘 녹으며, 제1석유류 수용성으로 지정수량은 400L이다.

3-3

사이안화수소(HCN)는 소량의 수분이나 장시간 저장하면 중합이 촉진되어 중합폭발을 일으킨다.

3-4

위험물의 성질

종 류	에 터	가솔린(휘발유)	벤 젠
인화점	-40℃	-43℃	-11℃
증기비중	2.55	3~4	2.69
착화점	180℃	280~456℃	498℃
연소범위	1.7~48%	1.2~7.6%	1.4~8.0%

3-5

초산에스터류의 분자량이 증가하면 이성질체가 많아진다.

정답 3-1 ① 3-2 ② 3-3 ④ 3-4 ③ 3-5 ②

핵심이론 04 | 각 위험물의 특성 : 알코올류

(1) 메틸알코올(Methyl Alcohol, Methanol)

① 물 성★

화학식	지정수량	비 중	증기비중	비 점	인화점	착화점	연소범위
CH_3OH	400L	0.79	1.1	64.7℃	11℃	464℃	6.0~36%

② 무색 투명한 휘발성이 강한 액체이다.

③ 알코올류 중에서 수용성이 가장 크다.

④ 메틸알코올(목정)은 독성이 있으나 에틸알코올(주정)은 독성이 없다.

⑤ 메틸알코올을 산화하면 폼알데하이드($HCHO$)가 되고, 2차 산화하면 의산(폼산, 개미산, $HCOOH$)이 된다.

⑥ 화재 시에는 알코올용포를 사용한다.

⑦ 메틸알코올의 반응식★★

   ㉠ 연소반응 : $2CH_3OH + 3O_2 \rightarrow 2CO_2 + 4H_2O$

   ㉡ 나트륨과 반응

   $2Na + 2CH_3OH \rightarrow 2CH_3ONa + H_2\uparrow$

   ㉢ 메틸알코올의 산화, 환원반응식

   $$CH_3OH \underset{환원}{\overset{산화}{\rightleftarrows}} \underset{(폼알데하이드)}{HCHO} \underset{환원}{\overset{산화}{\rightleftarrows}} \underset{(의산)}{HCOOH}$$

   ㉣ 에틸알코올의 산화, 환원반응식

   $$C_2H_5OH \underset{환원}{\overset{산화}{\rightleftarrows}} \underset{(아세트알데하이드)}{CH_3CHO} \underset{환원}{\overset{산화}{\rightleftarrows}} \underset{(초산)}{CH_3COOH}$$

(2) 에틸알코올(Ethyl Alcohol, Ethanol)

① 물 성

화학식	지정수량	비 중	증기비중	비 점	인화점	착화점	연소범위
C_2H_5OH	400L	0.79	1.59	80℃	13℃	423℃	3.1~27.7%

② 무색 투명한 휘발성이 강한 액체이다.

③ 물에 잘 녹으므로 수용성이다.

④ 에탄올은 벤젠보다 탄소(C)의 함량이 적기 때문에 그 을음이 적게 난다.

⑤ 에틸알코올을 산화하면 아세트알데하이드(CH_3CHO)가 되고 2차 산화하면 초산(아세트산, CH_3COOH)이 된다.

⑥ 에틸알코올은 아이오도폼 반응을 한다.

※ 아이오도폼 반응 : 수산화나트륨에 아이오딘를 가하여 아이오도폼의 황색 침전이 생성되는 반응★

$$C_2H_5OH + 6NaOH + 4I_2 \rightarrow \underset{\text{(아이오도폼)}}{CHI_3} + 5NaI + \underset{\text{(의산나트륨)}}{HCOONa} + 5H_2O$$

(3) 아이소프로필알코올(IPA ; Iso Propyl Alcohol)

① 물 성

화학식	지정수량	비 중	증기비중	비 점	인화점	연소범위
C_3H_7OH	400L	0.78	2.07	83	12℃	2.0~12%

② 물과는 임의의 비율로 섞이며 아세톤, 에터 등 유기용제에 잘 녹는다.

③ 산화하면 아세톤이 되고, 탈수하면 프로필렌이 된다.

※ 부틸알코올 : 제2석유류(비수용성), 지정수량 1,000L

화학식	비 중	비 점	인화점
$CH_3(CH_2)_3OH$	0.81	117℃	35℃

(1) 초산(Acetic Acid, 아세트산)

① 물 성★

화학식	지정 수량	비 중	증기 비중	인화점	착화점	응고점	연소 범위
CH_3COOH	2,000L	1.05	2.07	40℃	485℃	16.2℃	6.0~ 17%

② 자극성 냄새와 신맛이 나는 무색 투명한 액체이다.

③ 물, 알코올, 에터에 잘 녹으며 물보다 무겁다.

④ 피부와 접촉하면 수포상의 화상을 입는다.

⑤ 아세트산이 에틸알코올과 반응하면 아세트산에틸과
물이 생성된다.

$CH_3COOH + C_2H_5OH \rightarrow CH_3COOC_2H_5 + H_2O$

⑥ 식초 : 3~5%의 수용액

⑦ 저장용기 : 내산성 용기

(2) 의산(Formic Acid, 개미산, 폼산)

① 물 성★

화학식	지정 수량	비 중	증기 비중	인화점	착화점	연소 범위
$HCOOH$	2,000L	1.2	1.59	55℃	540℃	18~51%

② 물에 잘 녹고 물보다 무겁다(수용성).

③ 초산보다 산성이 강하며 신맛이 있다.

④ 피부와 접촉하면 수포상의 화상을 입는다.

⑤ 저장용기 : 내산성 용기

(3) 아크릴산(Acrylic Acid)

① 물 성★

화학식	지정 수량	비 중	비 점	인화점	착화점	응고점	연소 범위
$CH_2CHCOOH$	2,000L	1.1	139℃	46℃	438℃	12℃	2.4~ 8.0%

② 자극적인 냄새가 나는 무색의 부식성, 인화성 액체이다.

③ 무색의 초산과 비슷한 액체로 겨울에는 응고된다.

④ 물, 알코올, 벤젠, 클로로폼, 아세톤, 에터에 잘 녹는다.

(4) 하이드라진(Hydrazine)

① 물 성★

화학식	지정수량	비 중	비 점	융 점	인화점
N_2H_4	2,000L	1.01	113℃	2℃	38℃

② 무색의 맹독성・가연성 액체이다.

③ 물이나 알코올에 잘 녹고 에터에는 녹지 않는다.

④ 약알칼리성으로 공기 중에서 약 180℃에서 열분해하
여 암모니아, 질소, 수소로 분해된다.

$2N_2H_4 \rightarrow 2NH_3 + N_2 + H_2$

⑤ 하이드라진과 과산화수소의 반응

$N_2H_4 + 2H_2O_2 \rightarrow 4H_2O + N_2\uparrow$

(5) 메틸셀로솔브(Methyl Cellosolve)

① 물 성

화학식	지정 수량	비 중	비 점	인화점	착화점
$CH_3OCH_2CH_2OH$	2,000L	0.937	124℃	43℃	288℃

② 상쾌한 냄새가 나는 무색의 휘발성 액체이다.

③ 물, 에터, 벤젠, 사염화탄소, 아세톤, 글리세린에 녹
는다.

④ 저장용기는 철분의 혼입을 피하기 위하여 스테인리스
를 용기로 사용한다.

⑤ 메틸셀로솔브의 구조식

```
        H         H   H
        |         |   |
    H - C - O - C - C - OH
        |         |   |
        H         H   H
```

(6) 에틸셀로솔브(Ethyl Cellosolve)

① 물 성

화학식	지정수량	비 중	비 점	인화점	착화점
$C_2H_5OCH_2CH_2OH$	2,000L	0.93	135℃	40℃	238℃

② 무색의 상쾌한 냄새가 나는 액체이다.

③ 가수분해하면 에틸알코올과 에틸렌글라이콜을 생성한다.

④ 에틸셀로솔브의 구조식

$$
\begin{array}{ccccccc}
 & H & H & & H & H & \\
 & | & | & & | & | & \\
H- & C- & C- & O- & C- & C- & OH \\
 & | & | & & | & | & \\
 & H & H & & H & H & \\
\end{array}
$$

(7) 등유(Kerosine)

① 물 성

화학식	지정수량	비 중	증기비중	유출온도	인화점	착화점	연소범위
$C_9 \sim C_{18}$	1,000L	0.78~0.8	4~5	156~300℃	39℃ 이상	210℃ 이상	0.7~5.0%

② 무색 또는 담황색의 약한 냄새가 나는 액체이다.

③ 물에 녹지 않고, 석유계 용제에는 잘 녹는다.

④ 원유 증류 시 휘발유와 경유 사이에서 유출되는 포화·불포화 탄화수소 혼합물이다.

⑤ 정전기 불꽃으로 인화의 위험이 있다.

(8) 경유(디젤유)

① 물 성

화학식	지정수량	비 중	증기비중	유출온도	인화점	착화점	연소범위
$C_{15} \sim C_{20}$	1,000L	0.82~0.84	4~5	150~350℃	41℃ 이상	257℃	0.6~7.5%

② 탄소수가 15~20개까지의 포화·불포화 탄화수소혼합물이다.

③ 물에 녹지 않고, 석유계 용제에는 잘 녹는다.

④ 품질은 세탄값으로 정한다.

⑤ 소화방법은 포말, 이산화탄소, 할로젠화합물, 분말소화약제가 적합하다.

(9) 자일렌(Xylene)

① 물 성★

구 분	지정수량	구조식	비 중	인화점	착화점
o-자일렌 (ortho)	1,000L	(구조식)	0.88	32℃	106.2℃
m-자일렌 (meta)		(구조식)	0.86	25℃	-
p-자일렌 (para)		(구조식)	0.86	25℃	-

② 화학식 : $C_6H_4(CH_3)_2$

③ 물에 녹지 않고, 알코올, 에터, 벤젠 등 유기용제에는 잘 녹는다.

④ 무색 투명한 액체로서 톨루엔과 비슷하다.

⑤ 자일렌의 이성질체로는 o-xylene, m-xylene, p-xylene이 있다.

(10) 테레빈유(송정유)

① 물 성

화학식	지정수량	비 중	비 점	인화점	착화점	연소범위
$C_{10}H_{16}$	1,000L	0.86	155℃	35℃	253℃	0.8~6.0%

② 피넨($C_{10}H_{16}$)이 80~90% 함유된 소나무과 식물에 함유된 기름으로 송정유라고도 한다.

③ 무색 또는 엷은 담황색의 액체이다.

④ 물에 녹지 않고 알코올, 에터, 벤젠, 클로로폼에는 녹는다.

⑤ 헝겊 또는 종이에 스며들어 자연발화한다.

(11) 클로로벤젠(Chlorobenzene)

① 물 성★

화학식	지정수량	비 중	비 점	인화점	착화점
C_6H_5Cl	1,000L	1.1	132℃	27℃	638℃

② 마취성이 조금 있는 석유와 비슷한 냄새가 나는 무색 액체이다.

③ 물에 녹지 않고 알코올, 에터 등 유기용제에는 녹는다.

④ 연소하면 염화수소가스가 발생한다.

$C_6H_5Cl + 7O_2 \rightarrow 6CO_2 + 2H_2O + HCl$

⑤ 고온에서 진한 황산과 반응하여 p-클로로설폰산을 만든다.

(12) 스타이렌(Styrene)

① 물 성

화학식	지정수량	비 중	비 점	인화점	착화점
$C_6H_5CH = CH_2$	1,000L	0.9	146℃	32℃	490℃

② 독특한 냄새가 나는 무색의 액체이다.

③ 물에 녹지 않고, 에터, 이황화탄소, 알코올에는 녹는다.

(13) 송근유

① 물 성

비 중	지정수량	비 점	인화점	착화점
0.87	1,000L	155~180℃	54~78℃	355℃

② 소나무 뿌리를 건유하여 얻은 타르를 분류하여 얻는다.

③ 엷은 황색 또는 진한 갈색의 독특한 냄새를 갖는 액체이다.

④ 알코올과 혼합하면 용해능력이 증가한다.

(1) 에틸렌글라이콜(Ethylene Glycol)

① 물 성★★★

화학식	지정수량	비 중	비 점	인화점	착화점
CH_2OHCH_2OH	4,000L	1.11	198℃	120℃	398℃

② 무색의 끈기 있는 흡습성의 액체이다.

③ 사염화탄소, 에터, 벤젠, 이황화탄소, 클로로폼에 녹지 않는다.

④ 물, 알코올, 글리세린, 아세톤, 초산, 피리딘에는 잘 녹는다.

⑤ 2가 알코올로서 독성이 있으며 단맛이 난다.★

⑥ 부동액으로 사용한다.★

⑦ 에틸렌글라이콜의 구조식

$$
\begin{array}{cc}
CH_2-OH & \\
| & \\
CH_2-OH &
\end{array}
\qquad
\begin{array}{c}
\quad H\ \ H \\
\ \ \ | \ \ | \\
HO-C-C-OH \\
\ \ \ | \ \ | \\
\quad H\ \ H
\end{array}
$$

(2) 글리세린(Glycerine)

① 물 성★★★

화학식	지정수량	비 중	비 점	인화점	착화점
$C_3H_5(OH)_3$	4,000L	1.26	182℃	160℃	370℃

② 무색 무취의 흡수성이 있는 점성 액체이다.

③ 물, 알코올에 잘 녹고, 벤젠, 에터, 클로로폼에는 녹지 않는다.

④ 3가 알코올로서 독성이 없으며 단맛이 난다.★

⑤ 윤활제, 화장품, 폭약의 원료로 사용한다.

⑥ 글리세린의 구조식

$$
\begin{array}{c}
CH_2-OH \\
| \\
CH-OH \\
| \\
CH_2-OH
\end{array}
\qquad
\begin{array}{c}
\ \ H\ \ \ H\ \ \ H \\
\ \ | \ \ \ \ | \ \ \ \ | \\
H-C-C-C-H \\
\ \ | \ \ \ \ | \ \ \ \ | \\
\ OH\ OH\ OH
\end{array}
$$

[에틸렌글라이콜과 글리세린의 비교]★★

종류 항목	에틸렌글라이콜	글리세린
구조식	$\begin{array}{c}CH_2-OH\\|\\CH_2-OH\end{array}$	$\begin{array}{c}CH_2-OH\\|\\CH-OH\\|\\CH_2-OH\end{array}$
알코올의 가수	2가	3가
용해성	수용성	수용성
맛	단 맛	단 맛
독 성	있다.	없다.

(3) 중 유

① 직류중유

㉠ 물 성

비 중	지정수량	유출온도	인화점	착화점
0.85~0.93	2,000L	300~405℃	60~150℃	254~405℃

㉡ 300~350℃ 이상의 중유의 잔류물과 경유의 혼합물이다.

㉢ 비중과 점도가 낮다.

㉣ 분무성이 좋고 착화가 잘된다.

② 분해중유

㉠ 물 성

비 중	지정수량	인화점	착화점
0.95~0.97	2,000L	70~150℃	380℃

㉡ 중유 또는 경유를 열분해하여 가솔린의 제조 잔유와 분해경유의 혼합물이다.

㉢ 비중과 점도가 높다.

㉣ 분무성이 나쁘다.

(4) 크레오소트유

① 물 성

비 중	지정수량	비 점	인화점
1.02~1.05	2,000L	194~400℃	73.9℃

② 일반적으로 타르류, 액체피치유라고도 한다.

③ 황록색 또는 암갈색의 기름 모양의 액체이며 증기는 유독하다.

④ 주성분은 나프탈렌, 안트라센이다.

⑤ 물에 녹지 않고 알코올, 에터, 벤젠, 톨루엔에는 잘 녹는다.

⑥ 타르산이 함유되어 용기를 부식시키므로 내산성 용기를 사용해야 한다.

(5) 아닐린(Aniline)

① 물 성★

화학식	지정수량	용해도	비 중	융 점	비 점	인화점
$C_6H_5NH_2$	2,000L	3.5	1.02	-6℃	184℃	70℃

② 황색 또는 담황색의 기름성 액체이다.

③ 물에 약간 녹고, 알코올, 아세톤, 벤젠에는 잘 녹는다.

④ 알칼리금속과 반응하여 수소가스를 발생한다.

⑤ 나이트로벤젠의 증기에 수소를 혼합한 뒤 촉매를 사용하여 환원시켜 제조한다.★

(6) 나이트로벤젠(Nitrobenzene)

① 물 성

화학식	지정수량	비 중	비 점	인화점	착화점
$C_6H_5NO_2$	2,000L	1.2	211℃	88℃	482℃

② 암갈색 또는 갈색의 특이한 냄새가 나는 액체이다.

③ 물에 녹지 않으며 알코올, 벤젠, 에터에는 잘 녹는다.

④ 나이트로화제 : 황산과 질산

[아닐린의 구조식]　　　　[나이트로벤젠의 구조식]

(7) 메타크레졸(m-Cresol)

① 물 성

화학식	지정수량	비 중	비 점	인화점
$C_6H_4CH_3OH$	2,000L	1.03	203℃	86℃

② 무색 또는 황색의 페놀의 냄새가 나는 액체이다.

③ 물에 녹지 않고, 알코올, 에터, 클로로폼에는 녹는다.

④ 크레졸은 o-cresol, m-cresol, p-cresol의 세 가지 이성질체가 있다.★

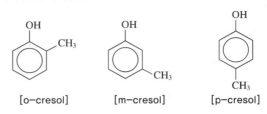

[o-cresol]　　　[m-cresol]　　　[p-cresol]

(8) 페닐하이드라진(Phenyl hydrazine)

① 물 성

화학식	지정수량	비 중	비 점	인화점	착화점	융 점
$C_6H_5NHNH_2$	2,000L	1.09	53℃	89℃	174℃	19.4℃

② 무색의 판모양 결정 또는 액체로서 독특한 냄새가 난다.

③ 물에 녹지 않고 알코올, 에터, 벤젠, 아세톤, 클로로폼에는 녹는다.

④ 알데하이드, 케톤, 당류의 분리, 확인을 위한 시약으로 사용되는 물질이다.

(9) 염화벤조일(Benzoyl Chloride)

① 물 성

화학식	지정수량	비 중	비 점	인화점	착화점	융 점
C_6H_5COCl	2,000L	1.21	74℃	72℃	197.2℃	-1℃

② 자극성 냄새가 나는 무색의 액체이다.

③ 물에 분해되고 에터에는 녹는다.

④ 산화성 물질과의 혼합 시 폭발할 우려가 있다.

(10) 테트라에틸납(Tetraethyl Lead)

① 물 성

화학식	지정수량	비 중	인화점	융 점
$(C_2H_5)_4Pb$	2,000L	1.65	93℃	-136℃

② 달콤한 냄새가 나는 무색의 액체이다.

③ 벤젠, 에터에는 잘 녹고, 알코올에는 약간 녹는다.

다음 중 에틸렌글라이콜과 글리세린의 공통점이 아닌 것은?

① 독성이 있다.
② 수용성이다.
③ 무색의 액체이다.
④ 단맛이 있다.

|해설|
에틸렌글라이콜은 독성이 있고 글리세린은 독성이 없다.

정답 ①

핵심이론 07 | 각 위험물의 특성 : 제4석유류

(1) 종 류

① 윤활유 : 기어유, 실린더유, 스핀들유, 터빈유, 모빌유, 엔진오일 등
② 가소제유 : DOP, DNP, DINP, DBS, DOS, TCP 등
※ 가소제유 : 플라스틱의 강도, 유연성, 가소성, 연화온도 등을 자유롭게 조절하기 위하여 첨가하는 비휘발성 기름

(2) 위험성

① 실온에서 인화위험은 없으나 가열하면 연소위험이 증가한다.
② 일단 연소하면 액온이 상승하여 연소가 확대된다.

(3) 저장 및 취급

① 화기를 엄금하고 발생된 증기의 누설을 방지하고 환기를 잘 시킨다.
② 가연성 물질, 강산화성 물질과 격리한다.

(4) 소화방법

포, 분말, 할로젠화합물, 불활성 가스 소화약제가 적합하다.

(1) 종 류

종류 \ 항목	아이오딘값	반응성	불포화도★	종 류
건성유★	130 이상	크다.	크다.	해바라기씨유, 동유, 아마인유, 정어리기름, 들기름
반건성유	100~130	중 간	중 간	채종유, 목화씨기름(면실유), 참기름, 콩기름
불건성유	100 이하	작다.	작다.	야자유, 올리브유, 피마자유, 동백유

※ 아이오딘값 : 유지 100g에 부가되는 아이오딘의 g수

(2) 위험성

① 상온에서 인화위험은 없으나 가열하면 연소위험이 증가한다.

② 발생 증기는 공기보다 무겁고 연소범위 하한이 낮아 인화위험이 높다.

③ 아마인유는 건성유(불포화도가 크다)이므로 자연발화 위험이 있다.★★

④ 화재 시 액온이 높아 소화가 곤란하다.

(3) 저장 및 취급

① 화기에 주의해야 하며 발생 증기는 인화되지 않도록 한다.

② 건성유의 경우 자연발화 위험이 있으므로 다공성 가연물과 접촉을 피한다.

(4) 소화방법

포, 분말, 할로젠화합물, 불활성 가스 소화약제가 유효하고 분무주수도 가능하다.

아이오딘값이 130 이상인 것을 무엇이라고 부르는가?

① 건성유
② 반건성유
③ 불건성유
④ 피마자유

|해설|

건성유 : 아이오딘값이 130 이상

정답 ①

핵심이론 01 제5류 위험물의 특성

(1) 종 류

하단 표 참조

(2) 정 의

자기반응성 물질이란 고체 또는 액체로서 폭발의 위험성 또는 가열분해의 격렬함을 판단하기 위하여 고시로 정하는 시험에서 고시로 정하는 성질과 상태를 나타내는 것을 말한다.

(3) 일반적인 성질

① 외부로부터 산소의 공급 없이도 가열, 충격 등에 의해 연소 폭발을 일으킬 수 있는 자기반응성 물질이다.
② 하이드라진 유도체를 제외하고는 유기화합물이다.
③ 유기과산화물을 제외하고는 질소를 함유한 유기질소 화합물이다.
④ 모두 가연성의 액체 또는 고체물질이고 연소할 때는 다량의 가스를 발생한다.

⑤ 시간의 경과에 따라 자연발화의 위험성이 있다.

(4) 위험성

① 외부의 산소공급 없이도 자기연소 하므로 연소속도가 빠르고 폭발적이다.
② 아조화합물, 다이아조화합물, 하이드라진유도체는 고농도인 경우 충격에 민감하며 연소 시 순간적인 폭발로 이어진다.
③ 나이트로화합물은 화기, 가열, 충격, 마찰에 민감하여 폭발위험이 있다.
④ 강산화제, 강산류와 혼합한 것은 발화를 촉진시키고 위험성도 증가한다.★

(5) 저장 및 취급방법

① 화염, 불꽃 등 점화원의 엄금, 가열, 충격, 마찰, 타격 등을 피한다.
② 강산화제, 강산류, 기타 물질이 혼입되지 않도록 한다.
③ 소분하여 저장하고 용기의 파손 및 위험물의 누출을 방지한다.

[제5류 위험물의 종류]

성 질	품 명	해당하는 위험물		위험등급	지정수량
자기 반응성 물질 ★	1. 유기과산화물	과산화벤조일, 과산화메틸에틸케톤, 과산화초산		II	100kg
	2. 질산에스터류	나이트로셀룰로스, 나이트로글리세린, 나이트로글라이콜		I	10kg
		셀룰로이드		II	100kg
	3. 하이드록실아민	–		II	100kg
	4. 하이드록실아민염류	황산하이드록실아민, 염산하이드록실아민		II	100kg
	5. 나이트로화합물	트라이나이트로톨루엔, 트라이나이트로페놀, 테트릴		I	10kg
		이 외의 나이트로화합물		II	100kg
	6. 나이트로소화합물	–		10kg/ I 100kg/ II	10kg, 100kg
	7. 아조화합물	아조비스아이소부티로나이트릴		II	100kg
	8. 다이아조화합물	–		–	종 판단 필요
	9. 하이드라진 유도체	염산하이드라진, 황산디하이드라진, 메틸하이드라진		II	100kg
	10. 그 밖에 행정안전부령이 정하는 것	금속의 아자이드화합물	아자이드화나트륨	I	10kg
		질산구아니딘	–	–	종 판단 필요

※ 위험물안전관리법 시행령에서 제5류 위험물의 지정수량은 제1종 10kg, 제2종 100kg으로 개정되었다.

(6) 제5류 위험물의 반응식

① 나이트로글리세린의 분해반응식

$$4C_3H_5(ONO_2)_3 \rightarrow O_2\uparrow + 6N_2 + 10H_2O + 12CO_2$$

② TNT의 분해반응식★★

$$2C_6H_2CH_3(NO_2)_3 \rightarrow 2C + 3N_2\uparrow + 5H_2\uparrow + 12CO$$

③ 피크르산의 분해반응식★★

$$2C_6H_2OH(NO_2)_3 \rightarrow 2C + 3N_2\uparrow + 3H_2\uparrow + 4CO_2 + 6CO$$

(7) 제5류 위험물의 소화방법★

초기에는 다량의 주수소화가 적당하다.

10년간 자주 출제된 문제

1-1. 다음 중 제5류 위험물이 아닌 것은?

① $C_6H_4CH_3NO_2$
② CH_3-O-NO_2
③ $C_3H_5(ONO_2)_3$
④ $C_6H_2(NO_2)_3CH_3$

1-2. 제5류 위험물인 나이트로셀룰로스의 지정수량은?

① 10kg
② 50kg
③ 100kg
④ 200kg

1-3. 제5류 위험물의 성질이 아닌 것은?

① 가연성
② 폭발성
③ 자기반응성
④ 수용성

|해설|

1-1
① 나이트로톨루엔(제4류)
② 질산메틸(제5류)
③ 나이트로글리세린(제5류)
④ TNT(제5류)

1-2
나이트로셀룰로스(질산에스터류)의 지정수량 : 10kg

1-3
제5류 위험물 : 가연성, 폭발성, 자기반응성 물질

정답 1-1 ① 1-2 ① 1-3 ④

핵심이론 02 | 각 위험물의 특성 : 유기과산화물

(1) 과산화벤조일(BPO ; Benzoyl Peroxide)

① 물 성★

화학식	지정수량	비 중	융 점
$(C_6H_5CO)_2O_2$	100kg	1.33	105℃

② 무색 무취의 백색 결정으로 강산화성 물질이다.

③ 물에 녹지 않고, 알코올에는 약간 녹는다.

④ DMP(프탈산다이메틸), DBP(프탈산다이부틸)의 희석제를 사용한다.★

⑤ 발화되면 연소속도가 빠르고 건조상태에서는 위험하다.

⑥ 마찰, 충격으로 폭발의 위험이 있다.

⑦ **소화방법** : 소량일 때에는 탄산가스, 분말, 건조된 모래로 대량일 때에는 물이 효과적이다.

⑧ 과산화벤조일의 구조식

(2) 과산화메틸에틸케톤(MEKPO ; Methyl Ethyl Keton Peroxide)

① 물 성★

화학식	지정수량	비 중	융 점
$C_8H_{16}O_4$	100kg	1.06	20℃

② 무색, 특이한 냄새가 나는 기름 모양의 액체이다.

③ 물에 약간 녹고, 알코올, 에터, 케톤에는 녹는다.

④ 40℃ 이상에서 분해가 시작되어 110℃ 이상이면 발열하고 분해가스가 연소한다.

⑤ 과산화메틸에틸케톤의 구조식

(3) 과산화초산(Peracetic Acid)

① 물 성

화학식	지정수량	인화점	착화점	비 중	녹는점	비 점
CH_3COOOH	100kg	56℃	200℃	1.13	−0.2℃	105℃

② 아세트산 냄새가 나는 무색의 가연성 액체이다.
③ 충격, 마찰, 타격에 민감하다.

(4) 아세틸퍼옥사이드(Acethyl Peroxide)

① 물 성

화학식	지정수량	인화점	비 중
$(CH_3CO)_2O_2$	100kg	45℃	1.2

② 제5류 위험물의 유기과산화물로서 무색의 고체이다.
③ 충격, 마찰에 의하여 분해하고 가열하면 폭발한다.
④ 희석제인 DMF를 75% 첨가시켜서 0~5℃ 이하의 저온에서 저장한다.
⑤ 화재 시 다량의 물로 냉각소화한다.
⑥ 아세틸퍼옥사이드의 구조식

$$CH_3 - \overset{O}{\overset{\|}{C}} - O - O - \overset{O}{\overset{\|}{C}} - CH_3$$

(5) 호박산퍼옥사이드(Succinicacid Peroxide)

① 제5류 위험물의 유기과산화물로서 가연성 고체이다.
② 화학식은 $(CH_2COOH)_2O_2$이다.
③ 상온에서 분해하여 산소를 방출한다.
④ 100℃ 이상 가열하면 흰 연기를 발생한다.

(1) 나이트로셀룰로스(NC ; Nitrocellulose)

① 물 성★

화학식	지정수량	비 중	융 점
$[C_6H_7O_2(ONO_2)_3]_n$	10kg	1.23	165℃

② 백색의 고체이다.

③ 첨가제

　　㉠ 첨가하는 이유 : 건조 상태에서 폭발을 방지하기
　　　위하여

　　㉡ 첨가제 : 물, 알코올(아이소프로필알코올)

④ 가열, 마찰, 충격에 의하여 격렬히 연소, 폭발한다.

⑤ 130℃에서는 서서히 분해하여 180℃에서 불꽃을 내면
　서 급격히 연소한다.

⑥ 질화도가 클수록 폭발성이 크다.

※ 질화도 : 나이트로셀룰로스 속에 함유된 질소의 함유량

　　• 강면약 : 12.76% 이상

　　• 약면약 : 10.18~12.76%

⑦ NC의 분해반응식

　$2C_{24}H_{29}O_9(ONO_2)_{11}$

　$\rightarrow 24CO_2\uparrow + 24CO\uparrow + 12H_2O + 17H_2\uparrow + 11N_2\uparrow$
　　(이산화탄소)　　(일산화탄소)　　(물)　　(수소)　　(질소)

(2) 나이트로글리세린(NG ; Nitroglycerine)

① 물 성

화학식	지정수량	융 점	비 점
$C_3H_5(ONO_2)_3$	10kg	2.8℃	218℃

② 무색 투명한 기름성의 액체(공업용 : 담황색)이다.

③ 알코올, 에터, 벤젠, 아세톤 등 유기용제에는 녹는다.

④ 상온에서 액체이고 겨울에는 동결한다.

⑤ 혀를 찌르는 듯한 단맛이 있다.

⑥ 가열, 마찰, 충격에 민감하다(폭발을 방지하기 위하여
　다공성 물질에 흡수시킨다).★

※ 다공성 물질 : 규조토, 톱밥, 소맥분, 전분

⑦ 규조토에 흡수시켜 다이나마이트를 제조할 때 사용
　한다.

⑧ NG의 분해반응식★

　$4C_3H_5(ONO_2)_3 \rightarrow 12CO_2\uparrow + 10H_2O + 6N_2\uparrow + O_2\uparrow$

(3) 셀룰로이드

① 물 성

지정수량	착화점	비 중
100kg	180℃	1.35~1.60

② 나이트로셀룰로스와 장뇌의 균일한 콜로이드 분산액
　으로부터 개발한 최초의 합성 플라스틱 물질이다.★

③ 무색 또는 황색의 반투명 고체이나 열이나 햇빛에 의
　해 황색으로 변색된다.

④ 물에 녹지 않고 아세톤, 알코올, 초산에스터류에 잘
　녹는다.

⑤ 연소 시 유독가스를 발생한다.

⑥ 습도와 온도가 높을 경우 자연발화의 위험이 있다.

(4) 질산메틸

① 물 성

화학식	지정수량	비 점	증기비중
CH_3ONO_2	10kg	66℃	2.66

② 메틸알코올과 질산을 반응하여 질산메틸을 제조한다.

　$CH_3OH + HNO_3 \rightarrow CH_3ONO_2 + H_2O$
　　　　　　　　　　　(질산메틸)

③ 무색 투명한 액체로서 단맛이 있으며 방향성을 갖는다.

④ 물에 녹지 않고 알코올, 에터에는 잘 녹는다.

⑤ 폭발성은 거의 없으나 인화의 위험성은 있다.

(5) 질산에틸

① 물 성

화학식	지정수량	비 점	증기비중
$C_2H_5ONO_2$	10kg	88℃	3.14

② 에틸알코올과 질산을 반응하여 질산에틸을 제조한다.

$$C_2H_5OH + HNO_3 \rightarrow C_2H_5ONO_2 + H_2O$$
$$\text{(질산에틸)}$$

③ 무색 투명한 액체로서 방향성을 갖는다.

④ 물에 녹지 않고 알코올에는 잘 녹는다.

⑤ 인화점이 10℃로서 대단히 낮고 연소하기 쉽다.

⑥ 인화성이 강하고 비점 이상에서 폭발한다.

(6) 나이트로글라이콜(Nitro Glycol)

① 물 성★

화학식	지정수량	비 중	응고점
$C_2H_4(ONO_2)_2$	10kg	1.5	−22℃

② 순수한 것은 무색이나 공업용은 담황색 또는 분홍색의 액체이다.

③ 알코올, 아세톤, 벤젠에는 잘 녹는다.

④ 산의 존재 하에 분해가 촉진되며 폭발할 수도 있다.

3-1. Nitro Cellulose의 저장 및 취급 방법으로 틀린 것은?

① 가열, 마찰을 피한다.

② 열원을 멀리하고 찬 곳에 저장한다.

③ 알코올용액(30%)으로 습면하고 저장한다.

④ 일광이 잘 쪼이고 통풍이 좋은 곳에 저장한다.

3-2. 나이트로셀룰로스의 약면약은 질소의 함량이 몇 %인가?

① 11.50~12.30%
② 10.18~12.76%
③ 10.50~11.50%
④ 6.77~10.18%

3-3. 온도 및 습도가 높은 장소에서 취급할 때 자연발화의 위험이 가장 큰 물질은?

① 아닐린
② 황화인
③ 질산나트륨
④ 셀룰로이드

|해설|

3-1
나이트로셀룰로스(NC)는 직사광선에 의하여 자연발화의 위험이 있어 30% 알코올 용액에 습면시켜 저장·운반한다.

3-2
나이트로셀룰로스의 질소 함유량
• 강면약 : 12.76% 이상
• 약면약 : 10.18 ~ 12.76%

3-3
셀룰로이드 : 온도 및 습도가 높은 장소에서 취급할 때 자연발화의 위험이 크다.

정답 3-1 ④   3-2 ②   3-3 ④

(1) 트라이나이트로톨루엔(TNT ; Tri Nitro Toluene)

① 물 성★

화학식	지정수량	분자량	비 점	융 점	비 중
$C_6H_2CH_3(NO_2)_3$	10kg	227	240℃	80.1℃	1.0

② 담황색의 주상결정으로 강력한 폭약이다.

③ 충격에는 민감하지 않으나 급격한 타격에 의하여 폭발한다.

④ 물에 녹지 않고, 알코올에는 가열하면 녹고, 아세톤, 벤젠, 에터에는 잘 녹는다.

⑤ 일광에 의해 갈색으로 변하고 가열, 타격에 의하여 폭발한다.

⑥ 충격 감도는 피크르산보다 약하다.

⑦ TNT가 분해할 때 질소, 수소, 일산화탄소 가스가 발생한다.★★

$$2C_6H_2CH_3(NO_2)_3 \rightarrow 2C + 3N_2\uparrow + 5H_2\uparrow + 12CO\uparrow$$
　　　　　　　　　　　　(탄소)　(질소)　(수소)　(일산화탄소)

⑧ TNT의 구조식 및 제법★

(2) 트라이나이트로페놀(Tri Nitro Phenol, 피크르산)

① 물 성★

화학식	지정수량	융 점	착화점	비 중
$C_6H_2(OH)(NO_2)_3$	10kg	121℃	300℃	1.8

② 광택 있는 황색의 침상결정이고 찬물에는 미량이 녹고 알코올, 에터, 온수에는 잘 녹는다.

③ 나이트로화합물류 중 분자구조 내에 하이드록시기(-OH)를 갖는 위험물이다.

④ 쓴맛과 독성이 있다.

⑤ 단독으로 가열, 마찰 충격에 안정하고 연소 시 검은 연기를 내지만 폭발은 하지 않는다.

⑥ 금속염과 혼합은 폭발이 심하며 가솔린, 알코올, 아이오딘, 황과 혼합하면 마찰, 충격에 의하여 심하게 폭발한다.

⑦ 황색염료와 폭약으로 사용한다.

⑧ 피크르산의 구조식★

⑨ 피크르산의 분해반응식★★

$$2C_6H_2OH(NO_2)_3$$
$$\rightarrow 2C + 3N_2\uparrow + 3H_2\uparrow + 4CO_2\uparrow + 6CO\uparrow$$

(3) 테트릴(Tetryl)

① 물 성

화학식	지정수량	융 점	비 점	비 중
$C_6H_2(NO_2)_4NCH_3$	10kg	130~132℃	187℃	1.0

② 황백색의 침상결정이다.

③ 물에는 녹지 않고 아세톤, 벤젠에는 녹고 차가운 알코올에는 조금 녹는다.

④ 피크르산이나 TNT보다 더 민감하고 폭발력이 높다.

⑤ 화기의 접근을 피하고 마찰, 충격을 주어서는 안 된다.

⑥ 물, 분말, 포말소화약제가 적합하다.

4-1. $C_6H_2CH_3(NO_2)_3$의 제조 원료로 옳게 짝지어진 것은?

① 톨루엔, 황산, 질산
② 톨루엔, 벤젠, 질산
③ 벤젠, 질산, 황산
④ 벤젠, 질산, 염산

4-2. 다음 보기 중 TNT가 폭발하였을 때 생성되는 가스가 아닌 것은?

① CO
② N_2
③ SO_2
④ H_2

4-3. 피크르산은 페놀의 어느 원소와 NO_2가 치환된 것인가?

① O
② H
③ C
④ OH

4-4. 나이트로화합물류 중 분자구조 내에 하이드록시기를 갖는 위험물은?

① 피크르산
② 트라이나이트로톨루엔
③ 트라이나이트로벤젠
④ 테트릴

|해설|

4-1

TNT[$C_6H_2CH_3(NO_2)_3$]의 원료 : 톨루엔, 황산, 질산

4-2

TNT[$C_6H_2CH_3(NO_2)_3$]의 분자식에 황(S)이 없으므로 SO_2가 발생할 수 없다.

$2C_6H_2CH_3(NO_2)_3 \rightarrow 2C + 3N_2\uparrow + 5H_2\uparrow + 12CO\uparrow$

4-3

피크르산 : 페놀(C_6H_5OH)의 수소원자 3개를 나이트로기($-NO_2$)로 치환한 화합물

4-4

하이드록시기($-OH$)를 갖는 것은 피크르산이다.

정답 4-1 ① 4-2 ③ 4-3 ② 4-4 ①

핵심이론 05 | 각 위험물의 특성 : 나이트로소화합물 외

(1) 나이트로소화합물

① 파라다이나이트로소벤젠[Para Dinitroso Benzene, $C_6H_4(NO)_2$]

　㉠ 황갈색의 분말이다.

　㉡ 가열, 마찰, 충격에 의하여 폭발하나 폭발력은 강하지 않다.

　㉢ 고무 가황제의 촉매로 사용한다.

② 다이나이트로소레조르신[Dinitroso Resorcinol, $C_6H_2(OH)_2(NO)_2$]

　㉠ 회흑색의 광택이 있는 결정으로 폭발성이 있다.

　㉡ 162~163℃에서 분해하여 포말린, 암모니아, 질소 등을 생성한다.

③ 다이나이트로소펜타메틸렌테드라민[DPT, $C_5H_{10}N_4(NO)_2$]

　㉠ 광택 있는 크림색의 분말이다.

　㉡ 가열 또는 산을 가하면 200~205℃에서 분해하여 폭발한다.

(2) 아조화합물

① 정의 : 아조기($-N=N-$)가 탄화수소의 탄소원자와 결합되어 있는 화합물

② 종 류

　㉠ 아조벤젠(Azo Benzene, $C_6H_5N=NC_6H_5$)

　㉡ 아조비스아이소부티로나이트릴(AIBN ; Azobis Iso Butyro Nitrile)

(3) 다이아조 화합물

① 정의 : 다이아조기($-N\equiv N-$)가 탄화수소의 탄소원자와 결합되어 있는 화합물

② 특 성

　㉠ 고농도의 것은 매우 예민하여 가열, 충격, 마찰에 의한 폭발위험이 높다.

ⓛ 분진이 체류하는 곳에서는 대형 분진폭발 위험이 있으며 다른 물질과 합성 반응시 폭발위험이 따른다.

ⓒ 저장 시 안정제로는 황산알루미늄을 사용한다.

③ 종 류

㉠ 다이아조다이나이트로페놀(DDNP ; Diazo Dinitro Phenol)

ⓛ 다이아조아세토나이트릴(Diazo Acetonitrile, C_2HN_3)

(4) 하이드라진 유도체

① 염산하이드라진(Hydrazine Hydrochloride, $N_2H_4 \cdot HCl$)

㉠ 백색 결정성분말로서 흡습성이 강하다.

ⓛ 물에 녹고, 알코올에는 녹지 않는다.

ⓒ 질산은($AgNO_3$)용액을 가하면 백색침전($AgCl$)이 생긴다.

② 황산하이드라진(Dihydrazine Sulfate, $N_2H_4 \cdot H_2SO_4$)

㉠ 백색 또는 무색 결정성 분말이다.

ⓛ 물에 녹고, 알코올에는 녹지 않는다.

③ 메틸하이드라진(Methyl Hydrazine, CH_3NHNH_2)

㉠ 암모니아 냄새가 나는 액체이다.

ⓛ 물에 녹고 상온에서 인화의 위험이 없다.

ⓒ 착화점은 비교적 낮고 연소범위는 넓다.

(5) 하이드록실아민

① 물 성

화학식	지정수량	분자량	비 점	비 중
NH_2OH	100kg	31	116℃	1.12

② 무색의 사방정계 결정으로 조해성이 있다.

③ 물, 메탄올에 녹고 온수에는 서서히 분해한다.

④ 130℃로 가열하면 폭발한다.

(6) 금속의 아지화합물

① 아자이드화나트륨(NaN_3)

㉠ 무색의 육방정계의 결정이다.

ⓛ 물에 녹고 산과 접촉하면 아자이드화수소(HN_3)가 생성된다.

ⓒ 300℃로 가열하면 분해하여 나트륨과 질소를 발생한다.

② 아자이드화납[$Pb(N_3)_2$]

㉠ 무색의 단사정계의 결정이다.

ⓛ 폭발성이 크므로 기폭제로 사용한다.

(7) 질산구아니딘

① 화학식은 $CH_5N_3HNO_3$이다.

② 백색의 결정성 분말로서 250℃에서 분해한다.

③ 가연물과 접촉하면 발화할 수 있고 가열하면 폭발한다.

④ 로켓추진제, 폭발물 제조에 사용된다.

제6절 제6류 위험물

핵심이론 01 제6류 위험물의 특성

(1) 종류

성 질	품 명★	위험등급★	지정수량★
산화성 액체★	과염소산($HClO_4$) 과산화수소(H_2O_2) 질산(HNO_3) 할로겐간화합물(BrF_3, IF_5)	I	300kg

(2) 정 의★★

① 산화성 액체 : 액체로서 산화력의 잠재적인 위험성을 판단하기 위하여 고시로 정하는 시험에서 고시로 정하는 성질과 상태를 나타내는 것을 말한다.

② 과산화수소 : 농도가 36중량% 이상인 것을 말한다.

③ 질산 : 비중이 1.49 이상인 것을 말한다.

(3) 일반적인 성질★

① 산화성 액체이며 무기화합물로 이루어져 형성된다.

② 무색 투명하며 모두가 액체이다.

③ 비중은 1보다 크다.

④ 과산화수소를 제외하고 강산성 물질이며 물에 녹기 쉽다.

⑤ 불연성 물질이며 가연물, 유기물 등과의 혼합으로 발화한다.

(4) 위험성

① 자신은 불연성 물질이지만 산화성이 커 다른 물질의 연소를 돕는다.

② 강환원제, 일반 가연물과 혼합한 것은 접촉발화하거나 가열 등에 의해 위험한 상태로 된다.

③ 과산화수소를 제외하고 물과 접촉하면 심하게 발열한다.

(5) 저장 및 취급방법

① 염, 물과의 접촉을 피한다.

② 직사광선 차단, 강환원제, 유기물질, 가연성 위험물과 접촉을 피한다.

③ 저장용기는 내산성 용기를 사용해야 한다.

(6) 제6류 위험물의 소화방법★

소화방법은 주수소화가 적합하다.

10년간 자주 출제된 문제

1-1. 다음 중 제6류 위험물이 아닌 것은?

① 질산구아니딘
② 질 산
③ 할로겐간화합물
④ 과산화수소

1-2. 제6류 위험물의 지정수량은?

① 20kg
② 100kg
③ 200kg
④ 300kg

1-3. 질산의 비중은 얼마 이상을 위험물로 보는가?

① 1.29
② 1.49
③ 1.62
④ 1.82

|해설|

1-1
질산구아니딘 : 제5류 위험물

1-2
제6류 위험물의 지정수량 : 300kg

1-3
질산의 비중 : 1.49 이상

정답 1-1 ① 1-2 ④ 1-3 ②

---

(1) 과염소산(Perchloric Acid)

① 물 성

화학식	지정수량	비 점	융 점	비 중
$HClO_4$	300kg	39℃	−112℃	1.76

② 무색 무취의 유동하기 쉬운 액체로 흡습성이 강하며 휘발성이 있다.

③ 가열하면 폭발하고 산성이 강한 편이다.

④ 물과 반응하면 심하게 발열하며 반응으로 생성된 혼합 물도 강한 산화력을 가진다.

⑤ 불연성 물질이지만 자극성, 산화성이 매우 크다.

⑥ 다량의 물로 분무주수하거나 분말소화약제를 사용한다.

⑦ 물과 작용하여 6종의 고체수화물을 만든다.

　㉠ $HClO_4 \cdot H_2O$

　㉡ $HClO_4 \cdot 2H_2O$

　㉢ $HClO_4 \cdot 2.5H_2O$

　㉣ $HClO_4 \cdot 3H_2O$(2종류)

　㉤ $HClO_4 \cdot 3.5H_2O$

※ 산의 강도 : $HClO_4$(과염소산) > $HClO_3$(염소산) > $HClO_2$(아염소산) > $HClO$(차아염소산)★★

(2) 과산화수소(Hydrogen Peroxide)

① 물 성

화학식	지정수량	농 도	비 점	융 점	비 중
H_2O_2	300kg	36wt% 이상	152℃	−17℃	1.463(100%)

② 점성이 있는 무색의 액체(다량일 경우 : 청색)이다.

③ 투명하며 물보다 무겁고 수용액 상태는 비교적 안정하다.

④ 물, 알코올, 에터에는 녹고, 벤젠에는 녹지 않는다.

⑤ 농도 60wt% 이상은 충격, 마찰에 의해서도 단독으로 분해폭발 위험이 있다.★

⑥ 나이트로글리세린, 하이드라진과 혼촉하면 분해하여 발화, 폭발한다.

⑦ 저장용기는 밀봉하지 말고 구멍이 있는 마개를 사용해야 한다.

※ 구멍 뚫린 마개를 사용하는 이유 : 상온에서 서서히 분해되어 산소가 발생하므로 폭발의 위험이 있어 통기를 위하여★★

⑧ 과산화수소의 안정제★ : 인산(H_3PO_4), 요산($C_5H_4N_4O_3$)

⑨ 옥시풀 : 과산화수소 3% 용액의 소독약

⑩ 과산화수소의 분해반응식★

　$2H_2O_2 \rightarrow 2H_2O + O_2$

⑪ 과산화수소의 저장용기 : 착색 유리병

(3) 질 산

① 물 성

화학식	지정수량	비 점	융 점	비 중
HNO_3	300kg	122℃	−42℃	1.49

② 흡습성이 강하여 습한 공기 중에서 발열하는 무색의 무거운 액체이다.

③ 자극성, 부식성이 강하며 휘발성이고 햇빛에 의해 일부 분해한다.

④ 진한 질산을 가열하면 적갈색의 갈색증기(NO_2)가 발생한다.

⑤ 목탄분, 천, 실, 솜 등에 스며들며 방치하면 자연발화한다.

⑥ 진한 질산은 Co, Fe, Ni, Cr, Al을 부동태화한다.★

※ 부동태화 : 금속 표면에 산화 피막을 입혀 내식성을 높이는 현상

⑦ 질산은 단백질과 잔토프로테인 반응을 하여 노란색으로 변한다.

※ 잔토프로테인 반응 : 단백질 검출 반응의 하나로서 아미노산 또는 단백질에 진한 질산을 가하여 가열하면 황색이 되고, 냉각하여 염기성으로 되게 하면 등황색을 띤다.

⑧ 물과 반응하면 발열한다.

⑨ 화재 시 다량의 물로 소화한다.

⑩ 질산에 부식되지 않는 것 : 백금(Pt)

⑪ 질산의 분해반응식

$$4HNO_3 \rightarrow 2H_2O + 4NO_2\uparrow + O_2\uparrow$$
(이산화질소, 갈색증기)

⑫ 발연질산 : 진한 질산에 이산화질소를 녹인 것

※ 왕수 : 질산 1부피 + 염산 3부피로 혼합한 것★

2-1. 다음 중 과염소산의 화학식으로 맞는 것은?

① HClO
② $HClO_2$
③ $HClO_3$
④ $HClO_4$

2-2. 과산화수소 용액의 분해를 방지하기 위한 방법으로 가장 거리가 먼 것은?

① 햇빛을 차단한다.
② 가열하여 보관한다.
③ 인산을 가한다.
④ 요산을 가한다.

2-3. 위험물안전관리법령에 따른 질산에 대한 설명으로 틀린 것은?

① 지정수량은 300kg이다.
② 위험등급은 I이다.
③ 농도가 36wt% 이상인 것에 한하여 위험물로 간주된다.
④ 운반 시 제1류 위험물과 혼재할 수 있다.

|해설|

2-1
화학식

화학식	HClO	$HClO_2$	$HClO_3$	$HClO_4$
명 칭	차아염소산	아염소산	염소산	과염소산

2-2
과산화수소의 분해 방지
• 인산(H_3PO_4), 요산($C_5H_4N_4O_3$)의 안정제를 첨가한다.
• 햇빛을 차단한다.

2-3
질 산
• 제6류 위험물로서 지정수량은 300kg이다.
• 위험등급은 I이다.
• 운반 시 제1류 위험물과 제6류 위험물(질산)은 혼재할 수 있다.
• 질산은 비중이 1.49 이상이면 제6류 위험물로 본다.
※ 과산화수소 : 농도가 36wt% 이상인 것은 제6류 위험물이다.

정답 2-1 ④ 2-2 ② 2-3 ③

제1절 위험물안전관리법

핵심이론 01 위험물안전관리법 Ⅰ

(1) 위험물★

인화성 또는 발화성 등의 성질을 가지는 것으로 대통령령이 정하는 물품을 말한다.

※ 위험물의 종류 : 제1류 위험물~제6류 위험물(6종류)

(2) 제조소 등

① 제조소 : 위험물을 제조할 목적으로 지정수량 이상의 위험물을 취급하기 위하여 제6조 제1항의 규정에 따른 허가를 받은 장소

② 저장소 : 지정수량 이상의 위험물을 저장하기 위한 대통령령이 정하는 장소로서 제6조 제1항의 규정에 따른 허가를 받은 장소

[저장소의 구분]

구 분	지정수량 이상의 위험물을 저장하기 위한 장소
옥내저장소	옥내(지붕과 기둥 또는 벽 등에 의하여 둘러싸인 곳을 말한다)에 저장(위험물을 저장하는 데 따르는 취급을 포함)하는 장소. 다만, 제3호의 장소를 제외한다.
옥외탱크저장소	옥외에 있는 탱크(제4호 내지 제6호 및 제8호에 규정된 탱크를 제외한다)에 위험물을 저장하는 장소
옥내탱크저장소	옥내에 있는 탱크에 위험물을 저장하는 장소
지하탱크저장소	지하에 매설한 탱크에 위험물을 저장하는 장소
간이탱크저장소	간이탱크에 위험물을 저장하는 장소
이동탱크저장소	차량(피견인자동차에 있어서는 앞차축을 갖지 않는 것으로서 해당 피견인자동차의 일부가 견인자동차에 적재되고 해당 피견인자동차와 그 적재물의 중량의 상당부분이 견인자동차에 의하여 지탱되는 구조의 것에 한한다)에 고정된 탱크에 위험물을 저장하는 장소

구 분	지정수량 이상의 위험물을 저장하기 위한 장소
옥외저장소 ★	옥외에 다음에 해당하는 위험물을 저장하는 장소. 다만 제2호의 장소를 제외한다. ★★ • 제2류 위험물 중 황 또는 인화성 고체(인화점이 0℃ 이상인 것에 한한다) • 제4류 위험물 중 제1석유류(인화점이 0℃ 이상인 것에 한한다)·알코올류·제2석유류·제3석유류·제4석유류 및 동식물유류 • 제6류 위험물 • 제2류 위험물 및 제4류 위험물 중 특별시·광역시·특별자치시·도 또는 특별자치도의 조례로 정하는 위험물(관세법 제154조의 규정에 의한 보세구역안에 저장하는 경우로 한정한다) • 국제해사기구에 관한 협약에 의하여 설치된 국제해사기구가 채택한 국제해상위험물규칙(IMDG Code)에 적합한 용기에 수납된 위험물
암반탱크저장소	암반 내의 공간을 이용한 탱크에 액체의 위험물을 저장하는 장소

③ 취급소 : 지정수량 이상의 위험물을 제조 외의 목적으로 취급하기 위한 대통령령이 정하는 장소로서 제6조 제1항의 규정에 따른 허가를 받은 장소

[취급소의 구분]★

구 분	위험물을 제조 외의 목적으로 취급하기 위한 장소
주유취급소	고정된 주유설비(항공기에 주유하는 경우 차량에 설치된 주유설비를 포함)에 의하여 자동차·항공기 또는 선박 등의 연료탱크에 직접 주유하기 위하여 위험물(석유 및 석유대체연료 사업법 제29조의 규정에 의한 가짜석유제품에 해당하는 물품은 제외한다)을 취급하는 장소(위험물을 용기에 옮겨 담거나 차량에 고정된 5,000L 이하의 탱크에 주입하기 위하여 고정된 급유설비를 병설한 장소를 포함)
판매취급소	점포에서 위험물을 용기에 담아 판매하기 위하여 지정수량의 40배 이하의 위험물을 취급하는 장소

구 분	위험물을 제조 외의 목적으로 취급하기 위한 장소
이송취급소	배관 및 이에 부속된 설비에 의하여 위험물을 이송하는 장소. 다만, 다음에 해당하는 경우의 장소를 제외한다. • 송유관 안전관리법에 의한 송유관에 의하여 위험물을 이송하는 경우 • 제조소 등에 관계된 시설(배관은 제외) 및 그 부지가 같은 사업소 안에 있고 해당 사업소 안에서만 위험물을 이송하는 경우 • 사업소와 사업소의 사이에 도로(폭 2m 이상의 일반교통에 이용되는 도로로서 자동차의 통행이 가능한 것)만 있고 사업소와 사업소의 사이의 이송배관이 그 도로를 횡단하는 경우 • 사업소와 사업소 사이의 이송배관이 제3자(해당 사업소와 관련이 있거나 유사한 사업을 하는 자에 한함)의 토지만을 통과하는 경우로서 해당 배관의 길이가 100m 이하인 경우 • 해상구조물에 설치된 배관(이송되는 위험물이 별표 1의 제4류 위험물 중 제1석유류인 경우에는 배관의 내경이 30cm 미만인 것에 한함)으로서 해당 해상구조물에 설치된 배관의 길이가 30m 이하인 경우 • 사업소와 사업소 사이의 이송배관이 다목 내지 마목의 규정에 의한 경우 중 2 이상에 해당하는 경우 • 농어촌 전기공급사업 촉진법에 따라 설치된 자가발전시설에 사용되는 위험물을 이송하는 경우
일반취급소	위의 취급소 이외의 장소(석유 및 석유대체연료사업법 제29조의 규정에 의한 가짜석유제품에 해당하는 위험물을 취급하는 경우의 장소는 제외)

※ 위험물제조소 등 : 제조소, 취급소, 저장소
※ 제조소와 일반취급소 구분
• 제조소

원료(위험물 또는 비위험물) ──생산공정──▶ 제품(위험물)

• 일반취급소

원료(위험물) ──생산공정──▶ 제품(비위험물)

(1) 위험물안전관리법 적용제외 ★

① 항공기
② 선 박
③ 철도 및 궤도

(2) 위험물제조소 등의 설치 허가

① 제조소 등을 설치하고자 하는 자는 시·도지사의 허가를 받아야 한다. ★★★
※ 시·도지사 : 특별시장·광역시장·특별자치시장·도지사 또는 특별자치도지사
② 제조소 등의 위치, 구조 또는 설비의 변경 없이 위험물의 품명, 수량 또는 지정수량의 배수를 변경하고자 하는 자는 변경하고자 하는 날의 1일 전까지 시·도지사에게 신고해야 한다. ★★
※ 허가를 받지 않고 설치하거나, 변경신고를 하지 않고 변경할 수 있는 제조소 등의 경우 ★★
 • 주택의 난방시설(공동주택의 중앙난방시설을 제외한다)을 위한 저장소 또는 취급소
 • 농예용·축산용 또는 수산용으로 필요한 난방시설 또는 건조시설을 위한 지정수량 20배 이하의 저장소

(3) 위험물의 취급

① 지정수량 이상의 위험물 : 제조소 등에서 취급해야 하며 위험물안전관리법에 적용받는다.
※ 지정수량 : 위험물의 종류별로 위험성을 고려하여 대통령령이 정하는 수량으로서 규정에 의한 제조소 등의 설치허가 등에 있어서 최저의 기준이 되는 수량을 말한다.
② 지정수량 미만의 위험물 : 시·도의 조례로 정한다. ★★
※ 지정수량 이상 : 위험물안전관리법에 적용(제조소 등을 설치하고 안전관리자 선임)
 지정수량 미만 : 허가 받지 않고 사용(시·도의 조례)

③ 지정수량의 배수 : 1 이상이면 위험물안전관리법에 적용 받는다.
※ 지정배수 ★★★

$$= \frac{저장(취급)량}{지정수량} + \frac{저장(취급)량}{지정수량} + \frac{저장(취급)량}{지정수량}$$

④ 제조소 등의 용도 폐지 : 폐지한 날로부터 14일 이내에 시·도지사에게 신고 ★★
⑤ 제조소 등의 지위승계 : 승계한 날부터 30일 이내에 시·도지사에게 신고 ★
⑥ 위험물 임시저장 기간 : 90일 이내 ★

10년간 자주 출제된 문제

2-1. 제조소 등의 위치, 구조 또는 설비의 변경 없이 위험물의 품명, 수량 등을 변경하고자 하는 자는 변경하고자 하는 날의 며칠 전까지 시·도지사에게 신고해야 하는가?

① 1일　　　　　　② 2일
③ 3일　　　　　　④ 7일

2-2. 제조소 등의 관계인은 해당 제조소 등의 용도를 폐지한 때에는 제조소 등의 용도를 폐지한 날부터 며칠 이내에 시·도지사에게 신고해야 하는가?

① 5일　　　　　　② 7일
③ 10일　　　　　④ 14일

|해설|

2-1
제조소 등의 위치·구조 또는 설비의 변경 없이 위험물의 품명, 수량 또는 지정수량의 배수를 변경 시 : 변경하고자 하는 날의 1일 전까지 시·도지사에게 신고

2-2
제조소 등의 용도 폐지신고 : 14일 이내에 시·도지사에게 신고

정답 2-1 ①　2-2 ④

(1) 제조소 등의 완공검사 신청시기★★

① 지하탱크가 있는 제조소 등의 경우 : 해당 지하탱크를 매설하기 전

② 이동탱크저장소의 경우 : 이동저장탱크를 완공하고 상시설치장소(상치장소)를 확보한 후

③ 이송취급소의 경우 : 이송배관 공사의 전체 또는 일부를 완료한 후. 다만, 지하·하천 등에 매설하는 이송배관의 공사의 경우에는 이송배관을 매설하기 전

④ 전체 공사가 완료된 후에는 완공검사를 실시하기 곤란한 경우 : 다음에서 정하는 시기

　㉠ 위험물설비 또는 배관의 설치가 완료되어 기밀시험 또는 내압시험을 실시하는 시기

　㉡ 배관을 지하에 설치하는 경우에는 시·도지사, 소방서장 또는 기술원이 지정하는 부분을 매몰하기 직전

　㉢ 기술원이 지정하는 부분의 비파괴시험을 실시하는 시기

⑤ ① 내지 ④에 해당하지 않는 제조소 등의 경우 : 제조소 등의 공사를 완료한 후

(2) 위험물안전관리자★★★

① 위험물안전관리자 선임권자 : 제조소 등의 관계인

② 위험물안전관리자 선임신고 : 소방본부장 또는 소방서장에게 신고

③ 해임 또는 퇴직 시 : 30일 이내에 재선임

④ 안전관리자 선임신고 : 선임한 날부터 14일 이내

⑤ 안전관리자가 여행, 질병, 기타 사유로 직무 수행이 불가능 시 : 대리자 지정(대리자 직무기간은 30일을 초과할 수 없다)

⑥ 위험물안전관리자 미선임 : 1,500만원 이하의 벌금

⑦ 위험물안전관리자 선임신고 태만 : 500만원 이하의 과태료

※ 위험물안전관리자로 선임할 수 있는 위험물취급자격자 : 위험물기능장, 위험물산업기사, 위험물기능사, 안전관리자교육이수자, 소방공무원경력자(소방공무원 경력이 3년 이상)

⑧ 1인의 안전관리자를 중복하여 선임할 수 있는 경우 등

　㉠ 보일러·버너 또는 이와 비슷한 것으로서 위험물을 소비하는 장치로 이루어진 7개 이하의 일반취급소와 그 일반취급소에 공급하기 위한 위험물을 저장하는 저장소[일반취급소 및 저장소가 모두 동일 구내(같은 건물 안 또는 같은 울 안을 말한다)에 있는 경우에 한한다]를 동일인이 설치한 경우

　㉡ 위험물을 차량에 고정된 탱크 또는 운반용기에 옮겨 담기 위한 5개 이하의 일반취급소[일반취급소 간의 거리(보행거리를 말한다)가 300m 이내인 경우에 한한다]와 그 일반취급소에 공급하기 위한 위험물을 저장하는 저장소를 동일인이 설치한 경우

　㉢ 동일 구내에 있거나 상호 100m 이내의 거리에 있는 저장소로서 저장소의 규모, 저장하는 위험물의 종류 등을 고려하여 행정안전부령이 정하는 저장소를 동일인이 설치한 경우

※ 행정안전부령이 정하는 저장소★

　• 10개 이하의 옥내저장소, 옥외저장소, 암반탱크저장소

　• 30개 이하의 옥외탱크저장소

　• 옥내탱크저장소, 지하탱크저장소, 간이탱크저장소(3개 탱크저장소는 개수 제한이 없다)

　㉣ 다음의 기준에 모두 적합한 5개 이하의 제조소 등을 동일인이 설치한 경우

　• 각 제조소 등이 동일 구내에 위치하거나 상호 100m 이내의 거리에 있을 것

　• 각 제조소 등에서 저장 또는 취급하는 위험물의 최대수량이 지정수량의 3,000배 미만일 것(다만, 저장소의 경우에는 그렇지 않다)

위험물안전관리자의 선임 등에 대한 설명으로 옳은 것은?

① 안전관리자는 국가기술자격 취득자 중에서만 선임해야 한다.
② 안전관리자를 해임한 때에는 14일 이내에 다시 선임해야 한다.
③ 제조소 등의 관계인은 안전관리자가 일시적으로 직무를 수행할 수 없는 경우에는 14일 이내의 범위에서 안전관리자의 대리자를 지정하여 직무를 대행하게 해야 한다.
④ 안전관리자를 선임한 때는 14일 이내에 신고해야 한다.

|해설|

위험물안전관리자
• 안전관리자는 위험물기능장, 위험물산업기사, 위험물기능사, 안전관리자교육이수자, 소방공무원경력자 중에서 선임해야 한다.
• 안전관리자를 해임한 때에는 30일 이내에 다시 선임해야 한다.
• 안전관리자의 대리자 지정기간은 30일을 초과할 수 없다.
• 안전관리자를 선임한 때에는 14일 이내에 소방본부장 또는 소방서장에게 신고해야 한다.

정답 ④

핵심이론 04 | 위험물안전관리법 Ⅳ

(1) 제조소 등에 선임해야 하는 안전관리자의 자격

(시행령 별표 6)

제조소 등의 종류 및 규모		안전관리자의 자격
제조소	1. 제4류 위험물만을 취급하는 것으로서 지정수량 5배 이하의 것	• 위험물기능장 • 위험물산업기사 • 위험물기능사 • 안전관리자교육이수자 • 소방공무원경력자
	2. 제1호에 해당하지 않는 것	• 위험물기능장 • 위험물산업기사 • 2년 이상의 실무경력이 있는 위험물기능사
저장소	1. 옥내저장소	• 위험물기능장 • 위험물산업기사 • 위험물기능사 • 안전관리자교육이수자 • 소방공무원경력자
	제4류 위험물만을 저장하는 것으로서 지정수량 5배 이하의 것	
	제4류 위험물 중 알코올류·제2석유류·제3석유류·제4석유류·동식물유류만을 저장하는 것으로서 지정수량 40배 이하의 것	
	2. 옥외탱크저장소	
	제4류 위험물만을 저장하는 것으로서 지정수량 5배 이하의 것	
	제4류 위험물 중 제2석유류·제3석유류·제4석유류·동식물유류만을 저장하는 것으로서 지정수량 40배 이하의 것	
	3. 옥내탱크저장소	
	제4류 위험물만을 저장하는 것으로서 지정수량 5배 이하의 것	
	제4류 위험물 중 제2석유류·제3석유류·제4석유류·동식물유류만을 저장하는 것	
	4. 지하탱크저장소	
	제4류 위험물만을 저장하는 것으로서 지정수량 40배 이하의 것	
	제4류 위험물 중 제1석유류·알코올류·제2석유류·제3석유류·제4석유류·동식물유류만을 저장하는 것으로서 지정수량 250배 이하의 것	
	5. 간이탱크저장소로서 제4류 위험물만을 저장하는 것	
	6. 옥외저장소 중 제4류 위험물만을 저장하는 것으로서 지정수량 40배 이하의 것	

제조소 등의 종류 및 규모		안전관리자의 자격
저장소	7. 보일러, 버너, 그 밖에 이와 유사한 장치에 공급하기 위한 위험물을 저장하는 탱크저장소	• 위험물기능장 • 위험물산업기사 • 위험물기능사 • 안전관리자교육이수자 • 소방공무원경력자
	8. 선박주유취급소, 철도주유취급소 또는 항공기주유취급소의 고정주유설비에 공급하기 위한 위험물을 저장하는 탱크저장소로서 지정수량의 250배(제1석유류의 경우에는 지정수량의 100배) 이하의 것	
	9. 제1호 내지 제8호에 해당하지 않는 저장소	• 위험물기능장 • 위험물산업기사 • 2년 이상의 실무경력이 있는 위험물기능사
취급소	1. 주유취급소	• 위험물기능장 • 위험물산업기사 • 위험물기능사 • 안전관리자교육이수자 • 소방공무원경력자
	2. 판매취급소	
	제4류 위험물만을 취급하는 것으로서 지정수량 5배 이하의 것	
	제4류 위험물 중 제1석유류·알코올류·제2석유류·제3석유류·제4석유류·동식물유류만을 취급하는 것	
	3. 제4류 위험물 중 제1석유류·알코올류·제2석유류·제3석유류·제4석유류·동식물유류만을 지정수량 50배 이하로 취급하는 일반취급소(제1석유류·알코올류의 취급량이 지정수량의 10배 이하인 경우에 한한다)로서 다음의 어느 하나에 해당하는 것 　가. 보일러, 버너, 그 밖에 이와 유사한 장치에 의하여 위험물을 소비하는 것 　나. 위험물을 용기 또는 차량에 고정된 탱크에 주입하는 것	
	4. 제4류 위험물만을 취급하는 일반취급소로서 지정수량 10배 이하의 것	
	5. 제4류 위험물 중 제2석유류·제3석유류·제4석유류·동식물유류만을 취급하는 일반취급소로서 지정수량 20배 이하의 것	
	6. 농어촌 전기공급사업 촉진법에 따라 설치된 자가발전시설에 사용되는 위험물을 취급하는 일반취급소	
	7. 제1호 내지 제6호에 해당하지 않는 취급소	• 위험물기능장 • 위험물산업기사 • 2년 이상의 실무경력이 있는 위험물기능사

(2) 위험물 안전관리자의 책무★

① 위험물의 취급작업에 참여하여 해당 작업이 법 제5조 제3항의 규정에 의한 저장 또는 취급에 관한 기술기준과 법 제17조의 규정에 의한 예방규정에 적합하도록 해당 작업자(해당 작업에 참여하는 위험물취급자격자를 포함한다)에 대하여 지시 및 감독하는 업무

② 화재 등의 재난이 발생한 경우 응급조치 및 소방관서 등에 대한 연락업무

③ 위험물시설의 안전을 담당하는 자를 따로 두는 제조소 등의 경우에는 그 담당자에게 다음의 규정에 의한 업무의 지시, 그 밖의 제조소 등의 경우에는 다음의 규정에 의한 업무

　㉠ 제조소 등의 위치·구조 및 설비를 법 제5조 제4항의 기술기준에 적합하도록 유지하기 위한 점검과 점검상황의 기록·보존

　㉡ 제조소 등의 구조 또는 설비의 이상을 발견한 경우 관계자에 대한 연락 및 응급조치

　㉢ 화재가 발생하거나 화재발생의 위험성이 현저한 경우 소방관서 등에 대한 연락 및 응급조치

　㉣ 제조소 등의 계측장치·제어장치 및 안전장치 등의 적정한 유지·관리

　㉤ 제조소 등의 위치·구조 및 설비에 관한 설계도서 등의 정비·보존 및 제조소 등의 구조 및 설비의 안전에 관한 사무의 관리

④ 화재 등의 재해의 방지와 응급조치에 관하여 인접하는 제조소 등과 그 밖의 관련되는 시설의 관계자와 협조체제의 유지

⑤ 위험물의 취급에 관한 일지의 작성·기록

⑥ 그 밖에 위험물을 수납한 용기를 차량에 적재하는 작업, 위험물설비를 보수하는 작업 등 위험물의 취급과 관련된 작업의 안전에 관하여 필요한 감독의 수행

(3) 위험물안전취급자격자의 자격

위험물취급자격자의 구분	취급할 수 있는 위험물
국가기술자격법에 따라 위험물기능장, 위험물산업기사, 위험물기능사의 자격을 취득한 사람	시행령 별표 1의 모든 위험물
안전관리자교육이수자(소방청장이 실시하는 안전관리자교육을 이수한 자)	시행령 별표 1의 위험물 중 제4류 위험물
소방공무원 경력자(소방공무원으로 근무한 경력이 3년 이상인 자)	시행령 별표 1의 위험물 중 제4류 위험물

(4) 정기점검 및 정기검사

① 정기점검대상인 제조소 등

ㄱ 예방규정을 정해야 하는 제조소 등★★

- 지정수량의 10배 이상의 위험물을 취급하는 제조소, 일반취급소
- 지정수량의 100배 이상의 위험물을 저장하는 옥외저장소
- 지정수량의 150배 이상의 위험물을 저장하는 옥내저장소
- 지정수량의 200배 이상의 위험물을 저장하는 옥외탱크저장소
- 암반탱크저장소, 이송취급소

ㄴ 지하탱크저장소

ㄷ 이동탱크저장소

ㄹ 위험물을 취급하는 탱크로서 지하에 매설된 탱크가 있는 제조소, 주유취급소, 일반취급소

② 정기점검의 기록·유지

ㄱ 점검을 실시한 제조소 등의 명칭

ㄴ 점검의 방법 및 결과

ㄷ 점검연월일

ㄹ 점검을 한 안전관리자 또는 점검을 한 탱크시험자와 점검에 입회한 안전관리자의 성명

③ 구조안전점검의 시기(시행규칙 제65조)★

ㄱ 특정·준특정옥외탱크저장소의 설치허가에 따른 완공검사합격확인증을 발급받은 날부터 12년

ㄴ 최근의 정밀정기검사를 받은 날부터 11년

ㄷ 특정·준특정옥외저장탱크에 안전조치를 한 후 구조안전점검시기 연장신청을 하여 해당 안전조치가 적정한 것으로 인정받은 경우에는 최근의 정밀정기검사를 받은 날부터 13년

④ 정기검사 대상인 제조소 등

액체위험물을 저장 또는 취급하는 50만L 이상의 옥외탱크저장소

⑤ 정기검사의 시기(시행규칙 제70조)★★

ㄱ 정밀정기검사 : 다음의 어느 하나에 해당하는 기간 내에 1회

- 특정·준특정옥외탱크저장소의 설치허가에 따른 완공검사합격확인증을 발급받은 날부터 12년
- 최근의 정밀정기검사를 받은 날부터 11년

ㄴ 중간정기검사 : 다음의 어느 하나에 해당하는 기간 내에 1회

- 특정·준특정옥외탱크저장소의 설치허가에 따른 완공검사합격확인증을 발급받은 날부터 4년
- 최근의 정밀정기검사 또는 중간정기검사를 받은 날부터 4년

⑥ 정기점검(일반점검) 양식

위험물안전관리에 관한 세부기준 별지 제9호 서식 내지 별지 제24호 서식 참조

⑦ 정기점검의 횟수 : 연 1회 이상★

4-1. 위험물 특정옥외탱크저장소 관계인은 해당 제조소 등에 대하여 연간 몇 회 이상 정기점검을 실시해야 하는가?(단, 구조안전점검 외의 정기점검인 경우이다)

① 1 ② 2

③ 3 ④ 4

4-2. 위험물안전취급자의 자격이 될 수 없는 사람은?

① 위험물기능사

② 위험물안전관리자 교육이수자

③ 소방공무원 경력 3년 이상

④ 소방설비기사

| 해설 |

4-1

위험물제조소 등의 정기점검 : 연 1회 이상

4-2

소방설비기사는 위험물안전취급자의 자격이 될 수 없다.

정답 4-1 ① 4-2 ④

핵심이론 05 | 위험물안전관리법 Ⅴ

(1) 예방규정을 정해야 하는 제조소 등★★★

① 지정수량의 10배 이상의 위험물을 취급하는 제조소

② 지정수량의 100배 이상의 위험물을 저장하는 옥외저장소

③ 지정수량의 150배 이상의 위험물을 저장하는 옥내저장소

④ 지정수량의 200배 이상의 위험물을 저장하는 옥외탱크저장소

⑤ 암반탱크저장소

⑥ 이송취급소

⑦ 지정수량의 10배 이상의 위험물을 취급하는 일반취급소. 다만, 제4류 위험물(특수인화물을 제외한다)만을 지정수량의 50배 이하로 취급하는 일반취급소(제1석유류·알코올류의 취급량이 지정수량의 10배 이하인 경우에 한한다)로서 다음의 어느 하나에 해당하는 것을 제외한다.

   ㉠ 보일러·버너 또는 이와 비슷한 것으로서 위험물을 소비하는 장치로 이루어진 일반취급소

   ㉡ 위험물을 용기에 옮겨 담거나 차량에 고정된 탱크에 주입하는 일반취급소

(2) 예방규정 작성 내용

① 위험물의 안전관리업무를 담당하는 자의 직무 및 조직에 관한 사항

② 안전관리자가 여행·질병 등으로 인하여 그 직무를 수행할 수 없을 경우 그 직무의 대리자에 관한 사항

③ 자체소방대를 설치해야 하는 경우에는 자체소방대의 편성과 화학소방자동차의 배치에 관한 사항

④ 위험물의 안전에 관계된 작업에 종사하는 자에 대한 안전교육 및 훈련에 관한 사항

⑤ 위험물시설 및 작업장에 대한 안전순찰에 관한 사항

⑥ 위험물시설·소방시설 그 밖의 관련시설에 대한 점검 및 정비에 관한 사항

⑦ 위험물시설의 운전 또는 조작에 관한 사항

⑧ 위험물 취급작업의 기준에 관한 사항

⑨ 이송취급소에 있어서는 배관공사 현장책임자의 조건 등 배관공사 현장에 대한 감독체제에 관한 사항과 배관주위에 있는 이송취급소 시설 외의 공사를 하는 경우 배관의 안전확보에 관한 사항

⑩ 재난 그 밖의 비상시의 경우에 취해야 하는 조치에 관한 사항

⑪ 위험물의 안전에 관한 기록에 관한 사항

⑫ 제조소 등의 위치·구조 및 설비를 명시한 서류와 도면의 정비에 관한 사항

⑬ 그 밖에 위험물의 안전관리에 관하여 필요한 사항

(3) 안전관리대행기관의 지정기준(시행규칙 별표 22)

기술 인력	• 위험물기능장 또는 위험물산업기사 1인 이상 • 위험물산업기사 또는 위험물기능사 2인 이상 • 기계분야 및 전기분야의 소방설비기사 1인 이상
시 설	전용사무실을 갖출 것
장 비	• 절연저항계(절연저항측정기) • 접지저항측정기(최소눈금 0.1Ω 이하) • 가스농도측정기(탄화수소계 가스의 농도측정이 가능할 것) • 정전기 전위측정기 • 토크렌치(Torque Wrench : 볼트와 너트로 규정된 회전력에 맞춰 조이는 데 사용하는 도구) • 진동시험기 • 표면온도계(−10∼300℃) • 두께측정기(1.5∼99.9mm) • 안전용구(안전모, 안전화, 손전등, 안전로프 등) • 소화설비점검기구(소화전밸브압력계, 방수압력측정계, 포컬렉터, 헤드렌치, 포컨테이너)

[비 고]
기술인력란의 각 호에 정한 2 이상의 기술인력을 동일인이 겸할 수 없다.

(4) 탱크안전성능검사의 대상이 되는 탱크★★

① 기초·지반검사 : 옥외탱크저장소의 액체위험물탱크 중 그 용량이 100만L 이상인 탱크

② 충수(充水)·수압검사 : 액체위험물을 저장 또는 취급하는 탱크

※ 제외 대상
• 제조소 또는 일반취급소에 설치된 탱크로서 용량이 지정수량 미만인 것
• 고압가스안전관리법 제17조 제1항에 따른 특정설비에 관한 검사에 합격한 탱크
• 산업안전보건법 제84조 제1항에 따른 안전인증을 받은 탱크

③ 용접부검사 : ①의 규정에 의한 탱크

④ 암반탱크검사 : 액체위험물을 저장 또는 취급하는 암반 내의 공간을 이용한 탱크

(5) 강습교육 및 안전교육(시행규칙 별표 24)

교육 과정	교육대상자	교육 시간	교육시기	교육 기관
강습 교육	안전관리자가 되려는 사람	24시간	최초 선임되기 전	안전원
	위험물운반자가 되려는 사람	8시간	최초 종사하기 전	안전원
	위험물운송자가 되려는 사람	16시간	최초 종사하기 전	안전원
실무 교육	안전관리자	8시간 이내	가. 제조소 등의 안전관리자로 선임된 날부터 6개월 이내 나. 가목에 따른 교육을 받은 후 2년마다 1회	안전원
	위험물운반자	4시간	가. 위험물운반자로 종사한 날부터 6개월 이내 나. 가목에 따른 교육을 받은 후 3년마다 1회	안전원
	위험물운송자	8시간 이내	가. 이동탱크저장소의 위험물운송자로 종사한 날부터 6개월 이내 나. 가목에 따른 교육을 받은 후 3년마다 1회	안전원
	탱크시험자의 기술인력	8시간 이내	가. 탱크시험자의 기술인력으로 등록한 날부터 6개월 이내 나. 가목에 따른 교육을 받은 후 2년마다 1회	기술원

위험물안전관리법령에 따라 관계인이 예방규정을 정해야 할 옥외탱크저장소에 저장되는 위험물의 지정수량의 배수는?

① 100배 이상
② 150배 이상
③ 200배 이상
④ 250배 이상

|해설|

예방규정 대상 : 지정수량의 200배 이상의 위험물을 저장하는 옥외탱크저장소

정답 ③

핵심이론 06 | 위험물안전관리법 Ⅵ

(1) 자체소방대를 설치해야 하는 사업소★★

① 제4류 위험물의 최대수량의 합이 지정수량의 3천배 이상을 취급하는 제조소 또는 일반취급소(다만, 보일러로 위험물을 소비하는 일반취급소는 제외)★★

② 제4류 위험물의 최대수량이 지정수량의 50만배 이상을 저장하는 옥외탱크저장소

(2) 자체소방대에 두는 화학소방자동차 및 인원(시행령 별표 8)★★★

사업소의 구분	화학소방자동차	자체소방대원의 수
제조소 또는 일반취급소에서 취급하는 제4류 위험물의 최대수량의 합이 지정수량의 3천배 이상 12만배 미만인 사업소	1대	5인
제조소 또는 일반취급소에서 취급하는 제4류 위험물의 최대수량의 합이 지정수량의 12만배 이상 24만배 미만인 사업소	2대	10인
제조소 또는 일반취급소에서 취급하는 제4류 위험물의 최대수량의 합이 지정수량의 24만배 이상 48만배 미만인 사업소	3대	15인
제조소 또는 일반취급소에서 취급하는 제4류 위험물의 최대수량의 합이 지정수량의 48만배 이상인 사업소	4대	20인
옥외탱크저장소에 저장하는 제4류 위험물의 최대수량이 지정수량의 50만배 이상인 사업소	2대	10인

10년간 자주 출제된 문제

6-1. 위험물안전관리법령상 지정수량의 몇 배 이상의 제4류 위험물을 취급하는 제조소에는 자체소방대를 두어야 하는가?

① 1,000 ② 2,000
③ 3,000 ④ 5,000

6-2. 제조소 또는 일반취급소에서 취급하는 제4류 위험물의 최대수량의 합이 지정수량의 20만배인 사업소의 자체소방대에 두는 화학소방자동차와 자체소방대원의 기준으로 옳은 것은?

① 1대, 5인 ② 2대, 10인
③ 3대, 15인 ④ 4대, 20인

|해설|

6-1

자체소방대 설치 : 지정수량의 3,000배 이상인 제4류 위험물을 취급하는 제조소와 일반취급소

6-2

12만배 이상 24만배 미만 : 2대, 10인

정답 6-1 ③ 6-2 ②

핵심이론 07 | 위험물안전관리법 Ⅶ

(1) 화학소방자동차에 갖추어야 하는 소화능력 및 설비의 기준★

화학소방 자동차의 구분	소화능력 및 설비의 기준
포수용액 방사차	포수용액의 방사능력이 매분 2,000L 이상일 것
	소화약액탱크 및 소화약액혼합장치를 비치할 것
	10만L 이상의 포수용액을 방사할 수 있는 양의 소화약제를 비치할 것
분말 방사차	분말의 방사능력이 매초 35kg 이상일 것
	분말탱크 및 가압용 가스설비를 비치할 것
	1,400kg 이상의 분말을 비치할 것
할로젠화합물 방사차	할로젠화합물의 방사능력이 매초 40kg 이상일 것
	할로젠화합물탱크 및 가압용 가스설비를 비치할 것
	1,000kg 이상의 할로젠화합물을 비치할 것
이산화탄소 방사차	이산화탄소의 방사능력이 매초 40kg 이상일 것
	이산화탄소저장용기를 비치할 것
	3,000kg 이상의 이산화탄소를 비치할 것
제독차	가성소다 및 규조토를 각각 50kg 이상 비치할 것

(2) 운송책임자의 감독, 지원을 받아 운송해야 하는 위험물★

① 알킬알루미늄
② 알킬리튬
③ ① 또는 ②의 물질을 함유하는 위험물
※ 위험물운송자 : 신규인 경우에는 한국소방안전원에서 16시간의 교육을 받은 자

10년간 자주 출제된 문제

화학소방자동차가 갖추어야 하는 소화능력 기준으로 틀린 것은?

① 포수용액 방사능력 : 2,000L/min 이상
② 분말 방사능력 : 35kg/s 이상
③ 이산화탄소 방사능력 : 40kg/s 이상
④ 할로젠화합물 방사능력 : 50kg/s 이상

|해설|

할로젠화합물 방사능력 : 40kg/s 이상

정답 ④

(1) 행정처분

① 제조소 등의 6월 이내의 사용정지 및 허가 취소

　㉠ 변경허가를 받지 않고 제조소 등의 위치·구조 또는 설비를 변경한 때

　㉡ 완공검사를 받지 않고 제조소 등을 사용한 때

　㉢ 안전조치 이행명령을 따르지 않은 때

　㉣ 수리·개조 또는 이전의 명령에 위반한 때

　㉤ 위험물안전관리자를 선임하지 않은 때

　㉥ 대리자를 지정하지 않은 때

　㉦ 정기점검을 하지 않은 때

　㉧ 정기검사를 받지 않은 때

　㉨ 저장·취급기준 준수명령을 위반한 때

② 과징금 처분★★

　㉠ 과징금 부과권자 : 시·도지사

　㉡ 부과사유 : 제조소 등에 대한 사용의 정지가 그 이용자에게 심한 불편을 주거나 그 밖에 공익을 해칠 우려가 있는 때

　㉢ 과징금 금액 : 2억원 이하

③ 벌 칙

　㉠ 1년 이상 10년 이하의 징역 : 제조소 또는 허가를 받지 않고 지정수량 이상의 위험물을 저장 또는 취급하는 장소에서 위험물을 유출·방출 또는 확산시켜 사람의 생명·신체 또는 재산에 대하여 위험을 발생시킨 자★★

　㉡ 무기 또는 5년 이상의 징역 : 제조소 또는 허가를 받지 않고 지정수량 이상의 위험물을 저장 또는 취급하는 장소에서 위험물을 유출·방출 또는 확산시켜 사람을 사망에 이르게 한 때

　㉢ 무기 또는 3년 이상의 징역 : 제조소 또는 허가를 받지 않고 지정수량 이상의 위험물을 저장 또는 취급하는 장소에서 위험물을 유출·방출 또는 확산시켜 사람을 상해(傷害)에 이르게 한 때

　㉣ 10년 이하의 징역 또는 금고나 1억원 이하의 벌금 : 업무상 과실로 제조소 또는 허가를 받지 않고 지정수량 이상의 위험물을 저장 또는 취급하는 장소에서 위험물을 유출·방출 또는 확산시켜 사람을 사상(死傷)에 이르게 한 자★

　㉤ 7년 이하의 금고 또는 7,000만원 이하의 벌금 : 업무상 과실로 제조소 또는 허가를 받지 않고 지정수량 이상의 위험물을 저장 또는 취급하는 장소에서 위험물을 유출·방출 또는 확산시켜 사람의 생명·신체 또는 재산에 대하여 위험을 발생시킨 자★★

　㉥ 5년 이하의 징역 또는 1억원 이하의 벌금 : 제6조 제1항 전단을 위반하여 제조소 등의 설치허가를 받지 않고 제조소 등을 설치한 자

　㉦ 3년 이하의 징역 또는 3,000만원 이하의 벌금 : 제5조 제1항을 위반하여 저장소 또는 제조소 등이 아닌 장소에서 지정수량 이상의 위험물을 저장 또는 취급한 자

　㉧ 1년 이하의 징역 또는 1,000만원 이하의 벌금

　　• 탱크시험자로 등록하지 않고 탱크 시험자의 업무를 한 자

　　• 정기점검을 하지 않거나 점검기록을 허위로 작성한 관계인으로서 허가를 받은 자

　　• 정기검사를 받지 않은 관계인으로서 허가를 받은 자

　　• 자체소방대를 두지 않은 관계인으로서 허가를 받은 자

　㉨ 1,500만원 이하의 벌금

　　• 위험물의 저장 또는 취급에 관한 중요기준에 따르지 않은 자

　　• 변경허가를 받지 않고 제조소 등을 변경한 자

　　• 제조소 등의 완공검사를 받지 않고 위험물을 저장·취급한 자

- 안전관리자를 선임하지 않은 관계인으로서 허가를 받은 자★★
- 대리자를 지정하지 않은 관계인으로서 허가를 받은 자
- 무허가장소의 위험물에 대한 조치명령을 따르지 않은 자

ⓒ 1,000만원 이하의 벌금
- 위험물의 취급에 관한 안전관리와 감독을 하지 않은 자
- 안전관리자 또는 그 대리자가 참여하지 않은 상태에서 위험물을 취급한 자★★
- 변경한 예방규정을 제출하지 않은 관계인으로서 허가를 받은 자
- 위험물의 운반에 관한 중요기준에 따르지 않은 자
- 국가기술자격자 또는 안전교육을 받지 않고 위험물을 운송하는 자★
- 관계인의 정당한 업무를 방해하거나 출입·검사 등을 수행하면서 알게 된 비밀을 누설한 자

ⓚ 500만원 이하의 과태료
- 임시저장기간의 승인을 받지 않은 자
- 위험물의 저장 또는 취급에 관한 세부기준을 위반한 자
- 위험물의 품명 등의 변경신고를 기간 이내에 하지 않거나 허위로 한 자
- 위험물제조소 등의 지위승계신고를 기간 이내에 하지 않거나 허위로 한 자★
- 제조소 등의 폐지신고, 안전관리자의 선임신고를 기간 이내에 하지 않거나 허위로 한 자★
- 사용 중지신고 또는 재개신고를 기간 이내에 하지 않거나 거짓으로 한 자
- 등록사항의 변경신고를 기간 이내에 하지 않거나 허위로 한 자
- 위험물제조소 등의 정기 점검결과를 기록·보존하지 않은 자

- 제조소 등에서 흡연을 한 자
- 금연구역임을 알리는 표지를 설치하지 않거나 보완이 필요한 경우 시정명령에 따르지 않은 자
- 위험물의 운반에 관한 세부기준을 위반한 자
- 위험물의 운송에 관한 기준을 따르지 않은 자

핵심이론 09 | 위험물안전관리법 Ⅸ

(1) 탱크의 용량★★

탱크의 용량 = 탱크의 내용적 − 공간용적(탱크 내용적의 5/100 이상 10/100 이하)

① 타원형 탱크의 내용적

    ㉠ 양쪽이 볼록한 것★★

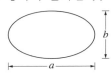 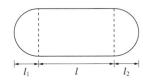

$$내용적 = \frac{\pi a b}{4}\left(l + \frac{l_1 + l_2}{3}\right)$$

    ㉡ 한쪽은 볼록하고 다른 한쪽은 오목한 것

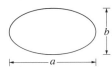 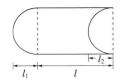

$$내용적 = \frac{\pi ab}{4}\left(l + \frac{l_1 - l_2}{3}\right)$$

② 원통형 탱크의 내용적

    ㉠ 가로로 설치한 것★★★

 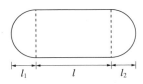

$$내용적 = \pi r^2\left(l + \frac{l_1 + l_2}{3}\right)$$

    ㉡ 세로로 설치한 것★★★

 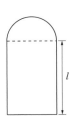

$$내용적 = \pi r^2 l$$

9-1. 위험물 저장탱크의 내용적이 500L일 때, 탱크에 저장하는 위험물의 용량의 범위로 적합한 것은?(단, 원칙적인 경우에 한한다)

① 400~450L   ② 450~475L

③ 450~490L   ④ 475~490L

9-2. 그림과 같은 위험물을 저장하는 탱크의 내용적은 약 몇 L 인가?(단, r은 5m, l은 10m, π는 3.14이다)

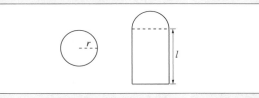

① 485,000   ② 585,000

③ 685,000   ④ 785,000

9-3. 위험물안전관리법령상 다음 암반탱크의 공간용적은 얼마인가?

- 암반탱크의 내용적 : 100억L
- 탱크 내 용출하는 1일의 지하수의 양 : 2천만L

① 2천만L   ② 1억L

③ 1억4천만L   ④ 10억L

|해설|

9-1

공간용적이 5~10%이므로 이 공간을 제외한 것이 위험물 저장탱크의 용량이다.

- 5%이면 500L × 0.95 = 475L
- 10%이면 500L × 0.90 = 450L

9-2

세로로 설치된 경우의 내용적 $= \pi r^2 l = 3.14 \times (5\mathrm{m})^2 \times 10\mathrm{m}$

$$= 785\mathrm{m}^3 = 785,000\mathrm{L}$$

9-3

암반탱크의 공간용적

- 해당 탱크 내에 용출하는 7일간의 지하수의 양에 상당하는 용적 = 2천만L × 7 = 1억 4천만L
- 해당 탱크 내용적의 1/100의 용적 = 100억L × 1/100 = 1억L

∴ 위의 내용 중에서 큰 용적을 공간용적으로 하므로 1억 4천만L 이다.

정답 9-1 ②   9-2 ④   9-3 ③

핵심이론 01 저장·취급의 공통기준

(1) 저장·취급의 공통기준

① 제조소 등에서 법 제6조 제1항의 규정에 의한 허가 및 법 제6조 제2항의 규정에 의한 신고와 관련되는 품명 외의 위험물 또는 이러한 허가 및 신고와 관련되는 수량 또는 지정수량의 배수를 초과하는 위험물을 저장 또는 취급하지 않아야 한다(중요기준).

② 위험물을 저장 또는 취급하는 건축물 그 밖의 공작물 또는 설비는 해당 위험물의 성질에 따라 차광 또는 환기를 실시해야 한다.

③ 위험물은 온도계, 습도계, 압력계 그 밖의 계기를 감시하여 해당 위험물의 성질에 맞는 적정한 온도, 습도 또는 압력을 유지하도록 저장 또는 취급해야 한다.

④ 위험물을 저장 또는 취급하는 경우에는 위험물의 변질, 이물의 혼입 등에 의하여 해당 위험물의 위험성이 증대되지 않도록 필요한 조치를 강구해야 한다.

⑤ 위험물이 남아 있거나 남아 있을 우려가 있는 설비, 기계·기구, 용기 등을 수리하는 경우에는 안전한 장소에서 위험물을 완전하게 제거한 후에 실시해야 한다.

⑥ 위험물을 용기에 수납하여 저장 또는 취급할 때에는 그 용기는 해당 위험물의 성질에 적응하고 파손·부식·균열 등이 없는 것으로 해야 한다.

⑦ 가연성의 액체·증기 또는 가스가 새거나 체류할 우려가 있는 장소 또는 가연성의 미분이 현저하게 부유할 우려가 있는 장소에서는 전선과 전기기구를 완전히 접속하고 불꽃을 발하는 기계·기구·공구·신발 등을 사용하지 않아야 한다.

⑧ 위험물을 보호액 중에 보존하는 경우에는 해당 위험물이 보호액으로부터 노출되지 않도록 해야 한다.

(2) 유별 저장·취급의 공통기준★★

① 제1류 위험물 : 가연물과의 접촉, 혼합이나 분해를 촉진하는 물품과의 접근 또는 과열, 충격, 마찰 등을 피하는 한편, 알칼리금속의 과산화물 및 이를 함유한 것에 있어서는 물과의 접촉을 피해야 한다.

② 제2류 위험물 : 산화제와의 접촉, 혼합이나 불티, 불꽃, 고온체와의 접근 또는 과열을 피하는 한편, 철분, 금속분, 마그네슘 및 이를 함유한 것에 있어서는 물이나 산과의 접촉을 피하고 인화성고체에 있어서는 함부로 증기를 발생시키지 않아야 한다.

③ 제3류 위험물 : 자연발화성 물질에 있어서는 불티, 불꽃 또는 고온체와의 접근·과열 또는 공기와의 접촉을 피하고, 금수성 물질에 있어서는 물과의 접촉을 피해야 한다.

④ 제4류 위험물 : 불티, 불꽃, 고온체와의 접근 또는 과열을 피하고, 함부로 증기를 발생시키지 않아야 한다.

⑤ 제5류 위험물 : 불티, 불꽃, 고온체와의 접근이나 과열, 충격 또는 마찰을 피해야 한다.

⑥ 제6류 위험물 : 가연물과의 접촉·혼합이나 분해를 촉진하는 물품과의 접근 또는 과열을 피해야 한다.

다음은 위험물안전관리법령에서 정한 제조소 등에서의 위험물의 저장 및 취급에 관한 기준 중 위험물의 유별 저장·취급 공통기준의 일부이다. (   ) 안에 알맞은 위험물의 유별은?

> (   ) 위험물은 가연물과의 접촉·혼합이나 분해를 촉진하는 물품과의 접근 또는 과열을 피해야 한다.

① 제2류
② 제3류
③ 제5류
④ 제6류

| 해설 |

위험물의 유별 저장·취급의 공통기준(중요기준)
• 제1류 위험물은 가연물과의 접촉·혼합이나 분해를 촉진하는 물품과의 접근 또는 과열·충격·마찰 등을 피하는 한편, 알칼리금속의 과산화물 및 이를 함유한 것에 있어서는 물과의 접촉을 피해야 한다.
• 제2류 위험물은 산화제와의 접촉·혼합이나 불티·불꽃·고온체와의 접근 또는 과열을 피하는 한편, 철분·금속분·마그네슘 및 이를 함유한 것에 있어서는 물이나 산과의 접촉을 피하고 인화성 고체에 있어서는 함부로 증기를 발생시키지 않아야 한다.
• 제3류 위험물 중 자연발화성 물질에 있어서는 불티·불꽃 또는 고온체와의 접근·과열 또는 공기와의 접촉을 피하고, 금수성 물질에 있어서는 물과의 접촉을 피해야 한다.
• 제6류 위험물은 가연물과의 접촉·혼합이나 분해를 촉진하는 물품과의 접근 또는 과열을 피해야 한다.

정답 ④

핵심이론 02 | 저장기준

(1) 옥내저장소 또는 옥외저장소에는 있어서 유별을 달리하는 위험물을 동일한 저장소에 저장할 수 없는데 1m 이상 간격을 두고 다음 유별을 저장할 수 있다.★★

① 제1류 위험물(알칼리금속의 과산화물은 제외)과 제5류 위험물을 저장하는 경우
② 제1류 위험물과 제6류 위험물을 저장하는 경우
③ 제1류 위험물과 제3류 위험물 중 자연발화성 물질(황린 포함)을 저장하는 경우
④ 제2류 위험물 중 인화성 고체와 제4류 위험물을 저장하는 경우
⑤ 제3류 위험물 중 알킬알루미늄 등과 제4류 위험물(알킬알루미늄 또는 알킬리튬을 함유한 것에 한함)을 저장하는 경우
⑥ 제4류 위험물 중 유기과산화물과 제5류 위험물 중 유기과산화물을 저장하는 경우

(2) 제3류 위험물 중 황린 그 밖에 물속에 저장하는 물품과 금수성 물질은 동일한 저장소에서 저장하지 않아야 한다.★

(3) 옥내저장소에서 동일 품명의 위험물이더라도 자연발화할 우려가 있는 위험물 또는 재해가 현저하게 증대할 우려가 있는 위험물을 다량 저장하는 경우에는 지정수량의 10배 이하마다 구분하여 상호간 0.3m 이상의 간격을 두어 저장해야 한다.★★

(4) 옥내저장소와 옥외저장소에 저장 시 높이(다음 높이를 초과하여 겹쳐 쌓지 말 것)★★★

① 기계에 의하여 하역하는 구조로 된 용기만을 겹쳐 쌓는 경우 : 6m
② 제4류 위험물 중 제3석유류, 제4석유류, 동식물유류를 수납하는 용기만을 겹쳐 쌓는 경우 : 4m

③ 그 밖의 경우(특수인화물, 제1석유류, 제2석유류, 알코올류, 타류) : 3m

(5) 옥내저장소에서 용기에 수납하여 저장하는 위험물의 온도 : 55℃ 이하

(6) 이동저장탱크에는 해당 탱크에 저장 또는 취급하는 위험물의 위험성을 알리는 표지를 부착하고 잘 보일 수 있도록 관리해야 한다.

(7) 이동탱크저장소에는 이동탱크저장소의 완공검사합격확인증과 정기점검기록을 비치해야 한다.

(8) 알킬알루미늄 등을 저장 또는 취급하는 이동탱크저장소에는 긴급 시의 연락처, 응급조치에 관하여 필요한 사항을 기재한 서류, 방호복, 고무장갑, 밸브 등을 죄는 결합공구 및 휴대용 확성기를 비치해야 한다.

(9) 옥외저장소에서 위험물을 수납한 용기를 선반에 저장하는 경우 : 6m를 초과하지 말 것★★

(10) 황을 용기에 수납하지 않고 저장하는 옥외저장소에서는 황을 경계표시의 높이 이하로 저장하고, 황이 넘치거나 비산하는 것을 방지할 수 있도록 경계표시 내부의 전체를 난연성 또는 불연성의 천막 등으로 덮고 해당 천막 등을 경계표시에 고정해야 한다.

(11) 옥외저장탱크·옥내저장탱크 또는 이동저장탱크에 새롭게 알킬알루미늄 등을 주입하는 때에는 미리 해당 탱크 안의 공기를 불활성기체와 치환하여 둔다.

(12) 옥외저장탱크·옥내저장탱크 또는 지하저장탱크 중 압력탱크 외의 탱크에 저장★★

① 산화프로필렌, 다이에틸에터 등 : 30℃ 이하

② 아세트알데하이드 : 15℃ 이하

(13) 옥외저장탱크·옥내저장탱크 또는 지하저장탱크 중 압력탱크에 저장

① 아세트알데하이드 등 또는 다이에틸에터 등 : 40℃ 이하

(14) 아세트알데하이드 등 또는 다이에틸에터 등을 이동저장탱크에 저장하는 경우★★★

① 보냉장치가 있는 경우 : 비점 이하

② 보냉장치가 없는 경우 : 40℃ 이하

2-1. 옥내저장소에 1m 이상 간격을 두고 유별을 달리하는 위험물을 동일한 저장소에 저장할 수 있는 것은?

① 제1류 위험물과 제5류 위험물을 저장하는 경우
② 제1류 위험물과 제6류 위험물을 저장하는 경우
③ 제1류 위험물과 자연발화성 물품(황린 제외)을 저장하는 경우
④ 제2류 위험물과 제4류 위험물을 저장하는 경우

2-2. 옥내저장소에서 위험물 용기를 겹쳐 쌓는 경우에 있어서 제4류 위험물 중 제1석유류만을 수납하는 용기를 겹쳐 쌓을 수 있는 높이는 최대 몇 m인가?

① 3   ② 4
③ 5   ④ 6

2-3. 보냉장치가 없는 이동저장탱크에 저장하는 아세트알데하이드의 온도는 몇 ℃ 이하로 유지해야 하는가?

① 30   ② 40
③ 50   ④ 비 점

| 해설 |

2-1
제1류 위험물과 제6류 위험물은 저장이나 운반 시 혼재가 가능하다.

2-2
특수인화물, 제1석유류, 제2석유류, 알코올류, 타류의 용기만을 겹쳐 쌓는 경우 적재 높이 : 3m 이하

2-3
아세트알데하이드 등 또는 다이에틸에터 등을 이동저장탱크에 저장하는 경우
• 보냉장치가 있는 경우 : 비점 이하
• 보냉장치가 없는 경우 : 40℃ 이하

정답 **2-1** ② **2-2** ① **2-3** ②

핵심이론 03 | 취급기준(시행규칙, 별표 18)

(1) 제조에 관한 기준

① 증류공정에 있어서는 위험물을 취급하는 설비의 내부 압력의 변동 등에 의하여 액체 또는 증기가 새지 않도록 할 것
② 추출공정에 있어서는 추출관의 내부 압력이 비정상으로 상승하지 않도록 할 것
③ 건조공정에 있어서는 위험물의 온도가 부분적으로 상승하지 않는 방법으로 가열 또는 건조할 것
④ 분쇄공정에 있어서는 위험물의 분말이 현저하게 부유하고 있거나 위험물의 분말이 현저하게 기계·기구 등에 부착하고 있는 상태로 그 기계·기구를 취급하지 않을 것

(2) 소비에 관한 기준

① 분사도장작업은 방화상 유효한 격벽 등으로 구획된 안전한 장소에서 실시할 것
② 담금질 또는 열처리작업은 위험물이 위험한 온도에 이르지 않도록 하여 실시할 것
③ 버너를 사용하는 경우에는 버너의 역화를 방지하고 위험물이 넘치지 않도록 할 것

(3) 이동탱크저장소(컨테이너식 이동탱크저장소는 제외)에서의 취급기준

① 이동저장탱크로부터 위험물을 저장 또는 취급하는 탱크에 인화점이 40℃ 미만인 위험물을 주입할 때에는 이동탱크저장소의 원동기를 정지시킬 것★
② 휘발유·벤젠 그 밖에 정전기에 의한 재해발생의 우려가 있는 액체의 위험물을 이동저장탱크에 주입하거나 이동저장탱크로부터 배출하는 때에는 도선으로 이동저장탱크와 접지전극 등과의 사이를 긴밀히 연결하여 해당 이동저장탱크를 접지할 것

③ 휘발유·벤젠·그 밖에 정전기에 의한 재해발생의 우려가 있는 액체의 위험물을 이동저장탱크의 상부로 주입하는 때에는 주입관을 사용하되, 해당 주입관의 끝부분을 이동저장탱크의 밑바닥에 밀착할 것

④ 이동저장탱크에 위험물(휘발유, 등유, 경유)을 교체 주입하고자 할 때 정전기 방지 조치

　　㉠ 이동저장탱크의 상부로부터 위험물을 주입할 때에는 위험물의 액표면이 주입관의 끝부분을 넘는 높이가 될 때까지 그 주입관 내의 유속을 초당 1m 이하로 할 것

　　㉡ 이동저장탱크의 밑부분으로부터 위험물을 주입할 때에는 위험물의 액표면이 주입관의 정상부분을 넘는 높이가 될 때까지 그 주입배관 내의 유속을 초당 1m 이하로 할 것★

　　㉢ 그 밖의 방법에 의한 위험물의 주입은 이동저장탱크에 가연성증기가 잔류하지 않도록 조치하고 안전한 상태로 있음을 확인한 후에 할 것

(4) 알킬알루미늄 등 및 아세트알데하이드 등의 취급 기준

① 알킬알루미늄 등의 제조소 또는 일반취급소에 있어서 알킬알루미늄 등을 취급하는 설비에는 불활성의 기체를 봉입할 것

② 알킬알루미늄 등의 이동탱크저장소에 있어서 이동저장탱크로부터 알킬알루미늄 등을 꺼낼 때에는 동시에 200kPa 이하의 압력으로 불활성의 기체를 봉입할 것 ★★

※ 이동저장탱크에 알킬알루미늄 등을 저장하는 경우에는 20kPa 이하의 압력으로 불활성의 기체를 봉입하여 둘 것★★

③ 아세트알데하이드 등의 제조소 또는 일반취급소에 있어서 아세트알데하이드 등을 취급하는 설비에는 연소성 혼합기체의 생성에 의한 폭발의 위험이 생겼을 경우에 불활성의 기체 또는 수증기[아세트알데하이드

등을 취급하는 탱크(옥외에 있는 탱크 또는 옥내에 있는 탱크로서 그 용량이 지정수량의 1/5 미만의 것을 제외한다)에 있어서는 불활성의 기체]를 봉입할 것

④ 아세트알데하이드 등의 이동탱크저장소에 있어서 이동저장탱크로부터 아세트알데하이드 등을 꺼낼 때에는 동시에 100kPa 이하의 압력으로 불활성의 기체를 봉입할 것★

10년간 자주 출제된 문제

3-1. 알킬알루미늄 등의 이동탱크저장소에 있어서 이동저장탱크로부터 알킬알루미늄 등을 꺼낼 때에는 동시에 몇 kPa 이하의 압력으로 불활성의 기체를 봉입해야 하는가?

① 100　　　　　　　　② 200
③ 300　　　　　　　　④ 400

3-2. 이동탱크저장소에 알킬알루미늄 등을 저장하는 경우에는 몇 kPa 이하의 압력으로 불활성의 기체를 봉입해야 하는가?

① 10　　　　　　　　② 20
③ 30　　　　　　　　④ 100

3-3. 아세트알데하이드 등을 이동저장탱크로부터 꺼낼 때에는 동시에 몇 kPa 이하의 압력으로 불활성의 기체를 봉입해야 하는가?

① 100　　　　　　　　② 200
③ 300　　　　　　　　④ 400

|해설|

3-1
이동저장탱크로부터 알킬알루미늄 등을 꺼낼 때에는 동시에 200kPa 이하의 압력으로 불활성의 기체를 봉입해야 한다.

3-2
이동저장탱크에 알킬알루미늄 등을 저장하는 경우에는 20kPa 이하의 압력으로 불활성의 기체를 봉입해야 한다.

3-3
이동저장탱크로부터 아세트알데하이드 등을 꺼낼 때에는 동시에 100kPa 이하의 압력으로 불활성의 기체를 봉입해야 한다.

정답 3-1 ②　3-2 ②　3-3 ①

제3절 위험물의 운반 및 운송기준

핵심이론 01 | 운반용기 재질 및 적재방법

(1) 운반용기의 재질

① 강 판
② 알루미늄판
③ 양철판
④ 유 리
⑤ 금속판
⑥ 종 이
⑦ 플라스틱
⑧ 섬유판
⑨ 고무류
⑩ 합성섬유
⑪ 삼
⑫ 짚
⑬ 나 무

(2) 적재방법

① **고체위험물** : 운반용기 내용적의 95% 이하의 수납률로 수납할 것★★

② **액체위험물** : 운반용기 내용적의 98% 이하의 수납률로 수납하되, 55℃의 온도에서 누설되지 않도록 충분한 공간용적을 유지하도록 할 것★★★

③ **제3류 위험물의 운반용기 수납기준**★★
  ㉠ 자연발화성 물질에 있어서는 불활성 기체를 봉입하여 밀봉하는 등 공기와 접하지 않도록 할 것
  ㉡ 자연발화성 물질 외의 물품에 있어서는 파라핀·경유·등유 등의 보호액으로 채워 밀봉하거나 불활성 기체를 봉입하여 밀봉하는 등 수분과 접하지 않도록 할 것
  ㉢ ㉡의 규정에 불구하고 자연발화성 물질 중 알킬알루미늄 등은 운반용기의 내용적의 90% 이하의 수납률로 수납하되, 50℃의 온도에서 5% 이상의 공간용적을 유지하도록 할 것

④ **기계에 의하여 하역하는 구조로 된 운반용기의 수납기준**
  ㉠ 금속제의 운반용기, 경질플라스틱제의 운반용기 또는 플라스틱내용기 부착의 운반용기에 있어서는 다음에 정하는 시험 및 점검에서 누설 등 이상이 없을 것

• 2년 6개월 이내에 실시한 기밀시험(액체의 위험물 또는 10kPa 이상의 압력을 가하여 수납 또는 배출하는 고체의 위험물을 수납하는 운반용기에 한한다)

• 2년 6개월 이내에 실시한 운반용기의 외부의 점검·부속설비의 기능점검 및 5년 이내의 사이에 실시한 운반용기의 내부의 점검

  ㉡ 액체위험물을 수납하는 경우에는 55℃의 온도에서의 증기압이 130kPa 이하가 되도록 수납할 것
  ㉢ 경질플라스틱제의 운반용기 또는 플라스틱내용기 부착의 운반용기에 액체위험물을 수납하는 경우에는 해당 운반용기는 제조된 때로부터 5년 이내의 것으로 할 것

⑤ **기계에 의하여 하역하는 구조로 된 운반용기의 외부 표시사항**
  ㉠ 운반용기의 제조연월 및 제조자의 명칭
  ㉡ 겹쳐쌓기 시험하중
  ㉢ 운반용기의 종류에 따라 다음의 규정에 의한 중량
    • 플렉시블 외의 운반용기 : 최대총중량(최대수용중량의 위험물을 수납하였을 경우의 운반용기의 전중량을 말한다)
    • 플렉시블 운반용기 : 최대수용중량

⑥ **적재위험물에 따른 조치**
  ㉠ 차광성이 있는 것으로 피복★★★
    • 제1류 위험물
    • 제3류 위험물 중 자연발화성 물질
    • 제4류 위험물 중 특수인화물
    • 제5류 위험물
    • 제6류 위험물
  ㉡ 방수성이 있는 것으로 피복★★★
    • 제1류 위험물 중 알칼리금속의 과산화물
    • 제2류 위험물 중 철분·금속분·마그네슘
    • 제3류 위험물 중 금수성 물질

ⓒ 제5류 위험물 중 55℃ 이하의 온도에서 분해될 우려가 있는 것은 보냉 컨테이너에 수납하는 등 적정한 온도관리를 할 것★

⑦ 운반용기의 외부 표시사항★★

　ⓐ 위험물의 품명, 위험등급, 화학명 및 수용성("수용성" 표시는 제4류 위험물의 수용성인 것에 한함)

　ⓑ 위험물의 수량

　ⓒ 수납하는 위험물에 따른 주의사항★★★

종 류	주의사항
제1류 위험물★	• 알칼리금속의 과산화물 : 화기·충격주의, 물기엄금, 가연물접촉주의 • 그 밖의 것 : 화기·충격주의, 가연물접촉주의
제2류 위험물	• 철분, 금속분, 마그네슘 : 화기주의, 물기엄금 • 인화성 고체 : 화기엄금 • 그 밖의 것 : 화기주의
제3류 위험물	• 자연발화성 물질 : 화기엄금, 공기접촉엄금 • 금수성 물질 : 물기엄금
제4류 위험물	화기엄금
제5류 위험물	화기엄금, 충격주의
제6류 위험물	가연물접촉주의

⑧ 운반방법★

　ⓐ 위험물 또는 위험물을 수납한 운반용기가 현저하게 마찰 또는 동요를 일으키지 않도록 운반해야 한다(중요기준).

　ⓑ 지정수량 이상의 위험물을 차량으로 운반하는 경우에는 해당 차량에 소방청장이 정하여 고시하는 바에 따라 운반하는 위험물의 위험성을 알리는 표지를 설치해야 한다.

　ⓒ 지정수량 이상의 위험물을 차량으로 운반하는 경우에 있어서 다른 차량에 바꾸어 싣거나 휴식·고장 등으로 차량을 일시 정차시킬 때에는 안전한 장소를 택하고 운반하는 위험물의 안전확보에 주의해야 한다.

　ⓓ 지정수량 이상의 위험물을 차량으로 운반하는 경우에는 해당 위험물에 적응성이 있는 소형수동식소화기를 해당 위험물의 소요단위에 상응하는 능력단위 이상 갖추어야 한다.

　ⓔ 위험물의 운반 도중 위험물이 현저하게 새는 등 재난발생의 우려가 있는 경우에는 응급조치를 강구하는 동시에 가까운 소방관서 그 밖의 관계기관에 통보해야 한다.

1-6. 위험물안전관리법령상 제2류 위험물 중 마그네슘을 수납한 운반용기 외부에 표시해야 할 내용은?

① 물기주의 및 화기엄금
② 화기주의 및 물기엄금
③ 공기노출엄금
④ 충격주의 및 화기엄금

1-7. 과산화수소의 운반용기에 외부에 표시해야 하는 주의사항은?

① 물기엄금
② 화기엄금
③ 가연물접촉주의
④ 충격주의

|해설|

1-1
운반용기의 수납률
• 고체위험물 : 95% 이하
• 액체위험물 : 98% 이하

1-2
자연발화성 물질 중 알킬알루미늄 등은 운반용기의 내용적의 90% 이하의 수납률로 수납하되, 50℃의 온도에서 5% 이상의 공간용적을 유지하도록 할 것

1-3
차광성이 있는 것으로 피복 : 특수인화물(다이에틸에터), 제1류 위험물(과산화나트륨), 제3류 위험물 중 자연발화성 물질, 제5류 위험물, 제6류 위험물(질산)

1-4
방수성이 있는 것으로 피복 : 제2류 위험물 중 철분・금속분・마그네슘

1-5
알칼리금속의 과산화물(과산화나트륨) : 화기・충격주의, 물기엄금, 가연물접촉주의

1-6
마그네슘(제2류 위험물)의 외부 표시사항 : 화기주의 및 물기엄금

1-7
제6류 위험물(과산화수소) 외부 표시사항 : 가연물접촉주의

정답 1-1 ③ 1-2 ③ 1-3 ② 1-4 ④ 1-5 ① 1-6 ② 1-7 ③

핵심이론 02 | **운반 시 위험물의 혼재 가능 기준**

(1) 유별을 달리하는 위험물의 혼재기준(별표 19 관련)★★★

위험물의 구분	제1류	제2류	제3류	제4류	제5류	제6류
제1류		×	×	×	×	○
제2류	×		×	○	○	×
제3류	×	×		○	×	×
제4류	×	○	○		○	×
제5류	×	○	×	○		×
제6류	○	×	×	×	×	

[비 고]
1. "×" 표시는 혼재할 수 없음을 표시한다.
2. "○" 표시는 혼재할 수 있음을 표시한다.
3. 이 표는 지정수량의 1/10 이하의 위험물에 대하여는 적용하지 않는다.

2-1. 위험물의 운반 시 서로 혼재가 불가능한 것은?

① 제1류 위험물과 제6류 위험물
② 제2류 위험물과 제3류 위험물
③ 제5류 위험물과 제2류 위험물
④ 제3류 위험물과 제4류 위험물

2-2. 운반 시 과산화칼륨과 혼재가 가능한 위험물은?(단, 지정수량 이상인 경우이다)

① 에 터
② 마그네슘분
③ 탄화칼슘
④ 질 산

|해설|

2-1
위험물 운반 시 혼재 가능(지정수량의 1/10 이하는 제외)
• 제1류 + 제6류 위험물
• 제3류 + 제4류 위험물
• 제5류 + 제2류 + 제4류 위험물

2-2
과산화칼륨(제1류 위험물)과 혼재 가능

종류 \ 항목	에 터	마그네슘분	탄화칼슘	질 산
유 별	제4류 위험물	제2류 위험물	제3류 위험물	제6류 위험물
혼재 가능 여부	불가능	불가능	불가능	가 능

※ 운반 시 제1류위험물(과산화칼륨)과 제6류 위험물(질산)은 혼재가 가능하다.

정답 2-1 ② 2-2 ④

(1) 위험등급 Ⅰ의 위험물★★★

① 제1류 위험물 중 아염소산염류, 염소산염류, 과염소산염류, 무기과산화물, 그 밖에 지정수량이 50kg인 위험물

② 제3류 위험물 중 칼륨, 나트륨, 알킬알루미늄, 알킬리튬, 황린, 그 밖에 지정수량이 10kg 또는 20kg인 위험물

③ 제4류 위험물 중 특수인화물

④ 제5류 위험물 중 지정수량이 10kg인 위험물

⑤ 제6류 위험물

(2) 위험등급 Ⅱ의 위험물★

① 제1류 위험물 중 브로민산염류, 질산염류, 아이오딘산염류, 그 밖에 지정수량이 300kg인 위험물

② 제2류 위험물 중 황화인, 적린, 황, 그 밖에 지정수량이 100kg인 위험물

③ 제3류 위험물 중 알칼리금속(칼륨, 나트륨 제외) 및 알칼리토금속, 유기금속화합물(알킬알루미늄 및 알킬리튬 제외) 그 밖에 지정수량이 50kg인 위험물

④ 제4류 위험물 중 제1석유류, 알코올류

⑤ 제5류 위험물 중 위험등급 Ⅰ (1)의 ④에 정하는 위험물 외의 것

(3) 위험등급 Ⅲ의 위험물 : (1) 및 (2)에 정하지 않은 위험물

다음 중 위험등급 Ⅰ의 위험물이 아닌 것은?

① 과염소산칼륨
② 황화인
③ 황 린
④ 과산화수소

|해설|

위험물의 위험등급

종류 항목	과염소산칼륨	황화인	황 린	과산화수소
유 별	제1류 위험물	제2류 위험물	제3류 위험물	제6류 위험물
품 명	과염소산염류	–	–	–
위험등급	Ⅰ	Ⅱ	Ⅰ	Ⅰ

정답 ②

(1) 운송책임자의 감독 또는 지원의 방법

① 운송책임자가 이동탱크저장소에 동승하여 운송 중인 위험물의 안전확보에 관하여 운전자에게 필요한 감독 또는 지원을 하는 방법. 다만, 운전자가 운반책임자의 자격이 있는 경우에는 운송책임자의 자격이 없는 자가 동승할 수 있다.

② 운송의 감독 또는 지원을 위하여 마련한 별도의 사무실에 운송책임자가 대기하면서 다음의 사항을 이행하는 방법

　㉠ 운송경로를 미리 파악하고 관할 소방관서 또는 관련 업체(비상대응에 관한 협력을 얻을 수 있는 업체를 말한다)에 대한 연락체계를 갖추는 것

　㉡ 이동탱크저장소의 운전자에 대하여 수시로 안전확보 상황을 확인하는 것

　㉢ 비상시의 응급처치에 관하여 조언을 하는 것

　㉣ 그 밖에 위험물의 운송 중 안전확보에 관하여 필요한 정보를 제공하고 감독 또는 지원하는 것

(2) 이동탱크저장소에 의한 위험물의 운송 시 준수해야 하는 기준

① 위험물운송자는 운송의 개시 전에 이동저장탱크의 배출밸브 등의 밸브와 폐쇄장치, 맨홀 및 주입구의 뚜껑, 소화기 등의 점검을 충분히 실시할 것

② 위험물운송자는 장거리(고속국도에 있어서는 340km 이상, 그 밖의 도로에 있어서는 200km 이상을 말한다)에 걸치는 운송을 하는 때에는 2명 이상의 운전자로 할 것. 다만, 다음에 해당하는 경우에는 그렇지 않다.★

　㉠ 운송책임자를 동승시킨 경우

　㉡ 운송하는 위험물이 제2류 위험물·제3류 위험물(칼슘 또는 알루미늄의 탄화물과 이것만을 함유한 것에 한한다) 또는 제4류 위험물(특수인화물을 제외)인 경우

　㉢ 운송 도중에 2시간 이내마다 20분 이상씩 휴식하는 경우

③ 위험물운송자는 이동저장탱크로부터 위험물이 현저하게 새는 등 재해발생의 우려가 있는 경우에는 재난을 방지하기 위한 응급조치를 강구하는 동시에 소방관서 그 밖의 관계기관에 통보할 것

④ 위험물(제4류 위험물에 있어서는 특수인화물 및 제1석유류에 한한다)을 운송하게 하는 자는 시행규칙 별지 제48호 서식의 위험물안전카드를 위험물운송자로 하여금 휴대하게 할 것★

10년간 자주 출제된 문제

위험물안전관리법령상 이동탱크저장소로 위험물을 운송하게 하는 자는 위험물안전카드를 위험물운송자로 하여금 휴대하게 해야 한다. 다음 중 이에 해당하는 위험물이 아닌 것은?

① 휘발유　　　　　　　　② 과산화수소
③ 경 유　　　　　　　　④ 벤조일퍼옥사이드

|해설|

위험물(제4류 위험물에 있어서는 특수인화물 및 제1석유류에 한한다)을 운송하게 하는 자는 위험물안전카드를 위험물운송자로 하여금 휴대하게 할 것

종 류	유 별
휘발유	제4류 위험물, 제1석유류
과산화수소	제6류 위험물
경 유	제4류 위험물, 제2석유류
벤조일퍼옥사이드	제5류 위험물

정답 ③

1-1. 제조소의 위치, 구조 및 설비의 기준(시행규칙 별표 4)

핵심이론 01 ｜ 제조소의 안전거리

(1) 건축물의 외벽 또는 이에 상당하는 공작물의 외측으로부터 해당 제조소의 외벽 또는 이에 상당하는 공작물의 외측까지의 수평거리를 안전거리라 한다(제6류 위험물을 취급하는 제조소는 제외).★★★

건축물	안전거리
사용전압 7,000V 초과 35,000V 이하의 특고압가공전선	3m 이상
사용전압 35,000V 초과의 특고압가공전선	5m 이상
건축물 그 밖의 공작물로서 주거용으로 사용되는 것(제조소가 설치된 부지 내에 있는 것을 제외)	10m 이상
고압가스, 액화석유가스, 도시가스를 저장 또는 취급하는 시설	20m 이상
학교, 병원(병원급 의료기관), 극장(공연장, 영화상영관 및 그 밖에 이와 유사한 시설로서 수용인원 300명 이상 수용할 수 있는 것), 아동복지시설, 노인복지시설, 장애인복지시설, 한부모가족복지시설, 어린이집, 성매매피해자 등을 위한 지원시설, 정신건강증진시설, 가정폭력방지 및 피해자 보호시설 및 그 밖에 이와 유사한 시설로서 수용인원 20명 이상 수용할 수 있는 것	30m 이상
유형문화재, 기념물 중 지정문화재	50m 이상

(2) 방화상 유효한 담을 설치한 경우의 안전거리 단축기준

(단위 : m)

구 분	취급하는 위험물의 최대수량(지정수량의 배수)	안전거리(이상)		
		주거용 건축물	학교 · 유치원 등	문화재
제조소 · 일반취급소 (취급하는 위험물의 양이 주거지역에 있어서는 30배, 상업지역에 있어서는 35배, 공업지역에 있어서는 50배 이상인 것을 제외한다)	10배 미만	6.5	20	35
	10배 이상	7.0	22	38
옥내저장소(취급하는 위험물의 양이 주거지역에 있어서는 지정수량의 120배, 상업지역에 있어서는 150배, 공업지역에 있어서는 200배 이상인 것을 제외한다)	5배 미만	4.0	12.0	23.0
	5배 이상 10배 미만	4.5	12.0	23.0
	10배 이상 20배 미만	5.0	14.0	26.0
	20배 이상 50배 미만	6.0	18.0	32.0
	50배 이상 200배 미만	7.0	22.0	38.0
옥외탱크저장소(취급하는 위험물의 양이 주거지역에 있어서는 지정수량의 600배, 상업지역에 있어서는 700배, 공업지역에 있어서는 1,000배 이상인 것을 제외한다)	500배 미만	6.0	18.0	32.0
	500배 이상 1,000배 미만	7.0	22.0	38.0
옥외저장소(취급하는 위험물의 양이 주거지역에 있어서는 지정수량의 10배, 상업지역에 있어서는 15배, 공업지역에 있어서는 20배 이상인 것을 제외한다)	10배 미만	6.0	18.0	32.0
	10배 이상 20배 미만	8.5	25.0	44.0

(3) 방화상 유효한 담의 높이★★

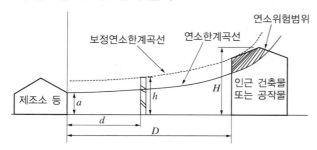

- $H \leqq pD^2 + a$인 경우 $h = 2$
- $H > pD^2 + a$인 경우 $h = H - p(D^2 - d^2)$

　여기서, D : 제조소 등과 인근 건축물 또는 공작물과의 거리(m)

　　　　H : 인근 건축물 또는 공작물의 높이(m)

　　　　a : 제조소 등의 외벽의 높이(m)

　　　　d : 제조소 등과 방화상 유효한 담과의 거리(m)

　　　　h : 방화상 유효한 담의 높이(m)

　　　　p : 상수

인근 건축물 또는 공작물의 구분	p의 값
• 학교 · 주택 · 문화재 등의 건축물 또는 공작물이 목조인 경우 • 학교 · 주택 · 문화재 등의 건축물 또는 공작물이 방화구조 또는 내화구조이고, 제조소 등에 면한 부분의 개구부에 방화문이 설치되지 않은 경우	0.04
• 학교 · 주택 · 문화재 등의 건축물 또는 공작물이 방화구조인 경우 • 학교 · 주택 · 문화재 등의 건축물 또는 공작물이 방화구조 또는 내화구조이고, 제조소 등에 면한 부분의 개구부에 30분 방화문이 설치된 경우	0.15
학교 · 주택 · 문화재 등의 건축물 또는 공작물이 내화구조이고, 제조소 등에 면한 개구부에 60분+ 방화문 또는 60분 방화문이 설치된 경우	∞

① 위에서 산출된 수치가 2 미만일 때에는 담의 높이를 2m로, 4 이상일 때에는 담의 높이를 4m로 하되 다음의 소화설비를 보강해야 한다.

　㉠ 해당 제조소 등의 소형소화기 설치 대상인 것 : 대형소화기를 1개 이상 증설할 것

　㉡ 해당 제조소 등이 대형소화기 설치 대상인 것 : 대형소화기 대신 옥내소화전설비, 옥외소화전설비, 스프링클러설비, 물분무소화설비, 포소화설비, 불활성가스소화설비, 할로젠화합물소화설비, 분말소화설비 중 적응 소화설비를 설치할 것

　㉢ 해당 제조소 등이 옥내소화전설비, 옥외소화전설비, 스프링클러설비, 물분무소화설비, 포소화설비, 불활성가스소화설비, 할로젠화합물소화설비, 분말소화설비 설치대상인 것 : 반경 30m마다 대형소화기 1개 이상 증설할 것

② 방화상 유효한 담

　㉠ 제조소 등으로부터 5m 미만의 거리에 설치하는 경우 : 내화구조

　㉡ 5m 이상의 거리에 설치하는 경우 : 불연재료

　㉢ 제조소 등의 벽을 높게 하여 방화상 유효한 담을 갈음하는 경우 : 내화구조(개구부를 설치하지 않을 것)

1-1. 위험물제조소와 종합병원과의 안전거리는 몇 m 이상이어야 하는가?

① 10   ② 20

③ 30   ④ 50

1-2. 위험물제조소는 문화재보호법에 의한 지정문화재로부터 몇 m 이상의 안전거리를 두어야 하는가?

① 20m   ② 30m

③ 40m   ④ 50m

1-3. 위험물제조소 등의 안전거리의 단축기준과 관련해서 방화상 유효한 담의 높이는 $H \leq pD^2 + a$인 경우 $h = 2$로 계산한다. 여기서 a는 무엇인가?

① 인근 건축물의 높이(m)

② 제조소 등의 외벽의 높이(m)

③ 제조소 등과 방화상 유효한 담의 거리(m)

④ 방화상 유효한 담의 높이(m)

|해설|

1-1

병원의 안전거리 : 30m 이상

1-2

유형문화재, 지정문화재로부터 안전거리 : 50m 이상

1-3

기호 해설

D : 제조소 등과 인근 건축물 또는 공작물과의 거리(m)

H : 인근 건축물 또는 공작물의 높이(m)

a : 제조소 등의 외벽의 높이(m)

d : 제조소 등과 방화상 유효한 담과의 거리(m)

h : 방화상 유효한 담의 높이(m)

p : 상수

정답 1-1 ③   1-2 ④   1-3 ②

핵심이론 02 | 제조소의 보유공지

(1) 제조소의 보유공지★★

취급하는 위험물의 최대수량	공지의 너비
지정수량의 10배 이하	3m 이상
지정수량의 10배 초과	5m 이상

(2) 방화상 유효한 격벽을 설치한 때 공지를 보유하지 않을 수 있는 경우

① 방화벽은 내화구조로 할 것. 다만, 취급하는 위험물이 제6류 위험물인 경우에는 불연재료로 할 수 있다.

② 방화벽에 설치하는 출입구 및 창 등의 개구부는 가능한 한 최소로 하고, 출입구 및 창에는 자동폐쇄식의 60분+ 방화문 또는 60분 방화문을 설치할 것

③ 방화벽의 양단 및 상단이 외벽 또는 지붕으로부터 50cm 이상 돌출하도록 할 것

지정수량의 10배를 초과하는 위험물을 취급하는 제조소에 확보해야 하는 보유공지의 너비는?

① 1m 이상   ② 3m 이상

③ 5m 이상   ④ 7m 이상

|해설|

제조소의 보유공지

취급하는 위험물의 최대수량	공지의 너비
지정수량의 10배 이하	3m 이상
지정수량의 10배 초과	5m 이상

정답 ③

(1) "위험물제조소"라는 표지를 설치★

① 표지의 크기 : 한 변의 길이가 0.3m 이상, 다른 한 변의 길이가 0.6m 이상인 직사각형

② 표지의 색상 : 백색 바탕에 흑색 문자

(2) 방화에 관하여 필요한 사항을 게시한 게시판 설치

① 게시판의 크기 : 한 변의 길이가 0.3m 이상, 다른 한 변의 길이가 0.6m 이상인 직사각형으로 할 것

② 기재 내용 : 위험물의 유별·품명 및 저장최대수량 또는 취급최대수량, 지정수량의 배수 및 안전관리자의 성명 또는 직명, 주의사항

③ 게시판 표시 : 백색 바탕에 흑색 문자

(3) 주의사항을 표시한 게시판 설치★★★

위험물의 종류	주의사항	게시판 표시
• 제1류 위험물 중 알칼리금속의 과산화물 • 제3류 위험물 중 금수성 물질	물기엄금	청색 바탕에 백색 문자
제2류 위험물(인화성 고체는 제외)	화기주의	적색 바탕에 백색 문자
• 제2류 위험물 중 인화성 고체 • 제3류 위험물 중 자연발화성 물질 • 제4류 위험물 • 제5류 위험물	화기엄금	적색 바탕에 백색 문자
• 제1류 위험물 중 알칼리금속의 과산화물 외의 것 • 제6류 위험물	해당없음	

3-1. 제1류 위험물 중 알칼리금속의 과산화물을 저장하는 창고에 표시해야 하는 주의사항은?

① 화기엄금
② 물기엄금
③ 화기주의
④ 물기주의

3-2. 제3류 위험물 중 금수성 물질을 제조하는 위험물제조소에 표시한 게시판의 바탕 색상은?

① 백 색
② 청 색
③ 적 색
④ 무 색

|해설|

3-1
위험물제조소 등의 주의사항

위험물의 종류	주의 사항	게시판 표시
• 제1류 위험물 중 알칼리금속의 과산화물 • 제3류 위험물 중 금수성 물질	물기 엄금	청색 바탕에 백색 문자

3-2
위험물제조소 등의 주의사항

위험물의 종류	주의사항	게시판 표시
제3류 위험물 중 금수성 물질	물기엄금	청색 바탕에 백색 문자
제3류 위험물 중 자연발화성 물질	화기엄금	적색 바탕에 백색 문자

정답 3-1 ② 3-2 ②

(1) 지하층이 없도록 해야 한다.

(2) 벽 · 기둥 · 바닥 · 보 · 서까래 및 계단 : 불연재료로 하고 연소 우려가 있는 외벽은 출입구 외의 개구부가 없는 내화구조의 벽으로 할 것

(3) **지붕은 폭발력이 위로 방출될 정도의 가벼운 불연재료로 덮어야 한다.**★
※ 지붕을 내화구조로 할 수 있는 경우
   • 제2류 위험물(분말상태의 것과 인화성 고체는 제외)
   • 제4류 위험물 중 제4석유류, 동식물유류
   • 제6류 위험물

(4) **출입구와 비상구에는 60분+ 방화문 · 60분 방화문 또는 30분 방화문을 설치해야 한다.**
※ 연소 우려가 있는 외벽의 출입구 : 수시로 열 수 있는 자동폐쇄식의 60분+ 방화문 또는 60분 방화문 설치

(5) **건축물의 창 및 출입구의 유리** : 망입유리(두꺼운 판유리에 철망을 넣은 것)

(6) **액체의 위험물을 취급하는 건축물의 바닥** : 위험물이 스며들지 못하는 재료를 사용하고, 적당한 경사를 두어 그 최저부에 집유설비를 할 것

[위험물제조소 건축물의 구조]

위험물안전관리법령상 제조소에서 위험물을 취급하는 건축물의 구조 중 불연재료로 해야 할 필요가 없는 것은?

① 기 둥
② 바 닥
③ 연소의 우려가 있는 외벽
④ 계 단

|해설|

제조소의 건축물 구조
• 벽, 기둥, 바닥, 보, 서까래, 계단 : 불연재료
• 연소 우려가 있는 외벽 : 개구부가 없는 내화구조의 벽

정답 ③

(1) **채광설비** : 불연재료로 하고 연소의 우려가 없는 장소에 설치하되 채광면적을 최소로 할 것

(2) **조명설비**

① 가연성 가스 등이 체류할 우려가 있는 장소의 조명등 : 방폭등

② 전선 : 내화·내열전선

③ 점멸스위치 : 출입구 바깥부분에 설치(다만, 스위치의 스파크로 인한 화재·폭발의 우려가 없을 경우에는 그렇지 않는다)

(3) **환기설비**

① 환기 : 자연배기방식

② 급기구는 해당 급기구가 설치된 실의 바닥면적 150m² 마다 1개 이상으로 하되, 급기구의 크기는 800cm² 이상으로 할 것. 다만, 바닥면적 150m² 미만인 경우에는 다음의 크기로 할 것★★★

바닥면적	급기구의 면적
60m² 미만	150cm² 이상
60m² 이상 90m² 미만	300cm² 이상
90m² 이상 120m² 미만	450cm² 이상
120m² 이상 150m² 미만	600cm² 이상

③ 급기구는 낮은 곳에 설치하고 가는 눈의 구리망 등으로 인화방지망을 설치할 것

④ 환기구는 지붕 위 또는 지상 2m 이상의 높이에 회전식 고정벤틸레이터 또는 루프팬방식(Roof Fan : 지붕에 설치하는 배기장치)으로 설치할 것

[위험물제조소의 자연배기방식의 환기설비]

(4) **배출설비**

① 설치 장소 : 가연성 증기 또는 미분이 체류할 우려가 있는 건축물

② 배출설비 : 국소방식

※ 전역방식으로 할 수 있는 경우★
- 위험물취급설비가 배관이음 등으로만 된 경우
- 건축물의 구조·작업장소의 분포 등의 조건에 의하여 전역방식이 유효한 경우

③ 배출설비는 배풍기(오염된 공기를 뽑아내는 통풍기), 배출덕트(공기배출통로), 후드 등을 이용하여 강제적으로 배출하는 것으로 해야 한다.

④ 배출능력은 1시간당 배출장소 용적의 20배 이상인 것으로 할 것(전역방식의 경우 : 바닥면적 1m²당 18m³ 이상)★

⑤ 급기구 및 배출구의 설치기준
  ㉠ 급기구는 높은 곳에 설치하고 가는 눈의 구리망 등으로 인화방지망을 설치할 것
  ㉡ 배출구는 지상 2m 이상으로서 연소 우려가 없는 장소에 설치하고, 배출덕트가 관통하는 벽 부분의 바로 가까이에 화재 시 자동으로 폐쇄되는 방화댐퍼 (화재 시 연기 등을 차단하는 장치)를 설치할 것★

⑥ 배풍기 : 강제배기방식

5-1. 위험물제조소의 환기설비 설치기준으로 옳지 않은 것은?

① 환기구는 지붕 위 또는 지상 2m 이상의 높이에 설치할 것
② 급기구는 바닥면적 150m²마다 1개 이상으로 할 것
③ 환기구는 자연배기방식으로 할 것
④ 급기구는 높은 곳에 설치하고 인화방지망을 설치할 것

5-2. 제조소의 급기구는 해당 급기구가 설치된 실의 바닥면적 150m²마다 1개 이상으로 하되 급기구의 크기는 몇 cm² 이상으로 해야 하는가?

① 500   ② 600
③ 700   ④ 800

|해설|

5-1
환기설비에서 급기구는 낮은 곳에 설치하고 인화방지망을 설치할 것

5-2
급기구는 바닥면적 150m²마다 1개 이상 설치하되 급기구의 크기는 800cm² 이상으로 할 것

정답 5-1 ④ 5-2 ④

| 핵심이론 06 | 옥외시설의 바닥(옥외에서 액체위험물을 취급하는 경우) |

(1) 바닥의 둘레에 높이 0.15m 이상의 턱을 설치하는 등 위험물이 외부로 흘러나가지 않도록 해야 한다. ★

(2) 바닥은 콘크리트 등 위험물이 스며들지 않는 재료로 하고, (1)의 턱이 있는 쪽이 낮게 경사지게 해야 한다.

(3) 바닥의 최저부에 집유설비를 해야 한다.

(4) 위험물(20℃의 물 100g에 용해되는 양이 1g 미만인 것에 한함)을 취급하는 설비에 있어서는 해당 위험물이 직접 배수구에 흘러들어가지 않도록 집유설비에 유분리장치를 설치해야 한다.

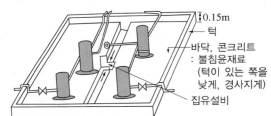

[위험물제조소의 옥외시설의 바닥]

핵심이론 07 | 제조소에 설치해야 하는 기타 설비

(1) 위험물 누출 · 비산방지설비

(2) 가열 · 냉각설비 등의 온도측정장치

(3) 가열건조설비

(4) 압력계 및 안전장치★

① 자동적으로 압력의 상승을 정지시키는 장치
② 감압측에 안전밸브를 부착한 감압밸브
③ 안전밸브를 겸하는 경보장치
④ 파괴판(위험물의 성질에 따라 안전밸브의 작동이 곤란한 가압설비에 한한다)

(5) 전기설비

(6) 정전기 제거설비★★

① 접지에 의한 방법
② 공기 중의 상대습도를 70% 이상으로 하는 방법
③ 공기를 이온화하는 방법

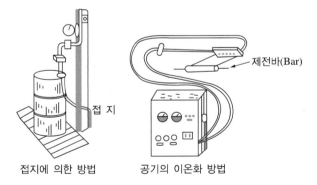

접지에 의한 방법   공기의 이온화 방법

(7) 피뢰설비

지정수량의 10배 이상의 위험물을 취급하는 제조소(제6류 위험물은 제외)에는 설치할 것★

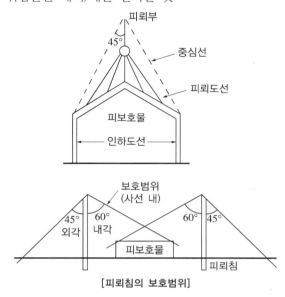

[피뢰침의 보호범위]

10년간 자주 출제된 문제

7-1. 정전기를 유효하게 제거할 수 있는 설비를 설치하고자 할 때 위험물안전관리법령에서 정한 정전기 제거방법의 기준으로 옳은 것은?

① 공기 중의 상대습도를 70% 이상으로 하는 방법
② 공기 중의 상대습도를 70% 이하로 하는 방법
③ 공기 중의 절대습도를 70% 이상으로 하는 방법
④ 공기 중의 절대습도를 70% 이하로 하는 방법

7-2. 피뢰침은 지정수량 몇 배 이상의 위험물을 취급하는 제조소에서 설치해야 하는가?(단, 제6류 위험물은 제외한다)

① 10배   ② 20배
③ 100배   ④ 500배

|해설|

7-1
정전기 제거설비 : 상대습도를 70% 이상으로 한다.

7-2
지정수량 10배 이상의 위험물을 취급하는 제조소에는 피뢰침을 설치해야 한다(단, 제6류 위험물은 제외한다).

정답 7-1 ①   7-2 ①

(1) 위험물제조소의 옥외에 있는 위험물 취급탱크

① 하나의 취급탱크 주위에 설치하는 방유제의 용량 : 해당 탱크용량의 50% 이상

② 2 이상의 취급탱크 주위에 하나의 방유제를 설치하는 경우 방유제의 용량 : 해당 탱크 중 용량이 최대인 것의 50%에 나머지 탱크용량 합계의 10%를 가산한 양 이상이 되게 할 것★★

※ 이 경우 방유제의 용량 = 해당 방유제의 내용적 − 용량이 최대인 탱크 외의 탱크의 방유제 높이 이하 부분의 용적, 해당 방유제 내에 있는 모든 탱크의 지반면 이상 부분의 기초의 체적, 간막이 둑의 체적 및 해당 방유제 내에 있는 배관 등의 체적

방유제용량 $V = (V_2 \times 0.5) + (V_1 \times 0.1)$

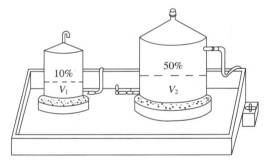

[옥외위험물 취급탱크의 방유제 용량]

(2) 위험물제조소의 옥내에 있는 위험물 취급탱크

① 하나의 취급탱크의 주위에 설치하는 방유턱의 용량 : 해당 탱크용량 이상

② 2 이상의 취급탱크 주위에 설치하는 방유턱의 용량 : 최대 탱크용량 이상

※ 방유제, 방유턱의 용량★★★
  • 위험물제조소의 옥외에 있는 위험물 취급탱크의 방유제의 용량
    − 1기일 때 : 탱크용량 × 0.5(50%) 이상

    − 2기 이상일 때 : 최대탱크용량 × 0.5 + (나머지 탱크 용량합계 × 0.1) 이상
  • 위험물제조소의 옥내에 있는 위험물 취급탱크의 방유턱의 용량
    − 1기일 때 : 탱크용량 이상
    − 2기 이상일 때 : 최대 탱크용량 이상
  • 위험물옥외탱크저장소의 방유제의 용량
    − 1기일 때 : 탱크용량 × 1.1(110%) 이상(비인화성 물질인 경우 100%)
    − 2기 이상일 때 : 최대 탱크용량 × 1.1(110%) 이상 (비인화성 물질인 경우 100%)

10년간 자주 출제된 문제

위험물제조소의 옥외 위험물 취급탱크 용량이 100m³ 및 200m³ 인 2개의 탱크 주위에 하나의 방유제를 설치하고자 하는 경우 방유제의 용량은 몇 m³ 이상이어야 하는가?

① 110m³   ② 140m³
③ 180m³   ④ 280m³

| 해설 |

방유제 용량 = (200m³ × 0.5) + (100m³ × 0.1) = 110m³ 이상

정답 ①

핵심이론 09 | 배관 및 용어 정의

(1) 배 관

① 배관의 재질 : 강관, 유리섬유강화플라스틱, 고밀도폴리에틸렌, 폴리우레탄

② 내압시험을 실시하여 누설 또는 이상이 없을 것
　ㄱ 불연성 액체 : 최대상용압력의 1.5배 이상
　ㄴ 불연성 기체 : 최대상용압력의 1.1배 이상

(2) 용어 정의

① 고인화점 위험물 : 인화점이 100℃ 이상인 제4류 위험물★

② 알킬알루미늄 등 : 제3류 위험물 중 알킬알루미늄·알킬리튬 또는 이 중 어느 하나 이상을 함유하는 것

③ 아세트알데하이드 등 : 제4류 위험물 중 특수인화물의 아세트알데하이드·산화프로필렌 또는 이 중 어느 하나 이상을 함유하는 것

④ 하이드록실아민 등 : 제5류 위험물 중 하이드록실아민·하이드록실아민염류 또는 이 중 어느 하나 이상을 함유하는 것

핵심이론 10 | 고인화점 위험물 제조소의 특례

(1) 안전거리

① 주거용 : 10m 이상

② 고압가스, 액화석유가스, 도시가스를 저장 또는 취급시설 : 20m 이상

③ 학교, 병원, 극장, 복지시설, 어린이집 등 : 30m 이상

④ 유형문화재, 지정문화재 : 50m 이상

(2) 보유공지 : 3m 이상

(3) 건축물의 지붕 : 불연재료

(4) 창 및 출입구 : 60분+ 방화문·60분 방화문·30분 방화문 또는 불연재료나 유리로 만든 문

(5) 연소의 우려가 있는 외벽에 두는 출입구 : 수시로 열 수 있는 자동폐쇄식의 60분+ 방화문 또는 60분 방화문을 설치

(6) 연소의 우려가 있는 외벽에 두는 출입구에 유리를 이용하는 경우 : 망입유리로 할 것

핵심이론 11 | 하이드록실아민 등을 취급하는 제조소의 특례

(1) 안전거리 ★★

$D = 51.1 \sqrt[3]{N}\,(\text{m})$ 이상

여기서, N : 지정수량의 배수(하이드록실아민의 지정수량 : 100kg)

(2) 제조소 주위의 담 또는 토제(土堤)의 설치기준 ★

① 담 또는 토제는 제조소의 외벽 또는 공작물의 외측으로부터 2m 이상 떨어진 장소에 설치할 것
② 담 또는 토제의 높이는 해당 제조소에 있어서 하이드록실아민 등을 취급하는 부분의 높이 이상으로 할 것
③ 담은 두께 15cm 이상의 철근콘크리트조·철골철근콘크리트조 또는 두께 20cm 이상의 보강콘크리트 블록조로 할 것
④ 토제의 경사면의 경사도는 60° 미만으로 할 것
⑤ 하이드록실아민 등을 취급하는 설비에는 하이드록실아민 등의 온도 및 농도의 상승에 의한 위험한 반응을 방지하기 위한 조치를 강구할 것
⑥ 하이드록실아민 등을 취급하는 설비에는 철 이온 등의 혼입에 의한 위험한 반응을 방지하기 위한 조치를 강구할 것

10년간 자주 출제된 문제

하이드록실아민 500kg을 취급하는 제조소에서 안전거리를 얼마 이상으로 하는가?

① 6.44
② 8.74
③ 64.4
④ 87.38

|해설|

안전거리 $D = 51.1 \sqrt[3]{N}$
$\quad\quad\quad = 51.1 \times \sqrt[3]{5}$
$\quad\quad\quad = 87.38\text{m}$ 이상

여기서, N : 지정수량의 배수$\left(\dfrac{500\text{kg}}{100\text{kg}} = 5\right)$

정답 ④

핵심이론 12 | 알킬알루미늄 등, 아세트알데하이드 등을 취급하는 제조소의 특례

(1) 알킬알루미늄 등을 취급하는 설비에는 불활성 기체(질소, 이산화탄소)를 봉입하는 장치를 갖출 것

(2) 아세트알데하이드 등을 취급하는 설비는 은(Ag)·수은(Hg)·구리(Cu)·마그네슘(Mg) 또는 이들을 성분으로 하는 합금으로 만들지 않을 것 ★

(3) 아세트알데하이드 등을 취급하는 설비에는 연소성 혼합기체의 생성에 의한 폭발을 방지하기 위한 불활성 기체 또는 수증기를 봉입하는 장치를 갖출 것

(4) 아세트알데하이드 등을 취급하는 탱크(옥외탱크 또는 옥내탱크로서 그 용량이 지정수량의 1/5 미만은 제외)에는 냉각장치 또는 저온을 유지하기 위한 장치(보냉장치) 및 연소성 혼합기체의 생성에 의한 폭발을 방지하기 위한 불활성 기체를 봉입하는 장치를 갖출 것(지하탱크일 때 저온으로 유지할 수 있는 구조인 때에는 냉각장치 및 보냉장치를 갖추지 않을 수 있다)

10년간 자주 출제된 문제

위험물안전관리법령상 은, 수은, 동, 마그네슘 및 이의 합금으로 된 용기를 사용해서는 안 되는 물질은?

① 이황화탄소
② 아세트알데하이드
③ 아세톤
④ 다이에틸에터

|해설|

산화프로필렌(CH_3CHCH_2O), 아세트알데하이드(CH_3CHO)는 구리(Cu), 마그네슘(Mg), 수은(Hg), 은(Ag)과 반응하면 아세틸라이드를 형성하여 중합반응을 하므로 위험하다.

정답 ②

1-2. 옥내저장소의 위치, 구조 및 설비의 기준(시행규칙 별표 5)

핵심이론 01 | 옥내저장소의 안전거리

제조소와 동일함

핵심이론 02 | 옥내저장소의 안전거리 제외 대상★

(1) 제4석유류 또는 동식물유류의 위험물을 저장 또는 취급하는 옥내저장소로서 그 최대수량이 지정수량의 20배 미만인 것

(2) 제6류 위험물을 저장 또는 취급하는 옥내저장소

(3) 지정수량의 20배(하나의 저장창고의 바닥면적이 $150m^2$ 이하인 경우에는 50배) 이하인 옥내저장소 기준

① 저장창고의 벽·기둥·바닥·보 및 지붕이 내화구조일 것

② 저장창고의 출입구에 수시로 열 수 있는 자동폐쇄방식의 60분+ 방화문 또는 60분 방화문이 설치되어 있을 것

③ 저장창고에 창을 설치하지 않을 것

10년간 자주 출제된 문제

옥내저장소에서 안전거리 기준이 적용되는 경우는?

① 지정수량의 20배 미만의 제4석유류를 저장하는 것
② 제3류 위험물 중 칼륨을 저장하는 것
③ 지정수량의 20배 미만의 동식물유류를 저장하는 것
④ 제6류 위험물을 저장하는 것

|해설|

제4석유류, 동식물유류로서 지정수량의 20배 미만, 제6류 위험물은 제외

정답 ②

핵심이론 03 | 옥내저장소의 보유공지★

저장 또는 취급하는 위험물의 최대수량	공지의 너비	
	벽·기둥 및 바닥이 내화구조로 된 건축물	그 밖의 건축물
지정수량의 5배 이하	–	0.5m 이상
지정수량의 5배 초과 10배 이하	1m 이상	1.5m 이상
지정수량의 10배 초과 20배 이하	2m 이상	3m 이상
지정수량의 20배 초과 50배 이하	3m 이상	5m 이상
지정수량의 50배 초과 200배 이하	5m 이상	10m 이상
지정수량의 200배 초과	10m 이상	15m 이상

단, 지정수량의 20배를 초과하는 옥내저장소와 동일한 부지 내에 있는 다른 옥내저장소와의 사이에는 동표에 정하는 공지의 너비의 1/3(해당 수치가 3m 미만인 경우에는 3m)의 공지를 보유할 수 있다.

10년간 자주 출제된 문제

벽, 기둥 및 바닥이 내화구조로 된 건축물을 옥내저장소로 사용할 때 지정수량의 20배 초과 50배 이하의 위험물을 저장하는 경우에 확보해야 하는 공지의 너비는?

① 1m 이상   ② 2m 이상
③ 3m 이상   ④ 5m 이상

|해설|

20배 초과 50배 이하의 보유공지 : 3m 이상

정답 ③

핵심이론 04 | 옥내저장소의 표지 및 게시판

제조소와 동일함

(1) 저장창고는 지면에서 처마까지의 높이(처마높이)가 6m 미만인 단층건물로 하고 그 바닥을 지반면보다 높게 해야 한다.

※ 저장창고는 위험물의 저장을 전용으로 하는 독립된 건축물로 해야 한다.

(2) 제2류 또는 제4류 위험물만을 저장하는 창고로서 다음의 기준에 적합한 창고는 20m 이하로 할 수 있다.★★

① 벽·기둥·보 및 바닥을 내화구조로 할 것
② 출입구에 60분+ 방화문 또는 60분 방화문을 설치할 것
③ 피뢰침을 설치할 것(단, 안전상 지장이 없는 경우에는 예외)

(3) 저장창고의 바닥면적(2개 이상의 구획된 실은 바닥면적의 합계)★★★

위험물을 저장하는 창고의 종류	바닥면적
① 제1류 위험물 중 아염소산염류, 염소산염류, 과염소산염류, 무기과산화물, 그 밖에 지정수량이 50kg인 위험물 ② 제3류 위험물 중 칼륨, 나트륨, 알킬알루미늄, 알킬리튬, 그 밖에 지정수량이 10kg인 위험물 및 황린 ③ 제4류 위험물 중 특수인화물, 제1석유류 및 알코올류 ④ 제5류 위험물 중 질산에스터류, 그 밖에 지정수량이 10kg인 위험물 ⑤ 제6류 위험물	1,000m² 이하
①~⑤의 위험물 외의 위험물을 저장하는 창고	2,000m² 이하
위의 전부에 해당하는 위험물을 내화구조의 격벽으로 완전히 구획된 실에 각각 저장하는 창고(①~⑤의 위험물을 저장하는 실의 면적은 500m²를 초과할 수 없다)	1,500m² 이하

(4) **저장창고의 벽·기둥 및 바닥은 내화구조로 하고, 보와 서까래는 불연재료로 해야 한다.**

※ 연소 우려가 없는 벽·기둥 및 바닥은 불연재료로 할 수 있는 것★
  • 지정수량의 10배 이하의 위험물의 저장창고

• 제2류 위험물(인화성 고체는 제외)만의 저장창고
• 제4류 위험물(인화점이 70℃ 미만은 제외)만의 저장창고

(5) 저장창고는 지붕을 폭발력이 위로 방출될 정도의 가벼운 불연재료로 하고, 천장을 만들지 않아야 한다. 다만, 제5류 위험물만의 저장창고에 있어서는 해당 저장창고 내의 온도를 저온으로 유지하기 위하여 난연재료 또는 불연재료로 된 천장을 설치할 수 있다.

※ 저장창고의 지붕을 내화구조로 할 수 있는 것★
  • 제2류 위험물(분말상태의 것과 인화성 고체는 제외)만의 저장창고
  • 제6류 위험물만의 저장창고

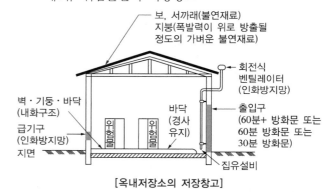

[옥내저장소의 저장창고]

(6) 저장창고의 출입구에는 60분+ 방화문·60분 방화문 또는 30분 방화문을 설치하되, 연소의 우려가 있는 외벽에 있는 출입구에는 수시로 열 수 있는 자동폐쇄식의 60분+ 방화문 또는 60분 방화문을 설치해야 한다.

(7) 저장창고의 창 또는 출입구에 유리를 이용하는 경우에는 망입유리로 해야 한다.

(8) 저장창고의 바닥에 물이 스며 나오거나 스며들지 않는 구조로 해야 하는 위험물★★★

① 제1류 위험물 중 알칼리금속의 과산화물
② 제2류 위험물 중 철분, 금속분, 마그네슘
③ 제3류 위험물 중 금수성 물질
④ 제4류 위험물

(9) 액상의 위험물의 저장창고의 바닥은 위험물이 스며들지 않는 구조로 하고, 적당하게 경사지게 하여 그 최저부에 집유설비를 해야 한다.

※ 액상의 위험물 : 제4류 위험물, 보호액을 사용하는 위험물

(10) 배출설비 : 인화점이 70℃ 미만인 위험물

(11) 피뢰침 설치 : 지정수량의 10배 이상의 저장창고 (제6류 위험물은 제외)

(12) 채광·조명 및 환기설비 : 제조소의 설치기준과 같다.

5-1. 위험물저장장소로서 옥내저장소의 하나의 저장창고 바닥 면적은 특수인화물을 저장하는 창고에 있어서는 몇 m² 이하로 해야 하는가?

① 300
② 500
③ 800
④ 1,000

5-2. 옥내저장창고의 바닥을 물이 스며 나오거나 스며들지 않는 구조로 해야 하는 위험물은?

① 과염소산칼륨
② 나이트로셀룰로스
③ 적 린
④ 트라이에틸알루미늄

5-3. 옥내저장소 내부에 체류하는 가연성 증기를 지붕 위로 방출시키는 배출설비를 해야 하는 위험물은?

① 과염소산
② 과망가니즈산칼륨
③ 피리딘
④ 과산화나트륨

|해설|

5-1
특수인화물을 저장하는 창고 : 1,000m² 이하

5-2
트라이에틸알루미늄은 물과 반응하면 에테인이 발생하므로 방수성으로 피복해야 한다.

5-3
피리딘은 인화점이 16℃이므로 배출설비를 해야 한다.

정답 5-1 ④ 5-2 ④ 5-3 ③

핵심이론 06 | 다층 건물의 옥내저장소의 기준(인화성 고체 또는 인화점이 70℃ 미만인 제4류 위험물은 제외)

(1) 저장창고는 각층의 바닥을 지면보다 높게 하고, 바닥면으로부터 상층의 바닥(상층이 없는 경우에는 처마)까지의 높이(층고)를 6m 미만으로 해야 한다.

(2) 하나의 저장창고의 바닥면적 합계는 1,000m² 이하로 해야 한다.

(3) 저장창고의 벽·기둥·바닥 및 보를 내화구조로 하고, 계단을 불연재료로 하며, 연소의 우려가 있는 외벽은 출입구 외의 개구부를 갖지 않는 벽으로 해야 한다.

(4) 2층 이상의 층의 바닥에는 개구부를 두지 않아야 한다. 다만, 내화구조의 벽과 60분+ 방화문·60분 방화문 또는 30분 방화문으로 구획된 계단실에 있어서는 그렇지 않다.

핵심이론 07 | 복합용도 건축물의 옥내저장소의 기준(지정수량의 20배 이하)

(1) 옥내저장소는 벽·기둥·바닥 및 보가 내화구조인 건축물의 1층 또는 2층의 어느 하나의 층에 설치해야 한다.

(2) 옥내저장소의 용도에 사용되는 부분의 바닥은 지면보다 높게 설치하고 그 층고를 6m 미만으로 해야 한다.

(3) 옥내저장소의 용도에 사용되는 부분의 바닥면적은 75m² 이하로 해야 한다.

(4) 옥내저장소의 용도에 사용되는 부분은 벽·기둥·바닥·보 및 지붕(상층이 있는 경우에는 상층의 바닥)을 내화구조로 하고, 출입구 외의 개구부가 없는 두께 70mm 이상의 철근콘크리트조 또는 이와 동등 이상의 강도가 있는 구조의 바닥 또는 벽으로 해당 건축물의 다른 부분과 구획되도록 해야 한다.

(5) 옥내저장소의 용도에 사용되는 부분의 출입구에는 수시로 열 수 있는 자동폐쇄방식의 60분+ 방화문 또는 60분 방화문을 설치해야 한다.

(6) 옥내저장소의 용도에 사용되는 부분에는 창을 설치하지 않아야 한다.

(7) 옥내저장소의 용도에 사용되는 부분의 환기설비 및 배출설비에는 방화상 유효한 댐퍼 등을 설치해야 한다.

핵심이론 08 | 소규모 옥내저장소의 특례(지정수량의 50배 이하인 소규모의 옥내저장소 중 저장창고의 처마높이가 6m 미만인 것)

(1) 보유공지

저장 또는 취급하는 위험물의 최대수량	공지의 너비
지정수량의 5배 이하	–
지정수량의 5배 초과 20배 이하	1m 이상
지정수량의 20배 초과 50배 이하	2m 이상

(2) 하나의 저장창고 바닥면적 : 150m² 이하

(3) 벽, 기둥, 바닥, 보, 지붕 : 내화구조

(4) 출입구 : 수시로 개방할 수 있는 자동폐쇄방식의 60분+ 방화문 또는 60분 방화문을 설치

(5) 저장창고에는 창을 설치하지 않을 것

핵심이론 09 | 고인화점 위험물의 단층 건물 옥내저장소의 특례

(1) 지정수량의 20배를 초과하는 옥내저장소의 안전거리

① 주거용 : 10m 이상

② 고압가스, 액화석유가스, 도시가스를 저장 또는 취급시설 : 20m 이상

③ 학교, 병원, 극장, 복지시설, 어린이집 등 : 30m 이상

④ 유형문화재, 지정문화재 : 50m 이상

(2) 저장창고의 보유공지

저장 또는 취급하는 위험물의 최대수량	공지의 너비	
	해당 건축물의 벽·기둥 및 바닥이 내화구조로 된 경우	왼쪽 란에 정하는 경우 외의 경우
20배 이하	–	0.5m 이상
20배 초과 50배 이하	1m 이상	1.5m 이상
50배 초과 200배 이하	2m 이상	3m 이상
200배 초과	3m 이상	5m 이상

(3) 저장창고의 지붕 : 불연재료

(4) 저장창고의 창 및 출입구에는 방화문 또는 불연재료나 유리로 된 문을 달고, 연소의 우려가 있는 외벽에 두는 출입구에는 수시로 열 수 있는 자동폐쇄방식의 60분+ 방화문 또는 60분 방화문을 설치할 것

(5) 연소의 우려가 있는 저장창고의 외벽에 설치하는 출입구의 유리 : 망입유리

(1) 지정과산화물(제5류 위험물 중 유기과산화물 또는 이를 함유하는 것으로서 지정수량이 10kg인 것)을 저장 또는 취급하는 옥내저장소

① 안전거리, 보유공지 : 위험물안전관리법 시행규칙 별표 5의 부표 1, 2 참조

　㉠ 지정수량의 5배 이하인 지정과산화물의 옥내저장소에 대하여는 해당 옥내저장소의 저장창고의 외벽을 두께 30cm 이상의 철근콘크리트조 또는 철골철근콘크리트조로 만드는 것으로서 담 또는 토제에 대신할 수 있다.

　㉡ 담 또는 토제는 저장창고의 외벽으로부터 2m 이상 떨어진 장소에 설치할 것. 다만, 담 또는 토제와 해당 저장창고와의 간격은 해당 옥내저장소의 공지의 너비의 1/5을 초과할 수 없다.

　㉢ 담 또는 토제의 높이는 저장창고의 처마높이 이상으로 할 것

　㉣ 담은 두께 15cm 이상의 철근콘크리트조나 철골철근콘크리트조 또는 두께 20cm 이상의 보강콘크리트블록조로 할 것

　㉤ 토제의 경사면의 경사도는 60° 미만으로 할 것

② 저장창고는 150m² 이내마다 격벽으로 완전하게 구획할 것. 이 경우 해당 격벽은 두께 30cm 이상의 철근콘크리트조 또는 철골철근콘크리트조로 하거나 두께 40cm 이상의 보강콘크리트블록조로 하고, 해당 저장창고의 양측의 외벽으로부터 1m 이상, 상부의 지붕으로부터 50cm 이상 돌출하게 할 것★

③ 저장창고의 외벽은 두께 20cm 이상의 철근콘크리트조나 철골철근콘크리트조 또는 두께 30cm 이상의 보강콘크리트블록조로 할 것

④ 저장창고 지붕의 설치기준

　㉠ 중도리(서까래 중간을 받치는 수평의 도리) 또는 서까래의 간격은 30cm 이하로 할 것

　㉡ 지붕의 아래쪽 면에는 한 변의 길이가 45cm 이하의 환강(丸鋼)·경량형강(輕量型鋼) 등으로 된 강제(鋼製)의 격자를 설치할 것

　㉢ 지붕의 아래쪽 면에 철망을 쳐서 불연재료의 도리(서까래를 받치기 위해 기둥과 기둥 사이에 설치한 부재)·보 또는 서까래에 단단히 결합할 것

　㉣ 두께 5cm 이상, 너비 30cm 이상의 목재로 만든 받침대를 설치할 것

⑤ 저장창고의 출입구에는 60분+ 방화문 또는 60분 방화문을 설치할 것

⑥ 저장창고의 창은 바닥면으로부터 2m 이상의 높이에 두되, 하나의 벽면에 두는 창의 면적의 합계를 해당 벽면의 면적의 1/80 이내로 하고, 하나의 창의 면적을 0.4m² 이내로 할 것

저장 또는 취급하는 위험물의 최대수량	공지의 너비	
	벽·기둥 및 바닥이 내화구조로 된 건축물	그 밖의 건축물
지정수량의 5배 이하	–	0.5m 이상
지정수량의 5배 초과 10배 이하	1m 이상	1.5m 이상
지정수량의 10배 초과 20배 이하	2m 이상	3m 이상
지정수량의 20배 초과 50배 이하	3m 이상	3.3m 이상
지정수량의 50배 초과 200배 이하	3.3m 이상	3.5m 이상
지정수량의 200배 초과	3.5m 이상	5m 이상

1-3. 옥외탱크저장소의 위치, 구조 및 설비의 기준

(시행규칙 별표 6)

핵심이론 01 │ 옥외탱크저장소의 안전거리

제조소와 동일함

핵심이론 02 │ 옥외탱크저장소의 보유공지

(1) 옥외저장탱크(위험물을 이송하기 위한 배관 그 밖에 이에 준하는 공작물을 제외한다)의 주위에는 그 저장 또는 취급하는 위험물의 최대수량에 따라 옥외저장탱크의 측면으로부터 다음 표에 의한 너비의 공지를 보유해야 한다. ★★★

저장 또는 취급하는 위험물의 최대수량	공지의 너비
지정수량의 500배 이하	3m 이상
지정수량의 500배 초과 1,000배 이하	5m 이상
지정수량의 1,000배 초과 2,000배 이하	9m 이상
지정수량의 2,000배 초과 3,000배 이하	12m 이상
지정수량의 3,000배 초과 4,000배 이하	15m 이상
지정수량의 4,000배 초과	해당 탱크의 수평단면의 최대지름(가로형은 긴 변)과 높이 중 큰 것과 같은 거리 이상(단, 30m 초과 시 30m 이상으로, 15m 미만 시 15m 이상으로 할 것)

① 제6류 위험물 외의 위험물을 저장 또는 취급하는 옥외저장탱크(지정수량 4,000배 초과 시 제외)를 동일한 방유제 안에 2개 이상 인접하여 설치하는 경우 : 표의 규정에 의한 보유공지의 1/3 이상(최소 3m 이상)

② 제6류 위험물을 저장 또는 취급하는 옥외저장탱크 : 표의 규정에 의한 보유공지의 1/3 이상(최소 1.5m 이상)

③ 제6류 위험물을 저장 또는 취급하는 옥외저장탱크를 동일구 내에 2개 이상 인접하여 설치하는 경우 : ②의 규정에 의하여 산출된 너비의 1/3 이상(최소 1.5m 이상)

④ 위험물을 저장 또는 취급하는 옥외저장탱크에 있어서 물분무설비로 방호조치를 하는 경우에는 표의 규정에 의한 보유공지의 1/2 이상의 너비(최소 3m 이상)로 할 수 있다.

　㉠ 탱크의 표면에 방사하는 물의 양은 탱크의 원주길이 1m에 대하여 분당 37L 이상으로 할 것

　㉡ 수원의 양은 ㉠의 규정에 의한 수량으로 20분 이상 방사할 수 있는 수량으로 할 것

　　수원 = 원주길이 × 37L/min·m × 20min

　　　　 = $2\pi r$ × 37L/min·m × 20min

　㉢ 탱크에 보강링이 설치된 경우에는 보강링의 아래에 분무헤드를 설치하되, 분무헤드는 탱크의 높이 및 구조를 고려하여 분무가 적정하게 이루어질 수 있도록 배치할 것

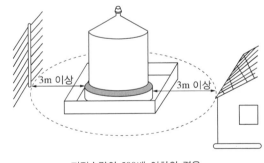

－ 지정수량의 500배 이하의 경우 －

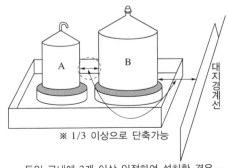

※ 1/3 이상으로 단축가능

－ 동일 구내에 2개 이상 인접하여 설치한 경우 －

[옥외탱크저장소의 보유공지]

위험물안전관리법령상 지정수량의 3천배 초과 4천배 이하의 위험물을 저장하는 옥외탱크저장소에 확보해야 하는 보유공지의 너비는 얼마인가?

① 6m 이상   ② 9m 이상
③ 12m 이상   ④ 15m 이상

|해설|

지정수량의 3천배 초과 4천배 이하일 경우 보유공지 : 15m 이상

정답 ④

핵심이론 03 | 옥외탱크저장소의 표지 및 게시판

제조소와 동일함

※ 탱크의 군에 있어서는 표지 및 게시판을 그 의미 전달에 지장이 없는 범위 안에서 보기 쉬운 곳에 일괄하여 설치할 수 있다.

핵심이론 04 | 특정옥외탱크저장소 등

(1) **특정옥외저장탱크** : 액체위험물의 최대수량이 100만L 이상의 옥외저장탱크★

(2) **준특정옥외저장탱크** : 액체위험물의 최대수량이 50만L 이상 100만L 미만의 옥외저장탱크★

(3) **압력탱크** : 최대상용압력이 부압 또는 정압 5kPa를 초과하는 탱크

(1) 옥외저장탱크

① 특정옥외저장탱크 및 준특정옥외저장탱크 외의 옥외저장탱크의 재질 : 3.2mm 이상의 강철판

② 시험방법

　㉠ 압력탱크 : 최대상용압력의 1.5배의 압력으로 10분간 실시하는 수압시험에서 이상이 없을 것★

　㉡ 압력탱크 외의 탱크 : 충수시험

　　※ 압력탱크 : 최대상용압력이 대기압을 초과하는 탱크

③ 특정옥외저장탱크의 용접부의 검사 : 방사선투과시험, 진공시험 등의 비파괴시험

[입형 옥외탱크]

[횡형 옥외탱크]

(2) 통기관

① 압력탱크 외의 탱크에 설치하는 밸브 없는 통기관★

　㉠ 지름은 30mm 이상일 것

　㉡ 끝부분은 수평면보다 45° 이상 구부려 빗물 등의 침투를 막는 구조로 할 것

　㉢ 인화점이 38℃ 미만인 위험물만을 저장 또는 취급하는 탱크에 설치하는 통기관에는 화염방지장치를 설치하고, 그 외의 탱크에 설치하는 통기관에는 40메시(mesh) 이상의 구리망 또는 동등 이상의 성능을 가진 인화방지장치를 설치할 것. 다만, 인화점이 70℃ 이상인 위험물만을 해당 위험물의 인화점 미만의 온도로 저장 또는 취급하는 탱크에 설치하는 통기관에는 인화방지장치를 설치하지 않을 수 있다.

　㉣ 가연성의 증기를 회수하기 위한 밸브를 통기관에 설치하는 경우에 있어서는 해당 통기관의 밸브는 저장탱크에 위험물을 주입하는 경우를 제외하고는 항상 개방되어 있는 구조로 하는 한편, 폐쇄하였을 경우에 있어서는 10kPa 이하의 압력에서 개방되는 구조로 할 것. 이 경우 개방된 부분의 유효단면적은 777.15mm^2 이상이어야 한다.

② 압력탱크 외의 탱크에 설치하는 대기밸브부착 통기관

　㉠ 5kPa 이하의 압력 차이로 작동할 수 있을 것

　㉡ 인화점이 38℃ 미만인 위험물만을 저장 또는 취급하는 탱크에 설치하는 통기관에는 화염방지장치를 설치하고, 그 외의 탱크에 설치하는 통기관에는 40메시(mesh) 이상의 구리망 또는 동등 이상의 성능을 가진 인화방지장치를 설치할 것. 다만, 인화점이 70℃ 이상인 위험물만을 해당 위험물의 인화점 미만의 온도로 저장 또는 취급하는 탱크에 설치하는 통기관에는 인화방지장치를 설치하지 않을 수 있다.

　※ 통기관을 45° 이상 구부린 이유 : 빗물 등의 침투를 막기 위하여

(3) 액체위험물의 옥외저장탱크의 계량장치★

① 기밀부유식(밀폐되어 부상하는 방식) 계량장치

② 부유식 계량장치(증기가 비산하지 않는 구조)

③ 전기압력자동방식, 방사성동위원소를 이용한 자동계량장치

④ 유리측정기(Gauge Glass : 수면이나 유면의 높이를 측정하는 유리로 된 기구를 말하며, 금속관으로 보호된 경질유리 등으로 되어 있고 게이지가 파손되었을 때 위험물의 유출을 자동적으로 정지할 수 있는 장치가 되어 있는 것으로 한정한다)

(4) 인화점이 21℃ 미만인 위험물의 옥외저장탱크의 주입구★

① 게시판의 크기 : 한 변이 0.3m 이상, 다른 한 변이 0.6m 이상인 직사각형
② 게시판의 기재사항 : 옥외저장탱크 주입구, 위험물의 유별, 품명, 주의사항
③ 게시판 표시 : 백색 바탕에 흑색 문자(주의사항은 적색 문자)

(5) 옥외저장탱크의 펌프설비

① 펌프설비의 주위에는 너비 3m 이상의 공지를 보유할 것(방화상 유효한 격벽을 설치하는 경우, 제6류 위험물, 지정수량의 10배 이하 위험물은 제외)★
② 펌프설비로부터 옥외저장탱크까지의 사이에는 해당 옥외저장탱크의 보유공지 너비의 1/3 이상의 거리를 유지할 것
③ 펌프실의 벽, 기둥, 바닥, 보 : 불연재료
④ 펌프실의 지붕 : 폭발력이 위로 방출될 정도의 가벼운 불연재료로 할 것
⑤ 펌프실의 창 및 출입구 : 60분+ 방화문·60분 방화문 또는 30분 방화문을 설치할 것
⑥ 펌프실의 창 및 출입구에 유리를 이용하는 경우에는 망입유리로 할 것
⑦ 펌프실의 바닥의 주위에는 높이 0.2m 이상의 턱을 만들고 바닥은 콘크리트 등 위험물이 스며들지 않는 재료로 적당히 경사지게 하며 그 최저부에는 집유설비를 설치할 것★
⑧ 펌프실 외의 장소에 설치하는 펌프설비에는 그 직하의 지반면의 주위에 높이 0.15m 이상의 턱을 만들고 해당 지반면은 콘크리트 등 위험물이 스며들지 않는 재료로 적당히 경사지게 하여 그 최저부에는 집유설비를 할 것. 이 경우 제4류 위험물(온도 20℃의 물 100g에 용해되는 양이 1g 미만인 것에 한한다)을 취급하는 펌프설비에 있어서는 해당 위험물이 직접 배수구에 유입하지 않도록 집유설비에 유분리장치를 설치해야 한다.
⑨ 인화점이 21℃ 미만인 위험물을 취급하는 펌프설비에는 보기 쉬운 곳에 "옥외저장탱크 펌프설비"라는 표시를 한 게시판과 방화에 관하여 필요한 사항을 게시한 게시판을 설치할 것

(6) 기타 설치기준

① 옥외저장탱크의 배수관 : 탱크의 옆판에 설치
② 피뢰침 설치 : 지정수량의 10배 이상인 옥외탱크저장소(단, 제6류 위험물은 제외)★
③ 이황화탄소의 옥외저장탱크는 벽 및 바닥의 두께가 0.2m 이상이고 누수가 되지 않는 철근콘크리트의 수조에 넣어 보관한다. 이 경우 보유공지·통기관 및 자동계량장치는 생략할 수 있다.

10년간 자주 출제된 문제

5-1. 옥외저장탱크의 펌프설비 주위에는 너비 얼마 이상의 공지를 보유해야 하는가?

① 1m 이상
② 2m 이상
③ 3m 이상
④ 4m 이상

5-2. 다음 ( ) 안에 알맞은 수치와 용어를 옳게 나열한 것은?

> 이황화탄소의 옥외저장탱크는 벽 및 바닥의 두께가 ( )m
> 이상이고, 누수가 되지 않는 철근콘크리트의 ( )에 넣어
> 보관해야 한다.

① 0.2, 수조
② 0.1, 수조
③ 0.2, 진공탱크
④ 0.1, 진공탱크

|해설|

5-1
옥외저장탱크의 펌프설비 주위의 보유공지 : 3m 이상

5-2
이황화탄소의 옥외저장탱크는 벽 및 바닥의 두께가 0.2m 이상이고, 누수가 되지 않는 철근콘크리트의 수조에 넣어 보관해야 한다.

정답 **5-1** ③ **5-2** ①

핵심이론 06 | 옥외탱크저장소의 방유제(이황화탄소는 제외)

(1) 방유제의 용량★★

① 탱크가 하나일 때 : 탱크 용량의 110%(인화성이 없는 액체위험물은 100%) 이상

② 탱크가 2기 이상일 때 : 탱크 중 용량이 최대인 것의 용량의 110%(인화성이 없는 액체위험물은 100%) 이상

※ 이 경우 방유제의 용량은 해당 방유제의 내용적에서 용량이 최대인 탱크 외의 탱크의 방유제 높이 이하 부분의 용적, 해당 방유제 내에 있는 모든 탱크의 지반면 이상 부분의 기초의 체적, 간막이 둑의 체적 및 해당 방유제 내에 있는 배관 등의 체적을 뺀 것으로 한다.

(2) 방유제의 높이 : 0.5m 이상 3m 이하★★

(3) 방유제의 두께 : 0.2m 이상★

(4) 방유제의 지하매설깊이 : 1m 이상★

(5) 방유제 내의 면적 : 80,000m^2 이하★★

(6) 방유제 내에 설치하는 옥외저장탱크의 수는 10(방유제 내에 설치하는 모든 옥외저장탱크의 용량이 20만L 이하이고, 위험물의 인화점이 70℃ 이상 200℃ 미만인 경우에는 20) 이하로 할 것(단, 인화점이 200℃ 이상인 위험물을 저장 또는 취급하는 옥외저장탱크는 제외)

※ 방유제 내에 설치하는 탱크의 수★★
- 제1석유류, 제2석유류 : 10기 이하
- 제3석유류(인화점 70℃ 이상 200℃ 미만) : 20기 이하
- 제4석유류(인화점이 200℃ 이상) : 제한 없음

(7) 방유제 외면의 1/2 이상은 자동차 등이 통행할 수 있는 3m 이상의 노면 폭을 확보한 구내도로에 직접 접하도록 할 것

(8) 방유제는 옥외저장탱크의 지름에 따라 그 탱크의 옆판으로부터 일정 거리를 유지할 것(단, 인화점이 200℃ 이상인 위험물은 제외)★★★
① 지름이 15m 미만인 경우 : 탱크 높이의 1/3 이상
② 지름이 15m 이상인 경우 : 탱크 높이의 1/2 이상

(9) 방유제의 재질
방유제는 철근콘크리트로 하고, 방유제와 옥외저장탱크 사이의 지표면은 불연성과 불침윤성이 있는 구조(철근콘크리트 등)로 할 것. 다만, 누출된 위험물을 수용할 수 있는 전용유조(專用油槽) 및 펌프 등의 설비를 갖춘 경우에는 방유제와 옥외저장탱크 사이의 지표면을 흙으로 할 수 있다.

(10) 용량이 1,000만L 이상인 옥외저장탱크의 주위에 설치하는 방유제 간막이 둑의 규정
① 간막이 둑의 높이는 0.3m(방유제 내에 설치되는 옥외저장탱크의 용량의 합계가 2억L를 넘는 방유제에 있어서는 1m) 이상으로 하되, 방유제의 높이보다 0.2m 이상 낮게 할 것
② 간막이 둑은 흙 또는 철근콘크리트로 할 것
③ 간막이 둑의 용량은 간막이 둑 안에 설치된 탱크의 용량의 10% 이상일 것

(11) 방유제 또는 간막이 둑에는 해당 방유제를 관통하는 배관을 설치하지 않을 것

(12) 방유제에는 배수구를 설치하고 개폐밸브를 방유제 외부에 설치할 것

(13) 높이가 1m 이상이면 방유제 내에 출입하기 위한 계단 또는 경사로를 약 50m마다 설치할 것★★
※ 이황화탄소는 물속에 저장하므로 방유제를 설치하지 않아도 된다.

10년간 자주 출제된 문제

6-1. 위험물 옥외탱크저장소에서 각각 10,000L, 20,000L, 50,000L의 용량을 갖는 탱크 3기를 설치할 경우 필요한 방유제의 용량은 몇 m³ 이상이어야 하는가?
① 33
② 44
③ 55
④ 132

6-2. 위험물의 옥외탱크저장소에 설치하는 방유제의 면적은 얼마까지 가능한가?
① 80,000m²
② 60,000m²
③ 40,000m²
④ 20,000m²

6-3. 지름 50m, 높이 50m인 옥외탱크저장소에 방유제를 설치하려고 한다. 이때 방유제는 탱크 측면으로부터 몇 m 이상의 거리를 확보해야 하는가?(단, 인화점이 180℃의 위험물을 저장·취급한다)
① 10m
② 15m
③ 20m
④ 25m

|해설|

6-1
탱크가 2기 이상일 때 방유제의 용량 : 탱크 중 용량이 최대인 것의 용량의 110% 이상
∴ 3기의 탱크 중에 가장 큰 것은 50,000L이므로
50,000L × 1.1(110%) = 55,000L = 55m³ 이상

6-2
옥외탱크저장소 방유제의 면적 : 80,000m² 이하

6-3
지름이 15m 이상인 경우에는 탱크 높이의 1/2 이상
∴ 거리 = 탱크 높이의 1/2 이상 = 50m × 1/2 = 25m 이상

정답 6-1 ③ 6-2 ① 6-3 ④

핵심이론 07 | 고인화점 위험물의 옥외탱크저장소의 특례

(1) 보유공지

저장 또는 취급하는 위험물의 최대수량	공지의 너비
지정수량의 2,000배 이하	3m 이상
지정수량의 2,000배 초과 4,000배 이하	5m 이상
지정수량의 4,000배 초과	해당 탱크의 수평단면의 최대지름(가로형은 긴 변)과 높이 중 큰 것의 1/3과 같은 거리 이상(최소 5m 이상)

(2) 옥외저장탱크의 펌프설비의 기준

① 옥외저장탱크의 펌프설비 주위에 1m 이상 너비의 공지를 보유할 것(내화구조로 된 방화상 유효한 격벽을 설치하는 경우 또는 지정수량의 10배 이하의 위험물을 저장하는 경우는 제외)

② 펌프실의 창 및 출입구에는 60분+ 방화문·60분 방화문 또는 30분 방화문을 설치할 것(다만, 연소의 우려가 없는 외벽에 설치하는 창 및 출입구에는 불연재료 또는 유리로 만든 문을 달 수 있다)

③ 펌프실의 연소의 우려가 있는 외벽에 설치하는 창 및 출입구에 유리를 이용하는 경우는 망입유리를 이용할 것

핵심이론 08 | 위험물의 성질에 따른 옥외탱크저장소의 특례

(1) 알킬알루미늄 등의 옥외탱크저장소

① 옥외저장탱크의 주위에는 누설범위를 국한하기 위한 설비 및 누설된 알킬알루미늄 등을 안전한 장소에 설치된 조에 이끌어 들일 수 있는 설비를 설치할 것

② 옥외저장탱크에는 불활성의 기체를 봉입하는 장치를 설치할 것

(2) 아세트알데하이드 등의 옥외탱크저장소★

① 옥외저장탱크의 설비는 구리(Cu), 마그네슘(Mg), 은(Ag), 수은(Hg) 또는 이들을 성분으로 하는 합금으로 만들지 않을 것

② 옥외저장탱크에는 냉각장치, 보냉장치, 불활성기체의 봉입장치를 설치할 것

(3) 하이드록실아민 등의 옥외탱크저장소

① 옥외탱크저장소에는 하이드록실아민 등의 온도의 상승에 의한 위험한 반응을 방지하기 위한 조치를 강구할 것

② 옥외탱크저장소에는 철 이온 등의 혼입에 의한 위험한 반응을 방지하기 위한 조치를 강구할 것

1-4. 옥내탱크저장소의 위치, 구조 및 설비의 기준

(시행규칙 별표 7)

핵심이론 01 | 옥내탱크저장소의 구조(단층 건축물에 설치하는 경우)

(1) 옥내저장탱크는 단층건축물에 설치된 탱크전용실에 설치할 것

(2) 옥내저장탱크와 탱크전용실의 벽과의 사이 및 옥내저장탱크의 상호 간에는 0.5m 이상의 간격을 유지할 것. 다만, 탱크의 점검 및 보수에 지장이 없는 경우에는 그렇지 않다.★

(3) 옥내저장탱크의 용량(동일한 탱크전용실에 2 이상 설치하는 경우에는 각 탱크의 용량의 합계)은 지정수량의 40배(제4석유류 및 동식물유류 외의 제4류 위험물에 있어서 20,000L를 초과할 때에는 20,000L) 이하일 것★★

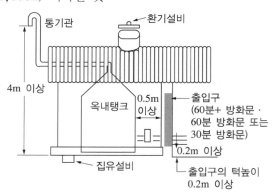

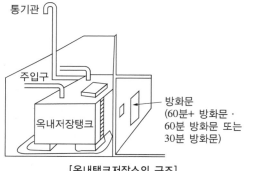

[옥내탱크저장소의 구조]

(4) 옥내저장탱크

압력탱크(최대상용압력이 부압 또는 정압 5kPa를 초과하는 탱크) 외의 탱크(제4류 위험물의 옥내저장탱크로 한정) : 밸브 없는 통기관 또는 대기밸브부착 통기관 설치

(5) 통기관

① 밸브 없는 통기관

㉠ 통기관의 끝부분은 건축물의 창·출입구 등의 개구부로부터 1m 이상 떨어진 옥외의 장소에 지면으로부터 4m 이상의 높이로 설치하되, 인화점이 40℃ 미만인 위험물의 탱크에 설치하는 통기관에 있어서는 부지경계선으로부터 1.5m 이상 거리를 둘 것. 다만, 고인화점 위험물만을 100℃ 미만의 온도로 저장 또는 취급하는 탱크에 설치하는 통기관은 그 끝부분을 탱크전용실 내에 설치할 수 있다.

㉡ 통기관은 가스 등이 체류할 우려가 있는 굴곡이 없도록 할 것

㉢ 지름은 30mm 이상일 것

㉣ 끝부분은 수평면보다 45° 이상 구부려 빗물 등의 침투를 막는 구조로 할 것

㉤ 인화점이 38℃ 미만인 위험물만을 저장 또는 취급하는 탱크에 설치하는 통기관에는 화염방지장치를 설치하고, 그 외의 탱크에 설치하는 통기관에는 40메시(Mesh) 이상의 구리망 또는 동등 이상의 성능을 가진 인화방지장치를 설치할 것. 다만, 인화점이 70℃ 이상인 위험물만을 해당 위험물의 인화점 미만의 온도로 저장 또는 취급하는 탱크에 설치하는 통기관에는 인화방지장치를 설치하지 않을 수 있다.

ⓑ 가연성의 증기를 회수하기 위한 밸브를 통기관에 설치하는 경우에 있어서는 해당 통기관의 밸브는 저장탱크에 위험물을 주입하는 경우를 제외하고는 항상 개방되어 있는 구조로 하는 한편, 폐쇄하였을 경우에 있어서는 10kPa 이하의 압력에서 개방되는 구조로 할 것. 이 경우 개방된 부분의 유효단면적은 777.15mm^2 이상이어야 한다.

② 대기밸브부착 통기관

　㉠ 통기관의 끝부분은 건축물의 창·출입구 등의 개구부로부터 1m 이상 떨어진 옥외의 장소에 지면으로부터 4m 이상의 높이로 설치하되, 인화점이 40℃ 미만인 위험물의 탱크에 설치하는 통기관에 있어서는 부지경계선으로부터 1.5m 이상 거리를 둘 것. 다만, 고인화점 위험물만을 100℃ 미만의 온도로 저장 또는 취급하는 탱크에 설치하는 통기관은 그 끝부분을 탱크전용실 내에 설치할 수 있다.

　㉡ 통기관은 가스 등이 체류할 우려가 있는 굴곡이 없도록 할 것

　㉢ 5kPa 이하의 압력 차이로 작동할 수 있을 것

　㉣ 인화점이 38℃ 미만인 위험물만을 저장 또는 취급하는 탱크에 설치하는 통기관에는 화염방지장치를 설치하고, 그 외의 탱크에 설치하는 통기관에는 40메시(Mesh) 이상의 구리망 또는 동등 이상의 성능을 가진 인화방지장치를 설치할 것. 다만, 인화점이 70℃ 이상인 위험물만을 해당 위험물의 인화점 미만의 온도로 저장 또는 취급하는 탱크에 설치하는 통기관에는 인화방지장치를 설치하지 않을 수 있다.

(6) 위험물의 양을 자동적으로 표시하는 자동계량장치를 설치할 것

(7) **주입구** : 옥외저장탱크의 주입구 기준에 준한다.

(8) 탱크전용실은 벽·기둥 및 바닥을 내화구조로 하고, 보를 불연재료로 하며, 연소의 우려가 있는 외벽은 출입구 외에는 개구부가 없도록 할 것. 다만, 인화점이 70℃ 이상인 제4류 위험물만의 옥내저장탱크를 설치하는 탱크전용실에 있어서는 연소의 우려가 없는 외벽·기둥 및 바닥을 불연재료로 할 수 있다.

(9) 탱크전용실은 지붕을 불연재료로 하고, 천장을 설치하지 않을 것

(10) 탱크전용실의 창 및 출입구에는 60분+ 방화문·60분 방화문 또는 30분 방화문을 설치하는 동시에, 연소의 우려가 있는 외벽에 두는 출입구에는 수시로 열 수 있는 자동폐쇄식의 60분+ 방화문 또는 60분 방화문을 설치할 것

(11) 탱크전용실의 창 또는 출입구에 유리를 이용하는 경우에는 망입유리로 할 것

(12) 액상의 위험물의 옥내저장탱크를 설치하는 탱크전용실의 바닥은 위험물이 침투하지 않는 구조로 하고, 적당한 경사를 두는 한편, 집유설비를 설치할 것

10년간 자주 출제된 문제

옥내저장탱크와 탱크전용실의 벽 사이 및 옥내저장탱크 상호 간에는 몇 m 이상의 간격을 유지해야 하는가?

① 0.3　　　　　　② 0.5
③ 1.0　　　　　　④ 1.5

|해설|

옥내탱크저장소의 이격거리
• 옥내저장탱크와 탱크전용실의 벽과의 사이 : 0.5m 이상
• 옥내저장탱크 상호 간의 거리 : 0.5m 이상

정답 ②

옥내탱크저장소의 표지 및 게시판

제조소와 동일함

옥내탱크저장소의 탱크 전용실을 단층 건축물 외에 설치하는 경우

※ 제2류 위험물 중 황화인·적린 및 덩어리 황, 제3류 위험물 중 황린, 제6류 위험물 중 질산 및 제4류 위험물 중 인화점이 38℃ 이상인 위험물만을 저장 또는 취급하는 것에 한한다.

(1) 옥내저장탱크는 탱크전용실에 설치할 것

※ 황화인, 적린, 덩어리 황, 황린, 질산의 탱크전용실 : 1층 또는 지하층에 설치★★

(2) 탱크전용실 외의 장소에 펌프설비를 설치하는 경우

① 펌프실은 벽·기둥·바닥 및 보를 내화구조로 할 것
② 펌프실
　　㉠ 상층이 있는 경우의 상층의 바닥 : 내화구조
　　㉡ 상층이 없는 경우의 지붕 : 불연재료
　　㉢ 천장을 설치하지 않을 것
③ 펌프실에는 창을 설치하지 않을 것(단, 제6류 위험물의 탱크전용실은 60분+ 방화문·60분 방화문 또는 30분 방화문이 있는 창을 설치할 수 있다)
④ 펌프실의 출입구에는 60분+ 방화문 또는 60분 방화문을 설치할 것(단, 제6류 위험물의 탱크전용실은 30분 방화문을 설치할 수 있다)
⑤ 펌프실의 환기 및 배출의 설비에는 방화상 유효한 댐퍼 등을 설치할 것

(3) 탱크전용실에 펌프설비를 설치하는 경우

견고한 기초 위에 고정한 다음 그 주위에는 불연재료로 된 턱을 0.2m 이상의 높이로 설치하는 등 누설된 위험물이 유출되거나 유입되지 않도록 하는 조치를 할 것★

(4) 탱크전용실의 설치기준

① 벽·기둥·바닥 및 보 : 내화구조
② 펌프실
　　㉠ 상층이 있는 경우의 상층의 바닥 : 내화구조
　　㉡ 상층이 없는 경우의 지붕 : 불연재료
　　㉢ 천장을 설치하지 않을 것
③ 탱크전용실에는 창을 설치하지 않을 것
④ 탱크전용실의 출입구에는 수시로 열 수 있는 자동폐쇄식의 60분+ 방화문 또는 60분 방화문을 설치할 것
⑤ 탱크전용실의 환기 및 배출의 설비에는 방화상 유효한 댐퍼 등을 설치할 것

(5) 옥내저장탱크의 용량(동일한 탱크전용실에 옥내저장탱크를 2 이상 설치하는 경우에는 각 탱크의 용량의 합계)은 1층 이하의 층은 지정수량의 40배(제4석유류, 동식물유류 외의 제4류 위험물에 있어서는 해당 수량이 2만L를 초과할 때에는 2만L) 이하, 2층 이상의 층은 지정수량의 10배(제4석유류, 동식물유류 외의 제4류 위험물에 있어서는 해당 수량이 5,000L를 초과할 때에는 5,000L) 이하일 것

※ 다층건축물일 때 옥내저장탱크의 설치용량★★
　• 1층 이하의 층
　　- 제2석유류(인화점 38℃ 이상), 제3석유류 : 지정수량의 40배 이하(단, 20,000L 초과 시 20,000L)
　　- 제4석유류, 동식물유류 : 지정수량의 40배 이하
　• 2층 이상의 층
　　- 특수인화물, 제2석유류(인화점 38℃ 이상), 제3석유류 : 지정수량의 10배 이하(단, 5,000L 초과 시 5,000L)
　　- 제4석유류, 동식물유류 : 지정수량의 10배 이하

1-5. 지하탱크저장소의 위치, 구조 및 설비의 기준
(시행규칙 별표 8)

핵심이론 01 | 지하탱크저장소의 기준

(1) 지하탱크전용실을 설치해야 하는데 제4류 위험물의 지하저장탱크가 다음 기준에 적합한 때에는 설치하지 않는다.

① 해당 탱크를 지하철·지하가 또는 지하터널로부터 수평거리 10m 이내의 장소 또는 지하건축물 내의 장소에 설치하지 않을 것

② 해당 탱크를 그 수평투영의 세로 및 가로보다 각각 0.6m 이상 크고 두께가 0.3m 이상인 철근콘크리트조의 뚜껑으로 덮을 것

③ 뚜껑에 걸리는 중량이 직접 해당 탱크에 걸리지 않는 구조일 것

④ 해당 탱크를 견고한 기초 위에 고정할 것

⑤ 해당 탱크를 지하의 가장 가까운 벽·피트(Pit : 인공지하구조물)·가스관 등의 시설물 및 대지경계선으로부터 0.6m 이상 떨어진 곳에 매설할 것★★

(2) 탱크전용실은 지하의 가장 가까운 벽·피트·가스관 등의 시설물 및 대지경계선으로부터 0.1m 이상 떨어진 곳에 설치하고, 지하저장탱크와 탱크전용실의 안쪽과의 사이는 0.1m 이상의 간격을 유지하도록 하며, 해당 탱크의 주위에 마른 모래 또는 습기 등에 의하여 응고되지 않는 입자지름 5mm 이하의 마른 자갈분을 채워야 한다.★

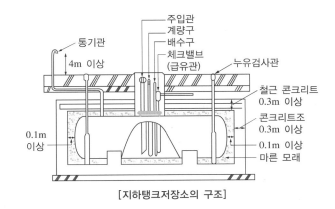

[지하탱크저장소의 구조]

(3) 지하저장탱크의 윗부분은 지면으로부터 0.6m 이상 아래에 있어야 한다.★

(4) 지하저장탱크를 2 이상 인접해 설치하는 경우에는 그 상호 간에 1m(해당 2 이상의 지하저장탱크의 용량의 합계가 지정수량의 100배 이하인 때에는 0.5m) 이상의 간격을 유지해야 한다.

(5) 지하저장탱크의 재질은 두께 3.2mm 이상의 강철판으로 할 것

(6) 수압시험★★

① 압력탱크(최대상용압력이 46.7kPa 이상인 탱크) 외의 탱크 : 70kPa의 압력으로 10분간

② 압력탱크 : 최대상용압력의 1.5배의 압력으로 10분간

(7) 통기관(압력탱크 외의 탱크)

① 밸브 없는 통기관

㉠ 통기관은 지하저장탱크의 윗부분에 연결할 것

㉡ 통기관 중 지하의 부분은 그 상부의 지면에 걸리는 중량이 직접 해당 부분에 미치지 않도록 보호하고, 해당 통기관의 접합부분(용접, 그 밖의 위험물 누설의 우려가 없다고 인정되는 방법에 의하여 접합된 것은 제외한다)에 대하여는 해당 접합부분의 손상유무를 점검할 수 있는 조치를 할 것

ⓒ 통기관의 끝부분은 건축물의 창·출입구 등의 개구부로부터 1m 이상 떨어진 옥외의 장소에 지면으로부터 4m 이상의 높이로 설치하되, 인화점이 40℃ 미만인 위험물의 탱크에 설치하는 통기관에 있어서는 부지경계선으로부터 1.5m 이상 이격할 것. 다만, 고인화점 위험물만을 100℃ 미만의 온도로 저장 또는 취급하는 탱크에 설치하는 통기관은 그 끝부분을 탱크전용실 내에 설치할 수 있다.

ⓔ 통기관은 가스 등이 체류할 우려가 있는 굴곡이 없도록 할 것

ⓜ 지름은 30mm 이상일 것

ⓗ 끝부분은 수평면보다 45° 이상 구부려 빗물 등의 침투를 막는 구조로 할 것

ⓢ 인화점이 38℃ 미만인 위험물만을 저장 또는 취급하는 탱크에 설치하는 통기관에는 화염방지장치를 설치하고, 그 외의 탱크에 설치하는 통기관에는 40메시(Mesh) 이상의 구리망 또는 동등 이상의 성능을 가진 인화방지장치를 설치할 것. 다만, 인화점이 70℃ 이상인 위험물만을 해당 위험물의 인화점 미만의 온도로 저장 또는 취급하는 탱크에 설치하는 통기관에는 인화방지장치를 설치하지 않을 수 있다.

ⓞ 가연성의 증기를 회수하기 위한 밸브를 통기관에 설치하는 경우에 있어서는 당해 통기관의 밸브는 저장탱크에 위험물을 주입하는 경우를 제외하고는 항상 개방되어 있는 구조로 하는 한편, 폐쇄하였을 경우에 있어서는 10kPa 이하의 압력에서 개방되는 구조로 할 것. 이 경우 개방된 부분의 유효단면적은 777.15mm² 이상이어야 한다.

② 대기밸브부착 통기관

ⓐ 통기관은 지하저장탱크의 윗부분에 연결할 것

ⓑ 통기관 중 지하의 부분은 그 상부의 지면에 걸리는 중량이 직접 해당 부분에 미치지 않도록 보호하고, 해당 통기관의 접합부분(용접, 그 밖의 위험물 누설의 우려가 없다고 인정되는 방법에 의하여 접합된 것은 제외한다)에 대하여는 해당 접합부분의 손상유무를 점검할 수 있는 조치를 할 것

ⓒ 5kPa 이하의 압력 차이로 작동할 수 있을 것. 다만, 제4류 제1석유류를 저장하는 탱크는 다음의 압력 차이에서 작동해야 한다.
• 정압 : 0.6kPa 이상 1.5kPa 이하
• 부압 : 1.5kPa 이상 3kPa 이하

ⓓ 인화점이 38℃ 미만인 위험물만을 저장 또는 취급하는 탱크에 설치하는 통기관에는 화염방지장치를 설치하고, 그 외의 탱크에 설치하는 통기관에는 40메시(Mesh) 이상의 구리망 또는 동등 이상의 성능을 가진 인화방지장치를 설치할 것. 다만, 인화점이 70℃ 이상인 위험물만을 해당 위험물의 인화점 미만의 온도로 저장 또는 취급하는 탱크에 설치하는 통기관에는 인화방지장치를 설치하지 않을 수 있다.

ⓔ 통기관의 끝부분은 건축물의 창·출입구 등의 개구부로부터 1m 이상 떨어진 옥외의 장소에 지면으로부터 4m 이상의 높이로 설치하되, 인화점이 40℃ 미만인 위험물의 탱크에 설치하는 통기관에 있어서는 부지경계선으로부터 1.5m 이상 이격할 것. 다만, 고인화점 위험물만을 100℃ 미만의 온도로 저장 또는 취급하는 탱크에 설치하는 통기관은 그 끝부분을 탱크전용실 내에 설치할 수 있다.

ⓕ 통기관은 가스 등이 체류할 우려가 있는 굴곡이 없도록 할 것

※ 압력탱크의 안전장치

위험물을 가압하는 설비 또는 그 취급하는 위험물의 압력이 상승할 우려가 있는 설비에는 압력계 및 다음에 해당하는 안전장치를 설치해야 한다. 다만, 파괴판은 위험물의 성질에 따라 안전밸브의 작동이 곤란한 가압설비에 한한다.

- 자동적으로 압력의 상승을 정지시키는 장치
- 감압측에 안전밸브를 부착한 감압밸브
- 안전밸브를 겸하는 경보장치
- 파괴판(위험물의 성질에 따라 안전밸브의 작동이 곤란한 가압설비에 한한다)

(8) 인화점이 21℃ 미만인 액체위험물의 지하저장탱크의 주입구★

① 게시판은 한 변이 0.3m 이상, 다른 한 변이 0.6m 이상인 직사각형으로 할 것
② 게시판에는 "지하저장탱크 주입구"라고 표시하는 것 외에 취급하는 위험물의 유별, 품명 및 주의사항을 표시할 것
③ 게시판은 백색바탕에 흑색문자(주의사항은 적색문자)로 할 것

(9) 지하저장탱크의 배관은 해당 탱크의 윗부분에 설치해야 한다.

※ 예외 규정 : 제2석유류(인화점 40℃ 이상인 것에 한함), 제3석유류, 제4석유류, 동식물유류로서 그 직근에 유효한 제어밸브를 설치한 경우

(10) 지하저장탱크의 액체위험물의 누설을 검사하기 위한 관의 각 설치기준(4개소 이상)★★

① 이중관으로 할 것. 다만, 소공이 없는 상부는 단관으로 할 수 있다.
② 재료는 금속관 또는 경질합성수지관으로 할 것
③ 관은 탱크전용실의 바닥 또는 탱크의 기초까지 닿게 할 것
④ 관의 밑부분으로부터 탱크의 중심 높이까지의 부분에는 소공이 뚫려 있을 것. 다만, 지하수위가 높은 장소에 있어서는 지하수위 높이까지의 부분에 소공이 뚫려 있어야 한다.

⑤ 상부는 물이 침투하지 않는 구조로 하고, 뚜껑은 검사 시에 쉽게 열 수 있도록 할 것

(11) 탱크전용실의 구조(철근콘크리트구조)

① 벽, 바닥, 뚜껑의 두께 : 0.3m 이상
② 벽, 바닥 및 뚜껑의 내부에는 지름 9~13mm까지의 철근을 가로 및 세로로 5~20cm까지의 간격으로 배치할 것
③ 벽, 바닥 및 뚜껑의 재료에 수밀(액체가 새지 않도록 밀봉되어 있는 상태)콘크리트를 혼입하거나 벽, 바닥 및 뚜껑의 중간에 아스팔트층을 만드는 방법으로 적정한 방수조치를 할 것

(12) 지하저장탱크에는 과충전방지장치를 설치할 것

① 탱크용량을 초과하는 위험물이 주입될 때 자동으로 그 주입구를 폐쇄하거나 위험물의 공급을 자동으로 차단하는 방법
② 탱크용량의 90%가 찰 때 경보음을 울리는 방법★

(13) 맨홀 설치기준

① 맨홀은 지면까지 올라오지 않도록 하되, 가급적 낮게 할 것
② 보호틀을 다음에 정하는 기준에 따라 설치할 것
　　㉠ 보호틀을 탱크에 완전히 용접하는 등 보호틀과 탱크를 기밀하게 접합할 것
　　㉡ 보호틀의 뚜껑에 걸리는 하중이 직접 보호틀에 미치지 않도록 설치하고, 빗물 등이 침투하지 않도록 할 것
③ 배관이 보호틀을 관통하는 경우에는 해당 부분을 용접하는 등 침수를 방지하는 조치를 할 것

1-1. 지하탱크 전용실은 지하의 가장 가까운 벽, 피트, 가스관 등의 시설물로부터 몇 m 이상 떨어진 곳에 설치해야 하는가?

① 0.1m   ② 0.2m

③ 0.3m   ④ 0.4m

1-2. 지하저장탱크의 윗부분은 지면으로부터 몇 m 이상 아래에 있어야 하는가?

① 0.5m   ② 0.6m

③ 1.0m   ④ 1.5m

1-3. 지정수량이 100배 이하인 지하저장탱크를 2 이상 인접해 설치하는 경우 간격을 얼마를 유지해야 하는가?

① 0.5m   ② 0.6m

③ 1.0m   ④ 1.5m

|해설|

1-1

지하탱크 전용실은 지하의 가장 가까운 벽, 피트, 가스관 등의 시설물 및 대지경계선으로부터 0.1m 이상 떨어진 곳에 설치해야 한다.

1-2

지하저장탱크의 윗부분은 지면으로부터 0.6m 이상 아래에 있어야 한다.

1-3

상호 간의 간격

• 지정수량의 100배 이하 : 0.5m 이상

• 지정수량의 100배 초과 : 1m 이상

정답 1-1 ①   1-2 ②   1-3 ①

핵심이론 02   지하탱크저장소의 표지 및 게시판

제조소와 동일함

1-6. 간이탱크저장소의 위치, 구조 및 설비의 기준

(시행규칙 별표 9)

핵심이론 01   설치기준

(1) 위험물을 저장 또는 취급하는 간이탱크(간이저장탱크)는 옥외에 설치해야 한다.

(2) 전용실의 창 및 출입구의 기준

① 탱크전용실의 창 및 출입구에는 60분+ 방화문·60분 방화문 또는 30분 방화문을 설치하는 동시에 연소의 우려가 있는 외벽에 두는 출입구에는 수시로 열 수 있는 자동폐쇄식의 60분+ 방화문 또는 60분 방화문을 설치할 것

② 탱크전용실의 창 또는 출입구에 유리를 이용하는 경우에는 망입유리로 할 것

(3) 전용실의 바닥

액상의 위험물의 옥내저장탱크를 설치하는 탱크전용실의 바닥은 위험물이 침투하지 않는 구조로 하고, 적당한 경사를 두는 한편, 집유설비를 설치할 것

(4) 하나의 간이탱크저장소에 설치하는 간이저장탱크는 그 수를 3 이하로 하고, 동일한 품질의 위험물의 간이저장탱크를 2 이상 설치하지 않아야 한다.

(5) 간이저장탱크는 움직이거나 넘어지지 않도록 지면 또는 가설대에 고정시키되, 옥외에 설치하는 경우에는 그 탱크의 주위에 너비 1m 이상의 공지를 두고, 전용실 안에 설치하는 경우에는 탱크와 전용실의 벽과의 사이에 0.5m 이상의 간격을 유지해야 한다.

(6) 간이저장탱크의 용량은 600L 이하이어야 한다. ★★

(7) 간이저장탱크는 두께 3.2mm 이상의 강판으로 흠이 없도록 제작해야 하며, 70kPa의 압력으로 10분간의 수압시험을 실시하여 새거나 변형되지 않아야 한다. ★

(8) 간이저장탱크에 밸브 없는 통기관의 설치기준 ★★

① 통기관의 지름은 25mm 이상으로 할 것
② 통기관은 옥외에 설치하되, 그 끝부분의 높이는 지상 1.5m 이상으로 할 것
③ 통기관의 끝부분은 수평면에 대하여 아래로 45° 이상 구부려 빗물 등이 침투하지 않도록 할 것
④ 가는 눈의 구리망 등으로 인화방지장치를 할 것(다만, 인화점이 70℃ 이상의 위험물만을 해당 위험물의 인화점 미만의 온도로 저장 또는 취급하는 탱크에 설치하는 통기관에 있어서는 그렇지 않다)

10년간 자주 출제된 문제

간이저장탱크 1개의 용량은 몇 L 이하이어야 하는가?

① 300   ② 600
③ 1,000   ④ 1,200

|해설|

간이저장탱크의 용량 : 600L 이하

정답 ②

1-7. 이동탱크저장소의 위치, 구조 및 설비의 기준
(시행규칙 별표 10)

핵심이론 01 │ 이동탱크저장소의 상치장소

(1) 옥외에 있는 상치장소

화기를 취급하는 장소 또는 인근의 건축물로부터 5m 이상(인근의 건축물이 1층인 경우에는 3m 이상)의 거리를 확보해야 한다(단, 하천의 공지나 수면, 내화구조 또는 불연재료의 담 또는 벽, 그 밖에 이와 유사한 것에 접하는 경우는 제외). ★

(2) 옥내에 있는 상치장소

벽·바닥·보·서까래 및 지붕이 내화구조 또는 불연재료로 된 건축물의 1층에 설치해야 한다. ★

[이동탱크]

핵심이론 02 │ 간이탱크저장소의 표지 및 게시판

제조소와 동일함

(1) 탱크의 재질 : 두께 3.2mm 이상의 강철판

(2) 수압시험★★

① 압력탱크(최대상용압력이 46.7kPa 이상인 탱크) 외의 탱크 : 70kPa의 압력으로 10분간 실시하여 새거나 변형되지 않을 것

② 압력탱크 : 최대상용압력의 1.5배의 압력으로 10분간 실시하여 새거나 변형되지 않을 것. 이 경우 수압시험은 용접부에 대한 비파괴시험과 기밀시험으로 대신할 수 있다.

(3) 이동저장탱크는 그 내부에 4,000L 이하마다 3.2mm 이상의 강철판 또는 이와 동등 이상의 강도·내열성 및 내식성이 있는 금속성의 것으로 칸막이를 설치해야 한다(다만, 고체인 위험물을 저장하거나 고체인 위험물을 가열하여 액체 상태로 저장하는 경우에는 그렇지 않다).★★★

(4) 칸막이로 구획된 각 부분마다 맨홀, 안전장치, 방파판을 설치(용량이 2,000L 미만 : 방파판 설치 제외)

① 안전장치의 작동 압력★★

㉠ 상용압력이 20kPa 이하인 탱크 : 20kPa 이상 24kPa 이하의 압력

㉡ 상용압력이 20kPa을 초과하는 탱크 : 상용압력의 1.1배 이하의 압력

② 방파판★

㉠ 두께 1.6mm 이상의 강철판 또는 이와 동등 이상의 강도·내열성 및 내식성이 있는 금속성의 것으로 할 것

㉡ 하나의 구획부분에 2개 이상의 방파판을 이동탱크 저장소의 진행방향과 평행으로 설치하되, 각 방파판은 그 높이 및 칸막이로부터의 거리를 다르게 할 것

㉢ 하나의 구획부분에 설치하는 각 방파판의 면적의 합계는 해당 구획부분의 최대 수직단면적의 50% 이상으로 할 것. 다만, 수직단면이 원형이거나 짧은 지름이 1m 이하의 타원형일 경우에는 40% 이상으로 할 수 있다.

(5) 측면틀

① 탱크 뒷부분의 입면도에 있어서 측면틀의 최외측과 탱크의 최외측을 연결하는 직선의 수평면에 대한 내각이 75° 이상이 되도록 하고, 최대수량의 위험물을 저장한 상태에 있을 때의 해당 탱크중량의 중심점과 측면틀의 최외측을 연결하는 직선과 그 중심점을 지나는 직선 중 최외측선과 직각을 이루는 직선과의 내각이 35° 이상이 되도록 할 것

② 외부로부터의 하중에 견딜 수 있는 구조로 할 것

③ 탱크 상부의 네 모퉁이에 해당 탱크의 전단 또는 후단으로부터 각각 1m 이내의 위치에 설치할 것

④ 측면틀에 걸리는 하중에 의하여 탱크가 손상되지 않도록 측면틀의 부착부분에 받침판을 설치할 것

(6) 방호틀★

① 두께 2.3mm 이상의 강철판 또는 이와 동등 이상의 기계적 성질이 있는 재료로서 산모양의 형상으로 하거나 이와 동등 이상의 강도가 있는 형상으로 할 것

② 정상부분은 부속장치보다 50mm 이상 높게 하거나 이와 동등 이상의 성능이 있는 것으로 할 것

※ 이동탱크 저장소의 부속장치★★★

• 방호틀 : 탱크 전복 시 부속장치(주입구, 맨홀, 안전장치) 보호(강철판의 두께 : 2.3mm 이상)

- 측면틀 : 탱크 전복 시 탱크 본체 파손 방지(강철판의 두께 : 3.2mm 이상)
- 방파판 : 위험물 운송 중 내부의 위험물의 출렁임, 쏠림 등을 완화하여 차량의 안전 확보(강철판의 두께 : 1.6mm 이상)
- 칸막이 : 탱크 전복 시 탱크의 일부가 파손되더라도 전량의 위험물의 누출 방지(강철판의 두께 : 3.2mm 이상)

10년간 자주 출제된 문제

2-1. 이동탱크저장소의 용량이 20,000L일 때 탱크의 칸막이는 최소 몇 개를 설치해야 하는가?

① 2 　　　　　　　② 3
③ 4 　　　　　　　④ 5

2-2. 이동탱크저장소의 상용압력이 25kPa일 경우 안전장치의 작동압력(kPa)은?

① 20 　　　　　　② 25.5
③ 27.5 　　　　　④ 30

2-3. 이동탱크저장소에 설치하는 방파판의 기능에 대한 설명으로 가장 적절한 것은?

① 출렁임 방지 　　　② 유증기 발생의 억제
③ 정전기 발생 제거 　④ 파손 시 유출 방지

|해설|

2-1
이동탱크저장소의 칸막이는 4,000L 이하마다 해야 하므로
$\dfrac{20,000L}{4,000L}=5$개는 칸이고 탱크의 칸막이는 4개가 필요하다.

2-2
안전장치의 작동압력 = 25kPa × 1.1 = 27.5kPa

2-3
방파판의 기능 : 출렁임 방지

정답 2-1 ③　2-2 ③　2-3 ①

핵심이론 03 │ 배출밸브, 폐쇄장치, 주입설비

(1) 이동저장탱크의 아랫부분에 배출구를 설치하는 경우에 당해 탱크의 배출구에 배출밸브를 설치하고 비상시에 직접 당해 배출밸브를 폐쇄할 수 있는 수동폐쇄장치 또는 자동폐쇄장치를 설치할 것

(2) 수동폐쇄장치에 레버를 설치하는 경우의 기준
① 손으로 잡아당겨 수동폐쇄장치를 작동시킬 수 있도록 할 것
② 길이는 15cm 이상으로 할 것

(3) 탱크의 배관의 끝부분에는 개폐밸브를 설치할 것

(4) 이동탱크저장소에 주입설비를 설치하는 경우의 설치기준★★
① 위험물이 샐 우려가 없고 화재예방상 안전한 구조로 할 것
② 주입설비의 길이는 50m 이내로 하고 그 끝부분에 축적되는 정전기를 유효하게 제거할 수 있는 제거장치를 설치할 것
③ 분당배출량 : 200L 이하

| 이동탱크저장소(위험물 운반차량)의 표지(위험물 운송·운반 시의 위험성 경고표지에 관한 기준 별표 3)

(1) 표지

① 부착위치★

    ㉠ 이동탱크저장소 : 전면 상단 및 후면 상단

    ㉡ 위험물 운반차량 : 전면 및 후면

② 규격 및 형상 : 60cm 이상×30cm 이상의 가로형 사각형

③ 색상 및 문자 : 흑색 바탕에 황색의 반사도료로 "위험물"이라 표기할 것★★

④ 위험물이면서 유해화학물질에 해당하는 품목의 경우에는 화학물질관리법에 따른 유해화학물질 표지를 위험물 표지와 상하 또는 좌우로 인접하여 부착할 것

(2) UN번호

① 그림문자의 외부에 표기하는 경우

    ㉠ 부착위치 : 위험물 수송차량의 후면 및 양 측면(그림문자와 인접한 위치)

    ㉡ 규격 및 형상 : 30cm 이상×12cm 이상의 가로형 사각형

    ㉢ 색상 및 문자 : 흑색 테두리 선(굵기 1cm)과 오렌지색으로 이루어진 바탕에 UN번호(글자의 높이 6.5cm 이상)를 흑색으로 표기할 것

② 그림문자의 내부에 표기하는 경우

    ㉠ 부착위치 : 위험물 수송차량의 후면 및 양 측면

    ㉡ 규격 및 형상 : 심벌 및 분류·구분의 번호를 가리지 않는 크기의 가로형 사각형

    ㉢ 색상 및 문자 : 흰색 바탕에 흑색으로 UN번호(글자의 높이 6.5cm 이상)를 표기할 것

(3) 그림문자

① 부착위치 : 위험물 수송차량의 후면 및 양측면

② 규격 및 형상 : 25cm 이상×25cm 이상의 마름모 꼴

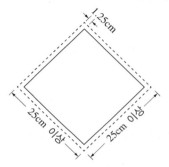

③ 색상 및 문자 : 위험물의 품목별로 해당하는 심벌을 표기하고 그림문자의 하단에 분류·구분의 번호(글자의 높이 2.5cm 이상)를 표기할 것

④ 위험물의 분류·구분별 그림문자의 세부기준 : 다음의 분류·구분에 따라 주위험성 및 부위험성에 해당되는 그림문자를 모두 표시할 것

10년간 자주 출제된 문제

지정수량 이상의 위험물을 차량으로 운반하는 경우 해당 차량에 표지를 설치해야 한다. 다음 중 표지의 규격으로 옳은 것은?

① 장변 길이 : 0.6m 이상, 단변 길이 : 0.3m 이상
② 장변 길이 : 0.4m 이상, 단변 길이 : 0.3m 이상
③ 가로, 세로 모두 0.3m 이상
④ 가로, 세로 모두 0.4m 이상

|해설|

위험물을 차량으로 운반하는 경우 표지의 규격 : 60cm 이상× 30cm 이상의 가로형 사각형

정답 ①

핵심이론 05 │ 이동탱크저장소의 도장색상·펌프설비·접지도선

(1) 이동탱크저장소의 유별 도장색상★

유 별	도장의 색상	비 고
제1류 위험물	회 색	탱크의 앞면과 뒷면을 제외한 면적의 40% 이내의 면적은 다른 유별의 색상 외의 색상으로 도장하는 것이 가능하다.
제2류 위험물	적 색	
제3류 위험물	청 색	
제4류 위험물	색상 제한은 없으나 적색 권장	
제5류 위험물	황 색	
제6류 위험물	청 색	

(2) 이동탱크저장소의 펌프설비

① 모터펌프를 이용하여 위험물 이송 : 인화점이 40℃ 이상의 것 또는 비인화성의 것
② 진공흡입방식의 펌프를 이용하여 위험물 이송 : 인화점이 70℃ 이상인 폐유 또는 비인화성의 것

(3) 이동탱크저장소의 접지도선★★★

① 접지도선 설치대상 : 특수인화물, 제1석유류, 제2석유류
② 접지하는 이유 : 정전기를 방지하기 위하여
③ 설치기준
　㉠ 양도체(良導體)의 도선에 비닐 등의 전열차단재료로 피복하여 끝부분에 접지전극 등을 결착시킬 수 있는 클립(Clip) 등을 부착할 것
　㉡ 도선이 손상되지 않도록 도선을 수납할 수 있는 장치를 부착할 것

위험물을 차량으로 운반하는 이동탱크저장소의 접지도선을 설치하지 않아도 되는 것은?

① 제1석유류
② 제2석유류
③ 알코올류
④ 특수인화물

|해설|

접지도선 설치대상 : 특수인화물, 제1석유류, 제2석유류

정답 ③

핵심이론 06 | 컨테이너식 이동탱크저장소의 특례

(1) 컨테이너식 이동탱크저장소 : 이동저장탱크를 차량 등에 옮겨 싣는 구조로 된 이동탱크저장소

(2) 컨테이너식 이동탱크저장소에 이동저장탱크 하중의 4배의 전단하중에 견디는 걸고리체결 금속구 및 모서리체결 금속구를 설치할 것

※ 용량이 6,000L 이하인 이동저장탱크를 싣는 이동탱크저장소에는 유(U)자 볼트를 설치할 수 있다.

(3) 이동저장탱크 및 부속장치(맨홀, 주입구, 안전장치)는 강재로 된 상자틀에 수납할 것

(4) 이동저장탱크, 맨홀, 주입구의 뚜껑은 두께 6mm(해당 탱크의 지름 또는 장축(긴지름)이 1.8m 이하인 것은 5mm) 이상의 강판으로 할 것

(5) 이동저장탱크의 칸막이는 두께 3.2mm 이상의 강판으로 할 것

(6) 이동저장탱크에는 맨홀, 안전장치를 설치할 것

(7) 부속장치는 상자틀의 최외측과 50mm 이상의 간격을 유지할 것

(8) 표시판
① 크기 : 가로 0.4m 이상, 세로 0.15m 이상
② 색상 : 백색 바탕에 흑색 문자
③ 내용 : 허가청의 명칭, 완공검사번호를 표시

(1) 주유탱크차의 설치기준

① 주유탱크차에는 엔진배기통의 끝부분에 화염의 분출을 방지하는 장치를 설치할 것

② 주유탱크차에는 주유호스 등이 적정하게 격납되지 않으면 발진되지 않는 장치를 설치할 것

③ 주유설비의 기준

　㉠ 배관은 금속제로서 최대상용압력의 1.5배 이상의 압력으로 10분간 수압시험을 실시하였을 때 누설 그 밖의 이상이 없는 것으로 할 것

　㉡ 주유호스의 끝부분에 설치하는 밸브는 위험물의 누설을 방지할 수 있는 구조로 할 것

　㉢ 외장은 난연성이 있는 재료로 할 것

④ 주유설비에는 해당 주유설비의 펌프기기를 정지하는 등의 방법에 의하여 이동저장탱크로부터의 위험물 이송을 긴급히 정지할 수 있는 장치를 설치할 것

⑤ 주유설비에는 개방 조작 시에만 개방하는 자동폐쇄식의 개폐장치를 설치하고, 주유호스의 끝부분에는 연료탱크의 주입구에 연결하는 결합금속구를 설치할 것. 다만, 주유호스의 끝부분에 수동개폐장치를 설치한 주유노즐(수동개폐장치를 개방상태에서 고정하는 장치를 설치한 것을 제외)을 설치한 경우에는 그렇지 않다.

⑥ 주유설비에는 주유호스의 끝부분에 축적된 정전기를 유효하게 제거하는 장치를 설치할 것

⑦ 주유호스는 최대상용압력의 2배 이상의 압력으로 수압시험을 실시하여 누설 그 밖의 이상이 없는 것으로 할 것

※ 주유탱크차 : 항공기의 연료탱크에 직접 주유하기 위한 주유설비를 갖춘 이동탱크저장소

(2) 공항에서 시속 40km 이하로 운행하도록 된 주유탱크차의 기준

① 이동저장탱크는 그 내부에 길이 1.5m 이하 또는 부피 4,000L 이하마다 3.2mm 이상의 강철판 또는 이와 같은 수준 이상의 강도·내열성 및 내식성이 있는 금속성의 것으로 칸막이를 설치할 것

② ①에 따른 칸막이에 구멍을 낼 수 있되, 그 지름이 40cm 이내일 것

| 핵심이론 08 | 알킬알루미늄 등을 저장 또는 취급하는 이동탱크저장소의 특례

(1) **이동저장탱크의 재료** : 두께 10mm 이상의 강판★

(2) **수압시험** : 1MPa 이상의 압력으로 10분간 실시하여 새거나 변형하지 않을 것

(3) **이동저장탱크의 용량** : 1,900L 미만★

(4) **안전장치** : 수압시험의 압력의 2/3를 초과하고 4/5를 넘지 않는 범위의 압력으로 작동할 것

(5) **맨홀, 주입구의 뚜껑** : 두께 10mm 이상의 강판

(6) 이동저장탱크의 배관 및 밸브 등은 해당 탱크의 윗부분에 설치할 것

(7) 이동탱크저장소에는 이동저장탱크하중의 4배의 전단하중에 견딜 수 있는 걸고리체결 금속구 및 모서리체결 금속구를 설치할 것

(8) 이동저장탱크는 불활성기체를 봉입할 수 있는 구조로 할 것

(9) 이동저장탱크는 그 외면을 적색으로 도장하는 한편, 백색 문자로서 동판(胴板)의 양측면 및 경판(鏡板)에 주의사항을 표시할 것

1-8. 옥외저장소의 위치, 구조 및 설비의 기준(시행규칙 별표 11)

핵심이론 01 | 옥외저장소의 안전거리

제조소와 동일함

핵심이론 02 | 옥외저장소의 보유공지

(1) **제4류 위험물 중 제4석유류와 제6류 위험물** : 다음의 표에 의한 공지의 너비의 1/3 이상의 너비로 할 수 있다.★

저장 또는 취급하는 위험물의 최대수량	공지의 너비
지정수량의 10배 이하	3m 이상
지정수량의 10배 초과 20배 이하	5m 이상
지정수량의 20배 초과 50배 이하	9m 이상
지정수량의 50배 초과 200배 이하	12m 이상
지정수량의 200배 초과	15m 이상

(2) **고인화점 위험물 저장 또는 취급 시 보유공지**

저장 또는 취급하는 위험물의 최대수량	공지의 너비
지정수량의 50배 이하	3m 이상
지정수량의 50배 초과 200배 이하	6m 이상
지정수량의 200배 초과	10m 이상

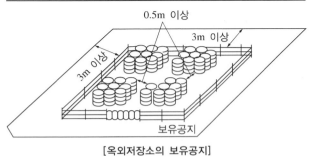

[옥외저장소의 보유공지]

핵심이론 03 | 옥외저장소의 표지 및 게시판

제조소와 동일함

핵심이론 04 | 옥외저장소의 기준

(1) **선반** : 불연재료

(2) **선반의 높이** : 6m를 초과하지 않을 것★

(3) **과산화수소, 과염소산을 저장하는 옥외저장소** : 불연성 또는 난연성의 천막 등을 설치하여 햇빛을 가릴 것

(4) **덩어리 상태의 황만을 저장 또는 취급하는 경우**★
① 하나의 경계표시의 내부의 면적 : $100m^2$ 이하
② 2 이상의 경계표시를 설치하는 경우에 있어서는 각각의 경계표시 내부의 면적을 합산한 면적은 $1,000m^2$ 이하로 하고, 인접하는 경계표시와 경계표시와의 간격을 규정에 의한 공지의 너비의 1/2 이상으로 할 것. 다만, 저장 또는 취급하는 위험물의 최대수량이 지정수량의 200배 이상인 경우에는 10m 이상으로 해야 한다.
③ 경계표시 : 불연재료이면서 황이 새지 않는 구조
④ 경계표시의 높이 : 1.5m 이하
⑤ 경계표시에는 황이 넘치거나 비산하는 것을 방지하기 위한 천막 등을 고정하는 장치를 설치하되, 천막 등을 고정하는 장치는 경계표시의 길이 2m마다 1개 이상 설치할 것
⑥ 황을 저장 또는 취급하는 장소의 주위에는 배수구와 분리장치를 설치할 것

옥외저장소에 선반을 설치하는 경우에 선반의 설치높이는 몇 m를 초과하지 않아야 하는가?

① 3 　　　　　　　　　② 4
③ 5 　　　　　　　　　④ 6

|해설|

옥외저장소의 선반 높이는 6m를 초과하지 않을 것

정답 ④

핵심이론 05 | 인화성고체, 제1석유류, 알코올류의 옥외저장소의 특례

(1) 인화성고체, 제1석유류, 알코올류를 저장 또는 취급하는 장소 : 살수설비를 설치할 것

(2) 제1석유류 또는 알코올류를 저장 또는 취급하는 장소의 주위 : 배수구와 집유설비를 설치할 것. 이 경우 제1석유류(온도 20℃의 물 100g에 용해되는 양이 1g 미만의 것에 한함)를 저장 또는 취급하는 장소에는 집유설비에 유분리장치를 설치할 것★

※ 유분리장치를 해야 하는 제1석유류 : 벤젠, 톨루엔, 휘발유

핵심이론 06 | 옥외저장소에 저장할 수 있는 위험물

(1) 제2류 위험물 중 황 또는 인화성 고체(인화점이 0℃ 이상인 것에 한함)★

(2) 제4류 위험물 중 제1석유류(인화점이 0℃ 이상인 것에 한함), 제2석유류, 제3석유류, 제4석유류, 알코올류, 동식물유류★

(3) 제6류 위험물

※ 제1석유류인 톨루엔(인화점 : 4℃), 피리딘(인화점 : 16℃)은 옥외저장소에 저장할 수 있다.

(4) 제2류 위험물 및 제4류 위험물 중 특별시·광역시·특별자치시·도 또는 특별자치도의 조례로 정하는 위험물(관세법 제154조의 규정에 의한 보세구역 안에 저장하는 경우로 한정한다)

(5) 국제해사기구에 관한 협약에 의하여 설치된 국제해사기구가 채택한 국제해상위험물 규칙(IMDG Code)에 적합한 용기에 수납된 위험물

10년간 자주 출제된 문제

다음 위험물 중 옥외저장소에 저장할 수 없는 것은?

① 황
② 인화성 고체(인화점이 0℃ 이상)
③ 알코올류
④ 제1석유류

|해설|
제1석유류(인화점이 0℃ 이상)는 옥외저장소에 저장할 수 있다.

정답 ④

1-9. 주유취급소의 위치, 구조 및 설비의 기준(시행규칙 별표 13)

핵심이론 01 | 주유공지 및 급유공지

(1) 고정주유설비
펌프기기 및 호스기기로 되어 위험물을 자동차 등에 직접 주유하기 위한 설비로서 현수식의 것을 포함한다.

(2) 주유공지
고정주유설비의 주위에는 주유를 받으려는 자동차 등이 출입할 수 있도록 너비 15m 이상, 길이 6m 이상의 콘크리트 등으로 포장한 공지(주유공지)를 보유해야 한다.★★

(3) 고정급유설비
펌프기기 및 호스기기로 되어 위험물을 용기에 옮겨 담거나 이동저장탱크에 주입하기 위한 설비로서 현수식의 것을 포함한다.

(4) 고정급유설비를 설치하는 경우에는 고정급유설비의 호스기기의 주위에 필요한 공지(급유공지)를 보유해야 한다.

(5) 공지의 바닥은 주위 지면보다 높게 하고, 그 표면을 적당하게 경사지게 하여 새어나온 기름 그 밖의 액체가 공지의 외부로 유출되지 않도록 배수구·집유설비 및 유분리장치를 해야 한다.

위험물 주유취급소
화 기 엄 금

위험물의 유별	제4류
품 명	제2석유류(경유)
저장최대수량 또는 취급최대수량	50,000L
지정수량의 배수	50배
안전관리자의 성명 또는 직명	○ ○ ○

주유 중 엔진 정지
(황색 바탕에 흑색 문자)★★★

(1) 자동차 등에 주유하기 위한 고정주유설비에 직접 접속하는 전용탱크로서 50,000L 이하의 것★★

(2) 고정급유설비에 직접 접속하는 전용탱크로서 50,000L 이하의 것★★

(3) 보일러 등에 직접 접속하는 전용탱크로서 10,000L 이하의 것★★

(4) 자동차 등을 점검·정비하는 작업장 등(주유취급소 안에 설치된 것에 한함)에서 사용하는 폐유·윤활유 등의 위험물을 저장하는 탱크로서 용량(2 이상 설치하는 경우에는 각 용량의 합계)이 2,000L 이하인 탱크(폐유탱크 등)

(5) 고정주유설비 또는 고정급유설비에 직접 접속하는 3기 이하의 간이탱크★

10년간 자주 출제된 문제

주유취급소의 자동차 등에 주유하기 위한 고정주유설비에 직접 접속하는 전용탱크의 용량은?

① 60,000L 이하
② 50,000L 이하
③ 40,000L 이하
④ 10,000L 이하

|해설|

고정주유설비, 고정급유설비에 직접 접속하는 전용탱크의 용량 : 50,000L 이하

정답 ②

(1) 주유취급소의 고정주유설비 또는 고정급유설비의 구조

① 펌프기기의 배출량★★

　㉠ 주유관 끝부분에서의 최대배출량

　　• 제1석유류 : 분당 50L 이하

　　• 경유 : 분당 180L 이하

　　• 등유 : 분당 80L 이하

　㉡ 이동저장탱크에 주입하기 위한 고정급유설비의 펌프기기의 최대배출량 : 분당 300L 이하

(2) 고정주유설비 또는 고정급유설비의 주유관의 길이★★

5m(현수식의 경우에는 지면 위 0.5m의 수평면에 수직으로 내려 만나는 점을 중심으로 반경 3m) 이내로 하고 그 끝부분에는 축적된 정전기를 유효하게 제거할 수 있는 장치를 설치할 것

(3) 고정주유설비 또는 고정급유설비의 설치기준

① 고정주유설비(중심선을 기점으로 하여)★

　㉠ 도로경계선까지 : 4m 이상 거리를 유지할 것

　㉡ 부지경계선·담 및 건축물의 벽까지 : 2m(개구부가 없는 벽까지는 1m) 이상 거리를 유지할 것

② 고정급유설비(중심선을 기점으로 하여)★

　㉠ 도로경계선까지 : 4m 이상 거리를 유지할 것

　㉡ 부지경계선·담까지 : 1m 이상 거리를 유지할 것

　㉢ 건축물의 벽까지 : 2m(개구부가 없는 벽까지는 1m) 이상 거리를 유지할 것

③ 고정주유설비와 고정급유설비의 사이에는 4m 이상의 거리를 유지할 것

10년간 자주 출제된 문제

주유취급소의 고정주유설비는 고정주유비의 중심선을 기점으로 하여 도로경계선까지 몇 m 이상 떨어져 있어야 하는가?

① 2　　　　　　　② 3

③ 4　　　　　　　④ 5

|해설|

고정주유설비(중심선을 기점으로 하여)는 도로경계선까지 4m 이상 떨어져 있어야 한다.

정답 ③

(1) 주유 또는 등유 · 경유를 옮겨 담기 위한 작업장

(2) 주유취급소의 업무를 행하기 위한 사무소

(3) 자동차 등의 점검 및 간이정비를 위한 작업장

(4) 자동차 등의 세정을 위한 작업장

(5) 주유취급소에 출입하는 사람을 대상으로 한 점포 · 휴게음식점 또는 전시장

(6) 주유취급소의 관계자가 거주하는 주거시설

(7) 전기자동차용 충전설비(전기를 동력원으로 하는 자동차에 직접 전기를 공급하는 설비)

※ (2), (3), (5)의 용도에 제공하는 부분의 면적의 합은 1,000m²를 초과할 수 없다.

(1) 건축물의 벽 · 기둥 · 바닥 · 보 및 지붕 : 내화구조 또는 불연재료

(2) 창 및 출입구 : 60분+ 방화문 · 60분 방화문 · 30분 방화문 또는 불연재료로 된 문을 설치

(3) 사무실 등의 창 및 출입구에 유리를 사용하는 경우에는 망입유리 또는 강화유리로 할 것(강화유리의 두께는 창에는 8mm 이상, 출입구에는 12mm 이상)

(4) 건축물 중 사무실 그 밖의 화기를 사용하는 곳의 기준
① 출입구는 건축물의 안에서 밖으로 수시로 개방할 수 있는 자동폐쇄식의 것으로 할 것
② 출입구 또는 사이통로의 문턱의 높이를 15cm 이상으로 할 것
③ 높이 1m 이하의 부분에 있는 창 등은 밀폐시킬 것

(5) 자동차 등의 점검 · 정비를 행하는 설비
① 고정주유설비로부터 4m 이상 떨어지게 할 것
② 도로경계선으로부터 2m 이상 떨어지게 할 것

(6) 자동차 등의 세정을 행하는 설비
① 증기세차기를 설치하는 경우에는 그 주위에 불연재료로 된 높이 1m 이상의 담을 설치하고 출입구가 고정주유설비에 면하지 않도록 할 것. 이 경우 담은 고정주유설비로부터 4m 이상 떨어지게 할 것
② 증기세차기 외의 세차기를 설치하는 경우에는 고정주유설비로부터 4m 이상, 도로경계선으로부터 2m 이상 떨어지게 할 것

(7) 주유원 간이대기실의 기준★

① 불연재료로 할 것

② 바퀴가 부착되지 않은 고정식일 것

③ 차량의 출입 및 주유작업에 장애를 주지 않는 위치에 설치할 것

④ 바닥면적이 2.5m² 이하일 것. 다만, 주유공지 및 급유공지 외의 장소에 설치하는 것은 그렇지 않다.

핵심이론 07 | 담 또는 벽

(1) 주유취급소의 주위에는 자동차 등이 출입하는 쪽 외의 부분에 높이 2m 이상의 내화구조 또는 불연재료의 담 또는 벽을 설치하되, 주유취급소의 인근에 연소의 우려가 있는 건축물이 있는 경우에는 소방청장이 정하여 고시하는 바에 따라 방화상 유효한 높이로 해야 한다.

(2) 다음 기준에 모두 적합한 경우에는 담 또는 벽의 일부분에 방화상 유효한 구조의 유리를 부착할 수 있다.

① 유리를 부착하는 위치는 주입구, 고정주유설비 및 고정급유설비로부터 4m 이상 거리를 둘 것

② 유리를 부착하는 방법은 다음의 기준에 모두 적합할 것

  ㉠ 주유취급소 내의 지반면으로부터 70cm를 초과하는 부분에 한하여 유리를 부착할 것

  ㉡ 하나의 유리판의 가로의 길이는 2m 이내일 것

  ㉢ 유리판의 테두리를 금속제의 구조물에 견고하게 고정하고 해당 구조물을 담 또는 벽에 견고하게 부착할 것

  ㉣ 유리의 구조는 접합유리(두 장의 유리를 두께 0.76mm 이상의 폴리비닐부티랄 필름으로 접합한 구조)로 하되, 유리구획 부분의 내화시험방법(KS F 2845)에 따라 시험하여 비차열 30분 이상의 방화성능이 인정될 것

③ 유리를 부착하는 범위는 전체의 담 또는 벽의 길이의 2/10를 초과하지 않을 것

핵심이론 08 | 캐노피의 설치기준

(1) 배관이 캐노피 내부를 통과할 경우에는 1개 이상의 점검구를 설치할 것

(2) 캐노피 외부의 점검이 곤란한 장소에 배관을 설치하는 경우에는 용접이음으로 할 것

(3) 캐노피 외부의 배관이 일광열의 영향을 받을 우려가 있는 경우에는 단열재로 피복할 것

핵심이론 09 | 펌프실 등의 구조

(1) 바닥은 위험물이 침투하지 않는 구조로 하고 적당한 경사를 두어 집유설비를 설치할 것

(2) 펌프실 등에는 위험물을 취급하는 데 필요한 채광·조명 및 환기의 설비를 할 것

(3) 가연성 증기가 체류할 우려가 있는 펌프실 등에는 그 증기를 옥외에 배출하는 설비를 설치할 것

(4) 고정주유설비 또는 고정급유설비 중 펌프기기를 호스기기와 분리하여 설치하는 경우에는 펌프실의 출입구를 주유공지 또는 급유공지에 접하도록 하고, 자동폐쇄식의 60분+ 방화문 또는 60분 방화문을 설치할 것

(5) 펌프실 등의 표지 및 게시판
① "위험물 펌프실", "위험물 취급실"이라는 표지를 설치
  ㉠ 표지의 크기 : 한 변의 길이가 0.3m 이상, 다른 한 변의 길이가 0.6m 이상인 직사각형
  ㉡ 표지의 색상 : 백색 바탕에 흑색 문자
② 방화에 관하여 필요한 사항을 게시한 게시판 : 제조소와 동일하다.

(6) 출입구에는 바닥으로부터 0.1m 이상의 턱을 설치할 것★★

핵심이론 10 | 고속국도 주유취급소의 특례

고속국도의 도로변에 설치된 주유취급소의 탱크의 용량 : 60,000L 이하★★

(1) 고객이 직접 자동차 등의 연료탱크 또는 용기에 위험물을 주입하는 고정주유설비 또는 고정급유설비(이하 "셀프용 고정주유설비" 또는 "셀프용 고정급유설비"라 한다)를 설치하는 주유취급소의 특례기준은 (2) 내지 (4)와 같다.

(2) 셀프용 고정주유설비의 기준

① 주유호스의 끝부분에 수동개폐장치를 부착한 주유노즐을 설치할 것. 다만, 수동개폐장치를 개방한 상태로 고정시키는 장치가 부착된 경우에는 다음의 기준에 적합해야 한다.

    ㉠ 주유작업을 개시함에 있어서 주유노즐의 수동개폐장치가 개방상태에 있는 때에는 해당 수동개폐장치를 일단 폐쇄시켜야만 다시 주유를 개시할 수 있는 구조로 할 것

    ㉡ 주유노즐이 자동차 등의 주유구로부터 이탈된 경우 주유를 자동적으로 정지시키는 구조일 것

② 주유노즐은 자동차 등의 연료탱크가 가득 찬 경우 자동적으로 정지시키는 구조일 것

③ 주유호스는 200kg중 이하의 하중에 의하여 깨져 분리되거나 이탈되어야 하고, 깨져 분리되거나 이탈된 부분으로부터의 위험물 누출을 방지할 수 있는 구조일 것

④ 휘발유와 경유 상호 간의 오인에 의한 주유를 방지할 수 있는 구조일 것

⑤ 1회의 연속주유량 및 주유시간의 상한을 미리 설정할 수 있는 구조일 것. 이 경우 주유량의 상한은 휘발유는 100L 이하, 경유는 200L 이하로 하며, 주유시간의 상한은 4분 이하로 한다. ★

(3) 셀프용 고정급유설비의 기준

① 급유호스의 끝부분에 수동개폐장치를 부착한 급유노즐을 설치할 것

② 급유노즐은 용기가 가득 찬 경우에 자동적으로 정지시키는 구조일 것

③ 1회의 연속급유량 및 급유시간의 상한을 미리 설정할 수 있는 구조일 것. 이 경우 급유량의 상한은 100L 이하, 급유시간의 상한은 6분 이하로 한다.

(4) 셀프용 고정주유설비 또는 셀프용 고정급유설비의 주위에 표시할 것

① 셀프용 고정주유설비 또는 셀프용 고정급유설비의 주위의 보기 쉬운 곳에 고객이 직접 주유할 수 있다는 의미의 표시를 하고 자동차의 정차위치 또는 용기를 놓는 위치를 표시할 것

② 주유호스 등의 직근에 호스기기 등의 사용방법 및 위험물의 품목을 표시할 것

③ 셀프용 고정주유설비 또는 셀프용 고정급유설비와 셀프용이 아닌 고정주유설비 또는 고정급유설비를 함께 설치하는 경우에는 셀프용이 아닌 것의 주위에 고객이 직접 사용할 수 없다는 의미의 표시를 할 것

1-10. 판매취급소의 위치, 구조 및 설비의 기준(시행규칙 별표 14)

| 핵심이론 01 | 제1종 판매취급소(위험물의 수량이 지정수량의 20배 이하)의 기준★ |

(1) 제1종 판매취급소는 건축물의 1층에 설치할 것

(2) 제1종 판매취급소에는 보기 쉬운 곳에 "위험물 판매취급소(제1종)"라는 표지와 방화에 관하여 필요한 사항을 게시한 게시판을 제조소와 동일하게 설치할 것

(3) 제1종 판매취급소의 용도로 사용되는 건축물의 부분은 내화구조 또는 불연재료로 하고, 판매취급소로 사용되는 부분과 다른 부분과의 격벽은 내화구조로 할 것

(4) 제1종 판매취급소의 용도로 사용하는 건축물의 부분은 보를 불연재료로 하고, 천장을 설치하는 경우에는 천장을 불연재료로 할 것

(5) 제1종 판매취급소의 용도로 사용하는 부분에 상층이 있는 경우에 있어서는 그 상층의 바닥을 내화구조로 하고, 상층이 없는 경우에 있어서는 지붕을 내화구조 또는 불연재료로 할 것

(6) 제1종 판매취급소의 용도로 사용하는 부분의 창 및 출입구에는 60분+ 방화문·60분 방화문 또는 30분 방화문을 설치할 것

(7) 위험물 배합실의 기준★
① 바닥면적은 6m² 이상 15m² 이하일 것
② 내화구조 또는 불연재료로 된 벽으로 구획할 것
③ 바닥은 위험물이 침투하지 않는 구조로 하여 적당한 경사를 두고 집유설비를 할 것

④ 출입구에는 수시로 열 수 있는 자동폐쇄식의 60분+ 방화문 또는 60분 방화문을 설치할 것
⑤ 출입구 문턱의 높이는 바닥면으로부터 0.1m 이상으로 할 것
⑥ 내부에 체류한 가연성의 증기 또는 가연성의 미분을 지붕 위로 방출하는 설비를 할 것

(1) 제2종 판매취급소의 용도로 사용하는 부분은 벽·기둥·바닥 및 보를 내화구조로 하고, 천장이 있는 경우에는 이를 불연재료로 하며, 판매취급소로 사용되는 부분과 다른 부분과의 격벽은 내화구조로 할 것

(2) 제2종 판매취급소의 용도로 사용하는 부분에 상층이 있는 경우에 있어서는 상층의 바닥을 내화구조로 하는 동시에 상층으로의 연소를 방지하기 위한 조치를 강구하고, 상층이 없는 경우에는 지붕을 내화구조로 할 것

(3) 제2종 판매취급소의 용도로 사용하는 부분 중 연소의 우려가 없는 부분에 한하여 창을 두되, 해당 창에는 60분+ 방화문·60분 방화문 또는 30분 방화문을 설치할 것

(4) 제2종 판매취급소의 용도로 사용하는 부분의 출입구에는 60분+ 방화문·60분 방화문 또는 30분 방화문을 설치할 것. 다만, 해당 부분 중 연소의 우려가 있는 벽에 설치하는 출입구에는 수시로 열 수 있는 자동폐쇄식의 60분+ 방화문 또는 60분 방화문을 설치할 것

1-11. 이송취급소의 위치, 구조 및 설비의 기준(시행규칙 별표 15)

핵심이론 01 | 설치장소

이송취급소는 다음의 장소 외의 장소에 설치해야 한다.

(1) 철도 및 도로의 터널 안

(2) 고속국도 및 자동차전용도로(도로법 제48조 제1항에 따라 지정된 도로를 말함)의 차도·갓길 및 중앙분리대

(3) 호수·저수지 등으로서 수리의 수원이 되는 곳

(4) 급경사지역으로서 붕괴의 위험이 있는 지역

※ 위의 장소에 이송취급소를 설치할 수 있는 경우
• 지형상황 등 부득이한 사유가 있고 안전에 필요한 조치를 하는 경우
• 위의 (2), (3)의 장소에 횡단하여 설치하는 경우

핵심이론 02 | 배관 등의 구조 및 설치기준

(1) 배관 등의 구조
배관 등의 구조는 다음의 하중에 의하여 생기는 응력에 대한 안전성이 있어야 한다.
① 위험물의 중량, 배관 등의 내압, 배관 등과 그 부속설비의 자중, 토압, 수압, 열차하중, 자동차하중 및 부력 등의 주하중
② 풍하중, 설하중, 온도변화의 영향, 진동의 영향, 지진의 영향, 배의 닻에 의한 충격의 영향, 파도와 조류의 영향, 설치공정상의 영향 및 다른 공사에 의한 영향 등의 종하중

(2) 배관설치의 기준
① 지하매설
  ㉠ 배관은 그 외면으로부터 건축물·지하가·터널 또는 수도시설까지 각각 다음의 규정에 의한 안전거리를 둘 것(다만, 지하가 및 터널 또는 수도법에 의한 수도시설의 공작물에 있어서는 적절한 누설확산방지조치를 하는 경우에 그 안전거리를 1/2의 범위 안에서 단축할 수 있다)
  • 건축물(지하가 내의 건축물을 제외한다) : 1.5m 이상
  • 지하가 및 터널 : 10m 이상
  • 수도법에 의한 수도시설(위험물의 유입 우려가 있는 것에 한함) : 300m 이상
  ㉡ 배관은 그 외면으로부터 다른 공작물에 대하여 0.3m 이상의 거리를 보유할 것
  ㉢ 배관의 외면과 지표면과의 거리는 산이나 들에 있어서는 0.9m 이상, 그 밖의 지역에 있어서는 1.2m 이상으로 할 것
  ㉣ 배관의 하부에는 사질토 또는 모래로 20cm(자동차 등의 하중이 없는 경우에는 10cm) 이상, 배관의 상부에는 사질토 또는 모래로 30cm(자동차 등의 하중이 없는 경우에는 20cm) 이상 채울 것

② 도로 밑 매설
  ㉠ 배관은 그 외면으로부터 도로의 경계에 대하여 1m 이상의 안전거리를 둘 것
  ㉡ 시가지 도로의 밑에 매설하는 경우에는 배관의 외경보다 10cm 이상 넓은 견고하고 내구성이 있는 재질의 판(보호판)을 배관의 상부로부터 30cm 이상 위에 설치할 것
  ㉢ 배관(보호판 또는 방호구조물에 의하여 배관을 보호하는 경우에는 해당 보호판 또는 방호구조물을 말함)은 그 외면으로부터 다른 공작물에 대하여 0.3m 이상의 거리를 보유할 것
  ㉣ 시가지 도로의 노면 아래에 매설하는 경우에는 배관(방호구조물의 안에 설치된 것은 제외)의 외면과 노면과의 거리는 1.5m 이상, 보호판 또는 방호구조물의 외면과 노면과의 거리는 1.2m 이상으로 할 것
  ㉤ 시가지 외의 도로의 노면 아래에 매설하는 경우에는 배관의 외면과 노면과의 거리는 1.2m 이상으로 할 것
  ㉥ 포장된 차도에 매설하는 경우에는 포장부분의 토대(차단층이 있는 경우는 해당 차단층을 말함)의 밑에 매설하고, 배관의 외면과 토대의 최하부와의 거리는 0.5m 이상으로 할 것
  ㉦ 노면 밑 외의 도로 밑에 매설하는 경우에는 배관의 외면과 지표면과의 거리는 1.2m[보호판 또는 방호구조물에 의하여 보호된 배관에 있어서는 0.6m(시가지의 도로 밑에 매설하는 경우에는 0.9m)] 이상으로 할 것

③ 철도부지 밑 매설
  ㉠ 배관은 그 외면으로부터 철도 중심선에 대하여는 4m 이상, 해당 철도부지(도로에 인접한 경우는 제외)의 용지경계에 대하여는 1m 이상의 거리를 유지할 것
  ㉡ 배관의 외면과 지표면과의 거리는 1.2m 이상으로 할 것
④ 지상설치
  ㉠ 배관[이송기지(펌프에 의하여 위험물을 보내거나 받는 작업을 행하는 장소를 말함)의 구내에 설치되어진 것을 제외]은 다음의 기준에 의한 안전거리를 둘 것
    • 철도(화물수송용으로만 쓰이는 것을 제외) 또는 도로의 경계선으로부터 25m 이상
    • 학교, 종합병원, 병원, 치과병원, 한방병원, 요양병원, 공연장, 영화상영관, 복지시설(아동, 노인, 장애인, 한부모가족), 어린이집, 성매매피해자 등을 위한 지원시설, 정신건강증진시설, 가정폭력방지 및 피해자 보호시설 등 시설로부터 45m 이상
    • 유형문화재, 지정문화재 시설로부터 65m 이상
    • 고압가스, 액화석유가스, 도시가스 시설로부터 35m 이상
    • 국토의 계획 및 이용에 관한 법률에 의한 공공공지 또는 도시공원법에 의한 도시공원으로부터 45m 이상
    • 판매시설·숙박시설·위락시설 등 불특정다중을 수용하는 시설 중 연면적 1,000㎡ 이상인 것으로부터 45m 이상
    • 1일 평균 20,000명 이상 이용하는 기차역 또는 버스터미널로부터 45m 이상
    • 수도법에 의한 수도시설 중 위험물이 유입될 가능성이 있는 것으로부터 300m 이상

    • 주택 또는 위와 유사한 시설 중 다수의 사람이 출입하거나 근무하는 것으로부터 25m 이상
  ㉡ 배관(이송기지의 구내에 설치된 것을 제외)의 양측면으로부터 해당 배관의 최대상용압력에 따라 다음 표에 의한 너비의 공지를 보유할 것

배관의 최대상용압력	공지의 너비
0.3MPa 미만	5m 이상
0.3MPa 이상 1MPa 미만	9m 이상
1MPa 이상	15m 이상

(1) 가연성 증기의 체류방지조치

배관을 설치하기 위하여 설치하는 터널(높이 1.5m 이상 인 것에 한한다)에는 가연성 증기의 체류를 방지하는 조치를 해야 한다.

(2) 비파괴시험

배관 등의 용접부는 비파괴시험을 실시하여 합격할 것. 이 경우 이송기지 내의 지상에 설치된 배관 등은 전체 용접부의 20% 이상을 발췌하여 시험할 수 있다.

(3) 내압시험

배관 등은 최대상용압력의 1.25배 이상의 압력으로 4시간 이상 수압을 가하여 누설, 그 밖의 이상이 없을 것

(4) 압력안전장치

배관계에는 배관 내의 압력이 최대상용압력을 초과하거나 유격작용 등에 의하여 생긴 압력이 최대상용압력의 1.1배를 초과하지 않도록 제어하는 장치(이하 "압력안전장치"라 한다)를 설치할 것

(5) 긴급차단밸브의 설치기준

① 시가지에 설치하는 경우에는 약 4km의 간격
② 하천·호소 등을 횡단하여 설치하는 경우에는 횡단하는 부분의 양 끝
③ 해상 또는 해저를 통과하여 설치하는 경우에는 통과하는 부분의 양 끝
④ 산림지역에 설치하는 경우에는 약 10km의 간격
⑤ 도로 또는 철도를 횡단하여 설치하는 경우에는 횡단하는 부분의 양 끝

(6) 지진감지장치 등

배관의 경로에는 안전상 필요한 장소와 25km의 거리마다 지진감지장치 및 강진계를 설치해야 한다.

(7) 경보설비

① 이송기지에는 비상벨장치 및 확성장치를 설치할 것
② 가연성 증기를 발생하는 위험물을 취급하는 펌프실 등에는 가연성 증기 경보설비를 설치할 것

(8) 펌프 및 그 부속설비

① 보유공지

펌프 등의 최대상용압력	공지의 너비
1MPa 미만	3m 이상
1MPa 이상 3MPa 미만	5m 이상
3MPa 이상	15m 이상

② 펌프를 설치하는 펌프실의 기준
  ㉠ 불연재료의 구조로 할 것. 이 경우 지붕은 폭발력이 위로 방출될 정도의 가벼운 불연재료이어야 한다.
  ㉡ 창 또는 출입구를 설치하는 경우에는 60분+ 방화문·60분 방화문 또는 30분 방화문으로 할 것
  ㉢ 창 또는 출입구에 유리를 이용하는 경우에는 망입유리로 할 것
  ㉣ 바닥은 위험물이 침투하지 않는 구조로 하고 그 주변에 높이 20cm 이상의 턱을 설치할 것
  ㉤ 누설한 위험물이 외부로 유출되지 않도록 바닥은 적당한 경사를 두고 그 최저부에 집유설비를 할 것
  ㉥ 가연성 증기가 체류할 우려가 있는 펌프실에는 배출설비를 할 것
  ㉦ 펌프실에는 위험물을 취급하는 데 필요한 채광·조명 및 환기 설비를 할 것
③ 펌프 등을 옥외에 설치하는 경우의 기준
  ㉠ 펌프 등을 설치하는 부분의 지반은 위험물이 침투하지 않는 구조로 하고 그 주위에는 높이 15cm 이상의 턱을 설치할 것
  ㉡ 누설한 위험물이 외부로 유출되지 않도록 배수구 및 집유설비를 설치할 것

(9) 피그장치의 설치기준

① 피그장치는 배관의 강도와 동등 이상의 강도를 가질 것

② 피그장치는 해당 장치의 내부 압력을 안전하게 방출할 수 있고 내부 압력을 방출한 후가 아니면 피그를 삽입하거나 배출할 수 없는 구조로 할 것

③ 피그장치는 배관 내에 이상응력이 발생하지 않도록 설치할 것

④ 피그장치를 설치한 장소의 바닥은 위험물이 침투하지 않는 구조로 하고 누설한 위험물이 외부로 유출되지 않도록 배수구 및 집유설비를 설치할 것

⑤ 피그장치의 주변에는 너비 3m 이상의 공지를 보유할 것. 다만, 펌프실 내에 설치하는 경우에는 그렇지 않다.

10년간 자주 출제된 문제

이송취급소 배관 등의 용접부는 비파괴시험을 실시하여 합격해야 한다. 이 경우 이송기지 내의 지상에 설치되는 배관 등은 전체 용접부의 몇 % 이상 발췌하여 시험할 수 있는가?

① 10 　　　　② 15
③ 20 　　　　④ 25

|해설|

배관 등의 용접부는 비파괴시험을 실시할 때 전체 용접부의 20% 이상 발췌하여 시험할 수 있다.

정답 ③

1-12. 일반취급소의 위치, 구조 및 설비의 기준(시행규칙 별표 16)

핵심이론 01 | 일반취급소의 위치, 구조 및 설비기준

제조소와 동일함

1-1. 위험물 제조소 등의 일반점검표

[세부기준 별지 제9호 서식]

제 조 소 일반취급소 일반점검표			점검기간 : 점 검 자 :　　(서명 또는 인) 설 치 자 :　　(서명 또는 인)			
제조소 등의 구분	[ ] 제조소　[ ] 일반취급소		설치허가 연월일 및 완공검사번호			
설치자			안전관리자			
사업소명			설치위치			
위험물 현황	품 명		허가량		지정수량의 배수	
위험물 저장·취급 개요						
시설명/호칭번호						
점검항목	점검내용		점검방법	점검결과		비 고
안전거리	보호대상물 신설여부		육안 및 실측	[ ]적합 [ ]부적합 [ ]해당없음		
	방화상 유효한 담의 손상유무		육 안	[ ]적합 [ ]부적합 [ ]해당없음		
보유공지	허가외 물건 존치여부		육 안	[ ]적합 [ ]부적합 [ ]해당없음		
	방화상 유효한 격벽의 손상유무		육 안	[ ]적합 [ ]부적합 [ ]해당없음		
건축물	벽·기둥·보·지붕	균열·손상 등 유무	육 안	[ ]적합 [ ]부적합 [ ]해당없음		
	방화문	변형·손상 등 유무 및 폐쇄기능의 적부	육 안	[ ]적합 [ ]부적합 [ ]해당없음		
	바 닥	체유·체수 유무	육 안	[ ]적합 [ ]부적합 [ ]해당없음		
		균열·손상·패임 등 유무	육 안	[ ]적합 [ ]부적합 [ ]해당없음		
	계 단	변형·손상 등 유무 및 고정상황의 적부	육 안	[ ]적합 [ ]부적합 [ ]해당없음		
환기설비· 배출설비 등	변형·손상 유무 및 고정상태의 적부		육 안	[ ]적합 [ ]부적합 [ ]해당없음		
	인화방지망의 손상 및 막힘 유무		육 안	[ ]적합 [ ]부적합 [ ]해당없음		
	방화댐퍼의 손상 유무 및 기능의 적부		육안 및 작동확인	[ ]적합 [ ]부적합 [ ]해당없음		
	팬의 작동상황 적부		작동확인	[ ]적합 [ ]부적합 [ ]해당없음		
	가연성증기경보장치의 작동상황 적부		작동확인	[ ]적합 [ ]부적합 [ ]해당없음		
옥외위험물취급설비	방유턱·바닥	균열·손상 등 유무	육 안	[ ]적합 [ ]부적합 [ ]해당없음		
		체유·체수·토사퇴적 등 유무	육 안	[ ]적합 [ ]부적합 [ ]해당없음		
	집유설비·배수구· 유분리장치	균열·손상 등 유무	육 안	[ ]적합 [ ]부적합 [ ]해당없음		
		체유·체수·토사퇴적 등 유무	육 안	[ ]적합 [ ]부적합 [ ]해당없음		
위험물의 누출·비산방지장치 등	누출방지설비 등 (이중배관 등)	체유 등 유무	육 안	[ ]적합 [ ]부적합 [ ]해당없음		
		변형·균열·손상 유무	육 안	[ ]적합 [ ]부적합 [ ]해당없음		
		도장상황의 적부 및 부식 유무	육 안	[ ]적합 [ ]부적합 [ ]해당없음		
		고정상황의 적부	육 안	[ ]적합 [ ]부적합 [ ]해당없음		
	역류방지설비 (되돌림관 등)	기능의 적부	육안 및 작동확인	[ ]적합 [ ]부적합 [ ]해당없음		
		변형·균열·손상 유무	육 안	[ ]적합 [ ]부적합 [ ]해당없음		
		도장상황의 적부 및 부식 유무	육 안	[ ]적합 [ ]부적합 [ ]해당없음		
		고정상황의 적부	육 안	[ ]적합 [ ]부적합 [ ]해당없음		
	비산방지설비	체유 등 유무	육 안	[ ]적합 [ ]부적합 [ ]해당없음		
		변형·균열·손상 유무	육 안	[ ]적합 [ ]부적합 [ ]해당없음		
		기능의 적부	육안 및 작동확인	[ ]적합 [ ]부적합 [ ]해당없음		
		고정상황의 적부	육 안	[ ]적합 [ ]부적합 [ ]해당없음		

설비	점검개소	점검항목	점검방법	점검결과	
가열·냉각·건조설비	기초·지주 등	변형·균열·손상·침하 유무	육안	[ ]적합 [ ]부적합 [ ]해당없음	
		볼트 등의 풀림 유무	육안	[ ]적합 [ ]부적합 [ ]해당없음	
		도장상황의 적부 및 부식 유무	육안	[ ]적합 [ ]부적합 [ ]해당없음	
	본체부	누설 유무	육안 및 가스검지	[ ]적합 [ ]부적합 [ ]해당없음	
		변형·균열·손상 유무	육안	[ ]적합 [ ]부적합 [ ]해당없음	
		도장상황의 적부 및 부식 유무	육안 및 두께측정	[ ]적합 [ ]부적합 [ ]해당없음	
		볼트 등의 풀림 유무	육안	[ ]적합 [ ]부적합 [ ]해당없음	
		보냉재의 손상·탈락 유무	육안	[ ]적합 [ ]부적합 [ ]해당없음	
	접지	단선 유무	육안	[ ]적합 [ ]부적합 [ ]해당없음	
		부착부분의 탈락 유무	육안	[ ]적합 [ ]부적합 [ ]해당없음	
		접지저항치의 적부	저항측정	[ ]적합 [ ]부적합 [ ]해당없음	
	안전장치	부식·손상 유무	육안	[ ]적합 [ ]부적합 [ ]해당없음	
		고정상황의 적부	육안	[ ]적합 [ ]부적합 [ ]해당없음	
		기능의 적부	작동확인	[ ]적합 [ ]부적합 [ ]해당없음	
	계측장치	손상 유무	육안	[ ]적합 [ ]부적합 [ ]해당없음	
		부착부의 풀림 유무	육안	[ ]적합 [ ]부적합 [ ]해당없음	
		작동·지시사항의 적부	육안	[ ]적합 [ ]부적합 [ ]해당없음	
	송풍장치	손상 유무	육안	[ ]적합 [ ]부적합 [ ]해당없음	
		부착부의 풀림 유무	육안	[ ]적합 [ ]부적합 [ ]해당없음	
		이상진동·소음·발열 등 유무	육안 및 작동확인	[ ]적합 [ ]부적합 [ ]해당없음	
	살수장치	부식·변형·손상 유무	육안	[ ]적합 [ ]부적합 [ ]해당없음	
		살수상황의 적부	육안	[ ]적합 [ ]부적합 [ ]해당없음	
		고정상태의 적부	육안	[ ]적합 [ ]부적합 [ ]해당없음	
	교반장치	손상 유무	육안	[ ]적합 [ ]부적합 [ ]해당없음	
		고정상황의 적부	육안	[ ]적합 [ ]부적합 [ ]해당없음	
		이상진동·소음·발열 등 유무	육안 및 작동확인	[ ]적합 [ ]부적합 [ ]해당없음	
		누유 유무	육안	[ ]적합 [ ]부적합 [ ]해당없음	
		안전장치의 작동 적부	육안 및 작동확인	[ ]적합 [ ]부적합 [ ]해당없음	
위험물취급설비	기초·지주 등	변형·균열·손상·침하 유무	육안	[ ]적합 [ ]부적합 [ ]해당없음	
		볼트 등의 풀림 유무	육안	[ ]적합 [ ]부적합 [ ]해당없음	
		도장상황의 적부 및 부식 유무	육안	[ ]적합 [ ]부적합 [ ]해당없음	
	본체부	누설 유무	육안 및 가스검지	[ ]적합 [ ]부적합 [ ]해당없음	
		변형·균열·손상 유무	육안	[ ]적합 [ ]부적합 [ ]해당없음	
		도장상황의 적부 및 부식 유무	육안 및 두께측정	[ ]적합 [ ]부적합 [ ]해당없음	
		볼트 등의 풀림 유무	육안	[ ]적합 [ ]부적합 [ ]해당없음	
		보냉재의 손상·탈락 유무	육안	[ ]적합 [ ]부적합 [ ]해당없음	
	접지	단선 유무	육안	[ ]적합 [ ]부적합 [ ]해당없음	
		부착부분의 탈락 유무	육안	[ ]적합 [ ]부적합 [ ]해당없음	
		접지저항치의 적부	저항측정	[ ]적합 [ ]부적합 [ ]해당없음	
	안전장치	부식·손상 유무	육안	[ ]적합 [ ]부적합 [ ]해당없음	
		고정상황의 적부	육안	[ ]적합 [ ]부적합 [ ]해당없음	
		기능의 적부	작동확인	[ ]적합 [ ]부적합 [ ]해당없음	
	계측장치	손상의 유무	육안	[ ]적합 [ ]부적합 [ ]해당없음	
		부착부의 풀림 유무	육안	[ ]적합 [ ]부적합 [ ]해당없음	
		작동·지시사항의 적부	육안	[ ]적합 [ ]부적합 [ ]해당없음	
	송풍장치	손상 유무	육안	[ ]적합 [ ]부적합 [ ]해당없음	
		부착부의 풀림 유무	육안	[ ]적합 [ ]부적합 [ ]해당없음	
		이상진동·소음·발열 등 유무	육안 및 작동확인	[ ]적합 [ ]부적합 [ ]해당없음	
	구동장치	고정상태의 적부	육안	[ ]적합 [ ]부적합 [ ]해당없음	
		이상진동·소음·발열 등 유무	육안 및 작동확인	[ ]적합 [ ]부적합 [ ]해당없음	
		회전부 등의 급유상태 적부	육안	[ ]적합 [ ]부적합 [ ]해당없음	
	교반장치	손상 유무	육안	[ ]적합 [ ]부적합 [ ]해당없음	
		고정상황의 적부	육안	[ ]적합 [ ]부적합 [ ]해당없음	
		이상진동·소음·발열 등 유무	육안 및 작동확인	[ ]적합 [ ]부적합 [ ]해당없음	
		누유 유무	육안	[ ]적합 [ ]부적합 [ ]해당없음	
		안전장치의 작동 적부	육안 및 작동확인	[ ]적합 [ ]부적합 [ ]해당없음	

	기초·지주·전용실 등	변형·균열·손상·침하 유무	육 안	[ ]적합 [ ]부적합 [ ]해당없음	
		고정상태의 적부	육 안	[ ]적합 [ ]부적합 [ ]해당없음	
	본 체	변형·균열·손상 유무	육 안	[ ]적합 [ ]부적합 [ ]해당없음	
		누설 유무	육 안	[ ]적합 [ ]부적합 [ ]해당없음	
		도장상황의 적부 및 부식 유무	육안 및 두께측정	[ ]적합 [ ]부적합 [ ]해당없음	
		고정상태의 적부	육 안	[ ]적합 [ ]부적합 [ ]해당없음	
		보냉재의 손상·탈락 등 유무	육 안	[ ]적합 [ ]부적합 [ ]해당없음	
	노즐·맨홀 등	누설 유무	육 안	[ ]적합 [ ]부적합 [ ]해당없음	
		변형·손상 유무	육 안	[ ]적합 [ ]부적합 [ ]해당없음	
		부착부의 손상 유무	육 안	[ ]적합 [ ]부적합 [ ]해당없음	
		도장상황의 적부 및 부식 유무	육안 및 두께측정	[ ]적합 [ ]부적합 [ ]해당없음	
	방유제·방유턱	**변형·균열·손상 유무**	**육 안**	[ ]적합 [ ]부적합 [ ]해당없음	
		배수관의 손상 유무	**육 안**	[ ]적합 [ ]부적합 [ ]해당없음	
		배수관의 개폐상황 적부	**육 안**	[ ]적합 [ ]부적합 [ ]해당없음	
		배수구의 균열·손상 유무	**육 안**	[ ]적합 [ ]부적합 [ ]해당없음	
위험물취급탱크		**배수구내 제유·체수·토사퇴적 등 유무**	**육 안**	[ ]적합 [ ]부적합 [ ]해당없음	
		수용량의 적부	**측정**	[ ]적합 [ ]부적합 [ ]해당없음	
	접 지	단선 유무	육 안	[ ]적합 [ ]부적합 [ ]해당없음	
		부착부분의 탈락 유무	육 안	[ ]적합 [ ]부적합 [ ]해당없음	
		접지저항치의 적부	저항측정	[ ]적합 [ ]부적합 [ ]해당없음	
	누유검사관	변형·손상·토사퇴적 등 유무	육 안	[ ]적합 [ ]부적합 [ ]해당없음	
	교반장치	누유 유무	육 안	[ ]적합 [ ]부적합 [ ]해당없음	
		이상진동·소음·발열 등 유무	육안 및 작동확인	[ ]적합 [ ]부적합 [ ]해당없음	
		고정상태의 적부	육 안	[ ]적합 [ ]부적합 [ ]해당없음	
	통기관	인화방지장치의 손상·막힘 유무	육 안	[ ]적합 [ ]부적합 [ ]해당없음	
		화염방지장치 접합부의 고정상태 적부	육 안	[ ]적합 [ ]부적합 [ ]해당없음	
		밸브의 작동상황 적부	작동확인	[ ]적합 [ ]부적합 [ ]해당없음	
		통기관내 장애물의 유무	육 안	[ ]적합 [ ]부적합 [ ]해당없음	
		도장상황의 적부 및 부식 유무	육 안	[ ]적합 [ ]부적합 [ ]해당없음	
	안전장치	작동의 적부	육안 및 작동확인	[ ]적합 [ ]부적합 [ ]해당없음	
		부식·손상 유무	육 안	[ ]적합 [ ]부적합 [ ]해당없음	
	계량장치	손상 유무	육 안	[ ]적합 [ ]부적합 [ ]해당없음	
		부착부의 고정상태 적부	육 안	[ ]적합 [ ]부적합 [ ]해당없음	
		작동의 적부	육 안	[ ]적합 [ ]부적합 [ ]해당없음	
	주입구	폐쇄시의 누설 유무	육 안	[ ]적합 [ ]부적합 [ ]해당없음	
		변형·손상 유무	육 안	[ ]적합 [ ]부적합 [ ]해당없음	
		접지전극의 손상 유무	육 안	[ ]적합 [ ]부적합 [ ]해당없음	
		접지저항치의 적부	저항측정	[ ]적합 [ ]부적합 [ ]해당없음	
	주입구의 피트	균열·손상 유무	육 안	[ ]적합 [ ]부적합 [ ]해당없음	
		체유·체수·토사퇴적 등 유무	육 안	[ ]적합 [ ]부적합 [ ]해당없음	
배관·밸브 등	배관(플랜지·밸브 포함)	누설의 유무(지하매설배관은 누설점검실시)	육안 및 누설점검	[ ]적합 [ ]부적합 [ ]해당없음	
		변형·손상 유무	육 안	[ ]적합 [ ]부적합 [ ]해당없음	
		도장상황의 적부 및 부식 유무	육 안	[ ]적합 [ ]부적합 [ ]해당없음	
		지반면과 이격상태의 적부	육 안	[ ]적합 [ ]부적합 [ ]해당없음	
	배관의 피트	균열·손상 유무	육 안	[ ]적합 [ ]부적합 [ ]해당없음	
		체유·체수·토사퇴적 등 유무	육 안	[ ]적합 [ ]부적합 [ ]해당없음	
	전기방식 설비	단자함의 손상·토사퇴적 등 유무	육 안	[ ]적합 [ ]부적합 [ ]해당없음	
		단자의 탈락 유무	육 안	[ ]적합 [ ]부적합 [ ]해당없음	
		방식전류(전위)의 적부	전위측정	[ ]적합 [ ]부적합 [ ]해당없음	

		손상 유무	육 안	[ ]적합 [ ]부적합 [ ]해당없음	
펌프설비 등	전동기	고정상태의 적부	육 안	[ ]적합 [ ]부적합 [ ]해당없음	
		회전부 등의 급유상태 적부	육 안	[ ]적합 [ ]부적합 [ ]해당없음	
		이상진동·소음·발열 등 유무	육안 및 작동확인	[ ]적합 [ ]부적합 [ ]해당없음	
	펌 프	누설 유무	육 안	[ ]적합 [ ]부적합 [ ]해당없음	
		변형·손상 유무	육 안	[ ]적합 [ ]부적합 [ ]해당없음	
		도장상태의 적부 및 부식 유무	육 안	[ ]적합 [ ]부적합 [ ]해당없음	
		고정상태의 적부	육 안	[ ]적합 [ ]부적합 [ ]해당없음	
		회전부 등의 급유상태 적부	육 안	[ ]적합 [ ]부적합 [ ]해당없음	
		유량 및 유압 적부	육 안	[ ]적합 [ ]부적합 [ ]해당없음	
		이상진동·소음·발열 등의 유무	육안 및 작동확인	[ ]적합 [ ]부적합 [ ]해당없음	
	접 지	단선 유무	육 안	[ ]적합 [ ]부적합 [ ]해당없음	
		부착부분의 탈락 유무	육 안	[ ]적합 [ ]부적합 [ ]해당없음	
		접지저항치의 적부	저항측정	[ ]적합 [ ]부적합 [ ]해당없음	
전기설비	배전반·차단기· 배선 등	변형·손상 유무	육 안	[ ]적합 [ ]부적합 [ ]해당없음	
		고정상태의 적부	육 안	[ ]적합 [ ]부적합 [ ]해당없음	
		기능의 적부	육안 및 작동확인	[ ]적합 [ ]부적합 [ ]해당없음	
		배선접합부의 탈락 유무	육 안	[ ]적합 [ ]부적합 [ ]해당없음	
	접 지	단선 유무	육 안	[ ]적합 [ ]부적합 [ ]해당없음	
		부착부분의 탈락 유무	육 안	[ ]적합 [ ]부적합 [ ]해당없음	
		접지저항치의 적부	저항측정	[ ]적합 [ ]부적합 [ ]해당없음	
제어장치 등		제어계기의 손상 유무	육 안	[ ]적합 [ ]부적합 [ ]해당없음	
		제어반 고정상태의 적부	육 안	[ ]적합 [ ]부적합 [ ]해당없음	
		제어계(온도·압력·유량 등) 기능의 적부	작동확인 및 시험	[ ]적합 [ ]부적합 [ ]해당없음	
		감시설비 기능의 적부	작동확인	[ ]적합 [ ]부적합 [ ]해당없음	
		경보설비 기능의 적부	작동확인	[ ]적합 [ ]부적합 [ ]해당없음	
피뢰설비		**돌침부의 경사·손상·부착상태 적부**	**육 안**	[ ]적합 [ ]부적합 [ ]해당없음	
		피뢰도선의 단선 및 벽체 등과 접촉 유무	**육 안**	[ ]적합 [ ]부적합 [ ]해당없음	
		접지저항치의 적부	**저항측정**	[ ]적합 [ ]부적합 [ ]해당없음	
표지·게시판		손상 유무	육 안	[ ]적합 [ ]부적합 [ ]해당없음	
		기재사항의 적부	육 안	[ ]적합 [ ]부적합 [ ]해당없음	
소화설비	소화기	위치·설치수·압력의 적부	육 안	[ ]적합 [ ]부적합 [ ]해당없음	
	그 밖의 소화설비	소화설비 점검표에 의할 것			
경보설비	자동화재탐지설비	자동화재탐지설비 점검표에 의할 것			
	그 밖의 경보설비	손상 유무	육 안	[ ]적합 [ ]부적합 [ ]해당없음	
		기능의 적부	작동확인	[ ]적합 [ ]부적합 [ ]해당없음	
기타사항					

<table>
<tr><td colspan="4" rowspan="1">옥내저장소 일반점검표</td><td colspan="2">점검기간 :
점검자 :　　　　　　　서명(또는 인)
설치자 :　　　　　　　서명(또는 인)</td></tr>
</table>

옥내저장소의 형태	[ ]단층 [ ]다층 [ ]복합		설치허가 연월일 및 완공검사번호		
설치자			안전관리자		
사업소명			설치위치		
위험물 현황	품 명		허가량		지정수량의 배수
위험물 저장·취급 개요					
시설명/호칭번호					

점검항목		점검내용	점검방법	점검결과	비 고
안전거리		보호대상물 신설여부	육안 및 실측	[ ]적합 [ ]부적합 [ ]해당없음	
		방화상 유효한 담의 손상 유무	육 안	[ ]적합 [ ]부적합 [ ]해당없음	
보유공지		허가외 물건 존치 여부	육 안	[ ]적합 [ ]부적합 [ ]해당없음	
건축물	벽·기둥·보·지붕	균열·손상 등 유무	육 안	[ ]적합 [ ]부적합 [ ]해당없음	
	방화문	변형·손상 등 유무 및 폐쇄기능의 적부	육 안	[ ]적합 [ ]부적합 [ ]해당없음	
	바 닥	체유·체수 유무	육 안	[ ]적합 [ ]부적합 [ ]해당없음	
		균열·손상·패임 등 유무	육 안	[ ]적합 [ ]부적합 [ ]해당없음	
	계 단	변형·손상 등 유무 및 고정상황의 적부	육 안	[ ]적합 [ ]부적합 [ ]해당없음	
	다른 용도부분과 구획	균열·손상 등 유무	육 안	[ ]적합 [ ]부적합 [ ]해당없음	
	조명설비	손상의 유무	육 안	[ ]적합 [ ]부적합 [ ]해당없음	
환기설비·배출설비 등		변형·손상 유무 및 고정상태의 적부	육 안	[ ]적합 [ ]부적합 [ ]해당없음	
		인화방지장치의 손상 및 막힘 유무	육 안	[ ]적합 [ ]부적합 [ ]해당없음	
		방화댐퍼의 손상 유무 및 기능의 적부	육안 및 작동확인	[ ]적합 [ ]부적합 [ ]해당없음	
		팬의 작동상황 적부	작동확인	[ ]적합 [ ]부적합 [ ]해당없음	
		가연성증기경보장치의 작동상황 적부	작동확인	[ ]적합 [ ]부적합 [ ]해당없음	
선반 등		변형·손상 등 유무 및 고정상태의 적부	육 안	[ ]적합 [ ]부적합 [ ]해당없음	
		낙하방지장치의 적부	육 안	[ ]적합 [ ]부적합 [ ]해당없음	
집유설비·배수구		균열·손상 등 유무	육 안	[ ]적합 [ ]부적합 [ ]해당없음	
		체유·체수·토사퇴적 등 유무	육 안	[ ]적합 [ ]부적합 [ ]해당없음	
전기설비	배전반·차단기· 배선 등	변형·손상 유무	육 안	[ ]적합 [ ]부적합 [ ]해당없음	
		고정상태의 적부	육 안	[ ]적합 [ ]부적합 [ ]해당없음	
		기능의 적부	육안 및 작동확인	[ ]적합 [ ]부적합 [ ]해당없음	
		배선접합부의 탈락 유무	육 안	[ ]적합 [ ]부적합 [ ]해당없음	
	접 지	단선 유무	육 안	[ ]적합 [ ]부적합 [ ]해당없음	
		부착부분의 탈락 유무	육 안	[ ]적합 [ ]부적합 [ ]해당없음	
		접지저항치의 적부	저항측정	[ ]적합 [ ]부적합 [ ]해당없음	
피뢰설비		돌침부의 경사·손상·부착상태 적부	육 안	[ ]적합 [ ]부적합 [ ]해당없음	
		피뢰도선의 단선 및 벽체 등과 접촉 유무	육 안	[ ]적합 [ ]부적합 [ ]해당없음	
		접지저항치의 적부	저항측정	[ ]적합 [ ]부적합 [ ]해당없음	
표지·게시판		손상의 유무	육 안	[ ]적합 [ ]부적합 [ ]해당없음	
		기재사항의 적부	육 안	[ ]적합 [ ]부적합 [ ]해당없음	
소화설비	소화기	위치·설치수·압력의 적부	육 안	[ ]적합 [ ]부적합 [ ]해당없음	
	그 밖의 소화설비	소화설비 점검표에 의할 것			
경보설비	자동화재 탐지설비	자동화재탐지설비 점검표에 의할 것			
	그 밖의 경보설비	손상 유무	육 안	[ ]적합 [ ]부적합 [ ]해당없음	
		기능의 적부	작동확인	[ ]적합 [ ]부적합 [ ]해당없음	
기타사항					

옥외탱크저장소 일반점검표

		점검기간 :	
		점검자 :	서명(또는 인)
		설치자 :	서명(또는 인)

옥외탱크저장소의 형태	[ ]고정지붕식 [ ]부상지붕식 [ ]지중탱크 [ ]부상덮개부착 고정지붕식 [ ]해상탱크 [ ]기타	설치허가 연월일 및 완공검사번호	
설치자		안전관리자	
사업소명		설치위치	
위험물 현황	품 명	허가량	지정수량의 배수

위험물 저장·취급 개요	
시설명/호칭번호	

점검항목		점검내용	점검방법	점검결과	비 고
안전거리		보호대상물 신설여부	육안 및 실측	[ ]적합 [ ]부적합 [ ]해당없음	
		방화상 유효한 담의 손상유무	육 안	[ ]적합 [ ]부적합 [ ]해당없음	
보유공지		허가외 물건 존치여부	육 안	[ ]적합 [ ]부적합 [ ]해당없음	
		물분무설비 기능의 적부	작동확인	[ ]적합 [ ]부적합 [ ]해당없음	
탱크의 침하		부등침하의 유무	육 안	[ ]적합 [ ]부적합 [ ]해당없음	
기 초		균열·손상 등의 유무	육 안	[ ]적합 [ ]부적합 [ ]해당없음	
		배수관의 손상 유무 및 막힘 유무	육 안	[ ]적합 [ ]부적합 [ ]해당없음	
저부	바닥판 (애뉼러판 포함)	누설 유무	육 안	[ ]적합 [ ]부적합 [ ]해당없음	
		장출부의 변형·균열 유무	육 안	[ ]적합 [ ]부적합 [ ]해당없음	
		장출부의 토사퇴적·체수 유무	육 안	[ ]적합 [ ]부적합 [ ]해당없음	
		장출부 도장상황의 적부 및 부식 유무	육안 및 두께측정	[ ]적합 [ ]부적합 [ ]해당없음	
		고정상태의 적부	육 안	[ ]적합 [ ]부적합 [ ]해당없음	
	빗물침투 방지설비	변형·균열·박리 등의 유무	육 안	[ ]적합 [ ]부적합 [ ]해당없음	
	배수관 등	누설 유무	육 안	[ ]적합 [ ]부적합 [ ]해당없음	
		부식·변형·균열 유무	육 안	[ ]적합 [ ]부적합 [ ]해당없음	
		피트의 손상·체유·체수·토사퇴적 등의 유무	육 안	[ ]적합 [ ]부적합 [ ]해당없음	
		배수관과 피트의 간격 적부	육 안	[ ]적합 [ ]부적합 [ ]해당없음	
옆판부	옆판	누설 유무	육 안	[ ]적합 [ ]부적합 [ ]해당없음	
		변형·균열 유무	육 안	[ ]적합 [ ]부적합 [ ]해당없음	
		도장상황의 적부 및 부식 유무	육안 및 두께측정	[ ]적합 [ ]부적합 [ ]해당없음	
	노즐·맨홀 등	누설 유무	육 안	[ ]적합 [ ]부적합 [ ]해당없음	
		변형·손상 유무	육 안	[ ]적합 [ ]부적합 [ ]해당없음	
		부착부의 손상 유무	육 안	[ ]적합 [ ]부적합 [ ]해당없음	
		도장상황의 적부 및 부식 유무	육안 및 두께측정	[ ]적합 [ ]부적합 [ ]해당없음	
	접 지	단선 유무	육 안	[ ]적합 [ ]부적합 [ ]해당없음	
		부착부분의 탈락 유무	육 안	[ ]적합 [ ]부적합 [ ]해당없음	
		접지저항치의 적부	저항측정	[ ]적합 [ ]부적합 [ ]해당없음	
	윈드가드 및 계단	변형·손상 유무	육 안	[ ]적합 [ ]부적합 [ ]해당없음	
		도장상항의 적부 및 부식 유무	육 안	[ ]적합 [ ]부적합 [ ]해당없음	
지붕부	지붕판	변형·균열 유무	육 안	[ ]적합 [ ]부적합 [ ]해당없음	
		체수의 유무	육 안	[ ]적합 [ ]부적합 [ ]해당없음	
		도장상황의 적부 및 부식 유무	육안 및 두께측정	[ ]적합 [ ]부적합 [ ]해당없음	
		실(Seal)기구의 적부(탱크 개방 시)	육 안	[ ]적합 [ ]부적합 [ ]해당없음	
		루프드레인의 적부	육 안	[ ]적합 [ ]부적합 [ ]해당없음	
		폰툰·가이드폴의 적부(탱크 개방 시)	육 안	[ ]적합 [ ]부적합 [ ]해당없음	
		그 밖의 부상지붕 관련 설비의 적부	육 안	[ ]적합 [ ]부적합 [ ]해당없음	

지붕부	안전장치	작동의 적부	육안 및 작동확인	[ ]적합 [ ]부적합 [ ]해당없음
		부식·손상 유무	육 안	[ ]적합 [ ]부적합 [ ]해당없음
	통기관	인화방지장치의 손상·막힘 유무	육 안	[ ]적합 [ ]부적합 [ ]해당없음
		화염방지장치 접합부의 고정상태 적부	육 안	[ ]적합 [ ]부적합 [ ]해당없음
		대기밸브 작동상황의 적부	작동확인	[ ]적합 [ ]부적합 [ ]해당없음
		통기관 내 장애물의 유무	육 안	[ ]적합 [ ]부적합 [ ]해당없음
		도장상황의 적부 및 부식 유무	육 안	[ ]적합 [ ]부적합 [ ]해당없음
	검측구·샘플링구·맨홀	변형·균열·틈새의 유무	육 안	[ ]적합 [ ]부적합 [ ]해당없음
		도장상항의 적부 및 부식 유무	육 안	[ ]적합 [ ]부적합 [ ]해당없음
계측장치	액량자동표시장치	손상 유무	육 안	[ ]적합 [ ]부적합 [ ]해당없음
		작동상황의 적부	육안 및 작동확인	[ ]적합 [ ]부적합 [ ]해당없음
		부착부의 손상 유무	육 안	[ ]적합 [ ]부적합 [ ]해당없음
	온도계	손상 유무	육 안	[ ]적합 [ ]부적합 [ ]해당없음
		작동상황의 적부	육안 및 작동확인	[ ]적합 [ ]부적합 [ ]해당없음
		부착부의 손상 유무	육 안	[ ]적합 [ ]부적합 [ ]해당없음
	압력계	손상 유무	육 안	[ ]적합 [ ]부적합 [ ]해당없음
		작동상황의 적부	육안 및 작동확인	[ ]적합 [ ]부적합 [ ]해당없음
		부착부의 손상 유무	육 안	[ ]적합 [ ]부적합 [ ]해당없음
	액면상하한경보설비	손상 유무	육 안	[ ]적합 [ ]부적합 [ ]해당없음
		작동상황의 적부	육안 및 작동확인	[ ]적합 [ ]부적합 [ ]해당없음
		부착부의 손상 유무	육 안	[ ]적합 [ ]부적합 [ ]해당없음
배관·밸브등	배관 (플랜지·밸브 포함)	누설 유무	육 안	[ ]적합 [ ]부적합 [ ]해당없음
		변형·손상 유무	육 안	[ ]적합 [ ]부적합 [ ]해당없음
		도장상황의 적부 및 부식 유무	육 안	[ ]적합 [ ]부적합 [ ]해당없음
		지반면과 이격상태의 적부	육 안	[ ]적합 [ ]부적합 [ ]해당없음
	배관의 피트	균열·손상 유무	육 안	[ ]적합 [ ]부적합 [ ]해당없음
		체유·체수·토사퇴적 등의 유무	육 안	[ ]적합 [ ]부적합 [ ]해당없음
	전기방식 설비	단자함의 손상·토사퇴적 등의 유무	육 안	[ ]적합 [ ]부적합 [ ]해당없음
		단자의 탈락 유무	육 안	[ ]적합 [ ]부적합 [ ]해당없음
		방식전류(전위)의 적부	전위측정	[ ]적합 [ ]부적합 [ ]해당없음
	주입구	폐쇄시의 누설 유무	육 안	[ ]적합 [ ]부적합 [ ]해당없음
		변형·손상 유무	육 안	[ ]적합 [ ]부적합 [ ]해당없음
		접지전극의 손상 유무	육 안	[ ]적합 [ ]부적합 [ ]해당없음
		접지저항치의 적부	저항측정	[ ]적합 [ ]부적합 [ ]해당없음
	배기밸브	누설 유무	육 안	[ ]적합 [ ]부적합 [ ]해당없음
		도장상황의 적부 및 부식 유무	육 안	[ ]적합 [ ]부적합 [ ]해당없음
		기능의 적부	작동확인	[ ]적합 [ ]부적합 [ ]해당없음
펌프설비등	전동기	손상 유무	육 안	[ ]적합 [ ]부적합 [ ]해당없음
		고정상태의 적부	육 안	[ ]적합 [ ]부적합 [ ]해당없음
		회전부 등의 급유상태 적부	육 안	[ ]적합 [ ]부적합 [ ]해당없음
		이상진동·소음·발열 등의 유무	육안 및 작동확인	[ ]적합 [ ]부적합 [ ]해당없음
	펌 프	누설 유무	육 안	[ ]적합 [ ]부적합 [ ]해당없음
		변형·손상 유무	육 안	[ ]적합 [ ]부적합 [ ]해당없음
		도장상황의 적부 및 부식 유무	육 안	[ ]적합 [ ]부적합 [ ]해당없음
		고정상태의 적부	육 안	[ ]적합 [ ]부적합 [ ]해당없음
		회전부 등의 급유상태 적부	육 안	[ ]적합 [ ]부적합 [ ]해당없음
		유량 및 유압의 적부	육 안	[ ]적합 [ ]부적합 [ ]해당없음
		이상진동·소음·발열 등의 유무	육안 및 작동확인	[ ]적합 [ ]부적합 [ ]해당없음
		기초의 균열·손상 유무	육 안	[ ]적합 [ ]부적합 [ ]해당없음

펌프설비 등	접 지	단선 유무	육 안	[ ]적합 [ ]부적합 [ ]해당없음	
		부착부분의 탈락 유무	육 안	[ ]적합 [ ]부적합 [ ]해당없음	
		접지저항치의 적부	저항측정	[ ]적합 [ ]부적합 [ ]해당없음	
	주위·바닥·집유설비·유분리장치	균열·손상 등 유무	육 안	[ ]적합 [ ]부적합 [ ]해당없음	
		체유·체수·토사퇴적 등의 유무	육 안	[ ]적합 [ ]부적합 [ ]해당없음	
	펌프실	지붕·벽·바닥·방화문 등의 균열·손상 유무	육 안	[ ]적합 [ ]부적합 [ ]해당없음	
		환기·배출설비 등의 손상 유무 및 기능의 적부	육안 및 작동확인	[ ]적합 [ ]부적합 [ ]해당없음	
		조명설비의 손상 유무	육 안	[ ]적합 [ ]부적합 [ ]해당없음	
방유제 등	방유제	변형·균열·손상 유무	육 안	[ ]적합 [ ]부적합 [ ]해당없음	
	배수관	배수관의 손상 유무	육 안	[ ]적합 [ ]부적합 [ ]해당없음	
		배수관 개폐상황의 적부	육 안	[ ]적합 [ ]부적합 [ ]해당없음	
	배수구	배수구의 균열·손상 유무	육 안	[ ]적합 [ ]부적합 [ ]해당없음	
		배수구내의 체유·체수·토사퇴적 등의 유무	육 안	[ ]적합 [ ]부적합 [ ]해당없음	
	집유설비	체유·체수·토사퇴적 등의 유무	육 안	[ ]적합 [ ]부적합 [ ]해당없음	
	계 단	변형·손상 유무	육 안	[ ]적합 [ ]부적합 [ ]해당없음	
전기설비	배전반·차단기·배선 등	변형·손상 유무	육 안	[ ]적합 [ ]부적합 [ ]해당없음	
		고정상태의 적부	육 안	[ ]적합 [ ]부적합 [ ]해당없음	
		기능의 적부	육안 및 작동확인	[ ]적합 [ ]부적합 [ ]해당없음	
		배선접합부의 탈락 유무	육 안	[ ]적합 [ ]부적합 [ ]해당없음	
	접 지	단선 유무	육 안	[ ]적합 [ ]부적합 [ ]해당없음	
		부착부분의 탈락 유무	육 안	[ ]적합 [ ]부적합 [ ]해당없음	
		접지저항치의 적부	저항측정	[ ]적합 [ ]부적합 [ ]해당없음	
	피뢰설비	돌침부의 경사·손상·부착상태 적부	육 안	[ ]적합 [ ]부적합 [ ]해당없음	
		피뢰도선의 단선 및 벽체 등과 접촉 유무	육 안	[ ]적합 [ ]부적합 [ ]해당없음	
		접지저항치의 적부	저항측정	[ ]적합 [ ]부적합 [ ]해당없음	
	표지·게시판	손상 유무	육 안	[ ]적합 [ ]부적합 [ ]해당없음	
		기재사항의 적부	육 안	[ ]적합 [ ]부적합 [ ]해당없음	
소화설비	소화기	위치·설치수·압력의 적부	육 안	[ ]적합 [ ]부적합 [ ]해당없음	
	그 밖의 소화설비	소화설비 점검표에 의할 것			
경보설비	자동화재탐지설비	자동화재탐지설비 점검표에 의할 것			
	그 밖의 경보설비	손상 유무	육 안	[ ]적합 [ ]부적합 [ ]해당없음	
		기능의 적부	작동확인	[ ]적합 [ ]부적합 [ ]해당없음	
기타사항	보온재	손상·탈락 유무	육 안	[ ]적합 [ ]부적합 [ ]해당없음	
		피복재 도장상황의 적부 및 부식의 유무	육 안	[ ]적합 [ ]부적합 [ ]해당없음	
	탱크기둥	변형·손상의 유무(탱크 개방 시)	육 안	[ ]적합 [ ]부적합 [ ]해당없음	
		고정상태의 적부(탱크 개방 시)	육 안	[ ]적합 [ ]부적합 [ ]해당없음	
	가열장치	고정상태의 적부	육 안	[ ]적합 [ ]부적합 [ ]해당없음	
	전기방식설비	단자함의 손상·토사퇴적 등의 유무	육 안	[ ]적합 [ ]부적합 [ ]해당없음	
		단자의 탈락 유무	육 안	[ ]적합 [ ]부적합 [ ]해당없음	
		방식전류(전위)의 적부	전위측정	[ ]적합 [ ]부적합 [ ]해당없음	
	기 타				

지하탱크저장소 일반점검표			점검기간 : 점검자 :　　　　　　서명(또는 인) 설치자 :　　　　　　서명(또는 인)		
지하탱크저장소의 형태	이중벽(여·부) 전용실설치여부(여·부)		설치허가 연월일 및 완공검사번호		
설치자			안전관리자		
사업소명			설치위치		
위험물 현황	품 명		허가량	지정수량의 배수	
위험물 저장·취급 개요					
시설명/호칭번호					
점검항목	점검내용	점검방법	점검결과		비 고
탱크본체	누설 유무	육 안	[ ]적합 [ ]부적합 [ ]해당없음		
상 부	뚜껑의 균열·변형·손상·부등침하 유무	육안 및 실측	[ ]적합 [ ]부적합 [ ]해당없음		
	허가외 구조물 설치여부	육 안	[ ]적합 [ ]부적합 [ ]해당없음		
맨 홀	변형·손상·토사퇴적 등의 유무	육 안	[ ]적합 [ ]부적합 [ ]해당없음		
통기관	인화방지장치의 손상·막힘 유무	육 안	[ ]적합 [ ]부적합 [ ]해당없음		
	화염방지장치 접합부의 고정상태 적부	육 안	[ ]적합 [ ]부적합 [ ]해당없음		
	밸브 작동상황의 적부	작동확인	[ ]적합 [ ]부적합 [ ]해당없음		
	통기관 내 장애물의 유무	육 안	[ ]적합 [ ]부적합 [ ]해당없음		
	도장상황의 적부 및 부식 유무	육 안	[ ]적합 [ ]부적합 [ ]해당없음		
안전장치	작동의 적부	육안 및 작동확인	[ ]적합 [ ]부적합 [ ]해당없음		
	부식·손상 유무	육 안	[ ]적합 [ ]부적합 [ ]해당없음		
가연성증기 회수장치	손상의 유무	육 안	[ ]적합 [ ]부적합 [ ]해당없음		
	작동상황의 적부	육 안	[ ]적합 [ ]부적합 [ ]해당없음		
계측장치 — 액량자동표시장치	손상 유무	육 안	[ ]적합 [ ]부적합 [ ]해당없음		
	작동상황의 적부	육안 및 작동확인	[ ]적합 [ ]부적합 [ ]해당없음		
	부착부의 손상 유무	육 안	[ ]적합 [ ]부적합 [ ]해당없음		
계측장치 — 온도계	손상 유무	육 안	[ ]적합 [ ]부적합 [ ]해당없음		
	작동상황의 적부	육안 및 작동확인	[ ]적합 [ ]부적합 [ ]해당없음		
	부착부의 손상 유무	육 안	[ ]적합 [ ]부적합 [ ]해당없음		
계측장치 — 계량구	덮개 폐쇄상황의 적부	육 안	[ ]적합 [ ]부적합 [ ]해당없음		
	변형·손상 유무	육 안	[ ]적합 [ ]부적합 [ ]해당없음		
누설검사관	변형·손상·토사퇴적 등의 유무	육 안	[ ]적합 [ ]부적합 [ ]해당없음		
누설감지설비 (이중벽탱크)	손상 유무	육 안	[ ]적합 [ ]부적합 [ ]해당없음		
	경보장치 기능의 적부	작동확인	[ ]적합 [ ]부적합 [ ]해당없음		
주입구	폐쇄시의 누설 유무	육 안	[ ]적합 [ ]부적합 [ ]해당없음		
	변형·손상 유무	육 안	[ ]적합 [ ]부적합 [ ]해당없음		
	접지전극의 손상 유무	육 안	[ ]적합 [ ]부적합 [ ]해당없음		
	접지저항치의 적부	저항측정	[ ]적합 [ ]부적합 [ ]해당없음		
주입구의 피트	균열·손상 유무	육 안	[ ]적합 [ ]부적합 [ ]해당없음		
	체유·체수·토사퇴적 등의 유무	육 안	[ ]적합 [ ]부적합 [ ]해당없음		

배관·밸브 등	배관 (플랜지·밸브 포함)	누설 유무	육 안	[ ]적합 [ ]부적합 [ ]해당없음	
		변형·손상의 유무	육 안	[ ]적합 [ ]부적합 [ ]해당없음	
		도장상황의 적부 및 부식 유무	육 안	[ ]적합 [ ]부적합 [ ]해당없음	
		지반면과 이격상태의 적부	육 안	[ ]적합 [ ]부적합 [ ]해당없음	
	배관의 피트	균열·손상 유무	육 안	[ ]적합 [ ]부적합 [ ]해당없음	
		체유·체수·토사퇴적 등의 유무	육 안	[ ]적합 [ ]부적합 [ ]해당없음	
	전기방식 설비	단자함의 손상·토사퇴적 등의 유무	육 안	[ ]적합 [ ]부적합 [ ]해당없음	
		단자의 탈락 유무	육 안	[ ]적합 [ ]부적합 [ ]해당없음	
		방식전류(전위)의 적부	전위측정	[ ]적합 [ ]부적합 [ ]해당없음	
	점검함	균열·손상·체유·체수·토사퇴적 등의 유무	육 안	[ ]적합 [ ]부적합 [ ]해당없음	
	밸 브	누설·손상 유무	육 안	[ ]적합 [ ]부적합 [ ]해당없음	
		폐쇄기능의 적부	작동확인	[ ]적합 [ ]부적합 [ ]해당없음	
펌프설비 등	전동기	손상 유무	육 안	[ ]적합 [ ]부적합 [ ]해당없음	
		고정상태의 적부	육 안	[ ]적합 [ ]부적합 [ ]해당없음	
		회전부 등의 급유상태의 적부	육 안	[ ]적합 [ ]부적합 [ ]해당없음	
		이상진동·소음·발열 등의 유무	육안 및 작동확인	[ ]적합 [ ]부적합 [ ]해당없음	
	펌프	**누설 유무**	**육 안**	[ ]적합 [ ]부적합 [ ]해당없음	
		변형·손상 유무	**육 안**	[ ]적합 [ ]부적합 [ ]해당없음	
		도장상태의 적부 및 부식 유무	**육 안**	[ ]적합 [ ]부적합 [ ]해당없음	
		고정상태의 적부	**육 안**	[ ]적합 [ ]부적합 [ ]해당없음	
		회전부 등의 급유상태의 적부	**육 안**	[ ]적합 [ ]부적합 [ ]해당없음	
		유량 및 유압의 적부	**육 안**	[ ]적합 [ ]부적합 [ ]해당없음	
		이상진동·소음·발열 등의 유무	**육안 및 작동확인**	[ ]적합 [ ]부적합 [ ]해당없음	
		기초의 균열·손상 유무	**육 안**	[ ]적합 [ ]부적합 [ ]해당없음	
	접 지	단선 유무	육 안	[ ]적합 [ ]부적합 [ ]해당없음	
		부착부분의 탈락 유무	육 안	[ ]적합 [ ]부적합 [ ]해당없음	
		접지저항치의 적부	저항측정	[ ]적합 [ ]부적합 [ ]해당없음	
	주위·바닥·집유설비·유분리장치	균열·손상 등의 유무	육 안	[ ]적합 [ ]부적합 [ ]해당없음	
		체유·체수·토사퇴적 등의 유무	육 안	[ ]적합 [ ]부적합 [ ]해당없음	
	펌프실	지붕·벽·바닥·방화문 등의 균열·손상 유무	육 안	[ ]적합 [ ]부적합 [ ]해당없음	
		환기·배출설비 등의 손상 유무 및 기능의 적부	육안 및 작동확인	[ ]적합 [ ]부적합 [ ]해당없음	
		조명설비의 손상 유무	육 안	[ ]적합 [ ]부적합 [ ]해당없음	
전기설비	배전반·차단기·배선 등	변형·손상 유무	육 안	[ ]적합 [ ]부적합 [ ]해당없음	
		고정상태의 적부	육 안	[ ]적합 [ ]부적합 [ ]해당없음	
		기능의 적부	육안 및 작동확인	[ ]적합 [ ]부적합 [ ]해당없음	
		배선접합부의 탈락 유무	육 안	[ ]적합 [ ]부적합 [ ]해당없음	
	접 지	**단선 유무**	**육 안**	[ ]적합 [ ]부적합 [ ]해당없음	
		부착부분의 탈락 유무	**육 안**	[ ]적합 [ ]부적합 [ ]해당없음	
		접지저항치의 적부	**저항측정**	[ ]적합 [ ]부적합 [ ]해당없음	
표지·게시판		손상 유무	육 안	[ ]적합 [ ]부적합 [ ]해당없음	
		기재사항의 적부	육 안	[ ]적합 [ ]부적합 [ ]해당없음	
소화기		위치·설치수·압력의 적부	육 안	[ ]적합 [ ]부적합 [ ]해당없음	
경보설비		손상 유무	육 안	[ ]적합 [ ]부적합 [ ]해당없음	
		기능의 적부	작동확인	[ ]적합 [ ]부적합 [ ]해당없음	
기타사항					

이동탱크저장소 일반점검표

점검기간 :	
점검자 :	서명(또는 인)
설치자 :	서명(또는 인)

이동탱크저장소의 형태	컨테이너식(여·부) 견인식(여·부)		설치허가 연월일 및 완공검사번호		
설치자			위험물운송자		
사업소명			상치장소		
위험물 현황	품 명		허가량	지정수량의 배수	
위험물 저장·취급 개요					
시설명/호칭번호					

점검항목	점검내용	점검방법	점검결과	비고
상치장소	이격거리의 적부(옥외)	육 안	[ ]적합 [ ]부적합 [ ]해당없음	
	벽·기둥·지붕 등의 균열·손상 유무(옥내)	육 안	[ ]적합 [ ]부적합 [ ]해당없음	
탱크본체	누설 유무	육 안	[ ]적합 [ ]부적합 [ ]해당없음	
탱크프레임	균열·변형 유무	육 안	[ ]적합 [ ]부적합 [ ]해당없음	
탱크의 고정	고정상태의 적부	육 안	[ ]적합 [ ]부적합 [ ]해당없음	
	고정금속구의 균열·손상 유무	육 안	[ ]적합 [ ]부적합 [ ]해당없음	
안전장치	작동상황의 적부	육안 및 조작시험	[ ]적합 [ ]부적합 [ ]해당없음	
	본체의 손상 유무	육 안	[ ]적합 [ ]부적합 [ ]해당없음	
	인화방지장치의 손상 및 막힘 유무	육 안	[ ]적합 [ ]부적합 [ ]해당없음	
맨 홀	뚜껑의 이탈 유무	육 안	[ ]적합 [ ]부적합 [ ]해당없음	
주입구	뚜껑의 개폐상황의 적부	육 안	[ ]적합 [ ]부적합 [ ]해당없음	
	패킹의 마모상태	육 안	[ ]적합 [ ]부적합 [ ]해당없음	
가연성증기 회수설비	회수구의 변형·손상의 유무	육 안	[ ]적합 [ ]부적합 [ ]해당없음	
	호스결합장치의 균열·손상의 유무	육 안	[ ]적합 [ ]부적합 [ ]해당없음	
	완충이음 등의 균열·변형·손상의 유무	육 안	[ ]적합 [ ]부적합 [ ]해당없음	
정전기제거설비	변형·손상 유무	육 안	[ ]적합 [ ]부적합 [ ]해당없음	
	부착부의 이탈 유무	육 안	[ ]적합 [ ]부적합 [ ]해당없음	
방호틀·측면틀	균열·변형·손상 유무	육 안	[ ]적합 [ ]부적합 [ ]해당없음	
	부식 유무	육 안	[ ]적합 [ ]부적합 [ ]해당없음	
배출밸브·자동폐쇄장치· 토출밸브·드레인밸브·바 이패스밸브·전환밸브 등	작동상황의 적부	육안 및 작동확인	[ ]적합 [ ]부적합 [ ]해당없음	
	폐쇄장치의 작동상황의 적부	육안 및 작동확인	[ ]적합 [ ]부적합 [ ]해당없음	
	균열·손상 유무	육 안	[ ]적합 [ ]부적합 [ ]해당없음	
	누설 유무	육 안	[ ]적합 [ ]부적합 [ ]해당없음	
배 관	누설 유무	육 안	[ ]적합 [ ]부적합 [ ]해당없음	
	고정금속결합구의 고정상태의 적부	육 안	[ ]적합 [ ]부적합 [ ]해당없음	
전기설비	변형·손상 유무	육 안	[ ]적합 [ ]부적합 [ ]해당없음	
	배선접속부의 탈락 유무	육 안	[ ]적합 [ ]부적합 [ ]해당없음	
접지도선	접지도선과 선단크립의 도통상태의 적부	확인시험	[ ]적합 [ ]부적합 [ ]해당없음	
	회전부의 회전상태의 적부	확인시험	[ ]적합 [ ]부적합 [ ]해당없음	
	접지도선의 접속상태의 적부	확인시험	[ ]적합 [ ]부적합 [ ]해당없음	
주입호스·금속결합구	균열·변형·손상 유무	육 안	[ ]적합 [ ]부적합 [ ]해당없음	
펌프설비	누설 유무	육 안	[ ]적합 [ ]부적합 [ ]해당없음	
표시·표지	손상 유무 및 내용의 적부	육 안	[ ]적합 [ ]부적합 [ ]해당없음	
소화기	설치수·압력의 적부	육 안	[ ]적합 [ ]부적합 [ ]해당없음	
보냉온재	부식 유무	육 안	[ ]적합 [ ]부적합 [ ]해당없음	
컨테이너식 상자틀	균열·변형·손상 유무	육 안	[ ]적합 [ ]부적합 [ ]해당없음	
컨테이너식 금속결합구·모서리 볼트·U볼트	균열·변형·손상 유무	육 안	[ ]적합 [ ]부적합 [ ]해당없음	
컨테이너식 탱크검사(시험) 합격확인증	손상 유무	육 안	[ ]적합 [ ]부적합 [ ]해당없음	
기타사항				

옥외저장소 일반점검표			점검기간 :		
			점검자 : 　　　　서명(또는 인)		
			설치자 : 　　　　서명(또는 인)		

옥외저장소의 면적		설치허가 연월일 및 완공검사번호		
설치자		안전관리자		
사업소명		설치위치		
위험물 현황	품 명		허가량	지정수량의 배수
위험물 저장·취급 개요				
시설명/호칭번호				

점검항목		점검내용	점검방법	점검결과	비 고
안전거리		보호대상물 신설 여부	육안 및 실측	[ ]적합 [ ]부적합 [ ]해당없음	
		방화상 유효한 담의 손상 유무	육 안	[ ]적합 [ ]부적합 [ ]해당없음	
보유공지		허가외 물건 존치 여부	육 안	[ ]적합 [ ]부적합 [ ]해당없음	
경계표시		변형·손상 유무	육 안	[ ]적합 [ ]부적합 [ ]해당없음	
지반면 등	지반면	패임의 유무 및 배수의 적부	육 안	[ ]적합 [ ]부적합 [ ]해당없음	
	배수구	균열·손상 유무	육 안	[ ]적합 [ ]부적합 [ ]해당없음	
		체유·체수·토사퇴적 등의 유무	육 안	[ ]적합 [ ]부적합 [ ]해당없음	
	유분리장치	균열·손상 유무	육 안	[ ]적합 [ ]부적합 [ ]해당없음	
		체유·체수·토사퇴적 등의 유무	육 안	[ ]적합 [ ]부적합 [ ]해당없음	
선 반		**변형·손상 유무**	**육 안**	[ ]적합 [ ]부적합 [ ]해당없음	
		고정상태의 적부	**육 안**	[ ]적합 [ ]부적합 [ ]해당없음	
		낙하방지조치의 적부	**육 안**	[ ]적합 [ ]부적합 [ ]해당없음	
표지·게시판		손상 유무 및 내용의 적부	육 안	[ ]적합 [ ]부적합 [ ]해당없음	
소화설비	소화기	위치·설치수·압력의 적부	육 안	[ ]적합 [ ]부적합 [ ]해당없음	
	그 밖의 소화설비	소화설비 점검표에 의할 것			
경보설비		손상 유무	육 안	[ ]적합 [ ]부적합 [ ]해당없음	
		작동의 적부	육안 및 작동확인	[ ]적합 [ ]부적합 [ ]해당없음	
살수설비		작동의 적부	육안 및 작동확인	[ ]적합 [ ]부적합 [ ]해당없음	
기타사항					

암반탱크저장소 일반점검표

점검기간 :
점검자 :　　　　　　　　서명(또는 인)
설치자 :　　　　　　　　서명(또는 인)

암반탱크의 용적			설치허가 연월일 및 완공검사번호			
설치자			안전관리자			
사업소명			설치위치			
위험물 현황		품 명		허가량		지정수량의 배수	

위험물 저장·취급 개요	
시설명/호칭번호	

점검항목		점검내용	점검방법	점검결과	비 고
탱크본체 수리상태	암반투수도	투수계수의 적부	투수계수측정	[ ]적합 [ ]부적합 [ ]해당없음	
	탱크내부증기압	증기압의 적부	압력측정	[ ]적합 [ ]부적합 [ ]해당없음	
	탱크내벽	균열·손상 유무	육 안	[ ]적합 [ ]부적합 [ ]해당없음	
		보강재의 이탈·손상의 유무	육 안	[ ]적합 [ ]부적합 [ ]해당없음	
	유입지하수량	지하수 충전량과 비교치의 이상 유무	수량측정	[ ]적합 [ ]부적합 [ ]해당없음	
	수벽공	균열·변형·손상 유무	육 안	[ ]적합 [ ]부적합 [ ]해당없음	
	지하수압	수압의 적부	수압측정	[ ]적합 [ ]부적합 [ ]해당없음	
표지·게시판		손상 유무 및 내용의 적부	육 안	[ ]적합 [ ]부적합 [ ]해당없음	
압력계		작동의 적부	육안 및 작동확인	[ ]적합 [ ]부적합 [ ]해당없음	
		부식·손상 유무	육 안	[ ]적합 [ ]부적합 [ ]해당없음	
안전장치		작동상황의 적부	육안 및 조작시험	[ ]적합 [ ]부적합 [ ]해당없음	
		본체의 손상 유무	육 안	[ ]적합 [ ]부적합 [ ]해당없음	
		인화방지장치의 손상 및 막힘 유무	육 안	[ ]적합 [ ]부적합 [ ]해당없음	
정전기제거설비		변형·손상 유무	육 안	[ ]적합 [ ]부적합 [ ]해당없음	
		부착부의 이탈 유무	육 안	[ ]적합 [ ]부적합 [ ]해당없음	
배관·밸브 등	배관 (플랜지·밸브 포함)	누설 유무	육 안	[ ]적합 [ ]부적합 [ ]해당없음	
		변형·손상 유무	육 안	[ ]적합 [ ]부적합 [ ]해당없음	
		도장상황의 적부 및 부식의 유무	육 안	[ ]적합 [ ]부적합 [ ]해당없음	
		지반면과 이격상태의 적부	육 안	[ ]적합 [ ]부적합 [ ]해당없음	
	배관의 피트	균열·손상 유무	육 안	[ ]적합 [ ]부적합 [ ]해당없음	
		체유·체수·토사퇴적 등의 유무	육 안	[ ]적합 [ ]부적합 [ ]해당없음	
	전기방식 설비	단자함의 손상·토사퇴적 등의 유무	육 안	[ ]적합 [ ]부적합 [ ]해당없음	
		단자의 탈락 유무	육 안	[ ]적합 [ ]부적합 [ ]해당없음	
		방식전류(전위)의 적부	전위측정	[ ]적합 [ ]부적합 [ ]해당없음	
주입구		**폐쇄시의 누설 유무**	**육 안**	[ ]적합 [ ]부적합 [ ]해당없음	
		변형·손상 유무	**육 안**	[ ]적합 [ ]부적합 [ ]해당없음	
		접지전극의 손상 유무	**육 안**	[ ]적합 [ ]부적합 [ ]해당없음	
		접지저항치의 적부	**저항측정**	[ ]적합 [ ]부적합 [ ]해당없음	
소화설비	소화기	위치·설치수·압력의 적부	육 안	[ ]적합 [ ]부적합 [ ]해당없음	
	그 밖의 소화설비	소화설비 점검표에 의할 것			
경보설비	자동화재탐지설비	자동화재탐지설비 점검표에 의할 것			
	그 밖의 경보설비	손상 유무	육 안	[ ]적합 [ ]부적합 [ ]해당없음	
		기능의 적부	작동확인	[ ]적합 [ ]부적합 [ ]해당없음	
기타사항					

주유취급소 일반점검표				점검기간 :		
				점검자 :	서명(또는 인)	
				설치자 :	서명(또는 인)	
주유취급소의 형태	[ ]옥내　[ ]옥외 고객이 직접주유하는 형태(여·부)			설치허가 연월일 및 완공검사번호		
설치자				안전관리자		
사업소명				설치위치		
위험물 현황	품 명			허가량	지정수량의 배수	
위험물 저장·취급 개요						
시설명/호칭번호						

점검항목		점검내용	점검방법	점검결과	비 고
공지등	주유·급유공지	장애물의 유무	육 안	[ ]적합 [ ]부적합 [ ]해당없음	
	지반면	주위지반과 고저차의 적부	육 안	[ ]적합 [ ]부적합 [ ]해당없음	
		균열·손상 유무	육 안	[ ]적합 [ ]부적합 [ ]해당없음	
	배수구·유분리장치	균열·손상 유무	육 안	[ ]적합 [ ]부적합 [ ]해당없음	
		체유·체수·토사퇴적 등의 유무	육 안	[ ]적합 [ ]부적합 [ ]해당없음	
	방화담	균열·손상·경사 등의 유무	육 안	[ ]적합 [ ]부적합 [ ]해당없음	
건축물	벽·기둥·바닥· 보·지붕	균열·손상 유무	육 안	[ ]적합 [ ]부적합 [ ]해당없음	
	방화문	변형·손상 유무 및 폐쇄기능의 적부	육 안	[ ]적합 [ ]부적합 [ ]해당없음	
	간판 등	고정의 적부 및 경사의 유무	육 안	[ ]적합 [ ]부적합 [ ]해당없음	
	다른 용도와의 구획	균열·손상 유무	육 안	[ ]적합 [ ]부적합 [ ]해당없음	
	구멍·구덩이	구멍·구덩이의 유무	육 안	[ ]적합 [ ]부적합 [ ]해당없음	
	감시대등 / 감시대	위치의 적부	육 안	[ ]적합 [ ]부적합 [ ]해당없음	
	감시설비	기능의 적부	육안 및 작동확인	[ ]적합 [ ]부적합 [ ]해당없음	
	제어장치	기능의 적부	육안 및 작동확인	[ ]적합 [ ]부적합 [ ]해당없음	
	방송기기 등	기능의 적부	육안 및 작동확인	[ ]적합 [ ]부적합 [ ]해당없음	
전용탱크·폐유탱크·간이탱크	상부	허가 외 구조물 설치여부	육 안	[ ]적합 [ ]부적합 [ ]해당없음	
	맨 홀	변형·손상·토사퇴적 등의 유무	육 안	[ ]적합 [ ]부적합 [ ]해당없음	
	과잉주입방지장치	작동상황의 적부	육안 및 작동확인	[ ]적합 [ ]부적합 [ ]해당없음	
	가연성증기회수밸브	작동상황의 적부	육 안	[ ]적합 [ ]부적합 [ ]해당없음	
	액량자동표시장치	작동상황의 적부	육안 및 작동확인	[ ]적합 [ ]부적합 [ ]해당없음	
	온도계·계량구	작동상황의 적부 및 변형·손상 유무	육안 및 작동확인	[ ]적합 [ ]부적합 [ ]해당없음	
	탱크본체	누설 유무	육 안	[ ]적합 [ ]부적합 [ ]해당없음	
	누설검사관	변형·손상·토사퇴적 등의 유무	육 안	[ ]적합 [ ]부적합 [ ]해당없음	
	누설감지설비 (이중벽탱크)	경보장치 기능의 적부	작동확인	[ ]적합 [ ]부적합 [ ]해당없음	
	주입구	접지전극의 손상 유무	육 안	[ ]적합 [ ]부적합 [ ]해당없음	
	주입구의 피트	체유·체수·토사퇴적 등의 유무	육 안	[ ]적합 [ ]부적합 [ ]해당없음	
	통기관	인화방지장치의 손상·막힘 유무	육 안	[ ]적합 [ ]부적합 [ ]해당없음	
		화염방지장치 접합부의 고정상태 적부	육 안	[ ]적합 [ ]부적합 [ ]해당없음	
		밸브의 작동상황 적부	작동확인	[ ]적합 [ ]부적합 [ ]해당없음	
		도장상황의 적부 및 부식 유무	육 안	[ ]적합 [ ]부적합 [ ]해당없음	
배관·밸브등	배관 (플랜지·밸브 포함)	도장상황의 적부·부식 및 누설 유무	육 안	[ ]적합 [ ]부적합 [ ]해당없음	
	배관의 피트	체유·체수·토사퇴적 등의 유무	육 안	[ ]적합 [ ]부적합 [ ]해당없음	
	전기방식 설비	단자의 탈락 유무	육 안	[ ]적합 [ ]부적합 [ ]해당없음	
	점검함	균열·손상·체유·체수·토사퇴적 등의 유무	육 안	[ ]적합 [ ]부적합 [ ]해당없음	
	밸 브	폐쇄기능의 적부	작동확인	[ ]적합 [ ]부적합 [ ]해당없음	

구분			점검내용	점검방법	점검결과	
고정	접합부		누설·변형·손상 유무	육안	[ ]적합 [ ]부적합 [ ]해당없음	
	고정볼트		부식·풀림 유무	육안	[ ]적합 [ ]부적합 [ ]해당없음	
	노즐·호스		누설의 유무	육안	[ ]적합 [ ]부적합 [ ]해당없음	
			균열·손상·결합부의 풀림 유무	육안	[ ]적합 [ ]부적합 [ ]해당없음	
			유종표시의 손상 유무	육안	[ ]적합 [ ]부적합 [ ]해당없음	
	펌프		누설의 유무	육안	[ ]적합 [ ]부적합 [ ]해당없음	
			변형·손상 유무	육안	[ ]적합 [ ]부적합 [ ]해당없음	
			이상진동·소음·발열 등의 유무	육안 및 작동확인	[ ]적합 [ ]부적합 [ ]해당없음	
주유설비·급유설비	유량계		누설·파손 유무	육안	[ ]적합 [ ]부적합 [ ]해당없음	
	표시장치		변형·손상 유무	육안	[ ]적합 [ ]부적합 [ ]해당없음	
	충돌방지장치		변형·손상 유무	육안	[ ]적합 [ ]부적합 [ ]해당없음	
	정전기제거설비		손상 유무	육안	[ ]적합 [ ]부적합 [ ]해당없음	
			접지저항치의 적부	저항측정	[ ]적합 [ ]부적합 [ ]해당없음	
	현수식	호스릴	누설·변형·손상 유무	육안	[ ]적합 [ ]부적합 [ ]해당없음	
			호스상승기능·작동상황의 적부	작동확인	[ ]적합 [ ]부적합 [ ]해당없음	
		긴급이송정지장치	기능의 적부	작동확인	[ ]적합 [ ]부적합 [ ]해당없음	
	셀프용	기동안전대책노즐	기능의 적부	작동확인	[ ]적합 [ ]부적합 [ ]해당없음	
		탈락시정지 장치	기능의 적부	작동확인	[ ]적합 [ ]부적합 [ ]해당없음	
		가연성증기 회수장치	기능의 적부	작동확인	[ ]적합 [ ]부적합 [ ]해당없음	
		만량(滿量)정지장치	기능의 적부	작동확인	[ ]적합 [ ]부적합 [ ]해당없음	
		긴급이탈커플러	변형·손상 유무	육안	[ ]적합 [ ]부적합 [ ]해당없음	
		오(誤)주유정지장치	기능의 적부	작동확인	[ ]적합 [ ]부적합 [ ]해당없음	
		정량정시간제어	기능의 적부	작동확인	[ ]적합 [ ]부적합 [ ]해당없음	
		노즐	개방상태고정이 불가한 수동폐쇄장치의 적부	작동확인	[ ]적합 [ ]부적합 [ ]해당없음	
		누설확산방지장치	변형·손상 유무	육안	[ ]적합 [ ]부적합 [ ]해당없음	
		"고객용"표시판	변형·손상 유무	육안	[ ]적합 [ ]부적합 [ ]해당없음	
		자동차정지위치·용기 위치표시	변형·손상 유무	육안	[ ]적합 [ ]부적합 [ ]해당없음	
		사용방법· 위험물의 품명표시	변형·손상 유무	육안	[ ]적합 [ ]부적합 [ ]해당없음	
		"비고객용"표시판	변형·손상 유무	육안	[ ]적합 [ ]부적합 [ ]해당없음	
펌프실·유고·정비실 등	벽·기둥·보·지붕		손상 유무	육안	[ ]적합 [ ]부적합 [ ]해당없음	
	방화문		변형·손상의 유무 및 폐쇄기능의 적부	육안	[ ]적합 [ ]부적합 [ ]해당없음	
	펌프		누설 유무	육안	[ ]적합 [ ]부적합 [ ]해당없음	
			변형·손상 유무	육안	[ ]적합 [ ]부적합 [ ]해당없음	
			이상진동·소음·발열 등의 유무	육안 및 작동확인	[ ]적합 [ ]부적합 [ ]해당없음	
	바닥·점검피트 집유설비		균열·손상·체유·체수·토사퇴적 등의 유무	육안	[ ]적합 [ ]부적합 [ ]해당없음	
	환기·배출설비		변형·손상 유무	육안	[ ]적합 [ ]부적합 [ ]해당없음	
	조명설비		손상 유무	육안	[ ]적합 [ ]부적합 [ ]해당없음	
	누설국한설비· 수용설비		체유·체수·토사퇴적 등의 유무	육안	[ ]적합 [ ]부적합 [ ]해당없음	
전기설비			배선·기기의 손상의 유무	육안	[ ]적합 [ ]부적합 [ ]해당없음	
			기능의 적부	작동확인	[ ]적합 [ ]부적합 [ ]해당없음	
가연성증기검지 경보설비			손상 유무	육안	[ ]적합 [ ]부적합 [ ]해당없음	
			기능의 적부	작동확인	[ ]적합 [ ]부적합 [ ]해당없음	

부대설비	(증기)세차기	배기통·연통의 탈락·변형·손상 유무	육 안	[ ]적합 [ ]부적합 [ ]해당없음	
		주위의 변형·손상 유무	육 안	[ ]적합 [ ]부적합 [ ]해당없음	
	그 밖의 설비	위치의 적부	육 안	[ ]적합 [ ]부적합 [ ]해당없음	
	표지·게시판	손상 유무	육 안	[ ]적합 [ ]부적합 [ ]해당없음	
		기재사항의 적부	육 안	[ ]적합 [ ]부적합 [ ]해당없음	
소화설비	소화기	위치·설치수·압력의 적부	육 안	[ ]적합 [ ]부적합 [ ]해당없음	
	그 밖의 소화설비	소화설비 점검표에 의할 것			
경보설비	자동화재탐지설비	자동화재탐지설비 점검표에 의할 것			
	그 밖의 경보설비	손상 유무	육 안	[ ]적합 [ ]부적합 [ ]해당없음	
		기능의 적부	작동확인	[ ]적합 [ ]부적합 [ ]해당없음	
피난설비	유도등본체	점등상황의 적부 및 손상의 유무	육 안	[ ]적합 [ ]부적합 [ ]해당없음	
		시각장애물의 유무	육 안	[ ]적합 [ ]부적합 [ ]해당없음	
	비상전원	정전시 점등상황의 적부	작동확인	[ ]적합 [ ]부적합 [ ]해당없음	
	기타사항				

이송취급소 일반점검표			점검기간 : 점검자 :　　　　　　 서명(또는 인) 설치자 :　　　　　　 서명(또는 인)			
이송취급소의 총연장			설치허가 연월일 및 완공검사번호			
설치자			안전관리자			
사업소명			설치위치			
위험물 현황	품 명		허가량		지정수량의 배수	
위험물 저장·취급 개요						
시설명/호칭번호						
점검항목			점검내용	점검방법	점검결과	비 고
이송기지	유출방지설비	울타리 등	손상 유무	육안	[ ]적합 [ ]부적합 [ ]해당없음	
		성토상태	손상·갈라짐의 유무	육안	[ ]적합 [ ]부적합 [ ]해당없음	
			경사·굴곡의 유무	육안	[ ]적합 [ ]부적합 [ ]해당없음	
			배수구개폐상황의 적부 및 막힘 유무	육안	[ ]적합 [ ]부적합 [ ]해당없음	
		유분리장치	균열·손상 유무	육안	[ ]적합 [ ]부적합 [ ]해당없음	
			체유·체수·토사퇴적 등의 유무	육안	[ ]적합 [ ]부적합 [ ]해당없음	
	펌프설비	안전거리	보호대상물의 신설 여부	육안 및 실측	[ ]적합 [ ]부적합 [ ]해당없음	
		보유공지	허가 외 물건의 존치 여부	육안	[ ]적합 [ ]부적합 [ ]해당없음	
		펌프실	지붕·벽·바닥·방화문의 균열·손상 유무	육안	[ ]적합 [ ]부적합 [ ]해당없음	
			환기·배출설비의 손상 유무 및 기능의 적부	육안 및 작동확인	[ ]적합 [ ]부적합 [ ]해당없음	
			조명설비의 손상 유무	육안	[ ]적합 [ ]부적합 [ ]해당없음	
		펌프	누설 유무	육안	[ ]적합 [ ]부적합 [ ]해당없음	
			변형·손상 유무	육안	[ ]적합 [ ]부적합 [ ]해당없음	
			이상진동·소음·발열 등의 유무	육안 및 작동확인	[ ]적합 [ ]부적합 [ ]해당없음	
			도장상황의 적부 및 부식 유무	육안	[ ]적합 [ ]부적합 [ ]해당없음	
			고정상황의 적부	육안	[ ]적합 [ ]부적합 [ ]해당없음	
		펌프기초	균열·손상 유무	육안	[ ]적합 [ ]부적합 [ ]해당없음	
			고정상황의 적부	육안	[ ]적합 [ ]부적합 [ ]해당없음	
		펌프접지	단선 유무	육안	[ ]적합 [ ]부적합 [ ]해당없음	
			접합부의 탈락 유무	육안	[ ]적합 [ ]부적합 [ ]해당없음	
			접지저항치의 적부	저항측정	[ ]적합 [ ]부적합 [ ]해당없음	
		주위·바닥·집유 설비·유분리장치	균열·손상 유무	육안	[ ]적합 [ ]부적합 [ ]해당없음	
			체유·체수·토사퇴적 등의 유무	육안	[ ]적합 [ ]부적합 [ ]해당없음	
	피그장치	보유공지	허가외 물건의 존치 여부	육안	[ ]적합 [ ]부적합 [ ]해당없음	
		본체	누설 유무	육안	[ ]적합 [ ]부적합 [ ]해당없음	
			변형·손상 유무	육안	[ ]적합 [ ]부적합 [ ]해당없음	
			내압방출설비 기능의 적부	작동확인	[ ]적합 [ ]부적합 [ ]해당없음	
		바닥·배수구· 집유설비	균열·손상 유무	육안	[ ]적합 [ ]부적합 [ ]해당없음	
			체유·체수·토사퇴적 등의 유무	육안	[ ]적합 [ ]부적합 [ ]해당없음	
배관·플랜지 등	주입·토출구	로딩암	누설 유무	육안	[ ]적합 [ ]부적합 [ ]해당없음	
			변형·손상 유무	육안	[ ]적합 [ ]부적합 [ ]해당없음	
			도장상황의 적부 및 부식 유무	육안	[ ]적합 [ ]부적합 [ ]해당없음	
			고정상황의 적부	육안	[ ]적합 [ ]부적합 [ ]해당없음	
			기능의 적부	작동확인	[ ]적합 [ ]부적합 [ ]해당없음	
		기타	누설 유무	육안	[ ]적합 [ ]부적합 [ ]해당없음	
			변형·손상 유무	육안	[ ]적합 [ ]부적합 [ ]해당없음	
	배관	지상·해상 설치 배관	안전거리 내 보호대상물 신설 여부	육안 및 실측	[ ]적합 [ ]부적합 [ ]해당없음	
			보유공지 내 허가외 물건의 존치 여부	육안	[ ]적합 [ ]부적합 [ ]해당없음	
			누설 유무	육안	[ ]적합 [ ]부적합 [ ]해당없음	
			변형·손상 유무	육안	[ ]적합 [ ]부적합 [ ]해당없음	
			도장상황의 적부 및 부식의 유무	육안 및 두께측정	[ ]적합 [ ]부적합 [ ]해당없음	
			지표면과 이격상황의 적부	육안	[ ]적합 [ ]부적합 [ ]해당없음	

		점검항목	점검방법	점검결과	
배관·플랜지 등	배관	지하 매설배관	누설 유무	육 안	[ ]적합 [ ]부적합 [ ]해당없음	
			안전거리 내 보호대상물 신설 여부	육안 및 실측	[ ]적합 [ ]부적합 [ ]해당없음	
		해저 설치배관	누설 유무	육 안	[ ]적합 [ ]부적합 [ ]해당없음	
			변형·손상 유무	육 안	[ ]적합 [ ]부적합 [ ]해당없음	
			해저매설상황의 적부	육 안	[ ]적합 [ ]부적합 [ ]해당없음	
	플랜지·교체밸브·제어밸브 등		누설 유무	육 안	[ ]적합 [ ]부적합 [ ]해당없음	
			변형·손상 유무	육 안	[ ]적합 [ ]부적합 [ ]해당없음	
			도장상황의 적부 및 부식의 유무	육 안	[ ]적합 [ ]부적합 [ ]해당없음	
			볼트의 풀림 유무	육 안	[ ]적합 [ ]부적합 [ ]해당없음	
			밸브개폐표시의유무	육 안	[ ]적합 [ ]부적합 [ ]해당없음	
			밸브잠금상황의 적부	육 안	[ ]적합 [ ]부적합 [ ]해당없음	
			밸브개폐기능의 적부	작동확인	[ ]적합 [ ]부적합 [ ]해당없음	
	누설확산 방지장치		변형·손상 유무	육 안	[ ]적합 [ ]부적합 [ ]해당없음	
			도장상황의 적부 및 부식 유무	육 안	[ ]적합 [ ]부적합 [ ]해당없음	
			체유·체수 유무	육 안	[ ]적합 [ ]부적합 [ ]해당없음	
			검지장치 작동상황의 적부	작동확인	[ ]적합 [ ]부적합 [ ]해당없음	
	랙·지지대 등		변형·손상 유무	육 안	[ ]적합 [ ]부적합 [ ]해당없음	
			도장상황의 적부 및 부식 유무	육 안	[ ]적합 [ ]부적합 [ ]해당없음	
			고정상황의 적부	육 안	[ ]적합 [ ]부적합 [ ]해당없음	
			방호설비의 변형·손상 유무	육 안	[ ]적합 [ ]부적합 [ ]해당없음	
	배관피트 등		균열·손상 유무	육 안	[ ]적합 [ ]부적합 [ ]해당없음	
			체유·체수·토사퇴적 등의 유무	육 안	[ ]적합 [ ]부적합 [ ]해당없음	
	배기구		누설 여부	육 안	[ ]적합 [ ]부적합 [ ]해당없음	
			도장상황의 적부 및 부식 유무	육 안	[ ]적합 [ ]부적합 [ ]해당없음	
			기능의 적부	작동확인	[ ]적합 [ ]부적합 [ ]해당없음	
	해상배관 및 지지물의 방호설비		변형·손상 유무	육 안	[ ]적합 [ ]부적합 [ ]해당없음	
			부착상황의 적부	육 안	[ ]적합 [ ]부적합 [ ]해당없음	
	긴급차단밸브		손상 유무	육 안	[ ]적합 [ ]부적합 [ ]해당없음	
			개폐상황표시의 유무	육 안	[ ]적합 [ ]부적합 [ ]해당없음	
			주위장애물의 유무	육 안	[ ]적합 [ ]부적합 [ ]해당없음	
			기능의 적부	작동확인	[ ]적합 [ ]부적합 [ ]해당없음	
	배관접지		단선 유무	육 안	[ ]적합 [ ]부적합 [ ]해당없음	
			접합부의 탈락 유무	육 안	[ ]적합 [ ]부적합 [ ]해당없음	
			접지저항치의 적부	저항측정	[ ]적합 [ ]부적합 [ ]해당없음	
	배관절연물 등		변형·손상 유무	육 안	[ ]적합 [ ]부적합 [ ]해당없음	
			절연저항치의 적부	저항측정	[ ]적합 [ ]부적합 [ ]해당없음	
	가열·보온설비		변형·손상 유무	육 안	[ ]적합 [ ]부적합 [ ]해당없음	
			고정상황의 적부	육 안	[ ]적합 [ ]부적합 [ ]해당없음	
			안전장치의 기능 적부	작동확인	[ ]적합 [ ]부적합 [ ]해당없음	
	전기방식설비		단자함의 손상 및 토사퇴적 등의 유무	육 안	[ ]적합 [ ]부적합 [ ]해당없음	
			단선 및 단자의 풀림 유무	육 안	[ ]적합 [ ]부적합 [ ]해당없음	
			방식전위(전류)의 적부	전위측정	[ ]적합 [ ]부적합 [ ]해당없음	
	배관응력검지장치		변형·손상 유무	육 안	[ ]적합 [ ]부적합 [ ]해당없음	
			배관응력의 적부	육 안	[ ]적합 [ ]부적합 [ ]해당없음	
			지시상황의 적부	육 안	[ ]적합 [ ]부적합 [ ]해당없음	
터널내증기체류방지조치	배출설비		급배기덕트의 변형·손상 유무	육 안	[ ]적합 [ ]부적합 [ ]해당없음	
			인화방지장치의 손상·막힘 유무	육 안	[ ]적합 [ ]부적합 [ ]해당없음	
			배기구 부근의 화기 유무	육 안	[ ]적합 [ ]부적합 [ ]해당없음	
			가연성증기경보장치 작동상황의 적부	작동확인	[ ]적합 [ ]부적합 [ ]해당없음	
	부속설비		배수구·집유설비·유분리장치의 균열·손상·체유·체수·토사퇴적 등의 유무	육 안	[ ]적합 [ ]부적합 [ ]해당없음	
			배수펌프의 손상 유무	육 안	[ ]적합 [ ]부적합 [ ]해당없음	
			조명설비의 손상 유무	육 안	[ ]적합 [ ]부적합 [ ]해당없음	
			방호설비·안전설비 등의 손상 유무	육 안	[ ]적합 [ ]부적합 [ ]해당없음	

운전상태감시장치	압력계 (압력경보)	본체 및 방호설비의 변형·손상 유무	육 안	[ ]적합 [ ]부적합 [ ]해당없음	
		부착부의 풀림 유무	육 안	[ ]적합 [ ]부적합 [ ]해당없음	
		지시상황의 적부	육 안	[ ]적합 [ ]부적합 [ ]해당없음	
		경보기능의 적부	작동확인	[ ]적합 [ ]부적합 [ ]해당없음	
	유량계 (유량경보)	본체 및 방호설비의 변형·손상 유무	육 안	[ ]적합 [ ]부적합 [ ]해당없음	
		부착부의 풀림 유무	육 안	[ ]적합 [ ]부적합 [ ]해당없음	
		지시상황의 적부	육 안	[ ]적합 [ ]부적합 [ ]해당없음	
		경보기능의 적부	작동확인	[ ]적합 [ ]부적합 [ ]해당없음	
	온도계 (온도과승검지)	본체 및 방호설비의 변형·손상 유무	육 안	[ ]적합 [ ]부적합 [ ]해당없음	
		부착부의 풀림 유무	육 안	[ ]적합 [ ]부적합 [ ]해당없음	
		지시상황의 적부	육 안	[ ]적합 [ ]부적합 [ ]해당없음	
		경보기능의 적부	작동확인	[ ]적합 [ ]부적합 [ ]해당없음	
	과대진동검지장치	본체 및 방호설비의 변형·손상 유무	육 안	[ ]적합 [ ]부적합 [ ]해당없음	
		부착부의 풀림 유무	육 안	[ ]적합 [ ]부적합 [ ]해당없음	
		지시상황의 적부	육 안	[ ]적합 [ ]부적합 [ ]해당없음	
		경보기능의 적부	작동확인	[ ]적합 [ ]부적합 [ ]해당없음	
	누설검지장치	손상 유무	육 안	[ ]적합 [ ]부적합 [ ]해당없음	
		막힘 유무	육 안	[ ]적합 [ ]부적합 [ ]해당없음	
		작동상황의 적부	육 안	[ ]적합 [ ]부적합 [ ]해당없음	
		경보기능의 적부	작동확인	[ ]적합 [ ]부적합 [ ]해당없음	
안전제어장치		수동기동장치 주위장애물의 유무	육 안	[ ]적합 [ ]부적합 [ ]해당없음	
		기능의 적부	작동확인	[ ]적합 [ ]부적합 [ ]해당없음	
압력안전장치		변형·손상 유무	육 안	[ ]적합 [ ]부적합 [ ]해당없음	
		기능의 적부	작동확인	[ ]적합 [ ]부적합 [ ]해당없음	
경보설비 및 통보설비		변형·손상 유무	육 안	[ ]적합 [ ]부적합 [ ]해당없음	
		부착부의 풀림 유무	육 안	[ ]적합 [ ]부적합 [ ]해당없음	
		기능의 적부	작동확인	[ ]적합 [ ]부적합 [ ]해당없음	
순찰차 등	순찰차	배치의 적부	육 안	[ ]적합 [ ]부적합 [ ]해당없음	
		적재기자재의 종류·수량·기능의 적부	육안 및 작동확인	[ ]적합 [ ]부적합 [ ]해당없음	
	기자재 등 창고	건물의 손상의 유무	육 안	[ ]적합 [ ]부적합 [ ]해당없음	
		정리상황의 적부	육 안	[ ]적합 [ ]부적합 [ ]해당없음	
	기자재 등 기자재	기자재의 종류·수량 적부	육 안	[ ]적합 [ ]부적합 [ ]해당없음	
		기자재의 변형·손상 유무 및 기능의 적부	육안 및 작동확인	[ ]적합 [ ]부적합 [ ]해당없음	
비상전원	자가발전설비	변형·손상 유무	육 안	[ ]적합 [ ]부적합 [ ]해당없음	
		주위 장애물 유무	육 안	[ ]적합 [ ]부적합 [ ]해당없음	
		연료량의 적부	육 안	[ ]적합 [ ]부적합 [ ]해당없음	
		기능의 적부	작동확인	[ ]적합 [ ]부적합 [ ]해당없음	
	축전지설비	변형·손상 유무	육 안	[ ]적합 [ ]부적합 [ ]해당없음	
		단자볼트풀림 등의 유무	육 안	[ ]적합 [ ]부적합 [ ]해당없음	
		전해액량의 적부	육 안	[ ]적합 [ ]부적합 [ ]해당없음	
		기능의 적부	작동확인	[ ]적합 [ ]부적합 [ ]해당없음	
감진장치 등		손상 유무	육 안	[ ]적합 [ ]부적합 [ ]해당없음	
		기능의 적부	작동확인	[ ]적합 [ ]부적합 [ ]해당없음	
피뢰설비		손상 유무	육 안	[ ]적합 [ ]부적합 [ ]해당없음	
		피뢰도선의 단선·손상 유무	육 안	[ ]적합 [ ]부적합 [ ]해당없음	
		접지저항치의 적부	저항측정	[ ]적합 [ ]부적합 [ ]해당없음	
전기설비		배선 및 기기의 손상 유무	육 안	[ ]적합 [ ]부적합 [ ]해당없음	
		기능의 적부	작동확인	[ ]적합 [ ]부적합 [ ]해당없음	
표시·표지·게시판		기재사항의 적부 및 손상의 유무	육 안	[ ]적합 [ ]부적합 [ ]해당없음	
소화설비	소화기	위치·설치수·압력의 적부	육 안	[ ]적합 [ ]부적합 [ ]해당없음	
	그 밖의 소화설비	소화설비 점검표에 의할 것			
	기타사항				

1-2. 위험물 제조소 등의 소방시설 일반점검표

[별지 제18호 서식]

[　] 옥내 [　] 옥외　소화전설비 일반점검표			점검기간 : 점검자 :　　　　서명(또는 인) 설치자 :　　　　서명(또는 인)		
제조소 등의 구분			제조소 등의 설치허가 연월일 및 완공검사번호		
소화설비의 호칭번호					

점검항목			점검내용	점검방법	점검결과	비고
수원	수조		누수·변형·손상 유무	육 안	[ ]적합 [ ]부적합 [ ]해당없음	
	수원량·상태		수원량 적부	육 안	[ ]적합 [ ]부적합 [ ]해당없음	
			부유물·침전물 유무	육 안	[ ]적합 [ ]부적합 [ ]해당없음	
	급수장치		부식·손상 유무	육 안	[ ]적합 [ ]부적합 [ ]해당없음	
			기능의 적부	작동확인	[ ]적합 [ ]부적합 [ ]해당없음	
흡수장치	흡수조		누수·변형·손상 유무	육 안	[ ]적합 [ ]부적합 [ ]해당없음	
			물의 양·상태 적부	육 안	[ ]적합 [ ]부적합 [ ]해당없음	
	밸브		변형·손상 유무	육 안	[ ]적합 [ ]부적합 [ ]해당없음	
			개폐상태 및 기능의 적부	육안 및 작동확인	[ ]적합 [ ]부적합 [ ]해당없음	
	자동급수장치		변형·손상 유무	육 안	[ ]적합 [ ]부적합 [ ]해당없음	
			기능의 적부	육 안	[ ]적합 [ ]부적합 [ ]해당없음	
	감수경보장치		변형·손상 유무	육 안	[ ]적합 [ ]부적합 [ ]해당없음	
			기능의 적부	작동확인	[ ]적합 [ ]부적합 [ ]해당없음	
가압송수장치		전동기	변형·손상 유무	육 안	[ ]적합 [ ]부적합 [ ]해당없음	
			회전부 등의 급유상태 적부	육 안	[ ]적합 [ ]부적합 [ ]해당없음	
			기능의 적부	작동확인	[ ]적합 [ ]부적합 [ ]해당없음	
			고정상태의 적부	육 안	[ ]적합 [ ]부적합 [ ]해당없음	
			이상소음·진동·발열 유무	육안 및 작동확인	[ ]적합 [ ]부적합 [ ]해당없음	
	내연기관	본체	변형·손상 유무	육 안	[ ]적합 [ ]부적합 [ ]해당없음	
			회전부 등의 급유상태 적부	육 안	[ ]적합 [ ]부적합 [ ]해당없음	
			기능의 적부	작동확인	[ ]적합 [ ]부적합 [ ]해당없음	
			고정상태의 적부	육 안	[ ]적합 [ ]부적합 [ ]해당없음	
			이상소음·진동·발열 유무	육안 및 작동확인	[ ]적합 [ ]부적합 [ ]해당없음	
		연료탱크	누설·부식·변형 유무	육 안	[ ]적합 [ ]부적합 [ ]해당없음	
			연료량의 적부	육 안	[ ]적합 [ ]부적합 [ ]해당없음	
			밸브개폐상태 및 기능의 적부	육안 및 작동확인	[ ]적합 [ ]부적합 [ ]해당없음	
		윤활유	현저한 노후의 유무 및 양의 적부	육 안	[ ]적합 [ ]부적합 [ ]해당없음	
		축전지	부식·변형·손상 유무	육 안	[ ]적합 [ ]부적합 [ ]해당없음	
			전해액량의 적부	육 안	[ ]적합 [ ]부적합 [ ]해당없음	
			단자전압의 적부	전압측정	[ ]적합 [ ]부적합 [ ]해당없음	
		동력전달장치	부식·변형·손상 유무	육 안	[ ]적합 [ ]부적합 [ ]해당없음	
			기능의 적부	육 안	[ ]적합 [ ]부적합 [ ]해당없음	
		기동장치	부식·변형·손상 유무	육 안	[ ]적합 [ ]부적합 [ ]해당없음	
			기능의 적부	작동확인	[ ]적합 [ ]부적합 [ ]해당없음	
			회전수의 적부	육 안	[ ]적합 [ ]부적합 [ ]해당없음	
		냉각장치	냉각수의 누수 유무 및 물의 양·상태 적부	육 안	[ ]적합 [ ]부적합 [ ]해당없음	
			부식·변형·손상 유무	육 안	[ ]적합 [ ]부적합 [ ]해당없음	
			기능의 적부	작동확인	[ ]적합 [ ]부적합 [ ]해당없음	
		급배기장치	변형·손상 유무	육 안	[ ]적합 [ ]부적합 [ ]해당없음	
			주위의 가연물 유무	육 안	[ ]적합 [ ]부적합 [ ]해당없음	
			기능의 적부	작동확인	[ ]적합 [ ]부적합 [ ]해당없음	
	펌프		누수·부식·변형·손상 유무	육 안	[ ]적합 [ ]부적합 [ ]해당없음	
			회전부 등의 급유상태 적부	육 안	[ ]적합 [ ]부적합 [ ]해당없음	
			기능의 적부	작동확인	[ ]적합 [ ]부적합 [ ]해당없음	
			고정상태의 적부	육 안	[ ]적합 [ ]부적합 [ ]해당없음	
			이상소음·진동·발열 유무	육안 및 작동확인	[ ]적합 [ ]부적합 [ ]해당없음	
			압력의 적부	육 안	[ ]적합 [ ]부적합 [ ]해당없음	
			계기판의 적부	육 안	[ ]적합 [ ]부적합 [ ]해당없음	

	기동장치	조작부 주위의 장애물 유무	육 안	[ ]적합 [ ]부적합 [ ]해당없음	
		표지의 손상 유무 및 기재사항의 적부	육 안	[ ]적합 [ ]부적합 [ ]해당없음	
		기능의 적부	작동확인	[ ]적합 [ ]부적합 [ ]해당없음	
전동기 제어장치	제어반	변형·손상 유무	육 안	[ ]적합 [ ]부적합 [ ]해당없음	
		조작관리상 지장 유무	육 안	[ ]적합 [ ]부적합 [ ]해당없음	
	전원전압	전압의 지시상황 적부	육 안	[ ]적합 [ ]부적합 [ ]해당없음	
		전원등의 점등상황 적부	작동확인	[ ]적합 [ ]부적합 [ ]해당없음	
	계기 및 스위치류	변형·손상 유무	육 안	[ ]적합 [ ]부적합 [ ]해당없음	
		단자의 풀림·탈락 유무	육 안	[ ]적합 [ ]부적합 [ ]해당없음	
		개폐상황 및 기능의 적부	육안 및 작동확인	[ ]적합 [ ]부적합 [ ]해당없음	
	휴즈류	손상·용단 유무	육 안	[ ]적합 [ ]부적합 [ ]해당없음	
		종류·용량의 적부	육 안	[ ]적합 [ ]부적합 [ ]해당없음	
		예비품의 유무	육 안	[ ]적합 [ ]부적합 [ ]해당없음	
	차단기	단자의 풀림·탈락 유무	육 안	[ ]적합 [ ]부적합 [ ]해당없음	
		접점의 소손 유무	육 안	[ ]적합 [ ]부적합 [ ]해당없음	
		기능의 적부	작동확인	[ ]적합 [ ]부적합 [ ]해당없음	
	결선접속	풀림·탈락·피복 손상 유무	육 안	[ ]적합 [ ]부적합 [ ]해당없음	
배관 등	밸브류	변형·손상 유무	육 안	[ ]적합 [ ]부적합 [ ]해당없음	
		개폐상태 및 작동의 적부	작동확인	[ ]적합 [ ]부적합 [ ]해당없음	
	여과장치	변형·손상 유무	육 안	[ ]적합 [ ]부적합 [ ]해당없음	
		여과망의 손상·이물의 퇴적 유무	육 안	[ ]적합 [ ]부적합 [ ]해당없음	
	배 관	누설·변형·손상 유무	육 안	[ ]적합 [ ]부적합 [ ]해당없음	
		도장상황의 적부 및 부식 유무	육 안	[ ]적합 [ ]부적합 [ ]해당없음	
		드레인피트의 손상 유무	육 안	[ ]적합 [ ]부적합 [ ]해당없음	
소화전	소화전함	부식·변형·손상 유무	육 안	[ ]적합 [ ]부적합 [ ]해당없음	
		주위 장애물 유무	육 안	[ ]적합 [ ]부적합 [ ]해당없음	
		부속공구의 비치상태 및 표지의 적부	육 안	[ ]적합 [ ]부적합 [ ]해당없음	
	호스 및 노즐	변형·손상 유무	육 안	[ ]적합 [ ]부적합 [ ]해당없음	
		수량 및 기능의 적부	육 안	[ ]적합 [ ]부적합 [ ]해당없음	
	표시등	손상 유무	육 안	[ ]적합 [ ]부적합 [ ]해당없음	
		점등 상황의 적부	작동확인	[ ]적합 [ ]부적합 [ ]해당없음	
예비동력원	자가발전설비	본 체	변형·손상 유무	육 안	[ ]적합 [ ]부적합 [ ]해당없음
			회전부 등의 급유상태 적부	육 안	[ ]적합 [ ]부적합 [ ]해당없음
			기능의 적부	작동확인	[ ]적합 [ ]부적합 [ ]해당없음
			고정상태의 적부	육 안	[ ]적합 [ ]부적합 [ ]해당없음
			이상소음·진동·발열 유무	육안 및 작동확인	[ ]적합 [ ]부적합 [ ]해당없음
			절연저항치의 적부	저항측정	[ ]적합 [ ]부적합 [ ]해당없음
		연료탱크	누설·부식·변형 유무	육 안	[ ]적합 [ ]부적합 [ ]해당없음
			연료량의 적부	육 안	[ ]적합 [ ]부적합 [ ]해당없음
			밸브개폐상태 및 기능의 적부	육안 및 작동확인	[ ]적합 [ ]부적합 [ ]해당없음
		윤활유	현저한 노후의 유무 및 양의 적부	육 안	[ ]적합 [ ]부적합 [ ]해당없음
		축전지	부식·변형·손상 유무	육 안	[ ]적합 [ ]부적합 [ ]해당없음
			전해액량 및 단자전압의 적부	육안 및 전압측정	[ ]적합 [ ]부적합 [ ]해당없음
		냉각장치	냉각수의 누수 유무	육 안	[ ]적합 [ ]부적합 [ ]해당없음
			물의 양·상태의 적부	육 안	[ ]적합 [ ]부적합 [ ]해당없음
			부식·변형·손상 유무	육 안	[ ]적합 [ ]부적합 [ ]해당없음
			기능의 적부	작동확인	[ ]적합 [ ]부적합 [ ]해당없음
		급배기장치	변형·손상 유무	육 안	[ ]적합 [ ]부적합 [ ]해당없음
			주위 가연물의 유무	육 안	[ ]적합 [ ]부적합 [ ]해당없음
			기능의 적부	작동확인	[ ]적합 [ ]부적합 [ ]해당없음
	축전지설비		부식·변형·손상 유무	육 안	[ ]적합 [ ]부적합 [ ]해당없음
			전해액량 및 단자전압의 적부	육안 및 전압측정	[ ]적합 [ ]부적합 [ ]해당없음
			기능의 적부	작동확인	[ ]적합 [ ]부적합 [ ]해당없음
	기동장치		부식·변형·손상 유무	육 안	[ ]적합 [ ]부적합 [ ]해당없음
			조작부 주위의 장애물 유무	육 안	[ ]적합 [ ]부적합 [ ]해당없음
			기능의 적부	작동확인	[ ]적합 [ ]부적합 [ ]해당없음
기타사항					

[ ] 물분무소화설비 [ ] 스프링클러설비 **일반점검표**			점검기간 : 점검자 : 서명(또는 인) 설치자 : 서명(또는 인)		
제조소 등의 구분			제조소 등의 설치허가 연월일 및 완공검사번호		
소화설비의 호칭번호					
점검항목		점검내용	점검방법	점검결과	비 고
수 원	수 조	누수·변형·손상 유무	육 안	[ ]적합 [ ]부적합 [ ]해당없음	
	수원량·상태	수원량의 적부	육 안	[ ]적합 [ ]부적합 [ ]해당없음	
		부유물·침전물 유무	육 안	[ ]적합 [ ]부적합 [ ]해당없음	
	급수장치	부식·손상 유무	육 안	[ ]적합 [ ]부적합 [ ]해당없음	
		기능의 적부	작동확인	[ ]적합 [ ]부적합 [ ]해당없음	
흡 수 장 치	흡수조	누수·변형·손상 유무	육 안	[ ]적합 [ ]부적합 [ ]해당없음	
		물의 양·상태의 적부	육 안	[ ]적합 [ ]부적합 [ ]해당없음	
	밸 브	변형·손상 유무	육 안	[ ]적합 [ ]부적합 [ ]해당없음	
		개폐상태 및 기능의 적부	육안 및 작동확인	[ ]적합 [ ]부적합 [ ]해당없음	
	자동급수장치	변형·손상 유무	육 안	[ ]적합 [ ]부적합 [ ]해당없음	
		기능의 적부	육 안	[ ]적합 [ ]부적합 [ ]해당없음	
	감수경보장치	변형·손상 유무	육 안	[ ]적합 [ ]부적합 [ ]해당없음	
		기능의 적부	작동확인	[ ]적합 [ ]부적합 [ ]해당없음	
가 압 송 수 장 치	전동기	**변형·손상 유무**	**육 안**	[ ]적합 [ ]부적합 [ ]해당없음	
		회전부 등의 급유상태의 적부	**육 안**	[ ]적합 [ ]부적합 [ ]해당없음	
		기능의 적부	**작동확인**	[ ]적합 [ ]부적합 [ ]해당없음	
		고정상태의 적부	**육 안**	[ ]적합 [ ]부적합 [ ]해당없음	
		이상소음·진동·발열 유무	**육안 및 작동확인**	[ ]적합 [ ]부적합 [ ]해당없음	
	내 연 기 관 본 체	변형·손상 유무	육 안	[ ]적합 [ ]부적합 [ ]해당없음	
		회전부 등의 급유상태 적부	육 안	[ ]적합 [ ]부적합 [ ]해당없음	
		기능의 적부	작동확인	[ ]적합 [ ]부적합 [ ]해당없음	
		고정상태의 적부	육 안	[ ]적합 [ ]부적합 [ ]해당없음	
		이상소음·진동·발열 유무	육안 및 작동확인	[ ]적합 [ ]부적합 [ ]해당없음	
	연료탱크	누설·부식·변형 유무	육 안	[ ]적합 [ ]부적합 [ ]해당없음	
		연료량의 적부	육 안	[ ]적합 [ ]부적합 [ ]해당없음	
		밸브개폐상태 및 기능의 적부	육안 및 작동확인	[ ]적합 [ ]부적합 [ ]해당없음	
	윤활유	현저한 노후의 유무 및 양의 적부	육 안	[ ]적합 [ ]부적합 [ ]해당없음	
	축전지	부식·변형·손상 유무	육 안	[ ]적합 [ ]부적합 [ ]해당없음	
		전해액량의 적부	육 안	[ ]적합 [ ]부적합 [ ]해당없음	
		단자전압의 적부	전압측정	[ ]적합 [ ]부적합 [ ]해당없음	
	동력전달장치	부식·변형·손상 유무	육 안	[ ]적합 [ ]부적합 [ ]해당없음	
		기능의 적부	육 안	[ ]적합 [ ]부적합 [ ]해당없음	
	기동장치	부식·변형·손상 유무	육 안	[ ]적합 [ ]부적합 [ ]해당없음	
		기능의 적부	작동확인	[ ]적합 [ ]부적합 [ ]해당없음	
		회전수의 적부	육 안	[ ]적합 [ ]부적합 [ ]해당없음	
	냉각장치	냉각수의 누수 유무 및 물의 양·상태 의 적부	육 안	[ ]적합 [ ]부적합 [ ]해당없음	
		부식·변형·손상 유무	육 안	[ ]적합 [ ]부적합 [ ]해당없음	
		기능의 적부	작동확인	[ ]적합 [ ]부적합 [ ]해당없음	
	급배기장치	변형·손상 유무	육 안	[ ]적합 [ ]부적합 [ ]해당없음	
		주위의 가연물 유무	육 안	[ ]적합 [ ]부적합 [ ]해당없음	
		기능의 적부	작동확인	[ ]적합 [ ]부적합 [ ]해당없음	
	펌 프	**누수·부식·변형·손상 유무**	**육 안**	[ ]적합 [ ]부적합 [ ]해당없음	
		회전부 등의 급유상태 적부	**육 안**	[ ]적합 [ ]부적합 [ ]해당없음	
		기능의 적부	**작동확인**	[ ]적합 [ ]부적합 [ ]해당없음	
		고정상태의 적부	**육 안**	[ ]적합 [ ]부적합 [ ]해당없음	
		이상소음·진동·발열 유무	**육안 및 작동확인**	[ ]적합 [ ]부적합 [ ]해당없음	
		압력의 적부	**육 안**	[ ]적합 [ ]부적합 [ ]해당없음	
		계기판의 적부	**육 안**	[ ]적합 [ ]부적합 [ ]해당없음	

기동장치		조작부 주위의 장애물 유무	육 안	[ ]적합 [ ]부적합 [ ]해당없음
		표지의 손상 유무 및 기재사항의 적부	육 안	[ ]적합 [ ]부적합 [ ]해당없음
		기능의 적부	작동확인	[ ]적합 [ ]부적합 [ ]해당없음
전동기 제어장치	제어반	변형·손상 유무	육 안	[ ]적합 [ ]부적합 [ ]해당없음
		조작관리상 지장 유무	육 안	[ ]적합 [ ]부적합 [ ]해당없음
	전원전압	전압의 지시상황의 적부	육 안	[ ]적합 [ ]부적합 [ ]해당없음
		전원 등의 점등상황 적부	작동확인	[ ]적합 [ ]부적합 [ ]해당없음
	계기 및 스위치류	변형·손상 유무	육 안	[ ]적합 [ ]부적합 [ ]해당없음
		단자의 풀림·탈락 유무	육 안	[ ]적합 [ ]부적합 [ ]해당없음
		개폐상황 및 기능의 적부	육안 및 작동확인	[ ]적합 [ ]부적합 [ ]해당없음
	휴즈류	손상·용단 유무	육 안	[ ]적합 [ ]부적합 [ ]해당없음
		종류·용량의 적부	육 안	[ ]적합 [ ]부적합 [ ]해당없음
		예비품의 유무	육 안	[ ]적합 [ ]부적합 [ ]해당없음
	차단기	단자의 풀림·탈락 유무	육 안	[ ]적합 [ ]부적합 [ ]해당없음
		접점의 소손 유무	육 안	[ ]적합 [ ]부적합 [ ]해당없음
		기능의 적부	작동확인	[ ]적합 [ ]부적합 [ ]해당없음
	결선접속	풀림·탈락·피복손상 유무	육 안	[ ]적합 [ ]부적합 [ ]해당없음
배관 등	밸브류	변형·손상 유무	육 안	[ ]적합 [ ]부적합 [ ]해당없음
		개폐상태 및 작동의 적부	작동확인	[ ]적합 [ ]부적합 [ ]해당없음
	여과장치	변형·손상 유무	육 안	[ ]적합 [ ]부적합 [ ]해당없음
		여과망의 손상·이물의 퇴적 유무	육 안	[ ]적합 [ ]부적합 [ ]해당없음
	배 관	누설·변형·손상 유무	육 안	[ ]적합 [ ]부적합 [ ]해당없음
		도장상황의 적부 및 부식 유무	육 안	[ ]적합 [ ]부적합 [ ]해당없음
		드레인피트의 손상 유무	육 안	[ ]적합 [ ]부적합 [ ]해당없음
헤 드		변형·손상 유무	육 안	[ ]적합 [ ]부적합 [ ]해당없음
		부착각도의 적부	육 안	[ ]적합 [ ]부적합 [ ]해당없음
		기능의 적부	작동확인	[ ]적합 [ ]부적합 [ ]해당없음
예비동력원	자가발전설비 본 체	변형·손상 유무	육 안	[ ]적합 [ ]부적합 [ ]해당없음
		회전부 등의 급유상태 적부	육 안	[ ]적합 [ ]부적합 [ ]해당없음
		기능의 적부	작동확인	[ ]적합 [ ]부적합 [ ]해당없음
		고정상태의 적부	육 안	[ ]적합 [ ]부적합 [ ]해당없음
		이상소음·진동·발열 유무	육안 및 작동확인	[ ]적합 [ ]부적합 [ ]해당없음
		절연저항치의 적부	저항측정	[ ]적합 [ ]부적합 [ ]해당없음
	연료탱크	누설·부식·변형 유무	육 안	[ ]적합 [ ]부적합 [ ]해당없음
		연료량의 적부	육 안	[ ]적합 [ ]부적합 [ ]해당없음
		밸브개폐상태 및 기능의 적부	육안 및 작동확인	[ ]적합 [ ]부적합 [ ]해당없음
	윤활유	현저한 노후의 유무 및 양의 적부	육 안	[ ]적합 [ ]부적합 [ ]해당없음
	축전지	부식·변형·손상 유무	육 안	[ ]적합 [ ]부적합 [ ]해당없음
		전해액량 및 단자전압의 적부	육안 및 전압측정	[ ]적합 [ ]부적합 [ ]해당없음
	냉각장치	냉각수의 누수 유무	육 안	[ ]적합 [ ]부적합 [ ]해당없음
		물의 양·상태의 적부	육 안	[ ]적합 [ ]부적합 [ ]해당없음
		부식·변형·손상 유무	육 안	[ ]적합 [ ]부적합 [ ]해당없음
		기능의 적부	작동확인	[ ]적합 [ ]부적합 [ ]해당없음
	급배기장치	변형·손상 유무	육 안	[ ]적합 [ ]부적합 [ ]해당없음
		주위의 가연물 유무	육 안	[ ]적합 [ ]부적합 [ ]해당없음
		기능의 적부	작동확인	[ ]적합 [ ]부적합 [ ]해당없음
	축전지설비	부식·변형·손상 유무	육 안	[ ]적합 [ ]부적합 [ ]해당없음
		전해액량 및 단자전압의 적부	육안 및 전압측정	[ ]적합 [ ]부적합 [ ]해당없음
		기능의 적부	작동확인	[ ]적합 [ ]부적합 [ ]해당없음
	기동장치	부식·변형·손상 유무	육 안	[ ]적합 [ ]부적합 [ ]해당없음
		조작부 주위의 장애물 유무	육 안	[ ]적합 [ ]부적합 [ ]해당없음
		기능의 적부	작동확인	[ ]적합 [ ]부적합 [ ]해당없음
기타사항				

포소화설비 일반점검표

	점검기간 :	
	점검자 :	서명(또는 인)
	설치자 :	서명(또는 인)

제조소 등의 구분			제조소 등의 설치허가 연월일 및 완공검사번호	
소화설비의 호칭번호				

점검항목			점검내용	점검방법	점검결과	비 고
수원	수 조		누수·변형·손상 유무	육 안	[ ]적합 [ ]부적합 [ ]해당없음	
	수원량·상태		수원량의 적부	육 안	[ ]적합 [ ]부적합 [ ]해당없음	
			부유물·침전물 유무	육 안	[ ]적합 [ ]부적합 [ ]해당없음	
	급수장치		부식·손상 유무	육 안	[ ]적합 [ ]부적합 [ ]해당없음	
			기능의 적부	작동확인	[ ]적합 [ ]부적합 [ ]해당없음	
흡수장치	흡수조		누수·변형·손상 유무	육 안	[ ]적합 [ ]부적합 [ ]해당없음	
			물의 양·상태의 적부	육 안	[ ]적합 [ ]부적합 [ ]해당없음	
	밸 브		변형·손상 유무	육 안	[ ]적합 [ ]부적합 [ ]해당없음	
			개폐상태 및 기능의 적부	육안 및 작동확인	[ ]적합 [ ]부적합 [ ]해당없음	
	자동급수장치		변형·손상 유무	육 안	[ ]적합 [ ]부적합 [ ]해당없음	
			기능의 적부	육 안	[ ]적합 [ ]부적합 [ ]해당없음	
	감수경보장치		변형·손상 유무	육 안	[ ]적합 [ ]부적합 [ ]해당없음	
			기능의 적부	작동확인	[ ]적합 [ ]부적합 [ ]해당없음	
가압송수장치	전동기		변형·손상 유무	육 안	[ ]적합 [ ]부적합 [ ]해당없음	
			회전부 등의 급유상태 적부	육 안	[ ]적합 [ ]부적합 [ ]해당없음	
			기능의 적부	작동확인	[ ]적합 [ ]부적합 [ ]해당없음	
			고정상태의 적부	육 안	[ ]적합 [ ]부적합 [ ]해당없음	
			이상소음·진동·발열 유무	육안 및 작동확인	[ ]적합 [ ]부적합 [ ]해당없음	
	내연기관	본 체	변형·손상 유무	육 안	[ ]적합 [ ]부적합 [ ]해당없음	
			회전부 등의 급유상태 적부	육 안	[ ]적합 [ ]부적합 [ ]해당없음	
			기능의 적부	작동확인	[ ]적합 [ ]부적합 [ ]해당없음	
			고정상태의 적부	육 안	[ ]적합 [ ]부적합 [ ]해당없음	
			이상소음·진동·발열 유무	육안 및 작동확인	[ ]적합 [ ]부적합 [ ]해당없음	
		연료탱크	누설·부식·변형 유무	육 안	[ ]적합 [ ]부적합 [ ]해당없음	
			연료량의 적부	육 안	[ ]적합 [ ]부적합 [ ]해당없음	
			밸브개폐상태 및 기능의 적부	육안 및 작동확인	[ ]적합 [ ]부적합 [ ]해당없음	
		윤활유	현저한 노후의 유무 및 양의 적부	육 안	[ ]적합 [ ]부적합 [ ]해당없음	
		축전지	부식·변형·손상 유무	육 안	[ ]적합 [ ]부적합 [ ]해당없음	
			전해액량의 적부	육 안	[ ]적합 [ ]부적합 [ ]해당없음	
			단자전압의 적부	전압측정	[ ]적합 [ ]부적합 [ ]해당없음	
		동력전달장치	부식·변형·손상 유무	육 안	[ ]적합 [ ]부적합 [ ]해당없음	
			기능의 적부	육 안	[ ]적합 [ ]부적합 [ ]해당없음	
		기동장치	부식·변형·손상 유무	육 안	[ ]적합 [ ]부적합 [ ]해당없음	
			기능의 적부	작동확인	[ ]적합 [ ]부적합 [ ]해당없음	
			회전수의 적부	육 안	[ ]적합 [ ]부적합 [ ]해당없음	
		냉각장치	냉각수의 누수 유무 및 물의 양·상태의 적부	육 안	[ ]적합 [ ]부적합 [ ]해당없음	
			부식·변형·손상 유무	육 안	[ ]적합 [ ]부적합 [ ]해당없음	
			기능의 적부	작동확인	[ ]적합 [ ]부적합 [ ]해당없음	
		급배기장치	변형·손상 유무	육 안	[ ]적합 [ ]부적합 [ ]해당없음	
			주위의 가연물 유무	육 안	[ ]적합 [ ]부적합 [ ]해당없음	
			기능의 적부	작동확인	[ ]적합 [ ]부적합 [ ]해당없음	
	펌 프		누수·부식·변형·손상 유무	육 안	[ ]적합 [ ]부적합 [ ]해당없음	
			회전부 등의 급유상태 적부	육 안	[ ]적합 [ ]부적합 [ ]해당없음	
			기능의 적부	작동확인	[ ]적합 [ ]부적합 [ ]해당없음	
			고정상태의 적부	육 안	[ ]적합 [ ]부적합 [ ]해당없음	
			이상소음·진동·발열 유무	육안 및 작동확인	[ ]적합 [ ]부적합 [ ]해당없음	
			압력의 적부	육 안	[ ]적합 [ ]부적합 [ ]해당없음	
			계기판의 적부	육 안	[ ]적합 [ ]부적합 [ ]해당없음	

약제저장탱크	탱 크	누설 유무	육 안	[ ]적합 [ ]부적합 [ ]해당없음
		변형·손상 유무	육 안	[ ]적합 [ ]부적합 [ ]해당없음
		도장상황의 적부 및 부식 유무	육 안	[ ]적합 [ ]부적합 [ ]해당없음
		배관접속부의 이탈 유무	육 안	[ ]적합 [ ]부적합 [ ]해당없음
		고정상태의 적부	육 안	[ ]적합 [ ]부적합 [ ]해당없음
		통기관의 막힘 유무	육 안	[ ]적합 [ ]부적합 [ ]해당없음
		압력계 지시상황의 적부(압력탱크)	육 안	[ ]적합 [ ]부적합 [ ]해당없음
	소화약제	변질·침전물 유무	육 안	[ ]적합 [ ]부적합 [ ]해당없음
		양의 적부	육 안	[ ]적합 [ ]부적합 [ ]해당없음
약제혼합장치		변질·침전물 유무	육 안	[ ]적합 [ ]부적합 [ ]해당없음
		양의 적부	육 안	[ ]적합 [ ]부적합 [ ]해당없음
기동장치	수동기동장치	조작부 주위의 장애물 유무	육 안	[ ]적합 [ ]부적합 [ ]해당없음
		표지의 손상 유무 및 기재사항의 적부	육 안	[ ]적합 [ ]부적합 [ ]해당없음
		기능의 적부	작동확인	[ ]적합 [ ]부적합 [ ]해당없음
	자동기동장치 / 기동용수압개폐장치(압력스위치·압력탱크)	변형·손상 유무	육 안	[ ]적합 [ ]부적합 [ ]해당없음
		압력계 지시상황의 적부	육 안	[ ]적합 [ ]부적합 [ ]해당없음
		기능의 적부	작동확인	[ ]적합 [ ]부적합 [ ]해당없음
	화재감지장치 (감지기·폐쇄형헤드)	변형·손상 유무	육 안	[ ]적합 [ ]부적합 [ ]해당없음
		주위 장애물의 유무	육 안	[ ]적합 [ ]부적합 [ ]해당없음
		기능의 적부	작동확인	[ ]적합 [ ]부적합 [ ]해당없음
전동기 제어장치	제어반	변형·손상 유무	육 안	[ ]적합 [ ]부적합 [ ]해당없음
		조작관리상 지장 유무	육 안	[ ]적합 [ ]부적합 [ ]해당없음
	전원전압	전압의 지시상황 적부	육 안	[ ]적합 [ ]부적합 [ ]해당없음
		전원등의 점등상황 적부	작동확인	[ ]적합 [ ]부적합 [ ]해당없음
	계기 및 스위치류	변형·손상 유무	육 안	[ ]적합 [ ]부적합 [ ]해당없음
		단자의 풀림·탈락 유무	육 안	[ ]적합 [ ]부적합 [ ]해당없음
		개폐상황 및 기능의 적부	육안 및 작동확인	[ ]적합 [ ]부적합 [ ]해당없음
	휴즈류	손상·용단 유무	육 안	[ ]적합 [ ]부적합 [ ]해당없음
		종류·용량의 적부	육 안	[ ]적합 [ ]부적합 [ ]해당없음
		예비품의 유무	육 안	[ ]적합 [ ]부적합 [ ]해당없음
	차단기	단자의 풀림·탈락 유무	육 안	[ ]적합 [ ]부적합 [ ]해당없음
		접점의 소손 유무	육 안	[ ]적합 [ ]부적합 [ ]해당없음
		기능의 적부	작동확인	[ ]적합 [ ]부적합 [ ]해당없음
	결선접속	풀림·탈락·피복손상 유무	육 안	[ ]적합 [ ]부적합 [ ]해당없음
유수·압력검지장치	자동경보밸브 (유수작동밸브)	변형·손상 유무	육 안	[ ]적합 [ ]부적합 [ ]해당없음
		기능의 적부	작동확인	[ ]적합 [ ]부적합 [ ]해당없음
	리타딩챔버	변형·손상 유무	육 안	[ ]적합 [ ]부적합 [ ]해당없음
		기능의 적부	작동확인	[ ]적합 [ ]부적합 [ ]해당없음
	압력스위치	단자의 풀림·이탈·손상 유무	육 안	[ ]적합 [ ]부적합 [ ]해당없음
		기능의 적부	작동확인	[ ]적합 [ ]부적합 [ ]해당없음
	경보·표시장치	변형·손상 유무	육 안	[ ]적합 [ ]부적합 [ ]해당없음
		기능의 적부	작동확인	[ ]적합 [ ]부적합 [ ]해당없음
배관등	밸브류	변형·손상 유무	육 안	[ ]적합 [ ]부적합 [ ]해당없음
		개폐상태 및 작동의 적부	작동확인	[ ]적합 [ ]부적합 [ ]해당없음
	여과장치	변형·손상 유무	육 안	[ ]적합 [ ]부적합 [ ]해당없음
		여과망의 손상·이물의 퇴적 유무	육 안	[ ]적합 [ ]부적합 [ ]해당없음
	배 관	누설·변형·손상 유무	육 안	[ ]적합 [ ]부적합 [ ]해당없음
		도장상황의 적부 및 부식 유무	육 안	[ ]적합 [ ]부적합 [ ]해당없음
		드레인피트의 손상 유무	육 안	[ ]적합 [ ]부적합 [ ]해당없음
	저부포주입법의 외부격납함	변형·손상 유무	육 안	[ ]적합 [ ]부적합 [ ]해당없음
		호스 격납상태의 적부	육 안	[ ]적합 [ ]부적합 [ ]해당없음
포방출구	포헤드	변형·손상 유무	육 안	[ ]적합 [ ]부적합 [ ]해당없음
		부착각도의 적부	육 안	[ ]적합 [ ]부적합 [ ]해당없음
		공기취입구의 막힘 유무	육 안	[ ]적합 [ ]부적합 [ ]해당없음
		기능의 적부	작동확인	[ ]적합 [ ]부적합 [ ]해당없음
	포챔버	본체의 부식·변형·손상 유무	육 안	[ ]적합 [ ]부적합 [ ]해당없음
		봉판의 부착상태 및 손상 유무	육 안	[ ]적합 [ ]부적합 [ ]해당없음

포방출구	포챔버	공기수입구 및 스크린의 막힘 유무	육 안	[ ]적합 [ ]부적합 [ ]해당없음	
		기능의 적부	작동확인	[ ]적합 [ ]부적합 [ ]해당없음	
	포모니터노즐	변형·손상 유무	육 안	[ ]적합 [ ]부적합 [ ]해당없음	
		공기수입구 및 필터의 막힘 유무	육 안	[ ]적합 [ ]부적합 [ ]해당없음	
		기능의 적부	작동확인	[ ]적합 [ ]부적합 [ ]해당없음	
포소화전	소화전함	부식·변형·손상 유무	육 안	[ ]적합 [ ]부적합 [ ]해당없음	
		주위 장애물 유무	육 안	[ ]적합 [ ]부적합 [ ]해당없음	
		부속공구의 비치 상태 및 표지의 적부	육 안	[ ]적합 [ ]부적합 [ ]해당없음	
	호스 및 노즐	변형·손상 유무	육 안	[ ]적합 [ ]부적합 [ ]해당없음	
		수량 및 기능의 적부	육 안	[ ]적합 [ ]부적합 [ ]해당없음	
	표시등	손상 유무	육 안	[ ]적합 [ ]부적합 [ ]해당없음	
		점등 상황의 적부	작동확인	[ ]적합 [ ]부적합 [ ]해당없음	
연결송액구		변형·손상 유무	육 안	[ ]적합 [ ]부적합 [ ]해당없음	
		주위 장애물 유무	육 안	[ ]적합 [ ]부적합 [ ]해당없음	
		표시의 적부	육 안	[ ]적합 [ ]부적합 [ ]해당없음	
예비동력원	자가발전설비	본 체	변형·손상 유무	육 안	[ ]적합 [ ]부적합 [ ]해당없음	
			회전부 등의 급유상태 적부	육 안	[ ]적합 [ ]부적합 [ ]해당없음	
			기능의 적부	작동확인	[ ]적합 [ ]부적합 [ ]해당없음	
			고정상태의 적부	육 안	[ ]적합 [ ]부적합 [ ]해당없음	
			이상소음·진동·발열 유무	육안 및 작동확인	[ ]적합 [ ]부적합 [ ]해당없음	
			절연저항치의 적부	저항측정	[ ]적합 [ ]부적합 [ ]해당없음	
		연료탱크	누설·부식·변형 유무	육 안	[ ]적합 [ ]부적합 [ ]해당없음	
			연료량의 적부	육 안	[ ]적합 [ ]부적합 [ ]해당없음	
			밸브개폐상태 및 기능의 적부	육안 및 작동확인	[ ]적합 [ ]부적합 [ ]해당없음	
		윤활유	현저한 노후의 유무 및 양의 적부	육 안	[ ]적합 [ ]부적합 [ ]해당없음	
		축전지	부식·변형·손상 유무	육 안	[ ]적합 [ ]부적합 [ ]해당없음	
			전해액량 및 단자전압의 적부	육안 및 전압측정	[ ]적합 [ ]부적합 [ ]해당없음	
		냉각장치	냉각수의 누수 유무	육 안	[ ]적합 [ ]부적합 [ ]해당없음	
			물의 양·상태의 적부	육 안	[ ]적합 [ ]부적합 [ ]해당없음	
			부식·변형·손상의 유무	육 안	[ ]적합 [ ]부적합 [ ]해당없음	
			기능의 적부	작동확인	[ ]적합 [ ]부적합 [ ]해당없음	
		급배기장치	변형·손상의 유무	육 안	[ ]적합 [ ]부적합 [ ]해당없음	
			주위의 가연물 유무	육 안	[ ]적합 [ ]부적합 [ ]해당없음	
			기능의 적부	작동확인	[ ]적합 [ ]부적합 [ ]해당없음	
	축전지설비		부식·변형·손상 유무	육 안	[ ]적합 [ ]부적합 [ ]해당없음	
			전해액량 및 단자전압의 적부	육안 및 전압측정	[ ]적합 [ ]부적합 [ ]해당없음	
			기능의 적부	작동확인	[ ]적합 [ ]부적합 [ ]해당없음	
	기동장치		부식·변형·손상 유무	육 안	[ ]적합 [ ]부적합 [ ]해당없음	
			조작부 주위의 장애물 유무	육 안	[ ]적합 [ ]부적합 [ ]해당없음	
			기능의 적부	작동확인	[ ]적합 [ ]부적합 [ ]해당없음	
기타사항					

[별지 제21호 서식]

		점검기간 :	
이산화탄소소화설비 일반점검표		점검자 :	서명(또는 인)
		설치자 :	서명(또는 인)

제조소 등의 구분		제조소 등의 설치허가 연월일 및 완공검사번호	

소화설비의 호칭번호

점검항목			점검내용	점검방법	점검결과	비 고
이산화탄소소화약제저장용기등		소화약제 저장용기	설치상황의 적부	육 안	[ ]적합 [ ]부적합 [ ]해당없음	
			변형·손상 유무	육 안	[ ]적합 [ ]부적합 [ ]해당없음	
		소화약제	양의 적부	육 안	[ ]적합 [ ]부적합 [ ]해당없음	
	고압식	용기밸브	변형·손상·부식 유무	육 안	[ ]적합 [ ]부적합 [ ]해당없음	
			개폐상황의 적부	육 안	[ ]적합 [ ]부적합 [ ]해당없음	
		용기밸브 개방장치	변형·손상·부식 유무	육 안	[ ]적합 [ ]부적합 [ ]해당없음	
			기능의 적부	작동확인	[ ]적합 [ ]부적합 [ ]해당없음	
	저압식	안전장치	변형·손상·부식 유무	육 안	[ ]적합 [ ]부적합 [ ]해당없음	
		압력경보장치	변형·손상 유무	육 안	[ ]적합 [ ]부적합 [ ]해당없음	
			기능의 적부	작동확인	[ ]적합 [ ]부적합 [ ]해당없음	
		압력계	변형·손상 유무	육 안	[ ]적합 [ ]부적합 [ ]해당없음	
			지시상황의 적부	육 안	[ ]적합 [ ]부적합 [ ]해당없음	
		액면계	변형·손상 유무	육 안	[ ]적합 [ ]부적합 [ ]해당없음	
		자동냉동기	변형·손상 유무	육 안	[ ]적합 [ ]부적합 [ ]해당없음	
			기능의 적부	작동확인	[ ]적합 [ ]부적합 [ ]해당없음	
		방출밸브	변형·손상·부식 유무	육 안	[ ]적합 [ ]부적합 [ ]해당없음	
			개폐상황의 적부	육 안	[ ]적합 [ ]부적합 [ ]해당없음	
기동용가스용기등		용 기	변형·손상 유무	육 안	[ ]적합 [ ]부적합 [ ]해당없음	
			가스량의 적부	육 안	[ ]적합 [ ]부적합 [ ]해당없음	
		용기밸브	변형·손상·부식 유무	육 안	[ ]적합 [ ]부적합 [ ]해당없음	
			개폐상황의 적부	육 안	[ ]적합 [ ]부적합 [ ]해당없음	
		용기밸브개방장치	변형·손상·부식 유무	육 안	[ ]적합 [ ]부적합 [ ]해당없음	
			기능의 적부	작동확인	[ ]적합 [ ]부적합 [ ]해당없음	
		조작관	변형·손상·부식 유무	육 안	[ ]적합 [ ]부적합 [ ]해당없음	
선택밸브			손상·변형 유무	육 안	[ ]적합 [ ]부적합 [ ]해당없음	
			개폐상황의 적부	작동확인	[ ]적합 [ ]부적합 [ ]해당없음	
			기능의 적부	작동확인	[ ]적합 [ ]부적합 [ ]해당없음	
기동장치		**수동기동장치**	**조작부 주위의 장애물 유무**	**육 안**	[ ]적합 [ ]부적합 [ ]해당없음	
			표지의 손상 유무 및 기재사항의 적부	**육 안**	[ ]적합 [ ]부적합 [ ]해당없음	
			기능의 적부	**작동확인**	[ ]적합 [ ]부적합 [ ]해당없음	
	자동기동장치	자동수동 전환장치	변형·손상 유무	육 안	[ ]적합 [ ]부적합 [ ]해당없음	
			기능의 적부	작동확인	[ ]적합 [ ]부적합 [ ]해당없음	
		화재감지장치	변형·손상 유무	육 안	[ ]적합 [ ]부적합 [ ]해당없음	
			감지장해의 유무	육 안	[ ]적합 [ ]부적합 [ ]해당없음	
			기능의 적부	작동확인	[ ]적합 [ ]부적합 [ ]해당없음	
경보장치			변형·손상 유무	육 안	[ ]적합 [ ]부적합 [ ]해당없음	
			기능의 적부	작동확인	[ ]적합 [ ]부적합 [ ]해당없음	
압력스위치			단자의 풀림·탈락·손상 유무	육 안	[ ]적합 [ ]부적합 [ ]해당없음	
			기능의 적부	작동확인	[ ]적합 [ ]부적합 [ ]해당없음	
제어장치		제어반	변형·손상 유무	육 안	[ ]적합 [ ]부적합 [ ]해당없음	
			조작관리상 지장 유무	육 안	[ ]적합 [ ]부적합 [ ]해당없음	
		전원전압	전압의 지시상황 적부	육 안	[ ]적합 [ ]부적합 [ ]해당없음	
			전원등의 점등상황 적부	작동확인	[ ]적합 [ ]부적합 [ ]해당없음	
		계기 및 스위치류	**변형·손상 유무**	**육 안**	[ ]적합 [ ]부적합 [ ]해당없음	
			단자의 풀림·탈락 유무	**육 안**	[ ]적합 [ ]부적합 [ ]해당없음	
			개폐상황 및 기능의 적부	**육안 및 작동확인**	[ ]적합 [ ]부적합 [ ]해당없음	
		휴즈류	손상·용단 유무	육 안	[ ]적합 [ ]부적합 [ ]해당없음	
			종류·용량의 적부 및 예비품 유무	육 안	[ ]적합 [ ]부적합 [ ]해당없음	

제어장치	차단기	단자의 풀림·탈락 유무	육 안	[ ]적합 [ ]부적합 [ ]해당없음	
		접점의 소손 유무	육 안	[ ]적합 [ ]부적합 [ ]해당없음	
		기능의 적부	작동확인	[ ]적합 [ ]부적합 [ ]해당없음	
	결선접속	풀림·탈락·피복손상 유무	육 안	[ ]적합 [ ]부적합 [ ]해당없음	
배관등	밸브류	변형·손상 유무	육 안	[ ]적합 [ ]부적합 [ ]해당없음	
		개폐상태 및 작동의 적부	작동확인	[ ]적합 [ ]부적합 [ ]해당없음	
	역류방지밸브	부착방향의 적부	육 안	[ ]적합 [ ]부적합 [ ]해당없음	
		기능의 적부	작동확인	[ ]적합 [ ]부적합 [ ]해당없음	
	배 관	누설·변형·손상·부식 유무	육 안	[ ]적합 [ ]부적합 [ ]해당없음	
	파괴판·안전장치	변형·손상·부식 유무	육 안	[ ]적합 [ ]부적합 [ ]해당없음	
방출표시등		손상 유무	육 안	[ ]적합 [ ]부적합 [ ]해당없음	
		점등 상황의 적부	육 안	[ ]적합 [ ]부적합 [ ]해당없음	
분사헤드		변형·손상·부식 유무	육 안	[ ]적합 [ ]부적합 [ ]해당없음	
이동식노즐	호스·호스릴·노즐	변형·손상 유무	육 안	[ ]적합 [ ]부적합 [ ]해당없음	
		부식 유무	육 안	[ ]적합 [ ]부적합 [ ]해당없음	
	노즐개폐밸브	변형·손상 유무	육 안	[ ]적합 [ ]부적합 [ ]해당없음	
		부식 유무	육 안	[ ]적합 [ ]부적합 [ ]해당없음	
		기능의 적부	작동확인	[ ]적합 [ ]부적합 [ ]해당없음	
예비동력원	자가발전설비 / 본 체	변형·손상 유무	육 안	[ ]적합 [ ]부적합 [ ]해당없음	
		회전부 등의 급유상태 적부	육 안	[ ]적합 [ ]부적합 [ ]해당없음	
		기능의 적부	작동확인	[ ]적합 [ ]부적합 [ ]해당없음	
		고정상태의 적부	육 안	[ ]적합 [ ]부적합 [ ]해당없음	
		이상소음·진동·발열 유무	육안 및 작동확인	[ ]적합 [ ]부적합 [ ]해당없음	
		절연저항치의 적부	저항측정	[ ]적합 [ ]부적합 [ ]해당없음	
	연료탱크	누설·부식·변형 유무	육 안	[ ]적합 [ ]부적합 [ ]해당없음	
		연료량의 적부	육 안	[ ]적합 [ ]부적합 [ ]해당없음	
		밸브개폐상태 및 기능의 적부	육안 및 작동확인	[ ]적합 [ ]부적합 [ ]해당없음	
	윤활유	현저한 노후의 유무 및 양의 적부	육 안	[ ]적합 [ ]부적합 [ ]해당없음	
	축전지	부식·변형·손상 유무	육 안	[ ]적합 [ ]부적합 [ ]해당없음	
		전해액량 및 단자전압의 적부	육안 및 전압측정	[ ]적합 [ ]부적합 [ ]해당없음	
	냉각장치	냉각수의 누수 유무	육 안	[ ]적합 [ ]부적합 [ ]해당없음	
		물의 양·상태의 적부	육 안	[ ]적합 [ ]부적합 [ ]해당없음	
		부식·변형·손상 유무	육 안	[ ]적합 [ ]부적합 [ ]해당없음	
		기능의 적부	작동확인	[ ]적합 [ ]부적합 [ ]해당없음	
	급배기장치	변형·손상 유무	육 안	[ ]적합 [ ]부적합 [ ]해당없음	
		주위의 가연물 유무	육 안	[ ]적합 [ ]부적합 [ ]해당없음	
		기능의 적부	작동확인	[ ]적합 [ ]부적합 [ ]해당없음	
	축전지설비	부식·변형·손상 유무	육 안	[ ]적합 [ ]부적합 [ ]해당없음	
		전해액량 및 단자전압의 적부	육안 및 전압측정	[ ]적합 [ ]부적합 [ ]해당없음	
		기능의 적부	작동확인	[ ]적합 [ ]부적합 [ ]해당없음	
	기동장치	부식·변형·손상 유무	육 안	[ ]적합 [ ]부적합 [ ]해당없음	
		조작부 주위의 장애물 유무	육 안	[ ]적합 [ ]부적합 [ ]해당없음	
		기능의 적부	작동확인	[ ]적합 [ ]부적합 [ ]해당없음	
기타사항					

할로젠화합물소화설비 일반점검표

	점검기간 :	
	점검자 :	서명(또는 인)
	설치자 :	서명(또는 인)

제조소 등의 구분		제조소 등의 설치허가 연월일 및 완공검사번호	

소화설비의 호칭번호

점검항목				점검내용	점검방법	점검결과	비고
할로젠화합물소화약제저장용기등	소화약제 저장용기			설치상황의 적부	육 안	[ ]적합 [ ]부적합 [ ]해당없음	
				변형·손상 유무	육 안	[ ]적합 [ ]부적합 [ ]해당없음	
	소화약제			양 및 내압의 적부	육안 및 압력측정	[ ]적합 [ ]부적합 [ ]해당없음	
	축압식	용기밸브		변형·손상·부식 유무	육 안	[ ]적합 [ ]부적합 [ ]해당없음	
				개폐상황의 적부	육 안	[ ]적합 [ ]부적합 [ ]해당없음	
		용기밸브 개방장치		변형·손상·부식 유무	육 안	[ ]적합 [ ]부적합 [ ]해당없음	
				기능의 적부	작동확인	[ ]적합 [ ]부적합 [ ]해당없음	
	가압식	가압가스용기등	방출밸브	변형·손상·부식 유무	육 안	[ ]적합 [ ]부적합 [ ]해당없음	
				개폐상황의 적부	육 안	[ ]적합 [ ]부적합 [ ]해당없음	
			안전장치	변형·손상·부식 유무	육 안	[ ]적합 [ ]부적합 [ ]해당없음	
			압력계	변형·손상 유무	육 안	[ ]적합 [ ]부적합 [ ]해당없음	
			용기	설치상황의 적부 및 변형·손상 유무	육 안	[ ]적합 [ ]부적합 [ ]해당없음	
			가스량	양·내압의 적부	육안 및 압력측정	[ ]적합 [ ]부적합 [ ]해당없음	
			용기밸브	변형·손상·부식 유무	육 안	[ ]적합 [ ]부적합 [ ]해당없음	
				개폐상황의 적부	육 안	[ ]적합 [ ]부적합 [ ]해당없음	
			용기밸브 개방장치	변형·손상·부식 유무	육 안	[ ]적합 [ ]부적합 [ ]해당없음	
				기능의 적부	작동확인	[ ]적합 [ ]부적합 [ ]해당없음	
			압력조정기	변형·손상 유무	육 안	[ ]적합 [ ]부적합 [ ]해당없음	
				기능의 적부	작동확인	[ ]적합 [ ]부적합 [ ]해당없음	
기동용가스용기등	용기			변형·손상 유무	육 안	[ ]적합 [ ]부적합 [ ]해당없음	
				가스량의 적부	육 안	[ ]적합 [ ]부적합 [ ]해당없음	
	용기밸브			변형·손상·부식 유무	육 안	[ ]적합 [ ]부적합 [ ]해당없음	
				개폐상황의 적부	육 안	[ ]적합 [ ]부적합 [ ]해당없음	
	용기밸브개방장치			변형·손상·부식 유무	육 안	[ ]적합 [ ]부적합 [ ]해당없음	
				기능의 적부	작동확인	[ ]적합 [ ]부적합 [ ]해당없음	
	조작관			변형·손상·부식 유무	육 안	[ ]적합 [ ]부적합 [ ]해당없음	
선택밸브				손상·변형 유무	육 안	[ ]적합 [ ]부적합 [ ]해당없음	
				개폐상황 및 기능의 적부	작동확인	[ ]적합 [ ]부적합 [ ]해당없음	
기동장치	수동기동장치			조작부주위의 장애물 유무	육 안	[ ]적합 [ ]부적합 [ ]해당없음	
				표지의 손상 유무 및 기재사항의 적부	육 안	[ ]적합 [ ]부적합 [ ]해당없음	
				기능의 적부	작동확인	[ ]적합 [ ]부적합 [ ]해당없음	
	자동기동장치	자동수동 전환장치		변형·손상 유무	육 안	[ ]적합 [ ]부적합 [ ]해당없음	
				기능의 적부	작동확인	[ ]적합 [ ]부적합 [ ]해당없음	
		화재감지장치		변형·손상 유무	육 안	[ ]적합 [ ]부적합 [ ]해당없음	
				감지장해 유무	육 안	[ ]적합 [ ]부적합 [ ]해당없음	
				기능의 적부	작동확인	[ ]적합 [ ]부적합 [ ]해당없음	
경보장치				변형·손상 유무	육 안	[ ]적합 [ ]부적합 [ ]해당없음	
				기능의 적부	작동확인	[ ]적합 [ ]부적합 [ ]해당없음	
압력스위치				단자의 풀림·탈락·손상 유무	육 안	[ ]적합 [ ]부적합 [ ]해당없음	
				기능의 적부	작동확인	[ ]적합 [ ]부적합 [ ]해당없음	
제어장치	제어반			변형·손상 유무	육 안	[ ]적합 [ ]부적합 [ ]해당없음	
				조작관리상 지장 유무	육 안	[ ]적합 [ ]부적합 [ ]해당없음	
	전원전압			전압의 지시상황 및 전원등의 점등상황 적부	육안 및 작동확인	[ ]적합 [ ]부적합 [ ]해당없음	
	계기 및 스위치류			변형·손상 및 단자의 풀림·탈락의 유무	육 안	[ ]적합 [ ]부적합 [ ]해당없음	
				개폐상황 및 기능의 적부	육안 및 작동확인	[ ]적합 [ ]부적합 [ ]해당없음	
	휴즈류			손상·용단 유무	육 안	[ ]적합 [ ]부적합 [ ]해당없음	
				종류·용량의 적부 및 예비품 유무	육 안	[ ]적합 [ ]부적합 [ ]해당없음	

제어장치	차단기	단자의 풀림·탈락의 유무	육 안	[ ]적합 [ ]부적합 [ ]해당없음	
		접점의 소손의 유무	육 안	[ ]적합 [ ]부적합 [ ]해당없음	
		기능의 적부	작동확인	[ ]적합 [ ]부적합 [ ]해당없음	
	결선접속	풀림·탈락·피복손상의 유무	육 안	[ ]적합 [ ]부적합 [ ]해당없음	
배관등	밸브류	변형·손상의 유무	육 안	[ ]적합 [ ]부적합 [ ]해당없음	
		개폐상태 및 작동의 적부	작동확인	[ ]적합 [ ]부적합 [ ]해당없음	
	역류방지밸브	부착방향의 적부	육 안	[ ]적합 [ ]부적합 [ ]해당없음	
		기능의 적부	작동확인	[ ]적합 [ ]부적합 [ ]해당없음	
	배 관	누설·변형·손상·부식의 유무	육 안	[ ]적합 [ ]부적합 [ ]해당없음	
	파괴판·안전장치	변형·손상·부식의 유무	육 안	[ ]적합 [ ]부적합 [ ]해당없음	
방출표시등		손상의 유무	육 안	[ ]적합 [ ]부적합 [ ]해당없음	
		점등의 상황	육 안	[ ]적합 [ ]부적합 [ ]해당없음	
분사헤드		변형·손상·부식의 유무	육 안	[ ]적합 [ ]부적합 [ ]해당없음	
이동식노즐	호스·호스릴·노즐	변형·손상의 유무	육 안	[ ]적합 [ ]부적합 [ ]해당없음	
		부식의 유무	육 안	[ ]적합 [ ]부적합 [ ]해당없음	
	노즐개폐밸브	변형·손상의 유무	육 안	[ ]적합 [ ]부적합 [ ]해당없음	
		부식의 유무	육 안	[ ]적합 [ ]부적합 [ ]해당없음	
		기능의 적부	작동확인	[ ]적합 [ ]부적합 [ ]해당없음	
예비동력원	자가발전설비				
	본 체	변형·손상의 유무	육 안	[ ]적합 [ ]부적합 [ ]해당없음	
		회전부 등의 급유상태의 적부	육 안	[ ]적합 [ ]부적합 [ ]해당없음	
		기능의 적부	작동확인	[ ]적합 [ ]부적합 [ ]해당없음	
		고정상태의 적부	육 안	[ ]적합 [ ]부적합 [ ]해당없음	
		이상소음·진동·발열의 유무	육안 및 작동확인	[ ]적합 [ ]부적합 [ ]해당없음	
		절연저항치의 적부	저항측정	[ ]적합 [ ]부적합 [ ]해당없음	
	연료탱크	누설·부식·변형의 유무	육 안	[ ]적합 [ ]부적합 [ ]해당없음	
		연료량의 적부	육 안	[ ]적합 [ ]부적합 [ ]해당없음	
		밸브개폐상태 및 기능의 적부	육안 및 작동확인	[ ]적합 [ ]부적합 [ ]해당없음	
	윤활유	현저한 노후의 유무 및 양의 적부	육 안	[ ]적합 [ ]부적합 [ ]해당없음	
	축전지	부식·변형·손상의 유무	육 안	[ ]적합 [ ]부적합 [ ]해당없음	
		전해액량 및 단자전압의 적부	육안 및 전압측정	[ ]적합 [ ]부적합 [ ]해당없음	
	냉각장치	냉각수의 누수의 유무	육 안	[ ]적합 [ ]부적합 [ ]해당없음	
		물의 양·상태의 적부	육 안	[ ]적합 [ ]부적합 [ ]해당없음	
		부식·변형·손상의 유무	육 안	[ ]적합 [ ]부적합 [ ]해당없음	
		기능의 적부	작동확인	[ ]적합 [ ]부적합 [ ]해당없음	
	급배기장치	변형·손상의 유무	육 안	[ ]적합 [ ]부적합 [ ]해당없음	
		주위의 가연물의 유무	육 안	[ ]적합 [ ]부적합 [ ]해당없음	
		기능의 적부	작동확인	[ ]적합 [ ]부적합 [ ]해당없음	
	축전지설비	부식·변형·손상의 유무	육 안	[ ]적합 [ ]부적합 [ ]해당없음	
		전해액량 및 단자전압의 적부	육안 및 전압측정	[ ]적합 [ ]부적합 [ ]해당없음	
		기능의 적부	작동확인	[ ]적합 [ ]부적합 [ ]해당없음	
	기동장치	부식·변형·손상의 유무	육 안	[ ]적합 [ ]부적합 [ ]해당없음	
		조작부 주위의 장애물의 유무	육 안	[ ]적합 [ ]부적합 [ ]해당없음	
		기능의 적부	작동확인	[ ]적합 [ ]부적합 [ ]해당없음	
기타사항					

분말소화설비 일반점검표

점검기간 :
점검자 :　　　　　　　　　서명(또는 인)
설치자 :　　　　　　　　　서명(또는 인)

제조소 등의 구분				제조소 등의 설치허가 연월일 및 완공검사번호		
소화설비의 호칭번호						

점검항목				점검내용	점검방법	점검결과	비고
분말소화약제저장용기등	소화약제 저장용기			설치상황의 적부	육 안	[ ]적합 [ ]부적합 [ ]해당없음	
				변형·손상 유무	육 안	[ ]적합 [ ]부적합 [ ]해당없음	
	소화약제			양 및 내압의 적부	육안 및 압력측정	[ ]적합 [ ]부적합 [ ]해당없음	
	축압식	용기밸브		변형·손상·부식 유무	육 안	[ ]적합 [ ]부적합 [ ]해당없음	
				개폐상황의 적부	육 안	[ ]적합 [ ]부적합 [ ]해당없음	
		용기밸브 개방장치		변형·손상·부식 유무	육 안	[ ]적합 [ ]부적합 [ ]해당없음	
				기능의 적부	작동확인	[ ]적합 [ ]부적합 [ ]해당없음	
		지시압력계		변형·손상 유무 및 지시상황의 적부	육 안	[ ]적합 [ ]부적합 [ ]해당없음	
	가압식	방출밸브		변형·손상·부식의 유무	육 안	[ ]적합 [ ]부적합 [ ]해당없음	
				개폐상황의 적부	육 안	[ ]적합 [ ]부적합 [ ]해당없음	
		안전장치		변형·손상·부식의 유무	육 안	[ ]적합 [ ]부적합 [ ]해당없음	
		정압작동장치		변형·손상의 유무	육 안	[ ]적합 [ ]부적합 [ ]해당없음	
		가압가스용기등	용기	설치상황의 적부 및 변형·손상 유무	육 안	[ ]적합 [ ]부적합 [ ]해당없음	
			가스량	양·내압의 적부	육안 및 압력측정	[ ]적합 [ ]부적합 [ ]해당없음	
			용기밸브	변형·손상·부식 유무	육 안	[ ]적합 [ ]부적합 [ ]해당없음	
				개폐상황의 적부	육 안	[ ]적합 [ ]부적합 [ ]해당없음	
			용기밸브 개방장치	변형·손상·부식 유무	육 안	[ ]적합 [ ]부적합 [ ]해당없음	
				기능의 적부	작동확인	[ ]적합 [ ]부적합 [ ]해당없음	
			압력조정기	변형·손상 유무 및 기능의 적부	육안 및 작동확인	[ ]적합 [ ]부적합 [ ]해당없음	
기동용가스용기등	용기			변형·손상 유무	육 안	[ ]적합 [ ]부적합 [ ]해당없음	
				가스량의 적부	육 안	[ ]적합 [ ]부적합 [ ]해당없음	
	용기밸브			변형·손상·부식 유무	육 안	[ ]적합 [ ]부적합 [ ]해당없음	
				개폐상황의 적부	육 안	[ ]적합 [ ]부적합 [ ]해당없음	
	용기밸브개방장치			변형·손상·부식 유무	육 안	[ ]적합 [ ]부적합 [ ]해당없음	
				기능의 적부	작동확인	[ ]적합 [ ]부적합 [ ]해당없음	
	조작관			변형·손상·부식 유무	육 안	[ ]적합 [ ]부적합 [ ]해당없음	
선택밸브				손상·변형 유무	육 안	[ ]적합 [ ]부적합 [ ]해당없음	
				개폐상황 및 기능의 적부	작동확인	[ ]적합 [ ]부적합 [ ]해당없음	
기동장치	수동기동장치			조작부 주위의 장애물 유무	육 안	[ ]적합 [ ]부적합 [ ]해당없음	
				표지의 손상 유무 및 기재사항의 적부	육 안	[ ]적합 [ ]부적합 [ ]해당없음	
				기능의 적부	작동확인	[ ]적합 [ ]부적합 [ ]해당없음	
	자동기동장치	자동수동 전환장치		변형·손상 유무	육 안	[ ]적합 [ ]부적합 [ ]해당없음	
				기능의 적부	작동확인	[ ]적합 [ ]부적합 [ ]해당없음	
		화재감지장치		변형·손상 유무	육 안	[ ]적합 [ ]부적합 [ ]해당없음	
				감지장해 유무	육 안	[ ]적합 [ ]부적합 [ ]해당없음	
				기능의 적부	작동확인	[ ]적합 [ ]부적합 [ ]해당없음	
경보장치				변형·손상 유무	육 안	[ ]적합 [ ]부적합 [ ]해당없음	
				기능의 적부	작동확인	[ ]적합 [ ]부적합 [ ]해당없음	
압력스위치				단자의 풀림·탈락·손상 유무	육 안	[ ]적합 [ ]부적합 [ ]해당없음	
				기능의 적부	작동확인	[ ]적합 [ ]부적합 [ ]해당없음	
제어장치	제어반			변형·손상 유무	육 안	[ ]적합 [ ]부적합 [ ]해당없음	
				조작관리상 지장 유무	육 안	[ ]적합 [ ]부적합 [ ]해당없음	
	전원전압			전압의 지시상황 및 전원등의 점등상황의 적부	육안 및 작동확인	[ ]적합 [ ]부적합 [ ]해당없음	
	계기 및 스위치류			변형·손상 및 단자의 풀림·탈락 유무	육 안	[ ]적합 [ ]부적합 [ ]해당없음	
				개폐상황 및 기능의 적부	육안 및 작동확인	[ ]적합 [ ]부적합 [ ]해당없음	
	휴즈류			손상·용단 유무	육 안	[ ]적합 [ ]부적합 [ ]해당없음	
				종류·용량의 적부 및 예비품 유무	육 안	[ ]적합 [ ]부적합 [ ]해당없음	

제어장치	차단기	단자의 풀림·탈락 유무	육 안	[ ]적합 [ ]부적합 [ ]해당없음	
		접점의 소손 유무	육 안	[ ]적합 [ ]부적합 [ ]해당없음	
		기능의 적부	작동확인	[ ]적합 [ ]부적합 [ ]해당없음	
	결선접속	풀림·탈락·피복손상 유무	육 안	[ ]적합 [ ]부적합 [ ]해당없음	
배관등	밸브류	변형·손상 유무	육 안	[ ]적합 [ ]부적합 [ ]해당없음	
		개폐상태 및 작동의 적부	작동확인	[ ]적합 [ ]부적합 [ ]해당없음	
	역류방지밸브	부착방향의 적부	육 안	[ ]적합 [ ]부적합 [ ]해당없음	
		기능의 적부	작동확인	[ ]적합 [ ]부적합 [ ]해당없음	
	배 관	누설·변형·손상·부식 유무	육 안	[ ]적합 [ ]부적합 [ ]해당없음	
	파괴판·안전장치	변형·손상·부식 유무	육 안	[ ]적합 [ ]부적합 [ ]해당없음	
방출표시등		손상 유무	육 안	[ ]적합 [ ]부적합 [ ]해당없음	
		점등 상황의 적부	육 안	[ ]적합 [ ]부적합 [ ]해당없음	
분사헤드		변형·손상·부식 유무	육 안	[ ]적합 [ ]부적합 [ ]해당없음	
이동식노즐	호스·호스릴·노즐	변형·손상 유무	육 안	[ ]적합 [ ]부적합 [ ]해당없음	
		부식 유무	육 안	[ ]적합 [ ]부적합 [ ]해당없음	
	노즐개폐밸브	변형·손상 유무	육 안	[ ]적합 [ ]부적합 [ ]해당없음	
		부식 유무	육 안	[ ]적합 [ ]부적합 [ ]해당없음	
		기능의 적부	작동확인	[ ]적합 [ ]부적합 [ ]해당없음	
예비동력원	자가발전설비 - 본 체	변형·손상 유무	육 안	[ ]적합 [ ]부적합 [ ]해당없음	
		회전부 등의 급유상태 적부	육 안	[ ]적합 [ ]부적합 [ ]해당없음	
		기능의 적부	작동확인	[ ]적합 [ ]부적합 [ ]해당없음	
		고정상태의 적부	육 안	[ ]적합 [ ]부적합 [ ]해당없음	
		이상소음·진동·발열 유무	육안 및 작동확인	[ ]적합 [ ]부적합 [ ]해당없음	
		절연저항치의 적부	저항측정	[ ]적합 [ ]부적합 [ ]해당없음	
	연료탱크	누설·부식·변형 유무	육 안	[ ]적합 [ ]부적합 [ ]해당없음	
		연료량의 적부	육 안	[ ]적합 [ ]부적합 [ ]해당없음	
		밸브개폐상태 및 기능의 적부	육안 및 작동확인	[ ]적합 [ ]부적합 [ ]해당없음	
	윤활유	현저한 노후의 유무 및 양의 적부	육 안	[ ]적합 [ ]부적합 [ ]해당없음	
	축전지	부식·변형·손상 유무	육 안	[ ]적합 [ ]부적합 [ ]해당없음	
		전해액량 및 단자전압의 적부	육안 및 전압측정	[ ]적합 [ ]부적합 [ ]해당없음	
	냉각장치	냉각수의 누수 유무	육 안	[ ]적합 [ ]부적합 [ ]해당없음	
		물의 양·상태의 적부	육 안	[ ]적합 [ ]부적합 [ ]해당없음	
		부식·변형·손상 유무	육 안	[ ]적합 [ ]부적합 [ ]해당없음	
		기능의 적부	작동확인	[ ]적합 [ ]부적합 [ ]해당없음	
	급배기장치	변형·손상 유무	육 안	[ ]적합 [ ]부적합 [ ]해당없음	
		주위의 가연물 유무	육 안	[ ]적합 [ ]부적합 [ ]해당없음	
		기능의 적부	작동확인	[ ]적합 [ ]부적합 [ ]해당없음	
	축전지설비	부식·변형·손상 유무	육 안	[ ]적합 [ ]부적합 [ ]해당없음	
		전해액량 및 단자전압의 적부	육안 및 전압측정	[ ]적합 [ ]부적합 [ ]해당없음	
		기능의 적부	작동확인	[ ]적합 [ ]부적합 [ ]해당없음	
	기동장치	부식·변형·손상 유무	육 안	[ ]적합 [ ]부적합 [ ]해당없음	
		조작부 주위의 장애물 유무	육 안	[ ]적합 [ ]부적합 [ ]해당없음	
		기능의 적부	작동확인	[ ]적합 [ ]부적합 [ ]해당없음	
기타사항					

자동화재탐지설비 일반점검표			점검기간 :		
			점검자 :	서명(또는 인)	
			설치자 :	서명(또는 인)	
제조소 등의 구분			제조소 등의 설치허가 연월일 및 완공검사번호		
탐지설비의 호칭번호					
점검항목	점검내용	점검방법	점검결과		비 고
감지기	변형·손상 유무	육 안	[ ]적합 [ ]부적합 [ ]해당없음		
	감지장해 유무	육 안	[ ]적합 [ ]부적합 [ ]해당없음		
	기능의 적부	작동확인	[ ]적합 [ ]부적합 [ ]해당없음		
중계기	변형·손상 유무	육 안	[ ]적합 [ ]부적합 [ ]해당없음		
	표시의 적부	육 안	[ ]적합 [ ]부적합 [ ]해당없음		
	기능의 적부	작동확인	[ ]적합 [ ]부적합 [ ]해당없음		
수신기 (통합조작반)	**변형·손상 유무**	**육 안**	[ ]적합 [ ]부적합 [ ]해당없음		
	표시의 적부	**육 안**	[ ]적합 [ ]부적합 [ ]해당없음		
	경계구역일람도의 적부	**육 안**	[ ]적합 [ ]부적합 [ ]해당없음		
	기능의 적부	**작동확인**	[ ]적합 [ ]부적합 [ ]해당없음		
주음향장치 지구음향장치	변형·손상 유무	육 안	[ ]적합 [ ]부적합 [ ]해당없음		
	기능의 적부	작동확인	[ ]적합 [ ]부적합 [ ]해당없음		
발신기	변형·손상 유무	육 안	[ ]적합 [ ]부적합 [ ]해당없음		
	기능의 적부	작동확인	[ ]적합 [ ]부적합 [ ]해당없음		
비상전원	변형·손상 유무	육 안	[ ]적합 [ ]부적합 [ ]해당없음		
	전환의 적부	작동확인	[ ]적합 [ ]부적합 [ ]해당없음		
배 선	변형·손상 유무	육 안	[ ]적합 [ ]부적합 [ ]해당없음		
	접속단자의 풀림·탈락 유무	육 안	[ ]적합 [ ]부적합 [ ]해당없음		
기타사항					

교육은 우리 자신의 무지를 점차 발견해 가는 과정이다.

– 윌 듀란트 –

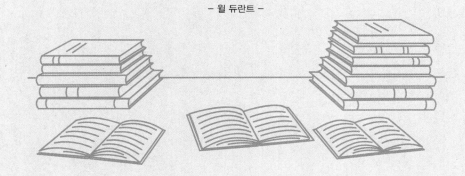

Win-

PART 02

과년도+최근
기출복원문제

#기출유형 확인   #상세한 해설   #최종점검 테스트

01 27℃에서 500mL에 6g의 비전해질을 녹인 용액의 삼투압은 7.4기압이었다. 이 물질의 분자량은 약 얼마인가?

① 20.78
② 39.89
③ 58.16
④ 77.65

해설

삼투압

$$PV = nRT = \frac{W}{M}RT, \quad M = \frac{WRT}{PV}$$

여기서, P : 압력(7.4atm), V : 부피(0.5L), n : mol수
M : 분자량, W : 무게(6g)
R : 기체상수(0.08205L · atm/g-mol · K)
T : 절대온도(273 + 27℃ = 300K)

$$\therefore M = \frac{WRT}{PV} = \frac{6g \times 0.08205L \cdot atm/g-mol \cdot K \times 300K}{7.4atm \times 0.5L}$$
$$= 39.9g/g-mol$$

02 다음 화합물 가운데 기하학적 이성질체를 가지고 있는 것은?

① $CH_2 = CH_2$

② $CH_3 - CH_2 - CH_2 - OH$

③
$$\begin{array}{cc} CH_3 & CH_3 \\ & C = C \\ CH_3 & CH_3 \end{array}$$

④ $CH_3 - CH = CH - CH_3$

해설

기하이성질체 : 구성원자 및 원자단의 종류와 숫자가 동일하나 이들의 입체적 배치의 차이로 생기는 화합물로서 이중결합을 가지는 탄소화합물이나 착이온에서는 흔히 시스형 이성질체와 트랜스형 이성질체 등 두 가지의 기하이성질체를 갖는다.

03 pH에 대한 설명으로 옳은 것은?

① 건강한 사람의 혈액의 pH는 5.7이다.

② pH값은 산성용액에서 알칼리성용액보다 크다.

③ pH가 7인 용액에 지시약 메틸오렌지를 넣으면 노란색을 띤다.

④ 알칼리성용액은 pH가 7보다 작다.

해설

pH
• 건강한 사람의 혈액의 pH는 7.3~7.40이다.
• pH가 7보다 작으면 산성, 7보다 크면 알칼리성이다(산성 < pH 7 < 알칼리성).
• pH가 7인 용액에 지시약 메틸오렌지를 넣으면 노란색을 띤다.

04 에틸렌(C_2H_4)을 원료로 하지 않는 것은?

① 아세트산
② 염화비닐
③ 에탄올
④ 메탄올

해설

에탄올(C_2H_5OH), 염화비닐($CH_2=CH-Cl$), 아세트산(CH_3COOH) 등은 에틸렌이 제조 원료이다.

05 물 200g에 A 물질 2.9g을 녹인 용액의 빙점은? (단, 물의 어는점 내림상수는 1.86℃·g/mol이고, A 물질의 분자량은 58이다)

① -0.465℃ ② -0.932℃
③ -1.871℃ ④ -2.453℃

해설
빙점강하(ΔT_f)

$$\Delta T_f = K_f \cdot m = K_f \times \frac{\dfrac{W_B}{M}}{W_A} \times 1,000$$

여기서, K_f : 빙점강하계수(물 : 1.86)
      m : 몰랄농도
      W_B : 용질의 무게(2.9g)
      W_A : 용매의 무게(200g)
      M : 분자량(58)

$$\therefore \Delta T_f = 1.86 \times \frac{\dfrac{2.9g}{58}}{200g} \times 1,000 = 0.465℃ \rightarrow -0.465℃$$

06 세 가지 기체 물질 A, B, C가 일정한 온도에서 다음과 같은 반응을 하고 있다. 평형에서 A, B, C가 각각 1몰, 2몰, 4몰이라면 평형상수 K의 값은?

A + 3B → 2C + 열

① 0.5 ② 2
③ 3 ④ 4

해설
평형상수
$$K = \frac{[C]^2}{[A][B]^3} = \frac{4^2}{1 \times 2^3} = 2$$

07 n그램(g)의 금속을 묽은 염산에 완전히 녹였더니 m몰의 수소가 발생하였다. 이 금속의 원자가를 2가로 하면 이 금속의 원자량은?

① $\dfrac{n}{m}$ ② $\dfrac{2n}{m}$
③ $\dfrac{n}{2m}$ ④ $\dfrac{2m}{n}$

해설
원자량
$$당량 = \frac{원자량}{원자가}$$

수소 2g × m몰 = $2m$이므로 금속의 당량 = $\dfrac{n}{2m}$

∴ 금속의 원자량 = 당량 × 원자가 = $\dfrac{n}{2m} \times 2 = \dfrac{n}{m}$

08 20℃에서 4L를 차지하는 기체가 있다. 동일한 압력 40℃에서 몇 L를 차지하는가?

① 0.23 ② 1.23
③ 4.27 ④ 5.27

해설
샤를의 법칙
$$V_2 = V_1 \times \frac{T_2}{T_1}$$
$$= 4L \times \frac{(273+40)K}{(273+20)K} = 4.27L$$

09 최외각 전자가 2개 또는 8개로써 불활성인 것은?

① Na과 Br ② N와 Cl
③ C와 B ④ He와 Ne

해설
8족원소(최외각 전자 8개, 불활성기체) : 헬륨(He), 네온(Ne), 아르곤(Ar), 크립톤(Kr), 제논(Xe)

10 다음 물질 중 C_2H_2와 첨가반응이 일어나지 않는 것은?

① 염 소   ② 수 은

③ 브로민   ④ 아이오딘

해설
아세틸렌과 첨가반응이 일어나는 물질 : 염소, 브로민, 아이오딘 등 할로젠화합물

11 H_2O가 H_2S보다 비등점이 높은 이유는 무엇인가?

① 이온결합을 하고 있기 때문에

② 수소결합을 하고 있기 때문에

③ 공유결합을 하고 있기 때문에

④ 분자량이 적기 때문에

해설
물은 수소결합을 하므로 황화수소(H_2S)와 결합형태가 다르기 때문에 끓는점이 높다.

12 산화에 의하여 카보닐기를 가진 화합물을 만들 수 있는 것은?

① $CH_3 - CH_2 - CH_2 - COOH$

② $CH_3 - \underset{\underset{OH}{|}}{CH} - CH_3$

③ $CH_3 - CH_2 - CH_2 - OH$

④ $\underset{\underset{OH}{|}}{CH_2} - \underset{\underset{OH}{|}}{CH_2}$

해설
2차 알코올 → 케톤(카보닐기)
$2(CH_3 - \underset{\underset{OH}{|}}{CH} - CH_3) + O_2 \rightarrow 2(CH_3 - CO - CH_3) + 2H_2O$

13 0.01N NaOH 용액 100mL에 0.02N HCl 55mL를 넣고 증류수를 넣어 전체 용액을 1,000mL로 한 용액의 pH는?

① 3   ② 4

③ 10   ④ 11

해설
NaOH와 HCl 혼합액의 농도
$NV = N'V'$ 공식에서
$0.01N \times 100mL = 0.02N \times x$
$x = \dfrac{0.01N \times 100mL}{0.02N} = 50mL$
중화 후 용액의 농도
$0.02N \times (55mL - 50mL) = x \times 1,000mL$
$x = \dfrac{0.02 \times 5}{1,000} = 10^{-4}N$
$\therefore \ pH = -\log[H^+] = -\log[1 \times 10^{-4}]$
$= 4 - 0 = 4$

14 다음의 그래프는 어떤 고체물질의 용해도 곡선이다. 100℃ 포화용액(비중 1.4) 100mL를 20℃의 포화용액으로 만들려면 몇 g의 물을 더 가해야 하는가?

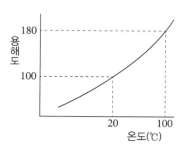

① 20g   ② 40g

③ 60g   ④ 80g

해설
추가하는 물의 양
• 100℃ 포화용액(비중 1.4) 100mL = 1.4g/mL × 100mL = 140g
• 20℃ 포화용액 = 100g
∴ 0℃의 포화용액으로 만들려면 물 40g(140 - 100)을 더 가해야 한다.

15 염(Salt)을 만드는 화학반응식이 아닌 것은?

① $HCl + NaOH \rightarrow NaCl + H_2O$

② $2NH_4OH + H_2SO_4 \rightarrow (NH_4)_2SO_4 + 2H_2O$

③ $CuO + H_2 \rightarrow Cu + H_2O$

④ $H_2SO_4 + Ca(OH)_2 \rightarrow CaSO_4 + 2H_2O$

해설
생성물인 NaCl, $(NH_4)_2SO_4$, $CaSO_4$는 염(Salt)이다.

17 일반적으로 환원제가 될 수 있는 물질이 아닌 것은?

① 수소를 내기 쉬운 물질

② 전자를 잃기 쉬운 물질

③ 산소와 화합하기 쉬운 물질

④ 발생기의 산소를 내는 물질

해설
환원제의 조건

환원제의 조건	해당 물질
수소를 내기 쉬운 물질	H_2S
전자를 잃기 쉬운 물질	H_2SO_3
산소와 결합하기 쉬운 물질	SO_2, H_2
발생기수소를 내기 쉬운 물질	H_2, CO, H_2S, $C_2H_2O_4$

16 에테인(C_2H_6)을 연소시키면 이산화탄소(CO_2)와 수증기(H_2O)가 생성된다. 표준상태에서 에테인 30g을 반응시킬 때 발생하는 이산화탄소와 수증기의 분자수는 모두 몇 개인가?

① 6×10^{23}개   ② 12×10^{23}개

③ 18×10^{23}개   ④ 30×10^{23}개

해설
에테인의 반응식

$C_2H_6 + 3.5O_2 \rightarrow 2CO_2 + 3H_2O$

30g ⤫ 2mol 3mol

30g ⤫ x

$\therefore x = \dfrac{30g \times 5mol}{30g} = 5mol$

1mol일 때 6.023×10^{23}개의 분자이므로

$5mol \times 6.023 \times 10^{23}$개 $= 3.0 \times 10^{24}$개 $= 30 \times 10^{23}$개

18 25g의 암모니아가 과잉의 황산과 반응하여 황산암모늄이 생성될 때 생성된 황산암모늄의 양은 약 얼마인가?(단, 황산암모늄의 물질량은 132g/mol이다)

① 82g   ② 86g

③ 92g   ④ 97g

해설
황산암모늄의 제법

$2NH_3 + H_2SO_4 \rightarrow (NH_4)_2SO_4$

$2 \times 17g$ ⤫ 132g

25g ⤫ x

$\therefore x = \dfrac{25g \times 132g}{2 \times 17g} = 97.05g$

19 d오비탈이 수용할 수 있는 최대 전자의 총수는?

① 6　　　　　　　② 8

③ 10　　　　　　　④ 14

해설

최대전자수

오비탈의 명칭	s	p	d	f
최대전자수	2	6	10	14

20 표준상태에서 11.2L의 암모니아에 들어 있는 질소는 몇 g인가?

① 7　　　　　　　② 8.5

③ 22.4　　　　　　④ 14

해설

암모니아(NH_3)의 분자량은 17이다.
따라서, 표준상태(0℃, 1atm)에서 1g-mol이 차지하는 부피는 22.4L이다.

• 암모니아 mol수 $= \dfrac{11.2L}{22.4L} = 0.5mol$

• 암모니아 중에 질소는 하나이므로 질소의 무게 $= 14g \times 0.5$
$= 7g$

제2과목　**화재예방과 소화방법**

21 자연발화가 잘 일어나는 조건에 해당하지 않는 것은?

① 주위 습도가 높을 것

② 열전도율이 클 것

③ 주위 온도가 높을 것

④ 표면적이 넓을 것

해설

자연발화가 잘 일어나는 조건
• 주위 습도가 높을 것
• 열전도율이 작을 것
• 주위 온도가 높을 것
• 표면적이 넓을 것

22 주유취급소에 캐노피를 설치하고자 한다. 위험물 안전관리법령에 따른 캐노피의 설치기준이 아닌 것은?

① 캐노피의 면적은 주유취급소 공지면적의 1/2 이하로 할 것

② 배관이 캐노피 내부를 통과할 경우에는 1개 이상의 점검구를 설치할 것

③ 캐노피 외부의 배관이 일광열의 영향을 받을 우려가 있는 경우에는 단열재로 피복할 것

④ 캐노피 외부의 점검이 곤란한 장소에 배관을 설치하는 경우에는 용접이음으로 할 것

해설

캐노피의 설치기준
• 배관이 캐노피 내부를 통과할 경우에는 1개 이상의 점검구를 설치할 것
• 캐노피 외부의 점검이 곤란한 장소에 배관을 설치하는 경우에는 용접이음으로 할 것
• 캐노피 외부의 배관이 일광열의 영향을 받을 우려가 있는 경우에는 단열재로 피복할 것

23 알코올 화재 시 수성막포소화약제는 알코올용포 소화약제에 비하여 소화효과가 낮다. 그 이유로서 가장 타당한 것은?

① 소화약제와 섞이지 않아서 연소면을 확대하기 때문에

② 알코올은 포와 반응하여 가연성 가스를 발생하기 때문에

③ 알코올이 연료로 사용되어 불꽃의 온도가 올라가기 때문에

④ 수용성 알코올로 인해 포가 소멸되기 때문에

해설
알코올 화재 시 알코올용포 외의 포소화약제를 사용하면 포가 소멸되기 때문에 소화효과가 낮다.

24 분말소화약제를 종별로 주성분을 바르게 연결한 것은?

① 제1종 분말약제 - 탄산수소나트륨

② 제2종 분말약제 - 인산암모늄

③ 제3종 분말약제 - 탄산수소칼륨

④ 제4종 분말약제 - 탄산수소칼륨 + 인산암모늄

해설
분말소화약제

종 류	주성분	적응 화재	착색 (분말의 색)
제1종 분말	$NaHCO_3$ (중탄산나트륨, 탄산수소나트륨)	B, C급	백 색
제2종 분말	$KHCO_3$ (중탄산칼륨, 탄산수소칼륨)	B, C급	담회색
제3종 분말	$NH_4H_2PO_4$ (인산암모늄, 제일인산암모늄)	A, B, C급	담홍색
제4종 분말	$KHCO_3+(NH_2)_2CO$ (탄산수소칼륨+요소)	B, C급	회 색

25 다음 위험물의 저장창고에 화재가 발생하였을 때 소화방법으로 주수소화가 적당하지 않은 것은?

① $NaClO_3$　　　② S

③ NaH　　　④ TNT

해설
수소화나트륨(NaH)은 물과 반응하면 수소가스를 발생하므로 주수소화가 적합하지 않다.
$NaH + H_2O \rightarrow NaOH + H_2 \uparrow$

26 가연물에 대한 일반적인 설명으로 옳지 않은 것은?

① 주기율표에서 0족의 원소는 가연물이 될 수 없다.

② 활성화에너지가 작을수록 가연물이 되기 쉽다.

③ 산화반응이 완결된 산화물은 가연물이 아니다.

④ 질소는 비활성 기체이므로 질소의 산화물은 존재하지 않는다.

해설
질소는 불연성 기체로서 질소산화물(NO, NO_2, N_2O 등)은 여러 종류가 있다.

27 이산화탄소 소화약제에 대한 설명으로 틀린 것은?

① 장기간 저장해도 변질, 부패 또는 분해를 일으키지 않는다.

② 한랭지에서 동결의 우려가 없고 전기 절연성이 있다.

③ 밀폐된 지역에서 방출 시 인명 피해의 위험이 있다.

④ 표면화재보다는 심부화재에 적응력이 뛰어나다.

해설
이산화탄소 소화약제의 특징
• 장기간 저장해도 변질, 부패 또는 분해를 일으키지 않는다.
• 한랭지에서 동결의 우려가 없고 전기 절연성이 있다.
• 밀폐된 지역에서 방출 시 인명 피해의 위험이 있다.
• 이산화탄소는 가스이므로 심부화재에 적응력이 뛰어나다.
• 심부화재보다는 표면화재에 적응력이 뛰어나다.

28 위험물안전관리법령상 물분무소화설비가 적응성이 있는 위험물은?

① 알칼리금속과산화물

② 금속분, 마그네슘

③ 금수성 물질

④ 인화성 고체

해설

④ 인화성 고체는 제2류 위험물로서 물분무소화설비가 적합하다.

① 알칼리금속의 과산화물(과산화나트륨)은 물과 반응하면 산소를 발생하므로 적합하지 않다.

  $2Na_2O_2 + 2H_2O \rightarrow 4NaOH + O_2 \uparrow + 발열$

② 금속분, 마그네슘은 물과 반응하면 수소를 발생하므로 적합하지 않다.

  $Mg + 2H_2O \rightarrow Mg(OH)_2 + H_2 \uparrow$

③ 금수성 물질은 물과 반응하면 수소, 아세틸렌, 포스핀가스를 발생하므로 적합하지 않다.

  • $Ca_3P_2 + 6H_2O \rightarrow 3Ca(OH)_2 + 2PH_3 \uparrow$

  • $CaC_2 + 2H_2O \rightarrow Ca(OH)_2 + C_2H_2 \uparrow$

29 다음 제1류 위험물 중 물과의 접촉이 가장 위험한 것은?

① 아염소산나트륨

② 과산화나트륨

③ 과염소산나트륨

④ 다이크로뮴산암모늄

해설

과산화나트륨은 물과 반응하면 산소를 발생하고 많은 열을 발생한다.

$2Na_2O_2 + 2H_2O \rightarrow 4NaOH + O_2 \uparrow + 발열$

30 최소 착화에너지를 측정하기 위해 콘덴서를 이용하여 불꽃 방전 실험을 하고자 한다. 콘덴서의 전기용량을 C, 방전전압을 V, 전기량을 Q라 할 때 필요한 최소 전기에너지 E를 옳게 나타낸 것은?

① $E = \dfrac{1}{2}CQ^2$

② $E = \dfrac{1}{2}C^2V$

③ $E = \dfrac{1}{2}QV^2$

④ $E = \dfrac{1}{2}CV^2$

해설

최소 착화에너지

$E = \dfrac{1}{2}CV^2 = \dfrac{1}{2}QV$

여기서, C : 전기용량

  V : 방전전압

  Q : 전기량

31 할론 2402를 소화약제로 사용하는 이동식 할로젠화합물소화설비는 20℃의 온도에서 하나의 노즐마다 분당 방사되는 소화약제의 양(kg)을 얼마 이상으로 해야 하는가?

① 5

② 35

③ 45

④ 50

해설

이동식(호스릴식)의 할로젠화합물소화설비

소화약제의 종별	소화약제의 양	분당 방사량
할론 2402	50kg 이상	45kg 이상
할론 1211	45kg 이상	40kg 이상
할론 1301	45kg 이상	35kg 이상

32 불활성가스소화약제 중 "IG–55"의 성분 및 그 비율을 옳게 나타낸 것은?(단, 용량비 기준이다)

① 질소 : 이산화탄소 = 55 : 45

② 질소 : 이산화탄소 = 50 : 50

③ 질소 : 아르곤 = 55 : 45

④ 질소 : 아르곤 = 50 : 50

해설

불활성가스소화약제의 분류

종 류	화학식
IG – 01	Ar
IG – 100	N_2
IG – 55	N_2(50%), Ar(50%)
IG – 541	N_2(52%), Ar(40%), CO_2(8%)

33 물의 특성 및 소화효과에 관한 설명으로 틀린 것은?

① 이산화탄소보다 기화잠열이 크다.

② 극성분자이다.

③ 이산화탄소보다 비열이 작다.

④ 주된 소화효과가 냉각소화이다.

해설

물은 극성분자로 비열은 1cal/g · ℃로서 가장 크므로 냉각효과가 뛰어나다.

34 분말소화약제로 사용되는 탄산수소칼륨(중탄산칼륨)의 착색 색상은?

① 백 색

② 담홍색

③ 청 색

④ 담회색

해설

제2종 분말인 탄산수소칼륨(중탄산칼륨)의 착색 : 담회색

35 제1석유류를 저장하는 옥외탱크저장소에 특형 포방출구를 설치하는 경우 방출률은 액표면적 1㎡당 1분에 몇 L 이상이어야 하는가?

① 9.5L

② 8.0L

③ 6.5L

④ 3.7L

해설

포방출구방식

구 분 / 종 류		제4류 위험물 중 인화점이 21℃ 미만인 것 (제1석유류)	제4류 위험물 중 인화점이 21℃ 이상 70℃ 미만인 것 (제2석유류)	제4류 위험물 중 인화점이 70℃ 이상인 것
I형	포수용액량 (L/㎡)	120	80	60
	방출률 (L/㎡·min)	4	4	4
II형	포수용액량 (L/㎡)	220	120	100
	방출률 (L/㎡·min)	4	4	4
특형	포수용액량 (L/㎡)	240	160	120
	방출률 (L/㎡·min)	8	8	8
III형, IV형	포수용액량 (L/㎡)	220	120	100
	방출률 (L/㎡·min)	4	4	4

36 화재 발생 시 소화방법으로 공기를 차단하는 것이 효과가 있으며 연소물질을 제거하거나 액체를 인화점 이하로 냉각시켜 소화할 수도 있는 위험물은?

① 제1류 위험물

② 제4류 위험물

③ 제5류 위험물

④ 제6류 위험물

해설

제4류 위험물 : 질식소화(공기 차단)

정답 32 ④ 33 ③ 34 ④ 35 ② 36 ②

37 위험물제조소에서 옥내소화전이 1층에 4개, 2층에 6개가 설치되어 있을 때 수원의 수량은 몇 L 이상이 되도록 설치해야 하는가?

① 13,000   ② 15,600

③ 39,000   ④ 46,800

해설
옥내저장소의 수원
수원 = 소화전수(최대 5개) × 260L/min × 30min
      = 소화전수(최대 5개) × 7,800L
      = 5개 × 7,800L = 39,000L 이상

38 위험물안전관리법령상 전기설비에 적응성이 없는 소화설비는?

① 포소화설비

② 불활성가스소화설비

③ 물분무소화설비

④ 할로겐화합물소화설비

해설
포소화설비는 A급, B급 화재에 적합하므로 C급인 전기화재에는 적합하지 않다.

39 드라이아이스의 성분을 옳게 나타낸 것은?

① H_2O

② CO_2

③ $H_2O + CO_2$

④ $N_2 + H_2O + CO_2$

해설
이산화탄소(CO_2)
• 기체 : 탄산가스
• 액체 : 액화탄산가스
• 기체 : 드라이아이스

40 위험물안전관리법령에 따른 옥외소화전설비의 기준에서 펌프를 이용한 가압송수장치의 경우 펌프의 전양정 H는 소정의 산식에 의한 수치 이상이어야 한다. 전양정 H를 구하는 식으로 옳은 것은? (단, h_1은 호스의 마찰손실수두, h_2는 배관의 마찰손실수두, h_3는 낙차이며, h_1, h_2, h_3의 단위는 모두 m이다)

① $H = h_1 + h_2 + h_3$

② $H = h_1 + h_2 + h_3 + 0.35m$

③ $H = h_1 + h_2 + h_3 + 35m$

④ $H = h_1 + h_2 + 0.35m$

해설
수계소화설비의 전양정
• 옥내소화전설비의 전양정 : $H = h_1 + h_2 + h_3 + 35m$
• 옥외소화전설비의 전양정 : $H = h_1 + h_2 + h_3 + 35m$

41 염소산칼륨이 고온에서 완전 열분해할 때 주로 생성되는 물질은?

① 칼륨과 물 및 산소

② 염화칼륨과 산소

③ 이염화칼륨과 수소

④ 칼륨과 물

해설

염소산칼륨이 분해하면 염화칼륨(KCl)과 산소(O_2)를 발생한다.

$2KClO_3 \rightarrow 2KCl + 3O_2$

42 과산화나트륨의 위험성에 대한 설명으로 틀린 것은?

① 가열하면 분해하여 산소를 방출한다.

② 부식성 물질이므로 취급 시 주의해야 한다.

③ 물과 접촉하면 가연성 수소가스를 방출한다.

④ 이산화탄소와 반응을 일으킨다.

해설

과산화나트륨의 반응

• 가열 분해반응식 : $2Na_2O_2 \rightarrow 2Na_2O + O_2\uparrow$

• 물과 반응 : $2Na_2O_2 + 2H_2O \rightarrow 4NaOH + O_2$(조연성 산소가스)

• 이산화탄소와 반응 : $2Na_2O_2 + 2CO_2 \rightarrow 2Na_2CO_3 + O_2\uparrow$

43 다음의 두 가지 물질을 혼합하였을 때 위험성이 증가하는 경우가 아닌 것은?

① 과망가니즈산칼륨 + 황산

② 나이트로셀룰로스 + 알코올 수용액

③ 질산나트륨 + 유기물

④ 질산 + 에틸알코올

해설

나이트로셀룰로스는 물 또는 알코올에 습면시켜 저장한다.

44 위험물제조소 건축물의 구조 기준이 아닌 것은?

① 출입구에는 60분+ 방화문·60분 방화문 또는 30분 방화문을 설치할 것

② 지붕은 폭발력이 위로 방출될 정도의 가벼운 불연재료로 덮을 것

③ 벽, 기둥, 바닥, 보, 서까래 및 계단은 불연재료로 하고 연소의 우려가 있는 외벽은 출입구 외의 개구부가 없는 내화구조의 벽으로 할 것

④ 산화성 고체, 가연성 고체 위험물을 취급하는 건축물의 바닥은 위험물이 스며들지 못하는 재료를 사용할 것

해설

액체의 위험물을 취급하는 건축물의 바닥은 위험물이 스며들지 못하는 재료를 사용하고, 적당한 경사를 두어 그 최저부에 집유설비를 해야 한다.

45 위험물의 운반용기 재질 중 액체위험물의 외장용기로 사용할 수 없는 것은?

① 유 리 ② 나 무

③ 파이버판 ④ 플라스틱

해설

액체위험물의 운반용기

• 내장용기 : 유리, 플라스틱, 금속제용기

• 외장용기 : 나무상자, 플라스틱상자, 파이버판상자, 금속제용기, 플라스틱용기, 금속제드럼 등

46 트라이에틸알루미늄(Triethyl Aluminium) 분자식에 포함된 탄소의 개수는?

① 2   ② 3
③ 5   ④ 6

트라이에틸알루미늄(Triethyl Aluminium)

트라이에틸알루미늄의 화학식	트라이에틸알루미늄 내 함유된 원소수		
	탄소(C)	수소(H)	알루미늄(Al)
$(C_2H_5)_3Al$	$2 \times 3 = 6$	$5 \times 3 = 15$	1

47 연소반응을 위한 산소공급원이 될 수 없는 것은?

① 과망가니즈산칼륨   ② 염소산칼륨
③ 탄화칼슘   ④ 질산칼륨

• 탄화칼슘(CaC_2) : 제3류 위험물
• 산소공급원 : 제1류 위험물(과망가니즈산칼륨, 염소산칼륨, 질산칼륨)과 제5류 위험물, 제6류 위험물

48 옥외저장탱크·옥내저장탱크 또는 지하저장탱크 중 압력탱크에 저장하는 아세트알데하이드 등의 온도는 몇 ℃ 이하로 유지해야 하는가?

① 30   ② 40
③ 55   ④ 65

저장온도

저장탱크		저장온도
옥외저장탱크·옥내저장탱크 또는 지하저장탱크 중 압력탱크 저장 시	아세트알데하이드 등, 다이에틸에터 등	40℃ 이하
옥외저장탱크·옥내저장탱크 또는 지하저장탱크 중 압력탱크 외에 저장 시	산화프로필렌, 다이에틸에터 등	30℃ 이하
	아세트알데하이드 등	15℃ 이하

49 외부의 산소공급이 없어도 연소하는 물질이 아닌 것은?

① 알루미늄의 탄화물
② 하이드록실아민
③ 유기과산화물
④ 질산에스터류

알루미늄의 탄화물 : 제3류 위험물(금수성 물질)
제5류 위험물(유기과산화물, 질산에스터류, 하이드록실아민)은 자기연소성 물질로서 산소가 없어도 연소한다.

50 셀룰로이드를 다량으로 저장하는 경우 자연발화의 위험성을 고려하였을 때 다음 중 가장 적합한 장소는?

① 습도가 높고 온도가 낮은 곳
② 습도와 온도가 모두 낮은 곳
③ 습도와 온도가 모두 높은 곳
④ 습도가 낮고 온도가 높은 곳

온도와 습도가 낮으면 자연발화가 일어나지 않는다.

51 이황화탄소의 인화점, 발화점, 끓는점에 해당하는 온도를 낮은 것부터 차례대로 나타낸 것은?

① 끓는점 < 인화점 < 발화점
② 끓는점 < 발화점 < 인화점
③ 인화점 < 끓는점 < 발화점
④ 인화점 < 발화점 < 끓는점

이황화탄소의 온도

항 목	인화점	끓는점	발화점
온도(℃)	-30℃	46℃	90℃

52 물과 접촉 시 발생되는 가스의 종류가 나머지 셋과 다른 하나는?

① 나트륨   ② 수소화칼슘

③ 인화칼슘   ④ 수소화나트륨

해설

물과의 반응식

종류	물과 반응	발생가스
나트륨	$2Na + 2H_2O \rightarrow 2NaOH + H_2 \uparrow$	수 소
수소화 칼슘	$CaH_2 + 2H_2O \rightarrow Ca(OH)_2 + 2H_2 \uparrow$	수 소
인화칼슘	$Ca_3P_2 + 6H_2O \rightarrow 3Ca(OH)_2 + 2PH_3 \uparrow$	인화수소 (포스핀)
수소화 나트륨	$NaH + H_2O \rightarrow NaOH + H_2 \uparrow$	수 소

53 위험물안전관리법령에 따른 제4류 위험물 중 제1석유류에 해당하지 않는 것은?

① 등 유   ② 벤 젠

③ 메틸에틸케톤   ④ 톨루엔

해설

제1석유류 : 벤젠, 메틸에틸케톤(MEK), 톨루엔

종류	등 유	벤 젠	메틸에틸케톤	톨루엔
품 명	제2석유류 (비수용성)	제1석유류 (비수용성)	제1석유류 (비수용성)	제1석유류 (비수용성)

54 위험물안전관리법령에 따른 제1류 위험물과 제6류 위험물의 공통적 성질로 옳은 것은?

① 산화성물질이며 다른 물질을 환원시킨다.

② 환원성물질이며 다른 물질을 환원시킨다.

③ 산화성물질이며 다른 물질을 산화시킨다.

④ 환원성물질이며 다른 물질을 산화시킨다.

해설

제1류 위험물(산화성 고체)과 제6류 위험물(산화성 액체)은 산화성물질이며 다른 물질을 산화시킨다.

55 위험물 운반용기 외부표시의 주의사항으로 틀린 것은?

① 제1류 위험물 중 알칼리금속의 과산화물 : 화기·충격주의, 물기엄금 및 가연물접촉주의

② 제2류 위험물 중 인화성 고체 : 화기엄금

③ 제4류 위험물 : 화기엄금

④ 제6류 위험물 : 물기엄금

해설

운반용기 외부표시의 주의사항

• 제1류 위험물
 − 알칼리금속의 과산화물 : 화기·충격주의, 물기엄금, 가연물접촉주의
 − 그 밖의 것 : 화기·충격주의, 가연물접촉주의
• 제2류 위험물
 − 철분·금속분·마그네슘 : 화기주의, 물기엄금
 − 인화성 고체 : 화기엄금
 − 그 밖의 것 : 화기주의
• 제3류 위험물
 − 자연발화성 물질 : 화기엄금, 공기접촉엄금
 − 금수성 물질 : 물기엄금
• 제4류 위험물 : 화기엄금
• 제5류 위험물 : 화기엄금, 충격주의
• 제6류 위험물 : 가연물접촉주의

56 다음 제4류 위험물 중 인화점이 가장 낮은 것은?

① 아세톤
② 이황화탄소
③ 산화프로필렌
④ 다이에틸에터

인화점

종 류	인화점
아세톤	−18.5℃
이황화탄소	−30℃
산화프로필렌	−37℃
다이에틸에터	−40℃

57 제3류 위험물의 운반 시 혼재할 수 있는 위험물은 제 몇 류 위험물인가?(단, 각각 지정수량의 10배인 경우이다)

① 제1류
② 제2류
③ 제4류
④ 제5류

운반 시 혼재 가능 : 제1류 + 제6류, 제3류 + 제4류, 제5류 + 제2류 + 제4류
※ 운반 시 혼재 가능은 제3류와 제4류 위험물을 하나의 드럼에 싣고 운반하는 것이 아니고, 각각의 운반용기(드럼 등)에 넣고 트럭에 싣고 운반하는 것이다.

58 TNT의 폭발, 분해 시 생성물이 아닌 것은?

① CO
② N_2
③ SO_2
④ H_2

TNT(트라이나이트로톨루엔)의 분해반응식
$2C_6H_2CH_3(NO_2)_3 \rightarrow 2C + 3N_2\uparrow + 5H_2\uparrow + 12CO\uparrow$
(탄소) (질소)　(수소)　(일산화탄소)

59 1기압 27℃에서 아세톤 58g을 완전히 기화시키면 부피는 약 몇 L가 되는가?

① 22.4
② 24.6
③ 27.4
④ 58.0

부피를 구하면
$$PV = nRT = \frac{W}{M}RT, \quad V = \frac{WRT}{PM}$$
여기서, P : 압력(1atm)
　　　　V : 부피(L)
　　　　M : 분자량($CH_3COCH_3 = 58g/g\text{-}mol$)
　　　　W : 무게(58g)
　　　　R : 기체상수($0.08205L \cdot atm/g\text{-}mol \cdot K$)
　　　　T : 절대온도(273 + ℃ = 273 + 27 = 300K)
$$\therefore V = \frac{WRT}{PM} = \frac{58g \times 0.08205\,L \cdot atm/g - mol \cdot K \times 300K}{1atm \times 58g/g - mol}$$
$$= 24.6L$$

60 다음 중 증기비중이 가장 큰 것은?

① 벤 젠
② 아세톤
③ 아세트알데하이드
④ 톨루엔

증기비중 = $\frac{분자량}{29}$

종 류	벤 젠	분자량	증기비중
벤 젠	C_6H_6	78	증기비중 = $\frac{78}{29}$ = 2.69
아세톤	CH_3COCH_3	58	증기비중 = $\frac{58}{29}$ = 2.0
아세트알데하이드	CH_3CHO	44	증기비중 = $\frac{44}{29}$ = 1.52
톨루엔	$C_6H_5CH_3$	92	증기비중 = $\frac{92}{29}$ = 3.17

52 다음 중 발화점이 가장 높은 것은?

① 등 유
② 벤 젠
③ 다이에틸에터
④ 휘발유

해설
발화점

종 류	등 유	벤 젠	다이에틸에터	휘발유
발화점	210℃ 이상	498℃	180℃	280~456℃

53 인화칼슘이 물과 반응하였을 때 발생하는 기체는?

① 수 소
② 산 소
③ 포스핀
④ 포스겐

해설
인화칼슘은 물과 반응하면 포스핀(인화수소, PH_3)가스를 발생한다.
$Ca_3P_2 + 6H_2O \rightarrow 2PH_3 + 3Ca(OH)_2$

54 위험물안전관리법령에 따른 질산에 대한 설명으로 틀린 것은?

① 지정수량은 300kg이다.
② 위험등급은 Ⅰ이다.
③ 농도가 36wt% 이상인 것에 한하여 위험물로 간주한다.
④ 운반 시 제1류 위험물과 혼재할 수 있다.

해설
질산(HNO_3)
• 제6류 위험물로서 지정수량은 300kg이다.
• 위험등급은 Ⅰ이다.
• 질산의 비중이 1.49 이상이면 제6류 위험물이다.
• 운반 시 제1류 위험물과 제6류 위험물(질산)은 혼재할 수 있다.
※ 과산화수소 : 농도가 36중량% 이상인 것은 제6류 위험물이다.

55 휘발유의 일반적인 성질에 대한 설명으로 틀린 것은?

① 인화점은 0℃보다 낮다.
② 액체비중은 1보다 작다.
③ 증기비중은 1보다 작다.
④ 연소범위는 약 1.2~7.6%이다.

해설
휘발유

품 명	제1석유류
인화점	−43℃
액체비중	0.7~0.8
증기비중	3~4
연소범위	1.2~7.6%

56 다음 위험물의 지정수량 배수의 총합은?

• 휘발유 : 2,000L
• 경유 : 4,000L
• 등유 : 40,000L

① 18
② 32
③ 46
④ 54

해설
지정수량 배수의 총합
• 지정수량

종 류	휘발유	경 유	등 유
품 명	제1석유류 (비수용성)	제2석유류 (비수용성)	제2석유류 (비수용성)
지정수량	200L	1,000L	1,000L

• 지정수량의 배수

$$= \frac{\text{저장수량}}{\text{지정수량}} + \frac{\text{저장수량}}{\text{지정수량}} + \cdots$$

$$= \frac{2,000L}{200L} + \frac{4,000L}{1,000L} + \frac{40,000L}{1,000L} = 54배$$

57 위험물안전관리법령상 위험물의 지정수량이 틀리게 짝지어진 것은?

① 황화인 – 50kg

② 적린 – 100kg

③ 철분 – 500kg

④ 금속분 – 500kg

지정수량

종 류	황화인	적 린	철 분	금속분
지정수량	100kg	100kg	500kg	500kg

58 휘발유를 저장하던 이동저장탱크에 탱크의 상부로부터 등유나 경유를 주입할 때 액표면이 주입관의 끝부분을 넘는 높이가 될 때까지 그 주입관 내의 유속을 몇 m/s 이하로 해야 하는가?

① 1 　　　　 ② 2

③ 3 　　　　 ④ 5

이동탱크저장소에 주입 시 유속 : 1m/s 이하

59 취급하는 장치가 구리나 마그네슘으로 되어 있을 때 반응을 일으켜서 폭발성의 아세틸라이드를 생성하는 물질은?

① 이황화탄소

② 아이소프로필알코올

③ 산화프로필렌

④ 아세톤

산화프로필렌이나 아세트알데하이드는 구리(Cu), 마그네슘(Mg), 은(Ag), 수은(Hg)과 반응하면 아세틸라이드를 형성하여 위험하다.

60 과산화수소 용액의 분해를 방지하기 위한 방법으로 가장 거리가 먼 것은?

① 햇빛을 차단한다.

② 암모니아를 가한다.

③ 인산을 가한다.

④ 요산을 가한다.

과산화수소는 인산(H_3PO_4), 요산($C_5H_4N_4O_3$)의 안정제를 첨가하거나 햇빛을 차단하여 분해를 방지한다.

제1과목 **물질의 물리 · 화학적 성질**

01 다음의 반응 중 평형상태가 압력의 영향을 받지 않는 것은?

① $N_2 + O_2 \leftrightarrow 2NO$

② $NH_3 + HCl \leftrightarrow NH_4Cl$

③ $2CO + O_2 \leftrightarrow 2CO_2$

④ $2NO_2 \leftrightarrow N_2O_4$

해설

Le Chatelier 평형이동의 법칙

평형상태에서 외부의 조건(온도, 압력, 농도)을 변화시키면 이 변화를 방해하는 방향으로 평형이 이동한다.

$A_2(g) + 2B_2(g) \rightleftarrows 2AB_2(g) + 열$

• 온 도
  – 상승 : 온도가 내려가는 방향(흡열반응쪽, ←)
  – 강하 : 온도가 올라가는 방향(발열반응쪽, →)
• 압 력
  – 상승 : 분자수가 감소하는 방향(몰수가 감소하는 방향, →)
  – 강하 : 분자수가 증가하는 방향(몰수가 증가하는 방향, ←)
∴ 몰수가 반응물이 1mol, 생성물도 1mol이니까 압력의 변화가 없다.

02 1N NaOH 100mL수용액으로 10wt% 수용액을 만들려고 할 때의 방법으로 다음 중 가장 적합한 것은?

① 36mL의 증류수 혼합

② 40mL의 증류수 혼합

③ 60mL의 수분 증발

④ 64mL의 수분 증발

해설

• 1N NaOH 100mL수용액 중 NaOH의 무게

1N ⟍ 40g ⟍ 1,000mL
1N ⟋ x ⟋ 100mL

$\therefore x = \dfrac{1N \times 40g \times 100mL}{1N \times 1,000mL} = 4g$

• 증발시켜야 할 수분의 양

$wt\% = \dfrac{용질}{용매 + 용질} \times 100$

$10wt\% = \dfrac{4g}{x + 4g} \times 100$

$10(x + 4g) = 4g \times 100$

$10x + 40g = 400g$ ∴ $x = 36g$

물의 비중은 1이므로 증발시켜야 할 수분의 양 = 100mL − 36mL
= 64mL

03 A는 B이온과 반응하나 C이온과는 반응하지 않고 D는 C이온과 반응한다고 할 때 A, B, C, D의 환원력의 세기를 큰 것부터 차례대로 나타낸 것은?(단, A, B, C, D는 모두 금속이다)

① A > B > D > C   ② D > C > A > B

③ C > D > B > A   ④ B > A > C > D

해설

환원력 : A는 B이온과 반응하나 C이온과는 반응하지 않고 D는 C이온과 반응한다면 D > C > A > B

04 벤조산은 무엇을 산화하면 얻을 수 있는가?

① 나이트로벤젠

② 트라이나이트로톨루엔

③ 페 놀

④ 톨루엔

해설

톨루엔과 산화제를 작용시키면 산화하여 벤즈알데하이드가 되고, 산화하여 벤조산이 된다.

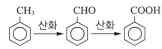

05 엿당을 포도당으로 변화시키는 데 필요한 효소는?

① 말타아제

② 아밀라아제

③ 지마아제

④ 리파아제

해설

말타아제 : 이당류의 일종인 맥아당(엿당)을 간단한 포도당으로 가수분해 시키는 효소

06 30wt%인 진한 HCl의 비중은 1.1이다. 진한 HCl의 몰농도는 얼마인가?(단, HCl의 화학식량은 36.5이다)

① 7.21

② 9.04

③ 11.36

④ 13.08

해설

$$몰농도(M) = \frac{10ds}{분자량} \ (d : 비중, \ s : \%농도)$$

$$= \frac{10 \times 1.1 \times 30}{36.5} = 9.04M$$

07 다음 물질 중 감광성이 가장 큰 것은?

① HgO

② CuO

③ $NaNO_3$

④ AgCl

해설

염화은(AgCl)

• 빛에 의해서 흰색이나 황색에서 분홍색으로 변한다.

• 물, 에탄올에는 거의 녹지 않고 암모니아수, 진한 염산 등의 농염산에 녹는다.

• 천연에서는 광석으로 산출되며 감광성이 있어서 사진술에 활용된다.

08 한 분자 내에 배위결합과 이온결합을 동시에 가지고 있는 것은?

① NH_4Cl

② C_6H_6

③ CH_3OH

④ NaCl

해설

NH_4Cl(염화암모늄) : 한 분자 내에 배위결합과 이온결합을 동시에 가지고 있다.

09 메테인에 직접 염소를 작용시켜 클로로폼을 만드는 반응을 무엇이라 하는가?

① 환원반응

② 부가반응

③ 치환반응

④ 탈수소반응

해설

클로로폼의 제법 : 메테인(CH_4)의 3개 수소원자를 직접 염소원자로 치환한 화합물

10 주기율표에서 3주기 원소들의 일반적인 물리·화학적 성질 중 오른쪽으로 갈수록 감소하는 성질들로만 이루어진 것은?

① 비금속성, 전자흡수성, 이온화에너지
② 금속성, 전자방출성, 원자반지름
③ 비금속성, 이온화에너지, 전자친화도
④ 전자친화도, 전자흡수성, 원자반지름

해설
원소의 성질

구 분 / 항 목	같은 주기에서 원자번호가 증가할수록(왼쪽에서 오른쪽으로)
이온화에너지	증가한다.
전기음성도	증가한다.
이온반지름	작아진다.
원자반지름	작아진다.
전자방출성	감소한다.
금속성	감소한다.

11 다음 반응식에 관한 사항 중 옳은 것은?

$$SO_2 + 2H_2S \rightarrow 2H_2O + 3S$$

① SO_2는 산화제로 작용
② H_2S는 산화제로 작용
③ SO_2는 촉매로 작용
④ H_2S는 촉매로 작용

해설
산소를 잃을 때(산화수 감소 : 환원)는 환원이므로 이산화황(SO_2)은 산화제로 작용한다.

12 다음 중 물의 끓는점을 높이기 위한 방법으로 가장 타당한 것은?

① 순수한 물을 끓인다.
② 물을 저으면서 끓인다.
③ 감압하에 끓인다.
④ 밀폐된 그릇에서 끓인다.

해설
밀폐된 그릇에서 물을 끓이고, 외부의 압력을 올리면 비점을 높일 수 있다.

13 어떤 기체의 확산속도는 SO_2의 2배이다. 이 기체의 분자량은 얼마인가?(단, SO_2의 분자량은 64이다)

① 4
② 8
③ 16
④ 32

해설
그레이엄의 확산속도 법칙
$$\frac{U_B}{U_A} = \sqrt{\frac{M_A}{M_B}}$$
여기서, A : 어떤 기체, B : 이산화황(SO_2)으로 가정
$$\frac{1}{2} = \sqrt{\frac{M_A}{64}}$$
$$\therefore M_A = 64 \times \left(\frac{1}{2}\right)^2 = 16$$

14 다음 중 산성 산화물에 해당하는 것은?

① BaO ② CO_2

③ CaO ④ MgO

산화물의 종류
• 산성 산화물 : CO_2, SO_2, P_2O_5, SiO_2 등
• 염기성 산화물 : CaO, MgO, Na_2O, K_2O, CuO 등
• 양쪽성 산화물 : ZnO, Al_2O_3, SnO, PbO 등

15 다음 중 가수분해가 되지 않는 염은?

① NaCl

② NH_4Cl

③ CH_3COONa

④ CH_3COONH_4

해설
소금(NaCl)은 가수분해가 되지 않는다.

16 방사성 원소에서 방출되는 방사선 중 전기장의 영향을 받지 않아 휘어지지 않는 선은?

① α 선 ② β 선

③ γ 선 ④ α, β, γ 선

해설
γ 선 : 방사선 중 전기장의 영향을 받지 않아 휘어지지 않는 선으로 방사선의 파장이 가장 짧고 투과력과 방출속도가 가장 크다.

17 다음 중 산성염으로만 나열된 것은?

① $NaHSO_4$, $Ca(HCO_3)_2$

② $Ca(OH)Cl$, $Cu(OH)Cl$

③ NaCl, $Cu(OH)Cl$

④ $Ca(OH)Cl$, $CaCl_2$

해설
산성염 : 황산수소나트륨($NaHSO_4$), 탄산수소나트륨($NaHCO_3$), 인산수소이나트륨(Na_2HPO_4), 인산이수소나트륨(NaH_2PO_4), 탄산수소칼륨[$Ca(HCO_3)_2$]

18 1패러데이(Faraday)의 전기량으로 물을 전기분해하였을 때 생성되는 기체 중 산소 기체는 0℃, 1기압에서 몇 L인가?

① 5.6 ② 11.2

③ 22.4 ④ 44.8

해설
물의 전기분해
$2H_2O \rightarrow 2H_2 + O_2$
     (−극) (+극)
물을 전기분해하면 산소가 1mol이 발생하므로 산소 1g당량 5.6L이다.

19 공업적으로 에틸렌을 PdCl₂ 촉매하에 산화시킬 때 주로 생성되는 물질은?

① CH₃OCH₃
② CH₃CHO
③ HCOOH
④ C₃H₇OH

해설

아세트알데하이드(CH_3CHO)는 에틸렌을 PdCl₂ 촉매 하에 산화시킬 때 생성된다.

20 다음과 같은 전자배치를 갖는 원자 A와 B에 대한 설명으로 옳은 것은?

A : $1s^2 2s^2 2p^6 3s^2$
B : $1s^2 2s^2 2p^6 3s^2 3p^1$

① A와 B는 다른 종류의 원자이다.
② A는 홀원자이고, B는 이원자 상태인 것을 알 수 있다.
③ A와 B는 동위원소로서 전자배열이 다르다.
④ A에서 B로 변할 때 에너지를 흡수한다.

해설

전자배치

• Mg(원자번호 12) : $1s^2 2s^2 2p^6 3s^2$
• Al(원자번호 13) : $1s^2 2s^2 2p^6 3s^2 3p^1$
∴ A에서 B로 변할 때 에너지를 흡수한다.

21 이산화탄소 소화기에 대한 설명으로 옳은 것은?

① C급 화재에는 적응성이 없다.
② 다량의 물질이 연소하는 A급 화재에 가장 효과적이다.
③ 밀폐되지 않는 공간에서 사용할 때 가장 소화효과가 좋다.
④ 방출용 동력이 별도로 필요하지 않다.

해설

이산화탄소 소화기

• C급 화재에는 적응성이 있다.
• 밀폐된 공간에서 사용할 때 가장 소화효과가 좋다.
• 방출용 동력이 별도로 필요하지 않다.

22 위험물안전관리법령상 염소산염류에 대해 적응성이 있는 소화설비는?

① 탄산수소염류 분말소화설비
② 포소화설비
③ 불활성가스소화설비
④ 할로젠화합물소화설비

해설

염소산염류는 제1류 위험물로서 옥내소화전설비, 옥외소화전설비, 포소화설비 등 냉각소화가 적합하다.

23 위험물안전관리법령상 마른 모래(삽 1개 포함) 50L의 능력단위는?

① 0.3 ② 0.5

③ 1.0 ④ 1.5

해설
소화설비의 능력단위(시행규칙 별표 17)

소화설비	용 량	능력단위
소화전용(轉用)물통	8L	0.3
수조(소화전용 물통 3개 포함)	80L	1.5
수조(소화전용 물통 6개 포함)	190L	2.5
마른 모래(삽 1개 포함)	50L	0.5
팽창질석 또는 팽창진주암(삽 1개 포함)	160L	1.0

25 전역방출방식의 할로젠화합물소화설비의 분사헤드에서 Halon 1211을 방사하는 경우의 방사 압력은 얼마 이상으로 하는가?

① 0.1MPa ② 0.2MPa

③ 0.5MPa ④ 0.9MPa

해설
분사헤드의 방사압력

약제종류	할론 2402	할론 1211	할론 1301
방사압력	0.1MPa 이상	0.2MPa 이상	0.9MPa 이상

24 이산화탄소 소화약제의 소화작용을 옳게 나열한 것은?

① 질식소화, 부촉매소화

② 부촉매소화, 제거소화

③ 부촉매소화, 냉각소화

④ 질식소화, 냉각소화

해설
이산화탄소 소화약제의 소화작용 : 질식소화, 냉각소화

26 다이에틸에터 2,000L와 아세톤 4,000L를 옥내저장소에 저장하고 있다면 총소요단위는 얼마인가?

① 5 ② 6

③ 50 ④ 60

해설
• 제4류 위험물의 지정수량

종 류	다이에틸에터	아세톤
품 명	특수인화물	제1석유류(수용성)
지정수량	50L	400L

• 소요단위

$$= \frac{저장수량}{지정수량 \times 10} = \frac{2,000L}{50L \times 10L} + \frac{4,000L}{400L \times 10} = 5단위$$

27 벤젠에 관한 일반적인 성질로 틀린 것은?

① 무색 투명한 휘발성 액체로 증기는 마취성과 독성이 있다.

② 불을 붙이면 그을음을 많이 내고 연소한다.

③ 겨울철에는 응고하여 인화의 위험이 없지만 상온에서는 액체 상태로 인화의 위험이 높다.

④ 진한 황산과 질산으로 나이트로화 시키면 나이트로벤젠이 된다.

해설

벤젠은 녹는점(응고점)이 7.0℃이며, 겨울철에 녹는점 이하가 되면 응고된다. 인화점은 −11℃로서 인화의 위험이 있다.

28 위험물안전관리법령상 제5류 위험물에 적응성이 있는 소화설비는?

① 분말을 방사하는 대형소화기

② CO_2를 방사하는 소형소화기

③ 할로젠화합물을 방사하는 대형소화기

④ 스프링클러설비

해설

제5류 위험물의 소화설비 : 수계소화설비(옥내소화전설비, 옥외소화전설비, 스프링클러설비)

29 과산화나트륨 저장장소에서 화재가 발생하였다. 과산화나트륨을 고려하였을 때 다음 중 가장 적합한 소화약제는?

① 포소화약제   ② 할로젠화합물

③ 건조사   ④ 물

해설

과산화나트륨(Na_2O_2)의 소화약제 : 마른 모래(건조사), 팽창질석, 팽창진주암, 탄산수소염류분말

※ 수계소화약제는 산소(O_2) 발생으로 적합하지 않다.

$2Na_2O_2 + 2H_2O \rightarrow 4NaOH + O_2$

30 벤조일퍼옥사이드의 화재 예방상 주의 사항에 대한 설명 중 틀린 것은?

① 열, 충격 및 마찰에 의해 폭발할 수 있으므로 주의한다.

② 진한 질산, 진한 황산과의 접촉을 피한다.

③ 비활성의 희석제를 첨가하면 폭발성을 낮출 수 있다.

④ 수분과 접촉하면 폭발의 위험이 있으므로 주의한다.

해설

벤조일퍼옥사이드(과산화벤조일)는 물에는 녹지 않고 마찰, 충격으로 폭발의 위험이 있다.

31 10℃의 물 2g을 100℃의 수증기로 만드는 데 필요한 열량은?

① 180cal
② 340cal
③ 719cal
④ 1,258cal

> **해설**
> • 10℃ 물 → 100℃ 물 → 100℃ 수증기를 만드는 데 필요한 열량
> • $Q = m\,C_p\,\Delta t + \gamma \cdot m$
>   여기서, m : 무게(2g)
> C_p : 물의 비열(1cal/g · ℃)
> Δt : 온도차(100 − 10 = 90℃)
> γ : 물의 증발잠열(539cal/g)
> ∴ $Q = m\,C_p\,\Delta t + \gamma \cdot m$
> $= [2g \times 1cal/g \cdot ℃ \times (100 − 10)℃] + (539cal/g \times 2g)$
> $= 1{,}258cal$

32 금속나트륨의 연소 시 소화방법으로 가장 적절한 것은?

① 팽창질석을 사용하여 소화한다.
② 분무상의 물을 뿌려 소화한다.
③ 이산화탄소를 방사하여 소화한다.
④ 물로 적신 헝겊으로 피복하여 소화한다.

> **해설**
> **나트륨의 소화약제** : 마른 모래, 팽창질석, 팽창진주암, 탄산수소염류분말소화약제

33 불활성가스 소화약제 중 IG-541의 구성성분이 아닌 것은?

① N_2
② Ar
③ Ne
④ CO_2

> **해설**
> **불활성가스 소화약제**
>
> | 종 류 | 화학식 |
> |---|---|
> | IG-55 | N_2 : 50%, Ar : 50% |
> | IG-100 | N_2 |
> | IG-541 | N_2 : 52%, Ar : 40%, CO_2 : 8% |

34 어떤 가연물의 착화에너지가 24cal일 때 이것을 일 에너지의 단위로 환산하면 약 몇 Joule인가?

① 24
② 42
③ 84
④ 100

> **해설**
> 1cal = 4.184Joule
> ∴ 24cal × 4.184J/cal = 100.42J

35 위험물제조소 등에 옥내소화전설비를 압력수조를 이용한 가압송수장치로 설치하는 경우 압력수조의 최소압력은 몇 MPa인가?(단, 호스의 마찰손실수두압은 3.2MPa, 배관의 마찰손실수두압은 2.2MPa, 낙차의 환산수두압은 1.79MPa이다)

① 5.4 ② 3.99
③ 7.19 ④ 7.54

해설
압력수조를 이용한 가압송수장치
$P = p_1 + p_2 + p_3 + 0.35\text{MPa}$ 이상
여기서, P : 필요한 압력(MPa)
       p_1 : 호스의 마찰손실수두압(MPa)
       p_2 : 배관의 마찰손실수두압(MPa)
       p_3 : 낙차의 환산수두압(MPa)
∴ $P = 3.2 + 2.2 + 1.79 + 0.35\text{MPa} = 7.54\text{MPa}$ 이상

36 다음은 위험물안전관리법령상 위험물제조소 등에 설치하는 옥내소화전설비의 설치표시 기준 중 일부이다. ( )에 알맞은 수치를 차례대로 옳게 나타낸 것은?

> 옥내소화전함의 상부의 벽면에 적색의 표시등을 설치하되 해당 표시등의 부착면과 ( ) 이상의 각도가 되는 방향으로 ( ) 떨어진 곳에서 용이하게 식별이 가능하도록 할 것

① 5°, 5m ② 5°, 10m
③ 15°, 5m ④ 15°, 10m

해설
옥내소화전설비의 설치기준
• 옥내소화전함에는 그 표면에 "소화전"이라고 표시할 것
• 옥내소화전함의 상부에 적색의 표시등을 설치할 것
• 표시등의 부착면과 15° 이상의 각도가 되는 방향으로 10m 떨어진 곳에서 용이하게 식별이 가능하도록 할 것
• 호스접속구는 바닥면으로부터 1.5m 이하의 높이에 설치할 것

37 연소이론에 대한 설명으로 가장 거리가 먼 것은?

① 착화온도가 낮을수록 위험성이 크다.
② 인화점이 낮을수록 위험성이 크다.
③ 인화점이 낮은 물질은 착화점도 낮다.
④ 폭발한계가 넓을수록 위험성이 크다.

해설
연소이론
• 착화온도와 인화점이 낮을수록 위험성이 크다.
• 인화점이 낮은 물질이 착화점도 낮은 것은 아니고 위험물에 따라 다르다.

종 류	등 유	휘발유
인화점	39℃ 이상	−43℃
착화점	210℃	280~456℃

• 폭발한계가 넓을수록 위험성이 크다.

38 분말소화약제의 착색 색상으로 옳은 것은?

① $NH_4H_2PO_4$: 담홍색
② $NH_4H_2PO_4$: 백색
③ $KHCO_3$: 담홍색
④ $KHCO_3$: 백색

해설
분말소화약제

종 류	주성분	적응화재	착 색
제1종 분말	NaHCO₃(중탄산나트륨, 탄산수소나트륨)	B, C급	백 색
제2종 분말	KHCO₃(중탄산칼륨, 탄산수소칼륨)	B, C급	담회색
제3종 분말	NH₄H₂PO₄(인산암모늄, 제일인산암모늄)	A, B, C급	담홍색
제4종 분말	KHCO₃ + (NH₂)₂CO	B, C급	회 색

39 다음 중 자연발화의 원인으로 가장 거리가 먼 것은?

① 기화열에 의한 발열
② 산화열에 의한 발열
③ 분해열에 의한 발열
④ 흡착열에 의한 발열

해설
자연발화의 형태 : 분해열, 산화열, 흡착열, 미생물에 의한 발열

40 불활성가스 소화설비에 의한 소화적응성이 없는 것은?

① $C_3H_5(ONO_2)_3$ ② $C_6H_4(CH_3)_2$
③ CH_3COCH_3 ④ $C_2H_5OC_2H_5$

해설
소화적응성

종 류	명 칭	유별 및 품명	소화설비
$C_3H_5(ONO_2)_3$	나이트로글리세린	제5류 위험물 질산에스터류	수계 소화설비
$C_6H_4(CH_3)_2$	자일렌	제4류 위험물 제2석유류 (비수용성)	질식소화 (포, 가스계 소화설비)
CH_3COCH_3	아세톤	제4류 위험물 제1석유류 (수용성)	질식소화 (포, 가스계 소화설비)
$C_2H_5OC_2H_5$	에 터	제4류 위험물 특수인화물	질식소화 (포, 가스계 소화설비)

제3과목 **위험물의 성상 및 취급**

41 위험물이 물과 접촉하였을 때 발생하는 기체를 옳게 연결한 것은?

① 인화칼슘 – 포스핀
② 과산화칼륨 – 아세틸렌
③ 나트륨 – 산소
④ 탄화칼슘 – 수소

해설
각 위험물의 물과 반응
• 인화칼슘 : $Ca_3P_2 + 6H_2O \rightarrow 3Ca(OH)_2 + 2PH_3$(포스핀, 인화수소)
• 과산화칼륨 : $2K_2O_2 + 2H_2O \rightarrow 4KOH + O_2\uparrow$(산소)
• 나트륨 : $2Na + 2H_2O \rightarrow 2NaOH + H_2$(수소)
• 탄화칼슘 : $CaC_2 + 2H_2O \rightarrow Ca(OH)_2 + C_2H_2$(아세틸렌)

42 제4류 위험물인 동식물유류의 취급방법이 잘못된 것은?

① 액체의 누설을 방지해야 한다.
② 화기 접촉에 의한 인화에 주의해야 한다.
③ 아마인유는 섬유 등에 흡수되어 있으면 매우 안정하므로 취급하기 편리하다.
④ 가열할 때 증기는 인화되지 않도록 조치해야 한다.

해설
아마인유는 자연발화의 위험이 있으므로 다공성 가연물과 접촉을 피한다.

43 연소범위가 약 2.8~37vol%로 구리, 은, 마그네슘과 접촉 시 아세틸라이드를 생성하는 물질은?

① 아세트알데하이드 ② 알킬알루미늄
③ 산화프로필렌 ④ 콜로디온

해설

산화프로필렌(Propylene Oxide)
• 물 성

화학식	분자량	비 중	비 점	인화점	착화점	연소 범위
CH_3CHCH_2O	58	0.82	35℃	−37℃	449℃	2.8~ 37%

• 무색, 투명한 자극성 액체이다.
• 구리(Cu), 마그네슘(Mg), 은(Ag), 수은(Hg)과 반응하면 아세틸라이드를 생성한다.
• 저장용기 내부에는 불연성 가스 또는 수증기 봉입장치를 두어야 한다.

44 위험물안전관리법령상 제5류 위험물 중 질산에스터류에 해당하는 것은?

① 나이트로벤젠
② 나이트로셀룰로스
③ 트라이나이트로페놀
④ 트라이나이트로톨루엔

해설

위험물의 분류

종 류	품 명	지정수량
나이트로벤젠	제4류 위험물 제3석유류	2,000L
나이트로셀룰로스	제5류 위험물 질산에스터류	10kg
트라이나이트로페놀	제5류 위험물 나이트로화합물	10kg
트라이나이트로톨루엔	제5류 위험물 나이트로화합물	10kg

45 연면적 1,000m²이고 외벽이 내화구조인 위험물 취급소의 소화설비 소요단위는 얼마인가?

① 5 ② 10
③ 20 ④ 100

해설

건축물 1소요단위 산정

구 분	제조소, 취급소		저장소		위험물
외벽의 기준	내화 구조	비내화 구조	내화 구조	비내화 구조	
기 준	연면적 100m²	연면적 50m²	연면적 150m²	연면적 75m²	지정수량의 10배

$$\therefore \text{소요단위} = \frac{\text{연면적}}{\text{기준면적}} = \frac{1,000m^2}{100m^2} = 10\text{단위}$$

46 다음 위험물 중 가열 시 분해온도가 가장 낮은 물질은?

① $KClO_3$ ② Na_2O_2
③ NH_4ClO_4 ④ KNO_3

해설

분해온도

종류	$KClO_3$	Na_2O_2	NH_4ClO_4	KNO_3
명칭	염소산칼륨	과산화나트륨	과염소산암모늄	질산칼륨
분해 온도	400℃	460℃	130℃	400℃

47 다음 중 황린이 자연발화하기 쉬운 가장 큰 이유는?

① 끓는점이 낮고 증기의 비중이 작기 때문에
② 산소와 결합력이 강하고 착화온도가 낮기 때문에
③ 녹는점이 낮고 상온에서 액체로 되어 있기 때문에
④ 인화점이 낮고 가연성 물질이기 때문에

해설
황린은 산소와 결합력이 강하고 착화온도가 낮기 때문에 자연발화하기 쉽다.

48 위험물안전관리법령에 따른 위험물 저장기준으로 틀린 것은?

① 이동탱크저장소에는 설치허가증과 운송허가증을 비치해야 한다.
② 지하저장탱크의 주된 밸브는 위험물을 넣거나 뺄 때 외에는 폐쇄해야 한다.
③ 아세트알데하이드를 저장하는 이동저장탱크에는 탱크 안에 불활성 가스를 봉입해야 한다.
④ 옥외저장탱크 주위에 설치된 방유제의 내부에 물이나 유류가 괴었을 경우에는 즉시 배출해야 한다.

해설
이동탱크저장소에는 완공검사합격확인증 및 정기점검기록을 비치해야 한다.

49 다음 두 가지 물질을 혼합하였을 때 그로 인한 발화 또는 폭발의 위험성이 가장 낮은 것은?

① 아염소산나트륨과 티오황산나트륨
② 질산과 이황화탄소
③ 아세트산과 과산화나트륨
④ 나트륨과 등유

해설
보호액

종 류	이황화탄소	나트륨, 칼륨	나이트로셀룰로스
저장 방법	물 속	등유, 경유, 유동파라핀 속	물 또는 알코올로 습면

50 금속 과산화물을 묽은 산에 반응시켜 생성되는 물질로서 석유와 벤젠에 불용성이고 표백작용과 살균작용을 하는 것은?

① 과산화나트륨   ② 과산화수소
③ 과산화벤조일   ④ 과산화칼륨

해설
과산화수소(H_2O_2) : 금속 과산화물을 묽은 산에 반응시켜 생성되는 물질로서 석유와 벤젠에 불용성이고 표백작용과 살균작용을 하는 제6류 위험물

51 제5류 위험물 중 나이트로화합물에서 나이트로기(Nitro Group)를 옳게 나타낸 것은?

① $-NO$　② $-NO_2$
③ $-NO_3$　④ $-NON_3$

해설

관능기(작용기)

작용기	명 칭	작용기	명 칭
CH_3-	메틸기	$-CHO$	알데하이드기
C_2H_5-	에틸기	C_6H_5-	페닐기
C_3H_7-	프로필기	$-COO-$	에스터기
C_4H_9-	부틸기	$-COOH$	카복실기
$C_5H_{11}-$	아밀기	$-NO_2$	나이트로기
$-CO$	케톤기(카보닐기)	$-NH_2$	아미노기
$-OH$	하이드록실기	$-N=N-$	아조기
$-O-$	에터기	－	

52 옥내저장소에서 위험물 용기를 겹쳐 쌓는 경우에 있어서 제4류 위험물 중 제3석유류만을 수납하는 용기를 겹쳐 쌓을 수 있는 높이는 최대 몇 m인가?

① 3　② 4
③ 5　④ 6

해설

옥내저장소에 저장 시 높이(아래 높이를 초과하지 말 것)

- 기계에 의하여 하역하는 구조로 된 용기만을 겹쳐 쌓는 경우 : 6m
- 제4류 위험물 중 제3석유류, 제4석유류, 동식물유류를 수납하는 용기만을 겹쳐 쌓는 경우 : 4m
- 그 밖의 경우(특수인화물, 제1석유류, 제2석유류, 알코올류, 타류) : 3m

53 최대 아세톤 150톤을 옥외탱크저장소에 저장할 경우 보유공지의 너비는 몇 m 이상으로 해야 하는가?(단, 아세톤의 비중은 0.79이다)

① 3　② 5
③ 9　④ 12

해설

보유공지

- 아세톤의 무게를 부피로 환산하면(비중 0.79 = 0.79kg/L)

$$\therefore \text{ 밀도 } \rho = \frac{W(\text{무게})}{V(\text{부피})},\quad V = \frac{W}{\rho} = \frac{150{,}000\text{kg}}{0.79\text{kg/L}} = 189{,}873.42\text{L}$$

- 아세톤은 제4류 위험물 제1석유류(수용성)로서 지정수량은 400L이다.

$$\text{지정수량의 배수} = \frac{189{,}873.42\text{L}}{400\text{L}} = 474.68\text{배}$$

- 옥외탱크저장소의 보유공지(시행규칙 별표 6)

저장 또는 취급하는 위험물의 최대수량	공지의 너비
지정수량의 500배 이하	3m 이상
지정수량의 500배 초과 1,000배 이하	5m 이상
지정수량의 1,000배 초과 2,000배 이하	9m 이상
지정수량의 2,000배 초과 3,000배 이하	12m 이상
지정수량의 3,000배 초과 4,000배 이하	15m 이상
지정수량의 4,000배 초과	해당 탱크의 수평단면의 최대지름(가로형은 긴변)과 높이 중 큰 것과 같은 거리 이상(단, 30m 초과 시 30m 이상으로, 15m 미만 시 15m 이상으로 할 것)

∴ 지정수량의 배수가 500배 이하(474.68배)이므로 보유공지는 3m 이상이다.

정답 51 ② 52 ② 53 ①

54 제5류 위험물 제조소에 설치하는 표지 및 주의사항을 표시한 게시판의 바탕색상을 각각 옳게 나타낸 것은?

① 표지 : 백색, 주의사항을 표시한 게시판 : 백색

② 표지 : 백색, 주의사항을 표시한 게시판 : 적색

③ 표지 : 적색, 주의사항을 표시한 게시판 : 백색

④ 표지 : 적색, 주의사항을 표시한 게시판 : 적색

해설

제조소 등의 표지 및 주의사항(시행규칙 별표 4)
- 표지의 바탕은 백색으로, 문자는 흑색으로 할 것
- 제조소 등의 주의사항

위험물의 종류	주의사항	게시판 표시
• 제1류 위험물 중 알칼리금속의 과산화물 • 제3류 위험물 중 금수성 물질	물기엄금	청색 바탕에 백색 문자
제2류 위험물(인화성 고체는 제외)	화기주의	적색 바탕에 백색 문자
• 제2류 위험물 중 인화성 고체 • 제3류 위험물 중 자연발화성 물질 • 제4류 위험물 • 제5류 위험물	화기엄금	적색 바탕에 백색 문자

55 다음 중 물에 대한 용해도가 가장 낮은 물질은?

① $NaClO_3$ ② $NaClO_4$

③ $KClO_4$ ④ NH_4ClO_4

해설

용해도
- $NaClO_3$(염소산나트륨), $NaClO_4$(과염소산나트륨), NH_4ClO_4(과염소산암모늄)은 물에 녹는다.
- $KClO_4$(과염소산칼륨)은 물에 녹지 않는다.

56 다음 중 메탄올의 연소범위에 가장 가까운 것은?

① 1.4 ~ 5.6vol%

② 6.0 ~ 36vol%

③ 20.3 ~ 66vol%

④ 42.0 ~ 77vol%

해설

연소범위

종 류	하한값(%)	상한값(%)
아세틸렌(C_2H_2)	2.5	81.0
수소(H_2)	4.0	75.0
메테인(CH_4)	5.0	15.0
에테인(C_2H_6)	3.0	12.4
프로페인(C_3H_8)	2.1	9.5
이황화탄소(CS_2)	1.0	50
메탄올	6.0	36

57 위험물의 저장 및 취급에 대한 설명으로 틀린 것은?

① H_2O_2 : 직사광선을 차단하고 찬 곳에 저장한다.

② MgO_2 : 습기의 존재하에서 산소를 발생하므로 특히 방습에 주의한다.

③ $NaNO_3$: 조해성이 있으므로 습기에 주의한다.

④ K_2O_2 : 물과 반응하지 않으므로 물속에 저장한다.

해설

과산화칼륨(K_2O_2)은 물과 반응하면 산소를 발생하므로 위험하다.
$2K_2O_2 + 2H_2O \rightarrow 4KOH + O_2$

58 다음 위험물 중 물에 가장 잘 녹는 것은?

① 적 린   ② 황

③ 벤 젠   ④ 아세톤

해설

적린, 황, 벤젠은 물에 녹지 않고 아세톤(제4류 위험물 제1석유류, 수용성)은 물에 잘 녹는다.

10 ns^2np^5의 전자구조를 가지지 않는 것은?

① F(원자번호 9)

② Cl(원자번호 17)

③ Se(원자번호 34)

④ I(원자번호 53)

전자배치

종 류	원자 번호	전자배치
F(플루오린)	9	$1s^22s^22p^5$
Cl(염소)	17	$1s^22s^22p^63s^23p^5$
Se(셀레늄)	34	$1s^22s^22p^63s^23p^64s^23d^{10}4p^4$
I(아이오딘)	53	$1s^22s^22p^63s^23p^64s^23d^{10}4p^65s^24d^{10}5p^5$

11 100mL 메스플라스크로 10ppm 용액 100mL를 만들려고 한다. 1,000ppm 용액 몇 mL를 취해야 하는가?

① 0.1   ② 1

③ 10   ④ 100

ppm의 용액의 양

$$10 \times \frac{1}{10^6} \times 100\text{mL} = 1,000 \times \frac{1}{10^6} \times x$$

$$\therefore \; x = 1\text{mL}$$

12 황산구리 수용액을 전기분해하여 음극에서 63.54g의 구리를 석출시키고자 한다. 10A의 전기를 흐르게 하면 전기분해에는 약 몇 시간이 소요되는가? (단, 구리의 원자량은 63.54이다)

① 2.72   ② 5.36

③ 8.13   ④ 10.8

1g당량 시 96,500Coulomb이므로

96,500 : 31.77g(63.54/2) = x : 63.54g → x = 193,000Coulomb

$Q = I \times t$

여기서, Q : 전기량, I : 전류, t : 시간

$$\therefore \; t = \frac{193,000}{10 \times 3,600} = 5.36\text{hr}$$

13 축·중합반응에 의하여 나일론-66을 제조할 때 사용되는 주원료는?

① 아디프산과 헥사메틸렌다이아민

② 아이소프렌과 아세트산

③ 염화비닐과 폴리에틸렌

④ 멜라민과 클로로벤젠

나일론-66의 제법 : 아디프산과 헥사메틸렌다이아민의 탈수, 축합, 중합반응에 의하여 제조한다.

14 표준상태를 기준으로 수소 2.24L가 염소와 완전히 반응했다면 생성된 염화수소의 부피는 몇 L인가?

① 2.24   ② 4.48

③ 22.4   ④ 44.8

염화수소의 제법

H_2 + Cl_2 → $2HCl$

1× 22.4L   2× 22.4L

2.24L x

$$\therefore \; x = \frac{2.24\text{L} \times (2 \times 22.4)\text{L}}{1 \times 22.4\text{L}} = 4.48\text{L}$$

15 Ca^{2+} 이온의 전자배치를 옳게 나타낸 것은?

① $1s^2 2s^2 2p^6 3s^2 3p^6 3d^2$

② $1s^2 2s^2 2p^6 3s^2 3p^6 4s^2$

③ $1s^2 2s^2 2p^6 3s^2 3p^6 4s^2 3d^2$

④ $1s^2 2s^2 2p^6 3s^2 3p^6$

해설

Ca^{2+}(원자번호 20) : $1s^2 2s^2 2p^6 3s^2 3p^6 4s^2$인데 2가 양이온으로 전자 2개를 잃어 18개의 전자를 가지므로 전자배치는 $1s^2 2s^2 2p^6 3s^2 3p^6$이다.

16 어떤 용액의 pH를 측정하였더니 4이었다. 이 용액을 1,000배 희석시킨 용액의 pH를 옳게 나타낸 것은?

① pH = 3

② pH = 4

③ pH = 5

④ 6 < pH < 7

해설

pH가 4는 $[H^+] = 10^{-4}$이고, 농도가 1이고 1,000배를 물(pH = 7)로 희석하면

$$[H^+] = \frac{(10^{-4} \times 1) + (10^{-7} \times 999)}{1,000} = 1.99 \times 10^{-7}$$

$\therefore$ pH = $-\log[H^+] = -\log[1.99 \times 10^{-7}] = 7 - \log 1.99 = 7 - 0.3$
$= 6.7$

그러므로 pH는 6 < pH < 7

17 다음 중 물이 산으로 작용하는 반응은?

① $3Fe + 4H_2O \rightarrow Fe_3O_4 + 4H_2$

② $NH_4^+ + H_2O \rightleftharpoons NH_3 + H_3O^+$

③ $HCOOH + H_2O \rightarrow HCOO^- + H_3O^+$

④ $CH_3COO^- + H_2O \rightarrow CH_3COOH + OH^-$

해설

물이 산으로 작용하는 반응은 초산이온이 물과 반응하여 초산이 되는 반응이다.

18 물 100g에 황산구리 결정($CuSO_4 \cdot 5H_2O$) 2g을 넣으면 몇 % 용액이 되는가?(단, $CuSO_4$의 분자량은 160g/mol이다)

① 1.25%

② 1.96%

③ 2.4%

④ 4.42%

해설

중량% = $(2/160) \times 100 = 1.25\%$

19 원소의 주기율표에서 같은 족에 속하는 원소들의 화학적 성질에는 비슷한 점이 많다. 이것과 관련 있는 설명은?

① 같은 크기의 반지름을 가지는 이온이 된다.

② 제일 바깥의 전자 궤도에 들어 있는 전자의 수가 같다.

③ 핵의 양 하전의 크기가 같다.

④ 원자번호를 $8a + b$라는 일반식으로 나타낼 수 있다.

해설

제일 바깥의 전자 궤도에 들어 있는 전자의 수가 같으면 화학적 성질이 비슷하다.

20 다음 화합물 중 펩타이드 결합이 들어 있는 것은?

① 폴리염화비닐

② 유 지

③ 탄수화물

④ 단백질

해설

화합물 중에 펩타이드결합($-\overset{\text{O}}{\underset{\text{H}}{-C-N-}}$)을 함유하는 것으로는 나일론, 단백질, 양모 등이 있다.

316 ■ PART 02 과년도 + 최근 기출복원문제   15 ④ 16 ④ 17 ④ 18 ① 19 ② 20 ④ **정답**

21 화재예방을 위하여 이황화탄소는 액면 자체 위에 물을 채워 주는데 그 이유로 가장 타당한 것은?

① 공기와 접촉하면 발생하는 불쾌한 냄새를 방지하기 위하여

② 발화점을 낮추기 위하여

③ 불순물을 물에 용해시키기 위하여

④ 가연성 증기의 발생을 방지하기 위하여

해설
이황화탄소는 가연성 증기의 발생을 방지하기 위하여 액면 위에 물을 채워서 저장한다.

22 액체 상태의 물이 1기압, 100℃ 수증기로 변하면 체적이 약 몇 배 증가하는가?

① 530~540

② 900~1,100

③ 1,600~1,700

④ 2,300~2,400

해설
물이 100℃의 수증기로 될 때 체적은 약 1,600~1,700배로 증가한다.

23 제1종 분말소화약제가 1차 열분해되어 표준상태를 기준으로 2m³의 탄산가스가 생성되었다. 몇 kg의 탄산수소나트륨이 사용되었는가?(단, 나트륨의 원자량은 23이다)

① 15

② 18.75

③ 56.25

④ 75

해설
제1종 분말약제의 분해반응식

$2NaHCO_3 \rightarrow Na_2CO_3 + H_2O + CO_2$

$2 \times 84kg$ ＼＿＿＿＿＿＿＿＿／ $22.4m^3$

x ／＿＿＿＿＿＿＿＿＼ $2m^3$

$$\therefore x = \frac{2 \times 84kg \times 2m^3}{22.4m^3} = 15kg$$

24 위험물안전관리법령상 제4류 위험물의 위험등급에 대한 설명으로 옳은 것은?

① 특수인화물은 위험등급Ⅰ, 알코올류는 위험등급Ⅱ이다.

② 특수인화물과 제1석유류는 위험등급Ⅰ이다.

③ 특수인화물은 위험등급Ⅰ, 그 이외에는 위험등급Ⅱ이다.

④ 제2석유류는 위험등급Ⅱ이다.

해설
제4류 위험물의 위험등급

위험등급	해당 위험물
등급Ⅰ	특수인화물
등급Ⅱ	제1석유류, 알코올류
등급Ⅲ	제2석유류, 제3석유류, 제4석유류, 동식물유류

25 소화기에 'B-2'라고 표시되어 있었다. 이 표시의 의미를 가장 옳게 나타낸 것은?

① 일반화재에 대한 능력단위 2단위에 적용되는 소화기

② 일반화재에 대한 무게단위 2단위에 적용되는 소화기

③ 유류화재에 대한 능력단위 2단위에 적용되는 소화기

④ 유류화재에 대한 무게단위 2단위에 적용되는 소화기

해설
B-2 : 유류화재에 대한 능력단위 2단위에 적용되는 소화기
※ 분말소화기(3.3kg) : A3, B5, C는 A급 화재에 능력단위 3단위, B급 화재에 능력단위 5단위, C급 화재에는 적응성이 있다.

26 위험물안전관리법령상 톨루엔의 화재에 적응성이 있는 소화방법은?

① 무상수(霧狀水)소화기에 의한 소화
② 무상강화액소화기에 의한 소화
③ 봉상수(捧狀水)소화기에 의한 소화
④ 봉상강화액소화기에 의한 소화

> **해설**
> 톨루엔($C_6H_5CH_3$)은 물에 녹지 않기 때문에 무상강화액소화기에 의한 소화가 적합하다.

27 위험물안전관리법령상 방호대상물의 표면적이 70m² 인 경우 물분무소화설비의 방사구역은 몇 m²로 해야 하는가?

① 35
② 70
③ 150
④ 300

> **해설**
> 물분무소화설비의 방사구역은 150m² 이상(방호대상물의 표면적이 150m² 미만인 경우에는 해당 표면적)으로 할 것
> ∴ 표면적이 70m²이므로 70m²이다.

28 수성막포소화약제에 대한 설명으로 옳은 것은?

① 물보다 가벼운 유류의 화재에는 사용할 수 없다.
② 계면활성제를 사용하지 않고 수성의 막을 이용한다.
③ 내열성이 뛰어나고 고온의 화재일수록 효과적이다.
④ 일반적으로 플루오린계 계면활성제를 사용한다.

> **해설**
> 수성막포소화약제는 플루오린계통의 습윤제에 합성계면활성제가 첨가되어 있는 약제이다.

29 다음 중 증발잠열이 가장 큰 것은?

① 아세톤
② 사염화탄소
③ 이산화탄소
④ 물

> **해설**
> 증발잠열
>
> | 종 류 | 증발잠열(cal/g) |
> |---|---|
> | 아세톤 | 124.5 |
> | 사염화탄소 | 46.3 |
> | 이산화탄소 | 137.7 |
> | 물 | 539 |

30 위험물안전관리법령에 따른 불활성가스소화설비의 저장용기 설치기준으로 틀린 것은?

① 방호구역 외의 장소에 설치할 것
② 저장용기에는 안전장치(용기밸브에 설치되어 있는 것은 제외)를 설치할 것
③ 저장용기의 외면에 소화약제의 종류와 양, 제조연도 및 제조자를 표시할 것
④ 온도가 40℃ 이하이고 온도 변화가 작은 장소에 설치할 것

> **해설**
> 불활성가스소화설비의 저장용기 설치기준(위험물 세부기준 제134조)
> • 방호구역 외의 장소에 설치할 것
> • 저장용기에는 안전장치(용기밸브에 설치되어 있는 것을 포함)를 설치할 것
> • 저장용기의 외면에 소화약제의 종류와 양, 제조연도 및 제조자를 표시할 것
> • 온도가 40℃ 이하이고 온도 변화가 작은 장소에 설치할 것

31 위험물안전관리법령상 옥내소화전설비의 기준에서 옥내소화전의 개폐밸브 및 호스접속구의 바닥면으로부터 설치높이 기준으로 옳은 것은?

① 1.2m 이하
② 1.2m 이상
③ 1.5m 이하
④ 1.5m 이상

옥내소화전설비의 개폐밸브 및 호스접속구의 설치높이 : 바닥면으로부터 1.5m 이하

32 연소 및 소화에 대한 설명으로 틀린 것은?

① 공기 중의 산소 농도가 0%까지 떨어져야만 연소가 중단되는 것은 아니다.
② 질식소화, 냉각소화 등은 물리적 소화에 해당한다.
③ 연소의 연쇄반응을 차단하는 것은 화학적 소화에 해당한다.
④ 가연물질에 상관없이 온도, 압력이 동일하면 한계산소량은 일정한 값을 가진다.

가연물에 따라 한계산소량이 다르다.

33 다음 [보기]의 물질 중 위험물안전관리법령상 제1류 위험물에 해당하는 것의 지정수량을 모두 합산한 값은?

┌ 보기 ┐
| 퍼옥소이황산염류, 아이오딘산, 과염소산, 차아염소산염류 |

① 350kg
② 400kg
③ 650kg
④ 1,350kg

위험물의 지정수량

종 류	유 별	지정수량
퍼옥소이황산염류	제1류 위험물	300kg
아이오딘산	비위험물	–
과염소산	제6류 위험물	300kg
차아염소산염류	제1류 위험물	50kg

∴ 제1류 위험물의 지정수량의 합계 = 300kg + 50kg = 350kg

34 이산화탄소 소화기의 장단점에 대한 설명으로 틀린 것은?

① 밀폐된 공간에서 사용 시 질식으로 인명피해가 발생할 수 있다.
② 전도성이어서 전류가 통하는 장소에서의 사용은 위험하다.
③ 자체의 압력으로 방출할 수가 있다.
④ 소화 후 소화약제에 대한 오손이 없다.

이산화탄소 소화기는 전기화재에 적합하다.

35 다음 위험물을 보관하는 창고에 화재가 발생하였을 때 물을 사용하여 소화하면 위험성이 증가하는 것은?

① 질산암모늄　　　② 탄화칼슘
③ 과염소산나트륨　④ 셀룰로이드

해설
탄화칼슘은 물과 반응하여 아세틸렌(C_2H_2) 가스를 발생하므로 주수소화는 위험하다.
$CaC_2 + 2H_2O \rightarrow Ca(OH)_2 + C_2H_2$

36 위험물안전관리법령상 이동식 불활성가스 소화설비의 호스접속구는 모든 방호대상물에 대하여 해당 방호 대상물의 각 부분으로부터 하나의 호스접속구까지의 수평거리가 몇 m 이하가 되도록 설치해야 하는가?

① 5　　　　　　　② 10
③ 15　　　　　　 ④ 20

해설
이동식 불활성가스 소화설비의 호스접속구까지 설치기준 : 수평거리 15m 이하마다 설치

37 분말소화약제의 소화효과로 가장 거리가 먼 것은?

① 질식효과　　　② 냉각효과
③ 제거효과　　　④ 방사열 차단효과

해설
분말소화약제의 소화효과 : 질식효과, 냉각효과, 방사열 차단효과

38 제2류 위험물의 화재에 대한 일반적인 특징으로 옳은 것은?

① 연소 속도가 빠르다.
② 산소를 함유하고 있어 질식소화는 효과가 없다.
③ 화재 시 자신이 환원되고 다른 물질을 산화시킨다.
④ 연소열이 거의 없어 초기 화재 시 발견이 어렵다.

해설
제2류 위험물의 일반적인 특징
• 제2류 위험물은 착화온도가 낮고 연소 속도가 빠르다.
• 산소를 함유하지 않기 때문에 환원성 물질이다.
• 연소 시 연소열이 크고 연소온도가 높다.

39 위험물안전관리법령상 인화성 고체와 질산에 공통적으로 적용성이 있는 소화설비는?

① 불활성가스소화설비
② 할로젠화합물소화설비
③ 탄산수소염류분말소화설비
④ 포소화설비

해설
제2류 위험물(인화성 고체)과 제6류 위험물(질산)은 냉각소화(포소화설비)가 적합하다.

40 이산화탄소를 이용한 질식소화에 있어서 아세톤의 한계산소농도(vol%)에 가장 가까운 값은?

① 15　　　　　　② 18
③ 21　　　　　　④ 25

해설
질식소화 시 아세톤의 한계산소농도(vol%) : 15% 이하

41 산화제와 혼합되어 연소할 때 자외선을 많이 포함하는 불꽃을 내는 것은?

① 셀룰로이드   ② 나이트로셀룰로스
③ 마그네슘분   ④ 글리세린

해설
마그네슘(제2류 위험물)은 제1류 위험물인 산화성 고체와 혼합하여 연소할 때 자외선을 포함하는 불꽃을 낸다.

42 위험물안전관리법령상 시·도의 조례가 정하는 바에 따라, 관할소방서장의 승인을 받아 지정수량 이상의 위험물을 임시로 제조소 등이 아닌 장소에서 취급할 때 며칠 이내의 기간 동안 취급할 수 있는가?

① 7   ② 30
③ 90   ④ 180

해설
위험물 임시저장 기간 : 90일 이내

43 위험물안전관리법령상 제1류 위험물 중 알칼리금속의 과산화물의 운반용기 외부에 표시해야 하는 주의사항을 모두 나타낸 것은?

① "화기엄금", "충격주의", 및 "가연물접촉주의"
② "화기·충격주의", "물기엄금" 및 "가연물접촉주의"
③ "화기주의" 및 "물기엄금"
④ "화기엄금" 및 "물기엄금"

해설
알칼리금속의 과산화물의 주의사항 : 화기·충격주의, 물기엄금 및 가연물접촉주의

44 제4류 제2석유류 비수용성인 위험물 180,000L를 저장하는 옥외저장소의 경우 설치해야 하는 소화설비의 기준과 소화기 개수를 설명한 것이다. (   ) 안에 들어갈 숫자의 합은?

> • 해당 옥외저장소는 소화난이도등급Ⅱ에 해당하며 소화설비의 기준은 방사능력 범위 내에 공작물 및 위험물이 포함되도록 대형수동식소화기를 설치하고 해당 위험물의 소요단위의 (   )에 해당하는 능력단위의 소형수동식소화기를 설치해야 한다.
> • 해당 옥외저장소의 경우 대형수동식소화기와 설치하고자 하는 소형수동식소화기의 능력단위가 2라고 가정할 때 비치해야 하는 소형수동식소화기의 최소 개수는 (   )개이다.

① 9.2   ② 4.5
③ 9   ④ 10

해설
옥외저장소의 소화기 개수
• 소화난이도등급Ⅱ의 제조소 등에 설치해야 하는 소화설비

제조소 등의 구분	소화설비
제조소, 옥내저장소, 옥외저장소, 주유취급소, 판매취급소, 일반취급소	방사능력범위 내에 해당 건축물, 그 밖의 공작물 및 위험물이 포함되도록 대형수동식소화기를 설치하고, 해당 위험물의 소요단위의 1/5 이상에 해당하는 능력단위의 소형수동식소화기 등을 설치할 것

먼저 소요단위를 계산하면
$$소요단위 = \frac{저장수량}{지정수량 \times 10}$$

• 제4류 위험물 제2석유류의 비수용성의 지정수량 : 1,000L

$$\therefore 소요단위 = \frac{저장량}{지정수량 \times 10} = \frac{180,000L}{1,000L \times 10} = 18단위$$

능력단위 2단위의 소화기 설치하려면

$$\therefore 소화기 개수 = \frac{18단위}{2단위} = 9개$$

$\therefore$ 숫자 합계 = 0.2(1/5) + 9 = 9.2

45 과염소산과 과산화수소의 공통된 성질이 아닌 것은?

① 비중이 1보다 크다.
② 물에 녹지 않는다.
③ 산화제이다.
④ 산소를 포함한다.

과염소산($HClO_4$)과 과산화수소(H_2O_2)의 공통 성질
• 제6류 위험물로서 물에 잘 녹는다.
• 비중이 1보다 크다(과염소산 : 1.76, 과산화수소 : 1.463).
• 산화제이고 산소를 포함한다.

46 이동저장탱크로부터 위험물을 저장 또는 취급하는 탱크에 인화점이 몇 ℃ 미만인 위험물을 주입할 때에는 이동탱크저장소의 원동기를 정지시켜야 하는가?

① 21   ② 40
③ 71   ④ 200

이동저장탱크로 인화점 40℃ 미만인 위험물을 주입할 때 원동기를 정지시켜야 한다.

47 위험물안전관리법령에서 정의한 철분의 정의로 옳은 것은?

① "철분"이라 함은 철의 분말로서 $53\mu m$의 표준체를 통과하는 것이 50wt% 미만인 것은 제외한다.
② "철분"이라 함은 철의 분말로서 $50\mu m$의 표준체를 통과하는 것이 53wt% 미만인 것은 제외한다.
③ "철분"이라 함은 철의 분말로서 $53\mu m$의 표준체를 통과하는 것이 50vol% 미만인 것은 제외한다.
④ "철분"이라 함은 철의 분말로서 $50\mu m$의 표준체를 통과하는 것이 53vol% 미만인 것은 제외한다.

철분 : 철의 분말로서 $53\mu m$의 표준체를 통과하는 것이 50wt% 미만인 것은 제외한다.

48 위험물의 적재방법에 관한 기준으로 틀린 것은?

① 위험물은 규정에 의한 바에 따라 재해를 발생시킬 우려가 있는 물품과 함께 적재하지 않아야 한다.
② 적재하는 위험물의 성질에 따라 일광의 직사 또는 빗물의 침투를 방지하기 위하여 유효하게 피복하는 등 규정에서 정하는 기준에 따른 조치를 해야 한다.
③ 증기발생·폭발에 대비하여 운반용기의 수납구를 옆 또는 아래로 향하게 해야 한다.
④ 위험물을 수납한 운반용기가 전도·낙하 또는 파손되지 않도록 적재해야 한다.

운반용기는 수납구를 위로 향하게 하여 적재해야 한다.

49 위험물안전관리법령상 위험물의 운반용기 외부에 표시해야 할 사항이 아닌 것은?(단, 용기의 용적은 10L이며 원칙적인 경우에 한한다)

① 위험물의 화학명   ② 위험물의 지정수량
③ 위험물의 품명   ④ 위험물의 수량

해설
운반용기 외부 표시사항
• 품 명
• 위험등급
• 화학명 및 수용성(제4류 위험물)
• 수 량
• 주의사항

50 물과 접촉되었을 때 연소범위의 하한값이 2.5vol% 인 가연성 가스가 발생하는 것은?

① 금속나트륨   ② 인화칼슘
③ 과산화칼륨   ④ 탄화칼슘

해설
탄화칼슘은 물과 반응하면 연소범위가 2.5~81%인 아세틸렌 (C_2H_2)을 생성한다.
$CaC_2 + 2H_2O \rightarrow Ca(OH)_2 + C_2H_2$

51 제3류 위험물 중 금수성 물질의 위험물제조소에 설치하는 주의사항 게시판의 색상 및 표시내용으로 옳은 것은?

① 청색 바탕 – 백색 문자, "물기엄금"
② 청색 바탕 – 백색 문자, "물기주의"
③ 백색 바탕 – 청색 문자, "물기엄금"
④ 백색 바탕 – 청색 문자, "물기주의"

해설
제3류 위험물의 주의사항
• 자연발화성 물질 : 화기엄금(적색 바탕 – 백색 문자)
• 금수성 물질 : 물기엄금(청색 바탕 – 백색 문자)

52 일반취급소 1층에 옥내소화전 6개, 2층에 옥내소화전 5개, 3층에 옥내소화전 5개를 설치하고자 한다. 위험물안전관리법령상 이 일반취급소에 설치되는 옥내소화전에 있어서 수원의 수량은 얼마 이상이어야 하는가?

① $13m^3$ ② $15.6m^3$
③ $39m^3$ ④ $46.8m^3$

해설
옥내소화전설비의 방수량, 방수압력, 수원 등

방수량	260L/min 이상
방수압력	0.35MPa 이상
토출량	N(최대 5개) $\times$ 260L/min
수 원	N(최대 5개) $\times 7.8m^3$(260L/min $\times$ 30min)
비상전원	45분 이상

∴ 수원 = N(최대 5개) $\times 7.8m^3 = 5 \times 7.8m^3 = 39m^3$ 이상

53 제조소 등의 관계인은 해당 제조소 등의 용도를 폐지한 때에는 행정안전부령이 정하는 바에 따라 제조소 등의 용도를 폐지한 날부터 며칠 이내에 시·도지사에게 신고해야 하는가?

① 5일   ② 7일
③ 14일   ④ 21일

해설
제조소 용도폐지 신고 : 폐지한 날부터 14일 이내에 시·도지사에게 신고

54 적재 시 일광의 직사를 피하기 위하여 차광성이 있는 피복으로 가려야 하는 것은?

① 메탄올　　　　② 과산화수소
③ 철 분　　　　④ 가솔린

해설

과산화수소는 제6류 위험물이다.
적재위험물에 따른 조치
• 차광성이 있는 것으로 피복
　– 제1류 위험물
　– 제3류 위험물 중 자연발화성 물질
　– 제4류 위험물 중 특수인화물
　– 제5류 위험물
　– 제6류 위험물(과산화수소)
• 방수성이 있는 것으로 피복
　– 제1류 위험물 중 알칼리금속의 과산화물
　– 제2류 위험물 중 철분·금속분·마그네슘
　– 제3류 위험물 중 금수성 물질

55 삼황화인과 오황화인의 공통 연소생성물을 모두 나타낸 것은?

① H_2S, SO_2

② P_2O_5, H_2S

③ SO_2, P_2O_5

④ H_2S, SO_2, P_2O_5

해설

연소반응식
• 삼황화인 : $P_4S_3 + 8O_2 \rightarrow 2P_2O_5 + 3SO_2 \uparrow$
• 오황화인 : $P_2S_5 + 7.5O_2 \rightarrow P_2O_5 + 5SO_2 \uparrow$
∴ 삼황화인과 오황화인의 공통 연소생성물은 P_2O_5(오산화인)과 SO_2(이산화황)이다.

56 위험물안전관리법령에 따른 위험물제조소의 안전 거리 기준으로 틀린 것은?

① 주택으로부터 10m 이상
② 학교로부터 30m 이상
③ 유형문화재와 기념물 중 지정문화재로부터는 30m 이상
④ 병원으로부터 30m 이상

해설

유형문화재, 지정문화재의 안전거리 : 50m 이상

57 다음 물질 중 인화점이 가장 낮은 것은?

① CS_2

② $C_2H_5OC_2H_5$

③ CH_3COCH_3

④ CH_3OH

해설

제4류 위험물의 인화점

종 류	명 칭	품 명	인화점
CS_2	이황화탄소	특수인화물	−30℃
$C_2H_5OC_2H_5$	에 터	특수인화물	−40℃
CH_3COCH_3	아세톤	제1석유류	−18.5℃
CH_3OH	메탄올	알코올류	11℃

58 지정수량에 따른 제4류 위험물 옥외탱크저장소 주위의 보유공지 너비의 기준으로 틀린 것은?

① 지정수량의 500배 이하 – 3m 이상

② 지정수량의 500배 초과 1,000배 이하 – 5m 이상

③ 지정수량의 1,000배 초과 2,000배 이하 – 9m 이상

④ 지정수량의 2,000배 초과 3,000배 이하 – 15m 이상

해설

옥외탱크저장소의 보유공지(시행규칙 별표 6)

저장 또는 취급하는 위험물의 최대수량	공지의 너비
지정수량의 500배 이하	3m 이상
지정수량의 500배 초과 1,000배 이하	5m 이상
지정수량의 1,000배 초과 2,000배 이하	9m 이상
지정수량의 2,000배 초과 3,000배 이하	12m 이상
지정수량의 3,000배 초과 4,000배 이하	15m 이상
지정수량의 4,000배 초과	해당 탱크의 수평단면의 최대지름(가로형은 긴 변)과 높이 중 큰 것과 같은 거리 이상(단, 30m 초과 시 30m 이상으로, 15m 미만 시 15m 이상으로 할 것)

59 위험물안전관리법령에서는 위험물을 제조 외의 목적으로 취급하기 위한 장소와 그에 따른 취급소의 구분을 네 가지로 정하고 있다. 다음 중 법령에서 정한 취급소의 구분에 해당되지 않는 것은?

① 주유취급소　　② 특수취급소

③ 일반취급소　　④ 이송취급소

해설

취급소 : 일반취급소, 주유취급소, 판매취급소, 이송취급소

60 위험물의 취급 중 소비에 관한 기준으로 틀린 것은?

① 열처리 작업은 위험물이 위험한 온도에 이르지 않도록 하여 실시해야 한다.

② 담금질 작업은 위험물이 위험한 온도에 이르지 않도록 하여 실시해야 한다.

③ 분사도장 작업은 방화상 유효한 격벽 등으로 구획한 안전한 장소에서 해야 한다.

④ 버너를 사용하는 경우에는 버너의 역화를 유지하고 위험물이 넘치지 않도록 해야 한다.

해설

④ 버너를 사용하는 경우에는 버너의 역화를 방지하고 위험물이 넘치지 않도록 해야 한다.

01 모두 염기성 산화물로만 나타낸 것은?

① CaO, Na_2O
② K_2O, SO_2
③ CO_2, SO_3
④ Al_2O_3, P_2O_5

해설

산화물의 종류

구 분	종 류
산성 산화물	CO_2, SO_2, SO_3, NO_2, SiO_2, P_2O_5
염기성 산화물	CaO, Na_2O, K_2O, CuO, BaO, MgO, Fe_2O_3
양쪽성 산화물	ZnO, SnO, Al_2O_3, PbO, Sb_2O_3

02 다음 이원자 분자 중 결합에너지값이 가장 큰 것은?

① H_2
② N_2
③ O_2
④ F_2

해설

이원자 분자 중 결합에너지의 값 : 삼중결합 > 이중결합 > 단일결합

종 류	수소(H_2)	질소(N_2)	산소(O_2)	플루오린(F_2)
결 합	단일결합	삼중결합	이중결합	단일결합

03 액체 공기에서 질소 등을 분리하여 산소를 얻는 방법은 다음 중 어떤 성질을 이용한 것인가?

① 용해도
② 비등점
③ 색 상
④ 압축률

해설

액체 공기는 비등점을 이용하여 산소와 질소를 분리하는 것으로 산소는 −183℃, 질소는 −195℃에서 분별증류하여 분리한다.

04 CH_4 16g 중에는 C가 몇 mol 포함되었는가?

① 1
② 4
③ 16
④ 22.4

해설

C(탄소)가 1개이므로 원자량 12g/12 = 1g−mol이다.

05 $KMnO_4$에서 Mn의 산화수는 얼마인가?

① +3
② +5
③ +7
④ +9

해설

과망가니즈산칼륨의 산화수
K$\underline{Mn}$$O_4$
$(+1) + x + (-2 \times 4) = 0$
∴ $x(Mn) = +7$

06 황산구리 결정($CuSO_4 \cdot 5H_2O$) 25g을 100g의 물에 녹였을 때 몇 wt% 농도의 황산구리($CuSO_4$) 수용액이 되는가?(단, $CuSO_4$ 분자량은 160이다)

① 1.28% ② 1.60%

③ 12.8% ④ 16.0%

해설

황산구리 수용액의 wt%

$$\frac{25g}{(25+100)g} \times \frac{160}{250} \times 100\% = 12.8\%$$

07 pH가 2인 용액은 pH가 4인 용액과 비교하면 수소이온농도가 몇 배인 용액이 되는가?

① 100배 ② 2배

③ 10^{-1}배 ④ 10^{-2}배

해설

$pH = -\log[H^+]$이므로

• $pH = 2 \rightarrow [H^+] = 0.01$
• $pH = 4 \rightarrow [H^+] = 0.0001$

∴ 0.01과 0.0001은 100배의 차이다.

08 일정한 온도하에서 물질 A와 B가 반응을 할 때 A의 농도만 2배로 하면 반응속도가 2배가 되고 B의 농도만 2배로 하면 반응속도가 4배로 된다. 이 반응의 속도식은?(단, 반응속도 상수는 k이다)

① $v = k[A][B]^2$ ② $v = k[A]^2[B]$

③ $v = k[A][B]^{0.5}$ ④ $v = k[A][B]$

해설

반응속도 $v = k[A][B]^2$

• A의 농도만 2배로 하면 반응속도는 $v = k[A \times 2][B]^2 = 2$배가 된다.
• B의 농도를 2배로 하면 반응속도는 $v = k[A][B \times 2]^2 = 4$배가 된다.

09 $CH_3COOH \rightarrow CH_3COO^- + H^+$의 반응식에서 전리평형상수 K는 다음과 같다. K값을 변화시키기 위한 조건으로 옳은 것은?

$$K = \frac{[CH_3COO^-][H^+]}{[CH_3COOH]}$$

① 온도를 변화시킨다.
② 압력을 변화시킨다.
③ 농도를 변화시킨다.
④ 촉매량을 변화시킨다.

해설

초산의 반응에서 평형상수 K를 변화시키는 방법은 온도를 변화시키는 것이다.

10 다음 화합물 수용액 농도가 모두 0.5M일 때 끓는점이 가장 높은 것은?

① $C_6H_{12}O_6$(포도당)
② $C_{12}H_{22}O_{11}$(설탕)
③ $CaCl_2$(염화칼슘)
④ $NaCl$(염화나트륨)

해설

종류	명칭	끓는점
$C_6H_{12}O_6$	포도당	수용액 = 100℃ 부근
$C_{12}H_{22}O_{11}$	설탕	원액 ≒ 660℃
$CaCl_2$	염화칼슘	원액 ≒ 1,600℃
$NaCl$	염화나트륨	원액 ≒ 1,400℃

11 C–C–C–C을 뷰테인이라고 한다면 C=C–C–C의 명명은?(단, C와 결합된 원소는 H이다)

① 1-뷰텐
② 2-뷰텐
③ 1,2-뷰텐
④ 3,4-뷰텐

해설

명 명

뷰테인(C_4H_{10})		$\begin{array}{cccc} H & H & H & H \\ | & | & | & | \\ H-C-&C-&C-&C-H \\ | & | & | & | \\ H & H & H & H \end{array}$
1-Butene		$\begin{array}{c} H \\ \diagup \\ C=C \\ \diagup \quad \diagdown \\ H \quad\quad H \end{array}$ (H₂C=CH–CH₂–CH₃)
2-Butene	cis형	$\begin{array}{c} H \quad\quad H \\ \diagup \quad \diagdown \\ C=C \\ \diagup \quad\quad \diagdown \\ CH_3 \quad\quad CH_3 \end{array}$
	trans형	$\begin{array}{c} H \quad\quad CH_3 \\ \diagup \quad \diagdown \\ C=C \\ \diagup \quad\quad \diagdown \\ CH_3 \quad\quad H \end{array}$

12 포화탄화수소에 해당하는 것은?

① 톨루엔
② 에틸렌
③ 프로페인
④ 아세틸렌

해설

포화탄화수소의 일반식 : C_nH_{2n+2}
※ 포화탄화수소 : 메테인(CH_4), 에테인(C_2H_6), 프로페인(C_3H_8)

13 염화철(Ⅲ)($FeCl_3$) 수용액과 반응하여 정색반응을 일으키지 않는 것은?

① OH (벤젠고리)
② CH₂OH (벤젠고리)
③ CH₃, OH (벤젠고리)
④ COOH, OH (벤젠고리)

해설

페놀성 수산기 : $FeCl_3$ 수용액과 반응하여 정색반응(보라색)을 한다.

14 비누화값이 작은 지방에 대한 설명으로 옳은 것은?

① 분자량이 작으며, 저급 지방산의 에스터이다.
② 분자량이 작으며, 고급 지방산의 에스터이다.
③ 분자량이 크며, 저급 지방산의 에스터이다.
④ 분자량이 크며, 고급 지방산의 에스터이다.

해설

비누화값이 작은 지방은 분자량이 크며 고급 지방산의 에스터이다.

15 p 오비탈에 대한 설명 중 옳은 것은?

① 원자핵에서 가장 가까운 오비탈이다.

② s 오비탈보다는 약간 높은 모든 에너지 준위에서 발견된다.

③ X, Y의 2방향을 축으로 한 원형 오비탈이다.

④ 오비탈의 수는 3개, 들어갈 수 있는 최대 전자수는 6개이다.

해설

오비탈

• 원자핵에서 가장 가까운 것은 s 오비탈이다.

• p 오비탈은 s 오비탈보다 낮은 에너지에서 발견된다.

• p 오비탈은 핵 양쪽에 나뭇잎을 달아 놓은 모양으로 핵 부근이 잘록한 아령 모양이다.

• p 오비탈은 오비탈의 수는 3개, 최대전자수는 6개이다.

16 기체 A 5g은 27℃, 380mmHg에서 부피가 6,000 mL이다. 이 기체의 분자량(g/mol)은 약 얼마인가?(단, 이상기체로 가정한다)

① 24   ② 41

③ 64   ④ 123

해설

이상기체 상태방정식

$$PV = \frac{W}{M}RT, \quad M = \frac{WRT}{PV}$$

여기서, P : 압력(atm)

V : 부피(6,000mL = 6L)

M : 분자량(g)

W : 무게(5g)

R : 기체상수(0.08205L · atm/g-mol · K)

T : 절대온도(273 + 27℃ = 300K)

$$\therefore M = \frac{WRT}{PV} = \frac{5 \times 0.08205 \times 300}{\left(\frac{380mmHg}{760mmHg} \times 1atm\right) \times 6} = 41.02$$

17 다음 중 완충용액에 해당하는 것은?

① CH_3COONa와 CH_3COOH

② NH_4Cl와 HCl

③ CH_3COONa와 $NaOH$

④ $HCOONa$와 Na_2SO_4

해설

완충용액(Buffer Solution) : 산이나 염기를 가해도 공통 이온 효과에 의해 그 용액의 pH가 크게 변하지 않는 용액으로 아세트산(CH_3COOH)과 아세트산나트륨(CH_3COONa)은 수용액에서 이온화하여 모두 아세트산 이온을 형성한다.

18 다음 분자 중 가장 무거운 분자의 질량은 가장 가벼운 분자의 몇 배인가?(단, Cl의 원자량은 35.50이다)

| H_2 | Cl_2 | CH_4 | CO_2 |

① 4배   ② 22배

③ 30.5배   ④ 35.5배

해설

분자량

항목 종류	명칭	분자량	무거운 순서
H_2	수소	2	4
Cl_2	염소	71	1
CH_4	메테인	16	3
CO_2	이산화탄소	44	2

$$\therefore \frac{\text{가장 무거운 분자질량}}{\text{가장 가벼운 분자질량}} = \frac{\text{염소}}{\text{수소}} = \frac{71}{2} = 35.5배$$

19 다음 물질의 수용액을 같은 전기량으로 전기분해해서 금속을 석출한다고 가정할 때 석출되는 금속의 질량이 가장 많은 것은?(단, 괄호 안의 값은 석출되는 금속의 원자량이다)

① $CuSO_4$(Cu = 64)

② $NiSO_4$(Ni = 59)

③ $AgNO_3$(Ag = 108)

④ $Pb(NO_3)_2$(Pb = 207)

해설
금속의 질량
- $CuSO_4(Cu^{2+}$ = 64), 질량 = 64/2 = 32g
- $NiSO_4(Ni^{2+}$ = 59), 질량 = 59/2 = 29.5g
- $AgNO_3(Ag^+$ = 108), 질량 = 108/1 = 108g
- $Pb(NO_3)_2(Pb^{2+}$ = 207), 질량 = 207/2 = 103.5g

20 25℃에서 $Cd(OH)_2$염의 몰용해도는 1.7×10^{-5}mol/L이다. $Cd(OH)_2$염의 용해도곱 상수 K_{sp}를 구하면 약 얼마인가?

① 2.0×10^{-14}

② 2.2×10^{-12}

③ 2.4×10^{-10}

④ 2.6×10^{-8}

해설
수산화카드뮴의 반응식
$Cd(OH)_2 \rightleftharpoons Cd^{2+} + 2OH^-$
- $Cd^{2+} = 1.7 \times 10^{-5}$mol/L
- $OH^- = 2 \times 1.7 \times 10^{-5}$mol/L $= 3.4 \times 10^{-5}$mol/L
- ※ $K_{sp} = [Cd^{2+}][OH^-]^2 = 1.7 \times 10^{-5} \times (3.4 \times 10^{-5})^2$
  $= 1.97 \times 10^{-14}$

제2과목 화재예방과 소화방법

21 특정옥외탱크저장소라 함은 옥외탱크저장소 중 저장 또는 취급하는 액체위험물의 최대수량이 얼마 이상의 것을 말하는가?

① 50만L 이상   ② 100만L 이상

③ 150만L 이상   ④ 200만L 이상

해설
특정옥외탱크저장소 : 액체위험물의 최대수량이 100만L 이상
※ 준특정옥외탱크저장소 : 액체위험물의 최대수량이 50만L 이상 100만L 미만

22 양초(파라핀)의 연소형태는?

① 표면연소   ② 분해연소

③ 자기연소   ④ 증발연소

해설
양초(파라핀) : 증발연소(파라핀의 고체 → 액체 → 기체가 연소하는 현상)

23 다량의 비수용성 제4류 위험물의 화재 시 물로 소화하는 것이 적합하지 않은 이유는?

① 가연성 가스를 발생한다.

② 연소면을 확대한다.

③ 인화점이 내려간다.

④ 물이 열분해한다.

해설
제4류 위험물의 비수용성 화재 시 주수소화하면 연소면의 확대로 위험하다.

24 제4류 위험물을 취급하는 제조소에서 지정수량의 몇 배 이상을 취급할 경우 자체소방대를 설치해야 하는가?

① 1,000배   ② 2,000배

③ 3,000배   ④ 4,000배

해설
제조소나 일반취급소에서 지정수량의 3,000배 이상의 제4류 위험물을 취급할 경우 자체소방대를 설치해야 한다.

25 위험물안전관리법령상 제2류 위험물인 철분에 적응성이 있는 소화설비는?

① 포소화설비

② 탄산수소염류 분말소화설비

③ 할로젠화합물소화설비

④ 스프링클러설비

해설
제2류 위험물의 철분 : 탄산수소염류 분말약제, 팽창질석, 팽창진주암

26 위험물제조소에 옥내소화전이 가장 많이 설치된 층의 옥내소화전 설치개수가 2개이다. 위험물안전관리법령의 옥내소화전설비 설치기준에 의하면 수원의 수량은 얼마 이상이 되어야 하는가?

① $7.8m^3$ ② $15.6m^3$

③ $20.6m^3$ ④ $78m^3$

해설
옥내소화전설비의 수원
수원 = 소화전수(최대 5개) × $7.8m^3$
      = 2 × $7.8m^3$ = $15.6m^3$ 이상

27 트라이에틸알루미늄이 습기와 반응할 때 발생되는 가스는?

① 수 소   ② 아세틸렌

③ 에테인   ④ 메테인

해설
트라이에틸알루미늄의 반응식
• 물과 접촉
  $(C_2H_5)_3Al + 3H_2O \rightarrow Al(OH)_3 + 3C_2H_6$(에테인)
• 공기 중
  $2(C_2H_5)_3Al + 21O_2 \rightarrow Al_2O_3 + 12CO_2 + 15H_2O$

28 일반적으로 다량의 주수를 통한 소화가 가장 효과적인 화재는?

① A급 화재   ② B급 화재

③ C급 화재   ④ D급 화재

해설
주수소화 : A급(일반) 화재

29 프로페인 2m³이 완전 연소할 때 필요한 이론공기량은 약 몇 m³인가?(단, 공기 중 산소농도는 21vol%이다)

① 23.81
② 35.72
③ 47.62
④ 71.43

해설
이론공기량

$$C_3H_8 \quad + \quad 5O_2 \quad \rightarrow \quad 3CO_2 \quad + \quad 4H_2O$$
$$1 \times 22.4m^3 \diagdown 5 \times 22.4m^3$$
$$2m^3 \qquad\qquad x$$

$$x = \frac{2m^3 \times 5 \times 22.4m^3}{1 \times 22.4m^3} = 10m^3 (이론산소량)$$

$$\therefore \ 이론공기량 = \frac{10m^3}{0.21} = 47.62m^3$$

30 탄산수소칼륨 소화약제가 열분해반응 시 생성되는 물질이 아닌 것은?

① K_2CO_3
② CO_2
③ H_2O
④ KNO_3

해설
탄산수소칼륨의 열분해 반응식
$2KHCO_3 \rightarrow K_2CO_3 + CO_2 + H_2O$

31 포소화약제와 분말소화약제의 공통적인 주요 소화효과는?

① 질식효과
② 부촉매효과
③ 제거효과
④ 억제효과

해설
소화효과
• 포소화약제 : 질식효과, 냉각효과
• 분말소화약제 : 질식효과, 냉각효과, 억제효과

32 위험물안전관리법령상 지정수량의 3천배 초과 4천배 이하의 위험물을 저장하는 옥외탱크저장소에 확보해야 하는 보유공지의 너비는 얼마인가?

① 6m 이상
② 9m 이상
③ 12m 이상
④ 15m 이상

해설
옥외탱크저장소의 보유공지(시행규칙 별표 6)

저장 또는 취급하는 위험물의 최대수량	공지의 너비
지정수량의 500배 이하	3m 이상
지정수량의 500배 초과 1,000배 이하	5m 이상
지정수량의 1,000배 초과 2,000배 이하	9m 이상
지정수량의 2,000배 초과 3,000배 이하	12m 이상
지정수량의 3,000배 초과 4,000배 이하	15m 이상
지정수량의 4,000배 초과	해당 탱크의 수평 단면의 최대지름(가로형은 긴 변)과 높이 중 큰 것과 같은 거리 이상(단, 30m 초과 시 30m 이상으로, 15m 미만 시 15m 이상으로 할 것)

33 과산화나트륨의 화재 시 적응성이 있는 소화설비로만 나열된 것은?

① 포소화기, 건조사
② 건조사, 팽창질석
③ 이산화탄소소화기, 건조사, 팽창질석
④ 포소화기, 건조사, 팽창질석

해설
과산화나트륨(Na_2O_2) : 건조사, 팽창질석, 팽창진주암, 탄산수소염류

34 소화약제의 종류에 해당하지 않는 것은?

① CF_2BrCl ② $NaHCO_3$

③ NH_4BrO_3 ④ CF_3Br

해설

소화약제의 종류

종 류	명 칭	약제명
CF_2BrCl	할론 1211	할론소화약제
$NaHCO_3$	중탄산나트륨	제1종 분말
NH_4BrO_3	브로민산암모늄	제1류 위험물
CF_3Br	할론 1301	할론소화약제

35 화재예방 시 자연발화를 방지하기 위한 일반적인 방법으로 옳지 않은 것은?

① 통풍을 방지한다.
② 저장실의 온도를 낮춘다.
③ 습도가 높은 장소를 피한다.
④ 열의 축적을 막는다.

해설

자연발화 방지법
• 습도를 낮게 할 것
• 주위의 온도를 낮출 것
• 통풍을 잘 시킬 것
• 불활성 가스를 주입하여 공기와 접촉을 피할 것
• 열의 축적을 막을 것

36 불활성가스 소화약제 중 IG-541의 구성 성분을 옳게 나타낸 것은?

① 헬륨, 네온, 아르곤
② 질소, 아르곤, 이산화탄소
③ 질소, 이산화탄소, 헬륨
④ 헬륨, 네온, 이산화탄소

해설

불활성가스 소화약제

종 류	성 분
IG-541	• 질소 : 52% • 아르곤 : 40% • 이산화탄소 : 8%
IG-55	• 질소 : 50% • 아르곤 : 50%
IG-100	질소 : 100%

37 분말소화약제의 분해반응식이다. ( ) 안에 알맞은 것은?

$$2NaHCO_3 \rightarrow (\ ) + CO_2 + H_2O$$

① $2NaCO$ ② $2NaCO_2$

③ Na_2CO_3 ④ Na_2CO_4

해설

제1종 분말 분해반응식
$2NaHCO_3 \rightarrow Na_2CO_3 + CO_2 + H_2O$

38 다음 소화설비 중 능력 단위가 1.0인 것은?

① 삽 1개를 포함한 마른 모래 50L

② 삽 1개를 포함한 마른 모래 150L

③ 삽 1개를 포함한 팽창질석 100L

④ 삽 1개를 포함한 팽창질석 160L

해설

소화설비의 능력단위(시행규칙 별표 17)

소화설비	용 량	능력단위
소화전용(轉用) 물통	8L	0.3
수조(소화전용 물통 3개 포함)	80L	1.5
수조(소화전용 물통 6개 포함)	190L	2.5
마른 모래(삽 1개 포함)	50L	0.5
팽창질석 또는 팽창진주암 (삽 1개 포함)	160L	1.0

39 폐쇄형 스프링클러헤드 부착장소의 평상시의 최고 주위온도가 39℃ 이상 64℃ 미만일 때 표시온도의 범위로 옳은 것은?

① 58℃ 이상 79℃ 미만

② 79℃ 이상 121℃ 미만

③ 121℃ 이상 162℃ 미만

④ 162℃ 이상

해설

부착장소의 최고주위온도에 따른 헤드의 표시온도(위험물 세부기준 제131조)

부착장소의 최고주위온도(℃)	표시온도(℃)
28 미만	58 미만
28 이상 39 미만	58 이상 79 미만
39 이상 64 미만	79 이상 121 미만
64 이상 106 미만	121 이상 162 미만
106 이상	162 이상

40 제2류 위험물의 일반적인 특징에 대한 설명으로 가장 옳은 것은?

① 비교적 낮은 온도에서 연소하기 쉬운 물질이다.

② 위험물 자체 내에 산소를 갖고 있다.

③ 연소속도가 느리지만 지속적으로 연소한다.

④ 대부분 물보다 가볍고 물에 잘 녹는다.

해설

제2류 위험물은 비교적 낮은 온도에서 연소하기 쉬운 물질이다.

제3과목 **위험물의 성상 및 취급**

41 옥외저장소에서 저장할 수 없는 위험물은?(단, 시·도 조례에서 별도로 정하는 위험물 또는 국제해상 위험물규칙에 적합한 용기에 수납된 위험물은 제외한다)

① 과산화수소   ② 아세톤

③ 에탄올   ④ 황

해설

아세톤은 인화점이 −18.5℃이므로 옥외저장소에 저장할 수 없다.

옥외저장소에 저장할 수 있는 위험물

• 제2류 위험물 중 황 또는 인화성 고체(인화점이 0℃ 이상)

• 제4류 위험물 중 제1석유류(인화점 0℃ 이상), 알코올류, 제2석 유류, 제3석유류, 제4석유류, 동식물유류

• 제6류 위험물

• 제2류 위험물 및 제4류 위험물 중 특별시·광역시·특별자치시· 도 또는 특별자치도의 조례로 정하는 위험물(관세법 제154조의 규정에 의한 보세구역 안에 저장하는 경우로 한정한다)

• 국제해사기구에 관한 협약에 의하여 설치된 국제해사기구가 채 택한 국제해상위험물 규칙(IMDG Code)에 적합한 용기에 수납 된 위험물

42 탄화칼슘에 대한 설명으로 틀린 것은?

① 화재 시 이산화탄소소화기가 적응성이 있다.

② 비중은 약 2.21로 물보다 무겁다.

③ 질소 중에서 고온으로 가열하면 $CaCN_2$가 얻어
진다.

④ 물과 반응하면 아세틸렌 가스가 발생한다.

해설

① 이산화탄소 소화기는 적합하지 않고 마른 모래, 팽창질석, 팽창
진주암이 적합하다.

② 비중은 약 2.21로 물보다 무겁다.

③ 질소 중에서 고온(약 700℃)으로 가열하면 $CaCN_2$가 얻어진다.
$CaC_2 + N_2 \rightarrow CaCN_2$(석회질소) $+ C$

④ 물과 반응하면 아세틸렌가스를 발생한다.
$CaC_2 + 2H_2O \rightarrow Ca(OH)_2 + C_2H_2 \uparrow$ (아세틸렌)

44 옥외탱크저장소에서 취급하는 위험물의 최대수량
에 따른 보유 공지너비가 틀린 것은?(단, 원칙적인
경우에 한한다)

① 지정수량의 500배 이하 – 3m 이상

② 지정수량의 500배 초과 1,000배 이하 – 5m 이상

③ 지정수량의 1,000배 초과 2,000배 이하 – 9m
이상

④ 지정수량의 2,000배 초과 3,000배 이하 – 15m
이상

해설

옥외탱크저장소의 보유공지(시행규칙 별표 6)

저장 또는 취급하는 위험물의 최대수량	공지의 너비
지정수량의 500배 이하	3m 이상
지정수량의 500배 초과 1,000배 이하	5m 이상
지정수량의 1,000배 초과 2,000배 이하	9m 이상
지정수량의 2,000배 초과 3,000배 이하	12m 이상
지정수량의 3,000배 초과 4,000배 이하	15m 이상
지정수량의 4,000배 초과	해당 탱크의 수평 단면의 최대지름(가로형은 긴 변)과 높이 중 큰 것과 같은 거리 이상(단, 30m 초과 시 30m 이상으로, 15m 미만 시 15m 이상으로 할 것)

43 그림과 같은 타원형 탱크의 내용적은 약 몇 m³인가?

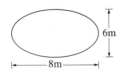
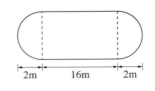

① 453 ② 553

③ 653 ④ 753

해설

$$\text{내용적} = \frac{\pi ab}{4}\left(l + \frac{l_1 + l_2}{3}\right) = \frac{\pi \times 8 \times 6}{4}\left(16 + \frac{2+2}{3}\right)$$
$$= 653.45\text{m}^3$$

45 동식물유류에 대한 설명으로 틀린 것은?

① 아이오딘값이 작을수록 자연발화의 위험성이 높
아진다.

② 아이오딘값이 130 이상인 것은 건성유이다.

③ 건성유에는 아마인유, 들기름 등이 있다.

④ 인화점이 물의 비점보다 낮은 것도 있다.

해설

아이오딘값이 클수록(건성유 : 아이오딘값이 130 이상) 자연발화
의 위험성이 높아진다.

46 과산화수소의 저장방법으로 옳은 것은?

① 분해를 막기 위해 하이드라진을 넣고 완전히 밀전하여 보관한다.

② 분해를 막기 위해 하이드라진을 넣고 가스가 빠지는 구조로 마개를 하여 보관한다.

③ 분해를 막기 위해 요산을 넣고 완전히 밀전하여 보관한다.

④ 분해를 막기 위해 요산을 넣고 가스가 빠지는 구조로 마개를 하여 보관한다.

해설

과산화수소는 분해를 막기 위해 요산이나 인산을 넣고 가스가 빠지는 구조로 마개를 하여 보관한다.

47 염소산칼륨에 대한 설명으로 옳은 것은?

① 강한 산화제이며 열분해하여 염소를 발생한다.

② 폭약의 원료로 사용된다.

③ 점성이 있는 액체이다.

④ 녹는점이 700℃ 이상이다.

해설

염소산칼륨의 특성

• 무색의 단사정계 판상결정 또는 백색분말로서 상온에서 안정한 물질이다.

• 녹는점이 368℃이다.

• 열분해하면 염화칼륨, 산소를 발생한다.

$$2KClO_3 \rightarrow 2KCl + 3O_2\uparrow$$
(염소산칼륨)　　(염화칼륨)　(산소)

• 산과 반응하면 이산화염소(ClO_2)의 유독가스를 발생한다.

$$2KClO_3 + 2HCl \rightarrow 2KCl + 2ClO_2 + H_2O_2\uparrow$$

• 폭약의 원료로 사용된다.

48 위험물제조소 등의 안전거리의 단축기준과 관련하여 $H \leq pD^2 + a$인 경우 방화상 유효한 담의 높이는 2m 이상으로 한다. 다음 중 a에 해당되는 것은?

① 인근 건축물의 높이(m)

② 제조소 등의 외벽의 높이(m)

③ 제조소 등과 공작물과의 거리(m)

④ 제조소 등과 방화상 유효한 담과의 거리(m)

해설

방화상 유효한 담의 높이

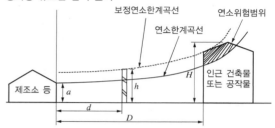

• $H \leq pD^2 + a$인 경우, $h = 2$

• $H > pD^2 + a$인 경우, $h = H - p(D^2 - d^2)$

여기서, D : 제조소 등과 인근건축물 또는 공작물과의 거리(m)

　　　 H : 인근건축물 또는 공작물의 높이(m)

　　　 a : 제조소 등의 외벽의 높이(m)

　　　 d : 제조소 등과 방화상 유효한 담과의 거리(m)

　　　 h : 방화상 유효한 담의 높이(m)

　　　 p : 상수

49 다음 물질 중 지정수량이 400L인 것은?

① 피리딘　　　　　② 벤 젠

③ 톨루엔　　　　　④ 벤즈알데하이드

해설

제4류 위험물의 지정수량

종 류	화학식	품 명	지정수량
피리딘	C_5H_5N	제1석유류(수용성)	400L
벤 젠	C_6H_6	제1석유류(비수용성)	200L
톨루엔	$C_6H_5CH_3$	제1석유류(비수용성)	200L
벤즈알데하이드	C_6H_5CHO	제2석유류(비수용성)	1,000L

50 벤젠에 진한 질산과 진한 황산의 혼산을 반응시켜 얻어지는 화합물은?

① 피크르산　　　　② 아닐린

③ TNT　　　　　　④ 나이트로벤젠

> **해설**
> 벤젠에 혼산(진한 질산과 진한 황산)을 가하면 나이트로벤젠($C_6H_5NO_2$)이 된다.

51 셀룰로이드의 자연발화 형태를 가장 옳게 나타낸 것은?

① 잠열에 의한 발화

② 미생물에 의한 발화

③ 분해열에 의한 발화

④ 흡착열에 의한 발화

> **해설**
> **자연발화의 형태**
> • 산화열에 의한 발화 : 석탄, 건성유, 고무분말
> • 분해열에 의한 발화 : 셀룰로이드, 나이트로셀룰로스
> • 미생물에 의한 발화 : 퇴비, 먼지
> • 흡착열에 의한 발화 : 목탄, 활성탄

52 다음과 같은 물질이 서로 혼합되었을 때 발화 또는 폭발의 위험성이 가장 높은 것은?

① 벤조일퍼옥사이드와 질산

② 이황화탄소와 증류수

③ 금속나트륨과 석유

④ 금속칼륨과 유동성 파라핀

> **해설**
> **보호액**
>
> | 종 류 | 이황화탄소 | 나트륨, 칼륨 | 나이트로셀룰로스 |
> |---|---|---|---|
> | 저장 방법 | 물 속 | 등유, 경유, 유동파라핀 속 | 물 또는 알코올로 습면 |
>
> ∴ 벤조일퍼옥사이드(제5류 위험물)와 질산(제6류 위험물)이 혼합하면 위험하다.

53 다음 중 조해성이 있는 황화인만 모두 선택하여 나열한 것은?

$$P_4S_3,\ P_2S_5,\ P_4S_7$$

① $P_4S_3,\ P_2S_5$

② $P_4S_3,\ P_4S_7$

③ $P_2S_5,\ P_4S_7$

④ $P_4S_3,\ P_2S_5,\ P_4S_7$

> **해설**
> 오황화인(P_2S_5), 칠황화인(P_4S_7)은 조해성이 있고 삼황화인(P_4S_3)은 조해성이 없다.

54 위험물안전관리법령상 위험등급 I 의 위험물이 아닌 것은?

① 염소산염류　　　② 황화인
③ 알킬리튬　　　　④ 과산화수소

해설
위험등급

종 류	유 별	지정수량	위험등급
염소산염류	제1류 위험물	50kg	I
황화인	제2류 위험물	100kg	II
알킬리튬	제3류 위험물	10kg	I
과산화수소	제6류 위험물	300kg	I

55 가솔린 저장량이 2,000L일 때 소화설비 설치를 위한 소요단위는?

① 1　　　　　② 2
③ 3　　　　　④ 4

해설

$$\text{소요단위} = \frac{\text{저장수량}}{\text{지정수량} \times 10} = \frac{2{,}000L}{200L \times 10} = 1\text{단위}$$

※ 가솔린의 지정수량 : 200L

56 위험물안전관리법령상 은, 수은, 동, 마그네슘 및 이의 합금으로 된 용기를 사용해서는 안 되는 물질은?

① 이황화탄소　　　② 아세트알데하이드
③ 아세톤　　　　　④ 다이에틸에터

해설
산화프로필렌(CH_3CHCH_2O), 아세트알데하이드(CH_3CHO)는 구리(Cu), 마그네슘(Mg), 수은(Hg), 은(Ag)과 반응하면 아세틸라이드를 형성하여 중합반응을 하므로 위험하다.

57 금속칼륨의 일반적인 성질로 옳지 않은 것은?

① 은백색의 연한 금속이다.
② 알코올 속에 저장한다.
③ 물과 반응하여 수소가스를 발생한다.
④ 물보다 가볍다.

해설
② 등유, 경유, 유동파라핀 등의 보호액을 넣은 내통에 밀봉 저장한다.
① 은백색의 광택이 있는 무른 경금속으로 보라색 불꽃을 내면서 연소한다.
③ 칼륨은 물과 반응하면 수산화칼륨과 수소가스를 발생한다.
$2K + 2H_2O \rightarrow 2KOH + H_2\uparrow$
④ 비중은 0.86로서 물보다 가볍다.

58 다음 중 물과 접촉했을 때 위험성이 가장 큰 것은?

① 금속칼륨
② 황 린
③ 과산화벤조일
④ 다이에틸에터

해설
금속칼륨은 물과 반응하면 가연성 가스인 수소를 발생하므로 위험하다.
$2K + 2H_2O \rightarrow 2KOH + H_2\uparrow$

59 질산암모늄에 관한 설명 중 틀린 것은?

① 상온에서 고체이다.

② 폭약의 제조 원료로 사용할 수 있다.

③ 흡습성과 조해성이 있다.

④ 물과 반응하여 발열하고 다량의 가스를 발생한다.

질산암모늄

• 물 성

화학식	분자량	비 중	융 점	분해온도
NH_4NO_3	80	1.73	165℃	220℃

• 무색, 무취의 결정이다.

• 조해성 및 흡수성이 강하다.

• 물, 알코올에 녹는다(물에 용해 시 흡열반응).

60 산화프로필렌 300L, 메탄올 400L, 벤젠 200L를 저장하고 있는 경우 각각 지정수량배수의 총합은 얼마인가?

① 4

② 6

③ 8

④ 10

• 지정수량 배수의 총합

$$지정수량의\ 배수 = \frac{저장수량}{지정수량} + \frac{저장수량}{지정수량} + \cdots$$

• 지정수량

종 류	품 명	지정수량
산화프로필렌	특수인화물	50L
메탄올	알코올류	400L
벤 젠	제1석유류(비수용성)	200L

$$\therefore\ 지정수량의\ 배수 = \frac{300L}{50L} + \frac{400L}{400L} + \frac{200L}{200L} = 8배$$

제1과목 **물질의 물리 · 화학적 성질**

01 산성 산화물에 해당하는 것은?

① CaO ② Na_2O

③ CO_2 ④ MgO

해설

산화물의 종류

구 분	종 류
산성 산화물	CO_2, SO_2, SO_3, NO_2, SiO_2, P_2O_5
염기성 산화물	CaO, Na_2O, K_2O, CuO, BaO, MgO, Fe_2O_3
양쪽성 산화물	ZnO, SnO, Al_2O_3, PbO, Sb_2O_3

03 다음 반응식에서 브뢴스테드의 산 · 염기 개념으로 볼 때 산에 해당하는 것은?

$$H_2O + NH_3 \rightleftharpoons OH^- + NH_4^+$$

① NH_3와 NH_4^+ ② NH_3와 OH^-

③ H_2O와 OH^- ④ H_2O와 NH_4^+

해설

산의 정의

• 아레니우스 : 물에 녹아 수소이온[H^+]을 내는 물질
• 루이스 : 비공유 전자쌍을 받을 수 있는 물질
• 브뢴스테드 : 양성자[H^+]를 줄 수 있는 물질

02 다음 화합물의 0.1mol 수용액 중에서 가장 약한 산성을 나타내는 것은?

① H_2SO_4 ② HCl

③ CH_3COOH ④ HNO_3

해설

몰수가 같으므로 황산(H_2SO_4), 염산(HCl), 질산(HNO_3)은 3대 강산으로 pH가 0이고, 초산(CH_3COOH)은 약산(pH = 5 정도)이다.

04 같은 몰 농도에서 비전해질 용액은 전해질 용액보다 비등점 상승도의 변화추이가 어떠한가?

① 크다.

② 작다.

③ 같다.

④ 전해질 여부와 무관하다.

해설

같은 몰농도에서 전해질이 용해되어 양이온과 음이온으로 이온화된 전해질 용액은 비전해질 용액보다 비등점 상승도가 크다.

1 ③ 2 ③ 3 ④ 4 ② **정답**

05 다음 화학반응식 중 실제로 반응이 오른쪽으로 진행되는 것은?

① $2KI + F_2 \longrightarrow 2KF + I_2$

② $2KBr + I_2 \longrightarrow 2KI + Br_2$

③ $2KF + Br_2 \longrightarrow 2KBr + F_2$

④ $2KCl + Br_2 \longrightarrow 2KBr + Cl_2$

해설

반응방향

• Q(반응지수) < K(평형상수) : 반응물에 대한 생성물의 초기농도비가 매우 작아서 평형에 도달하기 위하여 왼쪽에서 오른쪽(반응물의 소모)으로 진행(정방향)한다.

• Q(반응지수) > K(평형상수) : 반응물에 대한 생성물의 초기농도비가 매우 커서 평형에 도달하기 위하여 오른쪽에서 왼쪽(생성물의 소모)으로 진행한다.

06 나일론(Nylon 6, 6)에는 다음 어느 결합이 들어 있는가?

① $- S - S -$

② $- O -$

③ $\begin{matrix} O \\ \parallel \\ - C - O - \end{matrix}$

④ $\begin{matrix} O \quad H \\ \parallel \quad | \\ - C - N - \end{matrix}$

해설

나일론 : 펩타이드결합 $\left(\begin{matrix} O \quad H \\ \parallel \quad | \\ - C - N - \end{matrix} \right)$

07 0.1N $KMnO_4$ 용액 500mL를 만들려면 $KMnO_4$ 몇 g이 필요한가?(단, 원자량은 K : 39, Mn : 55, O : 16이다)

① 15.8g

② 7.9g

③ 1.58g

④ 0.89g

08 황산구리 수용액을 Pt 전극을 써서 전기분해하여 음극에서 63.5g의 구리를 얻고자 한다. 10A의 전류를 약 몇 시간 흐르게 해야 하는가?(단, 구리의 원자량은 63.5이다)

① 2.36

② 5.36

③ 8.16

④ 9.16

해설

1g당량 시 96,500Coulomb이므로

96,500Coulomb : 31.75g(63.5/2) = x : 63.5g

∴ x = 193,000Coulomb

전기량(Q) = 전류(I) × 시간(t)

∴ $t = \dfrac{193,000}{10 \times 3,600} = 5.36h$

09 물 2.5L 중에 어떤 불순물이 10mg 함유되어 있다면 약 몇 ppm으로 나타낼 수 있는가?

① 0.4

② 1

③ 4

④ 40

해설

ppm 단위를 환산하면 ppm = $\dfrac{mg}{kg} = \dfrac{1}{10^6}$, 물 2.5L = 2.5kg이다.

∴ $\dfrac{10mg}{2.5L} = \dfrac{10mg}{2.5kg} = 4ppm$

10 표준상태에서 기체 A 1L의 무게는 1.964g이다. A의 분자량은?

① 44   ② 16

③ 4   ④ 2

해설

이상기체 상태방정식

$$PV = \frac{W}{M}RT, \; M = \frac{WRT}{PV}$$

여기서, P : 압력(1atm)
        V : 부피(1L)
        M : 분자량(g)
        W : 무게(1.964g)
        R : 기체상수(0.08205L · atm/g-mol · K)
        T : 절대온도(273K)

$$\therefore M = \frac{WRT}{PV} = \frac{1.964 \times 0.08205 \times 273}{1 \times 1} = 44$$

11 C_3H_8 22.0g을 완전연소시켰을 때 필요한 공기의 부피는 약 얼마인가?(단, 0℃, 1기압 기준이며, 공기 중의 산소량은 21%이다)

① 56L   ② 112L

③ 224L   ④ 267L

해설

이론공기량

C_3H_8 + $5O_2$ → $3CO_2$ + $4H_2O$
44g   ⤬ 5×22.4L
22.0g x

$$x = \frac{22.0\text{g} \times 5 \times 22.4\text{L}}{44\text{g}} = 56\text{L (이론산소량)}$$

$$\therefore 이론공기량 = \frac{56\text{L}}{0.21} = 266.7\text{L}$$

12 화약제조에 사용되는 물질인 질산칼륨에서 N의 산화수는 얼마인가?

① +1   ② +3

③ +5   ④ +7

해설

질산칼륨(KNO_3)의 산화수
$KNO_3 = 1 + x + (-2 \times 3) = 0$
$\therefore x(\text{N}) = +5$

13 이온결합 물질의 일반적인 성질에 관한 설명 중 틀린 것은?

① 녹는점이 비교적 높다.

② 단단하며 부스러지기 쉽다.

③ 고체와 액체 상태에서 모두 도체이다.

④ 물과 같이 극성용매에 용해되기 쉽다.

해설

이온결합의 특성
• 비점(끓는점)과 융점(녹는점)이 높다.
• 단단하며 부스러지기 쉽다.
• 결정 상태는 전기전도성이 없으나 수용액이나 용융 상태에서는 전기전도성이 크다.
• 물과 같이 극성용매에 잘 녹는다.

14 전형원소 내에서 원소의 화학적 성질이 비슷한 것은?

① 원소의 족이 같은 경우

② 원소의 주기가 같은 경우

③ 원자 번호가 비슷한 경우

④ 원자의 전자수가 같은 경우

해설

원소의 족이 같은 경우 화학적 성질이 비슷하다.

15 볼타전지에 관한 설명으로 틀린 것은?

① 이온화경향이 큰 쪽의 물질이 (−)극이다.

② (+)극에서는 방전 시 산화 반응이 일어난다.

③ 전자는 도선을 따라 (−)극에서 (+)극으로 이동한다.

④ 전류의 방향은 전자의 이동 방향과 반대이다.

해설

볼타전지

• 아연(Zn)판과 구리(Cu)판을 도선으로 연결하고 묽은 황산을 넣어 두 전극에서 산화, 환원반응으로 전기에너지로 변환시키는 장치이다.

• Zn판(− 극)에서는 산화, Cu판(+ 극)에서는 환원이 일어난다.
  (−)Zn ‖ H_2SO_4 ‖ Cu(+)

• 전자는 도선을 따라 (−)극에서 (+)극으로 이동한다.

• 전류의 방향은 전자의 이동 방향과 반대이다.

16 탄소와 모래를 전기로에 넣어서 가열하면 연마제로 쓰이는 물질이 생성된다. 이에 해당하는 것은?

① 카보런덤　　　② 카바이드

③ 카본블랙　　　④ 규 소

해설

카보런덤 : 규사(모래)와 코크스(탄소)를 전기로에서 약 2,000℃에서 반응시켜 만든 물질로서 고온과 약품에도 잘 견디어 연마제로 쓰인다.

17 어떤 금속 1.0g을 묽은 황산에 넣었더니 표준상태에서 560mL의 수소가 발생하였다. 이 금속의 원자가는 얼마인가?(단, 금속의 원자량은 40으로 가정한다)

① 1가　　　② 2가

③ 3가　　　④ 4가

해설

금속(마그네슘)이 황산과 반응하면 수소가스를 발생한다.

$Mg + H_2SO_4 \rightarrow MgSO_4 + H_2$

$수소 = \dfrac{0.56L}{22.4L} \times 2g = 0.05g$이므로

금속의 당량 = 1g/0.05 = 20g당량

$\therefore$ 원자가 $= \dfrac{원자량}{당량} = \dfrac{40}{20} = 2$가

18 불꽃 반응 시 보라색을 나타내는 금속은?

① Li　　　② K

③ Na　　　④ Ba

해설

금속의 불꽃반응

원 소	불꽃색상
리튬(Li)	적 색
나트륨(Na)	노란색
칼륨(K)	보라색
칼슘(Ca)	황적색
스트론튬(Sr)	심적색
구리(Cu)	청록색
바륨(Ba)	황록색

정답 15 ② 16 ① 17 ② 18 ②

19 다음 화학식의 IUPAC 명명법에 따른 올바른 명명법은?

$$CH_3 - CH_2 - CH - CH_2 - CH_3$$
$$|$$
$$CH_3$$

① 3-메틸펜테인
② 2, 3, 5-트라이메틸헥세인
③ 아이소뷰테인
④ 1, 4-헥세인

해설

3-methyl Pentane의 구조식

$$\overset{1}{CH_3} - \overset{2}{CH_2} - \overset{3}{CH} - \overset{4}{CH_2} - \overset{5}{CH_3}$$
$$|$$
$$CH_3$$

20 주기율표에서 원소를 차례대로 나열할 때 기준이 되는 것은?

① 원자의 부피
② 원자핵의 양성자수
③ 원자가 전자수
④ 원자반지름의 크기

해설

주기율표에서 원소를 차례대로 나열할 때 양성자수가 기준이 된다.

제2과목 화재예방과 소화방법

21 포소화약제의 혼합 방식 중 포원액을 송수관에 압입하기 위하여 포원액용 펌프를 별도로 설치하여 혼합하는 방식은?

① 라인 프로포셔너 방식
② 프레셔 프로포셔너 방식
③ 펌프 프로포셔너 방식
④ 프레셔 사이드 프로포셔너 방식

해설

포소화설비의 혼합장치

• 펌프 프로포셔너 방식(Pump Proportioner, 펌프 혼합방식) : 펌프의 토출관과 흡입관 사이의 배관 도중에 설치한 흡입기에 펌프에서 토출된 물의 일부를 보내고 농도조정밸브에서 조정된 포소화약제의 필요량을 포소화약제 저장탱크에서 펌프 흡입측으로 보내어 약제를 혼합하는 방식
• 라인 프로포셔너 방식(Line Proportioner, 관로 혼합방식) : 펌프와 발포기의 중간에 설치된 벤투리관의 벤투리작용에 따라 포소화약제를 흡입·혼합하는 방식
• 프레셔 프로포셔너 방식(Pressure Proportioner, 차압 혼합방식) : 펌프와 발포기의 중간에 설치된 벤투리관의 벤투리작용과 펌프 가압수의 포소화약제 저장탱크에 대한 압력에 따라 포소화약제를 흡입 혼합하는 방식
• 프레셔 사이드 프로포셔너 방식(Pressure Side Proportioner, 압입 혼합방식) : 펌프의 토출관에 압입기를 설치하여 포소화약제 압입용 펌프로 포소화약제를 압입시켜 혼합하는 방식
• 압축공기포 믹싱챔버 방식 : 물, 포소화약제 및 공기를 믹싱챔버로 강제주입시켜 챔버 내에서 포수용액을 생성한 후 포를 방사하는 방식

22 할로젠화합물 소화약제의 조건으로 옳은 것은?

① 비점이 높을 것
② 기화되기 쉬울 것
③ 공기보다 가벼울 것
④ 연소성이 좋을 것

해설

할로젠화합물 소화약제의 구비조건

• 비점이 낮고 기화되기 쉬울 것
• 공기보다 무겁고 불연성일 것
• 증발잔류물이 없어야 할 것

23 자연발화가 일어나는 물질과 대표적인 에너지원의 관계로 옳지 않은 것은?

① 셀룰로이드 – 흡착열에 의한 발열

② 활성탄 – 흡착열에 의한 발열

③ 퇴비 – 미생물에 의한 발열

④ 먼지 – 미생물에 의한 발열

해설

자연발화의 형태
• 산화열에 의한 발화 : 석탄, 건성유, 고무분말
• 분해열에 의한 발화 : 셀룰로이드, 나이트로셀룰로스
• 미생물에 의한 발화 : 퇴비, 먼지
• 흡착열에 의한 발화 : 목탄, 활성탄

24 소화기와 주된 소화효과가 옳게 짝지어진 것은?

① 포소화기 – 제거소화

② 할로젠화합물소화기 – 냉각소화

③ 탄산가스소화기 – 억제소화

④ 분말소화기 – 질식소화

해설

④ 분말소화기 – 질식소화
① 포소화기 – 질식소화
② 할로젠화합물소화기 – 부촉매소화
③ 탄산가스소화기 – 질식소화

25 위험물안전관리법령상 물분무 등 소화설비에 포함되지 않는 것은?

① 포소화설비   ② 분말소화설비

③ 스프링클러설비   ④ 불활성가스소화설비

해설

물분무 등 소화설비 : 물분무, 포, 불활성가스, 할로젠화합물, 분말 소화설비

26 위험물에 화재가 발생하였을 경우 물과의 반응으로 인해 주수소화가 적당하지 않은 것은?

① CH_3ONO_2 ② $KClO_3$

③ Li_2O_2 ④ P

해설

주수소화 가능 여부

종 류	명 칭	유 별	주수여부
CH_3ONO_2	질산메틸	제5류 위험물	가 능
$KClO_3$	염소산칼륨	제1류 위험물	가 능
Li_2O_2	과산화리튬	제1류 위험물	불가능
P	적 린	제2류 위험물	가 능

※ $2Li_2O_2 + 2H_2O \rightarrow 4LiOH + O_2$

27 과염소산 1몰을 모두 기체로 변환하였을 때 질량은 1기압, 50℃를 기준으로 몇 g인가?(단, Cl의 원자량은 35.5이다)

① 5.4   ② 22.4

③ 100.5   ④ 224

해설

과염소산의 분해반응식
$HClO_4 \rightarrow HCl + 2O_2$
1mol   36.5g $2 \times 32g$
※ 질량 = 36.5g + 64g = 100.5g

28 다음에서 설명하는 소화약제에 해당하는 것은?

> • 무색, 무취이며 비전도성이다.
> • 증기상태의 비중은 약 1.50이다.
> • 임계온도는 약 31.35℃이다.

① 탄산수소나트륨　　② 이산화탄소
③ 할론 1301　　　　④ 황산알루미늄

해설
이산화탄소
• 무색, 무취이며 비전도성이다.
• 증기상태의 비중은 약 1.50이다.
• 임계온도는 약 31.35℃이다.

29 자연발화에 영향을 주는 인자로 가장 거리가 먼 것은?

① 수 분　　　　　② 증발열
③ 발열량　　　　　④ 열전도율

해설
자연발화 영향 인자 : 수분, 발열량, 열전도율, 공기의 유동, 퇴적 방법

30 위험물안전관리법령상 소화설비의 적응성에서 이산화탄소소화기가 적응성이 있는 것은?

① 제1류 위험물　　② 제3류 위험물
③ 제4류 위험물　　④ 제5류 위험물

해설
제4류 위험물의 적응성 : 이산화탄소소화기, 포소화기

31 경보설비는 지정수량 몇 배 이상의 위험물을 저장, 취급하는 제조소 등에 설치하는가?

① 2　　　　　　　② 4
③ 8　　　　　　　④ 10

해설
경보설비의 설치기준 : 지정수량의 10배 이상
※ 위험물시설의 경보설비 : 자동화재탐지설비, 비상방송설비, 비상경보설비, 확성장치 중 1종 이상

32 탄화칼슘 60,000kg을 소요단위로 산정하면?

① 10단위　　　　　② 20단위
③ 30단위　　　　　④ 40단위

해설
위험물은 지정수량의 10배를 1소요단위로 한다.

$$\therefore \ 소요단위 = \frac{저장수량}{지정수량 \times 10} = \frac{60,000kg}{300kg \times 10} = 20단위$$

※ 탄화칼슘의 지정수량 : 300kg

33 고체의 일반적인 연소형태에 속하지 않는 것은?

① 표면연소　　　　② 확산연소
③ 자기연소　　　　④ 증발연소

해설
고체의 연소 : 표면연소, 분해연소, 증발연소, 자기연소
※ 확산연소 : 기체의 연소

34 주된 연소형태가 표면연소인 것은?

① 황
② 종 이
③ 금속분
④ 나이트로셀룰로스

해설

표면연소 : 목탄, 코크스, 숯, 금속분 등

35 위험물의 화재위험에 대한 설명으로 옳은 것은?

① 인화점이 높을수록 위험하다.
② 착화점이 높을수록 위험하다.
③ 착화에너지가 작을수록 위험하다.
④ 연소열이 작을수록 위험하다.

해설

위험물의 화재위험

제반사항	위험성
온도, 압력	높을수록 위험
인화점, 착화점, 융점, 비점, 비열, 착화에너지	낮을수록 위험
연소범위	넓을수록 위험
연소속도, 증기압, 연소열	클수록 위험

36 외벽이 내화구조인 위험물저장소 건축물의 연면적이 1,500m²인 경우 소요단위는?

① 6
② 10
③ 13
④ 14

해설

제조소 등의 1소요단위 산정

구 분	제조소, 취급소		저장소		위험물
외벽의 기준	내화 구조	비내화 구조	내화 구조	비내화 구조	
기 준	연면적 100m²	연면적 50m²	연면적 150m²	연면적 75m²	지정수량의 10배

∴ 소요단위 = 1,500m²/150m² = 10단위

37 중유의 주된 연소 형태는?

① 표면연소
② 분해연소
③ 증발연소
④ 자기연소

해설

분해연소 : 중유

38 제5류 위험물의 화재 시 일반적인 조치사항으로 알맞은 것은?

① 분말소화약제를 이용한 질식소화가 효과적이다.
② 할로젠화합물 소화약제를 이용한 냉각소화가 효과적이다.
③ 이산화탄소를 이용한 질식소화가 효과적이다.
④ 다량의 주수에 의한 냉각소화가 효과적이다.

해설

제5류 위험물 : 다량의 주수에 의한 냉각소화

39 Halon 1301에 해당하는 화학식은?

① CH_3Br　　　　② CF_3Br

③ CBr_3F　　　　④ CH_3Cl

해설

Halon 1301 : CF_3Br

40 소화약제의 열분해 반응식으로 옳은 것은?

① $NH_4H_2PO_4 \xrightarrow{\triangle} HPO_3 + NH_3 + H_2O$

② $2KNO_3 \xrightarrow{\triangle} 2KNO_2 + O_2$

③ $KClO_4 \xrightarrow{\triangle} KCl + 2O_2$

④ $2CaHCO_3 \xrightarrow{\triangle} 2CaO + H_2CO_3$

해설

제3종 분말의 열분해 반응식

$NH_4H_2PO_4 \xrightarrow{\triangle} HPO_3 + NH_3 + H_2O$

제3과목 **위험물의 성상 및 취급**

41 금속칼륨 20kg, 금속나트륨 40kg, 탄화칼슘 600kg 각각의 지정수량 배수의 총합은 얼마인가?

① 2　　　　② 4

③ 6　　　　④ 8

해설

• 지정수량 배수의 총합

$$\text{지정수량의 배수} = \frac{\text{저장수량}}{\text{지정수량}} + \frac{\text{저장수량}}{\text{지정수량}} + \cdots$$

• 제3류 위험물의 지정수량

종 류	품 명	지정수량
금속칼륨	–	10kg
금속나트륨	–	10kg
탄화칼슘	칼슘의 탄화물	300kg

• 지정수량의 배수 $= \frac{20kg}{10kg} + \frac{40kg}{10kg} + \frac{600kg}{300kg} = 8$배

42 다음 중 C_5H_5N에 대한 설명으로 틀린 것은?

① 순수한 것은 무색이고 악취가 나는 액체이다.

② 상온에서 인화의 위험이 있다.

③ 물에 녹는다.

④ 강한 산성을 나타낸다.

해설

피리딘(Pyridine)

• 순수한 것은 무색의 액체로 강한 악취와 독성이 있다.

• 약알칼리성을 나타내며 수용액상태에서도 인화의 위험이 있다.

• 산, 알칼리에 안정하고 물, 알코올, 에터에 잘 녹는다(수용성).

43 물에 녹지 않고 물보다 무거우므로 안전한 저장을 위해 물속에 저장하는 것은?

① 다이에틸에터

② 아세트알데하이드

③ 산화프로필렌

④ 이황화탄소

해설

이황화탄소(CS_2)는 물에 녹지 않고 물보다 1.26배 무거우므로 안전한 저장을 위해 물속에 저장한다.

44 알루미늄의 연소생성물을 옳게 나타낸 것은?

① Al_2O_3

② $Al(OH)_3$

③ Al_2O_3, H_2O

④ $Al(OH)_3$, H_2O

해설

알루미늄의 연소반응식

$2Al + 3O_2 \rightarrow Al_2O_3$

45 다음 물질을 적셔서 얻은 헝겊을 대량으로 쌓아 두었을 경우 자연발화의 위험성이 가장 큰 것은?

① 아마인유

② 땅콩기름

③ 야자유

④ 올리브유

해설

자연발화는 건성유(아마인유)가 잘 일어난다.

구 분	아이오딘값	반응성	불포화도	종 류
건성유	130 이상	크다.	크다.	해바라기유, 동유, 아마인유, 들기름, 정어리기름
반건성유	100~130	중 간	중 간	채종유, 목화씨기름 (면실유), 참기름, 콩기름
불건성유	100 이하	작다.	작다.	야자유, 올리브유, 피마자유, 동백유

46 염소산나트륨이 열분해하였을 때 발생하는 기체는?

① 나트륨

② 염화수소

③ 염 소

④ 산 소

해설

염소산나트륨이 열분해하면 염화나트륨(NaCl)과 산소(O_2)를 발생한다.

$2NaClO_3 \rightarrow 2NaCl + 3O_2$

47 트라이나이트로페놀의 성질에 대한 설명 중 틀린 것은?

① 폭발에 대비하여 철, 구리로 만든 용기에 저장한다.

② 휘황색을 띤 침상결정이다.

③ 비중이 약 1.8로 물보다 무겁다.

④ 단독으로는 테트릴보다 충격, 마찰에 둔감한 편이다.

해설

트라이나이트로페놀(피크르산)은 건조하고 서늘한 장소에 보관해야 하고 철, 구리의 금속용기에 저장하는 것은 위험하다.

48 그림과 같은 위험물을 저장하는 탱크의 내용적은 약 몇 m³인가?(단, r은 10m, l은 25m이다)

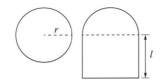

① 3,612
② 4,754
③ 5,812
④ 7,854

해설
세로로 설치된 경우의 내용적 = $\pi r^2 l = \pi \times 10^2 \times 25m$
$= 7,854m^3$

49 충격 마찰에 예민하고 폭발 위력이 큰 물질로 뇌관의 첨장약으로 사용되는 것은?

① 나이트로글라이콜
② 나이트로셀룰로스
③ 테트릴
④ 질산메틸

해설
테트릴 : 충격 마찰에 예민하고 폭발 위력이 큰 물질로 뇌관의 첨장약으로 사용한다.

50 다음은 위험물안전관리법령상 제조소 등에서의 위험물의 저장 및 취급에 관한 기준 중 저장 기준의 일부이다. ( ) 안에 알맞은 것은?

옥내저장소에 있어서 위험물은 규정에 의한 바에 따라 용기에 수납하여 저장해야 한다. 다만, ( )과 별도의 규정에 의한 위험물에 있어서는 그렇지 않다.

① 동식물유류
② 덩어리 상태의 황
③ 고체 상태의 알코올
④ 고화된 제4석유류

해설
옥내저장소에 있어서 위험물은 시행규칙 별표 18 Ⅴ의 규정에 의한 바에 따라 용기에 수납하여 저장해야 한다. 다만, 덩어리 상태의 황과 제48조의 규정에 의한 위험물에 있어서는 그렇지 않다.

51 메틸에틸케톤의 저장 또는 취급 시 유의할 점으로 가장 거리가 먼 것은?

① 통풍을 잘 시킬 것
② 찬 곳에 저장할 것
③ 직사일광을 피할 것
④ 저장용기에는 증기 배출을 위해 구멍을 설치할 것

해설
메틸에틸케톤(제4류 위험물 제1석유류)의 저장용기에는 구멍이 있으면 유증기가 배출되므로 위험하다.
※ 제6류 위험물인 과산화수소는 저장 시 구멍 뚫린 마개를 사용한다.

52 과산화수소의 성질 또는 취급방법에 관한 설명 중 틀린 것은?

① 햇빛에 의하여 분해한다.

② 인산, 요산 등의 분해방지 안정제를 넣는다.

③ 공기와의 접촉은 위험하므로 저장용기는 밀전(密栓)해야 한다.

④ 에탄올에 녹는다.

해설
과산화수소의 저장용기는 밀봉하지 말고 구멍이 있는 마개를 사용해야 한다.

53 마그네슘 리본에 불을 붙여 이산화탄소 기체 속에 넣었을 때 일어나는 현상은?

① 즉시 소화된다.

② 연소를 지속하며 유독성의 기체를 발생한다.

③ 연소를 지속하며 수소 기체를 발생한다.

④ 산소를 발생하며 서서히 소화된다.

해설
마그네슘이 이산화탄소와 반응하면 일산화탄소(CO)를 생성하므로 연소가 지속된다.
$Mg + CO_2 \rightarrow MgO + CO$

54 금속나트륨에 대한 설명으로 옳은 것은?

① 청색 불꽃을 내며 연소한다.

② 경도가 높은 중금속에 해당한다.

③ 녹는점이 100℃보다 낮다.

④ 25% 이상의 알코올수용액에 저장한다.

해설
금속나트륨
• 물 성

화학식	원자량	비 점	융점(녹는점)	비 중	불꽃색상
Na	23	880℃	97.7℃	0.97	노란색

• 은백색의 광택이 있는 무른 경금속이다.
• 칼륨과 나트륨은 등유, 경유, 유동성파라핀 속에 저장한다.

55 염소산칼륨의 성질에 대한 설명 중 옳지 않은 것은?

① 비중은 약 2.3로 물보다 무겁다.

② 강산과의 접촉은 위험하다.

③ 열분해하면 산소와 염화칼륨이 생성된다.

④ 냉수에도 매우 잘 녹는다.

해설
염소산칼륨의 성질
• 비중은 약 2.32로 물보다 무겁다.
• 강산과의 접촉은 위험하다.
• 냉수, 알코올에 녹지 않고, 온수나 글리세린에는 녹는다.
• 열분해반응식
$2KClO_3 \rightarrow 2KCl + 3O_2 \uparrow$
(염소산칼륨) (염화칼륨) (산소)

56 위험물안전관리법령상 유별을 달리하는 위험물의 혼재기준에서 제6류 위험물과 혼재할 수 있는 위험물의 유별에 해당하는 것은?(단, 지정수량의 1/10을 초과하는 경우이다)

① 제1류 ② 제2류
③ 제3류 ④ 제4류

57 자기반응성 물질의 일반적인 성질로 옳지 않은 것은?

① 강산류와의 접촉은 위험하다.
② 연소속도가 대단히 빨라서 폭발성이 있다.
③ 물질자체가 산소를 함유하고 있어 내부연소를 일으키기 쉽다.
④ 물과 격렬하게 반응하여 폭발성 가스를 발생한다.

58 다음 중 에틸알코올의 인화점(℃)에 가장 가까운 것은?

① −4℃ ② 3℃
③ 13℃ ④ 27℃

59 자연발화를 방지하는 방법으로 가장 거리가 먼 것은?

① 통풍이 잘되게 할 것
② 열의 축적을 용이하지 않게 할 것
③ 저장실의 온도를 낮게 할 것
④ 습도를 높게 할 것

60 다음 중 일반적인 연소의 형태가 나머지 셋과 다른 하나는?

① 나프탈렌 ② 코크스
③ 양 초 ④ 황

제1과목 | 물질의 물리·화학적 성질

01 밑줄 친 원소의 산화수가 +5인 것은?

① $H_3\underline{P}O_4$

② $K\underline{Mn}O_4$

③ $K_2\underline{Cr}_2O_7$

④ $K_3[\underline{Fe}(CN)_6]$

해설

① H_3PO_4의 산화수 : $(+1 \times 3) + x + (-2 \times 4) = 0$, $x(P) = +5$

② $KMnO_4$의 산화수 : $(+1) + x + (-2 \times 4) = 0$, $x(Mn) = +7$

③ $K_2Cr_2O_7$의 산화수 : $[(+1) \times 2] + 2x + [(-2) \times 7] = 0$,
$$x(Cr) = +6$$

④ $K_3[Fe(CN)_6]$의 산화수 : $(+1 \times 3) + x + (-1 \times 6) = 0$,
$$x(Fe) = +3$$

02 탄소와 수소로 되어 있는 유기화합물을 연소시켜 CO_2 44g, H_2O 27g을 얻었다. 이 유기화합물의 탄소와 수소 몰비율(C : H)은 얼마인가?

① 1 : 3

② 1 : 4

③ 3 : 1

④ 4 : 1

해설

CO_2(44g) 중 C의 함유량 $= 44g \times \dfrac{12}{44} = 12g$

H_2O(27g) 중 H의 함유량 $= 27g \times \dfrac{2}{18} = 3g$

$C : H = \dfrac{12}{12} : \dfrac{3}{1} = 1 : 3$

03 미지농도의 염산 용액 100mL를 중화하는 데 0.2N NaOH 용액 250mL가 소모되었다. 이 염산의 농도는 몇 N인가?

① 0.05

② 0.2

③ 0.25

④ 0.5

해설

중화적정

$NV = N'V'$

$N \times 100mL = 0.2 \times 250mL$

$\therefore N = \dfrac{0.2 \times 250}{100} = 0.5N$

04 탄소수가 5개인 포화탄화수소 펜테인의 구조이성 질체 수는 몇 개인가?

① 2개

② 3개

③ 4개

④ 5개

해설

펜테인의 구조이성질체(세 가지)

• $CH_3 - CH_2 - CH_2 - CH_2 - CH_3$ n-pentane

• $CH_3 - CH_2 - CH - CH_3$
$\qquad\qquad\qquad |$
$\qquad\qquad\quad CH_3$ iso-pentane

• $\qquad\quad CH_3$
$\qquad\qquad |$
$CH_3 - C - CH_3$ neo-pentane
$\qquad\qquad |$
$\qquad\quad CH_3$

05 25℃의 포화용액 90g 속에 어떤 물질이 30g 녹아 있다. 이 온도에서 이 물질의 용해도는 얼마인가?

① 30

② 33

③ 50

④ 63

해설

$$용해도 = \frac{용질}{용매} \times 100 = \frac{30}{90-30} \times 100 = 50$$

※ 용액 = 용질(녹는 물질) + 용매(녹이는 물질)

06 다음 물질 중 산성이 가장 센 물질은?

① 아세트산

② 벤젠설폰산

③ 페 놀

④ 벤조산

해설

벤젠설폰산($C_6H_5SO_3H$)은 벤젠과 황산이 반응하여 생성하므로 산성이 세다.

07 다음 중 침전을 형성하는 조건은?

① 이온곱 > 용해도곱

② 이온곱 = 용해도곱

③ 이온곱 < 용해도곱

④ 이온곱 + 용해도곱 = 1

해설

침전을 생성하는 조건 : 이온곱 > 용해도곱

08 어떤 기체가 탄소원자 1개당 2개의 수소원자를 함유하고 0℃, 1기압에서 밀도가 1.25g/L일 때 이 기체에 해당하는 것은?

① CH_2

② C_2H_4

③ C_3H_6

④ C_4H_8

해설

이상기체 상태방정식

$$PV = \frac{W}{M}RT, \quad PM = \frac{W}{V}RT = \rho RT, \quad M = \frac{\rho RT}{P}$$

여기서, P : 압력(atm)

V : 부피(L)

M : 분자량

W : 무게

R : 기체상수(0.08205L·atm/g-mol·K)

T : 절대온도(273 + 0℃)

ρ : 밀도(1.25g/L)

$$\therefore M = \frac{\rho RT}{P} = \frac{1.25 \times 0.08205 \times (273+0)\text{K}}{1\text{atm}} = 28.0(C_2H_4)$$

09 집기병 속에 물에 적신 빨간 꽃잎을 넣고 어떤 기체를 채웠더니 얼마 후 꽃잎이 탈색되었다. 이와 같이 색을 탈색(표백)시키는 성질을 가진 기체는?

① He

② CO_2

③ N_2

④ Cl_2

해설

염소(Cl_2) : 탈색(표백)제

10 방사선에서 γ선과 비교한 α선에 대한 설명 중 틀린 것은?

① γ선보다 투과력이 강하다.
② γ선보다 형광작용이 강하다.
③ γ선보다 감광작용이 강하다.
④ γ선보다 전리작용이 강하다.

해설
γ선 : 방사선의 파장이 가장 짧고 투과력과 방출속도가 가장 크다.

11 탄산 음료수의 병마개를 열면 거품이 솟아오르는 이유를 가장 올바르게 설명한 것은?

① 수증기가 생성되기 때문이다.
② 이산화탄소가 분해되기 때문이다.
③ 용기 내부압력이 줄어들어 기체의 용해도가 감소하기 때문이다.
④ 온도가 내려가게 되어 기체가 생성물의 반응이 진행되기 때문이다.

해설
탄산 음료수의 병마개를 열면 용기 내부압력이 줄어들어 기체의 용해도가 감소하기 때문이다.

12 어떤 주어진 양의 기체의 부피가 21℃, 1.4atm에서 250mL이다. 온도가 49℃로 상승되었을 때의 부피가 300mL라고 하면 이때의 압력은 약 얼마인가?

① 1.35atm   ② 1.28atm
③ 1.21atm   ④ 1.16atm

해설
보일-샤를의 법칙

$$P_2 = P_1 \times \frac{V_1}{V_2} \times \frac{T_2}{T_1}$$

$$= 1.4\text{atm} \times \frac{250\text{mL}}{300\text{mL}} \times \frac{(273+49)\text{K}}{(273+21)\text{K}} = 1.28\text{atm}$$

13 다음과 같은 순서로 커지는 성질이 아닌 것은?

$$F_2 < Cl_2 < Br_2 < I_2$$

① 구성원자의 전기음성도
② 녹는점
③ 끓는점
④ 구성원자의 반지름

해설
소화효과, 녹는점, 끓는점, 구성원자의 반지름
$F_2 < Cl_2 < Br_2 < I_2$
※ 전기음성도 : $F_2 > Cl_2 > Br_2 > I_2$

14 금속의 특징에 대한 설명 중 틀린 것은?

① 고체 금속은 연성과 전성이 있다.
② 고체 상태에서 결정 구조를 형성한다.
③ 반도체, 절연체에 비하여 전기전도도가 크다.
④ 상온에서 모두 고체이다.

해설
금속은 대부분 고체이다.

15 다음 중 산소와 같은 족의 원소가 아닌 것은?

① S
② Se
③ Te
④ Bi

해설
산소족(6A족) 원소 : O(산소), S(황), Se(셀레늄), Te(텔루늄), Po(폴로늄)
※ 비스무트(Bi) : 질소족 원소

16 공기 중에 포함되어 있는 질소와 산소의 부피비는 0.79 : 0.21이므로 질소와 산소의 분자수의 비도 0.79 : 0.21이다. 이와 관계 있는 법칙은?

① 아보가드로의 법칙
② 일정성분비의 법칙
③ 배수비례의 법칙
④ 질량보존의 법칙

해설
① 아보가드로의 법칙 : 모든 기체는 일정한 압력과 온도에서 같은 부피에 들어 있는 입자수(분자수)는 같다.
② 일정성분비의 법칙(프루스트) : 순수한 화합물에 있어서 성분 원소의 질량비는 항상 일정하다.
③ 배수비례의 법칙(돌턴) : 두 원소가 결합하여 2개 이상의 화합물을 만들 때 다른 원소의 질량과 결합하는 원소의 질량 사이에는 간단한 정수비가 성립한다.
④ 질량보존의 법칙(돌턴) : 모든 물질은 더 이상 쪼갤 수 없는 원자라는 작은 입자로 되어 있다.

17 다음 중 두 물질을 섞었을 때 용해성이 가장 낮은 것은?

① C_6H_6과 H_2O
② NaCl과 H_2O
③ C_2H_5OH과 H_2O
④ C_2H_5OH과 CH_3OH

해설
용해성

종 류	명 칭	물에 대한 용해성
C_6H_6	벤 젠	녹지 않는다.
NaCl	염화나트륨	녹는다.
C_2H_5OH	에틸알코올	녹는다.
CH_3OH	메틸알코올	녹는다.

18 다음 물질 1g을 각각 1kg의 물에 녹였을 때 빙점강하가 가장 큰 것은?

① CH_3OH
② C_2H_5OH
③ $C_3H_5(OH)_3$
④ $C_6H_{12}O_6$

해설
빙점강하(ΔT_f)

$$\Delta T_f = K_f \cdot m = K_f \times \frac{\dfrac{W_B}{M}}{W_A} \times 1,000$$

여기서, K_f : 빙점강하계수(물 : 1.86)
　　　　m : 몰랄농도
　　　　W_B : 용질의 무게
　　　　W_A : 용매의 무게
　　　　M : 분자량
∴ 빙점강하는 분자량에 반비례하므로 분자량이 작은 메틸알코올이 빙점강하가 크다.

종 류	명 칭	분자량
CH_3OH	메틸알코올	32
C_2H_5OH	에틸알코올	46
$C_3H_5(OH)_3$	글리세린	92
$C_6H_{12}O_6$	포도당	180

19 [OH⁻] = 1×10^{-5}mol/L인 용액의 pH와 액성으로 옳은 것은?

① pH = 5, 산성

② pH = 5, 알칼리성

③ pH = 9, 산성

④ pH = 9, 알칼리성

해설

pH와 액성

$[H^+][OH^-] = 10^{-14}$, $pH + pOH = 14$

$[H^+][OH^-] = 10^{-14}$에서 $[OH^-] = 10^{-5}$mol/L

$[H^+] = \dfrac{10^{-14}}{[OH^-]} = \dfrac{10^{-14}}{10^{-5}} = 1 \times 10^{-9}$mol/L

∴ $pH = -\log[H^+] = -\log(1 \times 10^{-9}) = 9 - \log 1$
$= 9 - 0 = 9$(알칼리성)

20 원자번호 11이고 중성자수가 12인 나트륨의 질량수는?

① 11　　　　　② 12

③ 23　　　　　④ 24

해설

질량수 = 원자번호 + 중성자수 = 11 + 12 = 23

21 불활성가스 소화약제 중 IG-541의 구성성분이 아닌 것은?

① N_2　　　　　② Ar

③ He　　　　　④ CO_2

해설

불활성가스 소화약제의 구성성분

종 류	화학식
IG-55	N_2(50%), Ar(50%)
IG-100	N_2
IG-541	N_2(52%), Ar(40%), CO_2(8%)

22 위험물안전관리법령에서 정한 물분무소화설비의 설치기준에서 물분무소화설비의 방사구역은 몇 m² 이상으로 해야 하는가?(단, 방호대상물의 표면적이 150m² 이상인 경우이다)

① 75　　　　　② 100

③ 150　　　　　④ 350

해설

물분무소화설비의 방사구역은 150m² 이상(방호대상물의 표면적이 150m² 미만인 경우에는 해당 표면적)으로 할 것

23 이산화탄소소화기는 어떤 현상에 의해서 온도가 내려가 드라이아이스를 생성하는가?

① 줄-톰슨효과　　　② 사이펀

③ 표면장력　　　④ 모세관

해설

이산화탄소소화기는 줄-톰슨효과에 의하여 노즐 입구에 드라이아이스가 생성된다.

24 Halon 1301, Halon 1211, Halon 2402 중 상온, 상압에서 액체 상태인 Halon 소화약제로만 나열한 것은?

① Halon 1211

② Halon 2402

③ Halon 1301, Halon 1211

④ Halon 2402, Halon 1211

해설

상온에서 액체 : Halon 2402, Halon 1011

※ 상온에서 기체 : Halon 1301, Halon 1211

25 연소형태가 나머지 셋과 다른 하나는?

① 목 탄　　② 메탄올

③ 파라핀　　④ 황

해설

증발연소 : 메탄올, 파라핀, 황

※ 목탄 : 표면연소

26 연소 시 온도에 따른 불꽃의 색상이 잘못된 것은?

① 적색 : 약 850℃

② 황적색 : 약 1,100℃

③ 휘적색 : 약 1,200℃

④ 백적색 : 약 1,300℃

해설

연소 시 온도와 색상

색 상	온도(℃)
담암적색	520
암적색	700
적 색	850
휘적색	950
황적색	1,100
백적색	1,300
휘백색	1,500 이상

27 스프링클러설비의 장점이 아닌 것은?

① 소화약제가 물이므로 소화약제의 비용이 절감된다.

② 초기 시공비가 매우 적게 든다.

③ 화재 시 사람의 조작 없이 작동이 가능하다.

④ 초기화재의 진화에 효과적이다.

해설

스프링클러설비의 장점

• 소화약제가 물이므로 소화약제의 비용이 절감된다.

• 스프링클러 설비는 초기 시공비가 많이 든다.

• 화재 시 사람의 조작 없이 작동이 가능하다.

• 초기화재의 진화에 효과적이다.

28 능력단위가 1단위의 팽창질석(삽 1개 포함)은 용량이 몇 L인가?

① 160　　② 130

③ 90　　④ 60

해설

소화설비의 능력단위(시행규칙 별표 17)

소화설비	용 량	능력단위
소화전용(轉用) 물통	8L	0.3
수조(소화전용 물통 3개 포함)	80L	1.5
수조(소화전용 물통 6개 포함)	190L	2.5
마른 모래(삽 1개 포함)	50L	0.5
팽창질석 또는 팽창진주암(삽 1개 포함)	160L	1.0

29 할로젠화합물 중 CH_3I에 해당하는 할론 번호는?

① 1031

② 1301

③ 13001

④ 10001

해설
할론 명명
할론   1   0   0   0   1
        ↑   ↑   ↑   ↑   ↑
        A   B   C   D   E
여기서, A : C(탄소)의 수
        B : F(플루오린)의 수
        C : Cl(염소)의 수
        D : Br(브로민)의 수
        E : I(아이오딘)의 수
∴ 할론 10001 : CH_3I

30 물통 또는 수조를 이용한 소화가 공통적으로 적응성이 있는 위험물은 제 몇 류 위험물인가?

① 제2류 위험물

② 제3류 위험물

③ 제4류 위험물

④ 제5류 위험물

해설
제5류 위험물(자기반응성 물질) : 물통이나 수조에 의한 냉각소화

31 표준상태에서 벤젠 2mol이 완전연소하는 데 필요한 이론 공기요구량은 몇 L인가?(단, 공기 중 산소는 21vol%이다)

① 168

② 336

③ 1,600

④ 3,200

해설
이론공기량
C_6H_6 + $7.5O_2$ → $6CO_2$ + $3H_2O$
1mol   7.5mol
2mol x

$x = \dfrac{2mol \times 7.5mol}{1mol} = 15mol$

이론산소량 15mol × 22.4L = 336L

∴ 이론공기량 $= \dfrac{336L}{0.21} = 1,600L$

※ 표준상태에서 기체 1g-mol이 차지하는 부피 : 22.4L

32 제3종 분말소화약제에 대한 설명으로 틀린 것은?

① A급을 제외한 모든 화재에 적응성이 있다.

② 주성분은 $NH_4H_2PO_4$의 분자식으로 표현된다.

③ 제1인산암모늄이 주성분이다.

④ 담홍색으로 착색되어 있다.

해설
분말소화약제

종 류	주성분	적응화재	착색(분말의 색)
제1종 분말	$NaHCO_3$ (중탄산나트륨, 탄산수소나트륨)	B, C급	백 색
제2종 분말	$KHCO_3$ (중탄산칼륨, 탄산수소칼륨)	B, C급	담회색
제3종 분말	$NH_4H_2PO_4$ (인산암모늄, 제일인산암모늄)	A, B, C급	담홍색
제4종 분말	$KHCO_3+(NH_2)_2CO$ (중탄산칼륨+요소)	B, C급	회 색

33 위험물을 저장하기 위해 제작한 이동저장탱크의 내용적이 20,000L인 경우 위험물 허가를 위해 산정할 수 있는 이 탱크의 최대용량은 지정수량의 몇 배인가?(단, 저장하는 위험물은 비수용성 제2석유류이며 비중은 0.8, 차량의 최대적재량은 15톤이다)

① 21배
② 18.75배
③ 12배
④ 9.375배

해설
제2석유류(비수용성)의 지정수량 : 1,000L
• 무게로 환산하면 1,000L × 0.8kg/L = 800kg
  ※ 비중 0.80이면 0.8/cm^3 = 0.8kg/L
• 지정수량의 배수 = 15,000kg ÷ 800kg = 18.75배

34 위험물안전관리법령상 전역방출방식 또는 국소방출방식의 분말소화설비의 기준에서 가압식의 분말소화설비에는 얼마 이하의 압력으로 조정할 수 있는 압력조정기를 설치해야 하는가?

① 2.0MPa
② 2.5MPa
③ 3.0MPa
④ 5MPa

해설
분말 소화약제의 가압용 가스용기에는 2.5MPa 이하의 압력에서 조정이 가능한 압력조정기를 설치해야 한다.

35 다음 중 점화원이 될 수 없는 것은?

① 전기스파크
② 증발잠열
③ 마찰열
④ 분해열

해설
증발(기화)잠열은 액체가 기체로 될 때 발생하는 열로서 점화원이 될 수 없다.

36 그림과 같은 타원형 위험물탱크의 내용적은 약 얼마인가?

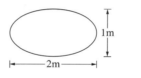 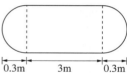

① 5.03m^3
② 7.52m^3
③ 9.03m^3
④ 19.05m^3

해설
타원형 탱크의 내용적 = $\dfrac{\pi ab}{4}\left(l + \dfrac{l_1 + l_2}{3}\right)$

$= \dfrac{\pi \times 2 \times 1}{4}\left(3 + \dfrac{0.3 + 0.3}{3}\right)$

$= 5.03m^3$

37 대통령령이 정하는 제조소 등의 관계인은 그 제조소 등에 대하여 연 몇 회 이상 정기점검을 실시해야 하는가?(단, 특정옥외탱크저정소의 정기점검은 제외한다)

① 1
② 2
③ 3
④ 4

해설
위험물제조소 등의 정기점검 : 연 1회 이상

38 위험물 화재 발생 시 적응성이 있는 소화기의 연결로 틀린 것은?

① 마그네슘 – 포소화기
② 황린 – 포소화기
③ 인화성 고체 – 이산화탄소소화기
④ 등유 – 이산화탄소소화기

해설
마그네슘의 소화 : 탄산수소염류 분말소화기, 마른 모래, 팽창질석, 팽창진주암

39 위험물안전관리법령상 전역방출방식의 분말소화설비에서 분사헤드의 방출압력은 몇 MPa 이상이어야 하는가?

① 0.1 ② 0.5
③ 1 ④ 3

해설
전역방출방식의 분말소화설비

방출압력	방출시간
0.1MPa 이상	30초 이내

40 전기설비에 화재가 발생하였을 경우에 위험물안전관리법령상 적응성을 가지는 소화설비는?

① 물분무소화설비
② 포소화기
③ 봉상강화액소화기
④ 건조사

해설
전기설비 : 물분무소화설비, 불활성가스 소화설비, 할로젠화합물소화설비, 분말소화설비 등

제3과목 위험물의 성상 및 취급

41 황의 연소생성물과 그 특성을 옳게 나타낸 것은?

① SO₂, 유독가스
② SO₂, 청정가스
③ H₂S, 유독가스
④ H₂S, 청정가스

해설
황(S)이 연소하면 유독성 가스인 이산화황(SO_2)을 발생한다.
$S + O_2 \rightarrow SO_2$(이산화황, 유독가스)

42 위험물안전관리법령에 의한 위험물제조소의 설치기준으로 옳지 않은 것은?

① 위험물을 취급하는 기계·기구, 그 밖의 설비는 위험물이 새거나 넘치거나 비산하는 것을 방지할 수 있는 구조로 해야 한다.
② 위험물을 가열하거나 냉각하는 설비 또는 위험물의 취급에 수반하여 온도 변화가 생기는 설비에는 온도 측정장치를 설치해야 한다.
③ 위험물을 취급함에 있어서 정전기가 발생할 우려가 있는 설비에는 정전기를 유효하게 제거할 수 있는 설비를 설치해야 한다.
④ 위험물을 취급하는 동관을 지하에 설치하는 경우에는 지진·풍압·지반침하 및 온도 변화에 안전한 구조의 지지물에 설치해야 한다.

해설
위험물제조소의 설치기준
• 위험물의 누출·비산방지 : 위험물을 취급하는 기계·기구, 그 밖의 설비는 위험물이 새거나 넘치거나 비산하는 것을 방지할 수 있는 구조로 해야 한다.
• 가열·냉각설비 등의 온도측정장치 : 위험물을 가열하거나 냉각하는 설비 또는 위험물의 취급에 수반하여 온도 변화가 생기는 설비에는 온도측정장치를 설치해야 한다.
• 정전기 제거설비 : 위험물을 취급함에 있어서 정전기가 발생할 우려가 있는 설비에는 정전기를 유효하게 제거할 수 있는 설비를 설치해야 한다.

정답 39 ① 40 ① 41 ① 42 ④

43 다음 중 위험물안전관리법령상 제2석유류에 해당되는 것은?

①

②

③

④ CHO (벤즈알데하이드 구조식)

해설

제4류 위험물의 종류

구조식	명칭	품명
(벤젠 구조식)	벤젠	제1석유류
(사이클로헥세인 구조식)	사이클로헥세인	제1석유류
C_2H_5 (에틸벤젠 구조식)	에틸벤젠	제1석유류
CHO (벤즈알데하이드 구조식)	벤즈알데하이드	제2석유류

44 다음 위험물 중 가연성 액체를 옳게 나타낸 것은?

HNO_3, $HClO_4$, H_2O_2

① $HClO_4$, HNO_3

② HNO_3, H_2O_2

③ HNO_3, $HClO_4$, H_2O_2

④ 모두 가연성이 아님

해설

제6류 위험물(불연성) : HNO_3(질산), $HClO_4$(과염소산), H_2O_2(과산화수소)

45 산화프로필렌에 대한 설명으로 틀린 것은?

① 무색의 휘발성 액체이고 물에 녹는다.

② 인화점이 상온 이하이므로 가연성 증기 발생을 억제하여 보관해야 한다.

③ 은, 마그네슘 등의 금속과 반응하여 폭발성 혼합물을 생성한다.

④ 증기압이 낮고 연소범위가 좁아서 위험성이 높다.

해설

산화프로필렌(Propylene Oxide)
• 무색의 휘발성 액체이고 물에 녹는다.
• 인화점이 상온 이하이므로 가연성 증기 발생을 억제하여 보관해야 한다.
• 구리(Cu), 마그네슘(Mg), 은(Ag), 수은(Hg)과 반응하면 아세틸라이드를 생성한다.
• 저장용기 내부에는 불연성 가스 또는 수증기 봉입장치를 해야 한다.
• 증기압(538mmHg)이 낮고 연소범위(2.8~37%)가 넓어 위험성이 높다.

46 황린과 적린의 공통점으로 옳은 것은?

① 독 성

② 발화점

③ 연소생성물

④ CS_2에 대한 용해성

해설

적린과 황린의 비교

종류	적 린	황 린
화학식	P	P_4
색 상	암적색의 분말	담황색의 고체
독 성	무독성	맹독성
연소 반응식	$4P + 5O_2 \rightarrow P_2O_5$ (흰 연기 발생)	$P_4 + 5O_2 \rightarrow P_2O_5$ (흰 연기 발생)
연소 생성물	오산화인(P_2O_5)	오산화인(P_2O_5)
용해성	물, 알코올, 에터, CS_2, 암모니아에 녹지 않음	벤젠, 알코올에는 일부 녹음, 이황화탄소(CS_2), 삼염화인, 염화황에는 녹음
소화방법	주수소화	주수소화

47 질산나트륨을 저장하고 있는 옥내저장소(내화구조의 격벽으로 완전히 구획된 실이 2 이상 있는 경우에는 동일한 실)에 함께 저장하는 것이 법적으로 허용되는 것은?(단, 위험물을 유별로 정리하여 서로 1m 이상의 간격을 두는 경우이다)

① 적 린　　　　　② 인화성 고체
③ 동식물유류　　　④ 과염소산

해설
저장(옥내저장소, 옥외저장소) 시 혼재 가능
• 제1류 위험물(알칼리금속의 과산화물 또는 이를 함유한 것을 제외)과 제5류 위험물을 저장하는 경우
• 제1류 위험물(질산나트륨)과 제6류 위험물(과염소산)을 저장하는 경우
• 제1류 위험물과 제3류 위험물 중 자연발화성 물질(황린 또는 이를 함유한 것에 한한다)을 저장하는 경우
• 제2류 위험물 중 인화성 고체와 제4류 위험물을 저장하는 경우

48 위험물안전관리법령상 옥외탱크저장소의 위치·구조 및 설비의 기준에서 간막이 둑을 설치할 경우 그 용량의 기준으로 옳은 것은?

① 간막이 둑 안에 설치된 탱크의 용량의 110% 이상일 것
② 간막이 둑 안에 설치된 탱크의 용량 이상일 것
③ 간막이 둑 안에 설치된 탱크의 용량의 10% 이상일 것
④ 간막이 둑 안에 설치된 탱크의 간막이 둑 높이 이상 부분의 용량 이상일 것

해설
용량이 1,000만L 이상인 옥외저장탱크의 방유제에 탱크마다 설치하는 간막이 둑 설치기준
• 간막이 둑의 높이는 0.3m(방유제 내에 설치되는 옥외저장탱크의 용량의 합계가 2억L를 넘는 방유제에 있어서는 1m) 이상으로 하되, 방유제의 높이보다 0.2m 이상 낮게 할 것
• 간막이 둑은 흙 또는 철근콘크리트로 할 것
• 간막이 둑의 용량은 간막이 둑 안에 설치된 탱크의 용량의 10% 이상일 것

49 위험물을 저장 또는 취급하는 탱크의 용량산정 방법에 관한 설명으로 가장 옳은 것은?

① 탱크의 내용적에서 공간용적을 뺀 용적으로 한다.
② 탱크의 공간용적에서 내용적을 뺀 용적으로 한다.
③ 탱크의 공간용적에 내용적을 더한 용적으로 한다.
④ 탱크의 볼록하거나 오목한 부분을 뺀 용적으로 한다.

해설
탱크의 용량(허가량) = 탱크의 내용적 − 공간용적(5~10%)

50 위험물안전관리법령상의 지정수량이 나머지 셋과 다른 하나는?

① 질산에스터류
② 셀룰로이드
③ 아조화합물
④ 하이드라진 유도체

해설
제5류 위험물의 지정수량

종 류	지정수량
질산에스터류	10kg
셀룰로이드	100kg
아조화합물	100kg
하이드라진 유도체	100kg

정답 47 ④　48 ③　49 ①　50 ①

51 금속칼륨의 일반적인 성질에 대한 설명으로 틀린 것은?

① 칼로 자를 수 있는 무른 금속이다.

② 에탄올과 반응하여 조연성 기체(산소)를 발생한다.

③ 물과 반응하여 가연성 기체를 발생한다.

④ 물보다 가벼운 은백색의 금속이다.

칼 륨
- 은백색의 광택이 있는 무른 경금속이다.
- 물이나 에탄올과 반응하여 가연성 기체(수소)를 발생한다.
- 물과 반응
  $2K + 2H_2O \rightarrow 2KOH + H_2\uparrow$
- 알코올과 반응
  $2K + 2C_2H_5OH \rightarrow 2C_2H_5OK + H_2\uparrow$
- 등유, 경유, 유동파라핀 등의 보호액을 넣은 내통에 밀봉 저장한다.

52 위험물을 지정수량이 큰 것부터 작은 순서로 옳게 나열한 것은?

① 나이트로화합물 > 브로민산염류 > 하이드록실아민

② 나이트로화합물 > 하이드록실아민 > 브로민산염류

③ 브로민산염류 > 하이드록실아민 > 나이트로화합물

④ 브로민산염류 > 나이트로화합물 > 하이드록실아민

지정수량

종 류	나이트로화합물 (제1종)	브로민산염류	하이드록실아민
유 별	제5류 위험물	제1류 위험물	제5류 위험물
지정수량	10kg	300kg	100kg

53 다음에서 설명하는 위험물을 옳게 나타낸 것은?

- 지정수량은 2,000L이다.
- 로켓의 연료, 플라스틱 발포제 등으로 사용된다.
- 암모니아와 비슷한 냄새가 나고 녹는점은 약 2℃이다.

① N_2H_4 ② $C_6H_5CH = CH_2$

③ NH_4ClO_4 ④ C_6H_5Br

하이드라진(N_2H_4)
- 물 성

화학식	품 명	지정수량	인화점	녹는점
N_2H_4	제2석유류 (수용성)	2,000L	38℃	약 2℃

- 무색의 맹독성 가연성 액체이다.
- 로켓의 연료, 플라스틱 발포제 등으로 사용된다.

54 다음 중 물과 반응하여 산소와 열을 발생하는 것은?

① 염소산칼륨

② 과산화나트륨

③ 금속나트륨

④ 과산화벤조일

과산화나트륨과 물의 반응
$2Na_2O_2 + 2H_2O \rightarrow 4NaOH + O_2\uparrow + 열$

55 동식물유류에 대한 설명 중 틀린 것은?

① 아이오딘값이 클수록 자연발화의 위험이 크다.

② 아마인유는 불건성유이므로 자연발화의 위험이 낮다.

③ 동식물유류는 제4류 위험물에 속한다.

④ 아이오딘값이 130 이상인 것이 건성유이므로 저장할 때 주의한다.

해설

아마인유는 건성유(아이오딘값이 130 이상)이므로 자연발화 위험이 있다.

56 다음 표의 빈 칸(㉮, ㉯)에 알맞은 품명은?

품 명	지정수량
㉮	100kg
㉯	1,000kg

① ㉮ : 철분, ㉯ : 인화성 고체

② ㉮ : 적린, ㉯ : 인화성 고체

③ ㉮ : 철분, ㉯ : 마그네슘

④ ㉮ : 적린, ㉯ : 마그네슘

해설

제2류 위험물의 지정수량

품 명	지정수량
황화인, 적린, 황	100kg
철분, 금속분, 마그네슘	500kg
인화성 고체	1,000kg

57 다음 위험물 중 인화점이 가장 높은 것은?

① 메탄올

② 휘발유

③ 아세트산메틸

④ 메틸에틸케톤

해설

제4류 위험물의 인화점

종 류	메탄올	휘발유	아세트산메틸	메틸에틸케톤
품 명	알코올류	제1석유류(비수용성)	제1석유류(비수용성)	제1석유류(비수용성)
인화점	11℃	−43℃	−10℃	−7℃

58 다음 중 제1류 위험물의 과염소산염류에 속하는 것은?

① $KClO_3$

② $NaClO_4$

③ $HClO_4$

④ $NaClO_2$

해설

위험물의 분류

종 류	명 칭	유 별	품 명
$KClO_3$	염소산칼륨	제1류 위험물	염소산염류
$NaClO_4$	과염소산나트륨	제1류 위험물	과염소산염류
$HClO_4$	과염소산	제6류 위험물	–
$NaClO_2$	아염소산나트륨	제1류 위험물	아염소산염류

59 다음 ⒜~ⓒ의 물질 중 위험물안전관리법상 제6류 위험물에 해당하는 것은 모두 몇 개인가?

> ⒜ 비중 1.49인 질산
> ⒝ 비중 1.7인 과염소산
> ⒞ 물 60g + 과산화수소 40g을 혼합한 수용액

① 1개   ② 2개
③ 3개   ④ 없 음

해설
제6류 위험물
· 질산(비중 : 1.49 이상)
· 과염소산(특별한 기준이 없음)
· 과산화수소(36중량% 이상)
· 과산화수소 수용액의 농도

$$중량\% = \frac{용질}{용액} \times 100\% = \frac{40}{(60g + 40g)} \times 100\% = 40\%$$

60 지정수량 이상의 위험물을 차량으로 운반하는 경우에는 차량에 설치하는 표지의 색상에 관한 내용으로 옳은 것은?

① 흑색 바탕에 청색의 도료로 "위험물"이라고 표기할 것
② 흑색 바탕에 황색의 반사도료로 "위험물"이라고 표기할 것
③ 적색 바탕에 흰색의 반사도료로 "위험물"이라고 표기할 것
④ 적색 바탕에 흑색의 도료로 "위험물"이라고 표기할 것

해설
운반 시 위험물의 표지의 색상 : 흑색 바탕에 황색의 반사도료

제1과목 물질의 물리·화학적 성질

01 다음 중 CH_3COOH와 C_2H_5OH의 혼합물에 소량의 진한 황산을 가하여 가열하였을 때 주로 생성되는 물질은?

① 아세트산에틸
② 메탄산에틸
③ 글리세롤
④ 다이에틸에터

해설
아세트산과 알코올의 반응
$CH_3COOH + C_2H_5OH \rightarrow CH_3COOC_2H_5 + H_2O$
        (아세트산에틸)   (물)

02 다음 중 비극성 분자는 어느 것인가?

① HF
② H_2O
③ NH_3
④ CH_4

해설
• 비극성 분자 : 메테인(CH_4)
• 극성 분자 : 플루오린화수소(HF), 물(H_2O), 암모니아(NH_3)

03 다음 중 전리도가 가장 커지는 경우는?

① 농도와 온도가 일정할 때
② 농도가 진하고 온도가 높을수록
③ 농도가 묽고 온도가 높을수록
④ 농도가 진하고 온도가 낮을수록

해설
전리도는 농도가 묽고 온도가 높을수록 커진다.

04 다이크로뮴산칼륨에서 크로뮴의 산화수는?

① 2
② 4
③ 6
④ 8

해설
다이크로뮴산칼륨($K_2Cr_2O_7$)의 크로뮴의 산화수
$[(+1) \times 2] + 2x + [(-2) \times 7] = 0$
$\therefore x(Cr) = +6$

05 어떤 기체의 확산속도가 $SO_2(g)$의 2배이다. 이 기체의 분자량은 얼마인가?(단, 원자량은 S : 32, O : 16이다)

① 8
② 16
③ 32
④ 64

해설
그레이엄의 확산속도 법칙 : 확산속도는 분자량의 제곱근에 반비례, 밀도의 제곱근에 반비례 한다.
$$\frac{U_B}{U_A} = \sqrt{\frac{M_A}{M_B}} = \sqrt{\frac{d_A}{d_B}}$$
여기서, U_B : B기체의 확산속도
U_A : A기체의 확산속도
M_B : B기체의 분자량
M_A : A기체의 분자량
d_B : B기체의 밀도
d_A : A기체의 밀도
$\therefore$ A : 어떤 기체, B : 이산화황(SO_2)으로 가정을 하면
$$\frac{1}{2} = \sqrt{\frac{M_A}{64}}$$
$$M_A = 64 \times \left(\frac{1}{2}\right)^2$$
$$= 16$$

06 결합력이 큰 것부터 작은 순서로 나열한 것은?

① 공유결합 > 수소결합 > 반데르발스결합

② 수소결합 > 공유결합 > 반데르발스결합

③ 반데르발스결합 > 수소결합 > 공유결합

④ 수소결합 > 반데르발스결합 > 공유결합

해설
결합력의 세기 : 공유결합 > 수소결합 > 반데르발스결합

07 반투막을 이용해서 콜로이드 입자를 전해질이나 작은 분자로부터 분리 정제하는 것을 무엇이라 하는가?

① 틴 들   ② 브라운 운동

③ 투 석   ④ 전기영동

해설
투석 : 반투막을 이용하여 콜로이드 입자를 전해질이나 작은 분자로부터 분리 정제하는 것

08 다음 중 배수비례의 법칙이 성립하는 화합물을 나열한 것은?

① CH_4, CCl_4 ② SO_2, SO_3

③ H_2O, H_2S ④ NH_3, BH_3

해설
배수비례의 법칙 : 두 원소가 결합하여 2개 이상의 화합물을 만들때 다른 원소의 질량과 결합하는 원소의 질량 사이에는 간단한 정수비가 성립한다(SO_2, SO_3).

09 다음 중 양쪽성 산화물에 해당하는 것은?

① NO_2 ② Al_2O_3

③ MgO ④ Na_2O

해설
산화물의 종류
• 산성 산화물 : 비금속 산화물로서 물에 녹아 산이 되는 물질(CO_2, SO_2, SO_3, NO_2, SiO_2, P_2O_5)
• 염기성 산화물 : 금속 산화물로서 물에 녹아 염기가 되는 물질(CaO, CuO, BaO, MgO, Na_2O, K_2O, Fe_2O_3)
• 양쪽성 산화물 : 양쪽성 원소의 산화물로서 산이나 염기와 반응하여 염과 물을 생성하는 물질(ZnO, Al_2O_3, SnO, PbO, Sb_2O_3)

10 지시약으로 사용되는 페놀프탈레인 용액은 산성에서 어떤 색을 띠는가?

① 적 색   ② 청 색

③ 무 색   ④ 황 색

해설
지시약 : 산과 염기의 중화 적정 시 종말점(End Point)을 알아내기 위하여 용액의 액성을 나타내는 시약

지시약	변 색		변색 pH
	산성색	염기성색	
티몰블루(Thymol Blue)	적 색	노란색	1.2~1.8
메틸오렌지(M.O)	적 색	오렌지색	3.1~4.4
메틸레드(M.R)	적 색	노란색	4.8~6.0
브로모티몰블루	노란색	청 색	6.0~7.6
페놀레드	노란색	적 색	6.4~8.0
페놀프탈레인(P.P)	무 색	적 색	8.0~9.6

※ 산성용액에서 색깔을 나타내는 지시약 : MO, MR, 티몰블루

11 1기압에서 2L의 부피를 차지하는 어떤 이상기체를 온도의 변화 없이 압력을 4기압으로 하면 부피는 얼마가 되겠는가?

① 8L ② 2L
③ 1L ④ 0.5L

해설
보일의 법칙

$$V_2 = V_1 \times \frac{P_1}{P_2} = 2L \times \frac{1}{4} = 0.5L$$

12 다음 중 방향족 화합물이 아닌 것은?

① 톨루엔 ② 아세톤
③ 크레졸 ④ 아닐린

해설
구조식

종 류	화학식	구조식	구 분
톨루엔	$C_6H_5CH_3$	CH₃ 구조	방향족 화합물
아세톤	CH_3COCH_3	H-C-C-C-H 구조	지방족 화합물
m-크레졸	$C_6H_4CH_3OH$	OH, CH₃ 구조	방향족 화합물
아닐린	$C_6H_5NH_2$	NH₂ 구조	방향족 화합물

13 어떤 금속(M) 8g을 연소시키니 11.2g의 산화물이 얻어졌다. 이 금속의 원자량이 140이라면 이 산화물의 화학식은?

① M_2O_3 ② MO
③ MO_2 ④ M_2O_7

해설
금속 : 산소 → $8 : (11.2 - 8) = x : 8$
$x = 20$
금속의 원자가 = 원자량/당량 = 140/20 = 7
∴ 금속의 원자가가 7가이므로 화학식은 M_2O_7이다.

14 산소의 산화수가 가장 큰 것은?

① O_2 ② $KClO_4$
③ H_2SO_4 ④ H_2O_2

해설
산소의 산화수
① 산소(O_2) : 단체의 산화수는 0이다.
② 과염소산칼륨($KClO_4$) : 과산화물이 아닌 산소의 산화수는 -2이다.
③ 황산(H_2SO_4) : 과산화물이 아닌 산소의 산화수는 -2이다.
④ 과산화수소(H_2O_2) : 과산화물에서 산소의 산화수는 -1이다.

15 Rn은 α선 및 β선을 2번씩 방출하고 다음과 같이 변했다. 마지막 Po의 원자번호는 얼마인가?(단, Rn의 원자번호는 86, 원자량은 222이다)

$$Rn \xrightarrow{\alpha} Po \xrightarrow{\alpha} Pb \xrightarrow{\beta} Bi \xrightarrow{\beta} Po$$

① 78　　　　　　　② 81

③ 84　　　　　　　④ 87

해설
α붕괴 및 β붕괴
• 원소가 α붕괴하면 원자번호 2 감소, 질량수 4 감소한다.
• 원소가 β붕괴하면 원자번호 1 증가, 질량수는 변화가 없다.
∴ Rn(원자번호 86)이 α붕괴 두 번하면 원자번호 4 감소(원자번호 82)하고 β붕괴 두 번하면 원자번호 2 증가하므로 최종 원자번호는 84가 된다.

16 에탄올 20.0g과 물 40.0g을 함유한 용액에서 에탄올의 몰분율은 약 얼마인가?

① 0.090　　　　　② 0.164

③ 0.444　　　　　④ 0.896

해설

몰분율 $= \dfrac{\text{각성분의 몰수}}{\text{전체 몰수}}$, 몰수 $= \dfrac{\text{무게}}{\text{분자량}}$

• 에탄올의 몰수 $= \dfrac{\text{무게}}{\text{분자량}} = \dfrac{20g}{46g} = 0.43478 mol$

• 물의 몰수 $= \dfrac{\text{무게}}{\text{분자량}} = \dfrac{40g}{18g} = 2.22222 mol$

• 에탄올(C_2H_5OH)의 분자량 $= (12 \times 2) + (1 \times 5) + 16 + 1 = 46$
• 물(H_2O)의 분자량 $= (1 \times 2) + 16 = 18$

∴ 에탄올의 몰분율 $= \dfrac{0.43478}{2.22222 + 0.43478} = 0.164$

17 구리를 석출하기 위하여 $CuSO_4$ 용액에 0.5F의 전기량을 흘렸을 때 약 몇 g의 구리가 석출되겠는가?(단, 원자량은 Cu : 64, S : 32, O : 16이다)

① 16　　　　　　　② 32

③ 64　　　　　　　④ 128

해설
Cu는 원자가가 2이므로 구리(Cu) 64g을 석출하기 위하여 2F의 전기량이 필요하므로
2F : 64g = 0.5F : x

∴ $x = \dfrac{64 \times 0.5}{2} = 16g$

18 불순물로 식염을 포함하고 있는 NaOH 3.2g을 물에 녹여 100mL로 한 다음 그 중 50mL를 중화하는데 1N의 염산이 20mL 필요했다. 이 NaOH의 농도(순도)는 약 몇 wt%인가?

① 10　　　　　　　② 20

③ 33　　　　　　　④ 50

해설
먼저 중화 전 NaOH의 농도를 구하면

1N ⤬ 40g ⤬ 1,000mL
x ⤬ 3.2g ⤬ 100mL

$x = \dfrac{1 \times 3.2 \times 1,000}{40 \times 100} = 0.8N$

이것을 중화적정 하기 위하여
$NV = N'V'$ 에서 0.8N $\times$ 50mL $\times x$ = 1N $\times$ 20mL
∴ $x = 50wt\%$

19 다음 중 아르곤(Ar)과 같은 전자수를 갖는 양이온과 음이온으로 이루어진 화합물은?

① NaCl   ② MgO

③ KF   ④ CaS

해설
아르곤(Ar, 8족 원소)은 황화칼슘(CaS)과 같이 전자수가 8개이다.

20 다음 물질 중 비점이 약 197℃인 무색 액체이고, 약간 단맛이 있으며 부동액의 원료로 사용하는 것은?

① CH_3CHCl_2 ② CH_3COCH_3

③ $(CH_3)_2CO$ ④ $C_2H_4(OH)_2$

해설
에틸렌글라이콜(Ethyl Glycol)
• 물 성

화학식	비 중	비 점	인화점	착화점
$CH_2(OH)CH_2(OH)$	1.11	198℃	120℃	398℃

• 무색의 끈기 있는 흡습성의 액체이다.
• 사염화탄소, 에터, 벤젠, 이황화탄소, 클로로폼에 불용, 물, 알코올, 글리세린, 아세톤, 초산, 피리딘에는 잘 녹는다(수용성).
• 2가 알코올로서 독성이 있으며 단맛이 난다.
• 무기산 및 유기산과 반응하여 에스터를 생성한다.
• 합성섬유와 부동액의 원료로 사용한다.

21 칼륨, 나트륨, 탄화칼슘의 공통점으로 옳은 것은?

① 연소생성물이 동일하다.
② 화재 시 대량의 물로 소화한다.
③ 물과 반응하면 가연성 가스를 발생한다.
④ 위험물안전관리법령에서 정한 지정수량이 같다.

해설
칼륨, 나트륨, 탄화칼슘의 비교

항목＼종류	칼 륨	나트륨	탄화칼슘
유 별	제3류 위험물	제3류 위험물	제3류 위험물
품 명	칼 륨	나트륨	칼슘의 탄화물
지정수량	10kg	10kg	300kg
연소여부	$4K + O_2$ $\rightarrow 2K_2O$	$4Na + O_2$ $\rightarrow 2Na_2O$	불연성 물질
물과 반응	$2K + 2H_2O$ $\rightarrow 2KOH + H_2$	$2Na + 2H_2O$ $\rightarrow 2NaOH + H_2$	$CaC_2 + 2H_2O$ $\rightarrow Ca(OH)_2 + C_2H_2$
소화방법	마른 모래, 탄산수소 염류분말	마른 모래, 탄산수소 염류분말	마른 모래, 탄산수소 염류분말

22 CO_2에 대한 설명으로 옳지 않은 것은?

① 무색, 무취의 기체로서 공기보다 무겁다.
② 물에 용해 시 약알칼리성을 나타낸다.
③ 농도에 따라서 질식을 유발할 위험성이 있다.
④ 상온에서도 압력을 가해 액화시킬 수 있다.

해설
이산화탄소(CO_2)는 물에 용해 시 산성을 나타낸다.

23 위험물안전관리법령상 옥내소화전설비의 설치기준에 따르면 수원의 수량은 옥내소화전이 가장 많이 설치된 층의 옥내소화전 설치개수(설치개수가 5개 이상인 경우에는 5개)에 몇 m³를 곱한 양 이상이 되도록 설치해야 하는가?

① 2.3   ② 2.6

③ 7.8   ④ 13.5

해설

옥내소화전설비의 수원 = N(최대 5개) × 7.8m³ 이상

※ 위험물 옥내소화전설비의 수원 = 260L/min × 30min
= 7,800L = 7.8m³ 이상

24 공기포 발포배율을 측정하기 위해 중량 340g, 용량 1,800mL의 포 수집용기에 가득히 포를 채취하여 측정한 용기의 무게가 540g이었다면 발포배율은?(단, 포수용액의 비중은 1로 가정한다)

① 3배   ② 5배

③ 7배   ④ 9배

해설

$$발포배율 = \frac{1,800}{540 - 340} = 9배$$

25 수소의 공기 중 연소범위에 가장 가까운 값을 나타낸 것은?

① 2.5~82.0vol%

② 5.3~13.9vol%

③ 4.0~74.5vol%

④ 12.5~55.0vol%

해설

연소범위

종 류	하한값(%)	상한값(%)
아세틸렌(C_2H_2)	2.5	81.0
수소(H_2)	4.0	75.0
일산화탄소(CO)	12.5	74.0
암모니아(NH_3)	15.0	28.0
메테인(CH_4)	5.0	15.0
에테인(C_2H_6)	3.0	12.4
프로페인(C_3H_8)	2.1	9.5
뷰테인(C_4H_{10})	1.8	8.4
이황화탄소(CS_2)	1.0	50
메탄올	6.0	36

※ 연소범위는 약간의 차이가 있을 수 있습니다.

26 가연성 고체 위험물의 화재에 대한 설명으로 틀린 것은?

① 적린과 황은 물에 의한 냉각소화를 한다.

② 금속분, 철분, 마그네슘이 연소하고 있을 때에는 주수해서는 안 된다.

③ 금속분, 철분, 마그네슘, 황화인은 마른 모래, 팽창질석 등으로 소화를 한다.

④ 금속분, 철분, 마그네슘의 연소 시에는 수소와 유독가스를 발생하므로 충분한 안전거리를 확보해야 한다.

해설

금속분, 철분, 마그네슘은 물과 반응 시 수소가스를 발생한다.

27 인화성 액체의 화재의 분류로 옳은 것은?

① A급 화재 ② B급 화재

③ C급 화재 ④ D급 화재

> 해설
>
> 인화성 액체(제4류 위험물) : B급 화재

28 할로젠화합물 소화약제 중 HFC-23의 화학식은?

① CF_3I ② CHF_3

③ $CF_3CH_2CF_3$ ④ C_4F_{10}

> 해설
>
> 종류(소방)

소화약제	화학식
퍼플루오로뷰테인(FC-3-1-10)	C_4F_{10}
하이드로클로로플루오로카본 혼화제(HCFC BLEND A)	• HCFC-123($CHCl_2CF_3$) : 4.75% • HCFC-22($CHClF_2$) : 82% • HCFC-124($CHClFCF_3$) : 9.5% • $C_{10}H_{16}$: 3.75%
클로로테트라플루오로에테인 (HCFC-124)	$CHClFCF_3$
펜타플루오로에테인(HFC-125)	CHF_2CF_3
헵타플루오로프로페인 (HFC-227ea)	CF_3CHFCF_3
트라이플루오로메테인(HFC-23)	CHF_3
헥사플루오로프로페인 (HFC-236fa)	$CF_3CH_2CF_3$
트라이플루오로이오다이드 (FIC-13I1)	CF_3I
불연성·불활성 기체혼합가스 (IG-01)	Ar
불연성·불활성 기체혼합가스 (IG-100)	N_2
불연성·불활성 기체혼합가스 (IG-541)	N_2 : 52%, Ar : 40%, CO_2 : 8%
불연성·불활성 기체혼합가스 (IG-55)	N_2 : 50%, Ar : 50%
도데카플루오로-2-메틸펜테인- 3-원(FK-5-1-12)	$CF_3CF_2C(O)CF(CF_3)_2$

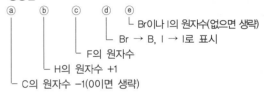

※ 명명법

ⓐ C의 원자수 -1(00이면 생략)

ⓑ H의 원자수 +1

ⓒ F의 원자수

ⓓ Br → B, I → I로 표시

ⓔ Br이나 I의 원자수(없으면 생략)

[예 시]

• HFC계열(HFC - 227, CF_3CHFCF_3)

ⓐ → C의 원자수(3 - 1 = 2)

ⓑ → H의 원자수(1 + 1 = 2)

ⓒ → F의 원자수(7)

• HCFC계열(HCFC - 124, $CHClFCF_3$)

ⓐ → C의 원자수(2 - 1 = 1)

ⓑ → H의 원자수(1 + 1 = 2)

ⓒ → F의 원자수(4)

부족한 원소는 Cl로 채운다.

• FIC계열(FIC - 13I1, CF_3I)

ⓐ → C의 원자수(1 - 1 = 0, 생략)

ⓑ → H의 원자수(0 + 1 = 1)

ⓒ → F의 원자수(3)

ⓓ → I로 표기

ⓔ → I의 원자수(1)

• FC계열(FC - 3 - 1 - 10, C_4F_{10})

ⓐ → C의 원자수(4 - 1 = 3)

ⓑ → H의 원자수(0 + 1 = 1)

ⓒ → F의 원자수(10)

29 다음 중 보통의 포소화약제보다 알코올용포소화약제가 더 큰 소화효과를 볼 수 있는 대상물질은?

① 경 유 ② 메틸알코올

③ 등 유 ④ 가솔린

> 해설
>
> 알코올용포소화약제 : 수용성 액체에 적합(알코올, 피리딘, 아세톤, 의산, 초산, 글리세린 등)

30 위험물안전관리법령상 전역방출방식 또는 국소방출방식의 불활성가스 소화설비의 저장용기의 설치기준으로 틀린 것은?

① 온도가 40℃ 이하이고 온도 변화가 작은 장소에 설치할 것

② 저장용기의 외면에 소화약제의 종류와 양, 제조년도 및 제조자를 표시할 것

③ 직사일광 및 빗물이 침투할 우려가 적은 장소에 설치할 것

④ 방호구역 내의 장소에 설치할 것

해설
불활성가스 소화설비의 저장용기 설치기준(위험물 세부기준 제134조)
• 방호구역 외의 장소에 설치할 것
• 저장용기에는 안전장치(용기밸브에 설치되어 있는 것은 포함)를 설치할 것
• 저장용기의 외면에 소화약제의 종류와 양, 제조년도 및 제조자를 표시할 것
• 온도가 40℃ 이하이고 온도 변화가 작은 장소에 설치할 것
• 직사일광 및 빗물이 침투할 우려가 적은 장소에 설치할 것

31 물리적 소화에 의한 소화효과(소화방법)에 속하지 않는 것은?

① 제거효과 ② 질식효과
③ 냉각효과 ④ 억제효과

해설
억제(부촉매)효과 : 화학적인 소화방법

32 위험물안전관리법령상 간이소화용구(기타 소화설비)인 팽창질석은 삽을 상비한 경우 몇 L가 능력단위 1.0인가?

① 70L ② 100L
③ 130L ④ 160L

해설
소화설비의 능력단위(시행규칙 별표 17)

소화설비	용 량	능력단위
소화전용(轉用)물통	8L	0.3
수조(소화전용 물통 3개 포함)	80L	1.5
수조(소화전용 물통 6개 포함)	190L	2.5
마른 모래(삽 1개 포함)	50L	0.5
팽창질석 또는 팽창진주암(삽 1개 포함)	160L	1.0

33 위험물안전관리법령상 위험물저장소 건축물의 외벽이 내화구조인 것은 연면적 얼마를 1소요단위로 하는가?

① 50m² ② 75m²
③ 100m² ④ 150m²

해설
소요단위의 계산방법(시행규칙 별표 17)
• 제조소 또는 취급소의 건축물
 – 외벽이 내화구조 : 연면적 100m²를 1소요단위
 – 외벽이 내화구조가 아닌 것 : 연면적 50m²를 1소요단위
• 저장소의 건축물
 – 외벽이 내화구조 : 연면적 150m²를 1소요단위
 – 외벽이 내화구조가 아닌 것 : 연면적 75m²를 1소요단위
• 위험물 : 지정수량의 10배를 1소요단위

34 위험물안전관리법령상 소화설비의 구분에서 물분무 등 소화설비에 속하는 것은?

① 포소화설비
② 옥내소화전설비
③ 스프링클러설비
④ 옥외소화전설비

물분무 등 소화설비 : 물분무소화설비, 포소화설비, 불활성가스소화설비, 할로젠화합물소화설비, 분말소화설비

35 위험물안전관리법령상 제3류 위험물 중 금수성 물질에 적응성이 있는 소화기는?

① 할로젠화합물소화기
② 인산염류분말소화기
③ 이산화탄소소화기
④ 탄산수소염류분말소화기

금수성 물질의 소화약제 : 탄산수소염류분말, 마른 모래, 팽창질석, 팽창진주암

36 연소의 3요소 중 하나에 해당하는 역할이 나머지 셋과 다른 위험물은?

① 과산화수소 ② 과산화나트륨
③ 질산칼륨 ④ 황 린

산소공급원 : 제1류 위험물(과산화나트륨, 질산칼륨), 제6류 위험물(과산화수소)

37 질식효과를 위해 포의 성질로서 갖추어야 할 조건으로 가장 거리가 먼 것은?

① 기화성이 좋을 것
② 부착성이 있을 것
③ 유동성이 좋을 것
④ 바람 등에 견디고 응집성과 안정성이 있을 것

포말의 조건
• 기름보다 가벼우며, 유류와의 접착성이 좋아야 한다.
• 바람 등에 견디는 응집성과 안정성이 있어야 한다.
• 열에 대한 센막을 가지며 유동성이 좋아야 한다.
• 독성이 적어야 한다.

38 마그네슘 분말이 이산화탄소소화약제와 반응하여 생성될 수 있는 유독기체의 분자량은?

① 28 ② 32
③ 40 ④ 44

마그네슘은 이산화탄소와 반응하면 일산화탄소가 생성된다.
$Mg + CO_2 \rightarrow MgO + CO$(분자량 : 28)

39 물이 일반적으로 소화약제로 사용될 수 있는 특징에 대한 설명 중 틀린 것은?

① 증발잠열이 크기 때문에 냉각시키는 데 효과적이다.

② 물을 사용한 봉상수소화기는 A급, B급 및 C급 화재의 진압이 적응성이 뛰어나다.

③ 비교적 쉽게 구해서 이용이 가능하다.

④ 펌프, 호스 등을 이용하여 이송이 비교적 용이하다.

해설
물의 방수형태에 따른 소화효과
• 봉상주수(옥내소화전설비, 옥외소화전설비) : 냉각효과(A급 화재)
• 적상주수(스프링클러설비) : 냉각효과(A급 화재)
• 무상주수(물분무소화설비, 미분무소화설비) : 질식, 냉각, 희석, 유화효과(A급, B급, C급 화재)

40 과산화칼륨이 다음과 같이 반응하였을 때 공통적으로 포함된 물질(기체)의 종류가 나머지 셋과 다른 하나는?

① 가열하여 열분해하였을 때

② 물(H_2O)과 반응하였을 때

③ 염산(HCl)과 반응하였을 때

④ 이산화탄소(CO_2)와 반응하였을 때

해설
과산화칼륨의 반응식
• 분해반응식 : $2K_2O_2 \rightarrow 2K_2O + O_2 \uparrow$
• 물과 반응 : $2K_2O_2 + 2H_2O \rightarrow 4KOH + O_2 \uparrow$
• 탄산가스와 반응 : $2K_2O_2 + 2CO_2 \rightarrow 2K_2CO_3 + O_2 \uparrow$
• 초산과 반응 : $K_2O_2 + 2CH_3COOH \rightarrow 2CH_3COOK + H_2O_2$
　　　　　　　　　　　　　　　(초산칼륨)　(과산화수소)
• 염산과 반응 : $K_2O_2 + 2HCl \rightarrow 2KCl + H_2O_2$
• 황산과 반응 : $K_2O_2 + H_2SO_4 \rightarrow K_2SO_4 + H_2O_2$

제3과목 위험물의 성상 및 취급

41 다음 위험물 중 보호액으로 물을 사용하는 것은?

① 황 린　　　　② 적 린
③ 루비듐　　　　④ 오황화인

해설
황린의 보호액 : 물

42 다음 제4류 위험물 중 연소범위가 가장 넓은 것은?

① 아세트알데하이드

② 산화프로필렌

③ 휘발유

④ 아세톤

해설
연소범위

종 류	하한값(%)	상한값(%)
아세트알데하이드	4.0	60
산화프로필렌	2.8	37
휘발유	1.2	7.6
아세톤	2.5	12.8
아세틸렌(C_2H_2)	2.5	81.0
수소(H_2)	4.0	75.0
메테인(CH_4)	5.0	15.0
에테인(C_2H_6)	3.0	12.4
프로페인(C_3H_8)	2.1	9.5
뷰테인(C_4H_{10})	1.8	8.4

43 이황화탄소를 물속에 저장하는 이유로 가장 타당한 것은?

① 공기와 접촉하면 즉시 폭발하므로
② 가연성 증기의 발생을 방지하므로
③ 온도의 상승을 방지하므로
④ 불순물을 물에 용해시키므로

해설
저장방법
• 황린 : 물속에 저장(공기와 접촉을 피하기 위하여)
• 이황화탄소 : 물속에 저장(가연성 증기 발생을 억제하기 위하여)

44 다음 중 황린의 연소생성물은?

① 삼황화인   ② 인화수소
③ 오산화인   ④ 오황화인

해설
황린의 연소반응식
$P_4 + 5O_2 \rightarrow 2P_2O_5$(오산화인)

45 과산화벤조일에 대한 설명으로 틀린 것은?

① 벤조일퍼옥사이드라고도 한다.
② 상온에서 고체이다.
③ 산소를 포함하지 않는 환원성 물질이다.
④ 희석제를 첨가하여 폭발성을 낮출 수 있다.

해설
과산화벤조일(BPO)은 산소를 포함하는 자기반응성 물질이다.

46 질산염류의 일반적인 성질에 대한 설명으로 옳은 것은?

① 무색 액체이다.
② 물에 잘 녹는다.
③ 물에 녹을 때 흡열반응을 나타내는 물질은 없다.
④ 과염소산염류보다 충격, 가열에 불안정하여 위험성이 크다.

해설
질산염류의 특성
• 대부분 무색, 백색의 결정 및 분말로 물에 녹고 조해성이 있는 것이 많다.
• 물과 결합하면 수화염이 되기 쉬우나 열분해로 산소를 방출한다.
• 강력한 산화제로서 $MClO_3$(염소산염류)나 $MClO_4$(과염소산염류)보다 가열, 마찰에 대하여 안정하다.
• 금속, 금속탄산염, 금속산화물 또는 수산화물에 질산을 반응시켜 만든다.
• 질산암모늄은 물에 용해 시 흡열반응을 한다.

47 금속칼륨의 보호액으로 적당하지 않은 것은?

① 유동파라핀   ② 등 유
③ 경 유   ④ 에탄올

해설
위험물의 보호액
• 이황화탄소, 황린 : 물속에 저장
• 칼륨, 나트륨 : 등유, 경유, 유동파라핀 속에 저장
• 나이트로셀룰로스 : 물 또는 알코올에 습면시켜 저장

48 제조소에서 위험물을 취급함에 있어서 정전기를 유효하게 제거할 수 있는 방법으로 가장 거리가 먼 것은?

① 접지에 의한 방법
② 공기 중의 상대습도를 70% 이상으로 하는 방법
③ 공기를 이온화하는 방법
④ 부도체 재료를 사용하는 방법

> **해설**
> 정전기 제거설비
> • 접지할 것
> • 상대습도를 70% 이상으로 할 것
> • 공기를 이온화할 것

49 다음 위험물안전관리법령에서 정한 지정수량이 가장 작은 것은?

① 염소산염류
② 브로민산염류
③ 하이드록실아민
④ 금속의 인화물

> **해설**
> 지정수량
>
> | 종 류
항 목 | 염소산
염류 | 브로민산
염류 | 하이드록
실아민 | 금속의
인화물 |
> |---|---|---|---|---|
> | 유 별 | 제1류
위험물 | 제1류
위험물 | 제5류
위험물 | 제3류
위험물 |
> | 지정수량 | 50kg | 300kg | 100kg | 300kg |

50 다음 중 아이오딘값이 가장 작은 것은?

① 아마인유
② 들기름
③ 정어리기름
④ 야자유

> **해설**
> 동식물유류의 분류
>
> | 구 분 | 아이오딘값 | 반응성 | 불포
화도 | 종 류 |
> |---|---|---|---|---|
> | 건성유 | 130 이상 | 크다. | 크다. | 들기름, 동유, 아마인
유, 정어리기름 |
> | 반건성유 | 100~130 | 중 간 | 중 간 | 채종유, 목화씨기름
(면실유), 참기름, 콩
기름 |
> | 불건성유 | 100 이하 | 작다. | 작다. | 야자유, 올리브유, 피
마자유, 동백유 |

51 위험물안전관리법령상 옥내저장소의 안전거리를 두지 않을 수 있는 경우는?

① 지정수량 20배 이상의 동식물유류
② 지정수량 20배 미만의 특수인화물
③ 지정수량 20배 미만의 제4석유류
④ 지정수량 20배 이상의 제5류 위험물

> **해설**
> 옥내저장소의 안전거리 제외 대상
> • 제4석유류 또는 동식물유류를 지정수량 20배 미만의 위험물을 저장 또는 취급하는 옥내저장소
> • 제6류 위험물을 저장 또는 취급하는 옥내저장소

52 다음 중 발화점이 가장 높은 것은?

① 등 유   ② 벤 젠

③ 다이에틸에터   ④ 휘발유

해설

발화점

종 류	등 유	벤 젠	다이에틸에터	휘발유
발화점	210℃ 이상	498℃	180℃	280~456℃

53 인화칼슘이 물과 반응하였을 때 발생하는 기체는?

① 수 소   ② 산 소

③ 포스핀   ④ 포스겐

해설

인화칼슘은 물과 반응하면 포스핀(인화수소, PH_3)가스를 발생한다.
$Ca_3P_2 + 6H_2O \rightarrow 2PH_3 + 3Ca(OH)_2$

54 위험물안전관리법령에 따른 질산에 대한 설명으로 틀린 것은?

① 지정수량은 300kg이다.

② 위험등급은 Ⅰ이다.

③ 농도가 36wt% 이상인 것에 한하여 위험물로 간주한다.

④ 운반 시 제1류 위험물과 혼재할 수 있다.

해설

질산(HNO_3)

• 제6류 위험물로서 지정수량은 300kg이다.
• 위험등급은 Ⅰ이다.
• 질산의 비중이 1.49 이상이면 제6류 위험물이다.
• 운반 시 제1류 위험물과 제6류 위험물(질산)은 혼재할 수 있다.
※ 과산화수소 : 농도가 36중량% 이상인 것은 제6류 위험물이다.

55 휘발유의 일반적인 성질에 대한 설명으로 틀린 것은?

① 인화점은 0℃보다 낮다.

② 액체비중은 1보다 작다.

③ 증기비중은 1보다 작다.

④ 연소범위는 약 1.2~7.6%이다.

해설

휘발유

품 명	제1석유류
인화점	−43℃
액체비중	0.7~0.8
증기비중	3~4
연소범위	1.2~7.6%

56 다음 위험물의 지정수량 배수의 총합은?

> • 휘발유 : 2,000L
> • 경유 : 4,000L
> • 등유 : 40,000L

① 18   ② 32

③ 46   ④ 54

해설

지정수량 배수의 총합

• 지정수량

종 류	휘발유	경 유	등 유
품 명	제1석유류 (비수용성)	제2석유류 (비수용성)	제2석유류 (비수용성)
지정수량	200L	1,000L	1,000L

• 지정수량의 배수

$$= \frac{저장수량}{지정수량} + \frac{저장수량}{지정수량} + \cdots$$

$$= \frac{2,000L}{200L} + \frac{4,000L}{1,000L} + \frac{40,000L}{1,000L} = 54배$$

57 위험물안전관리법령상 위험물의 지정수량이 틀리게 짝지어진 것은?

① 황화인 – 50kg

② 적린 – 100kg

③ 철분 – 500kg

④ 금속분 – 500kg

해설

지정수량

종 류	황화인	적 린	철 분	금속분
지정수량	100kg	100kg	500kg	500kg

58 휘발유를 저장하던 이동저장탱크에 탱크의 상부로부터 등유나 경유를 주입할 때 액표면이 주입관의 끝부분을 넘는 높이가 될 때까지 그 주입관 내의 유속을 몇 m/s 이하로 해야 하는가?

① 1 　　　　② 2

③ 3 　　　　④ 5

해설

이동탱크저장소에 주입 시 유속 : 1m/s 이하

59 취급하는 장치가 구리나 마그네슘으로 되어 있을 때 반응을 일으켜서 폭발성의 아세틸라이드를 생성하는 물질은?

① 이황화탄소

② 아이소프로필알코올

③ 산화프로필렌

④ 아세톤

해설

산화프로필렌이나 아세트알데하이드는 구리(Cu), 마그네슘(Mg), 은(Ag), 수은(Hg)과 반응하면 아세틸라이드를 형성하여 위험하다.

60 과산화수소 용액의 분해를 방지하기 위한 방법으로 가장 거리가 먼 것은?

① 햇빛을 차단한다.

② 암모니아를 가한다.

③ 인산을 가한다.

④ 요산을 가한다.

해설

과산화수소는 인산(H_3PO_4), 요산($C_5H_4N_4O_3$)의 안정제를 첨가하거나 햇빛을 차단하여 분해를 방지한다.

제1과목 물질의 물리·화학적 성질

01 다음의 반응 중 평형상태가 압력의 영향을 받지 않는 것은?

① $N_2 + O_2 \leftrightarrow 2NO$

② $NH_3 + HCl \leftrightarrow NH_4Cl$

③ $2CO + O_2 \leftrightarrow 2CO_2$

④ $2NO_2 \leftrightarrow N_2O_4$

해설

Le Chatelier 평형이동의 법칙
평형상태에서 외부의 조건(온도, 압력, 농도)을 변화시키면 이 변화를 방해하는 방향으로 평형이 이동한다.
$A_2(g) + 2B_2(g) \rightleftarrows 2AB_2(g) + 열$
• 온 도
 – 상승 : 온도가 내려가는 방향(흡열반응쪽, ←)
 – 강하 : 온도가 올라가는 방향(발열반응쪽, →)
• 압 력
 – 상승 : 분자수가 감소하는 방향(몰수가 감소하는 방향, →)
 – 강하 : 분자수가 증가하는 방향(몰수가 증가하는 방향, ←)
∴ 몰수가 반응물이 1mol, 생성물도 1mol이니까 압력의 변화가 없다.

02 1N NaOH 100mL수용액으로 10wt% 수용액을 만들려고 할 때의 방법으로 다음 중 가장 적합한 것은?

① 36mL의 증류수 혼합

② 40mL의 증류수 혼합

③ 60mL의 수분 증발

④ 64mL의 수분 증발

해설

• 1N NaOH 100mL수용액 중 NaOH의 무게

1N   40g   1,000mL
1N x 100mL

$$\therefore x = \frac{1N \times 40g \times 100mL}{1N \times 1,000mL} = 4g$$

• 증발시켜야 할 수분의 양

$$wt\% = \frac{용질}{용매 + 용질} \times 100$$

$$10wt\% = \frac{4g}{x + 4g} \times 100$$

$10(x + 4g) = 4g \times 100$

$10x + 40g = 400g$ $\therefore x = 36g$

물의 비중은 1이므로 증발시켜야 할 수분의 양 = 100mL – 36mL
             = 64mL

03 A는 B이온과 반응하나 C이온과는 반응하지 않고 D는 C이온과 반응한다고 할 때 A, B, C, D의 환원력의 세기를 큰 것부터 차례대로 나타낸 것은?(단, A, B, C, D는 모두 금속이다)

① $A > B > D > C$ ② $D > C > A > B$

③ $C > D > B > A$ ④ $B > A > C > D$

해설

환원력 : A는 B이온과 반응하나 C이온과는 반응하지 않고 D는 C이온과 반응한다면 D > C > A > B

04 벤조산은 무엇을 산화하면 얻을 수 있는가?

① 나이트로벤젠

② 트라이나이트로톨루엔

③ 페 놀

④ 톨루엔

해설
톨루엔과 산화제를 작용시키면 산화하여 벤즈알데하이드가 되고, 산화하여 벤조산이 된다.

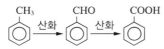

05 엿당을 포도당으로 변화시키는 데 필요한 효소는?

① 말타아제

② 아밀라아제

③ 지마아제

④ 리파아제

해설
말타아제 : 이당류의 일종인 맥아당(엿당)을 간단한 포도당으로 가수분해 시키는 효소

06 30wt%인 진한 HCl의 비중은 1.1이다. 진한 HCl의 몰농도는 얼마인가?(단, HCl의 화학식량은 36.5 이다)

① 7.21

② 9.04

③ 11.36

④ 13.08

해설
$$몰농도(M) = \frac{10ds}{분자량} \ (d : 비중, \ s : \%농도)$$

$$= \frac{10 \times 1.1 \times 30}{36.5} = 9.04M$$

07 다음 물질 중 감광성이 가장 큰 것은?

① HgO

② CuO

③ $NaNO_3$

④ AgCl

해설
염화은(AgCl)
• 빛에 의해서 흰색이나 황색에서 분홍색으로 변한다.
• 물, 에탄올에는 거의 녹지 않고 암모니아수, 진한 염산 등의 농염산에 녹는다.
• 천연에서는 광석으로 산출되며 감광성이 있어서 사진술에 활용된다.

08 한 분자 내에 배위결합과 이온결합을 동시에 가지고 있는 것은?

① NH_4Cl

② C_6H_6

③ CH_3OH

④ NaCl

해설
NH_4Cl(염화암모늄) : 한 분자 내에 배위결합과 이온결합을 동시에 가지고 있다.

09 메테인에 직접 염소를 작용시켜 클로로폼을 만드는 반응을 무엇이라 하는가?

① 환원반응

② 부가반응

③ 치환반응

④ 탈수소반응

해설
클로로폼의 제법 : 메테인(CH_4)의 3개 수소원자를 직접 염소원자로 치환한 화합물

10 주기율표에서 3주기 원소들의 일반적인 물리·화학적 성질 중 오른쪽으로 갈수록 감소하는 성질들로만 이루어진 것은?

① 비금속성, 전자흡수성, 이온화에너지
② 금속성, 전자방출성, 원자반지름
③ 비금속성, 이온화에너지, 전자친화도
④ 전자친화도, 전자흡수성, 원자반지름

해설

원소의 성질

구 분 \ 항 목	같은 주기에서 원자번호가 증가할수록(왼쪽에서 오른쪽으로)
이온화에너지	증가한다.
전기음성도	증가한다.
이온반지름	작아진다.
원자반지름	작아진다.
전자방출성	감소한다.
금속성	감소한다.

11 다음 반응식에 관한 사항 중 옳은 것은?

$$SO_2 + 2H_2S \rightarrow 2H_2O + 3S$$

① SO_2는 산화제로 작용
② H_2S는 산화제로 작용
③ SO_2는 촉매로 작용
④ H_2S는 촉매로 작용

해설

산소를 잃을 때(산화수 감소 : 환원)는 환원이므로 이산화황(SO_2)은 산화제로 작용한다.

12 다음 중 물의 끓는점을 높이기 위한 방법으로 가장 타당한 것은?

① 순수한 물을 끓인다.
② 물을 저으면서 끓인다.
③ 감압하에 끓인다.
④ 밀폐된 그릇에서 끓인다.

해설

밀폐된 그릇에서 물을 끓이고, 외부의 압력을 올리면 비점을 높일 수 있다.

13 어떤 기체의 확산속도는 SO_2의 2배이다. 이 기체의 분자량은 얼마인가?(단, SO_2의 분자량은 64이다)

① 4   ② 8
③ 16   ④ 32

해설

그레이엄의 확산속도 법칙

$$\frac{U_B}{U_A} = \sqrt{\frac{M_A}{M_B}}$$

여기서, A : 어떤 기체, B : 이산화황(SO_2)으로 가정

$$\frac{1}{2} = \sqrt{\frac{M_A}{64}}$$

$$\therefore \ M_A = 64 \times \left(\frac{1}{2}\right)^2 = 16$$

14 다음 중 산성 산화물에 해당하는 것은?

① BaO   ② CO₂

③ CaO   ④ MgO

해설
산화물의 종류
• 산성 산화물 : CO_2, SO_2, P_2O_5, SiO_2 등
• 염기성 산화물 : CaO, MgO, Na₂O, K₂O, CuO 등
• 양쪽성 산화물 : ZnO, Al₂O₃, SnO, PbO 등

15 다음 중 가수분해가 되지 않는 염은?

① NaCl

② NH₄Cl

③ CH₃COONa

④ CH₃COONH₄

해설
소금(NaCl)은 가수분해가 되지 않는다.

16 방사성 원소에서 방출되는 방사선 중 전기장의 영향을 받지 않아 휘어지지 않는 선은?

① α선   ② β선

③ γ선   ④ α, β, γ선

해설
γ선 : 방사선 중 전기장의 영향을 받지 않아 휘어지지 않는 선으로 방사선의 파장이 가장 짧고 투과력과 방출속도가 가장 크다.

17 다음 중 산성염으로만 나열된 것은?

① NaHSO₄, Ca(HCO₃)₂

② Ca(OH)Cl, Cu(OH)Cl

③ NaCl, Cu(OH)Cl

④ Ca(OH)Cl, CaCl₂

해설
산성염 : 황산수소나트륨(NaHSO₄), 탄산수소나트륨(NaHCO₃), 인산수소이나트륨(Na₂HPO₄), 인산이수소나트륨(NaH₂PO₄), 탄산수소칼륨[Ca(HCO₃)₂]

18 1패러데이(Faraday)의 전기량으로 물을 전기분해 하였을 때 생성되는 기체 중 산소 기체는 0℃, 1기압에서 몇 L인가?

① 5.6   ② 11.2

③ 22.4   ④ 44.8

해설
물의 전기분해
$$2H_2O \rightarrow 2H_2 + O_2$$
　　　　　　　(－극)　(＋극)
물을 전기분해하면 산소가 1mol이 발생하므로 산소 1g당량 5.6L 이다.

19 공업적으로 에틸렌을 $PdCl_2$ 촉매하에 산화시킬 때 주로 생성되는 물질은?

① CH_3OCH_3

② CH_3CHO

③ $HCOOH$

④ C_3H_7OH

해설

아세트알데하이드(CH_3CHO)는 에틸렌을 $PdCl_2$ 촉매 하에 산화시킬 때 생성된다.

20 다음과 같은 전자배치를 갖는 원자 A와 B에 대한 설명으로 옳은 것은?

> A : $1s^2 2s^2 2p^6 3s^2$
> B : $1s^2 2s^2 2p^6 3s^2 3p^1$

① A와 B는 다른 종류의 원자이다.

② A는 홀원자이고, B는 이원자 상태인 것을 알 수 있다.

③ A와 B는 동위원소로서 전자배열이 다르다.

④ A에서 B로 변할 때 에너지를 흡수한다.

해설

전자배치
• Mg(원자번호 12) : $1s^2 2s^2 2p^6 3s^2$
• Al(원자번호 13) : $1s^2 2s^2 2p^6 3s^2 3p^1$
∴ A에서 B로 변할 때 에너지를 흡수한다.

제2과목 화재예방과 소화방법

21 이산화탄소 소화기에 대한 설명으로 옳은 것은?

① C급 화재에는 적응성이 없다.

② 다량의 물질이 연소하는 A급 화재에 가장 효과적이다.

③ 밀폐되지 않는 공간에서 사용할 때 가장 소화효과가 좋다.

④ 방출용 동력이 별도로 필요하지 않다.

해설

이산화탄소 소화기
• C급 화재에는 적응성이 있다.
• 밀폐된 공간에서 사용할 때 가장 소화효과가 좋다.
• 방출용 동력이 별도로 필요하지 않다.

22 위험물안전관리법령상 염소산염류에 대해 적응성이 있는 소화설비는?

① 탄산수소염류 분말소화설비

② 포소화설비

③ 불활성가스소화설비

④ 할로젠화합물소화설비

해설

염소산염류는 제1류 위험물로서 옥내소화전설비, 옥외소화전설비, 포소화설비 등 냉각소화가 적합하다.

23 위험물안전관리법령상 마른 모래(삽 1개 포함) 50L 의 능력단위는?

① 0.3   ② 0.5

③ 1.0   ④ 1.5

해설
소화설비의 능력단위(시행규칙 별표 17)

소화설비	용 량	능력단위
소화전용(轉用)물통	8L	0.3
수조(소화전용 물통 3개 포함)	80L	1.5
수조(소화전용 물통 6개 포함)	190L	2.5
마른 모래(삽 1개 포함)	50L	0.5
팽창질석 또는 팽창진주암(삽 1개 포함)	160L	1.0

24 이산화탄소 소화약제의 소화작용을 옳게 나열한 것은?

① 질식소화, 부촉매소화

② 부촉매소화, 제거소화

③ 부촉매소화, 냉각소화

④ 질식소화, 냉각소화

해설
이산화탄소 소화약제의 소화작용 : 질식소화, 냉각소화

25 전역방출방식의 할로젠화합물소화설비의 분사헤드에서 Halon 1211을 방사하는 경우의 방사 압력은 얼마 이상으로 하는가?

① 0.1MPa   ② 0.2MPa

③ 0.5MPa   ④ 0.9MPa

해설
분사헤드의 방사압력

약제종류	할론 2402	할론 1211	할론 1301
방사압력	0.1MPa 이상	0.2MPa 이상	0.9MPa 이상

26 다이에틸에터 2,000L와 아세톤 4,000L를 옥내저장소에 저장하고 있다면 총소요단위는 얼마인가?

① 5   ② 6

③ 50   ④ 60

해설
• 제4류 위험물의 지정수량

종 류	다이에틸에터	아세톤
품 명	특수인화물	제1석유류(수용성)
지정수량	50L	400L

• 소요단위

$$= \frac{\text{저장수량}}{\text{지정수량} \times 10} = \frac{2,000L}{50L \times 10L} + \frac{4,000L}{400L \times 10} = 5\text{단위}$$

27 벤젠에 관한 일반적인 성질로 틀린 것은?

① 무색 투명한 휘발성 액체로 증기는 마취성과 독성이 있다.

② 불을 붙이면 그을음을 많이 내고 연소한다.

③ 겨울철에는 응고하여 인화의 위험이 없지만 상온에서는 액체 상태로 인화의 위험이 높다.

④ 진한 황산과 질산으로 나이트로화 시키면 나이트로벤젠이 된다.

해설

벤젠은 녹는점(응고점)이 7.0℃이며, 겨울철에 녹는점 이하가 되면 응고된다. 인화점은 −11℃로서 인화의 위험이 있다.

28 위험물안전관리법령상 제5류 위험물에 적응성이 있는 소화설비는?

① 분말을 방사하는 대형소화기

② CO₂를 방사하는 소형소화기

③ 할로젠화합물을 방사하는 대형소화기

④ 스프링클러설비

해설

제5류 위험물의 소화설비 : 수계소화설비(옥내소화전설비, 옥외소화전설비, 스프링클러설비)

29 과산화나트륨 저장장소에서 화재가 발생하였다. 과산화나트륨을 고려하였을 때 다음 중 가장 적합한 소화약제는?

① 포소화약제   ② 할로젠화합물

③ 건조사   ④ 물

해설

과산화나트륨(Na_2O_2)의 소화약제 : 마른 모래(건조사), 팽창질석, 팽창진주암, 탄산수소염류분말

※ 수계소화약제는 산소(O_2) 발생으로 적합하지 않다.

$$2Na_2O_2 + 2H_2O \rightarrow 4NaOH + O_2$$

30 벤조일퍼옥사이드의 화재 예방상 주의 사항에 대한 설명 중 틀린 것은?

① 열, 충격 및 마찰에 의해 폭발할 수 있으므로 주의한다.

② 진한 질산, 진한 황산과의 접촉을 피한다.

③ 비활성의 희석제를 첨가하면 폭발성을 낮출 수 있다.

④ 수분과 접촉하면 폭발의 위험이 있으므로 주의한다.

해설

벤조일퍼옥사이드(과산화벤조일)는 물에는 녹지 않고 마찰, 충격으로 폭발의 위험이 있다.

정답 27 ③ 28 ④ 29 ③ 30 ④

31 10℃의 물 2g을 100℃의 수증기로 만드는 데 필요한 열량은?

① 180cal ② 340cal

③ 719cal ④ 1,258cal

- 10℃ 물 → 100℃ 물 → 100℃ 수증기를 만드는 데 필요한 열량
- $Q = m C_p \Delta t + \gamma \cdot m$

여기서, m : 무게(2g)

C_p : 물의 비열(1cal/g·℃)

Δt : 온도차(100 − 10 = 90℃)

γ : 물의 증발잠열(539cal/g)

$\therefore Q = m C_p \Delta t + \gamma \cdot m$

$= [2g \times 1cal/g \cdot ℃ \times (100 − 10)℃] + (539cal/g \times 2g)$

$= 1,258cal$

32 금속나트륨의 연소 시 소화방법으로 가장 적절한 것은?

① 팽창질석을 사용하여 소화한다.

② 분무상의 물을 뿌려 소화한다.

③ 이산화탄소를 방사하여 소화한다.

④ 물로 적신 헝겊으로 피복하여 소화한다.

나트륨의 소화약제 : 마른 모래, 팽창질석, 팽창진주암, 탄산수소염류분말소화약제

33 불활성가스 소화약제 중 IG-541의 구성성분이 아닌 것은?

① N_2 ② Ar

③ Ne ④ CO_2

불활성가스 소화약제

종 류	화학식
IG-55	N_2 : 50%, Ar : 50%
IG-100	N_2
IG-541	N_2 : 52%, Ar : 40%, CO_2 : 8%

34 어떤 가연물의 착화에너지가 24cal일 때 이것을 일 에너지의 단위로 환산하면 약 몇 Joule인가?

① 24 ② 42

③ 84 ④ 100

1cal = 4.184Joule

$\therefore$ 24cal × 4.184J/cal = 100.42J

35 위험물제조소 등에 옥내소화전설비를 압력수조를 이용한 가압송수장치로 설치하는 경우 압력수조의 최소압력은 몇 MPa인가?(단, 호스의 마찰손실수두압은 3.2MPa, 배관의 마찰손실수두압은 2.2MPa, 낙차의 환산수두압은 1.79MPa이다)

① 5.4
② 3.99
③ 7.19
④ 7.54

해설
압력수조를 이용한 가압송수장치
$P = p_1 + p_2 + p_3 + 0.35\text{MPa}$ 이상
여기서, P : 필요한 압력(MPa)
　　　　p_1 : 호스의 마찰손실수두압(MPa)
　　　　p_2 : 배관의 마찰손실수두압(MPa)
　　　　p_3 : 낙차의 환산수두압(MPa)
∴ $P = 3.2 + 2.2 + 1.79 + 0.35\text{MPa} = 7.54\text{MPa}$ 이상

36 다음은 위험물안전관리법령상 위험물제조소 등에 설치하는 옥내소화전설비의 설치표시 기준 중 일부이다. (　　)에 알맞은 수치를 차례대로 옳게 나타낸 것은?

> 옥내소화전함의 상부의 벽면에 적색의 표시등을 설치하되 해당 표시등의 부착면과 (　　) 이상의 각도가 되는 방향으로 (　　) 떨어진 곳에서 용이하게 식별이 가능하도록 할 것

① 5°, 5m
② 5°, 10m
③ 15°, 5m
④ 15°, 10m

해설
옥내소화전설비의 설치기준
• 옥내소화전함에는 그 표면에 "소화전"이라고 표시할 것
• 옥내소화전함의 상부에 적색의 표시등을 설치할 것
• 표시등의 부착면과 15° 이상의 각도가 되는 방향으로 10m 떨어진 곳에서 용이하게 식별이 가능하도록 할 것
• 호스접속구는 바닥면으로부터 1.5m 이하의 높이에 설치할 것

37 연소이론에 대한 설명으로 가장 거리가 먼 것은?

① 착화온도가 낮을수록 위험성이 크다.
② 인화점이 낮을수록 위험성이 크다.
③ 인화점이 낮은 물질은 착화점도 낮다.
④ 폭발한계가 넓을수록 위험성이 크다.

해설
연소이론
• 착화온도와 인화점이 낮을수록 위험성이 크다.
• 인화점이 낮은 물질이 착화점도 낮은 것은 아니고 위험물에 따라 다르다.

종 류	등 유	휘발유
인화점	39℃ 이상	−43℃
착화점	210℃	280~456℃

• 폭발한계가 넓을수록 위험성이 크다.

38 분말소화약제의 착색 색상으로 옳은 것은?

① $NH_4H_2PO_4$: 담홍색
② $NH_4H_2PO_4$: 백색
③ $KHCO_3$: 담홍색
④ $KHCO_3$: 백색

해설
분말소화약제

종 류	주성분	적응화재	착 색
제1종 분말	$NaHCO_3$(중탄산나트륨, 탄산수소나트륨)	B, C급	백 색
제2종 분말	$KHCO_3$(중탄산칼륨, 탄산수소칼륨)	B, C급	담회색
제3종 분말	$NH_4H_2PO_4$(인산암모늄, 제일인산암모늄)	A, B, C급	담홍색
제4종 분말	$KHCO_3 + (NH_2)_2CO$	B, C급	회 색

39 다음 중 자연발화의 원인으로 가장 거리가 먼 것은?

① 기화열에 의한 발열
② 산화열에 의한 발열
③ 분해열에 의한 발열
④ 흡착열에 의한 발열

해설
자연발화의 형태 : 분해열, 산화열, 흡착열, 미생물에 의한 발열

40 불활성가스 소화설비에 의한 소화적응성이 없는 것은?

① $C_3H_5(ONO_2)_3$　　② $C_6H_4(CH_3)_2$
③ CH_3COCH_3　　④ $C_2H_5OC_2H_5$

해설
소화적응성

종 류	명 칭	유별 및 품명	소화설비
$C_3H_5(ONO_2)_3$	나이트로 글리세린	제5류 위험물 질산에스터류	수계 소화설비
$C_6H_4(CH_3)_2$	자일렌	제4류 위험물 제2석유류 (비수용성)	질식소화 (포, 가스계 소화설비)
CH_3COCH_3	아세톤	제4류 위험물 제1석유류 (수용성)	질식소화 (포, 가스계 소화설비)
$C_2H_5OC_2H_5$	에 터	제4류 위험물 특수인화물	질식소화 (포, 가스계 소화설비)

41 위험물이 물과 접촉하였을 때 발생하는 기체를 옳게 연결한 것은?

① 인화칼슘 – 포스핀
② 과산화칼륨 – 아세틸렌
③ 나트륨 – 산소
④ 탄화칼슘 – 수소

해설
각 위험물의 물과 반응
• 인화칼슘 : $Ca_3P_2 + 6H_2O \rightarrow 3Ca(OH)_2 + 2PH_3$(포스핀, 인화수소)
• 과산화칼륨 : $2K_2O_2 + 2H_2O \rightarrow 4KOH + O_2\uparrow$ (산소)
• 나트륨 : $2Na + 2H_2O \rightarrow 2NaOH + H_2$(수소)
• 탄화칼슘 : $CaC_2 + 2H_2O \rightarrow Ca(OH)_2 + C_2H_2$(아세틸렌)

42 제4류 위험물인 동식물유류의 취급방법이 잘못된 것은?

① 액체의 누설을 방지해야 한다.
② 화기 접촉에 의한 인화에 주의해야 한다.
③ 아마인유는 섬유 등에 흡수되어 있으면 매우 안정하므로 취급하기 편리하다.
④ 가열할 때 증기는 인화되지 않도록 조치해야 한다.

해설
아마인유는 자연발화의 위험이 있으므로 다공성 가연물과 접촉을 피한다.

39 ① 40 ① 41 ① 42 ③ 정답

43 연소범위가 약 2.8~37vol%로 구리, 은, 마그네슘과 접촉 시 아세틸라이드를 생성하는 물질은?

① 아세트알데하이드　② 알킬알루미늄
③ 산화프로필렌　④ 콜로디온

해설

산화프로필렌(Propylene Oxide)

• 물 성

화학식	분자량	비 중	비 점	인화점	착화점	연소 범위
CH_3CHCH_2O	58	0.82	35℃	−37℃	449℃	2.8~ 37%

• 무색, 투명한 자극성 액체이다.
• 구리(Cu), 마그네슘(Mg), 은(Ag), 수은(Hg)과 반응하면 아세틸라이드를 생성한다.
• 저장용기 내부에는 불연성 가스 또는 수증기 봉입장치를 두어야한다.

44 위험물안전관리법령상 제5류 위험물 중 질산에스터류에 해당하는 것은?

① 나이트로벤젠
② 나이트로셀룰로스
③ 트라이나이트로페놀
④ 트라이나이트로톨루엔

해설

위험물의 분류

종 류	품 명	지정수량
나이트로벤젠	제4류 위험물 제3석유류	2,000L
나이트로셀룰로스	제5류 위험물 질산에스터류	10kg
트라이나이트로페놀	제5류 위험물 나이트로화합물	10kg
트라이나이트로톨루엔	제5류 위험물 나이트로화합물	10kg

45 연면적 1,000m²이고 외벽이 내화구조인 위험물 취급소의 소화설비 소요단위는 얼마인가?

① 5　② 10
③ 20　④ 100

해설

건축물 1소요단위 산정

구 분	제조소, 취급소		저장소		
외벽의 기준	내화 구조	비내화 구조	내화 구조	비내화 구조	위험물
기 준	연면적 100m²	연면적 50m²	연면적 150m²	연면적 75m²	지정수량의 10배

$$\therefore \text{소요단위} = \frac{\text{연면적}}{\text{기준면적}} = \frac{1,000m^2}{100m^2} = 10단위$$

46 다음 위험물 중 가열 시 분해온도가 가장 낮은 물질은?

① $KClO_3$　② Na_2O_2
③ NH_4ClO_4　④ KNO_3

해설

분해온도

종 류	$KClO_3$	Na_2O_2	NH_4ClO_4	KNO_3
명 칭	염소산칼륨	과산화나트륨	과염소산암모늄	질산칼륨
분해 온도	400℃	460℃	130℃	400℃

47 다음 중 황린이 자연발화하기 쉬운 가장 큰 이유는?

① 끓는점이 낮고 증기의 비중이 작기 때문에
② 산소와 결합력이 강하고 착화온도가 낮기 때문에
③ 녹는점이 낮고 상온에서 액체로 되어 있기 때문에
④ 인화점이 낮고 가연성 물질이기 때문에

해설
황린은 산소와 결합력이 강하고 착화온도가 낮기 때문에 자연발화하기 쉽다.

48 위험물안전관리법령에 따른 위험물 저장기준으로 틀린 것은?

① 이동탱크저장소에는 설치허가증과 운송허가증을 비치해야 한다.
② 지하저장탱크의 주된 밸브는 위험물을 넣거나 빼낼 때 외에는 폐쇄해야 한다.
③ 아세트알데하이드를 저장하는 이동저장탱크에는 탱크 안에 불활성 가스를 봉입해야 한다.
④ 옥외저장탱크 주위에 설치된 방유제의 내부에 물이나 유류가 괴었을 경우에는 즉시 배출해야 한다.

해설
이동탱크저장소에는 완공검사합격확인증 및 정기점검기록을 비치해야 한다.

49 다음 두 가지 물질을 혼합하였을 때 그로 인한 발화 또는 폭발의 위험성이 가장 낮은 것은?

① 아염소산나트륨과 티오황산나트륨
② 질산과 이황화탄소
③ 아세트산과 과산화나트륨
④ 나트륨과 등유

해설
보호액

종 류	이황화탄소	나트륨, 칼륨	나이트로셀룰로스
저장 방법	물 속	등유, 경유, 유동파라핀 속	물 또는 알코올로 습면

50 금속 과산화물을 묽은 산에 반응시켜 생성되는 물질로서 석유와 벤젠에 불용성이고 표백작용과 살균작용을 하는 것은?

① 과산화나트륨   ② 과산화수소
③ 과산화벤조일   ④ 과산화칼륨

해설
과산화수소(H_2O_2) : 금속 과산화물을 묽은 산에 반응시켜 생성되는 물질로서 석유와 벤젠에 불용성이고 표백작용과 살균작용을 하는 제6류 위험물

51 제5류 위험물 중 나이트로화합물에서 나이트로기 (Nitro Group)를 옳게 나타낸 것은?

① −NO
② −NO₂
③ −NO₃
④ −NON₃

관능기(작용기)

작용기	명 칭	작용기	명 칭
CH_3-	메틸기	−CHO	알데하이드기
C_2H_5-	에틸기	C_6H_5-	페닐기
C_3H_7-	프로필기	−COO−	에스터기
C_4H_9-	부틸기	−COOH	카복실기
$C_5H_{11}-$	아밀기	$-NO_2$	나이트로기
−CO	케톤기(카보닐기)	$-NH_2$	아미노기
−OH	하이드록실기	−N = N−	아조기
−O−	에터기		−

52 옥내저장소에서 위험물 용기를 겹쳐 쌓는 경우에 있어서 제4류 위험물 중 제3석유류만을 수납하는 용기를 겹쳐 쌓을 수 있는 높이는 최대 몇 m인가?

① 3
② 4
③ 5
④ 6

옥내저장소에 저장 시 높이(아래 높이를 초과하지 말 것)
• 기계에 의하여 하역하는 구조로 된 용기만을 겹쳐 쌓는 경우 : 6m
• 제4류 위험물 중 제3석유류, 제4석유류, 동식물유류를 수납하는 용기만을 겹쳐 쌓는 경우 : 4m
• 그 밖의 경우(특수인화물, 제1석유류, 제2석유류, 알코올류, 타류) : 3m

53 최대 아세톤 150톤을 옥외탱크저장소에 저장할 경우 보유공지의 너비는 몇 m 이상으로 해야 하는가?(단, 아세톤의 비중은 0.79이다)

① 3
② 5
③ 9
④ 12

보유공지
• 아세톤의 무게를 부피로 환산하면(비중 0.79 = 0.79kg/L)

$$\therefore \text{밀도 } \rho = \frac{W(무게)}{V(부피)}, \quad V = \frac{W}{\rho} = \frac{150,000kg}{0.79kg/L} = 189,873.42L$$

• 아세톤은 제4류 위험물 제1석유류(수용성)로서 지정수량은 400L이다.

$$지정수량의 \ 배수 = \frac{189,873.42L}{400L} = 474.68배$$

• 옥외탱크저장소의 보유공지(시행규칙 별표 6)

저장 또는 취급하는 위험물의 최대수량	공지의 너비
지정수량의 500배 이하	3m 이상
지정수량의 500배 초과 1,000배 이하	5m 이상
지정수량의 1,000배 초과 2,000배 이하	9m 이상
지정수량의 2,000배 초과 3,000배 이하	12m 이상
지정수량의 3,000배 초과 4,000배 이하	15m 이상
지정수량의 4,000배 초과	해당 탱크의 수평단면의 최대지름(가로형은 긴변)과 높이 중 큰 것과 같은 거리 이상(단, 30m 초과 시 30m 이상으로, 15m 미만 시 15m 이상으로 할 것)

∴ 지정수량의 배수가 500배 이하(474.68배)이므로 보유공지는 3m 이상이다.

54 제5류 위험물 제조소에 설치하는 표지 및 주의사항을 표시한 게시판의 바탕색상을 각각 옳게 나타낸 것은?

① 표지 : 백색, 주의사항을 표시한 게시판 : 백색

② 표지 : 백색, 주의사항을 표시한 게시판 : 적색

③ 표지 : 적색, 주의사항을 표시한 게시판 : 백색

④ 표지 : 적색, 주의사항을 표시한 게시판 : 적색

해설

제조소 등의 표지 및 주의사항(시행규칙 별표 4)

• 표지의 바탕은 백색으로, 문자는 흑색으로 할 것
• 제조소 등의 주의사항

위험물의 종류	주의사항	게시판 표시
• 제1류 위험물 중 알칼리금속의 과산화물 • 제3류 위험물 중 금수성 물질	물기 엄금	청색 바탕에 백색 문자
제2류 위험물(인화성 고체는 제외)	화기 주의	적색 바탕에 백색 문자
• 제2류 위험물 중 인화성 고체 • 제3류 위험물 중 자연발화성 물질 • 제4류 위험물 • 제5류 위험물	화기 엄금	적색 바탕에 백색 문자

55 다음 중 물에 대한 용해도가 가장 낮은 물질은?

① $NaClO_3$ ② $NaClO_4$

③ $KClO_4$ ④ NH_4ClO_4

해설

용해도

• $NaClO_3$(염소산나트륨), $NaClO_4$(과염소산나트륨), NH_4ClO_4(과염소산암모늄)은 물에 녹는다.
• $KClO_4$(과염소산칼륨)은 물에 녹지 않는다.

56 다음 중 메탄올의 연소범위에 가장 가까운 것은?

① 1.4 ~ 5.6vol%

② 6.0 ~ 36vol%

③ 20.3 ~ 66vol%

④ 42.0 ~ 77vol%

해설

연소범위

종 류	하한값(%)	상한값(%)
아세틸렌(C_2H_2)	2.5	81.0
수소(H_2)	4.0	75.0
메테인(CH_4)	5.0	15.0
에테인(C_2H_6)	3.0	12.4
프로페인(C_3H_8)	2.1	9.5
이황화탄소(CS_2)	1.0	50
메탄올	6.0	36

57 위험물의 저장 및 취급에 대한 설명으로 틀린 것은?

① H_2O_2 : 직사광선을 차단하고 찬 곳에 저장한다.

② MgO_2 : 습기의 존재하에서 산소를 발생하므로 특히 방습에 주의한다.

③ $NaNO_3$: 조해성이 있으므로 습기에 주의한다.

④ K_2O_2 : 물과 반응하지 않으므로 물속에 저장한다.

해설

과산화칼륨(K_2O_2)은 물과 반응하면 산소를 발생하므로 위험하다.
$2K_2O_2 + 2H_2O \rightarrow 4KOH + O_2$

58 다음 위험물 중 물에 가장 잘 녹는 것은?

① 적 린 ② 황

③ 벤 젠 ④ 아세톤

해설

적린, 황, 벤젠은 물에 녹지 않고 아세톤(제4류 위험물 제1석유류, 수용성)은 물에 잘 녹는다.

59 위험물안전관리법령상 위험물의 운반에 관한 기준에 따르면 위험물은 규정에 의한 운반용기에 법령에서 정한 기준에 따라 수납하여 적재해야 한다. 다음 중 적용 예외의 경우에 해당하는 것은?(단, 지정수량의 2배인 경우이며 위험물을 동일 구내에 있는 제조소 등의 상호 간에 운반하기 위하여 적재하는 경우는 제외한다)

① 덩어리 상태의 황을 운반하기 위하여 적재하는 경우

② 금속분을 운반하기 위하여 적재하는 경우

③ 삼산화크로뮴을 운반하기 위하여 적재하는 경우

④ 염소산나트륨을 운반하기 위하여 적재하는 경우

해설
위험물의 운반에 관한 기준(시행규칙 별표 19)
위험물은 규정에 의한 운반용기에 다음의 기준에 따라 수납하여 적재해야 한다. 다만, 덩어리 상태의 황을 운반하기 위하여 적재하는 경우 또는 위험물을 동일구내에 있는 제조소 등의 상호 간에 운반하기 위하여 적재하는 경우에는 그렇지 않다(중요기준).

㉠ 위험물이 온도변화 등에 의하여 누설되지 않도록 운반용기를 밀봉하여 수납할 것. 다만, 온도 변화 등에 의한 위험물로부터의 가스의 발생으로 운반용기 안의 압력이 상승할 우려가 있는 경우(발생한 가스가 독성 또는 인화성을 갖는 등 위험성이 있는 경우를 제외한다)에는 가스의 배출구(위험물의 누설 및 다른 물질의 침투를 방지하는 구조로 된 것에 한한다)를 설치한 운반용기에 수납할 수 있다.

㉡ 수납하는 위험물과 위험한 반응을 일으키지 않는 등 해당 위험물의 성질에 적합한 재질의 운반용기에 수납할 것

㉢ 고체위험물은 운반용기 내용적의 95% 이하의 수납률로 수납할 것

㉣ 액체위험물은 운반용기 내용적의 98% 이하의 수납률로 수납하되, 55℃의 온도에서 누설되지 않도록 충분한 공간용적을 유지하도록 할 것

㉤ 하나의 외장용기에는 다른 종류의 위험물을 수납하지 않을 것

㉥ 제3류 위험물은 다음의 기준에 따라 운반용기에 수납할 것
• 자연발화성 물질에 있어서는 불활성 기체를 봉입하여 밀봉하는 등 공기와 접하지 않도록 할 것
• 자연발화성 물질 외의 물품에 있어서는 파라핀·경유·등유 등의 보호액으로 채워 밀봉하거나 불활성 기체를 봉입하여 밀봉하는 등 수분과 접하지 않도록 할 것
• ㉣의 규정에 불구하고 자연발화성 물질 중 알킬알루미늄 등은 운반용기의 내용적의 90% 이하의 수납률로 수납하되, 50℃의 온도에서 5% 이상의 공간용적을 유지하도록 할 것

60 위험물안전관리법령상 다음 [보기]의 (   ) 안에 알맞은 수치는?

┌보기┐
이동저장탱크로부터 위험물을 저장 또는 취급하는 탱크에 인화점이 (   )℃ 미만인 위험물을 주입할 때에는 이동탱크저장소의 원동기를 정지시킬 것
└───┘

① 40 　　　　　　② 50
③ 60 　　　　　　④ 70

해설
이동저장탱크로 인화점 40℃ 미만인 위험물을 주입할 때 원동기를 정지시켜야 한다.

01 물 450g에 NaOH 80g이 녹아있는 용액에서 NaOH의 몰분율은?(단, Na의 원자량은 23이다)

① 0.074
② 0.178
③ 0.200
④ 0.450

해설

몰분율 $= \dfrac{\text{각 성분의 몰수}}{\text{전체 몰수}}$, 몰수 $= \dfrac{\text{무게}}{\text{분자량}}$

• 물의 몰수 $= \dfrac{\text{무게}}{\text{분자량}} = \dfrac{450g}{18g} = 25mol$

• 수산화나트륨(양잿물)의 몰수 $= \dfrac{\text{무게}}{\text{분자량}} = \dfrac{80g}{40g} = 2mol$

• 물의 분자량(H_2O) $= (1 \times 2) + 16 = 18$

• 수산화나트륨의 분자량(NaOH) $= 23 + 16 + 1 = 40$

∴ NaOH 몰분율 $= \dfrac{2}{25 + 2} = 0.074$

02 다음 할로젠족 분자 중 수소와의 반응성이 가장 높은 것은?

① Br_2
② F_2
③ Cl_2
④ I_2

해설

할로젠원소
• 산의 세기 : HI > HBr > HCl > HF
• 산화력의 순서 : F_2 > Cl_2 > Br_2 > I_2
• 반응성의 크기 : F > Cl > Br > I
• 용해도의 크기 : F > Cl > Br > I

03 1몰의 질소와 3몰의 수소를 촉매와 같이 용기 속에 밀폐하고 일정한 온도로 유지하였더니 반응물질의 50%가 암모니아로 변하였다. 이때의 압력은 최초 압력의 몇 배가 되는가?(단, 용기의 부피는 변하지 않는다)

① 0.5
② 0.75
③ 1.25
④ 변하지 않는다.

해설

이상기체 상태방정식
$PV = nRT$
암모니아의 반응식
• 100% 반응 : $N_2 + 3H_2 \rightarrow 2NH_3$
• 50% 반응 : $N_2 + 3H_2 \rightarrow NH_3 + 0.5N_2 + 1.5H_2$
  반응물질의 mol 수 = 질소 1mol + 수소 3mol = 4mol
  생성물질의 mol 수 = 암모니아 1mol + 질소 0.5mol
                     + 수소 1.5mol = 3mol
• ∴ 이상기체 상태방정식에서 압력(P)은 n(mol)에 비례하므로
  압력 $= \dfrac{3mol}{4mol} = 0.75$

04 다음 pH값에서 알칼리성이 가장 큰 것은?

① pH = 1
② pH = 6
③ pH = 8
④ pH = 13

해설

pH
• 산성 : pH < 7
• 중성 : pH = 7
• 알칼리성 : pH > 7
※ pH = 0 : 강산성, pH = 14 : 강알칼리성

05 다음 화합물 가운데 환원성이 없는 것은?

① 젖 당　　　　② 과 당
③ 설 탕　　　　④ 엿 당

해설
환원성이 있는 것 : 의산, 엿당, 젖당, 포도당

06 주기율표에서 제2주기에 있는 원소 성질 중 왼쪽에서 오른쪽으로 갈수록 감소하는 것은?

① 원자핵의 하전량
② 원자가 전자의 수
③ 원자의 반지름
④ 전자껍질의 수

해설
원소의 성질

구 분 \\ 항 목	같은 주기에서 원자번호가 증가할수록 (왼쪽에서 오른쪽으로)	같은 족에서 원자번호가 증가할수록 (위쪽에서 아래쪽으로)
이온화에너지	증가한다.	감소한다.
전기음성도	증가한다.	감소한다.
이온반지름	작아진다.	커진다.
원자반지름	작아진다.	커진다.
비금속성	증가한다.	감소한다.

07 95wt% 황산의 비중은 1.84이다. 이 황산의 몰농도는 약 얼마인가?

① 8.9　　　　② 9.4
③ 17.8　　　　④ 18.8

해설
%농도 → 몰농도로 환산

몰농도 $M = \dfrac{10ds}{분자량}$ (d : 비중, s : 농도%)

$$= \frac{10 \times 1.84 \times 95}{98} = 17.8$$

※ 황산(H_2SO_4)의 분자량 = $(1 \times 2) + 32 + (16 \times 4) = 98$

08 우유의 pH는 25℃에서 6.4이다. 우유 속의 수소이온농도는?

① $1.98 \times 10^{-7} M$
② $2.98 \times 10^{-7} M$
③ $3.98 \times 10^{-7} M$
④ $4.98 \times 10^{-7} M$

해설
수소이온농도
$pH = -\log[H^+]$
$6.4 = -\log[H^+]$
∴ $[H^+] = 10^{-6.4} = 3.98 \times 10^{-7}$

09 20개의 양성자와 20개의 중성자를 가지고 있는 것은?

① Zr　　　　② Ca
③ Ne　　　　④ Zn

해설
• 칼슘의 원자량 : 40
• 중성자수 = 질량수 − 원자번호 = 40 − 20 = 20
• 양성자수 = 원자번호 = 20

10 벤젠의 유도체인 TNT의 구조식을 옳게 나타낸 것은?

① O_2N —CH₃— NO_2 / NO_2
② O_2N —OH— NO_2 / NO_2
③ O_2N —NH₂— NO_2 / NO_2
④ O_2N —SO₃H— NO_2 / NO_2

구조식

O_2N —CH₃— NO_2 / NO_2
[TNT]

O_2N —OH— NO_2 / NO_2
[피크르산]

11 다음 물질 중 동소체의 관계가 아닌 것은?

① 흑연과 다이아몬드
② 산소와 오존
③ 수소와 중수소
④ 황린과 적린

동소체 : 같은 원소로 되어 있으나 성질과 모양이 다른 것
• 산소와 오존
• 적린과 황린
• 흑연과 다이아몬드

12 헥세인(C_6H_{14})의 구조이성질체의 수는 몇 개인가?

① 3개 ② 4개
③ 5개 ④ 9개

헥세인(C_6H_{14})의 이성질체 : 5개

13 다음과 같은 반응에서 평형을 왼쪽으로 이동시킬 수 있는 조건은?

$$A_2(g) + 2B_2(g) \rightleftarrows 2AB_2(g) + 열$$

① 압력감소, 온도감소 ② 압력증가, 온도증가
③ 압력감소, 온도증가 ④ 압력증가, 온도감소

반 응
• 온 도
 – 상승 : 온도가 내려가는 방향(흡열반응쪽, ←)
 – 강하 : 온도가 올라가는 방향(발열반응쪽, →)
• 압 력
 – 상승 : 분자수가 감소하는 방향(몰수가 감소하는 방향, →)
 – 강하 : 분자수가 증가하는 방향(몰수가 증가하는 방향, ←)

14 이상기체상수 R값이 0.082라면 그 단위로 옳은 것은?

① $\dfrac{atm \cdot mol}{L \cdot K}$ ② $\dfrac{mmHg \cdot mol}{L \cdot K}$

③ $\dfrac{atm \cdot L}{mol \cdot K}$ ④ $\dfrac{mmHg \cdot L}{mol \cdot K}$

기체상수(R)
• 0.08205L · atm/g–mol · K
• 0.08205m³ · atm/kg–mol · K

15 $K_2Cr_2O_7$에서 Cr의 산화수를 구하면?

① +2 ② +4
③ +6 ④ +8

다이크로뮴산칼륨($K_2Cr_2O_7$)의 크로뮴의 산화수
$[(+1) \times 2] + 2x + [(-2) \times 7] = 0$
∴ $x(Cr) = +6$

16 NaOH 1g이 물에 녹아 메스플라스크에서 250mL의 눈금을 나타낼 때 NaOH 수용액의 농도는?

① 0.1N   ② 0.3N

③ 0.5N   ④ 0.7N

해설

수산화나트륨 제조

1N $\diagdown$ 40g $\diagdown$ 1,000mL
x $\diagup$ 1g $\diagup$ 250mL

$\therefore \ x = \dfrac{1N \times 1g \times 1,000mL}{40g \times 250mL} = 0.1N$

※ 수산화나트륨의 분자량 = 23 + 16 + 1 = 40

17 방사능 붕괴의 형태 중 $^{226}_{88}Ra$이 α 붕괴할 때 생기는 원소는?

① $^{222}_{86}Rn$ ② $^{232}_{90}Th$

③ $^{231}_{91}Pa$ ④ $^{238}_{92}U$

해설

α 붕괴하면 원자번호 2 감소 질량수 4 감소하므로

$_{88}Ra^{226}(\alpha$ 붕괴$) \rightarrow {}_{86}Rn^{222}$(금속 원소)

18 pH = 9인 수산화나트륨 용액 100mL 속에는 나트륨이온이 몇 개 들어있는가?(단, 아보가드로수는 6.02×10^{23}이다)

① 6.02×10^9개   ② 6.02×10^{17}개

③ 6.02×10^{18}개   ④ 6.02×10^{21}개

해설

나트륨 이온
• pH = 9인 NaOH는 $[H^+] = 1 \times 10^{-9}$이므로 $[OH^-] = 1 \times 10^{-5}$이다.
• 나트륨이온 = 0.00001N $\times$ 0.1L $\times$ 6.0238 $\times 10^{23}$
            = 6.0238×10^{17}

19 다음 반응식에서 산화된 성분은?

$$MnO_2 + 4HCl \rightarrow MnCl_2 + 2H_2O + Cl_2$$

① Mn   ② O

③ H   ④ Cl

해설

산화와 환원

구분 관계	산 화	환 원
산 소	산소와 결합할 때 $S + O_2 \rightarrow SO_2$	산소를 잃을 때 $MgO + H_2 \rightarrow Mg + H_2O$
수 소	수소를 잃을 때 $H_2S + Br_2 \rightarrow 2HBr + S$	수소와 결합할 때 $H_2S + Br_2 \rightarrow 2HBr + S$
전 자	전자를 잃을 때 $Mg^{2+} + Zn^0$ $\rightarrow Mg^0 + Zn^{2+}$	전자를 얻을 때 $Mg^{2+} + Zn^0$ $\rightarrow Mg^0 + Zn^{2+}$
산화수	산화수 증가할 때 $CuO + H_2 \rightarrow Cu + H_2O$	산화수 감소할 때 $CuO + H_2 \rightarrow Cu + H_2O$

20 다음 중 기하이성질체가 존재하는 것은?

① C_5H_{12}

② $CH_3CH = CHCH_3$

③ C_3H_7Cl

④ $CH \equiv CH$

해설

기하이성질체는 2중 결합을 축으로 하여 동일한 원자나 기를 가지는 것으로 원자들의 결합형태와 개수, 순서는 같으나 원자들의 공간위치가 다른 것으로 시스(cis)형(원자단이 같은 쪽에 있는 것)과 트랜스(trans)형(원자단이 다른 쪽에 있는 것)이 있다. 알켄에서 주로 일어난다.

21 가연물에 대한 일반적인 설명으로 옳지 않은 것은?

① 주기율표에서 0족의 원소는 가연물이 될 수 없다.
② 활성화 에너지가 작을수록 가연물이 되기 쉽다.
③ 산화 반응이 완결된 산화물은 가연물이 아니다.
④ 질소는 비활성 기체이므로 질소의 산화물은 존재하지 않는다.

해설
질소는 불연성 기체로서 질소산화물(NO, NO_2, N_2O, N_2O_3 등)은 여러 종류가 있다.

22 포소화설비의 가압송수장치에서 압력수조의 압력 산출 시 필요 없는 것은?

① 낙차의 환산수두압
② 배관의 마찰손실수두압
③ 노즐 끝부분의 마찰손실수두압
④ 소방용 호스의 마찰손실수두압

해설
압력수조를 이용한 가압송수장치
$P = p_1 + p_2 + p_3 + p_4$
여기서, P : 필요한 압력(MPa)
　　　　p_1 : 고정식 포방출구의 설계압력 또는 이동식 포소화설비 노즐방사압력(MPa)
　　　　p_2 : 배관의 마찰손실수두압(MPa)
　　　　p_3 : 낙차의 환산수두압(MPa)
　　　　p_4 : 이동식 포소화설비의 소방용 호스의 마찰손실수두압(MPa)

23 위험물안전관리법령상 소화설비의 적응성에서 제6류 위험물에 적응성이 있는 소화설비는?

① 옥외소화전설비
② 불활성가스소화설비
③ 할로젠화합물소화설비
④ 분말소화설비(탄산수소염류)

해설
제6류 위험물 : 수계소화설비(냉각소화 : 옥내소화전설비, 옥외소화전설비)

24 메탄올에 대한 설명으로 틀린 것은?

① 무색 투명한 액체이다.
② 완전 연소하면 CO_2와 H_2O가 생성된다.
③ 비중값이 물보다 작다.
④ 산화하면 의산(폼산)을 거쳐 최종적으로 폼알데하이드가 된다.

해설
알코올의 산화 반응식
1차 알코올 → 알데하이드 → 카복실산
• 메틸알코올 : CH_3OH → HCHO → HCOOH
　　　　　　　　　　　　(폼알데하이드)　(의산)
• 에틸알코올 : C_2H_5OH → CH_3CHO → CH_3COOH
　　　　　　　　　　　　　(아세트알데하이드)　(초산)

25 물을 소화약제로 사용하는 이유는?

① 물은 가연물과 화학적으로 결합하기 때문에
② 물은 분해되어 질식성 가스를 방출하므로
③ 물은 기화열이 커서 냉각 능력이 크기 때문에
④ 물은 산화성이 강하기 때문에

해설
물은 비열과 기화열(기화잠열)이 크기 때문에 소화약제로 이용한다.

26 위험물안전관리법령에서 정한 다음의 소화설비 중 능력단위가 가장 큰 것은?

① 팽창진주암 160L(삽 1개 포함)

② 수조 80L(소화전용 물통 3개 포함)

③ 마른 모래 50L(삽 1개 포함)

④ 팽창질석 160L(삽 1개 포함)

> **해설**
> 소화설비의 능력단위(시행규칙 별표 17)

소화설비	용 량	능력단위
소화전용(轉用) 물통	8L	0.3
수조(소화전용 물통 3개 포함)	80L	1.5
수조(소화전용 물통 6개 포함)	190L	2.5
마른 모래(삽 1개 포함)	50L	0.5
팽창질석 또는 팽창진주암(삽 1개 포함)	160L	1.0

27 "Halon 1301"에서 각 숫자가 나타내는 것을 틀리게 표시한 것은?

① 첫째자리 숫자 "1" – 탄소의 수

② 둘째자리 숫자 "3" – 플루오린의 수

③ 셋째자리 숫자 "0" – 아이오딘의 수

④ 넷째자리 숫자 "1" – 브로민의 수

> **해설**
> 할론소화약제의 명명
>
>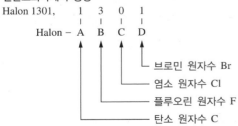
>
> ※ 셋째자리 숫자 "0" – 염소의 수이므로 할론 1301은 염소(Cl)가 없다.

28 고체가연물의 일반적인 연소형태에 해당하지 않는 것은?

① 등심연소   ② 증발연소

③ 분해연소   ④ 표면연소

> **해설**
> 고체의 연소 : 표면연소, 분해연소, 증발연소, 자기연소

29 금속분의 화재 시 주수소화를 할 수 없는 이유는?

① 산소가 발생하기 때문에

② 수소가 발생하기 때문에

③ 질소가 발생하기 때문에

④ 이산화탄소가 발생하기 때문에

> **해설**
> 금속분(알루미늄)이 물과 반응하면 수소를 발생한다.
> $2Al + 6H_2O \rightarrow 2Al(OH)_3 + 3H_2 \uparrow$

30 다음 중 제6류 위험물의 안전한 저장·취급을 위해 주의할 사항으로 가장 타당한 것은?

① 가연물과 접촉시키지 않는다.

② 0℃ 이하에서 보관한다.

③ 공기와의 접촉을 피한다.

④ 분해방지를 위해 금속분을 첨가하여 저장한다.

> **해설**
> 제6류 위험물은 가연물과의 접촉·혼합이나 분해를 촉진하는 물품과의 접근 또는 과열을 피해야 한다.

31 제1종 분말소화약제의 소화효과에 대한 설명으로 가장 거리가 먼 것은?

① 열분해 시 발생하는 이산화탄소와 수증기에 의한 질식효과

② 열분해 시 흡열반응에 의한 냉각효과

③ H^+이온에 의한 부촉매 효과

④ 분말 운무에 의한 열방사의 차단효과

해설
제1종 분말소화약제의 소화효과
• 열분해 시 발생하는 이산화탄소와 수증기에 의한 질식효과
• 열분해 시 흡열반응에 의한 냉각효과
• 나트륨염(Na^+) 금속이온에 의한 부촉매 효과
• 분말 운무에 의한 열방사의 차단효과

32 표준관입시험 및 평판재하시험을 실시해야 하는 특정옥외저장탱크의 지반의 범위는 기초의 외측이 지표면과 접하는 선의 범위 내에 있는 지반으로서 지표면으로부터 깊이 몇 m까지로 하는가?

① 10 　　　　② 15
③ 20 　　　　④ 25

해설
표준관입시험 및 평판재하시험을 실시해야 하는 특정옥외저장탱크의 지반의 범위는 기초의 외측이 지표면과 접하는 선의 범위 내에 있는 지반으로서 지표면으로부터 깊이 15m까지로 한다(위험물안전관리에 관한 세부기준 제42조).

33 위험물안전관리법령상 제2류 위험물 중 철분의 화재에 적응성이 있는 소화설비는?

① 물분무소화설비
② 포소화설비
③ 탄산수소염류 분말소화설비
④ 할로젠화합물소화설비

해설
철분 : 탄산수소염류 분말소화설비

34 주된 소화효과가 산소공급원의 차단에 의한 소화가 아닌 것은?

① 포소화기
② 건조사
③ CO_2 소화기
④ Halon 1211 소화기

해설
할론(Halon 1211) 소화기의 주된 소화효과 : 부촉매 효과

35 위험물제조소 등에 설치하는 이동식 불활성가스소화설비의 소화약제 양은 하나의 노즐마다 몇 kg 이상으로 해야 하는가?

① 30 　　　　② 50
③ 60 　　　　④ 90

해설
이동식 불활성가스소화설비의 소화약제 양 : 하나의 노즐당 90kg 이상

36 위험물안전관리법령상 옥외소화전설비의 옥외소화전이 3개 설치되었을 경우 수원의 수량은 몇 m³ 이상이 되어야 하는가?

① 7 ② 20.4
③ 40.5 ④ 100

해설
위험물제조소 등의 수원

구 분 종 류	방수 압력	방수량	수 원
옥내소화전 설비	350kPa 이상	260L/min 이상	소화전의 수(최대 5개)×7.8m³ (260L/min×30min = 7,800L = 7.8m³)
옥외소화전 설비	350kPa 이상	450L/min 이상	소화전의 수(최대 4개)×13.5m³ (450L/min×30min = 13,500L = 13.5m³)
스프링클러 설비	100kPa 이상	80L/min 이상	헤드수×2.4m³ (80L/min×30min = 2,400L = 2.4m³)

∴ 옥외소화전설비의 수원 = 소화전의 수(최대 4개)×13.5m³
= 3×13.5m³ = 40.5m³ 이상

37 알코올 화재 시 보통의 포소화약제는 알코올용포소화약제에 비하여 소화효과가 낮다. 그 이유로서 가장 타당한 것은?

① 소화약제와 섞이지 않아서 연소면을 확대하기 때문에
② 알코올은 포와 반응하여 가연성 가스를 발생하기 때문에
③ 알코올이 연료로 사용되어 불꽃의 온도가 올라가기 때문에
④ 수용성 알코올로 인해 포가 파괴되기 때문에

해설
알코올용포소화약제는 수용성 액체에 적합하고 다른 포소화약제는 수용성 액체에 사용하면 포가 소포(거품이 꺼짐)되므로 적합하지 않다.

38 위험물의 취급을 주된 작업내용으로 하는 다음의 장소에 스프링클러설비를 설치할 경우 확보해야 하는 1분당 방사밀도는 몇 L/m² 이상이어야 하는가?(단, 내화구조의 바닥 및 벽에 의하여 2개의 실로 구획되고, 각 실의 바닥면적은 500m²이다)

- 취급하는 위험물 : 제4류 제3석유류
- 위험물을 취급하는 장소의 바닥면적 : 1,000m²

① 8.1 ② 12.2
③ 13.9 ④ 16.3

해설
방사밀도(시행규칙 별표 17)

살수기준 면적(m²)	방사밀도(L/m²분)	
	인화점 38℃ 미만	인화점 38℃ 이상
279 미만	16.3 이상	12.2 이상
279 이상 372 미만	15.5 이상	11.8 이상
372 이상 465 미만	13.9 이상	9.8 이상
465 이상	12.2 이상	8.1 이상
비 고		

살수기준 면적은 내화구조의 벽 및 바닥으로 구획된 하나의 실의 바닥면적을 말하고, 하나의 실의 바닥면적이 465m² 이상인 경우의 살수기준면적은 465m²로 한다. 다만, 위험물의 취급을 주된 작업내용으로 하지 않고 소량의 위험물을 취급하는 설비 또는 부분이 넓게 분산되어 있는 경우에는 방사밀도는 8.2L/m²분 이상, 살수기준 면적은 279m² 이상으로 할 수 있다.

정답 36 ③ 37 ④ 38 ①

39 다음 중 소화약제가 아닌 것은?

① CF_3Br　　　　　② $NaHCO_3$

③ C_4F_{10}　　　　　④ N_2H_4

해설

소화약제

종 류	CF_3Br	$NaHCO_3$	C_4F_{10}	N_2H_4
명 칭	할론 1301	중탄산나트륨	퍼플루오로 뷰테인	하이드라진
약제명	할론소화약제	분말소화약제	할로젠화합물 및 불활성 기체	제4류 위험물 제2석유류

40 열의 전달에 있어서 열전달면적과 열전도도가 각각 2배로 증가한다면, 다른 조건이 일정한 경우 전도에 의해 전달되는 열의 양은 몇 배가 되는가?

① 0.5배　　　　　② 1배

③ 2배　　　　　　④ 4배

해설

열전달면적과 열전도도를 각각 2배로 증가하면 전도에 의해 전달되는 열의 양은 4배로 된다.

열의 양 $Q = k \cdot A \cdot \Delta t$ (k : 열전도도, A : 열전달면적)

제3과목 **위험물의 성상 및 취급**

41 위험물안전관리법령상 과산화수소가 제6류 위험물에 해당하는 농도 기준으로 옳은 것은?

① 36wt% 이상

② 36vol% 이상

③ 1.49wt% 이상

④ 1.49vol% 이상

해설

제6류 위험물의 기준

• 과산화수소 : 농도가 36wt% 이상

• 질산 : 비중이 1.49 이상

42 나이트로소화합물의 성질에 관한 설명으로 옳은 것은?

① -NO기를 가진 화합물이다.

② 나이트로기를 3개 이하로 가진 화합물이다.

③ -NO_2기를 가진 화합물이다.

④ -N = N-기를 가진 화합물이다.

해설

화합물의 구분

• 나이트로소화합물 : -NO(나이트로소기)를 가진 화합물

• 나이트로화합물 : -NO_2(나이트로기)를 가진 화합물

• 아조화합물 : -N = N-(아조기)를 가진 화합물

43 동식물유류의 일반적인 성질로 옳은 것은?

① 자연발화의 위험은 없지만 점화원에 의해 쉽게 인화한다.

② 대부분 비중 값이 물보다 크다.

③ 인화점이 100℃보다 높은 물질이 많다.

④ 아이오딘값이 50 이하인 건성유는 자연발화 위험이 높다.

동식물유류 : 인화점이 250℃ 미만인 것으로 100℃ 보다 높은 물질이 많다.

44 운반할 때 빗물의 침투를 방지하기 위하여 방수성이 있는 피복으로 덮어야 하는 위험물은?

① TNT

② 이황화탄소

③ 과염소산

④ 마그네슘

방수성이 있는 것으로 피복
• 제1류 위험물 중 알칼리금속의 과산화물
• 제2류 위험물 중 철분, 금속분, 마그네슘
• 제3류 위험물 중 금수성 물질

45 연소생성물로 이산화황이 생성되지 않는 것은?

① 황 린

② 삼황화인

③ 오황화인

④ 황

연소반응식
• 황린 : $P_4 + 5O_2 \rightarrow 2P_2O_5$
• 삼황화인 : $P_4S_3 + 8O_2 \rightarrow 2P_2O_5 + 3SO_2 \uparrow$
• 오황화인 : $2P_2S_5 + 15O_2 \rightarrow 2P_2O_5 + 10SO_2 \uparrow$
• 황 : $S + O_2 \rightarrow SO_2 \uparrow$ (이산화황, 유독가스)

46 다음 중 인화점이 가장 낮은 것은?

① 실린더유

② 가솔린

③ 벤 젠

④ 메틸알코올

제4류 위험물의 인화점

종 류	품 명	인화점
실린더유	제4석유류	250℃ 미만
가솔린	제1석유류	−43℃
벤 젠	제1석유류	−11℃
메틸알코올	알코올류	11℃

47 적린의 성상에 관한 설명 중 옳은 것은?

① 물과 반응하여 고열을 발생한다.

② 공기 중에 방치하면 자연발화한다.

③ 강산화제와 혼합하면 마찰・충격에 의해서 발화할 위험이 있다.

④ 이황화탄소, 암모니아 등에 매우 잘 녹는다.

적린은 제2류 위험물로서 강산화제와 혼합하면 마찰・충격에 의해서 발화할 위험이 있다.

48 위험물 지하탱크저장소의 탱크전용실 설치기준으로 틀린 것은?

① 철근콘크리트 구조의 벽은 두께 0.3m 이상으로 한다.
② 지하저장탱크와 탱크전용실의 안쪽과의 사이는 50cm 이상의 간격을 유지한다.
③ 철근콘크리트 구조의 바닥은 두께 0.3m 이상으로 한다.
④ 벽, 바닥 등에 적정한 방수 조치를 강구한다.

해설
지하저장탱크와 탱크전용실의 안쪽과의 사이는 0.1m 이상의 간격을 유지해야 한다.

49 제1류 위험물에 관한 설명으로 틀린 것은?

① 조해성이 있는 물질이 있다.
② 물보다 비중이 큰 물질이 많다.
③ 대부분 산소를 포함하는 무기화합물이다.
④ 분해하여 방출된 산소에 의해 자체 연소한다.

해설
제1류 위험물은 분해하면 산소를 방출하고 연소하지 않는다.

50 탄화칼슘이 물과 반응했을 때 반응식을 옳게 나타낸 것은?

① 탄화칼슘 + 물 → 수산화칼슘 + 수소
② 탄화칼슘 + 물 → 수산화칼슘 + 아세틸렌
③ 탄화칼슘 + 물 → 칼슘 + 수소
④ 탄화칼슘 + 물 → 칼슘 + 아세틸렌

해설
탄화칼슘과 물의 반응식
$$CaC_2 + 2H_2O \rightarrow Ca(OH)_2 + C_2H_2 \uparrow$$
(탄화칼슘)　　(물)　　(수산화칼슘)　(아세틸렌)

51 제4석유류를 저장하는 옥내탱크저장소의 기준으로 옳은 것은?(단, 단층건축물에 탱크전용실을 설치하는 경우이다)

① 옥내저장탱크의 용량은 지정수량의 40배 이하일 것
② 탱크전용실은 벽, 기둥, 바닥, 보를 내화구조로 할 것
③ 탱크전용실에는 창을 설치하지 않을 것
④ 탱크전용실에 펌프설비를 설치하는 경우에는 그 주위에 0.2m 이상의 높이로 턱을 설치할 것

해설
옥내탱크저장소의 기준(단층건축물에 설치하는 경우)
• 옥내저장탱크의 용량은 지정수량의 40배 이하일 것
• 탱크전용실은 벽, 기둥, 바닥을 내화구조로 하고 보를 불연재료로 할 것
• 탱크전용실의 창 또는 출입구에는 60분+ 방화문·60분 방화문 또는 30분 방화문을 설치하는 동시에 연소우려가 있는 외벽에 두는 출입구에는 수시로 열 수 있는 자동폐쇄식의 60분+ 방화문 또는 60분 방화문을 설치할 것
• 옥내탱크는 단층건축물에 설치된 탱크전용실에 설치할 것

52 위험물안전관리법령에 따른 제4류 위험물 중 제1석유류에 해당하지 않는 것은?

① 등 유
② 벤 젠
③ 메틸에틸케톤
④ 톨루엔

제4류 위험물

종 류	품 명
등 유	제2석유류(비수용성)
벤 젠	제1석유류(비수용성)
메틸에틸케톤	제1석유류(비수용성)
톨루엔	제1석유류(비수용성)

53 다음 중 물과 반응하여 산소를 발생하는 것은?

① $KClO_3$
② Na_2O_2
③ $KClO_4$
④ CaC_2

물과 반응
- 염소산칼륨($KClO_3$) : 물에 녹지 않는다.
- 과산화나트륨(Na_2O_2) : $2Na_2O_2 + 2H_2O \rightarrow 4NaOH + O_2 \uparrow +$ 발열
- 과염소산칼륨($KClO_4$) : 물에 녹지 않는다.
- 탄화칼슘(CaC_2) : $CaC_2 + 2H_2O \rightarrow Ca(OH)_2 + C_2H_2 \uparrow$

54 벤젠에 대한 설명으로 틀린 것은?

① 물보다 비중값이 작지만, 증기비중값은 공기보다 크다.
② 공명구조를 가지고 있는 포화탄화수소이다.
③ 연소 시 검은 연기가 심하게 발생한다.
④ 겨울철에 응고된 고체 상태에서도 인화의 위험이 있다.

벤젠의 물성
- 물보다 비중값이 작지만(비중 : 0.95), 증기비중(2.69)값은 공기보다 크다.
- 공명 혼성구조로 안정한 방향족 화합물이다.
- 연소 시 검은 연기가 심하게 발생한다.
- 겨울철에 응고된 고체(융점 : 7.0℃)상태에서도 인화의 위험이 있다.

55 다음 물질 중 증기비중이 가장 작은 것은?

① 이황화탄소
② 아세톤
③ 아세트알데하이드
④ 다이에틸에터

증기비중

종 류	이황화탄소	아세톤	아세트알데하이드	다이에틸에터
화학식	CS_2	CH_3COCH_3	CH_3CHO	$C_2H_5OC_2H_5$
분자량	76	58	44	74
증기비중	76/29 = 2.62	58/29 = 2.0	44/29 = 1.52	74/29 = 2.55

56 인화칼슘이 물 또는 염산과 반응하였을 때 공통적으로 생성되는 물질은?

① $CaCl_2$　　　　② $Ca(OH)_2$
③ PH_3　　　　④ H_2

해설
인화칼슘이 물 또는 염산과 반응하면 포스핀(PH_3, 인화수소)을 발생한다.
• 물과 반응 : $Ca_3P_2 + 6H_2O \rightarrow 3Ca(OH)_2 + 2PH_3 \uparrow$
• 염산과 반응 : $Ca_3P_2 + 6HCl \rightarrow 3CaCl_2 + 2PH_3 \uparrow$

57 질산나트륨 90kg, 황 70kg, 클로로벤젠 2,000L, 각각의 지정수량의 배수의 총합은?

① 2　　　　② 3
③ 4　　　　④ 5

해설
지정수량

종 류	품 명	지정수량
질산나트륨	제1류 위험물 질산염류	300kg
황	제2류 위험물	100kg
클로로벤젠	제4류 위험물 제2석유류, 비수용성	1,000L

∴ 지정수량의 배수

$$= \frac{저장량}{지정수량} = \frac{90kg}{300kg} + \frac{70kg}{100kg} + \frac{2,000L}{1,000L} = 3.0배$$

58 외부의 산소공급이 없어도 연소하는 물질이 아닌 것은?

① 알루미늄의 탄화물
② 과산화벤조일
③ 유기과산화물
④ 질산에스터

해설
제5류 위험물 : 자기연소성 물질(가연물과 산소를 동시에 함유하고 있는 물질)
※ 알루미늄의 탄화물 : 제3류 위험물

59 위험물제조소의 배출설비의 배출능력은 1시간당 배출장소 용적의 몇 배 이상인 것으로 해야 하는가?(단, 전역방식의 경우는 제외한다)

① 5　　　　② 10
③ 15　　　　④ 20

해설
제조소의 배출설비의 배출능력은 1시간당 배출장소 용적의 20배 이상인 것으로 할 것(전역방출방식 : 바닥면적 $1m^2$당 $18m^3$ 이상)

60 위험물안전관리법령에서 정한 위험물의 지정수량으로 틀린 것은?

① 적린 : 100kg
② 황화인 : 100kg
③ 마그네슘 : 100kg
④ 금속분 : 500kg

해설
제2류 위험물의 지정수량

종 류	적 린	황화인	황	마그네슘	철 분	금속분
지정수량	100kg	100kg	100kg	500kg	500kg	500kg

---

01 기체 상태의 염화수소는 어떤 화학결합으로 이루어진 화합물인가?

① 극성 공유결합　　② 이온 결합

③ 비극성 공유결합　　④ 배위 공유결합

해설
극성 공유결합 : 전기음성도가 서로 다른 두 원자가 공유결합을 할 때 전기음성도가 큰 원자 쪽으로 공유 전자쌍이 치우치게 되어 부분전하를 띠게 하는 결합으로 염화수소, 물, 염소가 해당된다.

02 20%의 소금물을 전기분해하여 수산화나트륨 1몰을 얻는 데 1A의 전류를 몇 시간 통해야 하는가?

① 13.4　　② 26.8

③ 53.6　　④ 104.2

해설
전기량(Q) = 전류(I) × 시간(t)

$$\therefore t = \frac{96,500}{1 \times 3,600} = 26.8h$$

03 다음 반응식은 산화–환원 반응이다. 산화된 원자와 환원된 원자를 순서대로 옳게 표현한 것은?

$$3Cu + 8HNO_3 \rightarrow 3Cu(NO_3)_2 + 2NO + 4H_2O$$

① Cu, N　　② N, H

③ O, Cu　　④ N, Cu

해설
산화, 환원
• 산화 : 산소와 결합할 때이므로 Cu이다.
• 환원 : 산소를 잃을 때이므로 N이다.

04 다음 물질 중 벤젠 고리를 함유하고 있는 것은?

① 아세틸렌　　② 아세톤

③ 메테인　　④ 아닐린

해설
구조식

종 류	화학식	구조식	구 분
아세틸렌	C_2H_2	HC≡CH	지방족 화합물
아세톤	CH_3COCH_3	$\begin{array}{ccc} H & O & H \\ \| & \| & \| \\ H-C-&C-&C-H \\ \| & & \| \\ H & & H \end{array}$	지방족 화합물
메테인	CH_4	$\begin{array}{c} H \\ \| \\ H-C-H \\ \| \\ H \end{array}$	지방족 화합물
아닐린	$C_6H_5NH_2$	$\begin{array}{c} NH_2 \\ \bigcirc \end{array}$	방향족 화합물

※ 벤젠 고리를 함유하고 있는 것이 방향족 화합물이다.

---

05 메틸알코올과 에틸알코올이 각각 다른 시험관에 들어 있다. 이 두 가지를 구별할 수 있는 실험방법은?

① 금속 나트륨을 넣어 본다.
② 환원시켜 생성물을 비교하여 본다.
③ KOH와 I_2의 혼합용액을 넣고 가열하여 본다.
④ 산화시켜 나온 물질에 은거울 반응시켜 본다.

해설
에틸알코올의 검출반응 : 아이오도폼 반응
아이오도폼 반응 : 에틸알코올에 KOH(NaOH)와 I_2의 혼합용액을 넣어 노란색 침전물(아이오도폼)이 생성되는 반응
$C_2H_5OH + 6NaOH + 4I_2 \rightarrow CHI_3 + 5NaI + HCOONa + 5H_2O$
　　　　　　　　　　　　　　　　 (아이오도폼)

06 분자식이 같으면서도 구조가 다른 유기화합물을 무엇이라고 하는가?

① 이성질체　　　　② 동소체
③ 동위원소　　　　④ 방향족 화합물

해설
용어 정의
• 이성질체 : 분자식은 같으나 구조식이 다른 화합물
• 동소체 : 같은 원소로 되어 있으나 성질과 모양이 다른 단체
• 동위원소 : 원자번호는 같고 질량수가 다른 원자
• 방향족 화합물 : 벤젠고리에 1개 이상이 존재하는 탄화수소

07 다음 중 수용액의 pH가 가장 작은 것은?

① 0.01N HCl　　　　② 0.1N HCl
③ 0.01N CH_3COOH　　④ 0.1N NaOH

해설
수용액의 pH
$pH = -\log[H^+]$
② 0.1N HCl의 $pH = -\log[H^+] = -\log[1 \times 10^{-1}]$
　　　　　　　　　　　 $= 1 - \log 1 = 1 - 0 = 1$
① 0.01N HCl의 $pH = -\log[H^+] = -\log[1 \times 10^{-2}]$
　　　　　　　　　　　 $= 2 - \log 1 = 2 - 0 = 2$
③ 0.01N CH_3COOH의 $pH = -\log[H^+] = -\log[1 \times 10^{-2}]$
　　　　　　　　　　　 $= 2 - \log 1 = 2 - 0 = 2$
④ 0.1N NaOH는 $[OH^-] = 0.1$이므로 $[H^+] = 1 \times 10^{-13}$이다.
　 $pH = -\log[H^+] = -\log[1 \times 10^{-13}] = 13 - \log 1 = 13 - 0 = 13$

08 물 500g 중에 설탕($C_{12}H_{22}O_{11}$) 171g이 녹아 있는 설탕물의 몰랄농도(m)는?

① 2.0　　　　② 1.5
③ 1.0　　　　④ 0.5

해설
몰랄농도(m) : 용매 1,000g 속에 녹아 있는 용질의 몰 수
$$몰랄농도(m) = \frac{용질의\ 몰수}{용매의\ 질량(g)} \times 1,000$$
여기서, 설탕($C_{12}H_{22}O_{11}$)의 분자량 $= (12 \times 12) + (1 \times 22) + (16 \times 11)$
　　　　　　　　　　　　　　　　 $= 342$
$$\therefore\ 몰랄농도 = \frac{(171/342)}{500} \times 1,000 = 1.0$$

09 다음 중 불균일 혼합물은 어느 것인가?

① 공 기　　　　② 소금물
③ 화강암　　　　④ 사이다

해설
• 불균일 혼합물 : 화강암
• 균일 혼합물 : 공기, 소금물, 설탕물, 사이다

10 다음은 원소의 원자번호와 원소기호를 표시한 것이다. 전이원소만으로 나열된 것은?

① $_{20}Ca$, $_{21}Sc$, $_{22}Ti$

② $_{21}Sc$, $_{22}Ti$, $_{29}Cu$

③ $_{26}Fe$, $_{30}Zn$, $_{38}Sr$

④ $_{21}Sc$, $_{22}Ti$, $_{38}Sr$

해설

전이원소 : 각 전자궤도에 들어갈 수 있는 전자수가 최대수보다 작은 금속원소의 집단으로서 원자번호 21번~29번, 39번~47번 등이 있다.

원자번호	기 호	명 칭
21	Sc	스칸듐
22	Ti	타이타늄
23	V	바나듐
24	Cr	크로뮴
25	Mn	망가니즈
26	Fe	철
27	Co	코발트
28	Ni	니 켈
29	Cu	구 리

11 다음 중 동소체 관계가 아닌 것은?

① 적린과 황린

② 산소와 오존

③ 물과 과산화수소

④ 다이아몬드와 흑연

해설

동소체 : 같은 원소로 되어 있으나 성질과 모양이 다른 단체

원 소	동소체	연소생성물
탄소(C)	다이아몬드, 흑연	이산화탄소(CO_2)
황(S)	사방황, 단사황, 고무상황	이산화황(SO_2)
인(P)	적린(붉은인), 황린(흰인)	오산화인(P_2O_5)
산소(O)	산소, 오존	–

12 다음 중 반응이 정반응으로 진행되는 것은?

① $Pb^{2+} + Zn \rightarrow Zn2^{2+} + Pb$

② $I_2 + 2Cl^- \rightarrow 2I^- + Cl_2$

③ $2Fe^{3+} + 3Cu \rightarrow 3Cu^{2+} + 2Fe$

④ $Mg^{2+} + Zn \rightarrow Zn^{2+} + Mg$

해설

비가역반응(한 방향으로만 일어나는 반응) : 정반응만 일어나는 반응

• 금속의 이온화경향 : K > Ca > Na > Al > Zn > Fe > Ni > Pb > Cu

① 이온화경향이 Pb보다 Zn이 크므로 전자를 내어 Zn^{2+}가 되고 Pb^{2+}는 전자를 받아 중성이 된다.

② I_2와 Cl^-은 비금속으로 전자를 주고받지 못한다.

③ 이온화경향이 Cu가 Fe보다 작으므로 전자를 내지 못하여 Cu^{2+}와 Fe로 반응하지 않는다.

④ 이온화경향이 Zn은 Mg보다 작으므로 전자를 내지 못하여 Zn^{2+}와 Mg로 반응하지 않는다.

13 물이 브뢴스테드산으로 작용한 것은?

① $HCl + H_2O \rightleftharpoons H_3O^+ + Cl^-$

② $HCOOH + H_2O \rightleftharpoons HCOO^- + H_3O^+$

③ $NH_3 + H_2O \rightleftharpoons NH_4^+ + OH^-$

④ $3Fe + 4H_2O \rightleftharpoons Fe_3O_4 + 4H_2$

해설

산의 정의

• 아레니우스 : 물에 녹아 수소 이온[H^+]을 내는 물질

• 루이스 : 비공유 전자쌍을 받을 수 있는 물질

• 브뢴스테드 : 양성자[H^+]를 줄 수 있는 물질

14 수산화칼슘에 염소가스를 흡수시켜 만드는 물질은?

① 표백분 ② 수소화칼슘
③ 염화수소 ④ 과산화칼슘

해설
표백분 : $Ca(OH)_2$[수산화칼슘, 소석회]에 염소가스를 흡수시켜 만드는 흰색가루로서 산화력을 가지며 살균과 소독제로 사용된다.

15 질산칼륨 수용액 속에 소량의 염화나트륨이 불순물로 포함되어 있다. 용해도 차이를 이용하여 이 불순물을 제거하는 방법으로 가장 적당한 것은?

① 증 류 ② 막분리
③ 재결정 ④ 전기분해

해설
재결정 : 용해도 차이를 이용하여 불순물을 제거하는 방법

16 할로젠화수소의 결합에너지 크기를 비교하였을 때 옳게 표시된 것은?

① HI > HBr > HCl > HF
② HBr > HI > HF > HCl
③ HF > HCl > HBr > HI
④ HCl > HBr > HF > HI

해설
할로젠화수소의 결합에너지 크기 : HF > HCl > HBr > HI

17 용매분자들이 반투막을 통해서 순수한 용매나 묽은 용액으로부터 좀 더 농도가 높은 용액 쪽으로 이동하는 알짜이동을 무엇이라 하는가?

① 총괄이동 ② 등방성
③ 국부이동 ④ 삼 투

해설
삼투 : 용매분자들이 반투막을 통해서 농도가 낮은 쪽에서 높은 쪽으로 물(용매)이 확산에 의해 이동하는 알짜이동

18 다음 반응식을 이용하여 구한 $SO_2(g)$의 몰 생성열은?

$$S(s) + 1.5O_2(g) \rightarrow SO_3(g) \qquad \Delta H° = -94.5\text{kcal}$$
$$2SO_2(s) + O_2(g) \rightarrow 2SO_3(g) \qquad \Delta H° = -47\text{kcal}$$

① −71kcal ② −47.5kcal
③ 71kcal ④ 47.5kcal

해설
생성열 = (−94.5) − (−47/2) = −71kcal

19 27℃에서 부피가 2L인 고무풍선 속의 수소기체 압력이 1.23atm이다. 이 풍선 속에 몇 mol의 수소기체가 들어 있는가?(단, 이상기체라고 가정한다)

① 0.01

② 0.05

③ 0.10

④ 0.25

해설

이상기체 상태방정식

$$PV = nRT = \frac{W}{M}RT \qquad n = \frac{PV}{RT}$$

여기서, P : 압력(1.23atm)

　　　　V : 부피(2L)

　　　　M : 분자량(수소, $H_2 = 2$)

　　　　W : 무게(g)

　　　　R : 기체상수(0.08205L · atm/g-mol · K)

　　　　T : 절대온도(273 + 27℃ = 300K)

$$\therefore \; n = \frac{PV}{RT} = \frac{1.23 \times 2}{0.08205 \times 300} = 0.1 \text{mol}$$

20 20℃에서 600mL의 부피를 차지하고 있는 기체를 압력의 변화 없이 온도를 40℃로 변화시키면 부피는 얼마로 변하겠는가?

① 300mL

② 641mL

③ 836mL

④ 1,200mL

해설

샤를의 법칙

$$V_2 = V_1 \times \frac{T_2}{T_1}$$

$$\therefore \; V_2 = V_1 \times \frac{T_2}{T_1} = 600\text{mL} \times \frac{(273+40)\text{K}}{(273+20)\text{K}} = 641\text{mL}$$

제2과목 화재예방과 소화방법

21 클로로벤젠 300,000L의 소요단위는 얼마인가?

① 20

② 30

③ 200

④ 300

해설

클로로벤젠(C_6H_5Cl)은 제4류 위험물 제2석유류(비수용성)로서 지정수량 1,000L이다.

$$소요단위 = \frac{저장수량}{지정수량 \times 10} = \frac{300,000\text{L}}{1,000\text{L} \times 10} = 30단위$$

22 가연성물질이 공기 중에서 연소할 때의 연소형태에 대한 설명으로 틀린 것은?

① 공기와 접촉하는 표면에서 연소가 일어나는 것을 표면연소라 한다.

② 황의 연소는 표면연소이다.

③ 산소공급원을 가진 물질 자체가 연소하는 것을 자기연소라 한다.

④ TNT의 연소는 자기연소이다.

해설

증발연소 : 황, 나프탈렌, 왁스, 파라핀 등과 같이 고체를 가열하면 열분해는 일어나지 않고 고체가 액체로 되어 일정 온도가 되면 액체가 기체로 변화하여 기체가 연소하는 현상

23 할로젠화합물 소화약제가 전기화재에 사용될 수 있는 이유에 대한 다음 설명 중 가장 적합한 것은?

① 전기적으로 부도체이다.
② 액체의 유동성이 좋다.
③ 탄산가스와 반응하여 포스겐가스를 만든다.
④ 증기의 비중이 공기보다 작다.

할로젠화합물, 이산화탄소 소화약제 등 가스계 소화약제는 전기 부도체이다.

24 소화약제로서 물이 갖는 특성에 대한 설명으로 옳지 않은 것은?

① 유화효과(Emulsification Effect)도 기대할 수 있다.
② 증발잠열이 커서 기화 시 다량 열을 제거한다.
③ 기화팽창률이 커서 질식효과가 있다.
④ 용융잠열이 커서 주수 시 냉각효과가 뛰어나다.

물은 기화(증발)잠열과 비열이 커서 냉각효과가 뛰어나서 소화약제로 사용한다.

25 위험물안전관리법령상 정전기를 유효하게 제거하기 위해서는 공기 중의 상대습도는 몇 % 이상 되게 해야 하는가?

① 40%   ② 50%
③ 60%   ④ 70%

정전기 제거설비
• 접지할 것
• 상대습도를 70% 이상으로 할 것
• 공기를 이온화할 것

26 벤젠과 톨루엔의 공통점이 아닌 것은?

① 물에 녹지 않는다.
② 냄새가 없다.
③ 휘발성 액체이다.
④ 증기는 공기보다 무겁다.

공통점

종류 항목	벤 젠	톨루엔
화학식	C_6H_6	$C_6H_5CH_3$
품 명	제1석유류(비수용성)	제1석유류(비수용성)
지정수량	200L	200L
용해성	물에 녹지 않는다.	물에 녹지 않는다.
성 상	무색, 투명한 독성이 있는 특유의 냄새를 가진 휘발성 액체	무색, 투명한 독성이 있는 냄새가 나는 휘발성 액체
증기비중	공기보다 2.69배 무겁다(78/29 = 2.69)	공기보다 3.17배 무겁다(92/29 = 3.17)

27 제6류 위험물인 질산에 대한 설명으로 틀린 것은?

① 강산이다.
② 물과 접촉 시 발열한다.
③ 불연성 물질이다.
④ 열분해 시 수소를 발생한다.

질산의 분해반응식
$4HNO_3 \rightarrow 2H_2O + 4NO_2$(이산화질소) $+ O_2$(산소)

28 제1종 분말소화약제가 1차 열분해되어 표준상태를 기준으로 2m³의 탄산가스가 생성되었다. 몇 kg의 탄산수소나트륨이 사용되었는가?(단, 나트륨의 원자량은 23이다)

① 15　　　　　　　② 18.75

③ 56.25　　　　　　④ 75

해설

제1종 분말약제의 분해반응식

$2NaHCO_3 \rightarrow Na_2CO_3 + H_2O + CO_2$

2×84kg ⤬ 22.4m³

x　　　　　　　2m³

$\therefore x = \dfrac{2 \times 84kg \times 2m^3}{22.4m^3} = 15kg$

29 다음 A~D 중 분말소화약제로만 나타낸 것은?

> A : 탄산수소나트륨　　B : 탄산수소칼륨
> C : 황산구리　　　　　D : 제1인산암모늄

① A, B, C, D　　　　② A, D

③ A, B, C　　　　　④ A, B, D

해설

분말소화약제의 종류

종류	주성분	착색	적응화재	열분해반응식
제1종 분말	탄산수소나트륨 ($NaHCO_3$)	백색	B, C급	$2NaHCO_3 \rightarrow$ $Na_2CO_3 + CO_2 + H_2O$
제2종 분말	탄산수소칼륨 ($KHCO_3$)	담회색	B, C급	$2KHCO_3 \rightarrow$ $K_2CO_3 + CO_2 + H_2O$
제3종 분말	제일인산암모늄 ($NH_4H_2PO_4$)	담홍색	A, B, C급	$NH_4H_2PO_4$ $\rightarrow HPO_3 + NH_3 + H_2O$
제4종 분말	탄산수소칼륨 + 요소[$KHCO_3$ + $(NH_2)_2CO$]	회색	B, C급	$2KHCO_3 + (NH_2)_2CO \rightarrow$ $K_2CO_3 + 2NH_3 + 2CO_2$

30 이산화탄소소화설비의 소화약제 방출방식 중 전역방출방식 소화설비에 대한 설명으로 옳은 것은?

① 발화위험 및 연소위험이 적고 광대한 실내에서 특정장치나 기계만을 방호하는 방식

② 소화약제 공급장치에 배관 및 분사헤드 등을 설치하여 밀폐 방호구역 전체에 소화약제를 방출하는 방식을 말한다.

③ 일반적으로 개방되어 있는 대상물에 대하여 설치하는 방식

④ 사람이 용이하게 소화활동을 할 수 있는 장소에서 호스를 연장하여 소화활동을 행하는 방식

해설

가스계소화설비의 방출방식

• 전역방출방식 : 소화약제 공급장치에 배관 및 분사헤드 등을 설치하여 밀폐 방호구역 전체에 소화약제를 방출하는 방식을 말한다.

• 국소방출방식 : 소화약제 공급장치에 배관 및 분사헤드 등을 설치하여 직접 화점에 소화약제를 방출하는 방식을 말한다.

• 호스릴방식 : 소화수 또는 소화약제 저장용기 등에 연결된 호스릴을 이용하여 사람이 직접 화점에 소화수 또는 소화약제를 방출하는 방식을 말한다.

31 알루미늄분의 연소 시 주수소화하면 위험한 이유를 옳게 설명한 것은?

① 물에 녹아 산이 된다.

② 물과 반응하여 유독가스가 발생한다.

③ 물과 반응하여 수소가스가 발생한다.

④ 물과 반응하여 산소가스가 발생한다.

해설

알루미늄이 물과 반응하면 수소(H_2)가스를 발생한다.

$2Al + 6H_2O \rightarrow 2Al(OH)_3 + 3H_2 \uparrow$

32 인화알루미늄의 화재 시 주수소화를 하면 발생하는 가연성 기체는?

① 아세틸렌 ② 메테인
③ 포스겐 ④ 포스핀

해설
인화알루미늄(AlP)이 물과 반응하면 포스핀[인화수소, PH_3]을 발생한다.
$AlP + 3H_2O \rightarrow Al(OH)_3 + PH_3\uparrow$

33 강화액 소화약제에 소화력을 향상시키기 위하여 첨가하는 물질로 옳은 것은?

① 탄산칼륨 ② 질 소
③ 사염화탄소 ④ 아세틸렌

해설
강화액 소화약제 : 물의 소화효과를 높이기 위해 염류(탄산칼륨, K_2CO_3)를 첨가한 소화약제

34 일반적으로 고급 알코올황산에스터염을 기포제로 사용하며 냄새가 없는 황색의 액체로서 밀폐 또는 준밀폐 구조물의 화재 시 고팽창포로 사용하여 화재를 진압할 수 있는 포소화약제는?

① 단백포소화약제
② 합성계면활성제포소화약제
③ 알코올용포소화약제
④ 수성막포소화약제

해설
합성계면활성제포 : 알코올황산에스터염을 기포제로 사용하며 냄새가 없는 황색의 액체로서 고팽창포로 사용하는 포소화약제

35 전기불꽃 에너지 공식에서 ( )에 알맞은 것은? (단, Q : 전기량, V : 방전전압, C : 전기용량이다)

$$E = \frac{1}{2}(\quad) = \frac{1}{2}(\quad)$$

① QV, CV ② QC, CV
③ QV, CV^2 ④ QC, QV^2

해설
전기불꽃 에너지
$E = \frac{1}{2}QV = \frac{1}{2}CV^2$
여기서, C : 정전용량(Farad)
V : 방전전압(Volt)
Q : 전기량(Coulomb)

36 위험물제조소 등의 스프링클러설비의 기준에 있어 개방형스프링클러헤드는 스프링클러헤드의 반사판으로부터 하방과 수평방향으로 각각 몇 m의 공간을 보유해야 하는가?

① 하방 : 0.3m, 수평방향 : 0.45m
② 하방 : 0.3m, 수평방향 : 0.3m
③ 하방 : 0.45m, 수평방향 : 0.45m
④ 하방 : 0.45m, 수평방향 : 0.3m

해설
개방형스프링클러헤드의 설치기준
• 방호대상물의 모든 표면이 헤드의 유효사정 내에 있도록 설치할 것
• 스프링클러헤드의 반사판으로부터 하방으로 0.45m, 수평방향으로 0.3m의 공간을 보유할 것
• 스프링클러헤드는 헤드의 축심이 해당 헤드의 부착면에 대하여 직각이 되도록 설치할 것

37 적린과 오황화인의 공통 연소생성물은?

① SO_2 ② H_2S

③ P_2O_5 ④ H_3PO_4

해설

연소반응식
- 적린 : $4P + 5O_2 \rightarrow 2P_2O_5$
  (오산화인)
- 오황화인 : $2P_2S_5 + 15O_2 \rightarrow 2P_2O_5 + 10SO_2 \uparrow$

38 제1류 위험물 중 알칼리금속 과산화물의 화재에 적응성이 있는 소화약제는?

① 인산염류 분말

② 이산화탄소

③ 탄산수소염류 분말

④ 할로젠화합물

해설

알칼리금속의 과산화물 소화약제 : 탄산수소염류 분말, 건조된 모래

39 가연성가스의 폭발범위에 대한 일반적인 설명으로 틀린 것은?

① 가스의 온도가 높아지면 폭발범위는 넓어진다.

② 폭발한계농도 이하에서 폭발성 혼합가스를 생성한다.

③ 공기 중에서보다 산소 중에서 폭발범위가 넓어진다.

④ 가스압이 높아지면 하한값은 크게 변하지 않으나 상한값은 높아진다.

해설

폭발하한계 이상 폭발상한계 이하에서 폭발한다.

40 위험물제조소 등에 설치하는 포소화설비의 기준에 따르면 포헤드 방식의 포헤드는 방호대상물의 표면적 $1m^2$당 방사량이 몇 L/min 이상의 비율로 계산한 양의 포수용액을 표준방사량으로 방사할 수 있도록 설치해야 하는가?

① 3.5   ② 4

③ 6.5   ④ 9

해설

포헤드 방식의 포헤드 설치기준(위험물 세분기준 제133조)
- 포헤드는 방호대상물의 모든 표면이 포헤드의 유효사정 내에 있도록 설치할 것
- 방호대상물의 표면적(건축물의 경우에는 바닥면적) $9m^2$당 1개 이상의 헤드를, 방호대상물의 표면적 $1m^2$당의 방사량이 6.5L/min 이상의 비율로 계산한 양의 포수용액을 표준방사량으로 방사할 수 있도록 설치할 것
- 방사구역은 $100m^2$ 이상(방호대상물의 표면적이 $100m^2$ 미만인 경우에는 해당 표면적)으로 할 것

41 동식물유류에 대한 설명으로 틀린 것은?

① 건성유는 자연발화의 위험성이 높다.

② 불포화도가 클수록 아이오딘값이 크며 산화되기 쉽다.

③ 아이오딘값이 130 이하인 것이 건성유이다.

④ 1기압에서 인화점이 250℃ 미만이다.

해설
동식물유류
• 1기압에서 인화점이 250℃ 미만이다.
• 불포화도가 클수록 아이오딘값이 크며 산화되기 쉽다.
• 아이오딘값이 130 이상인 것이 건성유이다.
• 건성유는 자연발화의 위험성이 높다.

42 과산화나트륨이 물과 반응할 때의 변화를 가장 옳게 설명한 것은?

① 산화나트륨과 수소를 발생한다.

② 물을 흡수하여 탄산나트륨이 된다.

③ 산소를 방출하며 수산화나트륨이 된다.

④ 서서히 물에 녹아 과산화나트륨의 안정한 수용액이 된다.

해설
과산화나트륨이 물과 반응하면 수산화나트륨($NaOH$)과 산소(O_2)를 발생한다.
$2Na_2O_2 + 2H_2O \rightarrow 4NaOH + O_2\uparrow$

43 다음 중 연소범위가 가장 넓은 위험물은?

① 휘발유
② 톨루엔
③ 에틸알코올
④ 다이에틸에터

해설
연소범위

종 류	연소범위
휘발유	1.2~7.6%
톨루엔	1.27~7.0%
에틸알코올	3.1~27.7%
다이에틸에터	1.7~48%

44 메틸에틸케톤의 취급방법에 대한 설명으로 틀린 것은?

① 쉽게 연소하므로 화기접근을 금한다.

② 직사광선을 피하고 통풍이 잘 되는 곳에 저장한다.

③ 탈지작용이 있으므로 피부에 접촉하지 않도록 주의한다.

④ 유리용기를 피하고 수지, 섬유소 등의 재질로 된 용기에 저장한다.

해설
메틸에틸케톤은 유리용기에 저장한다.

45 유기과산화물에 대한 설명으로 틀린 것은?

① 소화방법으로는 질식소화가 가장 효과적이다.

② 벤조일퍼옥사이드, 메틸에틸케톤퍼옥사이드 등
이 있다.

③ 저장 시 고온체나 화기의 접근을 피한다.

④ 제2종의 지정수량은 100kg이다.

해설

유기과산화물의 성질

항 목	해당사항
지정수량	제2종 : 100kg
종 류	벤조일퍼옥사이드, 메틸에틸케톤퍼옥사이드
주의사항	고온체나 화기 접근 금지
소화방법	냉각소화

46 위험물안전관리법령상 시·도의 조례가 정하는 바에 따라, 관할소방서장의 승인을 받아 지정수량 이상의 위험물을 임시로 제조소 등이 아닌 장소에서 취급할 때 며칠 이내의 기간 동안 취급할 수 있는가?

① 7일 ② 30일

③ 90일 ④ 180일

해설

위험물 임시저장 기간 : 90일 이내

47 다음 물질 중 인화점이 가장 낮은 것은?

① 톨루엔 ② 아세톤

③ 벤 젠 ④ 다이에틸에터

해설

인화점

종 류	품 명	인화점
톨루엔	제1석유류	4℃
아세톤	제1석유류	-18.5℃
벤 젠	제1석유류	-11℃
다이에틸에터	특수인화물	-40℃

48 오황화인에 관한 설명으로 옳은 것은?

① 물과 반응하면 불연성 기체가 발생된다.

② 담황색 결정으로서 흡습성과 조해성이 있다.

③ P_2S_5로 표현되며 물에 녹지 않는다.

④ 공기 중 상온에서 쉽게 자연발화한다.

해설

오황화인(P_2S_5)

• 담황색 결정으로서 흡습성과 조해성이 있다.

• 물 또는 알칼리에 분해하여 황화수소(H_2S)와 인산(H_3PO_4)이 된다.
$P_2S_5 + 8H_2O \rightarrow 5H_2S + 2H_3PO_4$

49 물과 접촉하였을 때 에테인이 발생되는 물질은?

① CaC_2 ② $(C_2H_5)_3Al$

③ $C_6H_3(NO_2)_3$ ④ $C_2H_5ONO_2$

해설

물과 반응

• 탄화칼슘(카바이드) : $CaC_2 + 2H_2O \rightarrow Ca(OH)_2 + C_2H_2$(아세틸렌)

• 트라이에틸알루미늄 : $(C_2H_5)_3Al + 3H_2O \rightarrow Al(OH)_3 + 3C_2H_6$(에테인)

• 트라이나이트로벤젠[$C_6H_3(NO_2)_3$], 질산에틸[$C_2H_5ONO_2$]은 물에 녹지 않는다.

50 아염소산나트륨이 완전 열분해하였을 때 발생하는 기체는?

① 산 소   ② 염화수소

③ 수 소   ④ 포스겐

해설

아염소산나트륨($NaClO$)이 열분해하면 염화나트륨($NaCl$)과 산소(O_2)를 발생한다.

$2NaClO \rightarrow 2NaCl + O_2 \uparrow$

51 위험물안전관리법령상 제1석유류에 속하지 않는 것은?

① CH_3COCH_3

② C_6H_6

③ $CH_3COOC_2H_5$

④ CH_3COOH

해설

제4류 위험물의 분류

종 류	명 칭	품 명
CH_3COCH_3	아세톤	제1석유류(수용성)
C_6H_6	벤 젠	제1석유류(비수용성)
$CH_3COOC_2H_5$	초산에틸	제1석유류(비수용성)
CH_3COOH	초 산	제2석유류(수용성)

52 제6류 위험물의 취급 방법에 대한 설명 중 옳지 않은 것은?

① 가연성 물질과의 접촉을 피한다.

② 지정수량의 $\frac{1}{10}$ 을 초과할 경우 제2류 위험물과의 혼재를 금한다.

③ 피부와 접촉하지 않도록 주의한다.

④ 위험물제조소에는 "화기엄금" 및 "물기엄금" 주의사항을 표시한 게시판을 반드시 설치해야 한다.

해설

주의사항

• 위험물제조소 등 : 제1류 위험물의 알칼리금속의 과산화물 이외와 제6류 위험물은 제조소 등에는 주의사항을 표시한 게시판을 설치할 필요가 없다.

• 운반 시 제6류 위험물의 주의사항 : 가연물접촉주의

53 제2류 위험물과 제5류 위험물의 공통적인 성질은?

① 가연성 물질이다.

② 강한 산화제이다.

③ 액체물질이다.

④ 산소를 함유한다.

해설

제2류 위험물과 제5류 위험물은 가연물이고 제1류, 제3류(일부 가연성), 제6류는 불연성이다.

54 묽은 질산에 녹고 비중이 약 2.7인 은백색의 금속은?

① 아연분
② 마그네슘분
③ 안티몬분
④ 알루미늄분

> **해설**
> 알루미늄분의 물성

화학식	외 관	분자량	비 중	묽은 질산
Al	은백색의 금속	27	2.7	녹는다.

55 황린에 대한 설명으로 틀린 것은?

① 백색 또는 담황색으로 고체이며, 증기는 독성이 있다.
② 물에 녹지 않고 이황화탄소에는 녹는다.
③ 공기 중에서 산화되어 오산화인이 된다.
④ 녹는점이 적린과 비슷하다.

> **해설**
> 적린과 황린의 비교

구 분 / 항 목	적 린	황 린
색 상	암적색	백색, 담황색
발화점	260℃	34℃
녹는점	600℃	44℃
독 성	무독성	맹독성
용해성	물에 녹지 않는다.	물에 녹지 않고 이황화탄소에는 녹는다.
비 중	2.2	1.82
연소생성물	P_2O_5	P_2O_5

- 적린의 연소반응식 : $4P + 5O_2 \rightarrow 2P_2O_5$(오산화인)
- 황린의 연소반응식 : $P_4 + 5O_2 \rightarrow 2P_2O_5$

56 다음은 위험물안전관리법령에서 정한 아세트알데 하이드 등을 취급하는 제조소의 특례에 관한 내용이다. ( ) 안에 해당하지 않는 물질은?

> 아세트알데하이드 등을 취급하는 설비는 ( )・( )・( )・마그네슘 또는 이들을 성분으로 하는 합금을 만들지 않을 것

① Ag
② Hg
③ Cu
④ Fe

> **해설**
> 아세트알데하이드나 산화프로필렌은 구리(Cu), 마그네슘(Mg), 은(Ag), 수은(Hg)과 반응하면 아세틸라이드를 생성하므로 위험하다.

57 위험물안전관리법령에 근거한 위험물 운반 및 수납 시 주의사항에 대한 설명 중 틀린 것은?

① 위험물을 수납하는 용기는 위험물이 누설되지 않게 밀봉시켜야 한다.
② 온도 변화로 가스가 발생해 운반용기 안의 압력이 상승할 우려가 있는 경우(발생한 가스가 위험성이 있는 경우는 제외)에는 가스 배출구가 설치된 운반용기에 수납할 수 있다.
③ 액체위험물은 운반용기 내용적의 98% 이하의 수납률로 수납하되 55℃의 온도에서 누설되지 않도록 충분한 공간 용적을 유지하도록 해야 한다.
④ 고체위험물은 운반용기 내용적의 98% 이하의 수납률로 수납해야 한다.

> **해설**
> 운반용기의 수납률(시행규칙 별표 19)
> - 고체 : 내용적의 95% 이하
> - 액체 : 내용적의 98% 이하

58 인화칼슘이 물과 반응하여 발생하는 기체는?

① 포스겐
② 포스핀
③ 메테인
④ 이산화황

해설
인화칼슘은 물과 반응하면 수산화칼슘과 인화수소(포스핀)의 독성가스를 발생한다.
$Ca_3P_2 + 6H_2O \rightarrow 3Ca(OH)_2 + 2PH_3$(포스핀, 인화수소)

59 위험물제조소의 배출설비 기준 중 국소방식의 경우 배출능력은 1시간당 배출장소 용적의 몇 배 이상인 것으로 해야 하는가?

① 10배
② 20배
③ 30배
④ 40배

해설
국소방식의 경우 가연성 증기 또는 미분이 체류할 우려가 있는 건축물에는 배출설비의 배출능력은 1시간당 배출장소 용적의 20배 이상으로 해야 한다.

60 제1류 위험물 중 무기과산화물 150kg, 질산염류 300kg, 다이크로뮴산염류 3,000kg을 저장하고 있다. 각각 지정수량의 배수의 총합은 얼마인가?

① 5
② 6
③ 7
④ 8

해설
지정수량

종 류	무기과산화물	질산염류	다이크로뮴산염류
유 별	제1류 위험물	제1류 위험물	제1류 위험물
지정수량	50kg	300kg	1,000kg

$\therefore$ 지정수량의 배수 $= \dfrac{\text{저장수량}}{\text{지정수량}}$

$= \dfrac{150kg}{50kg} + \dfrac{300kg}{300kg} + \dfrac{3,000kg}{1,000kg} = 7.0$배

58 ② 59 ② 60 ③ 정답

제1과목   물질의 물리 · 화학적 성질

01 NH₄Cl에서 배위결합을 하고 있는 부분을 옳게 설명한 것은?

① NH₃의 N-H 결합

② NH₃와 H⁺과의 결합

③ NH₄⁺와 Cl⁻과의 결합

④ H⁺과 Cl⁻과의 결합

해설
NH₄Cl(염화암모늄)은 NH₃와 H⁺과의 배위결합이다.

02 자철광 제조법으로 빨갛게 달군 철에 수증기를 통할 때의 반응식으로 옳은 것은?

① $3Fe + 4H_2O \rightarrow Fe_3O_4 + 4H_2$

② $2Fe + 3H_2O \rightarrow Fe_2O_3 + 3H_2$

③ $Fe + H_2O \rightarrow FeO + H_2$

④ $Fe + 2H_2O \rightarrow FeO_2 + 2H_2$

해설
달군 철에 수증기를 통할 때의 반응식 : $3Fe + 4H_2O \rightarrow Fe_3O_4 + 4H_2$

03 불꽃반응 결과 노란색을 나타내는 미지의 시료를 녹인 용액에 AgNO₃ 용액을 넣으니 백색침전이 생겼다. 이 시료의 성분은?

① Na_2SO_4　　　　② $CaCl_2$

③ $NaCl$　　　　　　④ KCl

해설
염화나트륨과 질산은(AgNO₃)이 반응하면 염화은(AgCl)의 백색침전이 생성된다.
$NaCl + AgNO_3 \rightarrow AgCl + NaNO_3$
　　　　　　　　　　염화은(백색침전)

04 다음 화학반응 중 H₂O가 염기로 작용한 것은?

① $CH_3COOH + H_2O \rightarrow CH_3COO^- + H_3O^+$

② $NH_3 + H_2O \rightarrow NH_4^+ + OH^-$

③ $CO_3^{2-} + 2H_2O \rightarrow H_2CO_3 + 2OH^-$

④ $Na_2O + H_2O \rightarrow 2NaOH$

해설
양성자(H⁺)를 받을 수 있는 물질이 염기이다.

05 AgCl의 용해도는 0.0016g/L이다. 이 AgCl의 용해도곱(Solubility Product)은 약 얼마인가?(단, 원자량은 각각 Ag 108, Cl 35.5이다)

① 1.24×10^{-10}　　② 2.24×10^{-10}

③ 1.12×10^{-5}　　④ 4×10^{-4}

[해설]

염화은(AgCl)의 반응식

$AgCl \rightleftharpoons Ag^+ + Cl^-$

• AgCl의 분자량 : $108 + 35.5 = 143.5$

• 용해도곱 $= \left(\dfrac{0.0016}{143.5} \right)^2 = 1.24 \times 10^{-10}$

06 황이 산소와 결합하여 SO_2를 만들 때에 대한 설명으로 옳은 것은?

① 황은 환원된다.

② 황은 산화된다.

③ 불가능한 반응이다.

④ 산소는 산화되었다.

[해설]

$S + O_2 \rightarrow SO_2$일 때 S(황)은 산화(산소와 결합)되었다.

07 다음 밑줄 친 원소 중 산화수가 +5인 것은?

① $Na_2\underline{Cr}_2O_7$　　② $K_2\underline{S}O_4$

③ $K\underline{N}O_3$　　④ $\underline{Cr}O_3$

[해설]

산화수

• $Na_2\underline{Cr}_2O_7$: $(+1) \times 2 + 2x + (-2) \times 7 = 0$, $x = +6$

• $K_2\underline{S}O_4$: $(+1) \times 2 + x + (-2) \times 4 = 0$, $x = +6$

• $K\underline{N}O_3$: $(+1) + x + (-2) \times 3 = 0$, $x = +5$

• $\underline{Cr}O_3$: $x + (-2) \times 3 = 0$, $x = +6$

08 먹물에 아교나 젤라틴을 약간 풀어주면 탄소입자가 쉽게 침전되지 않는다. 이때 가해준 아교는 무슨 콜로이드로 작용하는가?

① 서스펜션　　② 소 수

③ 복 합　　④ 보 호

[해설]

보호콜로이드 : 소수콜로이드(먹물)에 친수콜로이드(아교, 젤라틴, 단백질)를 풀어주면 탄소입자가 침전이 일어나지 않도록 하는 콜로이드

09 황의 산화수가 나머지 셋과 다른 하나는?

① Ag_2S　　② H_2SO_4

③ $SO_4{}^{2-}$　　④ $Fe_2(SO_4)_3$

[해설]

황(S)의 산화수

• $Ag_2\underline{S}$: $(1 \times 2) + x = 0$, $x = -2$

• $H_2\underline{S}O_4$: $(1 \times 2) + x + (-2 \times 4) = 0$, $x = +6$

• $\underline{S}O_4{}^{2-}$: $x + (-2 \times 4) = -2$, $x = +6$

• $Fe_2(\underline{S}O_4)_3$: $(3 \times 2) + [x + (-2 \times 4)] \times 3 = 0$, $x = +6$

10 다음 물질 중 이온결합을 하고 있는 것은?

① 얼 음　　② 흑 연

③ 다이아몬드　　④ 염화나트륨

[해설]

이온결합 : 양이온과 음이온 사이의 정전력에 의한 결합으로 염화나트륨, 염화칼륨, 산화칼슘, 황산구리 등이 있다.

11 H₂O가 H₂S보다 끓는점이 높은 이유는?

① 이온결합을 하고 있기 때문에

② 수소결합을 하고 있기 때문에

③ 공유결합을 하고 있기 때문에

④ 분자량이 적기 때문에

해설
물은 수소결합을 하므로 황화수소(H_2S)와 결합 형태가 다르기 때문에 끓는점이 높다.

12 황산구리 용액에 10A의 전류를 1시간 통하면 구리 (원자량 = 63.54)를 몇 g 석출하겠는가?

① 7.2g

② 11.85g

③ 23.7g

④ 31.77g

해설
석출된 구리양
Coulomb = A × s = 10A × 3,600s = 36,000Coulomb
36,000/96,500 = 0.373F
1g당량 = 63.6/2 = 31.8g
1F는 1g당량이므로 1F : 31.8g = 0.373F : x
x = 31.8 × 0.373 = 11.86g

13 실제기체는 어떤 상태일 때 이상기체 상태방정식에 잘 맞는가?

① 온도가 높고 압력이 높을 때

② 온도가 낮고 압력이 낮을 때

③ 온도가 높고 압력이 낮을 때

④ 온도가 낮고 압력이 높을 때

해설
실제기체는 온도가 높고 압력이 낮을 때 이상기체 상태방정식에 잘 맞는다.

14 네슬러 시약에 의하여 적갈색으로 검출되는 물질은 어느 것인가?

① 질산 이온

② 암모늄 이온

③ 아황산 이온

④ 일산화탄소

해설
네슬러 시약은 암모늄 이온이 있는지 없는지를 테스트하기 위한 시약으로 암모늄 이온과 반응하면 적갈색의 침전물이 생긴다.

15 산(Acid)의 성질을 설명한 것 중 틀린 것은?

① 수용액 속에서 H⁺를 내는 화합물이다.

② pH 값이 작을수록 강산이다.

③ 금속과 반응하여 수소를 발생하는 것이 많다.

④ 붉은색 리트머스 종이를 푸르게 변화시킨다.

해설
산의 성질
• 초산과 같이 수용액은 신맛이 난다.
• 수용액 속에서 H⁺를 내는 화합물이다.
• 전기분해하면 (−)극에서 수소를 발생한다.
• 금속과 반응하여 수소를 발생하는 것이 많다.
• 리트머스 종이는 청색에서 적색으로 변한다.
• pH 값이 작을수록 강산이다.

16 다음 반응속도식에서 2차 반응인 것은?

① $v = k[\text{A}]^{\frac{1}{2}}[\text{B}]^{\frac{1}{2}}$

② $v = k[\text{A}][\text{B}]$

③ $v = k[\text{A}][\text{B}]^2$

④ $v = k[\text{A}]^2[\text{B}]^2$

해설
반응속도식
• 1차 반응 : $v = k[\text{A}]$
• 2차 반응 : $v = k[\text{A}][\text{B}]$

17 0.1M 아세트산 용액의 해리도를 구하면 약 얼마인가?(단, 아세트산의 해리상수는 1.8×10^{-5}이다)

① 1.8×10^{-5}　　② 1.8×10^{-2}

③ 1.3×10^{-5}　　④ 1.3×10^{-2}

해설
해리도

$K_a = 1.8 \times 10^{-5} = \dfrac{[\text{H}^+][\text{CH}_3\text{COO}^-]}{[\text{CH}_3\text{COOH}]} = \dfrac{x^2}{0.1}$

$x = [\text{H}^+] = 1.34 \times 10^{-3}\text{M}$

$\therefore$ 해리도 $= \dfrac{1.34 \times 10^{-3}}{0.1} = 0.0134 = 1.34 \times 10^{-2}$

18 순수한 옥살산($\text{C}_2\text{H}_2\text{O}_4 \cdot 2\text{H}_2\text{O}$)결정 6.3g을 물에 녹여서 500mL의 용액을 만들었다. 이 용액의 농도는 몇 M인가?

① 0.1　　② 0.2

③ 0.3　　④ 0.4

해설
용액의 농도(옥살산의 분자량 : 126)

1M ⨯ 126g ⨯ 1,000mL
x ⨯ 6.3g ⨯ 500mL

$\therefore x = \dfrac{1\text{M} \times 6.3\text{g} \times 1{,}000\text{mL}}{126\text{g} \times 500\text{mL}} = 0.1\text{M}$

19 비금속원소와 금속원소 사이의 결합은 일반적으로 어떤 결합에 해당되는가?

① 공유결합　　② 금속결합

③ 비금속결합　　④ 이온결합

해설
이온결합 : 비금속(음이온)원소와 금속(양이온)원소 사이의 정전력에 의한 결합으로 NaCl, KCl, CaO, MgO, CuSO_4 등이 있다.

20 화학 반응속도를 증가시키는 방법으로 옳지 않은 것은?

① 온도를 높인다.

② 부촉매를 가한다.

③ 반응물 온도를 높게 한다.

④ 반응물 표면적을 크게 한다.

해설
화학 반응속도를 증가시키는 방법
• 온도가 10℃ 상승하면 반응속도는 약 2배 정도 증가한다.
• 촉매를 가하면 반응속도가 증가한다.
• 농도나 표면적을 크게 하면 반응속도가 증가한다.

21 위험물안전관리법령상 제6류 위험물에 적응성 있는 소화설비는?

① 옥내소화전설비

② 불활성가스소화설비

③ 할로젠화합물소화설비

④ 탄산수소염류 분말소화설비

해설

제6류 위험물 : 냉각소화(옥내소화전설비, 옥외소화전설비, 스프링클러설비)

22 인산염 등을 주성분으로 한 분말소화약제의 착색은?

① 백 색　　　　② 담홍색

③ 검은색　　　　④ 회 색

해설

인산염(인산암모늄)의 분말 : 제3종 분말(약제의 착색 : 담홍색)

23 위험물안전관리법령상 위험물과 적응성이 있는 소화설비가 잘못 짝지어진 것은?

① K - 탄산수소염류 분말소화설비

② $C_2H_5OC_2H_5$ - 불활성가스소화설비

③ Na - 건조사

④ CaC_2 - 물통

해설

CaC_2(탄화칼슘)은 물과 반응하면 가연성 가스인 아세틸렌을 발생하므로 위험하고 소화약제로는 마른 모래나 탄산수소염류 분말소화약제를 사용한다.

$CaC_2 + 2H_2O → Ca(OH)_2 + C_2H_2$

24 다음 각 위험물의 저장소에서 화재가 발생하였을 때 물을 사용하여 소화할 수 있는 물질은?

① K_2O_2　　　　② CaC_2

③ Al_4C_3　　　　④ P_4

해설

물과 반응

• 과산화칼륨(K_2O_2) : $2K_2O_2 + 2H_2O → 4KOH + O_2$(산소)

• 탄화칼슘(CaC_2) : $CaC_2 + 2H_2O → Ca(OH)_2 + C_2H_2$(아세틸렌)

• 탄화알루미늄(Al_4C_3) : $Al_4C_3 + 12H_2O → 4Al(OH)_3 + 3CH_4$(메테인)

• 황린(P_4) : 물속에 저장한다.

25 위험물안전관리법령상 소화설비의 설치기준에서 제조소 등에 전기설비(전기배선, 조명기구 등은 제외)가 설치된 경우에는 해당 장소의 면적 몇 m^2마다 소형수동식 소화기를 1개 이상 설치해야 하는가?

① 50　　　　② 75

③ 100　　　　④ 150

해설

제조소 등에 전기설비 : 면적 $100m^2$마다 소형수동식 소화기를 1개 이상 설치할 것

정답 21 ① 22 ② 23 ④ 24 ④ 25 ③

26 위험물안전관리법령상 이동저장탱크(압력탱크)에 대해 실시하는 수압시험은 용접부에 대한 어떤 시험으로 대신할 수 있는가?

① 비파괴시험과 기밀시험
② 비파괴시험과 충수시험
③ 충수시험과 기밀시험
④ 방폭시험과 충수시험

해설
이동저장탱크의 수압시험
• 압력탱크(46.7kPa 이상인 탱크) 외의 탱크 : 70kPa의 압력으로 10분간 수압시험을 실시하여 새거나 변형되지 않을 것
• 압력탱크 : 최대상용압력의 1.5배의 압력으로 10분간 수압시험을 실시하여 새거나 변형되지 않을 것. 이 경우 수압시험은 용접부에 대한 비파괴시험과 기밀시험으로 대신할 수 있다.

27 다음 [보기]에서 열거한 위험물의 지정수량을 모두 합한 값은?

┌보기─────────────────────┐
│ 과아이오딘산, 과아이오딘산염류, │
│ 과염소산, 과염소산염류   │
└─────────────────────────┘

① 450kg   ② 500kg
③ 950kg   ④ 1,200kg

해설
위험물의 지정수량

종 류	유 별	지정수량
과아이오딘산	제1류 위험물	300kg
과아이오딘산염류	제1류 위험물	300kg
과염소산	제6류 위험물	300kg
과염소산염류	제1류 위험물	50kg

∴ 지정수량의 합 : 300kg + 300kg + 300kg + 50kg = 950kg

28 다음 중 화재 시 다량의 물에 의한 냉각소화가 가장 효과적인 것은?

① 금속의 수소화물
② 알칼리금속과산화물
③ 유기과산화물
④ 금속분

해설
제5류 위험물인 유기과산화물 : 냉각소화

29 위험물안전관리법령상 옥내소화전설비의 기준으로 옳지 않은 것은?

① 소화전함은 화재 발생 시 화재 등에 의한 피해의 우려가 많은 장소에 설치해야 한다.
② 호스접속구는 바닥으로부터 1.5m 이하의 높이에 설치한다.
③ 가압송수장치의 시동을 알리는 표시등은 적색으로 한다.
④ 별도의 정해진 조건을 충족하는 경우는 가압송수장치의 시동표시등을 설치하지 않을 수 있다.

해설
소화전함은 화재 발생 시 화재 등에 의한 피해의 우려가 없는 장소에 설치해야 한다.

30 불활성가스 소화약제 중 IG-55의 구성성분을 모두 나타낸 것은?

① 질 소
② 이산화탄소
③ 질소와 아르곤
④ 질소, 아르곤, 이산화탄소

해설
불활성가스 소화약제의 분류

종 류	화학식
IG-01	Ar
IG-100	N_2
IG-55	N_2(50%), Ar(50%)
IG-541	N_2(52%), Ar(40%), CO_2(8%)

31 A, B, C급 화재에 적응성이 있으며 열분해 되어 부착성이 좋은 메타인산을 만드는 분말소화약제는?

① 제1종   ② 제2종
③ 제3종   ④ 제4종

해설
제3종 분말 : A, B, C급 화재에 적응

32 정전기를 유효하게 제거할 수 있는 설비를 설치하고자 할 때 위험물안전관리법령에서 정한 정전기 제거 방법의 기준으로 옳은 것은?

① 공기 중의 상대습도를 70% 이상으로 하는 방법
② 공기 중의 상대습도를 70% 미만으로 하는 방법
③ 공기 중의 절대습도를 70% 이상으로 하는 방법
④ 공기 중의 상대습도를 70% 미만으로 하는 방법

해설
정전기 제거설비
• 접지할 것
• 상대습도를 70% 이상으로 할 것
• 공기를 이온화할 것

33 자연발화가 일어날 수 있는 조건으로 가장 옳은 것은?

① 주위의 온도가 낮을 것
② 표면적이 작을 것
③ 열전도율이 작을 것
④ 발열량이 작을 것

해설
자연발화의 조건
• 주위의 온도가 높을 것
• 표면적이 넓을 것
• 열전도율이 작을 것
• 발열량이 클 것

34 다음은 제4류 위험물에 해당하는 물품의 소화방법을 설명한 것이다. 소화효과가 가장 떨어지는 것은?

① 산화프로필렌 : 알코올용포로 질식소화 한다.
② 아세톤 : 수성막포를 이용하여 질식소화 한다.
③ 이황화탄소 : 탱크 또는 용기 내부에서 연소하고 있는 경우에는 물을 사용하여 질식소화 한다.
④ 다이에틸에터 : 이산화탄소 소화설비를 이용하여 질식소화 한다.

해설
산화프로필렌, 아세톤, 피리딘 등 수용성 액체는 알코올용포소화약제로 질식소화 한다.

35 피리딘 20,000L에 대한 소화설비의 소요단위는?

① 5단위　　　② 10단위
③ 15단위　　　④ 100단위

해설
$$소요단위 = \frac{저장수량}{지정수량 \times 10} = \frac{20,000L}{400L \times 10} = 5단위$$
※ 피리딘[제4류 위험물 제1석유류(수용성)]의 지정수량 : 400L

36 위험물제조소 등에 설치하는 포소화설비에 있어서 포헤드 방식의 포헤드는 방호대상물의 표면적(m^2) 얼마당 1개 이상의 포헤드를 설치해야 하는가?

① 3　　　② 6
③ 9　　　④ 12

해설
포헤드의 설치기준(위험물 세부기준 제133조)
• 포헤드는 방호대상물의 모든 표면이 포헤드의 유효사정 내에 있도록 설치할 것
• 방호대상물의 표면적(건축물의 경우에는 바닥면적) $9m^2$당 1개 이상의 헤드를, 방호대상물의 표면적 $1m^2$당의 방사량이 6.5L/min 이상의 비율로 계산한 양의 포수용액을 표준방사량으로 방사할 수 있도록 설치할 것
• 방사구역은 $100m^2$ 이상(방호대상물의 표면적이 $100m^2$ 미만인 경우에는 해당 표면적)으로 할 것

37 탄소 1mol이 완전 연소하는 데 필요한 최소 이론공기량은 약 몇 L인가?(단, 0℃, 1기압 기준이며 공기 중 산소의 농도는 21vol%이다)

① 10.7　　　② 22.4
③ 107　　　④ 224

해설
이론공기량

$$C + O_2 \rightarrow CO_2$$

1mol　　　1mol
1mol　　　x

$$x = \frac{1mol \times 1mol}{1mol} = 1mol$$

이론산소량 1mol × 22.4L = 22.4L

∴ 이론공기량 $= \frac{22.4L}{0.21} = 106.7L$

※ 표준상태에서 기체 1g-mol이 차지하는 부피 : 22.4L

38 위험물 제조소에 옥내소화전설비를 3개 설치하였다. 수원의 양은 몇 m^3 이상이어야 하는가?

① $7.8m^3$ ② $9.9m^3$

③ $10.4m^3$ ④ $23.4m^3$

해설
위험물제조소등의 수원

구 분 종 류	방수 압력	방수량	수 원
옥내소화 전설비	350kPa 이상	260L/min 이상	소화전의 수(최대 5개)×$7.8m^3$ (260L/min×30min = 7,800L = $7.8m^3$)

∴ 옥내소화전설비의 수원 = 소화전의 수(최대 5개)×$7.8m^3$
                = 3×$7.8m^3$ = $23.4m^3$

39 위험물안전관리법령상 옥내소화전설비의 비상전원은 자가발전설비 또는 축전지설비로 옥내소화전설비를 유효하게 몇 분 이상 작동할 수 있어야 하는가?

① 10분   ② 20분

③ 45분   ④ 60분

해설
위험물안전관리법령상 옥내소화전설비의 비상전원 : 45분 이상

40 수성막포소화약제를 수용성 알코올 화재 시 사용하면 소화효과가 떨어지는 가장 큰 이유는?

① 유독가스가 발생하므로

② 화염의 온도가 높으므로

③ 알코올은 포와 반응하여 가연성가스를 발생하므로

④ 알코올이 포 속의 물을 탈취하여 포가 파괴되므로

해설
수용성 알코올화재 시 수성막포소화약제를 사용하면 포가 소포(파괴)되므로 적합하지 않다.

제3과목 위험물의 성상 및 취급

41 금속칼륨에 관한 설명 중 틀린 것은?

① 연해서 칼로 자를 수가 있다.

② 물속에 넣을 때 서서히 녹아 탄산칼륨이 된다.

③ 공기 중에서 빠르게 산화하여 피막을 형성하고 광택을 잃는다.

④ 등유, 경유 등의 보호액 속에 저장한다.

해설
칼 륨
• 은백색의 광택이 있는 무른 경금속이다.
• 물이나 에탄올과 반응하여 가연성 기체(수소)를 발생한다.
  – 물과 반응 : $2K + 2H_2O \rightarrow 2KOH + H_2\uparrow$
  – 알코올과 반응 : $2K + 2C_2H_5OH \rightarrow 2C_2H_5OK + H_2\uparrow$
• 등유, 경유, 유동파라핀 등의 보호액을 넣은 내통에 밀봉, 저장한다.

42 과산화수소의 성질에 대한 설명 중 틀린 것은?

① 에터에 녹지 않으며 벤젠에 녹는다.

② 산화제이지만 환원제로서 작용하는 경우도 있다.

③ 물보다 무겁다.

④ 분해방지제로 인산, 요산 등을 사용할 수 있다.

해설
과산화수소(H_2O_2)는 물, 알코올, 에터에는 녹지만, 벤젠에는 녹지 않는다.

43 위험물안전관리법령상 $C_6H_2(NO_2)_3OH$의 품명에 해당하는 것은?

① 유기과산화물   ② 질산에스터류

③ 나이트로화합물   ④ 아조화합물

해설
나이트로화합물 : TNT[$C_6H_2CH_3(NO_2)_3$], 피크르산[$C_6H_2OH(NO_2)_3$]

44 위험물을 저장 또는 취급하는 탱크의 용량은?

① 탱크의 내용적에서 공간용적을 뺀 용적으로 한다.

② 탱크의 내용적으로 한다.

③ 탱크의 공간용적으로 한다.

④ 탱크의 내용적에 공간용적을 더한 용적으로 한다.

해설
탱크의 용량 = 탱크의 내용적 − 공간용적(5~10%)

45 P_4S_7에 고온의 물을 가하면 분해된다. 이때 주로 발생하는 유독물질의 명칭은?

① 아황산   ② 황화수소

③ 인화수소   ④ 오산화인

해설
칠황화인(P_4S_7)에 고온의 물을 가하면 급격히 분해되어 황화수소와 인산을 발생한다.

46 과산화칼륨에 대한 설명으로 옳지 않은 것은?

① 염산과 반응하여 과산화수소를 생성한다.

② 탄산가스와 반응하여 산소를 생성한다.

③ 물과 반응하여 수소를 생성한다.

④ 물과 접촉을 피하고 밀전하여 저장한다.

해설
과산화칼륨의 반응식
- 분해반응식 : $2K_2O_2 \rightarrow 2K_2O + O_2 \uparrow$
- 물과 반응 : $2K_2O_2 + 2H_2O \rightarrow 4KOH + O_2$(산소)$\uparrow$
- 탄산가스와 반응 : $2K_2O_2 + 2CO_2 \rightarrow 2K_2CO_3 + O_2 \uparrow$
- 초산과 반응 : $K_2O_2 + 2CH_3COOH \rightarrow 2CH_3COOK + H_2O_2$
                        (초산칼륨) (과산화수소)
- 염산과 반응 : $K_2O_2 + 2HCl \rightarrow 2KCl + H_2O_2$
- 황산과 반응 : $K_2O_2 + H_2SO_4 \rightarrow K_2SO_4 + H_2O_2$

47 염소산칼륨이 고온에서 완전 열분해할 때 주로 생성되는 물질은?

① 칼륨과 물 및 산소

② 염화칼륨과 산소

③ 아염화칼륨과 수소

④ 칼륨과 물

해설
염소산칼륨은 완전 열분해하여 염화칼륨(KCl)과 산소(O_2)를 발생한다.
$2KClO_3 \rightarrow 2KCl + 3O_2 \uparrow$

48 위험물안전관리법령상 위험물의 운반에 관한 기준에서 적재하는 위험물의 성질에 따라 직사광선으로부터 보호하기 위하여 차광성이 있는 피복으로 가려야 하는 위험물은?

① S

② Mg

③ C_6H_6

④ $HClO_4$

종 류	명 칭	유 별
S	황	제2류
Mg	마그네슘	제2류
C_6H_6	벤 젠	제4류
$HClO_4$	과염소산	제6류

차광성이 있는 것으로 피복해야 하는 위험물
- 제1류 위험물
- 제3류 위험물 중 자연발화성물질
- 제4류 위험물 중 특수인화물
- 제5류 위험물
- 제6류 위험물

49 연소 시에는 푸른 불꽃을 내며 산화제와 혼합되어 있을 때 가열이나 충격 등에 의하여 폭발할 수 있으며 흑색화약의 원료로 사용되는 물질은?

① 적 린

② 마그네슘

③ 황

④ 아연분

황 : 연소 시 푸른 불꽃을 내고 흑색화약의 원료로 사용

50 다음과 같은 성질을 갖는 위험물로 예상할 수 있는 것은?

• 지정수량 : 400L	• 증기비중 : 2.07
• 인화점 : 12℃	• 녹는점 : −89.5℃

① 메탄올

② 벤 젠

③ 아이소프로필알코올

④ 휘발유

아이소프로필알코올의 물성

종 류	아이소프로필알코올
화학식	C_3H_7OH
지정수량	400L
증기비중	60/29 = 2.07
인화점	12℃
녹는점	−89.5℃

51 제5류 위험물 중 상온(25℃)에서 동일한 물리적 상태(고체, 액체, 기체)로 존재하는 것으로만 나열된 것은?

① 나이트로글리세린, 나이트로셀룰로스

② 질산메틸, 나이트로글리세린

③ 트라이나이트로톨루엔, 질산메틸

④ 나이트로글라이콜, 트라이나이트로톨루엔

25℃에서 상태

종 류	상 태
나이트로글리세린	액 체
나이트로셀룰로스	고 체
질산메틸	액 체
트라이나이트로톨루엔	고 체
나이트로글라이콜	액 체

52 아세톤과 아세트알데하이드에 대한 설명으로 옳은 것은?

① 증기비중은 아세톤이 아세트알데하이드보다 작다.

② 위험물안전관리법령상 품명은 서로 다르지만 지정수량은 같다.

③ 인화점과 발화점 모두 아세트알데하이드가 아세톤보다 낮다.

④ 아세톤의 비중은 물보다 작지만 아세트알데하이드는 물보다 크다.

해설
아세톤과 아세트알데하이드의 비교

구 분 항 목	아세톤	아세트알데하이드
품 명	제1석유류(수용성)	특수인화물
화학식	CH_3COCH_3	CH_3CHO
지정수량	400L	50L
증기비중	2.0(58/29)	1.517(44/29)
인화점	−18.5℃	−40℃
발화점	465℃	175℃
액체비중	0.79	0.78

53 다음 중 특수인화물이 아닌 것은?

① CS_2
② $C_2H_5OC_2H_5$
③ CH_3CHO
④ HCN

해설
제4류 위험물의 종류

종류	명칭	품명	지정수량
CS_2	이황화탄소	특수인화물	50L
$C_2H_5OC_2H_5$	다이에틸에터	특수인화물	50L
CH_3CHO	아세트알데하이드	특수인화물	50L
HCN	사이안화수소	제1석유류 (수용성)	400L

54 위험물안전관리법령상 주유취급소에서의 위험물 취급기준에 따르면 자동차 등에 인화점 몇 ℃ 미만의 위험물을 주유할 때에는 자동차 등의 원동기를 정지시켜야 하는가?(단, 원칙적인 경우에 한한다)

① 21
② 25
③ 40
④ 80

해설
이동저장탱크로부터 위험물을 저장 또는 취급하는 탱크에 인화점이 40℃ 미만인 위험물을 주입할 때에는 이동저장탱크의 원동기를 정지시킬 것

55 $C_2H_5OC_2H_5$의 성질 중 틀린 것은?

① 전기 양도체이다.

② 물에는 잘 녹지 않는다.

③ 유동성의 액체로 휘발성이 크다.

④ 공기에 장시간 방치 시 폭발성 과산화물을 생성할 수 있다.

해설
다이에틸에터($C_2H_5OC_2H_5$)는 전기 부도체이다.

56 다음 중 자연발화의 위험성이 제일 높은 것은?

① 야자유　　　　② 올리브유
③ 아마인유　　　　④ 피마자유

해설
동식물유류

구 분	아이오딘값	반응성	불포화도	종 류
건성유	130 이상	크다.	크다.	해바라기유, 동유, 아마인유, 들기름, 정어리기름
반건성유	100~130	중 간	중 간	채종유, 목화씨기름(면실유), 참기름, 콩기름
불건성유	100 이하	작다.	작다.	야자유, 올리브유, 피마자유, 동백유

※ 건성유는 자연발화의 위험이 크다.

57 고체위험물은 운반용기 내용적의 몇 % 이하의 수납률로 수납해야 하는가?

① 90　　　　② 95
③ 98　　　　④ 99

해설
운반용기의 수납률(시행규칙 별표 19)
• 고체 : 내용적의 95% 이하
• 액체 : 내용적의 98% 이하

58 황린이 연소할 때 발생하는 가스와 수산화나트륨 수용액과 반응하였을 때 발생하는 가스를 차례대로 나타낸 것은?

① 오산화인, 인화수소　② 인화수소, 오산화인
③ 황화수소, 수소　　　④ 수소, 황화수소

해설
황린의 반응식
• 연소반응식 : $P_4 + 5O_2 \rightarrow 2P_2O_5$(오산화인)
• 수산화나트륨 수용액과 반응
$P_4 + 3KOH + 3H_2O \rightarrow PH_3$(인화수소) $+ 3KH_2PO_2$

59 제4류 위험물의 일반적인 성질에 대한 설명 중 가장 거리가 먼 것은?

① 인화되기 쉽다.
② 인화점, 발화점이 낮은 것은 위험하다.
③ 증기는 대부분 공기보다 가볍다.
④ 액체 비중은 대체로 물보다 가볍고 물에 녹기 어려운 것이 많다.

해설
제4류 위험물은 사이안화수소(HCN, 27/29 = 0.93)의 증기는 공기보다 가볍고 나머지는 공기보다 무겁다.

60 위험물안전관리법령상 지정수량의 10배를 초과하는 위험물을 취급하는 제조소에서 확보해야 하는 보유공지의 너비의 기준은?

① 1m 이상　　　　② 3m 이상
③ 5m 이상　　　　④ 7m 이상

해설
제조소의 보유공지(시행규칙 별표 4)

취급하는 위험물의 최대수량	공지의 너비
지정수량의 10배 이하	3m 이상
지정수량의 10배 초과	5m 이상

제1과목 물질의 물리·화학적 성질

01 n그램(g)의 금속을 묽은 염산에 완전히 녹였더니 m몰의 수소가 발생하였다. 이 금속의 원자가를 2가로 하면 이 금속의 원자량은?

① $\dfrac{n}{m}$ ② $\dfrac{2n}{m}$

③ $\dfrac{n}{2m}$ ④ $\dfrac{2m}{n}$

해설

원자량

$$당량 = \dfrac{원자량}{원자가}$$

수소 $2g \times m$몰 $= 2m$이므로 금속의 당량 $= \dfrac{n}{2m}$

∴ 금속의 원자량 = 당량 × 원자가 $= \dfrac{n}{2m} \times 2 = \dfrac{n}{m}$

02 다음 화합물 중 펩타이드 결합이 들어있는 것은?

① 폴리염화비닐 ② 유 지

③ 탄수화물 ④ 단백질

해설

펩타이드 결합 : 화합물 중에 펩타이드 결합$\left(-\underset{\underset{O}{\parallel}}{C}-\underset{\underset{H}{\mid}}{N}-\right)$을 함유하는 것으로 나일론, 단백질, 양모 등이 있다.

03 다음과 같은 경향성을 나타내지 않는 것은?

Li < Na < K

① 원자번호
② 원자반지름
③ 제1차 이온화에너지
④ 전자수

해설

Li < Na < K의 경향성

• 주기율표의 성질

구 분\n항 목	같은 주기에서 원자번호가 증가할수록 (왼쪽에서 오른쪽으로)	같은 족에서 원자번호가 증가할수록 (위쪽에서 아래쪽으로)
이온화 에너지	증가한다.	감소한다.
전기 음성도	증가한다.	감소한다.
이온 반지름	작아진다.	커진다.
원자 반지름	작아진다.	커진다.
비금속성	증가한다.	–

• 원소의 주기율표

족\n주 기	1A	경 향
분 류	알칼리금속	
1	^{1}H(수소)	같은 족에서 원자번호가 증가할수록 이온화에너지는 감소한다.
2	^{3}Li(리튬)	
3	^{11}Na(나트륨)	
4	^{19}K(칼륨)	

04 질산나트륨의 물 100g에 대한 용해도는 80℃에서 148g, 20℃에서 88g이다. 80℃의 포화용액 100g을 70g으로 농축시켜서 20℃로 냉각시키면, 약 몇 g의 질산나트륨이 석출되는가?

① 29.4   ② 40.3

③ 50.6   ④ 59.7

해설

석출된 질산나트륨의 무게

용액 = 용질 + 용매 = 148g + 100g = 248g

80℃의 포화용액 100g 중

- 질산나트륨의 무게 = $\frac{148g}{248g} \times 100 = 59.68g$
- 물의 무게 = 100g − 59.68g = 40.32g
- 증발된 물의 무게 = 100g − 70g = 30g
- 잔류한 물의 무게 = 40.32g − 30g = 10.32g
- 20℃ 질산나트륨의 용해도

  $88g = \frac{x}{10.32g} \times 100$

x(녹을 수 있는 용질의 무게) = $\frac{88g \times 10.32}{100} = 9.08g$

∴ 20℃에서 석출되는 질산나트륨의 무게 = 59.68g − 9.08g
= 50.6g

05 어떤 원자핵에서 양성자의 수가 3이고, 중성자의 수가 2일 때 질량수는 얼마인가?

① 1   ② 3

③ 5   ④ 7

해설

질량수 = 중성자수 + 양성자수(원자번호) = 2 + 3 = 5

06 상온에서 1L의 순수한 물에는 H^+과 OH^-가 각각 몇 g 존재하는가?(단, H의 원자량은 1.008×10^{-7} g/mol이다)

① 1.008×10^{-7}, 17.008×10^{-7}

② $1,000 \times \frac{1}{18}$, $1,000 \times \frac{17}{18}$

③ 18.016×10^{-7}, 18.016×10^{-7}

④ 17.008×10^{-14}, 17.008×10^{-14}

해설

1L의 순수한 물에 존재하는 H^+과 OH^-의 양

- H^+의 양 = 1.008×10^{-7}g
- OH^-의 양 = $16 + 1.008 \times 10^{-7}$g = 17.008×10^{-7}g

07 프로페인 1kg을 완전 연소시키기 위해 표준상태의 산소가 약 몇 m³가 필요한가?

① 2.55   ② 5

③ 7.55   ④ 10

해설

프로페인의 연소반응식

C_3H_8 + $5O_2$ → $3CO_2 + 4H_2O$

44kg $\diagdown$ $5 \times 22.4m^3$

1kg $\diagup$ x

∴ $x = \frac{1kg \times 5 \times 22.4m^3}{44kg} = 2.55m^3$

08 다음의 염을 물에 녹일 때 염기성을 띠는 것은?

① Na_2CO_3 ② NaCl

③ NH_4Cl ④ $(NH_4)_2SO_4$

해설

물에 녹였을 때 염기성을 띠는 것은 탄산나트륨(Na_2CO_3)이다.

09 콜로이드 용액을 친수콜로이드와 소수콜로이드로 구분할 때 소수콜로이드에 해당하는 것은?

① 녹 말　　　　② 아 교
③ 단백질　　　　④ 수산화철(Ⅲ)

해설

콜로이드용액의 종류

• 소수콜로이드 : 물과의 친화력이 좋지 않고 소량의 전해질을 넣으면 침전이 일어나는 무기질 콜로이드(−콜로이드)로서 염화은, 수산화알루미늄, 수산화철, 흙탕물, 먹물 등이 있다.
• 친수콜로이드 : 물과의 친화력이 좋고 다량의 전해질을 넣으면 침전이 일어나는 유기질 콜로이드(+콜로이드)로서 비누, 녹말, 단백질, 아교, 젤라틴 등이 있다.

10 기하이성질체 때문에 극성 분자와 비극성 분자를 가질 수 있는 것은?

① C_2H_4　　　　② C_2H_3Cl
③ $C_2H_2Cl_2$　　　　④ C_2HCl_3

해설

비닐라이덴클로라이드($C_2H_2Cl_2$)는 휘발성이 강한 무색의 유기염소화합물로서 극성 분자와 비극성 분자를 가질 수 있다.

11 메테인에 염소를 작용시켜 클로로폼을 만드는 반응을 무엇이라 하는가?

① 중화반응　　　　② 부가반응
③ 치환반응　　　　④ 환원반응

해설

클로로폼($CHCl_3$)의 제법 : 메테인(CH_4)의 3개 수소원자를 직접 염소원자로 치환한 화합물

12 제3주기에서 음이온이 되기 쉬운 경향성은?(단, 0족(18족)기체는 제외한다)

① 금속성이 큰 것
② 원자의 반지름이 큰 것
③ 최외각 전자수가 많은 것
④ 염기성 산화물을 만들기 쉬운 것

해설

제3주기에서 최외각 전자수가 많으면 음이온이 되기 쉽다.

13 황산구리(Ⅲ) 수용액을 전기분해할 때 63.5g의 구리를 석출시키는 데 필요한 전기량은 몇 F인가? (단, Cu의 원자량은 63.5이다)

① 0.635F　　　　② 1F
③ 2F　　　　④ 63.5F

해설

Cu는 원자가가 2가이므로 구리(Cu) 63.5g을 석출하기 위하여 2F의 전기량이 필요하다.

14 수성가스(Water Gas)의 주성분을 옳게 나타낸 것은?

① CO_2, CH_4　　　　② CO, H_2
③ CO_2, H_2, O_2　　　　④ H_2, H_2O

해설

수성가스(Water Gas)의 주성분 : CO, H_2

15 다음은 열역학 제 몇 법칙에 대한 내용인가?

> 0K(절대영도)에서 물질의 엔트로피는 0이다.

① 열역학 제0법칙 ② 열역학 제1법칙
③ 열역학 제2법칙 ④ 열역학 제3법칙

열역학 제3법칙 : 0K(절대영도)에서 물질의 엔트로피는 0이다.

16 다음과 같은 구조를 가진 전지를 무엇이라 하는가?

> $(-)Zn \parallel H_2SO_4 \parallel Cu(+)$

① 볼타전지 ② 다니엘전지
③ 건전지 ④ 납축전지

볼타전지
• 아연(Zn)판과 구리(Cu)판을 도선으로 연결하고 묽은 황산을 넣어 두 전극에서 산화, 환원반응으로 전기에너지로 변환시키는 장치
• Zn판(− 극)에서는 산화, Cu판(+ 극)에서는 환원이 일어난다.
  $(-)Zn \parallel H_2SO_4 \parallel Cu(+)$
• 전자는 도선을 따라 (−)극에서 (+)극으로 이동한다.
• 전류의 방향은 전자의 이동 방향과 반대이다.

17 20℃에서 NaCl 포화용액을 잘 설명한 것은?(단, 20℃에서 NaCl의 용해도는 36이다)

① 용액 100g 중에 NaCl이 36g 녹아 있을 때
② 용액 100g 중에 NaCl이 136g 녹아 있을 때
③ 용액 136g 중에 NaCl이 36g 녹아 있을 때
④ 용액 136g 중에 NaCl이 136g 녹아 있을 때

NaCl 포화용액 : 용액 136g 중에 NaCl이 36g 녹아 있다.
용액 = 용질(NaCl) + 용매(물)

18 다음 중 $KMnO_4$의 Mn의 산화수는?

① +1 ② +3
③ +5 ④ +7

$KMnO_4 : (+1) + x + (-2) \times 4 = 0$
$\therefore x(Mn) = +7$

19 다음 중 배수비례의 법칙이 성립되지 않는 것은?

① H_2O와 H_2O_2 ② SO_2와 SO_3
③ N_2O와 NO ④ O_2와 O_3

배수비례의 법칙 : 두 원소가 결합하여 2개 이상의 화합물을 만들 때 다른 원소의 질량과 결합하는 원소의 질량 사이에는 간단한 정수비가 성립한다. 예로 H_2O와 H_2O_2, SO_2와 SO_3, N_2O와 NO 등이 있다.

20 $[H^+] = 2 \times 10^{-6}$M인 용액의 pH는 약 얼마인가?

① 5.7 ② 4.7
③ 3.7 ④ 2.7

$pH = -\log[H^+] = -\log[2 \times 10^{-6}] = 6 - \log 2 = 6 - 0.3 = 5.7$

21 자연발화가 잘 일어나는 조건에 해당하지 않는 것은?

① 주위 습도가 높을 것
② 열전도율이 클 것
③ 주위 온도가 높을 것
④ 표면적이 넓을 것

해설
자연발화가 잘 일어나는 조건
• 주위 습도가 높을 것
• 열전도율이 작을 것
• 주위 온도가 높을 것
• 표면적이 넓을 것

22 제조소 건축물로 외벽이 내화구조인 것의 1소요단위는 연면적이 몇 m²인가?

① 50
② 100
③ 150
④ 1,000

해설
소요단위

구 분	외벽의 기준	기 준
제조소, 취급소	내화구조	연면적 100m²
	비내화구조	연면적 50m²
저장소	내화구조	연면적 150m²
	비내화구조	연면적 75m²
위험물		지정수량의 10배

23 종별 분말소화약제에 대한 설명으로 틀린 것은?

① 제1종은 탄산수소나트륨을 주성분으로 한 분말
② 제2종은 탄산수소나트륨과 탄산칼슘을 주성분으로 한 분말
③ 제3종은 제일인산암모늄을 주성분으로 한 분말
④ 제4종은 탄산수소칼륨과 요소와의 반응생성물을 주성분으로 한 분말

해설
분말소화약제

종 류	주성분	적응 화재	착색 (분말의 색)
제1종 분말	$NaHCO_3$ (중탄산나트륨, 탄산수소나트륨)	B, C급	백 색
제2종 분말	$KHCO_3$ (중탄산칼륨, 탄산수소칼륨)	B, C급	담회색
제3종 분말	$NH_4H_2PO_4$ (인산암모늄, 제일인산암모늄)	A, B, C급	담홍색
제4종 분말	$KHCO_3+(NH_2)_2CO$ (중탄산칼륨+요소)	B, C급	회 색

24 위험물제조소 등에 펌프를 이용한 가압송수장치를 사용하는 옥내소화전을 설치하는 경우 펌프의 전양정은 몇 m인가?(단, 호스의 마찰손실수두는 6m, 배관의 마찰손실수두는 1.7m, 낙차는 32m이다)

① 56.7
② 74.7
③ 64.7
④ 39.87

해설
수계소화설비의 전양정
• 옥내소화전설비
$H = h_1 + h_2 + h_3 + 35m$
여기서, H : 전양정(m)
　　　h_1 : 호스의 마찰손실수두(6m)
　　　h_2 : 배관의 마찰손실수두(1.7m)
　　　h_3 : 낙차(32m)
∴ $H = 6m + 1.7m + 32m + 35m = 74.7m$
• 옥외소화전설비
$H = h_1 + h_2 + h_3 + 35m$

25 자체소방대에 두어야 하는 화학소방자동차 중 포수용액을 방사하는 화학소방자동차는 법정 화학소방자동차 대수의 얼마 이상이어야 하는가?

① 1/3 ② 2/3
③ 1/5 ④ 2/5

자체소방대에 두어야 하는 화학소방자동차 중 포수용액을 방사하는 화학소방자동차는 법정 화학소방자동차 대수의 2/3 이상이어야 한다.

26 제1인산암모늄 분말 소화약제의 색상과 적응화재를 옳게 나타낸 것은?

① 백색, B, C급 ② 담홍색, B, C급
③ 백색, A, B, C급 ④ 담홍색, A, B, C급

제1인산암모늄(제3종) 분말 소화약제 : 담홍색, A, B, C급 화재

27 과산화수소 보관장소에 화재가 발생하였을 때 소화방법으로 틀린 것은?

① 마른 모래로 소화한다.
② 환원성 물질을 사용하여 중화 소화한다.
③ 연소의 상황에 따라 분무주수도 효과가 있다.
④ 다량의 물을 사용하여 소화할 수 있다.

과산화수소(산화성 물질)는 환원성 물질과 중화하면 위험하다.

28 할로젠화합물 소화약제의 구비조건과 거리가 먼 것은?

① 전기절연성이 우수할 것
② 공기보다 가벼울 것
③ 증발 잔유물이 없을 것
④ 인화성이 없을 것

할로젠화합물 소화약제의 구비조건
• 비점이 낮고 기화되기 쉬울 것
• 공기보다 무겁고 불연성일 것
• 증발 잔유물이 없을 것

29 강화액 소화기에 대한 설명으로 옳은 것은?

① 물의 유동성을 강화하기 위한 유화제를 첨가한 소화기이다.
② 물의 표면장력을 강화하기 위해 탄소를 첨가한 소화기이다.
③ 산·알칼리 액을 주성분으로 하는 소화기이다.
④ 물의 소화효과를 높이기 위해 염류를 첨가한 소화기이다.

강화액 소화기 : 물의 소화효과를 높이기 위해 염류(탄산칼륨, K_2CO_3)를 첨가한 소화기

30 불활성가스 소화약제 중 IG-541의 구성성분이 아닌 것은?

① 질 소   ② 브로민

③ 아르곤   ④ 이산화탄소

해설

불연성 · 불활성가스 소화약제

소화 약제	화학식
IG-01	Ar(100%)
IG-100	N_2(100%)
IG-541	N_2(질소) : 52%, Ar(아르곤) : 40%, CO_2(이산화탄소) : 8%
IG-55	N_2 : 50%, Ar : 50%

31 제1류 위험물 중 알칼리금속의 과산화물을 저장 또는 취급하는 위험물제조소에 표시해야 하는 주의사항은?

① 화기엄금   ② 물기엄금

③ 화기주의   ④ 물기주의

해설

제조소 등의 주의사항(시행규칙 별표 4)

위험물의 종류	주의사항	게시판 표시
제1류 위험물 중 알칼리금속의 과산화물 제3류 위험물 중 금수성 물질	물기엄금	청색 바탕에 백색 문자
제2류 위험물(인화성 고체는 제외)	화기주의	적색 바탕에 백색 문자
제2류 위험물 중 인화성 고체 제3류 위험물 중 자연발화성 물질 제4류 위험물 제5류 위험물	화기엄금	적색 바탕에 백색 문자

32 마그네슘 분말의 화재 시 이산화탄소 소화약제는 소화적응성이 없다. 그 이유로 가장 적합한 것은?

① 분해반응에 의하여 산소가 발생하기 때문이다.

② 가연성의 일산화탄소 또는 탄소가 생성되기 때문이다.

③ 분해반응에 의하여 수소가 발생하고 이 수소는 공기 중의 산소와 폭명반응을 하기 때문이다.

④ 가연성의 아세틸렌가스가 발생하기 때문이다.

해설

마그네슘은 이산화탄소와 반응하면 산화마그네슘(MgO)과 일산화탄소(CO)가 발생하므로 소화에 적응성이 없다.

$Mg + CO_2 \rightarrow MgO + CO$

33 분말소화약제 중 열분해 시 부착성이 있는 유리상의 메타인산이 생성되는 것은?

① $NaPO_4$ ② $(NH_4)_3PO_4$

③ $NaHCO_3$ ④ $NH_4H_2PO_4$

해설

열분해 반응식

- 제1종 분말 : $2NaHCO_3 \rightarrow Na_2CO_3 + H_2O \uparrow + CO_2 \uparrow$
- 제2종 분말 : $2KHCO_3 \rightarrow K_2CO_3 + H_2O \uparrow + CO_2 \uparrow$
- 제3종 분말 : $NH_4H_2PO_4 \rightarrow HPO_3$(메타인산) $+ NH_3 \uparrow + H_2O$
- 제4종 분말 : $2KHCO_3 + (NH_2)_2CO \rightarrow K_2CO_3 + 2NH_3 \uparrow + 2CO_2 \uparrow$

30 ②   31 ②   32 ②   33 ④   **정답**

34 제3류 위험물의 소화방법에 대한 설명으로 옳지 않은 것은?

① 제3류 위험물은 모두 물에 의한 소화가 불가능하다.

② 팽창질석은 제3류 위험물에 적응성이 있다.

③ K, Na의 화재 시에는 물을 사용할 수 없다.

④ 할로젠화합물 소화설비는 제3류 위험물에 적응성이 없다.

해설
제3류 위험물인 황린은 주수소화가 가능하고 나머지는 주수소화가 불가능하다.

35 이산화탄소 소화기 사용 중 소화기 방출구에서 생길 수 있는 물질은?

① 포스겐   ② 일산화탄소

③ 드라이아이스   ④ 수소가스

해설
이산화탄소 소화기 사용 중 소화기 방출구에서 드라이아이스가 생긴다(수분의 함량을 0.05% 이하로 규정).

36 위험물제조소에 옥내소화전을 각 층에 8개씩 설치하도록 할 때 수원의 최소 수량은 얼마인가?

① 13m³   ② 20.8m³

③ 39m³   ④ 62.4m³

해설
옥내소화전설비의 방수량, 방수압력, 수원 등

방수량	260L/min 이상
방수압력	0.35MPa 이상
토출량	N(최대 5개) × 260L/min
수 원	N(최대 5개) × 7.8m³(260L/min × 30min)

∴ 수원 = N(최대 5개) × 7.8m³ = 5 × 7.8m³ = 39m³

37 위험물안전관리법령상 위험물 저장·취급 시 화재 또는 재난을 방지하기 위하여 자체소방대를 두어야 하는 경우가 아닌 것은?

① 지정수량의 3천배 이상의 제4류 위험물을 저장·취급하는 제조소

② 지정수량의 3천배 이상의 제4류 위험물을 저장·취급하는 일반취급소

③ 지정수량의 2천배의 제4류 위험물을 취급하는 일반취급소와 지정수량의 1천배의 제4류 위험물을 취급하는 제조소가 동일한 사업소에 있는 경우

④ 지정수량의 3천배 이상의 제4류 위험물을 저장·취급하는 옥외탱크저장소

해설
자체소방대 설치 : 지정수량의 3,000배 이상인 제4류 위험물을 취급하는 제조소와 일반취급소

38 경보설비를 설치해야 하는 장소에 해당되지 않는 것은?

① 지정수량의 100배 이상의 제3류 위험물을 저장·취급하는 옥내저장소

② 옥내주유취급소

③ 연면적 500m²이고 취급하는 위험물의 지정수량이 100배인 제조소

④ 지정수량 10배 이상의 제4류 위험물을 저장·취급하는 이동탱크저장소

해설

제조소등의 경보설비

• 지정수량 10배 이상 : 자동화재탐지설비, 비상경보설비, 비상방송설비, 확성장치 중 1종

• 제조소 등별로 설치해야 하는 경보설비의 종류

제조소 등의 구분	제조소 등의 규모, 저장 또는 취급하는 위험물의 종류 및 최대수량 등	경보설비
가. 제조소 및 일반취급소	• 연면적이 500m² 이상인 것 • 옥내에서 지정수량의 100배 이상을 취급하는 것(고인화점위험물만을 100℃ 미만의 온도에서 취급하는 것은 제외) • 일반취급소로 사용되는 부분 외의 부분이 있는 건축물에 설치된 일반취급소	자동화재탐지설비
나. 옥내 저장소	• 지정수량의 100배 이상을 저장 또는 취급하는 것(고인화점위험물만을 저장 또는 취급하는 것은 제외) • 저장창고의 연면적이 150m²를 초과하는 것[연면적 150m² 이내마다 불연재료의 격벽으로 개구부 없이 완전히 구획된 저장창고와 제2류 위험물(인화성 고체는 제외) 또는 제4류 위험물(인화점이 70℃ 미만인 것은 제외)만을 저장 또는 취급하는 저장창고는 그 연면적이 500m² 이상인 것에 한한다] • 처마 높이가 6m 이상인 단층 건물의 것 • 옥내저장소로 사용되는 부분 외의 부분이 있는 건축물에 설치된 옥내저장소	

제조소 등의 구분	제조소 등의 규모, 저장 또는 취급하는 위험물의 종류 및 최대수량 등	경보설비
다. 옥내탱크 저장소	단층 건물 외의 건축물에 설치된 옥내탱크저장소로서 소화난이도등급 I 에 해당하는 것	자동화재탐지설비
라. 주유취급소	옥내주유취급소	
마. 옥외탱크 저장소	특수인화물, 제1석유류 및 알코올류를 저장 또는 취급하는 탱크의 용량이 1,000만L 이상인 것	• 자동화재탐지설비 • 자동화재속보설비
바. 가목부터 마목까지의 규정에 따른 자동화재탐지설비 설치 대상 제조소 등에 해당하지 않는 제조소 등(이송취급소는 제외)	지정수량의 10배 이상을 저장 또는 취급하는 것	자동화재탐지설비, 비상경보설비, 확성장치 또는 비상방송설비 중 1종 이상

39 위험물안전관리법령상 옥내소화전설비에 관한 기준에 대해 다음 ( )에 알맞은 수치를 옳게 나열한 것은?

옥내소화전설비는 각층을 기준으로 하여 해당 층의 모든 옥내소화전(설치개수가 5개 이상인 경우는 5개의 옥내소화전)을 동시에 사용할 경우에 각 노즐끝부분의 방수압력이 (ⓐ)kPa 이상이고 방수량이 1분당 (ⓑ)L 이상의 성능이 되도록 할 것

① ⓐ 350, ⓑ 260   ② ⓐ 450, ⓑ 260
③ ⓐ 350, ⓑ 450   ④ ⓐ 450, ⓑ 450

해설
위험물제조소 등의 방수압력 등

구 분 종 류	방수 압력	방수량	수 원
옥내 소화전 설비	350kPa 이상	260 L/min 이상	소화전의 수(최대 5개)×7.8m³ (260L/min × 30min = 7,800L = 7.8m³)
옥외 소화전 설비	350kPa 이상	450 L/min	소화전의 수(최대 4개)×13.5m³ (450L/min × 30min = 13,500L 13.5m³)
스프링 클러 설비	100kPa 이상	80 L/min	헤드 수×2.4m³ (80L/min × 30min = 2,400L = 2.4m³)

40 연소의 주된 형태가 표면연소에 해당하는 것은?

① 석 탄   ② 목 탄
③ 목 재   ④ 황

해설
고체의 연소
• 표면연소 : 목탄, 코크스, 숯, 금속분 등이 열분해에 의하여 가연성가스를 발생하지 않고 그 물질 자체가 연소하는 현상
• 분해연소 : 석탄, 종이, 목재, 플라스틱 등의 연소 시 열분해에 의해 발생된 가스와 공기가 혼합하여 연소하는 현상
• 증발연소 : 황, 나프탈렌, 왁스, 파라핀 등과 같이 고체를 가열하면 열분해는 일어나지 않고 고체가 액체로 되어 일정온도가 되면 액체가 기체로 변화하여 기체가 연소하는 현상
※ 에터(제4류 위험물 특수인화물) : 증발연소
• 자기연소(내부연소) : 제5류 위험물인 나이트로셀룰로스, 질화면 등 그 물질이 가연물과 산소를 동시에 가지고 있는 가연물이 연소하는 현상

41 물과 접촉하면 위험한 물질로만 나열된 것은?

① CH_3CHO, CaC_2, $NaClO_4$
② K_2O_2, $K_2Cr_2O_7$, CH_3CHO
③ K_2O_2, Na, CaC_2
④ Na, $K_2Cr_2O_7$, $NaClO_4$

해설
물과 반응하여 산소, 수소, 아세틸렌이 발생하면 위험하다.
• 과산화칼륨 : $2K_2O_2 + 2H_2O \rightarrow 4KOH + O_2$(산소)
• 나트륨 : $2Na + 2H_2O \rightarrow 2NaOH + H_2$(수소)
• 탄화칼슘 : $CaC_2 + 2H_2O \rightarrow Ca(OH)_2 + C_2H_2$(아세틸렌)

42 위험물안전관리법령상 지정수량의 각각 10배를 운반할 때 혼재할 수 있는 위험물은?

① 과산화나트륨과 과염소산
② 과망가니즈산칼륨과 적린
③ 질산과 알코올
④ 과산화수소와 아세톤

해설
위험물 운반 시 혼재 여부
• 위험물의 분류

명 칭	유별	명 칭	유별
과산화나트륨	제1류	질 산	제6류
과염소산	제6류	알코올	제4류
과망가니즈산칼륨	제1류	과산화수소	제6류
적 린	제2류	아세톤	제4류

• 혼재가능

위험물의 구분	제1류	제2류	제3류	제4류	제5류	제6류
제1류		×	×	×	×	○
제2류	×		×	○	○	×
제3류	×	×		○	×	×
제4류	×	○	○		○	×
제5류	×	○	×	○		×
제6류	○	×	×	×	×	

43 다음 중 위험물의 저장 또는 취급에 관한 기술상의 기준과 관련하여 시·도의 조례에 의해 규제를 받는 경우는?

① 등유 2,000L를 저장하는 경우

② 중유 3,000L를 저장하는 경우

③ 윤활유 5,000L를 저장하는 경우

④ 휘발유 400L를 저장하는 경우

해설

규제대상

• 지정수량(1배) 이상 : 위험물안전관리법 적용

• 지정수량 미만 : 시·도의 조례 기준 적용

지정수량

$$지정수량의 \; 배수 = \frac{저장수량}{지정수량}$$

종 류	품 명	지정수량
등 유	제2석유류(비수용성)	1,000L
중 유	제3석유류(비수용성)	2,000L
윤활유	제4석유류	6,000L
휘발유	제1석유류(비수용성)	200L

• 등유 2,000L를 저장하는 경우

$$지정수량의 \; 배수 = \frac{저장수량}{지정수량} = \frac{2,000L}{1,000L} = 2.0배$$

• 중유 3,000L를 저장하는 경우

$$지정수량의 \; 배수 = \frac{저장수량}{지정수량} = \frac{3,000L}{2,000L} = 1.5배$$

• 윤활유 5,000L를 저장하는 경우

$$지정수량의 \; 배수 = \frac{저장수량}{지정수량} = \frac{5,000L}{6,000L} = 0.83배$$

• 휘발유 400L를 저장하는 경우

$$지정수량의 \; 배수 = \frac{저장수량}{지정수량} = \frac{400L}{200L} = 2.0배$$

44 위험물제조소 등의 안전거리의 단축기준과 관련해서 $H \leq pD^2 + a$인 경우 방화상 유효한 담의 높이는 2m 이상으로 한다. 다음 중 a에 해당되는 것은?

① 인근 건축물의 높이(m)

② 제조소 등의 외벽의 높이(m)

③ 제조소 등과 공작물과의 거리(m)

④ 제조소 등과 방화상 유효한 담과의 거리(m)

해설

방화상 유효한 담의 높이

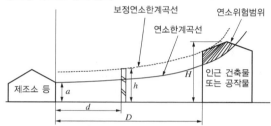

• $H \leq pD^2 + a$인 경우 $h = 2$

• $H > pD^2 + a$인 경우 $h = H - p(D^2 - d^2)$

여기서, D : 제조소 등과 인근 건축물 또는 공작물과의 거리(m)

H : 인근 건축물 또는 공작물의 높이(m)

a : 제조소 등의 외벽의 높이(m)

d : 제조소 등과 방화상 유효한 담과의 거리(m)

h : 방화상 유효한 담의 높이(m)

p : 상수

45 위험물제조소는 문화재보호법에 의한 유형문화재로부터 몇 m 이상의 안전거리를 두어야 하는가?

① 20m ② 30m
③ 40m ④ 50m

해설

제조소의 안전거리(시행규칙 별표 4)

건축물	안전거리
사용전압 7,000V 초과 35,000V 이하의 특고압가공전선	3m 이상
사용전압 35,000V 초과의 특고압가공전선	5m 이상
주거용으로 사용되는 것(제조소가 설치된 부지 내에 있는 것을 제외)	10m 이상
고압가스, 액화석유가스, 도시가스를 저장 또는 취급하는 시설	20m 이상
학교, 병원(병원급 의료기관), 극장(공연장, 영화상영관 및 그 밖에 이와 유사한 시설로서 수용인원 300명 이상 수용할 수 있는 것), 아동복지시설, 노인복지시설, 장애인복지시설, 한부모가족복지시설, 어린이집, 성매매피해자 등을 위한 지원시설, 정신건강증진시설, 가정폭력방지 및 피해자 보호시설 및 그 밖에 이와 유사한 시설로서 수용인원 20명 이상 수용할 수 있는 것	30m 이상
유형문화재, 기념물 중 지정문화재	50m 이상

46 황화인에 대한 설명으로 틀린 것은?

① 고체이다.
② 가연성 물질이다.
③ P_4S_3, P_2S_5 등의 물질이 있다.
④ 물질에 따른 지정수량은 50kg, 100kg 등이 있다.

해설

황화인[삼황화인(P_4S_3), 오황화인(P_2S_5), 칠황화인(P_4S_7)]의 지정수량 : 100kg

47 아세트알데하이드의 저장 시 주의할 사항으로 틀린 것은?

① 구리나 마그네슘 합금 용기에 저장한다.
② 화기를 가까이 하지 않는다.
③ 용기의 파손에 유의한다.
④ 찬 곳에 저장한다.

해설

산화프로필렌(CH_3CHCH_2O), 아세트알데하이드(CH_3CHO)는 구리(Cu), 마그네슘(Mg), 수은(Hg), 은(Ag)과 반응하면 아세틸라이드를 형성하여 중합반응을 하므로 위험하다.

48 질산과 과염소산의 공통 성질로 옳은 것은?

① 강한 산화력과 환원력이 있다.
② 물과 접촉하면 반응이 없으므로 화재 시 주수소화가 가능하다.
③ 가연성이 있으며 가연물 연소 시에 소화를 돕는다.
④ 모두 산소를 함유하고 있다.

해설

질산(HNO_3)과 과염소산($HClO_4$)의 공통 성질
• 제6류 위험물로서 물에 잘 녹는다.
• 산화제이고 산소를 포함한다.
• 불연성 물질이다.

49 가솔린에 대한 설명 중 틀린 것은?

① 비중은 물보다 작다.

② 증기비중은 공기보다 크다.

③ 전기에 대한 도체이므로 정전기 발생으로 인한 화재를 방지해야 한다.

④ 물에는 녹지 않지만 유기 용제에 녹고 유지 등을 녹인다.

해설
가솔린(제4류 위험물) : 전기부도체이므로 정전기 발생에 주의

50 위험물을 적재, 운반할 때 방수성 덮개를 하지 않아도 되는 것은?

① 알칼리금속의 과산화물

② 마그네슘

③ 나이트로화합물

④ 탄화칼슘

해설
탄화칼슘은 제3류 위험물 중 금수성 물질이므로 방수성 피복이 필요하다.
적재위험물에 따른 조치
• 차광성이 있는 것으로 피복
 – 제1류 위험물
 – 제3류 위험물 중 자연발화성 물질
 – 제4류 위험물 중 특수인화물
 – 제5류 위험물
 – 제6류 위험물
• 방수성이 있는 것으로 피복
 – 제1류 위험물 중 알칼리금속의 과산화물
 – 제2류 위험물 중 철분·금속분·마그네슘
 – 제3류 위험물 중 금수성 물질

51 질산암모늄이 가열분해하여 폭발이 되었을 때 발생되는 물질이 아닌 것은?

① 질 소   ② 물

③ 산 소   ④ 수 소

해설
질산암모늄의 분해반응식
$2NH_4NO_3 \rightarrow 4H_2O(물) + 2N_2(질소) + O_2(산소)$

52 다음 과망가니즈산칼륨과 혼촉하였을 때 위험성이 가장 낮은 물질은?

① 물   ② 다이에틸에터

③ 글리세린   ④ 염 산

해설
과망가니즈산칼륨(과망가니즈산칼륨, $KMnO_4$)은 물에 녹는다.

53 오황화인이 물과 작용해서 발생하는 기체는?

① 이황화탄소   ② 황화수소

③ 포스겐가스   ④ 인화수소

해설
오황화인은 물과 반응하면 황화수소(H_2S)와 인산(H_3PO_4)이 된다.
$P_2S_5 + 8H_2O \rightarrow 5H_2S + 2H_3PO_4$

54 제5류 위험물에 해당하지 않는 것은?

① 나이트로셀룰로스

② 나이트로글리세린

③ 나이트로벤젠

④ 질산메틸

해설
위험물의 종류

종 류	품 명	유 별
나이트로셀룰로스	질산에스터류	제5류 위험물
나이트로글리세린	질산에스터류	제5류 위험물
나이트로벤젠	제3석유류	제4류 위험물
질산메틸	질산에스터류	제5류 위험물

55 질산칼륨에 대한 설명 중 틀린 것은?

① 무색의 결정 또는 백색분말이다.

② 비중이 약 0.81, 녹는점은 약 200℃이다.

③ 가열하면 열분해하여 산소를 방출한다.

④ 흑색화약의 원료로 사용된다.

해설
질산칼륨의 물성

화학식	지정수량	분자량	비 중	융점(녹는점)
KNO_3	300kg	101	2.1	339℃

56 가연성 물질이며 산소를 다량 함유하고 있기 때문에 자기연소가 가능한 물질은?

① $C_6H_2CH_3(NO_2)_3$ ② $CH_3COC_2H_5$

③ $NaClO_4$ ④ HNO_3

해설
자기연소성 물질 : 제5류 위험물(산소와 가연물을 동시에 가지고 있는 위험물)

종 류	명 칭	유 별	성 질
$C_6H_2CH_3(NO_2)_3$	TNT	제5류 위험물	자기반응성 물질
$CH_3COC_2H_5$	메틸에틸케톤	제4류 위험물	인화성 액체
$NaClO_4$	과염소산나트륨	제1류 위험물	산화성 고체
HNO_3	질 산	제6류 위험물	산화성 액체

57 어떤 공장에서 아세톤과 메탄올을 18L 용기에 각각 10개, 등유를 200L 드럼으로 3드럼을 저장하고 있다면 각각의 지정수량 배수의 총합은 얼마인가?

① 1.3 ② 1.5

③ 2.3 ④ 2.5

해설
지정수량의 배수
• 각 위험물의 지정수량

종 류	품 명	지정수량
아세톤	제1석유류(수용성)	400L
메탄올	알코올류	400L
등 유	제2석유류(비수용성)	1,000L

• 지정수량의 배수 $= \dfrac{저장량}{지정수량}$

$$= \frac{18L \times 10}{400L} + \frac{18L \times 10}{400L} + \frac{200L \times 3}{1,000L}$$

$$= 1.5배$$

58 위험물안전관리법령상 제4류 위험물 중 1기압에서 인화점이 21℃인 물질은 석유류에 해당하는가?

① 제1석유류　　　　② 제2석유류
③ 제3석유류　　　　④ 제4석유류

해설

제4류 위험물의 분류
• 제1석유류 : 인화점이 21℃ 미만
• 제2석유류 : 인화점이 21℃ 이상 70℃ 미만
• 제3석유류 : 인화점이 70℃ 이상 200℃ 미만
• 제4석유류 : 인화점이 200℃ 이상 250℃ 미만

59 다음 중 증기비중이 가장 큰 물질은?

① C_6H_6　　　　② CH_3OH
③ $CH_3COC_2H_5$　　　　④ $C_3H_5(OH)_3$

해설

증기비중(증기비중 = 분자량/29)

종 류	명 칭	분자량	증기비중
C_6H_6	벤 젠	78	78/29 = 2.69
CH_3OH	메틸알코올	32	32/29 = 1.10
$CH_3COC_2H_5$	메틸에틸케톤	72	72/29 = 2.48
$C_3H_5(OH)_3$	글리세린	92	92/29 = 3.17

60 금속칼륨의 성질에 대한 설명으로 옳은 것은?

① 중금속류에 속한다.
② 이온화경향이 큰 금속이다.
③ 물속에 보관한다.
④ 고광택을 내므로 장식용으로 많이 쓰인다.

해설

칼륨(K)
• 은백색의 광택이 있는 무른 경금속으로 보라색 불꽃을 내면서 연소한다.
• 석유, 경유, 유동파라핀 등의 보호액을 넣은 내통에 밀봉 저장한다.
• 물과 반응하면 수산화칼륨과 수소가스를 발생한다.
• 금속의 이온화경향
K > Ca > Na > Mg > Al > Zn > Fe > Ni > Pb > Cu
← 크다　　　　　　　　　　　　　　작다 →

01 물 200g에 A 물질 2.9g을 녹인 용액의 어는점은? (단, 물의 어는점 내림상수는 1.86℃ · g/mol이고, A 물질의 분자량은 58이다)

① −0.017℃   ② −0.465℃

③ −0.932℃   ④ −1.871℃

해설

빙점강하(ΔT_f)

$$\Delta T_f = K_f \cdot m = K_f \times \frac{\frac{W_B}{M}}{W_A} \times 1{,}000$$

여기서, K_f : 빙점강하계수(물 : 1.86)

　　　　m : 몰랄농도

　　　　W_B : 용질의 무게(2.9g)

　　　　W_A : 용매의 무게(200g)

　　　　M : 분자량(58)

$$\therefore \Delta T_f = 1.86 \times \frac{\frac{2.9g}{58}}{200g} \times 1{,}000 = 0.465℃ \Rightarrow -0.465℃$$

02 다음과 같은 기체가 일정한 온도에서 반응을 하고 있다. 평형에서 기체 A, B, C가 각각 1몰, 2몰, 4몰이라면 평형상수 K의 값은 얼마인가?

A + 3B → 2C + 열

① 0.5   ② 2

③ 6   ④ 8

해설

평형상수

$$K = \frac{[C]^2}{[A][B]^3} = \frac{4^2}{1 \times 2^3} = 2$$

03 0.01N CH₃COOH의 전리도가 0.01이면 pH는 얼마인가?

① 2   ② 4

③ 6   ④ 8

해설

pH

$pH = -\log[H^+]$

여기서, $[H^+] = c \cdot \alpha = 0.01N \times 0.01 = 1 \times 10^{-4}$

$\therefore pH = -\log[H^+] = -\log 1 \times 10^{-4} = 4 - \log 1 = 4 - 0 = 4$

04 액체나 기체 안에서 미소 입자가 불규칙적으로 계속 움직이는 것을 무엇이라 하는가?

① 틴들 현상   ② 다이알리시스

③ 브라운 운동   ④ 전기영동

해설

• 브라운 운동 : 액체나 기체 안에서 미소 입자가 불규칙적으로 계속 움직이는 것

• 틴들 현상 : 콜로이드 용액에 광선을 비추게 되면 입자들이 빛을 산란시켜서 광선의 진로를 알 수 있는 현상

• 다이알리시스(투석) : 콜로이드 입자 용액은 반투막을 통과하지 못하므로 이것을 이용하여 이온과 콜로이드 입자를 분리시키는 방법

• 전기영동 : 콜로이드 입자가 전극에 의하여 이동하는 현상

05 다음 중 파장이 가장 짧으면서 투과력이 가장 강한 것은?

① α선
② β선
③ γ선
④ X선

해설
γ선 : 질량이 없고 전하를 띠지 않는 선으로 투과력과 방출속도가 가장 크다.

06 1패러데이(Faraday)의 전기량으로 물을 전기분해 하였을 때 생성되는 수소기체는 0℃, 1기압에서 얼마의 부피를 갖는가?

① 5.6L
② 11.2L
③ 22.4L
④ 44.8L

해설
물의 전기분해
$2H_2O \rightarrow 2H_2 + O_2$
　　　　　(−극) (+극)
물을 전기분해하면 산소가 1mol이 발생하므로 산소 1g당량 5.6L 이고 수소가 2mol이 발생하므로 수소의 부피는 11.2L이다.

07 구리줄을 불에 달구어 약 50℃ 정도의 메탄올에 담그면 자극성 냄새가 나는 기체가 발생한다. 이 기체는 무엇인가?

① 폼알데하이드
② 아세트알데하이드
③ 프로페인
④ 메틸에터

해설
구리줄을 불에 달구어 약 50℃ 정도의 메탄올에 담그면 자극성 냄새의 폼알데하이드(HCHO)가 발생한다.

08 다음의 금속원소를 반응성이 큰 순서부터 나열한 것은?

Na, Li, Cs, K, Rb

① Cs > Rb > K > Na > Li
② Li > Na > K > Rb > Cs
③ K > Na > Rb > Cs > Li
④ Na > K > Rb > Cs > Li

해설
같은 족에서 원자번호가 클수록 반응성은 커진다.
Li(3) < Na(11) < K(19) < Rb(37) < Cs(55)

09 "기체의 확산속도는 기체의 밀도(또는 분자량)의 제곱근에 반비례한다."라는 법칙과 연관성이 있는 것은?

① 미지의 기체 분자량을 측정에 이용할 수 있는 법칙이다.
② 보일−샤를이 정립한 법칙이다.
③ 기체상수 값을 구할 수 있는 법칙이다.
④ 이 법칙은 이상기체 상태방정식으로 표현된다.

해설
그레이엄의 확산속도 법칙 : 확산속도는 분자량의 제곱근에 반비례, 밀도의 제곱근에 반비례 한다.
$$\frac{U_B}{U_A} = \sqrt{\frac{M_A}{M_B}} = \sqrt{\frac{d_A}{d_B}}$$
여기서, U_B : B기체의 확산속도
　　　　U_A : A기체의 확산속도
　　　　M_B : B기체의 분자량
　　　　M_A : A기체의 분자량
　　　　d_B : B기체의 밀도
　　　　d_A : A기체의 밀도

10 다음 물질 중에서 염기성인 것은?

① $C_6H_5NH_2$
② $C_6H_5NO_2$
③ C_6H_5OH
④ C_6H_5COOH

해설
액성의 분류

종 류	$C_6H_5NH_2$	$C_6H_5NO_2$	C_6H_5OH	C_6H_5COOH
명 칭	아닐린	나이트로벤젠	페 놀	벤조산
액 성	염기성	산 성	산 성	산 성

11 다음의 반응에서 환원제로 쓰인 것은?

$$MnO_2 + 4HCl \longrightarrow MnCl_2 + 2H_2O + Cl_2$$

① Cl_2
② $MnCl_2$
③ HCl
④ MnO_2

해설
환원제는 자신은 산화되고 다른 물질을 환원시키는 물질로서 HCl
은 수소를 잃었으므로(자신은 산화) 환원제이다.

12 ns^2np^5의 전자구조를 가지지 않은 것은?

① F(원자번호 9)
② Cl(원자번호 17)
③ Se(원자번호 34)
④ I(원자번호 53)

해설
전자배치

종 류	원자 번호	전자배치
F(플루오린)	9	$1s^2 2s^2 2p^5$
Cl(염소)	17	$1s^2 2s^2 2p^6 3s^2 3p^5$
Se(셀레늄)	34	$1s^2 2s^2 2p^6 3s^2 3p^6 4s^2 3d^{10} 4p^4$
I(아이오딘)	53	$1s^2 2s^2 2p^6 3s^2 3p^6 4s^2 3d^{10} 4p^6 5s^2 4d^{10} 5p^5$

13 98% H_2SO_4 50g에서 H_2SO_4에 포함된 산소 원자수는?

① 3×10^{23}개
② 6×10^{23}개
③ 9×10^{23}개
④ 1.2×10^{24}개

해설
산소분자수

• 황산의 분자수 $= \dfrac{50g \times 0.98}{98g} \times (6.02 \times 10^{23})$

$= 3.01 \times 10^{23}$ 분자

• 산소의 원자수를 결정하려면 황산에 포함된 4개의 산소원자가
들어 있으므로

$3.01 \times 10^{23} \times 4 = 1.20 \times 10^{24}$ 개

14 질소와 수소로 암모니아를 합성하는 반응의 화학
반응식은 다음과 같다. 암모니아의 생성률을 높이
기 위한 조건은?

$$N_2 + 3H_2 \longrightarrow 2NH_3 + 22.1kcal$$

① 온도와 압력을 낮춘다.
② 온도는 낮추고, 압력은 높인다.
③ 온도를 높이고, 압력은 낮춘다.
④ 온도와 압력을 높인다.

해설
암모니아의 반응

$N_2 + 3H_2 \rightleftharpoons 2NH_3$

• 온 도
 – 상승 : 온도가 내려가는 방향(흡열반응쪽, ←)
 – 강하 : 온도가 올라가는 방향(발열반응쪽, →)
• 압 력
 – 상승 : 분자수가 감소하는 방향(몰수가 감소하는 방향, →)
 – 강하 : 분자수가 증가하는 방향(몰수가 증가하는 방향, ←)

15 pH가 2인 용액은 pH가 4인 용액과 비교하면 수소 이온농도가 몇 배인 용액이 되는가?

① 100배   ② 2배

③ 10^{-1}배   ④ 10^{-2}배

해설
$pH = -\log[H^+]$이므로
• pH = 2 → $[H^+]$ = 0.01
• pH = 4 → $[H^+]$ = 0.0001
∴ 0.01과 0.0001은 100배의 차이다.

16 다음 그래프는 어떤 고체물질의 온도에 따른 용해도 곡선이다. 이 물질의 포화용액을 80℃에서 0℃로 내렸더니 20g의 용질이 석출되었다. 80℃에서 이 포화용액의 질량은 몇 g인가?

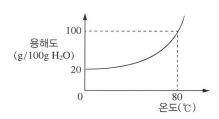

① 50g   ② 75g

③ 100g   ④ 150g

해설
포화용액의 질량
• 80℃와 0℃에서 용해도 차이는 100 – 20g = 80g
 문제에서 20g이 석출되었으니까 80g – 20g = 60g이 녹았다.
• 포화용액 질량 = $\dfrac{80g}{(100+60)g} \times 100 = 50g$

17 중성원자가 무엇을 잃으면 양이온으로 되는가?

① 중성자   ② 핵전하

③ 양성자   ④ 전 자

해설
중성원자가 전자를 잃으면 양이온이 되며, 전자를 얻으면 음이온이 된다.

18 2차 알코올을 산화시켜서 얻어지며, 환원성이 없는 물질은?

① CH_3COCH_3 ② $C_2H_5OC_2H_5$

③ CH_3OH ④ CH_3OCH_3

해설
알코올의 산화반응
• 1차 알코올 : R–OH → R–CHO(알데하이드) → R–COOH(카복실산)
• 2차 알코올 : R_2–OH → R–CO–R′(케톤)
※ 2차 알코올이 산화하면 케톤(아세톤 = CH_3COCH_3)이 된다.

19 다음은 표준 수소전극과 짝지어 얻은 반쪽반응 표준환원 전위값이다. 이들 반쪽전지를 짝지었을 때 얻어지는 전지의 표준 전위차 $E°$는?

$Cu^{2+} + 2e^- \rightarrow Cu$	$E° = +0.34V$
$Ni^{2+} + 2e^- \rightarrow Ni$	$E° = -0.23V$

① +0.11V   ② −0.11V

③ +0.57V   ④ −0.57V

해설
표준 전위차 $E° = 0.34 - (-0.23) = +0.57V$

20 다이에틸에터는 에탄올과 진한 황산의 혼합물을 가열하여 제조할 수 있는데 이것을 무슨 반응이라고 하는가?

① 중합 반응   ② 축합 반응

③ 산화 반응   ④ 에스터화 반응

해설
에탄올에 진한 황산을 넣고 약 140℃로 가열하여 축합 반응에 의하여 다이에틸에터를 제조한다.

21 1기압, 100℃에서 물 36g이 모두 기화되었다. 생성된 기체는 약 몇 L인가?

① 11.2
② 22.4
③ 44.8
④ 61.2

해설

이상기체 상태방정식

$$PV = \frac{W}{M}RT \qquad V = \frac{WRT}{PM}$$

여기서, P : 압력(1atm)

$\quad\quad\quad V$: 부피(L)

$\quad\quad\quad M$: 분자량($H_2O = 18$)

$\quad\quad\quad W$: 무게(36g)

$\quad\quad\quad R$: 기체상수(0.08205L·atm/g-mol·K)

$\quad\quad\quad T$: 절대온도(273 + 100℃)

$$\therefore \; V = \frac{WRT}{PM} = \frac{36 \times 0.08205 \times (273 + 100)\mathrm{K}}{1 \times 18} = 61.2\mathrm{L}$$

22 스프링클러설비에 관한 설명으로 옳지 않은 것은?

① 초기화재 진화에 효과가 있다.
② 살수밀도와 무관하게 제4류 위험물에는 적응성이 없다.
③ 제1류 위험물 중 알칼리금속산화물에는 적응성이 없다.
④ 제5류 위험물에는 적응성이 있다.

해설

스프링클러설비
• 초기화재 진화에 효과가 있다.
• 살수밀도에 따라 제4류 위험물에는 적응성이 다르다.
• 제1류 위험물 중 알칼리금속산화물에는 적응성이 없고 나머지는 적응성이 있다.
• 제5류 위험물에는 적응성이 있다.

23 표준상태에서 프로페인 $2\mathrm{m}^3$이 완전 연소할 때 필요한 이론 공기량은 약 몇 m^3인가?(단, 공기 중 산소농도는 21vol%이다)

① 23.81
② 35.72
③ 47.62
④ 71.43

해설

이론공기량

$$\mathrm{C_3H_8} \quad + \quad 5\mathrm{O_2} \quad \rightarrow \quad 3\mathrm{CO_2} \quad + \quad 4\mathrm{H_2O}$$

$$1 \times 22.4\mathrm{m}^3 \quad\diagdown\quad 5 \times 22.4\mathrm{m}^3$$
$$2\mathrm{m}^3 \quad\diagup\quad\quad x$$

$$x = \frac{2\mathrm{m}^3 \times 5 \times 22.4\mathrm{m}^3}{1 \times 22.4\mathrm{m}^3} = 10\mathrm{m}^3 \text{(이론산소량)}$$

$$\therefore \; \text{이론공기량} = \frac{10\mathrm{m}^3}{0.21} = 47.62\mathrm{m}^3$$

24 묽은 질산이 칼슘과 반응하였을 때 발생하는 기체는?

① 산 소
② 질 소
③ 수 소
④ 수산화칼슘

해설

칼슘과 질산의 반응

$\mathrm{Ca} + 2\mathrm{HNO_3} \rightarrow \mathrm{Ca(NO_3)_2} + \mathrm{H_2}$(수소가스)

25 소화기와 주된 소화효과가 옳게 짝지어진 것은?

① 포소화기 – 제거소화
② 할로젠화합물소화기 – 냉각소화
③ 이산화탄소소화기 – 억제소화
④ 분말소화기 – 질식소화

해설

소화효과
• 질식효과 : 포, 이산화탄소, 분말소화기
• 억제효과 : 할로젠화합물소화기
※ 위험물 : 할로젠화합물소화기
 소방 : 할론소화기

26 인화점이 70℃ 이상인 제4류 위험물을 저장·취급하는 소화난이도등급 Ⅰ의 옥외탱크저장소(지중탱크 또는 해상탱크 외의 것)에 설치하는 소화설비는?

① 스프링클러소화설비 ② 물분무소화설비
③ 간이소화설비 ④ 분말소화설비

해설
소화난이도등급 Ⅰ의 제조소 등에 설치해야 하는 소화설비

제조소 등의 구분		소화설비
옥외탱크저장소	지중탱크 또는 해상탱크 외의 것	황만을 저장·취급하는 것 → 물분무소화설비
		인화점 70℃ 이상의 제4류 위험물만을 저장·취급하는 것 → 물분무소화설비 또는 고정식 포소화설비
		그 밖의 것 → 고정식 포소화설비(포소화설비가 적응성이 없는 경우에는 분말소화설비)
	지중탱크	고정식 포소화설비, 이동식 이외의 이산화탄소소화설비 또는 이동식 이외의 할로젠화합물소화설비
	해상탱크	고정식 포소화설비, 물분무소화설비, 이동식 이외의 이산화탄소소화설비 또는 이동식 이외의 할로젠화합물소화설비

27 Na₂O₂와 반응하여 제6류 위험물을 생성하는 것은?

① 아세트산 ② 물
③ 이산화탄소 ④ 일산화탄소

해설
과산화나트륨의 반응
• 아세트산(초산) $Na_2O_2 + 2CH_3COOH \rightarrow 2CH_3COONa + H_2O_2$
• 물 $2Na_2O_2 + 2H_2O \rightarrow 4NaOH + O_2$
• 이산화탄소 $2Na_2O_2 + 2CO_2 \rightarrow 2Na_2CO_3 + O_2$
• 일산화탄소 $2Na_2O_2 + 2CO \rightarrow 2Na_2CO_3$
※ 과산화수소(H_2O_2) : 제6류 위험물

28 다음 물질의 화재 시 알코올용포를 사용하지 못하는 것은?

① 아세트알데하이드 ② 알킬리튬
③ 아세톤 ④ 에탄올

해설
알코올용포 : 수용성 액체에 적합
※ 수용성 액체 : 아세톤, 아세트알데하이드, 피리딘, 알코올(메탄올, 에탄올, 프로필알코올)

29 다음 중 고체 가연물로서 증발연소를 하는 것은?

① 숯 ② 나 무
③ 나프탈렌 ④ 나이트로셀룰로스

해설
증발연소 : 나프탈렌, 양초, 황

30 이산화탄소의 특성에 관한 내용으로 틀린 것은?

① 전기의 전도성이 있다.
② 냉각 및 압축에 의하여 액화될 수 있다.
③ 공기보다 약 1.52배 무겁다.
④ 일반적으로 무색, 무취의 기체이다.

해설
이산화탄소(CO_2) : 비전도성

31 위험물안전관리법령상 분말소화설비의 기준에서 가압용 또는 축압용 가스로 알맞은 것은?

① 산소 또는 수소
② 수소 또는 질소
③ 질소 또는 이산화탄소
④ 이산화탄소 또는 산소

해설
분말소화설비의 기준에서 가압용 또는 축압용 가스 : 질소 또는 이산화탄소(모두 불연성 가스)

32 위험물제조소에서 옥내소화전이 1층에 4개, 2층에 6개가 설치되어 있을 때 수원의 수량은 몇 L 이상이 되도록 설치해야 하는가?

① 13,000
② 15,600
③ 39,000
④ 46,800

해설
옥내소화전설비의 수원
수원 = 소화전수(최대 5개) × 7.8m³ = 5 × 7.8m³ = 39m³
       = 39,000L

33 Halon 1301에 대한 설명 중 틀린 것은?

① 비점은 상온보다 낮다.
② 액체 비중은 물보다 크다.
③ 기체 비중은 공기보다 크다.
④ 100℃에서도 압력을 가해 액화시켜 저장할 수 있다.

해설
Halon 1301의 특성
• 비점 : −57.75℃(상온 : 20℃)
• 액체 비중 : 1.57(물의 비중 : 1)
• 기체 비중 : 5.1(공기의 비중 : 1)
• 임계온도 : 67.0℃(기체를 액화시킬 수 있는 최고온도)

34 위험물안전관리법령상 제조소 등에서의 위험물의 저장 및 취급에 관한 기준에 따르면 보냉장치가 있는 이동저장탱크에 저장하는 다이에틸에터의 온도는 얼마 이하로 유지해야 하는가?

① 비 점
② 인화점
③ 40℃
④ 30℃

해설
아세트알데하이드 등 또는 다이에틸에터 등을 저장하는 이동저장탱크에 저장하는 경우
• 보냉장치가 있는 경우 : 비점 이하
• 보냉장치가 없는 경우 : 40℃ 이하

35 과산화수소의 화재예방 방법으로 틀린 것은?

① 암모니아와의 접촉은 폭발의 위험이 있으므로 피한다.
② 완전히 밀전·밀봉하여 외부 공기와 차단한다.
③ 불투명 용기를 사용하여 직사광선이 닿지 않게 한다.
④ 분해를 막기 위해 분해방지 안정제를 사용한다.

해설
과산화수소
• 햇빛에 의하여 분해되므로 인산, 요산 등의 분해방지 안정제를 넣는다.
• 과산화수소는 구멍 뚫린 마개를 사용해야 한다.

36 위험물안전관리법령에 따른 옥내소화전설비의 기준에서 펌프를 이용한 가압송수장치의 경우 펌프의 전양정(H)을 구하는 식으로 옳은 것은?(단, h_1은 호스의 마찰손실수두, h_2는 배관의 마찰손실수두, h_3는 낙차이며, h_1, h_2, h_3의 단위는 모두 m이다)

① $H = h_1 + h_2 + h_3$

② $H = h_1 + h_2 + h_3 + 0.35\text{m}$

③ $H = h_1 + h_2 + h_3 + 35\text{m}$

④ $H = h_1 + h_2 + 0.35\text{m}$

해설
수계소화설비의 전양정
• 옥내소화전설비의 전양정 : $H = h_1 + h_2 + h_3 + 35\text{m}$
• 옥외소화전설비의 전양정 : $H = h_1 + h_2 + h_3 + 35\text{m}$

37 분말소화약제인 제1인산암모늄(인산이수소암모늄)의 열분해반응을 통해 생성되는 물질로 부착성 막을 만들어 공기를 차단시키는 역할을 하는 것은?

① HPO_3

② PH_3

③ NH_3

④ P_2O_3

해설
제3종 분말소화약제는 열분해 시 부착성이 있는 메타인산을 생성한다.
※ 제3종 분말 분해반응식
　$NH_4H_2PO_4 \rightarrow HPO_3(\text{메타인산}) + NH_3 \uparrow + H_2O$

38 점화원 역할을 할 수 없는 것은?

① 기화열

② 산화열

③ 정전기불꽃

④ 마찰열

해설
액화열, 기화열은 점화원이 될 수 없다.

39 일반적으로 다량의 주수를 통한 소화가 가장 효과적인 화재는?

① A급 화재

② B급 화재

③ C급 화재

④ D급 화재

해설
A급 화재 : 냉각효과(주수소화)

40 소화 효과에 대한 설명으로 옳지 않은 것은?

① 산소공급원 차단에 의한 소화는 제거효과이다.

② 가연물질의 온도를 떨어뜨려서 소화하는 것은 냉각효과이다.

③ 촛불을 입으로 바람을 불어 끄는 것은 제거효과이다.

④ 물에 의한 소화는 냉각효과이다.

해설
산소공급원 차단에 의한 소화 : 질식효과

41 짚, 헝겊 등을 다음의 물질과 적셔서 대량으로 쌓아 두었을 경우 자연발화의 위험성이 가장 높은 것은?

① 동 유
② 야자유
③ 올리브유
④ 피마자유

해설
자연발화는 건성유(아미인유, 동유)가 잘 일어난다.

구 분	아이오딘값	반응성	불포화도	종 류
건성유	130 이상	크다.	크다.	해바라기유, 동유, 아마인유, 정어리기름, 들기름,
반건성유	100~130	중 간	중 간	채종유, 목화씨기름(면실유), 참기름, 콩기름
불건성유	100 이하	작다.	작다.	야자유, 올리브유, 피마자유, 동백유

42 다음 중 제1류 위험물에 해당하는 것은?

① 염소산칼륨
② 수산화칼륨
③ 수소화칼륨
④ 과산화수소

해설
위험물의 분류

종 류	염소산칼륨	수산화칼륨	수소화칼륨	과산화수소
화학식	$KClO_3$	KOH	KH	H_2O_2
유 별	제1류 위험물	비위험물	제3류 위험물	제6류 위험물

43 제4류 위험물 중 제1석유류란 1기압에서 인화점이 몇 ℃인 것을 말하는가?

① 21℃ 미만
② 21℃ 이상
③ 70℃ 미만
④ 70℃ 이상

해설
제4류 위험물의 분류
• 특수인화물 : 발화점이 100℃ 이하, 인화점이 −20℃ 이하이고 비점이 40℃ 이하인 것
• 제1석유류 : 1기압에서 인화점이 21℃ 미만인 것
• 제2석유류 : 1기압에서 인화점이 21℃ 이상 70℃ 미만인 것
• 제3석유류 : 1기압에서 인화점이 70℃ 이상 200℃ 미만인 것
• 제4석유류 : 1기압에서 인화점이 200℃ 이상 250℃ 미만인 것

44 삼황화인과 오황화인의 공통 연소생성물을 모두 나타낸 것은?

① H_2S, SO_2
② P_2O_5, H_2S
③ SO_2, P_2O_5
④ H_2S, SO_2, P_2O_5

해설
연소반응식
• 삼황화인 $P_4S_3 + 8O_2 \rightarrow 2P_2O_5 + 3SO_2 \uparrow$
• 오황화인 $P_2S_5 + 7.5O_2 \rightarrow P_2O_5 + 5SO_2 \uparrow$
∴ 삼황화인과 오황화인의 공통 연소생성물은 P_2O_5(오산화인)과 SO_2(이산화황)이 생성된다.

45 주유취급소의 표지 및 게시판의 기준에서 "위험물 주유취급소" 표지와 "주유 중 엔진정지" 게시판의 바탕색을 차례대로 옳게 나타낸 것은?

① 백색, 백색　　　② 백색, 황색

③ 황색, 백색　　　④ 황색, 황색

해설

게시판의 색상

주의사항	게시판의 색상
화기엄금, 화기주의	적색 바탕에 백색 문자
물기엄금	청색 바탕에 백색 문자
위험물(이동탱크저장소)	흑색 바탕에 황색 반사도료
주유 중 엔진정지	황색 바탕 흑색 문자
주유취급소, 위험물제조소	백색 바탕 흑색 문자

47 트라이나이트로페놀의 성질에 대한 설명 중 **틀린** 것은?

① 폭발에 대비하여 철, 구리로 만든 용기에 저장한다.

② 휘황색을 띤 침상결정이다.

③ 비중이 약 1.8로 물보다 무겁다.

④ 단독으로는 테트릴보다 충격, 마찰에 둔감한 편이다.

해설

트라이나이트로페놀(피크르산)은 철, 구리로 만든 용기에 저장하면 위험하다.

46 제6류 위험물인 과산화수소의 농도에 따른 물리적 성질에 대한 설명으로 옳은 것은?

① 농도와 무관하게 밀도, 끓는점, 녹는점이 일정하다.

② 농도와 무관하게 밀도는 일정하나, 끓는점과 녹는점은 농도에 따라 달라진다.

③ 농도와 무관하게 끓는점, 녹는점은 일정하나, 밀도는 농도에 따라 달라진다.

④ 농도에 따라 밀도, 끓는점, 녹는점이 달라진다.

해설

과산화수소의 농도가 36wt%이면 원액의 과산화수소(H_2O_2) 36g + 물 64g이 혼합된 것이므로 농도에 따라서 밀도, 끓는점, 녹는점이 달라진다.

48 적린에 대한 설명으로 옳은 것은?

① 발화 방지를 위해 염소산칼륨과 함께 보관한다.

② 물과 격렬하게 반응하여 열을 발생한다.

③ 공기 중에 방치하면 자연발화한다.

④ 산화제와 혼합한 경우 마찰·충격에 의해서 발화한다.

해설

적린(제2류 위험물)은 산화제(제1류 위험물)와 혼합하면 마찰·충격에 의해서 발화한다.

49 위험물안전관리법령상 위험물의 취급 중 소비에 관한 기준에 해당되지 않는 것은?

① 분사도장작업은 방화상 유효한 격벽 등으로 구획된 안전한 장소에서 실시할 것
② 버너를 사용하는 경우에는 버너의 역화를 방지할 것
③ 반드시 규격용기를 사용할 것
④ 열처리작업은 위험물이 위험한 온도에 이르지 않도록 하여 실시할 것

해설
위험물의 취급 중 소비에 관한 기준
• 분사도장작업은 방화상 유효한 격벽 등으로 구획된 안전한 장소에서 실시할 것
• 담금질 또는 열처리작업은 위험물이 위험한 온도에 이르지 않도록 하여 실시할 것
• 버너를 사용하는 경우에는 버너의 역화를 방지하고 위험물이 넘치지 않도록 할 것

50 다이에틸에터 중의 과산화물을 검출할 때 그 검출시약과 정색반응의 색이 옳게 짝지어진 것은?

① 아이오딘화칼륨용액 – 적색
② 아이오딘화칼륨용액 – 황색
③ 브로민화칼륨용액 – 무색
④ 브로민화칼륨용액 – 청색

해설
과산화물 검출시약과 정색반응
• 검출시약 : 아이오딘화칼륨용액
• 정색반응 시 색상 : 황색

51 제1류 위험물로서 조해성이 있으며 흑색화약의 원료로 사용하는 것은?

① 염소산칼륨   ② 과염소산나트륨
③ 과망가니즈산암모늄 ④ 질산칼륨

해설
질산칼륨(KNO_3)
• 제1류 위험물로서 지정수량이 300kg이다.
• 조해성이 있으며 흑색화약의 원료로 사용한다.

52 다음 중 3개 이상의 이성질체가 존재하는 물질은?

① 아세톤   ② 톨루엔
③ 벤 젠   ④ 자일렌

해설
제4류 위험물

종 류		구조식
아세톤		
톨루엔		
벤 젠		
자일렌	o-자일렌	
	m-자일렌	
	p-자일렌	

53 위험물을 저장 또는 취급하는 탱크의 용량산정 방법에 관한 설명으로 옳은 것은?

① 탱크의 내용적에서 공간용적을 뺀 용적으로 한다.
② 탱크의 공간용적에서 내용적을 뺀 용적으로 한다.
③ 탱크의 공간용적에 내용적을 더한 용적으로 한다.
④ 탱크의 볼록하거나 오목한 부분을 뺀 용적으로 한다.

해설
탱크의 용량 = 내용적 - 공간용적

54 물과 반응하였을 때 발생하는 가연성 가스의 종류가 나머지 셋과 다른 하나는?

① 탄화리튬   ② 탄화마그네슘
③ 탄화칼슘   ④ 탄화알루미늄

해설
물과 반응
• 탄화리튬 $Li_2C_2 + 2H_2O \rightarrow 2LiOH + C_2H_2$(아세틸렌)
• 탄화마그네슘 $MgC_2 + 2H_2O \rightarrow Ma(OH)_2 + C_2H_2$(아세틸렌)
• 탄화칼슘 $CaC_2 + 2H_2O \rightarrow Ca(OH)_2 + C_2H_2$(아세틸렌)
• 탄화알루미늄 $Al_4C_3 + 12H_2O \rightarrow 4Al(OH)_3 + 3CH_4$(메테인)

55 칼륨과 나트륨의 공통 성질이 아닌 것은?

① 물보다 비중 값이 작다.
② 수분과 반응하여 수소를 발생한다.
③ 광택이 있는 무른 금속이다.
④ 지정수량이 50kg이다.

해설
칼륨(K)과 나트륨(Na)의 지정수량 : 10kg

56 옥내탱크저장소에서 탱크상호 간에는 얼마 이상의 간격을 두어야 하는가?(단, 탱크의 점검 및 보수에 지장이 없는 경우는 제외한다)

① 0.5m   ② 0.7m
③ 1.0m   ④ 1.2m

해설
옥내탱크저장소의 이격거리
• 저장탱크와 탱크전용실의 벽과의 사이 : 0.5m 이상
• 저장탱크상호 간의 간격 : 0.5m 이상

57 인화칼슘의 성질에 대한 설명 중 틀린 것은?

① 적갈색의 괴상고체이다.
② 물과 격렬하게 반응한다.
③ 연소하여 불연성의 포스핀가스를 발생한다.
④ 상온의 건조한 공기 중에서는 비교적 안정하다.

해설
인화칼슘(Ca_3P_2)이 물과 반응하면 포스핀(인화수소, PH_3)의 독성 가스를 발생한다.
$Ca_3P_2 + 6H_2O \rightarrow 2PH_3 + 3Ca(OH)_2$

58 주유취급소에서 고정주유설비는 도로경계선과 몇 m 이상 거리를 유지해야 하는가?(단, 고정주유설비의 중심선을 기점으로 한다)

① 2   ② 4

③ 6   ④ 8

해설

주유취급소의 고정주유설비 또는 고정급유설비의 설치기준(시행규칙 별표 13)
- 고정주유설비(중심선을 기점으로 하여)
  - 도로경계선까지 : 4m 이상
  - 부지경계선 · 담 및 건축물의 벽까지 : 2m(개구부가 없는 벽으로부터는 1m) 이상
- 고정급유설비(중심선을 기점으로 하여)
  - 도로경계선까지 : 4m 이상
  - 부지경계선 · 담까지 : 1m
  - 건축물의 벽까지 : 2m(개구부가 없는 벽으로부터는 1m) 이상 거리를 유지할 것

59 제4류 위험물 중 제1석유류를 저장, 취급하는 장소에서 정전기를 방지하기 위한 방법으로 볼 수 없는 것은?

① 가급적 습도를 낮춘다.
② 주위 공기를 이온화시킨다.
③ 위험물 저장, 취급설비를 접지시킨다.
④ 사용기구 등은 도전성 재료를 사용한다.

해설

정전기 제거설비
- 접지에 의한 방법
- 공기를 이온화하는 방법
- 상대습도를 70% 이상 높이는 방법

60 4몰의 나이트로글리세린이 고온에서 열분해 · 폭발하여 이산화탄소, 수증기, 질소, 산소의 네 가지 가스를 생성할 때 발생되는 가스의 총 몰수는?

① 28   ② 29

③ 30   ④ 31

해설

나이트로글리세린의 분해반응식

$4C_3H_5(ONO_2)_3 \rightarrow 12CO_2 + 10H_2O + 6N_2 + O_2$

$12 + 10 + 6 + 1 = 29mol$

제1과목 물질의 물리·화학적 성질

01 황산 수용액 400mL 속에 순황산이 98g 녹아 있다면 이 용액의 농도는 몇 N인가?

① 3

② 4

③ 5

④ 6

> **해설**
> 황산의 N 농도
>
>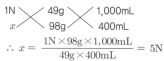
>
> $$\therefore x = \frac{1N \times 98g \times 1,000mL}{49g \times 400mL} = 5N$$
>
> ※ 황산(H_2SO_4)의 분자량 : 98, 황산 1M(98g) = 2N(2 × 49g)
> N(규정농도) : 용액 1L 속에 녹아 있는 용질의 g당량수

02 질량수 52인 크로뮴의 중성자수와 전자수는 각각 몇 개 인가?(단, 크로뮴의 원자번호는 24이다)

① 중성자수 24, 전자수 24

② 중성자수 24, 전자수 52

③ 중성자수 28, 전자수 24

④ 중성자수 52, 전자수 24

> **해설**
> 중성자수와 전자수
> • 중성자수 = 질량수 − 양성자(원자번호) = 52 − 24 = 28
> • 전자수 = 원자번호(24)

03 1패러데이(Faraday)의 전기량으로 물을 전기분해하였을 때 생성되는 기체 중 산소기체는 0℃, 1기압에서 몇 L인가?

① 5.6

② 11.2

③ 22.4

④ 44.8

> **해설**
> 물의 전기분해
> $$2H_2O \rightarrow 2H_2 + O_2$$
> $\quad\quad\quad\quad$ (−극) (+극)
> 물이 전기분해하면 산소가 1mol이 발생하므로 산소(+극)는 1g당량 5.6L가 발생하고 수소(−극)는 11.2L가 발생한다.

04 다음 중 방향족 탄화수소가 아닌 것은?

① 에틸렌

② 톨루엔

③ 아닐린

④ 안트라센

> **해설**
> 방향족 탄화수소
>
> | 종 류 | 에틸렌 | 톨루엔 | 아닐린 | 안트라센 |
> |---|---|---|---|---|
> | 화학식 | C_2H_4 | $C_6H_5CH_3$ | $C_6H_5NH_2$ | $C_{14}H_{10}$ |
> | 구조식 | $CH_2 = CH_2$ | (CH₃ 벤젠고리 구조식) | (NH₂ 벤젠고리 구조식) | (안트라센 구조식) |
> | 탄화수소 구분 | 지방족 탄화수소 | 방향족 탄화수소 | 방향족 탄화수소 | 방향족 탄화수소 |

05 다음 보기의 벤젠 유도체 가운데 벤젠의 치환반응으로부터 직접 유도할 수 없는 것은?

┌─보기─────────────────────────┐
│ ⓐ −Cl   ⓑ −OH   ⓒ −SO₃H │
└────────────────────────────┘

① ⓐ   ② ⓑ
③ ⓒ   ④ ⓐ, ⓑ, ⓒ

해설
벤젠의 치환반응
- 나이트로화 : 벤젠을 진한 질산과 반응하여 나이트로벤젠을 생성하는 반응

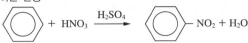

- 할로젠화 : 벤젠과 염소가 반응하여 클로로벤젠을 생성하는 반응

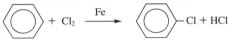

- 설폰화 : 벤젠과 황산을 반응하여 벤젠설폰산을 생성하는 반응

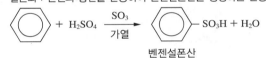

06 전자배치가 $1s^2 2s^2 2p^6 3s^2 3p^5$인 원자의 M껍질에는 몇 개의 전자가 들어 있는가?

① 2   ② 4
③ 7   ④ 17

해설
전자껍질

전자껍질	K껍질 ($n=1$, n : 양자수)	L껍질 ($n=2$)	M껍질 ($n=3$)	N껍질 ($n=4$)
오비탈	s	s, p	s, p, d	s, p, d, f
	$1s^2$	$2s^2, 2p^6$	$3s^2, 3p^6, 3d^{10}$	$4s^2, 4p^6, 4d^{10}, 4f^{14}$
오비탈의 총수(n^2)	1	4	9	16
최대 수용 전자수 ($2n^2$)	2	8	18	32

※ M껍질에는 s, p, d 오비탈이 존재하고 18개의 전자를 채울 수 있는데, 문제에서 $3s^2 3p^5$이므로 $2+5=7$개이다.

07 원자번호가 7인 질소와 같은 족에 해당되는 원소의 원자번호는?

① 15   ② 16
③ 17   ④ 18

해설

족 \ 주기	15(5A)	16(6A)	17(7A)	18(8A)
1				2 He
2	7(원자번호) N	8 O	9 F	10 Ne
3	15 P	16 S	17 Cl	18 Ar
4	33 As	34 Se	35 Br	36 Kr
5	51 Sb	52 Te	53 I	54 Xe
6	83 Bi	84 Po	85 At	86 Rn

08 다음 물질 1g을 1kg의 물에 녹였을 때 빙점강하가 가장 큰 것은?(단, 빙점강하 상수값(어는점 내림상수)은 동일하다고 가정한다)

① CH_3OH
② C_2H_5OH
③ $C_3H_5(OH)_3$
④ $C_6H_{12}O_6$

해설
빙점강하(ΔT_f)

$$\Delta T_f = K_f \cdot m = K_f \times \frac{\frac{W_B}{M}}{W_A} \times 1,000$$

여기서, K_f : 빙점강하계수(물 : 1.86)
　　　　m : 몰랄농도
　　　　W_B : 용질의 무게
　　　　W_A : 용매의 무게
　　　　M : 분자량

∴ 빙점강하는 분자량에 반비례하므로 분자량이 작은 메틸알코올이 빙점강하가 크다.

종 류	CH_3OH	C_2H_5OH	$C_3H_5(OH)_3$	$C_6H_{12}O_6$
명 칭	메틸알코올	에틸알코올	글리세린	포도당
분자량	32	46	92	180

09 원자량이 56인 금속 M 1.12g을 산화시켜 실험식이 M_xO_y인 산화물 1.60g을 얻었다. x, y는 각각 얼마인가?

① $x = 1$, $y = 2$
② $x = 2$, $y = 3$
③ $x = 3$, $y = 2$
④ $x = 2$, $y = 1$

해설
금속 : 산소 = 1.12 : (1.60 − 1.12) = x : 8
$x = 18.7$
금속의 원자가 = 원자량/당량 = 56/18.7 = 3
∴ 금속의 원자가가 3가이므로 화학식은 Mn_2O_3이다($x = 2$, $y = 3$).

10 일정한 온도하에서 물질 A와 B가 반응을 할 때 A의 농도만 2배로 하면 반응속도가 2배가 되고 B의 농도만 2배로 하면 반응속도가 4배가 된다. 이 경우 반응속도식은?(단, 반응속도 상수는 k이다)

① $v = k[A][B]^2$
② $v = k[A]^2[B]$
③ $v = k[A][B]^{0.5}$
④ $v = k[A][B]$

해설
반응속도 $v = k[A][B]^2$ (A의 농도를 2배로 하면 반응속도는 2배, B는 제곱이니까 B의 농도를 2배로 하면 반응속도는 4배로 된다)

11 지방이 글리세린과 지방산으로 되는 것과 관련이 깊은 반응은?

① 에스터화
② 가수분해
③ 산 화
④ 아미노화

해설
지방이 가수분해하여 글리세린과 지방산을 생성한다.

12 다음 각 화합물 1mol이 완전연소 할 때 3mol의 산소를 필요로 하는 것은?

① CH_3-CH_3
② $CH_2=CH_2$
③ C_6H_6
④ $CH≡CH$

해설
② 에틸렌　　　$C_2H_4 + 3O_2 → 2CO_2 + 2H_2O$
① 에테인　　　$C_2H_6 + 3.5O_2 → 2CO_2 + 3H_2O$
③ 벤 젠　　　$C_6H_6 + 7.5O_2 → 6CO_2 + 3H_2O$
④ 아세틸렌　　$C_2H_2 + 2.5O_2 → 2CO_2 + H_2O$

13 다음 중 물이 산으로 작용하는 반응은?

① $NH_4^+ + H_2O \rightarrow NH_3 + H_3O^+$

② $HCOOH + H_2O \rightarrow HCOO^- + H_3O^+$

③ $CH_3COO^- + H_2O \rightarrow CH_3COOH + OH^-$

④ $HCl + H_2O \rightarrow H_3O^+ + Cl^-$

해설
초산에스터류와 물이 작용할 때 물 분자에서 하나의 수소원자가 산(CH_3COOH)으로 작용한다.

14 액체 0.2g을 기화시켰더니 그 증기의 부피가 97℃, 740mmHg에서 80mL였다. 이 액체의 분자량에 가장 가까운 값은?

① 40

② 46

③ 78

④ 121

해설
이상기체 상태방정식

$$PV = \frac{W}{M}RT \qquad M = \frac{WRT}{PV}$$

여기서, P : 압력$\left(\frac{740mmHg}{760mmHg} \times 1atm = 0.974atm\right)$

$\quad V$: 부피(80mL = 0.08L)

$\quad M$: 분자량(g/g-mol)

$\quad W$: 무게(0.2g)

$\quad R$: 기체상수(0.08205L · atm/g-mol · K)

$\quad T$: 절대온도(273 + 97℃ = 370K)

$$\therefore M = \frac{WRT}{PV} = \frac{0.2 \times 0.08205 \times 370}{0.974 \times 0.08} = 77.9g/g-mol$$

15 다음 밑줄 친 원소 중 산화수가 +5인 것은?

① $Na_2\underline{Cr}_2O_7$

② $K_2\underline{S}O_4$

③ $K\underline{N}O_3$

④ $\underline{Cr}O_3$

해설

③ $K\underline{N}O_3$	$(+1) + x + (-2) \times 3 = 0$	$x = +5$
① $Na_2\underline{Cr}_2O_7$	$(+1) \times 2 + 2x + (-2) \times 7 = 0$	$x = +6$
② $K_2\underline{S}O_4$	$(+1) \times 2 + x + (-2) \times 4 = 0$	$x = +6$
④ $\underline{Cr}O_3$	$x + (-2) \times 3 = 0$	$x = +6$

16 $[OH^-] = 1 \times 10^{-5}mol/L$인 용액의 pH와 액성으로 옳은 것은?

① pH = 5, 산성

② pH = 5, 알칼리성

③ pH = 9, 산성

④ pH = 9, 알칼리성

해설
pH와 액성
$[H^+][OH^-] = 10^{-14}$, $\qquad pH + pOH = 14$
$[H^+][OH^-] = 10^{-14}$에서 $[OH^-] = 10^{-5}mol/L$

$$[H^+] = \frac{10^{-14}}{[OH^-]} = \frac{10^{-14}}{10^{-5}} = 1 \times 10^{-9}mol/L$$

$$\therefore pH = -\log[H^+] = -\log(1 \times 10^{-9}) = 9 - \log 1$$
$$= 9 - 0 = 9(알칼리성)$$

17 다음 화합물 중에서 가장 작은 결합각을 가지는 것은?

① BF_3

② NH_3

③ H_2

④ $BeCl_2$

해설
결합각

종 류	BF_3	NH_3	H_2	$BeCl_2$
명 칭	트라이플루오로보레이트	암모니아	수 소	염화베릴륨
결합각	120°	107°	180°	180°

18 백금 전극을 사용하여 물을 전기분해할 때 (+)극에서 5.6L의 기체가 발생하는 동안 (−)극에서 발생하는 기체의 부피는?

① 2.8L
② 5.6L
③ 11.2L
④ 22.4L

해설
물의 전기분해
$$2H_2O \rightarrow 2H_2 + O_2$$
$$\qquad\quad (-극) \; (+극)$$
물이 전기분해하면 산소가 1mol이 발생하므로 산소(+극)는 1g당량 5.6L가 발생하고 수소(−극)는 11.2L가 발생한다.

19 방사성 원소인 U(우라늄)이 다음과 같이 변화되었을 때의 붕괴 유형은?

$$^{238}_{92}U \rightarrow \; ^{234}_{90}Th + \; ^{4}_{2}He$$

① α 붕괴
② β 붕괴
③ γ 붕괴
④ R붕괴

해설
원소가 α 붕괴하면 원자번호 2 감소, 질량수 4 감소한다.
$$^{238}_{92}U \rightarrow \; ^{234}_{90}Th$$

20 다음에서 설명하는 법칙은 무엇인가?

일정한 온도에서 비휘발성이며, 비전해질인 용질이 녹은 묽은 용액의 증기 압력 내림은 일정량의 용매에 녹아 있는 용질의 몰수에 비례한다.

① 헨리의 법칙
② 라울의 법칙
③ 아보가드로의 법칙
④ 보일–샤를의 법칙

해설
라울의 법칙 : 일정한 온도에서 비휘발성이며, 비전해질인 용질이 녹은 묽은 용액의 증기 압력 내림은 일정량의 용매에 녹아 있는 용질의 몰수에 비례한다.

21 위험물안전관리법령상 이동탱크저장소에 의한 위험물의 운송 시 위험물운송자가 위험물안전카드를 휴대하지 않아도 되는 물질은?

① 휘발유
② 과산화수소
③ 경 유
④ 벤조일퍼옥사이드

해설
위험물(제4류 위험물에 있어서는 특수인화물 및 제1석유류에 한한다)을 운송하게 하는 자는 위험물안전카드를 위험물운송자로 하여금 휴대하게 할 것

종 류	유 별
휘발유	제4류 위험물 제1석유류
과산화수소	제6류 위험물
경 유	제4류 위험물 제2석유류
벤조일퍼옥사이드	제5류 위험물

22 전역방출방식의 할로젠화합물소화설비 중 할론 1301을 방사하는 분사헤드의 방사압력은 얼마 이상이어야 하는가?

① 0.1MPa
② 0.2MPa
③ 0.5MPa
④ 0.9MPa

해설
가스소화설비의 분사헤드 방사압력(세부기준 제134~135조)

종 류		방사압력
이산화탄소	고압식	2.1MPa 이상
	저압식	1.05MPa 이상
할로젠화합물	할론 2402	0.1MPa 이상
	할론 1211	0.2MPa 이상
	할론 1301	0.9MPa 이상

23 포소화약제의 종류에 해당되지 않는 것은?

① 단백포소화약제

② 합성계면활성제포소화약제

③ 수성막포소화약제

④ 액표면포소화약제

24 위험물제조소의 환기설비 설치기준으로 옳지 않은 것은?

① 환기구는 지붕 위 또는 지상 2m 이상의 높이에 설치할 것

② 급기구는 바닥면적 150m² 마다 1개 이상으로 할 것

③ 환기는 자연배기방식으로 할 것

④ 급기구는 높은 곳에 설치하고 인화방지망을 설치할 것

25 위험물안전관리법령상 알칼리금속 과산화물의 화재에 적응성이 없는 소화설비는?

① 건조사

② 물 통

③ 탄산수소염류 분말소화설비

④ 팽창질석

26 주된 연소형태가 분해연소인 것은?

① 금속분   ② 황

③ 목 재   ④ 피크르산

27 이산화탄소 소화기의 장단점에 대한 설명으로 틀린 것은?

① 밀폐된 공간에서 사용 시 질식으로 인명피해가 발생할 수 있다.

② 전도성이어서 전류가 통하는 장소에서의 사용은 위험하다.

③ 자체의 압력으로 방출할 수가 있다.

④ 소화 후 소화약제에 의한 오손이 없다.

28 마그네슘 분말이 이산화탄소 소화약제와 반응하여 생성될 수 있는 유독기체의 분자량은?

① 26
② 28
③ 32
④ 44

마그네슘(Mg)은 이산화탄소(CO_2)와 반응하면 산화마그네슘(MgO)과 일산화탄소(CO, 분자량 = 28)가 생성된다.
$Mg + CO_2 \rightarrow MgO + CO$

29 다음 위험물의 저장창고에서 화재가 발생하였을 때 주수에 의한 냉각소화가 적절치 않은 위험물은?

① $NaClO_3$
② Na_2O_2
③ $NaNO_3$
④ $NaBrO_3$

과산화나트륨(알칼리금속의 과산화물)은 물과 반응하면 산소(O_2)를 발생하므로 적합하지 않다.
$2Na_2O_2 + 2H_2O \rightarrow 4NaOH + O_2\uparrow + 발열$

30 위험물안전관리법령상 전역방출방식 또는 국소방출방식의 분말소화설비의 기준에서 가압식의 분말소화설비에는 얼마 이하의 압력으로 조정할 수 있는 압력조정기를 설치해야 하는가?

① 2.0MPa
② 2.5MPa
③ 3.0MPa
④ 5MPa

분말소화약제의 가압용 가스용기에는 2.5MPa 이하의 압력에서 조정이 가능한 압력조정기를 설치해야 한다.

31 화재 종류가 옳게 연결된 것은?

① A급 화재 – 유류화재
② B급 화재 – 섬유화재
③ C급 화재 – 전기화재
④ D급 화재 – 플라스틱화재

화재의 종류

종 류	A급	B급	C급	D급	K급
명 칭	일반화재	유류화재	전기화재	금속화재	식용유화재
색 상	백 색	황 색	청 색	무 색	–

32 다음 중 발화점에 대한 설명으로 가장 옳은 것은?

① 외부에서 점화했을 때 발화하는 최저온도
② 외부에서 점화했을 때 발화하는 최고온도
③ 외부에서 점화하지 않더라도 발화하는 최저온도
④ 외부에서 점화하지 않더라도 발화하는 최고온도

발화점 : 외부에서 점화하지 않더라도 발화하는 최저온도
※ 인화점은 점화원이 있고 발화점은 점화원이 없다.

33 분말소화약제인 탄산수소나트륨 10kg이 1기압, 270℃에서 방사되었을 때 발생하는 이산화탄소의 양은 약 몇 m³인가?

① 2.65
② 3.65
③ 18.22
④ 36.44

탄산수소나트륨($NaHCO_3$)의 분해반응식
$2NaHCO_3 \rightarrow Na_2CO_3 + H_2O + CO_2$
$2 \times 84kg$ ⎯⎯⎯ $44kg$
$10kg$ ⎯⎯⎯ x

$x = \dfrac{10kg \times 44kg}{2 \times 84kg} = 2.62kg$

이상기체 상태방정식
$PV = nRT = \dfrac{W}{M}RT$ $V = \dfrac{WRT}{PM}$

여기서, P : 압력(1atm)
　　　　V : 부피(m³)
　　　　M : 분자량(44kg/kg-mol)
　　　　W : 무게(2.62kg)
　　　　R : 기체상수(0.08205m³·atm/kg-mol·K)
　　　　T : 절대온도(273 + 270℃ = 543K)

∴ 이산화탄소의 부피
$V = \dfrac{WRT}{PM} = \dfrac{2.62 \times 0.08205 \times 543K}{1 \times 44} = 2.65m^3$

34 이산화탄소가 불연성인 이유를 옳게 설명한 것은?

① 산소와의 반응이 느리기 때문이다.
② 산소와 반응하지 않기 때문이다.
③ 착화되어도 곧 불이 꺼지기 때문이다.
④ 산화반응이 일어나도 열 발생이 없기 때문이다.

이산화탄소(CO_2)는 산소와 더 이상 반응하지 않으므로 불연성 가스이다.

35 드라이아이스 1kg이 완전히 기화하면 약 몇 몰의 이산화탄소가 되겠는가?

① 22.7
② 51.3
③ 230.1
④ 515.0

몰수

$mol = \dfrac{W(무게)}{M(분자량)} = \dfrac{1,000kg}{44} = 22.7g\text{-}mol$

※ CO_2(드라이아이스)의 분자량 : 44

36 질산의 위험성에 대한 설명으로 옳은 것은?

① 화재에 대한 직·간접적인 위험성은 없으나 인체에 묻으면 화상을 입는다.
② 공기 중에서 스스로 자연발화 하므로 공기에 노출되지 않도록 한다.
③ 인화점 이상에서 가연성 증기를 발생하여 점화원이 있으면 폭발한다.
④ 유기물질과 혼합하면 발화의 위험성이 있다.

질 산
• 제6류 위험물로서 불연성물질이다.
• 질산(액체)은 액체는 피부에 묻으면 화상을 입고, 유증기가 인체에 위험하다.
• 유기물질과 혼합하면 발화의 위험성이 있다.

37 특수인화물이 소화설비 기준 적용상 1소요단위가 되기 위한 용량은?

① 50L
② 100L
③ 250L
④ 500L

특수인화물은 제4류 위험물로서 지정수량 50L이다.

$$소요단위 = \frac{저장수량}{지정수량 \times 10}$$

$$1 = \frac{x}{50 \times 10} \qquad \therefore \ x = 500L$$

39 분말소화기에 사용되는 소화약제의 주성분이 아닌 것은?

① $NH_4H_2PO_4$
② Na_2SO_4
③ $NaHCO_3$
④ $KHCO_3$

분말소화약제의 종류

종 류	주성분	착 색	적응 화재
제1종 분말	탄산수소나트륨($NaHCO_3$)	백 색	B, C급
제2종 분말	탄산수소칼륨($KHCO_3$)	담회색	B, C급
제3종 분말	제일인산암모늄($NH_4H_2PO_4$)	담홍색	A, B, C급
제4종 분말	탄산수소칼륨 + 요소 [$KHCO_3$ + $(NH_2)_2CO$]	회 색	B, C급

38 수성막포소화약제에 대한 설명으로 옳은 것은?

① 물보다 비중이 작은 유류의 화재에는 사용할 수 없다.
② 계면활성제를 사용하지 않고 수성의 막을 이용한다.
③ 내열성이 뛰어나고 고온의 화재일수록 효과적이다.
④ 일반적으로 플루오린계 계면활성제를 사용한다.

수성막포소화약제는 플루오린계통의 습윤제에 합성계면활성제가 첨가되어 있는 약제이다.

40 위험물제조소 등에 설치하는 옥외소화전설비에 있어서 옥외소화전함은 옥외소화전으로부터 보행거리 몇 m 이하의 장소에 설치하는가?

① 2
② 3
③ 5
④ 10

옥외소화전설비의 옥외소화전함은 옥외소화전으로부터 보행거리 5m 이하의 장소에 설치해야 한다.

41 온도 및 습도가 높은 장소에서 취급할 때 자연발화의 위험이 가장 큰 물질은?

① 아닐린　　　　　　② 황화인
③ 질산나트륨　　　　④ 셀룰로이드

해설
셀룰로이드를 다량으로 저장하는 경우 온도와 습도가 높으면 자연발화가 일어난다.

42 과염소산칼륨과 적린을 혼합하는 것이 위험한 이유로 가장 타당한 것은?

① 마찰열이 발생하여 과염소산칼륨이 자연발화할 수 있기 때문에
② 과염소산칼륨이 연소하면서 생성된 연소열이 적린을 연소시킬 수 있기 때문에
③ 산화제인 과염소산칼륨과 가연물인 적린이 혼합하면 가열, 충격 등에 의해 연소·폭발할 수 있기 때문에
④ 혼합하면 용해되어 액상 위험물이 되기 때문에

해설
과염소산칼륨(제1류 위험물, 산화제)은 적린(제2류 위험물, 환원제)과 혼합하면 마찰·충격에 의해서 폭발 위험이 있다.

43 다음 중 물이 접촉되었을 때 위험성(반응성)이 가장 작은 것은?

① Na_2O_2　　　　　② Na
③ MgO_2　　　　　④ S

해설
물과 반응
• 과산화나트륨　　$2Na_2O_2 + 2H_2O \rightarrow 4NaOH + O_2$(산소)
• 나트륨　　　　　$2Na + 2H_2O \rightarrow 2NaOH + H_2$(수소)
• 과산화마그네슘　$2MgO_2 + 2H_2O \rightarrow 2Mg(OH)_2 + O_2$(산소)
• 황(S)은 물과 반응하지 않는다.

44 위험물안전관리법령상 위험물제조소의 위험물을 취급하는 건축물의 구성부분 중 반드시 내화구조로 해야 하는 것은?

① 연소의 우려가 있는 기둥
② 바 닥
③ 연소의 우려가 있는 외벽
④ 계 단

해설
제조소의 건축물의 구조
• 불연재료 : 벽, 기둥, 바닥, 보, 서까래, 계단
• 개구부가 없는 내화구조의 벽 : 연소 우려가 있는 외벽

45 저장·수송할 때 타격 및 마찰에 의한 폭발을 막기 위해 물이나 알코올로 습면시켜 취급하는 위험물은?

① 나이트로셀룰로스　② 과산화벤조일
③ 글리세린　　　　　④ 에틸렌글라이콜

해설
보호액

종 류	이황화탄소	나트륨, 칼륨	나이트로셀룰로스
저장방법	물 속	등유, 경유, 유동 파라핀 속	물 또는 알코올로 습면

46 위험물안전관리법령상 위험물의 취급기준 중 소비에 관한 기준으로 틀린 것은?

① 열처리 작업은 위험물이 위험한 온도에 이르지 않도록 하여 실시해야 한다.

② 담금질 작업은 위험물이 위험한 온도에 이르지 않도록 하여 실시해야 한다.

③ 분사도장 작업은 방화상 유효한 격벽 등으로 구획한 안전한 장소에서 해야 한다.

④ 버너를 사용하는 경우에는 버너의 역화를 유지하고 위험물이 넘치지 않도록 해야 한다.

해설
④ 버너를 사용하는 경우에는 버너의 역화를 방지하고 위험물이 넘치지 않도록 해야 한다(시행규칙 별표 18).

47 탄화칼슘은 물과 반응하면 어떤 기체가 발생하는가?

① 과산화수소　　　② 일산화탄소

③ 아세틸렌　　　　④ 에틸렌

해설
탄화칼슘이 물과 반응하면 가연성가스인 아세틸렌가스를 발생한다.
$CaC_2 + 2H_2O \rightarrow Ca(OH)_2 + C_2H_2 \uparrow$
　　　　　　　　(수산화칼슘) (아세틸렌)

48 다음 위험물 중 인화점이 약 −37℃인 물질로서 구리, 은, 마그네슘 등의 금속과 접촉하면 폭발성 물질인 아세틸라이드를 생성하는 것은?

① CH_3CHOCH_2　　② $C_2H_5OC_2H_5$

③ CS_2　　　　　　　④ C_6H_6

해설
산화프로필렌(Propylene Oxide)
• 물 성

분자식	분자량	비 중	비 점	인화점	착화점	연소 범위
CH_3CHCH_2O	58	0.82	35℃	−37℃	449℃	2.8~37%

• 무색, 투명한 자극성 액체이다.
• 구리(Cu), 마그네슘(Mg), 은(Ag), 수은(Hg)과 반응하면 아세틸라이드를 생성한다.
• 저장용기 내부에는 불연성가스 또는 수증기 봉입장치를 한다.

49 물보다 무겁고, 물에 녹지 않아 저장 시 가연성 증기발생을 억제하기 위해 수조 속의 위험물탱크에 저장하는 물질은?

① 다이에틸에터　　② 에탄올

③ 이황화탄소　　　④ 아세트알데하이드

해설
이황화탄소(CS_2)는 저장 시 가연성 증기발생을 억제하기 위해 수조 속의 위험물 탱크에 저장한다.

50 제4류 위험물을 저장하는 이동탱크저장소의 탱크 용량이 19,000L일 때 탱크의 칸막이는 최소 몇 개를 설치해야 하는가?

① 2 ② 3
③ 4 ④ 5

해설
안전칸막이는 4,000L 이하마다 설치해야 하므로
19,000L ÷ 4,000L = 4.75 ⇒ 5칸이다.
∴ 19,000L 탱크의 칸은 5칸이고 안전칸막이는 4개이다.

51 다음 위험물 중에서 인화점이 가장 낮은 것은?

① $C_6H_5CH_3$ ② $C_6H_5CHCH_2$
③ CH_3OH ④ CH_3CHO

해설
인화점

종 류	$C_6H_5CH_3$	$C_6H_5CHCH_2$	CH_3OH	CH_3CHO
명 칭	톨루엔	스타이렌	메틸알코올	아세트알데하이드
인화점	4℃	32℃	11℃	−40℃

52 황린이 자연발화하기 쉬운 이유에 대한 설명으로 가장 타당한 것은?

① 끓는점이 낮고 증기압이 높기 때문에
② 인화점이 낮고 조연성 물질이기 때문에
③ 조해성이 강하고 공기 중의 수분에 의해 쉽게 분해되기 때문에
④ 산소와 친화력이 강하고 발화온도가 낮기 때문에

해설
황린은 산소와 친화력이 강하고 발화온도(34℃)가 낮기 때문에 자연발화 하기가 쉽다.

53 염소산칼륨에 대한 설명 중 틀린 것은?

① 촉매 없이 가열하면 약 400℃에서 분해한다.
② 열분해하여 산소를 방출한다.
③ 불연성물질이다.
④ 물, 알코올, 에터에 잘 녹는다.

해설
염소산칼륨의 특성
• 무색의 결정 또는 분말이다.
• 촉매 없이 가열하면 약 400℃에서 분해한다.
• 염소산칼륨은 냉수, 알코올에는 녹지 않고, 온수나 글리세린에는 녹는다.
• 강산화제로 가열에 의해 분해하여 산소를 발생한다.
  $2KClO_3 \rightarrow 2KCl + 3O_2$

54 금속나트륨의 일반적인 성질로 옳지 않은 것은?

① 은백색의 연한 금속이다.
② 알코올 속에 저장한다.
③ 물과 반응하여 수소가스를 발생한다.
④ 물보다 비중이 작다.

해설
나트륨(Na)
• 은백색의 연한 금속이다.
• 등유, 경유, 유동파라핀 속에 저장한다.
• 물과 반응하여 수소가스를 발생한다.
  $2Na + 2H_2O \rightarrow 2NaOH + H_2$(수소)
• 물보다 비중(0.97)이 작다.

55 [보기] 중 칼륨과 트라이에틸알루미늄의 공통 성질을 모두 나타낸 것은?

┤ 보기├
ⓐ 고체이다.
ⓑ 물과 반응하여 수소를 발생한다.
ⓒ 위험물안전관리법령상 위험등급이 Ⅰ이다.

① ⓐ ② ⓑ
③ ⓒ ④ ⓑ, ⓒ

해설
칼륨과 트라이에틸알루미늄의 성질

종류	칼륨	트라이에틸알루미늄
화학식	K	$(C_2H_5)_3Al$
유별	제3류 위험물	제3류 위험물
외관	고체	액체
위험등급	Ⅰ	Ⅰ
물과 반응	$2K + 2H_2O \rightarrow$ $2KOH + H_2(수소)$	$(C_2H_5)_3Al + 3H_2O \rightarrow$ $Al(OH)_3 + 3C_2H_6(에테인)$

56 1기압 27℃에서 아세톤 58g을 완전히 기화시키면 부피는 약 몇 L가 되는가?

① 22.4 ② 24.6
③ 27.4 ④ 58.0

해설
부피를 구하면

$$PV = nRT = \frac{W}{M}RT \qquad V = \frac{WRT}{PM}$$

여기서, P : 압력(1atm)
　　　　V : 부피(L)
　　　　M : 분자량($CH_3COCH_3 = 58g/g\text{-mol}$)
　　　　W : 무게(58g)
　　　　R : 기체상수($0.08205L \cdot atm/g\text{-mol} \cdot K$)
　　　　T : 절대온도($273 + ℃ = 273 + 27 = 300K$)

$$\therefore V = \frac{WRT}{PM} = \frac{58g \times 0.08205 \times 300K}{1atm \times 58g/g-mol} = 24.6L$$

57 위험물안전관리법령상 제4류 위험물 옥외저장탱크의 대기밸브부착 통기관은 몇 kPa 이하의 압력 차이로 작동할 수 있어야 하는가?

① 2 ② 3
③ 4 ④ 5

해설
옥외저장탱크의 대기밸브부착 통기관은 5kPa 이하의 압력 차이로 작동할 수 있어야 한다.

58 다이에틸에터를 저장, 취급할 때의 주의사항에 대한 설명으로 틀린 것은?

① 장시간 공기와 접촉하고 있으면 과산화물이 생성되어 폭발의 위험이 생긴다.
② 연소범위는 가솔린보다 좁지만 인화점과 착화온도가 낮으므로 주의해야 한다.
③ 정전기 발생에 주의하여 취급해야 한다.
④ 화재 시 CO_2 소화설비가 적응성이 있다.

해설
다이에틸에터와 비교

종류	휘발유	다이에틸에터
연소범위	1.2~7.6%	1.7~48%
인화점	−43℃	−40℃
착화점	약 280~456℃	180℃

59 위험물안전관리법령상 제6류 위험물에 해당하는 물질로서 햇빛에 의해 갈색의 연기를 내며 분해할 위험이 있으므로 갈색병에 보관해야 하는 것은?

① 질 산
② 황 산
③ 염 산
④ 과산화수소

해설

질 산
• 제6류 위험물로서 지정수량이 300kg이다.
• 불연성 액체이다.
• 햇빛에 의해 갈색의 연기를 내며 분해할 위험이 있으므로 갈색병에 보관한다.

60 그림과 같은 위험물 탱크에 대한 내용적 계산방법으로 옳은 것은?

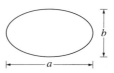 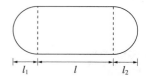

① $\dfrac{\pi ab}{3}\left(l + \dfrac{l_1 + l_2}{3}\right)$

② $\dfrac{\pi ab}{4}\left(l + \dfrac{l_1 + l_2}{3}\right)$

③ $\dfrac{\pi ab}{4}\left(l + \dfrac{l_1 + l_2}{4}\right)$

④ $\dfrac{\pi ab}{3}\left(l + \dfrac{l_1 + l_2}{4}\right)$

해설

내용적 $= \dfrac{\pi ab}{4}\left(l + \dfrac{l_1 + l_2}{3}\right)$

※ 탱크의 용량 = 내용적 − 공간용적(5~10%)

※ 2021년부터는 CBT(컴퓨터 기반 시험)로 진행되어 수험자의 기억에 의해 문제를 복원하였습니다. 실제 시행문제와 일부 상이할 수 있음을 알려드립니다.

제1과목 물질의 물리 · 화학적 성질

01 다음 물질 중 sp^3 혼성궤도함수가 아닌 것은?

① CH_4 ② BF_3

③ NH_3 ④ H_2O

해설
혼성궤도함수
- sp 혼성궤도함수(오비탈의 구조 : 선형) : BeF_3, CO_2
- sp^2 혼성궤도함수(오비탈의 구조 : 정삼각형) : BF_3, SO_3
- sp^3 혼성궤도함수(오비탈의 구조 : 사면체) : CH_4, NH_3, H_2O

02 0.0001N HCl의 pH는?

① 2   ② 3

③ 4   ④ 5

해설
pH = $-\log[H^+]$ = $-\log[1 \times 10^{-4}]$ = $4 - \log 1 = 4 - 0 = 4$

03 다음 중 전자배치가 다른 것은?

① Ar   ② F^-

③ Na^+ ④ Ne

해설
전자배치
- Ar(원자번호 18) : $1s^2\,2s^2\,2p^6\,3s^2\,3p^6$
- F^-(원자번호 9) : $1s^2\,2s^2\,2p^5$인데 1가 음이온으로 전자 1개를 얻어 10개의 전자를 가지므로 $1s^2\,2s^2\,2p^6$가 된다.
- Na^+(원자번호 11) : $1s^2\,2s^2\,2p^6\,3s^1$인데 1가 양이온으로 전자 1개를 잃으므로 10개의 전자를 가지므로 전자배치는 $1s^2\,2s^2\,2p^6$가 된다.
- Ne(원자번호 10) : $1s^2\,2s^2\,2p^6$

04 방사선 동위원소의 반감기가 20일 때 40일이 지난 후 남은 원소의 분율은?

① 1/2   ② 1/3

③ 1/4   ④ 1/6

해설
반감기 : 방사선 원소가 붕괴하여 양이 1/2이 될 때까지 걸리는 시간

$$m = M\left(\frac{1}{2}\right)^{\frac{t}{T}}$$

여기서, m : 붕괴 후의 질량
M : 처음 질량
t : 경과시간
T : 반감기

$$\therefore\ m = 1\left(\frac{1}{2}\right)^{\frac{40}{20}} = \frac{1}{4}$$

05 NaOH 수용액 100mL를 중화하는 데 2.5N의 HCl 80mL가 소요되었다. NaOH 용액의 농도(N)는?

① 1　　　　　② 2

③ 3　　　　　④ 4

해설

$NV = N'V'$

$x \times 100\text{mL} = 2.5\text{N} \times 80\text{mL}$

$\therefore \ x = 2\text{N}$

06 8g의 메테인을 완전연소 시키는 데 필요한 산소분자의 수는?

① 6.02×10^{23}　　② 1.204×10^{23}

③ 6.02×10^{24}　　④ 1.204×10^{24}

해설

메테인의 연소반응식

$CH_4 + 2O_2 \rightarrow CO_2 + 2H_2O$

산소의 몰수를 계산하면

CH_4 + $2O_2$ → CO_2 + $2H_2O$

1mol 　　　 2mol

0.5(8g)mol 　 1mol

∴ 메테인 0.5mol과 산소 1mol이 반응하므로

$1\text{mol} \times 6.0238 \times 10^{23} = 6.0238 \times 10^{23}$

07 분자식 HClO₄의 명명으로 옳은 것은?

① 염소산　　　　② 아염소산

③ 차아염소산　　④ 과염소산

해설

분자식

종 류	차아염소산	아염소산	염소산	과염소산
지정수량	HClO	HClO₂	HClO₃	HClO₄

08 구리선의 밀도가 7.81g/mL이고 질량이 3.72g이다. 이 구리선의 부피(mL)는 얼마인가?

① 0.48　　　　② 2.09

③ 1.48　　　　④ 3.09

해설

구리선의 부피

$\rho = \dfrac{W}{V}, \qquad V = \dfrac{W}{\rho}$

여기서, ρ : 밀도(g/mL)

　　　　　W : 무게(g)

　　　　　V : 부피(mL)

$\therefore \ V = \dfrac{W}{\rho} = \dfrac{3.72\text{g}}{7.81\text{g/mL}} = 0.48\text{mL}$

09 탄소 3g이 산소 16g 중에서 완전연소 되었다면 연소한 후 혼합 기체의 부피는 표준상태에서 몇 L가 되는가?

① 5.6　　　　② 6.8

③ 11.2　　　④ 22.4

해설

연소반응식

C + O₂ → CO₂

12g 　 32g 　 44g

3g 　　 8g 　　 11g

여기서 산소가 16g을 반응하더라도 16 − 8 = 8g은 미반응물이므로

표준상태에서 부피 $= \left(\dfrac{3}{12} + \dfrac{8}{32}\right) \times 22.4\text{L} = 11.2\text{L}$

10 불꽃 반응 시 노란색을 나타내는 것은?

① Li ② K

③ Na ④ Ba

해설

금속의 불꽃반응

원 소	리튬 (Li)	나트륨 (Na)	칼륨 (K)	칼슘 (Ca)	스트론튬 (Sr)	구리 (Cu)	바륨 (Ba)
불꽃 색상	적 색	노란색	보라색	황적색	심적색	청록색	황록색

11 어떤 기체의 확산속도는 SO_2의 2배이다. 이 기체의 분자량은 얼마인가?

① 8 ② 16

③ 32 ④ 64

해설

그레이엄의 확산속도 법칙

$$\frac{U_B}{U_A} = \sqrt{\frac{M_A}{M_B}}$$

여기서, A : 어떤 기체, B : 이산화황(SO_2)으로 가정

$$\therefore M_A = M_B \times \left(\frac{U_B}{U_A}\right)^2 = 64 \times \left(\frac{1}{2}\right)^2 = 16$$

12 25℃에서 83% 해리된 0.1N HCl의 pH는 얼마인가?

① 1.08 ② 1.52

③ 2.02 ④ 2.25

해설

$[H^+] = 0.1 \times 0.83 = 0.083 = 8.3 \times 10^{-2}$

$pH = -\log[H^+] = -\log(8.3 \times 10^{-2}) = 2 - \log 8.3$

$\quad = 2 - 0.919 = 1.08$

13 730mmHg, 100℃에서 257mL, 부피의 용기 속에 어떤 기체가 채워져 있다. 그 무게는 1.67g이다. 이 물질의 분자량은 얼마인가?

① 28 ② 56

③ 207 ④ 257

해설

이상기체 상태방정식

$$PV = \frac{W}{M}RT \qquad M(\text{분자량}) = \frac{WRT}{PV}$$

여기서, P : 압력(atm)

$\qquad V$: 부피(L)

$\qquad M$: 분자량(g/g-mol)

$\qquad W$: 무게

$\qquad R$: 기체상수(0.08205L · atm/g-mol · K)

$\qquad T$: 절대온도(273 + 100℃)

$$\therefore M = \frac{WRT}{PV} = \frac{1.67 \times 0.08205 \times (273 + 100)\text{K}}{(730/760) \times 1\,\text{atm} \times 0.257\text{L}}$$

$$= 207.04\text{g/g} - \text{mol}$$

14 공기의 평균분자량은 약 29라고 한다. 이 평균분자량을 계산하는 데 관계된 원소는?

① 산소, 수소 ② 탄소, 수소

③ 산소, 질소 ④ 질소, 탄소

해설

• 공기의 조성 : 산소(O_2) 21%, 질소(N_2) 78%, 아르곤(Ar) 1%

• 공기의 평균분자량 : $(32 \times 0.21) + (28 \times 0.78) + (40 \times 0.01)$

$= 28.96$

종 류 / 항 목	산 소	질 소	아르곤
화학식	O_2	N_2	Ar
분자량	32	28	40

15 다음 중 비극성 분자는 어느 것인가?

① HF   ② H_2O

③ NH_3 ④ CH_4

해설
- 비극성분자 : 메테인(CH_4)
- 극성분자 : 플루오린화수소(HF), 물(H_2O), 암모니아(NH_3)

16 물 200g에 A 물질 2.9g을 녹인 용액의 빙점은?
(단, 물의 어는점 내림상수는 1.86℃ · g/mol이고,
A 물질의 분자량은 58이다)

① −0.465℃   ② −0.932℃

③ −1.871℃   ④ −2.453℃

해설
빙점강하(ΔT_f)

$$\Delta T_f = K_f \cdot m = K_f \times \frac{\dfrac{W_B}{M}}{W_A} \times 1,000$$

여기서, K_f : 빙점강하계수(물 : 1.86)

        m : 몰랄농도

       W_B : 용질의 무게

       W_A : 용매의 무게

       M : 분자량

$$\therefore \Delta T_f = 1.86 \times \frac{\dfrac{2.9\text{g}}{58}}{200\text{g}} \times 1,000 = 0.465℃ \Rightarrow -0.465℃$$

17 어떤 금속(M) 8g을 연소시키니 11.2g의 산화물이
얻어졌다. 이 금속의 원자량이 140이라면 이 산화
물의 화학식은?

① M_2O_3 ② MO

③ MO_2 ④ M_2O_7

해설
금속 : 산소 = 8 : (11.2 − 8) = x : 8

$x = 20$

금속의 원자가 = 원자량/당량 = 140/20 = 7

∴ 금속의 원자가가 7가이므로 화학식은 M_2O_7이다.

18 다음 밑줄 친 원소 중 산화수가 +5인 것은?

① $Na_2\underline{Cr}_2O_7$ ② $K_2\underline{S}O_4$

③ $K\underline{N}O_3$ ④ $\underline{Cr}O_3$

해설
산화수

- $Na_2\underline{Cr}_2O_7$ $(+1) \times 2 + 2x + (-2) \times 7 = 0$ $x = +6$
- $K_2\underline{S}O_4$ $(+1) \times 2 + x + (-2) \times 4 = 0$ $x = +6$
- $K\underline{N}O_3$ $(+1) + x + (-2) \times 3 = 0$ $x = +5$
- $\underline{Cr}O_3$ $x + (-2) \times 3 = 0$ $x = +6$

19 1기압에서 2L의 부피를 차지하는 어떤 이상기체를 온도의 변화 없이 압력을 4기압으로 하면 부피는 얼마가 되겠는가?

① 2.0L ② 1.5L

③ 1.0L ④ 0.5L

해설

보일의 법칙

$$V_2 = V_1 \times \frac{P_1}{P_2}$$

$$\therefore V_2 = V_1 \times \frac{P_1}{P_2} = 2L \times \frac{1}{4} = 0.5L$$

20 커플링(Coupling) 반응 시 생성되는 작용기는?

① $-NH_2$ ② $-CH_3$

③ $-COOH$ ④ $-N = N-$

해설

커플링(Coupling) 반응 시 생성되는 작용기 : 아조기(-N=N-)

작용기	명 칭
$-NH_2$	아미노기
$-CH_3$	메틸기
$-COOH$	카복실산기
$-N = N-$	아조기

21 자연발화가 일어날 수 있는 조건으로 가장 옳은 것은?

① 주위의 온도가 낮을 것

② 표면적이 작을 것

③ 열전도율이 작을 것

④ 발열량이 작을 것

해설

자연발화의 조건
- 주위의 온도가 높을 것
- 열전도율이 작을 것
- 발열량이 클 것
- 표면적이 넓을 것

22 할로젠화합물인 Halon 1301의 분자식은?

① CH_3Br ② CCl_4

③ CF_2Br_2 ④ CF_3Br

해설

분자식

분자식	CH_3Br	CCl_4	CF_2Br_2	CF_3Br
명 칭	할론 1001	할론 104	할론 1202	할론 1301

23 이산화탄소소화설비의 저압식 저장용기에 설치하는 압력경보장치의 작동압력은?

① 1.9MPa 이상의 압력 및 1.5MPa 이하의 압력

② 2.3MPa 이상의 압력 및 1.9MPa 이하의 압력

③ 3.75MPa 이상의 압력 및 2.3MPa 이하의 압력

④ 4.5MPa 이상의 압력 및 3.75MPa 이하의 압력

해설

이산화탄소소화설비의 저압식 저장용기의 설치기준
- 저압식 저장용기에는 액면계 및 압력계를 설치할 것
- 저압식 저장용기에는 2.3MPa 이상의 압력 및 1.9MPa 이하의 압력에서 작동하는 압력경보장치를 설치할 것
- 저압식 저장용기에는 용기 내부의 온도를 영하 20℃ 이상 영하 18℃ 이하로 유지할 수 있는 자동냉동기를 설치할 것
- 저압식 저장용기에는 파괴판과 방출밸브를 설치할 것

24 위험물안전관리법령상 지정수량의 3,000배 초과 4,000배 이하의 위험물을 저장하는 옥외탱크저장소에 확보해야 하는 보유공지는 얼마인가?

① 6m 이상

② 9m 이상

③ 12m 이상

④ 15m 이상

해설

옥외탱크저장소의 보유공지(시행규칙 별표 6)

저장 또는 취급하는 위험물의 최대수량	공지의 너비
지정수량의 500배 이하	3m 이상
지정수량의 500배 초과 1,000배 이하	5m 이상
지정수량의 1,000배 초과 2,000배 이하	9m 이상
지정수량의 2,000배 초과 3,000배 이하	12m 이상
지정수량의 3,000배 초과 4,000배 이하	15m 이상
지정수량의 4,000배 초과	당해 탱크의 수평단면의 최대지름(가로형은 긴 변)과 높이 중 큰 것과 같은 거리 이상(단, 30m 초과 시 30m 이상으로, 15m 미만 시 15m 이상으로 할 것)

25 위험물제조소에서 화기엄금 및 화기주의를 표시하는 게시판의 바탕색과 문자색을 옳게 연결한 것은?

① 백색바탕 – 청색문자

② 청색바탕 – 백색문자

③ 적색바탕 – 백색문자

④ 백색바탕 – 적색문자

해설

제조소 등의 주의사항(시행규칙 별표 4)

위험물의 종류	주의 사항	게시판의 색상
제1류 위험물 중 알칼리금속의 과산화물 제3류 위험물 중 금수성 물질	물기 엄금	청색바탕에 백색문자
제2류 위험물(인화성 고체는 제외)	화기 주의	적색바탕에 백색문자
제2류 위험물 중 인화성 고체 제3류 위험물 중 자연발화성 물질 제4류 위험물 제5류 위험물	화기 엄금	적색바탕에 백색문자
제1류 위험물 중 알칼리금속 외의 과산화물 제6류 위험물	표시하지 않는다.	

26 위험물안전관리법령상 옥외소화전설비에서 옥외소화전함은 옥외소화전으로부터 보행거리 몇 m 이하의 장소에 설치해야 하는가?

① 5m 이하

② 10m 이하

③ 20m 이하

④ 40m 이하

해설

옥외소화전함은 옥외소화전으로부터 보행거리 5m 이하의 장소에 설치해야 한다.

27 제조소 또는 취급소의 건축물로 외벽이 내화구조인 것은 연면적 몇 m²를 1소요단위로 규정하는가?

① 100m² ② 200m²

③ 300m² ④ 400m²

해설

소요단위

• 제조소 또는 취급소용 건축물(시행규칙 별표 17)
 – 외벽이 내화구조인 경우 : 연면적 100m²
 – 외벽이 내화구조가 아닌 경우 : 연면적 50m²
• 저장소용 건축물
 – 외벽이 내화구조인 경우 : 연면적 150m²
 – 외벽이 내화구조가 아닌 경우 : 연면적 75m²
• 위험물의 경우 : 지정수량의 10배

29 불활성가스소화약제 중 "IG-55"의 성분 및 그 비율을 옳게 나타낸 것은?(단, 용량비 기준이다)

① 질소 : 이산화탄소 = 55 : 45

② 질소 : 이산화탄소 = 50 : 50

③ 질소 : 아르곤 = 55 : 45

④ 질소 : 아르곤 = 50 : 50

해설

불활성가스소화약제의 명명법

• 분 류

종 류	화학식
IG-01	Ar
IG-100	N_2
IG-55	N_2(50%), Ar(50%)
IG-541	N_2(52%), Ar(40%), CO_2(8%)

• 명명법

ⓧ ⓨ ⓩ
  └─ CO_2(이산화탄소)의 농도(%) : 첫째자리 반올림, 생략가능
 └── Ar(아르곤)의 농도(%) : 첫째자리 반올림
└─── N_2(질소)의 농도(%) : 첫째자리 반올림

28 수소화나트륨 저장 창고에 화재가 발생하였을 때 주수소화가 부적합한 이유로 옳은 것은?

① 발열반응을 일으키고 수소를 발생한다.

② 수화반응을 일으키고 수소를 발생한다.

③ 중화반응을 일으키고 수소를 발생한다.

④ 중합반응을 일으키고 수소를 발생한다.

해설

수소화나트륨은 물과 반응하면 가연성가스인 수소를 발생하고 많은 열을 발생한다.
NaH + H_2O → NaOH + H_2↑

30 다음 중 이황화탄소의 액면 위에 물을 채워두는 이유로 가장 적합한 것은?

① 자연분해를 방지하기 위해

② 화재 발생 시 물로 소화를 하기 위해

③ 불순물을 물에 용해시키기 위해

④ 가연성 증기의 발생을 방지하기 위해

해설

이황화탄소는 가연성 증기의 발생을 방지하기 위해 물속에 저장한다.

31 수성막포소화약제를 수용성 알코올 화재 시 사용하면 소화효과가 떨어지는 가장 큰 이유는?

① 유독가스가 발생하므로
② 화염의 온도가 높으므로
③ 알코올은 포와 반응하여 가연성 가스를 발생하므로
④ 알코올은 소포성을 가지므로

해설
수용성 액체는 알코올용포소화약제가 적합하고 다른 수성막포소화약제를 사용하면 소포(거품이 꺼짐)되므로 적합하지 않다.

32 분말소화기의 각 종별 소화약제 주성분이 옳게 연결된 것은?

① 제1종 분말 : $KHCO_3$
② 제2종 분말 : $NaHCO_3$
③ 제3종 분말 : $NH_4H_2PO_4$
④ 제4종 분말 : $NaHCO_3 + (NH_2)_2CO$

해설
분말소화약제

종류	주성분	적응화재	착색(분말의 색)
제1종 분말	$NaHCO_3$ (중탄산나트륨, 탄산수소나트륨)	B, C급	백색
제2종 분말	$KHCO_3$ (중탄산칼륨, 탄산수소칼륨)	B, C급	담회색
제3종 분말	$NH_4H_2PO_4$ (인산암모늄, 제일인산암모늄)	A, B, C급	담홍색
제4종 분말	$KHCO_3 + (NH_2)_2CO$(요소)	B, C급	회색

33 위험물안전관리법령상 전역방출방식 또는 국소방출방식의 불활성가스 소화설비의 저장용기 설치기준으로 틀린 것은?

① 온도가 40℃ 이하이고 온도 변화가 작은 장소에 설치할 것
② 저장용기의 외면에 소화약제의 종류와 양, 제조년도 및 제조자를 표시할 것
③ 직사일광 및 빗물이 침투할 우려가 적은 장소에 설치할 것
④ 방호구역 내의 장소에 설치할 것

해설
불활성가스 소화설비의 저장용기 설치기준(위험물 세부기준 제134조)
• 방호구역 외의 장소에 설치할 것
• 저장용기에는 안전장치(용기밸브에 설치되어 있는 것은 포함)를 설치할 것
• 저장용기의 외면에 소화약제의 종류와 양, 제조년도 및 제조자를 표시할 것
• 온도가 40℃ 이하이고 온도 변화가 작은 장소에 설치할 것
• 직사일광 및 빗물이 침투할 우려가 적은 장소에 설치할 것

34 제1종 분말소화약제가 1차 열분해하였을 때 표준상태를 기준으로 10m³의 탄산가스가 생성되었다. 몇 kg의 탄산수소나트륨이 사용되었는가?(단, 나트륨의 원자량은 23이다)

① 18.75 ② 37
③ 56.25 ④ 75

해설
제1종 분말약제의 분해반응식
$$2NaHCO_3 \rightarrow Na_2CO_3 + H_2O + CO_2$$
$2 \times 84kg$ ⟋⟍ $22.4m^3$
x ⟋⟍ $10m^3$

$$\therefore x = \frac{2 \times 84kg \times 10m^3}{22.4m^3} = 75kg$$

35 표준상태에서 적린 8mol이 완전연소하여 오산화인을 만드는 데 필요한 이론공기량은 약 몇 L인가?(단, 공기 중 산소는 21vol%이다)

① 1,066.7   ② 806.7
③ 234   ④ 22.4

해설
공기 중에서 연소 시 오산화인의 흰 연기를 발생한다.

$4P + 5O_2 \rightarrow 2P_2O_5$

4mol   5mol × 22.4L
8mol x

$\therefore x = \dfrac{8\text{mol} \times 5 \times 22.4\text{L}}{4\text{mol}} = 224\text{L}$(이론산소량)

$\therefore$ 이론공기량 = 224L ÷ 0.21 = 1,066.7L

36 다음 중 가연물이 될 수 있는 것은?

① CS_2 ② H_2O_2
③ CO_2 ④ He

해설
가연물의 분류

종 류	CS_2	H_2O_2	CO_2	He
명 칭	이황화탄소	과산화수소	이산화탄소	헬 륨
유 별	제4류 위험물	제6류 위험물	비위험물	비위험물
성 질	인화성 액체	불연성 액체	산화완결반응	불활성 기체
연소 여부	○	×	×	×

37 클로로벤젠 300,000L의 소요단위는 얼마인가?

① 20   ② 30
③ 200   ④ 300

해설
클로로벤젠은 제4류 위험물 제2석유류(비수용성)로서 지정수량 1,000L이다.

$\therefore$ 소요단위 $= \dfrac{\text{저장수량}}{\text{지정수량} \times 10} = \dfrac{300,000\text{L}}{1,000 \times 10} = 30$단위

38 위험물제조소에서 취급하는 제4류 위험물의 최대수량의 합이 지정수량의 15만배인 사업소에 두어야 할 자체소방대의 화학소방차자동차와 자체소방대원의 수는 각각 얼마로 규정되어 있는가?(단, 상호응원협정을 체결한 경우는 제외한다)

① 1대, 5인   ② 2대, 10인
③ 3대, 15인   ④ 4대, 20인

해설
자체소방대에 두는 화학소방자동차 및 인원(시행령 별표 8)

사업소의 구분	화학소방 자동차	자체소방 대원의 수
제조소 또는 일반취급소에서 취급하는 제4류 위험물의 최대수량의 합이 지정수량의 3,000배 이상 12만배 미만인 사업소	1대	5인
제조소 또는 일반취급소에서 취급하는 제4류 위험물의 최대수량의 합이 지정수량의 12만배 이상 24만배 미만인 사업소	2대	10인
제조소 또는 일반취급소에서 취급하는 제4류 위험물의 최대수량의 합이 지정수량의 24만배 이상 48만배 미만인 사업소	3대	15인
제조소 또는 일반취급소에서 취급하는 제4류 위험물의 최대수량의 합이 지정수량의 48만배 이상인 사업소	4대	20인
옥외탱크저장소에 저장하는 제4류 위험물의 최대수량이 지정수량의 50만배 이상인 사업소	2대	10인

39 위험물안전관리법령상 마른모래(삽 1개 포함) 50L의 능력단위는?

① 0.3 　　　　② 0.5
③ 1.0 　　　　④ 1.5

해설

소화설비의 능력단위(시행규칙 별표 17)

소화설비	용 량	능력단위
소화전용(專用)물통	8L	0.3
수조(소화전용 물통 3개 포함)	80L	1.5
수조(소화전용 물통 6개 포함)	190L	2.5
마른 모래(삽 1개 포함)	50L	0.5
팽창질석 또는 팽창진주암(삽 1개 포함)	160L	1.0

40 위험물제조소에 가장 많이 설치된 층의 옥내소화전 설치 개수가 2개이다. 위험물안전관리법령의 옥내소화전설비 설치기준에 의하면 수원의 수량은 얼마 이상이 되어야 하는가?

① 10.6m^3 　　　　② 15.6m^3
③ 20.6m^3 　　　　④ 25.6m^3

해설

옥내소화전설비의 수량, 방수압력, 수원 등

방수량	방수압력	토출량	수 원	비상전원
260L/min 이상	0.35MPa 이상	N(최대 5개) ×260L/min	N(최대 5개) ×7.8m³ (260L/min × 30min)	45분

∴ 수원 = N(최대 5개) × 7.8m^3 = $2 \times 7.8\text{m}^3 = 15.6\text{m}^3$

41 액체위험물은 운반용기 내용적의 몇 % 이하의 수납률로 수납해야 하는가?

① 94% 　　　　② 95%
③ 98% 　　　　④ 99%

해설

운반용기의 수납률
• 고체 : 95% 이하
• 액체 : 98% 이하

42 옥내저장소에서 위험물 용기를 겹쳐 쌓는 경우에 있어서 제4류 위험물 중 제3석유류만을 수납하는 용기를 겹쳐 쌓을 수 있는 높이는 최대 몇 m인가?

① 3 　　　　② 4
③ 5 　　　　④ 6

해설

옥내저장소에 저장 시 높이(아래 높이를 초과하지 말 것)
• 기계에 의하여 하역하는 구조로 된 용기만을 겹쳐 쌓는 경우 : 6m
• 제4류 위험물 중 제3석유류, 제4석유류, 동식물유류를 수납하는 용기만을 겹쳐 쌓는 경우 : 4m
• 그 밖의 경우(특수인화물, 제1석유류, 제2석유류, 알코올류) : 3m

43 위험물안전관리법령상 위험물의 운반에 관한 기준에 따라 차광성이 있는 피복으로 가리는 조치를 해야 하는 위험물에 해당하지 않는 것은?

① 특수인화물
② 제1석유류
③ 제1류 위험물
④ 제6류 위험물

해설
차광성이 있는 것으로 피복
• 제1류 위험물
• 제3류 위험물 중 자연발화성 물질
• 제4류 위험물 중 특수인화물
• 제5류 위험물
• 제6류 위험물

44 위험물안전관리법령에 따라 지정수량의 10배의 위험물을 운반할 때 혼재가 가능한 것은?

① 제1류 위험물과 제2류 위험물
② 제2류 위험물과 제3류 위험물
③ 제3류 위험물과 제4류 위험물
④ 제5류 위험물과 제6류 위험물

해설
운반 시 혼재 가능
• 제1류 위험물과 제6류 위험물
• 제5류 위험물과 제4류 위험물과 제2류 위험물
• 제3류 위험물과 제4류 위험물

45 위험물안전관리법령상 지정수량이 나머지 셋과 다른 하나는?

① 적 린
② 황화인
③ 황
④ 마그네슘

해설
제2류 위험물의 지정수량

종류	적 린	황화인	황	마그네슘
지정수량	100kg	100kg	100kg	500kg

46 위험물안전관리법령상 위험물을 수납한 운반용기의 외부에 표시해야 할 사항이 아닌 것은?

① 위험등급
② 위험물의 수량
③ 위험물의 품명
④ 안전관리자의 이름

해설
운반용기 외부 표시사항 : 위험물의 품명, 등급, 화학명 및 수용성(제4류 위험물), 수량, 주의사항

47 다음 중 증기비중이 가장 큰 것은?

① 벤 젠
② 아세톤
③ 아세트알데하이드
④ 톨루엔

해설
증기비중 = 분자량/29

• 벤 젠   증기비중 = $\frac{78}{29}$ = 2.69

• 아세톤   증기비중 = $\frac{58}{29}$ = 2.0

• 아세트알데하이드   증기비중 = $\frac{44}{29}$ = 1.52

• 톨루엔   증기비중 = $\frac{92}{29}$ = 3.17

48 짚, 헝겊 등을 다음의 물질과 적셔서 대량으로 쌓아둘 경우 자연발화의 위험성이 제일 높은 것은?

① 동 유
② 야자유
③ 올리브유
④ 피마자유

해설
동유는 건성유로서 자연발화의 위험이 가장 높다.

49 물과 접촉하였을 때 에테인이 발생되는 물질은?

① CaC_2
② $(C_2H_5)_3Al$
③ $C_6H_3(NO_2)_3$
④ $C_2H_5ONO_2$

물과 반응
- 탄화칼슘 $CaC_2 + 2H_2O \rightarrow Ca(OH)_2 + C_2H_2$(아세틸렌)
- 트라이에틸알루미늄 $(C_2H_5)_3Al + 3H_2O \rightarrow Al(OH)_3 + 3C_2H_6$(에테인)
- 트라이나이트로벤젠[$C_6H_3(NO_2)_3$], 질산에틸($C_2H_5ONO_2$)은 물에 녹지 않는다.

50 위험물안전관리법령 중 위험물의 운반에 관한 기준에 따라 운반용기의 외부에 주의사항으로 "가연물접촉주의"를 표시하였다. 어떤 위험물에 해당하는가?

① 제1류 위험물 중 알칼리금속의 과산화물
② 제2류 위험물 중 철분·금속분·마그네슘
③ 제3류 위험물 중 자연발화성 물질
④ 제6류 위험물

제6류 위험물 운반 시 주의사항 : 가연물접촉주의

51 옥외저장소에서 저장할 수 없는 위험물은?(단, 시·도 조례에서 정하는 위험물 또는 국제해상위험물 규칙에 적합한 용기에 수납된 위험물은 제외한다)

① 과산화수소
② 아세톤
③ 에탄올
④ 황

옥외저장소에 저장할 수 있는 위험물(시행령 별표 2)
- 제2류 위험물 중 황, 인화성 고체(인화점이 0℃ 이상인 것에 한함)
- 제4류 위험물 중 제1석유류(인화점이 0℃ 이상인 것에 한함), 제2석유류, 제3석유류, 제4석유류, 알코올류, 동식물유류
- 제6류 위험물
- ※ 아세톤 : 제4류 위험물 제1석유류(인화점 : −18.5℃)
- 제2류 위험물 및 제4류 위험물 중 특별시·광역시·특별자치시·도 또는 특별자치도의 조례로 정하는 위험물(관세법 제154조의 규정에 의한 보세구역 안에 저장하는 경우로 한정한다)
- 국제해사기구에 관한 협약에 의하여 설치된 국제해사기구가 채택한 국제해상위험물 규칙(IMDG Code)에 적합한 용기에 수납된 위험물

52 산화프로필렌 400L, 메탄올 400L, 벤젠 400L를 저장하고 있는 경우 각각 지정수량 배수의 총합은 얼마인가?

① 4
② 6
③ 8
④ 11

- 지정수량

종류	산화프로필렌	메탄올	벤 젠
품 명	특수인화물	알코올류	제1석유류(비수용성)
지정수량	50L	400L	200L

- 지정수량의 배수 = $\dfrac{저장수량}{지정수량}$

$\therefore \dfrac{400L}{50L} + \dfrac{400L}{400L} + \dfrac{400L}{200L} = 11$ 배

53 물보다 무겁고 비수용성인 위험물로 이루어진 것은?

① 메타크레졸, 나이트로벤젠

② 이황화탄소, 글리세린

③ 에틸렌글라이콜, 아닐린

④ 초산에틸, 클로로벤젠

해설

제4류 위험물의 비중과 수용성 여부

종 류	비 중	품 명	수용성 여부
메타크레졸	1.03	제3석유류	비수용성
나이트로벤젠	1.2	제3석유류	비수용성
글리세린	1.26	제3석유류	수용성
에틸렌글라이콜	1.11	제3석유류	수용성
아닐린	1.02	제3석유류	비수용성
초산에틸	0.9	제1석유류	비수용성
클로로벤젠	1.1	제2석유류	비수용성

54 과산화벤조일에 대한 설명으로 틀린 것은?

① 벤조일퍼옥사이드라고도 한다.

② 상온에서 고체이다.

③ 산소를 포함하지 않는 환원성 물질이다.

④ 희석제를 첨가하여 폭발성을 낮출 수 있다.

해설

과산화벤조일(BPO)은 산소를 포함하는 자기반응성 물질이다.

55 위험물안전관리법령상 제5류 위험물 중 질산에스터류에 해당하는 것은?

① 나이트로벤젠

② 나이트로셀룰로스

③ 트라이나이트로페놀

④ 트라이나이트로톨루엔

해설

위험물의 분류

종 류	품 명	지정수량
나이트로벤젠	제4류 위험물 제3석유류	200L
나이트로셀룰로스	질산에스터류	10kg
트라이나이트로페놀	나이트로화합물	10kg
트라이나이트로톨루엔	나이트로화합물	10kg

56 제조소 등의 관계인은 당해 제조소 등의 용도를 폐지한 때에는 행정안전부령이 정하는 바에 따라 제조소 등의 용도를 폐지한 날부터 며칠 이내에 시·도지사에게 신고해야 하는가?

① 5일   ② 7일

③ 14일   ④ 21일

해설

제조소 용도폐지 신고 : 폐지한 날부터 14일 이내에 시·도지사에게 신고

57 위험물제조소 등의 안전거리의 단축기준과 관련하여 $H \leq pD^2 + a$인 경우 방화상 유효한 담의 높이는 2m 이상으로 한다. 다음 중 H에 해당되는 것은?

① 인근 건축물의 높이(m)
② 제조소 등의 외벽의 높이(m)
③ 제조소 등과 공작물과의 거리(m)
④ 제조소 등과 방화상 유효한 담과의 거리(m)

해설
방화상 유효한 담의 높이

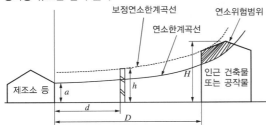

• $H \leq pD^2 + a$인 경우 $h = 2$
• $H > pD^2 + a$인 경우 $h = H - p(D^2 - d^2)$

여기서, D : 제조소 등과 인근건축물 또는 공작물과의 거리(m)
        H : 인근건축물 또는 공작물의 높이(m)
        a : 제조소 등의 외벽의 높이(m)
        d : 제조소 등과 방화상 유효한 담과의 거리(m)
        h : 방화상 유효한 담의 높이(m)
        p : 상 수

58 옥외저장탱크·옥내저장탱크 또는 지하저장탱크 중 압력탱크에 저장하는 아세트알데하이드 등의 온도는 몇 ℃ 이하로 유지해야 하는가?

① 30
② 40
③ 55
④ 65

해설
저장온도

저장탱크		저장온도
옥외저장탱크·옥내저장탱크 또는 지하저장탱크 중 압력탱크 저장 시	아세트알데하이드 등 다이에틸에터 등	40℃ 이하
옥외저장탱크·옥내저장탱크 또는 지하저장탱크 중 압력탱크 외에 저장 시	산화프로필렌 다이에틸에터 등	30℃ 이하
	아세트알데하이드 등	15℃ 이하

59 다음 위험물 중 가열 시 분해온도가 가장 낮은 물질은?

① $KClO_3$
② Na_2O_2
③ NH_4ClO_4
④ KNO_3

해설
분해온도

종류	$KClO_3$	Na_2O_2	NH_4ClO_4	KNO_3
명칭	염소산칼륨	과산화나트륨	과염소산암모늄	질산칼륨
분해온도	400℃	460℃	130℃	400℃

60 다음 그림과 같은 타원형 탱크의 내용적은 약 몇 m^3인가?

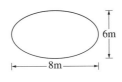 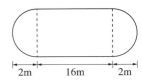

① 453
② 553
③ 653
④ 753

해설
양쪽이 볼록한 타원형 탱크의 내용적

$$\therefore \text{내용적} = \frac{\pi ab}{4}\left(l + \frac{l_1 + l_2}{3}\right)$$
$$= \frac{\pi \times 8m \times 6m}{4}\left(16m + \frac{2m + 2m}{3}\right) = 653.5m^3$$

제1과목 물질의 물리·화학적 성질

01 다음의 변화 중 에너지가 가장 많이 필요한 경우는?

① 100℃의 물 1몰을 100℃ 수증기로 변화시킬 때
② 0℃의 얼음 1몰을 50℃ 물로 변화시킬 때
③ 0℃의 물 1몰을 100℃ 물로 변화시킬 때
④ 0℃의 얼음 10g을 100℃ 물로 변화시킬 때

해설
에너지(열량)를 계산하면
① 100℃의 물 1몰을 100℃ 수증기로 변화시킬 때
$Q = 18g \times 539cal/g = 9,702cal$
② 0℃의 얼음 1몰을 50℃ 물로 변화시킬 때
$Q = \gamma \cdot m + mC\Delta t$
$= (80cal/g \times 18g) + [18g \times 1cal/g \cdot ℃ \times (50-0)℃]$
$= 2,340cal$
③ 0℃의 물 1몰을 100℃ 물로 변화시킬 때
$Q = mC\Delta t = 18g \times 1cal/g \cdot ℃ \times (100-0)℃ = 1,800cal$
④ 0℃의 얼음 10g을 100℃ 물로 변화시킬 때
$Q = \gamma \cdot m + mC\Delta t$
$= (80cal/g \times 10g) + [10g \times 1cal/g \cdot ℃ \times (100-0)℃]$
$= 1,800cal$
※ C : 물의 비열(1cal/g·℃)

02 물 2.5L 중에 어떤 불순물이 10mg 함유되어 있다면 약 몇 ppm으로 나타낼 수 있는가?

① 0.4 ② 1
③ 4 ④ 40

해설
ppm 단위를 환산하면
$ppm = \dfrac{mg}{kg} = \dfrac{1}{10^6}$, 물 2.5L = 2.5kg이다.
$\therefore \dfrac{10mg}{2.5L} = \dfrac{10mg}{2.5kg} = \dfrac{10mg}{2.5kg \times 10^6 mg/kg}$
$= \dfrac{1mg}{10^6 mg} \times \dfrac{10mg}{2.5kg} = 4ppm$

03 대기압하에서 열린 실린더에 있는 1g의 기체를 20℃에서 120℃까지 가열하면 기체가 흡수하는 열량은 몇 cal인가?(단, 기체의 비열은 4.97cal/g·℃이다)

① 97 ② 100
③ 497 ④ 760

해설
열량
$Q = mC\Delta t$
여기서, m : 무게(g)
C : 비열(cal/g·℃)
Δt : 온도차(℃)
$\therefore Q = mc\Delta t = 1g \times 4.97cal/g \cdot ℃ \times (120-20)℃ = 497cal$

04 반투막을 이용해서 콜로이드 입자를 전해질이나 작은 분자로부터 분리 정제하는 것을 무엇이라 하는가?

① 틴 들 ② 브라운 운동
③ 투 석 ④ 전기 영동

해설
투석 : 반투막을 이용하여 콜로이드 입자를 전해질이나 작은 분자로부터 분리 정제하는 것

05 표준상태를 기준으로 수소 2.24L가 염소와 완전히 반응했다면 생성된 염화수소의 부피는 몇 L인가?

① 2.24 ② 4.48
③ 22.4 ④ 44.8

해설
염화수소의 제법
H_2 + Cl_2 → $2HCl$
$1 \times 22.4L$ ⟍⟋ $2 \times 22.4L$
$2.24L$ ⟋⟍ x
$\therefore x = \dfrac{2.24L \times (2 \times 22.4)L}{1 \times 22.4L} = 4.48L$

06 알케인족 탄화수소의 일반식을 옳게 나타낸 것은?

① $C_n H_{2n}$ ② $C_n H_{2n+2}$
③ $C_n H_{2n+1}$ ④ $C_n H_{2n-2}$

해설
• 알케인(알칸, Alkane)족 탄화수소 : $C_n H_{2n+2}$
• 알카인족 탄화수소 : $C_n H_{2n-2}$

07 방사능 붕괴의 형태 중 $^{226}_{88}Ra$이 α 붕괴할 때 생기는 원소는?

① $^{222}_{86}Rn$ ② $^{232}_{90}Th$
③ $^{231}_{91}Pa$ ④ $^{238}_{92}U$

해설
$^{226}_{88}Ra$(라듐)원소가 α 붕괴하면 원자번호 2 감소, 질량수 4 감소한다[$^{222}_{86}Rn$(라돈)].

08 다음 물질 중 수용액에서 약한 산성을 나타내며 염화제이철 수용액과 정색반응을 하는 것은?

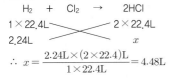

해설
페놀(석탄산) : 특유의 냄새를 가진 무색의 결정으로 물에 조금 녹아 약한 산성을 나타내며 $FeCl_3$(염화제이철)용액과 정색반응(자색 → 청색)을 한다.

09 다이크로뮴산이온($Cr_2O_7^{2-}$)에서 Cr의 산화수는?

① +3 ② +6
③ +7 ④ +12

해설
Cr의 산화수 $2x + (-2 \times 7) = -2$
$\therefore x = (14-2)/2 = +6$

10 다음 화합물 중 수용액에서 산성의 세기가 가장 큰 것은?

① HF
② HCl
③ HBr
④ HI

해설
할로젠족 원소
• 산성의 세기, 부촉매효과 : HI > HBr > HCl > HF
• 산화력, 반응성의 순서 : F_2 > Cl_2 > Br_2 > I_2

11 다음 중 양쪽성 산화물에 해당하는 것은?

① NO_2
② Al_2O_3
③ MgO
④ Na_2O

해설
양쪽성 산화물 : 양쪽성 원소의 산화물로서 산이나 염기와 반응하여 염과 물을 생성하는 물질
예 ZnO, Al_2O_3, SnO, PbO, Sb_2O_3

12 아세토페논의 화학식에 해당하는 것은?

① C_6H_5OH
② $C_6H_5NO_2$
③ $C_6H_5CH_3$
④ $C_6H_5COCH_3$

해설
위험물

종 류	C_6H_5OH	$C_6H_5NO_2$	$C_6H_5CH_3$	$C_6H_5COCH_3$
명 칭	페 놀	나이트로벤젠	톨루엔	아세토페논

13 다음 물질 중 이온결합을 하고 있는 것은?

① 얼 음
② 흑 연
③ 다이아몬드
④ 염화나트륨

해설
이온결합 : NaCl(염화나트륨), KCl(염화칼륨), CaO(산화칼슘), MgO(산화마그네슘)

14 H_2SO_4에서 S의 산화수는 얼마인가?

① 1
② 2
③ 4
④ 6

해설
황산(H_2SO_4)에서 S의 산화수
$(+1) \times 2 + x + (-2) \times 4 = 0$
∴ $x(S) = +6$

15 다음 중 방향족 화합물이 아닌 것은?

① 톨루엔
② 아세톤
③ 크레졸
④ 아닐린

해설
구조식

종 류	톨루엔	아세톤	m-크레졸	아닐린
화학식	$C_6H_5CH_3$	CH_3COCH_3	$C_6H_4CH_3OH$	$C_6H_5NH_2$
구조식				
구 분	방향족 화합물	지방족 화합물	방향족 화합물	방향족 화합물

16 다음 중 원자가 전자의 배열이 ns^2np^2인 것으로만 나열된 것은?(단, n은 2, 3, 4, …이다)

① Ne, Ar ② Li, Na

③ C, Si ④ N, P

해설

전자배열

종 류	원자번호	전자배열
Ne	10	$1s^2\,2s^2\,2p^6$
Ar	18	$1s^2\,2s^2\,2p^6\,3s^2\,3p^6$
Li	3	$1s^2\,2s^1$
Na	11	$1s^2\,2s^2\,2p^6\,3s^1$
C	6	$1s^2\,2s^2\,2p^2$
Si	14	$1s^2\,2s^2\,2p^6\,3s^2\,3p^2$
N	7	$1s^2\,2s^2\,2p^3$
P	15	$1s^2\,2s^2\,2p^6\,3s^2\,3p^3$

17 다음 작용기 중에서 메틸(methyl)기에 해당하는 것은?

① $-C_2H_5$ ② $-COCH_3$

③ $-NH_2$ ④ $-CH_3$

해설

작용기

종 류	$-C_2H_5$	$-COCH_3$	$-NH_2$	$-CH_3$
명 칭	에틸기	아세틸기	아미노기	메틸기

18 다음 중 원자번호가 7인 질소와 같은 족에 해당되는 원소의 원자번호는?

① 15 ② 16

③ 17 ④ 18

해설

질소(원자번호 7, N)원소와 같은 족 : P(15), As(33), Sb(51), Bi(83)

19 고체상의 물질이 액체상과 평형에 있을 때의 온도와 액체의 증기압과 외부압력이 같게 되는 온도를 각각 옳게 표시한 것은?

① 끓는점과 어는점

② 전이점과 끓는점

③ 어는점과 끓는점

④ 용융점과 어는점

해설

정 의

• 어는점 : 고체상의 물질이 액체상과 평형에 있을 때의 온도

• 끓는점 : 액체의 증기압과 외부압력이 같게 되는 온도

20 다음 중 물에 대한 소금의 용해가 물리적 변화라고 할 수 있는 근거로 가장 옳은 것은?

① 소금과 물이 결합한다.

② 용액이 증발하면 소금이 남는다.

③ 용액이 증발할 때 다른 물질이 생성된다.

④ 소금이 물에 녹으면 보이지 않게 된다.

해설

소금물은 온도를 올리면 물은 증발되고 소금만 남게 된다. 이것은 물리적인 변화라 할 수 있다.

※ 소금물(수용액) = 소금(용질) + 물(용매)

21 할로젠화합물 소화약제의 공통적인 특성이 아닌 것은?

① 잔사가 남지 않는다.
② 전기전도성이 좋다.
③ 소화농도가 낮다.
④ 침투성이 우수하다.

해설
할로젠화합물 소화약제는 전기 부도체이다.

22 과산화나트륨의 화재 시 소화방법으로 다음 중 가장 적당한 것은?

① 포소화약제　　　② 물
③ 마른 모래　　　④ 할로젠화합물

해설
무기과산화물(과산화나트륨)의 소화약제 : 마른 모래, 탄산수소염류 분말약제, 팽창질석, 팽창진주암

23 다음은 제4류 위험물에 해당하는 물품의 소화방법을 설명한 것이다. 소화효과가 가장 떨어지는 것은?

① 산화프로필렌 : 알코올용포로 질식소화 한다.
② 아세트알데하이드 : 수성막포를 이용하여 질식소화 한다.
③ 이황화탄소 : 탱크 또는 용기 내부에서 연소하고 있는 경우에는 물을 유입하여 질식소화 한다.
④ 다이에틸에터 : 불활성가스소화설비를 이용하여 질식소화 한다.

해설
아세트알데하이드는 제4류 위험물의 특수인화물로 물에 잘 녹으므로 알코올용포로 질식소화 한다.

24 프로페인 가스 3L를 완전연소 시키려면 공기가 약 몇 L가 필요한가?(단, 공기 중 산소는 20%이다)

① 15　　　　　　② 25
③ 50　　　　　　④ 75

해설
프로페인의 연소반응식

$$C_3H_8 + 5O_2 \rightarrow 3CO_2 + 4H_2O$$

1×22.4L　5×22.4L
　3L　　　　　x

$$\therefore x = \frac{3L \times (5 \times 22.4)L}{1 \times 22.4L} = 15L \Rightarrow 이론산소의 부피$$

따라서 필요한 공기량은 15L ÷ 0.2 = 75L가 된다.

25 물통 또는 수조를 이용한 소화가 공통적으로 적응성이 있는 위험물은 제 몇 류 위험물인가?

① 제2류 위험물

② 제3류 위험물

③ 제4류 위험물

④ 제5류 위험물

해설

위험물의 소화

종 류	제1류 위험물	제2류 위험물	제3류 위험물	제4류 위험물	제5류 위험물	제6류 위험물
소화 방법	냉각 소화	냉각 소화	질식 소화	질식 소화	냉각 소화	냉각 소화

• 제1류 위험물은 냉각소화가 가능하나 무기과산화물은 질식소화가 적합하다.

• 제2류 위험물은 냉각소화가 가능하나 마그네슘, 철분, 금속분은 적합하지 않다.

• 제3류 위험물은 황린만 냉각소화가 가능하다.

26 제1종 분말소화약제가 1차 열분해되어 표준상태를 기준으로 $44.8m^3$의 탄산가스가 생성되었다. 몇 kg의 탄산수소나트륨이 사용되었는가?(단, 나트륨의 원자량은 23이다)

① 56.25

② 112.5

③ 168

④ 336

해설

제1종 분말소화약제의 분해반응식

$2NaHCO_3 \rightarrow Na_2CO_2 + H_2O + CO_2$

$2 \times 84kg$ ⟍⟋ $22.4m^3$

x ⟋⟍ $44.8m^3$

$\therefore x = \dfrac{2 \times 84kg \times 44.8m^3}{22.4m^3} = 336kg$

• 탄산수소나트륨($NaHCO_3$)의 분자량 : 84

• 표준상태에서 기체 1kg-mol이 차지하는 부피 : $22.4m^3$

27 고정식 포소화설비의 포방출구의 형태 중 고정지붕구조의 위험물탱크에 적합하지 않은 것은?

① 특 형

② II형

③ III형

④ IV형

해설

고정식 방출구의 종류

종 류	I 형	II형	특 형	III형	IV형
구 조	고정지붕 구조 (CRT)	고정지붕 구조 (CRT)	부상지붕 구조 (FRT)	고정지붕 구조 (CRT)	고정지붕 구조 (CRT)
포주입 방법	상부포 주입법	상부포 주입법	상부포 주입법	저부포 주입법	저부포 주입법

※ CRT : Cone Roof Tank, FRT : Floating Roof Tank

28 화재의 종류에서 D급 화재에 속하는 것은?

① 일반화재

② 유류화재

③ 전기화재

④ 금속화재

해설

화재의 종류

급 수	A급 화재	B급 화재	C급 화재	D급 화재
종 류	일반화재	유류화재	전기화재	금속화재
원형 색상	백 색	황 색	청 색	무 색

29 제6류 위험물의 소화방법으로 틀린 것은?

① 마른 모래로 소화한다.

② 환원성 물질을 사용하여 중화 소화한다.

③ 연소의 상황에 따라 분무주수도 효과가 있다.

④ 과산화수소 화재 시 다량의 물을 사용하여 희석소화 할 수 있다.

해설

제6류 위험물은 산화성 액체로서 제2류 위험물인 환원성 물질과 접촉하면 위험하다.

30 물을 소화약제로 사용하는 장점이 아닌 것은?

① 구하기가 쉽다.

② 취급이 간편하다.

③ 기화잠열이 크다.

④ 비열이 작다.

물을 소화약제로 사용하는 이유
- 구하기가 쉽다.
- 취급이 간편하다.
- 비열과 기화잠열이 크다.

31 이산화탄소를 이용한 질식소화에 있어서 아세톤의 한계산소농도(vol%)에 가장 가까운 것은?

① 15   ② 18

③ 21   ④ 25

질식소화 시 산소의 유효한계농도 : 15% 이하

32 포말 화학소방차 1대의 포말방사능력 및 포수용액 비치량으로 옳은 것은?

① 2,000L/min, 비치량 10만L 이상

② 1,500L/min, 비치량 5만L 이상

③ 1,000L/min, 비치량 3만L 이상

④ 500L/min, 비치량 1만L 이상

화학소방자동차에 갖추어야 하는 소화능력 및 설비의 기준(시행규칙 별표 23)

화학소방 자동차의 구분	소화능력 및 설비의 기준
포수용액 방사차	포수용액의 방사능력이 매분 2,000L 이상일 것
	소화약액탱크 및 소화약액혼합장치를 비치할 것
	10만L 이상의 포수용액을 방사할 수 있는 양의 소화약제를 비치할 것
분말 방사차	분말의 방사능력이 매초 35kg 이상일 것
	분말탱크 및 가압용 가스설비를 비치할 것
	1,400kg 이상의 분말을 비치할 것
할로겐 화합물 방사차	할로겐화합물의 방사능력이 매초 40kg 이상일 것
	할로겐화합물탱크 및 가압용 가스설비를 비치할 것
	1,000kg 이상의 할로겐화합물을 비치할 것
이산화 탄소 방사차	이산화탄소의 방사능력이 매초 40kg 이상일 것
	이산화탄소저장용기를 비치할 것
	3,000kg 이상의 이산화탄소를 비치할 것
제독차	가성소다 및 규조토를 각각 50kg 이상 비치할 것

33 분진폭발에 대한 설명으로 옳지 않은 것은?

① 밀폐 공간 내 분진운이 부유할 때 폭발위험성이 있다.

② 충격, 마찰도 착화에너지가 될 수 있다.

③ 2차, 3차 폭발의 발생우려가 없으므로 1차 폭발 소화에 주력해야 한다.

④ 산소의 농도가 증가하면 대형화 될 수 있다.

해설

분진폭발 : 고체의 미립자가 공기 중에서 착화에너지를 얻어 폭발하는 현상으로 2차, 3차 폭발의 발생우려가 있다.

예 마그네슘, 금속분, 밀가루, 황 등

34 건축물의 외벽이 내화구조로 된 저장소는 연면적 몇 m²를 1소요단위로 하는가?

① 50 ② 75

③ 100 ④ 150

해설

제조소 등의 1소요단위 산정

구 분	제조소, 일반취급소		저장소	
외벽의 기준	내화구조	비내화구조	내화구조	비내화구조
기 준	연면적 100m²	연면적 50m²	연면적 150m²	연면적 75m²

35 이동식 포소화설비를 옥외에 설치하였을 때 방사량은 몇 L/min 이상으로 30분간 방사할 수 있는 양이어야 하는가?

① 100 ② 200

③ 300 ④ 400

해설

이동식 포소화설비(위험물안전관리에 관한 세부기준 제133조)

이동식 포소화설비는 4개(호스접속구가 4개 미만인 경우에는 그 개수)의 노즐을 동시에 사용할 경우

종 류	방사압력	방사량		방사 시간
		옥내에 설치	옥외에 설치	
기 준	0.35MPa	200L/min 이상	400L/min 이상	30분

36 올바른 소화기 사용법으로 가장 거리가 먼 것은?

① 적응화재에 사용할 것

② 바람을 등지고 사용할 것

③ 가까이에서는 화재위험이 있어 먼 거리에서 사용할 것

④ 양옆으로 비로 쓸 듯이 골고루 사용할 것

해설

소화기 사용법

• 적응화재에 사용할 것

• 바람을 등지고 풍상에서 풍하로 방사할 것

• 성능에 따라서 불 가까이 접근하여 사용할 것

• 비로 쓸 듯이 양옆으로 골고루 사용할 것

37 공기포 발포배율을 측정하기 위해 중량 180g, 용량 1,800mL의 포 수집 용기에 가득히 포를 채취하여 측정한 용기의 무게가 540g이었다면 발포배율은?(단, 포수용액의 비중은 1로 가정한다)

① 3배   ② 5배

③ 7배   ④ 9배

해설

$$발포배율 = \frac{용량}{포의\ 중량} = \frac{1,800mL}{540g - 180g} = 5.0배$$

38 분말소화약제 중 제일인산암모늄의 특징이 아닌 것은?

① 금속화재에 사용할 수 있다.

② 전기화재에 사용할 수 있다.

③ 유류화재에 사용할 수 있다.

④ 목재화재에 사용할 수 있다.

해설

제3종 분말의 성상

주성분	적응 화재	착 색
$NH_4H_2PO_4$ (제일인산암모늄)	A급(일반화재) B급(유류화재) C급(전기화재)	담홍색

39 연소이론에 관한 용어의 정의 중 틀린 것은?

① 발화점은 가연물을 가열할 때 점화원 없이 발화하는 최저의 온도이다.

② 연소점은 5초 이상 연소상태를 유지할 수 있는 최저의 온도이다.

③ 하나의 위험물은 발화점, 인화점, 연소점의 순서로 온도가 높다.

④ 인화점은 가연성 증기를 형성하여 점화원이 가해졌을 때 가연성 증기가 연소범위 하한에 도달하는 최저의 온도이다.

해설

발화(착화)점 : 가연물을 가열할 때 점화원 없이 발화하는 최저의 온도

∴ 발화점 > 연소점 > 인화점

40 다음 중 소화약제의 구성성분으로 사용하지 않는 것은?

① 제1인산암모늄   ② 탄산수소나트륨

③ 황산알루미늄   ④ 인화알루미늄

해설

소화약제의 구성성분

• 제1인산암모늄 : 제3종 분말약제

• 탄산수소나트륨 : 제2종 분말약제

• 황산알루미늄 : 화학포 소화약제

※ 인화알루미늄(AIP) : 제3류 위험물의 금속의 인화물

41 다음 중 지정수량이 400L가 아닌 위험물은?

① 아세톤 ② 부틸알코올

③ 메틸알코올 ④ 에틸알코올

해설

지정수량

종 류	아세톤	부틸알코올	메틸알코올	에틸알코올
품 명	제4류 위험물 제1석유류 (수용성)	제4류 위험물 제2석유류 (비수용성)	제4류 위험물 알코올류	제4류 위험물 알코올류
지정 수량	400L	1,000L	400L	400L

42 과산화수소의 성질 및 취급방법에 관한 설명 중 틀린 것은?

① 햇빛에 의해서 분해되어 산소를 방출한다.

② 인산, 요산 등의 분해방지 안정제를 넣는다.

③ 저장 용기는 공기가 통하지 않게 마개로 막아둔다.

④ 단독으로 폭발할 수 있는 농도는 약 60% 이상이다.

해설

저장 용기는 상온에서 서서히 분해하여 산소를 발생하므로 폭발의 위험이 있어 공기가 통하게 한다.

43 다음 ( ) 안에 알맞은 수치는?(단, 인화점이 200℃ 이상인 위험물은 제외한다)

옥외저장탱크의 지름이 15m 미만인 경우에 방유제는 탱크의 옆판으로부터 탱크 높이의 ( ) 이상 이격해야 한다.

① $\frac{1}{3}$ ② $\frac{1}{2}$

③ $\frac{1}{4}$ ④ $\frac{2}{3}$

해설

방유제는 탱크의 옆판으로부터 일정 거리를 유지할 것(단, 인화점이 200℃ 이상인 위험물은 제외)

• 지름이 15m 미만인 경우 : 탱크 높이의 1/3 이상
• 지름이 15m 이상인 경우 : 탱크 높이의 1/2 이상

44 지정수량 이상의 위험물을 차량으로 운반하는 경우 해당 차량에 표지를 설치해야 한다. 다음 중 직사각형 표지규격으로 옳은 것은?

① 장변 길이 : 0.6m 이상, 단변 길이 : 0.3m 이상

② 장변 길이 : 0.4m 이상, 단변 길이 : 0.3m 이상

③ 가로, 세로 모두 0.3m 이상

④ 가로, 세로 모두 0.4m 이상

해설

운반차량의 표지규격

• 긴 변의 길이 : 0.6m 이상
• 짧은 변의 길이 : 0.3m 이상

45 황린 90kg, 마그네슘 750kg, 칼륨 100kg을 저장할 때 각각의 지정수량 배수의 총합은 얼마인가?

① 6
② 10
③ 12
④ 16

해설

위험물의 지정수량

종 류	황 린	마그네슘	칼 륨
품 명	제3류 위험물	제2류 위험물	제3류 위험물
지정수량	20kg	500kg	10kg

$$\therefore \text{지정수량의 배수} = \frac{90\text{kg}}{20\text{kg}} + \frac{750\text{kg}}{500\text{kg}} + \frac{100\text{kg}}{10\text{kg}} = 16\text{배}$$

46 과산화나트륨의 저장 및 취급방법에 대한 설명 중 틀린 것은?

① 물과의 반응성 때문에 물의 접촉을 피해야 한다.
② 용기는 수분이 들어가지 않게 밀전 및 밀봉 저장한다.
③ 가열 및 충격·마찰을 피하고 유기물질의 혼입을 막는다.
④ 직사광선을 받는 곳이나 습한 곳에 저장한다.

해설

과산화나트륨(Na_2O_2)은 수분이나 습기와 접촉하면 산소를 발생하므로 위험하다.
$2Na_2O_2 + 2H_2O \rightarrow 4NaOH + O_2 \uparrow$

47 과산화수소의 운반 시 운반용기의 외부에 표시해야 하는 주의사항은?

① 물기엄금
② 화기엄금
③ 가연물접촉주의
④ 충격주의

해설

운반 시 표시해야 할 주의사항

유 별	항 목	주의사항
제1류 위험물	알칼리금속의 과산화물	화기·충격주의, 물기엄금, 가연물접촉주의
	그 밖의 것	화기·충격주의, 가연물접촉주의
제2류 위험물	철분, 금속분, 마그네슘	화기주의, 물기엄금
	인화성 고체	화기엄금
	그 밖의 것	화기주의
제3류 위험물	자연발화성 물질	화기엄금, 공기접촉엄금
	금수성 물질	물기엄금
제4류 위험물		화기엄금
제5류 위험물		화기엄금, 충격주의
제6류 위험물(과산화수소)		가연물접촉주의

48 금속칼륨의 성질에 대한 설명으로 옳은 것은?

① 화학적 활성이 강한 금속이다.
② 극히 산화하기 어려운 금속이다.
③ 금속 중에서 가장 단단한 금속이다.
④ 금속 중에서 가장 무거운 금속이다.

해설

칼륨(K)은 화학적으로 활성이 강한 무른 금속이다.

49 다음 중 제1석유류에 해당하는 것은?

① 아세톤
② 경 유
③ 메틸알코올
④ 나이트로벤젠

해설
제4류 위험물의 분류

종 류	아세톤	경 유	메틸알코올	나이트로벤젠
구 분	제1석유류 (수용성)	제2석유류 (비수용성)	알코올류	제3석유류 (비수용성)

50 다음은 위험물의 성질에 대한 설명이다. 각 위험물에 대한 옳은 설명으로만 나열된 것은?

> A. 건조공기와 상온에서 반응한다.
> B. 물과 작용하여 유독성가스를 발생한다.
> C. 물과 작용하여 수산화칼슘을 만든다.
> D. 비중이 1 이상이다.

① K : A, B, D
② Ca_3P_2 : B, C, D
③ Na : A, C, D
④ CaC_2 : A, B, D

해설
인화칼슘
• 물 성

화학식	분자량	융 점	비 중
Ca_3P_2	182	1,600℃	2.51

• 물과 반응하면 수산화칼슘[$Ca(OH)_2$]과 포스핀(PH_3)의 유독성가스를 발생한다.
$Ca_3P_2 + 6H_2O \rightarrow 3Ca(OH)_2 + 2PH_3 \uparrow$

51 다음 중 착화온도가 가장 낮은 것은?

① 황 린
② 이황화탄소
③ 삼황화인
④ 오황화인

해설
착화온도

종 류	황 린	이황화탄소	삼황화인	오황화인
착화온도	34℃	90℃	100℃	142℃

52 제4류 위험물 옥외탱크저장소 주위의 보유공지 너비의 기준으로 틀린 것은?

① 지정수량의 500배 이하 – 3m 이상
② 지정수량의 500배 초과 1,000배 이하 – 5m 이상
③ 지정수량의 1,000배 초과 2,000배 이하 – 8m 이상
④ 지정수량의 2,000배 초과 3,000배 이하 – 12m 이상

해설
옥외탱크저장소의 보유공지(시행규칙 별표 6)

저장 또는 취급하는 위험물의 최대수량	공지의 너비
지정수량의 500배 이하	3m 이상
지정수량의 500배 초과 1,000배 이하	5m 이상
지정수량의 1,000배 초과 2,000배 이하	9m 이상
지정수량의 2,000배 초과 3,000배 이하	12m 이상
지정수량의 3,000배 초과 4,000배 이하	15m 이상
지정수량의 4,000배 초과	해당 탱크의 수평단면의 최대지름(가로형은 긴 변)과 높이 중 큰 것과 같은 거리 이상(단, 30m 초과 시 30m 이상으로, 15m 미만 시 15m 이상으로 할 것)

53 다음 화학 구조식 중 아닐린의 구조식은?

① NH₂

② NO₂

③ CH=CH₂

④ Cl

해설
구조식

종 류	아닐린	나이트로벤젠	스타이렌	클로로벤젠
화학식	$C_6H_5NH_2$	$C_6H_5NO_2$	$C_6H_5CHCH_2$	C_6H_5Cl
구조식	NH₂ ⬡	NO₂ ⬡	CH=CH₂ ⬡	Cl ⬡

54 이동탱크저장소의 탱크 용량이 얼마 이하마다 그 내부에 3.2mm 이상의 안전칸막이를 설치해야 하는가?

① 2,000L 이하 　② 3,000L 이하
③ 4,000L 이하 　④ 5,000L 이하

해설
이동탱크저장소의 탱크 용량이 4,000L 이하마다 안전칸막이를 설치하여 운전 시 출렁임을 방지한다.

55 아염소산나트륨의 위험성으로 옳지 않은 것은?

① 단독으로 폭발 가능하고 분해온도 이상에서는 산소를 발생한다.
② 비교적 안정하나 시판품은 140℃ 이상의 온도에서 발열 반응을 일으킨다.
③ 유기물, 금속분 등 환원성 물질과 접촉하면 즉시 폭발한다.
④ 수용액 중에서 강력한 환원력이 있다.

해설
아염소산나트륨($NaClO_2$)의 수용액은 강한 산성이다.

56 트라이나이트로톨루엔에 관한 설명 중 틀린 것은?

① TNT라고 한다.
② 피크르산에 비해 충격, 마찰에 둔감하다.
③ 물에 녹아 발열·발화한다.
④ 폭발 시 다량의 가스를 발생한다.

해설
트라이나이트로톨루엔(TriNitroToluene, TNT)
• 피크르산에 비해 충격, 마찰에 둔감하다.
• 물에 녹지 않고, 알코올에는 가열하면 녹고, 아세톤, 벤젠, 에터에는 잘 녹는다.
• 폭발 시 다량의 가스를 발생한다.

57 다음 위험물 중 혼재할 수 없는 위험물은?(단, 지정수량의 1/10 초과 위험물이다)

① 적린과 경유
② 나트륨과 등유
③ 톨루엔과 나이트로셀룰로스
④ 과산화칼륨과 자일렌

운반 시 유별을 달리하는 위험물의 혼재기준(시행규칙 별표 19)

위험물의 구분	제1류	제2류	제3류	제4류	제5류	제6류
제1류		×	×	×	×	○
제2류	×		×	○	○	×
제3류	×	×		○	×	×
제4류	×	○	○		○	×
제5류	×	○	×	○		×
제6류	○	×	×	×	×	

※ 이 표는 지정수량의 1/10 이하의 위험물에 대하여는 적용하지 않는다.

59 탄화칼슘이 물과 반응하여 아세틸렌가스가 발생하는 반응식으로 옳은 것은?

① $CaC_2 + 2H_2O \rightarrow Ca(OH)_2 + C_2H_2$
② $CaC_2 + H_2O \rightarrow CaO + C_2H_2$
③ $2CaC_2 + 6H_2O \rightarrow 2Ca(OH)_3 + 2C_2H_3$
④ $CaC_2 + 3H_2O \rightarrow CaCO_3 + 2CH_3$

탄화칼슘(CaC_2)은 물과 아세틸렌(C_2H_2)가스를 발생시킨다.
$$CaC_2 + 2H_2O \rightarrow Ca(OH)_2 + C_2H_2 \uparrow$$
(탄화칼슘)　(물)　(수산화칼슘) (아세틸렌)

58 다음 중 물과 접촉시켰을 때 위험성이 가장 큰 것은?

① 황
② 다이크로뮴산칼륨
③ 질산암모늄
④ 과산화나트륨

과산화나트륨(Na_2O_2)은 물과 반응하면 산소가스를 발생하고 많은 열을 발생한다.
$$2Na_2O_2 + 2H_2O \rightarrow 4NaOH + O_2 \uparrow + 발열$$

60 다음 위험물 중 제4류 위험물 중 인화점이 가장 낮은 것은?

① 이황화탄소
② 에 터
③ 벤 젠
④ 아세톤

제4류 위험물의 인화점

종 류	이황화탄소	에 터	벤 젠	아세톤
분 류	특수인화물	특수인화물	제1석유류	제1석유류
인화점	−30℃	−40℃	−11℃	−18.5℃

01 어떤 물질이 산소 50wt%, 황 50wt%로 구성되어 있다. 이 물질의 실험식을 옳게 나타낸 것은?

① SO
② SO_2
③ SO_3
④ SO_4

해설
원자량은 산소(O) 16, 황(S)은 32이다.

∴ 산소(O) : 황(S) = $\dfrac{무게}{원자량}$: $\dfrac{무게}{원자량}$

$= \dfrac{50}{16} : \dfrac{50}{32}$

$= 3.125 : 1.5625$

$= 2 : 1$

실험식은 SO_2이다.

02 볼타전지에 관한 설명으로 틀린 것은?

① 이온화경향이 큰 쪽의 물질이 (−)극이다.
② (+)극에서는 방전 시 산화 반응이 일어난다.
③ 전자는 도선을 따라 (−)극에서 (+)극으로 이동한다.
④ 전류의 방향은 전자의 이동 방향과 반대이다.

해설
볼타전지
• 아연(Zn)판과 구리(Cu)판을 도선으로 연결하고 묽은 황산을 넣어 두 전극에서 산화, 환원 반응으로 전기에너지로 변환시키는 장치
• 이온화경향이 큰 쪽의 물질이 (−)극이다.
• 전자는 도선을 따라 (−)극에서 (+)극으로 이동한다.
• Zn판(− 극)에서는 산화, Cu판(+ 극)에서는 환원이 일어난다.
  (−)Zn ‖ H_2SO_4 ‖ Cu(+)

03 수성가스(Water Gas)의 주성분을 옳게 나타낸 것은?

① CO_2, CH_4
② CO, H_2
③ CO_2, H_2, O_2
④ H_2, H_2O

해설
수성가스(Water Gas)의 주성분 : 수소(H_2), 일산화탄소(CO)

04 액체 공기에서 질소 등을 분리하여 산소를 얻는 방법은 다음 중 어떤 성질을 이용한 것인가?

① 용해도
② 비등점
③ 색 상
④ 압축률

해설
액체 공기는 비등점(비점)을 이용하여 분별 증류하면 산소 −183℃, 질소는 −195℃에서 분리된다.

05 다음 물질을 석출시키는 데 필요한 전기량이 0.1F에 가장 가까운 것은?(단, 원자량은 Cu 63.5, Ag 108, Cl 35.5이다)

① 구리 3.18g

② 은 0.54g

③ 산소 11.2L(0℃, 1기압)

④ 염소 5.6L(0℃, 2기압)

해설

F(Faraday) : 1g당량을 얻는 데 필요한 전기량

$$F = \frac{\text{석출량}}{\text{당량}} = \frac{\text{석출량}}{\text{원자량/원자가}}$$

① Cu^{2+}는 2가이므로 1g당량 $= \frac{63.5}{2} = 31.75g$

$$\therefore \frac{3.18g}{31.75g} = 0.1F$$

② Ag^+은 1가이므로 1g당량 $= \frac{108}{1} = 108g$

$$\therefore \frac{0.54g}{108g} = 0.005F$$

③ 산소 1mol = 22.4L = 32g/8 = 4g당량 = 4F

∴ 11.2L = 2F

④ 염소 1F = 0.5mol 1mol = 22.4L이므로 5.6L/22.4L = 0.25mol이다.

F로 고치면 1F : 0.5mol = x : 0.25mol

∴ x = 0.5F

06 염소 원자의 최외각 전자수는 몇 개인가?

① 1   ② 2

③ 7   ④ 8

해설

염소(Cl)는 제7족 원소이므로 최외각 전자수는 7개이다.

최외각 전자수 = 족수 = 원자가 전자 = 가전자

07 95% 황산의 비중이 1.84일 때 이 황산의 몰농도는 약 얼마인가?(단, S의 원자량은 32이다)

① 17.8M   ② 16.8M

③ 15.8M   ④ 14.8M

해설

%농도를 몰농도(M)로 환산하면

$$M농도 = \frac{10ds}{분자량}$$

여기서, d : 비중

s : 농도(%)

$$\therefore M = \frac{10ds}{분자량} = \frac{10 \times 1.84 \times 95}{98} = 17.8M$$

※ 황산(H_2SO_4)의 분자량 : 98

08 페놀성 수산기(-OH)의 특성에 대한 설명으로 옳은 것은?

① 수용액이 강알칼리성이다.

② 2가 이상이 되면 물에 대한 용해도가 작아진다.

③ 카복실산과 반응하지 않는다.

④ $FeCl_3$ 용액과 정색 반응을 한다.

해설

페놀성 수산기는 약알칼리성이며 $FeCl_3$ 용액과 특유한 정색 반응을 한다.

09 프로페인 10kg을 완전연소 시키기 위해 표준상태의 산소는 약 몇 m^3이 필요한가?

① 25.5   ② 51.0

③ 75.5   ④ 100

해설

프로페인의 연소반응식

$C_3H_8 + 5O_2 \rightarrow 3CO_2 + 4H_2$

44kg $5 \times 22.4m^3$

10kg x

$\therefore x = \dfrac{10kg \times 5 \times 22.4m^3}{44kg} = 25.45m^3$

10 다음 중 알칼리성 용액에서 색깔을 나타내는 지시약은?

① 메틸오렌지   ② 페놀프탈레인

③ 메틸레드   ④ 티몰블루

해설

지시약 : 산과 염기의 중화 적정 시 종말점(End Point)을 알아내기 위하여 용액의 액성을 나타내는 시약

지시약	변 색		변색 pH
	산성색	염기성색	
티몰블루(Thiomol Blue)	적 색	노란색	1.2~1.8
메틸오렌지(M.O)	적 색	오렌지색	3.1~4.4
메틸레드(M.R)	적 색	노란색	4.8~6.0
브로모티몰블루	노란색	청 색	6.0~7.6
페놀레드	노란색	적 색	6.4~8.0
페놀프탈레인(P.P)	무 색	적 색	8.0~9.6

※ 산성 용액에서 색깔을 나타내는 지시약 : M.O(메틸오렌지), M.R(메틸레드), 티몰블루

11 다음 중 극성 분자에 해당하는 것은?

① CO_2 ② CH_4

③ C_6H_6 ④ H_2O

해설

• 극성 분자 : 분자 내부에서 전하의 전기 쌍극자 모멘트를 갖는 분자로서 물(H_2O), 플루오린화수소(HF), 암모니아(NH_3), 에틸알코올(C_2H_5OH), 염화수소(HCl), 아세톤(CH_3COCH_3) 등이 있다.

• 비극성 분자 : 분자 속의 양전하의 중심과 음전하의 중심이 일치하여 분자 구조가 대칭성을 보이는 분자로서 메테인, 벤젠, 이황화탄소 등이 있다.

12 다음 물질에 대한 설명 중 틀린 것은?

① 물은 산소와 수소의 혼합물이다.

② 산소와 수은은 단체이다.

③ 염화나트륨은 염소와 나트륨의 화합물이다.

④ 산소와 오존은 동소체이다.

해설

물질 설명

① 물(H_2O)은 산소와 수소의 화합물이다.

② 산소(O_2)와 수은(Hg)은 하나의 원소로 된 단체이다.

③ 염화나트륨(소금)은 염소와 나트륨의 화합물이다(Na + Cl → NaCl).

④ 산소(O_2)와 오존(O_3)은 동소체이다.

13 $Fe(CN)_6^{4-}$와 4개의 K^+이온으로 이루어진 물질 $K_4Fe(CN)_6$을 무엇이라고 하는가?

① 착화합물   ② 할로젠화합물

③ 유기혼합물   ④ 수소화합물

해설

착화합물은 $Fe(CN)_6^{4-}$와 4개의 K^+이온으로 이루어진 물질 $[K_4Fe(CN)_6]$이다.

14 반감기가 5일인 미지 시료가 2g 있을 때 10일이 경과하면 남은 양은 몇 g인가?

① 2

② 1

③ 0.5

④ 0.25

해설

반감기 : 방사선 원소가 붕괴하여 양이 1/2이 될 때까지 걸리는 시간

$$m = M\left(\frac{1}{2}\right)^{\frac{t}{T}}$$

여기서, m : 붕괴 후의 질량

$\quad\quad\quad M$: 처음 질량

$\quad\quad\quad t$: 경과시간

$\quad\quad\quad T$: 반감기

$$\therefore\ m = M\left(\frac{1}{2}\right)^{\frac{t}{T}} = 2g \times \left(\frac{1}{2}\right)^{\frac{10}{5}} = 0.5g$$

15 다음 물질 중 –CONH–의 결합을 하는 것은?

① 천연고무

② 나이트로셀룰로스

③ 알부민

④ 전 분

해설

펩타이드 결합 : 단백질 중에 펩타이드기(–CONH–)를 가지고 있는 것을 말하며 나일론, 알부민, 양모 등이 있다.

16 CO_2 44g을 만들려면 C_3H_8 분자가 약 몇 개 완전연소해야 하는가?

① 2.01×10^{23}

② 2.01×10^{22}

③ 6.02×10^{23}

④ 6.02×10^{22}

해설

프로페인의 연소반응식

$C_3H_8 + 5O_2 \rightarrow 3CO_2 + 4H_2O$

1g–mol이 차지하는 분자수는 6.0238×10^{23}개이므로

프로페인 : 이산화탄소의 몰비는 1 : 3이므로

∴ 이산화탄소(CO_2) 1몰(44g)을 만들 때 프로페인의 분자수는

$\quad 6.0238 \times 10^{23}$개 ÷ 3 = 2.01×10^{23}

17 다음 중 산성이 가장 약한 산은?

① HCl

② H_2SO_4

③ H_2CO_3

④ HNO_3

해설

탄산(H_2CO_3)은 이산화탄소가 물에 녹아서 생기는 약한 산(酸) 수용액으로만 존재한다.

산의 구분	해당 물질
강 산	염산(HCl), 황산(H_2SO_4), 질산(HNO_3)
약 산	초산(CH_3COOH), 의산(HCOOH), 인산(H_3PO_4)

18 다음 보기의 벤젠 유도체 가운데 벤젠의 치환반응으로부터 직접 유도할 수 없는 것은?

┤보기├

ⓐ –Cl　　ⓑ –OH　　ⓒ –SO$_3$H　　ⓓ –NH$_2$

① ⓐ, ⓑ

② ⓑ, ⓓ

③ ⓐ, ⓒ

④ ⓒ, ⓓ

해설

수산기(–OH)와 아미노기(–NH$_2$)는 벤젠에서 직접 유도할 수 없다.

• 페놀의 제법(쿠멘법)

• 아닐린의 제법 : 벤젠을 나이트로화하여 나이트로벤젠을 수소로서 환원하여 제조한다.

19 수소 1.2몰과 염소 2몰이 반응할 경우 생성되는 염화수소의 몰수는?

① 1.2   ② 2
③ 2.4   ④ 4.8

해설
염화수소의 제조

H_2 + Cl_2 → $2HCl$
1mol   1mol   1 : 1의 반응이므로 → 2.4mol이 생성된다.
1.2mol   1.2mol
∴ 수소 1.2mol(2.4g)과 염소 1.2mol(85.2g)이 반응하게 되고
0.8mol(56.8g)의 염소가 미반응물로 제품에 섞여 나온다.

20 다음 중 물의 끓는점을 높이기 위한 방법으로 가장 타당한 것은?

① 순수한 물을 끓인다.
② 물을 저으면서 끓인다.
③ 감압하에 끓인다.
④ 밀폐된 그릇에서 끓인다.

해설
밀폐된 그릇에서 물을 끓이면 끓는점(비점)을 높일 수 있다.

---

21 소화설비의 구분에서 물분무 등 소화설비에 속하는 것은?

① 포소화설비   ② 옥내소화전설비
③ 스프링클러설비   ④ 연결송수관설비

해설
물분무 등 소화설비 : 물분무소화설비, 포소화설비, 불활성가스소화설비, 할로젠화합물소화설비, 분말소화설비
※ 위험물은 불활성가스소화설비이고, 소방에서는 이산화탄소소화설비로 보면 된다.

22 그림과 같은 타원형 위험물 탱크의 내용적은 약 얼마인가?

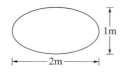
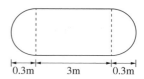

① 5.03m³   ② 7.52m³
③ 9.03m³   ④ 19.05m³

해설

$$내용적 = \frac{\pi ab}{4}\left(l + \frac{l_1 + l_2}{3}\right)$$
$$= \frac{\pi \times 2 \times 1}{4}\left(3 + \frac{0.3 + 0.3}{3}\right) = 5.03m^3$$

23 다음의 물품을 저장하는 창고에 불활성가스소화설비를 설치하고자 한다. 가장 부적합한 경우는?

① 톨루엔   ② 동식물유류
③ 고형 알코올   ④ 과산화칼륨

해설
과산화칼륨은 마른 모래, 팽창질석, 팽창알루미늄, 탄산수소염류 분말약제가 적합하다.

---

24 Halon 1301 속에 함유되지 않은 원소는?

① C ② Cl
③ Br ④ F

해설
할론 1301은 CF₃Br로서 Cl(염소)가 없다.

약 제	할론 1301	할론 1211	할론 1011	할론 2402
화학식	CF_3Br	CF_2ClBr	CH_2ClBr	$C_2F_4Br_2$

25 스프링클러헤드 부착장소의 평상시의 최고주위온도가 39℃ 이상 64℃ 미만일 때 표시온도의 범위로 옳은 것은?

① 58℃ 이상 79℃ 미만
② 79℃ 이상 121℃ 미만
③ 121℃ 이상 162℃ 미만
④ 162℃ 이상

해설
부착장소의 최고주위온도에 따른 헤드의 표시온도(위험물 세부기준 제131조)

부착장소의 최고주위온도(℃)	표시온도(℃)
28 미만	58 미만
28 이상 39 미만	58 이상 79 미만
39 이상 64 미만	79 이상 121 미만
64 이상 106 미만	121 이상 162 미만
106 이상	162 이상

26 강화액 소화기에 한랭지역 및 겨울철에도 얼지 않도록 첨가하는 물질은 무엇인가?

① 탄산칼륨 ② 질 소
③ 사염화탄소 ④ 아세틸렌

해설
강화액 소화기는 물에 탄산칼륨(K_2CO_3)을 첨가하여 만든 소화약제로서 응고점이 영하 20℃ 이하이므로 겨울철이나 한랭지역에서 사용한다.

27 다이에틸에터 2,000L와 아세톤 4,000L를 옥내저장소에 저장하고 있다면 총 소요단위는 얼마인가?

① 5 ② 6
③ 7 ④ 8

해설
제4류 위험물의 지정수량

종 류	다이에틸에터	아세톤
품 명	제4류 특수인화물	제1석유류(수용성)
지정수량	50L	400L

$$\therefore \text{소요단위} = \frac{\text{저장수량}}{\text{지정수량} \times 10}$$

$$= \frac{2,000L}{50L \times 10} + \frac{4,000L}{400 \times 10} = 5\text{소요단위}$$

※ 위험물의 소요단위 : 지정수량의 10배

28 다음 위험물에 화재가 발생하였을 때 주수소화를 하면 수소가스가 발생하는 것은?

① 황화인 ② 적 린
③ 마그네슘 ④ 황

해설
③ 마그네슘(Mg)분은 물과 반응하면 수소가스(H_2)를 발생한다.
  $Mg + 2H_2O \rightarrow Mg(OH)_2 + H_2$
① 황화인은 세 종류가 있으나 물에 의하여 분해되는 것도 있다.
② 적린(P)과 황(S)은 주수소화가 가능하다.

29 스프링클러설비에 방사구역마다 제어밸브를 설치하고자 한다. 바닥면으로부터 높이 기준으로 옳은 것은?

① 0.8m 이상 1.5m 이하
② 1.0m 이상 1.5m 이하
③ 0.5m 이상 0.8m 이하
④ 1.5m 이상 1.8m 이하

해설
스프링클러설비의 제어밸브 : 바닥으로부터 0.8m 이상 1.5m 이하

30 포소화설비의 가압송수 장치에서 압력수조의 압력 산출 시 필요 없는 것은?

① 낙차의 환산 수두압
② 배관의 마찰손실 수두압
③ 노즐 끝부분의 마찰손실 수두압
④ 소방용 호스의 마찰손실 수두압

해설
압력수조를 이용하는 가압송수장치
$P = p_1 + p_2 + p_3 + p_4$
여기서, P : 필요한 압력(MPa)
　　　p_1 : 고정식 포방출구의 설계압력 또는 이동식 포소화설비 노즐방사압력(MPa)
　　　p_2 : 배관의 마찰손실수두압(MPa)
　　　p_3 : 낙차의 환산수두압(MPa)
　　　p_4 : 이동식 포소화설비의 소방용 호스의 마찰손실수두압(MPa)

31 공기 중 산소는 부피백분율과 질량백분율로 각각 약 몇 %인가?

① 79%, 21%
② 21%, 23%
③ 23%, 21%
④ 21%, 79%

해설
공기 중 산소농도
• 부피백분율 : 21%
• 질량백분율 : 23%

32 제4류 위험물을 취급하는 제조소에서 지정수량의 몇 배 이상을 취급할 경우 자체소방대를 설치해야 하는가?

① 1,000배
② 2,000배
③ 3,000배
④ 4,000배

해설
제4류 위험물을 취급하는 제조소나 일반취급소에는 지정수량의 3,000배 이상을 취급할 경우 자체소방대를 편성해야 한다.

33 포소화약제의 종류에 해당하지 않는 것은?

① 단백포소화약제
② 합성계면활성제포소화약제
③ 수성막포소화약제
④ 액표면포소화약제

해설
포소화약제의 종류
• 단백포소화약제
• 알코올용포소화약제
• 합성계면활성제포소화약제
• 수성막포소화약제
• 불화단백포소화약제

34 폭굉유도거리(DID)가 짧아지는 요건에 해당되지 않은 것은?

① 정상 연소 속도가 큰 혼합가스일 경우
② 관 속에 방해물이 없거나 관경이 큰 경우
③ 압력이 높을 경우
④ 점화원의 에너지가 클 경우

해설

폭굉유도거리(DID)
• 정의 : 최초의 완만한 연소가 격렬한 폭굉으로 발전할 때까지의 거리
• 폭굉유도거리가 짧아지는 요인
  – 압력이 높을수록
  – 관경이 작을수록
  – 관 속에 장애물이 있는 경우
  – 점화원의 에너지가 강할수록
  – 정상 연소 속도가 큰 혼합물일수록

35 다음 중 분진 폭발을 일으킬 위험성이 가장 낮은 물질은?

① 알루미늄 분말
② 석 탄
③ 밀가루
④ 시멘트 분말

해설

시멘트 분말, 생석회(CaO)는 분진 폭발하지 않는다.

36 가연성 가스의 폭발 범위에 대한 일반적인 설명으로 틀린 것은?

① 가스의 온도가 높아지면 폭발 범위는 넓어진다.
② 폭발한계농도 이하에서 폭발성 혼합가스를 생성한다.
③ 공기 중에서보다 산소 중에서 폭발범위가 넓어진다.
④ 가스압이 높아지면 하한값은 크게 변하지 않으나 상한 값은 높아진다.

해설

가연성가스의 폭발범위
• 하한계가 낮을수록, 상한계가 높을수록 위험하다.
• 가스의 온도나 압력이 상승하면 하한계는 변하지 않고, 상한계는 증가하므로 위험하다.
• 연소범위가 넓을수록 위험하다.
• 공기 중에서보다 산소 중에서 폭발범위가 넓어진다.

37 과산화나트륨과 혼재가 가능한 위험물은?(단, 지정수량 이상인 경우이다)

① 에 터
② 마그네슘분
③ 탄화칼슘
④ 과염소산

해설

유별을 달리하는 위험물의 혼재기준(시행규칙 별표 19 관련)
• 제1류 위험물 + 제6류 위험물
• 제3류 위험물 + 제4류 위험물
• 제5류 위험물 + 제2류 위험물 + 제4류 위험물
∴ 문제에서 주어진 위험물을 보면

종류	에 터	마그네슘분	탄화칼슘	과염소산
유별	제4류 위험물	제2류 위험물	제3류 위험물	제6류 위험물

※ 운반 시 제1류 위험물(과산화나트륨)과 제6류 위험물(과염소산)은 혼재가 가능하다.

38 다음 중 무색, 무취이고 전기적으로 비전도성이며 공기보다 약 1.5배 무거운 성질을 가지는 소화약제는?

① 분말소화약제

② 이산화탄소소화약제

③ 포소화약제

④ 할론 1301 소화약제

해설
이산화탄소(CO_2) : 무색, 무취이고 전기적으로 비전도성이며 증기 비중이 약 1.5로 공기보다 무겁다.

39 탄산수소나트륨과 황산알루미늄 수용액의 화학반 응으로 인해 생성되지 않는 것은?

① 황산나트륨

② 탄산수소알루미늄

③ 수산화알루미늄

④ 이산화탄소

해설
화학포 소화기의 반응식
$6NaHCO_3 + Al_2(SO_4)_3 \cdot 18H_2O$
(탄산수소나트륨) (황산알루미늄)
$\rightarrow 3Na_2SO_4 + 2Al(OH)_3 + 6CO_2\uparrow + 18H_2O$
(황산나트륨) (수산화알루미늄) (이산화탄소)

40 다음 중 자기연소를 하는 위험물은?

① 톨루엔

② 메틸알코올

③ 다이에틸에터

④ 나이트로글리세린

해설
• 자기연소 : 나이트로글리세린, TNT, 셀룰로이드 등 제5류 위험물 의 연소
• 증발연소 : 톨루엔, 메틸알코올, 다이에틸에터

41 다음 위험물 중 물속에 저장해야 안전한 것은?

① 황 린

② 적 린

③ 루비듐

④ 오황화인

해설
황린은 공기와 접촉을 피하기 위하여 물속에 저장한다.

42 금속나트륨에 대한 설명으로 틀린 것은?

① 제3류 위험물이다.

② 융점은 약 297℃이다.

③ 은백색의 가벼운 금속이다.

④ 물과 반응하여 수소를 발생한다.

해설
나트륨
• 성 상

화학식	원자량	비 점	융 점	비 중	불꽃색상
Na	23	880℃	97.7℃	0.97	노란색

• 제3류 위험물로서 은백색의 무른 경금속이다.
• 물과 반응하여 수소(H_2)를 발생한다.
$2Na + 2H_2O \rightarrow 2NaOH + H_2$

43 칼륨과 물이 반응할 때 생성되는 것은 무엇인가?

① 수산화칼륨, 산소

② 수산화칼륨, 수소

③ 산소, 수소

④ 산화칼륨, 산소

해설
칼륨과 물의 반응식
$2K + 2H_2O \rightarrow 2KOH + H_2\uparrow$
(수산화칼륨) (수소)

44 황화인에 대한 설명 중 잘못된 것은?

① P_4S_3는 황색 결정 덩어리로 조해성이 있고, 공기 중 약 50℃에서 발화한다.

② P_2S_5는 담황색 결정으로 조해성이 있고, 알칼리와 분해하여 가연성가스를 발생한다.

③ P_4S_7 담황색 결정으로 조해성이 있고, 온수에 녹아 유독한 H_2S를 발생한다.

④ P_4S_3과 P_2S_5의 연소생성물은 모두 P_2O_5와 SO_2이다.

해설
삼황화인(P_4S_3)
• 황록색의 결정 또는 분말이다.
• 공기 중 약 100℃에서 발화한다.

45 다음 중 지정수량을 틀리게 나타낸 것은?

① 다이크로뮴산염류 - 1,000kg

② 제2석유류(비수용성) - 2,000L

③ 하이드록실아민염류 - 100kg

④ 제4석유류 - 6,000L

해설
위험물의 지정수량

종 류	지정수량
다이크로뮴산염류	1,000kg
제2석유류(비수용성)	1,000L
하이드록실아민염류	100kg
제4석유류	6,000L

46 위험물의 적재 방법에 관한 기준으로 틀린 것은?

① 위험물은 규정에 의한 바에 따라 재해를 발생시킬 우려가 있는 물품과 함께 적재하지 않아야 한다.

② 적재하는 위험물의 성질에 따라 일광의 직사 또는 빗물의 침투를 방지하기 위하여 유효하게 피복하는 등 규정에서 정하는 기준에 따른 조치를 해야 한다.

③ 운반용기는 수납구를 옆으로 향하게 하여 나란히 적재한다.

④ 위험물을 수납한 운반용기가 전도·낙하 또는 파손되지 않도록 적재해야 한다.

해설
운반용기의 수납구를 위로 향하게 하여 적재해야 한다.

47 1기압 27℃에서 아세톤 58g을 완전히 기화시키면 부피는 약 몇 L가 되는가?

① 22.4　　　　② 24.6

③ 27.4　　　　④ 58.0

해설
이상기체 상태방정식

$$PV = nRT = \frac{W}{M}RT \qquad V = \frac{WRT}{PM}$$

여기서, P : 압력(1atm)

　　　　V : 부피(L)

　　　　n : mol수

　　　　M : 분자량($CH_3COCH_3 = 58g/g-mol$)

　　　　W : 무게(58g)

　　　　R : 기체상수(0.08205L·atm/g-mol·K)

　　　　T : 절대온도(273 + 27℃)

$$\therefore V = \frac{WRT}{PM}$$

$$= \frac{58g \times 0.08205L \cdot atm/g-mol \cdot K \times (273+27)K}{1atm \times 58g/g-mol}$$

$$= 24.6L$$

48 제4류 위험물의 저장·취급 시 주의사항으로 틀린 것은?

① 화기 접촉을 금한다.
② 증기의 누설을 피한다.
③ 냉암소에 저장한다.
④ 정전기 축적 설비를 한다.

해설
제4류 위험물은 인화성 액체이므로 화재 위험을 낮추기 위해 정전기 제어설비를 해야 한다.

49 제1석유류, 제2석유류, 제3석유류를 구분하는 주요 기준이 되는 것은?

① 인화점
② 발화점
③ 비등점
④ 비 중

해설
제4류 위험물 : 인화점으로 구분한다.

50 다음은 어떤 위험물에 대한 내용인가?

- 지정수량 : 400L
- 증기비중 : 2.07
- 인화점 : 12℃
- 녹는점 : −89.5℃

① 메탄올
② 에탄올
③ 아이소프로필알코올
④ 부틸알코올

해설
아이소프로필알코올(Iso Propyl Alcohol)

화학식	지정수량	증기비중	녹는점	인화점	연소범위
C_3H_7OH	400L	2.07	−89.5℃	12℃	2.0∼12%

51 질산과 과염소산의 공통적인 성질에 대한 설명 중 틀린 것은?

① 가연성 물질이다.
② 산화제이다.
③ 무기화합물이다.
④ 산소를 함유하고 있다.

해설
질산(NHO_3)과 과염소산($HClO_4$)
- 제6류 위험물로서 불연성이다.
- 산화성 액체이고 산소를 함유하는 무기화합물이다.

52 지정수량의 10배를 초과하는 위험물을 취급하는 제조소에 확보해야 하는 보유공지의 너비는?

① 1m 이상
② 3m 이상
③ 5m 이상
④ 7m 이상

해설
제조소의 보유공지

취급하는 위험물의 최대수량	공지의 너비
지정수량의 10배 이하	3m 이상
지정수량의 10배 초과	5m 이상

53 다음 중 제5류 위험물에 해당하지 않는 것은?

① 나이트로글라이콜
② 나이트로글리세린
③ 트라이나이트로톨루엔
④ 나이트로톨루엔

해설
나이트로톨루엔($CH_3C_6H_4NO_2$) : 제4류 제3석유류(비수용성)

54 다음 위험물 중 인화점이 약 −37℃인 물질로서 구리, 은, 마그네슘 등의 금속과 접촉하면 폭발성 물질인 아세틸라이드를 생성하는 것은?

①
$$H_2C-CH-CH_3$$
(with O in a triangle above)

② $C_2H_5OC_2H_5$

③ CS_2

④ C_6H_6

산화프로필렌(Propylene Oxide)
• 물 성

화학식	분자량	비 중	비 점	인화점	착화점	연소범위
CH_3CHCH_2O	58	0.82	35℃	−37℃	449℃	2.8~37%

• 무색, 투명한 자극성 액체이다.
• 구리(Cu), 마그네슘(Mg), 은(Ag), 수은(Hg)과 반응하면 아세틸라이드를 생성한다.

55 메틸에틸케톤의 저장 또는 취급 시 유의할 점으로 가장 거리가 먼 것은?

① 통풍을 잘 시킬 것
② 찬 곳에 저장할 것
③ 일광의 직사를 피할 것
④ 저장 용기에는 증기 배출을 위해 구멍을 설치할 것

• 메틸에틸케톤(MEK) : 밀봉하여 건조하고 서늘한 장소에 저장
• 과산화수소 : 구멍 뚫린 마개 사용

56 제3류 위험물 중 금수성 물질 위험물제조소에는 어떤 주의사항을 표시한 게시판을 설치해야 하는가?

① 물기엄금 ② 물기주의
③ 화기엄금 ④ 화기주의

제조소 등의 주의사항(시행규칙 별표 4)

위험물의 종류	주의사항	게시판의 색상
제1류 위험물 중 알칼리금속의 과산화물 제3류 위험물 중 금수성 물질	물기엄금	청색바탕에 백색문자
제2류 위험물(인화성 고체는 제외)	화기주의	적색바탕에 백색문자
제2류 위험물 중 인화성 고체 제3류 위험물 중 자연발화성 물질 제4류 위험물 제5류 위험물	화기엄금	적색바탕에 백색문자
제1류 위험물 중 알칼리금속 외의 과산화물 제6류 위험물	표시하지 않는다.	

57 다음 중에서 제2석유류에 속하지 않는 것은?

① 등 유 ② CH_3COOH
③ CH_3CHO ④ $HCOOH$

제4류 위험물의 분류

종류	명칭	품명
등 유	−	제2석유류(비)
CH_3COOH	초 산	제2석유류(수)
CH_3CHO	아세트알데하이드	특수인화물
$HCOOH$	의 산	제2석유류(수)

58 다음 중 저장할 때 상부에 물을 덮어서 저장하는 것은?

① 다이에틸에터　　② 아세트알데하이드
③ 산화프로필렌　　④ 이황화탄소

해설
이황화탄소, 황린은 상부에 물을 덮어서 저장한다.

60 탄화칼슘과 물이 반응하였을 때 생성되는 물질은?

① 산화칼슘, 수소
② 산화칼슘, 포스핀
③ 수산화칼슘, 수소
④ 수산화칼슘, 아세틸렌

해설
탄화칼슘(카바이드)은 물과 반응하여 아세틸렌(C_2H_2)가스를 발생시킨다.

$$CaC_2 + 2H_2O \rightarrow Ca(OH)_2 + C_2H_2 \uparrow$$
　(탄화칼슘)　　(물)　　　　(수산화칼슘) (아세틸렌)

59 다음 중 나이트로기($-NO_2$)를 1개만 가지고 있는 것은?

① 피크르산　　　② 나이트로글리세린
③ 나이트로벤젠　④ TNT

해설
화학식

종 류	피크르산	나이트로글리세린	나이트로벤젠	TNT
화학식	$C_6H_2OH(NO_2)_3$	$C_3H_5(ONO_2)_3$	$C_6H_5NO_2$	$C_6H_2CH_3(NO_2)_3$

∴ 나이트로벤젠은 나이트로기($-NO_2$)가 1개인데 나머지는 3개로 구성되어 있다.

제1과목 물질의 물리·화학적 성질

01 관능기와 그 명칭을 나타낸 것 중 틀린 것은?

① -OH : 하이드록시기

② -NH₂ : 암모니아기

③ -CHO : 알데하이드기

④ -NO₂ : 나이트로기

해설
② -NH₂ : 아미노기

02 Alkane의 일반식 표현이 올바른 것은?

① C_nH_{2n-2}

② C_nH_{2n}

③ C_nH_{2n+2}

④ C_nH_n

해설
탄화수소계의 일반식
- 알케인(Alkane) : C_nH_{2n+2}
- 알켄(Alkene) : C_nH_{2n}
- 알카인(Alkyne) : C_nH_{2n-2}

03 아말감을 만들 때 사용되는 금속은?

① Sn

② Ni

③ Fe

④ Co

해설
아말감 : 수은(Hg)과 철(Fe), 백금(Pt), 망가니즈(Mn), 코발트(Co), 니켈(Ni)을 제외한 다른 금속과의 합금

04 3N 황산용액 200mL 중에는 몇 g의 H₂SO₄를 포함하고 있는가?(단 S의 원자량은 32이다)

① 29.4

② 58.8

③ 98.0

④ 117.6

해설
황산 1N은 물 1,000mL 속에 49g이 녹아 있는 것이다.

1N ⟋ 49g ⟋ 1,000mL
3N ⟍ x ⟍ 200mL

$\therefore\ x = \dfrac{3N \times 49g \times 200mL}{1N \times 1,000mL} = 29.4g$

05 다음 핵화학 반응식에서 산소(O)의 원자번호는 얼마인가?

$$^{14}_{7}N + {}^{4}_{2}He\ \rightarrow\ O + {}^{1}_{1}H$$

① 2

② 6

③ 8

④ 12

해설
반응 전과 반응 후의 원자번호는 같아야 하므로
$^{14}_{7}N + {}^{4}_{2}He\ \rightarrow\ {}^{17}_{8}O + {}^{1}_{1}H$

06 분자를 이루고 있는 원자단을 나타내며 그 분자의 특성을 밝힌 화학식을 무엇이라 하는가?

① 시성식
② 구조식
③ 실험식
④ 분자식

해설
시성식 : 분자를 이루고 있는 원자단(관능기)을 나타내며 그 분자의 특성을 밝힌 화학식
• 에틸알코올 : C_2H_5OH
• 다이에틸에터 : $C_2H_5OC_2H_5$

07 다이아몬드의 결합 형태는?

① 금속결합
② 이온결합
③ 공유결합
④ 수소결합

해설
다이아몬드의 결합 : 공유결합

08 물의 끓는점을 낮출 수 있는 방법으로 옳은 것은?

① 밀폐된 그릇에서 물을 끓인다.
② 열전도도가 높은 용기를 사용한다.
③ 소금을 넣어준다.
④ 외부 압력을 낮추어 준다.

해설
개방된 그릇에서 물을 가열하거나 외부의 압력을 낮추면 비점을 낮출 수 있다.

09 Mg^{2+}의 전자수는 몇 개인가?

① 2
② 10
③ 12
④ 6×10^{23}

해설
Mg는 원자량이 24이고, 원자번호 12(Mg^{2+})로서 2개의 전자를 잃어 12 − 2 = 10개가 된다.

10 물리적 변화보다는 화학적 변화에 해당하는 것은?

① 증 류
② 발 효
③ 승 화
④ 용 융

해설
화학적 변화 : 화학 반응에 의하여 물질의 성분이 변화되는 것으로 발효가 해당된다.

11 20℃에서 NaCl 포화용액을 잘 설명한 것은?(단, 20℃에서 NaCl의 용해도는 36이다)

① 용액 100g 중에 NaCl이 36g 녹아 있을 때
② 용액 100g 중에 NaCl이 136g 녹아 있을 때
③ 용액 136g 중에 NaCl이 36g 녹아 있을 때
④ 용액 136g 중에 NaCl이 136g 녹아 있을 때

해설
용해도 : 용매 100g에 녹을 수 있는 용질의 g수

$$용해도 = \frac{용질의\ g\ 수}{용매의\ g\ 수}$$

용액 = 용질(36g) + 용매(100g)
∴ NaCl 포화용액은 용액 136g 중에 NaCl이 36g 녹아 있을 때를 말한다.

12 다음에서 설명하는 물질의 명칭은?

> • HCl과 반응하여 염산염을 만든다.
> • 나이트로벤젠을 수소를 환원하여 만든다.
> • CaOCl₂ 용액에서 붉은 보라색을 띤다.

① 페 놀   ② 아닐린

③ 톨루엔   ④ 벤젠술폰산

해설
아닐린의 특성
• 나이트로벤젠을 수소로 환원하여 제조한다.
• HCl과 반응하여 염산염을 만든다.
• CaOCl₂(표백분) 용액에서 붉은 보라색을 띤다.

13 25g의 암모니아가 과잉의 황산과 반응하여 황산암모늄이 생성될 때 생성된 황산암모늄의 양은 약 얼마인가?

① 82g   ② 86g

③ 92g   ④ 97g

해설
황산암모늄의 제법

$$2NH_3 \ + \ H_2SO_4 \ \rightarrow \ (NH_4)_2SO_4$$

$2 \times 17g$ 132g

25g x

$$\therefore \ x = \frac{25 \times 132}{2 \times 17} = 97.06g$$

14 0.001N HCl의 pH는?

① 2   ② 3

③ 4   ④ 5

해설
$[H^+] = 0.001N = 1 \times 10^{-3}$
$\therefore \ pH = -\log[H^+] = -\log[1 \times 10^{-3}] = 3 - 0 = 3$

15 곧은 사슬 포화탄화수소의 일반적인 경향으로 옳은 것은?

① 탄소수가 증가할수록 비점은 증가하나 빙점은 감소한다.
② 탄소수가 증가하면 비점과 빙점이 모두 감소한다.
③ 탄소수가 증가할수록 빙점은 증가하나 비점은 감소한다.
④ 탄소수가 증가하면 비점과 빙점이 모두 증가한다.

해설
곧은 사슬 포화탄화수소는 탄소수가 증가하여 비점(끓는점)과 빙점(어는점)이 모두 증가한다.

16 산화-환원에 대한 설명 중 틀린 것은?

① 한 원소의 산화수가 증가하였을 때 산화되었다고 한다.
② 전자를 잃은 반응을 산화라 한다.
③ 산화제는 다른 화학종을 환원시키며, 그 자신의 산화수는 증가하는 물질을 말한다.
④ 중성인 화합물에서 모든 원자와 이온들의 산화수의 합은 0이다.

해설
산화제 : 자신은 환원되고 다른 물질을 산화시키는 물질로서 산화수가 감소하는 물질을 말한다.

17 어떤 기체의 무게는 30g인데 같은 조건에서 같은 부피의 이산화탄소의 무게가 11g이었다. 이 기체의 분자량은?

① 110 ② 120

③ 130 ④ 140

기체의 비중

$$\frac{M_B}{M_A} = \frac{W_B}{W_A}$$

여기서, M_B : B기체의 분자량

M_A : A기체의 분자량

W_B : B기체의 무게

W_A : A기체의 무게

$$\therefore M_B = M_A \times \frac{W_B}{W_A} = 44 \times \frac{30\text{g}}{11\text{g}} = 120\text{g}$$

18 25.0g의 물속에 2.85g의 설탕($C_{12}H_{22}O_{11}$)이 녹아 있는 용액의 끓는점은?(단, 물의 끓는점 오름상수는 0.52이다)

① 100.0℃ ② 100.08℃

③ 100.17℃ ④ 100.34℃

비점상승도(ΔT_b)

$$\Delta T_b = K_b \cdot m = K_b \times \frac{\dfrac{W_B}{M}}{W_A} \times 1{,}000$$

여기서, K_b : 비점상승계수(물 : 0.52)

m : 몰랄농도

W_B : 용질의 무게(2.85g)

W_A : 용매의 무게(25.0g)

M : 분자량($C_{12}H_{22}O_{11}$: 342)

$$\Delta T_b = K_b \times \frac{\dfrac{W_B}{M}}{W_A} \times 1{,}000 = 0.52 \times \frac{\dfrac{2.85}{342}}{25.0} \times 1{,}000$$

$$= 0.17\text{℃}$$

$$\therefore T_b = 100.17\text{℃}$$

19 다음 화학식의 올바른 명명법은?

$$CH_3 - CH_2 - CH - CH_2 - CH_3$$
$$|$$
$$CH_3$$

① 3-메틸펜테인

② 2, 3, 5-트라이메틸헥세인

③ 아이소뷰테인

④ 1, 4-헥세인

3-Methyl pentane(3번에 methyl기가 결합되어 있고 C가 5개이면 펜테인이다)

$$\begin{matrix} 1 & & 2 & & 3 & & 4 & & 5 \\ CH_3 & - & CH_2 & - & CH & - & CH_2 & - & CH_3 \end{matrix}$$
$$|$$
$$CH_3$$

20 방사선 동위원소의 반감기가 20일 때 40일이 지난 후 남은 원소의 분율은?

① 1/2 ② 1/3

③ 1/4 ④ 1/6

반감기 : 방사선 원소가 붕괴하여 양이 1/2이 될 때까지 걸리는 시간

$$m = M\left(\frac{1}{2}\right)^{\frac{t}{T}}$$

여기서, m : 붕괴 후의 질량

M : 처음 질량

t : 경과시간

T : 반감기

$$\therefore m = 1 \times \left(\frac{1}{2}\right)^{\frac{40}{20}} = \frac{1}{4}$$

21 분진폭발을 일으킬 위험성이 가장 낮은 물질은?

① 대리석 분말　　② 커피분말
③ 알루미늄분말　　④ 밀가루

해설

분진폭발 : 가연성 고체가 미세한 분말상태로 공기 중에 부유한
상태에서 점화원이 존재하면 폭발하는 현상
예 황, 마그네슘분, 알루미늄분, 커피분말, 밀가루, 플라스틱분 등
※ 대리석분말, 석회석(생석회)은 분진폭발하지 않는다.

22 다음 중 산화성 고체위험물이 아닌 것은?

① $NaClO_3$　　② $AgNO_3$
③ $KBrO_3$　　④ $HClO_4$

해설

산화성 고체는 제1류 위험물이다.

종 류	명 칭	품 명	구 분
$NaClO_3$	염소산나트륨	염소산염류	제1류 위험물
$AgNO_3$	질산은	질산염류	제1류 위험물
$KBrO_3$	브로민산칼륨	브로민산염류	제1류 위험물
$HClO_4$	과염소산	–	제6류 위험물

※ 제6류 위험물 : 산화성 액체

23 탄화칼슘 60,000kg를 소요단위로 산정하려면?

① 10단위　　② 20단위
③ 30단위　　④ 40단위

해설

탄화칼슘(카바이트)은 제3류 위험물의 "칼슘의 탄화물"로서 지정
수량은 300kg이다.

$$\therefore \ \text{소요단위} = \frac{\text{저장수량}}{\text{지정수량} \times 10\text{배}} = \frac{60,000kg}{300kg \times 10} = 20\text{단위}$$

24 물분무소화설비가 적응성이 있는 위험물은?

① 알칼리금속의 과산화물
② 금속분, 마그네슘
③ 금수성 물질
④ 인화성고체

해설

소화약제의 적응성

종 류	소화약제
알칼리금속의 과산화물	마른모래
금속분, 마그네슘	마른모래
금수성 물질	마른모래
인화성고체	물분무소화설비

25 옥외저장소에 선반을 설치하는 경우에 선반의 높
이는 몇 m를 초과하지 않아야 하는가?

① 3　　② 4
③ 5　　④ 6

해설

옥외저장소에 선반을 설치하는 경우에 선반의 높이는 6m를 초과
하지 말아야 한다(시행규칙 별표 11).

26 과산화나트륨의 화재 시 적응성이 있는 소화설비는?

① 포소화기
② 건조사
③ 이산화탄소소화기
④ 물 통

과산화나트륨(무기과산화물)의 소화약제 : 건조사, 팽창질석, 팽창진주암

27 전역방출방식 분말소화설비의 분사헤드는 기준에서 정하는 소화약제의 양을 몇 초 이내에 균일하게 방출해야 하는가?

① 10
② 15
③ 20
④ 30

분말소화설비 분사헤드의 방출시간(위험물 세부기준 제136조)
• 전역방출방식의 방출시간 : 30초 이내
• 국소방출방식의 방출시간 : 30초 이내

28 전기불꽃 에너지 공식에서 ( )에 알맞은 것은? (단, Q는 전기량, V는 방전전압, C는 전기용량이다)

$$E = \frac{1}{2}(\quad) = \frac{1}{2}(\quad)$$

① $QV,\ CV$
② $QC,\ CV$
③ $QV,\ CV^2$
④ $QC,\ QV^2$

전기불꽃 에너지
$$E = \frac{1}{2}QV = \frac{1}{2}CV^2$$
여기서, Q : 전기량(Coulomb)
　　　　V : 방전전압(Volt)
　　　　C : 전기용량(Farad)

29 이산화탄소소화약제 저장용기의 설치장소로 적당하지 않은 곳은?

① 방호구역 외의 장소
② 온도가 40℃ 이상이고 온도 변화가 작은 장소
③ 빗물이 침투할 우려가 적은 장소
④ 직사일광을 피한 장소

이산화탄소소화약제 저장용기의 설치기준
• 방호구역 외의 장소에 설치할 것
• 온도가 40℃ 이하이고 온도 변화가 작은 장소에 설치할 것
• 직사일광 및 빗물이 침투할 우려가 적은 장소에 설치할 것

30 질식효과를 위해 포의 성질로서 갖추어야 할 조건으로 가장 거리가 먼 것은?

① 기화성이 좋을 것
② 부착성이 있을 것
③ 유동성이 좋을 것
④ 바람 등에 견디고 응집성과 안정성이 있을 것

포의 성질을 갖추어야 할 조건
• 기름보다 가벼우며, 유류와의 접착성이 좋을 것
• 바람 등에 견디는 응집성과 안정성이 있을 것
• 열에 대한 센막을 가지며 유동성이 좋을 것
• 독성이 적을 것

31 주된 연소형태가 증발연소에 해당하는 물질은?

① 황 　　　　　　② 금속분
③ 목 재 　　　　　④ 피크르산

해설
연소형태

종 류	황	금속분	목 재	피크르산
연소형태	증발연소	표면연소	분해연소	자기연소

32 소화약제 또는 그 구성성분으로 사용되지 않는 물질은?

① CF_2ClBr 　　　　② $CO(NH_2)_2$
③ NH_4NO_3 　　　　④ K_2CO_3

해설
소화약제의 구분

종 류	CF_2ClBr	$CO(NH_2)_2$	NH_4NO_3	K_2CO_3
명 칭	할론 1211	요 소	질산암모늄 (질산염류)	탄산칼륨
약제명	할로젠 화합물	제4종 분말	제1류 위험물	강화액

33 위험물의 저장액(보호액)으로서 잘못된 것은?

① 황린 – 물
② 인화칼슘 – 물
③ 금속나트륨 – 등유
④ 나이트로셀룰로스 – 함수알코올

해설
인화칼슘은 물과 반응하면 가연성가스인 포스핀(PH_3)을 발생하므로 위험하다.
$Ca_3P_2 + 6H_2O \rightarrow 3Ca(OH)_2 + 2PH_3 \uparrow$
　　　　　　　　수산화칼슘　포스핀

34 위험물제조소에서 옥내소화전이 가장 많이 설치된 총 옥내소화전 설치개수가 3개이다. 수원의 수량은 몇 개가 되도록 설치해야 하는가?

① 2.6 　　　　　② 7.8
③ 15.6 　　　　　④ 23.4

해설
옥내소화전설비의 수원 $= N(\text{최대 } 5\text{개}) \times 7.8m^3$
　　　　　　　　　　$= 3 \times 7.8m^3$
　　　　　　　　　　$= 23.4m^3$

35 포소화설비의 기준에서 고가수조를 이용하는 가압송수장치를 설치할 때 고가수조에 반드시 설치하지 않아도 되는 것은?

① 배수관 　　　　② 압력계
③ 맨 홀 　　　　　④ 수위계

해설
수조의 설치부속물
• 고가수조에는 수위계, 배수관, 오버플로용 배수관, 보급수관 및 맨홀을 설치할 것
• 압력수조에는 압력계, 수위계, 배수관, 보급수관, 통기관 및 맨홀을 설치할 것

정답 31 ① 　32 ③ 　33 ② 　34 ④ 　35 ②

36 화재의 위험성이 감소한다고 판단되는 경우는?

① 착화온도가 낮아지고 인화점이 낮아질수록

② 폭발 하한값이 작아지고 폭발범위가 넓어질수록

③ 주변 온도가 낮을수록

④ 산소농도가 높을수록

해설

화재위험성

• 착화온도와 인화점이 낮아질수록 위험하다.

• 폭발 하한값이 작아지고 폭발범위가 넓어질수록 위험하다.

• 주변의 온도가 낮을수록 안전하다.

• 산소의 농도가 높을수록 위험하다.

37 착화점에 대한 설명으로 가장 옳은 것은?

① 외부에서 점화하지 않더라도 발화하는 최저온도

② 외부에서 점화했을 때 발화하는 최저온도

③ 외부에서 점화했을 때 발화하는 최고온도

④ 외부에서 점화하지 않더라도 발화하는 최고온도

해설

착화점(발화점) : 외부에서 점화하지 않더라도 발화하는 최저온도

38 다음 중 할로젠화합물소화기가 적응성이 있는 것은?

① 나트륨   ② 철 분

③ 아세톤   ④ 질산에틸

해설

할로젠화합물소화기는 B급(유류화재), C급(전기화재)에 적합하다. 아세톤은 B급 화재에 속하므로 할로젠화합물소화기에 적응성이 있다.

39 분말소화약제에 해당하는 착색이 틀린 것은?

① 탄산수소나트륨 – 백색

② 제1인산암모늄 – 청색

③ 탄산수소칼륨 – 담회색

④ 탄산수소칼륨과 요소의 혼합물 – 회색

해설

분말소화약제의 종류

종 류	화학식	약제명	착 색	적응화재
제1종 분말	$NaHCO_3$	탄산수소나트륨	백 색	B, C급
제2종 분말	$KHCO_3$	탄산수소칼륨	담회색	B, C급
제3종 분말	$NH_4H_2PO_4$	제1인산암모늄	담홍색	A, B, C급
제4종 분말	$KHCO_3$ + $(NH_2)_2CO$	탄산수소칼륨 + 요소	회 색	B, C급

40 지정수량의 몇 배 이상의 위험물을 저장 또는 취급하는 제조소 등에는 화재 발생 시 이를 알릴 수 있는 경보설비를 설치해야 하는가?

① 5배   ② 10배

③ 50배   ④ 100배

해설

지정수량의 10배 이상을 취급하는 제조소 등에는 경보설비(자동화재탐지설비, 비상방송설비, 비상경보설비, 확성장치)를 설치해야 한다.

41 제1류 위험물로서 물과 반응하여 발열하고 위험성이 증가하는 것은?

① 염소산칼륨　　　② 과산화나트륨
③ 과산화수소　　　④ 질산암모늄

해설
과산화나트륨(Na_2O_2)은 물과 반응하면 산소와 많은 열을 발생한다.
$2Na_2O_2 + 2H_2O \rightarrow 4NaOH + O_2 \uparrow + 발열$

42 지정수량 10배의 위험물을 운반할 때 혼재가 가능한 것은?

① 제1류 위험물과 제2류 위험물
② 제2류 위험물과 제3류 위험물
③ 제3류 위험물과 제5류 위험물
④ 제4류 위험물과 제5류 위험물

해설
운반 시 혼재 가능한 위험물
• 제1류 위험물 + 제6류 위험물
• 제3류 위험물 + 제4류 위험물
• 제5류 위험물 + 제2류 위험물 + 제4류 위험물

43 물과 작용하여 포스핀가스를 발생시키는 것은?

① P_4　　　　② P_4S_2
③ Ca_3P_2　　　④ CaC_2

해설
인화칼슘은 물과 반응하여 포스핀(PH_3, 인화수소)의 유독성가스를 발생한다.
$Ca_3P_2 + 6H_2O \rightarrow 3Ca(OH)_2 + 2PH_3 \uparrow$

44 다음 위험물 중 착화온도가 가장 낮은 것은?

① 황 린　　　　② 삼황화인
③ 마그네슘　　　④ 적 린

해설
착화온도

종 류	황 린	삼황화인	마그네슘	적 린
착화온도	34℃	100℃	520℃	260℃

45 어떤 공장에서 아세톤과 메탄올을 18L 용기에 각각 10개, 등유를 200L 3드럼을 저장하고 있다면 각각의 지정수량 배수의 총합은 얼마인가?

① 1.3　　　　② 1.5
③ 2.3　　　　④ 2.5

해설
지정수량

종 류	아세톤	메탄올	등 유
품 명	제1석유류 (수용성)	알코올류	제2석유류 (비수용성)
지정수량	400L	400L	1,000L

$$\therefore \text{지정수량의 배수} = \frac{저장량}{지정수량} + \frac{저장량}{지정수량} + \cdots$$

$$= \frac{18L \times 10}{400L} + \frac{18L \times 10}{400L} + \frac{200L \times 3}{1,000L}$$

$$= 1.5배$$

46 지정수량 이상의 위험물을 차량으로 운반할 때에 대한 설명으로 틀린 것은?

① 운반하는 위험물에 적응성이 있는 소형수동식소화기를 구비한다.

② 위험물 또는 위험물을 수납한 용기가 현저하게 마찰 또는 동요되지 않도록 운반한다.

③ 위험물이 현저하게 새어 재난발생 우려가 있는 경우 응급조치를 한 후 목적지로 이동하고 목적지 관계기관에 통보한다.

④ 휴식, 고장 등으로 차량을 일시 정차시킬 때는 안전한 장소를 택하고 위험물의 안전 확보에 주의한다.

해설

위험물운송자는 이동저장탱크로부터 위험물이 현저하게 새는 등 재해발생의 우려가 있는 경우에는 재난을 방지하기 위한 응급조치를 강구하는 동시에 소방관서 그 밖의 관계기관에 통보할 것

47 위험물을 적재·운반할 때 방수성 덮개를 하지 않아도 되는 것은?

① 알칼리금속의 과산화물

② 마그네슘

③ 나이트로화합물

④ 탄화칼슘

해설

적재 위험물에 따른 조치
• 차광성이 있는 것으로 피복
  – 제1류 위험물
  – 제3류 위험물 중 자연발화성 물질
  – 제4류 위험물 중 특수인화물
  – 제5류 위험물
  – 제6류 위험물
• 방수성이 있는 것으로 피복
  – 제1류 위험물 중 알칼리금속의 과산화물
  – 제2류 위험물 중 철분·금속분·마그네슘
  – 제3류 위험물 중 금수성 물질

48 황린에 대한 설명으로 틀린 것은?

① 비중은 약 1.82이다.

② 물속에 보관한다.

③ 저장 시 pH를 9 정도로 유지한다.

④ 연소 시 포스핀가스를 발생한다.

해설

황린의 특성
• 물 성

화학식	발화점	비 점	융 점	비 중	증기비중
P_4	34℃	280℃	44℃	1.82	4.4

• 물과 반응하지 않기 때문에 pH 9(약알칼리) 정도의 물속에 저장한다.
  ※ 황린은 포스핀(PH_3)의 생성을 방지하기 위하여 pH 9인 물속에 저장한다.
• 공기 중에서 연소 시 오산화인(P_2O_5)의 흰 연기를 발생한다.
  $P_4 + 5O_2 \rightarrow 2P_2O_5$

49 다음 중 제2석유류에 해당하는 것은?

해설

제4류 위험물의 종류

명 칭	벤 젠	사이클로 헥세인	에틸벤젠	벤즈 알데하이드
구조식	⬡	⬡	⬡ C_2H_5	⬡ CHO
품 명	제1석유류 (비수용성)	제1석유류 (비수용성)	제1석유류 (비수용성)	제2석유류 (비수용성)

50 위험물 간이탱크저장소의 간이저장탱크 수압시험 기준으로 옳지 않은 것은?

① 50kPa의 압력으로 7분간의 수압시험

② 70kPa의 압력으로 10분간의 수압시험

③ 50kPa의 압력으로 10분간의 수압시험

④ 70kPa의 압력으로 7분간의 수압시험

해설

간이저장탱크의 수압시험 : 70kPa의 압력으로 10분간을 실시하여 이상이 없을 것(시행규칙 별표 8)

51 다음 중 제2류 위험물에 속하지 않는 것은?

① 마그네슘   ② 나트륨

③ 철 분   ④ 아연분

해설

위험물의 분류

종 류	마그네슘	나트륨	철 분	아연분
분 류	제2류 위험물	제3류 위험물	제2류 위험물	제2류 위험물

52 과염소산과 과산화수소의 공통된 성질이 아닌 것은?

① 비중이 1보다 크다.

② 물에 녹지 않는다.

③ 산화제이다.

④ 산소를 포함한다.

해설

과염소산과 과산화수소의 비교

종 류	과염소산	과산화수소
화학식	$HClO_4$	H_2O_2
유 별	제6류 위험물	제6류 위험물
비 중	1.76	1.46
물의 용해성	잘 녹는다.	잘 녹는다.
성 질	산화제	산화제

53 탄화칼슘은 물과 반응하면 어떤 기체가 발생되는가?

① 과산화수소   ② 일산화탄소

③ 아세틸렌   ④ 에틸렌

해설

탄화칼슘(카바이트)은 물과 반응하면 아세틸렌(C_2H_2) 가스를 발생한다.

$CaC_2 + 2H_2O \rightarrow Ca(OH)_2 + C_2H_2 \uparrow$

54 고체위험물은 운반용기 내용적의 몇 % 이하의 수납률로 수납해야 하는가?

① 94% ② 95%

③ 98% ④ 99%

운반용기의 수납률(시행규칙 별표 19)
- 고체위험물 : 운반용기 내용적의 95% 이하의 수납률로 수납할 것
- 액체위험물 : 운반용기 내용적의 98% 이하의 수납률로 수납하되, 55℃의 온도에서 누설되지 않도록 충분한 공간용적을 유지하도록 할 것

55 제1류 위험물에 관한 설명으로 옳은 것은?

① 질산암모늄은 황색 결정으로 조해성이 있다.

② 과망가니즈산칼륨은 흑자색 결정으로 물에 녹지 않으나 알코올에는 녹으며 이것은 피부병 치료에 사용된다.

③ 질산나트륨은 무색 결정으로 조해성이 있으며 일명 칠레 초석으로 불린다.

④ 염소산칼륨은 청색 분말로 유독하며 냉수, 알코올에 잘 녹는다.

제1류 위험물의 특성
- 질산암모늄은 무색, 무취의 결정으로 조해성과 흡습성이 강하다.
- 과망가니즈산칼륨은 흑자색 결정으로 물, 알코올에 녹는다.
- 질산나트륨은 무색 결정으로 조해성이 있으며 일명 칠레 초석으로 불린다.
- 염소산칼륨은 무색의 단사정계 결정 또는 백색 분말로서 냉수, 알코올에 녹지 않는다.

56 주유취급소의 고정주유설비는 고정주유설비의 중심선을 기점으로 하여 도로경계선까지 몇 m 이상 떨어져 있어야 하는가?

① 2 ② 3

③ 4 ④ 5

주유취급소의 고정주유설비 또는 고정급유설비의 설치기준(시행규칙 별표 13)
- 고정주유설비(중심선을 기점으로 하여)
  - 도로경계선까지 : 4m 이상
  - 부지경계선·담 및 건축물의 벽까지 : 2m(개구부가 없는 벽까지는 1m) 이상
- 고정급유설비(중심선을 기점으로 하여)
  - 도로경계선까지 : 4m 이상
  - 부지경계선·담까지 : 1m
  - 건축물의 벽까지 : 2m(개구부가 없는 벽까지는 1m) 이상 거리를 유지할 것

57 취급하는 위험물의 최대수량이 지정수량의 10배를 초과할 경우 제조소 주위에 보유해야 하는 공지의 너비는?

① 3m 이상 ② 5m 이상

③ 10m 이상 ④ 15m 이상

제조소의 보유공지(시행규칙 별표 4)

취급하는 위험물의 최대수량	공지의 너비
지정수량의 10배 이하	3m 이상
지정수량의 10배 초과	5m 이상

58 염소산나트륨의 위험성에 대한 설명 중 틀린 것은?

① 조해성이 강하므로 저장용기는 밀전한다.

② 산과 반응하여 이산화염소를 발생한다.

③ 황, 목탄, 유기물 등과 혼합한 것은 위험하다.

④ 유리용기를 부식시키므로 철제용기에 저장한다.

해설

염소산나트륨($NaClO_3$)

• 무색, 무취의 결정 또는 분말이다.

• 산과 반응하면 이산화염소(ClO_2)의 유독가스를 발생한다.

$2NaClO_3 + 2HCl \rightarrow 2NaCl + 2ClO_2 + H_2O_2 \uparrow$

• 조해성이 강하므로 저장용기는 밀전한다.

• 물, 알코올, 에터에는 용해한다.

• 황, 목탄, 유기물 등과 혼합한 것은 위험하다.

• 염소산나트륨은 유리용기에 저장하여도 무방하다.

59 수소화나트륨이 물과 반응할 때 발생하는 것은?

① 일산화탄소 ② 산 소

③ 아세틸렌 ④ 수 소

해설

수소화나트륨이 물과 반응하면 수산화나트륨($NaOH$)과 수소(H_2)를 발생한다.

$NaH + H_2O \rightarrow NaOH + H_2 \uparrow$

60 위험물안전관리법령에서 정한 위험물취급소의 구분에 해당되지 않는 것은?

① 주유취급소

② 제조취급소

③ 판매취급소

④ 일반취급소

해설

• 위험물취급소 : 일반취급소, 주유취급소, 판매취급소, 이송취급소

• 저장소의 종류

– 옥내저장소

– 옥외저장소

– 옥내탱크저장소

– 옥외탱크저장소

– 지하탱크저장소

– 이동탱크저장소

– 암반탱크저장소

– 간이탱크저장소

제1과목 물질의 물리·화학적 성질

제1과목 물질의 물리·화학적 성질

01 다음 중 증기밀도가 가장 큰 것은?(단, 공기 평균분자량은 29g이고, 산소, 질소, 탄소, 수소의 원자량은 각각 16, 14, 12, 10이다)

① 산 소
② 질 소
③ 이산화탄소
④ 수 소

해설

증기밀도(ρ)는 분자량/22.4L이므로 분자량이 클수록 크다.

• 산소(O_2, 분자량 32) : $\rho = \dfrac{32g}{22.4L} = 1.43g/L$

• 질소(N_2, 분자량 28) : $\rho = \dfrac{28g}{22.4L} = 1.25g/L$

• 이산화탄소(CO_2, 분자량 44) : $\rho = \dfrac{44g}{22.4L} = 1.96g/L$

• 수소(H_2, 분자량 2) : $\rho = \dfrac{2g}{22.4L} = 0.09g/L$

02 질산칼륨 수용액 속에 소량의 염화나트륨이 불순물로 포함되어 있다. 용해도 차이를 이용하여 이 불순물을 제거하는 방법으로 가장 적당한 것은?

① 증 류
② 막분리
③ 재결정
④ 전기분해

해설

재결정 : 용해도 차이를 이용하여 불순물을 제거하는 방법

03 0.0016N에 해당하는 염기의 pOH 값은 얼마인가?

① 10.28
② 3.20
③ 11.20
④ 2.80

해설

$0.0016N \rightarrow [OH^-] = 1.6 \times 10^{-3}mol/L$이므로,

$pOH = -\log[OH^-] = -\log(1.6 \times 10^{-3}) = 3 - \log 1.6 = 3 - 0.204$
$\fallingdotseq 2.8$

$\therefore pH = 14 - pOH = 14 - 2.8 = 11.20$

04 2가의 금속이온을 함유하는 전해질을 전기분해하여 1g 당량이 20g임을 알았다. 이 금속의 원자량은?

① 40
② 20
③ 22
④ 18

해설

원자량 = 원자가 × 당량 = 2 × 20g = 40g

05 11g의 프로페인이 연소하면 몇 g의 물이 생기는가?

① 4
② 4.5
③ 9
④ 18

해설

프로페인의 연소식

$C_3H_8 + 5O_2 \rightarrow 3CO_2 + 4H_2O$

44g ⟍ ⟋ 4 × 18g
11g ⟋ ⟍ x

$\therefore x = \dfrac{11g \times 4 \times 18g}{44g} = 18g$

06 물 36g을 모두 증발시키면 수증기가 차지하는 부피는 표준상태를 기준으로 몇 L인가?

① 11.2L
② 22.4L
③ 33.6L
④ 44.8L

> **해설**
> 어떤 물질 1g-mol(수증기, $H_2O = 18g$)이 차지하는 부피는 22.4L이다. 36g은 2g-mol이므로 2g-mol × 22.4L = 44.8L이다.

08 미지농도의 염산 용액 100mL를 중화하는 데 0.2N NaOH 용액 250mL가 소모되었다. 이 염산의 농도는?

① 0.50N
② 0.25N
③ 0.20N
④ 0.05N

> **해설**
> 중화적정
> $NV = N'V'$
> 공식에 대입하면
> $x \times 100mL = 0.2 \times 250mL$
> $\therefore x = \dfrac{0.2 \times 250}{100} = 0.50N$

07 미지의 유기화합물 5.0g을 80.0g의 초산에 녹였을 때 초산의 어는점이 1.35℃ 내려갔다. 이 미지시료의 분자량은 약 얼마인가?(단, 초산의 어는점 내림상수 $K_f = 3.90$이다)

① 90
② 120
③ 150
④ 180

> **해설**
> 빙점강하(ΔT_f)
>
> $\Delta T_f = K_f \times \dfrac{\dfrac{W_B}{M}}{W_A} \times 1,000$
>
> 여기서, K_f : 빙점강하계수(3.90)
> $\quad\quad W_B$: 용질의 무게(5g)
> $\quad\quad W_A$: 용매의 무게(80g)
> $\quad\quad M$: 분자량
>
> $\therefore M = \dfrac{K_f \times W_B \times 1,000}{\Delta T_f \times W_A} = \dfrac{3.90 \times 5.0 \times 1,000}{1.35 \times 80.0}$
> $\quad\quad = 180.56g/g-mol$

09 산의 일반적인 성질을 옳게 나타낸 것은?

① 쓴맛이 있는 미끈거리는 액체로 리트머스 시험지를 푸르게 한다.
② 수용액에서 OH^- 이온을 내놓는다.
③ 수소보다 이온화경향이 큰 금속과 반응하여 수소를 발생한다.
④ 금속의 수산화물로서 비전해질이다.

> **해설**
> 산의 성질
> • 신맛을 내는 액체로서 리트머스 시험지를 적색으로 변하게 한다.
> • 수용액에서 수소이온(H^+) 이온을 내놓는다.
> • 이온화경향이 큰 금속은 산(염산, 황산, 초산)과 반응하여 수소(H_2)를 발생한다.
> $\quad 2K + 2CH_3COOH \rightarrow 2CH_3COOK + H_2\uparrow$
> • 금속의 산화물이다.

10 원자번호가 19이며 원자량이 39인 K 원자의 중성자와 양성자수는 각각 몇 개인가?

① 중성자 19, 양성자 19
② 중성자 20, 양성자 19
③ 중성자 19, 양성자 20
④ 중성자 20, 양성자 20

해설

중성자수와 양성자수
• 양성자수 = 원자번호 = 19
• 중성자수 = 질량수 − 원자번호 = 39 − 19 = 20

11 염소산칼륨을 가열하여 산소를 만들 때 촉매로 쓰이는 이산화망가니즈의 역할은 무엇인가?

① KCl을 산화시킨다.
② 역반응을 일으킨다.
③ 반응속도를 증가시킨다.
④ 산소가 더 많이 나오게 한다.

해설

이산화망가니즈(MnO_2)을 촉매로 사용하면 활성화에너지를 감소시켜 반응속도가 빨라진다.

12 기체상수 R값이 0.082라면 그 단위로 옳은 것은?

① $\dfrac{atm \cdot mol}{L \cdot K}$
② $\dfrac{mmHg \cdot mol}{L \cdot K}$
③ $\dfrac{atm \cdot L}{mol \cdot K}$
④ $\dfrac{mmHg \cdot L}{mol \cdot K}$

해설

기체상수(R)
• 0.08205L · atm/g−mol · K
• 0.08205m³ · atm/kg−mol · K

13 17g의 NH_3가 황산과 반응하여 만들어지는 황산암모늄은 몇 g인가?(단, S의 원자량은 32이고, N의 원자량은 14이다)

① 66
② 81
③ 96
④ 111

해설

$2NH_3 + H_2SO_4 \rightarrow (NH_4)_2SO_4$

$2 \times 17g$ ╳ $132g$
$17g$ x

$\therefore x = \dfrac{17 \times 132}{2 \times 17} = 66g$

14 부틸알코올과 이성질체인 것은?

① 메틸알코올
② 다이에틸에터
③ 아세트산
④ 아세트알데하이드

해설

부틸알코올(C_4H_9OH)과 분자식이 같은 것은 다이에틸에터($C_2H_5OC_2H_5$)이다.
이성질체(Isomer) : 분자식은 같으나 구조식이 다른 것

물질명	메틸알코올	다이에틸에터	아세트산	아세트알데하이드
화학식	C_2H_5OH	$C_2H_5OC_2H_5$	CH_3COOH	CH_3CHO

15 20%의 소금물을 전기분해하여 수산화나트륨 1몰을 얻는 데는 1A의 전류를 몇 시간 통해야 하는가?

① 13.4 ② 26.8
③ 53.6 ④ 104.2

해설
전기량(Q) = 전류(I) × 시간(t)

$$\therefore \ t = \frac{Q}{I} = \frac{96,500}{1 \times 3,600} = 26.8\text{hr}$$

16 [OH⁻] = 1×10^{-5}mol/L인 용액의 pH와 액성으로 옳은 것은?

① pH = 5, 산성
② pH = 5, 약알칼리성
③ pH = 9, 약산성
④ pH = 9, 알칼리성

해설
[H⁺][OH⁻] = 1×10^{-14}에서 [OH⁻] = 1×10^{-5}mol/L

$$[H^+] = \frac{1 \times 10^{-14}}{1 \times 10^{-5}} = 1 \times 10^{-9}\text{mol/L}$$

$$\therefore \ pH = -\log[H^+] = -\log(1 \times 10^{-9}) = 9 - \log 1$$
$$= 9 - 0 = 9(\text{알칼리성})$$

17 pH가 2인 용액은 pH가 4인 용액과 비교하면 수소이온 농도가 몇 배인 용액이 되는가?

① 100배 ② 10배
③ 10^{-1}배 ④ 10^{-2}배

해설
pH = $-\log[H^+]$
• pH = 2 → [H⁺] = 0.01
• pH = 4 → [H⁺] = 0.0001
∴ 0.01과 0.0001은 100배의 차이다.

18 같은 주기에서 원자번호가 증가할수록 감소하는 것은?

① 이온화에너지 ② 원자반지름
③ 비금속성 ④ 전기음성도

해설
원소의 성질

구 분 항 목	같은 주기에서 원자번호가 증가할수록
이온화에너지	증가한다.
원자반지름	작아진다.
비금속성	증가한다.
전기음성도	증가한다.

19 다음 중 벤젠의 유도체가 아닌 것은?

① 아닐린　　　　　② 페 놀
③ 톨루엔　　　　　④ 아세톤

해설
벤젠의 유도체는 벤젠고리를 갖는다.
구조식

아닐린	페 놀	톨루엔	아세톤
NH_2 구조	OH 구조	CH_3 구조	H-C-C-C-H 구조 (H O H / H H)

20 다음 작용기 중에서 에틸(ethyl)기는 어느 것인가?

① $-C_2H_5$　　　　② $-COCH_3$
③ $-NH_2$　　　　　④ $-CH_3$

해설
작용기

작용기	명 칭	작용기	명 칭
CH_3-	메틸기	$-O-$	에터기
C_2H_5-	에틸기	$-CHO$	알데하이드기
C_3H_7-	프로필기	$-COCH_3$	아세틸기
C_4H_9-	부틸기	$-COO-$	에스터기
$C_5H_{11}-$	아밀기	$-COOH$	카복실기
$-CO$	케톤기 (카보닐기)	$-NO_2$	나이트로기
		$-NH_2$	아미노기
$-OH$	하이드록실기	$-N=N-$	아조기

21 산소공급원으로 작용할 수 없는 위험물은?

① 과산화칼륨　　　　② 질산나트륨
③ 과망가니즈산칼륨　　④ 알킬알루미늄

해설
산소공급원 : 제1류 위험물, 제5류 위험물, 제6류 위험물

종 류	과산화 칼륨	질산나트륨	과망가니즈산 칼륨	알킬 알루미늄
구 분	제1류 위험물	제1류 위험물	제1류 위험물	제3류 위험물

22 A, B, C급 화재에 적응성이 있으며 부착성이 좋은 메타인산을 만드는 분말소화약제는?

① 제1종 분말　　　　② 제2종 분말
③ 제3종 분말　　　　④ 제4종 분말

해설
분말소화약제의 열분해 반응식
• 제1종 분말 : $2NaHCO_3 \rightarrow Na_2CO_3 + H_2O \uparrow + CO_2 \uparrow$
• 제2종 분말 : $2KHCO_3 \rightarrow K_2CO_3 + H_2O \uparrow + CO_2 \uparrow$
• 제3종 분말 : $NH_4H_2PO_4 \rightarrow HPO_3(메타인산) + NH_3 \uparrow + H_2O \uparrow$
• 제4종 분말 : $2KHCO_3 + (NH_2)_2CO \rightarrow K_2CO_3 + 2NH_3 \uparrow + 2CO_2 \uparrow$

23 분말소화약제의 화학반응식이다. ( ) 안에 알맞은 것은?

$$2NaHCO_3 \rightarrow (\ \ ) + H_2O \uparrow + (\ \ ) \uparrow$$

① $2NaCO$, CO　　　② $2NaCO_2$, CO
③ Na_2CO_3, CO_2　　④ Na_2CO_4, CO_2

해설
제1종 분말 : $2NaHCO_3 \rightarrow Na_2CO_3 + H_2O \uparrow + CO_2 \uparrow$

24 (CH₃)₃Al의 화재예방이 아닌 것은?

① 자연발화 방지를 위해 얼음 속에 보관한다.

② 공기와 접촉을 피하기 위해 불연성가스를 봉입한다.

③ 용기는 밀봉하여 저장한다.

④ 화기의 접근을 피하여 저장한다.

해설
트라이메틸알루미늄[(CH₃)₃Al]은 물과 반응하면 메테인(CH₄)을 발생하므로 위험하다.
$(CH_3)_3Al + H_2O \rightarrow Al(OH)_3 + 3CH_4 \uparrow$

25 일반적인 연소형태가 표면연소인 것은?

① 플라스틱   ② 목 탄

③ 황   ④ 피크린산

해설
• 표면연소 : 숯, 목탄, 코크스, 금속분
• 황 : 증발연소
• 피크린산 : 자기연소

26 지정수량 10배 이상의 위험물을 운반할 경우 서로 혼재할 수 있는 위험물의 유별은?

① 제1류 위험물과 제2류 위험물

② 제2류 위험물과 제4류 위험물

③ 제5류 위험물과 제6류 위험물

④ 제3류 위험물과 제5류 위험물

해설
운반 시 혼재 가능
• 제1류 위험물 + 제6류 위험물
• 제2류 위험물 + 제4류 위험물 + 제5류 위험물
• 제3류 위험물 + 제4류 위험물

27 제2류 위험물 중 철분의 화재에 적응성이 있는 소화약제는?

① 인산염류 분말소화설비

② 이산화탄소 소화설비

③ 탄산수소염류 분말소화설비

④ 할로젠화합물 소화설비

해설
철분의 화재 : 탄산수소염류 분말소화설비, 마른모래

28 다음 중 제6류 위험물이 아닌 것은?

① 질산구아니딘   ② 질 산

③ 할로젠간화합물   ④ 과산화수소

해설
질산구아니딘은 제5류 위험물이다.
제6류 위험물 : 질산, 과염소산, 과산화수소, 할로젠간화합물

29 마그네슘 분말의 화재 시 이산화탄소소화약제는 소화 적응성이 없다. 그 이유로 가장 적합한 것은?

① 분해반응에 의하여 산소가 발생하기 때문이다.

② 가연성가스의 일산화탄소가 생성되기 때문이다.

③ 분해반응에 의하여 수소가 발생하고 이 수소는 공기 중의 산소와 폭명반응을 하기 때문이다.

④ 가연성가스의 아세틸렌가스가 발생하기 때문이다.

해설
Mg(마그네슘) 화재 시 이산화탄소와 반응하면 일산화탄소가 생성하므로 적합하지 않다.
$Mg + CO_2 \rightarrow MgO + CO$

30 할로젠화합물 소화설비의 소화약제 중 축압식 저장용기에 저장하는 할론 2402의 충전비는?

① 0.51 이상 0.67 이하

② 0.67 이상 2.75 이하

③ 0.7 이상 1.4 이하

④ 0.9 이상 1.6 이하

할로젠화합물 소화약제의 충전비

약 제	할론 1301	할론 1211	할론 2402	
충전비	0.9 이상 1.6 이하	0.7 이상 1.4 이하	가압식	0.51 이상 0.67 이하
			축압식	0.67 이상 2.75 이하

31 아세톤, 석유류, 알코올류 등의 연소형태는?

① 증발연소

② 분해연소

③ 확산연소

④ 자기연소

증발연소 : 아세톤, 휘발유, 등유, 알코올류와 같이 액체를 가열하면 증기가 되어 증기가 연소하는 현상

32 고체가연물에 있어서 덩어리 상태보다 분말일 때 화재 위험성이 증가하는 이유는?

① 공기와의 접촉면적이 증가하기 때문이다.

② 열전도율이 증가하기 때문이다.

③ 흡열반응이 진행되기 때문이다.

④ 활성화에너지가 증가하기 때문이다.

분말일 때에는 입자가 미세하므로 공기와 접촉면적이 증가하기 때문에 연소가 잘 된다.

33 드라이아이스 1kg이 완전히 기화하면 약 몇 몰의 탄산가스가 되겠는가?

① 22.7

② 51.3

③ 230.1

④ 515.0

드라이아이스(이산화탄소, CO_2)는 분자량 44이므로

∴ 몰수 = 무게/분자량 = 1,000g ÷ 44 = 22.7g-mol

34 위험물취급소의 건축물(외벽이 내화구조임)의 연면적이 500m²인 경우 소화기구의 소요단위는?

① 4단위

② 5단위

③ 6단위

④ 7단위

소요단위의 계산방법(시행규칙 별표 17)

• 제조소 또는 취급소의 건축물
  – 외벽이 내화구조 : 연면적 100m²를 1소요단위
  – 외벽이 내화구조가 아닌 것 : 연면적 50m²를 1소요단위
• 저장소의 건축물
  – 외벽이 내화구조 : 연면적 150m²를 1소요단위
  – 외벽이 내화구조가 아닌 것 : 연면적 75m²를 1소요단위
• 위험물은 지정수량의 10배 : 1소요단위

∴ 소요단위 = $\dfrac{500m^2}{100m^2}$ = 5단위

35 점화원의 역할을 할 수 없는 것은?

① 기화열

② 산화열

③ 정전기불꽃

④ 마찰열

기화열, 액화열은 점화원이 될 수 없다.

36 위험물을 취급하는 건축물의 옥내소화전이 1층에 6개, 2층에 5개, 3층에 4개가 설치되어 있다. 이때 수원의 수량은 몇 m³ 이상이 되도록 설치해야 하는가?

① 23.4　　　　② 31.8
③ 39.0　　　　④ 46.8

해설
- 옥내소화전 1개당 수원 = 260L/min × 30min = 7,800L
  = 7.8m³
- 옥내소화전설비의 수원 = N(최대 5개) × 7.8m³
  = 39.0m³

37 할로겐화합물 소화설비에 적응하지 않는 대상물은?

① 전기설비　　　② 인화성 고체
③ 제5류 위험물　④ 제4류 위험물

해설
제5류 위험물은 냉각소화를 한다.

38 다음 중 금속나트륨의 보호액으로 적당한 것은?

① 페 놀　　　　② 경 유
③ 아세트산　　④ 에틸알코올

해설
칼륨과 나트륨의 보호액 : 등유, 경유, 유동파라핀

39 연소 시 온도에 따른 불꽃의 색상이 잘못된 것은?

① 적색 : 약 850℃
② 황적색 : 약 1,100℃
③ 휘적색 : 약 1,200℃
④ 백적색 : 약 1,300℃

해설
연소 시 온도와 색상

색 상	온도(℃)
담암적색	520
암적색	700
적 색	850
휘적색	950
황적색	1,100
백적색	1,300
휘백색	1,500 이상

40 알코올 화재 시 수성막포소화약제는 효과가 없다. 그 이유로 가장 적당한 것은?

① 알코올이 수용성이어서 포를 소멸시키므로
② 알코올이 반응하여 가연성가스를 발생하므로
③ 알코올 화재 시 불꽃의 온도가 매우 높으므로
④ 알코올이 포 소화약제와 발열반응을 하므로

해설
메탄올, 에탄올 등 알코올은 알코올용포소화약제가 적합하고 수성막포는 포를 소멸시키므로 부적합하다.

41 산화프로필렌 300L, 메탄올 400L, 벤젠 200L를 저장하고 있는 경우 각각 지정수량의 총합은 얼마인가?

① 4 　　　　　　② 6
③ 8 　　　　　　④ 10

해설
• 지정수량의 배수 총합

$$\text{지정수량의 배수} = \frac{\text{저장량}}{\text{지정수량}} + \frac{\text{저장량}}{\text{지정수량}} + \cdots$$

• 지정수량

종 류	산화프로필렌	메탄올	벤 젠
품 명	특수인화물	알코올류	제1석유류 (비수용성)
지정수량	50L	400L	200L

∴ 지정수량의 배수 $= \dfrac{300L}{50L} + \dfrac{400L}{400L} + \dfrac{200L}{200L} = 8$배

42 트라이나이트로페놀의 성질에 대한 설명 중 틀린 것은?

① 폭발에 대비하여 철, 구리로 만든 용기에 저장한다.
② 휘황색을 띤 침상결정이다.
③ 비중이 약 1.8로 물보다 무겁다.
④ 단독으로 충격, 마찰에 둔감한 편이다.

해설
트라이나이트로페놀(피크린산)
• 광택 있는 휘황색을 띤 침상결정이다.
• 비중이 약 1.8로 물보다 무겁다.
• 단독으로 가열, 충격, 마찰에 안정하고 연소 시 검은 연기를 내지만 폭발은 하지 않는다.
• 건조하고 서늘한 장소에 보관해야 하고 철, 구리의 금속용기는 위험하다.

43 옥내저장소에서 안전거리 기준이 적용되는 경우는?

① 지정수량의 20배 미만의 제4석유류를 저장하는 것
② 제2류 위험물 중 덩어리 상태의 황을 저장하는 것
③ 지정수량의 20배 미만의 동식물유를 저장하는 것
④ 제6류 위험물을 저장하는 것

해설
옥내저장소의 안전거리 제외 대상(시행규칙 별표 5)
• 제4석유류 또는 동식물유류의 위험물을 저장 또는 취급하는 옥내저장소로서 그 최대수량이 지정수량의 20배 미만인 것
• 제6류 위험물을 저장 또는 취급하는 옥내저장소
• 지정수량의 20배(하나의 저장창고의 바닥면적이 150m² 이하인 경우에는 50배) 이하의 위험물을 저장 또는 취급하는 옥내저장소로서 다음의 기준에 적합한 것
　- 저장창고의 벽·기둥·바닥·보 및 지붕이 내화구조일 것
　- 저장창고의 출입구에 수시로 열 수 있는 자동폐쇄방식의 60분+방화문 또는 60분 방화문이 설치되어 있을 것
　- 저장창고에 창이 설치하지 않을 것

44 염소산나트륨에 관한 설명으로 틀린 것은?

① 산과 반응하여 유독한 이산화염소를 발생한다.
② 무색 결정이다.
③ 조해성이 있다.
④ 알코올이나 글리세린에 녹지 않는다.

해설
염소산나트륨의 특성
• 산과 반응하면 이산화염소(ClO_2)의 유독가스를 발생한다.
　$2NaClO_3 + 2HCl \rightarrow 2NaCl + 2ClO_2 + H_2O_2 \uparrow$
• 무색, 무취의 결정 또는 분말이다.
• 조해성이 강하므로 수분과의 접촉을 피한다.
• 물, 알코올, 에터에는 용해한다.

45 두 가지의 위험물이 섞여 있을 때 발화 또는 폭발 위험성이 가장 낮은 것은?

① 과망가니즈산칼륨 – 글리세린
② 적린 – 염소산칼륨
③ 나이트로셀룰로스 – 알코올
④ 질산 – 나무조각

> **해설**
> 나이트로셀룰로스(NC)는 물 또는 알코올에 습면시켜 저장하면 안전하다.

46 옥내저장소에서 위험물 용기를 겹쳐 쌓는 경우에 있어서 제4류 위험물 중 제3석유류만을 수납하는 용기를 겹쳐 쌓을 수 있는 높이는 최대 몇 m인가?

① 3   ② 4
③ 5   ④ 6

> **해설**
> 옥내저장소에 저장 시 적재높이(아래 높이를 초과하지 말 것)
> • 기계에 의하여 하역하는 구조로 된 용기만을 겹쳐 쌓는 경우 : 6m
> • 제4류 위험물 중 제3석유류, 제4석유류, 동식물유류를 수납하는 용기만을 겹쳐 쌓는 경우 : 4m
> • 그 밖의 경우(특수인화물, 제1석유류, 제2석유류, 알코올류) : 3m

47 다음 중 아이오딘값이 가장 높은 동식물유류는?

① 아마인유   ② 야자유
③ 피마자유   ④ 올리브유

> **해설**
> 동식물유류
>
> | 구 분 | 아이오딘값 | 불포화도 | 종 류 |
> |---|---|---|---|
> | 건성유 | 130 이상 | 크다. | 해바라기유, 동유, 아마인유, 정어리기름, 들기름, |
> | 반건성유 | 100 초과 130 미만 | 중 간 | 채종유, 목화씨기름(면실유), 참기름, 콩기름 |
> | 불건성유 | 100 이하 | 작다. | 야자유, 올리브유, 피마자유, 동백유 |

48 질산칼륨의 성질에 대한 설명 중 틀린 것은?

① 물에 잘 녹는다.
② 화재 시 주수 소화가 가능하다.
③ 열분해하면 산소를 발생한다.
④ 비중이 1보다 작다.

> **해설**
> 질산칼륨(KNO_3)은 비중이 2.1이다.

49 위험물의 운반용기 외부에 표시해야 하는 주의사항을 틀리게 연결한 것은?

① 염소산암모늄 – 화기·충격주의 및 가연물접촉주의

② 철분 – 화기주의 및 물기엄금

③ 아세틸퍼옥사이드 – 화기엄금 및 충격주의

④ 과염소산 – 물기엄금 및 가연물접촉주의

해설

운반용기의 외부 표시사항

종 류	유 별	품 명	주의사항
염소산 암모늄	제1류 위험물	염소산 염류	화기·충격주의 및 가연물접촉주의
철 분	제2류 위험물	–	화기주의 및 물기엄금
아세틸 퍼옥사이드	제5류 위험물	유기 과산화물	화기엄금 및 충격주의
과염소산	제6류 위험물	–	가연물접촉주의

50 제조소 등의 관계인은 당해 제조소 등의 용도를 폐지한 때에는 행정안전부령이 정하는 바에 따라 제조소 등의 용도를 폐지한 날부터 며칠 이내에 시·도지사에게 신고해야 하는가?

① 5일   ② 7일

③ 10일   ④ 14일

해설

제조소 등의 용도 폐지 : 14일 이내 시·도지사에게 신고

51 다음 (   ) 안에 알맞은 수치와 용어를 옳게 나열한 것은?

이황화탄소의 옥외저장탱크는 벽 및 바닥의 두께가 (   )m 이상이고, 누수가 되지 않는 철근콘크리트의 (   )에 넣어 보관해야 한다.

① 0.2, 수조   ② 0.1, 수조

③ 0.2, 진공탱크   ④ 0.1, 진공탱크

해설

이황화탄소의 옥외저장탱크는 벽 및 바닥의 두께가 0.2m 이상이고, 누수가 되지 않는 철근콘크리트의 수조에 넣어 보관해야 한다.

52 물과 접촉하면 위험한 물질로만 나열된 것은?

① CH_3CHO, CaC_2, $NaClO_4$

② K_2O_2, $K_2Cr_2O_7$, CH_3CHO

③ K_2O_2, Na, CaC_2

④ Na, $K_2Cr_2O_7$, $NaClO_4$

해설

위험물의 성상

종 류	명 칭	유 별	물과 접촉 시
CH_3CHO	아세트알데하이드	제4류	용해
CaC_2	탄화칼슘	제3류	아세틸렌 발생
$NaClO_4$	과염소산나트륨	제1류	용해
K_2O_2	과산화칼륨	제1류	산소 발생
$K_2Cr_2O_7$	다이크로뮴산칼륨	제1류	용해
Na	나트륨	제3류	수소 발생

53 위험물의 취급 중 소비에 관한 기준으로 틀린 것은?

① 열처리 작업은 위험물이 위험한 온도에 이르지 않도록 하여 실시해야 한다.

② 담금질 작업은 위험물이 위험한 온도에 이르지 않도록 하여 실시해야 한다.

③ 분사도장 작업은 방화상 유효한 격벽 등으로 구획된 안전한 장소에서 실시해야 한다.

④ 버너를 사용하는 경우에는 버너의 역화를 유지하고 위험물이 넘치지 않도록 해야 한다.

해설
위험물의 취급 중 소비에 관한 기준
• 분사도장 작업은 방화상 유효한 격벽 등으로 구획된 안전한 장소에서 실시할 것
• 담금질 또는 열처리 작업은 위험물이 위험한 온도에 이르지 않도록 하여 실시할 것
• 버너를 사용하는 경우에는 버너의 역화를 방지하고 위험물이 넘치지 않도록 할 것

54 경유는 제 몇 석유류에 해당하는지와 지정수량을 옳게 나타낸 것은?

① 제1석유류 – 200L

② 제2석유류 – 1,000L

③ 제1석유류 – 400L

④ 제2석유류 – 2,000L

해설
제4류 위험물의 지정수량

품 명		지정수량
제2석유류	비수용성액체(등유, 경유, 테레핀유, 클로로벤젠, 스틸렌, 벤젠, m, p-크실렌, 장뇌유, 송근유 등)	1,000L
	수용성액체(초산, 의산, 메틸셀로솔브, 에틸셀로솔브, 아크릴산)	2,000L

55 취급하는 장치가 구리나 마그네슘으로 되어 있을 때 반응을 일으켜서 폭발성의 아세틸라이드를 생성하는 물질은?

① 이황화탄소

② 아이소프로필알코올

③ 산화프로필렌

④ 아세톤

해설
아세트알데하이드나 산화프로필렌은 구리(Cu), 마그네슘(Mg), 은(Ag), 수은(Hg)과 반응하면 아세틸라이드를 생성한다.

56 제6류 위험물에 속하지 않는 것은?

① 질 산

② 질산칼륨

③ 트라이플루오로브로민

④ 펜타플루오로이오다이드

해설
질산칼륨은 제1류 위험물이다.
제6류 위험물 : 질산, 과염소산, 과산화수소, 할로겐간화합물(트라이플루오로브로민, 펜타플루오로이오다이드)

57 다음 물질 중 인화점이 가장 낮은 것은?

① 톨루엔　　② 아닐린

③ 피리딘　　④ 에틸렌글라이콜

해설
제4류 위험물의 인화점

종 류	톨루엔	아닐린	피리딘	에틸렌글라이콜
품 명	제1석유류	제3석유류	제1석유류	제3석유류
인화점	4℃	70℃	16℃	120℃

58 위험물과 보호액을 잘못 연결한 것은?

① 이황화탄소 – 물
② 인화칼슘 – 물
③ 황린 – 물
④ 금속나트륨 – 등유

해설
위험물의 보호액
• 이황화탄소, 황린 : 물속에 저장
• 칼륨, 나트륨 : 등유, 경유, 유동파라핀 속에 저장
• 나이트로셀룰로스 : 물 또는 알코올에 습면시켜 저장
※ 인화칼슘은 물과 반응하면 포스핀(인화수소) 가스 발생

59 오황화인이 물과 작용해서 발생하는 기체는?

① 이황화탄소
② 황화수소
③ 포스겐가스
④ 인화수소

해설
오황화인(P_2S_5)은 물과 반응하면 황화수소(H_2S)와 인산(H_3PO_4)이 된다.
$P_2S_5 + 8H_2O \rightarrow 5H_2S + 2H_3PO_4$

60 가열했을 때 분해하여 적갈색의 유독한 가스를 방출하는 것은?

① 과염소산
② 질 산
③ 과산화수소
④ 적 린

해설
질산을 가열하여 분해하면 적갈색의 유독한 증기(NO_2)가 발생한다.
$4HNO_3 \rightarrow 4NO_2 + 2H_2O + O_2$

제1과목 물질의 물리·화학적 성질

01 원자번호 35인 브로민의 원자량은 80이다. 브로민의 중성자수는 몇 개인가?

① 35개 ② 40개
③ 45개 ④ 50개

해설
중성자수 = 질량수 − 원자번호 = 80 − 35 = 45개

02 0.1N 아세트산 용액의 전리도가 0.01이라고 하면 이 아세트산 용액의 pH는?

① 0.5 ② 1
③ 1.5 ④ 3

해설
$[H^+] = 0.1N \times 0.01 = 0.001$이므로
$pH = -\log[H^+] = -\log(1 \times 10^{-3}) = 3 - 0 = 3$

03 염소산칼륨을 이산화망가니즈를 촉매로 하여 가열하면 염화칼륨과 산소로 열분해 된다. 표준상태를 기준으로 11.2L의 산소를 얻으려면 몇 g의 염소산칼륨이 필요한가?(단, 원자량은 K는 39, Cl는 35.5이다)

① 3,063g ② 40.83g
③ 61.25g ④ 112.5g

해설
염소산칼륨의 분해반응식
$2KClO_3 \rightarrow 2KCl + 3O_2 \uparrow$
$2 \times 122.5g$ $3 \times 22.4L$
x $11.2L$
$\therefore x = \dfrac{2 \times 122.5g \times 11.2L}{3 \times 22.4L} = 40.83g$

04 고체 유기물질을 정제하는 과정에서 이 물질이 순물질인지를 알아보기 위한 조사 방법으로 다음 중 가장 적합한 방법은 무엇인가?

① 육안 관찰
② 녹는점 측정
③ 광학현미경 분석
④ 전도도 측정

해설
고체 유기물질이 순물질인지 알아보기 위해서는 Melting Point (mp, 녹는점)를 조사해야 한다.

정답 1 ③ 2 ④ 3 ② 4 ②

05 다음의 산 중에서 가장 약산은?

① $HClO_4$ ② $HClO_3$

③ $HClO_2$ ④ $HClO$

해설

산의 세기 : 과염소산($HClO_4$) > 염소산($HClO_3$) > 아염소산
($HClO_2$) > 차아염소산($HClO$)

06 Mg^{2+}와 같은 전자배치를 가지는 것은?

① Ca^{2+} ② Ar

③ Cl^- ④ F^-

해설

원소의 원자번호

종 류	칼슘(Ca)	아르곤(Ar)	염소(Cl)	불소(F)
원자번호	20	18	17	9

전자배치

Mg^{2+}(원자번호 12) : $1s^2$, $2s^2$, $2p^6$, $3s^2$인데 2가 양이온으로 전자
2개를 잃으므로, $12-2=10$개의 전자를 가진다. 전자배치는 $1s^2$,
$2s^2$, $2p^6$이다.

• Ca^{2+} : $1s^2$, $2s^2$, $2p^6$, $3s^2$, $3p^6$, $4s^2$인데 2가 양이온으로 전자
2개를 잃으므로 $20-2=18$개의 전자를 가진다. 전자배치는 $1s^2$,
$2s^2$, $2p^6$, $3s^2$, $3p^6$이다.

• Ar : 전자배치는 $1s^2$, $2s^2$, $2p^6$, $3s^2$, $3p^6$이다.

• Cl^- : $1s^2$, $2s^2$, $2p^6$, $3s^2$, $3p^5$인데 Cl^-는 1가 음이온으로 전자
1개를 얻으므로 $17+1=18$개의 전자를 가진다. 전자배치는 $1s^2$,
$2s^2$, $2p^6$, $3s^2$, $3p^6$이다.

• F^- : $1s^2$, $2s^2$, $2p^5$인데 F^-는 1가 음이온으로 전자 1개를 얻으므로
$9+1=10$개의 전자를 가진다. 전자배치는 $1s^2$, $2s^2$, $2p^6$이다.

07 그레이엄의 법칙에 따른 기체의 확산속도와 분자
량의 관계를 옳게 설명한 것은?

① 기체의 확산속도는 분자량의 제곱에 비례한다.

② 기체의 확산속도는 분자량의 제곱에 반비례한다.

③ 기체의 확산속도는 분자량의 제곱근에 비례한다.

④ 기체의 확산속도는 분자량의 제곱근에 반비례
한다.

해설

그레이엄의 확산속도 법칙 : 기체의 확산속도는 분자량과 밀도의
제곱근에 반비례한다.

$$\frac{U_B}{U_A} = \sqrt{\frac{M_A}{M_B}} = \sqrt{\frac{d_A}{d_B}}$$

여기서, U_A : A기체의 확산속도

        U_B : B기체의 확산속도

        M_A : A기체의 분자량

        M_B : B기체의 분자량

        d_A : A기체의 밀도

        d_B : B기체의 밀도

08 염기성 산화물에 해당하는 것은?

① MgO ② SnO

③ ZnO ④ PbO

해설

산화물의 종류

• 염기성 산화물 : MgO, CaO, CuO, BaO, Na_2O, K_2O, Fe_2O_3

• 산성 산화물 : CO_2, SO_2, SO_3, NO_2, SiO_2, P_2O_5

• 양쪽성 산화물 : ZnO, Al_2O_3, SnO, PbO, Sb_2O_3

09 다음 중 펩타이드 결합(-CONH-)을 가진 물질은?

① 포도당   ② 지방산

③ 아마이드   ④ 글리세린

해설

화학식
- 포도당 : $C_6H_{12}O_6$
- 지방산 : $R-COOH$
- 글리세린 : $C_3H_5(OH)_3$

아마이드는 아미노기와 카복실기에서 물이 빠져 이루어지는 결합으로 6,6-나일론 따위에서 많이 볼 수 있으며, 단백질의 경우에는 펩타이드 결합이라고 한다. 화학식은 -CONH-이다.

10 다음 물질 중 비전해질인 것은?

① CH_3COOH ② C_2H_5OH

③ NH_4OH ④ HCl

해설

전해질, 비전해질
- 비전해질 : 수용액에서 전류가 통하지 않는 물질
  예 에탄올(C_2H_5OH), 설탕, 포도당, 메탄올 등
- 전해질 : 산이나 염기가 물에 용해되었을 때, 수용액 상태에서 전류가 흐르는 물질
  - 약전해질 : 초산, 의산, 수산화암모늄 등 전리도가 작은 물질
  - 강전해질 : 소금, 수산화나트륨, 염산 등 전리도가 큰 물질

화학식	CH_3COOH	C_2H_5OH	NH_4OH	HCl
명 칭	초 산	에틸알코올	수산화암모늄	염 산

11 20℃에서 설탕물 100g 중에 설탕 40g이 녹아 있다. 이 용액이 포화 용액일 경우 용해도(g/H_2O 100g)는 얼마인가?

① 72.4   ② 66.7

③ 40   ④ 28.6

해설

용해도 : 용매 100g에 녹을 수 있는 용질의 g 수

$$\therefore\ 용해도 = \frac{용질의\ g\ 수}{용매의\ g\ 수} \times 100 = \frac{40g}{(100-40)g} \times 100$$
$$= 66.7$$

12 어떤 금속의 원자가 +3이며 그 산화물의 조성은 금속이 52.94%이다. 금속의 원자량은 얼마인가?

① 17   ② 27

③ 31   ④ 34

해설

원자량 = 당량 × 원자가
비례식으로 이용하면
47.06(산소) : 52.94(금속) = 8(산소의 당량) : x
$x ≒ 9.0$
∴ 금속의 원자량 = 당량 × 원자가 = 9 × 3 = 27

13 황산구리(Ⅱ) 수용액을 전기분해할 때 63.5g의 구리를 석출시키는 데 필요한 전기량은 몇 F인가? (단, Cu의 원자량은 63.5이다)

① 0.635F   ② 1F

③ 2F   ④ 63.5F

해설

Cu의 1g 당량 = 원자량/원자가 = 63.5g/2 = 31.75g(1F)
63.5g은 Cu의 2g 당량이므로 2F가 된다.

14 이상기체의 거동을 가정할 때 표준상태에서 기체 밀도가 1.96g/L인 기체는?

① O_2
② CH_4
③ CO_2
④ N_2

> **해설**
> 표준상태에서 기체 1g-mol이 차지하는 부피는 22.4L이므로,
> 무게 = 기체밀도 × 22.4 = 1.96g/L × 22.4L
>   = 43.90(CO_2의 분자량 : 44)

화학식	O_2	CH_4	CO_2	N_2
명 칭	산 소	메테인	이산화탄소	질 소
분자량	32	16	44	28

15 이산화탄소 소화기 사용 중 소화기 방출구에서 생길 수 있는 물질은?

① 포스겐
② 일산화탄소
③ 드라이아이스
④ 수소가스

> **해설**
> 이산화탄소 소화기는 수분이 0.05% 이상이면 줄–톰슨효과에 의하여 방출구에 드라이아이스가 생겨 노즐이 막힐 우려가 있다.

16 가로 2cm, 세로 5cm, 높이 3cm인 직육면체 물체의 무게는 100g이었다. 이 물체의 밀도는 몇 g/cm³인가?

① 3.3
② 4.3
③ 5.3
④ 6.3

> **해설**
> 밀도 $\rho = \dfrac{W}{V} = \dfrac{100g}{(2 \times 5 \times 3)cm^3} = 3.33g/cm^3$

17 올레핀계 탄화수소에 해당되는 것은?

① CH_4
② $CH_2 = CH_2$
③ $CH \equiv CH$
④ CH_3CHO

> **해설**
> 올레핀계 탄화수소 : 에틸렌(C_2H_4)

18 2차 알코올이 산화되면 무엇이 되는가?

① 알데하이드
② 에 터
③ 카복실산
④ 케 톤

> **해설**
> 알코올의 산화반응
> • 1차 알코올 : R–OH → R–CHO(알데하이드) → R–COOH(카복실산)
> • 2차 알코올 : R_2–OH → R–CO–R′(케톤)
> 예 알데하이드 : 아세트알데하이드(CH_3CHO), 폼알데하이드(HCHO)
>   카복실산 : 초산(CH_3COOH), 의산(HCOOH)
>   케톤 : 아세톤(CH_3COCH_3), 메틸에틸케톤($CH_3COC_2H_5$)

14 ③ 15 ③ 16 ① 17 ② 18 ④ **정답**

19 다음 중 착염에 해당하는 것은?

① $Al_2(SO_4)_3$ ② $Pb(CH_3COO)_2$
③ $KAl(SO_4)_2$ ④ $K_4Fe(CN)_6$

해설
착염(Complex Salt) : 금속 배위결합물에 속한 착화합물로서 물에 녹인 수용액에서 복잡한 이론으로 전리하여 새로운 착이온을 생성시키는 염이다.
예 아민구리착염 $[Cu(NH_3)_4]SO_4$, 루테오염 $[Co(NH_3)_6]Cl_3$, 육사이아노철(Ⅱ)산칼륨 $K_4[Fe(CN)_6]$

20 P 43.7wt%와 O 56.3wt%로 구성된 화합물의 실험식으로 옳은 것은?(단, 원자량은 P는 31, O는 16이다)

① P_2O_4 ② PO_3
③ P_2O_5 ④ PO_2

해설
P : 43.7%, O : 56.3%이므로 실험식은
$$P : O = \frac{43.7}{31} : \frac{56.3}{16} = 1.41 : 3.51 = 2 : 5$$
∴ 실험식 = P_2O_5

21 메탄올 화재 시 수성막포소화약제의 소화효과가 없는 이유를 가장 옳게 설명한 것은?

① 유독가스가 발생하므로
② 메탄올은 포와 반응하여 가연성 가스를 발생하므로
③ 화염의 온도가 높아지므로
④ 메탄올이 수성막포에 대하여 소포성을 가지므로

해설
수용성 액체에서 수성막포는 소포(거품이 꺼짐)되므로 부적합하고 알코올용포소화약제가 적합하다.

22 경유 50,000L의 소화설비 소요단위는?

① 3 ② 4
③ 5 ④ 6

해설
경유는 제4류 위험물 제2석유류로서 지정수량은 1,000L이고, 위험물은 지정수량의 10배를 1소요단위이므로
$$∴ 소요단위 = \frac{저장수량}{지정수량 \times 10배} = \frac{50,000L}{1,000L \times 10배} = 5단위$$

23 분말소화약제로 사용되는 주성분에 해당되지 않는 것은?

① 탄산수소나트륨　　② 황산알루미늄
③ 탄산수소칼륨　　　④ 제1인산암모늄

해설

분말소화약제

종류	주성분	적응 화재	착색
제1종 분말	$NaHCO_3$ (중탄산나트륨, 탄산수소나트륨)	B, C급	백색
제2종 분말	$KHCO_3$ (중탄산칼륨, 탄산수소칼륨)	B, C급	담회색
제3종 분말	$NH_4H_2PO_4$ (인산암모늄, 제일인산암모늄)	A, B, C급	담홍색
제4종 분말	$KHCO_3 + (NH_2)_2CO$	B, C급	회색

24 묽은 질산이 칼슘과 반응하면 발생하는 기체는?

① 산소　　　　　② 질소
③ 수소　　　　　④ 수산화칼슘

해설

질산이 칼슘과 반응하면 수소가스가 발생한다.
$2HNO_3 + Ca \rightarrow Ca(NO_3)_2 + H_2$

25 옥내소화전설비의 옥내소화전이 3개 설치되었을 경우 수원의 수량은 몇 m^3 이상이 되어야 하는가?

① 7　　　　　　　② 23.4
③ 40.5　　　　　④ 100

해설

위험물 제조소 등의 수원

종류＼구분	방수 압력	방수량	수원
옥내 소화전 설비	350kPa 이상	260 L/min 이상	소화전의 수(최대 5개) × 7.8m^3 (260L/min × 30min = 7,800L = 7.8m^3)
옥외 소화전 설비	350kPa 이상	450 L/min 이상	소화전의 수(최대 4개) × 13.5m^3 (450L/min × 30min = 13,500L = 13.5m^3)
스프링 클러설비	100kPa 이상	80 L/min 이상	헤드 수 × 2.4m^3(80L/min × 30min = 2,400L = 2.4m^3)

∴ 옥내소화전설비의 수원 = 소화전의 수(최대 5개) × 7.8m^3
= 3 × 7.8m^3 = 23.4m^3

26 옥외탱크저장소의 압력탱크 수압시험의 조건으로 옳은 것은?

① 최대상용압력의 1.5배의 압력으로 5분간 수압시험을 한다.
② 최대상용압력의 1.5배의 압력으로 10분간 수압시험을 한다.
③ 사용압력에서 15분간 수압시험을 한다.
④ 사용압력에서 10분간 수압시험을 한다.

해설

옥외탱크저장소의 수압시험 : 최대상용압력의 1.5배의 압력으로 10분간 수압시험에서 이상이 없어야 한다(시행규칙 별표 6).

27 복합용도 건축물의 옥내저장소의 기준에서 옥내저장소의 용도에 사용되는 부분의 바닥면적은 몇 m² 이하로 해야 하는가?

① 30m²   ② 50m²
③ 75m²   ④ 100m²

해설
복합용도 건축물의 옥내저장소의 기준에서 옥내저장소의 용도로 사용되는 부분의 바닥면적은 75m² 이하로 해야 한다(시행규칙 별표 5).

28 위험물에 화재가 발생하였을 경우 물과의 반응으로 인해 주수소화가 적합하지 않은 것은?

① CH_3ONO_2 ② $KClO_3$
③ Li_2O_2 ④ P

해설
과산화리튬(Li_2O_2)은 제1류 위험물(무기과산화물)로서 물과 반응하면 산소가 발생하므로 위험하다.
$2Li_2O_2 + 2H_2O \rightarrow 4LiOH + O_2$

29 주된 연소형태가 나머지 셋과 다른 하나는?

① 종 이   ② 코크스
③ 금속분   ④ 숯

해설
고체의 연소
• 표면연소 : 목탄, 코크스, 숯, 금속분 등이 열분해에 의하여 가연성가스를 발생하지 않고 그 물질 자체가 연소하는 현상
• 분해연소 : 석탄, 종이, 목재, 플라스틱 등의 연소 시 열분해에 의해 발생된 가스와 공기가 혼합하여 연소하는 현상
• 증발연소 : 황, 나프탈렌, 왁스, 파라핀 등과 같이 고체를 가열하면 열분해는 일어나지 않고 고체가 액체로 되어 일정온도가 되면 액체가 기체로 변화하여 기체가 연소하는 현상
• 자기연소(내부연소) : 제5류 위험물인 나이트로셀룰로스, 질화면 등 그 물질이 가연물과 산소를 동시에 가지고 있는 가연물이 연소하는 현상

30 전역방출방식 분말소화설비에 있어 분사헤드는 저장용기에 저장된 분말소화약제량을 몇 초 이내에 균일하게 방출해야 하는가?

① 15   ② 30
③ 45   ④ 60

해설
전역방출방식, 국소방출방식의 분사헤드(위험물 세부기준 제136조)
• 방출압력 : 0.1MPa 이상
• 방출시간 : 30초 이내

정답 27 ③ 28 ③ 29 ① 30 ②

31 제3종 분말소화약제를 화재면에 방출 시 부착성이 좋은 막을 형성하여 연소에 필요한 산소의 유입을 차단하기 때문에 연소를 중단시킬 수 있다. 그러한 막을 구성하는 물질은?

① H_3PO_4　　　　② PO_4

③ HPO_3　　　　④ P_2O_5

제3종 분말(인산암모늄)이 열분해하여 메타인산(HPO_3)을 발생하므로 부착성 막을 만들어 공기를 차단한다.
$NH_4H_2PO_4 \rightarrow HPO_3 + NH_3 + H_2O$

32 펌프의 토출관에 압입기를 설치하여 포소화약제 압입용 펌프로 포소화약제를 압입시켜 혼합하는 방식은?

① 프레셔 프로포셔너

② 펌프 프로포셔너

③ 프레셔 사이드 프로포셔너

④ 라인 프로포셔너

혼합방식
- 프레셔 프로포셔너 방식(Pressure Proportioner, 차압 혼합방식) : 펌프와 발포기의 중간에 설치된 벤투리관의 벤투리작용과 펌프 가압수의 포소화약제 저장탱크에 대한 압력에 따라 포소화약제를 흡입·혼합하는 방식
- 펌프 프로포셔너 방식(Pump Proportioner, 펌프 혼합방식) : 펌프의 토출관과 흡입관 사이의 배관 도중에 설치한 흡입기에 펌프에서 토출된 물의 일부를 보내고 농도조정밸브에서 조정된 포소화약제의 필요량을 포소화약제 저장탱크에서 펌프 흡입측으로 보내어 약제를 혼합하는 방식
- 라인 프로포셔너 방식(Line Proportioner, 관로 혼합방식) : 펌프와 발포기의 중간에 설치된 벤투리관의 벤투리 작용에 따라 포소화약제를 흡입·혼합하는 방식
- 프레셔 사이드 프로포셔너 방식(Pressure Side Proportioner, 압입 혼합방식) : 펌프의 토출관에 압입기를 설치하여 포소화약제 압입용 펌프로 포소화약제를 압입시켜 혼합하는 방식
- 압축공기포 믹싱챔버 방식 : 물, 포소화약제 및 공기를 믹싱챔버로 강제주입시켜 챔버 내에서 포수용액을 생성한 후 포를 방사하는 방식

33 제조소 등에 전기설비(전기배선, 조명기구 등은 제외한다)가 설치된 장소의 바닥면적 150m²인 경우 설치해야 하는 소형수동식소화기의 최소 개수는?

① 1개　　　　② 2개

③ 3개　　　　④ 4개

제조소 등에 전기설비는 바닥면적 100m²마다 소형수동식소화기 1개 이상을 설치한다.
∴ 150m² ÷ 100m² = 1.5 → 2개

34 위험물안전관리법령상 전기설비에 적응성이 없는 소화설비는?

① 포소화설비

② 이산화탄소소화설비

③ 할로젠화합물소화설비

④ 물분무소화설비

포소화설비는 A급, B급 화재에 적합하며 질식, 냉각효과로 C급 화재인 전기설비에는 적응성이 없다.
※ 전기실, 발전실 등 전기설비의 소화설비 : 이산화탄소, 할로젠화합물, 분말

35 연소범위에 대한 일반적인 설명 중 틀린 것은?

① 연소범위는 온도가 높아지면 넓어진다.
② 공기 중에서보다 산소 중에서 연소범위는 넓어진다.
③ 압력이 높아지면 상한값은 변하지 않으나 하한값은 커진다.
④ 연소범위 농도 이하에서는 연소되기 어렵다.

해설
연소범위는 온도(압력)가 높아지면 하한계는 변하지 않고, 상한계는 커진다.

36 물의 특성 및 소화효과에 관한 설명으로 틀린 것은?

① 이산화탄소보다 기화잠열이 크다.
② 극성 분자이다.
③ 이산화탄소보다 비열이 작다.
④ 주된 소화효과가 냉각소화이다.

해설
물의 특성
• 표면장력과 열전도계수가 크다.
• 점도가 낮다.
• 물의 비열(1cal/g · ℃)과 증발잠열(539cal/g)이 크다.
• 구하기 쉽고 가격이 저렴하다.
• 냉각효과가 뛰어나다.

37 위험물안전관리법령상 위험물 품명이 나머지 셋과 다른 것은?

① 메틸알코올
② 에틸알코올
③ 아이소프로필알코올
④ 부틸알코올

해설
알코올류 : 분자를 구성하는 탄소 원자의 수가 1개부터 3개까지인 포화1가 알코올(변성알코올을 포함한다)로서 메틸알코올, 에틸알코올, 아이소프로필알코올이 있다.
※ 부틸알코올 : 제4류 위험물 제2석유류(비수용성)

38 벤젠과 톨루엔의 공통 성질이 아닌 것은?

① 물에 녹지 않는다.
② 냄새가 없다.
③ 휘발성 액체이다.
④ 증기는 공기보다 무겁다.

해설
벤젠과 톨루엔의 비교

종 류	벤 젠	톨루엔
품 명	제4류 위험물 제1석유류(비수용성)	제4류 위험물 제1석유류(비수용성)
지정수량	200L	200L
인화점	−11℃	4℃
외 관	무색, 투명한 방향성 냄새를 갖는 액체	무색, 투명한 방향성 냄새를 갖는 액체
용해성	물에 녹지 않는다.	물에 녹지 않는다.
소화효과	질식소화	질식소화

39 자연발화 방지법에 대한 설명 중 틀린 것은?

① 습도가 낮은 것을 피할 것
② 저장실의 온도가 낮을 것
③ 퇴적 및 수납할 때 열이 축적되지 않을 것
④ 통풍이 잘될 것

자연발화 방지법
• 습도를 낮게 할 것(습도가 낮으면 열이 한 곳에 축척이 되지 않기 때문에)
• 저장실이나 주위의 온도를 낮출 것
• 퇴적 및 수납할 때 열이 축적되지 않을 것
• 통풍이 잘되게 할 것

---

41 다음 위험물 중 제2석유류에 해당하는 것은?

① 아크릴산
② 나이트로벤젠
③ 메틸에틸케톤
④ 에틸렌글라이콜

제4류 위험물의 분류

종 류	아크릴산	나이트로벤젠	메틸에틸케톤	에틸렌글라이콜
구 분	제2석유류	제3석유류	제1석유류	제3석유류

---

40 황린이 연소할 때 다량으로 발생하는 흰 연기는 무엇인가?

① P_2O_5 　　　　② P_3O_7
③ PH_3 　　　　④ P_4S_3

황린이 연소하면 오산화인의 흰 연기(P_2O_5)가 발생한다.
$P_4 + 5O_2 \rightarrow 2P_2O_5$

---

42 위험물의 저장기준으로 틀린 것은?

① 이동탱크저장소에는 설치허가증을 비치해야 한다.
② 지하저장탱크의 주된 밸브는 위험물을 넣거나 빼낼 때 외에는 폐쇄해야 한다.
③ 아세트알데하이드를 저장하는 이동저장탱크에는 탱크안에 불활성가스를 봉입해야 한다.
④ 옥외저장탱크 주위에 설치된 방유제의 내부에 물이나 유류가 괴었을 경우에는 즉시 배출해야 한다.

위험물의 저장기준
• 이동탱크저장소에는 이동탱크저장소의 완공검사합격확인증 및 정기점검 기록을 비치해야 한다.
• 옥외저장탱크·옥내저장탱크 또는 지하저장탱크의 주된 밸브(액체의 위험물을 이송하기 위한 배관에 설치된 밸브 중 탱크의 바로 옆에 있는 것) 및 주입구의 밸브 또는 뚜껑은 위험물을 넣거나 빼낼 때 외에는 폐쇄해야 한다.
• 이동저장탱크에 아세트알데하이드 등을 저장하는 경우에는 항상 불활성의 기체를 봉입하여 둘 것
• 옥외저장탱크 주위에 설치된 방유제의 내부에 물이나 유류가 괴었을 경우에는 즉시 배출해야 한다.

43 다음 물질 중 황린과 접촉하였을 때 가장 위험한 것은?

① NaOH　　　　② H_2O

③ CO_2　　　　④ N_2

황린(제3류 위험물)
- 물속에 저장한다.
- 불연성가스(이산화탄소와 질소)와 접촉하여도 무관하다.
- 황린은 알칼리와 반응하면 유독성의 포스핀가스를 발생한다.
  $P_4 + 3NaOH + 3H_2O → PH_3$(포스핀) $+ 3NaH_2PO_2$(차아인산나트륨)

44 제4류 위험물을 저장하는 이동탱크저장소의 탱크 용량이 19,000L일 때 탱크의 칸막이는 최소 몇 개를 설치해야 하는가?

① 2　　　　② 3

③ 4　　　　④ 5

이동탱크저장소의 안전칸막이는 4,000L 이하마다 설치해야 하므로 19,000L ÷ 4,000L = 4.75 → 5칸
∴ 19,000L 탱크에 안전칸막이는 4개이고 칸은 5칸이다.

45 가솔린에 대한 설명 중 틀린 것은?

① 수산화칼륨과 아이오도폼 반응을 한다.

② 휘발하기 쉽고 인화성이 크다.

③ 물보다 가벼우나 증기는 공기보다 무겁다.

④ 전기에 대한 부도체이다.

휘발유(Gasoline)
- 물 성

화학식	비 중	증기비중	인화점	착화점	연소범위
C_5H_{12}~ C_9H_{20}	0.7~ 0.8	3~4	-43℃	280~ 456℃	1.2~ 7.6%

- 무색 투명한 휘발성이 강한 인화성 액체이다.
- 물보다 가벼우나(0.7~0.8) 증기는 공기보다 무겁다(3~4).
- 에틸알코올은 아이오도폼 반응을 한다.
- 전기에 대한 부도체이다.

46 위험물의 운반용기 외부에 수납하는 위험물의 종류에 따라 표시하는 주의사항을 옳게 연결한 것은?

① 염소산칼륨 – 물기주의

② 철분 – 물기주의

③ 아세톤 – 화기엄금

④ 질산 – 화기엄금

운반용기의 주의사항

종 류	표시 사항
제1류 위험물	• 알칼리금속의 과산화물 : 화기·충격주의, 물기엄금, 가연물접촉주의 • 그 밖의 것(염소산칼륨) : 화기·충격주의, 가연물접촉주의
제2류 위험물	• 철분, 금속분, 마그네슘 : 화기주의, 물기엄금 • 인화성 고체 : 화기엄금 • 그 밖의 것 : 화기주의
제3류 위험물	• 자연발화성 물질 : 화기엄금, 공기접촉엄금 • 금수성 물질 : 물기엄금
제4류 위험물 (아세톤)	화기엄금
제5류 위험물	화기엄금, 충격주의
제6류 위험물 (질산)	가연물접촉주의

47 다음 중 발화점이 가장 낮은 것은?

① 마그네슘　　　② 황 린

③ 적 린　　　　　④ 삼황화인

해설

발화점

종 류	마그네슘	황 린	적 린	삼황화인
발화점	520℃	34℃	260℃	약 100℃

48 다음 중 아이오딘값이 가장 큰 것은?

① 땅콩기름　　　② 피마자유

③ 면실유　　　　④ 아마인유

해설

아마인유는 아이오딘값이 130 이상으로 가장 크다.

49 메틸알코올과 에틸알코올의 공통 성질이 아닌 것은?

① 무색, 투명한 휘발성 액체이다.

② 물에 잘 녹는다.

③ 지정수량은 같다.

④ 인체에 대한 유독성이 없다.

해설

알코올의 비교

종 류	메틸알코올	에틸알코올
품 명	알코올류	알코올류
지정수량	400L	400L
외 관	무색, 투명한 휘발성 액체	무색, 투명한 휘발성 액체
용해성	물에 잘 녹는다.	물에 잘 녹는다.
비 중	0.79	0.79
인화점	11℃	13℃
독 성	있다.	없다.

50 그림과 같은 위험물을 저장하는 탱크의 내용적은 약 몇 m³인가?(단, r은 10m, l 은 25m이다)

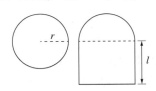

① 3,612　　　　　② 4,712

③ 5,812　　　　　④ 7,854

해설

탱크의 내용적

$V = \pi r^2 l$

$\quad = \pi \times (10\text{m})^2 \times 25\text{m}$

$\quad = 7,854\text{m}^3$

47 ②　48 ④　49 ④　50 ④　**정답**

51 과염소산나트륨에 대한 설명 중 틀린 것은?

① 물에 녹는다.
② 산화제이다.
③ 열분해하여 염소를 방출한다.
④ 조해성이 있다.

> **해설**
> 과염소산나트륨이 열분해하면 산소를 방출한다.
> $NaClO_4 \rightarrow NaCl + 2O_2 \uparrow$

52 담황색의 고체 위험물에 해당하는 것은?

① 나이트로셀룰로스
② 나트륨
③ 트라이나이트로톨루엔
④ 피리딘

> **해설**
> 위험물의 외관
>
> | 종류 | 품명 | 외관 |
> | --- | --- | --- |
> | 나이트로셀룰로스 | 제5류 위험물
질산에스터류 | 솜모양 같은 고체 |
> | 나트륨 | 제3류 위험물 | 은백색 무른 경금속 |
> | 트라이나이트로
톨루엔 | 제5류 위험물
나이트로화합물 | 담황색의 주상 결정 |
> | 피리딘 | 제4류 위험물
제1석유류 | 무색, 투명한 액체 |

53 A업체에서 제조한 위험물을 B업체로 운반할 때 규정에 의한 운반용기에 수납하지 않아도 되는 위험물은?(단, 지정수량의 2배 이상인 경우이다)

① 덩어리 상태의 황
② 금속분
③ 삼산화크로뮴
④ 염소산나트륨

> **해설**
> **적재방법 :** 모든 위험물은 운반 시 운반용기에 수납하여 운반해야 한다. 다만, 덩어리 상태의 황은 운반하기 위하여 적재하는 경우 또는 위험물을 동일구내에 있는 제조소 등의 상호 간에 운반하기 위하여 적재하는 경우는 예외이다(시행규칙 별표 19).

54 오황화인이 습한 공기 중에서 분해하여 발생한 가스에 대한 설명으로 옳은 것은?

① 불연성이다.
② 유독하다.
③ 냄새가 없다.
④ 물에 녹지 않는다.

> **해설**
> 오황화인은 물 또는 알칼리에 의해 분해되어 황화수소(H_2S)와 인산(H_3PO_4)이 된다.
> $P_2S_5 + 8H_2O \rightarrow 5H_2S + 2H_3PO_4$
> ※ 황화수소(H_2S)의 특징
> • 가연성 가스
> • 유독하다.
> • 계란썩는 냄새가 나는 가연성 가스로서 물에 녹는다.

55 피리딘에 대한 설명 중 틀린 것은?

① 액체이다.

② 물에 녹지 않는다.

③ 상온에서 인화의 위험이 있다.

④ 독성이 있다.

해설

피리딘(Pyridine)

• 물 성

화학식	비 중	비 점	융 점	인화점	착화점	연소 범위
C_5H_5N	0.99	115.4℃	−41.7℃	16℃	482℃	1.8∼12.4%

• 순수한 것은 무색의 액체로 강한 악취와 독성이 있다.

• 약알칼리성을 나타내며 수용액 상태에서도 인화의 위험이 있다.

• 산, 알칼리에 안정하고, 물, 알코올, 에터에 잘 녹는다(수용성).

56 다음 중 인화점이 가장 높은 것은?

① $CH_3COOC_2H_5$

② CH_3OH

③ CH_3COOH

④ CH_3COCH_3

해설

제4류 위험물의 인화점

종 류	$CH_3COOC_2H_5$	CH_3OH	CH_3COOH	CH_3COCH_3
명 칭	초산에틸	메틸알코올	초 산	아세톤
품 명	제1석유류	알코올류	제2석유류	제1석유류
인화점	−3℃	11℃	40℃	−18.5℃

57 다음 ( ) 안에 알맞은 색상을 차례대로 나열한 것은?

> 이동저장탱크 차량의 전면 및 후면의 보기 쉬운 곳에 직사각형의 ( ) 바탕에 ( )의 반사도료로 "위험물"이라고 표시해야 한다.

① 백색 – 적색

② 백색 – 흑색

③ 황색 – 적색

④ 흑색 – 황색

해설

이동탱크저장소의 "위험물" 표지 : 흑색 바탕에 황색의 반사도료

58 제5류 위험물의 제조소에 설치하는 주의사항 게시판에서 게시판 바탕 및 문자의 색을 옳게 나타낸 것은?

① 청색 바탕에 백색 문자

② 백색 바탕에 청색 문자

③ 백색 바탕에 적색 문자

④ 적색 바탕에 백색 문자

해설

위험물 제조소 등의 표지 및 게시판(시행규칙 별표 4)

위험물의 종류	주의사항	게시판의 색상
• 제1류 위험물 중 알칼리금속의 과산화물 • 제3류 위험물 중 금수성 물질	물기엄금	청색 바탕에 백색 문자
제2류 위험물(인화성 고체는 제외)	화기주의	적색 바탕에 백색 문자
• 제2류 위험물 중 인화성 고체 • 제3류 위험물 중 자연발화성 물질 • 제4류 위험물 • 제5류 위험물	화기엄금	적색 바탕에 백색 문자

59 나이트로글리세린에 대한 설명으로 틀린 것은?

① 순수한 것은 상온에서 무색, 투명한 액체이다.

② 순수한 것은 겨울철에 동결될 수 있다.

③ 메탄올에 녹는다.

④ 물보다 가볍다.

해설

나이트로글리세린(Nitro Glycerine, NG)

• 물 성

화학식	융 점	비 중	비 점
$C_3H_5(ONO_2)_3$	2.8℃	1.6	218℃

• 무색, 투명한 기름성의 액체(공업용 : 담황색)이다.

• 알코올, 에터, 벤젠, 아세톤 등 유기용제에는 녹는다.

• 상온에서 액체이고 겨울에는 동결한다.

• 물보다 무겁다.

60 물과 접촉 시 동일한 가스를 발생하는 물질을 나열한 것은?

① 수소화나트륨, 금속리튬

② 탄화칼슘, 금속칼슘

③ 트라이에틸알루미늄, 탄화알루미늄

④ 인화칼슘, 수소화칼슘

해설

물과 반응

종 류	물과 반응식	발생 가스
수소화 나트륨	$NaH + H_2O \rightarrow NaOH + H_2 \uparrow$	수 소
금속리튬	$Li + 2H_2O \rightarrow 2LiOH + H_2 \uparrow$	수 소
탄화칼슘	$CaC_2 + 2H_2O \rightarrow Ca(OH)_2 + C_2H_2 \uparrow$	아세틸렌
금속칼슘	$Ca + 2H_2O \rightarrow Ca(OH)_2 + H_2 \uparrow$	수 소
트라이 에틸 알루미늄	$(C_2H_5)Al + 3H_2O \rightarrow Al(OH)_3 + C_2H_6 \uparrow$	에테인
탄화 알루미늄	$Al_4C_3 + 12H_2O \rightarrow 4Al(OH)_3 + 3CH_4 \uparrow$	메테인
인화칼슘	$Ca_3P_2 + 6H_2O \rightarrow 3Ca(OH)_2 + 2PH_3 \uparrow$	포스핀
수소화 칼슘	$CaH_2 + 2H_2O \rightarrow Ca(OH)_2 + 2H_2 \uparrow$	수 소

01 10L의 프로페인을 완전연소 시키는 데 필요한 공기는 몇 L인가?(단, 공기 중 산소의 부피는 20%로 가정한다)

① 10
② 50
③ 125
④ 250

해설
프로페인의 연소반응식

$C_3H_8 + 5O_2 \rightarrow 3CO_2 + H_2O$

22.4L ⟍ 5 × 22.4L
10L ⟋ x

$x = \dfrac{10L \times 5 \times 22.4L}{22.4L} = 50L$(이론 산소량)

∴ 이론 공기량 50L ÷ 0.2 = 250L

02 벤젠을 약 300℃, 높은 압력에서 Ni 촉매로 수소와 반응시켰을 때 얻어지는 물질은?

① Cyclopentane
② Cyclopropane
③ Cyclohexane
④ Cyclooctane

해설
벤젠을 약 300℃, 높은 압력에서 Ni, Pt 촉매하에서 수소와 반응시켜 Cyclohexane을 제조한다.

03 사방황과 단사황이 서로 동소체임을 알 수 있는 실험방법은?

① 이황화탄소에 녹여 본다.
② 태웠을 때 생기는 물질을 분석해 본다.
③ 광학현미경으로 본다.
④ 색과 맛을 비교해 본다.

해설
동소체 : 같은 원소로 되어 있으나 성질과 모양이 다른 단체로서 연소생성물로 확인한다.

원 소	동소체	연소생성물
탄소(C)	다이아몬드, 흑연	이산화탄소(CO_2)
황(S)	사방황, 단사황, 고무상황	이산화황(SO_2)
인(P)	적린(붉은인), 황린(흰인)	오산화인(P_2O_5)
산소(O)	산소, 오존	–

04 다음 중 증기 비중이 가장 큰 것은?

① 산 소
② 질 소
③ 이산화탄소
④ 수 소

해설

증기비중 = $\dfrac{\text{분자량}}{29}$

• 산소(O_2) = $\dfrac{32}{29}$ = 1.10

• 질소(N_2) = $\dfrac{28}{29}$ = 0.966

• 이산화탄소(CO_2) = $\dfrac{44}{29}$ = 1.517

• 수소(H_2) = $\dfrac{2}{29}$ = 0.069

05 화약제조에 사용되는 물질인 질산칼륨에서 N의 산화수는 얼마인가?

① +1 　　　　　　② +3

③ +5 　　　　　　④ +7

질산칼륨(KNO_3)의 산화수

$1 + x + (-2 \times 3) = 0$

$\therefore\ x = +5$

06 평형상태를 이동시키는 조건에 해당되지 않는 것은?

① 온 도 　　　　② 농 도

③ 촉 매 　　　　④ 압 력

화학반응에 관여하는 요인 : 온도, 압력, 농도

07 불꽃반응에서 노란색을 나타내는 용질을 녹인 무색 용액에 질산은($AgNO_3$) 용액을 첨가하였더니 백색 침전이 생겼다. 이 용액의 용질은 다음 중 무엇인가?

① NaOH 　　　　② NaCl

③ Na_2SO_4 　　　　④ KCl

노란색(황색)의 불꽃반응은 나트륨(Na)이고, 수용액에 $AgNO_3$ 용액을 넣었더니 백색 침전이 생기는 것은 염화은(AgCl)이므로 이 물질은 염화나트륨(NaCl)이다.

$NaCl + AgNO_3 \rightarrow AgCl \downarrow (백색침전) + NaNO_3$

08 다음 중 이온상태에서의 반지름이 가장 작은 것은?

① S^{2+} 　　　　② Cl^-

③ K^+ 　　　　④ Ca^{2+}

이온 반지름은 원자번호가 증가할수록 작아진다.

• 원자번호

　– 황(S) : 16

　– 염소(Cl) : 17

　– 칼륨(K) : 19

　– 칼슘(Ca) : 20

09 원자번호 20인 Ca의 원자량은 40이다. 원자핵의 중성자수는 얼마인가?

① 10 　　　　② 20

③ 40 　　　　④ 60

중성자수 = 질량수 - 양성자수(원자번호) = 40 - 20 = 20

10 다음 물질 중 질소를 함유하는 것은?

① 나일론 　　　　② 폴리에틸렌

③ 폴리염화비닐 　　　　④ 프로필렌

물질의 화학식

• 나일론(Nylon) 6

$$\underset{}{\left(CH_2-CH_2-CH_2-CH_2-CH_2-\overset{\displaystyle O}{\overset{\|}{C}}-\underset{\displaystyle H}{\overset{|}{N}}\right)_n}$$

• 폴리에틸렌(PE, Poly Ethylene)

$(CH_2-CH_2)_n$

• 폴리염화비닐(PVC, Poly Vinyl Chloride)

$\underset{\underset{\displaystyle Cl}{|}}{(CH_2-CH)_n}$

• 프로필렌(Propylene)

$CH_3CH = CH_2$

11 불순물로 식염을 포함하고 있는 NaOH 3.2g을 물에 녹여 100mL로 한 다음 그중 50mL를 중화하는 데 1N의 염산이 20mL 필요했다. 이 NaOH의 농도는 약 몇 wt%인가?

① 10   ② 20

③ 33   ④ 50

해설

먼저 중화 전 NaOH의 농도를 구하면

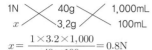

$$x = \frac{1 \times 3.2 \times 1,000}{40 \times 100} = 0.8\text{N}$$

이것을 중화적정하기 위하여

$NV = N'V'$ 에서 $0.8\text{N} \times 50\text{mL} \times x = 1\text{N} \times 20\text{mL}$

$\therefore x = 50\text{wt}\%$

12 대기를 오염시키고 산성비의 원인이 되며 광화학 스모그 현상을 일으키는 중요한 원인이 되는 물질은?

① 프레온 가스   ② 질소산화물

③ 할로젠화수소   ④ 중금속물질

해설

질소산화물, 아황산가스, 염화수소 등이 산성비의 원인이다.

13 다음과 같은 경향성을 나타내지 않는 것은?

Li < Na < K

① 원자번호

② 원자반지름

③ 이온화에너지

④ 전자수

해설

1족 원소(알칼리금속)로서 Li(리튬, 원자번호 3), Na(나트륨, 원자번호 11), K(칼륨, 원자번호 19)

• 중성원자에서는 원자번호 = 전자수
• 원소의 성질

구 분 항 목	같은 주기에서 원자번호가 증가할수록(왼쪽에서 오른쪽으로)	같은 족에서 원자번호가 증가할수록(윗쪽에서 아래쪽으로)
이온화에너지	증가한다.	감소한다.
전기음성도	증가한다.	감소한다.
이온반지름	작아진다.	커진다.
원자반지름	작아진다.	커진다.
비금속성	증가한다.	감소한다.

14 Ca^{2+} 이온의 전자배치를 옳게 나타낸 것은?

① $1s^2 2s^2 2p^6 3s^2 3p^6 3d^2$

② $1s^2 2s^2 2p^6 3s^2 3p^6 4s^2$

③ $1s^2 2s^2 2p^6 3s^2 3p^6 4s^2 3d^2$

④ $1s^2 2s^2 2p^6 3s^2 3p^6$

해설

Ca^{2+}(원자번호 20) : $1s^2 2s^2 2p^6 3s^2 3p^6 4s^2$ 인데 2가 양이온으로 전자 2개를 잃어 18개의 전자를 가지므로 전자배치는 $1s^2 2s^2 2p^6 3s^2 3p^6$ 이다.

15 0℃의 얼음 10g을 모두 수증기로 변화시키려면 약 몇 cal의 열량이 필요한가?

① 6,190cal   ② 6,390cal

③ 6,890cal   ④ 7,190cal

얼음 → 0℃ 물 → 100℃ 물 → 100℃ 수증기

$Q = r_1 m + m C_p \Delta T + r_2 m$

$\quad = (80\text{cal/g} \times 10\text{g}) + [10\text{g} \times 1\text{cal/g} \cdot ℃ \times (100 - 0)℃]$

$\quad\quad + (539\text{cal/g} \times 10\text{g})$

$\quad = 7{,}190\text{cal}$

※ 물의 융해잠열 : 80cal/g

물의 증발잠열 : 539cal/g

16 황산 196g으로 1M−H_2SO_4 용액을 몇 mL 만들 수 있는가?

① 1,000   ② 2,000

③ 3,000   ④ 4,000

황산 1M은 1,000mL 속에 98g이 용해되어 있는 것으로

1M ╳ 98g ╳ 1,000mL

1M ╳ 196g ╳ x

$\therefore x = \dfrac{1 \times 196 \times 1{,}000}{1 \times 98} = 2{,}000\text{mL}$

17 어떤 용액의 pH를 측정하였더니 4이었다. 이 용액을 1,000배 희석시킨 용액의 pH를 옳게 나타낸 것은?

① pH = 3   ② pH = 4

③ pH = 5   ④ 6 < pH < 7

$[H^+] = \dfrac{(10^{-4} \times 1) + (10^{-7} \times 999)}{1{,}000} = 1.99 \times 10^{-7}$

$pH = -\log[H^+] = -\log[1.99 \times 10^{-7}] = 7 - \log 1.99 = 7 - 0.3$

$\quad = 6.7$

그러므로 pH는 6 < pH < 7

18 우라늄 $^{235}_{92}U$ 는 다음과 같이 붕괴한다. 생성된 Ac의 원자번호는?

$$^{235}_{92}U \xrightarrow{\alpha} Th \xrightarrow{\beta} Pa \xrightarrow{\alpha} Ac$$

① 67   ② 88

③ 89   ④ 90

α붕괴하면 원자번호 2 감소, 질량수 4 감소하고 β붕괴하면 원자번호만 1 증가한다.

$$^{235}_{92}U \xrightarrow{\alpha} {}^{231}_{90}Th \xrightarrow{\beta} {}^{231}_{91}Pa \xrightarrow{\alpha} {}^{227}_{89}Ac$$

19 어떤 금속산화물의 원자가는 2이며, 그 산화물의 조성은 금속이 80wt%이다. 이 금속의 원자량은?

① 32 　　　　　　② 48

③ 64 　　　　　　④ 80

해설
산소 : 금속의 당량을 비례식으로 계산하면
$20 : 80 = 8 : x$
$x = 32$
∴ 금속의 원자량 = 당량 × 원자가
　　　　　　　　 = $32 \times 2 = 64$

20 다음과 같이 나타낸 전지에 해당하는 것은?

$$\text{(+) Cu} \parallel H_2SO_4(aq) \parallel \text{Zn(-)}$$

① 볼타전지 　　　　② 납축전지

③ 다니엘전지 　　　④ 건전지

해설
볼타전지 : 아연(Zn)판과 구리(Cu)판을 도선으로 연결하고 묽은 황산을 넣어 두 전극에서 산화, 환원반응으로 전기에너지로 변환시키는 장치로서 Zn판(-극)에서는 산화, Cu판(+극)에서는 환원이 일어난다.
$\text{(+) Cu} \parallel H_2SO_4(aq) \parallel \text{Zn(-)}$

제2과목 화재예방과 소화방법

21 화재 발생 시 위험물에 대한 소화방법으로 옳지 않은 것은?

① 트라이에틸알루미늄 : 소규모 화재 시 팽창질석을 사용한다.

② 과산화나트륨 : 할로젠화합물 소화기로 질식소화 한다.

③ 인화성 고체 : 이산화탄소 소화기로 질식소화 한다.

④ 휘발유 : 탄산수소염류 분말 소화기로 질식소화 한다.

해설
과산화나트륨의 소화약제 : 마른모래, 팽창질석, 팽창진주암, 탄산수소염류 분말소화약제

22 연소반응이 용이하게 일어나기 위한 조건으로 틀린 것은?

① 가연물이 산소와 친화력이 클 것

② 가연물의 열전도율이 클 것

③ 가연물의 표면적이 클 것

④ 가연물의 활성화에너지가 작을 것

해설
가연물의 열전도율이 크면 열이 한 곳에 모이지 않으므로 연소가 잘 일어나지 않는다.

23 일반적으로 다량 주수를 통한 소화가 가장 효과적인 화재는?

① A급 화재

② B급 화재

③ C급 화재

④ D급 화재

A급 화재 : 주수에 의한 냉각효과

24 위험물안전관리법령상 소화설비의 적응성에서 이산화탄소 소화기가 적응성이 있는 것은?

① 제1류 위험물

② 제3류 위험물

③ 제4류 위험물

④ 제5류 위험물

제4류 위험물은 이산화탄소, 할로젠화합물, 분말소화기가 적응성이 있다.

25 분말소화약제인 탄산수소나트륨 10kg이 1기압, 270℃에서 방사되었을 때 발생하는 이산화탄소의 양은 약 몇 m³인가?

① 2.65 ② 3.65

③ 18.22 ④ 36.44

• 탄산수소나트륨($NaHCO_3$)의 분해식

$2NaHCO_3 \rightarrow Na_2CO_3 + H_2O + CO_2$

$2 \times 84kg$ ———— $44kg$

$10kg$ ———— x

$x = \dfrac{10kg \times 44kg}{2 \times 84kg} = 2.62kg$

• 이상기체 상태방정식

$PV = nRT = \dfrac{W}{M}RT$ $V = \dfrac{WRT}{PM}$

여기서, P : 압력(1atm)

V : 부피(m³)

M : 분자량(44kg/kg-mol)

W : 무게(2.62kg)

R : 기체상수(0.08205m³·atm/kg-mol·K)

T : 절대온도(273+270℃=543K)

$\therefore\ V = \dfrac{WRT}{PM} = \dfrac{2.62 \times 0.08205 \times 543}{1 \times 44} = 2.65m^3$

26 다음 중 $(C_2H_5)_3Al$의 소화방법으로 가장 적합한 소화약제는?

① 물 ② CO_2

③ 팽창진주암 ④ CCl_4

트라이에틸알루미늄$[(C_2H_5)_3Al]$의 소화약제 : 마른모래, 팽창질석, 팽창진주암, 탄산수소염류

27 소화설비의 설치기준에 있어서 위험물저장소의 건축물로서 외벽이 내화구조로 된 것은 연면적 몇 m² 를 1소요단위로 하는가?

① 50　　　　　　　　② 75

③ 100　　　　　　　④ 150

해설
저장소용 건축물의 소요단위
• 외벽이 내화구조인 경우 : 연면적 150m²
• 외벽이 내화구조가 아닌 경우 : 연면적 75m²

28 물과 반응하였을 때 발생하는 가스의 종류가 나머지 셋과 다른 하나는?

① 알루미늄분　　　　② 칼 슘

③ 탄화칼슘　　　　　④ 수소화칼슘

해설
물과의 반응식
• 알루미늄분　　2Al + 6H₂O → 2Al(OH)₃ + 3H₂(수소)
• 칼 슘　　　　　Ca + 2H₂O → Ca(OH)₂ + H₂
• 탄화칼슘　　　CaC₂ + 2H₂O → Ca(OH)₂ + C₂H₂(아세틸렌)
• 수소화칼슘　　CaH₂ + 2H₂O → Ca(OH)₂ + 2H₂

29 이산화탄소 소화기의 장단점에 대한 설명으로 틀린 것은?

① 밀폐된 공간에서 사용 시 질식으로 인명피해가 발생할 수 있다.
② 전류가 통하는 장소에서의 사용은 위험하다.
③ 자체의 압력으로 방출할 수 있다.
④ 소화 후 소화약제에 의한 오손이 없다.

해설
이산화탄소 소화기는 전기화재에 적합하다.

30 다음 인화성 액체위험물 중 비중이 가장 큰 것은?

① 경 유　　　　　　② 아세톤

③ 이황화탄소　　　　④ 중 유

해설
액체의 비중

종 류	경 유	아세톤	이황화탄소	중 유
액체비중	0.82~0.84	0.79	1.26	0.936

31 피리딘 20,000L에 대한 소화설비의 소요단위는?

① 5단위　　　　　　② 10단위

③ 15단위　　　　　　④ 100단위

해설
피리딘은 제4류 위험물 제1석유류(수용성)로서 지정수량은 400L 이다.
∴ 소요단위 = 저장수량/(지정수량 × 10)
= 20,000L/(400L × 10) = 5단위

32 자연발화의 방지법으로 옳지 않은 것은?

① 습도가 낮은 곳을 피한다.
② 산소와 접촉을 최소화한다.
③ 저장실의 온도를 낮춘다.
④ 통풍이 잘 되게 한다.

해설
자연발화의 방지법
• 습도를 낮게 할 것
• 주위의 온도를 낮출 것
• 통풍을 잘 시킬 것
• 불활성가스를 주입하여 공기와 접촉을 피할 것

33 다음 중 화재 시 다량의 물에 의한 냉각소화가 가장 효과적인 것은?

① 금속의 수소화물
② 알칼리금속 과산화물
③ 유기과산화물
④ 금속분

> **해설**
> 유기과산화물(제5류 위험물) : 다량의 물에 의한 냉각소화

34 옥외소화전의 개폐밸브 및 호스접속구는 지반면으로부터 몇 m 이하의 높이에 설치해야 하는가?

① 1.5m
② 2.5m
③ 3.5m
④ 4.5m

> **해설**
> 옥외소화전의 개폐밸브 및 호스접속구 설치 위치 : 지반면으로부터 1.5m 이하에 설치해야 한다.

35 다음 중 소화약제로 사용하지 않는 것은?

① 이산화탄소
② 제1인산암모늄
③ 탄산수소나트륨
④ 트라이클로로실레인

> **해설**
> 트라이클로로실레인은 제3류 위험물의 염소화규소화합물이다.

36 분말소화약제인 제1인산암모늄을 사용하였을 때 열분해하여 부착성인 막을 만들어 공기를 차단하는 것은?

① HPO_3
② PH_3
③ NH_3
④ P_2O_5

> **해설**
> 메타인산(HPO_3)은 제3종 열분해 시 발생하여 부착성 막을 만들어 공기를 차단하는 것이다.

37 소화약제로서 물이 갖는 특성에 대한 설명으로 가장 거리가 먼 것은?

① 유화효과(Emulsification Effect)도 기대할 수 있다.
② 증발잠열이 커서 기화 시 다량의 열을 제거한다.
③ 기화팽창률이 커서 질식효과가 있다.
④ 용융잠열이 커서 주수 시 냉각효과가 뛰어나다.

> **해설**
> 물은 증발(기화)잠열과 비열이 커서 소화약제로 사용한다.

38 주된 소화효과가 산소공급원의 차단에 의한 소화가 아닌 것은?

① 포소화기
② 건조사
③ CO_2 소화기
④ Halon 1211 소화기

> **해설**
> 할론(Halon 1211) 소화기의 주된 소화효과 : 부촉매 효과

39 소방대상물의 옥내소화전을 각 층에 6개씩 설치하도록 할 때 수원의 최소 수량은 얼마인가?

① $13m^3$ ② $20.8m^3$
③ $39m^3$ ④ $62.4m^3$

해설
옥내소화전설비의 방수량, 방수압력, 수원

방수량	방수압력	토출량	수 원
260L/min 이상	0.35MPa 이상	N(최대 5개) × 260L/min	N(최대 5개) × 7.8m³ (260L/min × 30min)

∴ 수원 = N(최대 5개) × $7.8m^3$ = 5 × $7.8m^3$ = $39m^3$

40 연소형태가 나머지 셋과 다른 하나는?

① 목 탄 ② 메탄올
③ 파라핀 ④ 황

해설
• 증발연소 : 메탄올, 파라핀, 황
• 표면연소 : 목탄

제3과목 위험물의 성상 및 취급

41 제3류 위험물과 혼재할 수 있는 위험물은 제 몇 류 위험물인가?(단, 지정수량의 10배인 경우이다)

① 제1류 ② 제2류
③ 제4류 ④ 제5류

해설
운반 시 혼재 가능한 위험물
• 제1류 + 제6류 위험물
• 제3류 + 제4류 위험물
• 제2류 + 제4류 + 제5류 위험물

42 물과 접촉하였을 때 에테인이 발생되는 물질은?

① CaC_2 ② $(C_2H_5)_3Al$
③ $C_6H_3(NO_2)_3$ ④ $C_2H_5ONO_2$

해설
트라이에틸알루미늄은 물과 반응하면 에테인(C_2H_6)을 발생한다.
$(C_2H_5)_3Al + 3H_2O \rightarrow Al(OH)_3 + 3C_2H_6$

43 CaO_2와 K_2O_2의 공통적인 성질에 해당하는 것은?

① 청색 침상 분말이다.
② 물과 알코올에 잘 녹는다.
③ 가열하면 산소를 방출하여 분해한다.
④ 염산과 반응하여 수소를 발생한다.

해설
과산화칼슘과 과산화칼륨의 비교

종 류 항 목	과산화칼슘	과산화칼륨
화학식	CaO_2	K_2O_2
외 관	백색 분말	무색 또는 오렌지색 결정
가열 시	$2CaO_2 \rightarrow$ $2CaO + O_2$(산소 발생)	$2K_2O_2 \rightarrow$ $2K_2O + O_2$(산소 발생)
물과 접촉	$2CaO_2 + 2H_2O \rightarrow$ $2Ca(OH)_2 + O_2$(산소)	$2K_2O_2 + 2H_2O \rightarrow$ $4KOH + O_2$(산소)
염산과 반응	$CaO_2 + 2HCl \rightarrow$ $CaCl_2 + H_2O_2$(과산화수소)	$2K_2O_2 + 2HCl \rightarrow$ $2KCl + H_2O_2$(과산화수소)
용해성	물, 알코올, 에터에 불용	에틸알코올에 용해

44 다음의 위험물을 저장할 때 저장 또는 취급에 관한 기술상의 기준을 시·도의 조례에 의해 규제를 받는 경우는?

① 등유 2,000L를 저장하는 경우
② 중유 3,000L를 저장하는 경우
③ 윤활유 5,000L를 저장하는 경우
④ 휘발유 400L를 저장하는 경우

[해설]
지정수량 미만(지정수량의 배수가 1 미만)을 저장 또는 취급 시에는 시·도 조례의 규제를 받는다.

• 지정수량

종 류	등 유	중 유	윤활유	휘발유
품 명	제2석유류 (비수용성)	제3석유류 (비수용성)	제4석유류	제1석유류 (비수용성)
지정수량	1,000L	2,000L	6,000L	200L

• 지정수량의 배수 = $\dfrac{\text{저장수량}}{\text{지정수량}}$

- 등유 2,000L의 지정수량의 배수 = $\dfrac{2,000L}{1,000L}$ = 2.0배

- 중유 3,000L의 지정수량의 배수 = $\dfrac{3,000L}{2,000L}$ = 1.5배

- 윤활유 5,000L의 지정수량의 배수 = $\dfrac{5,000L}{6,000L}$ = 0.83배

- 휘발유 400L의 지정수량의 배수 = $\dfrac{400L}{200L}$ = 2.0배

45 황린에 대한 설명으로 틀린 것은?

① 백색 또는 담황색의 고체로 독성이 있다.
② 물에는 녹지 않고 이황화탄소에는 녹는다.
③ 공기 중에서 산화되어 오산화인이 된다.
④ 녹는점은 적린과 비슷하다.

[해설]
황린과 적린의 비교

종 류	황 린	적 린
유 별	제3류 위험물	제2류 위험물
녹는점	34℃	600℃

46 위험물안전관리법령상 제2류 위험물 중 철분을 수납한 운반용기 외부에 표시해야 할 내용은?

① 물기주의 및 화기엄금
② 화기주의 및 물기엄금
③ 공기노출엄금
④ 충격주의 및 화기엄금

[해설]
철분(제2류 위험물)의 외부 표시사항 : 화기주의 및 물기엄금

47 위험물제조소의 안전거리 기준으로 틀린 것은?

① 주택으로부터 10m 이상
② 학교, 병원, 극장으로부터 30m 이상
③ 유형문화재와 기념물 중 지정문화재로부터는 70m 이상
④ 고압가스 등을 저장·취급하는 시설로부터는 20m 이상

[해설]
유형문화재와 기념물 중 지정문화재 : 50m 이상

48 이송취급소 배관 등의 용접부는 비파괴시험을 실시하여 합격해야 한다. 이 경우 이송기지 내의 지상에 설치되는 배관 등을 전체 용접부의 몇 % 이상 발췌하여 시험할 수 있는가?

① 10　　　　　② 15
③ 20　　　　　④ 25

[해설]
이송기지 내의 지상에 설치되는 배관 등은 비파괴시험을 실시할 때 전체 용접부의 20% 이상 발췌하여 시험해야 한다.

49 판매취급소에서 위험물을 배합하는 실의 기준으로 틀린 것은?

① 내화구조 또는 불연재료로 된 벽으로 구획한다.
② 출입구는 자동폐쇄식의 60분+ 방화문 또는 60분 방화문을 설치한다.
③ 내부에 체류한 가연성 증기를 지붕 위로 방출하는 설비를 한다.
④ 바닥에는 경사를 두어 되돌림관을 설치한다.

해설
바닥은 위험물이 침투하지 않는 구조로 하여 적당한 경사를 두고 집유설비를 설치해야 한다.

50 셀룰로이드의 자연발화 형태로 가장 옳게 나타낸 것은?

① 잠열에 의한 발화
② 미생물에 의한 발화
③ 분해열에 의한 발화
④ 흡착열에 의한 발화

해설
자연발화의 형태
• 산화열에 의한 발화 : 석탄, 건성유, 고무분말
• 분해열에 의한 발화 : 셀룰로이드, 나이트로셀룰로스
• 미생물에 의한 발화 : 퇴비, 먼지
• 흡착열에 의한 발화 : 목탄, 활성탄

51 두 가지 물질을 혼합하였을 때 위험성이 증가하는 경우가 아닌 것은?

① 과망니즈산칼륨 + 황산
② 나이트로셀룰로스 + 알코올 수용액
③ 질산나트륨 + 유기물
④ 질산 + 에틸알코올

해설
나이트로셀룰로스는 물 또는 알코올 수용액에 습면시켜 저장 또는 운반한다.

52 보냉장치가 없는 이동저장탱크에 저장하는 아세트알데하이드의 온도는 몇 ℃ 이하로 유지해야 하는가?

① 30   ② 40
③ 50   ④ 60

해설
아세트알데하이드 등 또는 다이에틸에터 등을 이동저장탱크에 저장하는 경우
• 보냉장치가 있는 경우 : 비점 이하
• 보냉장치가 없는 경우 : 40℃ 이하

53 인화점이 1기압에서 20℃ 이하인 것으로만 나열된 것은?

① 벤젠, 휘발유
② 다이에틸에터, 등유
③ 휘발유, 글리세린
④ 참기름, 등유

해설
인화점
• 벤젠 : −11℃
• 휘발유 : −43℃

54 위험물제조소의 배출설비의 배출능력은 1시간당 배출장소 용적의 몇 배 이상인 것으로 해야 하는가?(단, 전역방식의 경우는 제외한다)

① 5   ② 10
③ 15   ④ 20

해설
배출설비의 배출능력은 1시간당 배출장소 용적의 20배 이상으로 해야 한다.

55 위험물의 유별 성질 중 자기반응성 물질에 해당하는 것은?

① 적 린   ② 메틸에틸케톤
③ 피크린산   ④ 철 분

해설
위험물의 성질

종류	적린	메틸에틸케톤	피크린산	철분
유별	제2류 위험물	제4류 위험물	제5류 위험물	제2류 위험물
성질	가연성 고체	인화성 액체	자기반응성 물질	가연성 고체

56 제1류 위험물에 해당하는 것은?

① 염소산칼륨   ② 수산화칼륨
③ 수소화칼륨   ④ 아이오딘화칼륨

해설
위험물의 구분

종류	염소산칼륨	수산화칼륨	수소화칼륨	아이오딘화칼륨
유별	제1류 위험물	비위험물	제3류 위험물	비위험물

57 제2류 위험물과 제5류 위험물의 일반적인 성질 중 공통점으로 옳은 것은?

① 산화력이 세다.
② 가연성 물질이다.
③ 액체 물질이다.
④ 산소 함유 물질이다.

해설
제2류 위험물은 가연성 고체이고, 제5류 위험물은 자기반응성 물질로 가연성이다.

58 등유 속에 저장하는 위험물은?

① 트라이에틸알루미늄
② 인화칼슘
③ 탄화칼슘
④ 칼 륨

해설
칼륨과 나트륨의 보호액 : 등유, 경유, 유동파라핀

59 질산나트륨을 저장하고 있는 옥내저장소(내화구조의 격벽으로 완전히 구획된 실이 2 이상 있는 경우에는 동일한 실)에 함께 저장하는 것이 법적으로 허용되는 것은?(단, 위험물을 유별로 정리하여 서로 1m 이상의 간격을 두는 경우이다)

① 적 린
② 인화성 고체
③ 동식물유류
④ 과염소산

해설
제1류 위험물(질산나트륨)과 제6류 위험물(과염소산)은 옥내저장소에 같이 저장 또는 운반할 수 있다.

60 위험물 주유취급소의 주유 및 급유공지의 바닥에 대한 기준으로 옳지 않은 것은?

① 주위 지면보다 낮게 할 것
② 표면을 적당하게 경사지게 할 것
③ 배수구, 집유설비를 할 것
④ 유분리장치를 할 것

해설
주유취급소의 주유 및 급유공지의 바닥은 주위 지면보다 높게 해야 한다.

2023년 제2회 과년도 기출복원문제

제1과목 물질의 물리·화학적 성질

01 다음 물질 중 물에 가장 잘 용해되는 것은?

① 다이에틸에터   ② 글리세린

③ 벤 젠   ④ 톨루엔

해설
글리세린은 제4류 위험물 제3석유류로서 물에 잘 녹는 수용성이다.

02 일반적으로 환원제가 될 수 있는 물질이 아닌 것은?

① 수소를 내기 쉬운 물질

② 전자를 잃기 쉬운 물질

③ 산소와 화합하기 쉬운 물질

④ 발생기의 산소를 내는 물질

해설
환원제의 조건

환원제의 조건	해당 물질
수소를 내기 쉬운 물질	H_2S
전자를 잃기 쉬운 물질	H_2SO_3
산소와 결합하기 쉬운 물질	SO_2, H_2
발생기수소를 내기 쉬운 물질	H_2, CO, H_2S, $C_2H_2O_4$

03 발연황산이란 무엇인가?

① H_2SO_4의 농도가 98% 이상인 거의 순수한 황산

② 황산과 염산을 1 : 3의 비율로 혼합한 것

③ SO_3를 황산에 흡수시킨 것

④ 일반적인 황산을 총괄

해설
발연황산 : 진한황산에 다량의 삼산화황을 흡수시킨 것

04 납 축전지를 오랫동안 방전시키면 어느 물질이 생기는가?

① Pb   ② PbO_2

③ H_2SO_4 ④ $PbSO_4$

해설
납축전지 반응식
$Pb + PbO_2 + 4H^+ + 2SO_4^- \rightarrow 2PbSO_4 + 2H_2O$

05 NaOH 1g이 250mL 메스플라스크에 녹아 있을 때 NaOH 수용액의 농도는?

① 0.1N   ② 0.3N

③ 0.5N   ④ 0.7N

해설
수산화나트륨 제조

$$
\begin{array}{llll}
1N & 40g & 1,000mL \\
x & 1g & 250mL
\end{array}
$$

$$\therefore \ x = \frac{1N \times 1g \times 1,000mL}{40g \times 250mL} = 0.1N$$

06 어떤 온도에서 물 290g에 설탕이 최대 90g 녹는다. 이 온도에서 설탕의 용해도는?

① 45
② 90
③ 180
④ 290

해설

용해도 : 용매 100g에 녹을 수 있는 용질의 g수

$$용해도 = \frac{용질}{용매} \times 100$$

$$= \frac{90}{290 - 90} \times 100 = 45$$

07 물 200g에 A 물질 2.9g을 녹인 용액의 빙점은? (단, 물의 어는점 내림상수는 1.86℃ · g/mol이고, A 물질의 분자량은 58이다)

① −0.465℃
② −0.932℃
③ −1.871℃
④ −2.453℃

해설

빙점강하(ΔT_f)

$$\Delta T_f = K_f \cdot m = K_f \times \frac{\dfrac{W_B}{M}}{W_A} \times 1,000$$

여기서, K_f : 빙점강하계수(물 : 1.86)

m : 몰랄농도

W_B : 용질의 무게(2.9g)

W_A : 용매의 무게(200g)

M : 분자량(58)

$$\therefore \ \Delta T_f = 1.86 \times \frac{\dfrac{2.9g}{58}}{200g} \times 1,000 = 0.465℃ \ \rightarrow \ -0.465℃$$

08 테르밋(Thermite)의 주성분은 무엇인가?

① Mg와 Al_2O_3
② Al과 Fe_2O_3
③ Zn과 Fe_2O_3
④ Cr와 Al_2O_3

해설

테르밋(Thermite)의 주성분 : 알루미늄과 산화철[Al과 Fe_2O_3]

09 밑줄 친 원소의 산화수가 +5인 것은?

① $H_3\underline{P}O_4$
② $K\underline{Mn}O_4$
③ $K_2\underline{Cr}_2O_7$
④ $K_3[\underline{Fe}(CN)_6]$

해설

산화수

• $H_3\underline{P}O_4$의 산화수

$(+1 \times 3) + x + (-2 \times 4) = 0 \qquad x(P) = +5$

• $K\underline{Mn}O_4$의 산화수

$(+1) + x + (-2 \times 4) = 0 \qquad x(Mn) = +7$

• $K_2\underline{Cr}_2O_7$의 산화수

$(+1 \times 2) + 2x + (-2 \times 7) = 0 \qquad x(Cr) = +6$

• $K_3[\underline{Fe}(CN)_6]$의 산화수

$(+1 \times 3) + x + (-1 \times 6) = 0 \qquad x(Fe) = +3$

10 H_2O가 H_2S보다 비등점이 높은 이유는 무엇인가?

① 분자량이 적기 때문에
② 수소결합을 하고 있기 때문에
③ 공유결합을 하고 있기 때문에
④ 이온결합을 하고 있기 때문에

해설

물과 같이 수소결합을 하는 물질은 비점(비등점)이 높다.

11 고체 유기물질을 정제하는 과정에서 이 물질이 순수한 상태인지를 알아보기 위한 조사 방법으로 다음 중 가장 적합한 방법은 무엇인가?

① 육안 관찰
② 녹는점 측정
③ 광학현미경 분석
④ 전도도 측정

해설
고체의 순수한 물질 확인 : 녹는점(Melting Point) 측정

12 다음 물질 중에서 염기성인 것은?

① $C_6H_5NH_2$
② $C_6H_5NO_2$
③ HCl
④ C_6H_5COOH

해설
아닐린($C_6H_5NH_2$) : 염기성

13 다음 중 벤젠고리를 함유하고 있는 것은?

① 아세틸렌
② 아세톤
③ 메테인
④ 아닐린

해설
화학식

명 칭	아세틸렌	아세톤	메테인	아닐린
화학식	C_2H_2	CH_3COCH_3	CH_4	NH_2 화학구조

14 지시약으로 사용되는 페놀프탈레인의 pH 변색범위는?

① 3.5~4.5
② 3.5~6.5
③ 4.5~6.0
④ 8.3~10.0

해설
지시약 : 산과 염기의 중화 적정 시 종말점(End Point)을 알아내기 위하여 용액의 액성을 나타내는 시약

지시약	변 색		변색범위(pH)
	산성색	염기성색	
메틸오렌지(M.O)	적 색	오렌지색	3.1~4.4
메틸레드(M.R)	적 색	노랑색	4.8~6.0
페놀레드	노랑색	적 색	6.4~8.0
페놀프탈레인(P.P)	무 색	적 색	8.0~9.6

15 $FeCl_3$의 존재하에서 톨루엔과 염소를 반응시키면 어떤 물질이 생기는가?

① o-클로로톨루엔
② p-살리실산메틸
③ 아세트아닐라이드
④ 염화벤젠다이아조늄

해설
톨루엔과 염소를 반응시키면 클로로톨루엔(o-, m-, p-)이 된다.

16 액체 0.2g을 기화시켰더니 그 증기의 부피가 97℃, 740mmHg에서 80mL였다. 이 액체의 분자량은?

① 40　　　　　　② 46

③ 78　　　　　　④ 121

해설

이상기체 상태방정식

$$PV = \frac{W}{M} \qquad M = \frac{WRT}{PV}$$

여기서, P : 압력$\left(\dfrac{740mmHg}{760mmHg} \times 1atm = 0.974atm\right)$

V : 부피(80mL = 0.08L)

M : 분자량(g/g-mol)

W : 무게(0.2g)

R : 기체상수(0.08205L·atm/g-mol·K)

T : 절대온도(273 + 97℃ = 370K)

$$\therefore M = \frac{WRT}{PV} = \frac{0.2 \times 0.08205 \times 370}{0.974 \times 0.08} = 77.92g$$

17 다음 중 염기성 산화물에 해당하는 것은?

① 이산화탄소　　　② 산화나트륨

③ 이산화규소　　　④ 이산화황

해설

산화물의 종류

• 염기성 산화물 : CaO, CuO, BaO, MgO, Na₂O, K₂O, Fe₂O₃

• 산성 산화물 : CO₂, SO₂, SO₃, NO₂, SiO₂, P₂O₅

• 양쪽성 산화물 : ZnO, Al₂O₃, SnO, PbO, Sb₂O₃

18 탄소, 수소, 산소로 되어 있는 유기화합물 15g이 있다. 이것을 완전 연소시켜 CO_2 22g, H_2O 9g을 얻었다. 처음 물질 중 산소는 몇 g 있었는가?

① 4g　　　　　　② 6g

③ 8g　　　　　　④ 10g

해설

각각의 원자량은 C : 12, H : 1, O : 16이므로

• CO_2에서 C의 질량 = 22g × $\dfrac{12}{44}$ = 6g

• H_2O에서 H의 질량 = 9g × $\dfrac{2}{18}$ = 1g

∴ 처음 산소의 질량 = 15g − 6g − 1g = 8g

19 다음 중 끓는점이 가장 높은 물질은?

① HF　　　　　　② HCl

③ HBr　　　　　　④ HI

해설

끓는점

종 류	HF	HCl	HBr	HI
명 칭	플루오린화수소	염화수소	브로민화수소	아이오딘화수소
끓는점	19~20℃	−85℃	−67℃	−35.4℃

20 $PbSO_4$의 용해도를 실험한 결과 0.045g/L이었다. $PbSO_4$의 용해도곱 상수(K_s)는?(단, $PbSO_4$의 분자량은 303.27이다)

① 5.5×10^{-2}　　　② 4.5×10^{-4}

③ 3.4×10^{-6}　　　④ 2.2×10^{-8}

해설

$$K_s = \left(\frac{0.045g/L}{303.27}\right)^2 = 2.2 \times 10^{-8}$$

21 소요단위에 대한 설명으로 옳은 것은?

① 소화설비의 설치대상이 되는 건축물, 그 밖의 공작물의 규모 또는 위험물의 양의 기준단위이다.

② 소화설비 소화능력의 기준단위이다.

③ 저장소의 건축물은 외벽이 내화구조인 것은 연면적 75m²를 1소요단위로 한다.

④ 지정수량 100배를 1소요단위로 한다.

해설

소요단위 및 능력단위(시행규칙 별표 17)

• 소요단위 : 소화설비의 설치대상이 되는 건축물, 그 밖의 공작물의 규모 또는 위험물의 양의 기준단위

• 능력단위 : 소요단위에 대응하는 소화설비의 소화능력의 기준단위

• 소요단위의 계산방법

  – 제조소 또는 취급소의 건축물

    외벽이 내화구조 : 연면적 100m²를 1소요단위

    외벽이 내화구조가 아닌 것 : 연면적 50m²를 1소요단위

  – 저장소의 건축물

    외벽이 내화구조 : 연면적 150m²를 1소요단위

    외벽이 내화구조가 아닌 것 : 연면적 75m²를 1소요단위

  – 위험물은 지정수량의 10배 : 1소요단위

22 위험물제조소 등에 설치하는 자동화재탐지설비의 설치기준으로 틀린 것은?

① 원칙적으로 경계구역은 건축물의 2 이상의 층에 걸치지 않도록 한다.

② 원칙적으로 상층이 있는 경우에는 감지기 설치를 하지 않을 수 있다.

③ 원칙적으로 하나의 경계구역의 면적은 600m² 이하로 하고 그 한변의 길이는 50m 이하로 한다.

④ 비상전원을 설치해야 한다.

해설

자동화재탐지설비의 설치기준(시행규칙 별표 17)

• 자동화재탐지설비의 경계구역(화재가 발생한 구역을 다른 구역과 구분하여 식별할 수 있는 최소단위의 구역)은 건축물, 그 밖의 공작물의 2 이상의 층에 걸치지 않도록 할 것. 다만, 하나의 경계구역의 면적이 500m² 이하이면서 해당 경계구역이 2개의 층에 걸치는 경우이거나 계단·경사로·승강기의 승강로, 그 밖에 이와 유사한 장소에 연기감지기를 설치하는 경우에는 그렇지 않다.

• 하나의 경계구역의 면적은 600m² 이하로 하고 그 한 변의 길이는 50m(광전식분리형 감지기를 설치할 경우에는 100m) 이하로 할 것. 다만, 해당 건축물 그 밖의 공작물의 주요한 출입구에서 그 내부의 전체를 볼 수 있는 경우에 있어서는 그 면적을 1,000m² 이하로 할 수 있다.

• 자동화재탐지설비의 감지기는 지붕(상층이 있는 경우에는 상층의 바닥) 또는 벽의 옥내에 면한 부분(천장이 있는 경우에는 천장 또는 벽의 옥내에 면한 부분 및 천장의 뒷 부분)에 유효하게 화재의 발생을 감지할 수 있도록 설치할 것

• 자동화재탐지설비에는 비상전원을 설치할 것

23 위험물제조소의 환기설비 설치기준으로 옳지 않은 것은?

① 환기구는 지붕 위 또는 지상 2m 이상의 높이에 설치할 것

② 급기구는 바닥면적 150m²마다 1개 이상으로 할 것

③ 환기구는 자연배기방식으로 할 것

④ 급기구는 높은 곳에 설치하고 인화방지망을 설치할 것

해설
환기설비에서 급기구는 낮은 곳에 설치하고 인화방지망을 설치할 것

24 옥내소화전설비의 기준으로 옳지 않은 것은?

① 옥내소화전함에는 그 표면에 "소화전"이라고 표시해야 한다.

② 옥내소화전함의 상부의 벽면에 적색의 표시등을 설치해야 한다.

③ 표시등 불빛은 부착면과 10° 이상의 각도가 되는 방향으로 10m 이내에서 쉽게 식별할 수 있어야 한다.

④ 호스접속구는 바닥면으로부터 1.5m 이하의 높이에 설치해야 한다.

해설
옥내소화전설비의 위치표시등 불빛은 부착면과 15° 이상의 각도가 되는 방향으로 10m 이내에서 쉽게 식별할 수 있어야 한다.

25 동식물유류 400,000L의 소화설비 설치 시 소요단위는 몇 단위인가?

① 2   ② 4

③ 20   ④ 40

해설
동식물유류의 지정수량 : 10,000L

∴ 소요단위 $= \dfrac{저장량}{지정수량 \times 10} = \dfrac{400,000L}{10,000 \times 10} = 4$단위

26 고체가연물의 연소형태에 해당되지 않는 것은?

① 등심연소   ② 증발연소

③ 분해연소   ④ 표면연소

해설
고체의 연소 : 표면연소, 분해연소, 증발연소, 자기연소

27 황린을 밀폐용기 속에서 260℃로 가열하여 얻은 물질을 연소시킬 때 주로 생성되는 물질은?

① P_2O_5 ② CO_2

③ PO_2 ④ CuO

해설
황린은 연소 시 오산화인(P_2O_5)의 흰 연기를 발생한다.
$P_4 + 5O_2 \rightarrow 2P_2O_5$

23 ④ 24 ③ 25 ② 26 ① 27 ① **정답**

28 위험물제조소에 "화기엄금"이라고 표시한 게시판을 설치하는 경우 해당되지 않는 것은?

① 제1류 위험물

② 제2류 위험물의 인화성 고체

③ 제4류 위험물

④ 제5류 위험물

해설

제조소 등의 주의사항(시행규칙 별표 4)

위험물의 종류	주의사항	게시판의 색상
제1류 위험물 중 알칼리금속의 과산화물 제3류 위험물 중 금수성 물질	물기 엄금	청색바탕에 백색문자
제2류 위험물(인화성 고체는 제외)	화기 주의	적색바탕에 백색문자
제2류 위험물 중 인화성 고체 제3류 위험물 중 자연발화성 물질 제4류 위험물 제5류 위험물	화기 엄금	적색바탕에 백색문자

29 제1류 위험물 중 알칼리금속 과산화물의 화재에 적응성이 있는 소화약제는?

① 인산염류 분말

② 이산화탄소

③ 탄산수소염류 분말

④ 할로젠화합물

해설

알칼리금속의 과산화물 소화약제 : 탄산수소염류 분말약제, 마른모래, 팽창질석, 팽창진주암

30 연소할 때 자기연소에 의하여 질식소화가 곤란한 위험물은?

① $C_3H_5(ONO_2)_3$ ② $C_5H_3(CH_3)_2$

③ CH_2CHCH_2 ④ $C_2H_5OC_2H_5$

해설

나이트로글리세린[$C_3H_5(ONO_2)_3$]은 제5류 위험물의 질산에스터류로서 자기연소를 하므로 냉각소화를 해야 한다.

31 위험물의 화재 시 주수소화하면 가연성가스의 발생으로 인하여 위험성이 증가하는 것은?

① 황 ② 염소산칼륨

③ 인화칼슘 ④ 질산암모늄

해설

인화칼슘이 물과 반응하면 포스핀(PH_3)의 가연성가스를 발생한다.
$Ca_3P_2 + 3H_2O \rightarrow 2PH_3 + 3Ca(OH)_2$

32 위험물의 화재 발생 시 사용하는 소화설비(약제)를 연결한 것이다. 소화효과가 가장 떨어진 것은?

① $(C_2H_5)_3Al$ – 팽창질석

② $C_2H_5OC_2H_5$ – CO_2

③ $C_6H_2(NO_2)_3OH$ – 수조

④ $C_6H_4(CH_3)_2$ – 수조

해설

크실렌[$C_6H_4(CH_3)_2$]은 제4류 위험물로서 포, 이산화탄소, 할로젠화합물, 분말에 의한 질식소화를 한다.

33 소화약제의 종류에 해당되지 않는 것은?

① CH_2BrCl　　　② $NaHCO_3$

③ NH_4BrO_3　　　④ CF_3Br

소화약제의 종류

종 류	CH_2BrCl	$NaHCO_3$	NH_4BrO_3	CF_3Br
명 칭	할론 1011	탄산수소 나트륨	브로민산 암모늄	할론 1301
약제명	할로젠 화합물	제1종 분말	제1류 위험물	할로젠 화합물

34 처마의 높이가 6m 이상인 단층건물에 설치된 옥내 저장소의 소화설비로 고려될 수 없는 것은?

① 포소화설비

② 옥내소화전설비

③ 불활성가스소화설비

④ 할로젠화합물소화설비

처마의 높이가 6m 이상인 단층건물에 설치된 옥내저장소의 소화 설비
- 스프링클러설비
- 이동식 외의 물분무 등 소화설비(물분무소화설비, 포소화설비, 할로젠화합물소화설비, 불활성가스소화설비, 분말소화설비)

35 제조소에서 취급하는 제4류 위험물의 최대수량의 합이 지정수량의 12만배 이상 24만배 미만인 사업소의 자체소방대에 두는 화학소방자동차의 대수의 기준은?

① 1대　　　② 2대

③ 3대　　　④ 4대

자체소방대에 두는 화학소방자동차 및 인원(시행령 별표 8)

사업소의 구분	화학소방 자동차	자체소방 대원의 수
제조소 또는 일반취급소에서 취급하는 제4류 위험물의 최대수량의 합이 지정수량의 3,000배 이상 12만배 미만인 사업소	1대	5인
제조소 또는 일반취급소에서 취급하는 제4류 위험물의 최대수량의 합이 지정수량의 12만배 이상 24만배 미만인 사업소	2대	10인
제조소 또는 일반취급소에서 취급하는 제4류 위험물의 최대수량의 합이 지정수량의 24만배 이상 48만배 미만인 사업소	3대	15인
제조소 또는 일반취급소에서 취급하는 제4류 위험물의 최대수량의 합이 지정수량의 48만배 이상인 사업소	4대	20인
옥외탱크저장소에 저장하는 제4류 위험물의 최대수량이 지정수량의 50만배 이상인 사업소	2대	10인

36 물을 소화약제로 사용하는 가장 큰 이유는?

① 기화잠열이 크므로

② 부촉매 효과가 있으므로

③ 환원성이 있으므로

④ 기화하기 쉬우므로

물은 비열과 기화잠열이 크기 때문에 소화약제로 이용한다.

37 위험물의 취급을 주된 작업내용으로 하는 다음의 장소에 스프링클러설비를 설치할 경우 확보해야 하는 1분당 방사밀도는 몇 L/m² 이상이어야 하는가?(단, 내화구조의 바닥 및 벽에 의하여 2개의 실로 구획되고 각 실의 바닥면적은 500m²이다)

① 8.1 ② 12.2
③ 13.9 ④ 16.4

방사밀도(시행규칙 별표 17)

살수기준 면적(m²)	방사밀도(L/m²분)	
	인화점 38℃ 미만	인화점 38℃ 이상
279 미만	16.3 이상	12.2 이상
279 이상 372 미만	15.5 이상	11.8 이상
372 이상 465 미만	13.9 이상	9.8 이상
465 이상	12.2 이상	8.1 이상
비 고		

살수기준 면적은 내화구조의 벽 및 바닥으로 구획된 하나의 실의 바닥면적을 말하고, 하나의 실의 바닥면적이 465m² 이상인 경우의 살수기준면적은 465m²로 한다. 다만, 위험물의 취급을 주된 작업내용으로 하지 않고 소량의 위험물을 취급하는 설비 또는 부분이 넓게 분산되어 있는 경우에는 방사밀도는 8.2L/m²분 이상, 살수기준 면적은 279m² 이상으로 할 수 있다.

38 위험물제조소 등에 설치된 옥외소화전설비는 모두 옥외소화전(설치개수가 4개 이상인 경우는 4개의 옥외소화전)을 동시에 사용할 경우에 각 노즐 끝부분의 방수압력은 몇 kPa 이상이어야 하는가?

① 170 ② 350
③ 420 ④ 540

옥외소화전설비
• 방수압력 : 350kPa(0.35MPa) 이상
• 방수량 : 450L/min 이상

39 제4종 분말 소화약제의 주성분으로 옳은 것은?

① 탄산수소칼륨과 요소의 반응생성물
② 탄산수소칼륨과 인산염의 반응생성물
③ 탄산수소나트륨과 요소의 반응생성물
④ 탄산수소나트륨과 인산염의 반응생성물

제4종 분말 소화약제 : 탄산수소칼륨($KHCO_3$)과 요소[$(NH_2)_2CO$]의 반응생성물

40 표시색상이 황색인 화재는?

① A급 화재 ② B급 화재
③ C급 화재 ④ D급 화재

화재의 종류

구 분 항 목	A급	B급	C급	D급
화재의 종류	일반화재	유류화재	전기화재	금속화재
원형 표시색	백 색	황 색	청 색	무 색

41 CS₂를 물속에 저장하는 주된 이유는 무엇인가?

① 불순물을 용해시키기 위하여

② 가연성 증기의 발생을 억제하기 위하여

③ 상온에서 수소 가스를 방출하기 때문에

④ 공기와 접촉하면 즉시 폭발하기 때문에

해설

이황화탄소(CS_2)는 가연성 증기의 발생을 억제하기 위하여 물속에 저장한다.

42 옥외탱크저장소에서 취급하는 위험물의 최대수량에 따른 보유공지 너비가 틀린 것은?(단, 원칙적인 경우에 한한다)

① 지정수량 500배 이상 – 3m 이상

② 지정수량 500배 초과 1,000배 이하 – 5m 이상

③ 지정수량 1,000배 초과 2,000배 이하 – 9m 이상

④ 지정수량 2,000배 초과 3,000배 이하 – 15m 이상

해설

지정수량 2,000배 초과 3,000배 이하는 12m 이상의 보유공지를 확보해야 한다.

43 위험물제조소 건축물의 구조 기준이 아닌 것은?

① 출입구에는 60분+ 방화문·60분 방화문 또는 30분 방화문을 설치할 것

② 지붕은 폭발력이 위로 방출될 정도의 가벼운 불연재료로 덮을 것

③ 벽, 기둥, 바닥, 보, 서까래 및 계단은 불연재료로 하고 연소우려가 있는 외벽은 개구부가 없는 내화구조로 할 것

④ 산화성 고체, 가연성 고체위험물을 취급하는 건축물의 바닥은 위험물이 스며들지 못하는 재료를 사용할 것

해설

액체의 위험물을 취급하는 건축물의 바닥 : 적당한 경사를 두고 그 최저부에 집유설비를 할 것

44 1기압에서 인화점이 21℃ 이상 70℃ 미만인 품명에 해당하는 물품은?

① 벤 젠   ② 경 유

③ 나이트로벤젠   ④ 실린더유

해설

위험물의 분류

구 분	인화점	품 명
제1석유류	21℃ 미만	아세톤, 휘발유, 벤젠, 톨루엔
제2석유류	21℃ 이상 70℃ 미만	등유, 경유, 초산, 의산
제3석유류	70℃ 이상 200℃ 미만	중유, 크레오소트유, 나이트로벤젠
제4석유류	200℃ 이상 250℃ 미만	기어유, 실린더유

45 다음 [보기]에서 설명하는 위험물은?

┌─ 보기 ─────────────────────────────┐
│ • 순수한 것은 무색, 투명한 액체이다.   │
│ • 물에 녹지 않고 벤젠에는 녹는다.   │
│ • 물보다 무겁고 독성이 있다.   │
└──────────────────────────────────┘

① 아세트알데하이드 ② 다이에틸에터
③ 아세톤   ④ 이황화탄소

해설
아세트알데하이드나 아세톤은 물에 잘 녹으므로 제외되고, 물보다 무겁고 독성이 있는 것은 이황화탄소이다.

46 황린의 보존방법으로 가장 적합한 것은?

① 벤젠 속에서 보존한다.
② 석유 속에서 보존한다.
③ 물속에 보존한다.
④ 알코올 속에 보존한다.

해설
저장방법
• 황린 : 물속에 저장(공기와 접촉을 피하기 위하여)
• 이황화탄소 : 물속에 저장(가연성 증기의 발생을 억제하기 위하여)

47 적린의 위험성에 대한 설명으로 옳은 것은?

① 발화방지를 위해 염소산칼륨과 함께 보관한다.
② 물과 격렬하게 반응하여 열을 발생한다.
③ 공기 중에 방치하면 자연발화 한다.
④ 산화제와 혼합할 경우 마찰, 충격에 의해서 발화한다.

해설
적린(제2류 위험물)은 산화제와 혼합할 경우 마찰, 충격에 의해서 발화한다.

48 옥내저장탱크와 탱크전용실의 벽과의 사이 및 옥내저장탱크 상호 간에는 몇 m 이상의 간격을 유지해야 하는가?

① 0.3m   ② 0.5m
③ 1.0m   ④ 1.5m

해설
옥내탱크저장소의 이격거리
• 옥내저장탱크와 탱크전용실의 벽과의 사이 : 0.5m 이상
• 옥내저장탱크 상호 간의 거리 : 0.5m 이상

49 위험물안전관리법령상 위험물을 수납한 운반용기 외부에 표시해야 하는 사항이 아닌 것은?

① 위험물의 품명
② 위험물의 수량
③ 위험물의 화학명
④ 위험물의 제조연월일

해설
운반용기의 외부 표시사항
• 위험물의 품명
• 위험물의 등급
• 위험물의 수량
• 위험물의 주의사항
• 위험물의 화학명 및 수용성(제4류 위험물)

50 제5류 위험물의 일반적인 취급 및 소화방법으로 틀린 것은?

① 운반용기 외부에는 주의사항으로 화기엄금 및 충격주의 표시를 한다.

② 화재 시 소화방법으로는 질식소화가 가장 이상적이다.

③ 대량 화재 시 소화 곤란하므로 가급적 소분하여 저장한다.

④ 화재 시 폭발의 위험성이 있으므로 충분한 안전거리를 확보해야 한다.

해설
제5류 위험물은 냉각소화로 소화한다.

51 동식물유류를 취급 및 저장할 때 주의사항으로 옳은 것은?

① 아마인유는 불건성유이므로 옥외 저장 시 자연발화의 위험이 없다.

② 아이오딘값이 130 이상인 것은 섬유질에 스며들어 있으므로 자연발화의 위험이 있다.

③ 아이오딘값이 100 이상인 것은 불건성유이므로 저장할 때 주의를 요한다.

④ 인화점이 상온 이상이므로 소화에는 별 어려움이 없다.

해설
동식물유류
• 아마인유는 건성유로서 자연발화의 위험이 있다.
• 아이오딘값이 100 이하가 불건성유이다.

52 질산에틸의 성상에 관한 설명 중 틀린 것은?

① 향기를 갖는 무색의 액체이다.

② 휘발성 물질로 증기 비중은 공기보다 작다.

③ 물에는 녹지 않으나 에터에는 녹는다.

④ 비점 이상으로 가열하면 폭발의 위험이 있다.

해설
질산에틸의 증기 비중은 공기보다 무겁다.
※ 질산에틸($C_2H_5ONO_2$)은 분자량이 91로서 공기보다 약 3.1(91/29)배 무겁다.

53 다이에틸에터의 성질과 저장 및 취급할 때 주의사항으로 틀린 것은?

① 장시간 공기와 접촉하면 과산화물이 생성되어 폭발위험이 있다.

② 연소범위는 가솔린보다 좁지만 발화점이 낮아 위험하다.

③ 정전기 생성 방지를 위해 약간의 $CaCl_2$를 넣어준다.

④ 이산화탄소 소화기는 적응성이 있다.

해설
연소범위

종 류	다이에틸에터	가솔린
연소범위	1.7~48%	1.2~7.6%

54 위험물의 저장 및 취급에 대한 설명으로 틀린 것은?

① H_2O_2 : 직사광선을 차단하고 찬 곳에 저장한다.

② MgO_2 : 습기의 존재하에서 산소를 발생하므로 특히 방습에 주의한다.

③ $NaNO_3$: 조해성이 크고 흡습성이 강하므로 습도에 주의한다.

④ K_2O_2 : 물속에 저장한다.

해설
과산화칼륨(K_2O_2)은 물과 반응하면 산소(O_2)를 발생하므로 위험하다.

$2K_2O_2 + 2H_2O \rightarrow 4KOH + O_2$

55 다음 중 가연성 물질이 아닌 것은?

① 수소화나트륨   ② 황화인

③ 과산화나트륨   ④ 적 린

해설
과산화나트륨(Na_2O_2)은 제1류 위험물로서 불연성이다.

56 위험물안전관리법에 의한 위험물 분류상 제1류 위험물에 속하지 않는 것은?

① 아염소산염류   ② 질산염류

③ 유기과산화물   ④ 무기과산화물

해설
유기과산화물 : 제5류 위험물

57 알킬알루미늄에 대한 설명 중 틀린 것은?

① 물과 폭발적 반응을 일으켜 발화되므로 비산하는 위험물이 있다.

② 이동저장탱크는 외면을 적색으로 도장하고 용량은 1,900L 미만으로 저장한다.

③ 화재 시 발생되는 흰 연기는 인체에 유해하다.

④ 탄소수가 4개까지는 안전하나 5개 이상으로 증가할수록 자연발화의 위험성이 증가한다.

해설
알킬기의 탄소 1~4개까지의 화합물은 공기와 접촉하면 자연발화를 일으킨다.

58 P_4S_3이 가장 잘 녹는 것은?

① 염 산   ② 이황화탄소

③ 황 산   ④ 냉 수

해설
삼황화인(P_4S_3)은 이황화탄소(CS_2), 알칼리, 질산에는 녹고, 물, 염소, 염산, 황산에는 녹지 않는다.

59 다음 물질 중 증기비중이 가장 작은 것은?

① 이황화탄소

② 아세톤

③ 아세트알데하이드

④ 다이에틸에터

> **해설**
>
> 증기비중
>
> | 종 류 | 이황화탄소 | 아세톤 | 아세트알데하이드 | 다이에틸에터 |
> |---|---|---|---|---|
> | 화학식 | CS_2 | CH_3COCH_3 | CH_3CHO | $C_2H_5OC_2H_5$ |
> | 분자량 | 75 | 58 | 44 | 74.12 |
> | 증기비중 | 75/29 = 2.59 | 58/29 = 2.0 | 44/29 = 1.52 | 74.12/29 = 2.56 |

60 지정수량의 10배 이상의 위험물을 운반할 때 혼재가 가능한 것은?

① 제1류와 제2류

② 제2류와 제6류

③ 제3류와 제5류

④ 제4류와 제2류

> **해설**
>
> 운반 시 혼재 가능
> • 제1류 위험물과 제6류 위험물
> • 제5류 위험물과 제4류 위험물과 제2류 위험물
> • 제3류 위험물과 제4류 위험물

제1과목 물질의 물리 · 화학적 성질

01 어떤 계가 평형상태에 있을 때의 자유에너지 ΔG 를 옳게 표현한 것은?

① $\Delta G < 0$
② $\Delta G > 0$
③ $\Delta G = 0$
④ $\Delta G = 1$

> 해설
> 평형상태에서 자유에너지
> $\Delta G = 0$

02 0.1N-HCl 0.1mL를 물로 1,000mL로 하면 pH는 얼마인가?

① 2
② 3
③ 4
④ 5

> 해설
> 중화적정 공식
> $NV = N'V'$
> $0.1N \times 0.1mL = N' \times 1,000mL$
> $N' = 1 \times 10^{-5}$
> $\therefore$ pH $= -\log[H^+] = -\log[1 \times 10^{-5}] = 5 - \log 1 = 5$

03 기하이성질체 때문에 극성분자와 비극성분자를 가질 수 있는 것은?

① C_2H_4
② C_2H_3Cl
③ $C_2H_2Cl_2$
④ C_2HCl_3

> 해설
> 다이클로로에틸렌($C_2H_2Cl_2$)은 시스(Cis)형과 트랜스(Trans)형이 있고 극성분자와 비극성분자를 가질 수 있다.

cis-1,2-다이클로로에틸렌   trans-1,2-다이클로로에틸렌

04 올레핀계 탄화수소에 해당되는 것은?

① CH_4
② $CH_2 = CH_2$
③ $CH \equiv CH$
④ CH_3CHO

> 해설
> 올레핀계 탄화수소 : 에틸렌(C_2H_4, $CH_2 = CH_2$)

05 $AgNO_3$와 $CuSO_4$의 수용액에 각각 같은 양의 전기량을 통했을 때 Cu가 63.5g 석출되었다면 Ag는 몇 g이 석출되는가?

① 63.5g
② 108g
③ 127g
④ 216g

> 해설
> Cu의 1g당량 = 원자량/원자가 = 63.5/2g = 31.75g
> Cu 63.5g = 2g당량 = 2F
> Ag는 2F 전기량이 필요하므로 2 × 108 = 216g가 된다.

06 방향족 탄화수소가 아닌 것은?

① 톨루엔
② 크실렌
③ 나프탈렌
④ 사이클로펜테인

해설

방향족 탄화수소

종 류	톨루엔	크실렌	나프탈렌	사이클로 펜테인
구조식	CH_3	CH_3 CH_3		C_5H_{10}
구 분	방향족 탄화수소	방향족 탄화수소	방향족 탄화수소	지방족 탄화수소

07 95wt% 황산의 비중은 1.84이다. 이 황산의 몰농도는 약 얼마인가?

① 4.5
② 8.9
③ 17.8
④ 35.6

해설

%농도 → 몰농도로 환산

몰농도 $M = \dfrac{10ds}{분자량}$ (d : 비중, s : 농도%)

$= \dfrac{10 \times 1.84 \times 95}{98} = 17.8$

※ 황산(H_2SO_4)의 분자량 = $(1 \times 2) + 32 + (16 \times 4) = 98$

08 반응 "$A_2(g) + 2B_2(g) \rightarrow 2AB_2(g) + 열$"에서 평형을 왼쪽으로 이동시킬 수 있는 조건은?

① 압력 감소, 온도 감소
② 압력 증가, 온도 증가
③ 압력 감소, 온도 증가
④ 압력 증가, 온도 감소

해설

압력을 감소시키면 입자수를 증가시키는 방향인 왼쪽으로 진행된다. 마찬가지 원리로 온도를 증가시키면 왼쪽으로 이동한다.

09 $CH_2 = C - C = CH_2$를 옳게 명명한 것은?

① 3-Butene
② 3-Butadiene
③ 1,3-Butadiene
④ 1,3-Butene

해설

1,3-Butadiene의 화학식

$CH_2 = C - C = CH_2$

10 어떤 기체의 확산속도는 $SO_2(g)$의 2배이다. 이 기체의 분자량은 얼마인가?

① 8
② 16
③ 32
④ 64

해설

그레이엄의 확산 속도법칙

$$\dfrac{U_B}{U_A} = \sqrt{\dfrac{M_A}{M_B}}$$

여기서, A : 어떤 기체

B : 이산화황(SO_2)으로 가정

$$\dfrac{1}{2} = \sqrt{\dfrac{M_A}{64}}$$

$\therefore M_A = 16$

11 Si 원소의 전자배치로 옳은 것은?

① $1s^2 2s^2 2p^6 3s^2 3p^2$
② $1s^2 2s^2 2p^6 3s^1 3p^2$
③ $1s^2 2s^2 2p^5 3s^1 3p^2$
④ $1s^2 2s^2 2p^6 3s^2$

해설

^{14}Si : $1s^2 2s^2 2p^6 3s^2 3p^2$

12 다음 화학반응의 속도에 영향을 미치지 않는 것은?

① 촉매의 유무

② 반응계의 온도 변화

③ 반응물질의 농도 변화

④ 일정한 농도하에서의 부피 변화

> **해설**
> 화학반응의 속도에 영향 인자
> • 반응물의 농도
> • 반응물의 온도
> • 촉매의 유무
> • 반응물의 압력

13 산소 5g을 27℃에서 1.0L의 용기 속에 넣었을 때 기체의 압력은 몇 기압인가?

① 0.52

② 3.84

③ 14.50

④ 5.43

> **해설**
> 이상기체 상태방정식
> $$PV = \frac{W}{M}RT \quad P = \frac{WRT}{VM}$$
> 여기서, V : 부피(L)
> $\quad\quad\quad W$: 무게(5g)
> $\quad\quad\quad R$: 기체상수(0.08205atm · L/g−mol · K)
> $\quad\quad\quad T$: 절대온도(273 + 27℃ = 300K)
> $\quad\quad\quad P$: 압력(1atm)
> $\quad\quad\quad M$: 분자량(O_2, 32g/g−mol)
> $$\therefore \; P = \frac{WRT}{VM} = \frac{5 \times 0.08205 \times 300}{1 \times 32} = 3.84\text{atm}$$

14 산(Acid)의 성질을 설명한 것 중 틀린 것은?

① 수용액 속에서 H^+를 내는 화합물이다.

② pH 값이 작을수록 강산이다.

③ 금속과 반응하여 수소를 발생하는 것이 많다.

④ 붉은색 리트머스 종이를 푸르게 변화시킨다.

> **해설**
> 붉은색 리트머스 종이를 푸르게 변화시키는 것은 염기의 성질이다.

15 다음 pH 값에서 알칼리성이 가장 큰 것은?

① pH = 1

② pH = 6

③ pH = 8

④ pH = 13

> **해설**
> pH 값이 7보다 작을수록 산성이 강하고, 7보다 클수록 알칼리성이 강하다.

16 다음 물질 중 은거울 반응과 아이오도폼 반응을 모두 하는 것은?

① CH_3OH

② C_2H_5OH

③ CH_3CHO

④ $C_2H_5OC_2H_5$

> **해설**
> 아세트알데하이드(CH_3CHO) : 은거울 반응, 아이오도폼 반응

17 반감기가 5일인 미지 시료가 2g 있을 때 10일이 경과하면 남은 양은 몇 g인가?

① 2　　　　　　　　② 1

③ 0.5　　　　　　　④ 0.25

해설

반감기 : 방사선 원소가 붕괴하여 양이 1/2이 될 때까지 걸리는 시간

$$m = M\left(\frac{1}{2}\right)^{\frac{t}{T}}$$

여기서, m : 붕괴 후의 질량

M : 처음 질량

t : 경과시간

T : 반감기

$$\therefore \ m = M\left(\frac{1}{2}\right)^{\frac{t}{T}} = 2g \times \left(\frac{1}{2}\right)^{\frac{10}{5}} = 0.5g$$

18 네슬러 시약에 의하여 적갈색으로 검출되는 물질은 어느 것인가?

① 질산이온

② 암모늄이온

③ 아황산이온

④ 일산화탄소

해설

암모늄(NH_4^+)이온은 네슬러 시약에 의하여 적갈색으로 검출된다.

19 아세틸렌의 성질과 관계가 없는 것은?

① 용접에 이용된다.

② 이중결합을 가지고 있다.

③ 합성 화학원료로 쓸 수 있다.

④ 염화수소와 반응하여 염화비닐을 생성한다.

해설

아세틸렌은 삼중결합으로 이루어진 화합물이다

20 밑줄 친 원소 중 산화수가 가장 큰 것은?

① $\underline{N}H_4^+$　　　　　② $\underline{N}O_3^-$

③ $\underline{Mn}O_4^-$　　　　④ $\underline{Cr}_2O_7^{-2}$

해설

산화수 : 이온의 산화수는 그 이온의 가수와 같다.

• NH_4^+의 산화수 : $x + (1 \times 4) = +1$　　$\therefore \ x(N) = -3$

• NO_3^-의 산화수 : $x + (-2 \times 3) = -1$　　$\therefore \ x(N) = +5$

• MnO_4^-의 산화수 : $x + (-2 \times 4) = -1$　　$\therefore \ x(Mn) = +7$

• $Cr_2O_7^{-2}$의 산화수 : $2x + (-2 \times 7) = -2$　$\therefore \ x(Cr) = +6$

21 위험물에 따른 소화설비를 설명한 내용으로 틀린 것은?

① 제1류 위험물 중 알칼리금속의 과산화물은 포소화설비가 적응성이 없다.

② 제2류 위험물 중 금속분은 스프링클러설비가 적응성이 없다.

③ 제3류 위험물 중 금수성 물질은 포소화설비가 적응성이 있다.

④ 제5류 위험물은 스프링클러설비가 적응성이 있다.

해설
알칼리금속의 과산화물, 금속분, 금수성 물질은 수계 소화설비가 적합하지 않고, 탄산수소염류 분말약제가 적합하다.

22 액체 상태의 물이 1기압, 100℃ 수증기로 변하면 체적이 약 몇 배 증가하는가?

① 530~540
② 900~1,100
③ 1,600~1,700
④ 2,300~2,400

해설
물이 100℃의 수증기로 될 때 체적은 약 1,600~1,700배로 증가한다.

23 옥내소화전설비에서 펌프를 이용한 가압수송장치의 경우 펌프의 전양정 H는 다음의 계산식에 의한 수치 이상이어야 한다. 전양정 H를 구하는 식으로 옳은 것은?(단, h_1은 호스의 마찰손실수두, h_2는 배관의 마찰손실수두, h_3는 낙차이며, h_1, h_2, h_3의 단위는 모두 m이다)

① $H = h_1 + h_2 + h_3$

② $H = h_1 + h_2 + h_3 + 0.35m$

③ $H = h_1 + h_2 + h_3 + 35m$

④ $H = h_1 + h_2 + 0.35m$

해설
펌프를 이용한 가압송수장치
$H = h_1 + h_2 + h_3 + 35m$
여기서, H : 펌프의 전양정(m)
　　　　h_1 : 호스의 마찰손실수두(m)
　　　　h_2 : 배관의 마찰손실수두(m)
　　　　h_3 : 낙차(m)

24 주수에 의한 냉각소화가 적절하지 않은 위험물은?

① $NaClO_3$
② Na_2O_2
③ $NaNO_3$
④ $NaBrO_3$

해설
과산화나트륨(Na_2O_2)은 주수소화하면 산소를 발생하므로 위험하다.
$2Na_2O_2 + 2H_2O \rightarrow 4NaOH + O_2 \uparrow + 발열$

25 소화기가 유류 화재에 적응력이 있음을 표시하는 색은?

① 백 색   ② 황 색

③ 청 색   ④ 흑 색

해설
유류 화재 : 황색

26 위험물의 화재 발생 시 사용 가능한 소화약제를 틀리게 연결한 것은?

① 질산암모늄 – H_2O

② 마그네슘 – CO_2

③ 트라이에틸알루미늄 – 팽창질석

④ 나이트로글리세린 – H_2O

해설
마그네슘 : 건조된 모래, 팽창질석, 팽창진주암 등
※ $Mg + CO_2 \rightarrow MgO + CO$(일산화탄소)

27 휘발유, 등유의 주된 연소 형태는 다음 중 어느 것인가?

① 표면연소   ② 분해연소

③ 증발연소   ④ 자기연소

해설
증발연소 : 휘발유, 등유, 경유 등 액체를 가열하면 증기가 되어 증기가 연소하는 현상

28 위험물을 저장하는 지하탱크저장소에 설치해야 할 소화설비와 그 설치기준을 옳게 나타낸 것은?

① 대형소화기 – 2개 이상 설치

② 소형수동식소화기 – 능력단위의 수치 2 이상으로 1개 이상 설치

③ 마른모래 – 150L 이상 설치

④ 소형수동식소화기 – 능력단위의 수치 3 이상으로 2개 이상 설치

해설
지하탱크저장소는 소화난이도등급Ⅲ로서 능력단위의 수치 3 이상인 소형수동식소화기 2개 이상 설치해야 한다.

29 다이에틸에터 2,000L와 아세톤 4,000L를 옥내저장소에 저장하고 있다면 총 소요단위는 얼마인가?

① 5   ② 6

③ 50   ④ 60

해설
• 지정수량
 – 다이에틸에터(특수인화물) : 50L
 – 아세톤(제1석유류, 수용성) : 400L
• 소요단위 $= \dfrac{저장수량}{지정수량 \times 10}$

$= \dfrac{2,000L}{50L \times 10} + \dfrac{4,000L}{400L \times 10}$

$= 5$단위

30 제조소 또는 일반취급소에서 취급하는 제4류 위험물의 최대수량의 합이 지정수량의 3천배 이상 12만배 미만인 사업소의 자체소방대에 두는 화학소방자동차와 자체소방대원의 기준으로 옳은 것은?

① 1대, 5인　　　② 2대, 10인
③ 3대, 15인　　　④ 4대, 20인

해설
자체소방대에 두는 화학소방자동차 및 인원(시행령 별표 8)

사업소의 구분	화학소방 자동차	자체소방 대원의 수
제조소 또는 일반취급소에서 취급하는 제4류 위험물의 최대수량의 합이 지정수량의 3천배 이상 12만배 미만인 사업소	1대	5인

31 CF_3Br 소화기의 주된 소화효과에 해당되는 것은?

① 억제효과　　　② 질식효과
③ 냉각효과　　　④ 피복효과

해설
할론 1301(CF_3Br)의 주된 소화효과 : 억제효과

32 다음 물질 중에서 일반화재, 유류화재 및 전기화재에 모두 사용할 수 있는 분말소화약제의 주성분은?

① $KHCO_3$　　　② Na_2SO_4
③ $NaHCO_3$　　　④ $NH_4H_2PO_4$

해설
제3종 분말 : 제일인산암모늄($NH_4H_2PO_4$)으로 일반(A급), 유류(B급), 전기(C급)화재에 적응

33 전역방출방식의 할로젠화합물 소화설비의 분사헤드에서 Halon 1211을 방사하는 경우의 방출압력은 얼마 이상으로 해야 하는가?

① 0.1MPa　　　② 0.2MPa
③ 0.5MPa　　　④ 0.9MPa

해설
분사헤드의 방출압력

약 제	방출압력
할론 2402	0.1MPa 이상
할론 1211	0.2MPa 이상
할론 1301	0.9MPa 이상

34 표준상태에서 적린 8mol이 완전 연소하여 오산화인을 만드는 데 필요한 이론 공기량은 약 몇 L인가?(단, 공기 중 산소는 21vol%이다)

① 1,066.7　　　② 806.7
③ 224　　　④ 22.4

해설
적린의 연소반응식
　$4P + 5O_2 \rightarrow 2P_2O_5$
4mol／5mol
8mol／x
∴ $x = 10mol$
표준상태에서 10mol을 부피로 환산하면 $10 \times 22.4L = 224L$
∴ 이론 공기량 $= \dfrac{224L}{0.21} = 1,066.7L$

35 산화성 고체와 질산에 공통적으로 적응성이 있는 소화설비는?

① 이산화탄소 소화설비

② 할로젠화합물 소화설비

③ 탄산수소염류분말 소화설비

④ 포소화설비

> **해설**
> 산화성 고체(제1류 위험물)와 질산(제6류 위험물)은 수계 소화설비가 적합하다.

36 다음 중 알코올용포소화약제를 이용한 소화가 가장 효과적인 것은?

① 아세톤   ② 휘발유

③ 톨루엔   ④ 벤 젠

> **해설**
> 아세톤은 수용성 액체로서 알코올용포소화약제가 적합하다.

37 스프링클러설비의 장점이 아닌 것은?

① 소화약제가 물이므로 비용이 절감된다.

② 초기 시공비가 적게 든다.

③ 화재 시 사람의 조작 없이 작동이 가능하다.

④ 초기 화재의 진화에 효과적이다.

> **해설**
> 스프링클러설비는 초기 시공비가 많이 든다.

38 다음 중 C급 화재에 가장 적응성이 있는 소화설비는?

① 봉상강화액 소화기

② 포소화기

③ 이산화탄소 소화기

④ 스프링클러설비

> **해설**
> C급(전기) 화재에 적응 : 이산화탄소, 할로젠화합물, 분말소화기

39 제2류 위험물에 해당하는 것은?

① 마그네슘과 나트륨

② 황화인과 황린

③ 수소화리튬과 수소화나트륨

④ 황과 적린

> **해설**
> 위험물의 분류
> • 제2류 위험물 : 마그네슘, 황화인, 황, 적린
> • 제3류 위험물 : 나트륨, 황린, 수소화리튬, 수소화나트륨

40 위험물안전관리법에 따른 지하탱크저장소에 관한 설명으로 틀린 것은?

① 안전거리 적용대상이 아니다.

② 보유공지 확보대상이 아니다.

③ 설치 용량의 제한이 없다.

④ 10m 내에 2기 이상을 인접하여 설치할 수 없다.

> **해설**
> 지하탱크저장소
> • 안전거리, 보유공지 적용대상은 아니다.
> • 설치 용량의 제한이 없다.
> • 지하저장탱크를 2 이상 인접해 설치하는 경우에는 그 상호 간에 1m(해당 2 이상의 지하저장탱크의 용량의 합계가 지정수량의 100배 이하인 때에는 0.5m) 이상의 간격을 유지해야 한다.

41 저장할 때 상부에 물을 덮어서 저장하는 것은?

① 다이에틸에터
② 아세트알데하이드
③ 산화프로필렌
④ 이황화탄소

해설

이황화탄소를 저장할 때에는 상부에 물을 덮어서 저장한다.

42 위험물제조소는 문화재보호법에 의한 유형문화재로부터 몇 m 이상의 안전거리를 두어야 하는가?

① 20m
② 30m
③ 40m
④ 50m

해설

유형문화재, 지정문화재로부터 안전거리 : 50m 이상

43 위험물제조소의 표지의 크기 규격으로 옳은 것은?

① 0.2m × 0.4m
② 0.3m × 0.3m
③ 0.3m × 0.6m
④ 0.6m × 0.2m

해설

위험물제조소의 표지의 크기 : 0.3m × 0.6m

44 동식물유류의 건성유에 속하지 않는 것은?

① 동 유
② 아마인유
③ 야자유
④ 들기름

해설

동식물유류의 분류

종 류 　항 목	아이오딘값	반응성	불포화도	종 류
건성유	130 이상	크다.	크다.	해바라기유, 동유, 아마인유, 정어리기름, 들기름
반건성유	100~130	중간	중간	채종유, 목화씨기름(면실유), 참기름, 콩기름
불건성유	100 이하	작다.	작다.	야자유, 올리브유, 피마자유, 동백유

45 과산화칼륨에 대한 설명으로 옳지 않은 것은?

① 염산과 반응하여 과산화수소를 생성한다.
② 탄산가스와 반응하여 산소를 생성한다.
③ 물과 반응하여 수소를 생성한다.
④ 물과의 접촉을 피하고 밀전하여 저장한다.

해설

과산화칼륨은 물과 반응하면 산소를 발생한다.

$2K_2O_2 + 2H_2O \rightarrow 4KOH + O_2 \uparrow + 발열$

46 다음 ( ) 안에 알맞은 수치와 용어를 옳게 나열한 것은?

> 이황화탄소의 옥외저장탱크는 벽 및 바닥의 두께가
> ( )m 이상이고, 누수가 되지 않는 철근콘크리트의
> ( )에 넣어 보관해야 한다.

① 0.2, 수조
② 0.1, 수조
③ 0.2, 진공탱크
④ 0.1, 진공탱크

해설
이황화탄소의 옥외저장탱크는 벽 및 바닥의 두께가 0.2m 이상이고, 누수가 되지 않는 철근콘크리트의 수조에 넣어 보관해야 한다.

47 오황화인이 물과 작용해서 발생하는 유독성 기체는?

① 아황산가스
② 포스겐
③ 황화수소
④ 인화수소

해설
오황화인은 물과 작용하여 황화수소(H_2S)와 인산이 된다.
$P_2S_5 + 8H_2O \rightarrow 5H_2S + 2H_3PO_4$

48 인화칼슘이 물과 반응해서 생성되는 유독가스는?

① PH_3
② CO
③ CS_2
④ H_2S

해설
인화칼슘은 물과 반응하여 포스핀(PH_3)의 유독성 가스를 발생한다.
$Ca_3P_2 + 6H_2O \rightarrow 3Ca(OH)_2 + 2PH_3 \uparrow$

49 나이트로셀룰로스에 대한 설명으로 옳지 않은 것은?

① 직사일광을 피해서 저장한다.
② 알코올 수용액 또는 물로 습윤시켜 저장한다.
③ 질화도가 클수록 위험도가 증가한다.
④ 화재 시에는 질식소화가 효과적이다.

해설
나이트로셀룰로스(NC)의 화재 시 냉각소화가 효과적이다.

50 어떤 공장에서 아세톤과 메탄올을 18L 용기에 각각 10개, 등유를 200L 드럼으로 3드럼을 저장하고 있다면, 각각의 지정수량 배수의 총합은 얼마인가?

① 1.3
② 1.5
③ 2.3
④ 2.5

해설
지정수량의 배수
• 각 위험물의 지정수량

종 류	품 명	지정수량
아세톤	제1석유류(수용성)	400L
메탄올	알코올류	400L
등 유	제2석유류(비수용성)	1,000L

• 지정수량의 배수 $= \dfrac{저장량}{지정수량}$

$$= \frac{18L \times 10}{400L} + \frac{18L \times 10}{400L} + \frac{200L \times 3}{1,000L}$$

$$= 1.5배$$

51 물질의 자연발화를 방지하기 위한 조치로서 가장 거리가 먼 것은?

① 퇴적할 때 열이 쌓이지 않게 한다.
② 저장실의 온도를 낮춘다.
③ 촉매 역할을 하는 물질과 분리하여 저장한다.
④ 저장실의 습도를 높인다.

해설
자연발화를 방지하려면 습도를 낮추어야 한다.

52 위험물의 운반에 관한 기준에서 위험물의 적재 시 혼재 가능한 위험물은?(단, 위험물 지정수량의 5배인 경우이다)

① 과염소산칼륨 – 황린
② 질산메틸 – 경유
③ 마그네슘 – 알킬알루미늄
④ 탄화칼슘 – 나이트로글리세린

해설
운반 시 혼재 가능
• 위험물의 구분

종 류	유 별	종 류	유 별
과염소산칼륨	제1류위험물	마그네슘	제2류 위험물
황 린	제3류 위험물	알킬알루미늄	제3류 위험물
질산메틸	제5류 위험물	탄화칼슘	제3류 위험물
경 유	제4류 위험물	나이트로 글리세린	제5류 위험물

• 운반 시 혼재 가능한 유별 : 제1류 + 제6류 위험물, 제3류 + 제4류 위험물, 제5류 + 제2류 + 제4류 위험물

53 취급하는 장치가 구리나 마그네슘으로 되어 있을 때 반응을 일으켜서 폭발성의 아세틸라이드를 생성하는 물질은?

① 이황화탄소
② 아이소프로필알코올
③ 산화프로필렌
④ 아세톤

해설
산화프로필렌이나 아세트알데하이드는 구리(Cu), 마그네슘(Mg), 은(Ag), 수은(Hg)과 반응하면 아세틸라이드를 형성하여 위험하다.

54 과염소산과 과산화수소의 공통된 성질이 아닌 것은?

① 비중이 1보다 크다.
② 물에 녹지 않는다.
③ 산화제이다.
④ 산소를 포함한다.

해설
과염소산과 과산화수소는 물에 잘 녹는다.

55 다음 Ⓐ~Ⓒ의 물질 중 위험물안전관리법상 제6류 위험물에 해당하는 것은 모두 몇 개인가?

> Ⓐ 비중 1.49인 질산
> Ⓑ 비중 1.7인 과염소산
> Ⓒ 물 60g + 과산화수소 40g을 혼합한 수용액

① 1개
② 2개
③ 3개
④ 없 음

해설
제6류 위험물
• 질산(비중 : 1.49 이상)
• 과염소산(특별한 기준이 없음)
• 과산화수소(36중량% 이상)
• 과산화수소 수용액의 농도

$$중량\% = \frac{용질}{용액} \times 100\% = \frac{40}{(60g + 40g)} \times 100\% = 40\%$$

56 위험물의 저장 방법에 대한 설명 중 틀린 것은?

① 황린은 산화제와 혼합되지 않게 저장한다.

② 황은 정전기가 축적되지 않도록 저장한다.

③ 적린은 인화성 물질로부터 격리 저장한다.

④ 마그네슘은 분진을 방지하기 위해 약간의 수분을 포함시켜 저장한다.

> **해설**
> 마그네슘은 물과 반응하면 수소가스를 발생하므로 위험하다.
> $Mg + 2H_2O \rightarrow Mg(OH)_2 + H_2$

57 위험물을 적재, 운반할 때 방수성 덮개를 하지 않아도 되는 것은?

① 알칼리금속의 과산화물

② 마그네슘

③ 나이트로화합물

④ 탄화칼슘

> **해설**
> 알칼리금속의 과산화물, 마그네슘, 탄화칼슘은 물과 반응하면 산소, 수소, 아세틸렌을 발생하므로 방수성 덮개를 해야 한다.

58 제조소에서 취급하는 위험물의 최대수량이 지정수량의 20배인 경우 보유공지의 너비는 얼마인가?

① 3m 이상

② 5m 이상

③ 10m 이상

④ 20m 이상

> **해설**
> 제조소의 보유공지
>
> | 취급하는 위험물의 최대수량 | 공지의 너비 |
> | --- | --- |
> | 지정수량의 10배 이하 | 3m 이상 |
> | 지정수량의 10배 초과 | 5m 이상 |

59 특정옥외저장탱크를 원통형으로 설치하고자 한다. 지반면으로부터의 높이가 16m일 때 이 탱크가 받는 풍하중은 1m²당 얼마 이상으로 계산해야 하는가?(단, 강풍을 받을 우려가 있는 장소에 설치하는 경우는 제외한다)

① 0.7640kN

② 1.2348kN

③ 1.6464kN

④ 2.348kN

> **해설**
> 풍하중
> $q = 0.588K\sqrt{h}$
> 여기서, K : 풍력계수(원통형 탱크는 0.7, 그 외의 탱크는 1.00이다)
> h : 높이(m)
> $\therefore q = 0.588K\sqrt{h} = 0.588 \times 0.7 \times \sqrt{16} = 1.6464kN/m^2$

60 주거용 건축물과 위험물제조소와의 안전거리를 단축할 수 있는 경우는?

① 제조소가 위험물의 화재 진압을 하는 소방서와 근거리에 있는 경우

② 취급하는 위험물의 최대수량(지정수량의 배수)이 10배 미만이고 기준에 의한 방화상 유효한 벽을 설치한 경우

③ 위험물을 취급하는 시설이 철근콘크리트 벽일 경우

④ 취급하는 위험물이 단일 품목일 경우

> **해설**
> 불연재료로 된 방화상 유효한 담 또는 벽을 설치한 경우에는 안전거리를 단축할 수 있다.

제1과목 물질의 물리 · 화학적 성질

01 CO₂와 CO의 성질에 대한 설명 중 옳지 않은 것은?

① CO_2는 공기보다 무겁고, CO는 가볍다.
② CO_2는 붉은색 불꽃을 내며 연소한다.
③ CO는 파란색 불꽃을 내며 연소한다.
④ CO는 독성이 있다.

해설
이산화탄소(CO_2)는 산소와 더 이상 반응하지 않는 불연성가스이다.

02 볼타전기에서 갑자기 전류가 약해지는 현상을 "분극현상"이라 한다. 이 분극현상을 방지해 주는 감극제로 사용되는 물질은?

① MnO_2
② $CuSO_3$
③ NaCl
④ $Pb(NO_3)_2$

해설
감극제 : MnO_2(이산화망가니즈)

03 단백질에 관한 설명으로 틀린 것은?

① 펩타이드 결합을 하고 있다.
② 뷰렛반응에 의해 노란색으로 변한다.
③ 아미노산의 연결체이다.
④ 체내 에너지 대사에 관여한다.

해설
뷰렛반응 : 단백질을 검출하는 반응으로 단백질의 알칼리성 수용액에 저농도의 황산구리용액을 몇 방울 떨어뜨리면 청자색을 띠는 반응

04 10wt%의 H_2SO_4 수용액으로 1M 용액 200mL를 만들려고 할 때 다음 중 가장 적합한 방법은?(단, S의 원자량은 32이다)

① 원용액 98g에 물을 가하여 200mL로 한다.
② 원용액 98g에 200mL의 물을 가한다.
③ 원용액 196g에 물을 가하여 200mL로 한다.
④ 원용액 196g에 200mL의 물을 가한다.

해설
1M-황산(H_2SO_4)이란 물 1,000mL 안에 황산이 98g 녹아 있는 것을 말한다.

1M — 98g — 1,000mL
1M — x — 200mL

$$x = \frac{1M \times 98g \times 200mL}{1M \times 1,000mL} = 19.6g (원액의 양)$$

10% 황산을 사용하므로 19.6g ÷ 0.1 = 196g
∴ 10% 황산 196g을 물에 넣어 전체를 200mL로 한다.

05 다음 중 수용액에서 산성의 세기가 가장 큰 것은?

① HF
② HCl
③ HBr
④ Hl

해설
산성의 세기 : Hl > HBr > HC > HF

정답 1 ② 2 ① 3 ② 4 ③ 5 ④

06 수산화칼슘에 염소가스를 흡수시켜 만드는 물질은?

① 표백분   ② 염화칼슘

③ 염화수소   ④ 과산화망가니즈

해설

표백분($CaOCl_2 \cdot H_2O$)의 제조방법

• 소금에 진한 황산을 가하여 고온에서 반응시키고 발생한 기체를 수용액으로 만든다.

$2NaCl + H_2SO_4 \rightarrow Na_2SO_4 + 2HCl$

• 이 용액(HCl)에 이산화망가니즈를 가한다.

$4HCl + MnO_2 \rightarrow MnCl_2 + 2H_2O + Cl_2$

• 가열하여 생성된 기체(Cl_2)에 수산화칼슘을 흡수시킨다.

$Cl_2 + Ca(OH)_2 \rightarrow CaOCl_2 \cdot H_2O$

07 $^{226}_{88}Ra$의 α붕괴 후 생성물은 어떤 물질인가?

① 금속원소   ② 비활성원소

③ 양쪽원소   ④ 할로젠원소

해설

α붕괴하면 원자번호 2 감소, 질량수 4 감소하므로 $^{226}_{88}Ra(\alpha$붕괴$)$ $\rightarrow {}^{222}_{86}Rn$(금속 원소)

08 산소의 산화수가 가장 큰 것은?

① O_2 ② $KClO_4$

③ H_2SO_4 ④ H_2O_2

해설

산소화합물에서 산소의 산화수는 −2이다.

산소의 산화수

• 산소(O_2) : 0

• 과염소산칼륨($KClO_4$) : −2

• 황산(H_2SO_4) : −2

• 과산화수소(H_2O_2) : 과산화물은 −1

09 주기율표에서 제2주기에 있는 원소 성질 중 왼쪽에서 오른쪽으로 갈수록 감소하는 것은?

① 비금속성   ② 이온화에너지

③ 원자 반지름   ④ 전기음성도

해설

원소의 성질

구 분 항 목	같은 주기에서 원자번호가 증가할수록 (왼쪽에서 오른쪽으로)	같은 족에서 원자번호가 증가할수록 (위쪽에서 아래쪽으로)
이온화 에너지	증가한다.	감소한다.
전기음성도	증가한다.	감소한다.
이온반지름	작아진다.	커진다.
원자반지름	작아진다.	커진다.
비금속성	증가한다.	감소한다.

10 어떤 금속(M) 8g을 연소시키니 11.2g의 산화물이 얻어졌다. 이 금속의 원자량이 140이라면 이 산화물의 화학식은?

① M_2O_3 ② MO

③ MO_2 ④ M_2O_7

해설

금속의 당량을 x, 산소의 당량 8이므로

• 금속 : 산소 = 8g : (11.2 − 8)g = x : 8

∴ $x = 20$

• 금속의 원자가 = 원자량/당량 = 140/20 = 7

∴ 금속의 원자가가 7가이므로 화학식은 M_2O_7이다.

11 이온결합 물질의 일반적인 성질에 관한 설명 중 틀린 것은?

① 녹는점이 비교적 높다.
② 단단하며 부스러지기 쉽다.
③ 고체와 액체 상태에서 모두 도체이다.
④ 물과 같은 극성용매에 용해되기 쉽다.

③ 이온결합은 고체 상태에서는 부도체이고, 수용액 상태에서는 도체이다.

12 다음 중 $KMnO_4$의 Mn의 산화수는?

① +1   ② +3
③ +5   ④ +7

$KMnO_4$: $(+1) + x + (-2) \times 4 = 0$
∴ $x(Mn) = +7$

13 다음 중 분자 간의 수소결합을 하지 않는 것은?

① HF   ② NH_3
③ CH_3F ④ H_2O

수소결합 : 전기음성도가 큰 F, O, N 원자들과 공유결합을 한 H(수소) 원자와 이웃분자의 F, O, N 원자와의 결합으로 플루오린화수소(HF), 암모니아(NH_3), 물(H_2O) 등이 있다.

14 3.65kg의 염화수소 중에는 HCl 분자가 몇 개 있는가?

① 6.02×10^{23}
② 6.02×10^{24}
③ 6.02×10^{25}
④ 6.02×10^{26}

염산 1g-mol(36.5g)이 가지고 있는 분자는 6.0238×10^{23}이므로
3,650g/36.5 = 100g-mol이므로
$100 \times 6.0238 \times 10^{23} = 6.02 \times 10^{25}$

15 다음 반응식을 이용하여 구한 $SO_2(g)$의 몰 생성열은?

$S(s) + 1.5O_2(g) \rightarrow SO_3(g)$	$\triangle H^0 = -94.5kcal$
$2SO_2(s) + O_2(g) \rightarrow 2SO_3(g)$	$\triangle H^0 = -47kcal$

① $-71kcal$ ② $-47.5kcal$
③ $71kcal$ ④ $47.5kcal$

$SO_2(g)$의 생성열 $Q = \dfrac{2 \times (-94.5kcal) + 47kcal}{2} = -71kcal$

16 27℃에서 9g의 비전해질을 녹여 만든 900mL 용액의 삼투압은 3.84기압이었다. 이 물질의 분자량은 약 얼마인가?

① 18 ② 32
③ 44 ④ 64

해설
분자량

$$PV = nRT = \frac{W}{M}RT, \quad M = \frac{WRT}{PV}$$

여기서, W : 무게(9g)
   R : 기체상수(0.08205L · atm/g−mol · K)
   T : 절대온도(273 + 27℃ = 300K)
   P : 삼투압(3.84atm)
   V : 부피(900mL = 0.9L)

$$\therefore M = \frac{WRT}{PV}$$

$$= \frac{9g \times 0.08205L \cdot atm/g - mol \cdot K \times (273 + 27)K}{3.84\,atm \times 0.9L}$$

$$= 64.10$$

17 원자번호가 7인 질소와 같은 족에 해당되는 원소의 원자번호는?

① 15 ② 16
③ 17 ④ 18

해설
질소족 : N(7번), P(15번), As(33번)

18 폴리염화비닐의 단위체와 합성법이 옳게 나열된 것은?

① $CH_2 = CHCl$, 첨가중합
② $CH_2 = CHCl$, 축합중합
③ $CH_2 = CHCN$, 첨가중합
④ $CH_2 = CHCN$, 축합중합

해설
Poly Vinyl Chloride(PVC) : $CH_2 = CHCl$, 첨가중합

19 벤젠에 대한 설명으로 옳지 않은 것은?

① 정육각형의 평면구조로 120°의 결합각을 갖는다.
② 결합길이는 단일결합과 이중결합의 중간이다.
③ 공명 혼성구조로 안정한 방향족 화합물이다.
④ 이중결합을 가지고 있어 치환반응보다 첨가반응이 지배적이다.

해설
벤젠은 반응성이 적고 부가반응은 하지 않고 치환반응을 한다.

20 다음 반응에서 Na^+ 이온의 전자배치와 동일한 전자배치를 갖는 원소는?

$$Na + 에너지 \rightarrow Na^+ + e^-$$

① He ② Ne
③ Mg ④ Li

해설
Na(원자번호 11) : $1s^2, 2s^2, 2p^6, 3s^1$인데 식에서 전자 1개를 잃어 전자 10개인 Ne(네온, 원자번호 10)이 된다.

21 트라이에틸알루미늄이 습기와 반응할 때 발생되는 가스는?

① 수 소　　　　② 아세틸렌

③ 에테인　　　④ 메테인

해설

트라이에틸알루미늄의 반응식

• 물과 반응

$(C_2H_5)_3Al + 3H_2O \rightarrow Al(OH)_3 + 3C_2H_6 \uparrow$

• 산소(공기)와 반응

$2(C_2H_5)_3Al + 2IO_2 \rightarrow Al_2O_3 + 12CO_2 + 15H_2O$

22 표준상태에서 2kg의 이산화탄소가 모두 기체 상태의 소화약제로 방사될 경우 부피는 몇 m^3인가?

① 1.018　　　　② 10.18

③ 101.8　　　　④ 1,018

해설

표준상태에서 기체 1kg-mol이 차지하는 부피는 $22.4m^3$이므로

$\therefore \dfrac{2kg}{44kg/kg-mol} \times 22.4m^3/kg-mol = 1.018m^3$

23 옥내소화전설비의 비상전원은 자가발전설비 또는 축전지설비로 옥내소화전설비를 유효하게 몇 분 이상 작동할 수 있어야 하는가?

① 10분　　　　② 20분

③ 45분　　　　④ 60분

해설

위험물 소화설비의 비상전원은 45분 이상 작동해야 한다(수원의 양을 계산할 때에는 30분으로 계산한다).

24 이산화탄소소화기에 대한 설명으로 옳은 것은?

① C급 화재에는 적응성이 없다.

② 다량의 물질이 연소하는 A급 화재에 가장 효과적이다.

③ 밀폐되지 않은 공간에서 사용할 때 가장 소화효과가 좋다.

④ 방출용 동력이 별도로 필요치 않다.

해설

이산화탄소 소화기

• B급(유류), C급(전기) 화재에 적합하다.

• 밀폐된 공간에서 질식의 우려가 있으므로 위험하다.

• 자체압력으로 약제를 전량 방출하므로 동력이 필요 없다.

25 제3종 분말소화약제가 열분해될 때 생성되는 물질로서 목재, 섬유 등을 구성하고 있는 섬유소를 탈수·탄화시켜 연소를 억제하는 것은?

① CO_2　　　　② NH_3PO_4

③ H_3PO_4　　　④ NH_3

해설

제3종 분말을 190℃에서 분해하면 인산(H_3PO_4)이 생성되는데 섬유소를 탈수시켜 탈수·탄화시켜 연소를 억제한다.

26 다음 중 Ca_3P_2 화재 시 가장 적합한 소화방법은?

① 마른 모래로 덮어 소화한다.
② 봉상의 물로 소화한다.
③ 화학포 소화기로 소화한다.
④ 산·알칼리 소화기로 소화한다.

해설
인화칼슘(Ca_3P_2)의 소화약제 : 마른모래

27 클로로벤젠 300,000L의 소요단위는 얼마인가?

① 20   ② 30
③ 200   ④ 300

해설
클로로벤젠(C_6H_5Cl)은 제4류 제2석유류(비수용성)로서 지정수량은 1,000L이다.

$$소요단위 = \frac{저장수량}{지정수량 \times 10}$$

$$= \frac{300,000L}{1,000L \times 10}$$

$$= 30단위$$

28 Halon 1301, Halon 1211, Halon 2402 중 상온, 상압에서 액체상태인 Halon 소화약제로만 나열한 것은?

① Halon 1211
② Halon 2402
③ Halon 1301, Halon 1211
④ Halon 2402, Halon 1211

해설
상온에서 액체 : Halon 2402
※ 상온에서 기체 : Halon 1301, Halon 1211

29 주된 연소형태가 분해연소인 것은?

① 금속분   ② 황
③ 목 재   ④ 피크르산

해설
분해연소 : 종이, 목재, 석탄, 플라스틱

30 위험물안전관리법령상 옥내소화전설비에 관한 기준에 대해 다음 (   )에 알맞은 수치를 옳게 나열한 것은?

옥내소화전설비는 각층을 기준으로 하여 당해 층의 모든 옥내소화전(설치개수가 5개 이상인 경우는 5개의 옥내소화전)을 동시에 사용할 경우에 각 노즐 끝 부분의 방수압력이 (㉠)kPa 이상이고 방수량이 1분당 (㉡)L 이상의 성능이 되도록 할 것

① ㉠ 350, ㉡ 260
② ㉠ 450, ㉡ 260
③ ㉠ 350, ㉡ 450
④ ㉠ 450, ㉡ 450

해설
옥내소화전설비
• 방수압력 : 350kPa(0.35MPa) 이상
• 방수량 : 260L/min 이상

31 위험물안전관리법령상 옥내소화전설비가 적응성이 있는 위험물의 유별로만 나열된 것은?

① 제1류 위험물, 제4류 위험물

② 제2류 위험물, 제4류 위험물

③ 제3류 위험물, 제5류 위험물

④ 제5류 위험물, 제6류 위험물

> **해설**
> 제5류 위험물과 제6류 위험물은 옥내소화전설비가 적합하지만 제3류, 제4류 위험물은 적합하지 않다.

32 톨루엔의 화재에 적응성이 있는 소화방법이 아닌 것은?

① 무상수(霧狀水)소화기에 의한 소화

② 무상강화액소화기에 의한 소화

③ 포소화기에 의한 소화

④ 할로젠화합물소화기에 의한 소화

> **해설**
> 톨루엔(제4류 위험물 제1석유류, 비수용성)의 적응약제
> • 강화액(무상)
> • 포
> • 이산화탄소
> • 할로젠화합물
> • 불활성 가스
> • 분 말

33 표준관입시험 및 평판재하시험을 실시해야 하는 특정옥외저장탱크의 지반의 범위는 기초의 외측이 지표면과 접하는 선의 범위 내에 있는 지반으로서 지표면으로부터 깊이 몇 m까지로 하는가?

① 10 ② 15

③ 20 ④ 25

> **해설**
> 표준관입시험 및 평판재하시험을 실시하는 특정옥외저장탱크의 지반의 범위는 기초의 외측이 지표면과 접하는 선의 범위 내에 있는 지반으로서 지표면으로부터 깊이 15m까지로 한다(위험물 세부기준 제42조).

34 위험물안전관리법령상 제3류 위험물 중 금수성 물질에 적응성이 있는 소화기는?

① 할로젠화합물소화기

② 인산염류분말소화기

③ 이산화탄소소화기

④ 탄산수소염류분말소화기

> **해설**
> 제3류 위험물의 소화기 : 탄산수소염류분말소화기(제3종인 인산염류를 제외한 나머지 분말소화기)

35 제2류 위험물의 화재에 대한 일반적인 특징을 가장 옳게 설명한 것은?

① 연소속도가 빠르다.

② 산소를 함유하고 있어 질식소화는 효과가 없다.

③ 화재 시 자신이 환원되고 다른 물질을 산화시킨다.

④ 연소열이 거의 없어 초기 화재 시 발견이 어렵다.

> **해설**
> 제2류 위험물은 가연성 고체로서 비교적 낮은 온도에서 착화하기 쉽고 연소속도가 빠르다.

36 지정수량 10배의 위험물을 운반할 때 다음 중 혼재가 금지된 경우는?

① 제2류 위험물과 제4류 위험물
② 제2류 위험물과 제5류 위험물
③ 제3류 위험물과 제4류 위험물
④ 제3류 위험물과 제5류 위험물

해설
운반 시 혼재 가능
• 3류 + 4류(3, 4 : 3군사관학교)
• 1류 + 6류
• 5류 + 2류 + 4류(5, 2, 4)

37 인화성 액체의 화재에 해당하는 것은?

① A급 화재   ② B급 화재
③ C급 화재   ④ D급 화재

해설
인화성 액체의 화재 : B급(유류) 화재

38 과산화수소의 화재예방 방법으로 틀린 것은?

① 암모니아와의 접촉은 폭발의 위험이 있으므로 피한다.
② 완전히 밀전·밀봉하여 외부 공기와 차단한다.
③ 용기는 착색하여 직사광선이 닿지 않게 한다.
④ 분해를 막기 위해 분해방지 안정제를 사용한다.

해설
과산화수소는 저장용기는 밀봉하지 말고 구멍이 있는 마개를 사용해야 한다.

39 위험물의 운반용기 외부에 표시해야 하는 주의사항에 "화기엄금"이 포함되지 않은 것은?

① 제1류 위험물 중 알칼리금속의 과산화물
② 제2류 위험물 중 인화성 고체
③ 제3류 위험물 중 자연발화성 물질
④ 제5류 위험물

해설
제1류 위험물의 주의사항
• 알칼리금속의 과산화물 : 화기·충격주의, 물기엄금, 가연물접촉주의
• 그 밖의 것 : 화기·충격주의, 가연물접촉주의

40 분말소화기에 사용되는 소화약제 주성분이 아닌 것은?

① $NH_4H_2PO_4$ ② Na_2SO_4
③ $NaHCO_3$ ④ $KHCO_3$

해설
분말약제의 종류

종 류	제1종 분말	제2종 분말	제3종 분말	제4종 분말
화학식	$NaHCO_3$	$KHCO_3$	$NH_4H_2PO_4$	$KHCO_3 + (NH_2)_2CO$
화학명	중탄산 나트륨	중탄산 칼륨	인산 암모늄	중탄산칼륨 + 요소

41 인화칼슘이 물과 반응하였을 때 발생하는 기체는?

① 수 소 ② 산 소
③ 포스핀 ④ 포스겐

해설

인화칼슘이 물과 반응하면 포스핀(인화수소, PH_3)가스를 발생한다.
$Ca_3P_2 + 6H_2O \rightarrow 3Ca(OH)_2 + 2PH_3\uparrow$

42 질산나트륨 90kg, 황 70kg, 클로로벤젠 2,000L를 저장하고 있을 경우 각각의 지정수량 배수의 총합은?

① 2 ② 3
③ 4 ④ 5

해설

지정수량

종 류	질산나트륨	황	클로로벤젠
품 명	제1류 위험물 질산염류	제2류 위험물	제4류 위험물 제2석유류, 비수용성
지정 수량	300kg	100kg	1,000L

$\therefore$ 지정수량의 배수 $= \dfrac{\text{저장량}}{\text{지정수량}}$

$= \dfrac{90kg}{300kg} + \dfrac{70kg}{100kg} + \dfrac{2,000L}{1,000L} = 3.0$배

43 최대 아세톤 150톤을 옥외탱크저장소에 저장할 경우 보유공지의 너비는 몇 m 이상으로 해야 하는가?(단, 아세톤의 비중은 0.79이다)

① 3 ② 5
③ 9 ④ 12

해설

보유공지

• 아세톤의 무게를 부피로 환산하면(비중 0.79 = 0.79kg/L)

$\therefore$ 밀도 $\rho = \dfrac{W(\text{무게})}{V(\text{부피})}$, $V = \dfrac{W}{\rho} = \dfrac{150,000kg}{0.79kg/L} = 189,873.42L$

• 아세톤은 제4류 위험물 제1석유류(수용성)로서 지정수량은 400L이다.

지정수량의 배수 $= \dfrac{189,873.42L}{400L} = 474.68$배

• 옥외탱크저장소의 보유공지(시행규칙 별표 6)

저장 또는 취급하는 위험물의 최대수량	공지의 너비
지정수량의 500배 이하	3m 이상
지정수량의 500배 초과 1,000배 이하	5m 이상
지정수량의 1,000배 초과 2,000배 이하	9m 이상
지정수량의 2,000배 초과 3,000배 이하	12m 이상
지정수량의 3,000배 초과 4,000배 이하	15m 이상
지정수량의 4,000배 초과	해당 탱크의 수평단면의 최대지름(가로형은 긴변)과 높이 중 큰 것과 같은 거리 이상(단, 30m 초과 시 30m 이상으로, 15m 미만 시 15m 이상으로 할 것)

$\therefore$ 지정수량의 배수가 500배 이하(474.68배)이므로 보유공지는 3m 이상이다.

44 자연발화를 방지하는 방법으로 가장 거리가 먼 것은?

① 통풍이 잘되게 할 것
② 열의 축적을 용이하지 않게 할 것
③ 저장실의 온도를 낮게 할 것
④ 습도를 높게 할 것

해설
습도를 낮게 하여 열이 한 곳에 축적되지 않도록 하여 자연발화를 방지한다.

45 다음 그림은 제5류 위험물 중 유기과산화물을 저장하는 옥내저장소의 저장창고를 개략적으로 보여주고 있다. 창과 바닥으로부터 높이(a)와 하나의 창의 면적(b)은 각각 얼마로 해야 하는가?(단, 이 저장창고의 바닥면적은 150m² 이내이다)

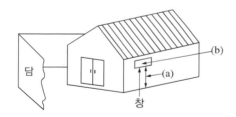

① (a) 2m 이상, (b) 0.6m² 이내
② (a) 3m 이상, (b) 0.4m² 이내
③ (a) 2m 이상, (b) 0.4m² 이내
④ (a) 3m 이상, (b) 0.6m² 이내

해설
지정과산화물을 저장하는 옥내저장소의 기준
• 저장창고의 창은 바닥면으로부터 높이 : 2m 이상
• 하나의 창의 면적 : 0.4m² 이내
• 하나의 벽면에 두는 창 면적의 합계를 해당 면적의 1/80 이내

46 과산화나트륨이 물과 반응할 때의 변화를 가장 옳게 설명한 것은?

① 산화나트륨과 수소를 발생한다.
② 물을 흡수하여 탄산나트륨이 된다.
③ 산소를 방출하여 수산화나트륨이 된다.
④ 서서히 물에 녹아 과산화나트륨의 안정한 수용액이 된다.

해설
과산화나트륨은 물과 반응하면 수산화나트륨($NaOH$)과 산소(O_2)를 발생한다.
$2Na_2O_2 + 2H_2O \rightarrow 4NaOH + O_2\uparrow + 발열$

47 황린과 적린의 성질에 대한 설명 중 틀린 것은?

① 황린은 담황색의 고체이며 마늘과 비슷한 냄새가 난다.
② 적린은 암적색의 분말이고 냄새가 없다.
③ 황린은 독성이 없고 적린은 맹독성 물질이다.
④ 황린은 이황화탄소에 녹지만 적린은 녹지 않는다.

해설
황린은 맹독성 물질이고 적린은 독성이 없는 물질이다.

48 제4석유류를 저장하는 옥내탱크저장소의 기준으로 맞는 것은?

① 옥내저장탱크의 용량은 지정수량의 40배 이하이다.

② 탱크전용실은 벽, 기둥, 바닥, 보를 내화구조로 한다.

③ 유리창은 설치하고, 출입구는 자동폐쇄식의 30분 방화문으로 한다.

④ 3층 이하의 건축물에 설치된 탱크전용실에 옥내저장탱크를 설치한다.

> **해설**
> 옥내탱크저장소의 기준
> • 옥내저장탱크의 용량은 지정수량의 40배 이하일 것
> • 탱크전용실은 벽, 기둥, 바닥을 내화구조로 하고 보를 불연재료로 할 것
> • 탱크전용실의 창 또는 출입구에는 60분+ 방화문·60분 방화문 또는 30분 방화문을 설치하는 동시에 연소 우려가 있는 외벽에 두는 출입구에는 수시로 열 수 있는 자동폐쇄식의 60분+ 방화문 또는 60분 방화문을 설치할 것
> • 옥내탱크는 단층건축물에 설치된 탱크전용실을 설치할 것

49 비중이 1보다 작고, 인화점이 0℃ 이하인 것은?

① $C_6H_5CH_3$ ② $C_2H_5OC_2H_5$

③ CS_2 ④ C_6H_5Cl

> **해설**
> 위험물의 물성
>
> | 종 류 | $C_6H_5CH_3$ | $C_2H_5OC_2H_5$ | CS_2 | C_6H_5Cl |
> |---|---|---|---|---|
> | 명 칭 | 톨루엔 | 다이에틸에터 | 이황화탄소 | 클로로벤젠 |
> | 비 중 | 0.86 | 0.72 | 1.26 | 1.1 |
> | 인화점 | 4℃ | −40℃ | −30℃ | 27℃ |

50 운반할 때 빗물의 침투를 방지하기 위하여 방수성이 있는 피복으로 덮어야 하는 위험물은?

① TNT ② 이황화탄소

③ 과염소산 ④ 마그네슘

> **해설**
> 운반 시 방수성이 있는 것으로 피복
> • 제1류 위험물 중 알칼리금속의 과산화물
> • 제2류 위험물 중 철분·금속분·마그네슘
> • 제3류 위험물 중 금수성 물질

51 금속칼륨이 물과 반응했을 때 생성물로 옳은 것은?

① 산화칼륨 + 수소

② 수산화칼륨 + 수소

③ 산화칼륨 + 산소

④ 수산화칼륨 + 산소

> **해설**
> 칼륨이 물과 반응하면 수산화칼륨(KOH)과 가연성가스인 수소(H_2)를 발생한다.
> $2K + 2H_2O \rightarrow 2KOH + H_2\uparrow + Qkcal$

52 나이트로셀룰로스의 저장 및 취급 방법으로 틀린 것은?

① 가열, 마찰을 피한다.

② 열원을 멀리하고 냉암소에 저장한다.

③ 알코올용액으로 습면하여 운반한다.

④ 물과의 접촉을 피하기 위해 석유에 저장한다.

> **해설**
> • 나이트로셀룰로스(NC)의 저장 : 물 또는 알코올로 습면시켜 저장한다.
> • 칼륨, 나트륨 : 등유, 경유, 유동파라핀 속에 저장

53 1기압 27℃에서 아세톤 58g을 완전히 기화시키면 부피는 약 몇 L가 되는가?

① 22.4
② 24.6
③ 27.4
④ 58.0

> **해설**
>
> 이상기체상태방정식을 적용하면
>
> $$PV = nRT = \frac{W}{M}RT, \ V = \frac{WRT}{PM}$$
>
> 여기서, P : 압력(atm)
> V : 부피(L)
> n : mol수
> M : 분자량(58g/g-mol)
> W : 무게(58g)
> R : 기체상수(0.08205L·atm/g-mol·K)
> T : 절대온도(273 + 27℃)
>
> $$\therefore V = \frac{WRT}{PM} = \frac{58 \times 0.08205 \times 300}{1 \times 58} = 24.62L$$
>
> ※ 아세톤의 분자량 = CH_3COCH_3
> $= 12 + (1 \times 3) + 12 + 16 + 12 + (1 \times 3)$
> $= 58$

54 다음 위험물안전관리법령에서 정한 지정수량이 가장 적은 것은?

① 염소산염류
② 브로민산염류
③ 질산염류
④ 금속의 인화물

> **해설**
>
> 지정수량
>
> | 종 류 | 염소산염류 | 브로민산염류 | 질산염류 | 금속의 인화물 |
> |---|---|---|---|---|
> | 유 별 | 제1류 위험물 | 제1류 위험물 | 제1류 위험물 | 제3류 위험물 |
> | 지정수량 | 50kg | 300kg | 300kg | 300kg |

55 황(S)에 대한 설명으로 옳은 것은?

① 불연성이지만 산화제 역할을 하기 때문에 가연물 접촉은 위험하다.
② 유기용제, 알코올, 물 등에 매우 잘 녹는다.
③ 사방황, 고무상황과 같은 동소체가 있다.
④ 전기도체이므로 감전에 주의한다.

> **해설**
>
> 황(S)의 특성
> • 제2류 위험물로서 가연성 고체이다.
> • 물이나 산에는 녹지 않으나 알코올에는 조금 녹고 고무상황을 제외하고는 이황화탄소(CS_2)에 잘 녹는다.
> • 공기 중에서 연소하면 푸른빛을 내며 아황산가스(SO_2)를 발생한다.
> $S + O_2 \rightarrow SO_2$
> • 단사황, 사방황, 고무상황과 같은 동소체가 있다.
> • 전기부도체이다.
> • 고무상황은 이황화탄소(CS_2)에 녹지 않고, 350℃로 가열하여 용해한 것을 찬물에 넣으면 생성된다.

56 다음 중 분진 폭발의 위험성이 가장 작은 것은?

① 석탄분
② 시멘트
③ 설 탕
④ 커 피

> **해설**
>
> 시멘트, 생석회는 분진폭발의 위험이 없다.

57 이동저장탱크로부터 위험물을 저장 또는 취급하는 탱크에 인화점이 몇 ℃ 미만인 위험물을 주입할 때에는 이동탱크저장소의 원동기를 정지시켜야 하는가?

① 21
② 40
③ 71
④ 200

이동저장탱크로부터 위험물 주입 시 원동기 정지 : 인화점 40℃ 미만

58 고체위험물의 운반 시 내장용기가 금속제인 경우 내장용기의 최대 용적은 몇 L인가?

① 10
② 20
③ 30
④ 100

고체위험물의 운반 시 내장용기가 금속제일 때 최대용적 : 30L

59 옥외저장탱크ㆍ옥내저장탱크 또는 지하저장탱크 중 압력탱크에 저장하는 아세트알데하이드 등의 온도는 몇 이하로 유지해야 하는가?

① 30
② 40
③ 55
④ 65

저장온도
• 옥외저장탱크ㆍ옥내저장탱크 또는 지하저장탱크 중 압력탱크에 저장
  – 아세트알데하이드 등 : 40℃ 이하
  – 다이에틸에터 등 : 40℃ 이하
• 옥외저장탱크ㆍ옥내저장탱크 또는 지하저장탱크 중 압력탱크 외의 탱크에 저장
  – 산화프로필렌, 다이에틸에터 저장 : 30℃ 이하
  – 아세트알데하이드 : 15℃ 이하

60 물과 반응하여 CH_4와 H_2 가스를 발생하는 것은?

① K_2C_2
② MgC_2
③ Be_2C
④ Mn_3C

탄화망가니즈는 물과 반응하면 메테인(CH_4)과 수소(H_2)가스를 발생한다.
$Mn_3C + 6H_2O \rightarrow 3Mn(OH)_2 + CH_4 \uparrow + H_2 \uparrow$

제1과목 물질의 물리·화학적 성질

01 다음 중 공유결합 화합물이 아닌 것은?

① NaCl   ② HCl

③ CH₃COOH   ④ CCl₄

해설

① NaCl(염화나트륨, 소금) : 이온결합

공유결합 : 비금속과 비금속의 결합으로 두 원자가 같은 수의 전자를 제공하여 전자쌍을 이루어 서로 공유하므로써 이루어진 결합 (HCl, NH_3, CCl_4, H_2S, CH_3COOH, CH_3COCH_3, C_{12}, O_2, CO_2)

02 10.0mL의 0.1M−NaOH는 25.0mL의 0.1M−HCl 에 혼합하였을 때 이 혼합 용액의 pH는 얼마인가?

① 1.37   ② 2.82

③ 3.37   ④ 4.82

해설

혼합용액의 pH

• NaOH의 g당량 $0.1 \times \dfrac{10}{1,000} = 0.001 = 1 \times 10^{-3}$

• HC1의 g의 당량 $0.1 \times \dfrac{25}{1,000} = 0.0025 = 2.5 \times 10^{-3}$

• 중화 후 남은 산의 당량 $= (2.5 \times 10^{-3}) - (1 \times 10^{-3}) = 1.5 \times 10^{-3}$

• 35mL의 혼합액 속에 남아 있는 산의 노말농도는

$NV = 1.5 \times 10^{-3}$이므로 $N \times 0.035L = 1.5 \times 10^{-3}$,

$N = 0.0428$

∴ $pH = -\log[H^+] = -\log[4.28 \times 10^{-2}] = 2 - \log 4.28 = 1.37$

03 다음 중 염소(Cl)의 산화수가 +3인 물질은?

① HClO₄   ② HClO₃

③ HClO₂   ④ HClO

해설

산화수

• 과염소산($HClO_4$)

  $(+1) + x + (-2) \times 4 = 0$ ∴ $x(Cl) = +7$

• 염소산($HClO_3$)

  $(+1) + x + (-2) \times 3 = 0$ ∴ $x(Cl) = +5$

• 아염소산($HClO_2$)

  $(+1) + x + (-2) \times 2 = 0$ ∴ $x(Cl) = +3$

• 차아염소산($HClO$)

  $(+1) + x + (-2) \times 1 = 0$ ∴ $x(Cl) = +1$

04 0℃, 일정 압력하에서 1L의 물에 이산화탄소 10.8g 을 녹인 탄산음료가 있다. 동일한 온도에서 압력을 1/4로 낮추면 방출되는 이산화탄소의 질량은 몇 g 인가?

① 2.7   ② 5.4

③ 8.1   ④ 10.8

해설

압력을 1/4로 낮추면 방출되는 이산화탄소는 3/4이므로

10.8g × 3/4 = 8.1g

05 같은 분자식을 가지면서 각각을 서로 겹치게 할 수 없는 거울상의 구조를 갖는 분자를 무엇이라 하는가?

① 구조이성질체

② 기하이성질체

③ 광학이성질체

④ 분자이성질체

해설

광학이성질체(enantiomer) : 같은 분자식을 가지면서 각각을 서로 겹치게 할 수 없는 거울상의 구조를 갖는 분자

06 다음 물질 중 벤젠 고리를 함유하고 있는 것은?

① 아세틸렌

② 아세톤

③ 메테인

④ 아닐린

해설

구조식

종 류	화학식	구조식	구 분
아세틸렌	C_2H_2	$HC \equiv CH$	지방족 화합물
아세톤	CH_3COCH_3		지방족 화합물
메테인	CH_4		지방족 화합물
아닐린	$C_6H_5NH_2$		방향족 화합물

※ 벤젠 고리를 함유하고 있는 것이 방향족 화합물이다.

07 귀금속인 금이나 백금 등을 녹이는 왕수의 제조비율로 옳은 것은?

① 질산 3부피 + 염산 1부피

② 질산 3부피 + 염산 2부피

③ 질산 1부피 + 염산 3부피

④ 질산 2부피 + 염산 3부피

해설

왕수 : 질산 1부피 + 염산 3부피로 혼합한 것으로 백금을 녹인다.

08 다음 중 은백색의 금속으로 가장 가볍고, 물과 반응 시 수소가스를 발생시키는 것은?

① Al

② K

③ Li

④ Si

해설

리 튬

• 물 성

화학식	발화점	비 점	융 점	비 중	불꽃색상
Li	179℃	1,336℃	180℃	0.534	적 색

• 은백색의 무른 경금속으로 고체원소 중 가장 가볍다.

• 물과 반응하면 수소(H_2)가스를 발생한다.

09 나이트로벤젠의 증기에 수소를 혼합한 뒤 촉매를 사용하여 환원시키면 무엇이 되는가?

① 페 놀

② 톨루엔

③ 아닐린

④ 나프탈렌

해설

아닐린($C_6H_5NH_2$) : 나이트로벤젠($C_6H_5NO_2$)을 수소로서 환원하여 제조한다.

10 원소 질량의 표준이 되는 것은?

① ^1H ② ^{12}C

③ ^{16}O ④ ^{235}U

해설
원소 질량의 표준 : 탄소(^{12}C)

11 화학식 $HClO_2$의 명명으로 옳은 것은?

① 염소산   ② 아염소산

③ 차아염소산   ④ 과염소산

해설
화학식

종 류	차아염소산	아염소산	염소산	과염소산
지정수량	HClO	HClO₂	HClO₃	HClO₄

12 불꽃반응 시 보라색을 나타내는 것은?

① Li   ② K

③ Na   ④ Ba

해설
금속의 불꽃반응

원 소	리튬 (Li)	나트륨 (Na)	칼륨 (K)	칼슘 (ca)	스트론튬 (Sr)	구리 (Cu)	바륨 (Ba)
불꽃 색상	적 색	노랑색	보라색	황적색	심적색	청록색	황록색

13 일정한 온도하에서 물질 A와 B가 반응할 때 A의 농도만 2배로 하면 반응속도가 2배가 되고, B의 농도만 2배로 하면 반응속도가 4배로 된다. 이 반응의 속도식은?(단, 반응속도 상수는 K이다)

① $v = k[A][B]^2$ ② $v = k[A]^2[B]$

③ $v = k[A][B]^{0.5}$ ④ $v = k[A][B]$

해설
반응속도 $v = k[A][B]^2$
· A의 농도만 2배로 하면 반응속도는 $v = k[A \times 2][B]^2 = 2$배가 된다.
· B의 농도를 2배로 하면 반응속도는 $v = k[A][B \times 2]^2 = 4$배가 된다.

14 다음 중 카보닐기를 갖는 화합물은?

① $C_6H_5CH_3$ ② $C_6H_5NH_2$

③ CH_3OCH_3 ④ CH_3COCH_3

해설
위험물

종 류	$C_6H_5CH_3$	$C_6H_5NH_2$	CH_3OCH_3	CH_3COCH_3
명 칭	톨루엔	아닐린	다이 메틸에터	아세톤
함유하는 기	메틸기 (−CH₃)	아미노기 (−NH₂)	에터기 (−O−)	카르보닐기 (−CO−)

15 백금 전극을 사용하여 물을 전기분해할 때 (+)극에서 5.6L의 기체가 발생하는 동안 (−)극에서 발생하는 기체의 부피는?

① 5.6L

② 11.2L

③ 22.4L

④ 44.8L

해설

물의 전기분해

$2H_2O \rightarrow 2H_2 + O_2$
　　　　(−극)　(+극)

물을 전기분해하면 산소가 1mol이 발생하므로 산소(+극)는 1g당량 5.6L가 발생하고 수소(−극)는 11.2L가 발생한다.

16 80℃와 40℃에서 물에 대한 용해도가 각각 50, 30인 물질이 있다. 80℃의 이 포화용액 75g을 40℃로 냉각시키면 몇 g의 물질이 석출되겠는가?

① 25

② 20

③ 15

④ 10

해설

40℃로 냉각시키면 50 − 30 = 20g이 석출되므로

(100 + 50)g : 20g = 75g : x

∴ $x = 10$g

17 4℃의 물이 얼음의 밀도보다 큰 이유는 물 분자의 무슨 결합 때문인가?

① 이온결합

② 공유결합

③ 배위결합

④ 수소결합

해설

수소결합 : 전기음성도가 큰 F, N, O와 작은 수소원자가 결합하여 원자단(HF, H₂O)을 포함하는 결합으로서 물의 비점과 밀도가 큰 이유는 수소결합 때문이다.

18 프로페인 1몰을 완전연소하는 데 필요한 산소의 이론량을 표준상태에서 계산하면 몇 L가 되는가?

① 22.4

② 44.8

③ 89.6

④ 112.0

해설

프로페인의 연소식

$C_3H_8 \ + \ 5O_2 \rightarrow 3CO_2 + 4H_2O$

1mol ＞＜ 5 × 22.4L

1mol ＞＜ x

∴ $x = \dfrac{1mol \times 5 \times 22.4L}{1mol} = 112L$

19 원소들 중 원자가 전자배열이 $ns^2 \, np^3$(n = 2, 3, 4)인 것은?

① N, P, As

② C, Sl, Ge

③ Li, Na, K

④ Be, Mg, Ca

해설

전자배열(N, P, As)

• N(7) : $1s^2, \ 2s^2, \ 2p^3$

• P(15) : $1s^2, \ 2s^2, \ 2p^6, \ 3s^2, \ 3p^3$

• As(33) : $1s^2, \ 2s^2, \ 2p^6, \ 3s^2, \ 3p^6, \ 4s^2, \ 3d^{10}, \ 4p^3$

20 아세토페논의 화학식에 해당하는 것은?

① C_6H_5OH

② $C_6H_5NO_2$

③ $C_6H_5CH_3$

④ $C_6H_5COCH_3$

해설

위험물

종 류	C_6H_5OH	$C_6H_5NO_2$	$C_6H_5CH_3$	$C_6H_5COCH_3$
명 칭	페 놀	나이트로벤젠	톨루엔	아세토페논

21 제1종 분말소화약제의 소화효과에 대한 설명으로 가장 거리가 먼 것은?

① 열분해 시 발생하는 이산화탄소와 수증기에 의한 질식효과

② 열분해 시 흡열반응에 의한 냉각효과

③ H^+이온에 의한 부촉매효과

④ 분말 운무에 의한 열방사의 차단효과

해설
③ 나트륨염(Na^+)의 금속이온에 의한 부촉매효과

22 위험물안전관리법령에 따라 관계인이 예방규정을 정해야 할 옥외탱크저장소에 저장되는 위험물의 지정수량의 배수는?

① 100배 이상　　② 150배 이상

③ 200배 이상　　④ 250배 이상

해설
예방규정을 정해야 하는 제조소 등
• 지정수량의 10배 이상의 위험물을 취급하는 제조소, 일반취급소
• 지정수량의 100배 이상의 위험물을 저장하는 옥외저장소
• 지정수량의 150배 이상의 위험물을 저장하는 옥내저장소
• 지정수량의 200배 이상의 위험물을 저장하는 옥외탱크저장소
• 암반탱크저장소, 이송취급소

23 소화기에 "B-2"라고 표시되어 있었다. 이 표시의 의미를 가장 옳게 나타낸 것은?

① 일반화재에 대한 능력단위 2단위에 적용되는 소화기

② 일반화재에 대한 압력단위 2단위에 적용되는 소화기

③ 유류화재에 대한 능력단위 2단위에 적용되는 소화기

④ 유류화재에 대한 압력단위 2단위에 적용되는 소화기

해설
분말소화기(3.3kg)의 능력단위 : A-3, B-5, C
• A-3 : 일반화재에 대한 능력단위 3단위
• B-5 : 유류화재에 대한 능력단위 5단위
• C : 전기화재에 적응

24 주된 소화작용이 질식소화와 가장 거리가 먼 것은?

① 할론소화기

② 분말소화기

③ 포소화기

④ 이산화탄소소화기

해설
할론(할로젠)소화기 : 부촉매효과

25 위험물안전관리법령상 지정수량의 10배 이상의 위험물을 저장, 취급하는 제조소 등에 설치해야 할 경보설비 종류에 해당되지 않는 것은?

① 확성장치
② 비상방송설비
③ 자동화재탐지설비
④ 무선통신보조설비

제조소 등별로 설치해야 하는 경보설비의 종류(시행규칙 별표 17)

제조소 등의 구분	제조소 등의 규모, 저장 또는 취급하는 위험물의 종류 및 최대수량 등	경보설비
가. 제조소 및 일반취급소	• 연면적 500m² 이상인 것 • 옥내에서 지정수량의 100배 이상을 취급하는 것(고인화점 위험물만을 100℃ 미만의 온도에서 취급하는 것을 제외) • 일반취급소로 사용되는 부분 외의 부분이 있는 건축물에 설치된 일반취급소	자동화재탐지설비
나. 옥내저장소	• 지정수량의 100배 이상을 저장 또는 취급하는 것(고인화점 위험물만을 저장 또는 취급하는 것을 제외) • 저장창고의 연면적이 150m²를 초과하는 것[해당 저장창고가 연면적 150m² 이내마다 불연재료의 격벽으로 개구부 없이 완전히 구획된 것과 제2류 또는 제4류의 위험물(인화성 고체 및 인화점이 70℃ 미만인 제4류 위험물을 제외)만을 저장 또는 취급하는 것에 있어서는 저장창고의 연면적이 500m² 이상의 것에 한한다] • 처마높이가 6m 이상인 단층건물의 것 • 옥내저장소로 사용되는 부분 외의 부분이 있는 건축물에 설치된 옥내저장소	
다. 옥내탱크저장소	단층 건물 외의 건축물에 설치된 옥내탱크저장소로서 소화난이도등급 I 에 해당하는 것	
라. 주유취급소	옥내주유취급소	
마. 옥외탱크저장소	특수인화물, 제석유류 및 알코올류를 저장 또는 취급하는 탱크의 용량이 1,000만 L 이상인 것	자동화재탐지설비, 자동화재속보설비
바. 가목부터 마목까지의 규정에 따른 자동화재탐지설비 설치 대상 제조소 등에 해당하지 않는 제조소 등(이송취급소는 제외)	지정수량의 10배 이상을 저장 또는 취급하는 것	자동화재탐지설비, 비상경보설비, 확성장치 또는 비상방송설비 중 1종 이상

26 자연발화가 일어날 수 있는 조건으로 가장 옳은 것은?

① 주위의 온도가 낮을 것
② 표면적이 작을 것
③ 열전도율이 작을 것
④ 발열량이 작을 것

자연발화의 조건
• 주위의 온도가 높을 것
• 열전도율이 적을 것
• 발열량이 클 것
• 표면적이 넓을 것

27 위험물제조소에서 옥내소화전이 1층에 4개, 2층에 6개가 설치되어 있을 때 수원의 수량은 몇 L 이상이 되도록 설치해야 하는가?

① 13,000
② 15,600
③ 39,000
④ 46,800

옥내소화전설비의 수원
수원 = N(소화전수, 최대 5개) × 260L/min × 30min
   = N(소화전수, 최대 5개) × 7,800L
∴ 수원 = N(소화전수, 최대 5개) × 7,800L = 5 × 7,800L
   = 39,000L

28 제1인산암모늄 분말 소화약제의 색상과 적응화재를 옳게 나타낸 것은?

① 백색, B, C급

② 담홍색, B, C급

③ 백색, A, B, C급

④ 담홍색, A, B, C급

해설

분말소화약제

종류	주성분	적응 화재	착색 (분말의 색)
제1종 분말	$NaHCO_3$(중탄산나트륨, 탄산수소나트륨)	B, C급	백색
제2종 분말	$KHCO_3$(중탄산칼륨, 탄산수소칼륨)	B, C급	담회색
제3종 분말	$NH_4H_2PO_4$(인산암모늄, 제일인산암모늄)	A, B, C급	담홍색
제4종 분말	$KHCO_3 + (NH_2)_2CO$(요소)	B, C급	회색

29 할로젠화합물 소화약제의 구비조건으로 틀린 것?

① 전기절연성이 우수할 것

② 공기보다 가벼울 것

③ 증발 잔유물이 없을 것

④ 인화성이 없을 것

해설

할로젠화합물 소화약제의 구비조건
- 기화되기 쉬운 저비점 물질일 것
- 공기보다 무겁고 불연성일 것
- 증발잔유물이 없어야 할 것

30 다음 중 나이트로셀룰로스 위험물의 화재 시에 가장 적절한 소화약제는?

① 사염화탄소　　② 이산화탄소

③ 물　　④ 인산염류

해설

나이트로셀룰로스는 제5류 위험물로서 냉각소화(물)가 효과적이다.

31 다음 중 소화기의 외부표시사항으로 가장 거리가 먼 것은?

① 사용압력

② 적응화재표시

③ 능력단위

④ 취급상의 주의사항

해설

소화기의 표시사항
- 종별 및 형식
- 형식승인번호
- 제조연월 및 제조번호, 내용연한(분말소화약제를 사용하는 소화기에 한함)
- 제조업체명 또는 상호, 수입업체명(수입품에 한함)
- 사용온도범위
- 소화능력단위
- 충전된 소화약제의 주성분 및 중(용)량
- 방사시간, 방사거리
- 가압용 가스용기의 가스종류 및 가스량(가압식 소화기에 한함)
- 총중량
- 취급상의 주의사항
  - 유류화재 또는 전기화재에 사용하여서는 안 되는 소화기는 그 내용
  - 기타 주의사항
- 적응화재별 표시사항은 일반화재용 소화기의 경우 "A(일반화재용)", 유류화재용 소화기의 경우에는 "B(유류화재용)", 전기화재용 소화기의 경우 "C(전기화재용)", 금속화재용 소화기의 경우 "D(금속화재용)", 주방화재용 소화기의 경우 "K(주방화재용)"로 표시하여야 한다.
- 사용방법
- 품질보증에 관한 사항(보증기간, 보증내용, 애프터서비스(A/S) 방법, 자체검사필 등)
- 소화기의 원산지
- 소화기에 충전한 소화약제의 물질안전자료(MSDS)에 언급된 동일한 소화약제명의 다음 각 목의 정보
  - 1%를 초과하는 위험물질 목록
  - 5%를 초과하는 화학물질 목록
  - MSDS에 따른 위험한 약제에 관한 정보
- 소화 가능한 가연성 금속재료의 종류 및 형태, 중량, 면적(D급 화재용 소화기에 한함)

32 화재를 잘 일으킬 수 있는 일반적인 경우에 대한 설명 중 틀린 것은?

① 산소와 친화력이 클수록 연소가 잘 일어난다.
② 온도가 상승하면 연소가 잘 된다.
③ 연소 범위가 넓을수록 연소가 잘 된다.
④ 발화점이 높을수록 연소가 잘 된다.

해설
발화점이 낮을수록 연소가 잘 되고 위험하다.

33 공기포 발포배율을 측정하기 위해 중량 : 340g, 용량 : 1,800mL의 포 시료 용기에 가득히 포를 채취하여 측정한 용기의 무게가 540g이었다면 발포배율은?(단, 포 수용액의 비중은 1로 가정한다)

① 3배   ② 5배
③ 7배   ④ 9배

해설
$$발포배율 = \frac{1,800}{540-340} = 9배$$

34 위험물안전관리법령상 이동탱크저장소로 위험물을 운송하는 자는 위험물안전카드를 위험물운송자로 하여금 휴대하게 해야 한다. 다음 중 해당하는 위험물이 아닌 것은?

① 휘발유
② 과산화수소
③ 경 유
④ 벤조일퍼옥사이드

해설
위험물(제4류 위험물에 있어서는 특수인화물 및 제1석유류에 한한다)을 운송하게 하는 자는 별지 제48호 서식의 위험물안전카드를 위험물운송자로 하여금 휴대하게 할 것
• 휘발유 : 제1석유류
• 경유 : 제2석유류

35 위험물취급소의 건축물 연면적이 500m²인 경우 소요단위는?(단, 외벽은 내화구조이다)

① 4단위   ② 5단위
③ 6단위   ④ 7단위

해설
소요단위의 계산방법(시행규칙 별표 17)
• 제조소 또는 취급소의 건축물
  - 외벽이 내화구조 : 연면적 100m²를 1소요단위
  - 외벽이 내화구조가 아닌 것 : 연면적 50m²를 1소요단위
• 저장소의 건축물
  - 외벽이 내화구조 : 연면적 150m²를 1소요단위
  - 외벽이 내화구조가 아닌 것 : 연면적 75m²를 1소요단위
• 위험물은 지정수량의 10배 : 1소요단위

$$\therefore 소요단위 = \frac{500m^2}{100m^2} = 5단위$$

36 인화점이 38℃ 이상인 제4류 위험물 취급을 주된 작업내용으로 하는 장소에 스프링클러설비를 설치할 경우 확보해야 하는 1분당 방사밀도는 몇 L/m² 이상이어야 하는가?(단, 살수기준면적은 250m²이다)

① 12.2   ② 13.9
③ 15.5   ④ 16.3

해설
살수면적에 따른 방사밀도(시행규칙 별표 17)

살수기준면적(m²)	방사밀도(L/m² · 분)	
	인화점 38℃ 미만	인화점 38℃ 이상
279 미만	16.3 이상	12.2 이상
279 이상 372 미만	15.5 이상	11.8 이상
372 이상 465 미만	13.9 이상	9.8 이상
465 이상	12.2 이상	8.1 이상

살수기준면적은 내화구조의 벽 및 바닥으로 구획된 하나의 실의 바닥면적을 말하고, 하나의 실의 바닥면적이 465m² 이상인 경우의 살수기준면적은 465m²로 한다. 다만, 위험물의 취급을 주된 작업내용으로 하지 아니하고 소량의 위험물을 취급하는 설비 또는 부분이 넓게 분산되어 있는 경우에는 방사밀도는 8.2L/m² · 분 이상, 살수기준면적은 279m² 이상으로 할 수 있다.

37 과산화칼륨에 의한 화재 시 주수소화가 적합하지 않는 이유로 가장 타당한 것은?

① 산소가스를 발생하기 때문에
② 수소가스를 발생하기 때문에
③ 가연물이 발생하기 때문에
④ 금속칼륨이 발생하기 때문에

해설

과산화칼륨(K_2O_2)은 물과 반응하면 산소(O_2)를 발생하므로 위험하다.
$2K_2O_2 + 2H_2O \rightarrow 4KOH + O_2 \uparrow + 발열$

38 옥내탱크전용실에 설치하는 탱크 상호 간에는 얼마의 간격을 두어야 하는가?

① 0.1m 이상   ② 0.3m 이상
③ 0.5m 이상   ④ 0.6m 이상

해설

옥내탱크전용실에 설치하는 탱크 상호 간의 간격 : 0.5m 이상

39 다음 중 화재 시 물을 사용할 경우 가장 위험한 물질은?

① 염소산칼륨   ② 인화칼슘
③ 황 린   ④ 과산화수소

해설

인화칼슘이 물과 반응하면 포스핀(PH_3)의 독성가스를 발생한다.
$Ca_3P_2 + 6H_2O \rightarrow 3Ca(OH)_2 + 2PH_3$

40 위험물제조소 등에 설치하는 옥내소화전설비의 기준으로 옳지 않은 것은?

① 옥내소화전함에는 그 표면에 "소화전"이라고 표시해야 한다.
② 옥내소화전함의 상부의 벽면에 적색의 표시등을 설치해야 한다.
③ 표시등 불빛은 부착면과 10° 이상의 각도가 되는 방향으로 8m 이내에서 쉽게 식별할 수 있어야 한다.
④ 호스접속구는 바닥면으로부터 1.5m 이하의 높이에 설치해야 한다.

해설

옥내소화전함의 상부의 벽면에 적색의 표시등을 설치하되 해당 표시등 불빛은 부착면과 15° 이상의 각도가 되는 방향으로 10m 떨어진 곳에서 용이하게 식별이 가능하도록 해야 한다.

제3과목 위험물 성상 및 취급

41 가솔린 저장량이 2,000L일 때 소화설비 설치를 위한 소요단위는?

① 1   ② 2
③ 3   ④ 4

해설

휘발유(가솔린) 지정수량 : 200L(제1석유류, 비수용성)

$소요단위 = \dfrac{저장량}{지정수량 \times 10}$

$\therefore 소요단위 = \dfrac{2,000L}{200L \times 10} = 1단위$

42 다음 위험물 중 물과 반응하여 연소범위가 약 2.5~81%인 위험한 가스를 발생시키는 것은?

① Na 　　　　　② P

③ CaC_2 　　　　④ Na_2O_2

> **해설**
> 탄화칼슘은 물과 반응하면 가연성가스인 연소범위가 2.5~81%인 아세틸렌가스를 발생한다.
> $CaC_2 + 2H_2O \rightarrow Ca(OH)_2 + C_2H_2\uparrow$
> 　　　　　　(소석회, 수산화칼슘) (아세틸렌)

43 위험물안전관리법령 중 위험물의 운반에 관한 기준에 따라 운반용기의 외부에 주의사항으로 "화기·충격주의", "물기엄금" 및 "가연물접촉주의"를 표시하였다. 어떤 위험물에 해당하는가?

① 제1류 위험물 중 알칼리금속의 과산화물

② 제2류 위험물 중 철분·금속분·마그네슘

③ 제3류 위험물 중 자연발화성 물질

④ 제5류 위험물

> **해설**
> 운반 시 주의사항
>
> | 유별 | 품명 | 주의사항 |
> |---|---|---|
> | 제1류
위험물 | 알칼리금속의
과산화물 | 화기·충격주의, 물기엄금,
가연물접촉주의 |
> | | 그 밖의 것 | 화기·충격주의, 가연물접촉주의 |
> | 제2류
위험물 | 철분, 금속분,
마그네슘 | 화기주의, 물기엄금 |
> | | 인화성 고체 | 화기엄금 |
> | | 그 밖의 것 | 화기주의 |
> | 제3류
위험물 | 자연발화성 물질 | 화기엄금, 공기접촉엄금 |
> | | 금수성 물질 | 물기엄금 |
> | 제4류
위험물 | – | 화기엄금 |
> | 제5류
위험물 | – | 화기엄금, 충격주의 |
> | 제6류
위험물 | – | 가연물접촉주의 |

44 벤젠의 성질에 대한 설명 중 틀린 것은?

① 증기는 유독하다.

② 물에 녹지 않는다.

③ CS_2보다 인화점이 낮다.

④ 독특한 냄새가 있는 액체이다.

> **해설**
> 인화점
>
> | 종류 | 벤젠 | 이황화탄소 |
> |---|---|---|
> | 증기 | 유독하다. | 유독하다. |
> | 물에 대한 용해 | 녹지 않는다. | 녹지 않는다. |
> | 인화점 | −11℃ | −30℃ |
> | 외관 | 냄새가 나는 액체 | 냄새가 나는 액체 |

45 과산화벤조일에 대한 설명으로 틀린 것은?

① 물에 녹고 알코올에는 녹지 않는다.

② 상온에서 고체이다.

③ 산소를 포함하는 자기반응성 물질이다.

④ 물을 혼합하면 폭발성이 줄어든다.

> **해설**
> 과산화벤조일은 물에 녹지 않고 알코올에는 약간 녹는다.

46 다음 중 제3류 위험물이 아닌 것은?

① 황린 　　　　　② 나트륨

③ 칼륨 　　　　　④ 마그네슘

> **해설**
> 마그네슘(Mg) : 제2류 위험물

47 위험물 간이탱크저장소의 간이저장탱크 수압시험 기준으로 옳은 것은?

① 50kPa의 압력으로 7분간의 수압시험
② 70kPa의 압력으로 10분간의 수압시험
③ 50kPa의 압력으로 10분간의 수압시험
④ 70kPa의 압력으로 7분간의 수압시험

해설
간이저장탱크 수압시험 : 70kPa의 압력으로 10분간의 수압시험 실시

---

48 위험물의 반응성에 대한 설명 중 틀린 것은?

① 마그네슘은 온수와 작용하여 산소를 발생하고 산화마그네슘이 된다.
② 황린은 공기 중에서 연소하여 오산화인을 발생한다.
③ 아연 분말은 공기 중에서 연소하여 산화아연을 발생한다.
④ 삼황화인은 공기 중에서 연소하여 오산화인을 발생한다.

해설
위험물의 반응
• 마그네슘이 온수와 반응 : $Mg + 2H_2O \rightarrow Mg(OH)_2 + H_2\uparrow$
　　　　　　　　　　　　　　　(수산화마그네슘) (수소)
• 황린의 연소반응 : $P_4 + 5O_2 \rightarrow 2P_2O_5$
　　　　　　　　　　　　　　　　(오산화인)
• 아연의 연소반응 : $2Zn + O_2 \rightarrow 2ZnO$
　　　　　　　　　　　　　　　(산화아연)
• 삼황화인의 연소반응 : $P_4S_3 + 8O_2 \rightarrow 2P_2O_5 + 3SO_2$
　　　　　　　　　　　　　　　　(오산화인) (이산화황)

---

49 다음 중 산화성 고체위험물이 아닌 것은?

① $KBrO_3$　　　　　② $(NH_4)_2Cr_2O_7$
③ $HClO_4$　　　　　④ $NaClO_2$

해설
위험물

종류	$KBrO_3$	$(NH_4)_2Cr_2O_7$	$HClO_4$	$NaClO_2$
명칭	브로민산 칼륨	다이크로뮴 산암모늄	과염소산	차아염소산 나트륨
유별	제1류 위험물	제1류 위험물	제6류 위험물	제1류 위험물
성질	산화성 고체	산화성 고체	산화성 액체	산화성 고체

---

50 다음 중 위험물 중에서 인화점이 가장 낮은 것은?

① $C_6H_5CH_3$　　　　② $C_6H_5CHCH_2$
③ CH_3OH　　　　　④ CH_3CHO

해설
위험물의 인화점

종류	$C_6H_5CH_3$	$C_6H_5CHCH_2$	CH_3OH	CH_3CHO
명칭	톨루엔	스타이렌	메틸알코올	아세트알데 하이드
품명	제1석유류 (비수용성)	제2석유류 (비수용성)	알코올류	특수인화물
인화점	4℃	32℃	11℃	−40℃

---

51 염소산칼륨이 고온으로 가열되었을 때 현상으로 가장 거리가 먼 것은?

① 분해한다.
② 산소를 발생한다.
③ 염소를 발생한다.
④ 염화칼륨이 생성된다.

해설
염소산칼륨의 분해반응식
$2KClO_3 \rightarrow 2KCl + 3O_2\uparrow$
　　　　　　(염화칼륨) (산소)

52 아세톤의 물리적 특성으로 틀린 것은?

① 무색, 투명한 액체로서 독특한 자극성의 냄새를 가진다.
② 물에 잘 녹으며 에터, 알코올에도 녹는다.
③ 화재 시 대량 주수소화로 희석소화가 가능하다.
④ 증기는 공기보다 가볍다.

해설
아세톤의 증기는 공기보다 약 2배(증기비중 = 분자량/29 = 58/29 = 2.0배) 무겁다

53 제2류 위험물과 제5류 위험물의 공통점에 해당되는 것은?

① 유기화합물이다.
② 가연성 물질이다.
③ 자연발화성 물질이다.
④ 산소를 함유하고 있는 물질이다.

해설
제2류는 가연성 물질이고 제5류 위험물은 자기반응성 물질로서 가연성 물질이다.

54 위험물안전관리법령상 위험물의 운반용기 외부에 표시해야 할 사항이 아닌 것은?(단, 용기의 용적은 10L이며 원칙적인 경우에 한한다)

① 위험물의 화학명
② 위험물의 지정수량
③ 위험물의 품명
④ 위험물의 수량

해설
위험물 운반용기의 외부 표시사항
• 품 명
• 위험등급
• 화학명 및 수용성(제4류 위험물의 수용성인 것에 한함)
• 위험물의 수량
• 주의사항

55 물보다 무겁고 물에 녹지 않아 저장 시 가연성 증기 발생을 억제하기 위해 콘크리트 수조 속의 위험물 탱크에 저장하는 물질은?

① 다이에틸에터
② 에탄올
③ 이황화탄소
④ 아세트알데하이드

해설
이황화탄소 : 물속에 저장

56 고체위험물은 운반용기 내용적의 몇 % 이하의 수납률로 수납해야 하는가?

① 94%　　　　② 95%

③ 98%　　　　④ 99%

> **해설**
> 운반용기의 수납률
> • 고체 : 95% 이하
> • 액체 : 98% 이하

57 취급하는 위험물의 최대수량이 지정수량의 10배를 초과할 경우 제조소 주위에 보유해야 하는 공지의 너비는?

① 3m 이상　　　② 5m 이상

③ 10m 이상　　　④ 15m 이상

> **해설**
> 제조소의 보유공지(시행규칙 별표 4)
>
> | 취급하는 위험물의 최대수량 | 공지의 너비 |
> | --- | --- |
> | 지정수량의 10배 이하 | 3m 이상 |
> | 지정수량의 10배 초과 | 5m 이상 |

58 다음 중 연소범위가 가장 넓은 것은?

① 휘발유　　　　② 톨루엔

③ 에틸알코올　　　④ 다이에틸에터

> **해설**
> 연소범위
>
> | 종 류 | 휘발유 | 톨루엔 | 에틸알코올 | 다이에틸에터 |
> | --- | --- | --- | --- | --- |
> | 연소범위 | 1.2~7.6% | 1.27~7.0% | 3.1~27.7% | 1.7~48.0% |

59 과산화수소 용액의 분해를 방지하기 위한 방법으로 가장 거리가 먼 것은?

① 햇빛을 차단한다.

② 암모니아를 가한다.

③ 인산을 가한다.

④ 요산을 가한다.

> **해설**
> 과산화수소의 분해방지제 : 인산, 요산, 햇빛 차단

60 오황화인이 물과 반응하였을 때 발생하는 물질로 옳은 것은?

① 황화수소, 오산화인

② 황화수소, 인산

③ 이산화황, 오산화인

④ 이산화황, 인산

> **해설**
> 물 또는 알칼리에 분해하여 황화수소(H_2S)와 인산(H_3PO_4)이 된다.
> $P_2S_5 + 8H_2O \rightarrow 5H_2S + 2H_3PO_4$

제1과목 물질의 물리·화학적 성질

01 산(Acid)의 성질을 설명한 것 중 틀린 것은?

① 수용액 속에서 H^+를 내는 화합물이다.

② pH 값이 작을수록 강산이다.

③ 금속과 반응하여 수소를 발생하는 것이 많다.

④ 붉은색 리트머스 종이를 푸르게 변화시킨다.

해설

산의 성질
- 초산과 같이 수용액은 신맛이 난다.
- 수용액 속에서 H^+를 내는 화합물이다.
- 전기분해하면 (−)극에서 수소를 발생한다.
- 금속과 반응하여 수소를 발생하는 것이 많다.
- 리트머스 종이는 청색에서 적색으로 변한다.
- pH 값이 작을수록 강산이다.

02 에탄올 2몰이 표준상태에서 완전연소하기 위해 필요한 공기량은 약 몇 L인가?

① 122
② 244
③ 320
④ 410

해설

에탄올의 연소반응식

$$2CH_3OH + 3O_2 \rightarrow 2CO_2 + 4H_2O$$

$$\begin{array}{c} 2mol \\ 2mol \end{array} \diagdown \begin{array}{c} 3 \times 22.4L \\ x \end{array}$$

$$x = \frac{2mol \times 3 \times 22.4L}{2mol} = 67.2L$$

$\therefore$ 이론공기량 $= 67.2 \div 0.21 = 320L$

03 다음은 열역학 제 몇 법칙에 대한 내용인가?

> 0K(절대영도)에서 물질의 엔트로피는 0이다.

① 열역학 제0법칙
② 열역학 제1법칙
③ 열역학 제2법칙
④ 열역학 제3법칙

해설

열역학 제3법칙 : 0K(절대영도)에서 완전한 결정을 이루고 있는 물질의 엔트로피는 0이다.

04 다음 중 전자의 수가 같은 것으로 나열된 것은?

① Ne 와 Cl^-
② Mg^{2+}와 O^{2-}
③ F와 Ne
④ Na와 Cl^-

해설

전자배치

원자번호 = 전자의 수

- Ne와 Cl^-
  - Ne(원자번호 10) : $1s^2$, $2s^2$, $2p^6$
  - Cl^-(원자번호 17) : 전자 1개를 얻어 18개의 전자를 가진다($1s^2$, $2s^2$, $2p^6$, $3s^2$, $3p^6$).
- Mg^{2+}와 O^{2-}
  - Mg^{2+}(원자번호 12) : 전자 2개를 잃어 10개의 전자를 가진다($1s^2$, $2s^2$, $2p^6$).
  - O^{2-}(원자번호 8) : 전자 2개를 얻어 10개의 전자를 가진다($1s^2$, $2s^2$, $2p^6$).
- F와 Ne
  - F(원자번호 9) : $1s^2$, $2s^2$, $2p^5$
  - Ne(원자번호 10) : $1s^2$, $2s^2$, $2p^6$
- Na와 Cl^-
  - Na(원자번호 11) : $1s^2$, $2s^2$, $2p^6$, $3s^1$
  - Cl^-(원자번호 17) : 전자 1개를 얻어 18개의 전자를 가진다($1s^2$, $2s^2$, $2p^6$, $3s^2$, $3p^6$).

05 $CuSO_4$ 수용액에 10A의 전류를 32분 10초 동안 전기분해 시켰다. 음극에서 석출되는 Cu의 질량은 몇 g인가?(단, Cu의 원자량은 63.6이다)

① 3.18 ② 6.36
③ 9.54 ④ 12.72

해설
Coul = A × sec = 10 × (60 × 32 + 10) = 19,300Coul
193,00/96,500 = 0.2F
1g당량 = 63.6/2 = 31.8g당량
1F : 31.8 = 0.2 : x
∴ x = 6.36g

06 다음 할로젠 원소에 대한 설명 중 옳지 않은 것은?

① 아이오딘의 최외각전자는 7개이다.
② 할로젠 원소 중 원자반지름이 가장 작은 원소는 F이다.
③ 염화이온은 염화은의 흰색 침전의 생성에 관여한다.
④ 브로민은 상온에서 적갈색 기체로 존재한다.

해설
브로민(Br)은 주기율표 17족에 속하는 할로젠 원소, 진홍색의 발연 액체이다.

07 CH_4 16g 중에는 C가 몇 mol 포함되었는가?

① 1 ② 2
③ 3 ④ 4

해설
C(탄소)가 1개이므로 원자량 12g/12 = 1mol이다.

08 분자식이 같고 구조가 다른 유기화합물을 무엇이라고 하는가?

① 이성질체 ② 동소체
③ 동위원소 ④ 방향족화합물

해설
이성질체 : 분자식은 같으나 구조식이 다른 화합물로서 에탄올 (C_2H_5OH)과 다이메틸에터(CH_3OCH_3)이다.

09 원자번호 19, 질량수 39인 칼륨 원자의 중성자수는 얼마인가?

① 19 ② 20
③ 39 ④ 58

해설
중성자수 = 질량수 − 양성자수(원자번호) = 39 − 19 = 20

10 다음 중 부동액으로 사용되는 것은?

① 에테인　　　　② 아세톤
③ 이황화탄소　　④ 에틸렌글라이콜

에틸렌글라이콜(CH_2OHCH_2OH)은 부동액으로 사용한다.

11 $[H^+] = 2 \times 10^{-6}$인 용액의 pH는 약 얼마인가?

① 5.7　　　　② 4.7
③ 3.7　　　　④ 2.7

$pH = -\log[H^+] = -\log[2 \times 10^{-6}] = 6 - \log 2 = 6 - 0.3 = 5.7$

12 방사선 원소에서 방출되는 방사선 중 전기장의 영향을 받지 않아 휘어지지 않는 선은?

① α선　　　　② β선
③ γ선　　　　④ α, β, γ선

γ선 : 방출되는 방사선 중 전기장의 영향을 받지 않아 휘어지지 않는 선으로 투과력이 가장 세다.

13 다음 중 완충용액에 해당하는 것은?

① CH_3COONa와 CH_3COOH
② NH_4Cl와 HCl
③ CH_3COONa와 $NaOH$
④ $HCOONa$와 Na_2SO_4

완충용액(buffer solution) : 산이나 염기를 가해도 공통 이온 효과에 의해 그 용액의 pH가 크게 변하지 않는 용액으로 아세트산(CH_3COOH)과 아세트산나트륨(CH_3COONa)은 수용액에서 이온화하여 모두 아세트산 이온(CH_3COO^-)을 형성한다.

14 암모니아 분자의 구조는?

① 평 면　　　　② 선 형
③ 피라미드　　④ 사각형

암모니아(NH_3)의 구조 : 피라미드

15 불꽃반응 결과 노란색을 나타내는 미지의 시료를 녹인 용액에 $AgNO_3$용액을 넣으니 백색침전이 생겼다. 이 시료의 성분은?

① Na_2SO_4 ② $CaCl_2$

③ $NaCl$ ④ $Ca(OH)_2$

해설

염화나트륨과 질산은($AgNO_3$)이 반응하면 염화은($AgCl$)의 백색침전이 생성된다.

$$NaCl + AgNO_3 \rightarrow AgCl + NaNO_3$$
염화은(백색침전)

16 어떤 기체의 확산 속도는 $SO_2(g)$의 2배이다. 이 기체의 분자량은 얼마인가?

① 8   ② 16

③ 32   ④ 64

해설

그레이엄의 확산 속도법칙

$$\frac{U_B}{U_A} = \sqrt{\frac{M_A}{M_B}}$$

여기서, A : 어떤 기체
        B : 이산화황(SO_2)으로 가정을 하면

$$\frac{1}{2} = \sqrt{\frac{M_A}{64}}$$

$\therefore M_B = 16$

17 원자에서 복사되는 빛은 선 스펙트럼을 만드는데 이것으로부터 알 수 있는 사실은?

① 빛에 의한 광전자의 방출
② 빛이 파동의 성질을 가지고 있다는 사실
③ 전자껍질의 에너지의 불연속성
④ 원자핵 내부의 구조

해설

원자에서 복사되는 빛은 선 스펙트럼을 만드는 과정에서 전자껍질의 에너지의 불연속성을 알 수 있다.

18 순수한 옥살산($C_2H_2O_4 \cdot 2H_2O$) 결정 6g을 물에 녹여서 500mL의 용액을 만들었다. 이 용액의 농도는 몇 M인가?

① 0.1   ② 0.2

③ 0.3   ④ 0.4

해설

용액의 농도(옥살산의 분자량 : 126)

1M   126g   1,000mL
x 6g   500mL

$$\therefore x = \frac{1M \times 6g \times 1,000mL}{126g \times 500mL} = 0.095M \fallingdotseq 0.1M$$

19 다이에틸에터에 관한 설명으로 옳지 않은 것은?

① 휘발성이 강하고 인화성이 크다.
② 증기는 마취성이 있다.
③ 2개의 알킬기가 있다.
④ 물에 잘 녹지만 알코올에는 불용이다.

해설

다이에틸에터는 물에 약간 녹고, 알코올에 잘 녹는다.

20 밀도가 2g/mL인 액체의 비중은 얼마인가?

① 0.002   ② 2

③ 20   ④ 200

해설

비중은 단위가 없고 밀도는 단위가 있다.
비중이 1이면 밀도는 CGS의 기본단위인 $1g/cm^3$($1g/mL$)이다.
$\therefore$ 밀도가 2g/mL인 물질의 비중은 2이다.
※ 1L = 1,000cm^3 = 1,000mL

21 고온체의 색깔과 온도 관계에서 다음 중 가장 낮은 온도의 색깔은?

① 적 색   ② 암적색

③ 휘적색   ④ 백적색

해설

연소온도와 색깔

색 상	온도(℃)
담암적색	520
암적색	700
적 색	850
휘적색	950
황적색	1,100
백적색	1,300
휘백색	1,500 이상

22 94wt% 드라이아이스 100g은 표준상태에서 몇 L의 CO_2가 되는가?

① 22.4   ② 47.85

③ 50.90   ④ 62.74

해설

표준상태서 기체 1g-mol이 차지하는 부피는 22.4L이므로

$\dfrac{100g \times 0.94}{44g/g\text{-}mol} \times 22.4L/g\text{-}mol = 47.85L$

※ CO_2(드라이아이스)의 분자량 : 44

23 다음 중 위험물안전관리법령상의 기타 소화설비에 해당하지 않는 것은?

① 마른모래   ② 수 조

③ 소화기   ④ 팽창질석

해설

기타 소화설비 : 마른모래, 수조, 소화전용 물통, 팽창질석, 팽창진주암

24 위험물안전관리법령상 지정수량의 3천배 초과 4천배 이하의 위험물을 저장하는 옥외탱크저장소에 확보해야 하는 보유공지는 얼마인가?

① 6m 이상   ② 9m 이상

③ 12m 이상   ④ 15m 이상

해설

옥외탱크저장소의 보유공지

저장 또는 취급하는 위험물의 최대수량	공지의 너비
지정수량의 500배 이하	3m 이상
지정수량의 500배 초과 1,000배 이하	5m 이상
지정수량의 1,000배 초과 2,000배 이하	9m 이상
지정수량의 2,000배 초과 3,000배 이하	12m 이상
지정수량의 3,000배 초과 4,000배 이하	15m 이상
지정수량의 4,000배 초과	해당 탱크의 수평 단면의 최대지름(횡형은 긴 변)과 높이 중 큰 것과 같은 거리 이상(단, 30m 초과 시 30m 이상으로, 15m 미만 시 15m 이상으로 할 것)

25 공기 중 산소는 부피백분율과 질량백분율로 각각 약 몇 %인가?

① 79%, 21%   ② 21%, 23%

③ 23%, 21%   ④ 21%, 79%

해설

공기 중 산소

• 부피백분율 : 21%
• 질량백분율 : 23%

26 제3종 분말소화약제의 표시 색상은?

① 백 색

② 담홍색

③ 검은색

④ 회 색

해설

제3종 분말소화약제[NH₄H₂PO₄(인산암모늄, 제일인산암모늄)]
의 색상 : 담홍색

$NH_4H_2PO_4$

27 다음 중 착화점에 대한 설명으로 가장 옳은 것은?

① 연소가 지속될 수 있는 최저 온도

② 점화원과 접촉했을 때 발화하는 최저 온도

③ 외부의 점화원 없이 발화하는 최저 온도

④ 액체 가연물에서 증기가 발생할 때의 온도

해설

착화점 : 외부의 점화원 없이 열이 축적하여 발화하는 최저 온도

28 가연성 증기 또는 미분이 체류할 우려가 있는 건축
물에는 배출설비를 해야 하는데 배출능력은 1시간
당 배출장소 용적의 몇 배 이상인 것으로 해야 하는
가?(단, 국소방식의 경우이다)

① 5배

② 10배

③ 15배

④ 20배

해설

배출설비의 배출능력은 1시간당 배출장소 용적의 20배 이상으로
해야 한다.

29 제4류 위험물 중 제1석유류에 속하지 않는 것은?

① C_6H_6

② CH_3COOH

③ CH_3COCH_3

④ $C_6H_5CH_3$

해설

위험물의 분류

종 류	C_6H_6	CH_3COOH	CH_3COCH_3	$C_6H_5CH_3$
품 명	제1석유류 (비수용성)	제2석유류 (수용성)	제1석유류 (수용성)	제1석유류 (비수용성)
명 칭	벤 젠	초산 (아세트산)	아세톤	톨루엔

30 포 소화약제의 주된 소화효과를 모두 옳게 나타낸
것은?

① 촉매효과와 억제효과

② 억제효과와 제거효과

③ 질식효과와 냉각효과

④ 연소방지와 촉매효과

해설

포 소화약제의 소화효과 : 질식효과와 냉각효과(A급, B급 화재에
적용)

31 위험물안전관리법령상 제1류 위험물에 속하지 않는 것은?

① 염소산염류　　② 무기과산화물

③ 유기과산화물　④ 다이크로뮴산염류

해설

유기과산화물 : 제5류 위험물

32 분말소화약제로 사용할 수 있는 것을 모두 옳게 나타낸 것은?

| ⓐ 탄산수소나트륨 | ⓑ 탄산수소칼륨 |
| ⓒ 황산구리 | ⓓ 인산암모늄 |

① ⓐ, ⓑ, ⓒ, ⓓ

② ⓐ, ⓓ

③ ⓐ, ⓑ, ⓒ

④ ⓐ, ⓑ, ⓓ

해설

분말약제의 종류

종 류	주성분	적응화재	착색 (분말의 색)
제1종 분말	$NaHCO_3$(중탄산나트륨, 탄산수소나트륨)	B, C급	백 색
제2종 분말	$KHCO_3$(중탄산칼륨, 탄산수소칼륨)	B, C급	담회색
제3종 분말	$NH_4H_2PO_4$(인산암모늄, 제일인산암모늄)	A, B, C급	담홍색
제4종 분말	$KHCO_3 + (NH_2)_2CO$ (탄산수소칼륨 + 요소)	B, C급	회 색

33 고정지붕구조 위험물 옥외탱크저장소의 탱크 안에 설치하는 고정포방출구가 아닌 것은?

① 특형포방출구

② Ⅰ형 방출구

③ Ⅱ형 방출구

④ 표면하주입식 방출구

해설

고정식 방출구의 종류

종 류	Ⅰ형	Ⅱ형	특 형	Ⅲ형	Ⅳ형
구 조	고정지붕 구조(CRT)	고정지붕 구조(CRT)	부상지붕 구조(FRT)	고정지붕 구조(CRT)	고정지붕 구조(CRT)
포주입 방법	상부포 주입법	상부포 주입법	상부포 주입법	저부포 주입법	저부포 주입법

34 위험물안전관리법령에 따른 이산화탄소 소화약제의 저장용기 설치장소에 대한 설명으로 틀린 것은?

① 방호구역 내의 장소에 설치해야 한다.

② 직사일광 및 빗물이 침투할 우려가 적은 장소에 설치해야 한다.

③ 온도 변화가 적은 장소에 설치해야 한다.

④ 온도가 40℃ 이하인 곳에 설치해야 한다.

해설

이산화탄소 저장용기의 설치 기준

• 방호구역 외의 장소에 설치할 것
• 온도가 40℃ 이하이고 온도 변화가 적은 장소에 설치할 것
• 직사일광 및 빗물이 침투할 우려가 적은 장소에 설치할 것
• 저장용기에는 안전장치를 설치할 것

35 고체의 일반적인 연소형태에 속하지 않는 것은?

① 표면연소　　② 확산연소

③ 자기연소　　④ 증발연소

해설

확산연소 : 기체의 연소

36 탄화칼슘 60,000kg을 소요단위로 산정하면?

① 10단위　　　　② 20단위
③ 30단위　　　　④ 40단위

> **해설**
> • 소요단위 = 저장수량/(지정수량 × 10) = 60,000kg/(300kg × 10) = 20단위
> • 탄화칼슘(제3류 위험물, 칼슘의 탄화물)의 지정수량 : 300kg

37 위험물안전관리법령상 다이에틸에터 화재발생 시 적응성이 없는 소화기는?

① 이산화탄소소화기
② 포소화기
③ 봉상강화액소화기
④ 할로젠화합물소화기

> **해설**
> 다이에틸에터 : 질식소화(포, 이산화탄소, 할로젠화합물, 분말소화기)

38 Halon 1011 속에 함유되지 않은 원소는?

① H　　　　② Cl
③ Br　　　　④ F

> **해설**
> Halon 1011은 CH_2ClBr로서 플루오린(F)은 없다.

39 제1종 분말소화약제가 1차 열분해되어 표준상태를 기준으로 10m³의 탄산가스가 생성되었다. 몇 kg의 탄산수소나트륨이 사용되었는가?(단, 나트륨의 원자량은 23이다)

① 18.75　　　　② 37
③ 56.25　　　　④ 75

> **해설**
> 제1종 분말약제의 분해반응식
> $2NaHCO_3 \rightarrow Na_2CO_3 + H_2O + CO_2$
> $2 \times 84kg$　　　　$22.4m^3$
> x　　　　$10m^3$
> $$\therefore \ x = \frac{2 \times 84kg \times 10m^3}{22.4m^3} = 75kg$$

40 위험물안전관리법령에 따라 폐쇄형 스프링클러헤드를 설치하는 장소의 평상시 최고주위온도가 28℃ 이상 39℃ 미만일 경우 헤드의 표시온도는?

① 52℃ 이상 76℃ 미만
② 52℃ 이상 79℃ 미만
③ 58℃ 이상 76℃ 미만
④ 58℃ 이상 79℃ 미만

> **해설**
> 부착장소의 최고주위온도에 따른 헤드의 표시온도
>
> | 부착장소의 최고주위온도(℃) | 표시온도(℃) |
> | --- | --- |
> | 28 미만 | 58 미만 |
> | 28 이상 39 미만 | 58 이상 79 미만 |
> | 39 이상 64 미만 | 79 이상 121 미만 |
> | 64 이상 106 미만 | 121 이상 162 미만 |
> | 106 이상 | 162 이상 |

41 다음 각 위험물을 저장할 때 사용하는 보호액으로 틀린 것은?

① 나이트로셀룰로스 - 알코올

② 이황화탄소 - 알코올

③ 금속칼륨 - 등유

④ 황린 - 물

해설

이황화탄소나 황린은 물속에 저장한다.

42 제조소에서 위험물을 취급함에 있어 정전기를 유효하게 제거할 수 있는 방법으로 가장 거리가 먼 것은?

① 접지에 의한 방법

② 상대습도를 70% 이상 높이는 방법

③ 공기를 이온화하는 방법

④ 부도체 재료를 사용하는 방법

해설

정전기 제거방법

• 접지에 의한 방법

• 공기를 이온화하는 방법

• 상대습도를 70% 이상 높이는 방법

43 다음 중 물에 가장 잘 녹는 것은?

① CH_3CHO

② $C_2H_5OC_2H_5$

③ P_4

④ $C_2H_5ONO_2$

해설

• 아세트알데하이드(CH_3CHO) : 물에 잘 녹는다.

• 에터($C_2H_5OC_2H_5$), 황린(P_4), 질산에틸($C_2H_5ONO_2$) : 물에 녹지 않는다.

44 위험물안전관리법령에 따른 안전거리 규제를 받는 위험물 시설이 아닌 것은?

① 제6류 위험물 제조소

② 제1류 위험물 일반취급소

③ 제4류 위험물 옥내저장소

④ 제5류 위험물 옥외저장소

해설

제6류 위험물을 취급하는 제조소에는 안전거리를 두지 않아도 된다.

45 옥내저장소에서 위험물 용기를 겹쳐 쌓는 경우에 있어서 제4류 위험물 중 제3석유류만을 수납하는 용기를 겹쳐 쌓을 수 있는 높이는 최대 몇 m인가?

① 3   ② 4
③ 5   ④ 6

해설
옥내저장소에 저장 시 높이(아래 높이를 초과하지 말 것)
- 기계에 의하여 하역하는 구조로 된 용기만을 겹쳐 쌓는 경우 : 6m
- 제4류 위험물 중 제3석유류, 제4석유류, 동식물유류를 수납하는 용기만을 겹쳐 쌓는 경우 : 4m
- 그 밖의 경우(특수인화물, 제1석유류, 제2석유류, 알코올류) : 3m

46 다음 중 금수성 물질로만 나열된 것은?

① K, CaC₂, Na
② KClO₃, Na, S
③ KNO₃, CaO₂, Na₂O₂
④ KNO₃, KClO₃, CaO₂

해설
위험물의 분류

물 질	명 칭	품 명	성 질
K	칼륨	제3류 위험물	금수성 물질
CaC₂	탄화칼슘	제3류 위험물 칼슘의 탄화물	금수성 물질
Na	나트륨	제3류 위험물	금수성 물질
KClO₃	염소산칼륨	제1류 위험물 염소산염류	산화성 고체
S	황	제2류 위험물	가연성 고체
KNO₃	질산칼륨	제1류 위험물 질산염류	산화성 고체
CaO₂	과산화칼슘	제1류 위험물 무기과산화물	산화성 고체
Na₂O₂	과산화나트륨	제1류 위험물 무기과산화물	산화성 고체

47 메틸알코올의 성질로 옳은 것은?

① 인화점 이하가 되면 밀폐된 상태에서 연소하여 폭발한다.
② 비점은 물보다 높다.
③ 물에 녹기 어렵다.
④ 증기비중은 공기보다 크다.

해설
메틸알코올의 성질
- 인화점 이상이 되면 점화원 존재하에 밀폐된 상태에서 연소하여 폭발한다.
- 비점(65℃)은 물(100℃)보다 낮다.
- 물에 무한정 녹는다.
- 증기비중은 공기보다 크다(증기비중= 분자량/29 = 32/29 = 1.1).

48 동식물유류에 대한 설명으로 틀린 것은?

① 건성유는 자연발화의 위험성이 높다.
② 불포화도가 높을수록 아이오딘값이 크며 산화되기 쉽다.
③ 아이오딘값이 130이하인 것이 건성유이다.
④ 1기압에서 인화점이 250℃ 미만이다.

해설
분 류

구 분	아이오딘값	반응성	불포화도	종 류
건성유	130 이상	크 다	크 다	해바라기유, 동유, 아마인유, 정어리기름
반건성유	100~130	중 간	중 간	채종유, 목화씨기름(면실유), 참기름, 콩기름
불건성유	100 이하	적 다	적 다	야자유, 올리브유, 피마자유, 동백유

49 제4류 위험물의 성질 및 취급 시 주의사항에 대한 설명 중 가장 거리가 먼 것은?

① 액체의 비중은 물보다 가벼운 것이 많다.
② 대부분 증기는 공기보다 무겁다.
③ 제1석유류와 제2석유류는 비점으로 구분한다.
④ 정전기 발생에 주의하여 취급해야 한다.

해설
제4류 위험물의 분류(제1석유류~제4석유류)는 인화점으로 구분한다.

50 적린이 공기 중에서 연소할 때 생성되는 물질은?

① P_2O
② PO_2
③ PO_3
④ P_2O_5

해설
적린의 연소반응식 : $4P + 5O_2 \rightarrow 2P_2O_5$(오산화인)

51 제5류 위험물 중 나이트로화합물에서 나이트로기(nitro group)를 옳게 나타낸 것은?

① $-NO$
② $-NO_2$
③ $-NO_3$
④ NON_3

해설
관능기
• $-NO$: 나이트로소기
• $-NO_2$: 나이트로기
• $-NO_3$: 질산기

52 구리, 은, 마그네슘과 아세틸라이드를 만들고 연소범위가 2.8~37.0%인 물질은?

① 아세트알데하이드
② 알킬알루미늄
③ 산화프로필렌
④ 콜로디온

해설
산화프로필렌(Propylene Oxide)
• 물 성

분자식	분자량	비 중	비 점	인화점	착화점	연소범위
CH_3CHCH_2O	58	0.82	35℃	-37℃	449℃	2.8~37.0%

• 무색, 투명한 자극성 액체이다.
• 구리(Cu), 마그네슘(Mg), 은(Ag), 수은(Hg)과 반응하면 아세틸레이트를 생성한다.
• 저장용기 내부에는 불연성가스 또는 수증기 봉입장치를 할 것.
• 소화약제는 알코올용포, 이산화탄소, 분말소화가 효과가 있다.

53 벤젠의 성질로 옳지 않은 것은?

① 휘발성을 갖는 갈색·무취의 액체이다.

② 증기는 유해하다.

③ 인화점은 0℃보다 낮다.

④ 끓는점은 상온보다 높다.

해설

벤젠의 물성

화학식	외 관	비중	비점	인화점	착화점	연소범위
C_6H_6	무색, 투명한 액체	0.95	79℃	−11℃	498℃	1.4~8.0%

54 다음 중 인화점이 가장 낮은 것은?

① $C_6H_5NH_2$　　② $C_6H_5NO_2$

③ C_5H_5N　　　④ $C_6H_5CH_3$

해설

제4류 위험물의 인화점

종 류	$C_6H_5NH_2$	$C_6H_5NO_2$	C_5H_5N	$C_6H_5CH_3$
명 칭	아닐린	나이트로벤젠	피리딘	톨루엔
구 분	제3석유류	제3석유류	제1석유류	제1석유류
인화점	70℃	88℃	16℃	4℃

55 지정수량 이상의 위험물을 차량으로 운반할 때 게시판의 색상에 대한 설명으로 옳은 것은?

① 흑색 바탕에 청색의 도료로 "위험물"이라고 게시한다.

② 흑색 바탕에 황색의 반사도료로 "위험물"이라고 게시한다.

③ 적색 바탕에 흰색의 반사도료로 "위험물"이라고 게시한다.

④ 적색 바탕에 흑색의 도료로 "위험물"이라고 게시한다.

해설

운반 시 위험물의 게시판 : 흑색 바탕에 황색의 반사도료

56 과산화나트륨이 물과 반응해서 일어나는 변화로 옳은 것은?

① 격렬히 반응하여 산소를 내며 수산화나트륨이 된다.

② 격렬히 반응하여 산소를 내며 산화나트륨이 된다.

③ 물을 흡수하여 과산화나트륨 수용액이 된다.

④ 물을 흡수하여 탄산나트륨이 된다.

해설

과산화나트륨과 물과의 반응

$2Na_2O_2 + 2H_2O \rightarrow 4NaOH + O_2\uparrow$
　　　　　　　　　　　　(수산화나트륨) (산소)

57 위험물안전관리법령에 따른 지하탱크저장소의 지하저장탱크의 기준으로 옳지 않은 것은?

① 탱크의 외면에는 녹 방지를 위한 도장을 해야 한다.

② 탱크의 강철판 두께는 3.2mm 이상으로 해야 한다.

③ 압력탱크는 최대 상용압력의 1.5배의 압력으로 10분간 수압시험을 한다.

④ 압력탱크 외의 것은 50kPa의 압력으로 10분간 수압시험을 한다.

지하저장탱크의 구조
• 지하저장탱크의 윗 부분은 지면으로부터 0.6m 이상 아래에 있어야 한다.
• 지하저장탱크를 2 이상 인접해 설치하는 경우에는 그 상호간에 1m(해당 2 이상의 지하저장탱크의 용량의 합계가 지정수량의 100배 이하인 때에는 0.5m) 이상의 간격을 유지해야 한다.
• 지하저장탱크의 재질은 두께 3.2mm 이상의 강철판으로 할 것
• 수압시험
  – 압력탱크(최대상용압력이 46.7kPa 이상인 탱크) 외의 탱크 : 70kPa의 압력으로 10분간
  – 압력탱크 : 최대상용압력의 1.5배의 압력으로 10분간
• 지하저장탱크의 배관은 탱크의 윗부분에 설치해야 한다.

58 다음과 같이 위험물을 저장하는 경우 각각의 지정수량 배수의 총합은 얼마인가?

> • 클로로벤젠 : 1,000L
> • 동·식물유류 : 5,000L
> • 제4석유류 : 12,000L

① 2.5배 ② 3.0배
③ 3.5배 ④ 4.0배

$$지정수량의 배수 = \frac{저장수량}{지정수량} = \frac{1,000L}{1,000L} + \frac{5,000L}{10,000L} + \frac{12,000L}{6,000L}$$
$$= 3.5배$$
지정수량
• 클로로벤젠(제2석유류, 비수용성) : 1,000L
• 동·식물유류 : 10,000L
• 제4석유류 : 6,000L

59 다음 중 적린과 황린에서 동일한 성질을 나타내는 것은?

① 발화점 ② 색 상
③ 유독성 ④ 연소생성물

적린과 황린의 비교

구 분 항 목	적 린	황 린
색 상	암적색	백색 또는 담황색
발화점	260℃	34℃
유독성	약하다	심하다
용해성	물에 불용	물에 불용
비 중	2.2	1.82
연소생성물	P_2O_5	P_2O_5

60 [보기]의 물질이 K_2O_2와 반응하였을 때 주로 생성되는 가스의 종류가 같은 것으로만 나열된 것은?

> ─ 보기 ─
> 물, 이산화탄소, 아세트산, 염산

① 물, 이산화탄소

② 물, 이산화탄소, 염산

③ 물, 아세트산

④ 이산화탄소, 아세트산, 염산

K_2O_2의 반응
• 분해반응식 : $2K_2O_2 \rightarrow 2K_2O + O_2 \uparrow$
• 물과의 반응 : $2K_2O_2 + 2H_2O \rightarrow 4KOH + O_2 \uparrow$
• 이산화탄소와 반응 : $2K_2O_2 + 2CO_2 \rightarrow 2K_2CO_3 + O_2 \uparrow$
• 아세트산과의 반응 : $K_2O_2 + 2CH_3COOH \rightarrow 2CH_3COOK + H_2O_2 \uparrow$
  (초산칼륨) (과산화수소)
• 염산과의 반응 : $K_2O_2 + 2HCl \rightarrow 2KCl + H_2O_2 \uparrow$

교육이란 사람이 학교에서 배운 것을 잊어버린 후에 남은 것을 말한다.

– 알버트 아인슈타인 –

우리 인생의 가장 큰 영광은 결코 넘어지지 않는 데 있는 것이 아니라

넘어질 때마다 일어서는 데 있다.

– 넬슨 만델라 –

얼마나 많은 사람들이 책 한권을 읽음으로써

인생에 새로운 전기를 맞이했던가.

– 헨리 데이비드 소로 –

Win-Q 위험물산업기사 필기

개정7판1쇄 발행	2025년 01월 10일 (인쇄 2024년 11월 28일)
초 판 발 행	2018년 02월 05일 (인쇄 2017년 12월 26일)
발 행 인	박영일
책 임 편 집	이해욱
편 저	이덕수
편 집 진 행	윤진영, 김지은
표지디자인	권은경, 길전홍선
편집디자인	정경일
발 행 처	(주)시대고시기획
출 판 등 록	제10-1521호
주 소	서울시 마포구 큰우물로 75 [도화동 538 성지 B/D] 9F
전 화	1600-3600
팩 스	02-701-8823
홈 페 이 지	www.sdedu.co.kr

I S B N	979-11-383-7616-7(13570)
정 가	27,000원

TECH BIBLE

한눈에 이해할 수 있도록
체계적으로 정리한 핵심이론

철저한 시험유형 파악으로
만든 필수확인문제

국가직 · 지방직 등
최신 기출문제와 상세 해설

기술직 공무원 건축계획
별판 | 30,000원

기술직 공무원 전기이론
별판 | 23,000원

기술직 공무원 전기기기
별판 | 23,000원

기술직 공무원 생물
별판 | 20,000원

기술직 공무원 임업경영
별판 | 20,000원

기술직 공무원 조림
별판 | 20,000원

※도서의 이미지와 가격은 변경될 수 있습니다.

시대에듀가 준비한 합격 콘텐츠

위험물산업기사 필기/실기

동영상 강의 유료

합격을 위한 동반자,
시대에듀 동영상 강의와 함께하세요!

수강회원을 위한 **특별한 혜택**

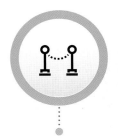

필기+실기
최적의 커리큘럼

기초화학&법령
특강 제공

과년도
기출복원문제 제공

기출 특강
무료 제공

※ 강의 커리큘럼 및 혜택은 변동될 수 있습니다.

위험물산업기사
기초화학 특강
무료 제공!

초보자도 쏙쏙 쉽게 이해하는
기초화학

01

기초화학 1교시

02

기초화학 2교시

03

기초화학 3교시

04

기초화학 4교시

05

기초화학 5교시

무조건 암기는 그만!
핵심을 알고 외우자!

01

위험물안전관리법
1교시

02

위험물안전관리법
2교시

03

위험물안전관리법
3교시

04

위험물안전관리법
4교시

05

위험물안전관리법
5교시

06

위험물안전관리법
6교시

07

위험물안전관리법
7교시

08

위험물안전관리법
8교시